U0879233

天津市生态环境管理实用手册

陈 伟 崔 鹏 王 钰 主编

中国环境出版集团 · 北京

图书在版编目（CIP）数据

天津市生态环境管理实用手册/陈伟，崔鹏，王钰主编.
—北京：中国环境出版集团，2020.12
ISBN 978-7-5111-4061-6

Ⅰ. ①天… Ⅱ. ①陈… ②崔… ③王… Ⅲ. ①生态环境—环境管理—天津—手册 Ⅳ. ①X321.221-62

中国版本图书馆 CIP 数据核字（2019）第 168651 号

出 版 人 武德凯
责任编辑 董蓓蓓
责任校对 任 丽
封面设计 宋 瑞

出版发行 中国环境出版集团
（100062 北京市东城区广渠门内大街 16 号）
网 址：http：//www.cesp.com.cn
电子邮箱：bjgl@cesp.com.cn
联系电话：010-67112765（编辑管理部）
010-67113412（第二分社）
发行热线：010-67125803，010-67113405（传真）
印 刷 北京建宏印刷有限公司
经 销 各地新华书店
版 次 2020 年 12 月第 1 版
印 次 2020 年 12 月第 1 次印刷
开 本 787×1092 1/16
印 张 67.75
字 数 1400 千字
定 价 260.00 元

《天津市生态环境管理实用手册》
编 委 会

主　编　陈　伟　崔　鹏　王　钰

编　委　崔浩然　高春晓　贺立争　贺红梅　景　慧
李　琬　刘永吉　李　靖　孟　鹏　孟庆杰
单星星　邵云丽　孙文秀　田　顺　王　健
王秋彤　王晓乔　王　璐　杨功兵　曾　辉
张　硕　张宪伟

目录

一、国家级环境保护法律法规及部门规章

（一）法律

（二）行政法规

（三）部门规章

二、天津市环境保护法律法规及部门规章

（一）地方法规

（二）部门规范性文件

一

国家级环境保护法律法规及部门规章

（一）法律

中华人民共和国环境保护法

（自 2015 年 1 月 1 日起施行）

（1989 年 12 月 26 日第七届全国人民代表大会常务委员会第十一次会议通过　2014 年 4 月 24 日第十二届全国人民代表大会常务委员会第八次会议修订）

第一章　总　则

第一条　为保护和改善环境，防治污染和其他公害，保障公众健康，推进生态文明建设，促进经济社会可持续发展，制定本法。

第二条　本法所称环境，是指影响人类生存和发展的各种天然的和经过人工改造的自然因素的总体，包括大气、水、海洋、土地、矿藏、森林、草原、湿地、野生生物、自然遗迹、人文遗迹、自然保护区、风景名胜区、城市和乡村等。

第三条　本法适用于中华人民共和国领域和中华人民共和国管辖的其他海域。

第四条　保护环境是国家的基本国策。

国家采取有利于节约和循环利用资源、保护和改善环境、促进人与自然和谐的经济、技术政策和措施，使经济社会发展与环境保护相协调。

第五条　环境保护坚持保护优先、预防为主、综合治理、公众参与、损害担责的原则。

第六条　一切单位和个人都有保护环境的义务。

地方各级人民政府应当对本行政区域的环境质量负责。

企业事业单位和其他生产经营者应当防止、减少环境污染和生态破坏，对所造成的损害依法承担责任。

公民应当增强环境保护意识，采取低碳、节俭的生活方式，自觉履行环境保护义务。

第七条　国家支持环境保护科学技术研究、开发和应用，鼓励环境保护产业发展，促进环境保护信息化建设，提高环境保护科学技术水平。

第八条　各级人民政府应当加大保护和改善环境、防治污染和其他公害的财政投入，提高财政资金的使用效益。

第九条　各级人民政府应当加强环境保护宣传和普及工作，鼓励基层群众性自治组织、社会组织、环境保护志愿者开展环境保护法律法规和环境保护知识的宣传，营造保护环境的良好风气。

教育行政部门、学校应当将环境保护知识纳入学校教育内容，培养学生的环境保护意识。

新闻媒体应当开展环境保护法律法规和环境保护知识的宣传，对环境违法行为进行舆论监督。

第十条 国务院环境保护主管部门，对全国环境保护工作实施统一监督管理；县级以上地方人民政府环境保护主管部门，对本行政区域环境保护工作实施统一监督管理。

县级以上人民政府有关部门和军队环境保护部门，依照有关法律的规定对资源保护和污染防治等环境保护工作实施监督管理。

第十一条 对保护和改善环境有显著成绩的单位和个人，由人民政府给予奖励。

第十二条 每年6月5日为环境日。

第二章 监督管理

第十三条 县级以上人民政府应当将环境保护工作纳入国民经济和社会发展规划。

国务院环境保护主管部门会同有关部门，根据国民经济和社会发展规划编制国家环境保护规划，报国务院批准并公布实施。

县级以上地方人民政府环境保护主管部门会同有关部门，根据国家环境保护规划的要求，编制本行政区域的环境保护规划，报同级人民政府批准并公布实施。

环境保护规划的内容应当包括生态保护和污染防治的目标、任务、保障措施等，并与主体功能区规划、土地利用总体规划和城乡规划等相衔接。

第十四条 国务院有关部门和省、自治区、直辖市人民政府组织制定经济、技术政策，应当充分考虑对环境的影响，听取有关方面和专家的意见。

第十五条 国务院环境保护主管部门制定国家环境质量标准。

省、自治区、直辖市人民政府对国家环境质量标准中未作规定的项目，可以制定地方环境质量标准；对国家环境质量标准中已作规定的项目，可以制定严于国家环境质量标准的地方环境质量标准。地方环境质量标准应当报国务院环境保护主管部门备案。

国家鼓励开展环境基准研究。

第十六条 国务院环境保护主管部门根据国家环境质量标准和国家经济、技术条件，制定国家污染物排放标准。

省、自治区、直辖市人民政府对国家污染物排放标准中未作规定的项目，可以制定地方污染物排放标准；对国家污染物排放标准中已作规定的项目，可以制定严于国家污染物排放标准的地方污染物排放标准。地方污染物排放标准应当报国务院环境保护主管部门备案。

第十七条 国家建立、健全环境监测制度。国务院环境保护主管部门制定监测规范，会同有关部门组织监测网络，统一规划国家环境质量监测站（点）的设置，建立监测数据共享机制，加强对环境监测的管理。

有关行业、专业等各类环境质量监测站（点）的设置应当符合法律法规规定和监测规范的要求。

监测机构应当使用符合国家标准的监测设备，遵守监测规范。监测机构及其负责人对监测数据的真实性和准确性负责。

第十八条 省级以上人民政府应当组织有关部门或者委托专业机构，对环境状况进行调查、评价，建立环境资源承载能力监测预警机制。

第十九条 编制有关开发利用规划，建设对环境有影响的项目，应当依法进行环境影响评价。

未依法进行环境影响评价的开发利用规划，不得组织实施；未依法进行环境影响评价的建设项目，不得开工建设。

第二十条 国家建立跨行政区域的重点区域、流域环境污染和生态破坏联合防治协调机制，实行统一规划、统一标准、统一监测、统一的防治措施。

前款规定以外的跨行政区域的环境污染和生态破坏的防治，由上级人民政府协调解决，或者由有关地方人民政府协商解决。

第二十一条 国家采取财政、税收、价格、政府采购等方面的政策和措施，鼓励和支持环境保护技术装备、资源综合利用和环境服务等环境保护产业的发展。

第二十二条 企业事业单位和其他生产经营者，在污染物排放符合法定要求的基础上，进一步减少污染物排放的，人民政府应当依法采取财政、税收、价格、政府采购等方面的政策和措施予以鼓励和支持。

第二十三条 企业事业单位和其他生产经营者，为改善环境，依照有关规定转产、搬迁、关闭的，人民政府应当予以支持。

第二十四条 县级以上人民政府环境保护主管部门及其委托的环境监察机构和其他负有环境保护监督管理职责的部门，有权对排放污染物的企业事业单位和其他生产经营者进行现场检查。被检查者应当如实反映情况，提供必要的资料。实施现场检查的部门、机构及其工作人员应当为被检查者保守商业秘密。

第二十五条 企业事业单位和其他生产经营者违反法律法规规定排放污染物，造成或者可能造成严重污染的，县级以上人民政府环境保护主管部门和其他负有环境保护监督管理职责的部门，可以查封、扣押造成污染物排放的设施、设备。

第二十六条 国家实行环境保护目标责任制和考核评价制度。县级以上人民政府应当将环境保护目标完成情况纳入对本级人民政府负有环境保护监督管理职责的部门及其负责人和下级人民政府及其负责人的考核内容，作为对其考核评价的重要依据。考核结果应当向社会公开。

第二十七条 县级以上人民政府应当每年向本级人民代表大会或者人民代表大会常务委员会报告环境状况和环境保护目标完成情况，对发生的重大环境事件应当及时向本级人民代表大会常务委员会报告，依法接受监督。

第三章　保护和改善环境

第二十八条　地方各级人民政府应当根据环境保护目标和治理任务，采取有效措施，改善环境质量。

未达到国家环境质量标准的重点区域、流域的有关地方人民政府，应当制定限期达标规划，并采取措施按期达标。

第二十九条　国家在重点生态功能区、生态环境敏感区和脆弱区等区域划定生态保护红线，实行严格保护。

各级人民政府对具有代表性的各种类型的自然生态系统区域，珍稀、濒危的野生动植物自然分布区域，重要的水源涵养区域，具有重大科学文化价值的地质构造、著名溶洞和化石分布区、冰川、火山、温泉等自然遗迹，以及人文遗迹、古树名木，应当采取措施予以保护，严禁破坏。

第三十条　开发利用自然资源，应当合理开发，保护生物多样性，保障生态安全，依法制定有关生态保护和恢复治理方案并予以实施。

引进外来物种以及研究、开发和利用生物技术，应当采取措施，防止对生物多样性的破坏。

第三十一条　国家建立、健全生态保护补偿制度。

国家加大对生态保护地区的财政转移支付力度。有关地方人民政府应当落实生态保护补偿资金，确保其用于生态保护补偿。

国家指导受益地区和生态保护地区人民政府通过协商或者按照市场规则进行生态保护补偿。

第三十二条　国家加强对大气、水、土壤等的保护，建立和完善相应的调查、监测、评估和修复制度。

第三十三条　各级人民政府应当加强对农业环境的保护，促进农业环境保护新技术的使用，加强对农业污染源的监测预警，统筹有关部门采取措施，防治土壤污染和土地沙化、盐渍化、贫瘠化、石漠化、地面沉降以及防治植被破坏、水土流失、水体富营养化、水源枯竭、种源灭绝等生态失调现象，推广植物病虫害的综合防治。

县级、乡级人民政府应当提高农村环境保护公共服务水平，推动农村环境综合整治。

第三十四条　国务院和沿海地方各级人民政府应当加强对海洋环境的保护。向海洋排放污染物、倾倒废弃物，进行海岸工程和海洋工程建设，应当符合法律法规规定和有关标准，防止和减少对海洋环境的污染损害。

第三十五条　城乡建设应当结合当地自然环境的特点，保护植被、水域和自然景观，加强城市园林、绿地和风景名胜区的建设与管理。

第三十六条　国家鼓励和引导公民、法人和其他组织使用有利于保护环境的产品和再生产品，减少废弃物的产生。

国家机关和使用财政资金的其他组织应当优先采购和使用节能、节水、节材等有利于保护环境的产品、设备和设施。

第三十七条 地方各级人民政府应当采取措施，组织对生活废弃物的分类处置、回收利用。

第三十八条 公民应当遵守环境保护法律法规，配合实施环境保护措施，按照规定对生活废弃物进行分类放置，减少日常生活对环境造成的损害。

第三十九条 国家建立、健全环境与健康监测、调查和风险评估制度；鼓励和组织开展环境质量对公众健康影响的研究，采取措施预防和控制与环境污染有关的疾病。

第四章 防治污染和其他公害

第四十条 国家促进清洁生产和资源循环利用。

国务院有关部门和地方各级人民政府应当采取措施，推广清洁能源的生产和使用。

企业应当优先使用清洁能源，采用资源利用率高、污染物排放量少的工艺、设备以及废弃物综合利用技术和污染物无害化处理技术，减少污染物的产生。

第四十一条 建设项目中防治污染的设施，应当与主体工程同时设计、同时施工、同时投产使用。防治污染的设施应当符合经批准的环境影响评价文件的要求，不得擅自拆除或者闲置。

第四十二条 排放污染物的企业事业单位和其他生产经营者，应当采取措施，防治在生产建设或者其他活动中产生的废气、废水、废渣、医疗废物、粉尘、恶臭气体、放射性物质以及噪声、振动、光辐射、电磁辐射等对环境的污染和危害。

排放污染物的企业事业单位，应当建立环境保护责任制度，明确单位负责人和相关人员的责任。

重点排污单位应当按照国家有关规定和监测规范安装使用监测设备，保证监测设备正常运行，保存原始监测记录。

严禁通过暗管、渗井、渗坑、灌注或者篡改、伪造监测数据，或者不正常运行防治污染设施等逃避监管的方式违法排放污染物。

第四十三条 排放污染物的企业事业单位和其他生产经营者，应当按照国家有关规定缴纳排污费。排污费应当全部专项用于环境污染防治，任何单位和个人不得截留、挤占或者挪作他用。

依照法律规定征收环境保护税的，不再征收排污费。

第四十四条 国家实行重点污染物排放总量控制制度。重点污染物排放总量控制指标由国务院下达，省、自治区、直辖市人民政府分解落实。企业事业单位在执行国家和地方污染物排放标准的同时，应当遵守分解落实到本单位的重点污染物排放总量控制指标。

对超过国家重点污染物排放总量控制指标或者未完成国家确定的环境质量目标的地区，省级以上人民政府环境保护主管部门应当暂停审批其新增重点污染物排放总量的建设项目环境影响评价文件。

第四十五条 国家依照法律规定实行排污许可管理制度。

实行排污许可管理的企业事业单位和其他生产经营者应当按照排污许可证的要求排放污染物；未取得排污许可证的，不得排放污染物。

第四十六条 国家对严重污染环境的工艺、设备和产品实行淘汰制度。任何单位和个人不得生产、销售或者转移、使用严重污染环境的工艺、设备和产品。

禁止引进不符合我国环境保护规定的技术、设备、材料和产品。

第四十七条 各级人民政府及其有关部门和企业事业单位，应当依照《中华人民共和国突发事件应对法》的规定，做好突发环境事件的风险控制、应急准备、应急处置和事后恢复等工作。

县级以上人民政府应当建立环境污染公共监测预警机制，组织制定预警方案；环境受到污染，可能影响公众健康和环境安全时，依法及时公布预警信息，启动应急措施。

企业事业单位应当按照国家有关规定制定突发环境事件应急预案，报环境保护主管部门和有关部门备案。在发生或者可能发生突发环境事件时，企业事业单位应当立即采取措施处理，及时通报可能受到危害的单位和居民，并向环境保护主管部门和有关部门报告。

突发环境事件应急处置工作结束后，有关人民政府应当立即组织评估事件造成的环境影响和损失，并及时将评估结果向社会公布。

第四十八条 生产、储存、运输、销售、使用、处置化学物品和含有放射性物质的物品，应当遵守国家有关规定，防止污染环境。

第四十九条 各级人民政府及其农业等有关部门和机构应当指导农业生产经营者科学种植和养殖，科学合理施用农药、化肥等农业投入品，科学处置农用薄膜、农作物秸秆等农业废弃物，防止农业面源污染。

禁止将不符合农用标准和环境保护标准的固体废物、废水施入农田。施用农药、化肥等农业投入品及进行灌溉，应当采取措施，防止重金属和其他有毒有害物质污染环境。

畜禽养殖场、养殖小区、定点屠宰企业等的选址、建设和管理应当符合有关法律法规规定。从事畜禽养殖和屠宰的单位和个人应当采取措施，对畜禽粪便、尸体和污水等废弃物进行科学处置，防止污染环境。

县级人民政府负责组织农村生活废弃物的处置工作。

第五十条 各级人民政府应当在财政预算中安排资金，支持农村饮用水水源地保护、生活污水和其他废弃物处理、畜禽养殖和屠宰污染防治、土壤污染防治和农村工矿污染治理等环境保护工作。

第五十一条 各级人民政府应当统筹城乡建设污水处理设施及配套管网，固体废物的收集、运输和处置等环境卫生设施，危险废物集中处置设施、场所以及其他环境保护公共设施，并保障其正常运行。

第五十二条 国家鼓励投保环境污染责任保险。

第五章　信息公开和公众参与

第五十三条　公民、法人和其他组织依法享有获取环境信息、参与和监督环境保护的权利。

各级人民政府环境保护主管部门和其他负有环境保护监督管理职责的部门，应当依法公开环境信息、完善公众参与程序，为公民、法人和其他组织参与和监督环境保护提供便利。

第五十四条　国务院环境保护主管部门统一发布国家环境质量、重点污染源监测信息及其他重大环境信息。省级以上人民政府环境保护主管部门定期发布环境状况公报。

县级以上人民政府环境保护主管部门和其他负有环境保护监督管理职责的部门，应当依法公开环境质量、环境监测、突发环境事件以及环境行政许可、行政处罚、排污费的征收和使用情况等信息。

县级以上地方人民政府环境保护主管部门和其他负有环境保护监督管理职责的部门，应当将企业事业单位和其他生产经营者的环境违法信息记入社会诚信档案，及时向社会公布违法者名单。

第五十五条　重点排污单位应当如实向社会公开其主要污染物的名称、排放方式、排放浓度和总量、超标排放情况，以及防治污染设施的建设和运行情况，接受社会监督。

第五十六条　对依法应当编制环境影响报告书的建设项目，建设单位应当在编制时向可能受影响的公众说明情况，充分征求意见。

负责审批建设项目环境影响评价文件的部门在收到建设项目环境影响报告书后，除涉及国家秘密和商业秘密的事项外，应当全文公开；发现建设项目未充分征求公众意见的，应当责成建设单位征求公众意见。

第五十七条　公民、法人和其他组织发现任何单位和个人有污染环境和破坏生态行为的，有权向环境保护主管部门或者其他负有环境保护监督管理职责的部门举报。

公民、法人和其他组织发现地方各级人民政府、县级以上人民政府环境保护主管部门和其他负有环境保护监督管理职责的部门不依法履行职责的，有权向其上级机关或者监察机关举报。

接受举报的机关应当对举报人的相关信息予以保密，保护举报人的合法权益。

第五十八条　对污染环境、破坏生态，损害社会公共利益的行为，符合下列条件的社会组织可以向人民法院提起诉讼：

（一）依法在设区的市级以上人民政府民政部门登记；

（二）专门从事环境保护公益活动连续五年以上且无违法记录。

符合前款规定的社会组织向人民法院提起诉讼，人民法院应当依法受理。

提起诉讼的社会组织不得通过诉讼牟取经济利益。

第六章　法律责任

第五十九条　企业事业单位和其他生产经营者违法排放污染物，受到罚款处罚，被责令改正，拒不改正的，依法作出处罚决定的行政机关可以自责令改正之日的次日起，按照原处罚数额按日连续处罚。

前款规定的罚款处罚，依照有关法律法规按照防治污染设施的运行成本、违法行为造成的直接损失或者违法所得等因素确定的规定执行。

地方性法规可以根据环境保护的实际需要，增加第一款规定的按日连续处罚的违法行为的种类。

第六十条　企业事业单位和其他生产经营者超过污染物排放标准或者超过重点污染物排放总量控制指标排放污染物的，县级以上人民政府环境保护主管部门可以责令其采取限制生产、停产整治等措施；情节严重的，报经有批准权的人民政府批准，责令停业、关闭。

第六十一条　建设单位未依法提交建设项目环境影响评价文件或者环境影响评价文件未经批准，擅自开工建设的，由负有环境保护监督管理职责的部门责令停止建设，处以罚款，并可以责令恢复原状。

第六十二条　违反本法规定，重点排污单位不公开或者不如实公开环境信息的，由县级以上地方人民政府环境保护主管部门责令公开，处以罚款，并予以公告。

第六十三条　企业事业单位和其他生产经营者有下列行为之一，尚不构成犯罪的，除依照有关法律法规规定予以处罚外，由县级以上人民政府环境保护主管部门或者其他有关部门将案件移送公安机关，对其直接负责的主管人员和其他直接责任人员，处十日以上十五日以下拘留；情节较轻的，处五日以上十日以下拘留：

（一）建设项目未依法进行环境影响评价，被责令停止建设，拒不执行的；

（二）违反法律规定，未取得排污许可证排放污染物，被责令停止排污，拒不执行的；

（三）通过暗管、渗井、渗坑、灌注或者篡改、伪造监测数据，或者不正常运行防治污染设施等逃避监管的方式违法排放污染物的；

（四）生产、使用国家明令禁止生产、使用的农药，被责令改正，拒不改正的。

第六十四条　因污染环境和破坏生态造成损害的，应当依照《中华人民共和国侵权责任法》的有关规定承担侵权责任。

第六十五条　环境影响评价机构、环境监测机构以及从事环境监测设备和防治污染设施维护、运营的机构，在有关环境服务活动中弄虚作假，对造成的环境污染和生态破坏负有责任的，除依照有关法律法规规定予以处罚外，还应当与造成环境污染和生态破坏的其他责任者承担连带责任。

第六十六条　提起环境损害赔偿诉讼的时效期间为三年，从当事人知道或者应当知道其受到损害时起计算。

第六十七条 上级人民政府及其环境保护主管部门应当加强对下级人民政府及其有关部门环境保护工作的监督。发现有关工作人员有违法行为，依法应当给予处分的，应当向其任免机关或者监察机关提出处分建议。

依法应当给予行政处罚，而有关环境保护主管部门不给予行政处罚的，上级人民政府环境保护主管部门可以直接作出行政处罚的决定。

第六十八条 地方各级人民政府、县级以上人民政府环境保护主管部门和其他负有环境保护监督管理职责的部门有下列行为之一的，对直接负责的主管人员和其他直接责任人员给予记过、记大过或者降级处分；造成严重后果的，给予撤职或者开除处分，其主要负责人应当引咎辞职：

（一）不符合行政许可条件准予行政许可的；

（二）对环境违法行为进行包庇的；

（三）依法应当作出责令停业、关闭的决定而未作出的；

（四）对超标排放污染物、采用逃避监管的方式排放污染物、造成环境事故以及不落实生态保护措施造成生态破坏等行为，发现或者接到举报未及时查处的；

（五）违反本法规定，查封、扣押企业事业单位和其他生产经营者的设施、设备的；

（六）篡改、伪造或者指使篡改、伪造监测数据的；

（七）应当依法公开环境信息而未公开的；

（八）将征收的排污费截留、挤占或者挪作他用的；

（九）法律法规规定的其他违法行为。

第六十九条 违反本法规定，构成犯罪的，依法追究刑事责任。

第七章　附　则

第七十条 本法自 2015 年 1 月 1 日起施行。

中华人民共和国海洋环境保护法

（2017 年 11 月 4 日修正）

（1982 年 8 月 23 日第五届全国人民代表大会常务委员会第二十四次会议通过　1999 年 12 月 25 日第九届全国人民代表大会常务委员会第十三次会议修订　根据 2013 年 12 月 28 日第十二届全国人民代表大会常务委员会第六次会议《关于修改〈中华人民共和国海洋环境保护法〉等七部法律的决定》第一次修正　根据 2016 年 11 月 7 日第十二届全国人民代表大会常务委员会第二十四次会议《关于修改〈中华人民共和国海洋环境保护法〉的决定》第二次修正　根据 2017 年 11 月 4 日第十二届全国人民代表大会常务委员会第三十次会议《关于修改〈中华人民共和国会计法〉等十一部法律的决定》第三次修正　2017 年 11 月 5 日起施行）

第一章　总　则

第一条　为了保护和改善海洋环境，保护海洋资源，防治污染损害，维护生态平衡，保障人体健康，促进经济和社会的可持续发展，制定本法。

第二条　本法适用于中华人民共和国内水、领海、毗连区、专属经济区、大陆架以及中华人民共和国管辖的其他海域。

在中华人民共和国管辖海域内从事航行、勘探、开发、生产、旅游、科学研究及其他活动，或者在沿海陆域内从事影响海洋环境活动的任何单位和个人，都必须遵守本法。

在中华人民共和国管辖海域以外，造成中华人民共和国管辖海域污染的，也适用本法。

第三条　国家在重点海洋生态功能区、生态环境敏感区和脆弱区等海域划定生态保护红线，实行严格保护。

国家建立并实施重点海域排污总量控制制度，确定主要污染物排海总量控制指标，并对主要污染源分配排放控制数量。具体办法由国务院制定。

第四条　一切单位和个人都有保护海洋环境的义务，并有权对污染损害海洋环境的单位和个人，以及海洋环境监督管理人员的违法失职行为进行监督和检举。

第五条　国务院环境保护行政主管部门作为对全国环境保护工作统一监督管理的部门，对全国海洋环境保护工作实施指导、协调和监督，并负责全国防治陆源污染物和海岸工程建设项目对海洋污染损害的环境保护工作。

国家海洋行政主管部门负责海洋环境的监督管理，组织海洋环境的调查、监测、监视、评价和科学研究，负责全国防治海洋工程建设项目和海洋倾倒废弃物对海洋污染损害的环境保护工作。

国家海事行政主管部门负责所辖港区水域内非军事船舶和港区水域外非渔业、非军事船舶污染海洋环境的监督管理，并负责污染事故的调查处理；对在中华人民共和国管辖海域航行、停泊和作业的外国籍船舶造成的污染事故登轮检查处理。船舶污染事故给渔业造成损害的，应当吸收渔业行政主管部门参与调查处理。

国家渔业行政主管部门负责渔港水域内非军事船舶和渔港水域外渔业船舶污染海洋环境的监督管理，负责保护渔业水域生态环境工作，并调查处理前款规定的污染事故以外的渔业污染事故。

军队环境保护部门负责军事船舶污染海洋环境的监督管理及污染事故的调查处理。

沿海县级以上地方人民政府行使海洋环境监督管理权的部门的职责，由省、自治区、直辖市人民政府根据本法及国务院有关规定确定。

第六条 环境保护行政主管部门、海洋行政主管部门和其他行使海洋环境监督管理权的部门，根据职责分工依法公开海洋环境相关信息；相关排污单位应当依法公开排污信息。

第二章 海洋环境监督管理

第七条 国家海洋行政主管部门会同国务院有关部门和沿海省、自治区、直辖市人民政府根据全国海洋主体功能区规划，拟定全国海洋功能区划，报国务院批准。

沿海地方各级人民政府应当根据全国和地方海洋功能区划，保护和科学合理地使用海域。

第八条 国家根据海洋功能区划制定全国海洋环境保护规划和重点海域区域性海洋环境保护规划。

毗邻重点海域的有关沿海省、自治区、直辖市人民政府及行使海洋环境监督管理权的部门，可以建立海洋环境保护区域合作组织，负责实施重点海域区域性海洋环境保护规划、海洋环境污染的防治和海洋生态保护工作。

第九条 跨区域的海洋环境保护工作，由有关沿海地方人民政府协商解决，或者由上级人民政府协调解决。

跨部门的重大海洋环境保护工作，由国务院环境保护行政主管部门协调；协调未能解决的，由国务院作出决定。

第十条 国家根据海洋环境质量状况和国家经济、技术条件，制定国家海洋环境质量标准。

沿海省、自治区、直辖市人民政府对国家海洋环境质量标准中未作规定的项目，可以制定地方海洋环境质量标准。

沿海地方各级人民政府根据国家和地方海洋环境质量标准的规定和本行政区近岸

海域环境质量状况，确定海洋环境保护的目标和任务，并纳入人民政府工作计划，按相应的海洋环境质量标准实施管理。

第十一条 国家和地方水污染物排放标准的制定，应当将国家和地方海洋环境质量标准作为重要依据之一。在国家建立并实施排污总量控制制度的重点海域，水污染物排放标准的制定，还应当将主要污染物排海总量控制指标作为重要依据。

排污单位在执行国家和地方水污染物排放标准的同时，应当遵守分解落实到本单位的主要污染物排海总量控制指标。

对超过主要污染物排海总量控制指标的重点海域和未完成海洋环境保护目标、任务的海域，省级以上人民政府环境保护行政主管部门、海洋行政主管部门，根据职责分工暂停审批新增相应种类污染物排放总量的建设项目环境影响报告书（表）。

第十二条 直接向海洋排放污染物的单位和个人，必须按照国家规定缴纳排污费。依照法律规定缴纳环境保护税的，不再缴纳排污费。

向海洋倾倒废弃物，必须按照国家规定缴纳倾倒费。

根据本法规定征收的排污费、倾倒费，必须用于海洋环境污染的整治，不得挪作他用。具体办法由国务院规定。

第十三条 国家加强防治海洋环境污染损害的科学技术的研究和开发，对严重污染海洋环境的落后生产工艺和落后设备，实行淘汰制度。

企业应当优先使用清洁能源，采用资源利用率高、污染物排放量少的清洁生产工艺，防止对海洋环境的污染。

第十四条 国家海洋行政主管部门按照国家环境监测、监视规范和标准，管理全国海洋环境的调查、监测、监视，制定具体的实施办法，会同有关部门组织全国海洋环境监测、监视网络，定期评价海洋环境质量，发布海洋巡航监视通报。

依照本法规定行使海洋环境监督管理权的部门分别负责各自所辖水域的监测、监视。

其他有关部门根据全国海洋环境监测网的分工，分别负责对入海河口、主要排污口的监测。

第十五条 国务院有关部门应当向国务院环境保护行政主管部门提供编制全国环境质量公报所必需的海洋环境监测资料。

环境保护行政主管部门应当向有关部门提供与海洋环境监督管理有关的资料。

第十六条 国家海洋行政主管部门按照国家制定的环境监测、监视信息管理制度，负责管理海洋综合信息系统，为海洋环境保护监督管理提供服务。

第十七条 因发生事故或者其他突发性事件，造成或者可能造成海洋环境污染事故的单位和个人，必须立即采取有效措施，及时向可能受到危害者通报，并向依照本法规定行使海洋环境监督管理权的部门报告，接受调查处理。

沿海县级以上地方人民政府在本行政区域近岸海域的环境受到严重污染时，必须采取有效措施，解除或者减轻危害。

第十八条 国家根据防止海洋环境污染的需要，制定国家重大海上污染事故应急计划。

国家海洋行政主管部门负责制定全国海洋石油勘探开发重大海上溢油应急计划，报国务院环境保护行政主管部门备案。

国家海事行政主管部门负责制定全国船舶重大海上溢油污染事故应急计划，报国务院环境保护行政主管部门备案。

沿海可能发生重大海洋环境污染事故的单位，应当依照国家的规定，制定污染事故应急计划，并向当地环境保护行政主管部门、海洋行政主管部门备案。

沿海县级以上地方人民政府及其有关部门在发生重大海上污染事故时，必须按照应急计划解除或者减轻危害。

第十九条 依照本法规定行使海洋环境监督管理权的部门可以在海上实行联合执法，在巡航监视中发现海上污染事故或者违反本法规定的行为时，应当予以制止并调查取证，必要时有权采取有效措施，防止污染事态的扩大，并报告有关主管部门处理。

依照本法规定行使海洋环境监督管理权的部门，有权对管辖范围内排放污染物的单位和个人进行现场检查。被检查者应当如实反映情况，提供必要的资料。

检查机关应当为被检查者保守技术秘密和业务秘密。

第三章　海洋生态保护

第二十条 国务院和沿海地方各级人民政府应当采取有效措施，保护红树林、珊瑚礁、滨海湿地、海岛、海湾、入海河口、重要渔业水域等具有典型性、代表性的海洋生态系统，珍稀、濒危海洋生物的天然集中分布区，具有重要经济价值的海洋生物生存区域及有重大科学文化价值的海洋自然历史遗迹和自然景观。

对具有重要经济、社会价值的已遭到破坏的海洋生态，应当进行整治和恢复。

第二十一条 国务院有关部门和沿海省级人民政府应当根据保护海洋生态的需要，选划、建立海洋自然保护区。

国家级海洋自然保护区的建立，须经国务院批准。

第二十二条 凡具有下列条件之一的，应当建立海洋自然保护区：

（一）典型的海洋自然地理区域、有代表性的自然生态区域，以及遭受破坏但经保护能恢复的海洋自然生态区域；

（二）海洋生物物种高度丰富的区域，或者珍稀、濒危海洋生物物种的天然集中分布区域；

（三）具有特殊保护价值的海域、海岸、岛屿、滨海湿地、入海河口和海湾等；

（四）具有重大科学文化价值的海洋自然遗迹所在区域；

（五）其他需要予以特殊保护的区域。

第二十三条 凡具有特殊地理条件、生态系统、生物与非生物资源及海洋开发利用特殊需要的区域，可以建立海洋特别保护区，采取有效的保护措施和科学的开发方式进行特殊管理。

第二十四条 国家建立健全海洋生态保护补偿制度。

开发利用海洋资源，应当根据海洋功能区划合理布局，严格遵守生态保护红线，不得造成海洋生态环境破坏。

第二十五条 引进海洋动植物物种，应当进行科学论证，避免对海洋生态系统造成危害。

第二十六条 开发海岛及周围海域的资源，应当采取严格的生态保护措施，不得造成海岛地形、岸滩、植被以及海岛周围海域生态环境的破坏。

第二十七条 沿海地方各级人民政府应当结合当地自然环境的特点，建设海岸防护设施、沿海防护林、沿海城镇园林和绿地，对海岸侵蚀和海水入侵地区进行综合治理。

禁止毁坏海岸防护设施、沿海防护林、沿海城镇园林和绿地。

第二十八条 国家鼓励发展生态渔业建设，推广多种生态渔业生产方式，改善海洋生态状况。

新建、改建、扩建海水养殖场，应当进行环境影响评价。

海水养殖应当科学确定养殖密度，并应当合理投饵、施肥，正确使用药物，防止造成海洋环境的污染。

第四章 防治陆源污染物对海洋环境的污染损害

第二十九条 向海域排放陆源污染物，必须严格执行国家或者地方规定的标准和有关规定。

第三十条 入海排污口位置的选择，应当根据海洋功能区划、海水动力条件和有关规定，经科学论证后，报设区的市级以上人民政府环境保护行政主管部门备案。

环境保护行政主管部门应当在完成备案后十五个工作日内将入海排污口设置情况通报海洋、海事、渔业行政主管部门和军队环境保护部门。

在海洋自然保护区、重要渔业水域、海滨风景名胜区和其他需要特别保护的区域，不得新建排污口。

在有条件的地区，应当将排污口深海设置，实行离岸排放。设置陆源污染物深海离岸排放排污口，应当根据海洋功能区划、海水动力条件和海底工程设施的有关情况确定，具体办法由国务院规定。

第三十一条 省、自治区、直辖市人民政府环境保护行政主管部门和水行政主管部门应当按照水污染防治有关法律的规定，加强入海河流管理，防治污染，使入海河口的水质处于良好状态。

第三十二条 排放陆源污染物的单位，必须向环境保护行政主管部门申报拥有的陆源污染物排放设施、处理设施和在正常作业条件下排放陆源污染物的种类、数量和浓度，并提供防治海洋环境污染方面的有关技术和资料。

排放陆源污染物的种类、数量和浓度有重大改变的，必须及时申报。

第三十三条 禁止向海域排放油类、酸液、碱液、剧毒废液和高、中水平放射性废水。

严格限制向海域排放低水平放射性废水；确需排放的，必须严格执行国家辐射防护规定。

严格控制向海域排放含有不易降解的有机物和重金属的废水。

第三十四条 含病原体的医疗污水、生活污水和工业废水必须经过处理，符合国家有关排放标准后，方能排入海域。

第三十五条 含有机物和营养物质的工业废水、生活污水，应当严格控制向海湾、半封闭海及其他自净能力较差的海域排放。

第三十六条 向海域排放含热废水，必须采取有效措施，保证邻近渔业水域的水温符合国家海洋环境质量标准，避免热污染对水产资源的危害。

第三十七条 沿海农田、林场施用化学农药，必须执行国家农药安全使用的规定和标准。

沿海农田、林场应当合理使用化肥和植物生长调节剂。

第三十八条 在岸滩弃置、堆放和处理尾矿、矿渣、煤灰渣、垃圾和其他固体废物的，依照《中华人民共和国固体废物污染环境防治法》的有关规定执行。

第三十九条 禁止经中华人民共和国内水、领海转移危险废物。

经中华人民共和国管辖的其他海域转移危险废物的，必须事先取得国务院环境保护行政主管部门的书面同意。

第四十条 沿海城市人民政府应当建设和完善城市排水管网，有计划地建设城市污水处理厂或者其他污水集中处理设施，加强城市污水的综合整治。

建设污水海洋处置工程，必须符合国家有关规定。

第四十一条 国家采取必要措施，防止、减少和控制来自大气层或者通过大气层造成的海洋环境污染损害。

第五章　防治海岸工程建设项目对海洋环境的污染损害

第四十二条 新建、改建、扩建海岸工程建设项目，必须遵守国家有关建设项目环境保护管理的规定，并把防治污染所需资金纳入建设项目投资计划。

在依法划定的海洋自然保护区、海滨风景名胜区、重要渔业水域及其他需要特别保护的区域，不得从事污染环境、破坏景观的海岸工程项目建设或者其他活动。

第四十三条 海岸工程建设项目单位，必须对海洋环境进行科学调查，根据自然条件和社会条件，合理选址，编制环境影响报告书（表）。在建设项目开工前，将环境影响报告书（表）报环境保护行政主管部门审查批准。

环境保护行政主管部门在批准环境影响报告书（表）之前，必须征求海洋、海事、渔业行政主管部门和军队环境保护部门的意见。

第四十四条 海岸工程建设项目的环境保护设施，必须与主体工程同时设计、同时施工、同时投产使用。环境保护设施应当符合经批准的环境影响评价报告书（表）的要求。

第四十五条 禁止在沿海陆域内新建不具备有效治理措施的化学制浆造纸、化工、印染、制革、电镀、酿造、炼油、岸边冲滩拆船以及其他严重污染海洋环境的工业生产项目。

第四十六条 兴建海岸工程建设项目，必须采取有效措施，保护国家和地方重点保护的野生动植物及其生存环境和海洋水产资源。

严格限制在海岸采挖砂石。露天开采海滨砂矿和从岸上打井开采海底矿产资源，必须采取有效措施，防止污染海洋环境。

第六章 防治海洋工程建设项目对海洋环境的污染损害

第四十七条 海洋工程建设项目必须符合全国海洋主体功能区规划、海洋功能区划、海洋环境保护规划和国家有关环境保护标准。海洋工程建设项目单位应当对海洋环境进行科学调查，编制海洋环境影响报告书（表），并在建设项目开工前，报海洋行政主管部门审查批准。

海洋行政主管部门在批准海洋环境影响报告书（表）之前，必须征求海事、渔业行政主管部门和军队环境保护部门的意见。

第四十八条 海洋工程建设项目的环境保护设施，必须与主体工程同时设计、同时施工、同时投产使用。环境保护设施未经海洋行政主管部门验收，或者经验收不合格的，建设项目不得投入生产或者使用。

拆除或者闲置环境保护设施，必须事先征得海洋行政主管部门的同意。

第四十九条 海洋工程建设项目，不得使用含超标准放射性物质或者易溶出有毒有害物质的材料。

第五十条 海洋工程建设项目需要爆破作业时，必须采取有效措施，保护海洋资源。

海洋石油勘探开发及输油过程中，必须采取有效措施，避免溢油事故的发生。

第五十一条 海洋石油钻井船、钻井平台和采油平台的含油污水和油性混合物，必须经过处理达标后排放；残油、废油必须予以回收，不得排放入海。经回收处理后排放的，其含油量不得超过国家规定的标准。

钻井所使用的油基泥浆和其他有毒复合泥浆不得排放入海。水基泥浆和无毒复合泥浆及钻屑的排放，必须符合国家有关规定。

第五十二条 海洋石油钻井船、钻井平台和采油平台及其有关海上设施，不得向海域处置含油的工业垃圾。处置其他工业垃圾，不得造成海洋环境污染。

第五十三条 海上试油时，应当确保油气充分燃烧，油和油性混合物不得排放入海。

第五十四条 勘探开发海洋石油，必须按有关规定编制溢油应急计划，报国家海洋行政主管部门的海区派出机构备案。

第七章　防治倾倒废弃物对海洋环境的污染损害

第五十五条　任何单位未经国家海洋行政主管部门批准，不得向中华人民共和国管辖海域倾倒任何废弃物。

需要倾倒废弃物的单位，必须向国家海洋行政主管部门提出书面申请，经国家海洋行政主管部门审查批准，发给许可证后，方可倾倒。

禁止中华人民共和国境外的废弃物在中华人民共和国管辖海域倾倒。

第五十六条　国家海洋行政主管部门根据废弃物的毒性、有毒物质含量和对海洋环境影响程度，制定海洋倾倒废弃物评价程序和标准。

向海洋倾倒废弃物，应当按照废弃物的类别和数量实行分级管理。

可以向海洋倾倒的废弃物名录，由国家海洋行政主管部门拟定，经国务院环境保护行政主管部门提出审核意见后，报国务院批准。

第五十七条　国家海洋行政主管部门按照科学、合理、经济、安全的原则选划海洋倾倒区，经国务院环境保护行政主管部门提出审核意见后，报国务院批准。

临时性海洋倾倒区由国家海洋行政主管部门批准，并报国务院环境保护行政主管部门备案。

国家海洋行政主管部门在选划海洋倾倒区和批准临时性海洋倾倒区之前，必须征求国家海事、渔业行政主管部门的意见。

第五十八条　国家海洋行政主管部门监督管理倾倒区的使用，组织倾倒区的环境监测，对经确认不宜继续使用的倾倒区，国家海洋行政主管部门应当予以封闭，终止在该倾倒区的一切倾倒活动，并报国务院备案。

第五十九条　获准倾倒废弃物的单位，必须按照许可证注明的期限及条件，到指定的区域进行倾倒。废弃物装载之后，批准部门应当予以核实。

第六十条　获准倾倒废弃物的单位，应当详细记录倾倒的情况，并在倾倒后向批准部门作出书面报告。倾倒废弃物的船舶必须向驶出港的海事行政主管部门作出书面报告。

第六十一条　禁止在海上焚烧废弃物。

禁止在海上处置放射性废弃物或者其他放射性物质。废弃物中的放射性物质的豁免浓度由国务院制定。

第八章　防治船舶及有关作业活动对海洋环境的污染损害

第六十二条　在中华人民共和国管辖海域，任何船舶及相关作业不得违反本法规定向海洋排放污染物、废弃物和压载水、船舶垃圾及其他有害物质。

从事船舶污染物、废弃物、船舶垃圾接收、船舶清舱、洗舱作业活动的，必须具备相应的接收处理能力。

第六十三条　船舶必须按照有关规定持有防止海洋环境污染的证书与文书，在进行涉及污染物排放及操作时，应当如实记录。

第六十四条 船舶必须配置相应的防污设备和器材。

载运具有污染危害性货物的船舶，其结构与设备应当能够防止或者减轻所载货物对海洋环境的污染。

第六十五条 船舶应当遵守海上交通安全法律、法规的规定，防止因碰撞、触礁、搁浅、火灾或者爆炸等引起的海难事故，造成海洋环境的污染。

第六十六条 国家完善并实施船舶油污损害民事赔偿责任制度；按照船舶油污损害赔偿责任由船东和货主共同承担风险的原则，建立船舶油污保险、油污损害赔偿基金制度。

实施船舶油污保险、油污损害赔偿基金制度的具体办法由国务院规定。

第六十七条 载运具有污染危害性货物进出港口的船舶，其承运人、货物所有人或者代理人，必须事先向海事行政主管部门申报。经批准后，方可进出港口、过境停留或者装卸作业。

第六十八条 交付船舶装运污染危害性货物的单证、包装、标志、数量限制等，必须符合对所装货物的有关规定。

需要船舶装运污染危害性不明的货物，应当按照有关规定事先进行评估。

装卸油类及有毒有害货物的作业，船岸双方必须遵守安全防污操作规程。

第六十九条 港口、码头、装卸站和船舶修造厂必须按照有关规定备有足够的用于处理船舶污染物、废弃物的接收设施，并使该设施处于良好状态。

装卸油类的港口、码头、装卸站和船舶必须编制溢油污染应急计划，并配备相应的溢油污染应急设备和器材。

第七十条 船舶及有关作业活动应当遵守有关法律法规和标准，采取有效措施，防止造成海洋环境污染。海事行政主管部门等有关部门应当加强对船舶及有关作业活动的监督管理。

船舶进行散装液体污染危害性货物的过驳作业，应当事先按照有关规定报经海事行政主管部门批准。

第七十一条 船舶发生海难事故，造成或者可能造成海洋环境重大污染损害的，国家海事行政主管部门有权强制采取避免或者减少污染损害的措施。

对在公海上因发生海难事故，造成中华人民共和国管辖海域重大污染损害后果或者具有污染威胁的船舶、海上设施，国家海事行政主管部门有权采取与实际的或者可能发生的损害相称的必要措施。

第七十二条 所有船舶均有监视海上污染的义务，在发现海上污染事故或者违反本法规定的行为时，必须立即向就近的依照本法规定行使海洋环境监督管理权的部门报告。

民用航空器发现海上排污或者污染事件，必须及时向就近的民用航空空中交通管制单位报告。接到报告的单位，应当立即向依照本法规定行使海洋环境监督管理权的部门通报。

第九章　法律责任

第七十三条　违反本法有关规定，有下列行为之一的，由依照本法规定行使海洋环境监督管理权的部门责令停止违法行为、限期改正或者责令采取限制生产、停产整治等措施，并处以罚款；拒不改正的，依法作出处罚决定的部门可以自责令改正之日的次日起，按照原罚款数额按日连续处罚；情节严重的，报经有批准权的人民政府批准，责令停业、关闭：

（一）向海域排放本法禁止排放的污染物或者其他物质的；

（二）不按照本法规定向海洋排放污染物，或者超过标准、总量控制指标排放污染物的；

（三）未取得海洋倾倒许可证，向海洋倾倒废弃物的；

（四）因发生事故或者其他突发性事件，造成海洋环境污染事故，不立即采取处理措施的。

有前款第（一）、（三）项行为之一的，处三万元以上二十万元以下的罚款；有前款第（二）、（四）项行为之一的，处二万元以上十万元以下的罚款。

第七十四条　违反本法有关规定，有下列行为之一的，由依照本法规定行使海洋环境监督管理权的部门予以警告，或者处以罚款：

（一）不按照规定申报，甚至拒报污染物排放有关事项，或者在申报时弄虚作假的；

（二）发生事故或者其他突发性事件不按照规定报告的；

（三）不按照规定记录倾倒情况，或者不按照规定提交倾倒报告的；

（四）拒报或者谎报船舶载运污染危害性货物申报事项的。

有前款第（一）、（三）项行为之一的，处二万元以下的罚款；有前款第（二）、（四）项行为之一的，处五万元以下的罚款。

第七十五条　违反本法第十九条第二款的规定，拒绝现场检查，或者在被检查时弄虚作假的，由依照本法规定行使海洋环境监督管理权的部门予以警告，并处二万元以下的罚款。

第七十六条　违反本法规定，造成珊瑚礁、红树林等海洋生态系统及海洋水产资源、海洋保护区破坏的，由依照本法规定行使海洋环境监督管理权的部门责令限期改正和采取补救措施，并处一万元以上十万元以下的罚款；有违法所得的，没收其违法所得。

第七十七条　违反本法第三十条第一款、第三款规定设置入海排污口的，由县级以上地方人民政府环境保护行政主管部门责令其关闭，并处二万元以上十万元以下的罚款。

海洋、海事、渔业行政主管部门和军队环境保护部门发现入海排污口设置违反本法第三十条第一款、第三款规定的，应当通报环境保护行政主管部门依照前款规定予以处罚。

第七十八条　违反本法第三十九条第二款的规定，经中华人民共和国管辖海域，转移危险废物的，由国家海事行政主管部门责令非法运输该危险废物的船舶退出中华人民共和国管辖海域，并处五万元以上五十万元以下的罚款。

第七十九条 海岸工程建设项目未依法进行环境影响评价的，依照《中华人民共和国环境影响评价法》的规定处理。

第八十条 违反本法第四十四条的规定，海岸工程建设项目未建成环境保护设施，或者环境保护设施未达到规定要求即投入生产、使用的，由环境保护行政主管部门责令其停止生产或者使用，并处二万元以上十万元以下的罚款。

第八十一条 违反本法第四十五条的规定，新建严重污染海洋环境的工业生产建设项目的，按照管理权限，由县级以上人民政府责令关闭。

第八十二条 违反本法第四十七条第一款的规定，进行海洋工程建设项目的，由海洋行政主管部门责令其停止施工，根据违法情节和危害后果，处建设项目总投资额百分之一以上百分之五以下的罚款，并可以责令恢复原状。

违反本法第四十八条的规定，海洋工程建设项目未建成环境保护设施、环境保护设施未达到规定要求即投入生产、使用的，由海洋行政主管部门责令其停止生产、使用，并处五万元以上二十万元以下的罚款。

第八十三条 违反本法第四十九条的规定，使用含超标准放射性物质或者易溶出有毒有害物质材料的，由海洋行政主管部门处五万元以下的罚款，并责令其停止该建设项目的运行，直到消除污染危害。

第八十四条 违反本法规定进行海洋石油勘探开发活动，造成海洋环境污染的，由国家海洋行政主管部门予以警告，并处二万元以上二十万元以下的罚款。

第八十五条 违反本法规定，不按照许可证的规定倾倒，或者向已经封闭的倾倒区倾倒废弃物的，由海洋行政主管部门予以警告，并处三万元以上二十万元以下的罚款；对情节严重的，可以暂扣或者吊销许可证。

第八十六条 违反本法第五十五条第三款的规定，将中华人民共和国境外废弃物运进中华人民共和国管辖海域倾倒的，由国家海洋行政主管部门予以警告，并根据造成或者可能造成的危害后果，处十万元以上一百万元以下的罚款。

第八十七条 违反本法规定，有下列行为之一的，由依照本法规定行使海洋环境监督管理权的部门予以警告，或者处以罚款：

（一）港口、码头、装卸站及船舶未配备防污设施、器材的；

（二）船舶未持有防污证书、防污文书，或者不按照规定记载排污记录的；

（三）从事水上和港区水域拆船、旧船改装、打捞和其他水上、水下施工作业，造成海洋环境污染损害的；

（四）船舶载运的货物不具备防污适运条件的。

有前款第（一）、（四）项行为之一的，处二万元以上十万元以下的罚款；有前款第（二）项行为的，处二万元以下的罚款；有前款第（三）项行为的，处五万元以上二十万元以下的罚款。

第八十八条 违反本法规定，船舶、石油平台和装卸油类的港口、码头、装卸站不编制溢油应急计划的，由依照本法规定行使海洋环境监督管理权的部门予以警告，或者责令限期改正。

第八十九条 造成海洋环境污染损害的责任者，应当排除危害，并赔偿损失；完全由于第三者的故意或者过失，造成海洋环境污染损害的，由第三者排除危害，并承担赔偿责任。

对破坏海洋生态、海洋水产资源、海洋保护区，给国家造成重大损失的，由依照本法规定行使海洋环境监督管理权的部门代表国家对责任者提出损害赔偿要求。

第九十条 对违反本法规定，造成海洋环境污染事故的单位，除依法承担赔偿责任外，由依照本法规定行使海洋环境监督管理权的部门依照本条第二款的规定处以罚款；对直接负责的主管人员和其他直接责任人员可以处上一年度从本单位取得收入百分之五十以下的罚款；直接负责的主管人员和其他直接责任人员属于国家工作人员的，依法给予处分。

对造成一般或者较大海洋环境污染事故的，按照直接损失的百分之二十计算罚款；对造成重大或者特大海洋环境污染事故的，按照直接损失的百分之三十计算罚款。

对严重污染海洋环境、破坏海洋生态，构成犯罪的，依法追究刑事责任。

第九十一条 完全属于下列情形之一，经过及时采取合理措施，仍然不能避免对海洋环境造成污染损害的，造成污染损害的有关责任者免予承担责任：

（一）战争；

（二）不可抗拒的自然灾害；

（三）负责灯塔或者其他助航设备的主管部门，在执行职责时的疏忽，或者其他过失行为。

第九十二条 对违反本法第十二条有关缴纳排污费、倾倒费规定的行政处罚，由国务院规定。

第九十三条 海洋环境监督管理人员滥用职权、玩忽职守、徇私舞弊，造成海洋环境污染损害的，依法给予行政处分；构成犯罪的，依法追究刑事责任。

第十章　附　则

第九十四条 本法中下列用语的含义是：

（一）海洋环境污染损害，是指直接或者间接地把物质或者能量引入海洋环境，产生损害海洋生物资源、危害人体健康、妨害渔业和海上其他合法活动、损害海水使用素质和减损环境质量等有害影响。

（二）内水，是指我国领海基线向内陆一侧的所有海域。

（三）滨海湿地，是指低潮时水深浅于六米的水域及其沿岸浸湿地带，包括水深不超过六米的永久性水域、潮间带（或洪泛地带）和沿海低地等。

（四）海洋功能区划，是指依据海洋自然属性和社会属性，以及自然资源和环境特定条件，界定海洋利用的主导功能和使用范畴。

（五）渔业水域，是指鱼虾类的产卵场、索饵场、越冬场、洄游通道和鱼虾贝藻类的养殖场。

（六）油类，是指任何类型的油及其炼制品。

（七）油性混合物，是指任何含有油分的混合物。

（八）排放，是指把污染物排入海洋的行为，包括泵出、溢出、泄出、喷出和倒出。

（九）陆地污染源（简称陆源），是指从陆地向海域排放污染物，造成或者可能造成海洋环境污染的场所、设施等。

（十）陆源污染物，是指由陆地污染源排放的污染物。

（十一）倾倒，是指通过船舶、航空器、平台或者其他载运工具，向海洋处置废弃物和其他有害物质的行为，包括弃置船舶、航空器、平台及其辅助设施和其他浮动工具的行为。

（十二）沿海陆域，是指与海岸相连，或者通过管道、沟渠、设施，直接或者间接向海洋排放污染物及其相关活动的一带区域。

（十三）海上焚烧，是指以热摧毁为目的，在海上焚烧设施上，故意焚烧废弃物或者其他物质的行为，但船舶、平台或者其他人工构造物正常操作中，所附带发生的行为除外。

第九十五条　涉及海洋环境监督管理的有关部门的具体职权划分，本法未作规定的，由国务院规定。

第九十六条　中华人民共和国缔结或者参加的与海洋环境保护有关的国际条约与本法有不同规定的，适用国际条约的规定；但是，中华人民共和国声明保留的条款除外。

第九十七条　本法自 2000 年 4 月 1 日起施行。

中华人民共和国水法

（2016年7月2日修正）

（1988年1月21日第六届全国人民代表大会常务委员会第二十四次会议通过　2002年8月29日第九届全国人民代表大会常务委员会第二十九次会议修订　根据2009年8月27日第十一届全国人民代表大会常务委员会第十次会议《关于修改部分法律的决定》第一次修正　根据2016年7月2日第十二届全国人民代表大会常务委员会第二十一次会议《关于修改〈中华人民共和国节约能源法〉等六部法律的决定》第二次修正）

第一章　总　则

第一条　为了合理开发、利用、节约和保护水资源，防治水害，实现水资源的可持续利用，适应国民经济和社会发展的需要，制定本法。

第二条　在中华人民共和国领域内开发、利用、节约、保护、管理水资源，防治水害，适用本法。

本法所称水资源，包括地表水和地下水。

第三条　水资源属于国家所有。水资源的所有权由国务院代表国家行使。农村集体经济组织的水塘和由农村集体经济组织修建管理的水库中的水，归各该农村集体经济组织使用。

第四条　开发、利用、节约、保护水资源和防治水害，应当全面规划、统筹兼顾、标本兼治、综合利用、讲求效益，发挥水资源的多种功能，协调好生活、生产经营和生态环境用水。

第五条　县级以上人民政府应当加强水利基础设施建设，并将其纳入本级国民经济和社会发展计划。

第六条　国家鼓励单位和个人依法开发、利用水资源，并保护其合法权益。开发、利用水资源的单位和个人有依法保护水资源的义务。

第七条　国家对水资源依法实行取水许可制度和有偿使用制度。但是，农村集体经济组织及其成员使用本集体经济组织的水塘、水库中的水的除外。国务院水行政主管部门负责全国取水许可制度和水资源有偿使用制度的组织实施。

第八条　国家厉行节约用水，大力推行节约用水措施，推广节约用水新技术、新工艺，发展节水型工业、农业和服务业，建立节水型社会。

各级人民政府应当采取措施，加强对节约用水的管理，建立节约用水技术开发推广体系，培育和发展节约用水产业。

单位和个人有节约用水的义务。

第九条 国家保护水资源，采取有效措施，保护植被，植树种草，涵养水源，防治水土流失和水体污染，改善生态环境。

第十条 国家鼓励和支持开发、利用、节约、保护、管理水资源和防治水害的先进科学技术的研究、推广和应用。

第十一条 在开发、利用、节约、保护、管理水资源和防治水害等方面成绩显著的单位和个人，由人民政府给予奖励。

第十二条 国家对水资源实行流域管理与行政区域管理相结合的管理体制。

国务院水行政主管部门负责全国水资源的统一管理和监督工作。

国务院水行政主管部门在国家确定的重要江河、湖泊设立的流域管理机构（以下简称流域管理机构），在所管辖的范围内行使法律、行政法规规定的和国务院水行政主管部门授予的水资源管理和监督职责。

县级以上地方人民政府水行政主管部门按照规定的权限，负责本行政区域内水资源的统一管理和监督工作。

第十三条 国务院有关部门按照职责分工，负责水资源开发、利用、节约和保护的有关工作。

县级以上地方人民政府有关部门按照职责分工，负责本行政区域内水资源开发、利用、节约和保护的有关工作。

第二章 水资源规划

第十四条 国家制定全国水资源战略规划。

开发、利用、节约、保护水资源和防治水害，应当按照流域、区域统一制定规划。规划分为流域规划和区域规划。流域规划包括流域综合规划和流域专业规划；区域规划包括区域综合规划和区域专业规划。

前款所称综合规划，是指根据经济社会发展需要和水资源开发利用现状编制的开发、利用、节约、保护水资源和防治水害的总体部署。前款所称专业规划，是指防洪、治涝、灌溉、航运、供水、水力发电、竹木流放、渔业、水资源保护、水土保持、防沙治沙、节约用水等规划。

第十五条 流域范围内的区域规划应当服从流域规划，专业规划应当服从综合规划。

流域综合规划和区域综合规划以及与土地利用关系密切的专业规划，应当与国民经济和社会发展规划以及土地利用总体规划、城市总体规划和环境保护规划相协调，兼顾各地区、各行业的需要。

第十六条 制定规划，必须进行水资源综合科学考察和调查评价。水资源综合科学考察和调查评价，由县级以上人民政府水行政主管部门会同同级有关部门组织进行。

县级以上人民政府应当加强水文、水资源信息系统建设。县级以上人民政府水行政主管部门和流域管理机构应当加强对水资源的动态监测。

基本水文资料应当按照国家有关规定予以公开。

第十七条 国家确定的重要江河、湖泊的流域综合规划，由国务院水行政主管部门会同国务院有关部门和有关省、自治区、直辖市人民政府编制，报国务院批准。跨省、自治区、直辖市的其他江河、湖泊的流域综合规划和区域综合规划，由有关流域管理机构会同江河、湖泊所在地的省、自治区、直辖市人民政府水行政主管部门和有关部门编制，分别经有关省、自治区、直辖市人民政府审查提出意见后，报国务院水行政主管部门审核；国务院水行政主管部门征求国务院有关部门意见后，报国务院或者其授权的部门批准。

前款规定以外的其他江河、湖泊的流域综合规划和区域综合规划，由县级以上地方人民政府水行政主管部门会同同级有关部门和有关地方人民政府编制，报本级人民政府或者其授权的部门批准，并报上一级水行政主管部门备案。

专业规划由县级以上人民政府有关部门编制，征求同级其他有关部门意见后，报本级人民政府批准。其中，防洪规划、水土保持规划的编制、批准，依照防洪法、水土保持法的有关规定执行。

第十八条 规划一经批准，必须严格执行。

经批准的规划需要修改时，必须按照规划编制程序经原批准机关批准。

第十九条 建设水工程，必须符合流域综合规划。在国家确定的重要江河、湖泊和跨省、自治区、直辖市的江河、湖泊上建设水工程，未取得有关流域管理机构签署的符合流域综合规划要求的规划同意书的，建设单位不得开工建设；在其他江河、湖泊上建设水工程，未取得县级以上地方人民政府水行政主管部门按照管理权限签署的符合流域综合规划要求的规划同意书的，建设单位不得开工建设。水工程建设涉及防洪的，依照防洪法的有关规定执行；涉及其他地区和行业的，建设单位应当事先征求有关地区和部门的意见。

第三章 水资源开发利用

第二十条 开发、利用水资源，应当坚持兴利与除害相结合，兼顾上下游、左右岸和有关地区之间的利益，充分发挥水资源的综合效益，并服从防洪的总体安排。

第二十一条 开发、利用水资源，应当首先满足城乡居民生活用水，并兼顾农业、工业、生态环境用水以及航运等需要。

在干旱和半干旱地区开发、利用水资源，应当充分考虑生态环境用水需要。

第二十二条 跨流域调水，应当进行全面规划和科学论证，统筹兼顾调出和调入流域的用水需要，防止对生态环境造成破坏。

第二十三条 地方各级人民政府应当结合本地区水资源的实际情况，按照地表水与地下水统一调度开发、开源与节流相结合、节流优先和污水处理再利用的原则，合理组织开发、综合利用水资源。

国民经济和社会发展规划以及城市总体规划的编制、重大建设项目的布局，应当与当地水资源条件和防洪要求相适应，并进行科学论证；在水资源不足的地区，应当对城市规模和建设耗水量大的工业、农业和服务业项目加以限制。

第二十四条 在水资源短缺的地区，国家鼓励对雨水和微咸水的收集、开发、利用和对海水的利用、淡化。

第二十五条 地方各级人民政府应当加强对灌溉、排涝、水土保持工作的领导，促进农业生产发展；在容易发生盐碱化和渍害的地区，应当采取措施，控制和降低地下水的水位。

农村集体经济组织或者其成员依法在本集体经济组织所有的集体土地或者承包土地上投资兴建水工程设施的，按照谁投资建设谁管理和谁受益的原则，对水工程设施及其蓄水进行管理和合理使用。

农村集体经济组织修建水库应当经县级以上地方人民政府水行政主管部门批准。

第二十六条 国家鼓励开发、利用水能资源。在水能丰富的河流，应当有计划地进行多目标梯级开发。

建设水力发电站，应当保护生态环境，兼顾防洪、供水、灌溉、航运、竹木流放和渔业等方面的需要。

第二十七条 国家鼓励开发、利用水运资源。在水生生物洄游通道、通航或者竹木流放的河流上修建永久性拦河闸坝，建设单位应当同时修建过鱼、过船、过木设施，或者经国务院授权的部门批准采取其他补救措施，并妥善安排施工和蓄水期间的水生生物保护、航运和竹木流放，所需费用由建设单位承担。

在不通航的河流或者人工水道上修建闸坝后可以通航的，闸坝建设单位应当同时修建过船设施或者预留过船设施位置。

第二十八条 任何单位和个人引水、截（蓄）水、排水，不得损害公共利益和他人的合法权益。

第二十九条 国家对水工程建设移民实行开发性移民的方针，按照前期补偿、补助与后期扶持相结合的原则，妥善安排移民的生产和生活，保护移民的合法权益。

移民安置应当与工程建设同步进行。建设单位应当根据安置地区的环境容量和可持续发展的原则，因地制宜，编制移民安置规划，经依法批准后，由有关地方人民政府组织实施。所需移民经费列入工程建设投资计划。

第四章　水资源、水域和水工程的保护

第三十条 县级以上人民政府水行政主管部门、流域管理机构以及其他有关部门在制定水资源开发、利用规划和调度水资源时，应当注意维持江河的合理流量和湖泊、水库以及地下水的合理水位，维护水体的自然净化能力。

第三十一条 从事水资源开发、利用、节约、保护和防治水害等水事活动，应当遵

守经批准的规划；因违反规划造成江河和湖泊水域使用功能降低、地下水超采、地面沉降、水体污染的，应当承担治理责任。

开采矿藏或者建设地下工程，因疏干排水导致地下水水位下降、水源枯竭或者地面塌陷，采矿单位或者建设单位应当采取补救措施；对他人生活和生产造成损失的，依法给予补偿。

第三十二条 国务院水行政主管部门会同国务院环境保护行政主管部门、有关部门和有关省、自治区、直辖市人民政府，按照流域综合规划、水资源保护规划和经济社会发展要求，拟定国家确定的重要江河、湖泊的水功能区划，报国务院批准。跨省、自治区、直辖市的其他江河、湖泊的水功能区划，由有关流域管理机构会同江河、湖泊所在地的省、自治区、直辖市人民政府水行政主管部门、环境保护行政主管部门和其他有关部门拟定，分别经有关省、自治区、直辖市人民政府审查提出意见后，由国务院水行政主管部门会同国务院环境保护行政主管部门审核，报国务院或者其授权的部门批准。

前款规定以外的其他江河、湖泊的水功能区划，由县级以上地方人民政府水行政主管部门会同同级人民政府环境保护行政主管部门和有关部门拟定，报同级人民政府或者其授权的部门批准，并报上一级水行政主管部门和环境保护行政主管部门备案。

县级以上人民政府水行政主管部门或者流域管理机构应当按照水功能区对水质的要求和水体的自然净化能力，核定该水域的纳污能力，向环境保护行政主管部门提出该水域的限制排污总量意见。

县级以上地方人民政府水行政主管部门和流域管理机构应当对水功能区的水质状况进行监测，发现重点污染物排放总量超过控制指标的，或者水功能区的水质未达到水域使用功能对水质的要求的，应当及时报告有关人民政府采取治理措施，并向环境保护行政主管部门通报。

第三十三条 国家建立饮用水水源保护区制度。省、自治区、直辖市人民政府应当划定饮用水水源保护区，并采取措施，防止水源枯竭和水体污染，保证城乡居民饮用水安全。

第三十四条 禁止在饮用水水源保护区内设置排污口。

在江河、湖泊新建、改建或者扩大排污口，应当经过有管辖权的水行政主管部门或者流域管理机构同意，由环境保护行政主管部门负责对该建设项目的环境影响报告书进行审批。

第三十五条 从事工程建设，占用农业灌溉水源、灌排工程设施，或者对原有灌溉用水、供水水源有不利影响的，建设单位应当采取相应的补救措施；造成损失的，依法给予补偿。

第三十六条 在地下水超采地区，县级以上地方人民政府应当采取措施，严格控制开采地下水。在地下水严重超采地区，经省、自治区、直辖市人民政府批准，可以划定地下水禁止开采或者限制开采区。在沿海地区开采地下水，应当经过科学论证，并采取措施，防止地面沉降和海水入侵。

第三十七条 禁止在江河、湖泊、水库、运河、渠道内弃置、堆放阻碍行洪的物体和种植阻碍行洪的林木及高秆作物。

禁止在河道管理范围内建设妨碍行洪的建筑物、构筑物以及从事影响河势稳定、危害河岸堤防安全和其他妨碍河道行洪的活动。

第三十八条 在河道管理范围内建设桥梁、码头和其他拦河、跨河、临河建筑物、构筑物，铺设跨河管道、电缆，应当符合国家规定的防洪标准和其他有关的技术要求，工程建设方案应当依照防洪法的有关规定报经有关水行政主管部门审查同意。

因建设前款工程设施，需要扩建、改建、拆除或者损坏原有水工程设施的，建设单位应当负担扩建、改建的费用和损失补偿。但是，原有工程设施属于违法工程的除外。

第三十九条 国家实行河道采砂许可制度。河道采砂许可制度实施办法，由国务院规定。

在河道管理范围内采砂，影响河势稳定或者危及堤防安全的，有关县级以上人民政府水行政主管部门应当划定禁采区和规定禁采期，并予以公告。

第四十条 禁止围湖造地。已经围垦的，应当按照国家规定的防洪标准有计划地退地还湖。

禁止围垦河道。确需围垦的，应当经过科学论证，经省、自治区、直辖市人民政府水行政主管部门或者国务院水行政主管部门同意后，报本级人民政府批准。

第四十一条 单位和个人有保护水工程的义务，不得侵占、毁坏堤防、护岸、防汛、水文监测、水文地质监测等工程设施。

第四十二条 县级以上地方人民政府应当采取措施，保障本行政区域内水工程，特别是水坝和堤防的安全，限期消除险情。水行政主管部门应当加强对水工程安全的监督管理。

第四十三条 国家对水工程实施保护。国家所有的水工程应当按照国务院的规定划定工程管理和保护范围。

国务院水行政主管部门或者流域管理机构管理的水工程，由主管部门或者流域管理机构商有关省、自治区、直辖市人民政府划定工程管理和保护范围。

前款规定以外的其他水工程，应当按照省、自治区、直辖市人民政府的规定，划定工程保护范围和保护职责。

在水工程保护范围内，禁止从事影响水工程运行和危害水工程安全的爆破、打井、采石、取土等活动。

第五章 水资源配置和节约使用

第四十四条 国务院发展计划主管部门和国务院水行政主管部门负责全国水资源的宏观调配。全国的和跨省、自治区、直辖市的水中长期供求规划，由国务院水行政主管部门会同有关部门制订，经国务院发展计划主管部门审查批准后执行。地方的水中长期供求规划，由县级以上地方人民政府水行政主管部门会同同级有关部门依据上一级水中长期供求规划和本地区的实际情况制订，经本级人民政府发展计划主管部门审查批准后执行。

水中长期供求规划应当依据水的供求现状、国民经济和社会发展规划、流域规划、区域规划，按照水资源供需协调、综合平衡、保护生态、厉行节约、合理开源的原则制定。

第四十五条　调蓄径流和分配水量，应当依据流域规划和水中长期供求规划，以流域为单元制定水量分配方案。

跨省、自治区、直辖市的水量分配方案和旱情紧急情况下的水量调度预案，由流域管理机构商有关省、自治区、直辖市人民政府制订，报国务院或者其授权的部门批准后执行。其他跨行政区域的水量分配方案和旱情紧急情况下的水量调度预案，由共同的上一级人民政府水行政主管部门商有关地方人民政府制订，报本级人民政府批准后执行。

水量分配方案和旱情紧急情况下的水量调度预案经批准后，有关地方人民政府必须执行。

在不同行政区域之间的边界河流上建设水资源开发、利用项目，应当符合该流域经批准的水量分配方案，由有关县级以上地方人民政府报共同的上一级人民政府水行政主管部门或者有关流域管理机构批准。

第四十六条　县级以上地方人民政府水行政主管部门或者流域管理机构应当根据批准的水量分配方案和年度预测来水量，制定年度水量分配方案和调度计划，实施水量统一调度；有关地方人民政府必须服从。

国家确定的重要江河、湖泊的年度水量分配方案，应当纳入国家的国民经济和社会发展年度计划。

第四十七条　国家对用水实行总量控制和定额管理相结合的制度。

省、自治区、直辖市人民政府有关行业主管部门应当制订本行政区域内行业用水定额，报同级水行政主管部门和质量监督检验行政主管部门审核同意后，由省、自治区、直辖市人民政府公布，并报国务院水行政主管部门和国务院质量监督检验行政主管部门备案。

县级以上地方人民政府发展计划主管部门会同同级水行政主管部门，根据用水定额、经济技术条件以及水量分配方案确定的可供本行政区域使用的水量，制定年度用水计划，对本行政区域内的年度用水实行总量控制。

第四十八条　直接从江河、湖泊或者地下取用水资源的单位和个人，应当按照国家取水许可制度和水资源有偿使用制度的规定，向水行政主管部门或者流域管理机构申请领取取水许可证，并缴纳水资源费，取得取水权。但是，家庭生活和零星散养、圈养畜禽饮用等少量取水的除外。

实施取水许可制度和征收管理水资源费的具体办法，由国务院规定。

第四十九条　用水应当计量，并按照批准的用水计划用水。

用水实行计量收费和超定额累进加价制度。

第五十条 各级人民政府应当推行节水灌溉方式和节水技术，对农业蓄水、输水工程采取必要的防渗漏措施，提高农业用水效率。

第五十一条 工业用水应当采用先进技术、工艺和设备，增加循环用水次数，提高水的重复利用率。

国家逐步淘汰落后的、耗水量高的工艺、设备和产品，具体名录由国务院经济综合主管部门会同国务院水行政主管部门和有关部门制定并公布。生产者、销售者或者生产经营中的使用者应当在规定的时间内停止生产、销售或者使用列入名录的工艺、设备和产品。

第五十二条 城市人民政府应当因地制宜采取有效措施，推广节水型生活用水器具，降低城市供水管网漏失率，提高生活用水效率；加强城市污水集中处理，鼓励使用再生水，提高污水再生利用率。

第五十三条 新建、扩建、改建建设项目，应当制订节水措施方案，配套建设节水设施。节水设施应当与主体工程同时设计、同时施工、同时投产。

供水企业和自建供水设施的单位应当加强供水设施的维护管理，减少水的漏失。

第五十四条 各级人民政府应当积极采取措施，改善城乡居民的饮用水条件。

第五十五条 使用水工程供应的水，应当按照国家规定向供水单位缴纳水费。供水价格应当按照补偿成本、合理收益、优质优价、公平负担的原则确定。具体办法由省级以上人民政府价格主管部门会同同级水行政主管部门或者其他供水行政主管部门依据职权制定。

第六章 水事纠纷处理与执法监督检查

第五十六条 不同行政区域之间发生水事纠纷的，应当协商处理；协商不成的，由上一级人民政府裁决，有关各方必须遵照执行。在水事纠纷解决前，未经各方达成协议或者共同的上一级人民政府批准，在行政区域交界线两侧一定范围内，任何一方不得修建排水、阻水、取水和截（蓄）水工程，不得单方面改变水的现状。

第五十七条 单位之间、个人之间、单位与个人之间发生的水事纠纷，应当协商解决；当事人不愿协商或者协商不成的，可以申请县级以上地方人民政府或者其授权的部门调解，也可以直接向人民法院提起民事诉讼。县级以上地方人民政府或者其授权的部门调解不成的，当事人可以向人民法院提起民事诉讼。

在水事纠纷解决前，当事人不得单方面改变现状。

第五十八条 县级以上人民政府或者其授权的部门在处理水事纠纷时，有权采取临时处置措施，有关各方或者当事人必须服从。

第五十九条 县级以上人民政府水行政主管部门和流域管理机构应当对违反本法的行为加强监督检查并依法进行查处。

水政监督检查人员应当忠于职守，秉公执法。

第六十条 县级以上人民政府水行政主管部门、流域管理机构及其水政监督检查人员履行本法规定的监督检查职责时，有权采取下列措施：

（一）要求被检查单位提供有关文件、证照、资料；

（二）要求被检查单位就执行本法的有关问题作出说明；

（三）进入被检查单位的生产场所进行调查；

（四）责令被检查单位停止违反本法的行为，履行法定义务。

第六十一条 有关单位或者个人对水政监督检查人员的监督检查工作应当给予配合，不得拒绝或者阻碍水政监督检查人员依法执行职务。

第六十二条 水政监督检查人员在履行监督检查职责时，应当向被检查单位或者个人出示执法证件。

第六十三条 县级以上人民政府或者上级水行政主管部门发现本级或者下级水行政主管部门在监督检查工作中有违法或者失职行为的，应当责令其限期改正。

第七章 法律责任

第六十四条 水行政主管部门或者其他有关部门以及水工程管理单位及其工作人员，利用职务上的便利收取他人财物、其他好处或者玩忽职守，对不符合法定条件的单位或者个人核发许可证、签署审查同意意见，不按照水量分配方案分配水量，不按照国家有关规定收取水资源费，不履行监督职责，或者发现违法行为不予查处，造成严重后果，构成犯罪的，对负有责任的主管人员和其他直接责任人员依照刑法的有关规定追究刑事责任；尚不够刑事处罚的，依法给予行政处分。

第六十五条 在河道管理范围内建设妨碍行洪的建筑物、构筑物，或者从事影响河势稳定、危害河岸堤防安全和其他妨碍河道行洪的活动的，由县级以上人民政府水行政主管部门或者流域管理机构依据职权，责令停止违法行为，限期拆除违法建筑物、构筑物，恢复原状；逾期不拆除、不恢复原状的，强行拆除，所需费用由违法单位或者个人负担，并处一万元以上十万元以下的罚款。

未经水行政主管部门或者流域管理机构同意，擅自修建水工程，或者建设桥梁、码头和其他拦河、跨河、临河建筑物、构筑物，铺设跨河管道、电缆，且防洪法未作规定的，由县级以上人民政府水行政主管部门或者流域管理机构依据职权，责令停止违法行为，限期补办有关手续；逾期不补办或者补办未被批准的，责令限期拆除违法建筑物、构筑物；逾期不拆除的，强行拆除，所需费用由违法单位或者个人负担，并处一万元以上十万元以下的罚款。

虽经水行政主管部门或者流域管理机构同意，但未按照要求修建前款所列工程设施的，由县级以上人民政府水行政主管部门或者流域管理机构依据职权，责令限期改正，按照情节轻重，处一万元以上十万元以下的罚款。

第六十六条 有下列行为之一，且防洪法未作规定的，由县级以上人民政府水行政主管部门或者流域管理机构依据职权，责令停止违法行为，限期清除障碍或者采取其他补救措施，处一万元以上五万元以下的罚款：

（一）在江河、湖泊、水库、运河、渠道内弃置、堆放阻碍行洪的物体和种植阻碍行洪的林木及高秆作物的；

（二）围湖造地或者未经批准围垦河道的。

第六十七条　在饮用水水源保护区内设置排污口的，由县级以上地方人民政府责令限期拆除、恢复原状；逾期不拆除、不恢复原状的，强行拆除、恢复原状，并处五万元以上十万元以下的罚款。

未经水行政主管部门或者流域管理机构审查同意，擅自在江河、湖泊新建、改建或者扩大排污口的，由县级以上人民政府水行政主管部门或者流域管理机构依据职权，责令停止违法行为，限期恢复原状，处五万元以上十万元以下的罚款。

第六十八条　生产、销售或者在生产经营中使用国家明令淘汰的落后的、耗水量高的工艺、设备和产品的，由县级以上地方人民政府经济综合主管部门责令停止生产、销售或者使用，处二万元以上十万元以下的罚款。

第六十九条　有下列行为之一的，由县级以上人民政府水行政主管部门或者流域管理机构依据职权，责令停止违法行为，限期采取补救措施，处二万元以上十万元以下的罚款；情节严重的，吊销其取水许可证：

（一）未经批准擅自取水的；

（二）未依照批准的取水许可规定条件取水的。

第七十条　拒不缴纳、拖延缴纳或者拖欠水资源费的，由县级以上人民政府水行政主管部门或者流域管理机构依据职权，责令限期缴纳；逾期不缴纳的，从滞纳之日起按日加收滞纳部分千分之二的滞纳金，并处应缴或者补缴水资源费一倍以上五倍以下的罚款。

第七十一条　建设项目的节水设施没有建成或者没有达到国家规定的要求，擅自投入使用的，由县级以上人民政府有关部门或者流域管理机构依据职权，责令停止使用，限期改正，处五万元以上十万元以下的罚款。

第七十二条　有下列行为之一，构成犯罪的，依照刑法的有关规定追究刑事责任；尚不够刑事处罚，且防洪法未作规定的，由县级以上地方人民政府水行政主管部门或者流域管理机构依据职权，责令停止违法行为，采取补救措施，处一万元以上五万元以下的罚款；违反治安管理处罚法的，由公安机关依法给予治安管理处罚；给他人造成损失的，依法承担赔偿责任：

（一）侵占、毁坏水工程及堤防、护岸等有关设施，毁坏防汛、水文监测、水文地质监测设施的；

（二）在水工程保护范围内，从事影响水工程运行和危害水工程安全的爆破、打井、采石、取土等活动的。

第七十三条　侵占、盗窃或者抢夺防汛物资，防洪排涝、农田水利、水文监测和测量以及其他水工程设备和器材，贪污或者挪用国家救灾、抢险、防汛、移民安置和补偿及其他水利建设款物，构成犯罪的，依照刑法的有关规定追究刑事责任。

第七十四条 在水事纠纷发生及其处理过程中煽动闹事、结伙斗殴、抢夺或者损坏公私财物、非法限制他人人身自由，构成犯罪的，依照刑法的有关规定追究刑事责任；尚不够刑事处罚的，由公安机关依法给予治安管理处罚。

第七十五条 不同行政区域之间发生水事纠纷，有下列行为之一的，对负有责任的主管人员和其他直接责任人员依法给予行政处分：

（一）拒不执行水量分配方案和水量调度预案的；

（二）拒不服从水量统一调度的；

（三）拒不执行上一级人民政府的裁决的；

（四）在水事纠纷解决前，未经各方达成协议或者上一级人民政府批准，单方面违反本法规定改变水的现状的。

第七十六条 引水、截（蓄）水、排水，损害公共利益或者他人合法权益的，依法承担民事责任。

第七十七条 对违反本法第三十九条有关河道采砂许可制度规定的行政处罚，由国务院规定。

第八章 附 则

第七十八条 中华人民共和国缔结或者参加的与国际或者国境边界河流、湖泊有关的国际条约、协定与中华人民共和国法律有不同规定的，适用国际条约、协定的规定。但是，中华人民共和国声明保留的条款除外。

第七十九条 本法所称水工程，是指在江河、湖泊和地下水源上开发、利用、控制、调配和保护水资源的各类工程。

第八十条 海水的开发、利用、保护和管理，依照有关法律的规定执行。

第八十一条 从事防洪活动，依照防洪法的规定执行。

水污染防治，依照水污染防治法的规定执行。

第八十二条 本法自2002年10月1日起施行。

中华人民共和国环境影响评价法

（2018年12月29日修正）

（2002年10月28日第九届全国人民代表大会常务委员会第三十次会议通过　根据2016年7月2日第十二届全国人民代表大会常务委员会第二十一次会议《关于修改〈中华人民共和国节约能源法〉等六部法律的决定》第一次修正　根据2018年12月29日第十三届全国人民代表大会常务委员会第七次会议《关于修改〈中华人民共和国劳动法〉等七部法律的决定》第二次修正）

第一章　总　则

第一条　为了实施可持续发展战略，预防因规划和建设项目实施后对环境造成不良影响，促进经济、社会和环境的协调发展，制定本法。

第二条　本法所称环境影响评价，是指对规划和建设项目实施后可能造成的环境影响进行分析、预测和评估，提出预防或者减轻不良环境影响的对策和措施，进行跟踪监测的方法与制度。

第三条　编制本法第九条所规定的范围内的规划，在中华人民共和国领域和中华人民共和国管辖的其他海域内建设对环境有影响的项目，应当依照本法进行环境影响评价。

第四条　环境影响评价必须客观、公开、公正，综合考虑规划或者建设项目实施后对各种环境因素及其所构成的生态系统可能造成的影响，为决策提供科学依据。

第五条　国家鼓励有关单位、专家和公众以适当方式参与环境影响评价。

第六条　国家加强环境影响评价的基础数据库和评价指标体系建设，鼓励和支持对环境影响评价的方法、技术规范进行科学研究，建立必要的环境影响评价信息共享制度，提高环境影响评价的科学性。

国务院生态环境主管部门应当会同国务院有关部门，组织建立和完善环境影响评价的基础数据库和评价指标体系。

第二章　规划的环境影响评价

第七条　国务院有关部门、设区的市级以上地方人民政府及其有关部门，对其组织编制的土地利用的有关规划，区域、流域、海域的建设、开发利用规划，应当在规划编制过程中组织进行环境影响评价，编写该规划有关环境影响的篇章或者说明。

规划有关环境影响的篇章或者说明，应当对规划实施后可能造成的环境影响作出分析、预测和评估，提出预防或者减轻不良环境影响的对策和措施，作为规划草案的组成部分一并报送规划审批机关。

未编写有关环境影响的篇章或者说明的规划草案，审批机关不予审批。

第八条 国务院有关部门、设区的市级以上地方人民政府及其有关部门，对其组织编制的工业、农业、畜牧业、林业、能源、水利、交通、城市建设、旅游、自然资源开发的有关专项规划（以下简称专项规划），应当在该专项规划草案上报审批前，组织进行环境影响评价，并向审批该专项规划的机关提出环境影响报告书。

前款所列专项规划中的指导性规划，按照本法第七条的规定进行环境影响评价。

第九条 依照本法第七条、第八条的规定进行环境影响评价的规划的具体范围，由国务院生态环境主管部门会同国务院有关部门规定，报国务院批准。

第十条 专项规划的环境影响报告书应当包括下列内容：

（一）实施该规划对环境可能造成影响的分析、预测和评估；

（二）预防或者减轻不良环境影响的对策和措施；

（三）环境影响评价的结论。

第十一条 专项规划的编制机关对可能造成不良环境影响并直接涉及公众环境权益的规划，应当在该规划草案报送审批前，举行论证会、听证会，或者采取其他形式，征求有关单位、专家和公众对环境影响报告书草案的意见。但是，国家规定需要保密的情形除外。

编制机关应当认真考虑有关单位、专家和公众对环境影响报告书草案的意见，并应当在报送审查的环境影响报告书中附具对意见采纳或者不采纳的说明。

第十二条 专项规划的编制机关在报批规划草案时，应当将环境影响报告书一并附送审批机关审查；未附送环境影响报告书的，审批机关不予审批。

第十三条 设区的市级以上人民政府在审批专项规划草案，作出决策前，应当先由人民政府指定的生态环境主管部门或者其他部门召集有关部门代表和专家组成审查小组，对环境影响报告书进行审查。审查小组应当提出书面审查意见。

参加前款规定的审查小组的专家，应当从按照国务院生态环境主管部门的规定设立的专家库内的相关专业的专家名单中，以随机抽取的方式确定。

由省级以上人民政府有关部门负责审批的专项规划，其环境影响报告书的审查办法，由国务院生态环境主管部门会同国务院有关部门制定。

第十四条 审查小组提出修改意见的，专项规划的编制机关应当根据环境影响报告书结论和审查意见对规划草案进行修改完善，并对环境影响报告书结论和审查意见的采纳情况作出说明；不采纳的，应当说明理由。

设区的市级以上人民政府或者省级以上人民政府有关部门在审批专项规划草案时，应当将环境影响报告书结论以及审查意见作为决策的重要依据。

在审批中未采纳环境影响报告书结论以及审查意见的，应当作出说明，并存档备查。

第十五条 对环境有重大影响的规划实施后，编制机关应当及时组织环境影响的跟踪评价，并将评价结果报告审批机关；发现有明显不良环境影响的，应当及时提出改进措施。

第三章 建设项目的环境影响评价

第十六条 国家根据建设项目对环境的影响程度，对建设项目的环境影响评价实行分类管理。

建设单位应当按照下列规定组织编制环境影响报告书、环境影响报告表或者填报环境影响登记表（以下统称环境影响评价文件）：

（一）可能造成重大环境影响的，应当编制环境影响报告书，对产生的环境影响进行全面评价；

（二）可能造成轻度环境影响的，应当编制环境影响报告表，对产生的环境影响进行分析或者专项评价；

（三）对环境影响很小、不需要进行环境影响评价的，应当填报环境影响登记表。

建设项目的环境影响评价分类管理名录，由国务院生态环境主管部门制定并公布。

第十七条 建设项目的环境影响报告书应当包括下列内容：

（一）建设项目概况；

（二）建设项目周围环境现状；

（三）建设项目对环境可能造成影响的分析、预测和评估；

（四）建设项目环境保护措施及其技术、经济论证；

（五）建设项目对环境影响的经济损益分析；

（六）对建设项目实施环境监测的建议；

（七）环境影响评价的结论。

环境影响报告表和环境影响登记表的内容和格式，由国务院生态环境主管部门制定。

第十八条 建设项目的环境影响评价，应当避免与规划的环境影响评价相重复。

作为一项整体建设项目的规划，按照建设项目进行环境影响评价，不进行规划的环境影响评价。

已经进行了环境影响评价的规划包含具体建设项目的，规划的环境影响评价结论应当作为建设项目环境影响评价的重要依据，建设项目环境影响评价的内容应当根据规划的环境影响评价审查意见予以简化。

第十九条 建设单位可以委托技术单位对其建设项目开展环境影响评价，编制建设项目环境影响报告书、环境影响报告表；建设单位具备环境影响评价技术能力的，可以自行对其建设项目开展环境影响评价，编制建设项目环境影响报告书、环境影响报告表。

编制建设项目环境影响报告书、环境影响报告表应当遵守国家有关环境影响评价标准、技术规范等规定。

国务院生态环境主管部门应当制定建设项目环境影响报告书、环境影响报告表编制的能力建设指南和监管办法。

接受委托为建设单位编制建设项目环境影响报告书、环境影响报告表的技术单位，不得与负责审批建设项目环境影响报告书、环境影响报告表的生态环境主管部门或者其他有关审批部门存在任何利益关系。

第二十条 建设单位应当对建设项目环境影响报告书、环境影响报告表的内容和结论负责，接受委托编制建设项目环境影响报告书、环境影响报告表的技术单位对其编制的建设项目环境影响报告书、环境影响报告表承担相应责任。

设区的市级以上人民政府生态环境主管部门应当加强对建设项目环境影响报告书、环境影响报告表编制单位的监督管理和质量考核。

负责审批建设项目环境影响报告书、环境影响报告表的生态环境主管部门应当将编制单位、编制主持人和主要编制人员的相关违法信息记入社会诚信档案，并纳入全国信用信息共享平台和国家企业信用信息公示系统向社会公布。

任何单位和个人不得为建设单位指定编制建设项目环境影响报告书、环境影响报告表的技术单位。

第二十一条 除国家规定需要保密的情形外，对环境可能造成重大影响、应当编制环境影响报告书的建设项目，建设单位应当在报批建设项目环境影响报告书前，举行论证会、听证会，或者采取其他形式，征求有关单位、专家和公众的意见。

建设单位报批的环境影响报告书应当附具对有关单位、专家和公众的意见采纳或者不采纳的说明。

第二十二条 建设项目的环境影响报告书、报告表，由建设单位按照国务院的规定报有审批权的生态环境主管部门审批。

海洋工程建设项目的海洋环境影响报告书的审批，依照《中华人民共和国海洋环境保护法》的规定办理。

审批部门应当自收到环境影响报告书之日起六十日内，收到环境影响报告表之日起三十日内，分别作出审批决定并书面通知建设单位。

国家对环境影响登记表实行备案管理。

审核、审批建设项目环境影响报告书、报告表以及备案环境影响登记表，不得收取任何费用。

第二十三条 国务院生态环境主管部门负责审批下列建设项目的环境影响评价文件：

（一）核设施、绝密工程等特殊性质的建设项目；

（二）跨省、自治区、直辖市行政区域的建设项目；

（三）由国务院审批的或者由国务院授权有关部门审批的建设项目。

前款规定以外的建设项目的环境影响评价文件的审批权限，由省、自治区、直辖市人民政府规定。

建设项目可能造成跨行政区域的不良环境影响，有关生态环境主管部门对该项目的环境影响评价结论有争议的，其环境影响评价文件由共同的上一级生态环境主管部门审批。

第二十四条 建设项目的环境影响评价文件经批准后，建设项目的性质、规模、地点、采用的生产工艺或者防治污染、防止生态破坏的措施发生重大变动的，建设单位应当重新报批建设项目的环境影响评价文件。

建设项目的环境影响评价文件自批准之日起超过五年，方决定该项目开工建设的，其环境影响评价文件应当报原审批部门重新审核；原审批部门应当自收到建设项目环境影响评价文件之日起十日内，将审核意见书面通知建设单位。

第二十五条 建设项目的环境影响评价文件未依法经审批部门审查或者审查后未予批准的，建设单位不得开工建设。

第二十六条 建设项目建设过程中，建设单位应当同时实施环境影响报告书、环境影响报告表以及环境影响评价文件审批部门审批意见中提出的环境保护对策措施。

第二十七条 在项目建设、运行过程中产生不符合经审批的环境影响评价文件的情形的，建设单位应当组织环境影响的后评价，采取改进措施，并报原环境影响评价文件审批部门和建设项目审批部门备案；原环境影响评价文件审批部门也可以责成建设单位进行环境影响的后评价，采取改进措施。

第二十八条 生态环境主管部门应当对建设项目投入生产或者使用后所产生的环境影响进行跟踪检查，对造成严重环境污染或者生态破坏的，应当查清原因、查明责任。对属于建设项目环境影响报告书、环境影响报告表存在基础资料明显不实，内容存在重大缺陷、遗漏或者虚假，环境影响评价结论不正确或者不合理等严重质量问题的，依照本法第三十二条的规定追究建设单位及其相关责任人员和接受委托编制建设项目环境影响报告书、环境影响报告表的技术单位及其相关人员的法律责任；属于审批部门工作人员失职、渎职，对依法不应批准的建设项目环境影响报告书、环境影响报告表予以批准的，依照本法第三十四条的规定追究其法律责任。

第四章　法律责任

第二十九条 规划编制机关违反本法规定，未组织环境影响评价，或者组织环境影响评价时弄虚作假或者有失职行为，造成环境影响评价严重失实的，对直接负责的主管人员和其他直接责任人员，由上级机关或者监察机关依法给予行政处分。

第三十条 规划审批机关对依法应当编写有关环境影响的篇章或者说明而未编写的规划草案，依法应当附送环境影响报告书而未附送的专项规划草案，违法予以批准的，对直接负责的主管人员和其他直接责任人员，由上级机关或者监察机关依法给予行政处分。

第三十一条 建设单位未依法报批建设项目环境影响报告书、报告表，或者未依照本法第二十四条的规定重新报批或者报请重新审核环境影响报告书、报告表，擅自开工建设的，由县级以上生态环境主管部门责令停止建设，根据违法情节和危害后果，处建设项目总投资额百分之一以上百分之五以下的罚款，并可以责令恢复原状；对建设单位直接负责的主管人员和其他直接责任人员，依法给予行政处分。

建设项目环境影响报告书、报告表未经批准或者未经原审批部门重新审核同意，建设单位擅自开工建设的，依照前款的规定处罚、处分。

建设单位未依法备案建设项目环境影响登记表的，由县级以上生态环境主管部门责令备案，处五万元以下的罚款。

海洋工程建设项目的建设单位有本条所列违法行为的，依照《中华人民共和国海洋环境保护法》的规定处罚。

第三十二条 建设项目环境影响报告书、环境影响报告表存在基础资料明显不实，内容存在重大缺陷、遗漏或者虚假，环境影响评价结论不正确或者不合理等严重质量问题的，由设区的市级以上人民政府生态环境主管部门对建设单位处五十万元以上二百万元以下的罚款，并对建设单位的法定代表人、主要负责人、直接负责的主管人员和其他直接责任人员，处五万元以上二十万元以下的罚款。

接受委托编制建设项目环境影响报告书、环境影响报告表的技术单位违反国家有关环境影响评价标准和技术规范等规定，致使其编制的建设项目环境影响报告书、环境影响报告表存在基础资料明显不实，内容存在重大缺陷、遗漏或者虚假，环境影响评价结论不正确或者不合理等严重质量问题的，由设区的市级以上人民政府生态环境主管部门对技术单位处所收费用三倍以上五倍以下的罚款；情节严重的，禁止从事环境影响报告书、环境影响报告表编制工作；有违法所得的，没收违法所得。

编制单位有本条第一款、第二款规定的违法行为的，编制主持人和主要编制人员五年内禁止从事环境影响报告书、环境影响报告表编制工作；构成犯罪的，依法追究刑事责任，并终身禁止从事环境影响报告书、环境影响报告表编制工作。

第三十三条 负责审核、审批、备案建设项目环境影响评价文件的部门在审批、备案中收取费用的，由其上级机关或者监察机关责令退还；情节严重的，对直接负责的主管人员和其他直接责任人员依法给予行政处分。

第三十四条 生态环境主管部门或者其他部门的工作人员徇私舞弊，滥用职权，玩忽职守，违法批准建设项目环境影响评价文件的，依法给予行政处分；构成犯罪的，依法追究刑事责任。

第五章 附 则

第三十五条 省、自治区、直辖市人民政府可以根据本地的实际情况，要求对本辖区的县级人民政府编制的规划进行环境影响评价。具体办法由省、自治区、直辖市参照本法第二章的规定制定。

第三十六条 军事设施建设项目的环境影响评价办法，由中央军事委员会依照本法的原则制定。

第三十七条 本法自 2003 年 9 月 1 日起施行。

中华人民共和国水污染防治法

（2017年6月27日修正）

（1984年5月11日第六届全国人民代表大会常务委员会第五次会议通过　根据1996年5月15日第八届全国人民代表大会常务委员会第十九次会议《关于修改〈中华人民共和国水污染防治法〉的决定》第一次修正　2008年2月28日第十届全国人民代表大会常务委员会第三十二次会议修订　根据2017年6月27日第十二届全国人民代表大会常务委员会第二十八次会议《关于修改〈中华人民共和国水污染防治法〉的决定》第二次修正）

第一章　总　则

第一条　为了保护和改善环境，防治水污染，保护水生态，保障饮用水安全，维护公众健康，推进生态文明建设，促进经济社会可持续发展，制定本法。

第二条　本法适用于中华人民共和国领域内的江河、湖泊、运河、渠道、水库等地表水体以及地下水体的污染防治。海洋污染防治适用《中华人民共和国海洋环境保护法》。

第三条　水污染防治应当坚持预防为主、防治结合、综合治理的原则，优先保护饮用水水源，严格控制工业污染、城镇生活污染，防治农业面源污染，积极推进生态治理工程建设，预防、控制和减少水环境污染和生态破坏。

第四条　县级以上人民政府应当将水环境保护工作纳入国民经济和社会发展规划。

地方各级人民政府对本行政区域的水环境质量负责，应当及时采取措施防治水污染。

第五条　省、市、县、乡建立河长制，分级分段组织领导本行政区域内江河、湖泊的水资源保护、水域岸线管理、水污染防治、水环境治理等工作。

第六条　国家实行水环境保护目标责任制和考核评价制度，将水环境保护目标完成情况作为对地方人民政府及其负责人考核评价的内容。

第七条　国家鼓励、支持水污染防治的科学技术研究和先进适用技术的推广应用，加强水环境保护的宣传教育。

第八条　国家通过财政转移支付等方式，建立健全对位于饮用水水源保护区区域和江河、湖泊、水库上游地区的水环境生态保护补偿机制。

第九条　县级以上人民政府环境保护主管部门对水污染防治实施统一监督管理。交通主管部门的海事管理机构对船舶污染水域的防治实施监督管理。县级以上人民政府水行政、国土资源、卫生、建设、农业、渔业等部门以及重要江河、湖泊的流域水资源保护机构，在各自的职责范围内，对有关水污染防治实施监督管理。

第十条 排放水污染物，不得超过国家或者地方规定的水污染物排放标准和重点水污染物排放总量控制指标。

第十一条 任何单位和个人都有义务保护水环境，并有权对污染损害水环境的行为进行检举。县级以上人民政府及其有关主管部门对在水污染防治工作中做出显著成绩的单位和个人给予表彰和奖励。

第二章 水污染防治的标准和规划

第十二条 国务院环境保护主管部门制定国家水环境质量标准。省、自治区、直辖市人民政府可以对国家水环境质量标准中未作规定的项目，制定地方标准，并报国务院环境保护主管部门备案。

第十三条 国务院环境保护主管部门会同国务院水行政主管部门和有关省、自治区、直辖市人民政府，可以根据国家确定的重要江河、湖泊流域水体的使用功能以及有关地区的经济、技术条件，确定该重要江河、湖泊流域的省界水体适用的水环境质量标准，报国务院批准后施行。

第十四条 国务院环境保护主管部门根据国家水环境质量标准和国家经济、技术条件，制定国家水污染物排放标准。省、自治区、直辖市人民政府对国家水污染物排放标准中未作规定的项目，可以制定地方水污染物排放标准；对国家水污染物排放标准中已作规定的项目，可以制定严于国家水污染物排放标准的地方水污染物排放标准。地方水污染物排放标准须报国务院环境保护主管部门备案。向已有地方水污染物排放标准的水体排放污染物的，应当执行地方水污染物排放标准。

第十五条 国务院环境保护主管部门和省、自治区、直辖市人民政府，应当根据水污染防治的要求和国家或者地方的经济、技术条件，适时修订水环境质量标准和水污染物排放标准。

第十六条 防治水污染应当按流域或者按区域进行统一规划。国家确定的重要江河、湖泊的流域水污染防治规划，由国务院环境保护主管部门会同国务院经济综合宏观调控、水行政等部门和有关省、自治区、直辖市人民政府编制，报国务院批准。

前款规定外的其他跨省、自治区、直辖市江河、湖泊的流域水污染防治规划，根据国家确定的重要江河、湖泊的流域水污染防治规划和本地实际情况，由有关省、自治区、直辖市人民政府环境保护主管部门会同同级水行政等部门和有关市、县人民政府编制，经有关省、自治区、直辖市人民政府审核，报国务院批准。

省、自治区、直辖市内跨县江河、湖泊的流域水污染防治规划，根据国家确定的重要江河、湖泊的流域水污染防治规划和本地实际情况，由省、自治区、直辖市人民政府环境保护主管部门会同同级水行政等部门编制，报省、自治区、直辖市人民政府批准，并报国务院备案。

经批准的水污染防治规划是防治水污染的基本依据，规划的修订须经原批准机关批准。

县级以上地方人民政府应当根据依法批准的江河、湖泊的流域水污染防治规划，组织制定本行政区域的水污染防治规划。

第十七条 有关市、县级人民政府应当按照水污染防治规划确定的水环境质量改善目标的要求，制定限期达标规划，采取措施按期达标。

有关市、县级人民政府应当将限期达标规划报上一级人民政府备案，并向社会公开。

第十八条 市、县级人民政府每年在向本级人民代表大会或者其常务委员会报告环境状况和环境保护目标完成情况时，应当报告水环境质量限期达标规划执行情况，并向社会公开。

第三章 水污染防治的监督管理

第十九条 新建、改建、扩建直接或者间接向水体排放污染物的建设项目和其他水上设施，应当依法进行环境影响评价。

建设单位在江河、湖泊新建、改建、扩建排污口的，应当取得水行政主管部门或者流域管理机构同意；涉及通航、渔业水域的，环境保护主管部门在审批环境影响评价文件时，应当征求交通、渔业主管部门的意见。

建设项目的水污染防治设施，应当与主体工程同时设计、同时施工、同时投入使用。水污染防治设施应当符合经批准或者备案的环境影响评价文件的要求。

第二十条 国家对重点水污染物排放实施总量控制制度。

重点水污染物排放总量控制指标，由国务院环境保护主管部门在征求国务院有关部门和各省、自治区、直辖市人民政府意见后，会同国务院经济综合宏观调控部门报国务院批准并下达实施。

省、自治区、直辖市人民政府应当按照国务院的规定削减和控制本行政区域的重点水污染物排放总量。具体办法由国务院环境保护主管部门会同国务院有关部门规定。

省、自治区、直辖市人民政府可以根据本行政区域水环境质量状况和水污染防治工作的需要，对国家重点水污染物之外的其他水污染物排放实行总量控制。

对超过重点水污染物排放总量控制指标或者未完成水环境质量改善目标的地区，省级以上人民政府环境保护主管部门应当会同有关部门约谈该地区人民政府的主要负责人，并暂停审批新增重点水污染物排放总量的建设项目的环境影响评价文件。约谈情况应当向社会公开。

第二十一条 直接或者间接向水体排放工业废水和医疗污水以及其他按照规定应当取得排污许可证方可排放的废水、污水的企业事业单位和其他生产经营者，应当取得排污许可证；城镇污水集中处理设施的运营单位，也应当取得排污许可证。排污许可证应当明确排放水污染物的种类、浓度、总量和排放去向等要求。排污许可的具体办法由国务院规定。

禁止企业事业单位和其他生产经营者无排污许可证或者违反排污许可证的规定向水体排放前款规定的废水、污水。

第二十二条 向水体排放污染物的企业事业单位和其他生产经营者，应当按照法律、行政法规和国务院环境保护主管部门的规定设置排污口；在江河、湖泊设置排污口的，还应当遵守国务院水行政主管部门的规定。

第二十三条 实行排污许可管理的企业事业单位和其他生产经营者应当按照国家有关规定和监测规范，对所排放的水污染物自行监测，并保存原始监测记录。重点排污单位还应当安装水污染物排放自动监测设备，与环境保护主管部门的监控设备联网，并保证监测设备正常运行。具体办法由国务院环境保护主管部门规定。

应当安装水污染物排放自动监测设备的重点排污单位名录，由设区的市级以上地方人民政府环境保护主管部门根据本行政区域的环境容量、重点水污染物排放总量控制指标的要求以及排污单位排放水污染物的种类、数量和浓度等因素，商同级有关部门确定。

第二十四条 实行排污许可管理的企业事业单位和其他生产经营者应当对监测数据的真实性和准确性负责。

环境保护主管部门发现重点排污单位的水污染物排放自动监测设备传输数据异常，应当及时进行调查。

第二十五条 国家建立水环境质量监测和水污染物排放监测制度。国务院环境保护主管部门负责制定水环境监测规范，统一发布国家水环境状况信息，会同国务院水行政等部门组织监测网络，统一规划国家水环境质量监测站（点）的设置，建立监测数据共享机制，加强对水环境监测的管理。

第二十六条 国家确定的重要江河、湖泊流域的水资源保护工作机构负责监测其所在流域的省界水体的水环境质量状况，并将监测结果及时报国务院环境保护主管部门和国务院水行政主管部门；有经国务院批准成立的流域水资源保护领导机构的，应当将监测结果及时报告流域水资源保护领导机构。

第二十七条 国务院有关部门和县级以上地方人民政府开发、利用和调节、调度水资源时，应当统筹兼顾，维持江河的合理流量和湖泊、水库以及地下水体的合理水位，保障基本生态用水，维护水体的生态功能。

第二十八条 国务院环境保护主管部门应当会同国务院水行政等部门和有关省、自治区、直辖市人民政府，建立重要江河、湖泊的流域水环境保护联合协调机制，实行统一规划、统一标准、统一监测、统一的防治措施。

第二十九条 国务院环境保护主管部门和省、自治区、直辖市人民政府环境保护主管部门应当会同同级有关部门根据流域生态环境功能需要，明确流域生态环境保护要求，组织开展流域环境资源承载能力监测、评价，实施流域环境资源承载能力预警。

县级以上地方人民政府应当根据流域生态环境功能需要，组织开展江河、湖泊、湿地保护与修复，因地制宜建设人工湿地、水源涵养林、沿河沿湖植被缓冲带和隔离带等生态环境治理与保护工程，整治黑臭水体，提高流域环境资源承载能力。

从事开发建设活动，应当采取有效措施，维护流域生态环境功能，严守生态保护红线。

第三十条 环境保护主管部门和其他依照本法规定行使监督管理权的部门，有权对管辖范围内的排污单位进行现场检查，被检查的单位应当如实反映情况，提供必要的资料。检查机关有义务为被检查的单位保守在检查中获取的商业秘密。

第三十一条 跨行政区域的水污染纠纷，由有关地方人民政府协商解决，或者由其共同的上级人民政府协调解决。

第四章 水污染防治措施

第一节 一般规定

第三十二条 国务院环境保护主管部门应当会同国务院卫生主管部门，根据对公众健康和生态环境的危害和影响程度，公布有毒有害水污染物名录，实行风险管理。

排放前款规定名录中所列有毒有害水污染物的企业事业单位和其他生产经营者，应当对排污口和周边环境进行监测，评估环境风险，排查环境安全隐患，并公开有毒有害水污染物信息，采取有效措施防范环境风险。

第三十三条 禁止向水体排放油类、酸液、碱液或者剧毒废液。

禁止在水体清洗装贮过油类或者有毒污染物的车辆和容器。

第三十四条 禁止向水体排放、倾倒放射性固体废物或者含有高放射性和中放射性物质的废水。

向水体排放含低放射性物质的废水，应当符合国家有关放射性污染防治的规定和标准。

第三十五条 向水体排放含热废水，应当采取措施，保证水体的水温符合水环境质量标准。

第三十六条 含病原体的污水应当经过消毒处理；符合国家有关标准后，方可排放。

第三十七条 禁止向水体排放、倾倒工业废渣、城镇垃圾和其他废弃物。

禁止将含有汞、镉、砷、铬、铅、氰化物、黄磷等的可溶性剧毒废渣向水体排放、倾倒或者直接埋入地下。

存放可溶性剧毒废渣的场所，应当采取防水、防渗漏、防流失的措施。

第三十八条 禁止在江河、湖泊、运河、渠道、水库最高水位线以下的滩地和岸坡堆放、存贮固体废弃物和其他污染物。

第三十九条 禁止利用渗井、渗坑、裂隙、溶洞，私设暗管，篡改、伪造监测数据，或者不正常运行水污染防治设施等逃避监管的方式排放水污染物。

第四十条 化学品生产企业以及工业集聚区、矿山开采区、尾矿库、危险废物处置场、垃圾填埋场等的运营、管理单位，应当采取防渗漏等措施，并建设地下水水质监测井进行监测，防止地下水污染。

加油站等的地下油罐应当使用双层罐或者采取建造防渗池等其他有效措施，并进行防渗漏监测，防止地下水污染。

禁止利用无防渗漏措施的沟渠、坑塘等输送或者存贮含有毒污染物的废水、含病原体的污水和其他废弃物。

第四十一条 多层地下水的含水层水质差异大的，应当分层开采；对已受污染的潜水和承压水，不得混合开采。

第四十二条 兴建地下工程设施或者进行地下勘探、采矿等活动，应当采取防护性措施，防止地下水污染。

报废矿井、钻井或者取水井等，应当实施封井或者回填。

第四十三条 人工回灌补给地下水，不得恶化地下水质。

第二节 工业水污染防治

第四十四条 国务院有关部门和县级以上地方人民政府应当合理规划工业布局，要求造成水污染的企业进行技术改造，采取综合防治措施，提高水的重复利用率，减少废水和污染物排放量。

第四十五条 排放工业废水的企业应当采取有效措施，收集和处理产生的全部废水，防止污染环境。含有毒有害水污染物的工业废水应当分类收集和处理，不得稀释排放。

工业集聚区应当配套建设相应的污水集中处理设施，安装自动监测设备，与环境保护主管部门的监控设备联网，并保证监测设备正常运行。

向污水集中处理设施排放工业废水的，应当按照国家有关规定进行预处理，达到集中处理设施处理工艺要求后方可排放。

第四十六条 国家对严重污染水环境的落后工艺和设备实行淘汰制度。

国务院经济综合宏观调控部门会同国务院有关部门，公布限期禁止采用的严重污染水环境的工艺名录和限期禁止生产、销售、进口、使用的严重污染水环境的设备名录。

生产者、销售者、进口者或者使用者应当在规定的期限内停止生产、销售、进口或者使用列入前款规定的设备名录中的设备。工艺的采用者应当在规定的期限内停止采用列入前款规定的工艺名录中的工艺。

依照本条第二款、第三款规定被淘汰的设备，不得转让给他人使用。

第四十七条 国家禁止新建不符合国家产业政策的小型造纸、制革、印染、染料、炼焦、炼硫、炼砷、炼汞、炼油、电镀、农药、石棉、水泥、玻璃、钢铁、火电以及其他严重污染水环境的生产项目。

第四十八条 企业应当采用原材料利用效率高、污染物排放量少的清洁工艺，并加强管理，减少水污染物的产生。

第三节　城镇水污染防治

第四十九条　城镇污水应当集中处理。

县级以上地方人民政府应当通过财政预算和其他渠道筹集资金，统筹安排建设城镇污水集中处理设施及配套管网，提高本行政区域城镇污水的收集率和处理率。

国务院建设主管部门应当会同国务院经济综合宏观调控、环境保护主管部门，根据城乡规划和水污染防治规划，组织编制全国城镇污水处理设施建设规划。县级以上地方人民政府组织建设、经济综合宏观调控、环境保护、水行政等部门编制本行政区域的城镇污水处理设施建设规划。县级以上地方人民政府建设主管部门应当按照城镇污水处理设施建设规划，组织建设城镇污水集中处理设施及配套管网，并加强对城镇污水集中处理设施运营的监督管理。

城镇污水集中处理设施的运营单位按照国家规定向排污者提供污水处理的有偿服务，收取污水处理费用，保证污水集中处理设施的正常运行。收取的污水处理费用应当用于城镇污水集中处理设施的建设运行和污泥处理处置，不得挪作他用。

城镇污水集中处理设施的污水处理收费、管理以及使用的具体办法，由国务院规定。

第五十条　向城镇污水集中处理设施排放水污染物，应当符合国家或者地方规定的水污染物排放标准。

城镇污水集中处理设施的运营单位，应当对城镇污水集中处理设施的出水水质负责。

环境保护主管部门应当对城镇污水集中处理设施的出水水质和水量进行监督检查。

第五十一条　城镇污水集中处理设施的运营单位或者污泥处理处置单位应当安全处理处置污泥，保证处理处置后的污泥符合国家标准，并对污泥的去向等进行记录。

第四节　农业和农村水污染防治

第五十二条　国家支持农村污水、垃圾处理设施的建设，推进农村污水、垃圾集中处理。

地方各级人民政府应当统筹规划建设农村污水、垃圾处理设施，并保障其正常运行。

第五十三条　制定化肥、农药等产品的质量标准和使用标准，应当适应水环境保护要求。

第五十四条　使用农药，应当符合国家有关农药安全使用的规定和标准。

运输、存贮农药和处置过期失效农药，应当加强管理，防止造成水污染。

第五十五条　县级以上地方人民政府农业主管部门和其他有关部门，应当采取措施，指导农业生产者科学、合理地施用化肥和农药，推广测土配方施肥技术和高效低毒低残留农药，控制化肥和农药的过量使用，防止造成水污染。

第五十六条　国家支持畜禽养殖场、养殖小区建设畜禽粪便、废水的综合利用或者无害化处理设施。

畜禽养殖场、养殖小区应当保证其畜禽粪便、废水的综合利用或者无害化处理设施正常运转，保证污水达标排放，防止污染水环境。

畜禽散养密集区所在地县、乡级人民政府应当组织对畜禽粪便污水进行分户收集、集中处理利用。

第五十七条 从事水产养殖应当保护水域生态环境，科学确定养殖密度，合理投饵和使用药物，防止污染水环境。

第五十八条 农田灌溉用水应当符合相应的水质标准，防止污染土壤、地下水和农产品。

禁止向农田灌溉渠道排放工业废水或者医疗污水。向农田灌溉渠道排放城镇污水以及未综合利用的畜禽养殖废水、农产品加工废水的，应当保证其下游最近的灌溉取水点的水质符合农田灌溉水质标准。

第五节 船舶水污染防治

第五十九条 船舶排放含油污水、生活污水，应当符合船舶污染物排放标准。从事海洋航运的船舶进入内河和港口的，应当遵守内河的船舶污染物排放标准。

船舶的残油、废油应当回收，禁止排入水体。

禁止向水体倾倒船舶垃圾。

船舶装载运输油类或者有毒货物，应当采取防止溢流和渗漏的措施，防止货物落水造成水污染。

进入中华人民共和国内河的国际航线船舶排放压载水的，应当采用压载水处理装置或者采取其他等效措施，对压载水进行灭活等处理。禁止排放不符合规定的船舶压载水。

第六十条 船舶应当按照国家有关规定配置相应的防污设备和器材，并持有合法有效的防止水域环境污染的证书与文书。

船舶进行涉及污染物排放的作业，应当严格遵守操作规程，并在相应的记录簿上如实记载。

第六十一条 港口、码头、装卸站和船舶修造厂所在地市、县级人民政府应当统筹规划建设船舶污染物、废弃物的接收、转运及处理处置设施。

港口、码头、装卸站和船舶修造厂应当备有足够的船舶污染物、废弃物的接收设施。从事船舶污染物、废弃物接收作业，或者从事装载油类、污染危害性货物船舱清洗作业的单位，应当具备与其运营规模相适应的接收处理能力。

第六十二条 船舶及有关作业单位从事有污染风险的作业活动，应当按照有关法律法规和标准，采取有效措施，防止造成水污染。海事管理机构、渔业主管部门应当加强对船舶及有关作业活动的监督管理。

船舶进行散装液体污染危害性货物的过驳作业，应当编制作业方案，采取有效的安全和污染防治措施，并报作业地海事管理机构批准。

禁止采取冲滩方式进行船舶拆解作业。

第五章　饮用水水源和其他特殊水体保护

第六十三条　国家建立饮用水水源保护区制度。饮用水水源保护区分为一级保护区和二级保护区；必要时，可以在饮用水水源保护区外围划定一定的区域作为准保护区。

饮用水水源保护区的划定，由有关市、县人民政府提出划定方案，报省、自治区、直辖市人民政府批准；跨市、县饮用水水源保护区的划定，由有关市、县人民政府协商提出划定方案，报省、自治区、直辖市人民政府批准；协商不成的，由省、自治区、直辖市人民政府环境保护主管部门会同同级水行政、国土资源、卫生、建设等部门提出划定方案，征求同级有关部门的意见后，报省、自治区、直辖市人民政府批准。

跨省、自治区、直辖市的饮用水水源保护区，由有关省、自治区、直辖市人民政府商有关流域管理机构划定；协商不成的，由国务院环境保护主管部门会同同级水行政、国土资源、卫生、建设等部门提出划定方案，征求国务院有关部门的意见后，报国务院批准。

国务院和省、自治区、直辖市人民政府可以根据保护饮用水水源的实际需要，调整饮用水水源保护区的范围，确保饮用水安全。有关地方人民政府应当在饮用水水源保护区的边界设立明确的地理界标和明显的警示标志。

第六十四条　在饮用水水源保护区内，禁止设置排污口。

第六十五条　禁止在饮用水水源一级保护区内新建、改建、扩建与供水设施和保护水源无关的建设项目；已建成的与供水设施和保护水源无关的建设项目，由县级以上人民政府责令拆除或者关闭。

禁止在饮用水水源一级保护区内从事网箱养殖、旅游、游泳、垂钓或者其他可能污染饮用水水体的活动。

第六十六条　禁止在饮用水水源二级保护区内新建、改建、扩建排放污染物的建设项目；已建成的排放污染物的建设项目，由县级以上人民政府责令拆除或者关闭。

在饮用水水源二级保护区内从事网箱养殖、旅游等活动的，应当按照规定采取措施，防止污染饮用水水体。

第六十七条　禁止在饮用水水源准保护区内新建、扩建对水体污染严重的建设项目；改建建设项目，不得增加排污量。

第六十八条　县级以上地方人民政府应当根据保护饮用水水源的实际需要，在准保护区内采取工程措施或者建造湿地、水源涵养林等生态保护措施，防止水污染物直接排入饮用水水体，确保饮用水安全。

第六十九条　县级以上地方人民政府应当组织环境保护等部门，对饮用水水源保护区、地下水型饮用水源的补给区及供水单位周边区域的环境状况和污染风险进行调查评估，筛查可能存在的污染风险因素，并采取相应的风险防范措施。

饮用水水源受到污染可能威胁供水安全的，环境保护主管部门应当责令有关企业事业单位和其他生产经营者采取停止排放水污染物等措施，并通报饮用水供水单位和供水、卫生、水行政等部门；跨行政区域的，还应当通报相关地方人民政府。

第七十条 单一水源供水城市的人民政府应当建设应急水源或者备用水源，有条件的地区可以开展区域联网供水。

县级以上地方人民政府应当合理安排、布局农村饮用水水源，有条件的地区可以采取城镇供水管网延伸或者建设跨村、跨乡镇联片集中供水工程等方式，发展规模集中供水。

第七十一条 饮用水供水单位应当做好取水口和出水口的水质检测工作。发现取水口水质不符合饮用水水源水质标准或者出水口水质不符合饮用水卫生标准的，应当及时采取相应措施，并向所在地市、县级人民政府供水主管部门报告。供水主管部门接到报告后，应当通报环境保护、卫生、水行政等部门。

饮用水供水单位应当对供水水质负责，确保供水设施安全可靠运行，保证供水水质符合国家有关标准。

第七十二条 县级以上地方人民政府应当组织有关部门监测、评估本行政区域内饮用水水源、供水单位供水和用户水龙头出水的水质等饮用水安全状况。

县级以上地方人民政府有关部门应当至少每季度向社会公开一次饮用水安全状况信息。

第七十三条 国务院和省、自治区、直辖市人民政府根据水环境保护的需要，可以规定在饮用水水源保护区内，采取禁止或者限制使用含磷洗涤剂、化肥、农药以及限制种植养殖等措施。

第七十四条 县级以上人民政府可以对风景名胜区水体、重要渔业水体和其他具有特殊经济文化价值的水体划定保护区，并采取措施，保证保护区的水质符合规定用途的水环境质量标准。

第七十五条 在风景名胜区水体、重要渔业水体和其他具有特殊经济文化价值的水体的保护区内，不得新建排污口。在保护区附近新建排污口，应当保证保护区水体不受污染。

第六章 水污染事故处置

第七十六条 各级人民政府及其有关部门，可能发生水污染事故的企业事业单位，应当依照《中华人民共和国突发事件应对法》的规定，做好突发水污染事故的应急准备、应急处置和事后恢复等工作。

第七十七条 可能发生水污染事故的企业事业单位，应当制定有关水污染事故的应急方案，做好应急准备，并定期进行演练。

生产、储存危险化学品的企业事业单位，应当采取措施，防止在处理安全生产事故过程中产生的可能严重污染水体的消防废水、废液直接排入水体。

第七十八条 企业事业单位发生事故或者其他突发性事件，造成或者可能造成水污染事故的，应当立即启动本单位的应急方案，采取隔离等应急措施，防止水污染物进入水体，并向事故发生地的县级以上地方人民政府或者环境保护主管部门报告。环境保护主管部门接到报告后，应当及时向本级人民政府报告，并抄送有关部门。

造成渔业污染事故或者渔业船舶造成水污染事故的，应当向事故发生地的渔业主管部门报告，接受调查处理。其他船舶造成水污染事故的，应当向事故发生地的海事管理机构报告，接受调查处理；给渔业造成损害的，海事管理机构应当通知渔业主管部门参与调查处理。

第七十九条 市、县级人民政府应当组织编制饮用水安全突发事件应急预案。

饮用水供水单位应当根据所在地饮用水安全突发事件应急预案，制定相应的突发事件应急方案，报所在地市、县级人民政府备案，并定期进行演练。

饮用水水源发生水污染事故，或者发生其他可能影响饮用水安全的突发性事件，饮用水供水单位应当采取应急处理措施，向所在地市、县级人民政府报告，并向社会公开。有关人民政府应当根据情况及时启动应急预案，采取有效措施，保障供水安全。

第七章　法律责任

第八十条 环境保护主管部门或者其他依照本法规定行使监督管理权的部门，不依法作出行政许可或者办理批准文件的，发现违法行为或者接到对违法行为的举报后不予查处的，或者有其他未依照本法规定履行职责的行为的，对直接负责的主管人员和其他直接责任人员依法给予处分。

第八十一条 以拖延、围堵、滞留执法人员等方式拒绝、阻挠环境保护主管部门或者其他依照本法规定行使监督管理权的部门的监督检查，或者在接受监督检查时弄虚作假的，由县级以上人民政府环境保护主管部门或者其他依照本法规定行使监督管理权的部门责令改正，处二万元以上二十万元以下的罚款。

第八十二条 违反本法规定，有下列行为之一的，由县级以上人民政府环境保护主管部门责令限期改正，处二万元以上二十万元以下的罚款；逾期不改正的，责令停产整治：

（一）未按照规定对所排放的水污染物自行监测，或者未保存原始监测记录的；

（二）未按照规定安装水污染物排放自动监测设备，未按照规定与环境保护主管部门的监控设备联网，或者未保证监测设备正常运行的；

（三）未按照规定对有毒有害水污染物的排污口和周边环境进行监测，或者未公开有毒有害水污染物信息的。

第八十三条 违反本法规定，有下列行为之一的，由县级以上人民政府环境保护主管部门责令改正或者责令限制生产、停产整治，并处十万元以上一百万元以下的罚款；情节严重的，报经有批准权的人民政府批准，责令停业、关闭：

（一）未依法取得排污许可证排放水污染物的；

（二）超过水污染物排放标准或者超过重点水污染物排放总量控制指标排放水污染物的；

（三）利用渗井、渗坑、裂隙、溶洞，私设暗管，篡改、伪造监测数据，或者不正常运行水污染防治设施等逃避监管的方式排放水污染物的；

（四）未按照规定进行预处理，向污水集中处理设施排放不符合处理工艺要求的工业废水的。

第八十四条 在饮用水水源保护区内设置排污口的，由县级以上地方人民政府责令限期拆除，处十万元以上五十万元以下的罚款；逾期不拆除的，强制拆除，所需费用由违法者承担，处五十万元以上一百万元以下的罚款，并可以责令停产整治。

除前款规定外，违反法律、行政法规和国务院环境保护主管部门的规定设置排污口的，由县级以上地方人民政府环境保护主管部门责令限期拆除，处二万元以上十万元以下的罚款；逾期不拆除的，强制拆除，所需费用由违法者承担，处十万元以上五十万元以下的罚款；情节严重的，可以责令停产整治。

未经水行政主管部门或者流域管理机构同意，在江河、湖泊新建、改建、扩建排污口的，由县级以上人民政府水行政主管部门或者流域管理机构依据职权，依照前款规定采取措施、给予处罚。

第八十五条 有下列行为之一的，由县级以上地方人民政府环境保护主管部门责令停止违法行为，限期采取治理措施，消除污染，处以罚款；逾期不采取治理措施的，环境保护主管部门可以指定有治理能力的单位代为治理，所需费用由违法者承担：

（一）向水体排放油类、酸液、碱液的；

（二）向水体排放剧毒废液，或者将含有汞、镉、砷、铬、铅、氰化物、黄磷等的可溶性剧毒废渣向水体排放、倾倒或者直接埋入地下的；

（三）在水体清洗装贮过油类、有毒污染物的车辆或者容器的；

（四）向水体排放、倾倒工业废渣、城镇垃圾或者其他废弃物，或者在江河、湖泊、运河、渠道、水库最高水位线以下的滩地、岸坡堆放、存贮固体废弃物或者其他污染物的；

（五）向水体排放、倾倒放射性固体废物或者含有高放射性、中放射性物质的废水的；

（六）违反国家有关规定或者标准，向水体排放含低放射性物质的废水、热废水或者含病原体的污水的；

（七）未采取防渗漏等措施，或者未建设地下水水质监测井进行监测的；

（八）加油站等的地下油罐未使用双层罐或者采取建造防渗池等其他有效措施，或者未进行防渗漏监测的；

（九）未按照规定采取防护性措施，或者利用无防渗漏措施的沟渠、坑塘等输送或者存贮含有毒污染物的废水、含病原体的污水或者其他废弃物的。

有前款第三项、第四项、第六项、第七项、第八项行为之一的，处二万元以上二十万元以下的罚款。有前款第一项、第二项、第五项、第九项行为之一的，处十万元以上一百万元以下的罚款；情节严重的，报经有批准权的人民政府批准，责令停业、关闭。

第八十六条 违反本法规定，生产、销售、进口或者使用列入禁止生产、销售、进口、使用的严重污染水环境的设备名录中的设备，或者采用列入禁止采用的严重污染水环境的工艺名录中的工艺的，由县级以上人民政府经济综合宏观调控部门责令改正，处五万元以上二十万元以下的罚款；情节严重的，由县级以上人民政府经济综合宏观调控部门提出意见，报请本级人民政府责令停业、关闭。

第八十七条 违反本法规定，建设不符合国家产业政策的小型造纸、制革、印染、染料、炼焦、炼硫、炼砷、炼汞、炼油、电镀、农药、石棉、水泥、玻璃、钢铁、火电以及其他严重污染水环境的生产项目的，由所在地的市、县人民政府责令关闭。

第八十八条 城镇污水集中处理设施的运营单位或者污泥处理处置单位，处理处置后的污泥不符合国家标准，或者对污泥去向等未进行记录的，由城镇排水主管部门责令限期采取治理措施，给予警告；造成严重后果的，处十万元以上二十万元以下的罚款；逾期不采取治理措施的，城镇排水主管部门可以指定有治理能力的单位代为治理，所需费用由违法者承担。

第八十九条 船舶未配置相应的防污染设备和器材，或者未持有合法有效的防止水域环境污染的证书与文书的，由海事管理机构、渔业主管部门按照职责分工责令限期改正，处二千元以上二万元以下的罚款；逾期不改正的，责令船舶临时停航。

船舶进行涉及污染物排放的作业，未遵守操作规程或者未在相应的记录簿上如实记载的，由海事管理机构、渔业主管部门按照职责分工责令改正，处二千元以上二万元以下的罚款。

第九十条 违反本法规定，有下列行为之一的，由海事管理机构、渔业主管部门按照职责分工责令停止违法行为，处一万元以上十万元以下的罚款；造成水污染的，责令限期采取治理措施，消除污染，处二万元以上二十万元以下的罚款；逾期不采取治理措施的，海事管理机构、渔业主管部门按照职责分工可以指定有治理能力的单位代为治理，所需费用由船舶承担：

（一）向水体倾倒船舶垃圾或者排放船舶的残油、废油的；

（二）未经作业地海事管理机构批准，船舶进行散装液体污染危害性货物的过驳作业的；

（三）船舶及有关作业单位从事有污染风险的作业活动，未按照规定采取污染防治措施的；

（四）以冲滩方式进行船舶拆解的；

（五）进入中华人民共和国内河的国际航线船舶，排放不符合规定的船舶压载水的。

第九十一条 有下列行为之一的，由县级以上地方人民政府环境保护主管部门责令停止违法行为，处十万元以上五十万元以下的罚款；并报经有批准权的人民政府批准，责令拆除或者关闭：

（一）在饮用水水源一级保护区内新建、改建、扩建与供水设施和保护水源无关的建设项目的；

（二）在饮用水水源二级保护区内新建、改建、扩建排放污染物的建设项目的；

（三）在饮用水水源准保护区内新建、扩建对水体污染严重的建设项目，或者改建建设项目增加排污量的。

在饮用水水源一级保护区内从事网箱养殖或者组织进行旅游、垂钓或者其他可能污染饮用水水体的活动的，由县级以上地方人民政府环境保护主管部门责令停止违法行为，处二万元以上十万元以下的罚款。个人在饮用水水源一级保护区内游泳、垂钓或者从事其他可能污染饮用水水体的活动的，由县级以上地方人民政府环境保护主管部门责令停止违法行为，可以处五百元以下的罚款。

第九十二条 饮用水供水单位供水水质不符合国家规定标准的，由所在地市、县级人民政府供水主管部门责令改正，处二万元以上二十万元以下的罚款；情节严重的，报经有批准权的人民政府批准，可以责令停业整顿；对直接负责的主管人员和其他直接责任人员依法给予处分。

第九十三条 企业事业单位有下列行为之一的，由县级以上人民政府环境保护主管部门责令改正；情节严重的，处二万元以上十万元以下的罚款：

（一）不按照规定制定水污染事故的应急方案的；

（二）水污染事故发生后，未及时启动水污染事故的应急方案，采取有关应急措施的。

第九十四条 企业事业单位违反本法规定，造成水污染事故的，除依法承担赔偿责任外，由县级以上人民政府环境保护主管部门依照本条第二款的规定处以罚款，责令限期采取治理措施，消除污染；未按照要求采取治理措施或者不具备治理能力的，由环境保护主管部门指定有治理能力的单位代为治理，所需费用由违法者承担；对造成重大或者特大水污染事故的，还可以报经有批准权的人民政府批准，责令关闭；对直接负责的主管人员和其他直接责任人员可以处上一年度从本单位取得的收入百分之五十以下的罚款；有《中华人民共和国环境保护法》第六十三条规定的违法排放水污染物等行为之一，尚不构成犯罪的，由公安机关对直接负责的主管人员和其他直接责任人员处十日以上十五日以下的拘留；情节较轻的，处五日以上十日以下的拘留。

对造成一般或者较大水污染事故的，按照水污染事故造成的直接损失的百分之二十计算罚款；对造成重大或者特大水污染事故的，按照水污染事故造成的直接损失的百分之三十计算罚款。

造成渔业污染事故或者渔业船舶造成水污染事故的，由渔业主管部门进行处罚；其他船舶造成水污染事故的，由海事管理机构进行处罚。

第九十五条 企业事业单位和其他生产经营者违法排放水污染物，受到罚款处罚，被责令改正的，依法作出处罚决定的行政机关应当组织复查，发现其继续违法排放水污染物或者拒绝、阻挠复查的，依照《中华人民共和国环境保护法》的规定按日连续处罚。

第九十六条 因水污染受到损害的当事人，有权要求排污方排除危害和赔偿损失。

由于不可抗力造成水污染损害的，排污方不承担赔偿责任；法律另有规定的除外。

水污染损害是由受害人故意造成的，排污方不承担赔偿责任。水污染损害是由受害人重大过失造成的，可以减轻排污方的赔偿责任。

水污染损害是由第三人造成的，排污方承担赔偿责任后，有权向第三人追偿。

第九十七条 因水污染引起的损害赔偿责任和赔偿金额的纠纷，可以根据当事人的请求，由环境保护主管部门或者海事管理机构、渔业主管部门按照职责分工调解处理；调解不成的，当事人可以向人民法院提起诉讼。当事人也可以直接向人民法院提起诉讼。

第九十八条 因水污染引起的损害赔偿诉讼，由排污方就法律规定的免责事由及其行为与损害结果之间不存在因果关系承担举证责任。

第九十九条 因水污染受到损害的当事人人数众多的，可以依法由当事人推选代表人进行共同诉讼。

环境保护主管部门和有关社会团体可以依法支持因水污染受到损害的当事人向人民法院提起诉讼。

国家鼓励法律服务机构和律师为水污染损害诉讼中的受害人提供法律援助。

第一百条 因水污染引起的损害赔偿责任和赔偿金额的纠纷，当事人可以委托环境监测机构提供监测数据。环境监测机构应当接受委托，如实提供有关监测数据。

第一百零一条 违反本法规定，构成犯罪的，依法追究刑事责任。

第八章　附　则

第一百零二条 本法中下列用语的含义：

（一）水污染，是指水体因某种物质的介入，而导致其化学、物理、生物或者放射性等方面特性的改变，从而影响水的有效利用，危害人体健康或者破坏生态环境，造成水质恶化的现象。

（二）水污染物，是指直接或者间接向水体排放的，能导致水体污染的物质。

（三）有毒污染物，是指那些直接或者间接被生物摄入体内后，可能导致该生物或者其后代发病、行为反常、遗传异变、生理机能失常、机体变形或者死亡的污染物。

（四）污泥，是指污水处理过程中产生的半固态或者固态物质。

（五）渔业水体，是指划定的鱼虾类的产卵场、索饵场、越冬场、洄游通道和鱼虾贝藻类的养殖场的水体。

第一百零三条 本法自 2008 年 6 月 1 日起施行。

中华人民共和国大气污染防治法

（2018年10月26日修正）

（1987年9月5日第六届全国人民代表大会常务委员会第二十二次会议通过　根据1995年8月29日第八届全国人民代表大会常务委员会第十五次会议《关于修改〈中华人民共和国大气污染防治法〉的决定》第一次修正　2000年4月29日第九届全国人民代表大会常务委员会第十五次会议第一次修订　2015年8月29日第十二届全国人民代表大会常务委员会第十六次会议第二次修订　根据2018年10月26日第十三届全国人民代表大会常务委员会第六次会议《关于修改〈中华人民共和国野生动物保护法〉等十五部法律的决定》第二次修正）

第一章　总　则

第一条　为保护和改善环境，防治大气污染，保障公众健康，推进生态文明建设，促进经济社会可持续发展，制定本法。

第二条　防治大气污染，应当以改善大气环境质量为目标，坚持源头治理，规划先行，转变经济发展方式，优化产业结构和布局，调整能源结构。

防治大气污染，应当加强对燃煤、工业、机动车船、扬尘、农业等大气污染的综合防治，推行区域大气污染联合防治，对颗粒物、二氧化硫、氮氧化物、挥发性有机物、氨等大气污染物和温室气体实施协同控制。

第三条　县级以上人民政府应当将大气污染防治工作纳入国民经济和社会发展规划，加大对大气污染防治的财政投入。

地方各级人民政府应当对本行政区域的大气环境质量负责，制定规划，采取措施，控制或者逐步削减大气污染物的排放量，使大气环境质量达到规定标准并逐步改善。

第四条　国务院生态环境主管部门会同国务院有关部门，按照国务院的规定，对省、自治区、直辖市大气环境质量改善目标、大气污染防治重点任务完成情况进行考核。省、自治区、直辖市人民政府制定考核办法，对本行政区域内地方大气环境质量改善目标、大气污染防治重点任务完成情况实施考核。考核结果应当向社会公开。

第五条　县级以上人民政府生态环境主管部门对大气污染防治实施统一监督管理。

县级以上人民政府其他有关部门在各自职责范围内对大气污染防治实施监督管理。

第六条　国家鼓励和支持大气污染防治科学技术研究，开展对大气污染来源及其变化趋势的分析，推广先进适用的大气污染防治技术和装备，促进科技成果转化，发挥科学技术在大气污染防治中的支撑作用。

第七条 企业事业单位和其他生产经营者应当采取有效措施，防止、减少大气污染，对所造成的损害依法承担责任。

公民应当增强大气环境保护意识，采取低碳、节俭的生活方式，自觉履行大气环境保护义务。

第二章 大气污染防治标准和限期达标规划

第八条 国务院生态环境主管部门或者省、自治区、直辖市人民政府制定大气环境质量标准，应当以保障公众健康和保护生态环境为宗旨，与经济社会发展相适应，做到科学合理。

第九条 国务院生态环境主管部门或者省、自治区、直辖市人民政府制定大气污染物排放标准，应当以大气环境质量标准和国家经济、技术条件为依据。

第十条 制定大气环境质量标准、大气污染物排放标准，应当组织专家进行审查和论证，并征求有关部门、行业协会、企业事业单位和公众等方面的意见。

第十一条 省级以上人民政府生态环境主管部门应当在其网站上公布大气环境质量标准、大气污染物排放标准，供公众免费查阅、下载。

第十二条 大气环境质量标准、大气污染物排放标准的执行情况应当定期进行评估，根据评估结果对标准适时进行修订。

第十三条 制定燃煤、石油焦、生物质燃料、涂料等含挥发性有机物的产品、烟花爆竹以及锅炉等产品的质量标准，应当明确大气环境保护要求。

制定燃油质量标准，应当符合国家大气污染物控制要求，并与国家机动车船、非道路移动机械大气污染物排放标准相互衔接，同步实施。

前款所称非道路移动机械，是指装配有发动机的移动机械和可运输工业设备。

第十四条 未达到国家大气环境质量标准城市的人民政府应当及时编制大气环境质量限期达标规划，采取措施，按照国务院或者省级人民政府规定的期限达到大气环境质量标准。

编制城市大气环境质量限期达标规划，应当征求有关行业协会、企业事业单位、专家和公众等方面的意见。

第十五条 城市大气环境质量限期达标规划应当向社会公开。直辖市和设区的市的大气环境质量限期达标规划应当报国务院生态环境主管部门备案。

第十六条 城市人民政府每年在向本级人民代表大会或者其常务委员会报告环境状况和环境保护目标完成情况时，应当报告大气环境质量限期达标规划执行情况，并向社会公开。

第十七条 城市大气环境质量限期达标规划应当根据大气污染防治的要求和经济、技术条件适时进行评估、修订。

第三章　大气污染防治的监督管理

第十八条　企业事业单位和其他生产经营者建设对大气环境有影响的项目，应当依法进行环境影响评价、公开环境影响评价文件；向大气排放污染物的，应当符合大气污染物排放标准，遵守重点大气污染物排放总量控制要求。

第十九条　排放工业废气或者本法第七十八条规定名录中所列有毒有害大气污染物的企业事业单位、集中供热设施的燃煤热源生产运营单位以及其他依法实行排污许可管理的单位，应当取得排污许可证。排污许可的具体办法和实施步骤由国务院规定。

第二十条　企业事业单位和其他生产经营者向大气排放污染物的，应当依照法律法规和国务院生态环境主管部门的规定设置大气污染物排放口。

禁止通过偷排、篡改或者伪造监测数据、以逃避现场检查为目的的临时停产、非紧急情况下开启应急排放通道、不正常运行大气污染防治设施等逃避监管的方式排放大气污染物。

第二十一条　国家对重点大气污染物排放实行总量控制。

重点大气污染物排放总量控制目标，由国务院生态环境主管部门在征求国务院有关部门和各省、自治区、直辖市人民政府意见后，会同国务院经济综合主管部门报国务院批准并下达实施。

省、自治区、直辖市人民政府应当按照国务院下达的总量控制目标，控制或者削减本行政区域的重点大气污染物排放总量。

确定总量控制目标和分解总量控制指标的具体办法，由国务院生态环境主管部门会同国务院有关部门规定。省、自治区、直辖市人民政府可以根据本行政区域大气污染防治的需要，对国家重点大气污染物之外的其他大气污染物排放实行总量控制。

国家逐步推行重点大气污染物排污权交易。

第二十二条　对超过国家重点大气污染物排放总量控制指标或者未完成国家下达的大气环境质量改善目标的地区，省级以上人民政府生态环境主管部门应当会同有关部门约谈该地区人民政府的主要负责人，并暂停审批该地区新增重点大气污染物排放总量的建设项目环境影响评价文件。约谈情况应当向社会公开。

第二十三条　国务院生态环境主管部门负责制定大气环境质量和大气污染源的监测和评价规范，组织建设与管理全国大气环境质量和大气污染源监测网，组织开展大气环境质量和大气污染源监测，统一发布全国大气环境质量状况信息。

县级以上地方人民政府生态环境主管部门负责组织建设与管理本行政区域大气环境质量和大气污染源监测网，开展大气环境质量和大气污染源监测，统一发布本行政区域大气环境质量状况信息。

第二十四条　企业事业单位和其他生产经营者应当按照国家有关规定和监测规范，对其排放的工业废气和本法第七十八条规定名录中所列有毒有害大气污染物进行监测，并保存原始监测记录。其中，重点排污单位应当安装、使用大气污染物排放自动监测设备，与生态环境主管部门的监控设备联网，保证监测设备正常运行并依法公开排放信息。监测的具体办法和重点排污单位的条件由国务院生态环境主管部门规定。

重点排污单位名录由设区的市级以上地方人民政府生态环境主管部门按照国务院生态环境主管部门的规定，根据本行政区域的大气环境承载力、重点大气污染物排放总量控制指标的要求以及排污单位排放大气污染物的种类、数量和浓度等因素，商有关部门确定，并向社会公布。

第二十五条 重点排污单位应当对自动监测数据的真实性和准确性负责。生态环境主管部门发现重点排污单位的大气污染物排放自动监测设备传输数据异常，应当及时进行调查。

第二十六条 禁止侵占、损毁或者擅自移动、改变大气环境质量监测设施和大气污染物排放自动监测设备。

第二十七条 国家对严重污染大气环境的工艺、设备和产品实行淘汰制度。

国务院经济综合主管部门会同国务院有关部门确定严重污染大气环境的工艺、设备和产品淘汰期限，并纳入国家综合性产业政策目录。

生产者、进口者、销售者或者使用者应当在规定期限内停止生产、进口、销售或者使用列入前款规定目录中的设备和产品。工艺的采用者应当在规定期限内停止采用列入前款规定目录中的工艺。

被淘汰的设备和产品，不得转让给他人使用。

第二十八条 国务院生态环境主管部门会同有关部门，建立和完善大气污染损害评估制度。

第二十九条 生态环境主管部门及其环境执法机构和其他负有大气环境保护监督管理职责的部门，有权通过现场检查监测、自动监测、遥感监测、远红外摄像等方式，对排放大气污染物的企业事业单位和其他生产经营者进行监督检查。被检查者应当如实反映情况，提供必要的资料。实施检查的部门、机构及其工作人员应当为被检查者保守商业秘密。

第三十条 企业事业单位和其他生产经营者违反法律法规规定排放大气污染物，造成或者可能造成严重大气污染，或者有关证据可能灭失或者被隐匿的，县级以上人民政府生态环境主管部门和其他负有大气环境保护监督管理职责的部门，可以对有关设施、设备、物品采取查封、扣押等行政强制措施。

第三十一条 生态环境主管部门和其他负有大气环境保护监督管理职责的部门应当公布举报电话、电子邮箱等，方便公众举报。

生态环境主管部门和其他负有大气环境保护监督管理职责的部门接到举报的，应当及时处理并对举报人的相关信息予以保密；对实名举报的，应当反馈处理结果等情况，查证属实的，处理结果依法向社会公开，并对举报人给予奖励。

举报人举报所在单位的，该单位不得以解除、变更劳动合同或者其他方式对举报人进行打击报复。

第四章　大气污染防治措施

第一节　燃煤和其他能源污染防治

第三十二条　国务院有关部门和地方各级人民政府应当采取措施，调整能源结构，推广清洁能源的生产和使用；优化煤炭使用方式，推广煤炭清洁高效利用，逐步降低煤炭在一次能源消费中的比重，减少煤炭生产、使用、转化过程中的大气污染物排放。

第三十三条　国家推行煤炭洗选加工，降低煤炭的硫分和灰分，限制高硫分、高灰分煤炭的开采。新建煤矿应当同步建设配套的煤炭洗选设施，使煤炭的硫分、灰分含量达到规定标准；已建成的煤矿除所采煤炭属于低硫分、低灰分或者根据已达标排放的燃煤电厂要求不需要洗选的以外，应当限期建成配套的煤炭洗选设施。

禁止开采含放射性和砷等有毒有害物质超过规定标准的煤炭。

第三十四条　国家采取有利于煤炭清洁高效利用的经济、技术政策和措施，鼓励和支持洁净煤技术的开发和推广。

国家鼓励煤矿企业等采用合理、可行的技术措施，对煤层气进行开采利用，对煤矸石进行综合利用。从事煤层气开采利用的，煤层气排放应当符合有关标准规范。

第三十五条　国家禁止进口、销售和燃用不符合质量标准的煤炭，鼓励燃用优质煤炭。

单位存放煤炭、煤矸石、煤渣、煤灰等物料，应当采取防燃措施，防止大气污染。

第三十六条　地方各级人民政府应当采取措施，加强民用散煤的管理，禁止销售不符合民用散煤质量标准的煤炭，鼓励居民燃用优质煤炭和洁净型煤，推广节能环保型炉灶。

第三十七条　石油炼制企业应当按照燃油质量标准生产燃油。

禁止进口、销售和燃用不符合质量标准的石油焦。

第三十八条　城市人民政府可以划定并公布高污染燃料禁燃区，并根据大气环境质量改善要求，逐步扩大高污染燃料禁燃区范围。高污染燃料的目录由国务院生态环境主管部门确定。

在禁燃区内，禁止销售、燃用高污染燃料；禁止新建、扩建燃用高污染燃料的设施，已建成的，应当在城市人民政府规定的期限内改用天然气、页岩气、液化石油气、电或者其他清洁能源。

第三十九条　城市建设应当统筹规划，在燃煤供热地区，推进热电联产和集中供热。在集中供热管网覆盖地区，禁止新建、扩建分散燃煤供热锅炉；已建成的不能达标排放的燃煤供热锅炉，应当在城市人民政府规定的期限内拆除。

第四十条　县级以上人民政府市场监督管理部门应当会同生态环境主管部门对锅炉生产、进口、销售和使用环节执行环境保护标准或者要求的情况进行监督检查；不符合环境保护标准或者要求的，不得生产、进口、销售和使用。

第四十一条 燃煤电厂和其他燃煤单位应当采用清洁生产工艺，配套建设除尘、脱硫、脱硝等装置，或者采取技术改造等其他控制大气污染物排放的措施。

国家鼓励燃煤单位采用先进的除尘、脱硫、脱硝、脱汞等大气污染物协同控制的技术和装置，减少大气污染物的排放。

第四十二条 电力调度应当优先安排清洁能源发电上网。

第二节 工业污染防治

第四十三条 钢铁、建材、有色金属、石油、化工等企业生产过程中排放粉尘、硫化物和氮氧化物的，应当采用清洁生产工艺，配套建设除尘、脱硫、脱硝等装置，或者采取技术改造等其他控制大气污染物排放的措施。

第四十四条 生产、进口、销售和使用含挥发性有机物的原材料和产品的，其挥发性有机物含量应当符合质量标准或者要求。

国家鼓励生产、进口、销售和使用低毒、低挥发性有机溶剂。

第四十五条 产生含挥发性有机物废气的生产和服务活动，应当在密闭空间或者设备中进行，并按照规定安装、使用污染防治设施；无法密闭的，应当采取措施减少废气排放。

第四十六条 工业涂装企业应当使用低挥发性有机物含量的涂料，并建立台账，记录生产原料、辅料的使用量、废弃量、去向以及挥发性有机物含量。台账保存期限不得少于三年。

第四十七条 石油、化工以及其他生产和使用有机溶剂的企业，应当采取措施对管道、设备进行日常维护、维修，减少物料泄漏，对泄漏的物料应当及时收集处理。

储油储气库、加油加气站、原油成品油码头、原油成品油运输船舶和油罐车、气罐车等，应当按照国家有关规定安装油气回收装置并保持正常使用。

第四十八条 钢铁、建材、有色金属、石油、化工、制药、矿产开采等企业，应当加强精细化管理，采取集中收集处理等措施，严格控制粉尘和气态污染物的排放。

工业生产企业应当采取密闭、围挡、遮盖、清扫、洒水等措施，减少内部物料的堆存、传输、装卸等环节产生的粉尘和气态污染物的排放。

第四十九条 工业生产、垃圾填埋或者其他活动产生的可燃性气体应当回收利用，不具备回收利用条件的，应当进行污染防治处理。

可燃性气体回收利用装置不能正常作业的，应当及时修复或者更新。在回收利用装置不能正常作业期间确需排放可燃性气体的，应当将排放的可燃性气体充分燃烧或者采取其他控制大气污染物排放的措施，并向当地生态环境主管部门报告，按照要求限期修复或者更新。

第三节 机动车船等污染防治

第五十条 国家倡导低碳、环保出行，根据城市规划合理控制燃油机动车保有量，大力发展城市公共交通，提高公共交通出行比例。

国家采取财政、税收、政府采购等措施推广应用节能环保型和新能源机动车船、非道路移动机械，限制高油耗、高排放机动车船、非道路移动机械的发展，减少化石能源的消耗。

省、自治区、直辖市人民政府可以在条件具备的地区，提前执行国家机动车大气污染物排放标准中相应阶段排放限值，并报国务院生态环境主管部门备案。

城市人民政府应当加强并改善城市交通管理，优化道路设置，保障人行道和非机动车道的连续、畅通。

第五十一条 机动车船、非道路移动机械不得超过标准排放大气污染物。

禁止生产、进口或者销售大气污染物排放超过标准的机动车船、非道路移动机械。

第五十二条 机动车、非道路移动机械生产企业应当对新生产的机动车和非道路移动机械进行排放检验。经检验合格的，方可出厂销售。检验信息应当向社会公开。

省级以上人民政府生态环境主管部门可以通过现场检查、抽样检测等方式，加强对新生产、销售机动车和非道路移动机械大气污染物排放状况的监督检查。工业、市场监督管理等有关部门予以配合。

第五十三条 在用机动车应当按照国家或者地方的有关规定，由机动车排放检验机构定期对其进行排放检验。经检验合格的，方可上道路行驶。未经检验合格的，公安机关交通管理部门不得核发安全技术检验合格标志。

县级以上地方人民政府生态环境主管部门可以在机动车集中停放地、维修地对在用机动车的大气污染物排放状况进行监督抽测；在不影响正常通行的情况下，可以通过遥感监测等技术手段对在道路上行驶的机动车的大气污染物排放状况进行监督抽测，公安机关交通管理部门予以配合。

第五十四条 机动车排放检验机构应当依法通过计量认证，使用经依法检定合格的机动车排放检验设备，按照国务院生态环境主管部门制定的规范，对机动车进行排放检验，并与生态环境主管部门联网，实现检验数据实时共享。机动车排放检验机构及其负责人对检验数据的真实性和准确性负责。

生态环境主管部门和认证认可监督管理部门应当对机动车排放检验机构的排放检验情况进行监督检查。

第五十五条 机动车生产、进口企业应当向社会公布其生产、进口机动车车型的排放检验信息、污染控制技术信息和有关维修技术信息。

机动车维修单位应当按照防治大气污染的要求和国家有关技术规范对在用机动车进行维修，使其达到规定的排放标准。交通运输、生态环境主管部门应当依法加强监督管理。

禁止机动车所有人以临时更换机动车污染控制装置等弄虚作假的方式通过机动车排放检验。禁止机动车维修单位提供该类维修服务。禁止破坏机动车车载排放诊断系统。

第五十六条 生态环境主管部门应当会同交通运输、住房城乡建设、农业行政、水行政等有关部门对非道路移动机械的大气污染物排放状况进行监督检查，排放不合格的，不得使用。

第五十七条 国家倡导环保驾驶，鼓励燃油机动车驾驶人在不影响道路通行且需停车三分钟以上的情况下熄灭发动机，减少大气污染物的排放。

第五十八条 国家建立机动车和非道路移动机械环境保护召回制度。

生产、进口企业获知机动车、非道路移动机械排放大气污染物超过标准，属于设计、生产缺陷或者不符合规定的环境保护耐久性要求的，应当召回；未召回的，由国务院市场监督管理部门会同国务院生态环境主管部门责令其召回。

第五十九条 在用重型柴油车、非道路移动机械未安装污染控制装置或者污染控制装置不符合要求，不能达标排放的，应当加装或者更换符合要求的污染控制装置。

第六十条 在用机动车排放大气污染物超过标准的，应当进行维修；经维修或者采用污染控制技术后，大气污染物排放仍不符合国家在用机动车排放标准的，应当强制报废。其所有人应当将机动车交售给报废机动车回收拆解企业，由报废机动车回收拆解企业按照国家有关规定进行登记、拆解、销毁等处理。

国家鼓励和支持高排放机动车船、非道路移动机械提前报废。

第六十一条 城市人民政府可以根据大气环境质量状况，划定并公布禁止使用高排放非道路移动机械的区域。

第六十二条 船舶检验机构对船舶发动机及有关设备进行排放检验。经检验符合国家排放标准的，船舶方可运营。

第六十三条 内河和江海直达船舶应当使用符合标准的普通柴油。远洋船舶靠港后应当使用符合大气污染物控制要求的船舶用燃油。

新建码头应当规划、设计和建设岸基供电设施；已建成的码头应当逐步实施岸基供电设施改造。船舶靠港后应当优先使用岸电。

第六十四条 国务院交通运输主管部门可以在沿海海域划定船舶大气污染物排放控制区，进入排放控制区的船舶应当符合船舶相关排放要求。

第六十五条 禁止生产、进口、销售不符合标准的机动车船、非道路移动机械用燃料；禁止向汽车和摩托车销售普通柴油以及其他非机动车用燃料；禁止向非道路移动机械、内河和江海直达船舶销售渣油和重油。

第六十六条 发动机油、氮氧化物还原剂、燃料和润滑油添加剂以及其他添加剂的有害物质含量和其他大气环境保护指标，应当符合有关标准的要求，不得损害机动车船污染控制装置效果和耐久性，不得增加新的大气污染物排放。

第六十七条 国家积极推进民用航空器的大气污染防治，鼓励在设计、生产、使用过程中采取有效措施减少大气污染物排放。

民用航空器应当符合国家规定的适航标准中的有关发动机排出物要求。

第四节　扬尘污染防治

第六十八条　地方各级人民政府应当加强对建设施工和运输的管理，保持道路清洁，控制料堆和渣土堆放，扩大绿地、水面、湿地和地面铺装面积，防治扬尘污染。

住房城乡建设、市容环境卫生、交通运输、国土资源等有关部门，应当根据本级人民政府确定的职责，做好扬尘污染防治工作。

第六十九条　建设单位应当将防治扬尘污染的费用列入工程造价，并在施工承包合同中明确施工单位扬尘污染防治责任。施工单位应当制定具体的施工扬尘污染防治实施方案。

从事房屋建筑、市政基础设施建设、河道整治以及建筑物拆除等施工单位，应当向负责监督管理扬尘污染防治的主管部门备案。

施工单位应当在施工工地设置硬质围挡，并采取覆盖、分段作业、择时施工、洒水抑尘、冲洗地面和车辆等有效防尘降尘措施。建筑土方、工程渣土、建筑垃圾应当及时清运；在场地内堆存的，应当采用密闭式防尘网遮盖。工程渣土、建筑垃圾应当进行资源化处理。

施工单位应当在施工工地公示扬尘污染防治措施、负责人、扬尘监督管理主管部门等信息。

暂时不能开工的建设用地，建设单位应当对裸露地面进行覆盖；超过三个月的，应当进行绿化、铺装或者遮盖。

第七十条　运输煤炭、垃圾、渣土、砂石、土方、灰浆等散装、流体物料的车辆应当采取密闭或者其他措施防止物料遗撒造成扬尘污染，并按照规定路线行驶。

装卸物料应当采取密闭或者喷淋等方式防治扬尘污染。

城市人民政府应当加强道路、广场、停车场和其他公共场所的清扫保洁管理，推行清洁动力机械化清扫等低尘作业方式，防治扬尘污染。

第七十一条　市政河道以及河道沿线、公共用地的裸露地面以及其他城镇裸露地面，有关部门应当按照规划组织实施绿化或者透水铺装。

第七十二条　贮存煤炭、煤矸石、煤渣、煤灰、水泥、石灰、石膏、砂土等易产生扬尘的物料应当密闭；不能密闭的，应当设置不低于堆放物高度的严密围挡，并采取有效覆盖措施防治扬尘污染。

码头、矿山、填埋场和消纳场应当实施分区作业，并采取有效措施防治扬尘污染。

第五节　农业和其他污染防治

第七十三条　地方各级人民政府应当推动转变农业生产方式，发展农业循环经济，加大对废弃物综合处理的支持力度，加强对农业生产经营活动排放大气污染物的控制。

第七十四条　农业生产经营者应当改进施肥方式，科学合理施用化肥并按照国家有关规定使用农药，减少氨、挥发性有机物等大气污染物的排放。

禁止在人口集中地区对树木、花草喷洒剧毒、高毒农药。

第七十五条 畜禽养殖场、养殖小区应当及时对污水、畜禽粪便和尸体等进行收集、贮存、清运和无害化处理，防止排放恶臭气体。

第七十六条 各级人民政府及其农业行政等有关部门应当鼓励和支持采用先进适用技术，对秸秆、落叶等进行肥料化、饲料化、能源化、工业原料化、食用菌基料化等综合利用，加大对秸秆还田、收集一体化农业机械的财政补贴力度。

县级人民政府应当组织建立秸秆收集、贮存、运输和综合利用服务体系，采用财政补贴等措施支持农村集体经济组织、农民专业合作经济组织、企业等开展秸秆收集、贮存、运输和综合利用服务。

第七十七条 省、自治区、直辖市人民政府应当划定区域，禁止露天焚烧秸秆、落叶等产生烟尘污染的物质。

第七十八条 国务院生态环境主管部门应当会同国务院卫生行政部门，根据大气污染物对公众健康和生态环境的危害和影响程度，公布有毒有害大气污染物名录，实行风险管理。

排放前款规定名录中所列有毒有害大气污染物的企业事业单位，应当按照国家有关规定建设环境风险预警体系，对排放口和周边环境进行定期监测，评估环境风险，排查环境安全隐患，并采取有效措施防范环境风险。

第七十九条 向大气排放持久性有机污染物的企业事业单位和其他生产经营者以及废弃物焚烧设施的运营单位，应当按照国家有关规定，采取有利于减少持久性有机污染物排放的技术方法和工艺，配备有效的净化装置，实现达标排放。

第八十条 企业事业单位和其他生产经营者在生产经营活动中产生恶臭气体的，应当科学选址，设置合理的防护距离，并安装净化装置或者采取其他措施，防止排放恶臭气体。

第八十一条 排放油烟的餐饮服务业经营者应当安装油烟净化设施并保持正常使用，或者采取其他油烟净化措施，使油烟达标排放，并防止对附近居民的正常生活环境造成污染。

禁止在居民住宅楼、未配套设立专用烟道的商住综合楼以及商住综合楼内与居住层相邻的商业楼层内新建、改建、扩建产生油烟、异味、废气的餐饮服务项目。

任何单位和个人不得在当地人民政府禁止的区域内露天烧烤食品或者为露天烧烤食品提供场地。

第八十二条 禁止在人口集中地区和其他依法需要特殊保护的区域内焚烧沥青、油毡、橡胶、塑料、皮革、垃圾以及其他产生有毒有害烟尘和恶臭气体的物质。

禁止生产、销售和燃放不符合质量标准的烟花爆竹。任何单位和个人不得在城市人民政府禁止的时段和区域内燃放烟花爆竹。

第八十三条 国家鼓励和倡导文明、绿色祭祀。

火葬场应当设置除尘等污染防治设施并保持正常使用，防止影响周边环境。

第八十四条 从事服装干洗和机动车维修等服务活动的经营者，应当按照国家有关标准或者要求设置异味和废气处理装置等污染防治设施并保持正常使用，防止影响周边环境。

第八十五条 国家鼓励、支持消耗臭氧层物质替代品的生产和使用，逐步减少直至停止消耗臭氧层物质的生产和使用。

国家对消耗臭氧层物质的生产、使用、进出口实行总量控制和配额管理。具体办法由国务院规定。

第五章 重点区域大气污染联合防治

第八十六条 国家建立重点区域大气污染联防联控机制，统筹协调重点区域内大气污染防治工作。国务院生态环境主管部门根据主体功能区划、区域大气环境质量状况和大气污染传输扩散规律，划定国家大气污染防治重点区域，报国务院批准。

重点区域内有关省、自治区、直辖市人民政府应当确定牵头的地方人民政府，定期召开联席会议，按照统一规划、统一标准、统一监测、统一的防治措施的要求，开展大气污染联合防治，落实大气污染防治目标责任。国务院生态环境主管部门应当加强指导、督促。

省、自治区、直辖市可以参照第一款规定划定本行政区域的大气污染防治重点区域。

第八十七条 国务院生态环境主管部门会同国务院有关部门、国家大气污染防治重点区域内有关省、自治区、直辖市人民政府，根据重点区域经济社会发展和大气环境承载力，制定重点区域大气污染联合防治行动计划，明确控制目标，优化区域经济布局，统筹交通管理，发展清洁能源，提出重点防治任务和措施，促进重点区域大气环境质量改善。

第八十八条 国务院经济综合主管部门会同国务院生态环境主管部门，结合国家大气污染防治重点区域产业发展实际和大气环境质量状况，进一步提高环境保护、能耗、安全、质量等要求。

重点区域内有关省、自治区、直辖市人民政府应当实施更严格的机动车大气污染物排放标准，统一在用机动车检验方法和排放限值，并配套供应合格的车用燃油。

第八十九条 编制可能对国家大气污染防治重点区域的大气环境造成严重污染的有关工业园区、开发区、区域产业和发展等规划，应当依法进行环境影响评价。规划编制机关应当与重点区域内有关省、自治区、直辖市人民政府或者有关部门会商。

重点区域内有关省、自治区、直辖市建设可能对相邻省、自治区、直辖市大气环境质量产生重大影响的项目，应当及时通报有关信息，进行会商。

会商意见及其采纳情况作为环境影响评价文件审查或者审批的重要依据。

第九十条 国家大气污染防治重点区域内新建、改建、扩建用煤项目的，应当实行煤炭的等量或者减量替代。

第九十一条 国务院生态环境主管部门应当组织建立国家大气污染防治重点区域

的大气环境质量监测、大气污染源监测等相关信息共享机制，利用监测、模拟以及卫星、航测、遥感等新技术分析重点区域内大气污染来源及其变化趋势，并向社会公开。

第九十二条 国务院生态环境主管部门和国家大气污染防治重点区域内有关省、自治区、直辖市人民政府可以组织有关部门开展联合执法、跨区域执法、交叉执法。

第六章 重污染天气应对

第九十三条 国家建立重污染天气监测预警体系。

国务院生态环境主管部门会同国务院气象主管机构等有关部门、国家大气污染防治重点区域内有关省、自治区、直辖市人民政府，建立重点区域重污染天气监测预警机制，统一预警分级标准。可能发生区域重污染天气的，应当及时向重点区域内有关省、自治区、直辖市人民政府通报。

省、自治区、直辖市、设区的市人民政府生态环境主管部门会同气象主管机构等有关部门建立本行政区域重污染天气监测预警机制。

第九十四条 县级以上地方人民政府应当将重污染天气应对纳入突发事件应急管理体系。

省、自治区、直辖市、设区的市人民政府以及可能发生重污染天气的县级人民政府，应当制定重污染天气应急预案，向上一级人民政府生态环境主管部门备案，并向社会公布。

第九十五条 省、自治区、直辖市、设区的市人民政府生态环境主管部门应当会同气象主管机构建立会商机制，进行大气环境质量预报。可能发生重污染天气的，应当及时向本级人民政府报告。省、自治区、直辖市、设区的市人民政府依据重污染天气预报信息，进行综合研判，确定预警等级并及时发出预警。预警等级根据情况变化及时调整。任何单位和个人不得擅自向社会发布重污染天气预报预警信息。

预警信息发布后，人民政府及其有关部门应当通过电视、广播、网络、短信等途径告知公众采取健康防护措施，指导公众出行和调整其他相关社会活动。

第九十六条 县级以上地方人民政府应当依据重污染天气的预警等级，及时启动应急预案，根据应急需要可以采取责令有关企业停产或者限产、限制部分机动车行驶、禁止燃放烟花爆竹、停止工地土石方作业和建筑物拆除施工、停止露天烧烤、停止幼儿园和学校组织的户外活动、组织开展人工影响天气作业等应急措施。

应急响应结束后，人民政府应当及时开展应急预案实施情况的评估，适时修改完善应急预案。

第九十七条 发生造成大气污染的突发环境事件，人民政府及其有关部门和相关企业事业单位，应当依照《中华人民共和国突发事件应对法》《中华人民共和国环境保护法》的规定，做好应急处置工作。生态环境主管部门应当及时对突发环境事件产生的大气污染物进行监测，并向社会公布监测信息。

第七章 法律责任

第九十八条 违反本法规定，以拒绝进入现场等方式拒不接受生态环境主管部门及其环境执法机构或者其他负有大气环境保护监督管理职责的部门的监督检查，或者在接受监督检查时弄虚作假的，由县级以上人民政府生态环境主管部门或者其他负有大气环境保护监督管理职责的部门责令改正，处二万元以上二十万元以下的罚款；构成违反治安管理行为的，由公安机关依法予以处罚。

第九十九条 违反本法规定，有下列行为之一的，由县级以上人民政府生态环境主管部门责令改正或者限制生产、停产整治，并处十万元以上一百万元以下的罚款；情节严重的，报经有批准权的人民政府批准，责令停业、关闭：

（一）未依法取得排污许可证排放大气污染物的；

（二）超过大气污染物排放标准或者超过重点大气污染物排放总量控制指标排放大气污染物的；

（三）通过逃避监管的方式排放大气污染物的。

第一百条 违反本法规定，有下列行为之一的，由县级以上人民政府生态环境主管部门责令改正，处二万元以上二十万元以下的罚款；拒不改正的，责令停产整治：

（一）侵占、损毁或者擅自移动、改变大气环境质量监测设施或者大气污染物排放自动监测设备的；

（二）未按照规定对所排放的工业废气和有毒有害大气污染物进行监测并保存原始监测记录的；

（三）未按照规定安装、使用大气污染物排放自动监测设备或者未按照规定与生态环境主管部门的监控设备联网，并保证监测设备正常运行的；

（四）重点排污单位不公开或者不如实公开自动监测数据的；

（五）未按照规定设置大气污染物排放口的。

第一百零一条 违反本法规定，生产、进口、销售或者使用国家综合性产业政策目录中禁止的设备和产品，采用国家综合性产业政策目录中禁止的工艺，或者将淘汰的设备和产品转让给他人使用的，由县级以上人民政府经济综合主管部门、海关按照职责责令改正，没收违法所得，并处货值金额一倍以上三倍以下的罚款；拒不改正的，报经有批准权的人民政府批准，责令停业、关闭。进口行为构成走私的，由海关依法予以处罚。

第一百零二条 违反本法规定，煤矿未按照规定建设配套煤炭洗选设施的，由县级以上人民政府能源主管部门责令改正，处十万元以上一百万元以下的罚款；拒不改正的，报经有批准权的人民政府批准，责令停业、关闭。

违反本法规定，开采含放射性和砷等有毒有害物质超过规定标准的煤炭的，由县级以上人民政府按照国务院规定的权限责令停业、关闭。

第一百零三条 违反本法规定，有下列行为之一的，由县级以上地方人民政府市场监督管理部门责令改正，没收原材料、产品和违法所得，并处货值金额一倍以上三倍以下的罚款：

（一）销售不符合质量标准的煤炭、石油焦的；

（二）生产、销售挥发性有机物含量不符合质量标准或者要求的原材料和产品的；

（三）生产、销售不符合标准的机动车船和非道路移动机械用燃料、发动机油、氮氧化物还原剂、燃料和润滑油添加剂以及其他添加剂的；

（四）在禁燃区内销售高污染燃料的。

第一百零四条 违反本法规定，有下列行为之一的，由海关责令改正，没收原材料、产品和违法所得，并处货值金额一倍以上三倍以下的罚款；构成走私的，由海关依法予以处罚：

（一）进口不符合质量标准的煤炭、石油焦的；

（二）进口挥发性有机物含量不符合质量标准或者要求的原材料和产品的；

（三）进口不符合标准的机动车船和非道路移动机械用燃料、发动机油、氮氧化物还原剂、燃料和润滑油添加剂以及其他添加剂的。

第一百零五条 违反本法规定，单位燃用不符合质量标准的煤炭、石油焦的，由县级以上人民政府生态环境主管部门责令改正，处货值金额一倍以上三倍以下的罚款。

第一百零六条 违反本法规定，使用不符合标准或者要求的船舶用燃油的，由海事管理机构、渔业主管部门按照职责处一万元以上十万元以下的罚款。

第一百零七条 违反本法规定，在禁燃区内新建、扩建燃用高污染燃料的设施，或者未按照规定停止燃用高污染燃料，或者在城市集中供热管网覆盖地区新建、扩建分散燃煤供热锅炉，或者未按照规定拆除已建成的不能达标排放的燃煤供热锅炉的，由县级以上地方人民政府生态环境主管部门没收燃用高污染燃料的设施，组织拆除燃煤供热锅炉，并处二万元以上二十万元以下的罚款。

违反本法规定，生产、进口、销售或者使用不符合规定标准或者要求的锅炉，由县级以上人民政府市场监督管理、生态环境主管部门责令改正，没收违法所得，并处二万元以上二十万元以下的罚款。

第一百零八条 违反本法规定，有下列行为之一的，由县级以上人民政府生态环境主管部门责令改正，处二万元以上二十万元以下的罚款；拒不改正的，责令停产整治：

（一）产生含挥发性有机物废气的生产和服务活动，未在密闭空间或者设备中进行，未按照规定安装、使用污染防治设施，或者未采取减少废气排放措施的；

（二）工业涂装企业未使用低挥发性有机物含量涂料或者未建立、保存台账的；

（三）石油、化工以及其他生产和使用有机溶剂的企业，未采取措施对管道、设备进行日常维护、维修，减少物料泄漏或者对泄漏的物料未及时收集处理的；

（四）储油储气库、加油加气站和油罐车、气罐车等，未按照国家有关规定安装并正常使用油气回收装置的；

（五）钢铁、建材、有色金属、石油、化工、制药、矿产开采等企业，未采取集中收集处理、密闭、围挡、遮盖、清扫、洒水等措施，控制、减少粉尘和气态污染物排放的；

（六）工业生产、垃圾填埋或者其他活动中产生的可燃性气体未回收利用，不具备回收利用条件未进行防治污染处理，或者可燃性气体回收利用装置不能正常作业，未及时修复或者更新的。

第一百零九条 违反本法规定，生产超过污染物排放标准的机动车、非道路移动机械的，由省级以上人民政府生态环境主管部门责令改正，没收违法所得，并处货值金额一倍以上三倍以下的罚款，没收销毁无法达到污染物排放标准的机动车、非道路移动机械；拒不改正的，责令停产整治，并由国务院机动车生产主管部门责令停止生产该车型。

违反本法规定，机动车、非道路移动机械生产企业对发动机、污染控制装置弄虚作假、以次充好，冒充排放检验合格产品出厂销售的，由省级以上人民政府生态环境主管部门责令停产整治，没收违法所得，并处货值金额一倍以上三倍以下的罚款，没收销毁无法达到污染物排放标准的机动车、非道路移动机械，并由国务院机动车生产主管部门责令停止生产该车型。

第一百一十条 违反本法规定，进口、销售超过污染物排放标准的机动车、非道路移动机械的，由县级以上人民政府市场监督管理部门、海关按照职责没收违法所得，并处货值金额一倍以上三倍以下的罚款，没收销毁无法达到污染物排放标准的机动车、非道路移动机械；进口行为构成走私的，由海关依法予以处罚。

违反本法规定，销售的机动车、非道路移动机械不符合污染物排放标准的，销售者应当负责修理、更换、退货；给购买者造成损失的，销售者应当赔偿损失。

第一百一十一条 违反本法规定，机动车生产、进口企业未按照规定向社会公布其生产、进口机动车车型的排放检验信息或者污染控制技术信息的，由省级以上人民政府生态环境主管部门责令改正，处五万元以上五十万元以下的罚款。

违反本法规定，机动车生产、进口企业未按照规定向社会公布其生产、进口机动车车型的有关维修技术信息的，由省级以上人民政府交通运输主管部门责令改正，处五万元以上五十万元以下的罚款。

第一百一十二条 违反本法规定，伪造机动车、非道路移动机械排放检验结果或者出具虚假排放检验报告的，由县级以上人民政府生态环境主管部门没收违法所得，并处十万元以上五十万元以下的罚款；情节严重的，由负责资质认定的部门取消其检验资格。

违反本法规定，伪造船舶排放检验结果或者出具虚假排放检验报告的，由海事管理机构依法予以处罚。

违反本法规定，以临时更换机动车污染控制装置等弄虚作假的方式通过机动车排放检验或者破坏机动车车载排放诊断系统的，由县级以上人民政府生态环境主管部门责令改正，对机动车所有人处五千元的罚款；对机动车维修单位处每辆机动车五千元的罚款。

第一百一十三条 违反本法规定，机动车驾驶人驾驶排放检验不合格的机动车上道路行驶的，由公安机关交通管理部门依法予以处罚。

第一百一十四条 违反本法规定，使用排放不合格的非道路移动机械，或者在用重型柴油车、非道路移动机械未按照规定加装、更换污染控制装置的，由县级以上人民政府生态环境等主管部门按照职责责令改正，处五千元的罚款。

违反本法规定，在禁止使用高排放非道路移动机械的区域使用高排放非道路移动机械的，由城市人民政府生态环境等主管部门依法予以处罚。

第一百一十五条 违反本法规定，施工单位有下列行为之一的，由县级以上人民政府住房城乡建设等主管部门按照职责责令改正，处一万元以上十万元以下的罚款；拒不改正的，责令停工整治：

（一）施工工地未设置硬质围挡，或者未采取覆盖、分段作业、择时施工、洒水抑尘、冲洗地面和车辆等有效防尘降尘措施的；

（二）建筑土方、工程渣土、建筑垃圾未及时清运，或者未采用密闭式防尘网遮盖的。

违反本法规定，建设单位未对暂时不能开工的建设用地的裸露地面进行覆盖，或者未对超过三个月不能开工的建设用地的裸露地面进行绿化、铺装或者遮盖的，由县级以上人民政府住房城乡建设等主管部门依照前款规定予以处罚。

第一百一十六条 违反本法规定，运输煤炭、垃圾、渣土、砂石、土方、灰浆等散装、流体物料的车辆，未采取密闭或者其他措施防止物料遗撒的，由县级以上地方人民政府确定的监督管理部门责令改正，处二千元以上二万元以下的罚款；拒不改正的，车辆不得上道路行驶。

第一百一十七条 违反本法规定，有下列行为之一的，由县级以上人民政府生态环境等主管部门按照职责责令改正，处一万元以上十万元以下的罚款；拒不改正的，责令停工整治或者停业整治：

（一）未密闭煤炭、煤矸石、煤渣、煤灰、水泥、石灰、石膏、砂土等易产生扬尘的物料的；

（二）对不能密闭的易产生扬尘的物料，未设置不低于堆放物高度的严密围挡，或者未采取有效覆盖措施防治扬尘污染的；

（三）装卸物料未采取密闭或者喷淋等方式控制扬尘排放的；

（四）存放煤炭、煤矸石、煤渣、煤灰等物料，未采取防燃措施的；

（五）码头、矿山、填埋场和消纳场未采取有效措施防治扬尘污染的；

（六）排放有毒有害大气污染物名录中所列有毒有害大气污染物的企业事业单位，未按照规定建设环境风险预警体系或者对排放口和周边环境进行定期监测、排查环境安全隐患并采取有效措施防范环境风险的；

（七）向大气排放持久性有机污染物的企业事业单位和其他生产经营者以及废弃物焚烧设施的运营单位，未按照国家有关规定采取有利于减少持久性有机污染物排放的技术方法和工艺，配备净化装置的；

（八）未采取措施防止排放恶臭气体的。

第一百一十八条 违反本法规定，排放油烟的餐饮服务业经营者未安装油烟净化设施、不正常使用油烟净化设施或者未采取其他油烟净化措施，超过排放标准排放油烟的，由县级以上地方人民政府确定的监督管理部门责令改正，处五千元以上五万元以下的罚款；拒不改正的，责令停业整治。

违反本法规定，在居民住宅楼、未配套设立专用烟道的商住综合楼、商住综合楼内与居住层相邻的商业楼层内新建、改建、扩建产生油烟、异味、废气的餐饮服务项目的，由县级以上地方人民政府确定的监督管理部门责令改正；拒不改正的，予以关闭，并处一万元以上十万元以下的罚款。

违反本法规定，在当地人民政府禁止的时段和区域内露天烧烤食品或者为露天烧烤食品提供场地的，由县级以上地方人民政府确定的监督管理部门责令改正，没收烧烤工具和违法所得，并处五百元以上二万元以下的罚款。

第一百一十九条 违反本法规定，在人口集中地区对树木、花草喷洒剧毒、高毒农药，或者露天焚烧秸秆、落叶等产生烟尘污染的物质的，由县级以上地方人民政府确定的监督管理部门责令改正，并可以处五百元以上二千元以下的罚款。

违反本法规定，在人口集中地区和其他依法需要特殊保护的区域内，焚烧沥青、油毡、橡胶、塑料、皮革、垃圾以及其他产生有毒有害烟尘和恶臭气体的物质的，由县级人民政府确定的监督管理部门责令改正，对单位处一万元以上十万元以下的罚款，对个人处五百元以上二千元以下的罚款。

违反本法规定，在城市人民政府禁止的时段和区域内燃放烟花爆竹的，由县级以上地方人民政府确定的监督管理部门依法予以处罚。

第一百二十条 违反本法规定，从事服装干洗和机动车维修等服务活动，未设置异味和废气处理装置等污染防治设施并保持正常使用，影响周边环境的，由县级以上地方人民政府生态环境主管部门责令改正，处二千元以上二万元以下的罚款；拒不改正的，责令停业整治。

第一百二十一条 违反本法规定，擅自向社会发布重污染天气预报预警信息，构成违反治安管理行为的，由公安机关依法予以处罚。

违反本法规定，拒不执行停止工地土石方作业或者建筑物拆除施工等重污染天气应急措施的，由县级以上地方人民政府确定的监督管理部门处一万元以上十万元以下的罚款。

第一百二十二条 违反本法规定，造成大气污染事故的，由县级以上人民政府生态环境主管部门依照本条第二款的规定处以罚款；对直接负责的主管人员和其他直接责任人员可以处上一年度从本企业事业单位取得收入百分之五十以下的罚款。

对造成一般或者较大大气污染事故的，按照污染事故造成直接损失的一倍以上三倍以下计算罚款；对造成重大或者特大大气污染事故的，按照污染事故造成的直接损失的三倍以上五倍以下计算罚款。

第一百二十三条 违反本法规定，企业事业单位和其他生产经营者有下列行为之一，受到罚款处罚，被责令改正，拒不改正的，依法作出处罚决定的行政机关可以自责令改正之日的次日起，按照原处罚数额按日连续处罚：

（一）未依法取得排污许可证排放大气污染物的；

（二）超过大气污染物排放标准或者超过重点大气污染物排放总量控制指标排放大气污染物的；

（三）通过逃避监管的方式排放大气污染物的；

（四）建筑施工或者贮存易产生扬尘的物料未采取有效措施防治扬尘污染的。

第一百二十四条 违反本法规定，对举报人以解除、变更劳动合同或者其他方式打击报复的，应当依照有关法律的规定承担责任。

第一百二十五条 排放大气污染物造成损害的，应当依法承担侵权责任。

第一百二十六条 地方各级人民政府、县级以上人民政府生态环境主管部门和其他负有大气环境保护监督管理职责的部门及其工作人员滥用职权、玩忽职守、徇私舞弊、弄虚作假的，依法给予处分。

第一百二十七条 违反本法规定，构成犯罪的，依法追究刑事责任。

第八章　附　则

第一百二十八条 海洋工程的大气污染防治，依照《中华人民共和国海洋环境保护法》的有关规定执行。

第一百二十九条 本法自 2016 年 1 月 1 日起施行。

中华人民共和国土壤污染防治法

（自2019年1月1日起施行）

（2018年8月31日第十三届全国人民代表大会常务委员会第五次会议通过）

第一章　总　则

第一条　为了保护和改善生态环境，防治土壤污染，保障公众健康，推动土壤资源永续利用，推进生态文明建设，促进经济社会可持续发展，制定本法。

第二条　在中华人民共和国领域及管辖的其他海域从事土壤污染防治及相关活动，适用本法。

本法所称土壤污染，是指因人为因素导致某种物质进入陆地表层土壤，引起土壤化学、物理、生物等方面特性的改变，影响土壤功能和有效利用，危害公众健康或者破坏生态环境的现象。

第三条　土壤污染防治应当坚持预防为主、保护优先、分类管理、风险管控、污染担责、公众参与的原则。

第四条　任何组织和个人都有保护土壤、防止土壤污染的义务。

土地使用权人从事土地开发利用活动，企业事业单位和其他生产经营者从事生产经营活动，应当采取有效措施，防止、减少土壤污染，对所造成的土壤污染依法承担责任。

第五条　地方各级人民政府应当对本行政区域土壤污染防治和安全利用负责。

国家实行土壤污染防治目标责任制和考核评价制度，将土壤污染防治目标完成情况作为考核评价地方各级人民政府及其负责人、县级以上人民政府负有土壤污染防治监督管理职责的部门及其负责人的内容。

第六条　各级人民政府应当加强对土壤污染防治工作的领导，组织、协调、督促有关部门依法履行土壤污染防治监督管理职责。

第七条　国务院生态环境主管部门对全国土壤污染防治工作实施统一监督管理；国务院农业农村、自然资源、住房城乡建设、林业草原等主管部门在各自职责范围内对土壤污染防治工作实施监督管理。

地方人民政府生态环境主管部门对本行政区域土壤污染防治工作实施统一监督管理；地方人民政府农业农村、自然资源、住房城乡建设、林业草原等主管部门在各自职责范围内对土壤污染防治工作实施监督管理。

第八条 国家建立土壤环境信息共享机制。

国务院生态环境主管部门应当会同国务院农业农村、自然资源、住房城乡建设、水利、卫生健康、林业草原等主管部门建立土壤环境基础数据库，构建全国土壤环境信息平台，实行数据动态更新和信息共享。

第九条 国家支持土壤污染风险管控和修复、监测等污染防治科学技术研究开发、成果转化和推广应用，鼓励土壤污染防治产业发展，加强土壤污染防治专业技术人才培养，促进土壤污染防治科学技术进步。

国家支持土壤污染防治国际交流与合作。

第十条 各级人民政府及其有关部门、基层群众性自治组织和新闻媒体应当加强土壤污染防治宣传教育和科学普及，增强公众土壤污染防治意识，引导公众依法参与土壤污染防治工作。

第二章 规划、标准、普查和监测

第十一条 县级以上人民政府应当将土壤污染防治工作纳入国民经济和社会发展规划、环境保护规划。

设区的市级以上地方人民政府生态环境主管部门应当会同发展改革、农业农村、自然资源、住房城乡建设、林业草原等主管部门，根据环境保护规划要求、土地用途、土壤污染状况普查和监测结果等，编制土壤污染防治规划，报本级人民政府批准后公布实施。

第十二条 国务院生态环境主管部门根据土壤污染状况、公众健康风险、生态风险和科学技术水平，并按照土地用途，制定国家土壤污染风险管控标准，加强土壤污染防治标准体系建设。

省级人民政府对国家土壤污染风险管控标准中未作规定的项目，可以制定地方土壤污染风险管控标准；对国家土壤污染风险管控标准中已作规定的项目，可以制定严于国家土壤污染风险管控标准的地方土壤污染风险管控标准。地方土壤污染风险管控标准应当报国务院生态环境主管部门备案。

土壤污染风险管控标准是强制性标准。

国家支持对土壤环境背景值和环境基准的研究。

第十三条 制定土壤污染风险管控标准，应当组织专家进行审查和论证，并征求有关部门、行业协会、企业事业单位和公众等方面的意见。

土壤污染风险管控标准的执行情况应当定期评估，并根据评估结果对标准适时修订。

省级以上人民政府生态环境主管部门应当在其网站上公布土壤污染风险管控标准，供公众免费查阅、下载。

第十四条 国务院统一领导全国土壤污染状况普查。国务院生态环境主管部门会同国务院农业农村、自然资源、住房城乡建设、林业草原等主管部门，每十年至少组织开展一次全国土壤污染状况普查。

国务院有关部门、设区的市级以上地方人民政府可以根据本行业、本行政区域实际情况组织开展土壤污染状况详查。

第十五条 国家实行土壤环境监测制度。

国务院生态环境主管部门制定土壤环境监测规范，会同国务院农业农村、自然资源、住房城乡建设、水利、卫生健康、林业草原等主管部门组织监测网络，统一规划国家土壤环境监测站（点）的设置。

第十六条 地方人民政府农业农村、林业草原主管部门应当会同生态环境、自然资源主管部门对下列农用地地块进行重点监测：

（一）产出的农产品污染物含量超标的；

（二）作为或者曾作为污水灌溉区的；

（三）用于或者曾用于规模化养殖，固体废物堆放、填埋的；

（四）曾作为工矿用地或者发生过重大、特大污染事故的；

（五）有毒有害物质生产、贮存、利用、处置设施周边的；

（六）国务院农业农村、林业草原、生态环境、自然资源主管部门规定的其他情形。

第十七条 地方人民政府生态环境主管部门应当会同自然资源主管部门对下列建设用地地块进行重点监测：

（一）曾用于生产、使用、贮存、回收、处置有毒有害物质的；

（二）曾用于固体废物堆放、填埋的；

（三）曾发生过重大、特大污染事故的；

（四）国务院生态环境、自然资源主管部门规定的其他情形。

第三章 预防和保护

第十八条 各类涉及土地利用的规划和可能造成土壤污染的建设项目，应当依法进行环境影响评价。环境影响评价文件应当包括对土壤可能造成的不良影响及应当采取的相应预防措施等内容。

第十九条 生产、使用、贮存、运输、回收、处置、排放有毒有害物质的单位和个人，应当采取有效措施，防止有毒有害物质渗漏、流失、扬散，避免土壤受到污染。

第二十条 国务院生态环境主管部门应当会同国务院卫生健康等主管部门，根据对公众健康、生态环境的危害和影响程度，对土壤中有毒有害物质进行筛查评估，公布重点控制的土壤有毒有害物质名录，并适时更新。

第二十一条 设区的市级以上地方人民政府生态环境主管部门应当按照国务院生态环境主管部门的规定，根据有毒有害物质排放等情况，制定本行政区域土壤污染重点监管单位名录，向社会公开并适时更新。

土壤污染重点监管单位应当履行下列义务：

（一）严格控制有毒有害物质排放，并按年度向生态环境主管部门报告排放情况；

（二）建立土壤污染隐患排查制度，保证持续有效防止有毒有害物质渗漏、流失、扬散；

（三）制定、实施自行监测方案，并将监测数据报生态环境主管部门。

前款规定的义务应当在排污许可证中载明。

土壤污染重点监管单位应当对监测数据的真实性和准确性负责。生态环境主管部门发现土壤污染重点监管单位监测数据异常，应当及时进行调查。

设区的市级以上地方人民政府生态环境主管部门应当定期对土壤污染重点监管单位周边土壤进行监测。

第二十二条 企业事业单位拆除设施、设备或者建筑物、构筑物的，应当采取相应的土壤污染防治措施。

土壤污染重点监管单位拆除设施、设备或者建筑物、构筑物的，应当制定包括应急措施在内的土壤污染防治工作方案，报地方人民政府生态环境、工业和信息化主管部门备案并实施。

第二十三条 各级人民政府生态环境、自然资源主管部门应当依法加强对矿产资源开发区域土壤污染防治的监督管理，按照相关标准和总量控制的要求，严格控制可能造成土壤污染的重点污染物排放。

尾矿库运营、管理单位应当按照规定，加强尾矿库的安全管理，采取措施防止土壤污染。危库、险库、病库以及其他需要重点监管的尾矿库的运营、管理单位应当按照规定，进行土壤污染状况监测和定期评估。

第二十四条 国家鼓励在建筑、通信、电力、交通、水利等领域的信息、网络、防雷、接地等建设工程中采用新技术、新材料，防止土壤污染。

禁止在土壤中使用重金属含量超标的降阻产品。

第二十五条 建设和运行污水集中处理设施、固体废物处置设施，应当依照法律法规和相关标准的要求，采取措施防止土壤污染。

地方人民政府生态环境主管部门应当定期对污水集中处理设施、固体废物处置设施周边土壤进行监测；对不符合法律法规和相关标准要求的，应当根据监测结果，要求污水集中处理设施、固体废物处置设施运营单位采取相应改进措施。

地方各级人民政府应当统筹规划、建设城乡生活污水和生活垃圾处理、处置设施，并保障其正常运行，防止土壤污染。

第二十六条 国务院农业农村、林业草原主管部门应当制定规划，完善相关标准和措施，加强农用地农药、化肥使用指导和使用总量控制，加强农用薄膜使用控制。

国务院农业农村主管部门应当加强农药、肥料登记，组织开展农药、肥料对土壤环境影响的安全性评价。

制定农药、兽药、肥料、饲料、农用薄膜等农业投入品及其包装物标准和农田灌溉用水水质标准，应当适应土壤污染防治的要求。

第二十七条 地方人民政府农业农村、林业草原主管部门应当开展农用地土壤污染防治宣传和技术培训活动，扶持农业生产专业化服务，指导农业生产者合理使用农药、兽药、肥料、饲料、农用薄膜等农业投入品，控制农药、兽药、化肥等的使用量。

地方人民政府农业农村主管部门应当鼓励农业生产者采取有利于防止土壤污染的种养结合、轮作休耕等农业耕作措施；支持采取土壤改良、土壤肥力提升等有利于土壤养护和培育的措施；支持畜禽粪便处理、利用设施的建设。

第二十八条 禁止向农用地排放重金属或者其他有毒有害物质含量超标的污水、污泥，以及可能造成土壤污染的清淤底泥、尾矿、矿渣等。

县级以上人民政府有关部门应当加强对畜禽粪便、沼渣、沼液等收集、贮存、利用、处置的监督管理，防止土壤污染。

农田灌溉用水应当符合相应的水质标准，防止土壤、地下水和农产品污染。地方人民政府生态环境主管部门应当会同农业农村、水利主管部门加强对农田灌溉用水水质的管理，对农田灌溉用水水质进行监测和监督检查。

第二十九条 国家鼓励和支持农业生产者采取下列措施：

（一）使用低毒、低残留农药以及先进喷施技术；

（二）使用符合标准的有机肥、高效肥；

（三）采用测土配方施肥技术、生物防治等病虫害绿色防控技术；

（四）使用生物可降解农用薄膜；

（五）综合利用秸秆、移出高富集污染物秸秆；

（六）按照规定对酸性土壤等进行改良。

第三十条 禁止生产、销售、使用国家明令禁止的农业投入品。

农业投入品生产者、销售者和使用者应当及时回收农药、肥料等农业投入品的包装废弃物和农用薄膜，并将农药包装废弃物交由专门的机构或者组织进行无害化处理。具体办法由国务院农业农村主管部门会同国务院生态环境等主管部门制定。

国家采取措施，鼓励、支持单位和个人回收农业投入品包装废弃物和农用薄膜。

第三十一条 国家加强对未污染土壤的保护。

地方各级人民政府应当重点保护未污染的耕地、林地、草地和饮用水水源地。

各级人民政府应当加强对国家公园等自然保护地的保护，维护其生态功能。

对未利用地应当予以保护，不得污染和破坏。

第三十二条 县级以上地方人民政府及其有关部门应当按照土地利用总体规划和城乡规划，严格执行相关行业企业布局选址要求，禁止在居民区和学校、医院、疗养院、养老院等单位周边新建、改建、扩建可能造成土壤污染的建设项目。

第三十三条 国家加强对土壤资源的保护和合理利用。对开发建设过程中剥离的表土，应当单独收集和存放，符合条件的应当优先用于土地复垦、土壤改良、造地和绿化等。

禁止将重金属或者其他有毒有害物质含量超标的工业固体废物、生活垃圾或者污染土壤用于土地复垦。

第三十四条 因科学研究等特殊原因，需要进口土壤的，应当遵守国家出入境检验检疫的有关规定。

第四章 风险管控和修复

第一节 一般规定

第三十五条 土壤污染风险管控和修复，包括土壤污染状况调查和土壤污染风险评估、风险管控、修复、风险管控效果评估、修复效果评估、后期管理等活动。

第三十六条 实施土壤污染状况调查活动，应当编制土壤污染状况调查报告。

土壤污染状况调查报告应当主要包括地块基本信息、污染物含量是否超过土壤污染风险管控标准等内容。污染物含量超过土壤污染风险管控标准的，土壤污染状况调查报告还应当包括污染类型、污染来源以及地下水是否受到污染等内容。

第三十七条 实施土壤污染风险评估活动，应当编制土壤污染风险评估报告。

土壤污染风险评估报告应当主要包括下列内容：

（一）主要污染物状况；

（二）土壤及地下水污染范围；

（三）农产品质量安全风险、公众健康风险或者生态风险；

（四）风险管控、修复的目标和基本要求等。

第三十八条 实施风险管控、修复活动，应当因地制宜、科学合理，提高针对性和有效性。

实施风险管控、修复活动，不得对土壤和周边环境造成新的污染。

第三十九条 实施风险管控、修复活动前，地方人民政府有关部门有权根据实际情况，要求土壤污染责任人、土地使用权人采取移除污染源、防止污染扩散等措施。

第四十条 实施风险管控、修复活动中产生的废水、废气和固体废物，应当按照规定进行处理、处置，并达到相关环境保护标准。

实施风险管控、修复活动中产生的固体废物以及拆除的设施、设备或者建筑物、构筑物属于危险废物的，应当依照法律法规和相关标准的要求进行处置。

修复施工期间，应当设立公告牌，公开相关情况和环境保护措施。

第四十一条 修复施工单位转运污染土壤的，应当制定转运计划，将运输时间、方式、线路和污染土壤数量、去向、最终处置措施等，提前报所在地和接收地生态环境主管部门。

转运的污染土壤属于危险废物的，修复施工单位应当依照法律法规和相关标准的要求进行处置。

第四十二条 实施风险管控效果评估、修复效果评估活动，应当编制效果评估报告。

效果评估报告应当主要包括是否达到土壤污染风险评估报告确定的风险管控、修复目标等内容。

风险管控、修复活动完成后，需要实施后期管理的，土壤污染责任人应当按照要求实施后期管理。

第四十三条 从事土壤污染状况调查和土壤污染风险评估、风险管控、修复、风险管控效果评估、修复效果评估、后期管理等活动的单位，应当具备相应的专业能力。

受委托从事前款活动的单位对其出具的调查报告、风险评估报告、风险管控效果评估报告、修复效果评估报告的真实性、准确性、完整性负责，并按照约定对风险管控、修复、后期管理等活动结果负责。

第四十四条 发生突发事件可能造成土壤污染的，地方人民政府及其有关部门和相关企业事业单位以及其他生产经营者应当立即采取应急措施，防止土壤污染，并依照本法规定做好土壤污染状况监测、调查和土壤污染风险评估、风险管控、修复等工作。

第四十五条 土壤污染责任人负有实施土壤污染风险管控和修复的义务。土壤污染责任人无法认定的，土地使用权人应当实施土壤污染风险管控和修复。

地方人民政府及其有关部门可以根据实际情况组织实施土壤污染风险管控和修复。

国家鼓励和支持有关当事人自愿实施土壤污染风险管控和修复。

第四十六条 因实施或者组织实施土壤污染状况调查和土壤污染风险评估、风险管控、修复、风险管控效果评估、修复效果评估、后期管理等活动所支出的费用，由土壤污染责任人承担。

第四十七条 土壤污染责任人变更的，由变更后承继其债权、债务的单位或者个人履行相关土壤污染风险管控和修复义务并承担相关费用。

第四十八条 土壤污染责任人不明确或者存在争议的，农用地由地方人民政府农业农村、林业草原主管部门会同生态环境、自然资源主管部门认定，建设用地由地方人民政府生态环境主管部门会同自然资源主管部门认定。认定办法由国务院生态环境主管部门会同有关部门制定。

第二节　农用地

第四十九条 国家建立农用地分类管理制度。按照土壤污染程度和相关标准，将农用地划分为优先保护类、安全利用类和严格管控类。

第五十条 县级以上地方人民政府应当依法将符合条件的优先保护类耕地划为永久基本农田，实行严格保护。

在永久基本农田集中区域，不得新建可能造成土壤污染的建设项目；已经建成的，应当限期关闭拆除。

第五十一条 未利用地、复垦土地等拟开垦为耕地的，地方人民政府农业农村主管部门应当会同生态环境、自然资源主管部门进行土壤污染状况调查，依法进行分类管理。

第五十二条 对土壤污染状况普查、详查和监测、现场检查表明有土壤污染风险的农用地地块，地方人民政府农业农村、林业草原主管部门应当会同生态环境、自然资源主管部门进行土壤污染状况调查。

对土壤污染状况调查表明污染物含量超过土壤污染风险管控标准的农用地地块，地方人民政府农业农村、林业草原主管部门应当会同生态环境、自然资源主管部门组织进行土壤污染风险评估，并按照农用地分类管理制度管理。

第五十三条　对安全利用类农用地地块，地方人民政府农业农村、林业草原主管部门，应当结合主要作物品种和种植习惯等情况，制定并实施安全利用方案。

安全利用方案应当包括下列内容：

（一）农艺调控、替代种植；

（二）定期开展土壤和农产品协同监测与评价；

（三）对农民、农民专业合作社及其他农业生产经营主体进行技术指导和培训；

（四）其他风险管控措施。

第五十四条　对严格管控类农用地地块，地方人民政府农业农村、林业草原主管部门应当采取下列风险管控措施：

（一）提出划定特定农产品禁止生产区域的建议，报本级人民政府批准后实施；

（二）按照规定开展土壤和农产品协同监测与评价；

（三）对农民、农民专业合作社及其他农业生产经营主体进行技术指导和培训；

（四）其他风险管控措施。

各级人民政府及其有关部门应当鼓励对严格管控类农用地采取调整种植结构、退耕还林还草、退耕还湿、轮作休耕、轮牧休牧等风险管控措施，并给予相应的政策支持。

第五十五条　安全利用类和严格管控类农用地地块的土壤污染影响或者可能影响地下水、饮用水水源安全的，地方人民政府生态环境主管部门应当会同农业农村、林业草原等主管部门制定防治污染的方案，并采取相应的措施。

第五十六条　对安全利用类和严格管控类农用地地块，土壤污染责任人应当按照国家有关规定以及土壤污染风险评估报告的要求，采取相应的风险管控措施，并定期向地方人民政府农业农村、林业草原主管部门报告。

第五十七条　对产出的农产品污染物含量超标，需要实施修复的农用地地块，土壤污染责任人应当编制修复方案，报地方人民政府农业农村、林业草原主管部门备案并实施。修复方案应当包括地下水污染防治的内容。

修复活动应当优先采取不影响农业生产、不降低土壤生产功能的生物修复措施，阻断或者减少污染物进入农作物食用部分，确保农产品质量安全。

风险管控、修复活动完成后，土壤污染责任人应当另行委托有关单位对风险管控效果、修复效果进行评估，并将效果评估报告报地方人民政府农业农村、林业草原主管部门备案。

农村集体经济组织及其成员、农民专业合作社及其他农业生产经营主体等负有协助实施土壤污染风险管控和修复的义务。

第三节　建设用地

第五十八条　国家实行建设用地土壤污染风险管控和修复名录制度。

建设用地土壤污染风险管控和修复名录由省级人民政府生态环境主管部门会同自然资源等主管部门制定，按照规定向社会公开，并根据风险管控、修复情况适时更新。

第五十九条　对土壤污染状况普查、详查和监测、现场检查表明有土壤污染风险的建设用地地块，地方人民政府生态环境主管部门应当要求土地使用权人按照规定进行土壤污染状况调查。

用途变更为住宅、公共管理与公共服务用地的，变更前应当按照规定进行土壤污染状况调查。

前两款规定的土壤污染状况调查报告应当报地方人民政府生态环境主管部门，由地方人民政府生态环境主管部门会同自然资源主管部门组织评审。

第六十条　对土壤污染状况调查报告评审表明污染物含量超过土壤污染风险管控标准的建设用地地块，土壤污染责任人、土地使用权人应当按照国务院生态环境主管部门的规定进行土壤污染风险评估，并将土壤污染风险评估报告报省级人民政府生态环境主管部门。

第六十一条　省级人民政府生态环境主管部门应当会同自然资源等主管部门按照国务院生态环境主管部门的规定，对土壤污染风险评估报告组织评审，及时将需要实施风险管控、修复的地块纳入建设用地土壤污染风险管控和修复名录，并定期向国务院生态环境主管部门报告。

列入建设用地土壤污染风险管控和修复名录的地块，不得作为住宅、公共管理与公共服务用地。

第六十二条　对建设用地土壤污染风险管控和修复名录中的地块，土壤污染责任人应当按照国家有关规定以及土壤污染风险评估报告的要求，采取相应的风险管控措施，并定期向地方人民政府生态环境主管部门报告。风险管控措施应当包括地下水污染防治的内容。

第六十三条　对建设用地土壤污染风险管控和修复名录中的地块，地方人民政府生态环境主管部门可以根据实际情况采取下列风险管控措施：

（一）提出划定隔离区域的建议，报本级人民政府批准后实施；

（二）进行土壤及地下水污染状况监测；

（三）其他风险管控措施。

第六十四条　对建设用地土壤污染风险管控和修复名录中需要实施修复的地块，土壤污染责任人应当结合土地利用总体规划和城乡规划编制修复方案，报地方人民政府生态环境主管部门备案并实施。修复方案应当包括地下水污染防治的内容。

第六十五条　风险管控、修复活动完成后，土壤污染责任人应当另行委托有关单位对风险管控效果、修复效果进行评估，并将效果评估报告报地方人民政府生态环境主管部门备案。

第六十六条 对达到土壤污染风险评估报告确定的风险管控、修复目标的建设用地地块，土壤污染责任人、土地使用权人可以申请省级人民政府生态环境主管部门移出建设用地土壤污染风险管控和修复名录。

省级人民政府生态环境主管部门应当会同自然资源等主管部门对风险管控效果评估报告、修复效果评估报告组织评审，及时将达到土壤污染风险评估报告确定的风险管控、修复目标且可以安全利用的地块移出建设用地土壤污染风险管控和修复名录，按照规定向社会公开，并定期向国务院生态环境主管部门报告。

未达到土壤污染风险评估报告确定的风险管控、修复目标的建设用地地块，禁止开工建设任何与风险管控、修复无关的项目。

第六十七条 土壤污染重点监管单位生产经营用地的用途变更或者在其土地使用权收回、转让前，应当由土地使用权人按照规定进行土壤污染状况调查。土壤污染状况调查报告应当作为不动产登记资料送交地方人民政府不动产登记机构，并报地方人民政府生态环境主管部门备案。

第六十八条 土地使用权已经被地方人民政府收回，土壤污染责任人为原土地使用权人的，由地方人民政府组织实施土壤污染风险管控和修复。

第五章 保障和监督

第六十九条 国家采取有利于土壤污染防治的财政、税收、价格、金融等经济政策和措施。

第七十条 各级人民政府应当加强对土壤污染的防治，安排必要的资金用于下列事项：

（一）土壤污染防治的科学技术研究开发、示范工程和项目；

（二）各级人民政府及其有关部门组织实施的土壤污染状况普查、监测、调查和土壤污染责任人认定、风险评估、风险管控、修复等活动；

（三）各级人民政府及其有关部门对涉及土壤污染的突发事件的应急处置；

（四）各级人民政府规定的涉及土壤污染防治的其他事项。

使用资金应当加强绩效管理和审计监督，确保资金使用效益。

第七十一条 国家加大土壤污染防治资金投入力度，建立土壤污染防治基金制度。设立中央土壤污染防治专项资金和省级土壤污染防治基金，主要用于农用地土壤污染防治和土壤污染责任人或者土地使用权人无法认定的土壤污染风险管控和修复以及政府规定的其他事项。

对本法实施之前产生的，并且土壤污染责任人无法认定的污染地块，土地使用权人实际承担土壤污染风险管控和修复的，可以申请土壤污染防治基金，集中用于土壤污染风险管控和修复。

土壤污染防治基金的具体管理办法，由国务院财政主管部门会同国务院生态环境、农业农村、自然资源、住房城乡建设、林业草原等主管部门制定。

第七十二条 国家鼓励金融机构加大对土壤污染风险管控和修复项目的信贷投放。

国家鼓励金融机构在办理土地权利抵押业务时开展土壤污染状况调查。

第七十三条 从事土壤污染风险管控和修复的单位依照法律、行政法规的规定，享受税收优惠。

第七十四条 国家鼓励并提倡社会各界为防治土壤污染捐赠财产，并依照法律、行政法规的规定，给予税收优惠。

第七十五条 县级以上人民政府应当将土壤污染防治情况纳入环境状况和环境保护目标完成情况年度报告，向本级人民代表大会或者人民代表大会常务委员会报告。

第七十六条 省级以上人民政府生态环境主管部门应当会同有关部门对土壤污染问题突出、防治工作不力、群众反映强烈的地区，约谈设区的市级以上地方人民政府及其有关部门主要负责人，要求其采取措施及时整改。约谈整改情况应当向社会公开。

第七十七条 生态环境主管部门及其环境执法机构和其他负有土壤污染防治监督管理职责的部门，有权对从事可能造成土壤污染活动的企业事业单位和其他生产经营者进行现场检查、取样，要求被检查者提供有关资料、就有关问题作出说明。

被检查者应当配合检查工作，如实反映情况，提供必要的资料。

实施现场检查的部门、机构及其工作人员应当为被检查者保守商业秘密。

第七十八条 企业事业单位和其他生产经营者违反法律法规规定排放有毒有害物质，造成或者可能造成严重土壤污染的，或者有关证据可能灭失或者被隐匿的，生态环境主管部门和其他负有土壤污染防治监督管理职责的部门，可以查封、扣押有关设施、设备、物品。

第七十九条 地方人民政府安全生产监督管理部门应当监督尾矿库运营、管理单位履行防治土壤污染的法定义务，防止其发生可能污染土壤的事故；地方人民政府生态环境主管部门应当加强对尾矿库土壤污染防治情况的监督检查和定期评估，发现风险隐患的，及时督促尾矿库运营、管理单位采取相应措施。

地方人民政府及其有关部门应当依法加强对向沙漠、滩涂、盐碱地、沼泽地等未利用地非法排放有毒有害物质等行为的监督检查。

第八十条 省级以上人民政府生态环境主管部门和其他负有土壤污染防治监督管理职责的部门应当将从事土壤污染状况调查和土壤污染风险评估、风险管控、修复、风险管控效果评估、修复效果评估、后期管理等活动的单位和个人的执业情况，纳入信用系统建立信用记录，将违法信息记入社会诚信档案，并纳入全国信用信息共享平台和国家企业信用信息公示系统向社会公布。

第八十一条 生态环境主管部门和其他负有土壤污染防治监督管理职责的部门应当依法公开土壤污染状况和防治信息。

国务院生态环境主管部门负责统一发布全国土壤环境信息；省级人民政府生态环境主管部门负责统一发布本行政区域土壤环境信息。生态环境主管部门应当将涉及主要食用农产品生产区域的重大土壤环境信息，及时通报同级农业农村、卫生健康和食品安全主管部门。

公民、法人和其他组织享有依法获取土壤污染状况和防治信息、参与和监督土壤污染防治的权利。

第八十二条 土壤污染状况普查报告、监测数据、调查报告和土壤污染风险评估报告、风险管控效果评估报告、修复效果评估报告等，应当及时上传全国土壤环境信息平台。

第八十三条 新闻媒体对违反土壤污染防治法律法规的行为享有舆论监督的权利，受监督的单位和个人不得打击报复。

第八十四条 任何组织和个人对污染土壤的行为，均有向生态环境主管部门和其他负有土壤污染防治监督管理职责的部门报告或者举报的权利。

生态环境主管部门和其他负有土壤污染防治监督管理职责的部门应当将土壤污染防治举报方式向社会公布，方便公众举报。

接到举报的部门应当及时处理并对举报人的相关信息予以保密；对实名举报并查证属实的，给予奖励。

举报人举报所在单位的，该单位不得以解除、变更劳动合同或者其他方式对举报人进行打击报复。

第六章 法律责任

第八十五条 地方各级人民政府、生态环境主管部门或者其他负有土壤污染防治监督管理职责的部门未依照本法规定履行职责的，对直接负责的主管人员和其他直接责任人员依法给予处分。

依照本法规定应当作出行政处罚决定而未作出的，上级主管部门可以直接作出行政处罚决定。

第八十六条 违反本法规定，有下列行为之一的，由地方人民政府生态环境主管部门或者其他负有土壤污染防治监督管理职责的部门责令改正，处以罚款；拒不改正的，责令停产整治：

（一）土壤污染重点监管单位未制定、实施自行监测方案，或者未将监测数据报生态环境主管部门的；

（二）土壤污染重点监管单位篡改、伪造监测数据的；

（三）土壤污染重点监管单位未按年度报告有毒有害物质排放情况，或者未建立土壤污染隐患排查制度的；

（四）拆除设施、设备或者建筑物、构筑物，企业事业单位未采取相应的土壤污染防治措施或者土壤污染重点监管单位未制定、实施土壤污染防治工作方案的；

（五）尾矿库运营、管理单位未按照规定采取措施防止土壤污染的；

（六）尾矿库运营、管理单位未按照规定进行土壤污染状况监测的；

（七）建设和运行污水集中处理设施、固体废物处置设施，未依照法律法规和相关标准的要求采取措施防止土壤污染的。

有前款规定行为之一的，处二万元以上二十万元以下的罚款；有前款第二项、第四项、第五项、第七项规定行为之一，造成严重后果的，处二十万元以上二百万元以下的罚款。

第八十七条 违反本法规定，向农用地排放重金属或者其他有毒有害物质含量超标的污水、污泥，以及可能造成土壤污染的清淤底泥、尾矿、矿渣等的，由地方人民政府生态环境主管部门责令改正，处十万元以上五十万元以下的罚款；情节严重的，处五十万元以上二百万元以下的罚款，并可以将案件移送公安机关，对直接负责的主管人员和其他直接责任人员处五日以上十五日以下的拘留；有违法所得的，没收违法所得。

第八十八条 违反本法规定，农业投入品生产者、销售者、使用者未按照规定及时回收肥料等农业投入品的包装废弃物或者农用薄膜，或者未按照规定及时回收农药包装废弃物交由专门的机构或者组织进行无害化处理的，由地方人民政府农业农村主管部门责令改正，处一万元以上十万元以下的罚款；农业投入品使用者为个人的，可以处二百元以上二千元以下的罚款。

第八十九条 违反本法规定，将重金属或者其他有毒有害物质含量超标的工业固体废物、生活垃圾或者污染土壤用于土地复垦的，由地方人民政府生态环境主管部门责令改正，处十万元以上一百万元以下的罚款；有违法所得的，没收违法所得。

第九十条 违反本法规定，受委托从事土壤污染状况调查和土壤污染风险评估、风险管控效果评估、修复效果评估活动的单位，出具虚假调查报告、风险评估报告、风险管控效果评估报告、修复效果评估报告的，由地方人民政府生态环境主管部门处十万元以上五十万元以下的罚款；情节严重的，禁止从事上述业务，并处五十万元以上一百万元以下的罚款；有违法所得的，没收违法所得。

前款规定的单位出具虚假报告的，由地方人民政府生态环境主管部门对直接负责的主管人员和其他直接责任人员处一万元以上五万元以下的罚款；情节严重的，十年内禁止从事前款规定的业务；构成犯罪的，终身禁止从事前款规定的业务。

本条第一款规定的单位和委托人恶意串通，出具虚假报告，造成他人人身或者财产损害的，还应当与委托人承担连带责任。

第九十一条 违反本法规定，有下列行为之一的，由地方人民政府生态环境主管部门责令改正，处十万元以上五十万元以下的罚款；情节严重的，处五十万元以上一百万元以下的罚款；有违法所得的，没收违法所得；对直接负责的主管人员和其他直接责任人员处五千元以上二万元以下的罚款：

（一）未单独收集、存放开发建设过程中剥离的表土的；

（二）实施风险管控、修复活动对土壤、周边环境造成新的污染的；

（三）转运污染土壤，未将运输时间、方式、线路和污染土壤数量、去向、最终处置措施等提前报所在地和接收地生态环境主管部门的；

（四）未达到土壤污染风险评估报告确定的风险管控、修复目标的建设用地地块，开工建设与风险管控、修复无关的项目的。

第九十二条 违反本法规定，土壤污染责任人或者土地使用权人未按照规定实施后期管理的，由地方人民政府生态环境主管部门或者其他负有土壤污染防治监督管理职责的部门责令改正，处一万元以上五万元以下的罚款；情节严重的，处五万元以上五十万元以下的罚款。

第九十三条 违反本法规定，被检查者拒不配合检查，或者在接受检查时弄虚作假的，由地方人民政府生态环境主管部门或者其他负有土壤污染防治监督管理职责的部门责令改正，处二万元以上二十万元以下的罚款；对直接负责的主管人员和其他直接责任人员处五千元以上二万元以下的罚款。

第九十四条 违反本法规定，土壤污染责任人或者土地使用权人有下列行为之一的，由地方人民政府生态环境主管部门或者其他负有土壤污染防治监督管理职责的部门责令改正，处二万元以上二十万元以下的罚款；拒不改正的，处二十万元以上一百万元以下的罚款，并委托他人代为履行，所需费用由土壤污染责任人或者土地使用权人承担；对直接负责的主管人员和其他直接责任人员处五千元以上二万元以下的罚款：

（一）未按照规定进行土壤污染状况调查的；

（二）未按照规定进行土壤污染风险评估的；

（三）未按照规定采取风险管控措施的；

（四）未按照规定实施修复的；

（五）风险管控、修复活动完成后，未另行委托有关单位对风险管控效果、修复效果进行评估的。

土壤污染责任人或者土地使用权人有前款第三项、第四项规定行为之一，情节严重的，地方人民政府生态环境主管部门或者其他负有土壤污染防治监督管理职责的部门可以将案件移送公安机关，对直接负责的主管人员和其他直接责任人员处五日以上十五日以下的拘留。

第九十五条 违反本法规定，有下列行为之一的，由地方人民政府有关部门责令改正；拒不改正的，处一万元以上五万元以下的罚款：

（一）土壤污染重点监管单位未按照规定将土壤污染防治工作方案报地方人民政府生态环境、工业和信息化主管部门备案的；

（二）土壤污染责任人或者土地使用权人未按照规定将修复方案、效果评估报告报地方人民政府生态环境、农业农村、林业草原主管部门备案的；

（三）土地使用权人未按照规定将土壤污染状况调查报告报地方人民政府生态环境主管部门备案的。

第九十六条 污染土壤造成他人人身或者财产损害的，应当依法承担侵权责任。

土壤污染责任人无法认定，土地使用权人未依照本法规定履行土壤污染风险管控和修复义务，造成他人人身或者财产损害的，应当依法承担侵权责任。

土壤污染引起的民事纠纷，当事人可以向地方人民政府生态环境等主管部门申请调解处理，也可以向人民法院提起诉讼。

第九十七条 污染土壤损害国家利益、社会公共利益的，有关机关和组织可以依照《中华人民共和国环境保护法》《中华人民共和国民事诉讼法》《中华人民共和国行政诉讼法》等法律的规定向人民法院提起诉讼。

第九十八条 违反本法规定，构成违反治安管理行为的，由公安机关依法给予治安管理处罚；构成犯罪的，依法追究刑事责任。

第七章 附 则

第九十九条 本法自 2019 年 1 月 1 日起施行。

中华人民共和国固体废物污染环境防治法

（自2020年9月1日起施行）

（1995年10月30日第八届全国人民代表大会常务委员会第十六次会议通过　2004年12月29日第十届全国人民代表大会常务委员会第十三次会议第一次修订　根据2013年6月29日第十二届全国人民代表大会常务委员会第三次会议《关于修改〈中华人民共和国文物保护法〉等十二部法律的决定》第一次修正　根据2015年4月24日第十二届全国人民代表大会常务委员会第十四次会议《关于修改〈中华人民共和国港口法〉等七部法律的决定》第二次修正　根据2016年11月7日第十二届全国人民代表大会常务委员会第二十四次会议《关于修改〈中华人民共和国对外贸易法〉等十二部法律的决定》第三次修正　2020年4月29日第十三届全国人民代表大会常务委员会第十七次会议第二次修订）

第一章　总　则

第一条　为了保护和改善生态环境，防治固体废物污染环境，保障公众健康，维护生态安全，推进生态文明建设，促进经济社会可持续发展，制定本法。

第二条　固体废物污染环境的防治适用本法。

固体废物污染海洋环境的防治和放射性固体废物污染环境的防治不适用本法。

第三条　国家推行绿色发展方式，促进清洁生产和循环经济发展。

国家倡导简约适度、绿色低碳的生活方式，引导公众积极参与固体废物污染环境防治。

第四条　固体废物污染环境防治坚持减量化、资源化和无害化的原则。

任何单位和个人都应当采取措施，减少固体废物的产生量，促进固体废物的综合利用，降低固体废物的危害性。

第五条　固体废物污染环境防治坚持污染担责的原则。

产生、收集、贮存、运输、利用、处置固体废物的单位和个人，应当采取措施，防止或者减少固体废物对环境的污染，对所造成的环境污染依法承担责任。

第六条　国家推行生活垃圾分类制度。

生活垃圾分类坚持政府推动、全民参与、城乡统筹、因地制宜、简便易行的原则。

第七条　地方各级人民政府对本行政区域固体废物污染环境防治负责。

国家实行固体废物污染环境防治目标责任制和考核评价制度，将固体废物污染环境防治目标完成情况纳入考核评价的内容。

第八条 各级人民政府应当加强对固体废物污染环境防治工作的领导，组织、协调、督促有关部门依法履行固体废物污染环境防治监督管理职责。

省、自治区、直辖市之间可以协商建立跨行政区域固体废物污染环境的联防联控机制，统筹规划制定、设施建设、固体废物转移等工作。

第九条 国务院生态环境主管部门对全国固体废物污染环境防治工作实施统一监督管理。国务院发展改革、工业和信息化、自然资源、住房城乡建设、交通运输、农业农村、商务、卫生健康、海关等主管部门在各自职责范围内负责固体废物污染环境防治的监督管理工作。

地方人民政府生态环境主管部门对本行政区域固体废物污染环境防治工作实施统一监督管理。地方人民政府发展改革、工业和信息化、自然资源、住房城乡建设、交通运输、农业农村、商务、卫生健康等主管部门在各自职责范围内负责固体废物污染环境防治的监督管理工作。

第十条 国家鼓励、支持固体废物污染环境防治的科学研究、技术开发、先进技术推广和科学普及，加强固体废物污染环境防治科技支撑。

第十一条 国家机关、社会团体、企业事业单位、基层群众性自治组织和新闻媒体应当加强固体废物污染环境防治宣传教育和科学普及，增强公众固体废物污染环境防治意识。

学校应当开展生活垃圾分类以及其他固体废物污染环境防治知识普及和教育。

第十二条 各级人民政府对在固体废物污染环境防治工作以及相关的综合利用活动中做出显著成绩的单位和个人，按照国家有关规定给予表彰、奖励。

第二章 监督管理

第十三条 县级以上人民政府应当将固体废物污染环境防治工作纳入国民经济和社会发展规划、生态环境保护规划，并采取有效措施减少固体废物的产生量、促进固体废物的综合利用、降低固体废物的危害性，最大限度降低固体废物填埋量。

第十四条 国务院生态环境主管部门应当会同国务院有关部门根据国家环境质量标准和国家经济、技术条件，制定固体废物鉴别标准、鉴别程序和国家固体废物污染环境防治技术标准。

第十五条 国务院标准化主管部门应当会同国务院发展改革、工业和信息化、生态环境、农业农村等主管部门，制定固体废物综合利用标准。

综合利用固体废物应当遵守生态环境法律法规，符合固体废物污染环境防治技术标准。使用固体废物综合利用产物应当符合国家规定的用途、标准。

第十六条 国务院生态环境主管部门应当会同国务院有关部门建立全国危险废物等固体废物污染环境防治信息平台，推进固体废物收集、转移、处置等全过程监控和信息化追溯。

第十七条 建设产生、贮存、利用、处置固体废物的项目，应当依法进行环境影响评价，并遵守国家有关建设项目环境保护管理的规定。

第十八条 建设项目的环境影响评价文件确定需要配套建设的固体废物污染环境防治设施，应当与主体工程同时设计、同时施工、同时投入使用。建设项目的初步设计，应当按照环境保护设计规范的要求，将固体废物污染环境防治内容纳入环境影响评价文件，落实防治固体废物污染环境和破坏生态的措施以及固体废物污染环境防治设施投资概算。

建设单位应当依照有关法律法规的规定，对配套建设的固体废物污染环境防治设施进行验收，编制验收报告，并向社会公开。

第十九条 收集、贮存、运输、利用、处置固体废物的单位和其他生产经营者，应当加强对相关设施、设备和场所的管理和维护，保证其正常运行和使用。

第二十条 产生、收集、贮存、运输、利用、处置固体废物的单位和其他生产经营者，应当采取防扬散、防流失、防渗漏或者其他防止污染环境的措施，不得擅自倾倒、堆放、丢弃、遗撒固体废物。

禁止任何单位或者个人向江河、湖泊、运河、渠道、水库及其最高水位线以下的滩地和岸坡以及法律法规规定的其他地点倾倒、堆放、贮存固体废物。

第二十一条 在生态保护红线区域、永久基本农田集中区域和其他需要特别保护的区域内，禁止建设工业固体废物、危险废物集中贮存、利用、处置的设施、场所和生活垃圾填埋场。

第二十二条 转移固体废物出省、自治区、直辖市行政区域贮存、处置的，应当向固体废物移出地的省、自治区、直辖市人民政府生态环境主管部门提出申请。移出地的省、自治区、直辖市人民政府生态环境主管部门应当及时商经接受地的省、自治区、直辖市人民政府生态环境主管部门同意后，在规定期限内批准转移该固体废物出省、自治区、直辖市行政区域。未经批准的，不得转移。

转移固体废物出省、自治区、直辖市行政区域利用的，应当报固体废物移出地的省、自治区、直辖市人民政府生态环境主管部门备案。移出地的省、自治区、直辖市人民政府生态环境主管部门应当将备案信息通报接受地的省、自治区、直辖市人民政府生态环境主管部门。

第二十三条 禁止中华人民共和国境外的固体废物进境倾倒、堆放、处置。

第二十四条 国家逐步实现固体废物零进口，由国务院生态环境主管部门会同国务院商务、发展改革、海关等主管部门组织实施。

第二十五条 海关发现进口货物疑似固体废物的，可以委托专业机构开展属性鉴别，并根据鉴别结论依法管理。

第二十六条 生态环境主管部门及其环境执法机构和其他负有固体废物污染环境防治监督管理职责的部门，在各自职责范围内有权对从事产生、收集、贮存、运输、利用、处置固体废物等活动的单位和其他生产经营者进行现场检查。被检查者应当如实反映情况，并提供必要的资料。

实施现场检查，可以采取现场监测、采集样品、查阅或者复制与固体废物污染环境防治相关的资料等措施。检查人员进行现场检查，应当出示证件。对现场检查中知悉的商业秘密应当保密。

第二十七条 有下列情形之一，生态环境主管部门和其他负有固体废物污染环境防治监督管理职责的部门，可以对违法收集、贮存、运输、利用、处置的固体废物及设施、设备、场所、工具、物品予以查封、扣押：

（一）可能造成证据灭失、被隐匿或者非法转移的；

（二）造成或者可能造成严重环境污染的。

第二十八条 生态环境主管部门应当会同有关部门建立产生、收集、贮存、运输、利用、处置固体废物的单位和其他生产经营者信用记录制度，将相关信用记录纳入全国信用信息共享平台。

第二十九条 设区的市级人民政府生态环境主管部门应当会同住房城乡建设、农业农村、卫生健康等主管部门，定期向社会发布固体废物的种类、产生量、处置能力、利用处置状况等信息。

产生、收集、贮存、运输、利用、处置固体废物的单位，应当依法及时公开固体废物污染环境防治信息，主动接受社会监督。

利用、处置固体废物的单位，应当依法向公众开放设施、场所，提高公众环境保护意识和参与程度。

第三十条 县级以上人民政府应当将工业固体废物、生活垃圾、危险废物等固体废物污染环境防治情况纳入环境状况和环境保护目标完成情况年度报告，向本级人民代表大会或者人民代表大会常务委员会报告。

第三十一条 任何单位和个人都有权对造成固体废物污染环境的单位和个人进行举报。

生态环境主管部门和其他负有固体废物污染环境防治监督管理职责的部门应当将固体废物污染环境防治举报方式向社会公布，方便公众举报。

接到举报的部门应当及时处理并对举报人的相关信息予以保密；对实名举报并查证属实的，给予奖励。

举报人举报所在单位的，该单位不得以解除、变更劳动合同或者其他方式对举报人进行打击报复。

第三章 工业固体废物

第三十二条 国务院生态环境主管部门应当会同国务院发展改革、工业和信息化等主管部门对工业固体废物对公众健康、生态环境的危害和影响程度等作出界定，制定防治工业固体废物污染环境的技术政策，组织推广先进的防治工业固体废物污染环境的生产工艺和设备。

第三十三条 国务院工业和信息化主管部门应当会同国务院有关部门组织研究开发、推广减少工业固体废物产生量和降低工业固体废物危害性的生产工艺和设备，公布限期淘汰产生严重污染环境的工业固体废物的落后生产工艺、设备的名录。

生产者、销售者、进口者、使用者应当在国务院工业和信息化主管部门会同国务院有关部门规定的期限内分别停止生产、销售、进口或者使用列入前款规定名录中的设备。生产工艺的采用者应当在国务院工业和信息化主管部门会同国务院有关部门规定的期限内停止采用列入前款规定名录中的工艺。

列入限期淘汰名录被淘汰的设备，不得转让给他人使用。

第三十四条 国务院工业和信息化主管部门应当会同国务院发展改革、生态环境等主管部门，定期发布工业固体废物综合利用技术、工艺、设备和产品导向目录，组织开展工业固体废物资源综合利用评价，推动工业固体废物综合利用。

第三十五条 县级以上地方人民政府应当制定工业固体废物污染环境防治工作规划，组织建设工业固体废物集中处置等设施，推动工业固体废物污染环境防治工作。

第三十六条 产生工业固体废物的单位应当建立健全工业固体废物产生、收集、贮存、运输、利用、处置全过程的污染环境防治责任制度，建立工业固体废物管理台账，如实记录产生工业固体废物的种类、数量、流向、贮存、利用、处置等信息，实现工业固体废物可追溯、可查询，并采取防治工业固体废物污染环境的措施。

禁止向生活垃圾收集设施中投放工业固体废物。

第三十七条 产生工业固体废物的单位委托他人运输、利用、处置工业固体废物的，应当对受托方的主体资格和技术能力进行核实，依法签订书面合同，在合同中约定污染防治要求。

受托方运输、利用、处置工业固体废物，应当依照有关法律法规的规定和合同约定履行污染防治要求，并将运输、利用、处置情况告知产生工业固体废物的单位。

产生工业固体废物的单位违反本条第一款规定的，除依照有关法律法规的规定予以处罚外，还应当与造成环境污染和生态破坏的受托方承担连带责任。

第三十八条 产生工业固体废物的单位应当依法实施清洁生产审核，合理选择和利用原材料、能源和其他资源，采用先进的生产工艺和设备，减少工业固体废物的产生量，降低工业固体废物的危害性。

第三十九条 产生工业固体废物的单位应当取得排污许可证。排污许可的具体办法和实施步骤由国务院规定。

产生工业固体废物的单位应当向所在地生态环境主管部门提供工业固体废物的种类、数量、流向、贮存、利用、处置等有关资料，以及减少工业固体废物产生、促进综合利用的具体措施，并执行排污许可管理制度的相关规定。

第四十条 产生工业固体废物的单位应当根据经济、技术条件对工业固体废物加以利用；对暂时不利用或者不能利用的，应当按照国务院生态环境等主管部门的规定建设贮存设施、场所，安全分类存放，或者采取无害化处置措施。贮存工业固体废物应当采取符合国家环境保护标准的防护措施。

建设工业固体废物贮存、处置的设施、场所，应当符合国家环境保护标准。

第四十一条 产生工业固体废物的单位终止的，应当在终止前对工业固体废物的贮存、处置的设施、场所采取污染防治措施，并对未处置的工业固体废物作出妥善处置，防止污染环境。

产生工业固体废物的单位发生变更的，变更后的单位应当按照国家有关环境保护的规定对未处置的工业固体废物及其贮存、处置的设施、场所进行安全处置或者采取有效措施保证该设施、场所安全运行。变更前当事人对工业固体废物及其贮存、处置的设施、场所的污染防治责任另有约定的，从其约定；但是，不得免除当事人的污染防治义务。

对 2005 年 4 月 1 日前已经终止的单位未处置的工业固体废物及其贮存、处置的设施、场所进行安全处置的费用，由有关人民政府承担；但是，该单位享有的土地使用权依法转让的，应当由土地使用权受让人承担处置费用。当事人另有约定的，从其约定；但是，不得免除当事人的污染防治义务。

第四十二条 矿山企业应当采取科学的开采方法和选矿工艺，减少尾矿、煤矸石、废石等矿业固体废物的产生量和贮存量。

国家鼓励采取先进工艺对尾矿、煤矸石、废石等矿业固体废物进行综合利用。

尾矿、煤矸石、废石等矿业固体废物贮存设施停止使用后，矿山企业应当按照国家有关环境保护等规定进行封场，防止造成环境污染和生态破坏。

第四章　生活垃圾

第四十三条 县级以上地方人民政府应当加快建立分类投放、分类收集、分类运输、分类处理的生活垃圾管理系统，实现生活垃圾分类制度有效覆盖。

县级以上地方人民政府应当建立生活垃圾分类工作协调机制，加强和统筹生活垃圾分类管理能力建设。

各级人民政府及其有关部门应当组织开展生活垃圾分类宣传，教育引导公众养成生活垃圾分类习惯，督促和指导生活垃圾分类工作。

第四十四条 县级以上地方人民政府应当有计划地改进燃料结构，发展清洁能源，减少燃料废渣等固体废物的产生量。

县级以上地方人民政府有关部门应当加强产品生产和流通过程管理，避免过度包装，组织净菜上市，减少生活垃圾的产生量。

第四十五条 县级以上人民政府应当统筹安排建设城乡生活垃圾收集、运输、处理设施，确定设施厂址，提高生活垃圾的综合利用和无害化处置水平，促进生活垃圾收集、处理的产业化发展，逐步建立和完善生活垃圾污染环境防治的社会服务体系。

县级以上地方人民政府有关部门应当统筹规划，合理安排回收、分拣、打包网点，促进生活垃圾的回收利用工作。

第四十六条 地方各级人民政府应当加强农村生活垃圾污染环境的防治，保护和改善农村人居环境。

国家鼓励农村生活垃圾源头减量。城乡结合部、人口密集的农村地区和其他有条件的地方，应当建立城乡一体的生活垃圾管理系统；其他农村地区应当积极探索生活垃圾管理模式，因地制宜，就近就地利用或者妥善处理生活垃圾。

第四十七条 设区的市级以上人民政府环境卫生主管部门应当制定生活垃圾清扫、收集、贮存、运输和处理设施、场所建设运行规范，发布生活垃圾分类指导目录，加强监督管理。

第四十八条 县级以上地方人民政府环境卫生等主管部门应当组织对城乡生活垃圾进行清扫、收集、运输和处理，可以通过招标等方式选择具备条件的单位从事生活垃圾的清扫、收集、运输和处理。

第四十九条 产生生活垃圾的单位、家庭和个人应当依法履行生活垃圾源头减量和分类投放义务，承担生活垃圾产生者责任。

任何单位和个人都应当依法在指定的地点分类投放生活垃圾。禁止随意倾倒、抛撒、堆放或者焚烧生活垃圾。

机关、事业单位等应当在生活垃圾分类工作中起示范带头作用。

已经分类投放的生活垃圾，应当按照规定分类收集、分类运输、分类处理。

第五十条 清扫、收集、运输、处理城乡生活垃圾，应当遵守国家有关环境保护和环境卫生管理的规定，防止污染环境。

从生活垃圾中分类并集中收集的有害垃圾，属于危险废物的，应当按照危险废物管理。

第五十一条 从事公共交通运输的经营单位，应当及时清扫、收集运输过程中产生的生活垃圾。

第五十二条 农贸市场、农产品批发市场等应当加强环境卫生管理，保持环境卫生清洁，对所产生的垃圾及时清扫、分类收集、妥善处理。

第五十三条 从事城市新区开发、旧区改建和住宅小区开发建设、村镇建设的单位，以及机场、码头、车站、公园、商场、体育场馆等公共设施、场所的经营管理单位，应当按照国家有关环境卫生的规定，配套建设生活垃圾收集设施。

县级以上地方人民政府应当统筹生活垃圾公共转运、处理设施与前款规定的收集设施的有效衔接，并加强生活垃圾分类收运体系和再生资源回收体系在规划、建设、运营等方面的融合。

第五十四条 从生活垃圾中回收的物质应当按照国家规定的用途、标准使用，不得用于生产可能危害人体健康的产品。

第五十五条 建设生活垃圾处理设施、场所，应当符合国务院生态环境主管部门和国务院住房城乡建设主管部门规定的环境保护和环境卫生标准。

鼓励相邻地区统筹生活垃圾处理设施建设，促进生活垃圾处理设施跨行政区域共建共享。

禁止擅自关闭、闲置或者拆除生活垃圾处理设施、场所；确有必要关闭、闲置或者拆除的，应当经所在地的市、县级人民政府环境卫生主管部门商所在地生态环境主管部门同意后核准，并采取防止污染环境的措施。

第五十六条 生活垃圾处理单位应当按照国家有关规定，安装使用监测设备，实时监测污染物的排放情况，将污染排放数据实时公开。监测设备应当与所在地生态环境主管部门的监控设备联网。

第五十七条 县级以上地方人民政府环境卫生主管部门负责组织开展厨余垃圾资源化、无害化处理工作。

产生、收集厨余垃圾的单位和其他生产经营者，应当将厨余垃圾交由具备相应资质条件的单位进行无害化处理。

禁止畜禽养殖场、养殖小区利用未经无害化处理的厨余垃圾饲喂畜禽。

第五十八条 县级以上地方人民政府应当按照产生者付费原则，建立生活垃圾处理收费制度。

县级以上地方人民政府制定生活垃圾处理收费标准，应当根据本地实际，结合生活垃圾分类情况，体现分类计价、计量收费等差别化管理，并充分征求公众意见。生活垃圾处理收费标准应当向社会公布。

生活垃圾处理费应当专项用于生活垃圾的收集、运输和处理等，不得挪作他用。

第五十九条 省、自治区、直辖市和设区的市、自治州可以结合实际，制定本地方生活垃圾具体管理办法。

第五章　建筑垃圾、农业固体废物等

第六十条 县级以上地方人民政府应当加强建筑垃圾污染环境的防治，建立建筑垃圾分类处理制度。

县级以上地方人民政府应当制定包括源头减量、分类处理、消纳设施和场所布局及建设等在内的建筑垃圾污染环境防治工作规划。

第六十一条 国家鼓励采用先进技术、工艺、设备和管理措施，推进建筑垃圾源头减量，建立建筑垃圾回收利用体系。

县级以上地方人民政府应当推动建筑垃圾综合利用产品应用。

第六十二条 县级以上地方人民政府环境卫生主管部门负责建筑垃圾污染环境防治工作，建立建筑垃圾全过程管理制度，规范建筑垃圾产生、收集、贮存、运输、利用、处置行为，推进综合利用，加强建筑垃圾处置设施、场所建设，保障处置安全，防止污染环境。

第六十三条 工程施工单位应当编制建筑垃圾处理方案，采取污染防治措施，并报县级以上地方人民政府环境卫生主管部门备案。

工程施工单位应当及时清运工程施工过程中产生的建筑垃圾等固体废物，并按照环境卫生主管部门的规定进行利用或者处置。

工程施工单位不得擅自倾倒、抛撒或者堆放工程施工过程中产生的建筑垃圾。

第六十四条 县级以上人民政府农业农村主管部门负责指导农业固体废物回收利用体系建设，鼓励和引导有关单位和其他生产经营者依法收集、贮存、运输、利用、处置农业固体废物，加强监督管理，防止污染环境。

第六十五条 产生秸秆、废弃农用薄膜、农药包装废弃物等农业固体废物的单位和其他生产经营者，应当采取回收利用和其他防止污染环境的措施。

从事畜禽规模养殖应当及时收集、贮存、利用或者处置养殖过程中产生的畜禽粪污等固体废物，避免造成环境污染。

禁止在人口集中地区、机场周围、交通干线附近以及当地人民政府划定的其他区域露天焚烧秸秆。

国家鼓励研究开发、生产、销售、使用在环境中可降解且无害的农用薄膜。

第六十六条 国家建立电器电子、铅蓄电池、车用动力电池等产品的生产者责任延伸制度。

电器电子、铅蓄电池、车用动力电池等产品的生产者应当按照规定以自建或者委托等方式建立与产品销售量相匹配的废旧产品回收体系，并向社会公开，实现有效回收和利用。

国家鼓励产品的生产者开展生态设计，促进资源回收利用。

第六十七条 国家对废弃电器电子产品等实行多渠道回收和集中处理制度。

禁止将废弃机动车船等交由不符合规定条件的企业或者个人回收、拆解。

拆解、利用、处置废弃电器电子产品、废弃机动车船等，应当遵守有关法律法规的规定，采取防止污染环境的措施。

第六十八条 产品和包装物的设计、制造，应当遵守国家有关清洁生产的规定。国务院标准化主管部门应当根据国家经济和技术条件、固体废物污染环境防治状况以及产品的技术要求，组织制定有关标准，防止过度包装造成环境污染。

生产经营者应当遵守限制商品过度包装的强制性标准，避免过度包装。县级以上地方人民政府市场监督管理部门和有关部门应当按照各自职责，加强对过度包装的监督管理。

生产、销售、进口依法被列入强制回收目录的产品和包装物的企业，应当按照国家有关规定对该产品和包装物进行回收。

电子商务、快递、外卖等行业应当优先采用可重复使用、易回收利用的包装物，优化物品包装，减少包装物的使用，并积极回收利用包装物。县级以上地方人民政府商务、邮政等主管部门应当加强监督管理。

国家鼓励和引导消费者使用绿色包装和减量包装。

第六十九条 国家依法禁止、限制生产、销售和使用不可降解塑料袋等一次性塑料制品。

商品零售场所开办单位、电子商务平台企业和快递企业、外卖企业应当按照国家有关规定向商务、邮政等主管部门报告塑料袋等一次性塑料制品的使用、回收情况。

国家鼓励和引导减少使用、积极回收塑料袋等一次性塑料制品，推广应用可循环、易回收、可降解的替代产品。

第七十条 旅游、住宿等行业应当按照国家有关规定推行不主动提供一次性用品。

机关、企业事业单位等的办公场所应当使用有利于保护环境的产品、设备和设施，减少使用一次性办公用品。

第七十一条 城镇污水处理设施维护运营单位或者污泥处理单位应当安全处理污泥，保证处理后的污泥符合国家有关标准，对污泥的流向、用途、用量等进行跟踪、记录，并报告城镇排水主管部门、生态环境主管部门。

县级以上人民政府城镇排水主管部门应当将污泥处理设施纳入城镇排水与污水处理规划，推动同步建设污泥处理设施与污水处理设施，鼓励协同处理，污水处理费征收标准和补偿范围应当覆盖污泥处理成本和污水处理设施正常运营成本。

第七十二条 禁止擅自倾倒、堆放、丢弃、遗撒城镇污水处理设施产生的污泥和处理后的污泥。

禁止重金属或者其他有毒有害物质含量超标的污泥进入农用地。

从事水体清淤疏浚应当按照国家有关规定处理清淤疏浚过程中产生的底泥，防止污染环境。

第七十三条 各级各类实验室及其设立单位应当加强对实验室产生的固体废物的管理，依法收集、贮存、运输、利用、处置实验室固体废物。实验室固体废物属于危险废物的，应当按照危险废物管理。

第六章 危险废物

第七十四条 危险废物污染环境的防治，适用本章规定；本章未作规定的，适用本法其他有关规定。

第七十五条 国务院生态环境主管部门应当会同国务院有关部门制定国家危险废物名录，规定统一的危险废物鉴别标准、鉴别方法、识别标志和鉴别单位管理要求。国家危险废物名录应当动态调整。

国务院生态环境主管部门根据危险废物的危害特性和产生数量，科学评估其环境风险，实施分级分类管理，建立信息化监管体系，并通过信息化手段管理、共享危险废物转移数据和信息。

第七十六条 省、自治区、直辖市人民政府应当组织有关部门编制危险废物集中处置设施、场所的建设规划，科学评估危险废物处置需求，合理布局危险废物集中处置设施、场所，确保本行政区域的危险废物得到妥善处置。

编制危险废物集中处置设施、场所的建设规划，应当征求有关行业协会、企业事业单位、专家和公众等方面的意见。

相邻省、自治区、直辖市之间可以开展区域合作，统筹建设区域性危险废物集中处置设施、场所。

第七十七条 对危险废物的容器和包装物以及收集、贮存、运输、利用、处置危险废物的设施、场所，应当按照规定设置危险废物识别标志。

第七十八条 产生危险废物的单位，应当按照国家有关规定制定危险废物管理计划；建立危险废物管理台账，如实记录有关信息，并通过国家危险废物信息管理系统向所在地生态环境主管部门申报危险废物的种类、产生量、流向、贮存、处置等有关资料。

前款所称危险废物管理计划应当包括减少危险废物产生量和降低危险废物危害性的措施以及危险废物贮存、利用、处置措施。危险废物管理计划应当报产生危险废物的单位所在地生态环境主管部门备案。

产生危险废物的单位已经取得排污许可证的，执行排污许可管理制度的规定。

第七十九条 产生危险废物的单位，应当按照国家有关规定和环境保护标准要求贮存、利用、处置危险废物，不得擅自倾倒、堆放。

第八十条 从事收集、贮存、利用、处置危险废物经营活动的单位，应当按照国家有关规定申请取得许可证。许可证的具体管理办法由国务院制定。

禁止无许可证或者未按照许可证规定从事危险废物收集、贮存、利用、处置的经营活动。

禁止将危险废物提供或者委托给无许可证的单位或者其他生产经营者从事收集、贮存、利用、处置活动。

第八十一条 收集、贮存危险废物，应当按照危险废物特性分类进行。禁止混合收集、贮存、运输、处置性质不相容而未经安全性处置的危险废物。

贮存危险废物应当采取符合国家环境保护标准的防护措施。禁止将危险废物混入非危险废物中贮存。

从事收集、贮存、利用、处置危险废物经营活动的单位，贮存危险废物不得超过一年；确需延长期限的，应当报经颁发许可证的生态环境主管部门批准；法律、行政法规另有规定的除外。

第八十二条 转移危险废物的，应当按照国家有关规定填写、运行危险废物电子或者纸质转移联单。

跨省、自治区、直辖市转移危险废物的，应当向危险废物移出地省、自治区、直辖市人民政府生态环境主管部门申请。移出地省、自治区、直辖市人民政府生态环境主管部门应当及时商经接受地省、自治区、直辖市人民政府生态环境主管部门同意后，在规定期限内批准转移该危险废物，并将批准信息通报相关省、自治区、直辖市人民政府生态环境主管部门和交通运输主管部门。未经批准的，不得转移。

危险废物转移管理应当全程管控、提高效率，具体办法由国务院生态环境主管部门会同国务院交通运输主管部门和公安部门制定。

第八十三条 运输危险废物，应当采取防止污染环境的措施，并遵守国家有关危险货物运输管理的规定。

禁止将危险废物与旅客在同一运输工具上载运。

第八十四条 收集、贮存、运输、利用、处置危险废物的场所、设施、设备和容器、包装物及其他物品转作他用时，应当按照国家有关规定经过消除污染处理，方可使用。

第八十五条 产生、收集、贮存、运输、利用、处置危险废物的单位，应当依法制定意外事故的防范措施和应急预案，并向所在地生态环境主管部门和其他负有固体废物污染环境防治监督管理职责的部门备案；生态环境主管部门和其他负有固体废物污染环境防治监督管理职责的部门应当进行检查。

第八十六条 因发生事故或者其他突发性事件，造成危险废物严重污染环境的单位，应当立即采取有效措施消除或者减轻对环境的污染危害，及时通报可能受到污染危害的单位和居民，并向所在地生态环境主管部门和有关部门报告，接受调查处理。

第八十七条 在发生或者有证据证明可能发生危险废物严重污染环境、威胁居民生命财产安全时，生态环境主管部门或者其他负有固体废物污染环境防治监督管理职责的部门应当立即向本级人民政府和上一级人民政府有关部门报告，由人民政府采取防止或者减轻危害的有效措施。有关人民政府可以根据需要责令停止导致或者可能导致环境污染事故的作业。

第八十八条 重点危险废物集中处置设施、场所退役前，运营单位应当按照国家有关规定对设施、场所采取污染防治措施。退役的费用应当预提，列入投资概算或者生产成本，专门用于重点危险废物集中处置设施、场所的退役。具体提取和管理办法，由国务院财政部门、价格主管部门会同国务院生态环境主管部门规定。

第八十九条 禁止经中华人民共和国过境转移危险废物。

第九十条 医疗废物按照国家危险废物名录管理。县级以上地方人民政府应当加强医疗废物集中处置能力建设。

县级以上人民政府卫生健康、生态环境等主管部门应当在各自职责范围内加强对医疗废物收集、贮存、运输、处置的监督管理，防止危害公众健康、污染环境。

医疗卫生机构应当依法分类收集本单位产生的医疗废物，交由医疗废物集中处置单位处置。医疗废物集中处置单位应当及时收集、运输和处置医疗废物。

医疗卫生机构和医疗废物集中处置单位，应当采取有效措施，防止医疗废物流失、泄漏、渗漏、扩散。

第九十一条 重大传染病疫情等突发事件发生时，县级以上人民政府应当统筹协调医疗废物等危险废物收集、贮存、运输、处置等工作，保障所需的车辆、场地、处置设施和防护物资。卫生健康、生态环境、环境卫生、交通运输等主管部门应当协同配合，依法履行应急处置职责。

第七章　保障措施

第九十二条 国务院有关部门、县级以上地方人民政府及其有关部门在编制国土空间规划和相关专项规划时，应当统筹生活垃圾、建筑垃圾、危险废物等固体废物转运、集中处置等设施建设需求，保障转运、集中处置等设施用地。

第九十三条 国家采取有利于固体废物污染环境防治的经济、技术政策和措施，鼓励、支持有关方面采取有利于固体废物污染环境防治的措施，加强对从事固体废物污染环境防治工作人员的培训和指导，促进固体废物污染环境防治产业专业化、规模化发展。

第九十四条 国家鼓励和支持科研单位、固体废物产生单位、固体废物利用单位、固体废物处置单位等联合攻关，研究开发固体废物综合利用、集中处置等的新技术，推动固体废物污染环境防治技术进步。

第九十五条 各级人民政府应当加强固体废物污染环境的防治，按照事权划分的原则安排必要的资金用于下列事项：

（一）固体废物污染环境防治的科学研究、技术开发；

（二）生活垃圾分类；

（三）固体废物集中处置设施建设；

（四）重大传染病疫情等突发事件产生的医疗废物等危险废物应急处置；

（五）涉及固体废物污染环境防治的其他事项。

使用资金应当加强绩效管理和审计监督，确保资金使用效益。

第九十六条 国家鼓励和支持社会力量参与固体废物污染环境防治工作，并按照国家有关规定给予政策扶持。

第九十七条 国家发展绿色金融，鼓励金融机构加大对固体废物污染环境防治项目的信贷投放。

第九十八条 从事固体废物综合利用等固体废物污染环境防治工作的，依照法律、行政法规的规定，享受税收优惠。

国家鼓励并提倡社会各界为防治固体废物污染环境捐赠财产，并依照法律、行政法规的规定，给予税收优惠。

第九十九条 收集、贮存、运输、利用、处置危险废物的单位，应当按照国家有关规定，投保环境污染责任保险。

第一百条 国家鼓励单位和个人购买、使用综合利用产品和可重复使用产品。

县级以上人民政府及其有关部门在政府采购过程中，应当优先采购综合利用产品和可重复使用产品。

第八章 法律责任

第一百零一条 生态环境主管部门或者其他负有固体废物污染环境防治监督管理职责的部门违反本法规定，有下列行为之一，由本级人民政府或者上级人民政府有关部门责令改正，对直接负责的主管人员和其他直接责任人员依法给予处分：

（一）未依法作出行政许可或者办理批准文件的；

（二）对违法行为进行包庇的；

（三）未依法查封、扣押的；

（四）发现违法行为或者接到对违法行为的举报后未予查处的；

（五）有其他滥用职权、玩忽职守、徇私舞弊等违法行为的。

依照本法规定应当作出行政处罚决定而未作出的，上级主管部门可以直接作出行政处罚决定。

第一百零二条 违反本法规定，有下列行为之一，由生态环境主管部门责令改正，处以罚款，没收违法所得；情节严重的，报经有批准权的人民政府批准，可以责令停业或者关闭：

（一）产生、收集、贮存、运输、利用、处置固体废物的单位未依法及时公开固体废物污染环境防治信息的；

（二）生活垃圾处理单位未按照国家有关规定安装使用监测设备、实时监测污染物的排放情况并公开污染排放数据的；

（三）将列入限期淘汰名录被淘汰的设备转让给他人使用的；

（四）在生态保护红线区域、永久基本农田集中区域和其他需要特别保护的区域内，建设工业固体废物、危险废物集中贮存、利用、处置的设施、场所和生活垃圾填埋场的；

（五）转移固体废物出省、自治区、直辖市行政区域贮存、处置未经批准的；

（六）转移固体废物出省、自治区、直辖市行政区域利用未报备案的；

（七）擅自倾倒、堆放、丢弃、遗撒工业固体废物，或者未采取相应防范措施，造成工业固体废物扬散、流失、渗漏或者其他环境污染的；

（八）产生工业固体废物的单位未建立固体废物管理台账并如实记录的；

（九）产生工业固体废物的单位违反本法规定委托他人运输、利用、处置工业固体废物的；

（十）贮存工业固体废物未采取符合国家环境保护标准的防护措施的；

（十一）单位和其他生产经营者违反固体废物管理其他要求，污染环境、破坏生态的。

有前款第一项、第八项行为之一，处五万元以上二十万元以下的罚款；有前款第二项、第三项、第四项、第五项、第六项、第九项、第十项、第十一项行为之一，处十万元以上一百万元以下的罚款；有前款第七项行为，处所需处置费用一倍以上三倍以下的罚款，所需处置费用不足十万元的，按十万元计算。对前款第十一项行为的处罚，有关法律、行政法规另有规定的，适用其规定。

第一百零三条 违反本法规定，以拖延、围堵、滞留执法人员等方式拒绝、阻挠监督检查，或者在接受监督检查时弄虚作假的，由生态环境主管部门或者其他负有固体废物污染环境防治监督管理职责的部门责令改正，处五万元以上二十万元以下的罚款；对直接负责的主管人员和其他直接责任人员，处二万元以上十万元以下的罚款。

第一百零四条 违反本法规定，未依法取得排污许可证产生工业固体废物的，由生态环境主管部门责令改正或者限制生产、停产整治，处十万元以上一百万元以下的罚款；

情节严重的，报经有批准权的人民政府批准，责令停业或者关闭。

第一百零五条 违反本法规定，生产经营者未遵守限制商品过度包装的强制性标准的，由县级以上地方人民政府市场监督管理部门或者有关部门责令改正；拒不改正的，处二千元以上二万元以下的罚款；情节严重的，处二万元以上十万元以下的罚款。

第一百零六条 违反本法规定，未遵守国家有关禁止、限制使用不可降解塑料袋等一次性塑料制品的规定，或者未按照国家有关规定报告塑料袋等一次性塑料制品的使用情况的，由县级以上地方人民政府商务、邮政等主管部门责令改正，处一万元以上十万元以下的罚款。

第一百零七条 从事畜禽规模养殖未及时收集、贮存、利用或者处置养殖过程中产生的畜禽粪污等固体废物的，由生态环境主管部门责令改正，可以处十万元以下的罚款；情节严重的，报经有批准权的人民政府批准，责令停业或者关闭。

第一百零八条 违反本法规定，城镇污水处理设施维护运营单位或者污泥处理单位对污泥流向、用途、用量等未进行跟踪、记录，或者处理后的污泥不符合国家有关标准的，由城镇排水主管部门责令改正，给予警告；造成严重后果的，处十万元以上二十万元以下的罚款；拒不改正的，城镇排水主管部门可以指定有治理能力的单位代为治理，所需费用由违法者承担。

违反本法规定，擅自倾倒、堆放、丢弃、遗撒城镇污水处理设施产生的污泥和处理后的污泥的，由城镇排水主管部门责令改正，处二十万元以上二百万元以下的罚款，对直接负责的主管人员和其他直接责任人员处二万元以上十万元以下的罚款；造成严重后果的，处二百万元以上五百万元以下的罚款，对直接负责的主管人员和其他直接责任人员处五万元以上五十万元以下的罚款；拒不改正的，城镇排水主管部门可以指定有治理能力的单位代为治理，所需费用由违法者承担。

第一百零九条 违反本法规定，生产、销售、进口或者使用淘汰的设备，或者采用淘汰的生产工艺的，由县级以上地方人民政府指定的部门责令改正，处十万元以上一百万元以下的罚款，没收违法所得；情节严重的，由县级以上地方人民政府指定的部门提出意见，报经有批准权的人民政府批准，责令停业或者关闭。

第一百一十条 尾矿、煤矸石、废石等矿业固体废物贮存设施停止使用后，未按照国家有关环境保护规定进行封场的，由生态环境主管部门责令改正，处二十万元以上一百万元以下的罚款。

第一百一十一条 违反本法规定，有下列行为之一，由县级以上地方人民政府环境卫生主管部门责令改正，处以罚款，没收违法所得：

（一）随意倾倒、抛撒、堆放或者焚烧生活垃圾的；

（二）擅自关闭、闲置或者拆除生活垃圾处理设施、场所的；

（三）工程施工单位未编制建筑垃圾处理方案报备案，或者未及时清运施工过程中产生的固体废物的；

（四）工程施工单位擅自倾倒、抛撒或者堆放工程施工过程中产生的建筑垃圾，或者未按照规定对施工过程中产生的固体废物进行利用或者处置的；

（五）产生、收集厨余垃圾的单位和其他生产经营者未将厨余垃圾交由具备相应资质条件的单位进行无害化处理的；

（六）畜禽养殖场、养殖小区利用未经无害化处理的厨余垃圾饲喂畜禽的；

（七）在运输过程中沿途丢弃、遗撒生活垃圾的。

单位有前款第一项、第七项行为之一，处五万元以上五十万元以下的罚款；单位有前款第二项、第三项、第四项、第五项、第六项行为之一，处十万元以上一百万元以下的罚款；个人有前款第一项、第五项、第七项行为之一，处一百元以上五百元以下的罚款。

违反本法规定，未在指定的地点分类投放生活垃圾的，由县级以上地方人民政府环境卫生主管部门责令改正；情节严重的，对单位处五万元以上五十万元以下的罚款，对个人依法处以罚款。

第一百一十二条 违反本法规定，有下列行为之一，由生态环境主管部门责令改正，处以罚款，没收违法所得；情节严重的，报经有批准权的人民政府批准，可以责令停业或者关闭：

（一）未按照规定设置危险废物识别标志的；

（二）未按照国家有关规定制定危险废物管理计划或者申报危险废物有关资料的；

（三）擅自倾倒、堆放危险废物的；

（四）将危险废物提供或者委托给无许可证的单位或者其他生产经营者从事经营活动的；

（五）未按照国家有关规定填写、运行危险废物转移联单或者未经批准擅自转移危险废物的；

（六）未按照国家环境保护标准贮存、利用、处置危险废物或者将危险废物混入非危险废物中贮存的；

（七）未经安全性处置，混合收集、贮存、运输、处置具有不相容性质的危险废物的；

（八）将危险废物与旅客在同一运输工具上载运的；

（九）未经消除污染处理，将收集、贮存、运输、处置危险废物的场所、设施、设备和容器、包装物及其他物品转作他用的；

（十）未采取相应防范措施，造成危险废物扬散、流失、渗漏或者其他环境污染的；

（十一）在运输过程中沿途丢弃、遗撒危险废物的；

（十二）未制定危险废物意外事故防范措施和应急预案的；

（十三）未按照国家有关规定建立危险废物管理台账并如实记录的。

有前款第一项、第二项、第五项、第六项、第七项、第八项、第九项、第十二项、第十三项行为之一，处十万元以上一百万元以下的罚款；有前款第三项、第四项、第十项、第十一项行为之一，处所需处置费用三倍以上五倍以下的罚款，所需处置费用不足二十万元的，按二十万元计算。

第一百一十三条 违反本法规定，危险废物产生者未按照规定处置其产生的危险废物被责令改正后拒不改正的，由生态环境主管部门组织代为处置，处置费用由危险废物产生者承担；拒不承担代为处置费用的，处代为处置费用一倍以上三倍以下的罚款。

第一百一十四条 无许可证从事收集、贮存、利用、处置危险废物经营活动的，由生态环境主管部门责令改正，处一百万元以上五百万元以下的罚款，并报经有批准权的人民政府批准，责令停业或者关闭；对法定代表人、主要负责人、直接负责的主管人员和其他责任人员，处十万元以上一百万元以下的罚款。

未按照许可证规定从事收集、贮存、利用、处置危险废物经营活动的，由生态环境主管部门责令改正，限制生产、停产整治，处五十万元以上二百万元以下的罚款；对法定代表人、主要负责人、直接负责的主管人员和其他责任人员，处五万元以上五十万元以下的罚款；情节严重的，报经有批准权的人民政府批准，责令停业或者关闭，还可以由发证机关吊销许可证。

第一百一十五条 违反本法规定，将中华人民共和国境外的固体废物输入境内的，由海关责令退运该固体废物，处五十万元以上五百万元以下的罚款。

承运人对前款规定的固体废物的退运、处置，与进口者承担连带责任。

第一百一十六条 违反本法规定，经中华人民共和国过境转移危险废物的，由海关责令退运该危险废物，处五十万元以上五百万元以下的罚款。

第一百一十七条 对已经非法入境的固体废物，由省级以上人民政府生态环境主管部门依法向海关提出处理意见，海关应当依照本法第一百一十五条的规定作出处罚决定；已经造成环境污染的，由省级以上人民政府生态环境主管部门责令进口者消除污染。

第一百一十八条 违反本法规定，造成固体废物污染环境事故的，除依法承担赔偿责任外，由生态环境主管部门依照本条第二款的规定处以罚款，责令限期采取治理措施；造成重大或者特大固体废物污染环境事故的，还可以报经有批准权的人民政府批准，责令关闭。

造成一般或者较大固体废物污染环境事故的，按照事故造成的直接经济损失的一倍以上三倍以下计算罚款；造成重大或者特大固体废物污染环境事故的，按照事故造成的直接经济损失的三倍以上五倍以下计算罚款，并对法定代表人、主要负责人、直接负责的主管人员和其他责任人员处上一年度从本单位取得的收入百分之五十以下的罚款。

第一百一十九条 单位和其他生产经营者违反本法规定排放固体废物，受到罚款处罚，被责令改正的，依法作出处罚决定的行政机关应当组织复查，发现其继续实施该违法行为的，依照《中华人民共和国环境保护法》的规定按日连续处罚。

第一百二十条 违反本法规定，有下列行为之一，尚不构成犯罪的，由公安机关对法定代表人、主要负责人、直接负责的主管人员和其他责任人员处十日以上十五日以下的拘留；情节较轻的，处五日以上十日以下的拘留：

（一）擅自倾倒、堆放、丢弃、遗撒固体废物，造成严重后果的；

（二）在生态保护红线区域、永久基本农田集中区域和其他需要特别保护的区域内，建设工业固体废物、危险废物集中贮存、利用、处置的设施、场所和生活垃圾填埋场的；

（三）将危险废物提供或者委托给无许可证的单位或者其他生产经营者堆放、利用、处置的；

（四）无许可证或者未按照许可证规定从事收集、贮存、利用、处置危险废物经营活动的；

（五）未经批准擅自转移危险废物的；

（六）未采取防范措施，造成危险废物扬散、流失、渗漏或者其他严重后果的。

第一百二十一条 固体废物污染环境、破坏生态，损害国家利益、社会公共利益的，有关机关和组织可以依照《中华人民共和国环境保护法》、《中华人民共和国民事诉讼法》、《中华人民共和国行政诉讼法》等法律的规定向人民法院提起诉讼。

第一百二十二条 固体废物污染环境、破坏生态给国家造成重大损失的，由设区的市级以上地方人民政府或者其指定的部门、机构组织与造成环境污染和生态破坏的单位和其他生产经营者进行磋商，要求其承担损害赔偿责任；磋商未达成一致的，可以向人民法院提起诉讼。

对于执法过程中查获的无法确定责任人或者无法退运的固体废物，由所在地县级以上地方人民政府组织处理。

第一百二十三条 违反本法规定，构成违反治安管理行为的，由公安机关依法给予治安管理处罚；构成犯罪的，依法追究刑事责任；造成人身、财产损害的，依法承担民事责任。

第九章 附 则

第一百二十四条 本法下列用语的含义：

（一）固体废物，是指在生产、生活和其他活动中产生的丧失原有利用价值或者虽未丧失利用价值但被抛弃或者放弃的固态、半固态和置于容器中的气态的物品、物质以及法律、行政法规规定纳入固体废物管理的物品、物质。经无害化加工处理，并且符合强制性国家产品质量标准，不会危害公众健康和生态安全，或者根据固体废物鉴别标准和鉴别程序认定为不属于固体废物的除外。

（二）工业固体废物，是指在工业生产活动中产生的固体废物。

（三）生活垃圾，是指在日常生活中或者为日常生活提供服务的活动中产生的固体废物，以及法律、行政法规规定视为生活垃圾的固体废物。

（四）建筑垃圾，是指建设单位、施工单位新建、改建、扩建和拆除各类建筑物、构筑物、管网等，以及居民装饰装修房屋过程中产生的弃土、弃料和其他固体废物。

（五）农业固体废物，是指在农业生产活动中产生的固体废物。

（六）危险废物，是指列入国家危险废物名录或者根据国家规定的危险废物鉴别标准和鉴别方法认定的具有危险特性的固体废物。

（七）贮存，是指将固体废物临时置于特定设施或者场所中的活动。

（八）利用，是指从固体废物中提取物质作为原材料或者燃料的活动。

（九）处置，是指将固体废物焚烧和用其他改变固体废物的物理、化学、生物特性的方法，达到减少已产生的固体废物数量、缩小固体废物体积、减少或者消除其危险成分的活动，或者将固体废物最终置于符合环境保护规定要求的填埋场的活动。

第一百二十五条 液态废物的污染防治，适用本法；但是，排入水体的废水的污染防治适用有关法律，不适用本法。

第一百二十六条 本法自 2020 年 9 月 1 日起施行。

中华人民共和国环境噪声污染防治法

（2018年12月29日修正）

（1996年10月29日第八届全国人民代表大会常务委员会第二十二次会议通过　根据2018年12月29日第十三届全国人民代表大会常务委员会第七次会议《关于修改〈中华人民共和国劳动法〉等七部法律的决定》修正）

第一章　总　则

第一条　为防治环境噪声污染，保护和改善生活环境，保障人体健康，促进经济和社会发展，制定本法。

第二条　本法所称环境噪声，是指在工业生产、建筑施工、交通运输和社会生活中所产生的干扰周围生活环境的声音。

本法所称环境噪声污染，是指所产生的环境噪声超过国家规定的环境噪声排放标准，并干扰他人正常生活、工作和学习的现象。

第三条　本法适用于中华人民共和国领域内环境噪声污染的防治。

因从事本职生产、经营工作受到噪声危害的防治，不适用本法。

第四条　国务院和地方各级人民政府应当将环境噪声污染防治工作纳入环境保护规划，并采取有利于声环境保护的经济、技术政策和措施。

第五条　地方各级人民政府在制定城乡建设规划时，应当充分考虑建设项目和区域开发、改造所产生的噪声对周围生活环境的影响，统筹规划，合理安排功能区和建设布局，防止或者减轻环境噪声污染。

第六条　国务院生态环境主管部门对全国环境噪声污染防治实施统一监督管理。

县级以上地方人民政府生态环境主管部门对本行政区域内的环境噪声污染防治实施统一监督管理。

各级公安、交通、铁路、民航等主管部门和港务监督机构，根据各自的职责，对交通运输和社会生活噪声污染防治实施监督管理。

第七条　任何单位和个人都有保护声环境的义务，并有权对造成环境噪声污染的单位和个人进行检举和控告。

第八条　国家鼓励、支持环境噪声污染防治的科学研究、技术开发，推广先进的防治技术和普及防治环境噪声污染的科学知识。

第九条 对在环境噪声污染防治方面成绩显著的单位和个人，由人民政府给予奖励。

第二章 环境噪声污染防治的监督管理

第十条 国务院生态环境主管部门分别不同的功能区制定国家声环境质量标准。

县级以上地方人民政府根据国家声环境质量标准，划定本行政区域内各类声环境质量标准的适用区域，并进行管理。

第十一条 国务院生态环境主管部门根据国家声环境质量标准和国家经济、技术条件，制定国家环境噪声排放标准。

第十二条 城市规划部门在确定建设布局时，应当依据国家声环境质量标准和民用建筑隔声设计规范，合理划定建筑物与交通干线的防噪声距离，并提出相应的规划设计要求。

第十三条 新建、改建、扩建的建设项目，必须遵守国家有关建设项目环境保护管理的规定。

建设项目可能产生环境噪声污染的，建设单位必须提出环境影响报告书，规定环境噪声污染的防治措施，并按照国家规定的程序报生态环境主管部门批准。

环境影响报告书中，应当有该建设项目所在地单位和居民的意见。

第十四条 建设项目的环境噪声污染防治设施必须与主体工程同时设计、同时施工、同时投产使用。

建设项目在投入生产或者使用之前，其环境噪声污染防治设施必须按照国家规定的标准和程序进行验收；达不到国家规定要求的，该建设项目不得投入生产或者使用。

第十五条 产生环境噪声污染的企业事业单位，必须保持防治环境噪声污染的设施的正常使用；拆除或者闲置环境噪声污染防治设施的，必须事先报经所在地的县级以上地方人民政府生态环境主管部门批准。

第十六条 产生环境噪声污染的单位，应当采取措施进行治理，并按照国家规定缴纳超标准排污费。

征收的超标准排污费必须用于污染的防治，不得挪作他用。

第十七条 对于在噪声敏感建筑物集中区域内造成严重环境噪声污染的企业事业单位，限期治理。

被限期治理的单位必须按期完成治理任务。限期治理由县级以上人民政府按照国务院规定的权限决定。

对小型企业事业单位的限期治理，可以由县级以上人民政府在国务院规定的权限内授权其生态环境主管部门决定。

第十八条 国家对环境噪声污染严重的落后设备实行淘汰制度。

国务院经济综合主管部门应当会同国务院有关部门公布限期禁止生产、禁止销售、禁止进口的环境噪声污染严重的设备名录。

生产者、销售者或者进口者必须在国务院经济综合主管部门会同国务院有关部门规定的期限内分别停止生产、销售或者进口列入前款规定的名录中的设备。

第十九条 在城市范围内从事生产活动确需排放偶发性强烈噪声的，必须事先向当地公安机关提出申请，经批准后方可进行。当地公安机关应当向社会公告。

第二十条 国务院生态环境主管部门应当建立环境噪声监测制度，制定监测规范，并会同有关部门组织监测网络。

环境噪声监测机构应当按照国务院生态环境主管部门的规定报送环境噪声监测结果。

第二十一条 县级以上人民政府生态环境主管部门和其他环境噪声污染防治工作的监督管理部门、机构，有权依据各自的职责对管辖范围内排放环境噪声的单位进行现场检查。被检查的单位必须如实反映情况，并提供必要的资料。检查部门、机构应当为被检查的单位保守技术秘密和业务秘密。

检查人员进行现场检查，应当出示证件。

第三章 工业噪声污染防治

第二十二条 本法所称工业噪声，是指在工业生产活动中使用固定的设备时产生的干扰周围生活环境的声音。

第二十三条 在城市范围内向周围生活环境排放工业噪声的，应当符合国家规定的工业企业厂界环境噪声排放标准。

第二十四条 在工业生产中因使用固定的设备造成环境噪声污染的工业企业，必须按照国务院生态环境主管部门的规定，向所在地的县级以上地方人民政府生态环境主管部门申报拥有的造成环境噪声污染的设备的种类、数量以及在正常作业条件下所发出的噪声值和防治环境噪声污染的设施情况，并提供防治噪声污染的技术资料。

造成环境噪声污染的设备的种类、数量、噪声值和防治设施有重大改变的，必须及时申报，并采取应有的防治措施。

第二十五条 产生环境噪声污染的工业企业，应当采取有效措施，减轻噪声对周围生活环境的影响。

第二十六条 国务院有关主管部门对可能产生环境噪声污染的工业设备，应当根据声环境保护的要求和国家的经济、技术条件，逐步在依法制定的产品的国家标准、行业标准中规定噪声限值。

前款规定的工业设备运行时发出的噪声值，应当在有关技术文件中予以注明。

第四章 建筑施工噪声污染防治

第二十七条 本法所称建筑施工噪声，是指在建筑施工过程中产生的干扰周围生活环境的声音。

第二十八条 在城市市区范围内向周围生活环境排放建筑施工噪声的，应当符合国家规定的建筑施工场界环境噪声排放标准。

第二十九条 在城市市区范围内，建筑施工过程中使用机械设备，可能产生环境噪声污染的，施工单位必须在工程开工十五日以前向工程所在地县级以上地方人民政府生态环境主管部门申报该工程的项目名称、施工场所和期限、可能产生的环境噪声值以及所采取的环境噪声污染防治措施的情况。

第三十条 在城市市区噪声敏感建筑物集中区域内，禁止夜间进行产生环境噪声污染的建筑施工作业，但抢修、抢险作业和因生产工艺上要求或者特殊需要必须连续作业的除外。

因特殊需要必须连续作业的，必须有县级以上人民政府或者其有关主管部门的证明。

前款规定的夜间作业，必须公告附近居民。

第五章　交通运输噪声污染防治

第三十一条 本法所称交通运输噪声，是指机动车辆、铁路机车、机动船舶、航空器等交通运输工具在运行时所产生的干扰周围生活环境的声音。

第三十二条 禁止制造、销售或者进口超过规定的噪声限值的汽车。

第三十三条 在城市市区范围内行驶的机动车辆的消声器和喇叭必须符合国家规定的要求。机动车辆必须加强维修和保养，保持技术性能良好，防治环境噪声污染。

第三十四条 机动车辆在城市市区范围内行驶，机动船舶在城市市区的内河航道航行，铁路机车驶经或者进入城市市区、疗养区时，必须按照规定使用声响装置。

警车、消防车、工程抢险车、救护车等机动车辆安装、使用警报器，必须符合国务院公安部门的规定；在执行非紧急任务时，禁止使用警报器。

第三十五条 城市人民政府公安机关可以根据本地城市市区区域声环境保护的需要，划定禁止机动车辆行驶和禁止其使用声响装置的路段和时间，并向社会公告。

第三十六条 建设经过已有的噪声敏感建筑物集中区域的高速公路和城市高架、轻轨道路，有可能造成环境噪声污染的，应当设置声屏障或者采取其他有效的控制环境噪声污染的措施。

第三十七条 在已有的城市交通干线的两侧建设噪声敏感建筑物的，建设单位应当按照国家规定间隔一定距离，并采取减轻、避免交通噪声影响的措施。

第三十八条 在车站、铁路编组站、港口、码头、航空港等地指挥作业时使用广播喇叭的，应当控制音量，减轻噪声对周围生活环境的影响。

第三十九条 穿越城市居民区、文教区的铁路，因铁路机车运行造成环境噪声污染的，当地城市人民政府应当组织铁路部门和其他有关部门，制定减轻环境噪声污染的规划。铁路部门和其他有关部门应当按照规划的要求，采取有效措施，减轻环境噪声污染。

第四十条 除起飞、降落或者依法规定的情形以外，民用航空器不得飞越城市市区上空。城市人民政府应当在航空器起飞、降落的净空周围划定限制建设噪声敏感建筑物的区域；在该区域内建设噪声敏感建筑物的，建设单位应当采取减轻、避免航空器运行时产生的噪声影响的措施。民航部门应当采取有效措施，减轻环境噪声污染。

第六章　社会生活噪声污染防治

第四十一条　本法所称社会生活噪声，是指人为活动所产生的除工业噪声、建筑施工噪声和交通运输噪声之外的干扰周围生活环境的声音。

第四十二条　在城市市区噪声敏感建筑物集中区域内，因商业经营活动中使用固定设备造成环境噪声污染的商业企业，必须按照国务院生态环境主管部门的规定，向所在地的县级以上地方人民政府生态环境主管部门申报拥有的造成环境噪声污染的设备的状况和防治环境噪声污染的设施的情况。

第四十三条　新建营业性文化娱乐场所的边界噪声必须符合国家规定的环境噪声排放标准；不符合国家规定的环境噪声排放标准的，文化行政主管部门不得核发文化经营许可证，市场监督管理部门不得核发营业执照。

经营中的文化娱乐场所，其经营管理者必须采取有效措施，使其边界噪声不超过国家规定的环境噪声排放标准。

第四十四条　禁止在商业经营活动中使用高音广播喇叭或者采用其他发出高噪声的方法招揽顾客。

在商业经营活动中使用空调器、冷却塔等可能产生环境噪声污染的设备、设施的，其经营管理者应当采取措施，使其边界噪声不超过国家规定的环境噪声排放标准。

第四十五条　禁止任何单位、个人在城市市区噪声敏感建筑物集中区域内使用高音广播喇叭。

在城市市区街道、广场、公园等公共场所组织娱乐、集会等活动，使用音响器材可能产生干扰周围生活环境的过大音量的，必须遵守当地公安机关的规定。

第四十六条　使用家用电器、乐器或者进行其他家庭室内娱乐活动时，应当控制音量或者采取其他有效措施，避免对周围居民造成环境噪声污染。

第四十七条　在已竣工交付使用的住宅楼进行室内装修活动，应当限制作业时间，并采取其他有效措施，以减轻、避免对周围居民造成环境噪声污染。

第七章　法律责任

第四十八条　违反本法第十四条的规定，建设项目中需要配套建设的环境噪声污染防治设施没有建成或者没有达到国家规定的要求，擅自投入生产或者使用的，由县级以上生态环境主管部门责令限期改正，并对单位和个人处以罚款；造成重大环境污染或者生态破坏的，责令停止生产或者使用，或者报经有批准权的人民政府批准，责令关闭。

第四十九条　违反本法规定，拒报或者谎报规定的环境噪声排放申报事项的，县级以上地方人民政府生态环境主管部门可以根据不同情节，给予警告或者处以罚款。

第五十条　违反本法第十五条的规定，未经生态环境主管部门批准，擅自拆除或者闲置环境噪声污染防治设施，致使环境噪声排放超过规定标准的，由县级以上地方人民政府生态环境主管部门责令改正，并处罚款。

第五十一条 违反本法第十六条的规定，不按照国家规定缴纳超标准排污费的，县级以上地方人民政府生态环境主管部门可以根据不同情节，给予警告或者处以罚款。

第五十二条 违反本法第十七条的规定，对经限期治理逾期未完成治理任务的企业事业单位，除依照国家规定加收超标准排污费外，可以根据所造成的危害后果处以罚款，或者责令停业、搬迁、关闭。

前款规定的罚款由生态环境主管部门决定。责令停业、搬迁、关闭由县级以上人民政府按照国务院规定的权限决定。

第五十三条 违反本法第十八条的规定，生产、销售、进口禁止生产、销售、进口的设备的，由县级以上人民政府经济综合主管部门责令改正；情节严重的，由县级以上人民政府经济综合主管部门提出意见，报请同级人民政府按照国务院规定的权限责令停业、关闭。

第五十四条 违反本法第十九条的规定，未经当地公安机关批准，进行产生偶发性强烈噪声活动的，由公安机关根据不同情节给予警告或者处以罚款。

第五十五条 排放环境噪声的单位违反本法第二十一条的规定，拒绝生态环境主管部门或者其他依照本法规定行使环境噪声监督管理权的部门、机构现场检查或者在被检查时弄虚作假的，生态环境主管部门或者其他依照本法规定行使环境噪声监督管理权的监督管理部门、机构可以根据不同情节，给予警告或者处以罚款。

第五十六条 建筑施工单位违反本法第三十条第一款的规定，在城市市区噪声敏感建筑物集中区域内，夜间进行禁止进行的产生环境噪声污染的建筑施工作业的，由工程所在地县级以上地方人民政府生态环境主管部门责令改正，可以并处罚款。

第五十七条 违反本法第三十四条的规定，机动车辆不按照规定使用声响装置的，由当地公安机关根据不同情节给予警告或者处以罚款。

机动船舶有前款违法行为的，由港务监督机构根据不同情节给予警告或者处以罚款。

铁路机车有第一款违法行为的，由铁路主管部门对有关责任人员给予行政处分。

第五十八条 违反本法规定，有下列行为之一的，由公安机关给予警告，可以并处罚款：

（一）在城市市区噪声敏感建筑物集中区域内使用高音广播喇叭；

（二）违反当地公安机关的规定，在城市市区街道、广场、公园等公共场所组织娱乐、集会等活动，使用音响器材，产生干扰周围生活环境的过大音量的；

（三）未按本法第四十六条和第四十七条规定采取措施，从家庭室内发出严重干扰周围居民生活的环境噪声的。

第五十九条 违反本法第四十三条第二款、第四十四条第二款的规定，造成环境噪声污染的，由县级以上地方人民政府生态环境主管部门责令改正，可以并处罚款。

第六十条 违反本法第四十四条第一款的规定，造成环境噪声污染的，由公安机关责令改正，可以并处罚款。

省级以上人民政府依法决定由县级以上地方人民政府生态环境主管部门行使前款规定的行政处罚权的，从其决定。

第六十一条 受到环境噪声污染危害的单位和个人，有权要求加害人排除危害；造成损失的，依法赔偿损失。

赔偿责任和赔偿金额的纠纷，可以根据当事人的请求，由生态环境主管部门或者其他环境噪声污染防治工作的监督管理部门、机构调解处理；调解不成的，当事人可以向人民法院起诉。当事人也可以直接向人民法院起诉。

第六十二条 环境噪声污染防治监督管理人员滥用职权、玩忽职守、徇私舞弊的，由其所在单位或者上级主管机关给予行政处分；构成犯罪的，依法追究刑事责任。

第八章 附 则

第六十三条 本法中下列用语的含义是：

（一）“噪声排放”是指噪声源向周围生活环境辐射噪声。

（二）“噪声敏感建筑物”是指医院、学校、机关、科研单位、住宅等需要保持安静的建筑物。

（三）“噪声敏感建筑物集中区域”是指医疗区、文教科研区和以机关或者居民住宅为主的区域。

（四）“夜间”是指晚二十二点至晨六点之间的期间。

（五）“机动车辆”是指汽车和摩托车。

第六十四条 本法自1997年3月1日起施行。1989年9月26日国务院发布的《中华人民共和国环境噪声污染防治条例》同时废止。

中华人民共和国放射性污染防治法

（自2003年10月1日起施行）

（2003年6月28日第十届全国人民代表大会常务委员会第三次会议通过）

第一章　总　则

第一条　为了防治放射性污染，保护环境，保障人体健康，促进核能、核技术的开发与和平利用，制定本法。

第二条　本法适用于中华人民共和国领域和管辖的其他海域在核设施选址、建造、运行、退役和核技术、铀（钍）矿、伴生放射性矿开发利用过程中发生的放射性污染的防治活动。

第三条　国家对放射性污染的防治，实行预防为主、防治结合、严格管理、安全第一的方针。

第四条　国家鼓励、支持放射性污染防治的科学研究和技术开发利用，推广先进的放射性污染防治技术。

国家支持开展放射性污染防治的国际交流与合作。

第五条　县级以上人民政府应当将放射性污染防治工作纳入环境保护规划。

县级以上人民政府应当组织开展有针对性的放射性污染防治宣传教育，使公众了解放射性污染防治的有关情况和科学知识。

第六条　任何单位和个人有权对造成放射性污染的行为提出检举和控告。

第七条　在放射性污染防治工作中作出显著成绩的单位和个人，由县级以上人民政府给予奖励。

第八条　国务院环境保护行政主管部门对全国放射性污染防治工作依法实施统一监督管理。

国务院卫生行政部门和其他有关部门依据国务院规定的职责，对有关的放射性污染防治工作依法实施监督管理。

第二章　放射性污染防治的监督管理

第九条　国家放射性污染防治标准由国务院环境保护行政主管部门根据环境安全要求、国家经济技术条件制定。国家放射性污染防治标准由国务院环境保护行政主管部门和国务院标准化行政主管部门联合发布。

第十条 国家建立放射性污染监测制度。国务院环境保护行政主管部门会同国务院其他有关部门组织环境监测网络，对放射性污染实施监测管理。

第十一条 国务院环境保护行政主管部门和国务院其他有关部门，按照职责分工，各负其责，互通信息，密切配合，对核设施、铀（钍）矿开发利用中的放射性污染防治进行监督检查。

县级以上地方人民政府环境保护行政主管部门和同级其他有关部门，按照职责分工，各负其责，互通信息，密切配合，对本行政区域内核技术利用、伴生放射性矿开发利用中的放射性污染防治进行监督检查。

监督检查人员进行现场检查时，应当出示证件。被检查的单位必须如实反映情况，提供必要的资料。监督检查人员应当为被检查单位保守技术秘密和业务秘密。对涉及国家秘密的单位和部位进行检查时，应当遵守国家有关保守国家秘密的规定，依法办理有关审批手续。

第十二条 核设施营运单位、核技术利用单位、铀（钍）矿和伴生放射性矿开发利用单位，负责本单位放射性污染的防治，接受环境保护行政主管部门和其他有关部门的监督管理，并依法对其造成的放射性污染承担责任。

第十三条 核设施营运单位、核技术利用单位、铀（钍）矿和伴生放射性矿开发利用单位，必须采取安全与防护措施，预防发生可能导致放射性污染的各类事故，避免放射性污染危害。

核设施营运单位、核技术利用单位、铀（钍）矿和伴生放射性矿开发利用单位，应当对其工作人员进行放射性安全教育、培训，采取有效的防护安全措施。

第十四条 国家对从事放射性污染防治的专业人员实行资格管理制度；对从事放射性污染监测工作的机构实行资质管理制度。

第十五条 运输放射性物质和含放射源的射线装置，应当采取有效措施，防止放射性污染。具体办法由国务院规定。

第十六条 放射性物质和射线装置应当设置明显的放射性标识和中文警示说明。生产、销售、使用、贮存、处置放射性物质和射线装置的场所，以及运输放射性物质和含放射源的射线装置的工具，应当设置明显的放射性标志。

第十七条 含有放射性物质的产品，应当符合国家放射性污染防治标准；不符合国家放射性污染防治标准的，不得出厂和销售。

使用伴生放射性矿渣和含有天然放射性物质的石材做建筑和装修材料，应当符合国家建筑材料放射性核素控制标准。

第三章　核设施的放射性污染防治

第十八条 核设施选址，应当进行科学论证，并按照国家有关规定办理审批手续。在办理核设施选址审批手续前，应当编制环境影响报告书，报国务院环境保护行政主管部门审查批准；未经批准，有关部门不得办理核设施选址批准文件。

第十九条 核设施营运单位在进行核设施建造、装料、运行、退役等活动前，必须按照国务院有关核设施安全监督管理的规定，申请领取核设施建造、运行许可证和办理装料、退役等审批手续。

核设施营运单位领取有关许可证或者批准文件后，方可进行相应的建造、装料、运行、退役等活动。

第二十条 核设施营运单位应当在申请领取核设施建造、运行许可证和办理退役审批手续前编制环境影响报告书，报国务院环境保护行政主管部门审查批准；未经批准，有关部门不得颁发许可证和办理批准文件。

第二十一条 与核设施相配套的放射性污染防治设施，应当与主体工程同时设计、同时施工、同时投入使用。

放射性污染防治设施应当与主体工程同时验收；验收合格的，主体工程方可投入生产或者使用。

第二十二条 进口核设施，应当符合国家放射性污染防治标准；没有相应的国家放射性污染防治标准的，采用国务院环境保护行政主管部门指定的国外有关标准。

第二十三条 核动力厂等重要核设施外围地区应当划定规划限制区。规划限制区的划定和管理办法，由国务院规定。

第二十四条 核设施营运单位应当对核设施周围环境中所含的放射性核素的种类、浓度以及核设施流出物中的放射性核素总量实施监测，并定期向国务院环境保护行政主管部门和所在地省、自治区、直辖市人民政府环境保护行政主管部门报告监测结果。

国务院环境保护行政主管部门负责对核动力厂等重要核设施实施监督性监测，并根据需要对其他核设施的流出物实施监测。监督性监测系统的建设、运行和维护费用由财政预算安排。

第二十五条 核设施营运单位应当建立健全安全保卫制度，加强安全保卫工作，并接受公安部门的监督指导。

核设施营运单位应当按照核设施的规模和性质制定核事故场内应急计划，做好应急准备。

出现核事故应急状态时，核设施营运单位必须立即采取有效的应急措施控制事故，并向核设施主管部门和环境保护行政主管部门、卫生行政部门、公安部门以及其他有关部门报告。

第二十六条 国家建立健全核事故应急制度。

核设施主管部门、环境保护行政主管部门、卫生行政部门、公安部门以及其他有关部门，在本级人民政府的组织领导下，按照各自的职责依法做好核事故应急工作。

中国人民解放军和中国人民武装警察部队按照国务院、中央军事委员会的有关规定在核事故应急中实施有效的支援。

第二十七条 核设施营运单位应当制定核设施退役计划。

核设施的退役费用和放射性废物处置费用应当预提，列入投资概算或者生产成本。核设施的退役费用和放射性废物处置费用的提取和管理办法，由国务院财政部门、价格主管部门会同国务院环境保护行政主管部门、核设施主管部门规定。

第四章　核技术利用的放射性污染防治

第二十八条　生产、销售、使用放射性同位素和射线装置的单位，应当按照国务院有关放射性同位素与射线装置放射防护的规定申请领取许可证，办理登记手续。

转让、进口放射性同位素和射线装置的单位以及装备有放射性同位素的仪表的单位，应当按照国务院有关放射性同位素与射线装置放射防护的规定办理有关手续。

第二十九条　生产、销售、使用放射性同位素和加速器、中子发生器以及含放射源的射线装置的单位，应当在申请领取许可证前编制环境影响评价文件，报省、自治区、直辖市人民政府环境保护行政主管部门审查批准；未经批准，有关部门不得颁发许可证。

国家建立放射性同位素备案制度。具体办法由国务院规定。

第三十条　新建、改建、扩建放射工作场所的放射防护设施，应当与主体工程同时设计、同时施工、同时投入使用。

放射防护设施应当与主体工程同时验收；验收合格的，主体工程方可投入生产或者使用。

第三十一条　放射性同位素应当单独存放，不得与易燃、易爆、腐蚀性物品等一起存放，其贮存场所应当采取有效的防火、防盗、防射线泄漏的安全防护措施，并指定专人负责保管。贮存、领取、使用、归还放射性同位素时，应当进行登记、检查，做到账物相符。

第三十二条　生产、使用放射性同位素和射线装置的单位，应当按照国务院环境保护行政主管部门的规定对其产生的放射性废物进行收集、包装、贮存。

生产放射源的单位，应当按照国务院环境保护行政主管部门的规定回收和利用废旧放射源；使用放射源的单位，应当按照国务院环境保护行政主管部门的规定将废旧放射源交回生产放射源的单位或者送交专门从事放射性固体废物贮存、处置的单位。

第三十三条　生产、销售、使用、贮存放射源的单位，应当建立健全安全保卫制度，指定专人负责，落实安全责任制，制定必要的事故应急措施。发生放射源丢失、被盗和放射性污染事故时，有关单位和个人必须立即采取应急措施，并向公安部门、卫生行政部门和环境保护行政主管部门报告。

公安部门、卫生行政部门和环境保护行政主管部门接到放射源丢失、被盗和放射性污染事故报告后，应当报告本级人民政府，并按照各自的职责立即组织采取有效措施，防止放射性污染蔓延，减少事故损失。当地人民政府应当及时将有关情况告知公众，并做好事故的调查、处理工作。

第五章 铀（钍）矿和伴生放射性矿开发利用的放射性污染防治

第三十四条 开发利用或者关闭铀（钍）矿的单位，应当在申请领取采矿许可证或者办理退役审批手续前编制环境影响报告书，报国务院环境保护行政主管部门审查批准。

开发利用伴生放射性矿的单位，应当在申请领取采矿许可证前编制环境影响报告书，报省级以上人民政府环境保护行政主管部门审查批准。

第三十五条 与铀（钍）矿和伴生放射性矿开发利用建设项目相配套的放射性污染防治设施，应当与主体工程同时设计、同时施工、同时投入使用。

放射性污染防治设施应当与主体工程同时验收；验收合格的，主体工程方可投入生产或者使用。

第三十六条 铀（钍）矿开发利用单位应当对铀（钍）矿的流出物和周围的环境实施监测，并定期向国务院环境保护行政主管部门和所在地省、自治区、直辖市人民政府环境保护行政主管部门报告监测结果。

第三十七条 对铀（钍）矿和伴生放射性矿开发利用过程中产生的尾矿，应当建造尾矿库进行贮存、处置；建造的尾矿库应当符合放射性污染防治的要求。

第三十八条 铀（钍）矿开发利用单位应当制定铀（钍）矿退役计划。铀矿退役费用由国家财政预算安排。

第六章 放射性废物管理

第三十九条 核设施营运单位、核技术利用单位、铀（钍）矿和伴生放射性矿开发利用单位，应当合理选择和利用原材料，采用先进的生产工艺和设备，尽量减少放射性废物的产生量。

第四十条 向环境排放放射性废气、废液，必须符合国家放射性污染防治标准。

第四十一条 产生放射性废气、废液的单位向环境排放符合国家放射性污染防治标准的放射性废气、废液，应当向审批环境影响评价文件的环境保护行政主管部门申请放射性核素排放量，并定期报告排放计量结果。

第四十二条 产生放射性废液的单位，必须按照国家放射性污染防治标准的要求，对不得向环境排放的放射性废液进行处理或者贮存。

产生放射性废液的单位，向环境排放符合国家放射性污染防治标准的放射性废液，必须采用符合国务院环境保护行政主管部门规定的排放方式。

禁止利用渗井、渗坑、天然裂隙、溶洞或者国家禁止的其他方式排放放射性废液。

第四十三条 低、中水平放射性固体废物在符合国家规定的区域实行近地表处置。

高水平放射性固体废物实行集中的深地质处置。

α 放射性固体废物依照前款规定处置。

禁止在内河水域和海洋上处置放射性固体废物。

第四十四条 国务院核设施主管部门会同国务院环境保护行政主管部门根据地质条件和放射性固体废物处置的需要，在环境影响评价的基础上编制放射性固体废物处置场所选址规划，报国务院批准后实施。

有关地方人民政府应当根据放射性固体废物处置场所选址规划，提供放射性固体废物处置场所的建设用地，并采取有效措施支持放射性固体废物的处置。

第四十五条 产生放射性固体废物的单位，应当按照国务院环境保护行政主管部门的规定，对其产生的放射性固体废物进行处理后，送交放射性固体废物处置单位处置，并承担处置费用。

放射性固体废物处置费用收取和使用管理办法，由国务院财政部门、价格主管部门会同国务院环境保护行政主管部门规定。

第四十六条 设立专门从事放射性固体废物贮存、处置的单位，必须经国务院环境保护行政主管部门审查批准，取得许可证。具体办法由国务院规定。

禁止未经许可或者不按照许可的有关规定从事贮存和处置放射性固体废物的活动。

禁止将放射性固体废物提供或者委托给无许可证的单位贮存和处置。

第四十七条 禁止将放射性废物和被放射性污染的物品输入中华人民共和国境内或者经中华人民共和国境内转移。

第七章 法律责任

第四十八条 放射性污染防治监督管理人员违反法律规定，利用职务上的便利收受他人财物、谋取其他利益，或者玩忽职守，有下列行为之一的，依法给予行政处分；构成犯罪的，依法追究刑事责任：

（一）对不符合法定条件的单位颁发许可证和办理批准文件的；

（二）不依法履行监督管理职责的；

（三）发现违法行为不予查处的。

第四十九条 违反本法规定，有下列行为之一的，由县级以上人民政府环境保护行政主管部门或者其他有关部门依据职权责令限期改正，可以处二万元以下罚款：

（一）不按照规定报告有关环境监测结果的；

（二）拒绝环境保护行政主管部门和其他有关部门进行现场检查，或者被检查时不如实反映情况和提供必要资料的。

第五十条 违反本法规定，未编制环境影响评价文件，或者环境影响评价文件未经环境保护行政主管部门批准，擅自进行建造、运行、生产和使用等活动的，由审批环境影响评价文件的环境保护行政主管部门责令停止违法行为，限期补办手续或者恢复原状，并处一万元以上二十万元以下罚款。

第五十一条 违反本法规定，未建造放射性污染防治设施、放射防护设施，或者防治防护设施未经验收合格，主体工程即投入生产或者使用的，由审批环境影响评价文件的环境保护行政主管部门责令停止违法行为，限期改正，并处五万元以上二十万元以下罚款。

第五十二条 违反本法规定，未经许可或者批准，核设施营运单位擅自进行核设施的建造、装料、运行、退役等活动的，由国务院环境保护行政主管部门责令停止违法行为，限期改正，并处二十万元以上五十万元以下罚款；构成犯罪的，依法追究刑事责任。

第五十三条 违反本法规定，生产、销售、使用、转让、进口、贮存放射性同位素和射线装置以及装备有放射性同位素的仪表的，由县级以上人民政府环境保护行政主管部门或者其他有关部门依据职权责令停止违法行为，限期改正；逾期不改正的，责令停产停业或者吊销许可证；有违法所得的，没收违法所得；违法所得十万元以上的，并处违法所得一倍以上五倍以下罚款；没有违法所得或者违法所得不足十万元的，并处一万元以上十万元以下罚款；构成犯罪的，依法追究刑事责任。

第五十四条 违反本法规定，有下列行为之一的，由县级以上人民政府环境保护行政主管部门责令停止违法行为，限期改正，处以罚款；构成犯罪的，依法追究刑事责任：

（一）未建造尾矿库或者不按照放射性污染防治的要求建造尾矿库，贮存、处置铀（钍）矿和伴生放射性矿的尾矿的；

（二）向环境排放不得排放的放射性废气、废液的；

（三）不按照规定的方式排放放射性废液，利用渗井、渗坑、天然裂隙、溶洞或者国家禁止的其他方式排放放射性废液的；

（四）不按照规定处理或者贮存不得向环境排放的放射性废液的；

（五）将放射性固体废物提供或者委托给无许可证的单位贮存和处置的。

有前款第（一）项、第（二）项、第（三）项、第（五）项行为之一的，处十万元以上二十万元以下罚款；有前款第（四）项行为的，处一万元以上十万元以下罚款。

第五十五条 违反本法规定，有下列行为之一的，由县级以上人民政府环境保护行政主管部门或者其他有关部门依据职权责令限期改正；逾期不改正的，责令停产停业，并处二万元以上十万元以下罚款；构成犯罪的，依法追究刑事责任：

（一）不按照规定设置放射性标识、标志、中文警示说明的；

（二）不按照规定建立健全安全保卫制度和制定事故应急计划或者应急措施的；

（三）不按照规定报告放射源丢失、被盗情况或者放射性污染事故的。

第五十六条 产生放射性固体废物的单位，不按照本法第四十五条的规定对其产生的放射性固体废物进行处置的，由审批该单位立项环境影响评价文件的环境保护行政主管部门责令停止违法行为，限期改正；逾期不改正的，指定有处置能力的单位代为处置，所需费用由产生放射性固体废物的单位承担，可以并处二十万元以下罚款；构成犯罪的，依法追究刑事责任。

第五十七条 违反本法规定，有下列行为之一的，由省级以上人民政府环境保护行政主管部门责令停产停业或者吊销许可证；有违法所得的，没收违法所得；违法所得十万元以上的，并处违法所得一倍以上五倍以下罚款；没有违法所得或者违法所得不足十万元的，并处五万元以上十万元以下罚款；构成犯罪的，依法追究刑事责任：

（一）未经许可，擅自从事贮存和处置放射性固体废物活动的；

（二）不按照许可的有关规定从事贮存和处置放射性固体废物活动的。

第五十八条 向中华人民共和国境内输入放射性废物和被放射性污染的物品，或者经中华人民共和国境内转移放射性废物和被放射性污染的物品的，由海关责令退运该放射性废物和被放射性污染的物品，并处五十万元以上一百万元以下罚款；构成犯罪的，依法追究刑事责任。

第五十九条 因放射性污染造成他人损害的，应当依法承担民事责任。

第八章 附 则

第六十条 军用设施、装备的放射性污染防治，由国务院和军队的有关主管部门依照本法规定的原则和国务院、中央军事委员会规定的职责实施监督管理。

第六十一条 劳动者在职业活动中接触放射性物质造成的职业病的防治，依照《中华人民共和国职业病防治法》的规定执行。

第六十二条 本法中下列用语的含义：

（一）放射性污染，是指由于人类活动造成物料、人体、场所、环境介质表面或者内部出现超过国家标准的放射性物质或者射线；

（二）核设施，是指核动力厂（核电厂、核热电厂、核供汽供热厂等）和其他反应堆（研究堆、实验堆、临界装置等）；核燃料生产、加工、贮存和后处理设施；放射性废物的处理和处置设施等；

（三）核技术利用，是指密封放射源、非密封放射源和射线装置在医疗、工业、农业、地质调查、科学研究和教学等领域中的使用；

（四）放射性同位素，是指某种发生放射性衰变的元素中具有相同原子序数但质量不同的核素；

（五）放射源，是指除研究堆和动力堆核燃料循环范畴的材料以外，永久密封在容器中或者有严密包层并呈固态的放射性材料；

（六）射线装置，是指X线机、加速器、中子发生器以及含放射源的装置；

（七）伴生放射性矿，是指含有较高水平天然放射性核素浓度的非铀矿（如稀土矿和磷酸盐矿等）；

（八）放射性废物，是指含有放射性核素或者被放射性核素污染，其浓度或者比活度大于国家确定的清洁解控水平，预期不再使用的废弃物。

第六十三条 本法自2003年10月1日起施行。

中华人民共和国环境保护税法

（2018年10月26日修正）

（2016年12月25日第十二届全国人民代表大会常务委员会第二十五次会议通过 根据2018年10月26日第十三届全国人民代表大会常务委员会第六次会议《关于修改〈中华人民共和国野生动物保护法〉等十五部法律的决定》修正）

第一章　总　则

第一条　为了保护和改善环境，减少污染物排放，推进生态文明建设，制定本法。

第二条　在中华人民共和国领域和中华人民共和国管辖的其他海域，直接向环境排放应税污染物的企业事业单位和其他生产经营者为环境保护税的纳税人，应当依照本法规定缴纳环境保护税。

第三条　本法所称应税污染物，是指本法所附《环境保护税税目税额表》《应税污染物和当量值表》规定的大气污染物、水污染物、固体废物和噪声。

第四条　有下列情形之一的，不属于直接向环境排放污染物，不缴纳相应污染物的环境保护税：

（一）企业事业单位和其他生产经营者向依法设立的污水集中处理、生活垃圾集中处理场所排放应税污染物的；

（二）企业事业单位和其他生产经营者在符合国家和地方环境保护标准的设施、场所贮存或者处置固体废物的。

第五条　依法设立的城乡污水集中处理、生活垃圾集中处理场所超过国家和地方规定的排放标准向环境排放应税污染物的，应当缴纳环境保护税。

企业事业单位和其他生产经营者贮存或者处置固体废物不符合国家和地方环境保护标准的，应当缴纳环境保护税。

第六条　环境保护税的税目、税额，依照本法所附《环境保护税税目税额表》执行。

应税大气污染物和水污染物的具体适用税额的确定和调整，由省、自治区、直辖市人民政府统筹考虑本地区环境承载能力、污染物排放现状和经济社会生态发展目标要求，在本法所附《环境保护税税目税额表》规定的税额幅度内提出，报同级人民代表大会常务委员会决定，并报全国人民代表大会常务委员会和国务院备案。

第二章 计税依据和应纳税额

第七条 应税污染物的计税依据，按照下列方法确定：

（一）应税大气污染物按照污染物排放量折合的污染当量数确定；

（二）应税水污染物按照污染物排放量折合的污染当量数确定；

（三）应税固体废物按照固体废物的排放量确定；

（四）应税噪声按照超过国家规定标准的分贝数确定。

第八条 应税大气污染物、水污染物的污染当量数，以该污染物的排放量除以该污染物的污染当量值计算。每种应税大气污染物、水污染物的具体污染当量值，依照本法所附《应税污染物和当量值表》执行。

第九条 每一排放口或者没有排放口的应税大气污染物，按照污染当量数从大到小排序，对前三项污染物征收环境保护税。

每一排放口的应税水污染物，按照本法所附《应税污染物和当量值表》，区分第一类水污染物和其他类水污染物，按照污染当量数从大到小排序，对第一类水污染物按照前五项征收环境保护税，对其他类水污染物按照前三项征收环境保护税。

省、自治区、直辖市人民政府根据本地区污染物减排的特殊需要，可以增加同一排放口征收环境保护税的应税污染物项目数，报同级人民代表大会常务委员会决定，并报全国人民代表大会常务委员会和国务院备案。

第十条 应税大气污染物、水污染物、固体废物的排放量和噪声的分贝数，按照下列方法和顺序计算：

（一）纳税人安装使用符合国家规定和监测规范的污染物自动监测设备的，按照污染物自动监测数据计算；

（二）纳税人未安装使用污染物自动监测设备的，按照监测机构出具的符合国家有关规定和监测规范的监测数据计算；

（三）因排放污染物种类多等原因不具备监测条件的，按照国务院生态环境主管部门规定的排污系数、物料衡算方法计算；

（四）不能按照本条第一项至第三项规定的方法计算的，按照省、自治区、直辖市人民政府生态环境主管部门规定的抽样测算的方法核定计算。

第十一条 环境保护税应纳税额按照下列方法计算：

（一）应税大气污染物的应纳税额为污染当量数乘以具体适用税额；

（二）应税水污染物的应纳税额为污染当量数乘以具体适用税额；

（三）应税固体废物的应纳税额为固体废物排放量乘以具体适用税额；

（四）应税噪声的应纳税额为超过国家规定标准的分贝数对应的具体适用税额。

第三章 税收减免

第十二条 下列情形，暂予免征环境保护税：

（一）农业生产（不包括规模化养殖）排放应税污染物的；

（二）机动车、铁路机车、非道路移动机械、船舶和航空器等流动污染源排放应税污染物的；

（三）依法设立的城乡污水集中处理、生活垃圾集中处理场所排放相应应税污染物，不超过国家和地方规定的排放标准的；

（四）纳税人综合利用的固体废物，符合国家和地方环境保护标准的；

（五）国务院批准免税的其他情形。

前款第五项免税规定，由国务院报全国人民代表大会常务委员会备案。

第十三条 纳税人排放应税大气污染物或者水污染物的浓度值低于国家和地方规定的污染物排放标准百分之三十的，减按百分之七十五征收环境保护税。纳税人排放应税大气污染物或者水污染物的浓度值低于国家和地方规定的污染物排放标准百分之五十的，减按百分之五十征收环境保护税。

第四章 征收管理

第十四条 环境保护税由税务机关依照《中华人民共和国税收征收管理法》和本法的有关规定征收管理。

生态环境主管部门依照本法和有关环境保护法律法规的规定负责对污染物的监测管理。

县级以上地方人民政府应当建立税务机关、生态环境主管部门和其他相关单位分工协作工作机制，加强环境保护税征收管理，保障税款及时足额入库。

第十五条 生态环境主管部门和税务机关应当建立涉税信息共享平台和工作配合机制。

生态环境主管部门应当将排污单位的排污许可、污染物排放数据、环境违法和受行政处罚情况等环境保护相关信息，定期交送税务机关。

税务机关应当将纳税人的纳税申报、税款入库、减免税额、欠缴税款以及风险疑点等环境保护税涉税信息，定期交送生态环境主管部门。

第十六条 纳税义务发生时间为纳税人排放应税污染物的当日。

第十七条 纳税人应当向应税污染物排放地的税务机关申报缴纳环境保护税。

第十八条 环境保护税按月计算，按季申报缴纳。不能按固定期限计算缴纳的，可以按次申报缴纳。

纳税人申报缴纳时，应当向税务机关报送所排放应税污染物的种类、数量，大气污染物、水污染物的浓度值，以及税务机关根据实际需要要求纳税人报送的其他纳税资料。

第十九条 纳税人按季申报缴纳的，应当自季度终了之日起十五日内，向税务机关办理纳税申报并缴纳税款。纳税人按次申报缴纳的，应当自纳税义务发生之日起十五日内，向税务机关办理纳税申报并缴纳税款。

纳税人应当依法如实办理纳税申报，对申报的真实性和完整性承担责任。

第二十条 税务机关应当将纳税人的纳税申报数据资料与生态环境主管部门交送的相关数据资料进行比对。

税务机关发现纳税人的纳税申报数据资料异常或者纳税人未按照规定期限办理纳税申报的，可以提请生态环境主管部门进行复核，生态环境主管部门应当自收到税务机关的数据资料之日起十五日内向税务机关出具复核意见。税务机关应当按照生态环境主管部门复核的数据资料调整纳税人的应纳税额。

第二十一条 依照本法第十条第四项的规定核定计算污染物排放量的，由税务机关会同生态环境主管部门核定污染物排放种类、数量和应纳税额。

第二十二条 纳税人从事海洋工程向中华人民共和国管辖海域排放应税大气污染物、水污染物或者固体废物，申报缴纳环境保护税的具体办法，由国务院税务主管部门会同国务院生态环境主管部门规定。

第二十三条 纳税人和税务机关、生态环境主管部门及其工作人员违反本法规定的，依照《中华人民共和国税收征收管理法》《中华人民共和国环境保护法》和有关法律法规的规定追究法律责任。

第二十四条 各级人民政府应当鼓励纳税人加大环境保护建设投入，对纳税人用于污染物自动监测设备的投资予以资金和政策支持。

第五章　附　则

第二十五条 本法下列用语的含义：

（一）污染当量，是指根据污染物或者污染排放活动对环境的有害程度以及处理的技术经济性，衡量不同污染物对环境污染的综合性指标或者计量单位。同一介质相同污染当量的不同污染物，其污染程度基本相当；

（二）排污系数，是指在正常技术经济和管理条件下，生产单位产品所应排放的污染物量的统计平均值；

（三）物料衡算，是指根据物质质量守恒原理对生产过程中使用的原料、生产的产品和产生的废物等进行测算的一种方法。

第二十六条 直接向环境排放应税污染物的企业事业单位和其他生产经营者，除依照本法规定缴纳环境保护税外，应当对所造成的损害依法承担责任。

第二十七条 自本法施行之日起，依照本法规定征收环境保护税，不再征收排污费。

第二十八条 本法自 2018 年 1 月 1 日起施行。

附表一：

环境保护税税目税额表

税目		计税单位	税额	备注
大气污染物		每污染当量	1.2～12 元	
水污染物		每污染当量	1.4～14 元	
固体废物	煤矸石	每吨	5 元	
	尾矿	每吨	15 元	
	危险废物	每吨	1 000 元	
	冶炼渣、粉煤灰、炉渣、其他固体废物（含半固态、液态废物）	每吨	25 元	
噪声	工业噪声	超标 1～3 分贝	每月 350 元	1. 一个单位边界上有多处噪声超标，根据最高一处超标声级计算应纳税额；当沿边界长度超过 100 米有两处以上噪声超标，按照两个单位计算应纳税额； 2. 一个单位有不同地点作业场所的，应当分别计算应纳税额，合并计征； 3. 昼、夜均超标的环境噪声，昼、夜分别计算应纳税额，累计计征； 4. 声源一个月内超标不足 15 天的，减半计算应纳税额； 5. 夜间频繁突发和夜间偶然突发厂界超标噪声，按等效声级和峰值噪声两种指标中超标分贝值高的一项计算应纳税额
		超标 4～6 分贝	每月 700 元	
		超标 7～9 分贝	每月 1 400 元	
		超标 10～12 分贝	每月 2 800 元	
		超标 13～15 分贝	每月 5 600 元	
		超标 16 分贝以上	每月 11 200 元	

附表二：

应税污染物和当量值表

一、第一类水污染物污染当量值

污染物	污染当量值/千克
1. 总汞	0.000 5
2. 总镉	0.005
3. 总铬	0.04
4. 六价铬	0.02
5. 总砷	0.02
6. 总铅	0.025
7. 总镍	0.025
8. 苯并[*a*]芘	0.000 000 3
9. 总铍	0.01
10. 总银	0.02

二、第二类水污染物污染当量值

污染物	污染当量值/千克	备注
11. 悬浮物（SS）	4	
12. 生化需氧量（BOD_5）	0.5	同一排放口中的化学需氧量、生化需氧量和总有机碳，只征收一项
13. 化学需氧量（COD_{Cr}）	1	
14. 总有机碳（TOC）	0.49	
15. 石油类	0.1	
16. 动植物油	0.16	
17. 挥发酚	0.08	
18. 总氰化物	0.05	
19. 硫化物	0.125	
20. 氨氮	0.8	
21. 氟化物	0.5	
22. 甲醛	0.125	
23. 苯胺类	0.2	
24. 硝基苯类	0.2	
25. 阴离子表面活性剂（LAS）	0.2	
26. 总铜	0.1	
27. 总锌	0.2	
28. 总锰	0.2	
29. 彩色显影剂（CD-2）	0.2	
30. 总磷	0.25	
31. 单质磷（以 P 计）	0.05	
32. 有机磷农药（以 P 计）	0.05	

污染物	污染当量值/千克	备注
33. 乐果	0.05	
34. 甲基对硫磷	0.05	
35. 马拉硫磷	0.05	
36. 对硫磷	0.05	
37. 五氯酚及五氯酚钠（以五氯酚计）	0.25	
38. 三氯甲烷	0.04	
39. 可吸附有机卤化物（AOX）（以 Cl 计）	0.25	
40. 四氯化碳	0.04	
41. 三氯乙烯	0.04	
42. 四氯乙烯	0.04	
43. 苯	0.02	
44. 甲苯	0.02	
45. 乙苯	0.02	
46. 邻-二甲苯	0.02	
47. 对-二甲苯	0.02	
48. 间-二甲苯	0.02	
49. 氯苯	0.02	
50. 邻二氯苯	0.02	
51. 对二氯苯	0.02	
52. 对硝苯氯苯	0.02	
53. 2,4-二硝基氯苯	0.02	
54. 苯酚	0.02	
55. 间-甲酚	0.02	
56. 2,4-二氯酚	0.02	
57. 2,4,6-三氯酚	0.02	
58. 邻苯二甲酸二丁酯	0.02	
59. 邻苯二甲酸二辛酯	0.02	
60. 丙烯腈	0.125	
61. 总硒	0.02	

三、pH 值、色度、大肠菌群数、余氯量水污染物污染当量值

<table>
<tr><th colspan="2">污染物</th><th>污染当量值</th><th>备注</th></tr>
<tr><td rowspan="6">1. pH 值</td><td>1. 0～1，13～14</td><td>0.06 吨污水</td><td rowspan="6">pH 值 5～6 指大于等于 5，小于 6；pH 值 9～10 指大于 9，小于等于 10，其余类推</td></tr>
<tr><td>2. 1～2，12～13</td><td>0.125 吨污水</td></tr>
<tr><td>3. 2～3，11～12</td><td>0.25 吨污水</td></tr>
<tr><td>4. 3～4，10～11</td><td>0.5 吨污水</td></tr>
<tr><td>5. 4～5，9～10</td><td>1 吨污水</td></tr>
<tr><td>6. 5～6</td><td>5 吨污水</td></tr>
<tr><td colspan="2">2. 色度</td><td>5 吨水·倍</td><td></td></tr>
<tr><td colspan="2">3. 大肠菌群数（超标）</td><td>3.3 吨污水</td><td rowspan="2">大肠菌群数和余氯量只征收一项</td></tr>
<tr><td colspan="2">4. 余氯量（用氯消毒的医院废水）</td><td>3.3 吨污水</td></tr>
</table>

四、禽畜养殖业、小型企业和第三产业水污染物污染当量值（本表仅适用于计算无法进行实际监测或者物料衡算的禽畜养殖业、小型企业和第三产业等小型排污者的水污染物污染当量数）

类型			污染当量值	备注
禽畜养殖场	1. 牛		0.1 头	仅对存栏规模大于50头牛、500头猪、5 000羽鸡鸭等的禽畜养殖场征收
	2. 猪		1 头	
	3. 鸡、鸭等家禽		30 羽	
4. 小型企业			1.8 吨污水	
5. 饮食娱乐服务业			0.5 吨污水	
6. 医院	消毒		0.14 床	医院病床数大于 20 张的按照本表计算污染当量数
			2.8 吨污水	
	不消毒		0.07 床	
			1.4 吨污水	

五、大气污染物污染当量值

污染物	污染当量值/千克
1. 二氧化硫	0.95
2. 氮氧化物	0.95
3. 一氧化碳	16.7
4. 氯气	0.34
5. 氯化氢	10.75
6. 氟化物	0.87
7. 氰化物	0.005
8. 硫酸雾	0.6
9. 铬酸雾	0.000 7
10. 汞及其化合物	0.000 1
11. 一般性粉尘	4
12. 石棉尘	0.53
13. 玻璃棉尘	2.13
14. 炭黑尘	0.59
15. 铅及其化合物	0.02
16. 镉及其化合物	0.03
17. 铍及其化合物	0.000 4
18. 镍及其化合物	0.13
19. 锡及其化合物	0.27
20. 烟尘	2.18
21. 苯	0.05
22. 甲苯	0.18
23. 二甲苯	0.27

污染物	污染当量值/千克
24. 苯并[a]芘	0.000 002
25. 甲醛	0.09
26. 乙醛	0.45
27. 丙烯醛	0.06
28. 甲醇	0.67
29. 酚类	0.35
30. 沥青烟	0.19
31. 苯胺类	0.21
32. 氯苯类	0.72
33. 硝基苯	0.17
34. 丙烯腈	0.22
35. 氯乙烯	0.55
36. 光气	0.04
37. 硫化氢	0.29
38. 氨	9.09
39. 三甲胺	0.32
40. 甲硫醇	0.04
41. 甲硫醚	0.28
42. 二甲二硫	9.28
43. 苯乙烯	25
44. 二硫化碳	20

中华人民共和国清洁生产促进法

（2012年2月29日修正）

（2002年6月29日第九届全国人民代表大会常务委员会第二十八次会议通过　根据2012年2月29日第十一届全国人民代表大会常务委员会第二十五次会议《关于修改〈中华人民共和国清洁生产促进法〉的决定》修正）

第一章　总　则

第一条　为了促进清洁生产，提高资源利用效率，减少和避免污染物的产生，保护和改善环境，保障人体健康，促进经济与社会可持续发展，制定本法。

第二条　本法所称清洁生产，是指不断采取改进设计、使用清洁的能源和原料、采用先进的工艺技术与设备、改善管理、综合利用等措施，从源头削减污染，提高资源利用效率，减少或者避免生产、服务和产品使用过程中污染物的产生和排放，以减轻或者消除对人类健康和环境的危害。

第三条　在中华人民共和国领域内，从事生产和服务活动的单位以及从事相关管理活动的部门依照本法规定，组织、实施清洁生产。

第四条　国家鼓励和促进清洁生产。国务院和县级以上地方人民政府，应当将清洁生产促进工作纳入国民经济和社会发展规划、年度计划以及环境保护、资源利用、产业发展、区域开发等规划。

第五条　国务院清洁生产综合协调部门负责组织、协调全国的清洁生产促进工作。国务院环境保护、工业、科学技术、财政部门和其他有关部门，按照各自的职责，负责有关的清洁生产促进工作。

县级以上地方人民政府负责领导本行政区域内的清洁生产促进工作。县级以上地方人民政府确定的清洁生产综合协调部门负责组织、协调本行政区域内的清洁生产促进工作。县级以上地方人民政府其他有关部门，按照各自的职责，负责有关的清洁生产促进工作。

第六条　国家鼓励开展有关清洁生产的科学研究、技术开发和国际合作，组织宣传、普及清洁生产知识，推广清洁生产技术。

国家鼓励社会团体和公众参与清洁生产的宣传、教育、推广、实施及监督。

第二章 清洁生产的推行

第七条 国务院应当制定有利于实施清洁生产的财政税收政策。

国务院及其有关部门和省、自治区、直辖市人民政府，应当制定有利于实施清洁生产的产业政策、技术开发和推广政策。

第八条 国务院清洁生产综合协调部门会同国务院环境保护、工业、科学技术部门和其他有关部门，根据国民经济和社会发展规划及国家节约资源、降低能源消耗、减少重点污染物排放的要求，编制国家清洁生产推行规划，报经国务院批准后及时公布。

国家清洁生产推行规划应当包括：推行清洁生产的目标、主要任务和保障措施，按照资源能源消耗、污染物排放水平确定开展清洁生产的重点领域、重点行业和重点工程。

国务院有关行业主管部门根据国家清洁生产推行规划确定本行业清洁生产的重点项目，制定行业专项清洁生产推行规划并组织实施。

县级以上地方人民政府根据国家清洁生产推行规划、有关行业专项清洁生产推行规划，按照本地区节约资源、降低能源消耗、减少重点污染物排放的要求，确定本地区清洁生产的重点项目，制定推行清洁生产的实施规划并组织落实。

第九条 中央预算应当加强对清洁生产促进工作的资金投入，包括中央财政清洁生产专项资金和中央预算安排的其他清洁生产资金，用于支持国家清洁生产推行规划确定的重点领域、重点行业、重点工程实施清洁生产及其技术推广工作，以及生态脆弱地区实施清洁生产的项目。中央预算用于支持清洁生产促进工作的资金使用的具体办法，由国务院财政部门、清洁生产综合协调部门会同国务院有关部门制定。

县级以上地方人民政府应当统筹地方财政安排的清洁生产促进工作的资金，引导社会资金，支持清洁生产重点项目。

第十条 国务院和省、自治区、直辖市人民政府的有关部门，应当组织和支持建立促进清洁生产信息系统和技术咨询服务体系，向社会提供有关清洁生产方法和技术、可再生利用的废物供求以及清洁生产政策等方面的信息和服务。

第十一条 国务院清洁生产综合协调部门会同国务院环境保护、工业、科学技术、建设、农业等有关部门定期发布清洁生产技术、工艺、设备和产品导向目录。

国务院清洁生产综合协调部门、环境保护部门和省、自治区、直辖市人民政府负责清洁生产综合协调的部门、环境保护部门会同同级有关部门，组织编制重点行业或者地区的清洁生产指南，指导实施清洁生产。

第十二条 国家对浪费资源和严重污染环境的落后生产技术、工艺、设备和产品实行限期淘汰制度。国务院有关部门按照职责分工，制定并发布限期淘汰的生产技术、工艺、设备以及产品的名录。

第十三条 国务院有关部门可以根据需要批准设立节能、节水、废物再生利用等环境与资源保护方面的产品标志，并按照国家规定制定相应标准。

第十四条 县级以上人民政府科学技术部门和其他有关部门，应当指导和支持清洁生产技术和有利于环境与资源保护的产品的研究、开发以及清洁生产技术的示范和推广工作。

第十五条 国务院教育部门，应当将清洁生产技术和管理课程纳入有关高等教育、职业教育和技术培训体系。

县级以上人民政府有关部门组织开展清洁生产的宣传和培训，提高国家工作人员、企业经营管理者和公众的清洁生产意识，培养清洁生产管理和技术人员。

新闻出版、广播影视、文化等单位和有关社会团体，应当发挥各自优势做好清洁生产宣传工作。

第十六条 各级人民政府应当优先采购节能、节水、废物再生利用等有利于环境与资源保护的产品。

各级人民政府应当通过宣传、教育等措施，鼓励公众购买和使用节能、节水、废物再生利用等有利于环境与资源保护的产品。

第十七条 省、自治区、直辖市人民政府负责清洁生产综合协调的部门、环境保护部门，根据促进清洁生产工作的需要，在本地区主要媒体上公布未达到能源消耗控制指标、重点污染物排放控制指标的企业的名单，为公众监督企业实施清洁生产提供依据。

列入前款规定名单的企业，应当按照国务院清洁生产综合协调部门、环境保护部门的规定公布能源消耗或者重点污染物产生、排放情况，接受公众监督。

第三章　清洁生产的实施

第十八条 新建、改建和扩建项目应当进行环境影响评价，对原料使用、资源消耗、资源综合利用以及污染物产生与处置等进行分析论证，优先采用资源利用率高以及污染物产生量少的清洁生产技术、工艺和设备。

第十九条 企业在进行技术改造过程中，应当采取以下清洁生产措施：

（一）采用无毒、无害或者低毒、低害的原料，替代毒性大、危害严重的原料；

（二）采用资源利用率高、污染物产生量少的工艺和设备，替代资源利用率低、污染物产生量多的工艺和设备；

（三）对生产过程中产生的废物、废水和余热等进行综合利用或者循环使用；

（四）采用能够达到国家或者地方规定的污染物排放标准和污染物排放总量控制指标的污染防治技术。

第二十条 产品和包装物的设计，应当考虑其在生命周期中对人类健康和环境的影响，优先选择无毒、无害、易于降解或者便于回收利用的方案。

企业对产品的包装应当合理，包装的材质、结构和成本应当与内装产品的质量、规格和成本相适应，减少包装性废物的产生，不得进行过度包装。

第二十一条 生产大型机电设备、机动运输工具以及国务院工业部门指定的其他产品的企业，应当按照国务院标准化部门或者其授权机构制定的技术规范，在产品的主体构件上注明材料成分的标准牌号。

第二十二条 农业生产者应当科学地使用化肥、农药、农用薄膜和饲料添加剂，改进种植和养殖技术，实现农产品的优质、无害和农业生产废物的资源化，防止农业环境污染。

禁止将有毒、有害废物用作肥料或者用于造田。

第二十三条 餐饮、娱乐、宾馆等服务性企业，应当采用节能、节水和其他有利于环境保护的技术和设备，减少使用或者不使用浪费资源、污染环境的消费品。

第二十四条 建筑工程应当采用节能、节水等有利于环境与资源保护的建筑设计方案、建筑和装修材料、建筑构配件及设备。

建筑和装修材料必须符合国家标准。禁止生产、销售和使用有毒、有害物质超过国家标准的建筑和装修材料。

第二十五条 矿产资源的勘查、开采，应当采用有利于合理利用资源、保护环境和防止污染的勘查、开采方法和工艺技术，提高资源利用水平。

第二十六条 企业应当在经济技术可行的条件下对生产和服务过程中产生的废物、余热等自行回收利用或者转让给有条件的其他企业和个人利用。

第二十七条 企业应当对生产和服务过程中的资源消耗以及废物的产生情况进行监测，并根据需要对生产和服务实施清洁生产审核。

有下列情形之一的企业，应当实施强制性清洁生产审核：

（一）污染物排放超过国家或者地方规定的排放标准，或者虽未超过国家或者地方规定的排放标准，但超过重点污染物排放总量控制指标的；

（二）超过单位产品能源消耗限额标准构成高耗能的；

（三）使用有毒、有害原料进行生产或者在生产中排放有毒、有害物质的。

污染物排放超过国家或者地方规定的排放标准的企业，应当按照环境保护相关法律的规定治理。

实施强制性清洁生产审核的企业，应当将审核结果向所在地县级以上地方人民政府负责清洁生产综合协调的部门、环境保护部门报告，并在本地区主要媒体上公布，接受公众监督，但涉及商业秘密的除外。

县级以上地方人民政府有关部门应当对企业实施强制性清洁生产审核的情况进行监督，必要时可以组织对企业实施清洁生产的效果进行评估验收，所需费用纳入同级政府预算。承担评估验收工作的部门或者单位不得向被评估验收企业收取费用。

实施清洁生产审核的具体办法，由国务院清洁生产综合协调部门、环境保护部门会同国务院有关部门制定。

第二十八条 本法第二十七条第二款规定以外的企业，可以自愿与清洁生产综合协调部门和环境保护部门签订进一步节约资源、削减污染物排放量的协议。该清洁生产综合协调部门和环境保护部门应当在本地区主要媒体上公布该企业的名称以及节约资源、防治污染的成果。

第二十九条 企业可以根据自愿原则，按照国家有关环境管理体系等认证的规定，委托经国务院认证认可监督管理部门认可的认证机构进行认证，提高清洁生产水平。

第四章 鼓励措施

第三十条 国家建立清洁生产表彰奖励制度。对在清洁生产工作中做出显著成绩的单位和个人，由人民政府给予表彰和奖励。

第三十一条 对从事清洁生产研究、示范和培训，实施国家清洁生产重点技术改造项目和本法第二十八条规定的自愿节约资源、削减污染物排放量协议中载明的技术改造项目，由县级以上人民政府给予资金支持。

第三十二条 在依照国家规定设立的中小企业发展基金中，应当根据需要安排适当数额用于支持中小企业实施清洁生产。

第三十三条 依法利用废物和从废物中回收原料生产产品的，按照国家规定享受税收优惠。

第三十四条 企业用于清洁生产审核和培训的费用，可以列入企业经营成本。

第五章 法律责任

第三十五条 清洁生产综合协调部门或者其他有关部门未依照本法规定履行职责的，对直接负责的主管人员和其他直接责任人员依法给予处分。

第三十六条 违反本法第十七条第二款规定，未按照规定公布能源消耗或者重点污染物产生、排放情况的，由县级以上地方人民政府负责清洁生产综合协调的部门、环境保护部门按照职责分工责令公布，可以处十万元以下的罚款。

第三十七条 违反本法第二十一条规定，未标注产品材料的成分或者不如实标注的，由县级以上地方人民政府质量技术监督部门责令限期改正；拒不改正的，处以五万元以下的罚款。

第三十八条 违反本法第二十四条第二款规定，生产、销售有毒、有害物质超过国家标准的建筑和装修材料的，依照产品质量法和有关民事、刑事法律的规定，追究行政、民事、刑事法律责任。

第三十九条 违反本法第二十七条第二款、第四款规定，不实施强制性清洁生产审核或者在清洁生产审核中弄虚作假的，或者实施强制性清洁生产审核的企业不报告或者不如实报告审核结果的，由县级以上地方人民政府负责清洁生产综合协调的部门、环境保护部门按照职责分工责令限期改正；拒不改正的，处以五万元以上五十万元以下的罚款。

违反本法第二十七条第五款规定，承担评估验收工作的部门或者单位及其工作人员向被评估验收企业收取费用的，不如实评估验收或者在评估验收中弄虚作假的，或者利用职务上的便利谋取利益的，对直接负责的主管人员和其他直接责任人员依法给予处分；构成犯罪的，依法追究刑事责任。

第四十条 违反本法第二十八条第三款规定，不实施清洁生产审核或者虽经审核但不如实报告审核结果的，由县级以上地方人民政府环境保护行政主管部门责令限期改正；拒不改正的，处以十万元以下的罚款。

第四十一条 违反本法第三十一条规定，不公布或者未按规定要求公布污染物排放情况的，由县级以上地方人民政府环境保护行政主管部门公布，可以并处十万元以下的罚款。

第六章 附 则

第四十二条 本法自2003年1月1日起施行。

中华人民共和国循环经济促进法

（2018年10月26日修正）

（2008年8月29日第十一届全国人民代表大会常务委员会第四次会议通过　根据2018年10月26日第十三届全国人民代表大会常务委员会第六次会议《关于修改〈中华人民共和国野生动物保护法〉等十五部法律的决定》修正）

第一章　总　则

第一条　为了促进循环经济发展，提高资源利用效率，保护和改善环境，实现可持续发展，制定本法。

第二条　本法所称循环经济，是指在生产、流通和消费等过程中进行的减量化、再利用、资源化活动的总称。

本法所称减量化，是指在生产、流通和消费等过程中减少资源消耗和废物产生。

本法所称再利用，是指将废物直接作为产品或者经修复、翻新、再制造后继续作为产品使用，或者将废物的全部或者部分作为其他产品的部件予以使用。

本法所称资源化，是指将废物直接作为原料进行利用或者对废物进行再生利用。

第三条　发展循环经济是国家经济社会发展的一项重大战略，应当遵循统筹规划、合理布局，因地制宜、注重实效，政府推动、市场引导，企业实施、公众参与的方针。

第四条　发展循环经济应当在技术可行、经济合理和有利于节约资源、保护环境的前提下，按照减量化优先的原则实施。

在废物再利用和资源化过程中，应当保障生产安全，保证产品质量符合国家规定的标准，并防止产生再次污染。

第五条　国务院循环经济发展综合管理部门负责组织协调、监督管理全国循环经济发展工作；国务院生态环境等有关主管部门按照各自的职责负责有关循环经济的监督管理工作。

县级以上地方人民政府循环经济发展综合管理部门负责组织协调、监督管理本行政区域的循环经济发展工作；县级以上地方人民政府生态环境等有关主管部门按照各自的职责负责有关循环经济的监督管理工作。

第六条　国家制定产业政策，应当符合发展循环经济的要求。

县级以上人民政府编制国民经济和社会发展规划及年度计划，县级以上人民政府有关部门编制环境保护、科学技术等规划，应当包括发展循环经济的内容。

第七条 国家鼓励和支持开展循环经济科学技术的研究、开发和推广，鼓励开展循环经济宣传、教育、科学知识普及和国际合作。

第八条 县级以上人民政府应当建立发展循环经济的目标责任制，采取规划、财政、投资、政府采购等措施，促进循环经济发展。

第九条 企业事业单位应当建立健全管理制度，采取措施，降低资源消耗，减少废物的产生量和排放量，提高废物的再利用和资源化水平。

第十条 公民应当增强节约资源和保护环境意识，合理消费，节约资源。

国家鼓励和引导公民使用节能、节水、节材和有利于保护环境的产品及再生产品，减少废物的产生量和排放量。

公民有权举报浪费资源、破坏环境的行为，有权了解政府发展循环经济的信息并提出意见和建议。

第十一条 国家鼓励和支持行业协会在循环经济发展中发挥技术指导和服务作用。县级以上人民政府可以委托有条件的行业协会等社会组织开展促进循环经济发展的公共服务。

国家鼓励和支持中介机构、学会和其他社会组织开展循环经济宣传、技术推广和咨询服务，促进循环经济发展。

第二章 基本管理制度

第十二条 国务院循环经济发展综合管理部门会同国务院生态环境等有关主管部门编制全国循环经济发展规划，报国务院批准后公布施行。设区的市级以上地方人民政府循环经济发展综合管理部门会同本级人民政府生态环境等有关主管部门编制本行政区域循环经济发展规划，报本级人民政府批准后公布施行。

循环经济发展规划应当包括规划目标、适用范围、主要内容、重点任务和保障措施等，并规定资源产出率、废物再利用和资源化率等指标。

第十三条 县级以上地方人民政府应当依据上级人民政府下达的本行政区域主要污染物排放、建设用地和用水总量控制指标，规划和调整本行政区域的产业结构，促进循环经济发展。

新建、改建、扩建建设项目，必须符合本行政区域主要污染物排放、建设用地和用水总量控制指标的要求。

第十四条 国务院循环经济发展综合管理部门会同国务院统计、生态环境等有关主管部门建立和完善循环经济评价指标体系。

上级人民政府根据前款规定的循环经济主要评价指标，对下级人民政府发展循环经济的状况定期进行考核，并将主要评价指标完成情况作为对地方人民政府及其负责人考核评价的内容。

第十五条 生产列入强制回收名录的产品或者包装物的企业，必须对废弃的产品或者包装物负责回收；对其中可以利用的，由各该生产企业负责利用；对因不具备技术经济条件而不适合利用的，由各该生产企业负责无害化处置。

对前款规定的废弃产品或者包装物，生产者委托销售者或者其他组织进行回收的，或者委托废物利用或者处置企业进行利用或者处置的，受托方应当依照有关法律、行政法规的规定和合同的约定负责回收或者利用、处置。

对列入强制回收名录的产品和包装物，消费者应当将废弃的产品或者包装物交给生产者或者其委托回收的销售者或者其他组织。

强制回收的产品和包装物的名录及管理办法，由国务院循环经济发展综合管理部门规定。

第十六条 国家对钢铁、有色金属、煤炭、电力、石油加工、化工、建材、建筑、造纸、印染等行业年综合能源消费量、用水量超过国家规定总量的重点企业，实行能耗、水耗的重点监督管理制度。

重点能源消费单位的节能监督管理，依照《中华人民共和国节约能源法》的规定执行。

重点用水单位的监督管理办法，由国务院循环经济发展综合管理部门会同国务院有关部门规定。

第十七条 国家建立健全循环经济统计制度，加强资源消耗、综合利用和废物产生的统计管理，并将主要统计指标定期向社会公布。

国务院标准化主管部门会同国务院循环经济发展综合管理和生态环境等有关主管部门建立健全循环经济标准体系，制定和完善节能、节水、节材和废物再利用、资源化等标准。

国家建立健全能源效率标识等产品资源消耗标识制度。

第三章 减量化

第十八条 国务院循环经济发展综合管理部门会同国务院生态环境等有关主管部门，定期发布鼓励、限制和淘汰的技术、工艺、设备、材料和产品名录。

禁止生产、进口、销售列入淘汰名录的设备、材料和产品，禁止使用列入淘汰名录的技术、工艺、设备和材料。

第十九条 从事工艺、设备、产品及包装物设计，应当按照减少资源消耗和废物产生的要求，优先选择采用易回收、易拆解、易降解、无毒无害或者低毒低害的材料和设计方案，并应当符合有关国家标准的强制性要求。

对在拆解和处置过程中可能造成环境污染的电器电子等产品，不得设计使用国家禁止使用的有毒有害物质。禁止在电器电子等产品中使用的有毒有害物质名录，由国务院循环经济发展综合管理部门会同国务院生态环境等有关主管部门制定。

设计产品包装物应当执行产品包装标准，防止过度包装造成资源浪费和环境污染。

第二十条 工业企业应当采用先进或者适用的节水技术、工艺和设备，制定并实施节水计划，加强节水管理，对生产用水进行全过程控制。

工业企业应当加强用水计量管理，配备和使用合格的用水计量器具，建立水耗统计和用水状况分析制度。

新建、改建、扩建建设项目，应当配套建设节水设施。节水设施应当与主体工程同时设计、同时施工、同时投产使用。

国家鼓励和支持沿海地区进行海水淡化和海水直接利用，节约淡水资源。

第二十一条 国家鼓励和支持企业使用高效节油产品。

电力、石油加工、化工、钢铁、有色金属和建材等企业，必须在国家规定的范围和期限内，以洁净煤、石油焦、天然气等清洁能源替代燃料油，停止使用不符合国家规定的燃油发电机组和燃油锅炉。

内燃机和机动车制造企业应当按照国家规定的内燃机和机动车燃油经济性标准，采用节油技术，减少石油产品消耗量。

第二十二条 开采矿产资源，应当统筹规划，制定合理的开发利用方案，采用合理的开采顺序、方法和选矿工艺。采矿许可证颁发机关应当对申请人提交的开发利用方案中的开采回采率、采矿贫化率、选矿回收率、矿山水循环利用率和土地复垦率等指标依法进行审查；审查不合格的，不予颁发采矿许可证。采矿许可证颁发机关应当依法加强对开采矿产资源的监督管理。

矿山企业在开采主要矿种的同时，应当对具有工业价值的共生和伴生矿实行综合开采、合理利用；对必须同时采出而暂时不能利用的矿产以及含有有用组分的尾矿，应当采取保护措施，防止资源损失和生态破坏。

第二十三条 建筑设计、建设、施工等单位应当按照国家有关规定和标准，对其设计、建设、施工的建筑物及构筑物采用节能、节水、节地、节材的技术工艺和小型、轻型、再生产品。有条件的地区，应当充分利用太阳能、地热能、风能等可再生能源。

国家鼓励利用无毒无害的固体废物生产建筑材料，鼓励使用散装水泥，推广使用预拌混凝土和预拌砂浆。

禁止损毁耕地烧砖。在国务院或者省、自治区、直辖市人民政府规定的期限和区域内，禁止生产、销售和使用黏土砖。

第二十四条 县级以上人民政府及其农业等主管部门应当推进土地集约利用，鼓励和支持农业生产者采用节水、节肥、节药的先进种植、养殖和灌溉技术，推动农业机械节能，优先发展生态农业。

在缺水地区，应当调整种植结构，优先发展节水型农业，推进雨水集蓄利用，建设和管护节水灌溉设施，提高用水效率，减少水的蒸发和漏失。

第二十五条 国家机关及使用财政性资金的其他组织应当厉行节约、杜绝浪费，带头使用节能、节水、节地、节材和有利于保护环境的产品、设备和设施，节约使用办公用品。国务院和县级以上地方人民政府管理机关事务工作的机构会同本级人民政府有关部门制定本级国家机关等机构的用能、用水定额指标，财政部门根据该定额指标制定支出标准。

城市人民政府和建筑物的所有者或者使用者，应当采取措施，加强建筑物维护管理，延长建筑物使用寿命。对符合城市规划和工程建设标准，在合理使用寿命内的建筑物，除为了公共利益的需要外，城市人民政府不得决定拆除。

第二十六条 餐饮、娱乐、宾馆等服务性企业，应当采用节能、节水、节材和有利于保护环境的产品，减少使用或者不使用浪费资源、污染环境的产品。

本法施行后新建的餐饮、娱乐、宾馆等服务性企业，应当采用节能、节水、节材和有利于保护环境的技术、设备和设施。

第二十七条 国家鼓励和支持使用再生水。在有条件使用再生水的地区，限制或者禁止将自来水作为城市道路清扫、城市绿化和景观用水使用。

第二十八条 国家在保障产品安全和卫生的前提下，限制一次性消费品的生产和销售。具体名录由国务院循环经济发展综合管理部门会同国务院财政、生态环境等有关主管部门制定。

对列入前款规定名录中的一次性消费品的生产和销售，由国务院财政、税务和对外贸易等主管部门制定限制性的税收和出口等措施。

第四章 再利用和资源化

第二十九条 县级以上人民政府应当统筹规划区域经济布局，合理调整产业结构，促进企业在资源综合利用等领域进行合作，实现资源的高效利用和循环使用。

各类产业园区应当组织区内企业进行资源综合利用，促进循环经济发展。

国家鼓励各类产业园区的企业进行废物交换利用、能量梯级利用、土地集约利用、水的分类利用和循环使用，共同使用基础设施和其他有关设施。

新建和改造各类产业园区应当依法进行环境影响评价，并采取生态保护和污染控制措施，确保本区域的环境质量达到规定的标准。

第三十条 企业应当按照国家规定，对生产过程中产生的粉煤灰、煤矸石、尾矿、废石、废料、废气等工业废物进行综合利用。

第三十一条 企业应当发展串联用水系统和循环用水系统，提高水的重复利用率。

企业应当采用先进技术、工艺和设备，对生产过程中产生的废水进行再生利用。

第三十二条 企业应当采用先进或者适用的回收技术、工艺和设备，对生产过程中产生的余热、余压等进行综合利用。

建设利用余热、余压、煤层气以及煤矸石、煤泥、垃圾等低热值燃料的并网发电项目，应当依照法律和国务院的规定取得行政许可或者报送备案。电网企业应当按照国家规定，与综合利用资源发电的企业签订并网协议，提供上网服务，并全额收购并网发电项目的上网电量。

第三十三条 建设单位应当对工程施工中产生的建筑废物进行综合利用；不具备综合利用条件的，应当委托具备条件的生产经营者进行综合利用或者无害化处置。

第三十四条 国家鼓励和支持农业生产者和相关企业采用先进或者适用技术，对农作物秸秆、畜禽粪便、农产品加工业副产品、废农用薄膜等进行综合利用，开发利用沼气等生物质能源。

第三十五条 县级以上人民政府及其林业草原主管部门应当积极发展生态林业，鼓励和支持林业生产者和相关企业采用木材节约和代用技术，开展林业废弃物和次小薪材、沙生灌木等综合利用，提高木材综合利用率。

第三十六条 国家支持生产经营者建立产业废物交换信息系统，促进企业交流产业废物信息。

企业对生产过程中产生的废物不具备综合利用条件的，应当提供给具备条件的生产经营者进行综合利用。

第三十七条 国家鼓励和推进废物回收体系建设。

地方人民政府应当按照城乡规划，合理布局废物回收网点和交易市场，支持废物回收企业和其他组织开展废物的收集、储存、运输及信息交流。

废物回收交易市场应当符合国家环境保护、安全和消防等规定。

第三十八条 对废电器电子产品、报废机动车船、废轮胎、废铅酸电池等特定产品进行拆解或者再利用，应当符合有关法律、行政法规的规定。

第三十九条 回收的电器电子产品，经过修复后销售的，必须符合再利用产品标准，并在显著位置标识为再利用产品。

回收的电器电子产品，需要拆解和再生利用的，应当交售给具备条件的拆解企业。

第四十条 国家支持企业开展机动车零部件、工程机械、机床等产品的再制造和轮胎翻新。

销售的再制造产品和翻新产品的质量必须符合国家规定的标准，并在显著位置标识为再制造产品或者翻新产品。

第四十一条 县级以上人民政府应当统筹规划建设城乡生活垃圾分类收集和资源化利用设施，建立和完善分类收集和资源化利用体系，提高生活垃圾资源化率。

县级以上人民政府应当支持企业建设污泥资源化利用和处置设施，提高污泥综合利用水平，防止产生再次污染。

第五章 激励措施

第四十二条 国务院和省、自治区、直辖市人民政府设立发展循环经济的有关专项资金，支持循环经济的科技研究开发、循环经济技术和产品的示范与推广、重大循环经济项目的实施、发展循环经济的信息服务等。具体办法由国务院财政部门会同国务院循环经济发展综合管理等有关主管部门制定。

第四十三条 国务院和省、自治区、直辖市人民政府及其有关部门应当将循环经济重大科技攻关项目的自主创新研究、应用示范和产业化发展列入国家或者省级科技发展规划和高技术产业发展规划，并安排财政性资金予以支持。

利用财政性资金引进循环经济重大技术、装备的，应当制定消化、吸收和创新方案，报有关主管部门审批并由其监督实施；有关主管部门应当根据实际需要建立协调机制，对重大技术、装备的引进和消化、吸收、创新实行统筹协调，并给予资金支持。

第四十四条 国家对促进循环经济发展的产业活动给予税收优惠，并运用税收等措施鼓励进口先进的节能、节水、节材等技术、设备和产品，限制在生产过程中耗能高、污染重的产品的出口。具体办法由国务院财政、税务主管部门制定。

企业使用或者生产列入国家清洁生产、资源综合利用等鼓励名录的技术、工艺、设备或者产品的，按照国家有关规定享受税收优惠。

第四十五条 县级以上人民政府循环经济发展综合管理部门在制定和实施投资计划时，应当将节能、节水、节地、节材、资源综合利用等项目列为重点投资领域。

对符合国家产业政策的节能、节水、节地、节材、资源综合利用等项目，金融机构应当给予优先贷款等信贷支持，并积极提供配套金融服务。

对生产、进口、销售或者使用列入淘汰名录的技术、工艺、设备、材料或者产品的企业，金融机构不得提供任何形式的授信支持。

第四十六条 国家实行有利于资源节约和合理利用的价格政策，引导单位和个人节约和合理使用水、电、气等资源性产品。

国务院和省、自治区、直辖市人民政府的价格主管部门应当按照国家产业政策，对资源高消耗行业中的限制类项目，实行限制性的价格政策。

对利用余热、余压、煤层气以及煤矸石、煤泥、垃圾等低热值燃料的并网发电项目，价格主管部门按照有利于资源综合利用的原则确定其上网电价。

省、自治区、直辖市人民政府可以根据本行政区域经济社会发展状况，实行垃圾排放收费制度。收取的费用专项用于垃圾分类、收集、运输、贮存、利用和处置，不得挪作他用。

国家鼓励通过以旧换新、押金等方式回收废物。

第四十七条 国家实行有利于循环经济发展的政府采购政策。使用财政性资金进行采购的，应当优先采购节能、节水、节材和有利于保护环境的产品及再生产品。

第四十八条 县级以上人民政府及其有关部门应当对在循环经济管理、科学技术研究、产品开发、示范和推广工作中做出显著成绩的单位和个人给予表彰和奖励。

企业事业单位应当对在循环经济发展中做出突出贡献的集体和个人给予表彰和奖励。

第六章　法律责任

第四十九条 县级以上人民政府循环经济发展综合管理部门或者其他有关主管部门发现违反本法的行为或者接到对违法行为的举报后不予查处，或者有其他不依法履行监督管理职责行为的，由本级人民政府或者上一级人民政府有关主管部门责令改正，对直接负责的主管人员和其他直接责任人员依法给予处分。

第五十条 生产、销售列入淘汰名录的产品、设备的，依照《中华人民共和国产品质量法》的规定处罚。

使用列入淘汰名录的技术、工艺、设备、材料的，由县级以上地方人民政府循环经济发展综合管理部门责令停止使用，没收违法使用的设备、材料，并处五万元以上二十万元以下的罚款；情节严重的，由县级以上人民政府循环经济发展综合管理部门提出意见，报请本级人民政府按照国务院规定的权限责令停业或者关闭。

违反本法规定，进口列入淘汰名录的设备、材料或者产品的，由海关责令退运，可以处十万元以上一百万元以下的罚款。进口者不明的，由承运人承担退运责任，或者承担有关处置费用。

第五十一条 违反本法规定，对在拆解或者处置过程中可能造成环境污染的电器电子等产品，设计使用列入国家禁止使用名录的有毒有害物质的，由县级以上地方人民政府市场监督管理部门责令限期改正；逾期不改正的，处二万元以上二十万元以下的罚款；情节严重的，依法吊销营业执照。

第五十二条 违反本法规定，电力、石油加工、化工、钢铁、有色金属和建材等企业未在规定的范围或者期限内停止使用不符合国家规定的燃油发电机组或者燃油锅炉的，由县级以上地方人民政府循环经济发展综合管理部门责令限期改正；逾期不改正的，责令拆除该燃油发电机组或者燃油锅炉，并处五万元以上五十万元以下的罚款。

第五十三条 违反本法规定，矿山企业未达到经依法审查确定的开采回采率、采矿贫化率、选矿回收率、矿山水循环利用率和土地复垦率等指标的，由县级以上人民政府地质矿产主管部门责令限期改正，处五万元以上五十万元以下的罚款；逾期不改正的，由采矿许可证颁发机关依法吊销采矿许可证。

第五十四条 违反本法规定，在国务院或者省、自治区、直辖市人民政府规定禁止生产、销售、使用黏土砖的期限或者区域内生产、销售或者使用黏土砖的，由县级以上地方人民政府指定的部门责令限期改正；有违法所得的，没收违法所得；逾期继续生产、销售的，由地方人民政府市场监督管理部门依法吊销营业执照。

第五十五条 违反本法规定，电网企业拒不收购企业利用余热、余压、煤层气以及煤矸石、煤泥、垃圾等低热值燃料生产的电力的，由国家电力监管机构责令限期改正；造成企业损失的，依法承担赔偿责任。

第五十六条 违反本法规定，有下列行为之一的，由地方人民政府市场监督管理部门责令限期改正，可以处五千元以上五万元以下的罚款；逾期不改正的，依法吊销营业执照；造成损失的，依法承担赔偿责任：

（一）销售没有再利用产品标识的再利用电器电子产品的；

（二）销售没有再制造或者翻新产品标识的再制造或者翻新产品的。

第五十七条 违反本法规定，构成犯罪的，依法追究刑事责任。

第七章　附　则

第五十八条 本法自 2009 年 1 月 1 日起施行。

中华人民共和国节约能源法

（2018 年 10 月 26 日修正）

（1997 年 11 月 1 日第八届全国人民代表大会常务委员会第二十八次会议通过　2007 年 10 月 28 日第十届全国人民代表大会常务委员会第三十次会议修订　根据 2016 年 7 月 2 日第十二届全国人民代表大会常务委员会第二十一次会议《关于修改〈中华人民共和国节约能源法〉等六部法律的决定》第一次修正　根据 2018 年 10 月 26 日第十三届全国人民代表大会常务委员会第六次会议《关于修改〈中华人民共和国野生动物保护法〉等十五部法律的决定》第二次修正）

第一章　总　则

第一条　为了推动全社会节约能源，提高能源利用效率，保护和改善环境，促进经济社会全面协调可持续发展，制定本法。

第二条　本法所称能源，是指煤炭、石油、天然气、生物质能和电力、热力以及其他直接或者通过加工、转换而取得有用能的各种资源。

第三条　本法所称节约能源（以下简称节能），是指加强用能管理，采取技术上可行、经济上合理以及环境和社会可以承受的措施，从能源生产到消费的各个环节，降低消耗、减少损失和污染物排放、制止浪费，有效、合理地利用能源。

第四条　节约资源是我国的基本国策。国家实施节约与开发并举、把节约放在首位的能源发展战略。

第五条　国务院和县级以上地方各级人民政府应当将节能工作纳入国民经济和社会发展规划、年度计划，并组织编制和实施节能中长期专项规划、年度节能计划。

国务院和县级以上地方各级人民政府每年向本级人民代表大会或者其常务委员会报告节能工作。

第六条　国家实行节能目标责任制和节能考核评价制度，将节能目标完成情况作为对地方人民政府及其负责人考核评价的内容。

省、自治区、直辖市人民政府每年向国务院报告节能目标责任的履行情况。

第七条　国家实行有利于节能和环境保护的产业政策，限制发展高耗能、高污染行业，发展节能环保型产业。

国务院和省、自治区、直辖市人民政府应当加强节能工作，合理调整产业结构、企业结构、产品结构和能源消费结构，推动企业降低单位产值能耗和单位产品能耗，淘汰落后的生产能力，改进能源的开发、加工、转换、输送、储存和供应，提高能源利用效率。

国家鼓励、支持开发和利用新能源、可再生能源。

第八条 国家鼓励、支持节能科学技术的研究、开发、示范和推广，促进节能技术创新与进步。

国家开展节能宣传和教育，将节能知识纳入国民教育和培训体系，普及节能科学知识，增强全民的节能意识，提倡节约型的消费方式。

第九条 任何单位和个人都应当依法履行节能义务，有权检举浪费能源的行为。

新闻媒体应当宣传节能法律、法规和政策，发挥舆论监督作用。

第十条 国务院管理节能工作的部门主管全国的节能监督管理工作。国务院有关部门在各自的职责范围内负责节能监督管理工作，并接受国务院管理节能工作的部门的指导。

县级以上地方各级人民政府管理节能工作的部门负责本行政区域内的节能监督管理工作。县级以上地方各级人民政府有关部门在各自的职责范围内负责节能监督管理工作，并接受同级管理节能工作的部门的指导。

第二章 节能管理

第十一条 国务院和县级以上地方各级人民政府应当加强对节能工作的领导，部署、协调、监督、检查、推动节能工作。

第十二条 县级以上人民政府管理节能工作的部门和有关部门应当在各自的职责范围内，加强对节能法律、法规和节能标准执行情况的监督检查，依法查处违法用能行为。

履行节能监督管理职责不得向监督管理对象收取费用。

第十三条 国务院标准化主管部门和国务院有关部门依法组织制定并适时修订有关节能的国家标准、行业标准，建立健全节能标准体系。

国务院标准化主管部门会同国务院管理节能工作的部门和国务院有关部门制定强制性的用能产品、设备能源效率标准和生产过程中耗能高的产品的单位产品能耗限额标准。

国家鼓励企业制定严于国家标准、行业标准的企业节能标准。

省、自治区、直辖市制定严于强制性国家标准、行业标准的地方节能标准，由省、自治区、直辖市人民政府报经国务院批准；本法另有规定的除外。

第十四条 建筑节能的国家标准、行业标准由国务院建设主管部门组织制定，并依照法定程序发布。

省、自治区、直辖市人民政府建设主管部门可以根据本地实际情况，制定严于国家标准或者行业标准的地方建筑节能标准，并报国务院标准化主管部门和国务院建设主管部门备案。

第十五条 国家实行固定资产投资项目节能评估和审查制度。不符合强制性节能标准的项目，建设单位不得开工建设；已经建成的，不得投入生产、使用。政府投资项目不符合强制性节能标准的，依法负责项目审批的机关不得批准建设。具体办法由国务院管理节能工作的部门会同国务院有关部门制定。

第十六条 国家对落后的耗能过高的用能产品、设备和生产工艺实行淘汰制度。淘汰的用能产品、设备、生产工艺的目录和实施办法，由国务院管理节能工作的部门会同国务院有关部门制定并公布。

生产过程中耗能高的产品的生产单位，应当执行单位产品能耗限额标准。对超过单位产品能耗限额标准用能的生产单位，由管理节能工作的部门按照国务院规定的权限责令限期治理。

对高耗能的特种设备，按照国务院的规定实行节能审查和监管。

第十七条 禁止生产、进口、销售国家明令淘汰或者不符合强制性能源效率标准的用能产品、设备；禁止使用国家明令淘汰的用能设备、生产工艺。

第十八条 国家对家用电器等使用面广、耗能量大的用能产品，实行能源效率标识管理。实行能源效率标识管理的产品目录和实施办法，由国务院管理节能工作的部门会同国务院市场监督管理部门制定并公布。

第十九条 生产者和进口商应当对列入国家能源效率标识管理产品目录的用能产品标注能源效率标识，在产品包装物上或者说明书中予以说明，并按照规定报国务院市场监督管理部门和国务院管理节能工作的部门共同授权的机构备案。

生产者和进口商应当对其标注的能源效率标识及相关信息的准确性负责。禁止销售应当标注而未标注能源效率标识的产品。

禁止伪造、冒用能源效率标识或者利用能源效率标识进行虚假宣传。

第二十条 用能产品的生产者、销售者，可以根据自愿原则，按照国家有关节能产品认证的规定，向经国务院认证认可监督管理部门认可的从事节能产品认证的机构提出节能产品认证申请；经认证合格后，取得节能产品认证证书，可以在用能产品或者其包装物上使用节能产品认证标志。

禁止使用伪造的节能产品认证标志或者冒用节能产品认证标志。

第二十一条 县级以上各级人民政府统计部门应当会同同级有关部门，建立健全能源统计制度，完善能源统计指标体系，改进和规范能源统计方法，确保能源统计数据真实、完整。

国务院统计部门会同国务院管理节能工作的部门，定期向社会公布各省、自治区、直辖市以及主要耗能行业的能源消费和节能情况等信息。

第二十二条 国家鼓励节能服务机构的发展，支持节能服务机构开展节能咨询、设计、评估、检测、审计、认证等服务。

国家支持节能服务机构开展节能知识宣传和节能技术培训，提供节能信息、节能示范和其他公益性节能服务。

第二十三条 国家鼓励行业协会在行业节能规划、节能标准的制定和实施、节能技术推广、能源消费统计、节能宣传培训和信息咨询等方面发挥作用。

第三章 合理使用与节约能源

第一节 一般规定

第二十四条 用能单位应当按照合理用能的原则，加强节能管理，制定并实施节能计划和节能技术措施，降低能源消耗。

第二十五条 用能单位应当建立节能目标责任制，对节能工作取得成绩的集体、个人给予奖励。

第二十六条 用能单位应当定期开展节能教育和岗位节能培训。

第二十七条 用能单位应当加强能源计量管理，按照规定配备和使用经依法检定合格的能源计量器具。

用能单位应当建立能源消费统计和能源利用状况分析制度，对各类能源的消费实行分类计量和统计，并确保能源消费统计数据真实、完整。

第二十八条 能源生产经营单位不得向本单位职工无偿提供能源。任何单位不得对能源消费实行包费制。

第二节 工业节能

第二十九条 国务院和省、自治区、直辖市人民政府推进能源资源优化开发利用和合理配置，推进有利于节能的行业结构调整，优化用能结构和企业布局。

第三十条 国务院管理节能工作的部门会同国务院有关部门制定电力、钢铁、有色金属、建材、石油加工、化工、煤炭等主要耗能行业的节能技术政策，推动企业节能技术改造。

第三十一条 国家鼓励工业企业采用高效、节能的电动机、锅炉、窑炉、风机、泵类等设备，采用热电联产、余热余压利用、洁净煤以及先进的用能监测和控制等技术。

第三十二条 电网企业应当按照国务院有关部门制定的节能发电调度管理的规定，安排清洁、高效和符合规定的热电联产、利用余热余压发电的机组以及其他符合资源综合利用规定的发电机组与电网并网运行，上网电价执行国家有关规定。

第三十三条 禁止新建不符合国家规定的燃煤发电机组、燃油发电机组和燃煤热电机组。

第三节 建筑节能

第三十四条 国务院建设主管部门负责全国建筑节能的监督管理工作。

县级以上地方各级人民政府建设主管部门负责本行政区域内建筑节能的监督管理

工作。

县级以上地方各级人民政府建设主管部门会同同级管理节能工作的部门编制本行政区域内的建筑节能规划。建筑节能规划应当包括既有建筑节能改造计划。

第三十五条 建筑工程的建设、设计、施工和监理单位应当遵守建筑节能标准。

不符合建筑节能标准的建筑工程，建设主管部门不得批准开工建设；已经开工建设的，应当责令停止施工、限期改正；已经建成的，不得销售或者使用。

建设主管部门应当加强对在建建筑工程执行建筑节能标准情况的监督检查。

第三十六条 房地产开发企业在销售房屋时，应当向购买人明示所售房屋的节能措施、保温工程保修期等信息，在房屋买卖合同、质量保证书和使用说明书中载明，并对其真实性、准确性负责。

第三十七条 使用空调采暖、制冷的公共建筑应当实行室内温度控制制度。具体办法由国务院建设主管部门制定。

第三十八条 国家采取措施，对实行集中供热的建筑分步骤实行供热分户计量、按照用热量收费的制度。新建建筑或者对既有建筑进行节能改造，应当按照规定安装用热计量装置、室内温度调控装置和供热系统调控装置。具体办法由国务院建设主管部门会同国务院有关部门制定。

第三十九条 县级以上地方各级人民政府有关部门应当加强城市节约用电管理，严格控制公用设施和大型建筑物装饰性景观照明的能耗。

第四十条 国家鼓励在新建建筑和既有建筑节能改造中使用新型墙体材料等节能建筑材料和节能设备，安装和使用太阳能等可再生能源利用系统。

第四节 交通运输节能

第四十一条 国务院有关交通运输主管部门按照各自的职责负责全国交通运输相关领域的节能监督管理工作。

国务院有关交通运输主管部门会同国务院管理节能工作的部门分别制定相关领域的节能规划。

第四十二条 国务院及其有关部门指导、促进各种交通运输方式协调发展和有效衔接，优化交通运输结构，建设节能型综合交通运输体系。

第四十三条 县级以上地方各级人民政府应当优先发展公共交通，加大对公共交通的投入，完善公共交通服务体系，鼓励利用公共交通工具出行；鼓励使用非机动交通工具出行。

第四十四条 国务院有关交通运输主管部门应当加强交通运输组织管理，引导道路、水路、航空运输企业提高运输组织化程度和集约化水平，提高能源利用效率。

第四十五条 国家鼓励开发、生产、使用节能环保型汽车、摩托车、铁路机车车辆、船舶和其他交通运输工具，实行老旧交通运输工具的报废、更新制度。

国家鼓励开发和推广应用交通运输工具使用的清洁燃料、石油替代燃料。

第四十六条 国务院有关部门制定交通运输营运车船的燃料消耗量限值标准；不符合标准的，不得用于营运。

国务院有关交通运输主管部门应当加强对交通运输营运车船燃料消耗检测的监督管理。

第五节 公共机构节能

第四十七条 公共机构应当厉行节约，杜绝浪费，带头使用节能产品、设备，提高能源利用效率。

本法所称公共机构，是指全部或者部分使用财政性资金的国家机关、事业单位和团体组织。

第四十八条 国务院和县级以上地方各级人民政府管理机关事务工作的机构会同同级有关部门制定和组织实施本级公共机构节能规划。公共机构节能规划应当包括公共机构既有建筑节能改造计划。

第四十九条 公共机构应当制定年度节能目标和实施方案，加强能源消费计量和监测管理，向本级人民政府管理机关事务工作的机构报送上年度的能源消费状况报告。

国务院和县级以上地方各级人民政府管理机关事务工作的机构会同同级有关部门按照管理权限，制定本级公共机构的能源消耗定额，财政部门根据该定额制定能源消耗支出标准。

第五十条 公共机构应当加强本单位用能系统管理，保证用能系统的运行符合国家相关标准。

公共机构应当按照规定进行能源审计，并根据能源审计结果采取提高能源利用效率的措施。

第五十一条 公共机构采购用能产品、设备，应当优先采购列入节能产品、设备政府采购名录中的产品、设备。禁止采购国家明令淘汰的用能产品、设备。

节能产品、设备政府采购名录由省级以上人民政府的政府采购监督管理部门会同同级有关部门制定并公布。

第六节 重点用能单位节能

第五十二条 国家加强对重点用能单位的节能管理。

下列用能单位为重点用能单位：

（一）年综合能源消费总量一万吨标准煤以上的用能单位；

（二）国务院有关部门或者省、自治区、直辖市人民政府管理节能工作的部门指定的年综合能源消费总量五千吨以上不满一万吨标准煤的用能单位。

重点用能单位节能管理办法，由国务院管理节能工作的部门会同国务院有关部门制定。

第五十三条 重点用能单位应当每年向管理节能工作的部门报送上年度的能源利

用状况报告。能源利用状况包括能源消费情况、能源利用效率、节能目标完成情况和节能效益分析、节能措施等内容。

第五十四条 管理节能工作的部门应当对重点用能单位报送的能源利用状况报告进行审查。对节能管理制度不健全、节能措施不落实、能源利用效率低的重点用能单位，管理节能工作的部门应当开展现场调查，组织实施用能设备能源效率检测，责令实施能源审计，并提出书面整改要求，限期整改。

第五十五条 重点用能单位应当设立能源管理岗位，在具有节能专业知识、实际经验以及中级以上技术职称的人员中聘任能源管理负责人，并报管理节能工作的部门和有关部门备案。

能源管理负责人负责组织对本单位用能状况进行分析、评价，组织编写本单位能源利用状况报告，提出本单位节能工作的改进措施并组织实施。

能源管理负责人应当接受节能培训。

第四章　节能技术进步

第五十六条 国务院管理节能工作的部门会同国务院科技主管部门发布节能技术政策大纲，指导节能技术研究、开发和推广应用。

第五十七条 县级以上各级人民政府应当把节能技术研究开发作为政府科技投入的重点领域，支持科研单位和企业开展节能技术应用研究，制定节能标准，开发节能共性和关键技术，促进节能技术创新与成果转化。

第五十八条 国务院管理节能工作的部门会同国务院有关部门制定并公布节能技术、节能产品的推广目录，引导用能单位和个人使用先进的节能技术、节能产品。

国务院管理节能工作的部门会同国务院有关部门组织实施重大节能科研项目、节能示范项目、重点节能工程。

第五十九条 县级以上各级人民政府应当按照因地制宜、多能互补、综合利用、讲求效益的原则，加强农业和农村节能工作，增加对农业和农村节能技术、节能产品推广应用的资金投入。

农业、科技等有关主管部门应当支持、推广在农业生产、农产品加工储运等方面应用节能技术和节能产品，鼓励更新和淘汰高耗能的农业机械和渔业船舶。

国家鼓励、支持在农村大力发展沼气，推广生物质能、太阳能和风能等可再生能源利用技术，按照科学规划、有序开发的原则发展小型水力发电，推广节能型的农村住宅和炉灶等，鼓励利用非耕地种植能源植物，大力发展薪炭林等能源林。

第五章　激励措施

第六十条 中央财政和省级地方财政安排节能专项资金，支持节能技术研究开发、节能技术和产品的示范与推广、重点节能工程的实施、节能宣传培训、信息服务和表彰奖励等。

第六十一条 国家对生产、使用列入本法第五十八条规定的推广目录的需要支持的节能技术、节能产品，实行税收优惠等扶持政策。

国家通过财政补贴支持节能照明器具等节能产品的推广和使用。

第六十二条 国家实行有利于节约能源资源的税收政策，健全能源矿产资源有偿使用制度，促进能源资源的节约及其开采利用水平的提高。

第六十三条 国家运用税收等政策，鼓励先进节能技术、设备的进口，控制在生产过程中耗能高、污染重的产品的出口。

第六十四条 政府采购监督管理部门会同有关部门制定节能产品、设备政府采购名录，应当优先列入取得节能产品认证证书的产品、设备。

第六十五条 国家引导金融机构增加对节能项目的信贷支持，为符合条件的节能技术研究开发、节能产品生产以及节能技术改造等项目提供优惠贷款。

国家推动和引导社会有关方面加大对节能的资金投入，加快节能技术改造。

第六十六条 国家实行有利于节能的价格政策，引导用能单位和个人节能。

国家运用财税、价格等政策，支持推广电力需求侧管理、合同能源管理、节能自愿协议等节能办法。

国家实行峰谷分时电价、季节性电价、可中断负荷电价制度，鼓励电力用户合理调整用电负荷；对钢铁、有色金属、建材、化工和其他主要耗能行业的企业，分淘汰、限制、允许和鼓励类实行差别电价政策。

第六十七条 各级人民政府对在节能管理、节能科学技术研究和推广应用中有显著成绩以及检举严重浪费能源行为的单位和个人，给予表彰和奖励。

第六章　法律责任

第六十八条 负责审批政府投资项目的机关违反本法规定，对不符合强制性节能标准的项目予以批准建设的，对直接负责的主管人员和其他直接责任人员依法给予处分。

固定资产投资项目建设单位开工建设不符合强制性节能标准的项目或者将该项目投入生产、使用的，由管理节能工作的部门责令停止建设或者停止生产、使用，限期改造；不能改造或者逾期不改造的生产性项目，由管理节能工作的部门报请本级人民政府按照国务院规定的权限责令关闭。

第六十九条 生产、进口、销售国家明令淘汰的用能产品、设备的，使用伪造的节能产品认证标志或者冒用节能产品认证标志的，依照《中华人民共和国产品质量法》的规定处罚。

第七十条 生产、进口、销售不符合强制性能源效率标准的用能产品、设备的，由市场监督管理部门责令停止生产、进口、销售，没收违法生产、进口、销售的用能产品、设备和违法所得，并处违法所得一倍以上五倍以下罚款；情节严重的，吊销营业执照。

第七十一条 使用国家明令淘汰的用能设备或者生产工艺的，由管理节能工作的部门责令停止使用，没收国家明令淘汰的用能设备；情节严重的，可以由管理节能工作的部门提出意见，报请本级人民政府按照国务院规定的权限责令停业整顿或者关闭。

第七十二条 生产单位超过单位产品能耗限额标准用能，情节严重，经限期治理逾期不治理或者没有达到治理要求的，可以由管理节能工作的部门提出意见，报请本级人民政府按照国务院规定的权限责令停业整顿或者关闭。

第七十三条 违反本法规定，应当标注能源效率标识而未标注的，由市场监督管理部门责令改正，处三万元以上五万元以下罚款。

违反本法规定，未办理能源效率标识备案，或者使用的能源效率标识不符合规定的，由市场监督管理部门责令限期改正；逾期不改正的，处一万元以上三万元以下罚款。

伪造、冒用能源效率标识或者利用能源效率标识进行虚假宣传的，由市场监督管理部门责令改正，处五万元以上十万元以下罚款；情节严重的，吊销营业执照。

第七十四条 用能单位未按照规定配备、使用能源计量器具的，由市场监督管理部门责令限期改正；逾期不改正的，处一万元以上五万元以下罚款。

第七十五条 瞒报、伪造、篡改能源统计资料或者编造虚假能源统计数据的，依照《中华人民共和国统计法》的规定处罚。

第七十六条 从事节能咨询、设计、评估、检测、审计、认证等服务的机构提供虚假信息的，由管理节能工作的部门责令改正，没收违法所得，并处五万元以上十万元以下罚款。

第七十七条 违反本法规定，无偿向本单位职工提供能源或者对能源消费实行包费制的，由管理节能工作的部门责令限期改正；逾期不改正的，处五万元以上二十万元以下罚款。

第七十八条 电网企业未按照本法规定安排符合规定的热电联产和利用余热余压发电的机组与电网并网运行，或者未执行国家有关上网电价规定的，由国家电力监管机构责令改正；造成发电企业经济损失的，依法承担赔偿责任。

第七十九条 建设单位违反建筑节能标准的，由建设主管部门责令改正，处二十万元以上五十万元以下罚款。

设计单位、施工单位、监理单位违反建筑节能标准的，由建设主管部门责令改正，处十万元以上五十万元以下罚款；情节严重的，由颁发资质证书的部门降低资质等级或者吊销资质证书；造成损失的，依法承担赔偿责任。

第八十条 房地产开发企业违反本法规定，在销售房屋时未向购买人明示所售房屋的节能措施、保温工程保修期等信息的，由建设主管部门责令限期改正，逾期不改正的，处三万元以上五万元以下罚款；对以上信息作虚假宣传的，由建设主管部门责令改正，处五万元以上二十万元以下罚款。

第八十一条 公共机构采购用能产品、设备，未优先采购列入节能产品、设备政府采购名录中的产品、设备，或者采购国家明令淘汰的用能产品、设备的，由政府采购监督管理部门给予警告，可以并处罚款；对直接负责的主管人员和其他直接责任人员依法给予处分，并予通报。

第八十二条 重点用能单位未按照本法规定报送能源利用状况报告或者报告内容不实的，由管理节能工作的部门责令限期改正；逾期不改正的，处一万元以上五万元以下罚款。

第八十三条 重点用能单位无正当理由拒不落实本法第五十四条规定的整改要求或者整改没有达到要求的，由管理节能工作的部门处十万元以上三十万元以下罚款。

第八十四条 重点用能单位未按照本法规定设立能源管理岗位，聘任能源管理负责人，并报管理节能工作的部门和有关部门备案的，由管理节能工作的部门责令改正；拒不改正的，处一万元以上三万元以下罚款。

第八十五条 违反本法规定，构成犯罪的，依法追究刑事责任。

第八十六条 国家工作人员在节能管理工作中滥用职权、玩忽职守、徇私舞弊，构成犯罪的，依法追究刑事责任；尚不构成犯罪的，依法给予处分。

第七章　附　则

第八十七条 本法自 2008 年 4 月 1 日起施行。

中华人民共和国野生动物保护法

（2018年10月26日修正）

（1988年11月8日第七届全国人民代表大会常务委员会第四次会议通过　根据2004年8月28日第十届全国人民代表大会常务委员会第十一次会议《关于修改〈中华人民共和国野生动物保护法〉的决定》第一次修正　根据2009年8月27日第十一届全国人民代表大会常务委员会第十次会议《关于修改部分法律的决定》第二次修正　2016年7月2日第十二届全国人民代表大会常务委员会第二十一次会议修订　根据2018年10月26日第十三届全国人民代表大会常务委员会第六次会议《关于修改〈中华人民共和国野生动物保护法〉等十五部法律的决定》第三次修正）

第一章　总　则

第一条　为了保护野生动物，拯救珍贵、濒危野生动物，维护生物多样性和生态平衡，推进生态文明建设，制定本法。

第二条　在中华人民共和国领域及管辖的其他海域，从事野生动物保护及相关活动，适用本法。

本法规定保护的野生动物，是指珍贵、濒危的陆生、水生野生动物和有重要生态、科学、社会价值的陆生野生动物。

本法规定的野生动物及其制品，是指野生动物的整体（含卵、蛋）、部分及其衍生物。

珍贵、濒危的水生野生动物以外的其他水生野生动物的保护，适用《中华人民共和国渔业法》等有关法律的规定。

第三条　野生动物资源属于国家所有。

国家保障依法从事野生动物科学研究、人工繁育等保护及相关活动的组织和个人的合法权益。

第四条　国家对野生动物实行保护优先、规范利用、严格监管的原则，鼓励开展野生动物科学研究，培育公民保护野生动物的意识，促进人与自然和谐发展。

第五条　国家保护野生动物及其栖息地。县级以上人民政府应当制定野生动物及其栖息地相关保护规划和措施，并将野生动物保护经费纳入预算。

国家鼓励公民、法人和其他组织依法通过捐赠、资助、志愿服务等方式参与野生动物保护活动，支持野生动物保护公益事业。

本法规定的野生动物栖息地，是指野生动物野外种群生息繁衍的重要区域。

第六条 任何组织和个人都有保护野生动物及其栖息地的义务。禁止违法猎捕野生动物、破坏野生动物栖息地。

任何组织和个人都有权向有关部门和机关举报或者控告违反本法的行为。野生动物保护主管部门和其他有关部门、机关对举报或者控告，应当及时依法处理。

第七条 国务院林业草原、渔业主管部门分别主管全国陆生、水生野生动物保护工作。

县级以上地方人民政府林业草原、渔业主管部门分别主管本行政区域内陆生、水生野生动物保护工作。

第八条 各级人民政府应当加强野生动物保护的宣传教育和科学知识普及工作，鼓励和支持基层群众性自治组织、社会组织、企业事业单位、志愿者开展野生动物保护法律法规和保护知识的宣传活动。

教育行政部门、学校应当对学生进行野生动物保护知识教育。

新闻媒体应当开展野生动物保护法律法规和保护知识的宣传，对违法行为进行舆论监督。

第九条 在野生动物保护和科学研究方面成绩显著的组织和个人，由县级以上人民政府给予奖励。

第二章　野生动物及其栖息地保护

第十条 国家对野生动物实行分类分级保护。

国家对珍贵、濒危的野生动物实行重点保护。国家重点保护的野生动物分为一级保护野生动物和二级保护野生动物。国家重点保护野生动物名录，由国务院野生动物保护主管部门组织科学评估后制定，并每五年根据评估情况确定对名录进行调整。国家重点保护野生动物名录报国务院批准公布。

地方重点保护野生动物，是指国家重点保护野生动物以外，由省、自治区、直辖市重点保护的野生动物。地方重点保护野生动物名录，由省、自治区、直辖市人民政府组织科学评估后制定、调整并公布。

有重要生态、科学、社会价值的陆生野生动物名录，由国务院野生动物保护主管部门组织科学评估后制定、调整并公布。

第十一条 县级以上人民政府野生动物保护主管部门，应当定期组织或者委托有关科学研究机构对野生动物及其栖息地状况进行调查、监测和评估，建立健全野生动物及其栖息地档案。

对野生动物及其栖息地状况的调查、监测和评估应当包括下列内容：

（一）野生动物野外分布区域、种群数量及结构；

（二）野生动物栖息地的面积、生态状况；

（三）野生动物及其栖息地的主要威胁因素；

（四）野生动物人工繁育情况等其他需要调查、监测和评估的内容。

第十二条 国务院野生动物保护主管部门应当会同国务院有关部门，根据野生动物及其栖息地状况的调查、监测和评估结果，确定并发布野生动物重要栖息地名录。

省级以上人民政府依法划定相关自然保护区域，保护野生动物及其重要栖息地，保护、恢复和改善野生动物生存环境。对不具备划定相关自然保护区域条件的，县级以上人民政府可以采取划定禁猎（渔）区、规定禁猎（渔）期等其他形式予以保护。

禁止或者限制在相关自然保护区域内引入外来物种、营造单一纯林、过量施洒农药等人为干扰、威胁野生动物生息繁衍的行为。

相关自然保护区域，依照有关法律法规的规定划定和管理。

第十三条 县级以上人民政府及其有关部门在编制有关开发利用规划时，应当充分考虑野生动物及其栖息地保护的需要，分析、预测和评估规划实施可能对野生动物及其栖息地保护产生的整体影响，避免或者减少规划实施可能造成的不利后果。

禁止在相关自然保护区域建设法律法规规定不得建设的项目。机场、铁路、公路、水利水电、围堰、围填海等建设项目的选址选线，应当避让相关自然保护区域、野生动物迁徙洄游通道；无法避让的，应当采取修建野生动物通道、过鱼设施等措施，消除或者减少对野生动物的不利影响。

建设项目可能对相关自然保护区域、野生动物迁徙洄游通道产生影响的，环境影响评价文件的审批部门在审批环境影响评价文件时，涉及国家重点保护野生动物的，应当征求国务院野生动物保护主管部门意见；涉及地方重点保护野生动物的，应当征求省、自治区、直辖市人民政府野生动物保护主管部门意见。

第十四条 各级野生动物保护主管部门应当监视、监测环境对野生动物的影响。由于环境影响对野生动物造成危害时，野生动物保护主管部门应当会同有关部门进行调查处理。

第十五条 国家或者地方重点保护野生动物受到自然灾害、重大环境污染事故等突发事件威胁时，当地人民政府应当及时采取应急救助措施。

县级以上人民政府野生动物保护主管部门应当按照国家有关规定组织开展野生动物收容救护工作。

禁止以野生动物收容救护为名买卖野生动物及其制品。

第十六条 县级以上人民政府野生动物保护主管部门、兽医主管部门，应当按照职责分工对野生动物疫源疫病进行监测，组织开展预测、预报等工作，并按照规定制定野生动物疫情应急预案，报同级人民政府批准或者备案。

县级以上人民政府野生动物保护主管部门、兽医主管部门、卫生主管部门，应当按照职责分工负责与人畜共患传染病有关的动物传染病的防治管理工作。

第十七条 国家加强对野生动物遗传资源的保护，对濒危野生动物实施抢救性保护。

国务院野生动物保护主管部门应当会同国务院有关部门制定有关野生动物遗传资源保护和利用规划，建立国家野生动物遗传资源基因库，对原产我国的珍贵、濒危野生动物遗传资源实行重点保护。

第十八条 有关地方人民政府应当采取措施，预防、控制野生动物可能造成的危害，保障人畜安全和农业、林业生产。

第十九条 因保护本法规定保护的野生动物，造成人员伤亡、农作物或者其他财产损失的，由当地人民政府给予补偿。具体办法由省、自治区、直辖市人民政府制定。有关地方人民政府可以推动保险机构开展野生动物致害赔偿保险业务。

有关地方人民政府采取预防、控制国家重点保护野生动物造成危害的措施以及实行补偿所需经费，由中央财政按照国家有关规定予以补助。

第三章 野生动物管理

第二十条 在相关自然保护区域和禁猎（渔）区、禁猎（渔）期内，禁止猎捕以及其他妨碍野生动物生息繁衍的活动，但法律法规另有规定的除外。

野生动物迁徙洄游期间，在前款规定区域外的迁徙洄游通道内，禁止猎捕并严格限制其他妨碍野生动物生息繁衍的活动。迁徙洄游通道的范围以及妨碍野生动物生息繁衍活动的内容，由县级以上人民政府或者其野生动物保护主管部门规定并公布。

第二十一条 禁止猎捕、杀害国家重点保护野生动物。

因科学研究、种群调控、疫源疫病监测或者其他特殊情况，需要猎捕国家一级保护野生动物的，应当向国务院野生动物保护主管部门申请特许猎捕证；需要猎捕国家二级保护野生动物的，应当向省、自治区、直辖市人民政府野生动物保护主管部门申请特许猎捕证。

第二十二条 猎捕非国家重点保护野生动物的，应当依法取得县级以上地方人民政府野生动物保护主管部门核发的狩猎证，并且服从猎捕量限额管理。

第二十三条 猎捕者应当按照特许猎捕证、狩猎证规定的种类、数量、地点、工具、方法和期限进行猎捕。

持枪猎捕的，应当依法取得公安机关核发的持枪证。

第二十四条 禁止使用毒药、爆炸物、电击或者电子诱捕装置以及猎套、猎夹、地枪、排铳等工具进行猎捕，禁止使用夜间照明行猎、歼灭性围猎、捣毁巢穴、火攻、烟熏、网捕等方法进行猎捕，但因科学研究确需网捕、电子诱捕的除外。

前款规定以外的禁止使用的猎捕工具和方法，由县级以上地方人民政府规定并公布。

第二十五条 国家支持有关科学研究机构因物种保护目的人工繁育国家重点保护野生动物。

前款规定以外的人工繁育国家重点保护野生动物实行许可制度。人工繁育国家重点保护野生动物的，应当经省、自治区、直辖市人民政府野生动物保护主管部门批准，取得人工繁育许可证，但国务院对批准机关另有规定的除外。

人工繁育国家重点保护野生动物应当使用人工繁育子代种源，建立物种系谱、繁育档案和个体数据。因物种保护目的确需采用野外种源的，适用本法第二十一条和第二十三条的规定。

本法所称人工繁育子代，是指人工控制条件下繁殖出生的子代个体且其亲本也在人工控制条件下出生。

第二十六条 人工繁育国家重点保护野生动物应当有利于物种保护及其科学研究，不得破坏野外种群资源，并根据野生动物习性确保其具有必要的活动空间和生息繁衍、卫生健康条件，具备与其繁育目的、种类、发展规模相适应的场所、设施、技术，符合有关技术标准和防疫要求，不得虐待野生动物。

省级以上人民政府野生动物保护主管部门可以根据保护国家重点保护野生动物的需要，组织开展国家重点保护野生动物放归野外环境工作。

第二十七条 禁止出售、购买、利用国家重点保护野生动物及其制品。

因科学研究、人工繁育、公众展示展演、文物保护或者其他特殊情况，需要出售、购买、利用国家重点保护野生动物及其制品的，应当经省、自治区、直辖市人民政府野生动物保护主管部门批准，并按照规定取得和使用专用标识，保证可追溯，但国务院对批准机关另有规定的除外。

实行国家重点保护野生动物及其制品专用标识的范围和管理办法，由国务院野生动物保护主管部门规定。

出售、利用非国家重点保护野生动物的，应当提供狩猎、进出口等合法来源证明。

出售本条第二款、第四款规定的野生动物的，还应当依法附有检疫证明。

第二十八条 对人工繁育技术成熟稳定的国家重点保护野生动物，经科学论证，纳入国务院野生动物保护主管部门制定的人工繁育国家重点保护野生动物名录。对列入名录的野生动物及其制品，可以凭人工繁育许可证，按照省、自治区、直辖市人民政府野生动物保护主管部门核验的年度生产数量直接取得专用标识，凭专用标识出售和利用，保证可追溯。

对本法第十条规定的国家重点保护野生动物名录进行调整时，根据有关野外种群保护情况，可以对前款规定的有关人工繁育技术成熟稳定野生动物的人工种群，不再列入国家重点保护野生动物名录，实行与野外种群不同的管理措施，但应当依照本法第二十五条第二款和本条第一款的规定取得人工繁育许可证和专用标识。

第二十九条 利用野生动物及其制品的，应当以人工繁育种群为主，有利于野外种群养护，符合生态文明建设的要求，尊重社会公德，遵守法律法规和国家有关规定。

野生动物及其制品作为药品经营和利用的，还应当遵守有关药品管理的法律法规。

第三十条 禁止生产、经营使用国家重点保护野生动物及其制品制作的食品，或者使用没有合法来源证明的非国家重点保护野生动物及其制品制作的食品。

禁止为食用非法购买国家重点保护的野生动物及其制品。

第三十一条 禁止为出售、购买、利用野生动物或者禁止使用的猎捕工具发布广告。禁止为违法出售、购买、利用野生动物制品发布广告。

第三十二条 禁止网络交易平台、商品交易市场等交易场所，为违法出售、购买、利用野生动物及其制品或者禁止使用的猎捕工具提供交易服务。

第三十三条 运输、携带、寄递国家重点保护野生动物及其制品、本法第二十八条第二款规定的野生动物及其制品出县境的，应当持有或者附有本法第二十一条、第二十五条、第二十七条或者第二十八条规定的许可证、批准文件的副本或者专用标识，以及检疫证明。

运输非国家重点保护野生动物出县境的，应当持有狩猎、进出口等合法来源证明，以及检疫证明。

第三十四条 县级以上人民政府野生动物保护主管部门应当对科学研究、人工繁育、公众展示展演等利用野生动物及其制品的活动进行监督管理。

县级以上人民政府其他有关部门，应当按照职责分工对野生动物及其制品出售、购买、利用、运输、寄递等活动进行监督检查。

第三十五条 中华人民共和国缔结或者参加的国际公约禁止或者限制贸易的野生动物或者其制品名录，由国家濒危物种进出口管理机构制定、调整并公布。

进出口列入前款名录的野生动物或者其制品的，出口国家重点保护野生动物或者其制品的，应当经国务院野生动物保护主管部门或者国务院批准，并取得国家濒危物种进出口管理机构核发的允许进出口证明书。海关依法实施进出境检疫，凭允许进出口证明书、检疫证明按照规定办理通关手续。

涉及科学技术保密的野生动物物种的出口，按照国务院有关规定办理。

列入本条第一款名录的野生动物，经国务院野生动物保护主管部门核准，在本法适用范围内可以按照国家重点保护的野生动物管理。

第三十六条 国家组织开展野生动物保护及相关执法活动的国际合作与交流；建立防范、打击野生动物及其制品的走私和非法贸易的部门协调机制，开展防范、打击走私和非法贸易行动。

第三十七条 从境外引进野生动物物种的，应当经国务院野生动物保护主管部门批准。从境外引进列入本法第三十五条第一款名录的野生动物，还应当依法取得允许进出口证明书。海关依法实施进境检疫，凭进口批准文件或者允许进出口证明书以及检疫证明按照规定办理通关手续。

从境外引进野生动物物种的，应当采取安全可靠的防范措施，防止其进入野外环境，避免对生态系统造成危害。确需将其放归野外的，按照国家有关规定执行。

第三十八条 任何组织和个人将野生动物放生至野外环境，应当选择适合放生地野外生存的当地物种，不得干扰当地居民的正常生活、生产，避免对生态系统造成危害。随意放生野生动物，造成他人人身、财产损害或者危害生态系统的，依法承担法律责任。

第三十九条 禁止伪造、变造、买卖、转让、租借特许猎捕证、狩猎证、人工繁育许可证及专用标识，出售、购买、利用国家重点保护野生动物及其制品的批准文件，或者允许进出口证明书、进出口等批准文件。

前款规定的有关许可证书、专用标识、批准文件的发放情况，应当依法公开。

第四十条 外国人在我国对国家重点保护野生动物进行野外考察或者在野外拍摄电影、录像，应当经省、自治区、直辖市人民政府野生动物保护主管部门或者其授权的单位批准，并遵守有关法律法规规定。

第四十一条 地方重点保护野生动物和其他非国家重点保护野生动物的管理办法，由省、自治区、直辖市人民代表大会或者其常务委员会制定。

第四章 法律责任

第四十二条 野生动物保护主管部门或者其他有关部门、机关不依法作出行政许可决定，发现违法行为或者接到对违法行为的举报不予查处或者不依法查处，或者有滥用职权等其他不依法履行职责的行为的，由本级人民政府或者上级人民政府有关部门、机关责令改正，对负有责任的主管人员和其他直接责任人员依法给予记过、记大过或者降级处分；造成严重后果的，给予撤职或者开除处分，其主要负责人应当引咎辞职；构成犯罪的，依法追究刑事责任。

第四十三条 违反本法第十二条第三款、第十三条第二款规定的，依照有关法律法规的规定处罚。

第四十四条 违反本法第十五条第三款规定，以收容救护为名买卖野生动物及其制品的，由县级以上人民政府野生动物保护主管部门没收野生动物及其制品、违法所得，并处野生动物及其制品价值二倍以上十倍以下的罚款，将有关违法信息记入社会诚信档案，向社会公布；构成犯罪的，依法追究刑事责任。

第四十五条 违反本法第二十条、第二十一条、第二十三条第一款、第二十四条第一款规定，在相关自然保护区域、禁猎（渔）区、禁猎（渔）期猎捕国家重点保护野生动物，未取得特许猎捕证、未按照特许猎捕证规定猎捕、杀害国家重点保护野生动物，或者使用禁用的工具、方法猎捕国家重点保护野生动物的，由县级以上人民政府野生动物保护主管部门、海洋执法部门或者有关保护区域管理机构按照职责分工没收猎获物、猎捕工具和违法所得，吊销特许猎捕证，并处猎获物价值二倍以上十倍以下的罚款；没有猎获物的，并处一万元以上五万元以下的罚款；构成犯罪的，依法追究刑事责任。

第四十六条 违反本法第二十条、第二十二条、第二十三条第一款、第二十四条第一款规定，在相关自然保护区域、禁猎（渔）区、禁猎（渔）期猎捕非国家重点保护野生动物，未取得狩猎证、未按照狩猎证规定猎捕非国家重点保护野生动物，或者使用禁用的工具、方法猎捕非国家重点保护野生动物的，由县级以上地方人民政府野生动物保护主管部门或者有关保护区域管理机构按照职责分工没收猎获物、猎捕工具和违法所得，吊销狩猎证，并处猎获物价值一倍以上五倍以下的罚款；没有猎获物的，并处二千元以上一万元以下的罚款；构成犯罪的，依法追究刑事责任。

违反本法第二十三条第二款规定，未取得持枪证持枪猎捕野生动物，构成违反治安管理行为的，由公安机关依法给予治安管理处罚；构成犯罪的，依法追究刑事责任。

第四十七条 违反本法第二十五条第二款规定，未取得人工繁育许可证繁育国家重点保护野生动物或者本法第二十八条第二款规定的野生动物的，由县级以上人民政府野生动物保护主管部门没收野生动物及其制品，并处野生动物及其制品价值一倍以上五倍以下的罚款。

第四十八条 违反本法第二十七条第一款和第二款、第二十八条第一款、第三十三条第一款规定，未经批准、未取得或者未按照规定使用专用标识，或者未持有、未附有人工繁育许可证、批准文件的副本或者专用标识出售、购买、利用、运输、携带、寄递国家重点保护野生动物及其制品或者本法第二十八条第二款规定的野生动物及其制品的，由县级以上人民政府野生动物保护主管部门或者市场监督管理部门按照职责分工没收野生动物及其制品和违法所得，并处野生动物及其制品价值二倍以上十倍以下的罚款；情节严重的，吊销人工繁育许可证、撤销批准文件、收回专用标识；构成犯罪的，依法追究刑事责任。

违反本法第二十七条第四款、第三十三条第二款规定，未持有合法来源证明出售、利用、运输非国家重点保护野生动物的，由县级以上地方人民政府野生动物保护主管部门或者市场监督管理部门按照职责分工没收野生动物，并处野生动物价值一倍以上五倍以下的罚款。

违反本法第二十七条第五款、第三十三条规定，出售、运输、携带、寄递有关野生动物及其制品未持有或者未附有检疫证明的，依照《中华人民共和国动物防疫法》的规定处罚。

第四十九条 违反本法第三十条规定，生产、经营使用国家重点保护野生动物及其制品或者没有合法来源证明的非国家重点保护野生动物及其制品制作食品，或者为食用非法购买国家重点保护的野生动物及其制品的，由县级以上人民政府野生动物保护主管部门或者市场监督管理部门按照职责分工责令停止违法行为，没收野生动物及其制品和违法所得，并处野生动物及其制品价值二倍以上十倍以下的罚款；构成犯罪的，依法追究刑事责任。

第五十条 违反本法第三十一条规定，为出售、购买、利用野生动物及其制品或者禁止使用的猎捕工具发布广告的，依照《中华人民共和国广告法》的规定处罚。

第五十一条 违反本法第三十二条规定，为违法出售、购买、利用野生动物及其制品或者禁止使用的猎捕工具提供交易服务的，由县级以上人民政府市场监督管理部门责令停止违法行为，限期改正，没收违法所得，并处违法所得二倍以上五倍以下的罚款；没有违法所得的，处一万元以上五万元以下的罚款；构成犯罪的，依法追究刑事责任。

第五十二条 违反本法第三十五条规定，进出口野生动物或者其制品的，由海关、公安机关、海洋执法部门依照法律、行政法规和国家有关规定处罚；构成犯罪的，依法追究刑事责任。

第五十三条 违反本法第三十七条第一款规定，从境外引进野生动物物种的，由县级以上人民政府野生动物保护主管部门没收所引进的野生动物，并处五万元以上二十五万元以下的罚款；未依法实施进境检疫的，依照《中华人民共和国进出境动植物检疫法》的规定处罚；构成犯罪的，依法追究刑事责任。

第五十四条 违反本法第三十七条第二款规定，将从境外引进的野生动物放归野外环境的，由县级以上人民政府野生动物保护主管部门责令限期捕回，处一万元以上五万元以下的罚款；逾期不捕回的，由有关野生动物保护主管部门代为捕回或者采取降低影响的措施，所需费用由被责令限期捕回者承担。

第五十五条 违反本法第三十九条第一款规定，伪造、变造、买卖、转让、租借有关证件、专用标识或者有关批准文件的，由县级以上人民政府野生动物保护主管部门没收违法证件、专用标识、有关批准文件和违法所得，并处五万元以上二十五万元以下的罚款；构成违反治安管理行为的，由公安机关依法给予治安管理处罚；构成犯罪的，依法追究刑事责任。

第五十六条 依照本法规定没收的实物，由县级以上人民政府野生动物保护主管部门或者其授权的单位按照规定处理。

第五十七条 本法规定的猎获物价值、野生动物及其制品价值的评估标准和方法，由国务院野生动物保护主管部门制定。

第五章 附 则

第五十八条 本法自 2017 年 1 月 1 日起施行。

中华人民共和国核安全法

（自 2018 年 1 月 1 日起施行）

（2017 年 9 月 1 日第十二届全国人民代表大会常务委员会第二十九次会议通过）

第一章 总 则

第一条 为了保障核安全，预防与应对核事故，安全利用核能，保护公众和从业人员的安全与健康，保护生态环境，促进经济社会可持续发展，制定本法。

第二条 在中华人民共和国领域及管辖的其他海域内，对核设施、核材料及相关放射性废物采取充分的预防、保护、缓解和监管等安全措施，防止由于技术原因、人为原因或者自然灾害造成核事故，最大限度减轻核事故情况下的放射性后果的活动，适用本法。

核设施，是指：

（一）核电厂、核热电厂、核供汽供热厂等核动力厂及装置；

（二）核动力厂以外的研究堆、实验堆、临界装置等其他反应堆；

（三）核燃料生产、加工、贮存和后处理设施等核燃料循环设施；

（四）放射性废物的处理、贮存、处置设施。

核材料，是指：

（一）铀-235 材料及其制品；

（二）铀-233 材料及其制品；

（三）钚-239 材料及其制品；

（四）法律、行政法规规定的其他需要管制的核材料。

放射性废物，是指核设施运行、退役产生的，含有放射性核素或者被放射性核素污染，其浓度或者比活度大于国家确定的清洁解控水平，预期不再使用的废弃物。

第三条 国家坚持理性、协调、并进的核安全观，加强核安全能力建设，保障核事业健康发展。

第四条 从事核事业必须遵循确保安全的方针。

核安全工作必须坚持安全第一、预防为主、责任明确、严格管理、纵深防御、独立监管、全面保障的原则。

第五条 核设施营运单位对核安全负全面责任。

为核设施营运单位提供设备、工程以及服务等的单位，应当负相应责任。

第六条 国务院核安全监督管理部门负责核安全的监督管理。

国务院核工业主管部门、能源主管部门和其他有关部门在各自职责范围内负责有关的核安全管理工作。

国家建立核安全工作协调机制，统筹协调有关部门推进相关工作。

第七条 国务院核安全监督管理部门会同国务院有关部门编制国家核安全规划，报国务院批准后组织实施。

第八条 国家坚持从高从严建立核安全标准体系。

国务院有关部门按照职责分工制定核安全标准。核安全标准是强制执行的标准。

核安全标准应当根据经济社会发展和科技进步适时修改。

第九条 国家制定核安全政策，加强核安全文化建设。

国务院核安全监督管理部门、核工业主管部门和能源主管部门应当建立培育核安全文化的机制。

核设施营运单位和为其提供设备、工程以及服务等的单位应当积极培育和建设核安全文化，将核安全文化融入生产、经营、科研和管理的各个环节。

第十条 国家鼓励和支持核安全相关科学技术的研究、开发和利用，加强知识产权保护，注重核安全人才的培养。

国务院有关部门应当在相关科研规划中安排与核设施、核材料安全和辐射环境监测、评估相关的关键技术研究专项，推广先进、可靠的核安全技术。

核设施营运单位和为其提供设备、工程以及服务等的单位、与核安全有关的科研机构等单位，应当持续开发先进、可靠的核安全技术，充分利用先进的科学技术成果，提高核安全水平。

国务院和省、自治区、直辖市人民政府及其有关部门对在科技创新中做出重要贡献的单位和个人，按照有关规定予以表彰和奖励。

第十一条 任何单位和个人不得危害核设施、核材料安全。

公民、法人和其他组织依法享有获取核安全信息的权利，受到核损害的，有依法获得赔偿的权利。

第十二条 国家加强对核设施、核材料的安全保卫工作。

核设施营运单位应当建立和完善安全保卫制度，采取安全保卫措施，防范对核设施、核材料的破坏、损害和盗窃。

第十三条 国家组织开展与核安全有关的国际交流与合作，完善核安全国际合作机制，防范和应对核恐怖主义威胁，履行中华人民共和国缔结或者参加的国际公约所规定的义务。

第二章 核设施安全

第十四条 国家对核设施的选址、建设进行统筹规划，科学论证，合理布局。

国家根据核设施的性质和风险程度等因素，对核设施实行分类管理。

第十五条 核设施营运单位应当具备保障核设施安全运行的能力，并符合下列条件：

（一）有满足核安全要求的组织管理体系和质量保证、安全管理、岗位责任等制度；

（二）有规定数量、合格的专业技术人员和管理人员；

（三）具备与核设施安全相适应的安全评价、资源配置和财务能力；

（四）具备必要的核安全技术支撑和持续改进能力；

（五）具备应急响应能力和核损害赔偿财务保障能力；

（六）法律、行政法规规定的其他条件。

第十六条 核设施营运单位应当依照法律、行政法规和标准的要求，设置核设施纵深防御体系，有效防范技术原因、人为原因和自然灾害造成的威胁，确保核设施安全。

核设施营运单位应当对核设施进行定期安全评价，并接受国务院核安全监督管理部门的审查。

第十七条 核设施营运单位和为其提供设备、工程以及服务等的单位应当建立并实施质量保证体系，有效保证设备、工程和服务等的质量，确保设备的性能满足核安全标准的要求，工程和服务等满足核安全相关要求。

第十八条 核设施营运单位应当严格控制辐射照射，确保有关人员免受超过国家规定剂量限值的辐射照射，确保辐射照射保持在合理、可行和尽可能低的水平。

第十九条 核设施营运单位应当对核设施周围环境中所含的放射性核素的种类、浓度以及核设施流出物中的放射性核素总量实施监测，并定期向国务院环境保护主管部门和所在地省、自治区、直辖市人民政府环境保护主管部门报告监测结果。

第二十条 核设施营运单位应当按照国家有关规定，制定培训计划，对从业人员进行核安全教育和技能培训并进行考核。

核设施营运单位应当为从业人员提供相应的劳动防护和职业健康检查，保障从业人员的安全和健康。

第二十一条 省、自治区、直辖市人民政府应当对国家规划确定的核动力厂等重要核设施的厂址予以保护，在规划期内不得变更厂址用途。

省、自治区、直辖市人民政府应当在核动力厂等重要核设施周围划定规划限制区，经国务院核安全监督管理部门同意后实施。

禁止在规划限制区内建设可能威胁核设施安全的易燃、易爆、腐蚀性物品的生产、贮存设施以及人口密集场所。

第二十二条 国家建立核设施安全许可制度。

核设施营运单位进行核设施选址、建造、运行、退役等活动，应当向国务院核安全监督管理部门申请许可。

核设施营运单位要求变更许可文件规定条件的，应当报国务院核安全监督管理部门批准。

第二十三条 核设施营运单位应当对地质、地震、气象、水文、环境和人口分布等因素进行科学评估，在满足核安全技术评价要求的前提下，向国务院核安全监督管理部门提交核设施选址安全分析报告，经审查符合核安全要求后，取得核设施场址选择审查意见书。

第二十四条 核设施设计应当符合核安全标准，采用科学合理的构筑物、系统和设备参数与技术要求，提供多样保护和多重屏障，确保核设施运行可靠、稳定和便于操作，满足核安全要求。

第二十五条 核设施建造前，核设施营运单位应当向国务院核安全监督管理部门提出建造申请，并提交下列材料：

（一）核设施建造申请书；

（二）初步安全分析报告；

（三）环境影响评价文件；

（四）质量保证文件；

（五）法律、行政法规规定的其他材料。

第二十六条 核设施营运单位取得核设施建造许可证后，应当确保核设施整体性能满足核安全标准的要求。

核设施建造许可证的有效期不得超过十年。有效期届满，需要延期建造的，应当报国务院核安全监督管理部门审查批准。但是，有下列情形之一且经评估不存在安全风险的除外：

（一）国家政策或者行为导致核设施延期建造；

（二）用于科学研究的核设施；

（三）用于工程示范的核设施；

（四）用于乏燃料后处理的核设施。

核设施建造完成后应当进行调试，验证其是否满足设计的核安全要求。

第二十七条 核设施首次装投料前，核设施营运单位应当向国务院核安全监督管理部门提出运行申请，并提交下列材料：

（一）核设施运行申请书；

（二）最终安全分析报告；

（三）质量保证文件；

（四）应急预案；

（五）法律、行政法规规定的其他材料。

核设施营运单位取得核设施运行许可证后，应当按照许可证的规定运行。

核设施运行许可证的有效期为设计寿期。在有效期内，国务院核安全监督管理部门可以根据法律、行政法规和新的核安全标准的要求，对许可证规定的事项作出合理调整。

核设施营运单位调整下列事项的，应当报国务院核安全监督管理部门批准：

（一）作为颁发运行许可证依据的重要构筑物、系统和设备；

（二）运行限值和条件；

（三）国务院核安全监督管理部门批准的与核安全有关的程序和其他文件。

第二十八条 核设施运行许可证有效期届满需要继续运行的，核设施营运单位应当于有效期届满前五年，向国务院核安全监督管理部门提出延期申请，并对其是否符合核安全标准进行论证、验证，经审查批准后，方可继续运行。

第二十九条 核设施终止运行后，核设施营运单位应当采取安全的方式进行停闭管理，保证停闭期间的安全，确保退役所需的基本功能、技术人员和文件。

第三十条 核设施退役前，核设施营运单位应当向国务院核安全监督管理部门提出退役申请，并提交下列材料：

（一）核设施退役申请书；

（二）安全分析报告；

（三）环境影响评价文件；

（四）质量保证文件；

（五）法律、行政法规规定的其他材料。

核设施退役时，核设施营运单位应当按照合理、可行和尽可能低的原则处理、处置核设施场址的放射性物质，将构筑物、系统和设备的放射性水平降低至满足标准的要求。

核设施退役后，核设施所在地省、自治区、直辖市人民政府环境保护主管部门应当对核设施场址及其周围环境中所含的放射性核素的种类和浓度组织监测。

第三十一条 进口核设施，应当满足中华人民共和国有关核安全法律、行政法规和标准的要求，并报国务院核安全监督管理部门审查批准。

出口核设施，应当遵守中华人民共和国有关核设施出口管制的规定。

第三十二条 国务院核安全监督管理部门应当依照法定条件和程序，对核设施安全许可申请组织安全技术审查，满足核安全要求的，在技术审查完成之日起二十日内，依法作出准予许可的决定。

国务院核安全监督管理部门审批核设施建造、运行许可申请时，应当向国务院有关部门和核设施所在地省、自治区、直辖市人民政府征询意见，被征询意见的单位应当在三个月内给予答复。

第三十三条 国务院核安全监督管理部门组织安全技术审查时，应当委托与许可申请单位没有利益关系的技术支持单位进行技术审评。受委托的技术支持单位应当对其技术评价结论的真实性、准确性负责。

第三十四条 国务院核安全监督管理部门成立核安全专家委员会，为核安全决策提供咨询意见。

制定核安全规划和标准，进行核设施重大安全问题技术决策，应当咨询核安全专家委员会的意见。

第三十五条 国家建立核设施营运单位核安全报告制度，具体办法由国务院有关部门制定。

国务院有关部门应当建立核安全经验反馈制度，并及时处理核安全报告信息，实现信息共享。

核设施营运单位应当建立核安全经验反馈体系。

第三十六条 为核设施提供核安全设备设计、制造、安装和无损检验服务的单位，应当向国务院核安全监督管理部门申请许可。境外机构为境内核设施提供核安全设备设计、制造、安装和无损检验服务的，应当向国务院核安全监督管理部门申请注册。

国务院核安全监督管理部门依法对进口的核安全设备进行安全检验。

第三十七条 核设施操纵人员以及核安全设备焊接人员、无损检验人员等特种工艺人员应当按照国家规定取得相应资格证书。

核设施营运单位以及核安全设备制造、安装和无损检验单位应当聘用取得相应资格证书的人员从事与核设施安全专业技术有关的工作。

第三章 核材料和放射性废物安全

第三十八条 核设施营运单位和其他有关单位持有核材料，应当按照规定的条件依法取得许可，并采取下列措施，防止核材料被盗、破坏、丢失、非法转让和使用，保障核材料的安全与合法利用：

（一）建立专职机构或者指定专人保管核材料；

（二）建立核材料衡算制度，保持核材料收支平衡；

（三）建立与核材料保护等级相适应的实物保护系统；

（四）建立信息保密制度，采取保密措施；

（五）法律、行政法规规定的其他措施。

第三十九条 产生、贮存、运输、后处理乏燃料的单位应当采取措施确保乏燃料的安全，并对持有的乏燃料承担核安全责任。

第四十条 放射性废物应当实行分类处置。

低、中水平放射性废物在国家规定的符合核安全要求的场所实行近地表或者中等深度处置。

高水平放射性废物实行集中深地质处置，由国务院指定的单位专营。

第四十一条 核设施营运单位、放射性废物处理处置单位应当对放射性废物进行减量化、无害化处理、处置，确保永久安全。

第四十二条 国务院核工业主管部门会同国务院有关部门和省、自治区、直辖市人民政府编制低、中水平放射性废物处置场所的选址规划，报国务院批准后组织实施。

国务院核工业主管部门会同国务院有关部门编制高水平放射性废物处置场所的选址规划，报国务院批准后组织实施。

放射性废物处置场所的建设应当与核能发展的要求相适应。

第四十三条 国家建立放射性废物管理许可制度。

专门从事放射性废物处理、贮存、处置的单位，应当向国务院核安全监督管理部门申请许可。

核设施营运单位利用与核设施配套建设的处理、贮存设施，处理、贮存本单位产生的放射性废物的，无须申请许可。

第四十四条 核设施营运单位应当对其产生的放射性固体废物和不能经净化排放的放射性废液进行处理，使其转变为稳定的、标准化的固体废物后，及时送交放射性废物处置单位处置。

核设施营运单位应当对其产生的放射性废气进行处理，达到国家放射性污染防治标准后，方可排放。

第四十五条 放射性废物处置单位应当按照国家放射性污染防治标准的要求，对其接收的放射性废物进行处置。

放射性废物处置单位应当建立放射性废物处置情况记录档案，如实记录处置的放射性废物的来源、数量、特征、存放位置等与处置活动有关的事项。记录档案应当永久保存。

第四十六条 国家建立放射性废物处置设施关闭制度。

放射性废物处置设施有下列情形之一的，应当依法办理关闭手续，并在划定的区域设置永久性标记：

（一）设计服役期届满；

（二）处置的放射性废物已经达到设计容量；

（三）所在地区的地质构造或者水文地质等条件发生重大变化，不适宜继续处置放射性废物；

（四）法律、行政法规规定的其他需要关闭的情形。

第四十七条 放射性废物处置设施关闭前，放射性废物处置单位应当编制放射性废物处置设施关闭安全监护计划，报国务院核安全监督管理部门批准。

安全监护计划应当包括下列主要内容：

（一）安全监护责任人及其责任；

（二）安全监护费用；

（三）安全监护措施；

（四）安全监护期限。

放射性废物处置设施关闭后，放射性废物处置单位应当按照经批准的安全监护计划进行安全监护；经国务院核安全监督管理部门会同国务院有关部门批准后，将其交由省、自治区、直辖市人民政府进行监护管理。

第四十八条 核设施营运单位应当按照国家规定缴纳乏燃料处理处置费用，列入生产成本。

核设施营运单位应当预提核设施退役费用、放射性废物处置费用，列入投资概算、生产成本，专门用于核设施退役、放射性废物处置。具体办法由国务院财政部门、价格主管部门会同国务院核安全监督管理部门、核工业主管部门和能源主管部门制定。

第四十九条 国家对核材料、放射性废物的运输实行分类管理，采取有效措施，保障运输安全。

第五十条 国家保障核材料、放射性废物的公路、铁路、水路等运输，国务院有关部门应当加强对公路、铁路、水路等运输的管理，制定具体的保障措施。

第五十一条 国务院核工业主管部门负责协调乏燃料运输管理活动，监督有关保密措施。

公安机关对核材料、放射性废物道路运输的实物保护实施监督，依法处理可能危及核材料、放射性废物安全运输的事故。通过道路运输核材料、放射性废物的，应当报启运地县级以上人民政府公安机关按照规定权限批准；其中，运输乏燃料或者高水平放射性废物的，应当报国务院公安部门批准。

国务院核安全监督管理部门负责批准核材料、放射性废物运输包装容器的许可申请。

第五十二条 核材料、放射性废物的托运人应当在运输中采取有效的辐射防护和安全保卫措施，对运输中的核安全负责。

乏燃料、高水平放射性废物的托运人应当向国务院核安全监督管理部门提交有关核安全分析报告，经审查批准后方可开展运输活动。

核材料、放射性废物的承运人应当依法取得国家规定的运输资质。

第五十三条 通过公路、铁路、水路等运输核材料、放射性废物，本法没有规定的，适用相关法律、行政法规和规章关于放射性物品运输、危险货物运输的规定。

第四章 核事故应急

第五十四条 国家设立核事故应急协调委员会，组织、协调全国的核事故应急管理工作。

省、自治区、直辖市人民政府根据实际需要设立核事故应急协调委员会，组织、协调本行政区域内的核事故应急管理工作。

第五十五条 国务院核工业主管部门承担国家核事故应急协调委员会日常工作，牵头制定国家核事故应急预案，经国务院批准后组织实施。国家核事故应急协调委员会成员单位根据国家核事故应急预案部署，制定本单位核事故应急预案，报国务院核工业主管部门备案。

省、自治区、直辖市人民政府指定的部门承担核事故应急协调委员会的日常工作，负责制定本行政区域内场外核事故应急预案，报国家核事故应急协调委员会审批后组织实施。

核设施营运单位负责制定本单位场内核事故应急预案，报国务院核工业主管部门、能源主管部门和省、自治区、直辖市人民政府指定的部门备案。

中国人民解放军和中国人民武装警察部队按照国务院、中央军事委员会的规定，制定本系统支援地方的核事故应急工作预案，报国务院核工业主管部门备案。

应急预案制定单位应当根据实际需要和情势变化，适时修订应急预案。

第五十六条 核设施营运单位应当按照应急预案，配备应急设备，开展应急工作人员培训和演练，做好应急准备。

核设施所在地省、自治区、直辖市人民政府指定的部门，应当开展核事故应急知识普及活动，按照应急预案组织有关企业、事业单位和社区开展核事故应急演练。

第五十七条 国家建立核事故应急准备金制度，保障核事故应急准备与响应工作所需经费。核事故应急准备金管理办法，由国务院制定。

第五十八条 国家对核事故应急实行分级管理。

发生核事故时，核设施营运单位应当按照应急预案的要求开展应急响应，减轻事故后果，并立即向国务院核工业主管部门、核安全监督管理部门和省、自治区、直辖市人民政府指定的部门报告核设施状况，根据需要提出场外应急响应行动建议。

第五十九条 国家核事故应急协调委员会按照国家核事故应急预案部署，组织协调国务院有关部门、地方人民政府、核设施营运单位实施核事故应急救援工作。

中国人民解放军和中国人民武装警察部队按照国务院、中央军事委员会的规定，实施核事故应急救援工作。

核设施营运单位应当按照核事故应急救援工作的要求，实施应急响应支援。

第六十条 国务院核工业主管部门或者省、自治区、直辖市人民政府指定的部门负责发布核事故应急信息。

国家核事故应急协调委员会统筹协调核事故应急国际通报和国际救援工作。

第六十一条 各级人民政府及其有关部门、核设施营运单位等应当按照国务院有关规定和授权，组织开展核事故后的恢复行动、损失评估等工作。

核事故的调查处理，由国务院或者其授权的部门负责实施。

核事故场外应急行动的调查处理，由国务院或者其指定的机构负责实施。

第六十二条 核材料、放射性废物运输的应急应当纳入所经省、自治区、直辖市场外核事故应急预案或者辐射应急预案。发生核事故时，由事故发生地省、自治区、直辖市人民政府负责应急响应。

第五章 信息公开和公众参与

第六十三条 国务院有关部门及核设施所在地省、自治区、直辖市人民政府指定的部门应当在各自职责范围内依法公开核安全相关信息。

国务院核安全监督管理部门应当依法公开与核安全有关的行政许可，以及核安全有关活动的安全监督检查报告、总体安全状况、辐射环境质量和核事故等信息。

国务院应当定期向全国人民代表大会常务委员会报告核安全情况。

第六十四条 核设施营运单位应当公开本单位核安全管理制度和相关文件、核设施安全状况、流出物和周围环境辐射监测数据、年度核安全报告等信息。具体办法由国务院核安全监督管理部门制定。

第六十五条 对依法公开的核安全信息，应当通过政府公告、网站以及其他便于公众知晓的方式，及时向社会公开。

公民、法人和其他组织，可以依法向国务院核安全监督管理部门和核设施所在地省、自治区、直辖市人民政府指定的部门申请获取核安全相关信息。

第六十六条 核设施营运单位应当就涉及公众利益的重大核安全事项通过问卷调查、听证会、论证会、座谈会，或者采取其他形式征求利益相关方的意见，并以适当形式反馈。

核设施所在地省、自治区、直辖市人民政府应当就影响公众利益的重大核安全事项举行听证会、论证会、座谈会，或者采取其他形式征求利益相关方的意见，并以适当形式反馈。

第六十七条 核设施营运单位应当采取下列措施，开展核安全宣传活动：

（一）在保证核设施安全的前提下，对公众有序开放核设施；

（二）与学校合作，开展对学生的核安全知识教育活动；

（三）建设核安全宣传场所，印制和发放核安全宣传材料；

（四）法律、行政法规规定的其他措施。

第六十八条 公民、法人和其他组织有权对存在核安全隐患或者违反核安全法律、行政法规的行为，向国务院核安全监督管理部门或者其他有关部门举报。

公民、法人和其他组织不得编造、散布核安全虚假信息。

第六十九条 涉及国家秘密、商业秘密和个人信息的政府信息公开，按照国家有关规定执行。

第六章 监督检查

第七十条 国家建立核安全监督检查制度。

国务院核安全监督管理部门和其他有关部门应当对从事核安全活动的单位遵守核安全法律、行政法规、规章和标准的情况进行监督检查。

国务院核安全监督管理部门可以在核设施集中的地区设立派出机构。国务院核安全监督管理部门或者其派出机构应当向核设施建造、运行、退役等现场派遣监督检查人员，进行核安全监督检查。

第七十一条 国务院核安全监督管理部门和其他有关部门应当加强核安全监管能力建设，提高核安全监管水平。

国务院核安全监督管理部门应当组织开展核安全监管技术研究开发，保持与核安全监督管理相适应的技术评价能力。

第七十二条 国务院核安全监督管理部门和其他有关部门进行核安全监督检查时，有权采取下列措施：

（一）进入现场进行监测、检查或者核查；

（二）调阅相关文件、资料和记录；

（三）向有关人员调查、了解情况；

（四）发现问题的，现场要求整改。

国务院核安全监督管理部门和其他有关部门应当将监督检查情况形成报告，建立档案。

第七十三条 对国务院核安全监督管理部门和其他有关部门依法进行的监督检查，从事核安全活动的单位应当予以配合，如实说明情况，提供必要资料，不得拒绝、阻挠。

第七十四条 核安全监督检查人员应当忠于职守，勤勉尽责，秉公执法。

核安全监督检查人员应当具备与监督检查活动相应的专业知识和业务能力，并定期接受培训。

核安全监督检查人员执行监督检查任务，应当出示有效证件，对获知的国家秘密、商业秘密和个人信息，应当依法予以保密。

第七章 法律责任

第七十五条 违反本法规定，有下列情形之一的，对直接负责的主管人员和其他直接责任人员依法给予处分：

（一）国务院核安全监督管理部门或者其他有关部门未依法对许可申请进行审批的；

（二）国务院有关部门或者核设施所在地省、自治区、直辖市人民政府指定的部门未依法公开核安全相关信息的；

（三）核设施所在地省、自治区、直辖市人民政府未就影响公众利益的重大核安全事项征求利益相关方意见的；

（四）国务院核安全监督管理部门或者其他有关部门未将监督检查情况形成报告，或者未建立档案的；

（五）核安全监督检查人员执行监督检查任务，未出示有效证件，或者对获知的国家秘密、商业秘密、个人信息未依法予以保密的；

（六）国务院核安全监督管理部门或者其他有关部门，省、自治区、直辖市人民政府有关部门有其他滥用职权、玩忽职守、徇私舞弊行为的。

第七十六条 违反本法规定，危害核设施、核材料安全，或者编造、散布核安全虚假信息，构成违反治安管理行为的，由公安机关依法给予治安管理处罚。

第七十七条 违反本法规定，有下列情形之一的，由国务院核安全监督管理部门或者其他有关部门责令改正，给予警告；情节严重的，处二十万元以上一百万元以下的罚款；拒不改正的，责令停止建设或者停产整顿：

（一）核设施营运单位未设置核设施纵深防御体系的；

（二）核设施营运单位或者为其提供设备、工程以及服务等的单位未建立或者未实施质量保证体系的；

（三）核设施营运单位未按照要求控制辐射照射剂量的；

（四）核设施营运单位未建立核安全经验反馈体系的；

（五）核设施营运单位未就涉及公众利益的重大核安全事项征求利益相关方意见的。

第七十八条 违反本法规定，在规划限制区内建设可能威胁核设施安全的易燃、易爆、腐蚀性物品的生产、贮存设施或者人口密集场所的，由国务院核安全监督管理部门责令限期拆除，恢复原状，处十万元以上五十万元以下的罚款。

第七十九条 违反本法规定，核设施营运单位有下列情形之一的，由国务院核安全监督管理部门责令改正，处一百万元以上五百万元以下的罚款；拒不改正的，责令停止建设或者停产整顿；有违法所得的，没收违法所得；造成环境污染的，责令限期采取治理措施消除污染，逾期不采取措施的，指定有能力的单位代为履行，所需费用由污染者承担；对直接负责的主管人员和其他直接责任人员，处五万元以上二十万元以下的罚款：

（一）未经许可，从事核设施建造、运行或者退役等活动的；

（二）未经许可，变更许可文件规定条件的；

（三）核设施运行许可证有效期届满，未经审查批准，继续运行核设施的；

（四）未经审查批准，进口核设施的。

第八十条 违反本法规定，核设施营运单位有下列情形之一的，由国务院核安全监督管理部门责令改正，给予警告；情节严重的，处五十万元以上二百万元以下的罚款；造成环境污染的，责令限期采取治理措施消除污染，逾期不采取措施的，指定有能力的单位代为履行，所需费用由污染者承担：

（一）未对核设施进行定期安全评价，或者不接受国务院核安全监督管理部门审查的；

（二）核设施终止运行后，未采取安全方式进行停闭管理，或者未确保退役所需的基本功能、技术人员和文件的；

（三）核设施退役时，未将构筑物、系统或者设备的放射性水平降低至满足标准的要求的；

（四）未将产生的放射性固体废物或者不能经净化排放的放射性废液转变为稳定的、标准化的固体废物，及时送交放射性废物处置单位处置的；

（五）未对产生的放射性废气进行处理，或者未达到国家放射性污染防治标准排放的。

第八十一条 违反本法规定，核设施营运单位未对核设施周围环境中所含的放射性核素的种类、浓度或者核设施流出物中的放射性核素总量实施监测，或者未按照规定报告监测结果的，由国务院环境保护主管部门或者所在地省、自治区、直辖市人民政府环境保护主管部门责令改正，处十万元以上五十万元以下的罚款。

第八十二条 违反本法规定，受委托的技术支持单位出具虚假技术评价结论的，由国务院核安全监督管理部门处二十万元以上一百万元以下的罚款；有违法所得的，没收违法所得；对直接负责的主管人员和其他直接责任人员处十万元以上二十万元以下的罚款。

第八十三条 违反本法规定，有下列情形之一的，由国务院核安全监督管理部门责令改正，处五十万元以上一百万元以下的罚款；有违法所得的，没收违法所得；对直接负责的主管人员和其他直接责任人员处二万元以上十万元以下的罚款：

（一）未经许可，为核设施提供核安全设备设计、制造、安装或者无损检验服务的；

（二）未经注册，境外机构为境内核设施提供核安全设备设计、制造、安装或者无损检验服务的。

第八十四条 违反本法规定，核设施营运单位或者核安全设备制造、安装、无损检验单位聘用未取得相应资格证书的人员从事与核设施安全专业技术有关的工作的，由国务院核安全监督管理部门责令改正，处十万元以上五十万元以下的罚款；拒不改正的，暂扣或者吊销许可证，对直接负责的主管人员和其他直接责任人员处二万元以上十万元以下的罚款。

第八十五条 违反本法规定，未经许可持有核材料的，由国务院核工业主管部门没收非法持有的核材料，并处十万元以上五十万元以下的罚款；有违法所得的，没收违法所得。

第八十六条 违反本法规定，有下列情形之一的，由国务院核安全监督管理部门责令改正，处十万元以上五十万元以下的罚款；情节严重的，处五十万元以上二百万元以下的罚款；造成环境污染的，责令限期采取治理措施消除污染，逾期不采取措施的，指定有能力的单位代为履行，所需费用由污染者承担：

（一）未经许可，从事放射性废物处理、贮存、处置活动的；

（二）未建立放射性废物处置情况记录档案，未如实记录与处置活动有关的事项，或者未永久保存记录档案的；

（三）对应当关闭的放射性废物处置设施，未依法办理关闭手续的；

（四）关闭放射性废物处置设施，未在划定的区域设置永久性标记的；

（五）未编制放射性废物处置设施关闭安全监护计划的；

（六）放射性废物处置设施关闭后，未按照经批准的安全监护计划进行安全监护的。

第八十七条 违反本法规定，核设施营运单位有下列情形之一的，由国务院核安全监督管理部门责令改正，处十万元以上五十万元以下的罚款；对直接负责的主管人员和其他直接责任人员，处二万元以上五万元以下的罚款：

（一）未按照规定制定场内核事故应急预案的；

（二）未按照应急预案配备应急设备，未开展应急工作人员培训或者演练的；

（三）未按照核事故应急救援工作的要求，实施应急响应支援的。

第八十八条 违反本法规定，核设施营运单位未按照规定公开相关信息的，由国务院核安全监督管理部门责令改正；拒不改正的，处十万元以上五十万元以下的罚款。

第八十九条 违反本法规定，对国务院核安全监督管理部门或者其他有关部门依法进行的监督检查，从事核安全活动的单位拒绝、阻挠的，由国务院核安全监督管理部门或者其他有关部门责令改正，可以处十万元以上五十万元以下的罚款；拒不改正的，暂扣或者吊销其许可证；构成违反治安管理行为的，由公安机关依法给予治安管理处罚。

第九十条 因核事故造成他人人身伤亡、财产损失或者环境损害的，核设施营运单位应当按照国家核损害责任制度承担赔偿责任，但能够证明损害是因战争、武装冲突、暴乱等情形造成的除外。

为核设施营运单位提供设备、工程以及服务等的单位不承担核损害赔偿责任。核设施营运单位与其有约定的，在承担赔偿责任后，可以按照约定追偿。

核设施营运单位应当通过投保责任保险、参加互助机制等方式，作出适当的财务保证安排，确保能够及时、有效履行核损害赔偿责任。

第九十一条 违反本法规定，构成犯罪的，依法追究刑事责任。

第八章 附 则

第九十二条 军工、军事核安全，由国务院、中央军事委员会依照本法规定的原则另行规定。

第九十三条 本法中下列用语的含义：

核事故，是指核设施内的核燃料、放射性产物、放射性废物或者运入运出核设施的核材料所发生的放射性、毒害性、爆炸性或者其他危害性事故，或者一系列事故。

纵深防御，是指通过设定一系列递进并且独立的防护、缓解措施或者实物屏障，防止核事故发生，减轻核事故后果。

核设施营运单位，是指在中华人民共和国境内，申请或者持有核设施安全许可证，可以经营和运行核设施的单位。

核安全设备，是指在核设施中使用的执行核安全功能的设备，包括核安全机械设备和核安全电气设备。

乏燃料，是指在反应堆堆芯内受过辐照并从堆芯永久卸出的核燃料。

停闭，是指核设施已经停止运行，并且不再启动。

退役，是指采取去污、拆除和清除等措施，使核设施不再使用的场所或者设备的辐射剂量满足国家相关标准的要求。

经验反馈，是指对核设施的事件、质量问题和良好实践等信息进行收集、筛选、评价、分析、处理和分发，总结推广良好实践经验，防止类似事件和问题重复发生。

托运人，是指在中华人民共和国境内，申请将托运货物提交运输并获得批准的单位。

第九十四条 本法自 2018 年 1 月 1 日起施行。

中华人民共和国城乡规划法

（自 2019 年 4 月 23 日起施行）

（2007 年 10 月 28 日第十届全国人民代表大会常务委员会第三十次会议通过　2019 年 4 月 23 日第十三届全国人民代表大会常务委员会第十次会议《关于修改〈中华人民共和国建筑法〉等八部法律的决定》第二次修正）

第一章　总　则

第一条　为了加强城乡规划管理，协调城乡空间布局，改善人居环境，促进城乡经济社会全面协调可持续发展，制定本法。

第二条　制定和实施城乡规划，在规划区内进行建设活动，必须遵守本法。

本法所称城乡规划，包括城镇体系规划、城市规划、镇规划、乡规划和村庄规划。城市规划、镇规划分为总体规划和详细规划。详细规划分为控制性详细规划和修建性详细规划。

本法所称规划区，是指城市、镇和村庄的建成区以及因城乡建设和发展需要，必须实行规划控制的区域。规划区的具体范围由有关人民政府在组织编制的城市总体规划、镇总体规划、乡规划和村庄规划中，根据城乡经济社会发展水平和统筹城乡发展的需要划定。

第三条　城市和镇应当依照本法制定城市规划和镇规划。城市、镇规划区内的建设活动应当符合规划要求。

县级以上地方人民政府根据本地农村经济社会发展水平，按照因地制宜、切实可行的原则，确定应当制定乡规划、村庄规划的区域。在确定区域内的乡、村庄，应当依照本法制定规划，规划区内的乡、村庄建设应当符合规划要求。

县级以上地方人民政府鼓励、指导前款规定以外的区域的乡、村庄制定和实施乡规划、村庄规划。

第四条　制定和实施城乡规划，应当遵循城乡统筹、合理布局、节约土地、集约发展和先规划后建设的原则，改善生态环境，促进资源、能源节约和综合利用，保护耕地等自然资源和历史文化遗产，保持地方特色、民族特色和传统风貌，防止污染和其他公害，并符合区域人口发展、国防建设、防灾减灾和公共卫生、公共安全的需要。

在规划区内进行建设活动，应当遵守土地管理、自然资源和环境保护等法律、法规的规定。

县级以上地方人民政府应当根据当地经济社会发展的实际，在城市总体规划、镇总体规划中合理确定城市、镇的发展规模、步骤和建设标准。

第五条 城市总体规划、镇总体规划以及乡规划和村庄规划的编制，应当依据国民经济和社会发展规划，并与土地利用总体规划相衔接。

第六条 各级人民政府应当将城乡规划的编制和管理经费纳入本级财政预算。

第七条 经依法批准的城乡规划，是城乡建设和规划管理的依据，未经法定程序不得修改。

第八条 城乡规划组织编制机关应当及时公布经依法批准的城乡规划。但是，法律、行政法规规定不得公开的内容除外。

第九条 任何单位和个人都应当遵守经依法批准并公布的城乡规划，服从规划管理，并有权就涉及其利害关系的建设活动是否符合规划的要求向城乡规划主管部门查询。

任何单位和个人都有权向城乡规划主管部门或者其他有关部门举报或者控告违反城乡规划的行为。城乡规划主管部门或者其他有关部门对举报或者控告，应当及时受理并组织核查、处理。

第十条 国家鼓励采用先进的科学技术，增强城乡规划的科学性，提高城乡规划实施及监督管理的效能。

第十一条 国务院城乡规划主管部门负责全国的城乡规划管理工作。

县级以上地方人民政府城乡规划主管部门负责本行政区域内的城乡规划管理工作。

第二章 城乡规划的制定

第十二条 国务院城乡规划主管部门会同国务院有关部门组织编制全国城镇体系规划，用于指导省域城镇体系规划、城市总体规划的编制。

全国城镇体系规划由国务院城乡规划主管部门报国务院审批。

第十三条 省、自治区人民政府组织编制省域城镇体系规划，报国务院审批。

省域城镇体系规划的内容应当包括：城镇空间布局和规模控制，重大基础设施的布局，为保护生态环境、资源等需要严格控制的区域。

第十四条 城市人民政府组织编制城市总体规划。

直辖市的城市总体规划由直辖市人民政府报国务院审批。省、自治区人民政府所在地的城市以及国务院确定的城市的总体规划，由省、自治区人民政府审查同意后，报国务院审批。其他城市的总体规划，由城市人民政府报省、自治区人民政府审批。

第十五条 县人民政府组织编制县人民政府所在地镇的总体规划，报上一级人民政府审批。其他镇的总体规划由镇人民政府组织编制，报上一级人民政府审批。

第十六条 省、自治区人民政府组织编制的省域城镇体系规划，城市、县人民政府组织编制的总体规划，在报上一级人民政府审批前，应当先经本级人民代表大会常务委员会审议，常务委员会组成人员的审议意见交由本级人民政府研究处理。

镇人民政府组织编制的镇总体规划，在报上一级人民政府审批前，应当先经镇人民代表大会审议，代表的审议意见交由本级人民政府研究处理。

规划的组织编制机关报送审批省域城镇体系规划、城市总体规划或者镇总体规划，应当将本级人民代表大会常务委员会组成人员或者镇人民代表大会代表的审议意见和根据审议意见修改规划的情况一并报送。

第十七条 城市总体规划、镇总体规划的内容应当包括：城市、镇的发展布局，功能分区，用地布局，综合交通体系，禁止、限制和适宜建设的地域范围，各类专项规划等。

规划区范围、规划区内建设用地规模、基础设施和公共服务设施用地、水源地和水系、基本农田和绿化用地、环境保护、自然与历史文化遗产保护以及防灾减灾等内容，应当作为城市总体规划、镇总体规划的强制性内容。

城市总体规划、镇总体规划的规划期限一般为二十年。城市总体规划还应当对城市更长远的发展作出预测性安排。

第十八条 乡规划、村庄规划应当从农村实际出发，尊重村民意愿，体现地方和农村特色。

乡规划、村庄规划的内容应当包括：规划区范围，住宅、道路、供水、排水、供电、垃圾收集、畜禽养殖场所等农村生产、生活服务设施、公益事业等各项建设的用地布局、建设要求，以及对耕地等自然资源和历史文化遗产保护、防灾减灾等的具体安排。乡规划还应当包括本行政区域内的村庄发展布局。

第十九条 城市人民政府城乡规划主管部门根据城市总体规划的要求，组织编制城市的控制性详细规划，经本级人民政府批准后，报本级人民代表大会常务委员会和上一级人民政府备案。

第二十条 镇人民政府根据镇总体规划的要求，组织编制镇的控制性详细规划，报上一级人民政府审批。县人民政府所在地镇的控制性详细规划，由县人民政府城乡规划主管部门根据镇总体规划的要求组织编制，经县人民政府批准后，报本级人民代表大会常务委员会和上一级人民政府备案。

第二十一条 城市、县人民政府城乡规划主管部门和镇人民政府可以组织编制重要地块的修建性详细规划。修建性详细规划应当符合控制性详细规划。

第二十二条 乡、镇人民政府组织编制乡规划、村庄规划，报上一级人民政府审批。村庄规划在报送审批前，应当经村民会议或者村民代表会议讨论同意。

第二十三条 首都的总体规划、详细规划应当统筹考虑中央国家机关用地布局和空间安排的需要。

第二十四条 城乡规划组织编制机关应当委托具有相应资质等级的单位承担城乡规划的具体编制工作。

从事城乡规划编制工作应当具备下列条件，并经国务院城乡规划主管部门或者省、自治区、直辖市人民政府城乡规划主管部门依法审查合格，取得相应等级的资质证书后，方可在资质等级许可的范围内从事城乡规划编制工作：

（一）有法人资格；

（二）有规定数量的经相关行业协会注册的规划师；

（三）有规定数量的相关专业技术人员；

（四）有相应的技术装备；

（五）有健全的技术、质量、财务管理制度。

编制城乡规划必须遵守国家有关标准。

第二十五条　编制城乡规划，应当具备国家规定的勘察、测绘、气象、地震、水文、环境等基础资料。

县级以上地方人民政府有关主管部门应当根据编制城乡规划的需要，及时提供有关基础资料。

第二十六条　城乡规划报送审批前，组织编制机关应当依法将城乡规划草案予以公告，并采取论证会、听证会或者其他方式征求专家和公众的意见。公告的时间不得少于三十日。

组织编制机关应当充分考虑专家和公众的意见，并在报送审批的材料中附具意见采纳情况及理由。

第二十七条　省域城镇体系规划、城市总体规划、镇总体规划批准前，审批机关应当组织专家和有关部门进行审查。

第三章　城乡规划的实施

第二十八条　地方各级人民政府应当根据当地经济社会发展水平，量力而行，尊重群众意愿，有计划、分步骤地组织实施城乡规划。

第二十九条　城市的建设和发展，应当优先安排基础设施以及公共服务设施的建设，妥善处理新区开发与旧区改建的关系，统筹兼顾进城务工人员生活和周边农村经济社会发展、村民生产与生活的需要。

镇的建设和发展，应当结合农村经济社会发展和产业结构调整，优先安排供水、排水、供电、供气、道路、通信、广播电视等基础设施和学校、卫生院、文化站、幼儿园、福利院等公共服务设施的建设，为周边农村提供服务。

乡、村庄的建设和发展，应当因地制宜、节约用地，发挥村民自治组织的作用，引导村民合理进行建设，改善农村生产、生活条件。

第三十条　城市新区的开发和建设，应当合理确定建设规模和时序，充分利用现有市政基础设施和公共服务设施，严格保护自然资源和生态环境，体现地方特色。

在城市总体规划、镇总体规划确定的建设用地范围以外，不得设立各类开发区和城市新区。

第三十一条　旧城区的改建，应当保护历史文化遗产和传统风貌，合理确定拆迁和建设规模，有计划地对危房集中、基础设施落后等地段进行改建。

历史文化名城、名镇、名村的保护以及受保护建筑物的维护和使用，应当遵守有关法律、行政法规和国务院的规定。

第三十二条 城乡建设和发展，应当依法保护和合理利用风景名胜资源，统筹安排风景名胜区及周边乡、镇、村庄的建设。

风景名胜区的规划、建设和管理，应当遵守有关法律、行政法规和国务院的规定。

第三十三条 城市地下空间的开发和利用，应当与经济和技术发展水平相适应，遵循统筹安排、综合开发、合理利用的原则，充分考虑防灾减灾、人民防空和通信等需要，并符合城市规划，履行规划审批手续。

第三十四条 城市、县、镇人民政府应当根据城市总体规划、镇总体规划、土地利用总体规划和年度计划以及国民经济和社会发展规划，制定近期建设规划，报总体规划审批机关备案。

近期建设规划应当以重要基础设施、公共服务设施和中低收入居民住房建设以及生态环境保护为重点内容，明确近期建设的时序、发展方向和空间布局。近期建设规划的规划期限为五年。

第三十五条 城乡规划确定的铁路、公路、港口、机场、道路、绿地、输配电设施及输电线路走廊、通信设施、广播电视设施、管道设施、河道、水库、水源地、自然保护区、防汛通道、消防通道、核电站、垃圾填埋场及焚烧厂、污水处理厂和公共服务设施的用地以及其他需要依法保护的用地，禁止擅自改变用途。

第三十六条 按照国家规定需要有关部门批准或者核准的建设项目，以划拨方式提供国有土地使用权的，建设单位在报送有关部门批准或者核准前，应当向城乡规划主管部门申请核发选址意见书。

前款规定以外的建设项目不需要申请选址意见书。

第三十七条 在城市、镇规划区内以划拨方式提供国有土地使用权的建设项目，经有关部门批准、核准、备案后，建设单位应当向城市、县人民政府城乡规划主管部门提出建设用地规划许可申请，由城市、县人民政府城乡规划主管部门依据控制性详细规划核定建设用地的位置、面积、允许建设的范围，核发建设用地规划许可证。

建设单位在取得建设用地规划许可证后，方可向县级以上地方人民政府土地主管部门申请用地，经县级以上人民政府审批后，由土地主管部门划拨土地。

第三十八条 在城市、镇规划区内以出让方式提供国有土地使用权的，在国有土地使用权出让前，城市、县人民政府城乡规划主管部门应当依据控制性详细规划，提出出让地块的位置、使用性质、开发强度等规划条件，作为国有土地使用权出让合同的组成部分。未确定规划条件的地块，不得出让国有土地使用权。

以出让方式取得国有土地使用权的建设项目，建设单位在取得建设项目的批准、核准、备案文件和签订国有土地使用权出让合同后，向城市、县人民政府城乡规划主管部门领取建设用地规划许可证。

城市、县人民政府城乡规划主管部门不得在建设用地规划许可证中，擅自改变作为国有土地使用权出让合同组成部分的规划条件。

第三十九条 规划条件未纳入国有土地使用权出让合同的，该国有土地使用权出让合同无效；对未取得建设用地规划许可证的建设单位批准用地的，由县级以上人民政府撤销有关批准文件；占用土地的，应当及时退回；给当事人造成损失的，应当依法给予赔偿。

第四十条 在城市、镇规划区内进行建筑物、构筑物、道路、管线和其他工程建设的，建设单位或者个人应当向城市、县人民政府城乡规划主管部门或者省、自治区、直辖市人民政府确定的镇人民政府申请办理建设工程规划许可证。

申请办理建设工程规划许可证，应当提交使用土地的有关证明文件、建设工程设计方案等材料。需要建设单位编制修建性详细规划的建设项目，还应当提交修建性详细规划。对符合控制性详细规划和规划条件的，由城市、县人民政府城乡规划主管部门或者省、自治区、直辖市人民政府确定的镇人民政府核发建设工程规划许可证。

城市、县人民政府城乡规划主管部门或者省、自治区、直辖市人民政府确定的镇人民政府应当依法将经审定的修建性详细规划、建设工程设计方案的总平面图予以公布。

第四十一条 在乡、村庄规划区内进行乡镇企业、乡村公共设施和公益事业建设的，建设单位或者个人应当向乡、镇人民政府提出申请，由乡、镇人民政府报城市、县人民政府城乡规划主管部门核发乡村建设规划许可证。

在乡、村庄规划区内使用原有宅基地进行农村村民住宅建设的规划管理办法，由省、自治区、直辖市制定。

在乡、村庄规划区内进行乡镇企业、乡村公共设施和公益事业建设以及农村村民住宅建设，不得占用农用地；确需占用农用地的，应当依照《中华人民共和国土地管理法》有关规定办理农用地转用审批手续后，由城市、县人民政府城乡规划主管部门核发乡村建设规划许可证。

建设单位或者个人在取得乡村建设规划许可证后，方可办理用地审批手续。

第四十二条 城乡规划主管部门不得在城乡规划确定的建设用地范围以外作出规划许可。

第四十三条 建设单位应当按照规划条件进行建设；确需变更的，必须向城市、县人民政府城乡规划主管部门提出申请。变更内容不符合控制性详细规划的，城乡规划主管部门不得批准。城市、县人民政府城乡规划主管部门应当及时将依法变更后的规划条件通报同级土地主管部门并公示。

建设单位应当及时将依法变更后的规划条件报有关人民政府土地主管部门备案。

第四十四条 在城市、镇规划区内进行临时建设的，应当经城市、县人民政府城乡规划主管部门批准。临时建设影响近期建设规划或者控制性详细规划的实施以及交通、市容、安全等的，不得批准。

临时建设应当在批准的使用期限内自行拆除。

临时建设和临时用地规划管理的具体办法，由省、自治区、直辖市人民政府制定。

第四十五条 县级以上地方人民政府城乡规划主管部门按照国务院规定对建设工程是否符合规划条件予以核实。未经核实或者经核实不符合规划条件的，建设单位不得组织竣工验收。

建设单位应当在竣工验收后六个月内向城乡规划主管部门报送有关竣工验收资料。

第四章 城乡规划的修改

第四十六条 省域城镇体系规划、城市总体规划、镇总体规划的组织编制机关，应当组织有关部门和专家定期对规划实施情况进行评估，并采取论证会、听证会或者其他方式征求公众意见。组织编制机关应当向本级人民代表大会常务委员会、镇人民代表大会和原审批机关提出评估报告并附具征求意见的情况。

第四十七条 有下列情形之一的，组织编制机关方可按照规定的权限和程序修改省域城镇体系规划、城市总体规划、镇总体规划：

（一）上级人民政府制定的城乡规划发生变更，提出修改规划要求的；

（二）行政区划调整确需修改规划的；

（三）因国务院批准重大建设工程确需修改规划的；

（四）经评估确需修改规划的；

（五）城乡规划的审批机关认为应当修改规划的其他情形。

修改省域城镇体系规划、城市总体规划、镇总体规划前，组织编制机关应当对原规划的实施情况进行总结，并向原审批机关报告；修改涉及城市总体规划、镇总体规划强制性内容的，应当先向原审批机关提出专题报告，经同意后，方可编制修改方案。修改后的省域城镇体系规划、城市总体规划、镇总体规划，应当依照本法第十三条、第十四条、第十五条和第十六条规定的审批程序报批。

第四十八条 修改控制性详细规划的，组织编制机关应当对修改的必要性进行论证，征求规划地段内利害关系人的意见，并向原审批机关提出专题报告，经原审批机关同意后，方可编制修改方案。修改后的控制性详细规划，应当依照本法第十九条、第二十条规定的审批程序报批。控制性详细规划修改涉及城市总体规划、镇总体规划的强制性内容的，应当先修改总体规划。

修改乡规划、村庄规划的，应当依照本法第二十二条规定的审批程序报批。

第四十九条 城市、县、镇人民政府修改近期建设规划的，应当将修改后的近期建设规划报总体规划审批机关备案。

第五十条 在选址意见书、建设用地规划许可证、建设工程规划许可证或者乡村建设规划许可证发放后，因依法修改城乡规划给被许可人合法权益造成损失的，应当依法给予补偿。

经依法审定的修建性详细规划、建设工程设计方案的总平面图不得随意修改；确需修改的，城乡规划主管部门应当采取听证会等形式，听取利害关系人的意见；因修改给利害关系人合法权益造成损失的，应当依法给予补偿。

第五章　监督检查

第五十一条　县级以上人民政府及其城乡规划主管部门应当加强对城乡规划编制、审批、实施、修改的监督检查。

第五十二条　地方各级人民政府应当向本级人民代表大会常务委员会或者乡、镇人民代表大会报告城乡规划的实施情况，并接受监督。

第五十三条　县级以上人民政府城乡规划主管部门对城乡规划的实施情况进行监督检查，有权采取以下措施：

（一）要求有关单位和人员提供与监督事项有关的文件、资料，并进行复制；

（二）要求有关单位和人员就监督事项涉及的问题作出解释和说明，并根据需要进入现场进行勘测；

（三）责令有关单位和人员停止违反有关城乡规划的法律、法规的行为。

城乡规划主管部门的工作人员履行前款规定的监督检查职责，应当出示执法证件。被监督检查的单位和人员应当予以配合，不得妨碍和阻挠依法进行的监督检查活动。

第五十四条　监督检查情况和处理结果应当依法公开，供公众查阅和监督。

第五十五条　城乡规划主管部门在查处违反本法规定的行为时，发现国家机关工作人员依法应当给予行政处分的，应当向其任免机关或者监察机关提出处分建议。

第五十六条　依照本法规定应当给予行政处罚，而有关城乡规划主管部门不给予行政处罚的，上级人民政府城乡规划主管部门有权责令其作出行政处罚决定或者建议有关人民政府责令其给予行政处罚。

第五十七条　城乡规划主管部门违反本法规定作出行政许可的，上级人民政府城乡规划主管部门有权责令其撤销或者直接撤销该行政许可。因撤销行政许可给当事人合法权益造成损失的，应当依法给予赔偿。

第六章　法律责任

第五十八条　对依法应当编制城乡规划而未组织编制，或者未按法定程序编制、审批、修改城乡规划的，由上级人民政府责令改正，通报批评；对有关人民政府负责人和其他直接责任人员依法给予处分。

第五十九条　城乡规划组织编制机关委托不具有相应资质等级的单位编制城乡规划的，由上级人民政府责令改正，通报批评；对有关人民政府负责人和其他直接责任人员依法给予处分。

第六十条　镇人民政府或者县级以上人民政府城乡规划主管部门有下列行为之一的，由本级人民政府、上级人民政府城乡规划主管部门或者监察机关依据职权责令改正，通报批评；对直接负责的主管人员和其他直接责任人员依法给予处分：

（一）未依法组织编制城市的控制性详细规划、县人民政府所在地镇的控制性详细规划的；

（二）超越职权或者对不符合法定条件的申请人核发选址意见书、建设用地规划许可证、建设工程规划许可证、乡村建设规划许可证的；

（三）对符合法定条件的申请人未在法定期限内核发选址意见书、建设用地规划许可证、建设工程规划许可证、乡村建设规划许可证的；

（四）未依法对经审定的修建性详细规划、建设工程设计方案的总平面图予以公布的；

（五）同意修改修建性详细规划、建设工程设计方案的总平面图前未采取听证会等形式听取利害关系人的意见的；

（六）发现未依法取得规划许可或者违反规划许可的规定在规划区内进行建设的行为，而不予查处或者接到举报后不依法处理的。

第六十一条 县级以上人民政府有关部门有下列行为之一的，由本级人民政府或者上级人民政府有关部门责令改正，通报批评；对直接负责的主管人员和其他直接责任人员依法给予处分：

（一）对未依法取得选址意见书的建设项目核发建设项目批准文件的；

（二）未依法在国有土地使用权出让合同中确定规划条件或者改变国有土地使用权出让合同中依法确定的规划条件的；

（三）对未依法取得建设用地规划许可证的建设单位划拨国有土地使用权的。

第六十二条 城乡规划编制单位有下列行为之一的，由所在地城市、县人民政府城乡规划主管部门责令限期改正，处合同约定的规划编制费一倍以上二倍以下的罚款；情节严重的，责令停业整顿，由原发证机关降低资质等级或者吊销资质证书；造成损失的，依法承担赔偿责任：

（一）超越资质等级许可的范围承揽城乡规划编制工作的；

（二）违反国家有关标准编制城乡规划的。

未依法取得资质证书承揽城乡规划编制工作的，由县级以上地方人民政府城乡规划主管部门责令停止违法行为，依照前款规定处以罚款；造成损失的，依法承担赔偿责任。

以欺骗手段取得资质证书承揽城乡规划编制工作的，由原发证机关吊销资质证书，依照本条第一款规定处以罚款；造成损失的，依法承担赔偿责任。

第六十三条 城乡规划编制单位取得资质证书后，不再符合相应的资质条件的，由原发证机关责令限期改正；逾期不改正的，降低资质等级或者吊销资质证书。

第六十四条 未取得建设工程规划许可证或者未按照建设工程规划许可证的规定进行建设的，由县级以上地方人民政府城乡规划主管部门责令停止建设；尚可采取改正措施消除对规划实施的影响的，限期改正，处建设工程造价百分之五以上百分之十以下的罚款；无法采取改正措施消除影响的，限期拆除，不能拆除的，没收实物或者违法收入，可以并处建设工程造价百分之十以下的罚款。

第六十五条 在乡、村庄规划区内未依法取得乡村建设规划许可证或者未按照乡村建设规划许可证的规定进行建设的，由乡、镇人民政府责令停止建设、限期改正；逾期不改正的，可以拆除。

第六十六条 建设单位或者个人有下列行为之一的，由所在地城市、县人民政府城乡规划主管部门责令限期拆除，可以并处临时建设工程造价一倍以下的罚款：

（一）未经批准进行临时建设的；

（二）未按照批准内容进行临时建设的；

（三）临时建筑物、构筑物超过批准期限不拆除的。

第六十七条 建设单位未在建设工程竣工验收后六个月内向城乡规划主管部门报送有关竣工验收资料的，由所在地城市、县人民政府城乡规划主管部门责令限期补报；逾期不补报的，处一万元以上五万元以下的罚款。

第六十八条 城乡规划主管部门作出责令停止建设或者限期拆除的决定后，当事人不停止建设或者逾期不拆除的，建设工程所在地县级以上地方人民政府可以责成有关部门采取查封施工现场、强制拆除等措施。

第六十九条 违反本法规定，构成犯罪的，依法追究刑事责任。

第七章 附 则

第七十条 本法自 2008 年 1 月 1 日起施行。《中华人民共和国城市规划法》同时废止。

中华人民共和国海域使用管理法

（自2002年1月1日起施行）

（2001年10月27日第九届全国人民代表大会常务委员会第二十四次会议通过）

第一章 总 则

第一条 为了加强海域使用管理，维护国家海域所有权和海域使用权人的合法权益，促进海域的合理开发和可持续利用，制定本法。

第二条 本法所称海域，是指中华人民共和国内水、领海的水面、水体、海床和底土。

本法所称内水，是指中华人民共和国领海基线向陆地一侧至海岸线的海域。

在中华人民共和国内水、领海持续使用特定海域三个月以上的排他性用海活动，适用本法。

第三条 海域属于国家所有，国务院代表国家行使海域所有权。任何单位或者个人不得侵占、买卖或者以其他形式非法转让海域。

单位和个人使用海域，必须依法取得海域使用权。

第四条 国家实行海洋功能区划制度。海域使用必须符合海洋功能区划。

国家严格管理填海、围海等改变海域自然属性的用海活动。

第五条 国家建立海域使用管理信息系统，对海域使用状况实施监视、监测。

第六条 国家建立海域使用权登记制度，依法登记的海域使用权受法律保护。

国家建立海域使用统计制度，定期发布海域使用统计资料。

第七条 国务院海洋行政主管部门负责全国海域使用的监督管理。沿海县级以上地方人民政府海洋行政主管部门根据授权，负责本行政区毗邻海域使用的监督管理。

渔业行政主管部门依照《中华人民共和国渔业法》，对海洋渔业实施监督管理。

海事管理机构依照《中华人民共和国海上交通安全法》，对海上交通安全实施监督管理。

第八条 任何单位和个人都有遵守海域使用管理法律、法规的义务，并有权对违反海域使用管理法律、法规的行为提出检举和控告。

第九条 在保护和合理利用海域以及进行有关的科学研究等方面成绩显著的单位和个人，由人民政府给予奖励。

第二章　海洋功能区划

第十条　国务院海洋行政主管部门会同国务院有关部门和沿海省、自治区、直辖市人民政府，编制全国海洋功能区划。

沿海县级以上地方人民政府海洋行政主管部门会同本级人民政府有关部门，依据上一级海洋功能区划，编制地方海洋功能区划。

第十一条　海洋功能区划按照下列原则编制：

（一）按照海域的区位、自然资源和自然环境等自然属性，科学确定海域功能；

（二）根据经济和社会发展的需要，统筹安排各有关行业用海；

（三）保护和改善生态环境，保障海域可持续利用，促进海洋经济的发展；

（四）保障海上交通安全；

（五）保障国防安全，保证军事用海需要。

第十二条　海洋功能区划实行分级审批。

全国海洋功能区划，报国务院批准。

沿海省、自治区、直辖市海洋功能区划，经该省、自治区、直辖市人民政府审核同意后，报国务院批准。

沿海市、县海洋功能区划，经该市、县人民政府审核同意后，报所在的省、自治区、直辖市人民政府批准，报国务院海洋行政主管部门备案。

第十三条　海洋功能区划的修改，由原编制机关会同同级有关部门提出修改方案，报原批准机关批准；未经批准，不得改变海洋功能区划确定的海域功能。

经国务院批准，因公共利益、国防安全或者进行大型能源、交通等基础设施建设，需要改变海洋功能区划的，根据国务院的批准文件修改海洋功能区划。

第十四条　海洋功能区划经批准后，应当向社会公布；但是，涉及国家秘密的部分除外。

第十五条　养殖、盐业、交通、旅游等行业规划涉及海域使用的，应当符合海洋功能区划。

沿海土地利用总体规划、城市规划、港口规划涉及海域使用的，应当与海洋功能区划相衔接。

第三章　海域使用的申请与审批

第十六条　单位和个人可以向县级以上人民政府海洋行政主管部门申请使用海域。

申请使用海域的，申请人应当提交下列书面材料：

（一）海域使用申请书；

（二）海域使用论证材料；

（三）相关的资信证明材料；

（四）法律、法规规定的其他书面材料。

第十七条　县级以上人民政府海洋行政主管部门依据海洋功能区划，对海域使用申请进行审核，并依照本法和省、自治区、直辖市人民政府的规定，报有批准权的人民政府批准。

海洋行政主管部门审核海域使用申请，应当征求同级有关部门的意见。

第十八条　下列项目用海，应当报国务院审批：

（一）填海五十公顷以上的项目用海；

（二）围海一百公顷以上的项目用海；

（三）不改变海域自然属性的用海七百公顷以上的项目用海；

（四）国家重大建设项目用海；

（五）国务院规定的其他项目用海。

前款规定以外的项目用海的审批权限，由国务院授权省、自治区、直辖市人民政府规定。

第四章　海域使用权

第十九条　海域使用申请经依法批准后，国务院批准用海的，由国务院海洋行政主管部门登记造册，向海域使用申请人颁发海域使用权证书；地方人民政府批准用海的，由地方人民政府登记造册，向海域使用申请人颁发海域使用权证书。海域使用申请人自领取海域使用权证书之日起，取得海域使用权。

第二十条　海域使用权除依照本法第十九条规定的方式取得外，也可以通过招标或者拍卖的方式取得。招标或者拍卖方案由海洋行政主管部门制定，报有审批权的人民政府批准后组织实施。海洋行政主管部门制订招标或者拍卖方案，应当征求同级有关部门的意见。

招标或者拍卖工作完成后，依法向中标人或者买受人颁发海域使用权证书。中标人或者买受人自领取海域使用权证书之日起，取得海域使用权。

第二十一条　颁发海域使用权证书，应当向社会公告。

颁发海域使用权证书，除依法收取海域使用金外，不得收取其他费用。

海域使用权证书的发放和管理办法，由国务院规定。

第二十二条　本法施行前，已经由农村集体经济组织或者村民委员会经营、管理的养殖用海，符合海洋功能区划的，经当地县级人民政府核准，可以将海域使用权确定给该农村集体经济组织或者村民委员会，由本集体经济组织的成员承包，用于养殖生产。

第二十三条　海域使用权人依法使用海域并获得收益的权利受法律保护，任何单位和个人不得侵犯。

海域使用权人有依法保护和合理使用海域的义务；海域使用权人对不妨害其依法使用海域的非排他性用海活动，不得阻挠。

第二十四条　海域使用权人在使用海域期间，未经依法批准，不得从事海洋基础测绘。

海域使用权人发现所使用海域的自然资源和自然条件发生重大变化时，应当及时报告海洋行政主管部门。

第二十五条 海域使用权最高期限，按照下列用途确定：

（一）养殖用海十五年；

（二）拆船用海二十年；

（三）旅游、娱乐用海二十五年；

（四）盐业、矿业用海三十年；

（五）公益事业用海四十年；

（六）港口、修造船厂等建设工程用海五十年。

第二十六条 海域使用权期限届满，海域使用权人需要继续使用海域的，应当至迟于期限届满前二个月向原批准用海的人民政府申请续期。除根据公共利益或者国家安全需要收回海域使用权的外，原批准用海的人民政府应当批准续期。准予续期的，海域使用权人应当依法缴纳续期的海域使用金。

第二十七条 因企业合并、分立或者与他人合资、合作经营，变更海域使用权人的，需经原批准用海的人民政府批准。

海域使用权可以依法转让。海域使用权转让的具体办法，由国务院规定。

海域使用权可以依法继承。

第二十八条 海域使用权人不得擅自改变经批准的海域用途；确需改变的，应当在符合海洋功能区划的前提下，报原批准用海的人民政府批准。

第二十九条 海域使用权期满，未申请续期或者申请续期未获批准的，海域使用权终止。

海域使用权终止后，原海域使用权人应当拆除可能造成海洋环境污染或者影响其他用海项目的用海设施和构筑物。

第三十条 因公共利益或者国家安全的需要，原批准用海的人民政府可以依法收回海域使用权。

依照前款规定在海域使用权期满前提前收回海域使用权的，对海域使用权人应当给予相应的补偿。

第三十一条 因海域使用权发生争议，当事人协商解决不成的，由县级以上人民政府海洋行政主管部门调解；当事人也可以直接向人民法院提起诉讼。

在海域使用权争议解决前，任何一方不得改变海域使用现状。

第三十二条 填海项目竣工后形成的土地，属于国家所有。

海域使用权人应当自填海项目竣工之日起三个月内，凭海域使用权证书，向县级以上人民政府土地行政主管部门提出土地登记申请，由县级以上人民政府登记造册，换发国有土地使用权证书，确认土地使用权。

第五章　海域使用金

第三十三条　国家实行海域有偿使用制度。

单位和个人使用海域，应当按照国务院的规定缴纳海域使用金。海域使用金应当按照国务院的规定上缴财政。

对渔民使用海域从事养殖活动收取海域使用金的具体实施步骤和办法，由国务院另行规定。

第三十四条　根据不同的用海性质或者情形，海域使用金可以按照规定一次缴纳或者按年度逐年缴纳。

第三十五条　下列用海，免缴海域使用金：

（一）军事用海；

（二）公务船舶专用码头用海；

（三）非经营性的航道、锚地等交通基础设施用海；

（四）教学、科研、防灾减灾、海难搜救打捞等非经营性公益事业用海。

第三十六条　下列用海，按照国务院财政部门和国务院海洋行政主管部门的规定，经有批准权的人民政府财政部门和海洋行政主管部门审查批准，可以减缴或者免缴海域使用金：

（一）公用设施用海；

（二）国家重大建设项目用海；

（三）养殖用海。

第六章　监督检查

第三十七条　县级以上人民政府海洋行政主管部门应当加强对海域使用的监督检查。

县级以上人民政府财政部门应当加强对海域使用金缴纳情况的监督检查。

第三十八条　海洋行政主管部门应当加强队伍建设，提高海域使用管理监督检查人员的政治、业务素质。海域使用管理监督检查人员必须秉公执法，忠于职守，清正廉洁，文明服务，并依法接受监督。

海洋行政主管部门及其工作人员不得参与和从事与海域使用有关的生产经营活动。

第三十九条　县级以上人民政府海洋行政主管部门履行监督检查职责时，有权采取下列措施：

（一）要求被检查单位或者个人提供海域使用的有关文件和资料；

（二）要求被检查单位或者个人就海域使用的有关问题作出说明；

（三）进入被检查单位或者个人占用的海域现场进行勘查；

（四）责令当事人停止正在进行的违法行为。

第四十条 海域使用管理监督检查人员履行监督检查职责时，应当出示有效执法证件。

有关单位和个人对海洋行政主管部门的监督检查应当予以配合，不得拒绝、妨碍监督检查人员依法执行公务。

第四十一条 依照法律规定行使海洋监督管理权的有关部门在海上执法时应当密切配合，互相支持，共同维护国家海域所有权和海域使用权人的合法权益。

第七章 法律责任

第四十二条 未经批准或者骗取批准，非法占用海域的，责令退还非法占用的海域，恢复海域原状，没收违法所得，并处非法占用海域期间内该海域面积应缴纳的海域使用金五倍以上十五倍以下的罚款；对未经批准或者骗取批准，进行围海、填海活动的，并处非法占用海域期间内该海域面积应缴纳的海域使用金十倍以上二十倍以下的罚款。

第四十三条 无权批准使用海域的单位非法批准使用海域的，超越批准权限非法批准使用海域的，或者不按海洋功能区划批准使用海域的，批准文件无效，收回非法使用的海域；对非法批准使用海域的直接负责的主管人员和其他直接责任人员，依法给予行政处分。

第四十四条 违反本法第二十三条规定，阻挠、妨害海域使用权人依法使用海域的，海域使用权人可以请求海洋行政主管部门排除妨害，也可以依法向人民法院提起诉讼；造成损失的，可以依法请求损害赔偿。

第四十五条 违反本法第二十六条规定，海域使用权期满，未办理有关手续仍继续使用海域的，责令限期办理，可以并处一万元以下的罚款；拒不办理的，以非法占用海域论处。

第四十六条 违反本法第二十八条规定，擅自改变海域用途的，责令限期改正，没收违法所得，并处非法改变海域用途的期间内该海域面积应缴纳的海域使用金五倍以上十五倍以下的罚款；对拒不改正的，由颁发海域使用权证书的人民政府注销海域使用权证书，收回海域使用权。

第四十七条 违反本法第二十九条第二款规定，海域使用权终止，原海域使用权人不按规定拆除用海设施和构筑物的，责令限期拆除；逾期拒不拆除的，处五万元以下的罚款，并由县级以上人民政府海洋行政主管部门委托有关单位代为拆除，所需费用由原海域使用权人承担。

第四十八条 违反本法规定，按年度逐年缴纳海域使用金的海域使用权人不按期缴纳海域使用金的，限期缴纳；在限期内仍拒不缴纳的，由颁发海域使用权证书的人民政府注销海域使用权证书，收回海域使用权。

第四十九条 违反本法规定，拒不接受海洋行政主管部门监督检查、不如实反映情况或者不提供有关资料的，责令限期改正，给予警告，可以并处二万元以下的罚款。

第五十条 本法规定的行政处罚，由县级以上人民政府海洋行政主管部门依据职权决定。但是，本法已对处罚机关作出规定的除外。

第五十一条 国务院海洋行政主管部门和县级以上地方人民政府违反本法规定颁发海域使用权证书，或者颁发海域使用权证书后不进行监督管理，或者发现违法行为不予查处的，对直接负责的主管人员和其他直接责任人员，依法给予行政处分；徇私舞弊、滥用职权或者玩忽职守构成犯罪的，依法追究刑事责任。

第八章　附　则

第五十二条 在中华人民共和国内水、领海使用特定海域不足三个月，可能对国防安全、海上交通安全和其他用海活动造成重大影响的排他性用海活动，参照本法有关规定办理临时海域使用证。

第五十三条 军事用海的管理办法，由国务院、中央军事委员会依据本法制定。

第五十四条 本法自 2002 年 1 月 1 日起施行。

中华人民共和国渔业法

（2013年12月28日修正）

（1986年1月20日第六届全国人民代表大会常务委员会第十四次会议通过　根据2000年10月31日第九届全国人民代表大会常务委员会第十八次会议《关于修改〈中华人民共和国渔业法〉的决定》第一次修正　根据2004年8月28日第十届全国人民代表大会常务委员会第十一次会议《关于修改〈中华人民共和国渔业法〉的决定》第二次修正　根据2009年8月27日第十一届全国人民代表大会常务委员会第十次会议《关于修改部分法律的决定》第三次修正　根据2013年12月28日第十二届全国人民代表大会常务委员会第六次会议《关于修改〈中华人民共和国海洋环境保护法〉等七部法律的决定》第四次修正）

第一章　总　则

第一条　为了加强渔业资源的保护、增殖、开发和合理利用，发展人工养殖，保障渔业生产者的合法权益，促进渔业生产的发展，适应社会主义建设和人民生活的需要，特制定本法。

第二条　在中华人民共和国的内水、滩涂、领海、专属经济区以及中华人民共和国管辖的一切其他海域从事养殖和捕捞水生动物、水生植物等渔业生产活动，都必须遵守本法。

第三条　国家对渔业生产实行以养殖为主，养殖、捕捞、加工并举，因地制宜，各有侧重的方针。

各级人民政府应当把渔业生产纳入国民经济发展计划，采取措施，加强水域的统一规划和综合利用。

第四条　国家鼓励渔业科学技术研究，推广先进技术，提高渔业科学技术水平。

第五条　在增殖和保护渔业资源、发展渔业生产、进行渔业科学技术研究等方面成绩显著的单位和个人，由各级人民政府给予精神的或者物质的奖励。

第六条　国务院渔业行政主管部门主管全国的渔业工作。县级以上地方人民政府渔业行政主管部门主管本行政区域内的渔业工作。县级以上人民政府渔业行政主管部门可以在重要渔业水域、渔港设渔政监督管理机构。

县级以上人民政府渔业行政主管部门及其所属的渔政监督管理机构可以设渔政

检查人员。渔政检查人员执行渔业行政主管部门及其所属的渔政监督管理机构交付的任务。

第七条 国家对渔业的监督管理，实行统一领导、分级管理。

海洋渔业，除国务院划定由国务院渔业行政主管部门及其所属的渔政监督管理机构监督管理的海域和特定渔业资源渔场外，由毗邻海域的省、自治区、直辖市人民政府渔业行政主管部门监督管理。

江河、湖泊等水域的渔业，按照行政区划由有关县级以上人民政府渔业行政主管部门监督管理；跨行政区域的，由有关县级以上地方人民政府协商制定管理办法，或者由上一级人民政府渔业行政主管部门及其所属的渔政监督管理机构监督管理。

第八条 外国人、外国渔业船舶进入中华人民共和国管辖水域，从事渔业生产或者渔业资源调查活动，必须经国务院有关主管部门批准，并遵守本法和中华人民共和国其他有关法律、法规的规定；同中华人民共和国订有条约、协定的，按照条约、协定办理。

国家渔政渔港监督管理机构对外行使渔政渔港监督管理权。

第九条 渔业行政主管部门和其所属的渔政监督管理机构及其工作人员不得参与和从事渔业生产经营活动。

第二章 养殖业

第十条 国家鼓励全民所有制单位、集体所有制单位和个人充分利用适于养殖的水域、滩涂，发展养殖业。

第十一条 国家对水域利用进行统一规划，确定可以用于养殖业的水域和滩涂。单位和个人使用国家规划确定用于养殖业的全民所有的水域、滩涂的，使用者应当向县级以上地方人民政府渔业行政主管部门提出申请，由本级人民政府核发养殖证，许可其使用该水域、滩涂从事养殖生产。核发养殖证的具体办法由国务院规定。

集体所有的或者全民所有由农业集体经济组织使用的水域、滩涂，可以由个人或者集体承包，从事养殖生产。

第十二条 县级以上地方人民政府在核发养殖证时，应当优先安排当地的渔业生产者。

第十三条 当事人因使用国家规划确定用于养殖业的水域、滩涂从事养殖生产发生争议的，按照有关法律规定的程序处理。在争议解决以前，任何一方不得破坏养殖生产。

第十四条 国家建设征用集体所有的水域、滩涂，按照《中华人民共和国土地管理法》有关征地的规定办理。

第十五条 县级以上地方人民政府应当采取措施，加强对商品鱼生产基地和城市郊区重要养殖水域的保护。

第十六条 国家鼓励和支持水产优良品种的选育、培育和推广。水产新品种必须经全国水产原种和良种审定委员会审定，由国务院渔业行政主管部门公告后推广。

水产苗种的进口、出口由国务院渔业行政主管部门或者省、自治区、直辖市人民政府渔业行政主管部门审批。

水产苗种的生产由县级以上地方人民政府渔业行政主管部门审批。但是，渔业生产者自育、自用水产苗种的除外。

第十七条 水产苗种的进口、出口必须实施检疫，防止病害传入境内和传出境外，具体检疫工作按照有关动植物进出境检疫法律、行政法规的规定执行。

引进转基因水产苗种必须进行安全性评价，具体管理工作按照国务院有关规定执行。

第十八条 县级以上人民政府渔业行政主管部门应当加强对养殖生产的技术指导和病害防治工作。

第十九条 从事养殖生产不得使用含有毒有害物质的饵料、饲料。

第二十条 从事养殖生产应当保护水域生态环境，科学确定养殖密度，合理投饵、施肥、使用药物，不得造成水域的环境污染。

第三章 捕捞业

第二十一条 国家在财政、信贷和税收等方面采取措施，鼓励、扶持远洋捕捞业的发展，并根据渔业资源的可捕捞量，安排内水和近海捕捞力量。

第二十二条 国家根据捕捞量低于渔业资源增长量的原则，确定渔业资源的总可捕捞量，实行捕捞限额制度。国务院渔业行政主管部门负责组织渔业资源的调查和评估，为实行捕捞限额制度提供科学依据。中华人民共和国内海、领海、专属经济区和其他管辖海域的捕捞限额总量由国务院渔业行政主管部门确定，报国务院批准后逐级分解下达；国家确定的重要江河、湖泊的捕捞限额总量由有关省、自治区、直辖市人民政府确定或者协商确定，逐级分解下达。捕捞限额总量的分配应当体现公平、公正的原则，分配办法和分配结果必须向社会公开，并接受监督。

国务院渔业行政主管部门和省、自治区、直辖市人民政府渔业行政主管部门应当加强对捕捞限额制度实施情况的监督检查，对超过上级下达的捕捞限额指标的，应当在其次年捕捞限额指标中予以核减。

第二十三条 国家对捕捞业实行捕捞许可证制度。

到中华人民共和国与有关国家缔结的协定确定的共同管理的渔区或者公海从事捕捞作业的捕捞许可证，由国务院渔业行政主管部门批准发放。海洋大型拖网、围网作业的捕捞许可证，由省、自治区、直辖市人民政府渔业行政主管部门批准发放。其他作业的捕捞许可证，由县级以上地方人民政府渔业行政主管部门批准发放；但是，批准发放海洋作业的捕捞许可证不得超过国家下达的船网工具控制指标，具体办法由省、自治区、直辖市人民政府规定。

捕捞许可证不得买卖、出租和以其他形式转让，不得涂改、伪造、变造。

到他国管辖海域从事捕捞作业的，应当经国务院渔业行政主管部门批准，并遵守中华人民共和国缔结的或者参加的有关条约、协定和有关国家的法律。

第二十四条 具备下列条件的，方可发给捕捞许可证：

（一）有渔业船舶检验证书；

（二）有渔业船舶登记证书；

（三）符合国务院渔业行政主管部门规定的其他条件。

县级以上地方人民政府渔业行政主管部门批准发放的捕捞许可证，应当与上级人民政府渔业行政主管部门下达的捕捞限额指标相适应。

第二十五条 从事捕捞作业的单位和个人，必须按照捕捞许可证关于作业类型、场所、时限、渔具数量和捕捞限额的规定进行作业，并遵守国家有关保护渔业资源的规定，大中型渔船应当填写渔捞日志。

第二十六条 制造、更新改造、购置、进口的从事捕捞作业的船舶必须经渔业船舶检验部门检验合格后，方可下水作业。具体管理办法由国务院规定。

第二十七条 渔港建设应当遵守国家的统一规划，实行谁投资谁受益的原则。县级以上地方人民政府应当对位于本行政区域内的渔港加强监督管理，维护渔港的正常秩序。

第四章　渔业资源的增殖和保护

第二十八条 县级以上人民政府渔业行政主管部门应当对其管理的渔业水域统一规划，采取措施，增殖渔业资源。县级以上人民政府渔业行政主管部门可以向受益的单位和个人征收渔业资源增殖保护费，专门用于增殖和保护渔业资源。渔业资源增殖保护费的征收办法由国务院渔业行政主管部门会同财政部门制定，报国务院批准后施行。

第二十九条 国家保护水产种质资源及其生存环境，并在具有较高经济价值和遗传育种价值的水产种质资源的主要生长繁育区域建立水产种质资源保护区。未经国务院渔业行政主管部门批准，任何单位或者个人不得在水产种质资源保护区内从事捕捞活动。

第三十条 禁止使用炸鱼、毒鱼、电鱼等破坏渔业资源的方法进行捕捞。禁止制造、销售、使用禁用的渔具。禁止在禁渔区、禁渔期进行捕捞。禁止使用小于最小网目尺寸的网具进行捕捞。捕捞的渔获物中幼鱼不得超过规定的比例。在禁渔区或者禁渔期内禁止销售非法捕捞的渔获物。

重点保护的渔业资源品种及其可捕捞标准，禁渔区和禁渔期，禁止使用或者限制使用的渔具和捕捞方法，最小网目尺寸以及其他保护渔业资源的措施，由国务院渔业行政主管部门或者省、自治区、直辖市人民政府渔业行政主管部门规定。

第三十一条 禁止捕捞有重要经济价值的水生动物苗种。因养殖或者其他特殊需要，捕捞有重要经济价值的苗种或者禁捕的怀卵亲体的，必须经国务院渔业行政主管部门或者省、自治区、直辖市人民政府渔业行政主管部门批准，在指定的区域和时间内，按照限额捕捞。

在水生动物苗种重点产区引水用水时，应当采取措施，保护苗种。

第三十二条 在鱼、虾、蟹洄游通道建闸、筑坝，对渔业资源有严重影响的，建设单位应当建造过鱼设施或者采取其他补救措施。

第三十三条 用于渔业并兼有调蓄、灌溉等功能的水体，有关主管部门应当确定渔业生产所需的最低水位线。

第三十四条 禁止围湖造田。沿海滩涂未经县级以上人民政府批准，不得围垦；重要的苗种基地和养殖场所不得围垦。

第三十五条 进行水下爆破、勘探、施工作业，对渔业资源有严重影响的，作业单位应当事先同有关县级以上人民政府渔业行政主管部门协商，采取措施，防止或者减少对渔业资源的损害；造成渔业资源损失的，由有关县级以上人民政府责令赔偿。

第三十六条 各级人民政府应当采取措施，保护和改善渔业水域的生态环境，防治污染。

渔业水域生态环境的监督管理和渔业污染事故的调查处理，依照《中华人民共和国海洋环境保护法》和《中华人民共和国水污染防治法》的有关规定执行。

第三十七条 国家对白鳍豚等珍贵、濒危水生野生动物实行重点保护，防止其灭绝。禁止捕杀、伤害国家重点保护的水生野生动物。因科学研究、驯养繁殖、展览或者其他特殊情况，需要捕捞国家重点保护的水生野生动物的，依照《中华人民共和国野生动物保护法》的规定执行。

第五章 法律责任

第三十八条 使用炸鱼、毒鱼、电鱼等破坏渔业资源方法进行捕捞的，违反关于禁渔区、禁渔期的规定进行捕捞的，或者使用禁用的渔具、捕捞方法和小于最小网目尺寸的网具进行捕捞或者渔获物中幼鱼超过规定比例的，没收渔获物和违法所得，处五万元以下的罚款；情节严重的，没收渔具，吊销捕捞许可证；情节特别严重的，可以没收渔船；构成犯罪的，依法追究刑事责任。

在禁渔区或者禁渔期内销售非法捕捞的渔获物的，县级以上地方人民政府渔业行政主管部门应当及时进行调查处理。

制造、销售禁用的渔具的，没收非法制造、销售的渔具和违法所得，并处一万元以下的罚款。

第三十九条 偷捕、抢夺他人养殖的水产品的，或者破坏他人养殖水体、养殖设施的，责令改正，可以处二万元以下的罚款；造成他人损失的，依法承担赔偿责任；构成犯罪的，依法追究刑事责任。

第四十条 使用全民所有的水域、滩涂从事养殖生产，无正当理由使水域、滩涂荒芜满一年的，由发放养殖证的机关责令限期开发利用；逾期未开发利用的，吊销养殖证，可以并处一万元以下的罚款。

未依法取得养殖证擅自在全民所有的水域从事养殖生产的，责令改正，补办养殖证或者限期拆除养殖设施。

未依法取得养殖证或者超越养殖证许可范围在全民所有的水域从事养殖生产，妨碍航运、行洪的，责令限期拆除养殖设施，可以并处一万元以下的罚款。

第四十一条 未依法取得捕捞许可证擅自进行捕捞的，没收渔获物和违法所得，并处十万元以下的罚款；情节严重的，并可以没收渔具和渔船。

第四十二条 违反捕捞许可证关于作业类型、场所、时限和渔具数量的规定进行捕捞的，没收渔获物和违法所得，可以并处五万元以下的罚款；情节严重的，并可以没收渔具，吊销捕捞许可证。

第四十三条 涂改、买卖、出租或者以其他形式转让捕捞许可证的，没收违法所得，吊销捕捞许可证，可以并处一万元以下的罚款；伪造、变造、买卖捕捞许可证，构成犯罪的，依法追究刑事责任。

第四十四条 非法生产、进口、出口水产苗种的，没收苗种和违法所得，并处五万元以下的罚款。

经营未经审定的水产苗种的，责令立即停止经营，没收违法所得，可以并处五万元以下的罚款。

第四十五条 未经批准在水产种质资源保护区内从事捕捞活动的，责令立即停止捕捞，没收渔获物和渔具，可以并处一万元以下的罚款。

第四十六条 外国人、外国渔船违反本法规定，擅自进入中华人民共和国管辖水域从事渔业生产和渔业资源调查活动的，责令其离开或者将其驱逐，可以没收渔获物、渔具，并处五十万元以下的罚款；情节严重的，可以没收渔船；构成犯罪的，依法追究刑事责任。

第四十七条 造成渔业水域生态环境破坏或者渔业污染事故的，依照《中华人民共和国海洋环境保护法》和《中华人民共和国水污染防治法》的规定追究法律责任。

第四十八条 本法规定的行政处罚，由县级以上人民政府渔业行政主管部门或者其所属的渔政监督管理机构决定。但是，本法已对处罚机关作出规定的除外。

在海上执法时，对违反禁渔区、禁渔期的规定或者使用禁用的渔具、捕捞方法进行捕捞，以及未取得捕捞许可证进行捕捞的，事实清楚、证据充分，但是当场不能按照法定程序作出和执行行政处罚决定的，可以先暂时扣押捕捞许可证、渔具或者渔船，回港后依法作出和执行行政处罚决定。

第四十九条 渔业行政主管部门和其所属的渔政监督管理机构及其工作人员违反本法规定核发许可证、分配捕捞限额或者从事渔业生产经营活动的，或者有其他玩忽职守不履行法定义务、滥用职权、徇私舞弊的行为的，依法给予行政处分；构成犯罪的，依法追究刑事责任。

第六章 附 则

第五十条 本法自 1986 年 7 月 1 日起施行。

中华人民共和国气象法

（2016年11月7日修正）

（1999年10月31日第九届全国人民代表大会常务委员会第十二次会议通过　根据2009年8月27日第十一届全国人民代表大会常务委员会第十次会议《关于修改部分法律的决定》第一次修正　根据2014年8月31日第十二届全国人民代表大会常务委员会第十次会议《关于修改〈中华人民共和国保险法〉等五部法律的决定》第二次修正　根据2016年11月7日第十二届全国人民代表大会常务委员会第二十四次会议《关于修改〈中华人民共和国对外贸易法〉等十二部法律的决定》第三次修正）

第一章　总　则

第一条　为了发展气象事业，规范气象工作，准确、及时地发布气象预报，防御气象灾害，合理开发利用和保护气候资源，为经济建设、国防建设、社会发展和人民生活提供气象服务，制定本法。

第二条　在中华人民共和国领域和中华人民共和国管辖的其他海域从事气象探测、预报、服务和气象灾害防御、气候资源利用、气象科学技术研究等活动，应当遵守本法。

第三条　气象事业是经济建设、国防建设、社会发展和人民生活的基础性公益事业，气象工作应当把公益性气象服务放在首位。

县级以上人民政府应当加强对气象工作的领导和协调，将气象事业纳入中央和地方同级国民经济和社会发展计划及财政预算，以保障其充分发挥为社会公众、政府决策和经济发展服务的功能。

县级以上地方人民政府根据当地社会经济发展的需要所建设的地方气象事业项目，其投资主要由本级财政承担。

气象台站在确保公益性气象无偿服务的前提下，可以依法开展气象有偿服务。

第四条　县、市气象主管机构所属的气象台站应当主要为农业生产服务，及时主动提供保障当地农业生产所需的公益性气象信息服务。

第五条　国务院气象主管机构负责全国的气象工作。地方各级气象主管机构在上级气象主管机构和本级人民政府的领导下，负责本行政区域内的气象工作。

国务院其他有关部门和省、自治区、直辖市人民政府其他有关部门所属的气象台站，应当接受同级气象主管机构对其气象工作的指导、监督和行业管理。

第六条 从事气象业务活动，应当遵守国家制定的气象技术标准、规范和规程。

第七条 国家鼓励和支持气象科学技术研究、气象科学知识普及，培养气象人才，推广先进的气象科学技术，保护气象科技成果，加强国际气象合作与交流，发展气象信息产业，提高气象工作水平。

各级人民政府应当关心和支持少数民族地区、边远贫困地区、艰苦地区和海岛的气象台站的建设和运行。

对在气象工作中做出突出贡献的单位和个人，给予奖励。

第八条 外国的组织和个人在中华人民共和国领域和中华人民共和国管辖的其他海域从事气象活动，必须经国务院气象主管机构会同有关部门批准。

第二章 气象设施的建设与管理

第九条 国务院气象主管机构应当组织有关部门编制气象探测设施、气象信息专用传输设施、大型气象专用技术装备等重要气象设施的建设规划，报国务院批准后实施。气象设施建设规划的调整、修改，必须报国务院批准。

编制气象设施建设规划，应当遵循合理布局、有效利用、兼顾当前与长远需要的原则，避免重复建设。

第十条 重要气象设施建设项目应当符合重要气象设施建设规划要求，并在项目建议书和可行性研究报告批准前，征求国务院气象主管机构或者省、自治区、直辖市气象主管机构的意见。

第十一条 国家依法保护气象设施，任何组织或者个人不得侵占、损毁或者擅自移动气象设施。

气象设施因不可抗力遭受破坏时，当地人民政府应当采取紧急措施，组织力量修复，确保气象设施正常运行。

第十二条 未经依法批准，任何组织或者个人不得迁移气象台站；确因实施城市规划或者国家重点工程建设，需要迁移国家基准气候站、基本气象站的，应当报经国务院气象主管机构批准；需要迁移其他气象台站的，应当报经省、自治区、直辖市气象主管机构批准。迁建费用由建设单位承担。

第十三条 气象专用技术装备应当符合国务院气象主管机构规定的技术要求，并经国务院气象主管机构审查合格；未经审查或者审查不合格的，不得在气象业务中使用。

第十四条 气象计量器具应当依照《中华人民共和国计量法》的有关规定，经气象计量检定机构检定。未经检定、检定不合格或者超过检定有效期的气象计量器具，不得使用。

国务院气象主管机构和省、自治区、直辖市气象主管机构可以根据需要建立气象计量标准器具，其各项最高计量标准器具依照《中华人民共和国计量法》的规定，经考核合格后，方可使用。

第三章 气象探测

第十五条 各级气象主管机构所属的气象台站，应当按照国务院气象主管机构的规定，进行气象探测并向有关气象主管机构汇交气象探测资料。未经上级气象主管机构批准，不得中止气象探测。

国务院气象主管机构及有关地方气象主管机构应当按照国家规定适时发布基本气象探测资料。

第十六条 国务院其他有关部门和省、自治区、直辖市人民政府其他有关部门所属的气象台站及其他从事气象探测的组织和个人，应当按照国家有关规定向国务院气象主管机构或者省、自治区、直辖市气象主管机构汇交所获得的气象探测资料。

各级气象主管机构应当按照气象资料共享、共用的原则，根据国家有关规定，与其他从事气象工作的机构交换有关气象信息资料。

第十七条 在中华人民共和国内水、领海和中华人民共和国管辖的其他海域的海上钻井平台和具有中华人民共和国国籍的在国际航线上飞行的航空器、远洋航行的船舶，应当按照国家有关规定进行气象探测并报告气象探测信息。

第十八条 基本气象探测资料以外的气象探测资料需要保密的，其密级的确定、变更和解密以及使用，依照《中华人民共和国保守国家秘密法》的规定执行。

第十九条 国家依法保护气象探测环境，任何组织和个人都有保护气象探测环境的义务。

第二十条 禁止下列危害气象探测环境的行为：

（一）在气象探测环境保护范围内设置障碍物、进行爆破和采石；

（二）在气象探测环境保护范围内设置影响气象探测设施工作效能的高频电磁辐射装置；

（三）在气象探测环境保护范围内从事其他影响气象探测的行为。

气象探测环境保护范围的划定标准由国务院气象主管机构规定。各级人民政府应当按照法定标准划定气象探测环境的保护范围，并纳入城市规划或者村庄和集镇规划。

第二十一条 新建、扩建、改建建设工程，应当避免危害气象探测环境；确实无法避免的，建设单位应当事先征得省、自治区、直辖市气象主管机构的同意，并采取相应的措施后，方可建设。

第四章 气象预报与灾害性天气警报

第二十二条 国家对公众气象预报和灾害性天气警报实行统一发布制度。

各级气象主管机构所属的气象台站应当按照职责向社会发布公众气象预报和灾害性天气警报，并根据天气变化情况及时补充或者订正。其他任何组织或者个人不得向社会发布公众气象预报和灾害性天气警报。

国务院其他有关部门和省、自治区、直辖市人民政府其他有关部门所属的气象台站，可以发布供本系统使用的专项气象预报。

各级气象主管机构及其所属的气象台站应当提高公众气象预报和灾害性天气警报的准确性、及时性和服务水平。

第二十三条 各级气象主管机构所属的气象台站应当根据需要，发布农业气象预报、城市环境气象预报、火险气象等级预报等专业气象预报，并配合军事气象部门进行国防建设所需的气象服务工作。

第二十四条 各级广播、电视台站和省级人民政府指定的报纸，应当安排专门的时间或者版面，每天播发或者刊登公众气象预报或者灾害性天气警报。

各级气象主管机构所属的气象台站应当保证其制作的气象预报节目的质量。

广播、电视播出单位改变气象预报节目播发时间安排的，应当事先征得有关气象台站的同意；对国计民生可能产生重大影响的灾害性天气警报和补充、订正的气象预报，应当及时增播或者插播。

第二十五条 广播、电视、报纸、电信等媒体向社会传播气象预报和灾害性天气警报，必须使用气象主管机构所属的气象台站提供的适时气象信息，并标明发布时间和气象台站的名称。通过传播气象信息获得的收益，应当提取一部分支持气象事业的发展。

第二十六条 信息产业部门应当与气象主管机构密切配合，确保气象通信畅通，准确、及时地传递气象情报、气象预报和灾害性天气警报。

气象无线电专用频道和信道受国家保护，任何组织或者个人不得挤占和干扰。

第五章　气象灾害防御

第二十七条 县级以上人民政府应当加强气象灾害监测、预警系统建设，组织有关部门编制气象灾害防御规划，并采取有效措施，提高防御气象灾害的能力。有关组织和个人应当服从人民政府的指挥和安排，做好气象灾害防御工作。

第二十八条 各级气象主管机构应当组织对重大灾害性天气的跨地区、跨部门的联合监测、预报工作，及时提出气象灾害防御措施，并对重大气象灾害作出评估，为本级人民政府组织防御气象灾害提供决策依据。

各级气象主管机构所属的气象台站应当加强对可能影响当地的灾害性天气的监测和预报，并及时报告有关气象主管机构。其他有关部门所属的气象台站和与灾害性天气监测、预报有关的单位应当及时向气象主管机构提供监测、预报气象灾害所需要的气象探测信息和有关的水情、风暴潮等监测信息。

第二十九条 县级以上地方人民政府应当根据防御气象灾害的需要，制定气象灾害防御方案，并根据气象主管机构提供的气象信息，组织实施气象灾害防御方案，避免或者减轻气象灾害。

第三十条 县级以上人民政府应当加强对人工影响天气工作的领导，并根据实际情况，有组织、有计划地开展人工影响天气工作。

国务院气象主管机构应当加强对全国人工影响天气工作的管理和指导。地方各级气象主管机构应当制定人工影响天气作业方案，并在本级人民政府的领导和协调下，管理、指导和组织实施人工影响天气作业。有关部门应当按照职责分工，配合气象主管机构做好人工影响天气的有关工作。

实施人工影响天气作业的组织必须具备省、自治区、直辖市气象主管机构规定的条件，并使用符合国务院气象主管机构要求的技术标准的作业设备，遵守作业规范。

第三十一条　各级气象主管机构应当加强对雷电灾害防御工作的组织管理，并会同有关部门指导对可能遭受雷击的建筑物、构筑物和其他设施安装的雷电灾害防护装置的检测工作。

安装的雷电灾害防护装置应当符合国务院气象主管机构规定的使用要求。

第六章　气候资源开发利用和保护

第三十二条　国务院气象主管机构负责全国气候资源的综合调查、区划工作，组织进行气候监测、分析、评价，并对可能引起气候恶化的大气成分进行监测，定期发布全国气候状况公报。

第三十三条　县级以上地方人民政府应当根据本地区气候资源的特点，对气候资源开发利用的方向和保护的重点作出规划。

地方各级气象主管机构应当根据本级人民政府的规划，向本级人民政府和同级有关部门提出利用、保护气候资源和推广应用气候资源区划等成果的建议。

第三十四条　各级气象主管机构应当组织对城市规划、国家重点建设工程、重大区域性经济开发项目和大型太阳能、风能等气候资源开发利用项目进行气候可行性论证。

具有大气环境影响评价资质的单位进行工程建设项目大气环境影响评价时，应当使用符合国家气象技术标准的气象资料。

第七章　法律责任

第三十五条　违反本法规定，有下列行为之一的，由有关气象主管机构按照权限责令停止违法行为，限期恢复原状或者采取其他补救措施，可以并处五万元以下的罚款；造成损失的，依法承担赔偿责任；构成犯罪的，依法追究刑事责任：

（一）侵占、损毁或者未经批准擅自移动气象设施的；

（二）在气象探测环境保护范围内从事危害气象探测环境活动的。

在气象探测环境保护范围内，违法批准占用土地的，或者非法占用土地新建建筑物或者其他设施的，依照《中华人民共和国城乡规划法》或者《中华人民共和国土地管理法》的有关规定处罚。

第三十六条　违反本法规定，使用不符合技术要求的气象专用技术装备，造成危害的，由有关气象主管机构按照权限责令改正，给予警告，可以并处五万元以下的罚款。

第三十七条 违反本法规定，安装不符合使用要求的雷电灾害防护装置的，由有关气象主管机构责令改正，给予警告。使用不符合使用要求的雷电灾害防护装置给他人造成损失的，依法承担赔偿责任。

第三十八条 违反本法规定，有下列行为之一的，由有关气象主管机构按照权限责令改正，给予警告，可以并处五万元以下的罚款：

（一）非法向社会发布公众气象预报、灾害性天气警报的；

（二）广播、电视、报纸、电信等媒体向社会传播公众气象预报、灾害性天气警报，不使用气象主管机构所属的气象台站提供的适时气象信息的；

（三）从事大气环境影响评价的单位进行工程建设项目大气环境影响评价时，使用的气象资料不符合国家气象技术标准的。

第三十九条 违反本法规定，不具备省、自治区、直辖市气象主管机构规定的条件实施人工影响天气作业的，或者实施人工影响天气作业使用不符合国务院气象主管机构要求的技术标准的作业设备的，由有关气象主管机构按照权限责令改正，给予警告，可以并处十万元以下的罚款；给他人造成损失的，依法承担赔偿责任；构成犯罪的，依法追究刑事责任。

第四十条 各级气象主管机构及其所属气象台站的工作人员由于玩忽职守，导致重大漏报、错报公众气象预报、灾害性天气警报，以及丢失或者毁坏原始气象探测资料、伪造气象资料等事故的，依法给予行政处分；致使国家利益和人民生命财产遭受重大损失，构成犯罪的，依法追究刑事责任。

第八章　附　则

第四十一条 本法中下列用语的含义是：

（一）气象设施，是指气象探测设施、气象信息专用传输设施、大型气象专用技术装备等。

（二）气象探测，是指利用科技手段对大气和近地层的大气物理过程、现象及其化学性质等进行的系统观察和测量。

（三）气象探测环境，是指为避开各种干扰保证气象探测设施准确获得气象探测信息所必需的最小距离构成的环境空间。

（四）气象灾害，是指台风、暴雨（雪）、寒潮、大风（沙尘暴）、低温、高温、干旱、雷电、冰雹、霜冻和大雾等所造成的灾害。

（五）人工影响天气，是指为避免或者减轻气象灾害，合理利用气候资源，在适当条件下通过科技手段对局部大气的物理、化学过程进行人工影响，实现增雨雪、防雹、消雨、消雾、防霜等目的的活动。

第四十二条 气象台站和其他开展气象有偿服务的单位，从事气象有偿服务的范围、项目、收费等具体管理办法，由国务院依据本法规定。

第四十三条 中国人民解放军气象工作的管理办法，由中央军事委员会制定。

第四十四条 中华人民共和国缔结或者参加的有关气象活动的国际条约与本法有不同规定的，适用该国际条约的规定；但是，中华人民共和国声明保留的条款除外。

第四十五条 本法自 2000 年 1 月 1 日起施行。1994 年 8 月 18 日国务院发布的《中华人民共和国气象条例》同时废止。

中华人民共和国农业法

（2012年12月28日修正）

（1993年7月2日第八届全国人民代表大会常务委员会第二次会议通过　2002年12月28日第九届全国人民代表大会常务委员会第三十一次会议修订　根据2009年8月27日第十一届全国人民代表大会常务委员会第十次会议《关于修改部分法律的决定》第一次修正　根据2012年12月28日第十一届全国人民代表大会常务委员会第三十次会议《关于修改〈中华人民共和国农业法〉的决定》第二次修正）

第一章　总　则

第一条　为了巩固和加强农业在国民经济中的基础地位，深化农村改革，发展农业生产力，推进农业现代化，维护农民和农业生产经营组织的合法权益，增加农民收入，提高农民科学文化素质，促进农业和农村经济的持续、稳定、健康发展，实现全面建设小康社会的目标，制定本法。

第二条　本法所称农业，是指种植业、林业、畜牧业和渔业等产业，包括与其直接相关的产前、产中、产后服务。

本法所称农业生产经营组织，是指农村集体经济组织、农民专业合作经济组织、农业企业和其他从事农业生产经营的组织。

第三条　国家把农业放在发展国民经济的首位。

农业和农村经济发展的基本目标是：建立适应发展社会主义市场经济要求的农村经济体制，不断解放和发展农村生产力，提高农业的整体素质和效益，确保农产品供应和质量，满足国民经济发展和人口增长、生活改善的需求，提高农民的收入和生活水平，促进农村富余劳动力向非农产业和城镇转移，缩小城乡差别和区域差别，建设富裕、民主、文明的社会主义新农村，逐步实现农业和农村现代化。

第四条　国家采取措施，保障农业更好地发挥在提供食物、工业原料和其他农产品，维护和改善生态环境，促进农村经济社会发展等多方面的作用。

第五条　国家坚持和完善公有制为主体、多种所有制经济共同发展的基本经济制度，振兴农村经济。

国家长期稳定农村以家庭承包经营为基础、统分结合的双层经营体制，发展社会化服务体系，壮大集体经济实力，引导农民走共同富裕的道路。

国家在农村坚持和完善以按劳分配为主体、多种分配方式并存的分配制度。

第六条 国家坚持科教兴农和农业可持续发展的方针。

国家采取措施加强农业和农村基础设施建设，调整、优化农业和农村经济结构，推进农业产业化经营，发展农业科技、教育事业，保护农业生态环境，促进农业机械化和信息化，提高农业综合生产能力。

第七条 国家保护农民和农业生产经营组织的财产及其他合法权益不受侵犯。

各级人民政府及其有关部门应当采取措施增加农民收入，切实减轻农民负担。

第八条 全社会应当高度重视农业，支持农业发展。

国家对发展农业和农村经济有显著成绩的单位和个人，给予奖励。

第九条 各级人民政府对农业和农村经济发展工作统一负责，组织各有关部门和全社会做好发展农业和为发展农业服务的各项工作。

国务院农业行政主管部门主管全国农业和农村经济发展工作，国务院林业行政主管部门和其他有关部门在各自的职责范围内，负责有关的农业和农村经济发展工作。

县级以上地方人民政府各农业行政主管部门负责本行政区域内的种植业、畜牧业、渔业等农业和农村经济发展工作，林业行政主管部门负责本行政区域内的林业工作。县级以上地方人民政府其他有关部门在各自的职责范围内，负责本行政区域内有关的为农业生产经营服务的工作。

第二章　农业生产经营体制

第十条 国家实行农村土地承包经营制度，依法保障农村土地承包关系的长期稳定，保护农民对承包土地的使用权。

农村土地承包经营的方式、期限、发包方和承包方的权利义务、土地承包经营权的保护和流转等，适用《中华人民共和国土地管理法》和《中华人民共和国农村土地承包法》。

农村集体经济组织应当在家庭承包经营的基础上，依法管理集体资产，为其成员提供生产、技术、信息等服务，组织合理开发、利用集体资源，壮大经济实力。

第十一条 国家鼓励农民在家庭承包经营的基础上自愿组成各类专业合作经济组织。

农民专业合作经济组织应当坚持为成员服务的宗旨，按照加入自愿、退出自由、民主管理、盈余返还的原则，依法在其章程规定的范围内开展农业生产经营和服务活动。

农民专业合作经济组织可以有多种形式，依法成立、依法登记。任何组织和个人不得侵犯农民专业合作经济组织的财产和经营自主权。

第十二条 农民和农业生产经营组织可以自愿按照民主管理、按劳分配和按股分红相结合的原则，以资金、技术、实物等入股，依法兴办各类企业。

第十三条 国家采取措施发展多种形式的农业产业化经营，鼓励和支持农民和农业生产经营组织发展生产、加工、销售一体化经营。

国家引导和支持从事农产品生产、加工、流通服务的企业、科研单位和其他组织，通过与农民或者农民专业合作经济组织订立合同或者建立各类企业等形式，形成收益共享、风险共担的利益共同体，推进农业产业化经营，带动农业发展。

第十四条 农民和农业生产经营组织可以按照法律、行政法规成立各种农产品行业协会，为成员提供生产、营销、信息、技术、培训等服务，发挥协调和自律作用，提出农产品贸易救济措施的申请，维护成员和行业的利益。

第三章 农业生产

第十五条 县级以上人民政府根据国民经济和社会发展的中长期规划、农业和农村经济发展的基本目标和农业资源区划，制定农业发展规划。

省级以上人民政府农业行政主管部门根据农业发展规划，采取措施发挥区域优势，促进形成合理的农业生产区域布局，指导和协调农业和农村经济结构调整。

第十六条 国家引导和支持农民和农业生产经营组织结合本地实际按照市场需求，调整和优化农业生产结构，协调发展种植业、林业、畜牧业和渔业，发展优质、高产、高效益的农业，提高农产品国际竞争力。

种植业以优化品种、提高质量、增加效益为中心，调整作物结构、品种结构和品质结构。

加强林业生态建设，实施天然林保护、退耕还林和防沙治沙工程，加强防护林体系建设，加速营造速生丰产林、工业原料林和薪炭林。

加强草原保护和建设，加快发展畜牧业，推广圈养和舍饲，改良畜禽品种，积极发展饲料工业和畜禽产品加工业。

渔业生产应当保护和合理利用渔业资源，调整捕捞结构，积极发展水产养殖业、远洋渔业和水产品加工业。

县级以上人民政府应当制定政策，安排资金，引导和支持农业结构调整。

第十七条 各级人民政府应当采取措施，加强农业综合开发和农田水利、农业生态环境保护、乡村道路、农村能源和电网、农产品仓储和流通、渔港、草原围栏、动植物原种良种基地等农业和农村基础设施建设，改善农业生产条件，保护和提高农业综合生产能力。

第十八条 国家扶持动植物品种的选育、生产、更新和良种的推广使用，鼓励品种选育和生产、经营相结合，实施种子工程和畜禽良种工程。国务院和省、自治区、直辖市人民政府设立专项资金，用于扶持动植物良种的选育和推广工作。

第十九条 各级人民政府和农业生产经营组织应当加强农田水利设施建设，建立健全农田水利设施的管理制度，节约用水，发展节水型农业，严格依法控制非农业建设占用灌溉水源，禁止任何组织和个人非法占用或者毁损农田水利设施。

国家对缺水地区发展节水型农业给予重点扶持。

第二十条 国家鼓励和支持农民和农业生产经营组织使用先进、适用的农业机械，加强农业机械安全管理，提高农业机械化水平。

国家对农民和农业生产经营组织购买先进农业机械给予扶持。

第二十一条 各级人民政府应当支持为农业服务的气象事业的发展，提高对气象灾害的监测和预报水平。

第二十二条 国家采取措施提高农产品的质量，建立健全农产品质量标准体系和质量检验检测监督体系，按照有关技术规范、操作规程和质量卫生安全标准，组织农产品的生产经营，保障农产品质量安全。

第二十三条 国家支持依法建立健全优质农产品认证和标志制度。

国家鼓励和扶持发展优质农产品生产。县级以上地方人民政府应当结合本地情况，按照国家有关规定采取措施，发展优质农产品生产。

符合国家规定标准的优质农产品可以依照法律或者行政法规的规定申请使用有关的标志。符合规定产地及生产规范要求的农产品可以依照有关法律或者行政法规的规定申请使用农产品地理标志。

第二十四条 国家实行动植物防疫、检疫制度，健全动植物防疫、检疫体系，加强对动物疫病和植物病、虫、杂草、鼠害的监测、预警、防治，建立重大动物疫情和植物病虫害的快速扑灭机制，建设动物无规定疫病区，实施植物保护工程。

第二十五条 农药、兽药、饲料和饲料添加剂、肥料、种子、农业机械等可能危害人畜安全的农业生产资料的生产经营，依照相关法律、行政法规的规定实行登记或者许可制度。

各级人民政府应当建立健全农业生产资料的安全使用制度，农民和农业生产经营组织不得使用国家明令淘汰和禁止使用的农药、兽药、饲料添加剂等农业生产资料和其他禁止使用的产品。

农业生产资料的生产者、销售者应当对其生产、销售的产品的质量负责，禁止以次充好、以假充真、以不合格的产品冒充合格的产品；禁止生产和销售国家明令淘汰的农药、兽药、饲料添加剂、农业机械等农业生产资料。

第四章　农产品流通与加工

第二十六条 农产品的购销实行市场调节。国家对关系国计民生的重要农产品的购销活动实行必要的宏观调控，建立中央和地方分级储备调节制度，完善仓储运输体系，做到保证供应，稳定市场。

第二十七条 国家逐步建立统一、开放、竞争、有序的农产品市场体系，制定农产品批发市场发展规划。对农村集体经济组织和农民专业合作经济组织建立农产品批发市场和农产品集贸市场，国家给予扶持。

县级以上人民政府工商行政管理部门和其他有关部门按照各自的职责，依法管理农产品批发市场，规范交易秩序，防止地方保护与不正当竞争。

第二十八条 国家鼓励和支持发展多种形式的农产品流通活动。支持农民和农民专业合作经济组织按照国家有关规定从事农产品收购、批发、贮藏、运输、零售和中介活动。鼓励供销合作社和其他从事农产品购销的农业生产经营组织提供市场信息，开拓农产品流通渠道，为农产品销售服务。

县级以上人民政府应当采取措施，督促有关部门保障农产品运输畅通，降低农产品流通成本。有关行政管理部门应当简化手续，方便鲜活农产品的运输，除法律、行政法规另有规定外，不得扣押鲜活农产品的运输工具。

第二十九条 国家支持发展农产品加工业和食品工业，增加农产品的附加值。县级以上人民政府应当制定农产品加工业和食品工业发展规划，引导农产品加工企业形成合理的区域布局和规模结构，扶持农民专业合作经济组织和乡镇企业从事农产品加工和综合开发利用。

国家建立健全农产品加工制品质量标准，完善检测手段，加强农产品加工过程中的质量安全管理和监督，保障食品安全。

第三十条 国家鼓励发展农产品进出口贸易。

国家采取加强国际市场研究、提供信息和营销服务等措施，促进农产品出口。

为维护农产品产销秩序和公平贸易，建立农产品进口预警制度，当某些进口农产品已经或者可能对国内相关农产品的生产造成重大的不利影响时，国家可以采取必要的措施。

第五章　粮食安全

第三十一条 国家采取措施保护和提高粮食综合生产能力，稳步提高粮食生产水平，保障粮食安全。

国家建立耕地保护制度，对基本农田依法实行特殊保护。

第三十二条 国家在政策、资金、技术等方面对粮食主产区给予重点扶持，建设稳定的商品粮生产基地，改善粮食收贮及加工设施，提高粮食主产区的粮食生产、加工水平和经济效益。

国家支持粮食主产区与主销区建立稳定的购销合作关系。

第三十三条 在粮食的市场价格过低时，国务院可以决定对部分粮食品种实行保护价制度。保护价应当根据有利于保护农民利益、稳定粮食生产的原则确定。

农民按保护价制度出售粮食，国家委托的收购单位不得拒收。

县级以上人民政府应当组织财政、金融等部门以及国家委托的收购单位及时筹足粮食收购资金，任何部门、单位或者个人不得截留或者挪用。

第三十四条 国家建立粮食安全预警制度，采取措施保障粮食供给。国务院应当制定粮食安全保障目标与粮食储备数量指标，并根据需要组织有关主管部门进行耕地、粮食库存情况的核查。

国家对粮食实行中央和地方分级储备调节制度，建设仓储运输体系。承担国家粮食储备任务的企业应当按照国家规定保证储备粮的数量和质量。

第三十五条 国家建立粮食风险基金，用于支持粮食储备、稳定粮食市场和保护农民利益。

第三十六条 国家提倡珍惜和节约粮食，并采取措施改善人民的食物营养结构。

第六章 农业投入与支持保护

第三十七条 国家建立和完善农业支持保护体系，采取财政投入、税收优惠、金融支持等措施，从资金投入、科研与技术推广、教育培训、农业生产资料供应、市场信息、质量标准、检验检疫、社会化服务以及灾害救助等方面扶持农民和农业生产经营组织发展农业生产，提高农民的收入水平。

在不与我国缔结或加入的有关国际条约相抵触的情况下，国家对农民实施收入支持政策，具体办法由国务院制定。

第三十八条 国家逐步提高农业投入的总体水平。中央和县级以上地方财政每年对农业总投入的增长幅度应当高于其财政经常性收入的增长幅度。

各级人民政府在财政预算内安排的各项用于农业的资金应当主要用于：加强农业基础设施建设；支持农业结构调整，促进农业产业化经营；保护粮食综合生产能力，保障国家粮食安全；健全动植物检疫、防疫体系，加强动物疫病和植物病、虫、杂草、鼠害防治；建立健全农产品质量标准和检验检测监督体系、农产品市场及信息服务体系；支持农业科研教育、农业技术推广和农民培训；加强农业生态环境保护建设；扶持贫困地区发展；保障农民收入水平等。

县级以上各级财政用于种植业、林业、畜牧业、渔业、农田水利的农业基本建设投入应当统筹安排，协调增长。

国家为加快西部开发，增加对西部地区农业发展和生态环境保护的投入。

第三十九条 县级以上人民政府每年财政预算内安排的各项用于农业的资金应当及时足额拨付。各级人民政府应当加强对国家各项农业资金分配、使用过程的监督管理，保证资金安全，提高资金的使用效率。

任何单位和个人不得截留、挪用用于农业的财政资金和信贷资金。审计机关应当依法加强对用于农业的财政和信贷等资金的审计监督。

第四十条 国家运用税收、价格、信贷等手段，鼓励和引导农民和农业生产经营组织增加农业生产经营性投入和小型农田水利等基本建设投入。

国家鼓励和支持农民和农业生产经营组织在自愿的基础上依法采取多种形式，筹集农业资金。

第四十一条 国家鼓励社会资金投向农业，鼓励企业事业单位、社会团体和个人捐资设立各种农业建设和农业科技、教育基金。

国家采取措施，促进农业扩大利用外资。

第四十二条 各级人民政府应当鼓励和支持企业事业单位及其他各类经济组织开展农业信息服务。

县级以上人民政府农业行政主管部门及其他有关部门应当建立农业信息搜集、整理和发布制度，及时向农民和农业生产经营组织提供市场信息等服务。

第四十三条 国家鼓励和扶持农用工业的发展。

国家采取税收、信贷等手段鼓励和扶持农业生产资料的生产和贸易，为农业生产稳定增长提供物质保障。

国家采取宏观调控措施，使化肥、农药、农用薄膜、农业机械和农用柴油等主要农业生产资料和农产品之间保持合理的比价。

第四十四条 国家鼓励供销合作社、农村集体经济组织、农民专业合作经济组织、其他组织和个人发展多种形式的农业生产产前、产中、产后的社会化服务事业。县级以上人民政府及其各有关部门应当采取措施对农业社会化服务事业给予支持。

对跨地区从事农业社会化服务的，农业、工商管理、交通运输、公安等有关部门应当采取措施给予支持。

第四十五条 国家建立健全农村金融体系，加强农村信用制度建设，加强农村金融监管。

有关金融机构应当采取措施增加信贷投入，改善农村金融服务，对农民和农业生产经营组织的农业生产经营活动提供信贷支持。

农村信用合作社应当坚持为农业、农民和农村经济发展服务的宗旨，优先为当地农民的生产经营活动提供信贷服务。

国家通过贴息等措施，鼓励金融机构向农民和农业生产经营组织的农业生产经营活动提供贷款。

第四十六条 国家建立和完善农业保险制度。

国家逐步建立和完善政策性农业保险制度。鼓励和扶持农民和农业生产经营组织建立为农业生产经营活动服务的互助合作保险组织，鼓励商业性保险公司开展农业保险业务。

农业保险实行自愿原则。任何组织和个人不得强制农民和农业生产经营组织参加农业保险。

第四十七条 各级人民政府应当采取措施，提高农业防御自然灾害的能力，做好防灾、抗灾和救灾工作，帮助灾民恢复生产，组织生产自救，开展社会互助互济；对没有基本生活保障的灾民给予救济和扶持。

第七章 农业科技与农业教育

第四十八条 国务院和省级人民政府应当制定农业科技、农业教育发展规划，发展农业科技、教育事业。

县级以上人民政府应当按照国家有关规定逐步增加农业科技经费和农业教育经费。

国家鼓励、吸引企业等社会力量增加农业科技投入，鼓励农民、农业生产经营组织、企业事业单位等依法举办农业科技、教育事业。

第四十九条 国家保护植物新品种、农产品地理标志等知识产权，鼓励和引导农业科研、教育单位加强农业科学技术的基础研究和应用研究，传播和普及农业科学技术知识，加速科技成果转化与产业化，促进农业科学技术进步。

国务院有关部门应当组织农业重大关键技术的科技攻关。国家采取措施促进国际农业科技、教育合作与交流，鼓励引进国外先进技术。

第五十条 国家扶持农业技术推广事业，建立政府扶持和市场引导相结合，有偿与无偿服务相结合，国家农业技术推广机构和社会力量相结合的农业技术推广体系，促使先进的农业技术尽快应用于农业生产。

第五十一条 国家设立的农业技术推广机构应当以农业技术试验示范基地为依托，承担公共所需的关键性技术的推广和示范等公益性职责，为农民和农业生产经营组织提供无偿农业技术服务。

县级以上人民政府应当根据农业生产发展需要，稳定和加强农业技术推广队伍，保障农业技术推广机构的工作经费。

各级人民政府应当采取措施，按照国家规定保障和改善从事农业技术推广工作的专业科技人员的工作条件、工资待遇和生活条件，鼓励他们为农业服务。

第五十二条 农业科研单位、有关学校、农民专业合作社、涉农企业、群众性科技组织及有关科技人员，根据农民和农业生产经营组织的需要，可以提供无偿服务，也可以通过技术转让、技术服务、技术承包、技术咨询和技术入股等形式，提供有偿服务，取得合法收益。农业科研单位、有关学校、农民专业合作社、涉农企业、群众性科技组织及有关科技人员应当提高服务水平，保证服务质量。

对农业科研单位、有关学校、农业技术推广机构举办的为农业服务的企业，国家在税收、信贷等方面给予优惠。

国家鼓励和支持农民、供销合作社、其他企业事业单位等参与农业技术推广工作。

第五十三条 国家建立农业专业技术人员继续教育制度。县级以上人民政府农业行政主管部门会同教育、人事等有关部门制定农业专业技术人员继续教育计划，并组织实施。

第五十四条 国家在农村依法实施义务教育，并保障义务教育经费。国家在农村举办的普通中小学校教职工工资由县级人民政府按照国家规定统一发放，校舍等教学设施的建设和维护经费由县级人民政府按照国家规定统一安排。

第五十五条 国家发展农业职业教育。国务院有关部门按照国家职业资格证书制度的统一规定，开展农业行业的职业分类、职业技能鉴定工作，管理农业行业的职业资格证书。

第五十六条 国家采取措施鼓励农民采用先进的农业技术，支持农民举办各种科技组织，开展农业实用技术培训、农民绿色证书培训和其他就业培训，提高农民的文化技术素质。

第八章　农业资源与农业环境保护

第五十七条　发展农业和农村经济必须合理利用和保护土地、水、森林、草原、野生动植物等自然资源，合理开发和利用水能、沼气、太阳能、风能等可再生能源和清洁能源，发展生态农业，保护和改善生态环境。

县级以上人民政府应当制定农业资源区划或者农业资源合理利用和保护的区划，建立农业资源监测制度。

第五十八条　农民和农业生产经营组织应当保养耕地，合理使用化肥、农药、农用薄膜，增加使用有机肥料，采用先进技术，保护和提高地力，防止农用地的污染、破坏和地力衰退。

县级以上人民政府农业行政主管部门应当采取措施，支持农民和农业生产经营组织加强耕地质量建设，并对耕地质量进行定期监测。

第五十九条　各级人民政府应当采取措施，加强小流域综合治理，预防和治理水土流失。从事可能引起水土流失的生产建设活动的单位和个人，必须采取预防措施，并负责治理因生产建设活动造成的水土流失。

各级人民政府应当采取措施，预防土地沙化，治理沙化土地。国务院和沙化土地所在地区的县级以上地方人民政府应当按照法律规定制定防沙治沙规划，并组织实施。

第六十条　国家实行全民义务植树制度。各级人民政府应当采取措施，组织群众植树造林，保护林地和林木，预防森林火灾，防治森林病虫害，制止滥伐、盗伐林木，提高森林覆盖率。

国家在天然林保护区域实行禁伐或者限伐制度，加强造林护林。

第六十一条　有关地方人民政府，应当加强草原的保护、建设和管理，指导、组织农（牧）民和农（牧）业生产经营组织建设人工草场、饲草饲料基地和改良天然草原，实行以草定畜，控制载畜量，推行划区轮牧、休牧和禁牧制度，保护草原植被，防止草原退化沙化和盐渍化。

第六十二条　禁止毁林毁草开垦、烧山开垦以及开垦国家禁止开垦的陡坡地，已经开垦的应当逐步退耕还林、还草。

禁止围湖造田以及围垦国家禁止围垦的湿地。已经围垦的，应当逐步退耕还湖、还湿地。

对在国务院批准规划范围内实施退耕的农民，应当按照国家规定予以补助。

第六十三条　各级人民政府应当采取措施，依法执行捕捞限额和禁渔、休渔制度，增殖渔业资源，保护渔业水域生态环境。

国家引导、支持从事捕捞业的农（渔）民和农（渔）业生产经营组织从事水产养殖业或者其他职业，对根据当地人民政府统一规划转产转业的农（渔）民，应当按照国家规定予以补助。

第六十四条　国家建立与农业生产有关的生物物种资源保护制度，保护生物多样性，对稀有、濒危、珍贵生物资源及其原生地实行重点保护。从境外引进生物物种资源应当依法进行登记或者审批，并采取相应安全控制措施。

农业转基因生物的研究、试验、生产、加工、经营及其他应用，必须依照国家规定严格实行各项安全控制措施。

第六十五条 各级农业行政主管部门应当引导农民和农业生产经营组织采取生物措施或者使用高效低毒低残留农药、兽药，防治动植物病、虫、杂草、鼠害。

农产品采收后的秸秆及其他剩余物质应当综合利用，妥善处理，防止造成环境污染和生态破坏。

从事畜禽等动物规模养殖的单位和个人应当对粪便、废水及其他废弃物进行无害化处理或者综合利用，从事水产养殖的单位和个人应当合理投饵、施肥、使用药物，防止造成环境污染和生态破坏。

第六十六条 县级以上人民政府应当采取措施，督促有关单位进行治理，防治废水、废气和固体废弃物对农业生态环境的污染。排放废水、废气和固体废弃物造成农业生态环境污染事故的，由环境保护行政主管部门或者农业行政主管部门依法调查处理；给农民和农业生产经营组织造成损失的，有关责任者应当依法赔偿。

第九章 农民权益保护

第六十七条 任何机关或者单位向农民或者农业生产经营组织收取行政、事业性费用必须依据法律、法规的规定。收费的项目、范围和标准应当公布。没有法律、法规依据的收费，农民和农业生产经营组织有权拒绝。

任何机关或者单位对农民或者农业生产经营组织进行罚款处罚必须依据法律、法规、规章的规定。没有法律、法规、规章依据的罚款，农民和农业生产经营组织有权拒绝。

任何机关或者单位不得以任何方式向农民或者农业生产经营组织进行摊派。除法律、法规另有规定外，任何机关或者单位以任何方式要求农民或者农业生产经营组织提供人力、财力、物力的，属于摊派。农民和农业生产经营组织有权拒绝任何方式的摊派。

第六十八条 各级人民政府及其有关部门和所属单位不得以任何方式向农民或者农业生产经营组织集资。

没有法律、法规依据或者未经国务院批准，任何机关或者单位不得在农村进行任何形式的达标、升级、验收活动。

第六十九条 农民和农业生产经营组织依照法律、行政法规的规定承担纳税义务。税务机关及代扣、代收税款的单位应当依法征税，不得违法摊派税款及以其他违法方法征税。

第七十条 农村义务教育除按国务院规定收取的费用外，不得向农民和学生收取其他费用。禁止任何机关或者单位通过农村中小学校向农民收费。

第七十一条 国家依法征收农民集体所有的土地，应当保护农民和农村集体经济组织的合法权益，依法给予农民和农村集体经济组织征地补偿，任何单位和个人不得截留、挪用征地补偿费用。

第七十二条 各级人民政府、农村集体经济组织或者村民委员会在农业和农村经济结构调整、农业产业化经营和土地承包经营权流转等过程中，不得侵犯农民的土地承包经营权，不得干涉农民自主安排的生产经营项目，不得强迫农民购买指定的生产资料或者按指定的渠道销售农产品。

第七十三条 农村集体经济组织或者村民委员会为发展生产或者兴办公益事业，需要向其成员（村民）筹资筹劳的，应当经成员（村民）会议或者成员（村民）代表会议过半数通过后，方可进行。

农村集体经济组织或者村民委员会依照前款规定筹资筹劳的，不得超过省级以上人民政府规定的上限控制标准，禁止强行以资代劳。

农村集体经济组织和村民委员会对涉及农民利益的重要事项，应当向农民公开，并定期公布财务账目，接受农民的监督。

第七十四条 任何单位和个人向农民或者农业生产经营组织提供生产、技术、信息、文化、保险等有偿服务，必须坚持自愿原则，不得强迫农民和农业生产经营组织接受服务。

第七十五条 农产品收购单位在收购农产品时，不得压级压价，不得在支付的价款中扣缴任何费用。法律、行政法规规定代扣、代收税款的，依照法律、行政法规的规定办理。

农产品收购单位与农产品销售者因农产品的质量等级发生争议的，可以委托具有法定资质的农产品质量检验机构检验。

第七十六条 农业生产资料使用者因生产资料质量问题遭受损失的，出售该生产资料的经营者应当予以赔偿，赔偿额包括购货价款、有关费用和可得利益损失。

第七十七条 农民或者农业生产经营组织为维护自身的合法权益，有向各级人民政府及其有关部门反映情况和提出合法要求的权利，人民政府及其有关部门对农民或者农业生产经营组织提出的合理要求，应当按照国家规定及时给予答复。

第七十八条 违反法律规定，侵犯农民权益的，农民或者农业生产经营组织可以依法申请行政复议或者向人民法院提起诉讼，有关人民政府及其有关部门或者人民法院应当依法受理。

人民法院和司法行政主管机关应当依照有关规定为农民提供法律援助。

第十章　农村经济发展

第七十九条 国家坚持城乡协调发展的方针，扶持农村第二、第三产业发展，调整和优化农村经济结构，增加农民收入，促进农村经济全面发展，逐步缩小城乡差别。

第八十条 各级人民政府应当采取措施，发展乡镇企业，支持农业的发展，转移富余的农业劳动力。

国家完善乡镇企业发展的支持措施，引导乡镇企业优化结构，更新技术，提高素质。

第八十一条 县级以上地方人民政府应当根据当地的经济发展水平、区位优势和资源条件，按照合理布局、科学规划、节约用地的原则，有重点地推进农村小城镇建设。

地方各级人民政府应当注重运用市场机制，完善相应政策，吸引农民和社会资金投资小城镇开发建设，发展第二、第三产业，引导乡镇企业相对集中发展。

第八十二条 国家采取措施引导农村富余劳动力在城乡、地区间合理有序流动。地方各级人民政府依法保护进入城镇就业的农村劳动力的合法权益，不得设置不合理限制，已经设置的应当取消。

第八十三条 国家逐步完善农村社会救济制度，保障农村五保户、贫困残疾农民、贫困老年农民和其他丧失劳动能力的农民的基本生活。

第八十四条 国家鼓励、支持农民巩固和发展农村合作医疗和其他医疗保障形式，提高农民健康水平。

第八十五条 国家扶持贫困地区改善经济发展条件，帮助进行经济开发。省级人民政府根据国家关于扶持贫困地区的总体目标和要求，制定扶贫开发规划，并组织实施。

各级人民政府应当坚持开发式扶贫方针，组织贫困地区的农民和农业生产经营组织合理使用扶贫资金，依靠自身力量改变贫穷落后面貌，引导贫困地区的农民调整经济结构、开发当地资源。扶贫开发应当坚持与资源保护、生态建设相结合，促进贫困地区经济、社会的协调发展和全面进步。

第八十六条 中央和省级财政应当把扶贫开发投入列入年度财政预算，并逐年增加，加大对贫困地区的财政转移支付和建设资金投入。

国家鼓励和扶持金融机构、其他企业事业单位和个人投入资金支持贫困地区开发建设。

禁止任何单位和个人截留、挪用扶贫资金。审计机关应当加强扶贫资金的审计监督。

第十一章 执法监督

第八十七条 县级以上人民政府应当采取措施逐步完善适应社会主义市场经济发展要求的农业行政管理体制。

县级以上人民政府农业行政主管部门和有关行政主管部门应当加强规划、指导、管理、协调、监督、服务职责，依法行政，公正执法。

县级以上地方人民政府农业行政主管部门应当在其职责范围内健全行政执法队伍，实行综合执法，提高执法效率和水平。

第八十八条 县级以上人民政府农业行政主管部门及其执法人员履行执法监督检查职责时，有权采取下列措施：

（一）要求被检查单位或者个人说明情况，提供有关文件、证照、资料；

（二）责令被检查单位或者个人停止违反本法的行为，履行法定义务。

农业行政执法人员在履行监督检查职责时，应当向被检查单位或者个人出示行政执法证件，遵守执法程序。有关单位或者个人应当配合农业行政执法人员依法执行职务，不得拒绝和阻碍。

第八十九条 农业行政主管部门与农业生产、经营单位必须在机构、人员、财务上彻底分离。农业行政主管部门及其工作人员不得参与和从事农业生产经营活动。

第十二章 法律责任

第九十条 违反本法规定，侵害农民和农业生产经营组织的土地承包经营权等财产权或者其他合法权益的，应当停止侵害，恢复原状；造成损失、损害的，依法承担赔偿责任。

国家工作人员利用职务便利或者以其他名义侵害农民和农业生产经营组织的合法权益的，应当赔偿损失，并由其所在单位或者上级主管机关给予行政处分。

第九十一条 违反本法第十九条、第二十五条、第六十二条、第七十一条规定的，依照相关法律或者行政法规的规定予以处罚。

第九十二条 有下列行为之一的，由上级主管机关责令限期归还被截留、挪用的资金，没收非法所得，并由上级主管机关或者所在单位给予直接负责的主管人员和其他直接责任人员行政处分；构成犯罪的，依法追究刑事责任：

（一）违反本法第三十三条第三款规定，截留、挪用粮食收购资金的；

（二）违反本法第三十九条第二款规定，截留、挪用用于农业的财政资金和信贷资金的；

（三）违反本法第八十六条第三款规定，截留、挪用扶贫资金的。

第九十三条 违反本法第六十七条规定，向农民或者农业生产经营组织违法收费、罚款、摊派的，上级主管机关应当予以制止，并予公告；已经收取钱款或者已经使用人力、物力的，由上级主管机关责令限期归还已经收取的钱款或者折价偿还已经使用的人力、物力，并由上级主管机关或者所在单位给予直接负责的主管人员和其他直接责任人员行政处分；情节严重，构成犯罪的，依法追究刑事责任。

第九十四条 有下列行为之一的，由上级主管机关责令停止违法行为，并给予直接负责的主管人员和其他直接责任人员行政处分，责令退还违法收取的集资款、税款或者费用：

（一）违反本法第六十八条规定，非法在农村进行集资、达标、升级、验收活动的；

（二）违反本法第六十九条规定，以违法方法向农民征税的；

（三）违反本法第七十条规定，通过农村中小学校向农民超额、超项目收费的。

第九十五条 违反本法第七十三条第二款规定，强迫农民以资代劳的，由乡（镇）人民政府责令改正，并退还违法收取的资金。

第九十六条 违反本法第七十四条规定，强迫农民和农业生产经营组织接受有偿服务的，由有关人民政府责令改正，并返还其违法收取的费用；情节严重的，给予直接负责的主管人员和其他直接责任人员行政处分；造成农民和农业生产经营组织损失的，依法承担赔偿责任。

第九十七条 县级以上人民政府农业行政主管部门的工作人员违反本法规定参与和从事农业生产经营活动的，依法给予行政处分；构成犯罪的，依法追究刑事责任。

第十三章 附 则

第九十八条 本法有关农民的规定，适用于国有农场、牧场、林场、渔场等企业事业单位实行承包经营的职工。

第九十九条 本法自 2003 年 3 月 1 日起施行。

中华人民共和国水土保持法

（2010年12月25日修订）

（1991年6月29日第七届全国人民代表大会常务委员会第二十次会议通过　2010年12月25日第十一届全国人民代表大会常务委员会第十八次会议修订）

第一章　总　则

第一条　为了预防和治理水土流失，保护和合理利用水土资源，减轻水、旱、风沙灾害，改善生态环境，保障经济社会可持续发展，制定本法。

第二条　在中华人民共和国境内从事水土保持活动，应当遵守本法。

本法所称水土保持，是指对自然因素和人为活动造成水土流失所采取的预防和治理措施。

第三条　水土保持工作实行预防为主、保护优先、全面规划、综合治理、因地制宜、突出重点、科学管理、注重效益的方针。

第四条　县级以上人民政府应当加强对水土保持工作的统一领导，将水土保持工作纳入本级国民经济和社会发展规划，对水土保持规划确定的任务，安排专项资金，并组织实施。

国家在水土流失重点预防区和重点治理区，实行地方各级人民政府水土保持目标责任制和考核奖惩制度。

第五条　国务院水行政主管部门主管全国的水土保持工作。

国务院水行政主管部门在国家确定的重要江河、湖泊设立的流域管理机构（以下简称流域管理机构），在所管辖范围内依法承担水土保持监督管理职责。

县级以上地方人民政府水行政主管部门主管本行政区域的水土保持工作。

县级以上人民政府林业、农业、国土资源等有关部门按照各自职责，做好有关的水土流失预防和治理工作。

第六条　各级人民政府及其有关部门应当加强水土保持宣传和教育工作，普及水土保持科学知识，增强公众的水土保持意识。

第七条　国家鼓励和支持水土保持科学技术研究，提高水土保持科学技术水平，推广先进的水土保持技术，培养水土保持科学技术人才。

第八条　任何单位和个人都有保护水土资源、预防和治理水土流失的义务，并有权对破坏水土资源、造成水土流失的行为进行举报。

第九条 国家鼓励和支持社会力量参与水土保持工作。

对水土保持工作中成绩显著的单位和个人，由县级以上人民政府给予表彰和奖励。

第二章 规 划

第十条 水土保持规划应当在水土流失调查结果及水土流失重点预防区和重点治理区划定的基础上，遵循统筹协调、分类指导的原则编制。

第十一条 国务院水行政主管部门应当定期组织全国水土流失调查并公告调查结果。

省、自治区、直辖市人民政府水行政主管部门负责本行政区域的水土流失调查并公告调查结果，公告前应当将调查结果报国务院水行政主管部门备案。

第十二条 县级以上人民政府应当依据水土流失调查结果划定并公告水土流失重点预防区和重点治理区。

对水土流失潜在危险较大的区域，应当划定为水土流失重点预防区；对水土流失严重的区域，应当划定为水土流失重点治理区。

第十三条 水土保持规划的内容应当包括水土流失状况、水土流失类型区划分、水土流失防治目标、任务和措施等。

水土保持规划包括对流域或者区域预防和治理水土流失、保护和合理利用水土资源作出的整体部署，以及根据整体部署对水土保持专项工作或者特定区域预防和治理水土流失作出的专项部署。

水土保持规划应当与土地利用总体规划、水资源规划、城乡规划和环境保护规划等相协调。

编制水土保持规划，应当征求专家和公众的意见。

第十四条 县级以上人民政府水行政主管部门会同同级人民政府有关部门编制水土保持规划，报本级人民政府或者其授权的部门批准后，由水行政主管部门组织实施。

水土保持规划一经批准，应当严格执行；经批准的规划根据实际情况需要修改的，应当按照规划编制程序报原批准机关批准。

第十五条 有关基础设施建设、矿产资源开发、城镇建设、公共服务设施建设等方面的规划，在实施过程中可能造成水土流失的，规划的组织编制机关应当在规划中提出水土流失预防和治理的对策和措施，并在规划报请审批前征求本级人民政府水行政主管部门的意见。

第三章 预 防

第十六条 地方各级人民政府应当按照水土保持规划，采取封育保护、自然修复等措施，组织单位和个人植树种草，扩大林草覆盖面积，涵养水源，预防和减轻水土流失。

第十七条 地方各级人民政府应当加强对取土、挖砂、采石等活动的管理，预防和减轻水土流失。

禁止在崩塌、滑坡危险区和泥石流易发区从事取土、挖砂、采石等可能造成水土流失的活动。崩塌、滑坡危险区和泥石流易发区的范围，由县级以上地方人民政府划定并公告。崩塌、滑坡危险区和泥石流易发区的划定，应当与地质灾害防治规划确定的地质灾害易发区、重点防治区相衔接。

第十八条 水土流失严重、生态脆弱的地区，应当限制或者禁止可能造成水土流失的生产建设活动，严格保护植物、沙壳、结皮、地衣等。

在侵蚀沟的沟坡和沟岸、河流的两岸以及湖泊和水库的周边，土地所有权人、使用权人或者有关管理单位应当营造植物保护带。禁止开垦、开发植物保护带。

第十九条 水土保持设施的所有权人或者使用权人应当加强对水土保持设施的管理与维护，落实管护责任，保障其功能正常发挥。

第二十条 禁止在二十五度以上陡坡地开垦种植农作物。在二十五度以上陡坡地种植经济林的，应当科学选择树种，合理确定规模，采取水土保持措施，防止造成水土流失。

省、自治区、直辖市根据本行政区域的实际情况，可以规定小于二十五度的禁止开垦坡度。禁止开垦的陡坡地的范围由当地县级人民政府划定并公告。

第二十一条 禁止毁林、毁草开垦和采集发菜。禁止在水土流失重点预防区和重点治理区铲草皮、挖树兜或者滥挖虫草、甘草、麻黄等。

第二十二条 林木采伐应当采用合理方式，严格控制皆伐；对水源涵养林、水土保持林、防风固沙林等防护林只能进行抚育和更新性质的采伐；对采伐区和集材道应当采取防止水土流失的措施，并在采伐后及时更新造林。

在林区采伐林木的，采伐方案中应当有水土保持措施。采伐方案经林业主管部门批准后，由林业主管部门和水行政主管部门监督实施。

第二十三条 在五度以上坡地植树造林、抚育幼林、种植中药材等，应当采取水土保持措施。

在禁止开垦坡度以下、五度以上的荒坡地开垦种植农作物，应当采取水土保持措施。具体办法由省、自治区、直辖市根据本行政区域的实际情况规定。

第二十四条 生产建设项目选址、选线应当避让水土流失重点预防区和重点治理区；无法避让的，应当提高防治标准，优化施工工艺，减少地表扰动和植被损坏范围，有效控制可能造成的水土流失。

第二十五条 在山区、丘陵区、风沙区以及水土保持规划确定的容易发生水土流失的其他区域开办可能造成水土流失的生产建设项目，生产建设单位应当编制水土保持方案，报县级以上人民政府水行政主管部门审批，并按照经批准的水土保持方案，采取水土流失预防和治理措施。没有能力编制水土保持方案的，应当委托具备相应技术条件的机构编制。

水土保持方案应当包括水土流失预防和治理的范围、目标、措施和投资等内容。

水土保持方案经批准后，生产建设项目的地点、规模发生重大变化的，应当补充或者修改水土保持方案并报原审批机关批准。水土保持方案实施过程中，水土保持措施需要作出重大变更的，应当经原审批机关批准。

生产建设项目水土保持方案的编制和审批办法，由国务院水行政主管部门制定。

第二十六条 依法应当编制水土保持方案的生产建设项目，生产建设单位未编制水土保持方案或者水土保持方案未经水行政主管部门批准的，生产建设项目不得开工建设。

第二十七条 依法应当编制水土保持方案的生产建设项目中的水土保持设施，应当与主体工程同时设计、同时施工、同时投产使用；生产建设项目竣工验收，应当验收水土保持设施；水土保持设施未经验收或者验收不合格的，生产建设项目不得投产使用。

第二十八条 依法应当编制水土保持方案的生产建设项目，其生产建设活动中排弃的砂、石、土、矸石、尾矿、废渣等应当综合利用；不能综合利用，确需废弃的，应当堆放在水土保持方案确定的专门存放地，并采取措施保证不产生新的危害。

第二十九条 县级以上人民政府水行政主管部门、流域管理机构，应当对生产建设项目水土保持方案的实施情况进行跟踪检查，发现问题及时处理。

第四章　治　理

第三十条 国家加强水土流失重点预防区和重点治理区的坡耕地改梯田、淤地坝等水土保持重点工程建设，加大生态修复力度。

县级以上人民政府水行政主管部门应当加强对水土保持重点工程的建设管理，建立和完善运行管护制度。

第三十一条 国家加强江河源头区、饮用水水源保护区和水源涵养区水土流失的预防和治理工作，多渠道筹集资金，将水土保持生态效益补偿纳入国家建立的生态效益补偿制度。

第三十二条 开办生产建设项目或者从事其他生产建设活动造成水土流失的，应当进行治理。

在山区、丘陵区、风沙区以及水土保持规划确定的容易发生水土流失的其他区域开办生产建设项目或者从事其他生产建设活动，损坏水土保持设施、地貌植被，不能恢复原有水土保持功能的，应当缴纳水土保持补偿费，专项用于水土流失预防和治理。专项水土流失预防和治理由水行政主管部门负责组织实施。水土保持补偿费的收取使用管理办法由国务院财政部门、国务院价格主管部门会同国务院水行政主管部门制定。

生产建设项目在建设过程中和生产过程中发生的水土保持费用，按照国家统一的财务会计制度处理。

第三十三条 国家鼓励单位和个人按照水土保持规划参与水土流失治理，并在资金、技术、税收等方面予以扶持。

第三十四条 国家鼓励和支持承包治理荒山、荒沟、荒丘、荒滩，防治水土流失，保护和改善生态环境，促进土地资源的合理开发和可持续利用，并依法保护土地承包合同当事人的合法权益。

承包治理荒山、荒沟、荒丘、荒滩和承包水土流失严重地区农村土地的，在依法签订的土地承包合同中应当包括预防和治理水土流失责任的内容。

第三十五条 在水力侵蚀地区，地方各级人民政府及其有关部门应当组织单位和个人，以天然沟壑及其两侧山坡地形成的小流域为单元，因地制宜地采取工程措施、植物措施和保护性耕作等措施，进行坡耕地和沟道水土流失综合治理。

在风力侵蚀地区，地方各级人民政府及其有关部门应当组织单位和个人，因地制宜地采取轮封轮牧、植树种草、设置人工沙障和网格林带等措施，建立防风固沙防护体系。

在重力侵蚀地区，地方各级人民政府及其有关部门应当组织单位和个人，采取监测、径流排导、削坡减载、支挡固坡、修建拦挡工程等措施，建立监测、预报、预警体系。

第三十六条 在饮用水水源保护区，地方各级人民政府及其有关部门应当组织单位和个人，采取预防保护、自然修复和综合治理措施，配套建设植物过滤带，积极推广沼气，开展清洁小流域建设，严格控制化肥和农药的使用，减少水土流失引起的面源污染，保护饮用水水源。

第三十七条 已在禁止开垦的陡坡地上开垦种植农作物的，应当按照国家有关规定退耕，植树种草；耕地短缺、退耕确有困难的，应当修建梯田或者采取其他水土保持措施。

在禁止开垦坡度以下的坡耕地上开垦种植农作物的，应当根据不同情况，采取修建梯田、坡面水系整治、蓄水保土耕作或者退耕等措施。

第三十八条 对生产建设活动所占用土地的地表土应当进行分层剥离、保存和利用，做到土石方挖填平衡，减少地表扰动范围；对废弃的砂、石、土、矸石、尾矿、废渣等存放地，应当采取拦挡、坡面防护、防洪排导等措施。生产建设活动结束后，应当及时在取土场、开挖面和存放地的裸露土地上植树种草、恢复植被，对闭库的尾矿库进行复垦。

在干旱缺水地区从事生产建设活动，应当采取防止风力侵蚀措施，设置降水蓄渗设施，充分利用降水资源。

第三十九条 国家鼓励和支持在山区、丘陵区、风沙区以及容易发生水土流失的其他区域，采取下列有利于水土保持的措施：

（一）免耕、等高耕作、轮耕轮作、草田轮作、间作套种等；

（二）封禁抚育、轮封轮牧、舍饲圈养；

（三）发展沼气、节柴灶，利用太阳能、风能和水能，以煤、电、气代替薪柴等；

（四）从生态脆弱地区向外移民；

（五）其他有利于水土保持的措施。

第五章　监测和监督

第四十条　县级以上人民政府水行政主管部门应当加强水土保持监测工作，发挥水土保持监测工作在政府决策、经济社会发展和社会公众服务中的作用。县级以上人民政府应当保障水土保持监测工作经费。

国务院水行政主管部门应当完善全国水土保持监测网络，对全国水土流失进行动态监测。

第四十一条　对可能造成严重水土流失的大中型生产建设项目，生产建设单位应当自行或者委托具备水土保持监测资质的机构，对生产建设活动造成的水土流失进行监测，并将监测情况定期上报当地水行政主管部门。

从事水土保持监测活动应当遵守国家有关技术标准、规范和规程，保证监测质量。

第四十二条　国务院水行政主管部门和省、自治区、直辖市人民政府水行政主管部门应当根据水土保持监测情况，定期对下列事项进行公告：

（一）水土流失类型、面积、强度、分布状况和变化趋势；

（二）水土流失造成的危害；

（三）水土流失预防和治理情况。

第四十三条　县级以上人民政府水行政主管部门负责对水土保持情况进行监督检查。流域管理机构在其管辖范围内可以行使国务院水行政主管部门的监督检查职权。

第四十四条　水政监督检查人员依法履行监督检查职责时，有权采取下列措施：

（一）要求被检查单位或者个人提供有关文件、证照、资料；

（二）要求被检查单位或者个人就预防和治理水土流失的有关情况作出说明；

（三）进入现场进行调查、取证。

被检查单位或者个人拒不停止违法行为，造成严重水土流失的，报经水行政主管部门批准，可以查封、扣押实施违法行为的工具及施工机械、设备等。

第四十五条　水政监督检查人员依法履行监督检查职责时，应当出示执法证件。被检查单位或者个人对水土保持监督检查工作应当给予配合，如实报告情况，提供有关文件、证照、资料；不得拒绝或者阻碍水政监督检查人员依法执行公务。

第四十六条　不同行政区域之间发生水土流失纠纷应当协商解决；协商不成的，由共同的上一级人民政府裁决。

第六章　法律责任

第四十七条　水行政主管部门或者其他依照本法规定行使监督管理权的部门，不依法作出行政许可决定或者办理批准文件的，发现违法行为或者接到对违法行为的举报不予查处的，或者有其他未依照本法规定履行职责的行为的，对直接负责的主管人员和其他直接责任人员依法给予处分。

第四十八条　违反本法规定，在崩塌、滑坡危险区或者泥石流易发区从事取土、挖砂、采石等可能造成水土流失的活动的，由县级以上地方人民政府水行政主管部门责令停止违法行为，没收违法所得，对个人处一千元以上一万元以下的罚款，对单位处二万元以上二十万元以下的罚款。

第四十九条 违反本法规定，在禁止开垦坡度以上陡坡地开垦种植农作物，或者在禁止开垦、开发的植物保护带内开垦、开发的，由县级以上地方人民政府水行政主管部门责令停止违法行为，采取退耕、恢复植被等补救措施；按照开垦或者开发面积，可以对个人处每平方米二元以下的罚款、对单位处每平方米十元以下的罚款。

第五十条 违反本法规定，毁林、毁草开垦的，依照《中华人民共和国森林法》《中华人民共和国草原法》的有关规定处罚。

第五十一条 违反本法规定，采集发菜，或者在水土流失重点预防区和重点治理区铲草皮、挖树兜、滥挖虫草、甘草、麻黄等的，由县级以上地方人民政府水行政主管部门责令停止违法行为，采取补救措施，没收违法所得，并处违法所得一倍以上五倍以下的罚款；没有违法所得的，可以处五万元以下的罚款。

在草原地区有前款规定违法行为的，依照《中华人民共和国草原法》的有关规定处罚。

第五十二条 在林区采伐林木不依法采取防止水土流失措施的，由县级以上地方人民政府林业主管部门、水行政主管部门责令限期改正，采取补救措施；造成水土流失的，由水行政主管部门按照造成水土流失的面积处每平方米二元以上十元以下的罚款。

第五十三条 违反本法规定，有下列行为之一的，由县级以上人民政府水行政主管部门责令停止违法行为，限期补办手续；逾期不补办手续的，处五万元以上五十万元以下的罚款；对生产建设单位直接负责的主管人员和其他直接责任人员依法给予处分：

（一）依法应当编制水土保持方案的生产建设项目，未编制水土保持方案或者编制的水土保持方案未经批准而开工建设的；

（二）生产建设项目的地点、规模发生重大变化，未补充、修改水土保持方案或者补充、修改的水土保持方案未经原审批机关批准的；

（三）水土保持方案实施过程中，未经原审批机关批准，对水土保持措施作出重大变更的。

第五十四条 违反本法规定，水土保持设施未经验收或者验收不合格将生产建设项目投产使用的，由县级以上人民政府水行政主管部门责令停止生产或者使用，直至验收合格，并处五万元以上五十万元以下的罚款。

第五十五条 违反本法规定，在水土保持方案确定的专门存放地以外的区域倾倒砂、石、土、矸石、尾矿、废渣等的，由县级以上地方人民政府水行政主管部门责令停止违法行为，限期清理，按照倾倒数量处每立方米十元以上二十元以下的罚款；逾期仍不清理的，县级以上地方人民政府水行政主管部门可以指定有清理能力的单位代为清理，所需费用由违法行为人承担。

第五十六条 违反本法规定，开办生产建设项目或者从事其他生产建设活动造成水土流失，不进行治理的，由县级以上人民政府水行政主管部门责令限期治理；逾期仍不治理的，县级以上人民政府水行政主管部门可以指定有治理能力的单位代为治理，所需费用由违法行为人承担。

第五十七条 违反本法规定，拒不缴纳水土保持补偿费的，由县级以上人民政府水行政主管部门责令限期缴纳；逾期不缴纳的，自滞纳之日起按日加收滞纳部分万分之五的滞纳金，可以处应缴水土保持补偿费三倍以下的罚款。

第五十八条 违反本法规定，造成水土流失危害的，依法承担民事责任；构成违反治安管理行为的，由公安机关依法给予治安管理处罚；构成犯罪的，依法追究刑事责任。

第七章 附 则

第五十九条 县级以上地方人民政府根据当地实际情况确定的负责水土保持工作的机构，行使本法规定的水行政主管部门水土保持工作的职责。

第六十条 本法自 2011 年 3 月 1 日起施行。

中华人民共和国防洪法

（2016年7月2日修正）

（1997年8月29日第八届全国人民代表大会常务委员会第二十七次会议通过　自1998年1月1日起施行　根据2009年8月27日第十一届全国人民代表大会常务委员会第十次会议《关于修改部分法律的决定》第一次修正　根据2015年4月24日第十二届全国人民代表大会常务委员会第十四次会议《关于修改〈中华人民共和国港口法〉等七部法律的决定》第二次修正　根据2016年7月2日第十二届全国人民代表大会常务委员会第二十一次会议《关于修改〈中华人民共和国节约能源法〉等六部法律的决定》第三次修正）

第一章　总　则

第一条　为了防治洪水，防御、减轻洪涝灾害，维护人民的生命和财产安全，保障社会主义现代化建设顺利进行，制定本法。

第二条　防洪工作实行全面规划、统筹兼顾、预防为主、综合治理、局部利益服从全局利益的原则。

第三条　防洪工程设施建设，应当纳入国民经济和社会发展计划。

防洪费用按照政府投入同受益者合理承担相结合的原则筹集。

第四条　开发利用和保护水资源，应当服从防洪总体安排，实行兴利与除害相结合的原则。

江河、湖泊治理以及防洪工程设施建设，应当符合流域综合规划，与流域水资源的综合开发相结合。

本法所称综合规划是指开发利用水资源和防治水害的综合规划。

第五条　防洪工作按照流域或者区域实行统一规划、分级实施和流域管理与行政区域管理相结合的制度。

第六条　任何单位和个人都有保护防洪工程设施和依法参加防汛抗洪的义务。

第七条　各级人民政府应当加强对防洪工作的统一领导，组织有关部门、单位，动员社会力量，依靠科技进步，有计划地进行江河、湖泊治理，采取措施加强防洪工程设施建设，巩固、提高防洪能力。

各级人民政府应当组织有关部门、单位，动员社会力量，做好防汛抗洪和洪涝灾害后的恢复与救济工作。

各级人民政府应当对蓄滞洪区予以扶持；蓄滞洪后，应当依照国家规定予以补偿或者救助。

第八条 国务院水行政主管部门在国务院的领导下，负责全国防洪的组织、协调、监督、指导等日常工作。国务院水行政主管部门在国家确定的重要江河、湖泊设立的流域管理机构，在所管辖的范围内行使法律、行政法规规定和国务院水行政主管部门授权的防洪协调和监督管理职责。

国务院建设行政主管部门和其他有关部门在国务院的领导下，按照各自的职责，负责有关的防洪工作。

县级以上地方人民政府水行政主管部门在本级人民政府的领导下，负责本行政区域内防洪的组织、协调、监督、指导等日常工作。县级以上地方人民政府建设行政主管部门和其他有关部门在本级人民政府的领导下，按照各自的职责，负责有关的防洪工作。

第二章 防洪规划

第九条 防洪规划是指为防治某一流域、河段或者区域的洪涝灾害而制定的总体部署，包括国家确定的重要江河、湖泊的流域防洪规划，其他江河、河段、湖泊的防洪规划以及区域防洪规划。

防洪规划应当服从所在流域、区域的综合规划；区域防洪规划应当服从所在流域的流域防洪规划。

防洪规划是江河、湖泊治理和防洪工程设施建设的基本依据。

第十条 国家确定的重要江河、湖泊的防洪规划，由国务院水行政主管部门依据该江河、湖泊的流域综合规划，会同有关部门和有关省、自治区、直辖市人民政府编制，报国务院批准。

其他江河、河段、湖泊的防洪规划或者区域防洪规划，由县级以上地方人民政府水行政主管部门分别依据流域综合规划、区域综合规划，会同有关部门和有关地区编制，报本级人民政府批准，并报上一级人民政府水行政主管部门备案；跨省、自治区、直辖市的江河、河段、湖泊的防洪规划由有关流域管理机构会同江河、河段、湖泊所在地的省、自治区、直辖市人民政府水行政主管部门、有关主管部门拟定，分别经有关省、自治区、直辖市人民政府审查提出意见后，报国务院水行政主管部门批准。

城市防洪规划，由城市人民政府组织水行政主管部门、建设行政主管部门和其他有关部门依据流域防洪规划、上一级人民政府区域防洪规划编制，按照国务院规定的审批程序批准后纳入城市总体规划。

修改防洪规划，应当报经原批准机关批准。

第十一条 编制防洪规划，应当遵循确保重点、兼顾一般，以及防汛和抗旱相结合、工程措施和非工程措施相结合的原则，充分考虑洪涝规律和上下游、左右岸的关系以及国民经济对防洪的要求，并与国土规划和土地利用总体规划相协调。

防洪规划应当确定防护对象、治理目标和任务、防洪措施和实施方案，划定洪泛区、蓄滞洪区和防洪保护区的范围，规定蓄滞洪区的使用原则。

第十二条 受风暴潮威胁的沿海地区的县级以上地方人民政府，应当把防御风暴潮纳入本地区的防洪规划，加强海堤（海塘）、挡潮闸和沿海防护林等防御风暴潮工程体系建设，监督建筑物、构筑物的设计和施工符合防御风暴潮的需要。

第十三条 山洪可能诱发山体滑坡、崩塌和泥石流的地区以及其他山洪多发地区的县级以上地方人民政府，应当组织负责地质矿产管理工作的部门、水行政主管部门和其他有关部门对山体滑坡、崩塌和泥石流隐患进行全面调查，划定重点防治区，采取防治措施。

城市、村镇和其他居民点以及工厂、矿山、铁路和公路干线的布局，应当避开山洪威胁；已经建在受山洪威胁的地方的，应当采取防御措施。

第十四条 平原、洼地、水网圩区、山谷、盆地等易涝地区的有关地方人民政府，应当制定除涝治涝规划，组织有关部门、单位采取相应的治理措施，完善排水系统，发展耐涝农作物种类和品种，开展洪涝、干旱、盐碱综合治理。

城市人民政府应当加强对城区排涝管网、泵站的建设和管理。

第十五条 国务院水行政主管部门应当会同有关部门和省、自治区、直辖市人民政府制定长江、黄河、珠江、辽河、淮河、海河入海河口的整治规划。

在前款入海河口围海造地，应当符合河口整治规划。

第十六条 防洪规划确定的河道整治计划用地和规划建设的堤防用地范围内的土地，经土地管理部门和水行政主管部门会同有关地区核定，报经县级以上人民政府按照国务院规定的权限批准后，可以划定为规划保留区；该规划保留区范围内的土地涉及其他项目用地的，有关土地管理部门和水行政主管部门核定时，应当征求有关部门的意见。

规划保留区依照前款规定划定后，应当公告。

前款规划保留区内不得建设与防洪无关的工矿工程设施；在特殊情况下，国家工矿建设项目确需占用前款规划保留区内的土地的，应当按照国家规定的基本建设程序报请批准，并征求有关水行政主管部门的意见。

防洪规划确定的扩大或者开辟的人工排洪道用地范围内的土地，经省级以上人民政府土地管理部门和水行政主管部门会同有关部门、有关地区核定，报省级以上人民政府按照国务院规定的权限批准后，可以划定为规划保留区，适用前款规定。

第十七条 在江河、湖泊上建设防洪工程和其他水工程、水电站等，应当符合防洪规划的要求；水库应当按照防洪规划的要求留足防洪库容。

前款规定的防洪工程和其他水工程、水电站未取得有关水行政主管部门签署的符合防洪规划要求的规划同意书的，建设单位不得开工建设。

第三章　治理与防护

第十八条 防治江河洪水，应当蓄泄兼施，充分发挥河道行洪能力和水库、洼淀、湖泊调蓄洪水的功能，加强河道防护，因地制宜地采取定期清淤疏浚等措施，保持行洪畅通。

防治江河洪水，应当保护、扩大流域林草植被，涵养水源，加强流域水土保持综合治理。

第十九条 整治河道和修建控制引导河水流向、保护堤岸等工程，应当兼顾上下游、左右岸的关系，按照规划治导线实施，不得任意改变河水流向。

国家确定的重要江河的规划治导线由流域管理机构拟定，报国务院水行政主管部门批准。

其他江河、河段的规划治导线由县级以上地方人民政府水行政主管部门拟定，报本级人民政府批准；跨省、自治区、直辖市的江河、河段和省、自治区、直辖市之间的省界河道的规划治导线由有关流域管理机构组织江河、河段所在地的省、自治区、直辖市人民政府水行政主管部门拟定，经有关省、自治区、直辖市人民政府审查提出意见后，报国务院水行政主管部门批准。

第二十条 整治河道、湖泊，涉及航道的，应当兼顾航运需要，并事先征求交通主管部门的意见。整治航道，应当符合江河、湖泊防洪安全要求，并事先征求水行政主管部门的意见。

在竹木流放的河流和渔业水域整治河道的，应当兼顾竹木水运和渔业发展的需要，并事先征求林业、渔业行政主管部门的意见。在河道中流放竹木，不得影响行洪和防洪工程设施的安全。

第二十一条 河道、湖泊管理实行按水系统一管理和分级管理相结合的原则，加强防护，确保畅通。

国家确定的重要江河、湖泊的主要河段，跨省、自治区、直辖市的重要河段、湖泊，省、自治区、直辖市之间的省界河道、湖泊以及国（边）界河道、湖泊，由流域管理机构和江河、湖泊所在地的省、自治区、直辖市人民政府水行政主管部门按照国务院水行政主管部门的划定依法实施管理。其他河道、湖泊，由县级以上地方人民政府水行政主管部门按照国务院水行政主管部门或者国务院水行政主管部门授权的机构的划定依法实施管理。

有堤防的河道、湖泊，其管理范围为两岸堤防之间的水域、沙洲、滩地、行洪区和堤防及护堤地；无堤防的河道、湖泊，其管理范围为历史最高洪水位或者设计洪水位之间的水域、沙洲、滩地和行洪区。

流域管理机构直接管理的河道、湖泊管理范围，由流域管理机构会同有关县级以上地方人民政府依照前款规定界定；其他河道、湖泊管理范围，由有关县级以上地方人民政府依照前款规定界定。

第二十二条 河道、湖泊管理范围内的土地和岸线的利用，应当符合行洪、输水的要求。

禁止在河道、湖泊管理范围内建设妨碍行洪的建筑物、构筑物，倾倒垃圾、渣土，从事影响河势稳定、危害河岸堤防安全和其他妨碍河道行洪的活动。

禁止在行洪河道内种植阻碍行洪的林木和高秆作物。

在船舶航行可能危及堤岸安全的河段，应当限定航速。限定航速的标志，由交通主管部门与水行政主管部门商定后设置。

第二十三条 禁止围湖造地。已经围垦的，应当按照国家规定的防洪标准进行治理，有计划地退地还湖。

禁止围垦河道。确需围垦的，应当进行科学论证，经水行政主管部门确认不妨碍行洪、输水后，报省级以上人民政府批准。

第二十四条 对居住在行洪河道内的居民，当地人民政府应当有计划地组织外迁。

第二十五条 护堤护岸的林木，由河道、湖泊管理机构组织营造和管理。护堤护岸林木，不得任意砍伐。采伐护堤护岸林木的，应当依法办理采伐许可手续，并完成规定的更新补种任务。

第二十六条 对壅水、阻水严重的桥梁、引道、码头和其他跨河工程设施，根据防洪标准，有关水行政主管部门可以报请县级以上人民政府按照国务院规定的权限责令建设单位限期改建或者拆除。

第二十七条 建设跨河、穿河、穿堤、临河的桥梁、码头、道路、渡口、管道、缆线、取水、排水等工程设施，应当符合防洪标准、岸线规划、航运要求和其他技术要求，不得危害堤防安全、影响河势稳定、妨碍行洪畅通；其工程建设方案未经有关水行政主管部门根据前述防洪要求审查同意的，建设单位不得开工建设。

前款工程设施需要占用河道、湖泊管理范围内土地，跨越河道、湖泊空间或者穿越河床的，建设单位应当经有关水行政主管部门对该工程设施建设的位置和界限审查批准后，方可依法办理开工手续；安排施工时，应当按照水行政主管部门审查批准的位置和界限进行。

第二十八条 对于河道、湖泊管理范围内依照本法规定建设的工程设施，水行政主管部门有权依法检查；水行政主管部门检查时，被检查者应当如实提供有关的情况和资料。

前款规定的工程设施竣工验收时，应当有水行政主管部门参加。

第四章 防洪区和防洪工程设施的管理

第二十九条 防洪区是指洪水泛滥可能淹及的地区，分为洪泛区、蓄滞洪区和防洪保护区。

洪泛区是指尚无工程设施保护的洪水泛滥所及的地区。

蓄滞洪区是指包括分洪口在内的河堤背水面以外临时贮存洪水的低洼地区及湖泊等。

防洪保护区是指在防洪标准内受防洪工程设施保护的地区。

洪泛区、蓄滞洪区和防洪保护区的范围，在防洪规划或者防御洪水方案中划定，并报请省级以上人民政府按照国务院规定的权限批准后予以公告。

第三十条 各级人民政府应当按照防洪规划对防洪区内的土地利用实行分区管理。

第三十一条 地方各级人民政府应当加强对防洪区安全建设工作的领导，组织有关部门、单位对防洪区内的单位和居民进行防洪教育，普及防洪知识，提高水患意识；按照防洪规划和防御洪水方案建立并完善防洪体系和水文、气象、通信、预警以及洪涝灾害监测系统，提高防御洪水能力；组织防洪区内的单位和居民积极参加防洪工作，因地制宜地采取防洪避洪措施。

第三十二条 洪泛区、蓄滞洪区所在地的省、自治区、直辖市人民政府应当组织有关地区和部门，按照防洪规划的要求，制定洪泛区、蓄滞洪区安全建设计划，控制蓄滞洪区人口增长，对居住在经常使用的蓄滞洪区的居民，有计划地组织外迁，并采取其他必要的安全保护措施。

因蓄滞洪区而直接受益的地区和单位，应当对蓄滞洪区承担国家规定的补偿、救助义务。国务院和有关的省、自治区、直辖市人民政府应当建立对蓄滞洪区的扶持和补偿、救助制度。

国务院和有关的省、自治区、直辖市人民政府可以制定洪泛区、蓄滞洪区安全建设管理办法以及对蓄滞洪区的扶持和补偿、救助办法。

第三十三条 在洪泛区、蓄滞洪区内建设非防洪建设项目，应当就洪水对建设项目可能产生的影响和建设项目对防洪可能产生的影响作出评价，编制洪水影响评价报告，提出防御措施。洪水影响评价报告未经有关水行政主管部门审查批准的，建设单位不得开工建设。

在蓄滞洪区内建设的油田、铁路、公路、矿山、电厂、电信设施和管道，其洪水影响评价报告应当包括建设单位自行安排的防洪避洪方案。建设项目投入生产或者使用时，其防洪工程设施应当经水行政主管部门验收。

在蓄滞洪区内建造房屋应当采用平顶式结构。

第三十四条 大中城市，重要的铁路、公路干线，大型骨干企业，应当列为防洪重点，确保安全。

受洪水威胁的城市、经济开发区、工矿区和国家重要的农业生产基地等，应当重点保护，建设必要的防洪工程设施。

城市建设不得擅自填堵原有河道沟汊、贮水湖塘洼淀和废除原有防洪围堤。确需填堵或者废除的，应当经城市人民政府批准。

第三十五条 属于国家所有的防洪工程设施，应当按照经批准的设计，在竣工验收前由县级以上人民政府按照国家规定，划定管理和保护范围。

属于集体所有的防洪工程设施，应当按照省、自治区、直辖市人民政府的规定，划定保护范围。

在防洪工程设施保护范围内，禁止进行爆破、打井、采石、取土等危害防洪工程设施安全的活动。

第三十六条 各级人民政府应当组织有关部门加强对水库大坝的定期检查和监督

管理。对未达到设计洪水标准、抗震设防要求或者有严重质量缺陷的险坝，大坝主管部门应当组织有关单位采取除险加固措施，限期消除危险或者重建，有关人民政府应当优先安排所需资金。对可能出现垮坝的水库，应当事先制定应急抢险和居民临时撤离方案。

各级人民政府和有关主管部门应当加强对尾矿坝的监督管理，采取措施，避免因洪水导致垮坝。

第三十七条 任何单位和个人不得破坏、侵占、毁损水库大坝、堤防、水闸、护岸、抽水站、排水渠系等防洪工程和水文、通信设施以及防汛备用的器材、物料等。

第五章 防汛抗洪

第三十八条 防汛抗洪工作实行各级人民政府行政首长负责制，统一指挥、分级分部门负责。

第三十九条 国务院设立国家防汛指挥机构，负责领导、组织全国的防汛抗洪工作，其办事机构设在国务院水行政主管部门。

在国家确定的重要江河、湖泊可以设立由有关省、自治区、直辖市人民政府和该江河、湖泊的流域管理机构负责人等组成的防汛指挥机构，指挥所管辖范围内的防汛抗洪工作，其办事机构设在流域管理机构。

有防汛抗洪任务的县级以上地方人民政府设立由有关部门、当地驻军、人民武装部负责人等组成的防汛指挥机构，在上级防汛指挥机构和本级人民政府的领导下，指挥本地区的防汛抗洪工作，其办事机构设在同级水行政主管部门；必要时，经城市人民政府决定，防汛指挥机构也可以在建设行政主管部门设城市市区办事机构，在防汛指挥机构的统一领导下，负责城市市区的防汛抗洪日常工作。

第四十条 有防汛抗洪任务的县级以上地方人民政府根据流域综合规划、防洪工程实际状况和国家规定的防洪标准，制定防御洪水方案（包括对特大洪水的处置措施）。

长江、黄河、淮河、海河的防御洪水方案，由国家防汛指挥机构制定，报国务院批准；跨省、自治区、直辖市的其他江河的防御洪水方案，由有关流域管理机构会同有关省、自治区、直辖市人民政府制定，报国务院或者国务院授权的有关部门批准。防御洪水方案经批准后，有关地方人民政府必须执行。

各级防汛指挥机构和承担防汛抗洪任务的部门和单位，必须根据防御洪水方案做好防汛抗洪准备工作。

第四十一条 省、自治区、直辖市人民政府防汛指挥机构根据当地的洪水规律，规定汛期起止日期。

当江河、湖泊的水情接近保证水位或者安全流量，水库水位接近设计洪水位，或者防洪工程设施发生重大险情时，有关县级以上人民政府防汛指挥机构可以宣布进入紧急防汛期。

第四十二条 对河道、湖泊范围内阻碍行洪的障碍物，按照“谁设障、谁清除”的原则，由防汛指挥机构责令限期清除；逾期不清除的，由防汛指挥机构组织强行清除，所需费用由设障者承担。

在紧急防汛期，国家防汛指挥机构或者其授权的流域、省、自治区、直辖市防汛指挥机构有权对壅水、阻水严重的桥梁、引道、码头和其他跨河工程设施作出紧急处置。

第四十三条 在汛期，气象、水文、海洋等有关部门应当按照各自的职责，及时向有关防汛指挥机构提供天气、水文等实时信息和风暴潮预报；电信部门应当优先提供防汛抗洪通信的服务；运输、电力、物资材料供应等有关部门应当优先为防汛抗洪服务。

中国人民解放军、中国人民武装警察部队和民兵应当执行国家赋予的抗洪抢险任务。

第四十四条 在汛期，水库、闸坝和其他水工程设施的运用，必须服从有关的防汛指挥机构的调度指挥和监督。

在汛期，水库不得擅自在汛期限制水位以上蓄水，其汛期限制水位以上的防洪库容的运用，必须服从防汛指挥机构的调度指挥和监督。

在凌汛期，有防凌汛任务的江河的上游水库的下泄水量必须征得有关的防汛指挥机构的同意，并接受其监督。

第四十五条 在紧急防汛期，防汛指挥机构根据防汛抗洪的需要，有权在其管辖范围内调用物资、设备、交通运输工具和人力，决定采取取土占地、砍伐林木、清除阻水障碍物和其他必要的紧急措施；必要时，公安、交通等有关部门按照防汛指挥机构的决定，依法实施陆地和水面交通管制。

依照前款规定调用的物资、设备、交通运输工具等，在汛期结束后应当及时归还；造成损坏或者无法归还的，按照国务院有关规定给予适当补偿或者作其他处理。取土占地、砍伐林木的，在汛期结束后依法向有关部门补办手续；有关地方人民政府对取土后的土地组织复垦，对砍伐的林木组织补种。

第四十六条 江河、湖泊水位或者流量达到国家规定的分洪标准，需要启用蓄滞洪区时，国务院，国家防汛指挥机构，流域防汛指挥机构，省、自治区、直辖市人民政府，省、自治区、直辖市防汛指挥机构，按照依法经批准的防御洪水方案中规定的启用条件和批准程序，决定启用蓄滞洪区。依法启用蓄滞洪区，任何单位和个人不得阻拦、拖延；遇到阻拦、拖延时，由有关县级以上地方人民政府强制实施。

第四十七条 发生洪涝灾害后，有关人民政府应当组织有关部门、单位做好灾区的生活供给、卫生防疫、救灾物资供应、治安管理、学校复课、恢复生产和重建家园等救灾工作以及所管辖地区的各项水毁工程设施修复工作。水毁防洪工程设施的修复，应当优先列入有关部门的年度建设计划。

国家鼓励、扶持开展洪水保险。

第六章 保障措施

第四十八条 各级人民政府应当采取措施，提高防洪投入的总体水平。

第四十九条 江河、湖泊的治理和防洪工程设施的建设和维护所需投资，按照事权和财权相统一的原则，分级负责，由中央和地方财政承担。城市防洪工程设施的建设和维护所需投资，由城市人民政府承担。

受洪水威胁地区的油田、管道、铁路、公路、矿山、电力、电信等企业、事业单位应当自筹资金，兴建必要的防洪自保工程。

第五十条 中央财政应当安排资金，用于国家确定的重要江河、湖泊的堤坝遭受特大洪涝灾害时的抗洪抢险和水毁防洪工程修复。省、自治区、直辖市人民政府应当在本级财政预算中安排资金，用于本行政区域内遭受特大洪涝灾害地区的抗洪抢险和水毁防洪工程修复。

第五十一条 国家设立水利建设基金，用于防洪工程和水利工程的维护和建设。具体办法由国务院规定。

受洪水威胁的省、自治区、直辖市为加强本行政区域内防洪工程设施建设，提高防御洪水能力，按照国务院的有关规定，可以规定在防洪保护区范围内征收河道工程修建维护管理费。

第五十二条 任何单位和个人不得截留、挪用防洪、救灾资金和物资。

各级人民政府审计机关应当加强对防洪、救灾资金使用情况的审计监督。

第七章 法律责任

第五十三条 违反本法第十七条规定，未经水行政主管部门签署规划同意书，擅自在江河、湖泊上建设防洪工程和其他水工程、水电站的，责令停止违法行为，补办规划同意书手续；违反规划同意书的要求，严重影响防洪的，责令限期拆除；违反规划同意书的要求，影响防洪但尚可采取补救措施的，责令限期采取补救措施，可以处一万元以上十万元以下的罚款。

第五十四条 违反本法第十九条规定，未按照规划治导线整治河道和修建控制引导河水流向、保护堤岸等工程，影响防洪的，责令停止违法行为，恢复原状或者采取其他补救措施，可以处一万元以上十万元以下的罚款。

第五十五条 违反本法第二十二条第二款、第三款规定，有下列行为之一的，责令停止违法行为，排除阻碍或者采取其他补救措施，可以处五万元以下的罚款：

（一）在河道、湖泊管理范围内建设妨碍行洪的建筑物、构筑物的；

（二）在河道、湖泊管理范围内倾倒垃圾、渣土，从事影响河势稳定、危害河岸堤防安全和其他妨碍河道行洪的活动的；

（三）在行洪河道内种植阻碍行洪的林木和高秆作物的。

第五十六条 违反本法第十五条第二款、第二十三条规定，围海造地、围湖造地、围垦河道的，责令停止违法行为，恢复原状或者采取其他补救措施，可以处五万元以下的罚款；既不恢复原状也不采取其他补救措施的，代为恢复原状或者采取其他补救措施，所需费用由违法者承担。

第五十七条 违反本法第二十七条规定，未经水行政主管部门对其工程建设方案审查同意或者未按照有关水行政主管部门审查批准的位置、界限，在河道、湖泊管理范围内从事工程设施建设活动的，责令停止违法行为，补办审查同意或者审查批准手续；工程设施建设严重影响防洪的，责令限期拆除，逾期不拆除的，强行拆除，所需费用由建设单位承担；影响行洪但尚可采取补救措施的，责令限期采取补救措施，可以处一万元以上十万元以下的罚款。

第五十八条 违反本法第三十三条第一款规定，在洪泛区、蓄滞洪区内建设非防洪建设项目，未编制洪水影响评价报告或者洪水影响评价报告未经审查批准开工建设的，责令限期改正；逾期不改正的，处五万元以下的罚款。

违反本法第三十三条第二款规定，防洪工程设施未经验收，即将建设项目投入生产或者使用的，责令停止生产或者使用，限期验收防洪工程设施，可以处五万元以下的罚款。

第五十九条 违反本法第三十四条规定，因城市建设擅自填堵原有河道沟汊、贮水湖塘洼淀和废除原有防洪围堤的，城市人民政府应当责令停止违法行为，限期恢复原状或者采取其他补救措施。

第六十条 违反本法规定，破坏、侵占、毁损堤防、水闸、护岸、抽水站、排水渠系等防洪工程和水文、通信设施以及防汛备用的器材、物料的，责令停止违法行为，采取补救措施，可以处五万元以下的罚款；造成损坏的，依法承担民事责任；应当给予治安管理处罚的，依照治安管理处罚法的规定处罚；构成犯罪的，依法追究刑事责任。

第六十一条 阻碍、威胁防汛指挥机构、水行政主管部门或者流域管理机构的工作人员依法执行职务，构成犯罪的，依法追究刑事责任；尚不构成犯罪，应当给予治安管理处罚的，依照治安管理处罚法的规定处罚。

第六十二条 截留、挪用防洪、救灾资金和物资，构成犯罪的，依法追究刑事责任；尚不构成犯罪的，给予行政处分。

第六十三条 除本法第五十九条的规定外，本章规定的行政处罚和行政措施，由县级以上人民政府水行政主管部门决定，或者由流域管理机构按照国务院水行政主管部门规定的权限决定。但是，本法第六十条、第六十一条规定的治安管理处罚的决定机关，按照治安管理处罚法的规定执行。

第六十四条 国家工作人员，有下列行为之一，构成犯罪的，依法追究刑事责任；尚不构成犯罪的，给予行政处分：

（一）违反本法第十七条、第十九条、第二十二条第二款、第二十二条第三款、第二十七条或者第三十四条规定，严重影响防洪的；

（二）滥用职权，玩忽职守，徇私舞弊，致使防汛抗洪工作遭受重大损失的；

（三）拒不执行防御洪水方案、防汛抢险指令或者蓄滞洪方案、措施、汛期调度运用计划等防汛调度方案的；

（四）违反本法规定，导致或者加重毗邻地区或者其他单位洪灾损失的。

第八章 附 则

第六十五条 本法自1998年1月1日起施行。

中华人民共和国安全生产法

（2014年8月31日修正）

（2002年6月29日第九届全国人民代表大会常务委员会第二十八次会议通过　根据2009年8月27日第十一届全国人民代表大会常务委员会第十次会议关于《关于修改部分法律的决定》第一次修正　根据2014年8月31日第十二届全国人民代表大会常务委员会第十次会议《关于修改〈中华人民共和国安全生产法〉的决定》第二次修正）

第一章　总　则

第一条　为了加强安全生产工作，防止和减少生产安全事故，保障人民群众生命和财产安全，促进经济社会持续健康发展，制定本法。

第二条　在中华人民共和国领域内从事生产经营活动的单位（以下统称生产经营单位）的安全生产，适用本法；有关法律、行政法规对消防安全和道路交通安全、铁路交通安全、水上交通安全、民用航空安全以及核与辐射安全、特种设备安全另有规定的，适用其规定。

第三条　安全生产工作应当以人为本，坚持安全发展，坚持安全第一、预防为主、综合治理的方针，强化和落实生产经营单位的主体责任，建立生产经营单位负责、职工参与、政府监管、行业自律和社会监督的机制。

第四条　生产经营单位必须遵守本法和其他有关安全生产的法律、法规，加强安全生产管理，建立、健全安全生产责任制和安全生产规章制度，改善安全生产条件，推进安全生产标准化建设，提高安全生产水平，确保安全生产。

第五条　生产经营单位的主要负责人对本单位的安全生产工作全面负责。

第六条　生产经营单位的从业人员有依法获得安全生产保障的权利，并应当依法履行安全生产方面的义务。

第七条　工会依法对安全生产工作进行监督。

生产经营单位的工会依法组织职工参加本单位安全生产工作的民主管理和民主监督，维护职工在安全生产方面的合法权益。生产经营单位制定或者修改有关安全生产的规章制度，应当听取工会的意见。

第八条　国务院和县级以上地方各级人民政府应当根据国民经济和社会发展规划制定安全生产规划，并组织实施。安全生产规划应当与城乡规划相衔接。

国务院和县级以上地方各级人民政府应当加强对安全生产工作的领导，支持、督促各有关部门依法履行安全生产监督管理职责，建立健全安全生产工作协调机制，及时协调、解决安全生产监督管理中存在的重大问题。

乡、镇人民政府以及街道办事处、开发区管理机构等地方人民政府的派出机关应当按照职责，加强对本行政区域内生产经营单位安全生产状况的监督检查，协助上级人民政府有关部门依法履行安全生产监督管理职责。

第九条 国务院安全生产监督管理部门依照本法，对全国安全生产工作实施综合监督管理；县级以上地方各级人民政府安全生产监督管理部门依照本法，对本行政区域内安全生产工作实施综合监督管理。

国务院有关部门依照本法和其他有关法律、行政法规的规定，在各自的职责范围内对有关行业、领域的安全生产工作实施监督管理；县级以上地方各级人民政府有关部门依照本法和其他有关法律、法规的规定，在各自的职责范围内对有关行业、领域的安全生产工作实施监督管理。

安全生产监督管理部门和对有关行业、领域的安全生产工作实施监督管理的部门，统称负有安全生产监督管理职责的部门。

第十条 国务院有关部门应当按照保障安全生产的要求，依法及时制定有关的国家标准或者行业标准，并根据科技进步和经济发展适时修订。

生产经营单位必须执行依法制定的保障安全生产的国家标准或者行业标准。

第十一条 各级人民政府及其有关部门应当采取多种形式，加强对有关安全生产的法律、法规和安全生产知识的宣传，增强全社会的安全生产意识。

第十二条 有关协会组织依照法律、行政法规和章程，为生产经营单位提供安全生产方面的信息、培训等服务，发挥自律作用，促进生产经营单位加强安全生产管理。

第十三条 依法设立的为安全生产提供技术、管理服务的机构，依照法律、行政法规和执业准则，接受生产经营单位的委托为其安全生产工作提供技术、管理服务。

生产经营单位委托前款规定的机构提供安全生产技术、管理服务的，保证安全生产的责任仍由本单位负责。

第十四条 国家实行生产安全事故责任追究制度，依照本法和有关法律、法规的规定，追究生产安全事故责任人员的法律责任。

第十五条 国家鼓励和支持安全生产科学技术研究和安全生产先进技术的推广应用，提高安全生产水平。

第十六条 国家对在改善安全生产条件、防止生产安全事故、参加抢险救护等方面取得显著成绩的单位和个人，给予奖励。

第二章 生产经营单位的安全生产保障

第十七条 生产经营单位应当具备本法和有关法律、行政法规和国家标准或者行业标准规定的安全生产条件；不具备安全生产条件的，不得从事生产经营活动。

第十八条 生产经营单位的主要负责人对本单位安全生产工作负有下列职责：

（一）建立、健全本单位安全生产责任制；

（二）组织制定本单位安全生产规章制度和操作规程；

（三）组织制定并实施本单位安全生产教育和培训计划；

（四）保证本单位安全生产投入的有效实施；

（五）督促、检查本单位的安全生产工作，及时消除生产安全事故隐患；

（六）组织制定并实施本单位的生产安全事故应急救援预案；

（七）及时、如实报告生产安全事故。

第十九条 生产经营单位的安全生产责任制应当明确各岗位的责任人员、责任范围和考核标准等内容。

生产经营单位应当建立相应的机制，加强对安全生产责任制落实情况的监督考核，保证安全生产责任制的落实。

第二十条 生产经营单位应当具备的安全生产条件所必需的资金投入，由生产经营单位的决策机构、主要负责人或者个人经营的投资人予以保证，并对由于安全生产所必需的资金投入不足导致的后果承担责任。

有关生产经营单位应当按照规定提取和使用安全生产费用，专门用于改善安全生产条件。安全生产费用在成本中据实列支。安全生产费用提取、使用和监督管理的具体办法由国务院财政部门会同国务院安全生产监督管理部门征求国务院有关部门意见后制定。

第二十一条 矿山、金属冶炼、建筑施工、道路运输单位和危险物品的生产、经营、储存单位，应当设置安全生产管理机构或者配备专职安全生产管理人员。

前款规定以外的其他生产经营单位，从业人员超过一百人的，应当设置安全生产管理机构或者配备专职安全生产管理人员；从业人员在一百人以下的，应当配备专职或者兼职的安全生产管理人员。

第二十二条 生产经营单位的安全生产管理机构以及安全生产管理人员履行下列职责：

（一）组织或者参与拟订本单位安全生产规章制度、操作规程和生产安全事故应急救援预案；

（二）组织或者参与本单位安全生产教育和培训，如实记录安全生产教育和培训情况；

（三）督促落实本单位重大危险源的安全管理措施；

（四）组织或者参与本单位应急救援演练；

（五）检查本单位的安全生产状况，及时排查生产安全事故隐患，提出改进安全生产管理的建议；

（六）制止和纠正违章指挥、强令冒险作业、违反操作规程的行为；

（七）督促落实本单位安全生产整改措施。

第二十三条 生产经营单位的安全生产管理机构以及安全生产管理人员应当恪尽职守，依法履行职责。

生产经营单位作出涉及安全生产的经营决策，应当听取安全生产管理机构以及安全生产管理人员的意见。

生产经营单位不得因安全生产管理人员依法履行职责而降低其工资、福利等待遇或者解除与其订立的劳动合同。

危险物品的生产、储存单位以及矿山、金属冶炼单位的安全生产管理人员的任免，应当告知主管的负有安全生产监督管理职责的部门。

第二十四条 生产经营单位的主要负责人和安全生产管理人员必须具备与本单位所从事的生产经营活动相应的安全生产知识和管理能力。

危险物品的生产、经营、储存单位以及矿山、金属冶炼、建筑施工、道路运输单位的主要负责人和安全生产管理人员，应当由主管的负有安全生产监督管理职责的部门对其安全生产知识和管理能力考核合格。考核不得收费。

危险物品的生产、储存单位以及矿山、金属冶炼单位应当有注册安全工程师从事安全生产管理工作。鼓励其他生产经营单位聘用注册安全工程师从事安全生产管理工作。注册安全工程师按专业分类管理，具体办法由国务院人力资源和社会保障部门、国务院安全生产监督管理部门会同国务院有关部门制定。

第二十五条 生产经营单位应当对从业人员进行安全生产教育和培训，保证从业人员具备必要的安全生产知识，熟悉有关的安全生产规章制度和安全操作规程，掌握本岗位的安全操作技能，了解事故应急处理措施，知悉自身在安全生产方面的权利和义务。未经安全生产教育和培训合格的从业人员，不得上岗作业。

生产经营单位使用被派遣劳动者的，应当将被派遣劳动者纳入本单位从业人员统一管理，对被派遣劳动者进行岗位安全操作规程和安全操作技能的教育和培训。劳务派遣单位应当对被派遣劳动者进行必要的安全生产教育和培训。

生产经营单位接收中等职业学校、高等学校学生实习的，应当对实习学生进行相应的安全生产教育和培训，提供必要的劳动防护用品。学校应当协助生产经营单位对实习学生进行安全生产教育和培训。

生产经营单位应当建立安全生产教育和培训档案，如实记录安全生产教育和培训的时间、内容、参加人员以及考核结果等情况。

第二十六条 生产经营单位采用新工艺、新技术、新材料或者使用新设备，必须了解、掌握其安全技术特性，采取有效的安全防护措施，并对从业人员进行专门的安全生产教育和培训。

第二十七条 生产经营单位的特种作业人员必须按照国家有关规定经专门的安全作业培训，取得相应资格，方可上岗作业。

特种作业人员的范围由国务院安全生产监督管理部门会同国务院有关部门确定。

第二十八条 生产经营单位新建、改建、扩建工程项目（以下统称建设项目）的安全设施，必须与主体工程同时设计、同时施工、同时投入生产和使用。安全设施投资应当纳入建设项目概算。

第二十九条 矿山、金属冶炼建设项目和用于生产、储存、装卸危险物品的建设项目，应当按照国家有关规定进行安全评价。

第三十条 建设项目安全设施的设计人、设计单位应当对安全设施设计负责。

矿山、金属冶炼建设项目和用于生产、储存、装卸危险物品的建设项目的安全设施设计应当按照国家有关规定报经有关部门审查，审查部门及其负责审查的人员对审查结果负责。

第三十一条 矿山、金属冶炼建设项目和用于生产、储存、装卸危险物品的建设项目的施工单位必须按照批准的安全设施设计施工，并对安全设施的工程质量负责。

矿山、金属冶炼建设项目和用于生产、储存危险物品的建设项目竣工投入生产或者使用前，应当由建设单位负责组织对安全设施进行验收；验收合格后，方可投入生产和使用。安全生产监督管理部门应当加强对建设单位验收活动和验收结果的监督核查。

第三十二条 生产经营单位应当在有较大危险因素的生产经营场所和有关设施、设备上，设置明显的安全警示标志。

第三十三条 安全设备的设计、制造、安装、使用、检测、维修、改造和报废，应当符合国家标准或者行业标准。

生产经营单位必须对安全设备进行经常性维护、保养，并定期检测，保证正常运转。维护、保养、检测应当作好记录，并由有关人员签字。

第三十四条 生产经营单位使用的危险物品的容器、运输工具，以及涉及人身安全、危险性较大的海洋石油开采特种设备和矿山井下特种设备，必须按照国家有关规定，由专业生产单位生产，并经具有专业资质的检测、检验机构检测、检验合格，取得安全使用证或者安全标志，方可投入使用。检测、检验机构对检测、检验结果负责。

第三十五条 国家对严重危及生产安全的工艺、设备实行淘汰制度，具体目录由国务院安全生产监督管理部门会同国务院有关部门制定并公布。法律、行政法规对目录的制定另有规定的，适用其规定。

省、自治区、直辖市人民政府可以根据本地区实际情况制定并公布具体目录，对前款规定以外的危及生产安全的工艺、设备予以淘汰。

生产经营单位不得使用应当淘汰的危及生产安全的工艺、设备。

第三十六条 生产、经营、运输、储存、使用危险物品或者处置废弃危险物品的，由有关主管部门依照有关法律、法规的规定和国家标准或者行业标准审批并实施监督管理。

生产经营单位生产、经营、运输、储存、使用危险物品或者处置废弃危险物品，必须执行有关法律、法规和国家标准或者行业标准，建立专门的安全管理制度，采取可靠的安全措施，接受有关主管部门依法实施的监督管理。

第三十七条 生产经营单位对重大危险源应当登记建档，进行定期检测、评估、监控，并制定应急预案，告知从业人员和相关人员在紧急情况下应当采取的应急措施。

生产经营单位应当按照国家有关规定将本单位重大危险源及有关安全措施、应急措施报有关地方人民政府安全生产监督管理部门和有关部门备案。

第三十八条 生产经营单位应当建立健全生产安全事故隐患排查治理制度，采取技术、管理措施，及时发现并消除事故隐患。事故隐患排查治理情况应当如实记录，并向从业人员通报。

县级以上地方各级人民政府负有安全生产监督管理职责的部门应当建立健全重大事故隐患治理督办制度，督促生产经营单位消除重大事故隐患。

第三十九条 生产、经营、储存、使用危险物品的车间、商店、仓库不得与员工宿舍在同一座建筑物内，并应当与员工宿舍保持安全距离。

生产经营场所和员工宿舍应当设有符合紧急疏散要求、标志明显、保持畅通的出口。禁止锁闭、封堵生产经营场所或者员工宿舍的出口。

第四十条 生产经营单位进行爆破、吊装以及国务院安全生产监督管理部门会同国务院有关部门规定的其他危险作业，应当安排专门人员进行现场安全管理，确保操作规程的遵守和安全措施的落实。

第四十一条 生产经营单位应当教育和督促从业人员严格执行本单位的安全生产规章制度和安全操作规程；并向从业人员如实告知作业场所和工作岗位存在的危险因素、防范措施以及事故应急措施。

第四十二条 生产经营单位必须为从业人员提供符合国家标准或者行业标准的劳动防护用品，并监督、教育从业人员按照使用规则佩戴、使用。

第四十三条 生产经营单位的安全生产管理人员应当根据本单位的生产经营特点，对安全生产状况进行经常性检查；对检查中发现的安全问题，应当立即处理；不能处理的，应当及时报告本单位有关负责人，有关负责人应当及时处理。检查及处理情况应当如实记录在案。

生产经营单位的安全生产管理人员在检查中发现重大事故隐患，依照前款规定向本单位有关负责人报告，有关负责人不及时处理的，安全生产管理人员可以向主管的负有安全生产监督管理职责的部门报告，接到报告的部门应当依法及时处理。

第四十四条 生产经营单位应当安排用于配备劳动防护用品、进行安全生产培训的经费。

第四十五条 两个以上生产经营单位在同一作业区域内进行生产经营活动，可能危及对方生产安全的，应当签订安全生产管理协议，明确各自的安全生产管理职责和应当采取的安全措施，并指定专职安全生产管理人员进行安全检查与协调。

第四十六条 生产经营单位不得将生产经营项目、场所、设备发包或者出租给不具备安全生产条件或者相应资质的单位或者个人。

生产经营项目、场所发包或者出租给其他单位的，生产经营单位应当与承包单位、承租单位签订专门的安全生产管理协议，或者在承包合同、租赁合同中约定各自的安全生产管理职责；生产经营单位对承包单位、承租单位的安全生产工作统一协调、管理，定期进行安全检查，发现安全问题的，应当及时督促整改。

第四十七条 生产经营单位发生生产安全事故时，单位的主要负责人应当立即组织抢救，并不得在事故调查处理期间擅离职守。

第四十八条 生产经营单位必须依法参加工伤保险，为从业人员缴纳保险费。

国家鼓励生产经营单位投保安全生产责任保险。

第三章 从业人员的安全生产权利义务

第四十九条 生产经营单位与从业人员订立的劳动合同，应当载明有关保障从业人员劳动安全、防止职业危害的事项，以及依法为从业人员办理工伤保险的事项。

生产经营单位不得以任何形式与从业人员订立协议，免除或者减轻其对从业人员因生产安全事故伤亡依法应承担的责任。

第五十条 生产经营单位的从业人员有权了解其作业场所和工作岗位存在的危险因素、防范措施及事故应急措施，有权对本单位的安全生产工作提出建议。

第五十一条 从业人员有权对本单位安全生产工作中存在的问题提出批评、检举、控告；有权拒绝违章指挥和强令冒险作业。

生产经营单位不得因从业人员对本单位安全生产工作提出批评、检举、控告或者拒绝违章指挥、强令冒险作业而降低其工资、福利等待遇或者解除与其订立的劳动合同。

第五十二条 从业人员发现直接危及人身安全的紧急情况时，有权停止作业或者在采取可能的应急措施后撤离作业场所。

生产经营单位不得因从业人员在前款紧急情况下停止作业或者采取紧急撤离措施而降低其工资、福利等待遇或者解除与其订立的劳动合同。

第五十三条 因生产安全事故受到损害的从业人员，除依法享有工伤保险外，依照有关民事法律尚有获得赔偿的权利的，有权向本单位提出赔偿要求。

第五十四条 从业人员在作业过程中，应当严格遵守本单位的安全生产规章制度和操作规程，服从管理，正确佩戴和使用劳动防护用品。

第五十五条 从业人员应当接受安全生产教育和培训，掌握本职工作所需的安全生产知识，提高安全生产技能，增强事故预防和应急处理能力。

第五十六条 从业人员发现事故隐患或者其他不安全因素，应当立即向现场安全生产管理人员或者本单位负责人报告；接到报告的人员应当及时予以处理。

第五十七条 工会有权对建设项目的安全设施与主体工程同时设计、同时施工、同时投入生产和使用进行监督，提出意见。

工会对生产经营单位违反安全生产法律、法规，侵犯从业人员合法权益的行为，有权要求纠正；发现生产经营单位违章指挥、强令冒险作业或者发现事故隐患时，有权提出解决的建议，生产经营单位应当及时研究答复；发现危及从业人员生命安全的情况时，有权向生产经营单位建议组织从业人员撤离危险场所，生产经营单位必须立即作出处理。

工会有权依法参加事故调查，向有关部门提出处理意见，并要求追究有关人员的责任。

第五十八条 生产经营单位使用被派遣劳动者的，被派遣劳动者享有本法规定的从业人员的权利，并应当履行本法规定的从业人员的义务。

第四章 安全生产的监督管理

第五十九条 县级以上地方各级人民政府应当根据本行政区域内的安全生产状况，组织有关部门按照职责分工，对本行政区域内容易发生重大生产安全事故的生产经营单位进行严格检查。

安全生产监督管理部门应当按照分类分级监督管理的要求，制定安全生产年度监督检查计划，并按照年度监督检查计划进行监督检查，发现事故隐患，应当及时处理。

第六十条 负有安全生产监督管理职责的部门依照有关法律、法规的规定，对涉及安全生产的事项需要审查批准（包括批准、核准、许可、注册、认证、颁发证照等，下同）或者验收的，必须严格依照有关法律、法规和国家标准或者行业标准规定的安全生产条件和程序进行审查；不符合有关法律、法规和国家标准或者行业标准规定的安全生产条件的，不得批准或者验收通过。对未依法取得批准或者验收合格的单位擅自从事有关活动的，负责行政审批的部门发现或者接到举报后应当立即予以取缔，并依法予以处理。对已经依法取得批准的单位，负责行政审批的部门发现其不再具备安全生产条件的，应当撤销原批准。

第六十一条 负有安全生产监督管理职责的部门对涉及安全生产的事项进行审查、验收，不得收取费用；不得要求接受审查、验收的单位购买其指定品牌或者指定生产、销售单位的安全设备、器材或者其他产品。

第六十二条 安全生产监督管理部门和其他负有安全生产监督管理职责的部门依法开展安全生产行政执法工作，对生产经营单位执行有关安全生产的法律、法规和国家标准或者行业标准的情况进行监督检查，行使以下职权：

（一）进入生产经营单位进行检查，调阅有关资料，向有关单位和人员了解情况；

（二）对检查中发现的安全生产违法行为，当场予以纠正或者要求限期改正；对依法应当给予行政处罚的行为，依照本法和其他有关法律、行政法规的规定作出行政处罚决定；

（三）对检查中发现的事故隐患，应当责令立即排除；重大事故隐患排除前或者排除过程中无法保证安全的，应当责令从危险区域内撤出作业人员，责令暂时停产停业或者停止使用相关设施、设备；重大事故隐患排除后，经审查同意，方可恢复生产经营和使用；

（四）对有根据认为不符合保障安全生产的国家标准或者行业标准的设施、设备、器材以及违法生产、储存、使用、经营、运输的危险物品予以查封或者扣押，对违法生产、储存、使用、经营危险物品的作业场所予以查封，并依法作出处理决定。

监督检查不得影响被检查单位的正常生产经营活动。

第六十三条 生产经营单位对负有安全生产监督管理职责的部门的监督检查人员（以下统称安全生产监督检查人员）依法履行监督检查职责，应当予以配合，不得拒绝、阻挠。

第六十四条 安全生产监督检查人员应当忠于职守，坚持原则，秉公执法。

安全生产监督检查人员执行监督检查任务时，必须出示有效的监督执法证件；对涉及被检查单位的技术秘密和业务秘密，应当为其保密。

第六十五条 安全生产监督检查人员应当将检查的时间、地点、内容、发现的问题及其处理情况，作出书面记录，并由检查人员和被检查单位的负责人签字；被检查单位的负责人拒绝签字的，检查人员应当将情况记录在案，并向负有安全生产监督管理职责的部门报告。

第六十六条 负有安全生产监督管理职责的部门在监督检查中，应当互相配合，实行联合检查；确需分别进行检查的，应当互通情况，发现存在的安全问题应当由其他有关部门进行处理的，应当及时移送其他有关部门并形成记录备查，接受移送的部门应当及时进行处理。

第六十七条 负有安全生产监督管理职责的部门依法对存在重大事故隐患的生产经营单位作出停产停业、停止施工、停止使用相关设施或者设备的决定，生产经营单位应当依法执行，及时消除事故隐患。生产经营单位拒不执行，有发生生产安全事故的现实危险的，在保证安全的前提下，经本部门主要负责人批准，负有安全生产监督管理职责的部门可以采取通知有关单位停止供电、停止供应民用爆炸物品等措施，强制生产经营单位履行决定。通知应当采用书面形式，有关单位应当予以配合。

负有安全生产监督管理职责的部门依照前款规定采取停止供电措施，除有危及生产安全的紧急情形外，应当提前二十四小时通知生产经营单位。生产经营单位依法履行行政决定、采取相应措施消除事故隐患的，负有安全生产监督管理职责的部门应当及时解除前款规定的措施。

第六十八条 监察机关依照行政监察法的规定，对负有安全生产监督管理职责的部门及其工作人员履行安全生产监督管理职责实施监察。

第六十九条 承担安全评价、认证、检测、检验的机构应当具备国家规定的资质条件，并对其作出的安全评价、认证、检测、检验的结果负责。

第七十条 负有安全生产监督管理职责的部门应当建立举报制度，公开举报电话、信箱或者电子邮件地址，受理有关安全生产的举报；受理的举报事项经调查核实后，应当形成书面材料；需要落实整改措施的，报经有关负责人签字并督促落实。

第七十一条 任何单位或者个人对事故隐患或者安全生产违法行为，均有权向负有安全生产监督管理职责的部门报告或者举报。

第七十二条 居民委员会、村民委员会发现其所在区域内的生产经营单位存在事故隐患或者安全生产违法行为时，应当向当地人民政府或者有关部门报告。

第七十三条 县级以上各级人民政府及其有关部门对报告重大事故隐患或者举报安全生产违法行为的有功人员，给予奖励。具体奖励办法由国务院安全生产监督管理部门会同国务院财政部门制定。

第七十四条 新闻、出版、广播、电影、电视等单位有进行安全生产公益宣传教育的义务，有对违反安全生产法律、法规的行为进行舆论监督的权利。

第七十五条 负有安全生产监督管理职责的部门应当建立安全生产违法行为信息库，如实记录生产经营单位的安全生产违法行为信息；对违法行为情节严重的生产经营单位，应当向社会公告，并通报行业主管部门、投资主管部门、国土资源主管部门、证券监督管理机构以及有关金融机构。

第五章　生产安全事故的应急救援与调查处理

第七十六条 国家加强生产安全事故应急能力建设，在重点行业、领域建立应急救援基地和应急救援队伍，鼓励生产经营单位和其他社会力量建立应急救援队伍，配备相应的应急救援装备和物资，提高应急救援的专业化水平。

国务院安全生产监督管理部门建立全国统一的生产安全事故应急救援信息系统，国务院有关部门建立健全相关行业、领域的生产安全事故应急救援信息系统。

第七十七条 县级以上地方各级人民政府应当组织有关部门制定本行政区域内生产安全事故应急救援预案，建立应急救援体系。

第七十八条 生产经营单位应当制定本单位生产安全事故应急救援预案，与所在地县级以上地方人民政府组织制定的生产安全事故应急救援预案相衔接，并定期组织演练。

第七十九条 危险物品的生产、经营、储存单位以及矿山、金属冶炼、城市轨道交通运营、建筑施工单位应当建立应急救援组织；生产经营规模较小的，可以不建立应急救援组织，但应当指定兼职的应急救援人员。

危险物品的生产、经营、储存、运输单位以及矿山、金属冶炼、城市轨道交通运营、建筑施工单位应当配备必要的应急救援器材、设备和物资，并进行经常性维护、保养，保证正常运转。

第八十条 生产经营单位发生生产安全事故后，事故现场有关人员应当立即报告本单位负责人。

单位负责人接到事故报告后，应当迅速采取有效措施，组织抢救，防止事故扩大，减少人员伤亡和财产损失，并按照国家有关规定立即如实报告当地负有安全生产监督管理职责的部门，不得隐瞒不报、谎报或者迟报，不得故意破坏事故现场、毁灭有关证据。

第八十一条 负有安全生产监督管理职责的部门接到事故报告后，应当立即按照国家有关规定上报事故情况。负有安全生产监督管理职责的部门和有关地方人民政府对事故情况不得隐瞒不报、谎报或者迟报。

第八十二条 有关地方人民政府和负有安全生产监督管理职责的部门的负责人接

到生产安全事故报告后，应当按照生产安全事故应急救援预案的要求立即赶到事故现场，组织事故抢救。

参与事故抢救的部门和单位应当服从统一指挥，加强协同联动，采取有效的应急救援措施，并根据事故救援的需要采取警戒、疏散等措施，防止事故扩大和次生灾害的发生，减少人员伤亡和财产损失。

事故抢救过程中应当采取必要措施，避免或者减少对环境造成的危害。

任何单位和个人都应当支持、配合事故抢救，并提供一切便利条件。

第八十三条　事故调查处理应当按照科学严谨、依法依规、实事求是、注重实效的原则，及时、准确地查清事故原因，查明事故性质和责任，总结事故教训，提出整改措施，并对事故责任者提出处理意见。事故调查报告应当依法及时向社会公布。事故调查和处理的具体办法由国务院制定。

事故发生单位应当及时全面落实整改措施，负有安全生产监督管理职责的部门应当加强监督检查。

第八十四条　生产经营单位发生生产安全事故，经调查确定为责任事故的，除了应当查明事故单位的责任并依法予以追究外，还应当查明对安全生产的有关事项负有审查批准和监督职责的行政部门的责任，对有失职、渎职行为的，依照本法第八十七条的规定追究法律责任。

第八十五条　任何单位和个人不得阻挠和干涉对事故的依法调查处理。

第八十六条　县级以上地方各级人民政府安全生产监督管理部门应当定期统计分析本行政区域内发生生产安全事故的情况，并定期向社会公布。

第六章　法律责任

第八十七条　负有安全生产监督管理职责的部门的工作人员，有下列行为之一的，给予降级或者撤职的处分；构成犯罪的，依照刑法有关规定追究刑事责任：

（一）对不符合法定安全生产条件的涉及安全生产的事项予以批准或者验收通过的；

（二）发现未依法取得批准、验收的单位擅自从事有关活动或者接到举报后不予取缔或者不依法予以处理的；

（三）对已经依法取得批准的单位不履行监督管理职责，发现其不再具备安全生产条件而不撤销原批准或者发现安全生产违法行为不予查处的；

（四）在监督检查中发现重大事故隐患，不依法及时处理的。

负有安全生产监督管理职责的部门的工作人员有前款规定以外的滥用职权、玩忽职守、徇私舞弊行为的，依法给予处分；构成犯罪的，依照刑法有关规定追究刑事责任。

第八十八条　负有安全生产监督管理职责的部门，要求被审查、验收的单位购买其指定的安全设备、器材或者其他产品的，在对安全生产事项的审查、验收中收取费用的，由其上级机关或者监察机关责令改正，责令退还收取的费用；情节严重的，对直接负责的主管人员和其他直接责任人员依法给予处分。

第八十九条 承担安全评价、认证、检测、检验工作的机构，出具虚假证明的，没收违法所得；违法所得在十万元以上的，并处违法所得二倍以上五倍以下的罚款；没有违法所得或者违法所得不足十万元的，单处或者并处十万元以上二十万元以下的罚款；对其直接负责的主管人员和其他直接责任人员处二万元以上五万元以下的罚款；给他人造成损害的，与生产经营单位承担连带赔偿责任；构成犯罪的，依照刑法有关规定追究刑事责任。

对有前款违法行为的机构，吊销其相应资质。

第九十条 生产经营单位的决策机构、主要负责人或者个人经营的投资人不依照本法规定保证安全生产所必需的资金投入，致使生产经营单位不具备安全生产条件的，责令限期改正，提供必需的资金；逾期未改正的，责令生产经营单位停产停业整顿。

有前款违法行为，导致发生生产安全事故的，对生产经营单位的主要负责人给予撤职处分，对个人经营的投资人处二万元以上二十万元以下的罚款；构成犯罪的，依照刑法有关规定追究刑事责任。

第九十一条 生产经营单位的主要负责人未履行本法规定的安全生产管理职责的，责令限期改正；逾期未改正的，处二万元以上五万元以下的罚款，责令生产经营单位停产停业整顿。

生产经营单位的主要负责人有前款违法行为，导致发生生产安全事故的，给予撤职处分；构成犯罪的，依照刑法有关规定追究刑事责任。

生产经营单位的主要负责人依照前款规定受刑事处罚或者撤职处分的，自刑罚执行完毕或者受处分之日起，五年内不得担任任何生产经营单位的主要负责人；对重大、特别重大生产安全事故负有责任的，终身不得担任本行业生产经营单位的主要负责人。

第九十二条 生产经营单位的主要负责人未履行本法规定的安全生产管理职责，导致发生生产安全事故的，由安全生产监督管理部门依照下列规定处以罚款：

（一）发生一般事故的，处上一年年收入百分之三十的罚款；

（二）发生较大事故的，处上一年年收入百分之四十的罚款；

（三）发生重大事故的，处上一年年收入百分之六十的罚款；

（四）发生特别重大事故的，处上一年年收入百分之八十的罚款。

第九十三条 生产经营单位的安全生产管理人员未履行本法规定的安全生产管理职责的，责令限期改正；导致发生生产安全事故的，暂停或者撤销其与安全生产有关的资格；构成犯罪的，依照刑法有关规定追究刑事责任。

第九十四条 生产经营单位有下列行为之一的，责令限期改正，可以处五万元以下的罚款；逾期未改正的，责令停产停业整顿，并处五万元以上十万元以下的罚款，对其直接负责的主管人员和其他直接责任人员处一万元以上二万元以下的罚款：

（一）未按照规定设置安全生产管理机构或者配备安全生产管理人员的；

（二）危险物品的生产、经营、储存单位以及矿山、金属冶炼、建筑施工、道路运输单位的主要负责人和安全生产管理人员未按照规定经考核合格的；

（三）未按照规定对从业人员、被派遣劳动者、实习学生进行安全生产教育和培训，或者未按照规定如实告知有关的安全生产事项的；

（四）未如实记录安全生产教育和培训情况的；

（五）未将事故隐患排查治理情况如实记录或者未向从业人员通报的；

（六）未按照规定制定生产安全事故应急救援预案或者未定期组织演练的；

（七）特种作业人员未按照规定经专门的安全作业培训并取得相应资格，上岗作业的。

第九十五条 生产经营单位有下列行为之一的，责令停止建设或者停产停业整顿，限期改正；逾期未改正的，处五十万元以上一百万元以下的罚款，对其直接负责的主管人员和其他直接责任人员处二万元以上五万元以下的罚款；构成犯罪的，依照刑法有关规定追究刑事责任：

（一）未按照规定对矿山、金属冶炼建设项目或者用于生产、储存、装卸危险物品的建设项目进行安全评价的；

（二）矿山、金属冶炼建设项目或者用于生产、储存、装卸危险物品的建设项目没有安全设施设计或者安全设施设计未按照规定报经有关部门审查同意的；

（三）矿山、金属冶炼建设项目或者用于生产、储存、装卸危险物品的建设项目的施工单位未按照批准的安全设施设计施工的；

（四）矿山、金属冶炼建设项目或者用于生产、储存危险物品的建设项目竣工投入生产或者使用前，安全设施未经验收合格的。

第九十六条 生产经营单位有下列行为之一的，责令限期改正，可以处五万元以下的罚款；逾期未改正的，处五万元以上二十万元以下的罚款，对其直接负责的主管人员和其他直接责任人员处一万元以上二万元以下的罚款；情节严重的，责令停产停业整顿；构成犯罪的，依照刑法有关规定追究刑事责任：

（一）未在有较大危险因素的生产经营场所和有关设施、设备上设置明显的安全警示标志的；

（二）安全设备的安装、使用、检测、改造和报废不符合国家标准或者行业标准的；

（三）未对安全设备进行经常性维护、保养和定期检测的；

（四）未为从业人员提供符合国家标准或者行业标准的劳动防护用品的；

（五）危险物品的容器、运输工具，以及涉及人身安全、危险性较大的海洋石油开采特种设备和矿山井下特种设备未经具有专业资质的机构检测、检验合格，取得安全使用证或者安全标志，投入使用的；

（六）使用应当淘汰的危及生产安全的工艺、设备的。

第九十七条 未经依法批准，擅自生产、经营、运输、储存、使用危险物品或者处置废弃危险物品的，依照有关危险物品安全管理的法律、行政法规的规定予以处罚；构成犯罪的，依照刑法有关规定追究刑事责任。

第九十八条 生产经营单位有下列行为之一的，责令限期改正，可以处十万元以下的罚款；逾期未改正的，责令停产停业整顿，并处十万元以上二十万元以下的罚款，对其直接负责的主管人员和其他直接责任人员处二万元以上五万元以下的罚款；构成犯罪的，依照刑法有关规定追究刑事责任：

（一）生产、经营、运输、储存、使用危险物品或者处置废弃危险物品，未建立专门安全管理制度、未采取可靠的安全措施的；

（二）对重大危险源未登记建档，或者未进行评估、监控，或者未制定应急预案的；

（三）进行爆破、吊装以及国务院安全生产监督管理部门会同国务院有关部门规定的其他危险作业，未安排专门人员进行现场安全管理的；

（四）未建立事故隐患排查治理制度的。

第九十九条 生产经营单位未采取措施消除事故隐患的，责令立即消除或者限期消除；生产经营单位拒不执行的，责令停产停业整顿，并处十万元以上五十万元以下的罚款，对其直接负责的主管人员和其他直接责任人员处二万元以上五万元以下的罚款。

第一百条 生产经营单位将生产经营项目、场所、设备发包或者出租给不具备安全生产条件或者相应资质的单位或者个人的，责令限期改正，没收违法所得；违法所得十万元以上的，并处违法所得二倍以上五倍以下的罚款；没有违法所得或者违法所得不足十万元的，单处或者并处十万元以上二十万元以下的罚款；对其直接负责的主管人员和其他直接责任人员处一万元以上二万元以下的罚款；导致发生生产安全事故给他人造成损害的，与承包方、承租方承担连带赔偿责任。

生产经营单位未与承包单位、承租单位签订专门的安全生产管理协议或者未在承包合同、租赁合同中明确各自的安全生产管理职责，或者未对承包单位、承租单位的安全生产统一协调、管理的，责令限期改正，可以处五万元以下的罚款，对其直接负责的主管人员和其他直接责任人员可以处一万元以下的罚款；逾期未改正的，责令停产停业整顿。

第一百零一条 两个以上生产经营单位在同一作业区域内进行可能危及对方安全生产的生产经营活动，未签订安全生产管理协议或者未指定专职安全生产管理人员进行安全检查与协调的，责令限期改正，可以处五万元以下的罚款，对其直接负责的主管人员和其他直接责任人员可以处一万元以下的罚款；逾期未改正的，责令停产停业。

第一百零二条 生产经营单位有下列行为之一的，责令限期改正，可以处五万元以下的罚款，对其直接负责的主管人员和其他直接责任人员可以处一万元以下的罚款；逾期未改正的，责令停产停业整顿；构成犯罪的，依照刑法有关规定追究刑事责任：

（一）生产、经营、储存、使用危险物品的车间、商店、仓库与员工宿舍在同一座建筑内，或者与员工宿舍的距离不符合安全要求的；

（二）生产经营场所和员工宿舍未设有符合紧急疏散需要、标志明显、保持畅通的出口，或者锁闭、封堵生产经营场所或者员工宿舍出口的。

第一百零三条 生产经营单位与从业人员订立协议，免除或者减轻其对从业人员因生产安全事故伤亡依法应承担的责任的，该协议无效；对生产经营单位的主要负责人、个人经营的投资人处二万元以上十万元以下的罚款。

第一百零四条 生产经营单位的从业人员不服从管理，违反安全生产规章制度或者操作规程的，由生产经营单位给予批评教育，依照有关规章制度给予处分；构成犯罪的，依照刑法有关规定追究刑事责任。

第一百零五条 违反本法规定，生产经营单位拒绝、阻碍负有安全生产监督管理职责的部门依法实施监督检查的，责令改正；拒不改正的，处二万元以上二十万元以下的罚款；对其直接负责的主管人员和其他直接责任人员处一万元以上二万元以下的罚款；构成犯罪的，依照刑法有关规定追究刑事责任。

第一百零六条 生产经营单位的主要负责人在本单位发生生产安全事故时，不立即组织抢救或者在事故调查处理期间擅离职守或者逃匿的，给予降级、撤职的处分，并由安全生产监督管理部门处上一年年收入百分之六十至百分之一百的罚款；对逃匿的处十五日以下拘留；构成犯罪的，依照刑法有关规定追究刑事责任。

生产经营单位的主要负责人对生产安全事故隐瞒不报、谎报或者迟报的，依照前款规定处罚。

第一百零七条 有关地方人民政府、负有安全生产监督管理职责的部门，对生产安全事故隐瞒不报、谎报或者迟报的，对直接负责的主管人员和其他直接责任人员依法给予处分；构成犯罪的，依照刑法有关规定追究刑事责任。

第一百零八条 生产经营单位不具备本法和其他有关法律、行政法规和国家标准或者行业标准规定的安全生产条件，经停产停业整顿仍不具备安全生产条件的，予以关闭；有关部门应当依法吊销其有关证照。

第一百零九条 发生生产安全事故，对负有责任的生产经营单位除要求其依法承担相应的赔偿等责任外，由安全生产监督管理部门依照下列规定处以罚款：

（一）发生一般事故的，处二十万元以上五十万元以下的罚款；

（二）发生较大事故的，处五十万元以上一百万元以下的罚款；

（三）发生重大事故的，处一百万元以上五百万元以下的罚款；

（四）发生特别重大事故的，处五百万元以上一千万元以下的罚款；情节特别严重的，处一千万元以上二千万元以下的罚款。

第一百一十条 本法规定的行政处罚，由安全生产监督管理部门和其他负有安全生产监督管理职责的部门按照职责分工决定。予以关闭的行政处罚由负有安全生产监督管理职责的部门报请县级以上人民政府按照国务院规定的权限决定；给予拘留的行政处罚由公安机关依照治安管理处罚法的规定决定。

第一百一十一条 生产经营单位发生生产安全事故造成人员伤亡、他人财产损失的，应当依法承担赔偿责任；拒不承担或者其负责人逃匿的，由人民法院依法强制执行。

生产安全事故的责任人未依法承担赔偿责任，经人民法院依法采取执行措施后，仍不能对受害人给予足额赔偿的，应当继续履行赔偿义务；受害人发现责任人有其他财产的，可以随时请求人民法院执行。

第七章　附　则

第一百一十二条　本法下列用语的含义：

危险物品，是指易燃易爆物品、危险化学品、放射性物品等能够危及人身安全和财产安全的物品。

重大危险源，是指长期地或者临时地生产、搬运、使用或者储存危险物品，且危险物品的数量等于或者超过临界量的单元（包括场所和设施）。

第一百一十三条　本法规定的生产安全一般事故、较大事故、重大事故、特别重大事故的划分标准由国务院规定。

国务院安全生产监督管理部门和其他负有安全生产监督管理职责的部门应当根据各自的职责分工，制定相关行业、领域重大事故隐患的判定标准。

第一百一十四条　本法自 2002 年 11 月 1 日起施行。

中华人民共和国刑法

（2017年11月4日修正）

（1979年7月1日第五届全国人民代表大会第二次会议通过　1997年3月14日第八届全国人民代表大会第五次会议修订　根据1999年12月25日《中华人民共和国刑法修正案》、2001年8月31日《中华人民共和国刑法修正案（二）》、2001年12月29日《中华人民共和国刑法修正案（三）》、2002年12月28日《中华人民共和国刑法修正案（四）》、2005年2月28日《中华人民共和国刑法修正案（五）》、2006年6月29日《中华人民共和国刑法修正案（六）》、2009年2月28日《中华人民共和国刑法修正案（七）》修正　根据2009年8月27日《全国人民代表大会常务委员会关于修改部分法律的决定》修正　根据2011年2月25日《中华人民共和国刑法修正案（八）》修正　《中华人民共和国刑法修正案（九）》已由中华人民共和国第十二届全国人民代表大会常务委员会第十六次会议于2015年8月29日通过　2017年11月4日第十二届全国人民代表大会常务委员会第三十次会议通过《中华人民共和国刑法修正案（十）》）

第一编　总　则

第一章　刑法的任务、基本原则和适用范围

第一条　【立法宗旨】为了惩罚犯罪，保护人民，根据宪法，结合我国同犯罪作斗争的具体经验及实际情况，制定本法。

第二条　【本法任务】中华人民共和国刑法的任务，是用刑罚同一切犯罪行为作斗争，以保卫国家安全，保卫人民民主专政的政权和社会主义制度，保护国有财产和劳动群众集体所有的财产，保护公民私人所有的财产，保护公民的人身权利、民主权利和其他权利，维护社会秩序、经济秩序，保障社会主义建设事业的顺利进行。

第三条　【罪刑法定】法律明文规定为犯罪行为的，依照法律定罪处刑；法律没有明文规定为犯罪行为的，不得定罪处刑。

第四条　【适用刑法人人平等】对任何人犯罪，在适用法律上一律平等。不允许任何人有超越法律的特权。

第五条　【罪责刑相适应】刑罚的轻重，应当与犯罪分子所犯罪行和承担的刑事责任相适应。

第六条 【属地管辖权】凡在中华人民共和国领域内犯罪的，除法律有特别规定的以外，都适用本法。

凡在中华人民共和国船舶或者航空器内犯罪的，也适用本法。

犯罪的行为或者结果有一项发生在中华人民共和国领域内的，就认为是在中华人民共和国领域内犯罪。

第七条 【属人管辖权】中华人民共和国公民在中华人民共和国领域外犯本法规定之罪的，适用本法，但是按本法规定的最高刑为三年以下有期徒刑的，可以不予追究。

中华人民共和国国家工作人员和军人在中华人民共和国领域外犯本法规定之罪的，适用本法。

第八条 【保护管辖权】外国人在中华人民共和国领域外对中华人民共和国国家或者公民犯罪，而按本法规定的最低刑为三年以上有期徒刑的，可以适用本法，但是按照犯罪地的法律不受处罚的除外。

第九条 【普遍管辖权】对于中华人民共和国缔结或者参加的国际条约所规定的罪行，中华人民共和国在所承担条约义务的范围内行使刑事管辖权的，适用本法。

第十条 【对外国刑事判决的消极承认】凡在中华人民共和国领域外犯罪，依照本法应当负刑事责任的，虽然经过外国审判，仍然可以依照本法追究，但是在外国已经受过刑罚处罚的，可以免除或者减轻处罚。

第十一条 【外交代表刑事管辖豁免】享有外交特权和豁免权的外国人的刑事责任，通过外交途径解决。

第十二条 【刑法溯及力】中华人民共和国成立以后本法施行以前的行为，如果当时的法律不认为是犯罪的，适用当时的法律；如果当时的法律认为是犯罪的，依照本法总则第四章第八节的规定应当追诉的，按照当时的法律追究刑事责任，但是如果本法不认为是犯罪或者处刑较轻的，适用本法。

本法施行以前，依照当时的法律已经作出的生效判决，继续有效。

第二章 犯 罪

第一节 犯罪和刑事责任

第十三条 【犯罪概念】一切危害国家主权、领土完整和安全，分裂国家、颠覆人民民主专政的政权和推翻社会主义制度，破坏社会秩序和经济秩序，侵犯国有财产或者劳动群众集体所有的财产，侵犯公民私人所有的财产，侵犯公民的人身权利、民主权利和其他权利，以及其他危害社会的行为，依照法律应当受刑罚处罚的，都是犯罪，但是情节显著轻微危害不大的，不认为是犯罪。

第十四条 【故意犯罪】明知自己的行为会发生危害社会的结果，并且希望或者放任这种结果发生，因而构成犯罪的，是故意犯罪。

故意犯罪，应当负刑事责任。

第十五条 【过失犯罪】应当预见自己的行为可能发生危害社会的结果，因为疏忽大意而没有预见，或者已经预见而轻信能够避免，以致发生这种结果的，是过失犯罪。

过失犯罪，法律有规定的才负刑事责任。

第十六条 【不可抗力和意外事件】行为在客观上虽然造成了损害结果，但是不是出于故意或者过失，而是由于不能抗拒或者不能预见的原因所引起的，不是犯罪。

第十七条 【刑事责任年龄】已满十六周岁的人犯罪，应当负刑事责任。

已满十四周岁不满十六周岁的人，犯故意杀人、故意伤害致人重伤或者死亡、强奸、抢劫、贩卖毒品、放火、爆炸、投放危险物质罪的，应当负刑事责任。

已满十四周岁不满十八周岁的人犯罪，应当从轻或者减轻处罚。

因不满十六周岁不予刑事处罚的，责令他的家长或者监护人加以管教；在必要的时候，也可以由政府收容教养。

第十七条 之一 【刑事责任年龄】已满七十五周岁的人故意犯罪的，可以从轻或者减轻处罚；过失犯罪的，应当从轻或者减轻处罚。

第十八条 【特殊人员的刑事责任能力】精神病人在不能辨认或者不能控制自己行为的时候造成危害结果，经法定程序鉴定确认的，不负刑事责任，但是应当责令他的家属或者监护人严加看管和医疗；在必要的时候，由政府强制医疗。

间歇性的精神病人在精神正常的时候犯罪，应当负刑事责任。

尚未完全丧失辨认或者控制自己行为能力的精神病人犯罪的，应当负刑事责任，但是可以从轻或者减轻处罚。

醉酒的人犯罪，应当负刑事责任。

第十九条 【又聋又哑的人或盲人犯罪的刑事责任】又聋又哑的人或者盲人犯罪，可以从轻、减轻或者免除处罚。

第二十条 【正当防卫】为了使国家、公共利益、本人或者他人的人身、财产和其他权利免受正在进行的不法侵害，而采取的制止不法侵害的行为，对不法侵害人造成损害的，属于正当防卫，不负刑事责任。

正当防卫明显超过必要限度造成重大损害的，应当负刑事责任，但是应当减轻或者免除处罚。

对正在进行行凶、杀人、抢劫、强奸、绑架以及其他严重危及人身安全的暴力犯罪，采取防卫行为，造成不法侵害人伤亡的，不属于防卫过当，不负刑事责任。

第二十一条 【紧急避险】为了使国家、公共利益、本人或者他人的人身、财产和其他权利免受正在发生的危险，不得已采取的紧急避险行为，造成损害的，不负刑事责任。

紧急避险超过必要限度造成不应有的损害的，应当负刑事责任，但是应当减轻或者免除处罚。

第一款中关于避免本人危险的规定，不适用于职务上、业务上负有特定责任的人。

第二节　犯罪的预备、未遂和中止

第二十二条　【犯罪预备】为了犯罪，准备工具、制造条件的，是犯罪预备。

对于预备犯，可以比照既遂犯从轻、减轻处罚或者免除处罚。

第二十三条　【犯罪未遂】已经着手实行犯罪，由于犯罪分子意志以外的原因而未得逞的，是犯罪未遂。

对于未遂犯，可以比照既遂犯从轻或者减轻处罚。

第二十四条　【犯罪中止】在犯罪过程中，自动放弃犯罪或者自动有效地防止犯罪结果发生的，是犯罪中止。

对于中止犯，没有造成损害的，应当免除处罚；造成损害的，应当减轻处罚。

第三节　共同犯罪

第二十五条　【共同犯罪的概念】共同犯罪是指二人以上共同故意犯罪。

二人以上共同过失犯罪，不以共同犯罪论处；应当负刑事责任的，按照他们所犯的罪分别处罚。

第二十六条　【主犯】组织、领导犯罪集团进行犯罪活动的或者在共同犯罪中起主要作用的，是主犯。

三人以上为共同实施犯罪而组成的较为固定的犯罪组织，是犯罪集团。

对组织、领导犯罪集团的首要分子，按照集团所犯的全部罪行处罚。

对于第三款规定以外的主犯，应当按照其所参与的或者组织、指挥的全部犯罪处罚。

第二十七条　【从犯】在共同犯罪中起次要或者辅助作用的，是从犯。

对于从犯，应当从轻、减轻处罚或者免除处罚。

第二十八条　【胁从犯】对于被胁迫参加犯罪的，应当按照他的犯罪情节减轻处罚或者免除处罚。

第二十九条　【教唆犯】教唆他人犯罪的，应当按照他在共同犯罪中所起的作用处罚。教唆不满十八周岁的人犯罪的，应当从重处罚。

如果被教唆的人没有犯被教唆的罪，对于教唆犯，可以从轻或者减轻处罚。

第四节　单位犯罪

第三十条　【单位负刑事责任的范围】公司、企业、事业单位、机关、团体实施的危害社会的行为，法律规定为单位犯罪的，应当负刑事责任。

第三十一条　【单位犯罪的处罚原则】单位犯罪的，对单位判处罚金，并对其直接负责的主管人员和其他直接责任人员判处刑罚。本法分则和其他法律另有规定的，依照规定。

第三章　刑　罚

第一节　刑罚的种类

第三十二条　【主刑和附加刑】刑罚分为主刑和附加刑。

第三十三条　【主刑种类】主刑的种类如下：

（一）管制；

（二）拘役；

（三）有期徒刑；

（四）无期徒刑；

（五）死刑。

第三十四条　【附加刑种类】附加刑的种类如下：

（一）罚金；

（二）剥夺政治权利；

（三）没收财产。

附加刑也可以独立适用。

第三十五条　【驱逐出境】对于犯罪的外国人，可以独立适用或者附加适用驱逐出境。

第三十六条　【赔偿经济损失与民事优先原则】由于犯罪行为而使被害人遭受经济损失的，对犯罪分子除依法给予刑事处罚外，并应根据情况判处赔偿经济损失。

承担民事赔偿责任的犯罪分子，同时被判处罚金，其财产不足以全部支付的，或者被判处没收财产的，应当先承担对被害人的民事赔偿责任。

第三十七条　【非刑罚性处置措施】对于犯罪情节轻微不需要判处刑罚的，可以免予刑事处罚，但是可以根据案件的不同情况，予以训诫或者责令具结悔过、赔礼道歉、赔偿损失，或者由主管部门予以行政处罚或者行政处分。

第三十七条　之一　【禁业规定】因利用职业便利实施犯罪，或者实施违背职业要求的特定义务的犯罪被判处刑罚的，人民法院可以根据犯罪情况和预防再犯罪的需要，禁止其自刑罚执行完毕之日或者假释之日起从事相关职业，期限为三年至五年。

被禁止从事相关职业的人违反人民法院依照前款规定作出的决定的，由公安机关依法给予处罚；情节严重的，依照本法第三百一十三条的规定定罪处罚。

其他法律、行政法规对其从事相关职业另有禁止或者限制性规定的，从其规定。

第二节　管　制

第三十八条　【管制的期限与执行机关】管制的期限，为三个月以上二年以下。

判处管制，可以根据犯罪情况，同时禁止犯罪分子在执行期间从事特定活动，进入特定区域、场所，接触特定的人。

对判处管制的犯罪分子，依法实行社区矫正。

违反第二款规定的禁止令的，由公安机关依照《中华人民共和国治安管理处罚法》的规定处罚。

第三十九条 【被管制罪犯的义务与权利】被判处管制的犯罪分子，在执行期间，应当遵守下列规定：

（一）遵守法律、行政法规，服从监督；

（二）未经执行机关批准，不得行使言论、出版、集会、结社、游行、示威自由的权利；

（三）按照执行机关规定报告自己的活动情况；

（四）遵守执行机关关于会客的规定；

（五）离开所居住的市、县或者迁居，应当报经执行机关批准。

对于被判处管制的犯罪分子，在劳动中应当同工同酬。

第四十条 【管制期满解除】被判处管制的犯罪分子，管制期满，执行机关应即向本人和其所在单位或者居住地的群众宣布解除管制。

第四十一条 【管制刑期的计算和折抵】管制的刑期，从判决执行之日起计算；判决执行以前先行羁押的，羁押一日折抵刑期二日。

第三节 拘 役

第四十二条 【拘役的期限】拘役的期限，为一个月以上六个月以下。

第四十三条 【拘役的执行】被判处拘役的犯罪分子，由公安机关就近执行。

在执行期间，被判处拘役的犯罪分子每月可以回家一天至两天；参加劳动的，可以酌量发给报酬。

第四十四条 【拘役刑期的计算和折抵】拘役的刑期，从判决执行之日起计算；判决执行以前先行羁押的，羁押一日折抵刑期一日。

第四节 有期徒刑、无期徒刑

第四十五条 【有期徒刑的期限】有期徒刑的期限，除本法第五十条、第六十九条规定外，为六个月以上十五年以下。

第四十六条 【有期徒刑与无期徒刑的执行】被判处有期徒刑、无期徒刑的犯罪分子，在监狱或者其他执行场所执行；凡有劳动能力的，都应当参加劳动，接受教育和改造。

第四十七条 【有期徒刑刑期的计算与折抵】有期徒刑的刑期，从判决执行之日起计算；判决执行以前先行羁押的，羁押一日折抵刑期一日。

第五节 死 刑

第四十八条 【死刑、死缓的适用对象及核准程序】死刑只适用于罪行极其严重的犯罪分子。对于应当判处死刑的犯罪分子，如果不是必须立即执行的，可以判处死刑同时宣告缓期二年执行。

死刑除依法由最高人民法院判决的以外，都应当报请最高人民法院核准。死刑缓期执行的，可以由高级人民法院判决或者核准。

第四十九条 【死刑适用对象的限制】犯罪的时候不满十八周岁的人和审判的时候怀孕的妇女，不适用死刑。

审判的时候已满七十五周岁的人，不适用死刑，但以特别残忍手段致人死亡的除外。

第五十条 【死缓变更】判处死刑缓期执行的，在死刑缓期执行期间，如果没有故意犯罪，二年期满以后，减为无期徒刑；如果确有重大立功表现，二年期满以后，减为二十五年有期徒刑；如果故意犯罪，情节恶劣的，报请最高人民法院核准后执行死刑；对于故意犯罪未执行死刑的，死刑缓期执行的期间重新计算，并报最高人民法院备案。

对被判处死刑缓期执行的累犯以及因故意杀人、强奸、抢劫、绑架、放火、爆炸、投放危险物质或者有组织的暴力性犯罪被判处死刑缓期执行的犯罪分子，人民法院根据犯罪情节等情况可以同时决定对其限制减刑。

第五十一条 【死缓期间及减为有期徒刑的刑期计算】死刑缓期执行的期间，从判决确定之日起计算。死刑缓期执行减为有期徒刑的刑期，从死刑缓期执行期满之日起计算。

第六节　罚　金

第五十二条 【罚金数额的裁量】判处罚金，应当根据犯罪情节决定罚金数额。

第五十三条 【罚金的缴纳】罚金在判决指定的期限内一次或者分期缴纳。期满不缴纳的，强制缴纳。对于不能全部缴纳罚金的，人民法院在任何时候发现被执行人有可以执行的财产，应当随时追缴。

由于遭遇不能抗拒的灾祸等原因缴纳确实有困难的，经人民法院裁定，可以延期缴纳、酌情减少或者免除。

第七节　剥夺政治权利

第五十四条 【剥夺政治权利的含义】剥夺政治权利是剥夺下列权利：

（一）选举权和被选举权；

（二）言论、出版、集会、结社、游行、示威自由的权利；

（三）担任国家机关职务的权利；

（四）担任国有公司、企业、事业单位和人民团体领导职务的权利。

第五十五条 【剥夺政治权利的期限】剥夺政治权利的期限，除本法第五十七条规定外，为一年以上五年以下。

判处管制附加剥夺政治权利的，剥夺政治权利的期限与管制的期限相等，同时执行。

第五十六条 【剥夺政治权利的附加、独立适用】对于危害国家安全的犯罪分子应当附加剥夺政治权利；对于故意杀人、强奸、放火、爆炸、投毒、抢劫等严重破坏社会秩序的犯罪分子，可以附加剥夺政治权利。

独立适用剥夺政治权利的，依照本法分则的规定。

第五十七条 【对死刑、无期徒刑罪犯剥夺政治权利的适用】对于被判处死刑、无期徒刑的犯罪分子，应当剥夺政治权利终身。

在死刑缓期执行减为有期徒刑或者无期徒刑减为有期徒刑的时候，应当把附加剥夺政治权利的期限改为三年以上十年以下。

第五十八条 【剥夺政治权利的刑期计算、效力与执行】附加剥夺政治权利的刑期，从徒刑、拘役执行完毕之日或者从假释之日起计算；剥夺政治权利的效力当然施用于主刑执行期间。

被剥夺政治权利的犯罪分子，在执行期间，应当遵守法律、行政法规和国务院公安部门有关监督管理的规定，服从监督；不得行使本法第五十四条规定的各项权利。

第八节　没收财产

第五十九条 【没收财产的范围】没收财产是没收犯罪分子个人所有财产的一部分或者全部。没收全部财产的，应当对犯罪分子个人及其扶养的家属保留必需的生活费用。

在判处没收财产的时候，不得没收属于犯罪分子家属所有或者应有的财产。

第六十条 【以没收的财产偿还债务】没收财产以前犯罪分子所负的正当债务，需要以没收的财产偿还的，经债权人请求，应当偿还。

第四章　刑罚的具体运用

第一节　量　刑

第六十一条 【量刑的一般原则】对于犯罪分子决定刑罚的时候，应当根据犯罪的事实、犯罪的性质、情节和对于社会的危害程度，依照本法的有关规定判处。

第六十二条 【从重处罚与从轻处罚】犯罪分子具有本法规定的从重处罚、从轻处罚情节的，应当在法定刑的限度以内判处刑罚。

第六十三条 【减轻处罚】犯罪分子具有本法规定的减轻处罚情节的，应当在法定刑以下判处刑罚；本法规定有数个量刑幅度的，应当在法定量刑幅度的下一个量刑幅度内判处刑罚。

犯罪分子虽然不具有本法规定的减轻处罚情节，但是根据案件的特殊情况，经最高人民法院核准，也可以在法定刑以下判处刑罚。

第六十四条 【犯罪物品的处理】犯罪分子违法所得的一切财物，应当予以追缴或者责令退赔；对被害人的合法财产，应当及时返还；违禁品和供犯罪所用的本人财物，应当予以没收。没收的财物和罚金，一律上缴国库，不得挪用和自行处理。

第二节 累 犯

第六十五条 【一般累犯】被判处有期徒刑以上刑罚的犯罪分子，刑罚执行完毕或者赦免以后，在五年以内再犯应当判处有期徒刑以上刑罚之罪的，是累犯，应当从重处罚，但是过失犯罪和不满十八周岁的人犯罪的除外。

前款规定的期限，对于被假释的犯罪分子，从假释期满之日起计算。

第六十六条 【特别累犯】危害国家安全犯罪、恐怖活动犯罪、黑社会性质的组织犯罪的犯罪分子，在刑罚执行完毕或者赦免以后，在任何时候再犯上述任一类罪的，都以累犯论处。

第三节 自首和立功

第六十七条 【自首】犯罪以后自动投案，如实供述自己的罪行的，是自首。对于自首的犯罪分子，可以从轻或者减轻处罚。其中，犯罪较轻的，可以免除处罚。

被采取强制措施的犯罪嫌疑人、被告人和正在服刑的罪犯，如实供述司法机关还未掌握的本人其他罪行的，以自首论。

犯罪嫌疑人虽不具有前两款规定的自首情节，但是如实供述自己罪行的，可以从轻处罚；因其如实供述自己罪行，避免特别严重后果发生的，可以减轻处罚。

第六十八条 【立功】犯罪分子有揭发他人犯罪行为，查证属实的，或者提供重要线索，从而得以侦破其他案件等立功表现的，可以从轻或者减轻处罚；有重大立功表现的，可以减轻或者免除处罚。

第四节 数罪并罚

第六十九条 【数罪并罚的一般原则】判决宣告以前一人犯数罪的，除判处死刑和无期徒刑的以外，应当在总和刑期以下、数刑中最高刑期以上，酌情决定执行的刑期，但是管制最高不能超过三年，拘役最高不能超过一年，有期徒刑总和刑期不满三十五年的，最高不能超过二十年，总和刑期在三十五年以上的，最高不能超过二十五年。

数罪中有判处有期徒刑和拘役的，执行有期徒刑。数罪中有判处有期徒刑和管制，或者拘役和管制的，有期徒刑、拘役执行完毕后，管制仍须执行。

数罪中有判处附加刑的，附加刑仍须执行，其中附加刑种类相同的，合并执行，种类不同的，分别执行。

第七十条 【判决宣告后发现漏罪的并罚】判决宣告以后，刑罚执行完毕以前，发现被判刑的犯罪分子在判决宣告以前还有其他罪没有判决的，应当对新发现的罪作出判决，把前后两个判决所判处的刑罚，依照本法第六十九条的规定，决定执行的刑罚。已经执行的刑期，应当计算在新判决决定的刑期以内。

第七十一条 【判决宣告后又犯新罪的并罚】判决宣告以后，刑罚执行完毕以前，被判刑的犯罪分子又犯罪的，应当对新犯的罪作出判决，把前罪没有执行的刑罚和后罪所判处的刑罚，依照本法第六十九条的规定，决定执行的刑罚。

第五节　缓　刑

第七十二条　【适用条件】对于被判处拘役、三年以下有期徒刑的犯罪分子，同时符合下列条件的，可以宣告缓刑，对其中不满十八周岁的人、怀孕的妇女和已满七十五周岁的人，应当宣告缓刑：

（一）犯罪情节较轻；

（二）有悔罪表现；

（三）没有再犯罪的危险；

（四）宣告缓刑对所居住社区没有重大不良影响。

宣告缓刑，可以根据犯罪情况，同时禁止犯罪分子在缓刑考验期限内从事特定活动，进入特定区域、场所，接触特定的人。

被宣告缓刑的犯罪分子，如果被判处附加刑，附加刑仍须执行。

第七十三条　【考验期限】拘役的缓刑考验期限为原判刑期以上一年以下，但是不能少于二个月。

有期徒刑的缓刑考验期限为原判刑期以上五年以下，但是不能少于一年。

缓刑考验期限，从判决确定之日起计算。

第七十四条　【累犯不适用缓刑】对于累犯和犯罪集团的首要分子，不适用缓刑。

第七十五条　【缓刑犯应遵守的规定】被宣告缓刑的犯罪分子，应当遵守下列规定：

（一）遵守法律、行政法规，服从监督；

（二）按照考察机关的规定报告自己的活动情况；

（三）遵守考察机关关于会客的规定；

（四）离开所居住的市、县或者迁居，应当报经考察机关批准。

第七十六条　【缓刑的考验及其积极后果】对宣告缓刑的犯罪分子，在缓刑考验期限内，依法实行社区矫正，如果没有本法第七十七条规定的情形，缓刑考验期满，原判的刑罚就不再执行，并公开予以宣告。

第七十七条　【缓刑的撤销及其处理】被宣告缓刑的犯罪分子，在缓刑考验期限内犯新罪或者发现判决宣告以前还有其他罪没有判决的，应当撤销缓刑，对新犯的罪或者新发现的罪作出判决，把前罪和后罪所判处的刑罚，依照本法第六十九条的规定，决定执行的刑罚。

被宣告缓刑的犯罪分子，在缓刑考验期限内，违反法律、行政法规或者国务院有关部门关于缓刑的监督管理规定，或者违反人民法院判决中的禁止令，情节严重的，应当撤销缓刑，执行原判刑罚。

第六节　减　刑

第七十八条　【减刑条件与限度】被判处管制、拘役、有期徒刑、无期徒刑的犯罪分子，在执行期间，如果认真遵守监规，接受教育改造，确有悔改表现的，或者有立功表现的，可以减刑；有下列重大立功表现之一的，应当减刑：

（一）阻止他人重大犯罪活动的；

（二）检举监狱内外重大犯罪活动，经查证属实的；

（三）有发明创造或者重大技术革新的；

（四）在日常生产、生活中舍己救人的；

（五）在抗御自然灾害或者排除重大事故中，有突出表现的；

（六）对国家和社会有其他重大贡献的。

减刑以后实际执行的刑期不能少于下列期限：

（一）判处管制、拘役、有期徒刑的，不能少于原判刑期的二分之一；

（二）判处无期徒刑的，不能少于十三年；

（三）人民法院依照本法第五十条第二款规定限制减刑的死刑缓期执行的犯罪分子，缓期执行期满后依法减为无期徒刑的，不能少于二十五年，缓期执行期满后依法减为二十五年有期徒刑的，不能少于二十年。

第七十九条　【减刑程序】对于犯罪分子的减刑，由执行机关向中级以上人民法院提出减刑建议书。人民法院应当组成合议庭进行审理，对确有悔改或者立功事实的，裁定予以减刑。非经法定程序不得减刑。

第八十条　【无期徒刑减刑的刑期计算】无期徒刑减为有期徒刑的刑期，从裁定减刑之日起计算。

第七节　假　释

第八十一条　【假释的适用条件】被判处有期徒刑的犯罪分子，执行原判刑期二分之一以上，被判处无期徒刑的犯罪分子，实际执行十三年以上，如果认真遵守监规，接受教育改造，确有悔改表现，没有再犯罪的危险的，可以假释。如果有特殊情况，经最高人民法院核准，可以不受上述执行刑期的限制。

对累犯以及因故意杀人、强奸、抢劫、绑架、放火、爆炸、投放危险物质或者有组织的暴力性犯罪被判处十年以上有期徒刑、无期徒刑的犯罪分子，不得假释。

对犯罪分子决定假释时，应当考虑其假释后对所居住社区的影响。

第八十二条　【假释的程序】对于犯罪分子的假释，依照本法第七十九条规定的程序进行。非经法定程序不得假释。

第八十三条　【假释的考验期限】有期徒刑的假释考验期限，为没有执行完毕的刑期；无期徒刑的假释考验期限为十年。

假释考验期限，从假释之日起计算。

第八十四条　【假释犯应遵守的规定】被宣告假释的犯罪分子，应当遵守下列规定：

（一）遵守法律、行政法规，服从监督；

（二）按照监督机关的规定报告自己的活动情况；

（三）遵守监督机关关于会客的规定；

（四）离开所居住的市、县或者迁居，应当报经监督机关批准。

第八十五条 【假释考验及其积极后果】对假释的犯罪分子，在假释考验期限内，依法实行社区矫正，如果没有本法第八十六条规定的情形，假释考验期满，就认为原判刑罚已经执行完毕，并公开予以宣告。

第八十六条 【假释的撤销及其处理】被假释的犯罪分子，在假释考验期限内犯新罪，应当撤销假释，依照本法第七十一条的规定实行数罪并罚。

在假释考验期限内，发现被假释的犯罪分子在判决宣告以前还有其他罪没有判决的，应当撤销假释，依照本法第七十条的规定实行数罪并罚。

被假释的犯罪分子，在假释考验期限内，有违反法律、行政法规或者国务院有关部门关于假释的监督管理规定的行为，尚未构成新的犯罪的，应当依照法定程序撤销假释，收监执行未执行完毕的刑罚。

第八节　时　效

第八十七条 【追诉时效期限】犯罪经过下列期限不再追诉：

（一）法定最高刑为不满五年有期徒刑的，经过五年；

（二）法定最高刑为五年以上不满十年有期徒刑的，经过十年；

（三）法定最高刑为十年以上有期徒刑的，经过十五年；

（四）法定最高刑为无期徒刑、死刑的，经过二十年。如果二十年以后认为必须追诉的，须报请最高人民检察院核准。

第八十八条 【追诉期限的延长】在人民检察院、公安机关、国家安全机关立案侦查或者在人民法院受理案件以后，逃避侦查或者审判的，不受追诉期限的限制。

被害人在追诉期限内提出控告，人民法院、人民检察院、公安机关应当立案而不予立案的，不受追诉期限的限制。

第八十九条 【追诉期限的计算与中断】追诉期限从犯罪之日起计算；犯罪行为有连续或者继续状态的，从犯罪行为终了之日起计算。

在追诉期限以内又犯罪的，前罪追诉的期限从犯后罪之日起计算。

第五章　其他规定

第九十条 【民族自治地方刑法适用的变通】民族自治地方不能全部适用本法规定的，可以由自治区或者省的人民代表大会根据当地民族的政治、经济、文化的特点和本法规定的基本原则，制定变通或者补充的规定，报请全国人民代表大会常务委员会批准施行。

第九十一条 【公共财产的范围】本法所称公共财产，是指下列财产：

（一）国有财产；

（二）劳动群众集体所有的财产；

（三）用于扶贫和其他公益事业的社会捐助或者专项基金的财产。

在国家机关、国有公司、企业、集体企业和人民团体管理、使用或者运输中的私人财产，以公共财产论。

第九十二条 【公民私人所有财产的范围】本法所称公民私人所有的财产，是指下列财产：

（一）公民的合法收入、储蓄、房屋和其他生活资料；

（二）依法归个人、家庭所有的生产资料；

（三）个体户和私营企业的合法财产；

（四）依法归个人所有的股份、股票、债券和其他财产。

第九十三条 【国家工作人员的范围】本法所称国家工作人员，是指国家机关中从事公务的人员。

国有公司、企业、事业单位、人民团体中从事公务的人员和国家机关、国有公司、企业、事业单位委派到非国有公司、企业、事业单位、社会团体从事公务的人员，以及其他依照法律从事公务的人员，以国家工作人员论。

第九十四条 【司法工作人员的范围】本法所称司法工作人员，是指有侦查、检察、审判、监管职责的工作人员。

第九十五条 【重伤】本法所称重伤，是指有下列情形之一的伤害：

（一）使人肢体残废或者毁人容貌的；

（二）使人丧失听觉、视觉或者其他器官机能的；

（三）其他对于人身健康有重大伤害的。

第九十六条 【违反国家规定之含义】本法所称违反国家规定，是指违反全国人民代表大会及其常务委员会制定的法律和决定，国务院制定的行政法规、规定的行政措施、发布的决定和命令。

第九十七条 【首要分子的范围】本法所称首要分子，是指在犯罪集团或者聚众犯罪中起组织、策划、指挥作用的犯罪分子。

第九十八条 【告诉才处理的含义】本法所称告诉才处理，是指被害人告诉才处理。如果被害人因受强制、威吓无法告诉的，人民检察院和被害人的近亲属也可以告诉。

第九十九条 【以上、以下、以内之界定】本法所称以上、以下、以内，包括本数。

第一百条 【前科报告制度】依法受过刑事处罚的人，在入伍、就业的时候，应当如实向有关单位报告自己曾受过刑事处罚，不得隐瞒。

犯罪的时候不满十八周岁被判处五年有期徒刑以下刑罚的人，免除前款规定的报告义务。

第一百零一条 【总则的效力】本法总则适用于其他有刑罚规定的法律，但是其他法律有特别规定的除外。

第二编　分　则

第一章　危害国家安全罪

第一百零二条　【背叛国家罪】勾结外国，危害中华人民共和国的主权、领土完整和安全的，处无期徒刑或者十年以上有期徒刑。

与境外机构、组织、个人相勾结，犯前款罪的，依照前款的规定处罚。

第一百零三条　【分裂国家罪】组织、策划、实施分裂国家、破坏国家统一的，对首要分子或者罪行重大的，处无期徒刑或者十年以上有期徒刑；对积极参加的，处三年以上十年以下有期徒刑；对其他参加的，处三年以下有期徒刑、拘役、管制或者剥夺政治权利。

【煽动分裂国家罪】煽动分裂国家、破坏国家统一的，处五年以下有期徒刑、拘役、管制或者剥夺政治权利；首要分子或者罪行重大的，处五年以上有期徒刑。

第一百零四条　【武装叛乱、暴乱罪】组织、策划、实施武装叛乱或者武装暴乱的，对首要分子或者罪行重大的，处无期徒刑或者十年以上有期徒刑；对积极参加的，处三年以上十年以下有期徒刑；对其他参加的，处三年以下有期徒刑、拘役、管制或者剥夺政治权利。

策动、胁迫、勾引、收买国家机关工作人员、武装部队人员、人民警察、民兵进行武装叛乱或者武装暴乱的，依照前款的规定从重处罚。

第一百零五条　【颠覆国家政权罪】组织、策划、实施颠覆国家政权、推翻社会主义制度的，对首要分子或者罪行重大的，处无期徒刑或者十年以上有期徒刑；对积极参加的，处三年以上十年以下有期徒刑；对其他参加的，处三年以下有期徒刑、拘役、管制或者剥夺政治权利。

【煽动颠覆国家政权罪】以造谣、诽谤或者其他方式煽动颠覆国家政权、推翻社会主义制度的，处五年以下有期徒刑、拘役、管制或者剥夺政治权利；首要分子或者罪行重大的，处五年以上有期徒刑。

第一百零六条　【与境外勾结的处罚规定】与境外机构、组织、个人相勾结，实施本章第一百零三条、第一百零四条、第一百零五条规定之罪的，依照各该条的规定从重处罚。

第一百零七条　【资助危害国家安全犯罪活动罪】境内外机构、组织或者个人资助实施本章第一百零二条、第一百零三条、第一百零四条、第一百零五条规定之罪的，对直接责任人员，处五年以下有期徒刑、拘役、管制或者剥夺政治权利；情节严重的，处五年以上有期徒刑。

第一百零八条　【投敌叛变罪】投敌叛变的，处三年以上十年以下有期徒刑；情节严重或者带领武装部队人员、人民警察、民兵投敌叛变的，处十年以上有期徒刑或者无期徒刑。

第一百零九条 【叛逃罪】国家机关工作人员在履行公务期间，擅离岗位，叛逃境外或者在境外叛逃的，处五年以下有期徒刑、拘役、管制或者剥夺政治权利；情节严重的，处五年以上十年以下有期徒刑。

掌握国家秘密的国家工作人员叛逃境外或者在境外叛逃的，依照前款的规定从重处罚。

第一百一十条 【间谍罪】有下列间谍行为之一，危害国家安全的，处十年以上有期徒刑或者无期徒刑；情节较轻的，处三年以上十年以下有期徒刑：

（一）参加间谍组织或者接受间谍组织及其代理人的任务的；

（二）为敌人指示轰击目标的。

第一百一十一条 【为境外窃取、刺探、收买、非法提供国家秘密、情报罪】为境外的机构、组织、人员窃取、刺探、收买、非法提供国家秘密或者情报的，处五年以上十年以下有期徒刑；情节特别严重的，处十年以上有期徒刑或者无期徒刑；情节较轻的，处五年以下有期徒刑、拘役、管制或者剥夺政治权利。

第一百一十二条 【资敌罪】战时供给敌人武器装备、军用物资资敌的，处十年以上有期徒刑或者无期徒刑；情节较轻的，处三年以上十年以下有期徒刑。

第一百一十三条 【危害国家安全罪适用死刑、没收财产的规定】本章上述危害国家安全罪行中，除第一百零三条第二款、第一百零五条、第一百零七条、第一百零九条外，对国家和人民危害特别严重、情节特别恶劣的，可以判处死刑。

犯本章之罪的，可以并处没收财产。

第二章　危害公共安全罪

第一百一十四条 【放火罪】【决水罪】【爆炸罪】【投放危险物质罪】【以危险方法危害公共安全罪】放火、决水、爆炸以及投放毒害性、放射性、传染病病原体等物质或者以其他危险方法危害公共安全，尚未造成严重后果的，处三年以上十年以下有期徒刑。

第一百一十五条 【放火罪】【决水罪】【爆炸罪】【投放危险物质罪】【以危险方法危害公共安全罪】放火、决水、爆炸以及投放毒害性、放射性、传染病病原体等物质或者以其他危险方法致人重伤、死亡或者使公私财产遭受重大损失的，处十年以上有期徒刑、无期徒刑或者死刑。

【失火罪】【过失决水罪】【过失爆炸罪】【过失投放危险物质罪】【过失以危险方法危害公共安全罪】过失犯前款罪的，处三年以上七年以下有期徒刑；情节较轻的，处三年以下有期徒刑或者拘役。

第一百一十六条 【破坏交通工具罪】破坏火车、汽车、电车、船只、航空器，足以使火车、汽车、电车、船只、航空器发生倾覆、毁坏危险，尚未造成严重后果的，处三年以上十年以下有期徒刑。

第一百一十七条 【破坏交通设施罪】破坏轨道、桥梁、隧道、公路、机场、航道、灯塔、标志或者进行其他破坏活动，足以使火车、汽车、电车、船只、航空器发生倾覆、毁坏危险，尚未造成严重后果的，处三年以上十年以下有期徒刑。

第一百一十八条 【破坏电力设备罪】【破坏易燃易爆设备罪】破坏电力、燃气或者其他易燃易爆设备，危害公共安全，尚未造成严重后果的，处三年以上十年以下有期徒刑。

第一百一十九条 【破坏交通工具罪】【破坏交通设施罪】【破坏电力设备罪】【破坏易燃易爆设备罪】破坏交通工具、交通设施、电力设备、燃气设备、易燃易爆设备，造成严重后果的，处十年以上有期徒刑、无期徒刑或者死刑。

【过失损坏交通工具罪】【过失损坏交通设施罪】【过失损坏电力设备罪】【过失损坏易燃易爆设备罪】过失犯前款罪的，处三年以上七年以下有期徒刑；情节较轻的，处三年以下有期徒刑或者拘役。

第一百二十条 【组织、领导、参加恐怖组织罪】组织、领导恐怖活动组织的，处十年以上有期徒刑或者无期徒刑，并处没收财产；积极参加的，处三年以上十年以下有期徒刑，并处罚金；其他参加的，处三年以下有期徒刑、拘役、管制或者剥夺政治权利，可以并处罚金。

犯前款罪并实施杀人、爆炸、绑架等犯罪的，依照数罪并罚的规定处罚。

第一百二十条 之一 【帮助恐怖活动罪】资助恐怖活动组织、实施恐怖活动的个人的，或者资助恐怖活动培训的，处五年以下有期徒刑、拘役、管制或者剥夺政治权利，并处罚金；情节严重的，处五年以上有期徒刑，并处罚金或者没收财产。

为恐怖活动组织、实施恐怖活动或者恐怖活动培训招募、运送人员的，依照前款的规定处罚。

单位犯前两款罪的，对单位判处罚金，并对其直接负责的主管人员和其他直接责任人员，依照第一款的规定处罚。

第一百二十条 之二 【准备实施恐怖活动罪】有下列情形之一的，处五年以下有期徒刑、拘役、管制或者剥夺政治权利，并处罚金；情节严重的，处五年以上有期徒刑，并处罚金或者没收财产：

（一）为实施恐怖活动准备凶器、危险物品或者其他工具的；

（二）组织恐怖活动培训或者积极参加恐怖活动培训的；

（三）为实施恐怖活动与境外恐怖活动组织或者人员联络的；

（四）为实施恐怖活动进行策划或者其他准备的。

有前款行为，同时构成其他犯罪的，依照处罚较重的规定定罪处罚。

第一百二十条 之三 【宣扬恐怖主义、极端主义、煽动实施恐怖活动罪】以制作、散发宣扬恐怖主义、极端主义的图书、音频视频资料或者其他物品，或者通过讲授、发布信息等方式宣扬恐怖主义、极端主义的，或者煽动实施恐怖活动的，处五年以下有期徒刑、拘役、管制或者剥夺政治权利，并处罚金；情节严重的，处五年以上有期徒刑，并处罚金或者没收财产。

第一百二十条 之四 【利用极端主义破坏法律实施罪】利用极端主义煽动、胁迫群众破坏国家法律确立的婚姻、司法、教育、社会管理等制度实施的，处三年以下有期徒刑、拘役或者管制，并处罚金；情节严重的，处三年以上七年以下有期徒刑，并处罚金；情节特别严重的，处七年以上有期徒刑，并处罚金或者没收财产。

第一百二十条 之五 【强制穿戴宣扬恐怖主义、极端主义服饰、标志罪】以暴力、胁迫等方式强制他人在公共场所穿着、佩戴宣扬恐怖主义、极端主义服饰、标志的，处三年以下有期徒刑、拘役或者管制，并处罚金。

第一百二十条 之六 【非法持有宣扬恐怖主义、极端主义物品罪】明知是宣扬恐怖主义、极端主义的图书、音频视频资料或者其他物品而非法持有，情节严重的，处三年以下有期徒刑、拘役或者管制，并处或者单处罚金。

第一百二十一条 【劫持航空器罪】以暴力、胁迫或者其他方法劫持航空器的，处十年以上有期徒刑或者无期徒刑；致人重伤、死亡或者使航空器遭受严重破坏的，处死刑。

第一百二十二条 【劫持船只、汽车罪】以暴力、胁迫或者其他方法劫持船只、汽车的，处五年以上十年以下有期徒刑；造成严重后果的，处十年以上有期徒刑或者无期徒刑。

第一百二十三条 【暴力危及飞行安全罪】对飞行中的航空器上的人员使用暴力，危及飞行安全，尚未造成严重后果的，处五年以下有期徒刑或者拘役；造成严重后果的，处五年以上有期徒刑。

第一百二十四条 【破坏广播电视设施、公用电信设施罪】破坏广播电视设施、公用电信设施，危害公共安全的，处三年以上七年以下有期徒刑；造成严重后果的，处七年以上有期徒刑。

【过失损坏广播电视设施、公用电信设施罪】过失犯前款罪的，处三年以上七年以下有期徒刑；情节较轻的，处三年以下有期徒刑或者拘役。

第一百二十五条 【非法制造、买卖、运输、邮寄、储存枪支、弹药、爆炸物罪】非法制造、买卖、运输、邮寄、储存枪支、弹药、爆炸物的，处三年以上十年以下有期徒刑；情节严重的，处十年以上有期徒刑、无期徒刑或者死刑。

【非法制造、买卖、运输、储存危险物质罪】非法制造、买卖、运输、储存毒害性、放射性、传染病病原体等物质，危害公共安全的，依照前款的规定处罚。

单位犯前两款罪的，对单位判处罚金，并对其直接负责的主管人员和其他直接责任人员，依照第一款的规定处罚。

第一百二十六条 【违规制造、销售枪支罪】依法被指定、确定的枪支制造企业、销售企业，违反枪支管理规定，有下列行为之一的，对单位判处罚金，并对其直接负责的主管人员和其他直接责任人员，处五年以下有期徒刑；情节严重的，处五年以上十年以下有期徒刑；情节特别严重的，处十年以上有期徒刑或者无期徒刑：

（一）以非法销售为目的，超过限额或者不按照规定的品种制造、配售枪支的；

（二）以非法销售为目的，制造无号、重号、假号的枪支的；

（三）非法销售枪支或者在境内销售为出口制造的枪支的。

第一百二十七条 【盗窃、抢夺枪支、弹药、爆炸物、危险物质罪】盗窃、抢夺枪支、弹药、爆炸物的，或者盗窃、抢夺毒害性、放射性、传染病病原体等物质，危害公共安全的，处三年以上十年以下有期徒刑；情节严重的，处十年以上有期徒刑、无期徒刑或者死刑。

【抢劫枪支、弹药、爆炸物、危险物质罪】【盗窃、抢夺枪支、弹药、爆炸物、危险物质罪】抢劫枪支、弹药、爆炸物的，或者抢劫毒害性、放射性、传染病病原体等物质，危害公共安全的，或者盗窃、抢夺国家机关、军警人员、民兵的枪支、弹药、爆炸物的，处十年以上有期徒刑、无期徒刑或者死刑。

第一百二十八条 【非法持有、私藏枪支、弹药罪】违反枪支管理规定，非法持有、私藏枪支、弹药的，处三年以下有期徒刑、拘役或者管制；情节严重的，处三年以上七年以下有期徒刑。

【非法出租、出借枪支罪】依法配备公务用枪的人员，非法出租、出借枪支的，依照前款的规定处罚。

【非法出租、出借枪支罪】依法配置枪支的人员，非法出租、出借枪支，造成严重后果的，依照第一款的规定处罚。

单位犯第二款、第三款罪的，对单位判处罚金，并对其直接负责的主管人员和其他直接责任人员，依照第一款的规定处罚。

第一百二十九条 【丢失枪支不报罪】依法配备公务用枪的人员，丢失枪支不及时报告，造成严重后果的，处三年以下有期徒刑或者拘役。

第一百三十条 【非法携带枪支、弹药、管制刀具、危险物品危及公共安全罪】非法携带枪支、弹药、管制刀具或者爆炸性、易燃性、放射性、毒害性、腐蚀性物品，进入公共场所或者公共交通工具，危及公共安全，情节严重的，处三年以下有期徒刑、拘役或者管制。

第一百三十一条 【重大飞行事故罪】航空人员违反规章制度，致使发生重大飞行事故，造成严重后果的，处三年以下有期徒刑或者拘役；造成飞机坠毁或者人员死亡的，处三年以上七年以下有期徒刑。

第一百三十二条 【铁路运营安全事故罪】铁路职工违反规章制度，致使发生铁路运营安全事故，造成严重后果的，处三年以下有期徒刑或者拘役；造成特别严重后果的，处三年以上七年以下有期徒刑。

第一百三十三条 【交通肇事罪】违反交通运输管理法规，因而发生重大事故，致人重伤、死亡或者使公私财产遭受重大损失的，处三年以下有期徒刑或者拘役；交通运输肇事后逃逸或者有其他特别恶劣情节的，处三年以上七年以下有期徒刑；因逃逸致人死亡的，处七年以上有期徒刑。

第一百三十三条 之一 【危险驾驶罪】在道路上驾驶机动车，有下列情形之一的，处拘役，并处罚金：

（一）追逐竞驶，情节恶劣的；

（二）醉酒驾驶机动车的；

（三）从事校车业务或者旅客运输，严重超过额定乘员载客，或者严重超过规定时速行驶的；

（四）违反危险化学品安全管理规定运输危险化学品，危及公共安全的。

机动车所有人、管理人对前款第三项、第四项行为负有直接责任的，依照前款的规定处罚。

有前两款行为，同时构成其他犯罪的，依照处罚较重的规定定罪处罚。

第一百三十四条　【重大责任事故罪】在生产、作业中违反有关安全管理的规定，因而发生重大伤亡事故或者造成其他严重后果的，处三年以下有期徒刑或者拘役；情节特别恶劣的，处三年以上七年以下有期徒刑。

【强令违章冒险作业罪】强令他人违章冒险作业，因而发生重大伤亡事故或者造成其他严重后果的，处五年以下有期徒刑或者拘役；情节特别恶劣的，处五年以上有期徒刑。

第一百三十五条　【重大劳动安全事故罪】安全生产设施或者安全生产条件不符合国家规定，因而发生重大伤亡事故或者造成其他严重后果的，对直接负责的主管人员和其他直接责任人员，处三年以下有期徒刑或者拘役；情节特别恶劣的，处三年以上七年以下有期徒刑。

第一百三十五条　之一　【大型群众性活动重大安全事故罪】举办大型群众性活动违反安全管理规定，因而发生重大伤亡事故或者造成其他严重后果的，对直接负责的主管人员和其他直接责任人员，处三年以下有期徒刑或者拘役；情节特别恶劣的，处三年以上七年以下有期徒刑。

第一百三十六条　【危险物品肇事罪】违反爆炸性、易燃性、放射性、毒害性、腐蚀性物品的管理规定，在生产、储存、运输、使用中发生重大事故，造成严重后果的，处三年以下有期徒刑或者拘役；后果特别严重的，处三年以上七年以下有期徒刑。

第一百三十七条　【工程重大安全事故罪】建设单位、设计单位、施工单位、工程监理单位违反国家规定，降低工程质量标准，造成重大安全事故的，对直接责任人员，处五年以下有期徒刑或者拘役，并处罚金；后果特别严重的，处五年以上十年以下有期徒刑，并处罚金。

第一百三十八条　【教育设施重大安全事故罪】明知校舍或者教育教学设施有危险，而不采取措施或者不及时报告，致使发生重大伤亡事故的，对直接责任人员，处三年以下有期徒刑或者拘役；后果特别严重的，处三年以上七年以下有期徒刑。

第一百三十九条　【消防责任事故罪】违反消防管理法规，经消防监督机构通知采取改正措施而拒绝执行，造成严重后果的，对直接责任人员，处三年以下有期徒刑或者拘役；后果特别严重的，处三年以上七年以下有期徒刑。

第一百三十九条　之一　【不报、谎报安全事故罪】在安全事故发生后，负有报告职责的人员不报或者谎报事故情况，贻误事故抢救，情节严重的，处三年以下有期徒刑或者拘役；情节特别严重的，处三年以上七年以下有期徒刑。

第三章　破坏社会主义市场经济秩序罪

第一节　生产、销售伪劣商品罪

第一百四十条　【生产、销售伪劣产品罪】生产者、销售者在产品中掺杂、掺假，以假充真，以次充好或者以不合格产品冒充合格产品，销售金额五万元以上不满二十万元的，处二年以下有期徒刑或者拘役，并处或者单处销售金额百分之五十以上二倍以下罚金；销售金额二十万元以上不满五十万元的，处二年以上七年以下有期徒刑，并处销售金额百分之五十以上二倍以下罚金；销售金额五十万元以上不满二百万元的，处七年以上有期徒刑，并处销售金额百分之五十以上二倍以下罚金；销售金额二百万元以上的，处十五年有期徒刑或者无期徒刑，并处销售金额百分之五十以上二倍以下罚金或者没收财产。

第一百四十一条　【生产、销售假药罪】生产、销售假药的，处三年以下有期徒刑或者拘役，并处罚金；对人体健康造成严重危害或者有其他严重情节的，处三年以上十年以下有期徒刑，并处罚金；致人死亡或者有其他特别严重情节的，处十年以上有期徒刑、无期徒刑或者死刑，并处罚金或者没收财产。

本条所称假药，是指依照《中华人民共和国药品管理法》的规定属于假药和按假药处理的药品、非药品。

第一百四十二条　【生产、销售劣药罪】生产、销售劣药，对人体健康造成严重危害的，处三年以上十年以下有期徒刑，并处销售金额百分之五十以上二倍以下罚金；后果特别严重的，处十年以上有期徒刑或者无期徒刑，并处销售金额百分之五十以上二倍以下罚金或者没收财产。

本条所称劣药，是指依照《中华人民共和国药品管理法》的规定属于劣药的药品。

第一百四十三条　【生产、销售不符合安全标准的食品罪】生产、销售不符合食品安全标准的食品，足以造成严重食物中毒事故或者其他严重食源性疾病的，处三年以下有期徒刑或者拘役，并处罚金；对人体健康造成严重危害或者有其他严重情节的，处三年以上七年以下有期徒刑，并处罚金；后果特别严重的，处七年以上有期徒刑或者无期徒刑，并处罚金或者没收财产。

第一百四十四条　【生产、销售有毒、有害食品罪】在生产、销售的食品中掺入有毒、有害的非食品原料的，或者销售明知掺有有毒、有害的非食品原料的食品的，处五年以下有期徒刑，并处罚金；对人体健康造成严重危害或者有其他严重情节的，处五年以上十年以下有期徒刑，并处罚金；致人死亡或者有其他特别严重情节的，依照本法第一百四十一条的规定处罚。

第一百四十五条　【生产、销售不符合标准的医用器材罪】生产不符合保障人体健康的国家标准、行业标准的医疗器械、医用卫生材料，或者销售明知是不符合保障人体健康的国家标准、行业标准的医疗器械、医用卫生材料，足以严重危害人体健康的，处三年以下有期徒刑或者拘役，并处销售金额百分之五十以上二倍以下罚金；对人体健康造成严重危害的，处三年以上十年以下有期徒刑，并处销售金额百分之五十以上二倍以下罚金；后果特别严重的，处十年以上有期徒刑或者无期徒刑，并处销售金额百分之五十以上二倍以下罚金或者没收财产。

第一百四十六条 【生产、销售不符合安全标准的产品罪】生产不符合保障人身、财产安全的国家标准、行业标准的电器、压力容器、易燃易爆产品或者其他不符合保障人身、财产安全的国家标准、行业标准的产品，或者销售明知是以上不符合保障人身、财产安全的国家标准、行业标准的产品，造成严重后果的，处五年以下有期徒刑，并处销售金额百分之五十以上二倍以下罚金；后果特别严重的，处五年以上有期徒刑，并处销售金额百分之五十以上二倍以下罚金。

第一百四十七条 【生产、销售伪劣农药、兽药、化肥、种子罪】生产假农药、假兽药、假化肥，销售明知是假的或者失去使用效能的农药、兽药、化肥、种子，或者生产者、销售者以不合格的农药、兽药、化肥、种子冒充合格的农药、兽药、化肥、种子，使生产遭受较大损失的，处三年以下有期徒刑或者拘役，并处或者单处销售金额百分之五十以上二倍以下罚金；使生产遭受重大损失的，处三年以上七年以下有期徒刑，并处销售金额百分之五十以上二倍以下罚金；使生产遭受特别重大损失的，处七年以上有期徒刑或者无期徒刑，并处销售金额百分之五十以上二倍以下罚金或者没收财产。

第一百四十八条 【生产、销售不符合卫生标准的化妆品罪】生产不符合卫生标准的化妆品，或者销售明知是不符合卫生标准的化妆品，造成严重后果的，处三年以下有期徒刑或者拘役，并处或者单处销售金额百分之五十以上二倍以下罚金。

第一百四十九条 【对生产、销售伪劣商品行为的法条适用】生产、销售本节第一百四十一条至第一百四十八条所列产品，不构成各该条规定的犯罪，但是销售金额在五万元以上的，依照本节第一百四十条的规定定罪处罚。

生产、销售本节第一百四十一条至第一百四十八条所列产品，构成各该条规定的犯罪，同时又构成本节第一百四十条规定之罪的，依照处罚较重的规定定罪处罚。

第一百五十条 【单位犯本节规定之罪的处理】单位犯本节第一百四十条至第一百四十八条规定之罪的，对单位判处罚金，并对其直接负责的主管人员和其他直接责任人员，依照各该条的规定处罚。

第二节 走私罪

第一百五十一条 【走私武器、弹药罪】【走私核材料罪】【走私假币罪】走私武器、弹药、核材料或者伪造的货币的，处七年以上有期徒刑，并处罚金或者没收财产；情节特别严重的，处无期徒刑，并处没收财产；情节较轻的，处三年以上七年以下有期徒刑，并处罚金。

【走私文物罪】【走私贵重金属罪】【走私珍贵动物、珍贵动物制品罪】走私国家禁止出口的文物、黄金、白银和其他贵重金属或者国家禁止进出口的珍贵动物及其制品的，处五年以上十年以下有期徒刑，并处罚金；情节特别严重的，处十年以上有期徒刑或者无期徒刑，并处没收财产；情节较轻的，处五年以下有期徒刑，并处罚金。

【走私国家禁止进出口的货物、物品罪】走私珍稀植物及其制品等国家禁止进出口的其他货物、物品的，处五年以下有期徒刑或者拘役，并处或者单处罚金；情节严重的，处五年以上有期徒刑，并处罚金。

单位犯本条规定之罪的，对单位判处罚金，并对其直接负责的主管人员和其他直接责任人员，依照本条各款的规定处罚。

第一百五十二条 【走私淫秽物品罪】以牟利或者传播为目的，走私淫秽的影片、录像带、录音带、图片、书刊或者其他淫秽物品的，处三年以上十年以下有期徒刑，并处罚金；情节严重的，处十年以上有期徒刑或者无期徒刑，并处罚金或者没收财产；情节较轻的，处三年以下有期徒刑、拘役或者管制，并处罚金。

【走私废物罪】逃避海关监管将境外固体废物、液态废物和气态废物运输进境，情节严重的，处五年以下有期徒刑，并处或者单处罚金；情节特别严重的，处五年以上有期徒刑，并处罚金。

单位犯前两款罪的，对单位判处罚金，并对其直接负责的主管人员和其他直接责任人员，依照前两款的规定处罚。

第一百五十三条 【走私普通货物、物品罪】走私本法第一百五十一条、第一百五十二条、第三百四十七条规定以外的货物、物品的，根据情节轻重，分别依照下列规定处罚：

（一）走私货物、物品偷逃应缴税额较大或者一年内曾因走私被给予二次行政处罚后又走私的，处三年以下有期徒刑或者拘役，并处偷逃应缴税额一倍以上五倍以下罚金；

（二）走私货物、物品偷逃应缴税额巨大或者有其他严重情节的，处三年以上十年以下有期徒刑，并处偷逃应缴税额一倍以上五倍以下罚金；

（三）走私货物、物品偷逃应缴税额特别巨大或者有其他特别严重情节的，处十年以上有期徒刑或者无期徒刑，并处偷逃应缴税额一倍以上五倍以下罚金或者没收财产。

单位犯前款罪的，对单位判处罚金，并对其直接负责的主管人员和其他直接责任人员，处三年以下有期徒刑或者拘役；情节严重的，处三年以上十年以下有期徒刑；情节特别严重的，处十年以上有期徒刑。

对多次走私未经处理的，按照累计走私货物、物品的偷逃应缴税额处罚。

第一百五十四条 【走私货物、物品罪的特殊形式】下列走私行为，根据本节规定构成犯罪的，依照本法第一百五十三条的规定定罪处罚：

（一）未经海关许可并且未补缴应缴税额，擅自将批准进口的来料加工、来件装配、补偿贸易的原材料、零件、制成品、设备等保税货物，在境内销售牟利的；

（二）未经海关许可并且未补缴应缴税额，擅自将特定减税、免税进口的货物、物品，在境内销售牟利的。

第一百五十五条 【以走私罪论处的间接走私行为】下列行为，以走私罪论处，依照本节的有关规定处罚：

（一）直接向走私人非法收购国家禁止进口物品的，或者直接向走私人非法收购走私进口的其他货物、物品，数额较大的；

（二）在内海、领海、界河、界湖运输、收购、贩卖国家禁止进出口物品的，或者运输、收购、贩卖国家限制进出口货物、物品，数额较大，没有合法证明的。

第一百五十六条 【走私共犯】与走私罪犯通谋，为其提供贷款、资金、账号、发票、证明，或者为其提供运输、保管、邮寄或者其他方便的，以走私罪的共犯论处。

第一百五十七条 【武装掩护走私、抗拒缉私的规定】武装掩护走私的，依照本法第一百五十一条第一款的规定从重处罚。

以暴力、威胁方法抗拒缉私的，以走私罪和本法第二百七十七条规定的阻碍国家机关工作人员依法执行职务罪，依照数罪并罚的规定处罚。

第三节 妨害对公司、企业的管理秩序罪

第一百五十八条 【虚报注册资本罪】申请公司登记使用虚假证明文件或者采取其他欺诈手段虚报注册资本，欺骗公司登记主管部门，取得公司登记，虚报注册资本数额巨大、后果严重或者有其他严重情节的，处三年以下有期徒刑或者拘役，并处或者单处虚报注册资本金额百分之一以上百分之五以下罚金。

单位犯前款罪的，对单位判处罚金，并对其直接负责的主管人员和其他直接责任人员，处三年以下有期徒刑或者拘役。

第一百五十九条 【虚假出资、抽逃出资罪】公司发起人、股东违反公司法的规定未交付货币、实物或者未转移财产权，虚假出资，或者在公司成立后又抽逃其出资，数额巨大、后果严重或者有其他严重情节的，处五年以下有期徒刑或者拘役，并处或者单处虚假出资金额或者抽逃出资金额百分之二以上百分之十以下罚金。

单位犯前款罪的，对单位判处罚金，并对其直接负责的主管人员和其他直接责任人员，处五年以下有期徒刑或者拘役。

第一百六十条 【欺诈发行股票、债券罪】在招股说明书、认股书、公司、企业债券募集办法中隐瞒重要事实或者编造重大虚假内容，发行股票或者公司、企业债券，数额巨大、后果严重或者有其他严重情节的，处五年以下有期徒刑或者拘役，并处或者单处非法募集资金金额百分之一以上百分之五以下罚金。

单位犯前款罪的，对单位判处罚金，并对其直接负责的主管人员和其他直接责任人员，处五年以下有期徒刑或者拘役。

第一百六十一条 【违规披露、不披露重要信息罪】依法负有信息披露义务的公司、企业向股东和社会公众提供虚假的或者隐瞒重要事实的财务会计报告，或者对依法应当披露的其他重要信息不按照规定披露，严重损害股东或者其他人利益，或者有其他严重情节的，对其直接负责的主管人员和其他直接责任人员，处三年以下有期徒刑或者拘役，

并处或者单处二万元以上二十万元以下罚金。

第一百六十二条 【妨害清算罪】公司、企业进行清算时，隐匿财产，对资产负债表或者财产清单作虚伪记载或者在未清偿债务前分配公司、企业财产，严重损害债权人或者其他人利益的，对其直接负责的主管人员和其他直接责任人员，处五年以下有期徒刑或者拘役，并处或者单处二万元以上二十万元以下罚金。

第一百六十二条 之一 【隐匿、故意销毁会计凭证、会计账簿、财务会计报告罪】隐匿或者故意销毁依法应当保存的会计凭证、会计账簿、财务会计报告，情节严重的，处五年以下有期徒刑或者拘役，并处或者单处二万元以上二十万元以下罚金。

单位犯前款罪的，对单位判处罚金，并对其直接负责的主管人员和其他直接责任人员，依照前款的规定处罚。

第一百六十二条 之二 【虚假破产罪】公司、企业通过隐匿财产、承担虚构的债务或者以其他方法转移、处分财产，实施虚假破产，严重损害债权人或者其他人利益的，对其直接负责的主管人员和其他直接责任人员，处五年以下有期徒刑或者拘役，并处或者单处二万元以上二十万元以下罚金。

第一百六十三条 【非国家工作人员受贿罪】公司、企业或者其他单位的工作人员利用职务上的便利，索取他人财物或者非法收受他人财物，为他人谋取利益，数额较大的，处五年以下有期徒刑或者拘役；数额巨大的，处五年以上有期徒刑，可以并处没收财产。

公司、企业或者其他单位的工作人员在经济往来中，利用职务上的便利，违反国家规定，收受各种名义的回扣、手续费，归个人所有的，依照前款的规定处罚。

国有公司、企业或者其他国有单位中从事公务的人员和国有公司、企业或者其他国有单位委派到非国有公司、企业以及其他单位从事公务的人员有前两款行为的，依照本法第三百八十五条、第三百八十六条的规定定罪处罚。

第一百六十四条 【对非国家工作人员行贿罪】为谋取不正当利益，给予公司、企业或者其他单位的工作人员以财物，数额较大的，处三年以下有期徒刑或者拘役，并处罚金；数额巨大的，处三年以上十年以下有期徒刑，并处罚金。

【对外国公职人员、国际公共组织官员行贿罪】为谋取不正当商业利益，给予外国公职人员或者国际公共组织官员以财物的，依照前款的规定处罚。

单位犯前两款罪的，对单位判处罚金，并对其直接负责的主管人员和其他直接责任人员，依照第一款的规定处罚。

行贿人在被追诉前主动交代行贿行为的，可以减轻处罚或者免除处罚。

第一百六十五条 【非法经营同类营业罪】国有公司、企业的董事、经理利用职务便利，自己经营或者为他人经营与其所任职公司、企业同类的营业，获取非法利益，数额巨大的，处三年以下有期徒刑或者拘役，并处或者单处罚金；数额特别巨大的，处三年以上七年以下有期徒刑，并处罚金。

第一百六十六条 【为亲友非法牟利罪】国有公司、企业、事业单位的工作人员，利用职务便利，有下列情形之一，使国家利益遭受重大损失的，处三年以下有期徒刑或者拘役，并处或者单处罚金；致使国家利益遭受特别重大损失的，处三年以上七年以下有期徒刑，并处罚金：

（一）将本单位的盈利业务交由自己的亲友进行经营的；

（二）以明显高于市场的价格向自己的亲友经营管理的单位采购商品或者以明显低于市场的价格向自己的亲友经营管理的单位销售商品的；

（三）向自己的亲友经营管理的单位采购不合格商品的。

第一百六十七条 【签订、履行合同失职被骗罪】国有公司、企业、事业单位直接负责的主管人员，在签订、履行合同过程中，因严重不负责任被诈骗，致使国家利益遭受重大损失的，处三年以下有期徒刑或者拘役；致使国家利益遭受特别重大损失的，处三年以上七年以下有期徒刑。

第一百六十八条 【国有公司、企业、事业单位人员失职罪】 【国有公司、企业、事业单位人员滥用职权罪】国有公司、企业的工作人员，由于严重不负责任或者滥用职权，造成国有公司、企业破产或者严重损失，致使国家利益遭受重大损失的，处三年以下有期徒刑或者拘役；致使国家利益遭受特别重大损失的，处三年以上七年以下有期徒刑。

国有事业单位的工作人员有前款行为，致使国家利益遭受重大损失的，依照前款的规定处罚。

国有公司、企业、事业单位的工作人员，徇私舞弊，犯前两款罪的，依照第一款的规定从重处罚。

第一百六十九条 【徇私舞弊低价折股、出售国有资产罪】国有公司、企业或者其上级主管部门直接负责的主管人员，徇私舞弊，将国有资产低价折股或者低价出售，致使国家利益遭受重大损失的，处三年以下有期徒刑或者拘役；致使国家利益遭受特别重大损失的，处三年以上七年以下有期徒刑。

第一百六十九条 之一 【背信损害上市公司利益罪】上市公司的董事、监事、高级管理人员违背对公司的忠实义务，利用职务便利，操纵上市公司从事下列行为之一，致使上市公司利益遭受重大损失的，处三年以下有期徒刑或者拘役，并处或者单处罚金；致使上市公司利益遭受特别重大损失的，处三年以上七年以下有期徒刑，并处罚金：

（一）无偿向其他单位或者个人提供资金、商品、服务或者其他资产的；

（二）以明显不公平的条件，提供或者接受资金、商品、服务或者其他资产的；

（三）向明显不具有清偿能力的单位或者个人提供资金、商品、服务或者其他资产的；

（四）为明显不具有清偿能力的单位或者个人提供担保，或者无正当理由为其他单位或者个人提供担保的；

（五）无正当理由放弃债权、承担债务的；

（六）采用其他方式损害上市公司利益的。

上市公司的控股股东或者实际控制人，指使上市公司董事、监事、高级管理人员实施前款行为的，依照前款的规定处罚。

犯前款罪的上市公司的控股股东或者实际控制人是单位的，对单位判处罚金，并对其直接负责的主管人员和其他直接责任人员，依照第一款的规定处罚。

第四节 破坏金融管理秩序罪

第一百七十条 【伪造货币罪】伪造货币的，处三年以上十年以下有期徒刑，并处罚金；有下列情形之一的，处十年以上有期徒刑或者无期徒刑，并处罚金或者没收财产：

（一）伪造货币集团的首要分子；

（二）伪造货币数额特别巨大的；

（三）有其他特别严重情节的。

第一百七十一条 【出售、购买、运输假币罪】出售、购买伪造的货币或者明知是伪造的货币而运输，数额较大的，处三年以下有期徒刑或者拘役，并处二万元以上二十万元以下罚金；数额巨大的，处三年以上十年以下有期徒刑，并处五万元以上五十万元以下罚金；数额特别巨大的，处十年以上有期徒刑或者无期徒刑，并处五万元以上五十万元以下罚金或者没收财产。

【金融工作人员购买假币、以假币换取货币罪】银行或者其他金融机构的工作人员购买伪造的货币或者利用职务上的便利，以伪造的货币换取货币的，处三年以上十年以下有期徒刑，并处二万元以上二十万元以下罚金；数额巨大或者有其他严重情节的，处十年以上有期徒刑或者无期徒刑，并处二万元以上二十万元以下罚金或者没收财产；情节较轻的，处三年以下有期徒刑或者拘役，并处或者单处一万元以上十万元以下罚金。

伪造货币并出售或者运输伪造的货币的，依照本法第一百七十条的规定定罪从重处罚。

第一百七十二条 【持有、使用假币罪】明知是伪造的货币而持有、使用，数额较大的，处三年以下有期徒刑或者拘役，并处或者单处一万元以上十万元以下罚金；数额巨大的，处三年以上十年以下有期徒刑，并处二万元以上二十万元以下罚金；数额特别巨大的，处十年以上有期徒刑，并处五万元以上五十万元以下罚金或者没收财产。

第一百七十三条 【变造货币罪】变造货币，数额较大的，处三年以下有期徒刑或者拘役，并处或者单处一万元以上十万元以下罚金；数额巨大的，处三年以上十年以下有期徒刑，并处二万元以上二十万元以下罚金。

第一百七十四条 【擅自设立金融机构罪】未经国家有关主管部门批准，擅自设立商业银行、证券交易所、期货交易所、证券公司、期货经纪公司、保险公司或者其他金融机构的，处三年以下有期徒刑或者拘役，并处或者单处二万元以上二十万元以下罚金；情节严重的，处三年以上十年以下有期徒刑，并处五万元以上五十万元以下罚金。

【伪造、变造、转让金融机构经营许可证、批准文件罪】伪造、变造、转让商业银行、证券交易所、期货交易所、证券公司、期货经纪公司、保险公司或者其他金融机构的经营许可证或者批准文件的，依照前款的规定处罚。

单位犯前两款罪的，对单位判处罚金，并对其直接负责的主管人员和其他直接责任人员，依照第一款的规定处罚。

第一百七十五条 【高利转贷罪】以转贷牟利为目的，套取金融机构信贷资金高利转贷他人，违法所得数额较大的，处三年以下有期徒刑或者拘役，并处违法所得一倍以上五倍以下罚金；数额巨大的，处三年以上七年以下有期徒刑，并处违法所得一倍以上五倍以下罚金。

单位犯前款罪的，对单位判处罚金，并对其直接负责的主管人员和其他直接责任人员，处三年以下有期徒刑或者拘役。

第一百七十五条 之一 【骗取贷款、票据承兑、金融票证罪】以欺骗手段取得银行或者其他金融机构贷款、票据承兑、信用证、保函等，给银行或者其他金融机构造成重大损失或者有其他严重情节的，处三年以下有期徒刑或者拘役，并处或者单处罚金；给银行或者其他金融机构造成特别重大损失或者有其他特别严重情节的，处三年以上七年以下有期徒刑，并处罚金。

单位犯前款罪的，对单位判处罚金，并对其直接负责的主管人员和其他直接责任人员，依照前款的规定处罚。

第一百七十六条 【非法吸收公众存款罪】非法吸收公众存款或者变相吸收公众存款，扰乱金融秩序的，处三年以下有期徒刑或者拘役，并处或者单处二万元以上二十万元以下罚金；数额巨大或者有其他严重情节的，处三年以上十年以下有期徒刑，并处五万元以上五十万元以下罚金。

单位犯前款罪的，对单位判处罚金，并对其直接负责的主管人员和其他直接责任人员，依照前款的规定处罚。

第一百七十七条 【伪造、变造金融票证罪】有下列情形之一，伪造、变造金融票证的，处五年以下有期徒刑或者拘役，并处或者单处二万元以上二十万元以下罚金；情节严重的，处五年以上十年以下有期徒刑，并处五万元以上五十万元以下罚金；情节特别严重的，处十年以上有期徒刑或者无期徒刑，并处五万元以上五十万元以下罚金或者没收财产：

（一）伪造、变造汇票、本票、支票的；

（二）伪造、变造委托收款凭证、汇款凭证、银行存单等其他银行结算凭证的；

（三）伪造、变造信用证或者附随的单据、文件的；

（四）伪造信用卡的。

单位犯前款罪的，对单位判处罚金，并对其直接负责的主管人员和其他直接责任人员，依照前款的规定处罚。

第一百七十七条 之一 【妨害信用卡管理罪】有下列情形之一，妨害信用卡管理的，处三年以下有期徒刑或者拘役，并处或者单处一万元以上十万元以下罚金；数量巨大或者有其他严重情节的，处三年以上十年以下有期徒刑，并处二万元以上二十万元以下罚金：

（一）明知是伪造的信用卡而持有、运输的，或者明知是伪造的空白信用卡而持有、运输，数量较大的；

（二）非法持有他人信用卡，数量较大的；

（三）使用虚假的身份证明骗领信用卡的；

（四）出售、购买、为他人提供伪造的信用卡或者以虚假的身份证明骗领的信用卡的。

【窃取、收买、非法提供信用卡信息罪】窃取、收买或者非法提供他人信用卡信息资料的，依照前款规定处罚。

银行或者其他金融机构的工作人员利用职务上的便利，犯第二款罪的，从重处罚。

第一百七十八条 【伪造、变造国家有价证券罪】伪造、变造国库券或者国家发行的其他有价证券，数额较大的，处三年以下有期徒刑或者拘役，并处或者单处二万元以上二十万元以下罚金；数额巨大的，处三年以上十年以下有期徒刑，并处五万元以上五十万元以下罚金；数额特别巨大的，处十年以上有期徒刑或者无期徒刑，并处五万元以上五十万元以下罚金或者没收财产。

【伪造、变造股票、公司、企业债券罪】伪造、变造股票或者公司、企业债券，数额较大的，处三年以下有期徒刑或者拘役，并处或者单处一万元以上十万元以下罚金；数额巨大的，处三年以上十年以下有期徒刑，并处二万元以上二十万元以下罚金。

单位犯前两款罪的，对单位判处罚金，并对其直接负责的主管人员和其他直接责任人员，依照前两款的规定处罚。

第一百七十九条 【擅自发行股票、公司、企业债券罪】未经国家有关主管部门批准，擅自发行股票或者公司、企业债券，数额巨大、后果严重或者有其他严重情节的，处五年以下有期徒刑或者拘役，并处或者单处非法募集资金金额百分之一以上百分之五以下罚金。

单位犯前款罪的，对单位判处罚金，并对其直接负责的主管人员和其他直接责任人员，处五年以下有期徒刑或者拘役。

第一百八十条 【内幕交易、泄露内幕信息罪】证券、期货交易内幕信息的知情人员或者非法获取证券、期货交易内幕信息的人员，在涉及证券的发行，证券、期货交易或者其他对证券、期货交易价格有重大影响的信息尚未公开前，买入或者卖出该证券，或者从事与该内幕信息有关的期货交易，或者泄露该信息，或者明示、暗示他人从事上述交易活动，情节严重的，处五年以下有期徒刑或者拘役，并处或者单处违法所得一倍以上五倍以下罚金；情节特别严重的，处五年以上十年以下有期徒刑，并处违法所得一倍以上五倍以下罚金。

单位犯前款罪的，对单位判处罚金，并对其直接负责的主管人员和其他直接责任人员，处五年以下有期徒刑或者拘役。

内幕信息、知情人员的范围，依照法律、行政法规的规定确定。

【利用未公开信息交易罪】证券交易所、期货交易所、证券公司、期货经纪公司、基金管理公司、商业银行、保险公司等金融机构的从业人员以及有关监管部门或者行业协会的工作人员，利用因职务便利获取的内幕信息以外的其他未公开的信息，违反规定，从事与该信息相关的证券、期货交易活动，或者明示、暗示他人从事相关交易活动，情节严重的，依照第一款的规定处罚。

第一百八十一条 【编造并传播证券、期货交易虚假信息罪】编造并且传播影响证券、期货交易的虚假信息，扰乱证券、期货交易市场，造成严重后果的，处五年以下有期徒刑或者拘役，并处或者单处一万元以上十万元以下罚金。

【诱骗投资者买卖证券、期货合约罪】证券交易所、期货交易所、证券公司、期货经纪公司的从业人员，证券业协会、期货业协会或者证券期货监督管理部门的工作人员，故意提供虚假信息或者伪造、变造、销毁交易记录，诱骗投资者买卖证券、期货合约，造成严重后果的，处五年以下有期徒刑或者拘役，并处或者单处一万元以上十万元以下罚金；情节特别恶劣的，处五年以上十年以下有期徒刑，并处二万元以上二十万元以下罚金。

单位犯前两款罪的，对单位判处罚金，并对其直接负责的主管人员和其他直接责任人员，处五年以下有期徒刑或者拘役。

第一百八十二条 【操纵证券、期货市场罪】有下列情形之一，操纵证券、期货市场，情节严重的，处五年以下有期徒刑或者拘役，并处或者单处罚金；情节特别严重的，处五年以上十年以下有期徒刑，并处罚金：

（一）单独或者合谋，集中资金优势、持股或者持仓优势或者利用信息优势联合或者连续买卖，操纵证券、期货交易价格或者证券、期货交易量的；

（二）与他人串通，以事先约定的时间、价格和方式相互进行证券、期货交易，影响证券、期货交易价格或者证券、期货交易量的；

（三）在自己实际控制的账户之间进行证券交易，或者以自己为交易对象，自买自卖期货合约，影响证券、期货交易价格或者证券、期货交易量的；

（四）以其他方法操纵证券、期货市场的。

单位犯前款罪的，对单位判处罚金，并对其直接负责的主管人员和其他直接责任人员，依照前款的规定处罚。

第一百八十三条 【职务侵占罪】保险公司的工作人员利用职务上的便利，故意编造未曾发生的保险事故进行虚假理赔，骗取保险金归自己所有的，依照本法第二百七十一条的规定定罪处罚。

【贪污罪】国有保险公司工作人员和国有保险公司委派到非国有保险公司从事公务的人员有前款行为的，依照本法第三百八十二条、第三百八十三条的规定定罪处罚。

第一百八十四条 【非国家工作人员受贿罪】银行或者其他金融机构的工作人员在金融业务活动中索取他人财物或者非法收受他人财物，为他人谋取利益的，或者违反国家规定，收受各种名义的回扣、手续费，归个人所有的，依照本法第一百六十三条的规定定罪处罚。

【受贿罪】国有金融机构工作人员和国有金融机构委派到非国有金融机构从事公务的人员有前款行为的，依照本法第三百八十五条、第三百八十六条的规定定罪处罚。

第一百八十五条　【挪用资金罪】商业银行、证券交易所、期货交易所、证券公司、期货经纪公司、保险公司或者其他金融机构的工作人员利用职务上的便利，挪用本单位或者客户资金的，依照本法第二百七十二条的规定定罪处罚。

【挪用公款罪】国有商业银行、证券交易所、期货交易所、证券公司、期货经纪公司、保险公司或者其他国有金融机构的工作人员和国有商业银行、证券交易所、期货交易所、证券公司、期货经纪公司、保险公司或者其他国有金融机构委派到前款规定中的非国有机构从事公务的人员有前款行为的，依照本法第三百八十四条的规定定罪处罚。

第一百八十五条　之一　【背信运用受托财产罪】商业银行、证券交易所、期货交易所、证券公司、期货经纪公司、保险公司或者其他金融机构，违背受托义务，擅自运用客户资金或者其他委托、信托的财产，情节严重的，对单位判处罚金，并对其直接负责的主管人员和其他直接责任人员，处三年以下有期徒刑或者拘役，并处三万元以上三十万元以下罚金；情节特别严重的，处三年以上十年以下有期徒刑，并处五万元以上五十万元以下罚金。

【违法运用资金罪】社会保障基金管理机构、住房公积金管理机构等公众资金管理机构，以及保险公司、保险资产管理公司、证券投资基金管理公司，违反国家规定运用资金的，对其直接负责的主管人员和其他直接责任人员，依照前款的规定处罚。

第一百八十六条　【违法发放贷款罪】银行或者其他金融机构的工作人员违反国家规定发放贷款，数额巨大或者造成重大损失的，处五年以下有期徒刑或者拘役，并处一万元以上十万元以下罚金；数额特别巨大或者造成特别重大损失的，处五年以上有期徒刑，并处二万元以上二十万元以下罚金。

银行或者其他金融机构的工作人员违反国家规定，向关系人发放贷款的，依照前款的规定从重处罚。

单位犯前两款罪的，对单位判处罚金，并对其直接负责的主管人员和其他直接责任人员，依照前两款的规定处罚。

关系人的范围，依照《中华人民共和国商业银行法》和有关金融法规确定。

第一百八十七条　【吸收客户资金不入账罪】银行或者其他金融机构的工作人员吸收客户资金不入账，数额巨大或者造成重大损失的，处五年以下有期徒刑或者拘役，并处二万元以上二十万元以下罚金；数额特别巨大或者造成特别重大损失的，处五年以上有期徒刑，并处五万元以上五十万元以下罚金。

单位犯前款罪的，对单位判处罚金，并对其直接负责的主管人员和其他直接责任人员，依照前款的规定处罚。

第一百八十八条　【违规出具金融票证罪】银行或者其他金融机构的工作人员违反规定，为他人出具信用证或者其他保函、票据、存单、资信证明，情节严重的，处五年以下有期徒刑或者拘役；情节特别严重的，处五年以上有期徒刑。

单位犯前款罪的，对单位判处罚金，并对其直接负责的主管人员和其他直接责任人员，依照前款的规定处罚。

第一百八十九条　【对违法票据承兑、付款、保证罪】银行或者其他金融机构的工作人员在票据业务中，对违反票据法规定的票据予以承兑、付款或者保证，造成重大损失的，处五年以下有期徒刑或者拘役；造成特别重大损失的，处五年以上有期徒刑。

单位犯前款罪的，对单位判处罚金，并对其直接负责的主管人员和其他直接责任人员，依照前款的规定处罚。

第一百九十条　【逃汇罪】公司、企业或者其他单位，违反国家规定，擅自将外汇存放境外，或者将境内的外汇非法转移到境外，数额较大的，对单位判处逃汇数额百分之五以上百分之三十以下罚金，并对其直接负责的主管人员和其他直接责任人员处五年以下有期徒刑或者拘役；数额巨大或者有其他严重情节的，对单位判处逃汇数额百分之五以上百分之三十以下罚金，并对其直接负责的主管人员和其他直接责任人员处五年以上有期徒刑。

第一百九十一条　【洗钱罪】明知是毒品犯罪、黑社会性质的组织犯罪、恐怖活动犯罪、走私犯罪、贪污贿赂犯罪、破坏金融管理秩序犯罪、金融诈骗犯罪的所得及其产生的收益，为掩饰、隐瞒其来源和性质，有下列行为之一的，没收实施以上犯罪的所得及其产生的收益，处五年以下有期徒刑或者拘役，并处或者单处洗钱数额百分之五以上百分之二十以下罚金；情节严重的，处五年以上十年以下有期徒刑，并处洗钱数额百分之五以上百分之二十以下罚金：

（一）提供资金账户的；

（二）协助将财产转换为现金、金融票据、有价证券的；

（三）通过转账或者其他结算方式协助资金转移的；

（四）协助将资金汇往境外的；

（五）以其他方法掩饰、隐瞒犯罪所得及其收益的来源和性质的。

单位犯前款罪的，对单位判处罚金，并对其直接负责的主管人员和其他直接责任人员，处五年以下有期徒刑或者拘役；情节严重的，处五年以上十年以下有期徒刑。

第五节　金融诈骗罪

第一百九十二条　【集资诈骗罪】以非法占有为目的，使用诈骗方法非法集资，数额较大的，处五年以下有期徒刑或者拘役，并处二万元以上二十万元以下罚金；数额巨大或者有其他严重情节的，处五年以上十年以下有期徒刑，并处五万元以上五十万元以下罚金；数额特别巨大或者有其他特别严重情节的，处十年以上有期徒刑或者无期徒刑，并处五万元以上五十万元以下罚金或者没收财产。

第一百九十三条　【贷款诈骗罪】有下列情形之一，以非法占有为目的，诈骗银行或者其他金融机构的贷款，数额较大的，处五年以下有期徒刑或者拘役，并处二万元以上二十万元以下罚金；数额巨大或者有其他严重情节的，处五年以上十年以下有期徒刑，并处五万元以上五十万元以下罚金；数额特别巨大或者有其他特别严重情节的，处十年以上有期徒刑或者无期徒刑，并处五万元以上五十万元以下罚金或者没收财产：

（一）编造引进资金、项目等虚假理由的；

（二）使用虚假的经济合同的；

（三）使用虚假的证明文件的；

（四）使用虚假的产权证明作担保或者超出抵押物价值重复担保的；

（五）以其他方法诈骗贷款的。

第一百九十四条　【票据诈骗罪】有下列情形之一，进行金融票据诈骗活动，数额较大的，处五年以下有期徒刑或者拘役，并处二万元以上二十万元以下罚金；数额巨大或者有其他严重情节的，处五年以上十年以下有期徒刑，并处五万元以上五十万元以下罚金；数额特别巨大或者有其他特别严重情节的，处十年以上有期徒刑或者无期徒刑，并处五万元以上五十万元以下罚金或者没收财产：

（一）明知是伪造、变造的汇票、本票、支票而使用的；

（二）明知是作废的汇票、本票、支票而使用的；

（三）冒用他人的汇票、本票、支票的；

（四）签发空头支票或者与其预留印鉴不符的支票，骗取财物的；

（五）汇票、本票的出票人签发无资金保证的汇票、本票或者在出票时作虚假记载，骗取财物的。

【金融凭证诈骗罪】使用伪造、变造的委托收款凭证、汇款凭证、银行存单等其他银行结算凭证的，依照前款的规定处罚。

第一百九十五条　【信用证诈骗罪】有下列情形之一，进行信用证诈骗活动的，处五年以下有期徒刑或者拘役，并处二万元以上二十万元以下罚金；数额巨大或者有其他严重情节的，处五年以上十年以下有期徒刑，并处五万元以上五十万元以下罚金；数额特别巨大或者有其他特别严重情节的，处十年以上有期徒刑或者无期徒刑，并处五万元以上五十万元以下罚金或者没收财产：

（一）使用伪造、变造的信用证或者附随的单据、文件的；

（二）使用作废的信用证的；

（三）骗取信用证的；

（四）以其他方法进行信用证诈骗活动的。

第一百九十六条　【信用卡诈骗罪】有下列情形之一，进行信用卡诈骗活动，数额较大的，处五年以下有期徒刑或者拘役，并处二万元以上二十万元以下罚金；数额巨大或者有其他严重情节的，处五年以上十年以下有期徒刑，并处五万元以上五十万元以下罚金；数额特别巨大或者有其他特别严重情节的，处十年以上有期徒刑或者无期徒刑，并处五万元以上五十万元以下罚金或者没收财产：

（一）使用伪造的信用卡，或者使用以虚假的身份证明骗领的信用卡的；

（二）使用作废的信用卡的；

（三）冒用他人信用卡的；

（四）恶意透支的。

前款所称恶意透支，是指持卡人以非法占有为目的，超过规定限额或者规定期限透支，并且经发卡银行催收后仍不归还的行为。

盗窃信用卡并使用的，依照本法第二百六十四条的规定定罪处罚。

第一百九十七条　【有价证券诈骗罪】使用伪造、变造的国库券或者国家发行的其他有价证券，进行诈骗活动，数额较大的，处五年以下有期徒刑或者拘役，并处二万元以上二十万元以下罚金；数额巨大或者有其他严重情节的，处五年以上十年以下有期徒刑，并处五万元以上五十万元以下罚金；数额特别巨大或者有其他特别严重情节的，处十年以上有期徒刑或者无期徒刑，并处五万元以上五十万元以下罚金或者没收财产。

第一百九十八条　【保险诈骗罪】有下列情形之一，进行保险诈骗活动，数额较大的，处五年以下有期徒刑或者拘役，并处一万元以上十万元以下罚金；数额巨大或者有其他严重情节的，处五年以上十年以下有期徒刑，并处二万元以上二十万元以下罚金；数额特别巨大或者有其他特别严重情节的，处十年以上有期徒刑，并处二万元以上二十万元以下罚金或者没收财产：

（一）投保人故意虚构保险标的，骗取保险金的；

（二）投保人、被保险人或者受益人对发生的保险事故编造虚假的原因或者夸大损失的程度，骗取保险金的；

（三）投保人、被保险人或者受益人编造未曾发生的保险事故，骗取保险金的；

（四）投保人、被保险人故意造成财产损失的保险事故，骗取保险金的；

（五）投保人、受益人故意造成被保险人死亡、伤残或者疾病，骗取保险金的。

有前款第四项、第五项所列行为，同时构成其他犯罪的，依照数罪并罚的规定处罚。

单位犯第一款罪的，对单位判处罚金，并对其直接负责的主管人员和其他直接责任人员，处五年以下有期徒刑或者拘役；数额巨大或者有其他严重情节的，处五年以上十年以下有期徒刑；数额特别巨大或者有其他特别严重情节的，处十年以上有期徒刑。

保险事故的鉴定人、证明人、财产评估人故意提供虚假的证明文件，为他人诈骗提供条件的，以保险诈骗的共犯论处。

第一百九十九条　（根据《中华人民共和国刑法修正案（九）》删去本条内容）

第二百条　【单位犯金融诈骗罪的处罚规定】单位犯本节第一百九十二条、第一百九十四条、第一百九十五条规定之罪的，对单位判处罚金，并对其直接负责的主管人员和其他直接责任人员，处五年以下有期徒刑或者拘役，可以并处罚金；数额巨大或者有其他严重情节的，处五年以上十年以下有期徒刑，并处罚金；数额特别巨大或者有其他特别严重情节的，处十年以上有期徒刑或者无期徒刑，并处罚金。

第六节　危害税收征管罪

第二百零一条　【逃税罪】纳税人采取欺骗、隐瞒手段进行虚假纳税申报或者不申报，逃避缴纳税款数额较大并且占应纳税额百分之十以上的，处三年以下有期徒刑或者拘役，并处罚金；数额巨大并且占应纳税额百分之三十以上的，处三年以上七年以下有期徒刑，并处罚金。

扣缴义务人采取前款所列手段，不缴或者少缴已扣、已收税款，数额较大的，依照前款的规定处罚。

对多次实施前两款行为，未经处理的，按照累计数额计算。

有第一款行为，经税务机关依法下达追缴通知后，补缴应纳税款，缴纳滞纳金，已受行政处罚的，不予追究刑事责任；但是，五年内因逃避缴纳税款受过刑事处罚或者被税务机关给予二次以上行政处罚的除外。

第二百零二条　【抗税罪】以暴力、威胁方法拒不缴纳税款的，处三年以下有期徒刑或者拘役，并处拒缴税款一倍以上五倍以下罚金；情节严重的，处三年以上七年以下有期徒刑，并处拒缴税款一倍以上五倍以下罚金。

第二百零三条　【逃避追缴欠税罪】纳税人欠缴应纳税款，采取转移或者隐匿财产的手段，致使税务机关无法追缴欠缴的税款，数额在一万元以上不满十万元的，处三年以下有期徒刑或者拘役，并处或者单处欠缴税款一倍以上五倍以下罚金；数额在十万元以上的，处三年以上七年以下有期徒刑，并处欠缴税款一倍以上五倍以下罚金。

第二百零四条　【骗取出口退税罪】以假报出口或者其他欺骗手段，骗取国家出口退税款，数额较大的，处五年以下有期徒刑或者拘役，并处骗取税款一倍以上五倍以下罚金；数额巨大或者有其他严重情节的，处五年以上十年以下有期徒刑，并处骗取税款一倍以上五倍以下罚金；数额特别巨大或者有其他特别严重情节的，处十年以上有期徒刑或者无期徒刑，并处骗取税款一倍以上五倍以下罚金或者没收财产。

纳税人缴纳税款后，采取前款规定的欺骗方法，骗取所缴纳的税款的，依照本法第二百零一条的规定定罪处罚；骗取税款超过所缴纳的税款部分，依照前款的规定处罚。

第二百零五条　【虚开增值税专用发票、用于骗取出口退税、抵扣税款发票罪】虚开增值税专用发票或者虚开用于骗取出口退税、抵扣税款的其他发票的，处三年以下有期徒刑或者拘役，并处二万元以上二十万元以下罚金；虚开的税款数额较大或者有其他严重情节的，处三年以上十年以下有期徒刑，并处五万元以上五十万元以下罚金；虚开的税款数额巨大或者有其他特别严重情节的，处十年以上有期徒刑或者无期徒刑，并处五万元以上五十万元以下罚金或者没收财产。

单位犯本条规定之罪的，对单位判处罚金，并对其直接负责的主管人员和其他直接责任人员，处三年以下有期徒刑或者拘役；虚开的税款数额较大或者有其他严重情节的，处三年以上十年以下有期徒刑；虚开的税款数额巨大或者有其他特别严重情节的，处十年以上有期徒刑或者无期徒刑。

虚开增值税专用发票或者虚开用于骗取出口退税、抵扣税款的其他发票，是指有为他人虚开、为自己虚开、让他人为自己虚开、介绍他人虚开行为之一的。

第二百零五条 之一 【虚开发票罪】虚开本法第二百零五条规定以外的其他发票，情节严重的，处二年以下有期徒刑、拘役或者管制，并处罚金；情节特别严重的，处二年以上七年以下有期徒刑，并处罚金。

单位犯前款罪的，对单位判处罚金，并对其直接负责的主管人员和其他直接责任人员，依照前款的规定处罚。

第二百零六条 【伪造、出售伪造的增值税专用发票罪】伪造或者出售伪造的增值税专用发票的，处三年以下有期徒刑、拘役或者管制，并处二万元以上二十万元以下罚金；数量较大或者有其他严重情节的，处三年以上十年以下有期徒刑，并处五万元以上五十万元以下罚金；数量巨大或者有其他特别严重情节的，处十年以上有期徒刑或者无期徒刑，并处五万元以上五十万元以下罚金或者没收财产。

单位犯本条规定之罪的，对单位判处罚金，并对其直接负责的主管人员和其他直接责任人员，处三年以下有期徒刑、拘役或者管制；数量较大或者有其他严重情节的，处三年以上十年以下有期徒刑；数量巨大或者有其他特别严重情节的，处十年以上有期徒刑或者无期徒刑。

第二百零七条 【非法出售增值税专用发票罪】非法出售增值税专用发票的，处三年以下有期徒刑、拘役或者管制，并处二万元以上二十万元以下罚金；数量较大的，处三年以上十年以下有期徒刑，并处五万元以上五十万元以下罚金；数量巨大的，处十年以上有期徒刑或者无期徒刑，并处五万元以上五十万元以下罚金或者没收财产。

第二百零八条 【非法购买增值税专用发票、购买伪造的增值税专用发票罪】非法购买增值税专用发票或者购买伪造的增值税专用发票的，处五年以下有期徒刑或者拘役，并处或者单处二万元以上二十万元以下罚金。

非法购买增值税专用发票或者购买伪造的增值税专用发票又虚开或者出售的，分别依照本法第二百零五条、第二百零六条、第二百零七条的规定定罪处罚。

第二百零九条 【非法制造、出售非法制造的用于骗取出口退税、抵扣税款发票罪】伪造、擅自制造或者出售伪造、擅自制造的可以用于骗取出口退税、抵扣税款的其他发票的，处三年以下有期徒刑、拘役或者管制，并处二万元以上二十万元以下罚金；数量巨大的，处三年以上七年以下有期徒刑，并处五万元以上五十万元以下罚金；数量特别巨大的，处七年以上有期徒刑，并处五万元以上五十万元以下罚金或者没收财产。

【非法制造、出售非法制造的发票罪】伪造、擅自制造或者出售伪造、擅自制造的前款规定以外的其他发票的，处二年以下有期徒刑、拘役或者管制，并处或者单处一万元以上五万元以下罚金；情节严重的，处二年以上七年以下有期徒刑，并处五万元以上五十万元以下罚金。

【非法出售用于骗取出口退税、抵扣税款发票罪】非法出售可以用于骗取出口退税、抵扣税款的其他发票的，依照第一款的规定处罚。

【非法出售发票罪】非法出售第三款规定以外的其他发票的，依照第二款的规定处罚。

第二百一十条 【盗窃罪】盗窃增值税专用发票或者可以用于骗取出口退税、抵扣税款的其他发票的，依照本法第二百六十四条的规定定罪处罚。

【诈骗罪】使用欺骗手段骗取增值税专用发票或者可以用于骗取出口退税、抵扣税款的其他发票的，依照本法第二百六十六条的规定定罪处罚。

第二百一十条 之一 【持有伪造的发票罪】明知是伪造的发票而持有，数量较大的，处二年以下有期徒刑、拘役或者管制，并处罚金；数量巨大的，处二年以上七年以下有期徒刑，并处罚金。

单位犯前款罪的，对单位判处罚金，并对其直接负责的主管人员和其他直接责任人员，依照前款的规定处罚。

第二百一十一条 【单位犯危害税收征管罪的处罚规定】单位犯本节第二百零一条、第二百零三条、第二百零四条、第二百零七条、第二百零八条、第二百零九条规定之罪的，对单位判处罚金，并对其直接负责的主管人员和其他直接责任人员，依照各该条的规定处罚。

第二百一十二条 【税收征缴优先原则】犯本节第二百零一条至第二百零五条规定之罪，被判处罚金、没收财产的，在执行前，应当先由税务机关追缴税款和所骗取的出口退税款。

第七节 侵犯知识产权罪

第二百一十三条 【假冒注册商标罪】未经注册商标所有人许可，在同一种商品上使用与其注册商标相同的商标，情节严重的，处三年以下有期徒刑或者拘役，并处或者单处罚金；情节特别严重的，处三年以上七年以下有期徒刑，并处罚金。

第二百一十四条 【销售假冒注册商标的商品罪】销售明知是假冒注册商标的商品，销售金额数额较大的，处三年以下有期徒刑或者拘役，并处或者单处罚金；销售金额数额巨大的，处三年以上七年以下有期徒刑，并处罚金。

第二百一十五条 【非法制造、销售非法制造的注册商标标识罪】伪造、擅自制造他人注册商标标识或者销售伪造、擅自制造的注册商标标识，情节严重的，处三年以下有期徒刑、拘役或者管制，并处或者单处罚金；情节特别严重的，处三年以上七年以下有期徒刑，并处罚金。

第二百一十六条 【假冒专利罪】假冒他人专利，情节严重的，处三年以下有期徒刑或者拘役，并处或者单处罚金。

第二百一十七条 【侵犯著作权罪】以营利为目的，有下列侵犯著作权情形之一，违法所得数额较大或者有其他严重情节的，处三年以下有期徒刑或者拘役，并处或者单处罚金；违法所得数额巨大或者有其他特别严重情节的，处三年以上七年以下有期徒刑，并处罚金：

（一）未经著作权人许可，复制发行其文字作品、音乐、电影、电视、录像作品、计算机软件及其他作品的；

（二）出版他人享有专有出版权的图书的；

（三）未经录音录像制作者许可，复制发行其制作的录音录像的；

（四）制作、出售假冒他人署名的美术作品的。

第二百一十八条 【销售侵权复制品罪】以营利为目的，销售明知是本法第二百一十七条规定的侵权复制品，违法所得数额巨大的，处三年以下有期徒刑或者拘役，并处或者单处罚金。

第二百一十九条 【侵犯商业秘密罪】有下列侵犯商业秘密行为之一，给商业秘密的权利人造成重大损失的，处三年以下有期徒刑或者拘役，并处或者单处罚金；造成特别严重后果的，处三年以上七年以下有期徒刑，并处罚金：

（一）以盗窃、利诱、胁迫或者其他不正当手段获取权利人的商业秘密的；

（二）披露、使用或者允许他人使用以前项手段获取的权利人的商业秘密的；

（三）违反约定或者违反权利人有关保守商业秘密的要求，披露、使用或者允许他人使用其所掌握的商业秘密的。

明知或者应知前款所列行为，获取、使用或者披露他人的商业秘密的，以侵犯商业秘密论。

本条所称商业秘密，是指不为公众所知悉，能为权利人带来经济利益，具有实用性并经权利人采取保密措施的技术信息和经营信息。

本条所称权利人，是指商业秘密的所有人和经商业秘密所有人许可的商业秘密使用人。

第二百二十条 【单位犯侵犯知识产权罪的处罚规定】单位犯本节第二百一十三条至第二百一十九条规定之罪的，对单位判处罚金，并对其直接负责的主管人员和其他直接责任人员，依照本节各该条的规定处罚。

第八节　扰乱市场秩序罪

第二百二十一条 【损害商业信誉、商品声誉罪】捏造并散布虚伪事实，损害他人的商业信誉、商品声誉，给他人造成重大损失或者有其他严重情节的，处二年以下有期徒刑或者拘役，并处或者单处罚金。

第二百二十二条 【虚假广告罪】广告主、广告经营者、广告发布者违反国家规定，利用广告对商品或者服务作虚假宣传，情节严重的，处二年以下有期徒刑或者拘役，并处或者单处罚金。

第二百二十三条 【串通投标罪】投标人相互串通投标报价，损害招标人或者其他投标人利益，情节严重的，处三年以下有期徒刑或者拘役，并处或者单处罚金。

投标人与招标人串通投标，损害国家、集体、公民的合法利益的，依照前款的规定处罚。

第二百二十四条 【合同诈骗罪】有下列情形之一，以非法占有为目的，在签订、履行合同过程中，骗取对方当事人财物，数额较大的，处三年以下有期徒刑或者拘役，并处或者单处罚金；数额巨大或者有其他严重情节的，处三年以上十年以下有期徒刑，并处罚金；数额特别巨大或者有其他特别严重情节的，处十年以上有期徒刑或者无期徒刑，并处罚金或者没收财产：

（一）以虚构的单位或者冒用他人名义签订合同的；

（二）以伪造、变造、作废的票据或者其他虚假的产权证明作担保的；

（三）没有实际履行能力，以先履行小额合同或者部分履行合同的方法，诱骗对方当事人继续签订和履行合同的；

（四）收受对方当事人给付的货物、货款、预付款或者担保财产后逃匿的；

（五）以其他方法骗取对方当事人财物的。

第二百二十四条 之一 【组织、领导传销活动罪】组织、领导以推销商品、提供服务等经营活动为名，要求参加者以缴纳费用或者购买商品、服务等方式获得加入资格，并按照一定顺序组成层级，直接或者间接以发展人员的数量作为计酬或者返利依据，引诱、胁迫参加者继续发展他人参加，骗取财物，扰乱经济社会秩序的传销活动的，处五年以下有期徒刑或者拘役，并处罚金；情节严重的，处五年以上有期徒刑，并处罚金。

第二百二十五条 【非法经营罪】违反国家规定，有下列非法经营行为之一，扰乱市场秩序，情节严重的，处五年以下有期徒刑或者拘役，并处或者单处违法所得一倍以上五倍以下罚金；情节特别严重的，处五年以上有期徒刑，并处违法所得一倍以上五倍以下罚金或者没收财产：

（一）未经许可经营法律、行政法规规定的专营、专卖物品或者其他限制买卖的物品的；

（二）买卖进出口许可证、进出口原产地证明以及其他法律、行政法规规定的经营许可证或者批准文件的；

（三）未经国家有关主管部门批准非法经营证券、期货、保险业务的，或者非法从事资金支付结算业务的；

（四）其他严重扰乱市场秩序的非法经营行为。

第二百二十六条 【强迫交易罪】以暴力、威胁手段，实施下列行为之一，情节严重的，处三年以下有期徒刑或者拘役，并处或者单处罚金；情节特别严重的，处三年以上七年以下有期徒刑，并处罚金：

（一）强买强卖商品的；

（二）强迫他人提供或者接受服务的；

（三）强迫他人参与或者退出投标、拍卖的；

（四）强迫他人转让或者收购公司、企业的股份、债券或者其他资产的；

（五）强迫他人参与或者退出特定的经营活动的。

第二百二十七条 【伪造、倒卖伪造的有价票证罪】伪造或者倒卖伪造的车票、船票、邮票或者其他有价票证，数额较大的，处二年以下有期徒刑、拘役或者管制，并处或者单处票证价额一倍以上五倍以下罚金；数额巨大的，处二年以上七年以下有期徒刑，并处票证价额一倍以上五倍以下罚金。

【倒卖车票、船票罪】倒卖车票、船票，情节严重的，处三年以下有期徒刑、拘役或者管制，并处或者单处票证价额一倍以上五倍以下罚金。

第二百二十八条 【非法转让、倒卖土地使用权罪】以牟利为目的，违反土地管理法规，非法转让、倒卖土地使用权，情节严重的，处三年以下有期徒刑或者拘役，并处或者单处非法转让、倒卖土地使用权价额百分之五以上百分之二十以下罚金；情节特别严重的，处三年以上七年以下有期徒刑，并处非法转让、倒卖土地使用权价额百分之五以上百分之二十以下罚金。

第二百二十九条 【提供虚假证明文件罪】承担资产评估、验资、验证、会计、审计、法律服务等职责的中介组织的人员故意提供虚假证明文件，情节严重的，处五年以下有期徒刑或者拘役，并处罚金。

【提供虚假证明文件罪】前款规定的人员，索取他人财物或者非法收受他人财物，犯前款罪的，处五年以上十年以下有期徒刑，并处罚金。

【出具证明文件重大失实罪】第一款规定的人员，严重不负责任，出具的证明文件有重大失实，造成严重后果的，处三年以下有期徒刑或者拘役，并处或者单处罚金。

第二百三十条 【逃避商检罪】违反进出口商品检验法的规定，逃避商品检验，将必须经商检机构检验的进口商品未报经检验而擅自销售、使用，或者将必须经商检机构检验的出口商品未报经检验合格而擅自出口，情节严重的，处三年以下有期徒刑或者拘役，并处或者单处罚金。

第二百三十一条 【单位犯扰乱市场秩序罪的处罚规定】单位犯本节第二百二十一条至第二百三十条规定之罪的，对单位判处罚金，并对其直接负责的主管人员和其他直接责任人员，依照本节各该条的规定处罚。

第四章　侵犯公民人身权利、民主权利罪

第二百三十二条 【故意杀人罪】故意杀人的，处死刑、无期徒刑或者十年以上有期徒刑；情节较轻的，处三年以上十年以下有期徒刑。

第二百三十三条 【过失致人死亡罪】过失致人死亡的，处三年以上七年以下有期徒刑；情节较轻的，处三年以下有期徒刑。本法另有规定的，依照规定。

第二百三十四条 【故意伤害罪】故意伤害他人身体的，处三年以下有期徒刑、拘役或者管制。

犯前款罪，致人重伤的，处三年以上十年以下有期徒刑；致人死亡或者以特别残忍手段致人重伤造成严重残疾的，处十年以上有期徒刑、无期徒刑或者死刑。本法另有规定的，依照规定。

第二百三十四条 之一 【组织出卖人体器官罪】组织他人出卖人体器官的，处五

年以下有期徒刑，并处罚金；情节严重的，处五年以上有期徒刑，并处罚金或者没收财产。

未经本人同意摘取其器官，或者摘取不满十八周岁的人的器官，或者强迫、欺骗他人捐献器官的，依照本法第二百三十四条、第二百三十二条的规定定罪处罚。

违背本人生前意愿摘取其尸体器官，或者本人生前未表示同意，违反国家规定，违背其近亲属意愿摘取其尸体器官的，依照本法第三百零二条的规定定罪处罚。

第二百三十五条 【过失致人重伤罪】过失伤害他人致人重伤的，处三年以下有期徒刑或者拘役。本法另有规定的，依照规定。

第二百三十六条 【强奸罪】以暴力、胁迫或者其他手段强奸妇女的，处三年以上十年以下有期徒刑。

奸淫不满十四周岁的幼女的，以强奸论，从重处罚。

强奸妇女、奸淫幼女，有下列情形之一的，处十年以上有期徒刑、无期徒刑或者死刑：

（一）强奸妇女、奸淫幼女情节恶劣的；

（二）强奸妇女、奸淫幼女多人的；

（三）在公共场所当众强奸妇女的；

（四）二人以上轮奸的；

（五）致使被害人重伤、死亡或者造成其他严重后果的。

第二百三十七条 【强制猥亵、侮辱罪】以暴力、胁迫或者其他方法强制猥亵他人或者侮辱妇女的，处五年以下有期徒刑或者拘役。

聚众或者在公共场所当众犯前款罪的，或者有其他恶劣情节的，处五年以上有期徒刑。

【猥亵儿童罪】猥亵儿童的，依照前两款的规定从重处罚。

第二百三十八条 【非法拘禁罪】非法拘禁他人或者以其他方法非法剥夺他人人身自由的，处三年以下有期徒刑、拘役、管制或者剥夺政治权利。具有殴打、侮辱情节的，从重处罚。

犯前款罪，致人重伤的，处三年以上十年以下有期徒刑；致人死亡的，处十年以上有期徒刑。使用暴力致人伤残、死亡的，依照本法第二百三十四条、第二百三十二条的规定定罪处罚。

为索取债务非法扣押、拘禁他人的，依照前两款的规定处罚。

国家机关工作人员利用职权犯前三款罪的，依照前三款的规定从重处罚。

第二百三十九条 【绑架罪】以勒索财物为目的绑架他人的，或者绑架他人作为人质的，处十年以上有期徒刑或者无期徒刑，并处罚金或者没收财产；情节较轻的，处五年以上十年以下有期徒刑，并处罚金。

犯前款罪，杀害被绑架人的，或者故意伤害被绑架人，致人重伤、死亡的，处无期徒刑或者死刑，并处没收财产。

以勒索财物为目的偷盗婴幼儿的，依照前两款的规定处罚。

第二百四十条 【拐卖妇女、儿童罪】拐卖妇女、儿童的，处五年以上十年以下有期徒刑，并处罚金；有下列情形之一的，处十年以上有期徒刑或者无期徒刑，并处罚金或者没收财产；情节特别严重的，处死刑，并处没收财产：

（一）拐卖妇女、儿童集团的首要分子；

（二）拐卖妇女、儿童三人以上的；

（三）奸淫被拐卖的妇女的；

（四）诱骗、强迫被拐卖的妇女卖淫或者将被拐卖的妇女卖给他人迫使其卖淫的；

（五）以出卖为目的，使用暴力、胁迫或者麻醉方法绑架妇女、儿童的；

（六）以出卖为目的，偷盗婴幼儿的；

（七）造成被拐卖的妇女、儿童或者其亲属重伤、死亡或者其他严重后果的；

（八）将妇女、儿童卖往境外的。

拐卖妇女、儿童是指以出卖为目的，有拐骗、绑架、收买、贩卖、接送、中转妇女、儿童的行为之一的。

第二百四十一条 【收买被拐卖的妇女、儿童罪】收买被拐卖的妇女、儿童的，处三年以下有期徒刑、拘役或者管制。

收买被拐卖的妇女，强行与其发生性关系的，依照本法第二百三十六条的规定定罪处罚。

收买被拐卖的妇女、儿童，非法剥夺、限制其人身自由或者有伤害、侮辱等犯罪行为的，依照本法的有关规定定罪处罚。

收买被拐卖的妇女、儿童，并有第二款、第三款规定的犯罪行为的，依照数罪并罚的规定处罚。

收买被拐卖的妇女、儿童又出卖的，依照本法第二百四十条的规定定罪处罚。

收买被拐卖的妇女、儿童，对被买儿童没有虐待行为，不阻碍对其进行解救的，可以从轻处罚；按照被买妇女的意愿，不阻碍其返回原居住地的，可以从轻或者减轻处罚。

第二百四十二条 【妨害公务罪】以暴力、威胁方法阻碍国家机关工作人员解救被收买的妇女、儿童的，依照本法第二百七十七条的规定定罪处罚。

【聚众阻碍解救被收买的妇女、儿童罪】聚众阻碍国家机关工作人员解救被收买的妇女、儿童的首要分子，处五年以下有期徒刑或者拘役；其他参与者使用暴力、威胁方法的，依照前款的规定处罚。

第二百四十三条 【诬告陷害罪】捏造事实诬告陷害他人，意图使他人受刑事追究，情节严重的，处三年以下有期徒刑、拘役或者管制；造成严重后果的，处三年以上十年以下有期徒刑。

国家机关工作人员犯前款罪的，从重处罚。

不是有意诬陷，而是错告，或者检举失实的，不适用前两款的规定。

第二百四十四条 【强迫劳动罪】以暴力、威胁或者限制人身自由的方法强迫他人劳动的，处三年以下有期徒刑或者拘役，并处罚金；情节严重的，处三年以上十年以下有期徒刑，并处罚金。

明知他人实施前款行为，为其招募、运送人员或者有其他协助强迫他人劳动行为的，依照前款的规定处罚。

单位犯前两款罪的，对单位判处罚金，并对其直接负责的主管人员和其他直接责任人员，依照第一款的规定处罚。

第二百四十四条 之一 【雇用童工从事危重劳动罪】违反劳动管理法规，雇用未满十六周岁的未成年人从事超强度体力劳动的，或者从事高空、井下作业的，或者在爆炸性、易燃性、放射性、毒害性等危险环境下从事劳动，情节严重的，对直接责任人员，处三年以下有期徒刑或者拘役，并处罚金；情节特别严重的，处三年以上七年以下有期徒刑，并处罚金。

有前款行为，造成事故，又构成其他犯罪的，依照数罪并罚的规定处罚。

第二百四十五条 【非法搜查罪】【非法侵入住宅罪】非法搜查他人身体、住宅，或者非法侵入他人住宅的，处三年以下有期徒刑或者拘役。

司法工作人员滥用职权，犯前款罪的，从重处罚。

第二百四十六条 【侮辱罪】【诽谤罪】以暴力或者其他方法公然侮辱他人或者捏造事实诽谤他人，情节严重的，处三年以下有期徒刑、拘役、管制或者剥夺政治权利。

前款罪，告诉的才处理，但是严重危害社会秩序和国家利益的除外。

通过信息网络实施第一款规定的行为，被害人向人民法院告诉，但提供证据确有困难的，人民法院可以要求公安机关提供协助。

第二百四十七条 【刑讯逼供罪】【暴力取证罪】司法工作人员对犯罪嫌疑人、被告人实行刑讯逼供或者使用暴力逼取证人证言的，处三年以下有期徒刑或者拘役。致人伤残、死亡的，依照本法第二百三十四条、第二百三十二条的规定定罪从重处罚。

第二百四十八条 【虐待被监管人罪】监狱、拘留所、看守所等监管机构的监管人员对被监管人进行殴打或者体罚虐待，情节严重的，处三年以下有期徒刑或者拘役；情节特别严重的，处三年以上十年以下有期徒刑。致人伤残、死亡的，依照本法第二百三十四条、第二百三十二条的规定定罪从重处罚。

监管人员指使被监管人殴打或者体罚虐待其他被监管人的，依照前款的规定处罚。

第二百四十九条 【煽动民族仇恨、民族歧视罪】煽动民族仇恨、民族歧视，情节严重的，处三年以下有期徒刑、拘役、管制或者剥夺政治权利；情节特别严重的，处三年以上十年以下有期徒刑。

第二百五十条 【出版歧视、侮辱少数民族作品罪】在出版物中刊载歧视、侮辱少数民族的内容，情节恶劣，造成严重后果的，对直接责任人员，处三年以下有期徒刑、拘役或者管制。

第二百五十一条 【非法剥夺公民宗教信仰自由罪】【侵犯少数民族风俗习惯罪】国家机关工作人员非法剥夺公民的宗教信仰自由和侵犯少数民族风俗习惯，情节严重的，处二年以下有期徒刑或者拘役。

第二百五十二条 【侵犯通信自由罪】隐匿、毁弃或者非法开拆他人信件，侵犯公民通信自由权利，情节严重的，处一年以下有期徒刑或者拘役。

第二百五十三条 【私自开拆、隐匿、毁弃邮件、电报罪】邮政工作人员私自开拆或者隐匿、毁弃邮件、电报的，处二年以下有期徒刑或者拘役。

犯前款罪而窃取财物的，依照本法第二百六十四条的规定定罪从重处罚。

第二百五十三条 之一 【侵犯公民个人信息罪】违反国家有关规定，向他人出售或者提供公民个人信息，情节严重的，处三年以下有期徒刑或者拘役，并处或者单处罚金；情节特别严重的，处三年以上七年以下有期徒刑，并处罚金。

违反国家有关规定，将在履行职责或者提供服务过程中获得的公民个人信息，出售或者提供给他人的，依照前款的规定从重处罚。

窃取或者以其他方法非法获取公民个人信息的，依照第一款的规定处罚。

单位犯前三款罪的，对单位判处罚金，并对其直接负责的主管人员和其他直接责任人员，依照各该款的规定处罚。

第二百五十四条 【报复陷害罪】国家机关工作人员滥用职权、假公济私，对控告人、申诉人、批评人、举报人实行报复陷害的，处二年以下有期徒刑或者拘役；情节严重的，处二年以上七年以下有期徒刑。

第二百五十五条 【打击报复会计、统计人员罪】公司、企业、事业单位、机关、团体的领导人，对依法履行职责、抵制违反会计法、统计法行为的会计、统计人员实行打击报复，情节恶劣的，处三年以下有期徒刑或者拘役。

第二百五十六条 【破坏选举罪】在选举各级人民代表大会代表和国家机关领导人员时，以暴力、威胁、欺骗、贿赂、伪造选举文件、虚报选举票数等手段破坏选举或者妨害选民和代表自由行使选举权和被选举权，情节严重的，处三年以下有期徒刑、拘役或者剥夺政治权利。

第二百五十七条 【暴力干涉婚姻自由罪】以暴力干涉他人婚姻自由的，处二年以下有期徒刑或者拘役。

犯前款罪，致使被害人死亡的，处二年以上七年以下有期徒刑。

第一款罪，告诉的才处理。

第二百五十八条 【重婚罪】有配偶而重婚的，或者明知他人有配偶而与之结婚的，处二年以下有期徒刑或者拘役。

第二百五十九条 【破坏军婚罪】明知是现役军人的配偶而与之同居或者结婚的，处三年以下有期徒刑或者拘役。

利用职权、从属关系，以胁迫手段奸淫现役军人的妻子的，依照本法第二百三十六条的规定定罪处罚。

第二百六十条 【虐待罪】虐待家庭成员，情节恶劣的，处二年以下有期徒刑、拘役或者管制。

犯前款罪，致使被害人重伤、死亡的，处二年以上七年以下有期徒刑。

第一款罪，告诉的才处理，但被害人没有能力告诉，或者因受到强制、威吓无法告诉的除外。

第二百六十条 之一 【虐待被监护、看护人罪】对未成年人、老年人、患病的人、残疾人等负有监护、看护职责的人虐待被监护、看护的人，情节恶劣的，处三年以下有期徒刑或者拘役。

单位犯前款罪的，对单位判处罚金，并对其直接负责的主管人员和其他直接责任人员，依照前款的规定处罚。

有第一款行为，同时构成其他犯罪的，依照处罚较重的规定定罪处罚。

第二百六十一条 【遗弃罪】对于年老、年幼、患病或者其他没有独立生活能力的人，负有扶养义务而拒绝扶养，情节恶劣的，处五年以下有期徒刑、拘役或者管制。

第二百六十二条 【拐骗儿童罪】拐骗不满十四周岁的未成年人，脱离家庭或者监护人的，处五年以下有期徒刑或者拘役。

第二百六十二条 之一 【组织残疾人、儿童乞讨罪】以暴力、胁迫手段组织残疾人或者不满十四周岁的未成年人乞讨的，处三年以下有期徒刑或者拘役，并处罚金；情节严重的，处三年以上七年以下有期徒刑，并处罚金。

第二百六十二条 之二 【组织未成年人进行违反治安管理活动罪】组织未成年人进行盗窃、诈骗、抢夺、敲诈勒索等违反治安管理活动的，处三年以下有期徒刑或者拘役，并处罚金；情节严重的，处三年以上七年以下有期徒刑，并处罚金。

第五章　侵犯财产罪

第二百六十三条 【抢劫罪】以暴力、胁迫或者其他方法抢劫公私财物的，处三年以上十年以下有期徒刑，并处罚金；有下列情形之一的，处十年以上有期徒刑、无期徒刑或者死刑，并处罚金或者没收财产：

（一）入户抢劫的；

（二）在公共交通工具上抢劫的；

（三）抢劫银行或者其他金融机构的；

（四）多次抢劫或者抢劫数额巨大的；

（五）抢劫致人重伤、死亡的；

（六）冒充军警人员抢劫的；

（七）持枪抢劫的；

（八）抢劫军用物资或者抢险、救灾、救济物资的。

第二百六十四条 【盗窃罪】盗窃公私财物，数额较大的，或者多次盗窃、入户盗窃、携带凶器盗窃、扒窃的，处三年以下有期徒刑、拘役或者管制，并处或者单处罚金；数额巨大或者有其他严重情节的，处三年以上十年以下有期徒刑，并处罚金；数额特别巨大或者有其他特别严重情节的，处十年以上有期徒刑或者无期徒刑，并处罚金或者没收财产。

第二百六十五条 【盗窃罪】以牟利为目的，盗接他人通信线路、复制他人电信码号或者明知是盗接、复制的电信设备、设施而使用的，依照本法第二百六十四条的规定定罪处罚。

第二百六十六条 【诈骗罪】诈骗公私财物，数额较大的，处三年以下有期徒刑、拘役或者管制，并处或者单处罚金；数额巨大或者有其他严重情节的，处三年以上十年以下有期徒刑，并处罚金；数额特别巨大或者有其他特别严重情节的，处十年以上有期徒刑或者无期徒刑，并处罚金或者没收财产。本法另有规定的，依照规定。

第二百六十七条 【抢夺罪】抢夺公私财物，数额较大的，或者多次抢夺的，处三年以下有期徒刑、拘役或者管制，并处或者单处罚金；数额巨大或者有其他严重情节的，处三年以上十年以下有期徒刑，并处罚金；数额特别巨大或者有其他特别严重情节的，处十年以上有期徒刑或者无期徒刑，并处罚金或者没收财产。

携带凶器抢夺的，依照本法第二百六十三条的规定定罪处罚。

第二百六十八条 【聚众哄抢罪】聚众哄抢公私财物，数额较大或者有其他严重情节的，对首要分子和积极参加的，处三年以下有期徒刑、拘役或者管制，并处罚金；数额巨大或者有其他特别严重情节的，处三年以上十年以下有期徒刑，并处罚金。

第二百六十九条 【转化的抢劫罪】犯盗窃、诈骗、抢夺罪，为窝藏赃物、抗拒抓捕或者毁灭罪证而当场使用暴力或者以暴力相威胁的，依照本法第二百六十三条的规定定罪处罚。

第二百七十条 【侵占罪】将代为保管的他人财物非法占为己有，数额较大，拒不退还的，处二年以下有期徒刑、拘役或者罚金；数额巨大或者有其他严重情节的，处二年以上五年以下有期徒刑，并处罚金。

将他人的遗忘物或者埋藏物非法占为己有，数额较大，拒不交出的，依照前款的规定处罚。

本条罪，告诉的才处理。

第二百七十一条 【职务侵占罪】公司、企业或者其他单位的人员，利用职务上的便利，将本单位财物非法占为己有，数额较大的，处五年以下有期徒刑或者拘役；数额巨大的，处五年以上有期徒刑，可以并处没收财产。

国有公司、企业或者其他国有单位中从事公务的人员和国有公司、企业或者其他国有单位委派到非国有公司、企业以及其他单位从事公务的人员有前款行为的，依照本法第三百八十二条、第三百八十三条的规定定罪处罚。

第二百七十二条 【挪用资金罪】公司、企业或者其他单位的工作人员，利用职务上的便利，挪用本单位资金归个人使用或者借贷给他人，数额较大、超过三个月未还的，或者虽未超过三个月，但数额较大、进行营利活动的，或者进行非法活动的，处三年以下有期徒刑或者拘役；挪用本单位资金数额巨大的，或者数额较大不退还的，处三年以上十年以下有期徒刑。

国有公司、企业或者其他国有单位中从事公务的人员和国有公司、企业或者其他国有单位委派到非国有公司、企业以及其他单位从事公务的人员有前款行为的，依照本法第三百八十四条的规定定罪处罚。

第二百七十三条 【挪用特定款物罪】挪用用于救灾、抢险、防汛、优抚、扶贫、移民、救济款物，情节严重，致使国家和人民群众利益遭受重大损害的，对直接责任人员，处三年以下有期徒刑或者拘役；情节特别严重的，处三年以上七年以下有期徒刑。

第二百七十四条 【敲诈勒索罪】敲诈勒索公私财物，数额较大或者多次敲诈勒索的，处三年以下有期徒刑、拘役或者管制，并处或者单处罚金；数额巨大或者有其他严重情节的，处三年以上十年以下有期徒刑，并处罚金；数额特别巨大或者有其他特别严重情节的，处十年以上有期徒刑，并处罚金。

第二百七十五条 【故意毁坏财物罪】故意毁坏公私财物，数额较大或者有其他严重情节的，处三年以下有期徒刑、拘役或者罚金；数额巨大或者有其他特别严重情节的，处三年以上七年以下有期徒刑。

第二百七十六条 【破坏生产经营罪】由于泄愤报复或者其他个人目的，毁坏机器设备、残害耕畜或者以其他方法破坏生产经营的，处三年以下有期徒刑、拘役或者管制；情节严重的，处三年以上七年以下有期徒刑。

第二百七十六条 之一 【拒不支付劳动报酬罪】以转移财产、逃匿等方法逃避支付劳动者的劳动报酬或者有能力支付而不支付劳动者的劳动报酬，数额较大，经政府有关部门责令支付仍不支付的，处三年以下有期徒刑或者拘役，并处或者单处罚金；造成严重后果的，处三年以上七年以下有期徒刑，并处罚金。

单位犯前款罪的，对单位判处罚金，并对其直接负责的主管人员和其他直接责任人员，依照前款的规定处罚。

有前两款行为，尚未造成严重后果，在提起公诉前支付劳动者的劳动报酬，并依法承担相应赔偿责任的，可以减轻或者免除处罚。

第六章　妨害社会管理秩序罪

第一节　扰乱公共秩序罪

第二百七十七条 【妨害公务罪】以暴力、威胁方法阻碍国家机关工作人员依法执行职务的，处三年以下有期徒刑、拘役、管制或者罚金。

以暴力、威胁方法阻碍全国人民代表大会和地方各级人民代表大会代表依法执行代表职务的，依照前款的规定处罚。

在自然灾害和突发事件中，以暴力、威胁方法阻碍红十字会工作人员依法履行职责的，依照第一款的规定处罚。

故意阻碍国家安全机关、公安机关依法执行国家安全工作任务，未使用暴力、威胁方法，造成严重后果的，依照第一款的规定处罚。

暴力袭击正在依法执行职务的人民警察的，依照第一款的规定从重处罚。

第二百七十八条 【煽动暴力抗拒法律实施罪】煽动群众暴力抗拒国家法律、行政法规实施的，处三年以下有期徒刑、拘役、管制或者剥夺政治权利；造成严重后果的，处三年以上七年以下有期徒刑。

第二百七十九条 【招摇撞骗罪】冒充国家机关工作人员招摇撞骗的，处三年以下有期徒刑、拘役、管制或者剥夺政治权利；情节严重的，处三年以上十年以下有期徒刑。

冒充人民警察招摇撞骗的，依照前款的规定从重处罚。

第二百八十条 【伪造、变造、买卖国家机关公文、证件、印章罪】【盗窃、抢夺、毁灭国家机关公文、证件、印章罪】伪造、变造、买卖或者盗窃、抢夺、毁灭国家机关的公文、证件、印章的，处三年以下有期徒刑、拘役、管制或者剥夺政治权利，并处罚金；情节严重的，处三年以上十年以下有期徒刑，并处罚金。

【伪造公司、企业、事业单位、人民团体印章罪】伪造公司、企业、事业单位、人民团体的印章的，处三年以下有期徒刑、拘役、管制或者剥夺政治权利，并处罚金。

【伪造、变造、买卖身份证件罪】伪造、变造、买卖居民身份证、护照、社会保障卡、驾驶证等依法可以用于证明身份的证件的，处三年以下有期徒刑、拘役、管制或者剥夺政治权利，并处罚金；情节严重的，处三年以上七年以下有期徒刑，并处罚金。

第二百八十条 之一 【使用虚假身份证件、盗用身份证件罪】在依照国家规定应当提供身份证明的活动中，使用伪造、变造的或者盗用他人的居民身份证、护照、社会保障卡、驾驶证等依法可以用于证明身份的证件，情节严重的，处拘役或者管制，并处或者单处罚金。

有前款行为，同时构成其他犯罪的，依照处罚较重的规定定罪处罚。

第二百八十一条 【非法生产、买卖警用装备罪】非法生产、买卖人民警察制式服装、车辆号牌等专用标志、警械，情节严重的，处三年以下有期徒刑、拘役或者管制，并处或者单处罚金。

单位犯前款罪的，对单位判处罚金，并对其直接负责的主管人员和其他直接责任人员，依照前款的规定处罚。

第二百八十二条 【非法获取国家秘密罪】以窃取、刺探、收买方法，非法获取国家秘密的，处三年以下有期徒刑、拘役、管制或者剥夺政治权利；情节严重的，处三年以上七年以下有期徒刑。

【非法持有国家绝密、机密文件、资料、物品罪】非法持有属于国家绝密、机密的文件、资料或者其他物品，拒不说明来源与用途的，处三年以下有期徒刑、拘役或者管制。

第二百八十三条 【非法生产、销售专用间谍器材、窃听、窃照专用器材罪】非法生产、销售专用间谍器材或者窃听、窃照专用器材的，处三年以下有期徒刑、拘役或者管制，并处或者单处罚金；情节严重的，处三年以上七年以下有期徒刑，并处罚金。

单位犯前款罪的，对单位判处罚金，并对其直接负责的主管人员和其他直接责任人员，依照前款的规定处罚。

第二百八十四条　【非法使用窃听、窃照专用器材罪】非法使用窃听、窃照专用器材，造成严重后果的，处二年以下有期徒刑、拘役或者管制。

第二百八十四条　之一　【组织考试作弊罪】在法律规定的国家考试中，组织作弊的，处三年以下有期徒刑或者拘役，并处或者单处罚金；情节严重的，处三年以上七年以下有期徒刑，并处罚金。

为他人实施前款犯罪提供作弊器材或者其他帮助的，依照前款的规定处罚。

【非法出售、提供试题、答案罪】为实施考试作弊行为，向他人非法出售或者提供第一款规定的考试的试题、答案的，依照第一款的规定处罚。

【代替考试罪】代替他人或者让他人代替自己参加第一款规定的考试的，处拘役或者管制，并处或者单处罚金。

第二百八十五条　【非法侵入计算机信息系统罪】违反国家规定，侵入国家事务、国防建设、尖端科学技术领域的计算机信息系统的，处三年以下有期徒刑或者拘役。

【非法获取计算机信息系统数据、非法控制计算机信息系统罪】违反国家规定，侵入前款规定以外的计算机信息系统或者采用其他技术手段，获取该计算机信息系统中存储、处理或者传输的数据，或者对该计算机信息系统实施非法控制，情节严重的，处三年以下有期徒刑或者拘役，并处或者单处罚金；情节特别严重的，处三年以上七年以下有期徒刑，并处罚金。

【提供侵入、非法控制计算机信息系统程序、工具罪】提供专门用于侵入、非法控制计算机信息系统的程序、工具，或者明知他人实施侵入、非法控制计算机信息系统的违法犯罪行为而为其提供程序、工具，情节严重的，依照前款的规定处罚。

单位犯前三款罪的，对单位判处罚金，并对其直接负责的主管人员和其他直接责任人员，依照各该款的规定处罚。

第二百八十六条　【破坏计算机信息系统罪】违反国家规定，对计算机信息系统功能进行删除、修改、增加、干扰，造成计算机信息系统不能正常运行，后果严重的，处五年以下有期徒刑或者拘役；后果特别严重的，处五年以上有期徒刑。

违反国家规定，对计算机信息系统中存储、处理或者传输的数据和应用程序进行删除、修改、增加的操作，后果严重的，依照前款的规定处罚。

故意制作、传播计算机病毒等破坏性程序，影响计算机系统正常运行，后果严重的，依照第一款的规定处罚。

单位犯前三款罪的，对单位判处罚金，并对其直接负责的主管人员和其他直接责任人员，依照第一款的规定处罚。

第二百八十六条　之一　【拒不履行信息网络安全管理义务罪】网络服务提供者不履行法律、行政法规规定的信息网络安全管理义务，经监管部门责令采取改正措施而拒不改正，有下列情形之一的，处三年以下有期徒刑、拘役或者管制，并处或者单处罚金：

（一）致使违法信息大量传播的；

（二）致使用户信息泄露，造成严重后果的；

（三）致使刑事案件证据灭失，情节严重的；

（四）有其他严重情节的。

单位犯前款罪的，对单位判处罚金，并对其直接负责的主管人员和其他直接责任人员，依照前款的规定处罚。

有前两款行为，同时构成其他犯罪的，依照处罚较重的规定定罪处罚。

第二百八十七条　【利用计算机实施犯罪的提示性规定】利用计算机实施金融诈骗、盗窃、贪污、挪用公款、窃取国家秘密或者其他犯罪的，依照本法有关规定定罪处罚。

第二百八十七条　之一　【非法利用信息网络罪】利用信息网络实施下列行为之一，情节严重的，处三年以下有期徒刑或者拘役，并处或者单处罚金：

（一）设立用于实施诈骗、传授犯罪方法、制作或者销售违禁物品、管制物品等违法犯罪活动的网站、通信群组的；

（二）发布有关制作或者销售毒品、枪支、淫秽物品等违禁物品、管制物品或者其他违法犯罪信息的；

（三）为实施诈骗等违法犯罪活动发布信息的。

单位犯前款罪的，对单位判处罚金，并对其直接负责的主管人员和其他直接责任人员，依照第一款的规定处罚。

有前两款行为，同时构成其他犯罪的，依照处罚较重的规定定罪处罚。

第二百八十七条　之二　【帮助信息网络犯罪活动罪】明知他人利用信息网络实施犯罪，为其犯罪提供互联网接入、服务器托管、网络存储、通信传输等技术支持，或者提供广告推广、支付结算等帮助，情节严重的，处三年以下有期徒刑或者拘役，并处或者单处罚金。

单位犯前款罪的，对单位判处罚金，并对其直接负责的主管人员和其他直接责任人员，依照第一款的规定处罚。

有前两款行为，同时构成其他犯罪的，依照处罚较重的规定定罪处罚。

第二百八十八条　【扰乱无线电通信管理秩序罪】违反国家规定，擅自设置、使用无线电台（站），或者擅自使用无线电频率，干扰无线电通信秩序，情节严重的，处三年以下有期徒刑、拘役或者管制，并处或者单处罚金；情节特别严重的，处三年以上七年以下有期徒刑，并处罚金。

单位犯前款罪的，对单位判处罚金，并对其直接负责的主管人员和其他直接责任人员，依照前款的规定处罚。

第二百八十九条　【故意伤害罪】【故意杀人罪】【抢劫罪】聚众“打砸抢”，致人伤残、死亡的，依照本法第二百三十四条、第二百三十二条的规定定罪处罚。毁坏或者抢走公私财物的，除判令退赔外，对首要分子，依照本法第二百六十三条的规定定罪处罚。

第二百九十条　【聚众扰乱社会秩序罪】聚众扰乱社会秩序，情节严重，致使工作、生产、营业和教学、科研、医疗无法进行，造成严重损失的，对首要分子，处三年以上七年以下有期徒刑；对其他积极参加的，处三年以下有期徒刑、拘役、管制或者剥夺政治权利。

【聚众冲击国家机关罪】聚众冲击国家机关，致使国家机关工作无法进行，造成严重损失的，对首要分子，处五年以上十年以下有期徒刑；对其他积极参加的，处五年以下有期徒刑、拘役、管制或者剥夺政治权利。

【扰乱国家机关工作秩序罪】多次扰乱国家机关工作秩序，经行政处罚后仍不改正，造成严重后果的，处三年以下有期徒刑、拘役或者管制。

【组织、资助非法聚集罪】多次组织、资助他人非法聚集，扰乱社会秩序，情节严重的，依照前款的规定处罚。

第二百九十一条 【聚众扰乱公共场所秩序、交通秩序罪】聚众扰乱车站、码头、民用航空站、商场、公园、影剧院、展览会、运动场或者其他公共场所秩序，聚众堵塞交通或者破坏交通秩序，抗拒、阻碍国家治安管理工作人员依法执行职务，情节严重的，对首要分子，处五年以下有期徒刑、拘役或者管制。

第二百九十一条 之一 【投放虚假危险物质罪】【编造、故意传播虚假恐怖信息罪】投放虚假的爆炸性、毒害性、放射性、传染病病原体等物质，或者编造爆炸威胁、生化威胁、放射威胁等恐怖信息，或者明知是编造的恐怖信息而故意传播，严重扰乱社会秩序的，处五年以下有期徒刑、拘役或者管制；造成严重后果的，处五年以上有期徒刑。

【编造、故意传播虚假信息罪】编造虚假的险情、疫情、灾情、警情，在信息网络或者其他媒体上传播，或者明知是上述虚假信息，故意在信息网络或者其他媒体上传播，严重扰乱社会秩序的，处三年以下有期徒刑、拘役或者管制；造成严重后果的，处三年以上七年以下有期徒刑。

第二百九十二条 【聚众斗殴罪】聚众斗殴的，对首要分子和其他积极参加的，处三年以下有期徒刑、拘役或者管制；有下列情形之一的，对首要分子和其他积极参加的，处三年以上十年以下有期徒刑：

（一）多次聚众斗殴的；

（二）聚众斗殴人数多，规模大，社会影响恶劣的；

（三）在公共场所或者交通要道聚众斗殴，造成社会秩序严重混乱的；

（四）持械聚众斗殴的。

聚众斗殴，致人重伤、死亡的，依照本法第二百三十四条、第二百三十二条的规定定罪处罚。

第二百九十三条 【寻衅滋事罪】有下列寻衅滋事行为之一，破坏社会秩序的，处五年以下有期徒刑、拘役或者管制：

（一）随意殴打他人，情节恶劣的；

（二）追逐、拦截、辱骂、恐吓他人，情节恶劣的；

（三）强拿硬要或者任意损毁、占用公私财物，情节严重的；

（四）在公共场所起哄闹事，造成公共场所秩序严重混乱的。

纠集他人多次实施前款行为，严重破坏社会秩序的，处五年以上十年以下有期徒刑，可以并处罚金。

第二百九十四条 【组织、领导、参加黑社会性质组织罪】组织、领导黑社会性质的组织的，处七年以上有期徒刑，并处没收财产；积极参加的，处三年以上七年以下有期徒刑，可以并处罚金或者没收财产；其他参加的，处三年以下有期徒刑、拘役、管制或者剥夺政治权利，可以并处罚金。

【入境发展黑社会组织罪】境外的黑社会组织的人员到中华人民共和国境内发展组织成员的，处三年以上十年以下有期徒刑。

【包庇、纵容黑社会性质组织罪】国家机关工作人员包庇黑社会性质的组织，或者纵容黑社会性质的组织进行违法犯罪活动的，处五年以下有期徒刑；情节严重的，处五年以上有期徒刑。

犯前三款罪又有其他犯罪行为的，依照数罪并罚的规定处罚。

黑社会性质的组织应当同时具备以下特征：

（一）形成较稳定的犯罪组织，人数较多，有明确的组织者、领导者，骨干成员基本固定；

（二）有组织地通过违法犯罪活动或者其他手段获取经济利益，具有一定的经济实力，以支持该组织的活动；

（三）以暴力、威胁或者其他手段，有组织地多次进行违法犯罪活动，为非作恶，欺压、残害群众；

（四）通过实施违法犯罪活动，或者利用国家工作人员的包庇或者纵容，称霸一方，在一定区域或者行业内，形成非法控制或者重大影响，严重破坏经济、社会生活秩序。

第二百九十五条 【传授犯罪方法罪】传授犯罪方法的，处五年以下有期徒刑、拘役或者管制；情节严重的，处五年以上十年以下有期徒刑；情节特别严重的，处十年以上有期徒刑或者无期徒刑。

第二百九十六条 【非法集会、游行、示威罪】举行集会、游行、示威，未依照法律规定申请或者申请未获许可，或者未按照主管机关许可的起止时间、地点、路线进行，又拒不服从解散命令，严重破坏社会秩序的，对集会、游行、示威的负责人和直接责任人员，处五年以下有期徒刑、拘役、管制或者剥夺政治权利。

第二百九十七条 【非法携带武器、管制刀具、爆炸物参加集会、游行、示威罪】违反法律规定，携带武器、管制刀具或者爆炸物参加集会、游行、示威的，处三年以下有期徒刑、拘役、管制或者剥夺政治权利。

第二百九十八条 【破坏集会、游行、示威罪】扰乱、冲击或者以其他方法破坏依法举行的集会、游行、示威，造成公共秩序混乱的，处五年以下有期徒刑、拘役、管制或者剥夺政治权利。

第二百九十九条 【侮辱国旗、国徽罪】在公共场合，故意以焚烧、毁损、涂划、玷污、践踏等方式侮辱中华人民共和国国旗、国徽的，处三年以下有期徒刑、拘役、管制或者剥夺政治权利。

在公共场合，故意篡改中华人民共和国国歌歌词、曲谱，以歪曲、贬损方式奏唱国歌，或者以其他方式侮辱国歌，情节严重的，依照前款的规定处罚。

第三百条 【组织、利用会道门、邪教组织、利用迷信破坏法律实施罪】组织、利用会道门、邪教组织或者利用迷信破坏国家法律、行政法规实施的，处三年以上七年以下有期徒刑，并处罚金；情节特别严重的，处七年以上有期徒刑或者无期徒刑，并处罚金或者没收财产；情节较轻的，处三年以下有期徒刑、拘役、管制或者剥夺政治权利，并处或者单处罚金。

【组织、利用会道门、邪教组织、利用迷信致人重伤、死亡罪】组织、利用会道门、邪教组织或者利用迷信蒙骗他人，致人重伤、死亡的，依照前款的规定处罚。

犯第一款罪又有奸淫妇女、诈骗财物等犯罪行为的，依照数罪并罚的规定处罚。

第三百零一条 【聚众淫乱罪】聚众进行淫乱活动的，对首要分子或者多次参加的，处五年以下有期徒刑、拘役或者管制。

【引诱未成年人聚众淫乱罪】引诱未成年人参加聚众淫乱活动的，依照前款的规定从重处罚。

第三百零二条 【盗窃、侮辱、故意毁坏尸体、尸骨、骨灰罪】盗窃、侮辱、故意毁坏尸体、尸骨、骨灰的，处三年以下有期徒刑、拘役或者管制。

第三百零三条 【赌博罪】以营利为目的，聚众赌博或者以赌博为业的，处三年以下有期徒刑、拘役或者管制，并处罚金。

【开设赌场罪】开设赌场的，处三年以下有期徒刑、拘役或者管制，并处罚金；情节严重的，处三年以上十年以下有期徒刑，并处罚金。

第三百零四条 【故意延误投递邮件罪】邮政工作人员严重不负责任，故意延误投递邮件，致使公共财产、国家和人民利益遭受重大损失的，处二年以下有期徒刑或者拘役。

第二节 妨害司法罪

第三百零五条 【伪证罪】在刑事诉讼中，证人、鉴定人、记录人、翻译人对与案件有重要关系的情节，故意作虚假证明、鉴定、记录、翻译，意图陷害他人或者隐匿罪证的，处三年以下有期徒刑或者拘役；情节严重的，处三年以上七年以下有期徒刑。

第三百零六条 【辩护人、诉讼代理人毁灭证据、伪造证据、妨害作证罪】在刑事诉讼中，辩护人、诉讼代理人毁灭、伪造证据，帮助当事人毁灭、伪造证据，威胁、引诱证人违背事实改变证言或者作伪证的，处三年以下有期徒刑或者拘役；情节严重的，处三年以上七年以下有期徒刑。

辩护人、诉讼代理人提供、出示、引用的证人证言或者其他证据失实，不是有意伪造的，不属于伪造证据。

第三百零七条　【妨害作证罪】以暴力、威胁、贿买等方法阻止证人作证或者指使他人作伪证的，处三年以下有期徒刑或者拘役；情节严重的，处三年以上七年以下有期徒刑。

【帮助毁灭、伪造证据罪】帮助当事人毁灭、伪造证据，情节严重的，处三年以下有期徒刑或者拘役。

司法工作人员犯前两款罪的，从重处罚。

第三百零七条　之一　【虚假诉讼罪】以捏造的事实提起民事诉讼，妨害司法秩序或者严重侵害他人合法权益的，处三年以下有期徒刑、拘役或者管制，并处或者单处罚金；情节严重的，处三年以上七年以下有期徒刑，并处罚金。

单位犯前款罪的，对单位判处罚金，并对其直接负责的主管人员和其他直接责任人员，依照前款的规定处罚。

有第一款行为，非法占有他人财产或者逃避合法债务，又构成其他犯罪的，依照处罚较重的规定定罪从重处罚。

司法工作人员利用职权，与他人共同实施前三款行为的，从重处罚；同时构成其他犯罪的，依照处罚较重的规定定罪从重处罚。

第三百零八条　【打击报复证人罪】对证人进行打击报复的，处三年以下有期徒刑或者拘役；情节严重的，处三年以上七年以下有期徒刑。

第三百零八条　之一　【泄露不应公开的案件信息罪】司法工作人员、辩护人、诉讼代理人或者其他诉讼参与人，泄露依法不公开审理的案件中不应当公开的信息，造成信息公开传播或者其他严重后果的，处三年以下有期徒刑、拘役或者管制，并处或者单处罚金。

有前款行为，泄露国家秘密的，依照本法第三百九十八条的规定定罪处罚。

【披露、报道不应公开的案件信息罪】公开披露、报道第一款规定的案件信息，情节严重的，依照第一款的规定处罚。

单位犯前款罪的，对单位判处罚金，并对其直接负责的主管人员和其他直接责任人员，依照第一款的规定处罚。

第三百零九条　【扰乱法庭秩序罪】有下列扰乱法庭秩序情形之一的，处三年以下有期徒刑、拘役、管制或者罚金：

（一）聚众哄闹、冲击法庭的；

（二）殴打司法工作人员或者诉讼参与人的；

（三）侮辱、诽谤、威胁司法工作人员或者诉讼参与人，不听法庭制止，严重扰乱法庭秩序的；

（四）有毁坏法庭设施，抢夺、损毁诉讼文书、证据等扰乱法庭秩序行为，情节严重的。

第三百一十条　【窝藏、包庇罪】明知是犯罪的人而为其提供隐藏处所、财物，帮助其逃匿或者作假证明包庇的，处三年以下有期徒刑、拘役或者管制；情节严重的，处三年以上十年以下有期徒刑。

犯前款罪，事前通谋的，以共同犯罪论处。

第三百一十一条　【拒绝提供间谍犯罪、恐怖主义犯罪、极端主义犯罪证据罪】明知他人有间谍犯罪或者恐怖主义、极端主义犯罪行为，在司法机关向其调查有关情况、收集有关证据时，拒绝提供，情节严重的，处三年以下有期徒刑、拘役或者管制。

第三百一十二条　【掩饰、隐瞒犯罪所得、犯罪所得收益罪】明知是犯罪所得及其产生的收益而予以窝藏、转移、收购、代为销售或者以其他方法掩饰、隐瞒的，处三年以下有期徒刑、拘役或者管制，并处或者单处罚金；情节严重的，处三年以上七年以下有期徒刑，并处罚金。

单位犯前款罪的，对单位判处罚金，并对其直接负责的主管人员和其他直接责任人员，依照前款的规定处罚。

第三百一十三条　【拒不执行判决、裁定罪】对人民法院的判决、裁定有能力执行而拒不执行，情节严重的，处三年以下有期徒刑、拘役或者罚金；情节特别严重的，处三年以上七年以下有期徒刑，并处罚金。

单位犯前款罪的，对单位判处罚金，并对其直接负责的主管人员和其他直接责任人员，依照前款的规定处罚。

第三百一十四条　【非法处置查封、扣押、冻结的财产罪】隐藏、转移、变卖、故意毁损已被司法机关查封、扣押、冻结的财产，情节严重的，处三年以下有期徒刑、拘役或者罚金。

第三百一十五条　【破坏监管秩序罪】依法被关押的罪犯，有下列破坏监管秩序行为之一，情节严重的，处三年以下有期徒刑：

（一）殴打监管人员的；

（二）组织其他被监管人破坏监管秩序的；

（三）聚众闹事，扰乱正常监管秩序的；

（四）殴打、体罚或者指使他人殴打、体罚其他被监管人的。

第三百一十六条　【脱逃罪】依法被关押的罪犯、被告人、犯罪嫌疑人脱逃的，处五年以下有期徒刑或者拘役。

【劫夺被押解人员罪】劫夺押解途中的罪犯、被告人、犯罪嫌疑人的，处三年以上七年以下有期徒刑；情节严重的，处七年以上有期徒刑。

第三百一十七条　【组织越狱罪】组织越狱的首要分子和积极参加的，处五年以上有期徒刑；其他参加的，处五年以下有期徒刑或者拘役。

【暴动越狱罪】【聚众持械劫狱罪】暴动越狱或者聚众持械劫狱的首要分子和积极参加的，处十年以上有期徒刑或者无期徒刑；情节特别严重的，处死刑；其他参加的，处三年以上十年以下有期徒刑。

第三节 妨害国（边）境管理罪

第三百一十八条 【组织他人偷越国（边）境罪】组织他人偷越国（边）境的，处二年以上七年以下有期徒刑，并处罚金；有下列情形之一的，处七年以上有期徒刑或者无期徒刑，并处罚金或者没收财产：

（一）组织他人偷越国（边）境集团的首要分子；

（二）多次组织他人偷越国（边）境或者组织他人偷越国（边）境人数众多的；

（三）造成被组织人重伤、死亡的；

（四）剥夺或者限制被组织人人身自由的；

（五）以暴力、威胁方法抗拒检查的；

（六）违法所得数额巨大的；

（七）有其他特别严重情节的。

犯前款罪，对被组织人有杀害、伤害、强奸、拐卖等犯罪行为，或者对检查人员有杀害、伤害等犯罪行为的，依照数罪并罚的规定处罚。

第三百一十九条 【骗取出境证件罪】以劳务输出、经贸往来或者其他名义，弄虚作假，骗取护照、签证等出境证件，为组织他人偷越国（边）境使用的，处三年以下有期徒刑，并处罚金；情节严重的，处三年以上十年以下有期徒刑，并处罚金。

单位犯前款罪的，对单位判处罚金，并对其直接负责的主管人员和其他直接责任人员，依照前款的规定处罚。

第三百二十条 【提供伪造、变造的出入境证件罪】【出售出入境证件罪】为他人提供伪造、变造的护照、签证等出入境证件，或者出售护照、签证等出入境证件的，处五年以下有期徒刑，并处罚金；情节严重的，处五年以上有期徒刑，并处罚金。

第三百二十一条 【运送他人偷越国（边）境罪】运送他人偷越国（边）境的，处五年以下有期徒刑、拘役或者管制，并处罚金；有下列情形之一的，处五年以上十年以下有期徒刑，并处罚金：

（一）多次实施运送行为或者运送人数众多的；

（二）所使用的船只、车辆等交通工具不具备必要的安全条件，足以造成严重后果的；

（三）违法所得数额巨大的；

（四）有其他特别严重情节的。

在运送他人偷越国（边）境中造成被运送人重伤、死亡，或者以暴力、威胁方法抗拒检查的，处七年以上有期徒刑，并处罚金。

犯前两款罪，对被运送人有杀害、伤害、强奸、拐卖等犯罪行为，或者对检查人员有杀害、伤害等犯罪行为的，依照数罪并罚的规定处罚。

第三百二十二条 【偷越国（边）境罪】违反国（边）境管理法规，偷越国（边）境，情节严重的，处一年以下有期徒刑、拘役或者管制，并处罚金；为参加恐怖活动组织、接受恐怖活动培训或者实施恐怖活动，偷越国（边）境的，处一年以上三年以下有期徒刑，并处罚金。

第三百二十三条 【破坏界碑、界桩罪】【破坏永久性测量标志罪】故意破坏国家边境的界碑、界桩或者永久性测量标志的，处三年以下有期徒刑或者拘役。

第四节 妨害文物管理罪

第三百二十四条 【故意损毁文物罪】故意损毁国家保护的珍贵文物或者被确定为全国重点文物保护单位、省级文物保护单位的文物的，处三年以下有期徒刑或者拘役，并处或者单处罚金；情节严重的，处三年以上十年以下有期徒刑，并处罚金。

【故意损毁名胜古迹罪】故意损毁国家保护的名胜古迹，情节严重的，处五年以下有期徒刑或者拘役，并处或者单处罚金。

【过失损毁文物罪】过失损毁国家保护的珍贵文物或者被确定为全国重点文物保护单位、省级文物保护单位的文物，造成严重后果的，处三年以下有期徒刑或者拘役。

第三百二十五条 【非法向外国人出售、赠送珍贵文物罪】违反文物保护法规，将收藏的国家禁止出口的珍贵文物私自出售或者私自赠送给外国人的，处五年以下有期徒刑或者拘役，可以并处罚金。

单位犯前款罪的，对单位判处罚金，并对其直接负责的主管人员和其他直接责任人员，依照前款的规定处罚。

第三百二十六条 【倒卖文物罪】以牟利为目的，倒卖国家禁止经营的文物，情节严重的，处五年以下有期徒刑或者拘役，并处罚金；情节特别严重的，处五年以上十年以下有期徒刑，并处罚金。

单位犯前款罪的，对单位判处罚金，并对其直接负责的主管人员和其他直接责任人员，依照前款的规定处罚。

第三百二十七条 【非法出售、私赠文物藏品罪】违反文物保护法规，国有博物馆、图书馆等单位将国家保护的文物藏品出售或者私自送给非国有单位或者个人的，对单位判处罚金，并对其直接负责的主管人员和其他直接责任人员，处三年以下有期徒刑或者拘役。

第三百二十八条 【盗掘古文化遗址、古墓葬罪】盗掘具有历史、艺术、科学价值的古文化遗址、古墓葬的，处三年以上十年以下有期徒刑，并处罚金；情节较轻的，处三年以下有期徒刑、拘役或者管制，并处罚金；有下列情形之一的，处十年以上有期徒刑或者无期徒刑，并处罚金或者没收财产：

（一）盗掘确定为全国重点文物保护单位和省级文物保护单位的古文化遗址、古墓葬的；

（二）盗掘古文化遗址、古墓葬集团的首要分子；

（三）多次盗掘古文化遗址、古墓葬的；

（四）盗掘古文化遗址、古墓葬，并盗窃珍贵文物或者造成珍贵文物严重破坏的。

【盗掘古人类化石、古脊椎动物化石罪】盗掘国家保护的具有科学价值的古人类化石和古脊椎动物化石的，依照前款的规定处罚。

第三百二十九条　【抢夺、窃取国有档案罪】抢夺、窃取国家所有的档案的，处五年以下有期徒刑或者拘役。

【擅自出卖、转让国有档案罪】违反档案法的规定，擅自出卖、转让国家所有的档案，情节严重的，处三年以下有期徒刑或者拘役。

有前两款行为，同时又构成本法规定的其他犯罪的，依照处罚较重的规定定罪处罚。

第五节　危害公共卫生罪

第三百三十条　【妨害传染病防治罪】违反传染病防治法的规定，有下列情形之一，引起甲类传染病传播或者有传播严重危险的，处三年以下有期徒刑或者拘役；后果特别严重的，处三年以上七年以下有期徒刑：

（一）供水单位供应的饮用水不符合国家规定的卫生标准的；

（二）拒绝按照卫生防疫机构提出的卫生要求，对传染病病原体污染的污水、污物、粪便进行消毒处理的；

（三）准许或者纵容传染病病人、病原携带者和疑似传染病病人从事国务院卫生行政部门规定禁止从事的易使该传染病扩散的工作的；

（四）拒绝执行卫生防疫机构依照传染病防治法提出的预防、控制措施的。

单位犯前款罪的，对单位判处罚金，并对其直接负责的主管人员和其他直接责任人员，依照前款的规定处罚。

甲类传染病的范围，依照《中华人民共和国传染病防治法》和国务院有关规定确定。

第三百三十一条　【传染病菌种、毒种扩散罪】从事实验、保藏、携带、运输传染病菌种、毒种的人员，违反国务院卫生行政部门的有关规定，造成传染病菌种、毒种扩散，后果严重的，处三年以下有期徒刑或者拘役；后果特别严重的，处三年以上七年以下有期徒刑。

第三百三十二条　【妨害国境卫生检疫罪】违反国境卫生检疫规定，引起检疫传染病传播或者有传播严重危险的，处三年以下有期徒刑或者拘役，并处或者单处罚金。

单位犯前款罪的，对单位判处罚金，并对其直接负责的主管人员和其他直接责任人员，依照前款的规定处罚。

第三百三十三条　【非法组织卖血罪】【强迫卖血罪】非法组织他人出卖血液的，处五年以下有期徒刑，并处罚金；以暴力、威胁方法强迫他人出卖血液的，处五年以上十年以下有期徒刑，并处罚金。

有前款行为，对他人造成伤害的，依照本法第二百三十四条的规定定罪处罚。

第三百三十四条　【非法采集、供应血液、制作、供应血液制品罪】非法采集、供应血液或者制作、供应血液制品，不符合国家规定的标准，足以危害人体健康的，处五年以下有期徒刑或者拘役，并处罚金；对人体健康造成严重危害的，处五年以上十年以下有期徒刑，并处罚金；造成特别严重后果的，处十年以上有期徒刑或者无期徒刑，并处罚金或者没收财产。

【采集、供应血液、制作、供应血液制品事故罪】经国家主管部门批准采集、供应血液或者制作、供应血液制品的部门，不依照规定进行检测或者违背其他操作规定，造成危害他人身体健康后果的，对单位判处罚金，并对其直接负责的主管人员和其他直接责任人员，处五年以下有期徒刑或者拘役。

第三百三十五条 【医疗事故罪】医务人员由于严重不负责任，造成就诊人死亡或者严重损害就诊人身体健康的，处三年以下有期徒刑或者拘役。

第三百三十六条 【非法行医罪】未取得医生执业资格的人非法行医，情节严重的，处三年以下有期徒刑、拘役或者管制，并处或者单处罚金；严重损害就诊人身体健康的，处三年以上十年以下有期徒刑，并处罚金；造成就诊人死亡的，处十年以上有期徒刑，并处罚金。

【非法进行节育手术罪】未取得医生执业资格的人擅自为他人进行节育复通手术、假节育手术、终止妊娠手术或者摘取宫内节育器，情节严重的，处三年以下有期徒刑、拘役或者管制，并处或者单处罚金；严重损害就诊人身体健康的，处三年以上十年以下有期徒刑，并处罚金；造成就诊人死亡的，处十年以上有期徒刑，并处罚金。

第三百三十七条 【妨害动植物防疫、检疫罪】违反有关动植物防疫、检疫的国家规定，引起重大动植物疫情的，或者有引起重大动植物疫情危险，情节严重的，处三年以下有期徒刑或者拘役，并处或者单处罚金。

单位犯前款罪的，对单位判处罚金，并对其直接负责的主管人员和其他直接责任人员，依照前款的规定处罚。

第六节 破坏环境资源保护罪

第三百三十八条 【污染环境罪】违反国家规定，排放、倾倒或者处置有放射性的废物、含传染病病原体的废物、有毒物质或者其他有害物质，严重污染环境的，处三年以下有期徒刑或者拘役，并处或者单处罚金；后果特别严重的，处三年以上七年以下有期徒刑，并处罚金。

第三百三十九条 【非法处置进口的固体废物罪】违反国家规定，将境外的固体废物进境倾倒、堆放、处置的，处五年以下有期徒刑或者拘役，并处罚金；造成重大环境污染事故，致使公私财产遭受重大损失或者严重危害人体健康的，处五年以上十年以下有期徒刑，并处罚金；后果特别严重的，处十年以上有期徒刑，并处罚金。

【擅自进口固体废物罪】未经国务院有关主管部门许可，擅自进口固体废物用作原料，造成重大环境污染事故，致使公私财产遭受重大损失或者严重危害人体健康的，处五年以下有期徒刑或者拘役，并处罚金；后果特别严重的，处五年以上十年以下有期徒刑，并处罚金。

以原料利用为名，进口不能用作原料的固体废物、液态废物和气态废物的，依照本法第一百五十二条第二款、第三款的规定定罪处罚。

第三百四十条 【非法捕捞水产品罪】违反保护水产资源法规，在禁渔区、禁渔期或者使用禁用的工具、方法捕捞水产品，情节严重的，处三年以下有期徒刑、拘役、管制或者罚金。

第三百四十一条 【非法猎捕、杀害珍贵、濒危野生动物罪】【非法收购、运输、出售珍贵、濒危野生动物、珍贵、濒危野生动物制品罪】非法猎捕、杀害国家重点保护的珍贵、濒危野生动物的，或者非法收购、运输、出售国家重点保护的珍贵、濒危野生动物及其制品的，处五年以下有期徒刑或者拘役，并处罚金；情节严重的，处五年以上十年以下有期徒刑，并处罚金；情节特别严重的，处十年以上有期徒刑，并处罚金或者没收财产。

【非法狩猎罪】违反狩猎法规，在禁猎区、禁猎期或者使用禁用的工具、方法进行狩猎，破坏野生动物资源，情节严重的，处三年以下有期徒刑、拘役、管制或者罚金。

第三百四十二条 【非法占用农用地罪】违反土地管理法规，非法占用耕地、林地等农用地，改变被占用土地用途，数量较大，造成耕地、林地等农用地大量毁坏的，处五年以下有期徒刑或者拘役，并处或者单处罚金。

第三百四十三条 【非法采矿罪】违反矿产资源法的规定，未取得采矿许可证擅自采矿，擅自进入国家规划矿区、对国民经济具有重要价值的矿区和他人矿区范围采矿，或者擅自开采国家规定实行保护性开采的特定矿种，情节严重的，处三年以下有期徒刑、拘役或者管制，并处或者单处罚金；情节特别严重的，处三年以上七年以下有期徒刑，并处罚金。

【破坏性采矿罪】违反矿产资源法的规定，采取破坏性的开采方法开采矿产资源，造成矿产资源严重破坏的，处五年以下有期徒刑或者拘役，并处罚金。

第三百四十四条 【非法采伐、毁坏国家重点保护植物罪】【非法收购、运输、加工、出售国家重点保护植物、国家重点保护植物制品罪】违反国家规定，非法采伐、毁坏珍贵树木或者国家重点保护的其他植物的，或者非法收购、运输、加工、出售珍贵树木或者国家重点保护的其他植物及其制品的，处三年以下有期徒刑、拘役或者管制，并处罚金；情节严重的，处三年以上七年以下有期徒刑，并处罚金。

第三百四十五条 【盗伐林木罪】盗伐森林或者其他林木，数量较大的，处三年以下有期徒刑、拘役或者管制，并处或者单处罚金；数量巨大的，处三年以上七年以下有期徒刑，并处罚金；数量特别巨大的，处七年以上有期徒刑，并处罚金。

【滥伐林木罪】违反森林法的规定，滥伐森林或者其他林木，数量较大的，处三年以下有期徒刑、拘役或者管制，并处或者单处罚金；数量巨大的，处三年以上七年以下有期徒刑，并处罚金。

【非法收购、运输盗伐、滥伐的林木罪】非法收购、运输明知是盗伐、滥伐的林木，情节严重的，处三年以下有期徒刑、拘役或者管制，并处或者单处罚金；情节特别严重的，处三年以上七年以下有期徒刑，并处罚金。

盗伐、滥伐国家级自然保护区内的森林或者其他林木的，从重处罚。

第三百四十六条 【单位犯破坏环境资源罪的处罚规定】单位犯本节第三百三十八条至第三百四十五条规定之罪的，对单位判处罚金，并对其直接负责的主管人员和其他直接责任人员，依照本节各该条的规定处罚。

第七节 走私、贩卖、运输、制造毒品罪

第三百四十七条 【走私、贩卖、运输、制造毒品罪】走私、贩卖、运输、制造毒品，无论数量多少，都应当追究刑事责任，予以刑事处罚。

走私、贩卖、运输、制造毒品，有下列情形之一的，处十五年有期徒刑、无期徒刑或者死刑，并处没收财产：

（一）走私、贩卖、运输、制造鸦片一千克以上、海洛因或者甲基苯丙胺五十克以上或者其他毒品数量大的；

（二）走私、贩卖、运输、制造毒品集团的首要分子；

（三）武装掩护走私、贩卖、运输、制造毒品的；

（四）以暴力抗拒检查、拘留、逮捕，情节严重的；

（五）参与有组织的国际贩毒活动的。

走私、贩卖、运输、制造鸦片二百克以上不满一千克、海洛因或者甲基苯丙胺十克以上不满五十克或者其他毒品数量较大的，处七年以上有期徒刑，并处罚金。

走私、贩卖、运输、制造鸦片不满二百克、海洛因或者甲基苯丙胺不满十克或者其他少量毒品的，处三年以下有期徒刑、拘役或者管制，并处罚金；情节严重的，处三年以上七年以下有期徒刑，并处罚金。

单位犯第二款、第三款、第四款罪的，对单位判处罚金，并对其直接负责的主管人员和其他直接责任人员，依照各该款的规定处罚。

利用、教唆未成年人走私、贩卖、运输、制造毒品，或者向未成年人出售毒品的，从重处罚。

对多次走私、贩卖、运输、制造毒品，未经处理的，毒品数量累计计算。

第三百四十八条 【非法持有毒品罪】非法持有鸦片一千克以上、海洛因或者甲基苯丙胺五十克以上或者其他毒品数量大的，处七年以上有期徒刑或者无期徒刑，并处罚金；非法持有鸦片二百克以上不满一千克、海洛因或者甲基苯丙胺十克以上不满五十克或者其他毒品数量较大的，处三年以下有期徒刑、拘役或者管制，并处罚金；情节严重的，处三年以上七年以下有期徒刑，并处罚金。

第三百四十九条 【包庇毒品犯罪分子罪】【窝藏、转移、隐瞒毒品、毒赃罪】包庇走私、贩卖、运输、制造毒品的犯罪分子的，为犯罪分子窝藏、转移、隐瞒毒品或者犯罪所得的财物的，处三年以下有期徒刑、拘役或者管制；情节严重的，处三年以上十年以下有期徒刑。

【包庇毒品犯罪分子罪】缉毒人员或者其他国家机关工作人员掩护、包庇走私、贩

卖、运输、制造毒品的犯罪分子的，依照前款的规定从重处罚。

犯前两款罪，事先通谋的，以走私、贩卖、运输、制造毒品罪的共犯论处。

第三百五十条 【非法生产、买卖、运输制毒物品、走私制毒物品罪】违反国家规定，非法生产、买卖、运输醋酸酐、乙醚、三氯甲烷或者其他用于制造毒品的原料、配剂，或者携带上述物品进出境，情节较重的，处三年以下有期徒刑、拘役或者管制，并处罚金；情节严重的，处三年以上七年以下有期徒刑，并处罚金；情节特别严重的，处七年以上有期徒刑，并处罚金或者没收财产。

明知他人制造毒品而为其生产、买卖、运输前款规定的物品的，以制造毒品罪的共犯论处。

单位犯前两款罪的，对单位判处罚金，并对其直接负责的主管人员和其他直接责任人员，依照前两款的规定处罚。

第三百五十一条 【非法种植毒品原植物罪】非法种植罂粟、大麻等毒品原植物的，一律强制铲除。有下列情形之一的，处五年以下有期徒刑、拘役或者管制，并处罚金：

（一）种植罂粟五百株以上不满三千株或者其他毒品原植物数量较大的；

（二）经公安机关处理后又种植的；

（三）抗拒铲除的。

非法种植罂粟三千株以上或者其他毒品原植物数量大的，处五年以上有期徒刑，并处罚金或者没收财产。

非法种植罂粟或者其他毒品原植物，在收获前自动铲除的，可以免除处罚。

第三百五十二条 【非法买卖、运输、携带、持有毒品原植物种子、幼苗罪】非法买卖、运输、携带、持有未经灭活的罂粟等毒品原植物种子或者幼苗，数量较大的，处三年以下有期徒刑、拘役或者管制，并处或者单处罚金。

第三百五十三条 【引诱、教唆、欺骗他人吸毒罪】引诱、教唆、欺骗他人吸食、注射毒品的，处三年以下有期徒刑、拘役或者管制，并处罚金；情节严重的，处三年以上七年以下有期徒刑，并处罚金。

【强迫他人吸毒罪】强迫他人吸食、注射毒品的，处三年以上十年以下有期徒刑，并处罚金。

引诱、教唆、欺骗或者强迫未成年人吸食、注射毒品的，从重处罚。

第三百五十四条 【容留他人吸毒罪】容留他人吸食、注射毒品的，处三年以下有期徒刑、拘役或者管制，并处罚金。

第三百五十五条 【非法提供麻醉药品、精神药品罪】依法从事生产、运输、管理、使用国家管制的麻醉药品、精神药品的人员，违反国家规定，向吸食、注射毒品的人提供国家规定管制的能够使人形成瘾癖的麻醉药品、精神药品的，处三年以下有期徒刑或者拘役，并处罚金；情节严重的，处三年以上七年以下有期徒刑，并处罚金。向走私、贩卖毒品的犯罪分子或者以牟利为目的，向吸食、注射毒品的人提供国家规定管制的能够使人形成瘾癖的麻醉药品、精神药品的，依照本法第三百四十七条的规定定罪处罚。

单位犯前款罪的，对单位判处罚金，并对其直接负责的主管人员和其他直接责任人员，依照前款的规定处罚。

第三百五十六条 【毒品犯罪的再犯】因走私、贩卖、运输、制造、非法持有毒品罪被判过刑，又犯本节规定之罪的，从重处罚。

第三百五十七条 【毒品的范围及毒品数量的计算】本法所称的毒品，是指鸦片、海洛因、甲基苯丙胺（冰毒）、吗啡、大麻、可卡因以及国家规定管制的其他能够使人形成瘾癖的麻醉药品和精神药品。

毒品的数量以查证属实的走私、贩卖、运输、制造、非法持有毒品的数量计算，不以纯度折算。

第八节 组织、强迫、引诱、容留、介绍卖淫罪

第三百五十八条 【组织卖淫罪】【强迫卖淫罪】组织、强迫他人卖淫的，处五年以上十年以下有期徒刑，并处罚金；情节严重的，处十年以上有期徒刑或者无期徒刑，并处罚金或者没收财产。

组织、强迫未成年人卖淫的，依照前款的规定从重处罚。

犯前两款罪，并有杀害、伤害、强奸、绑架等犯罪行为的，依照数罪并罚的规定处罚。

【协助组织卖淫罪】为组织卖淫的人招募、运送人员或者有其他协助组织他人卖淫行为的，处五年以下有期徒刑，并处罚金；情节严重的，处五年以上十年以下有期徒刑，并处罚金。

第三百五十九条 【引诱、容留、介绍卖淫罪】引诱、容留、介绍他人卖淫的，处五年以下有期徒刑、拘役或者管制，并处罚金；情节严重的，处五年以上有期徒刑，并处罚金。

【引诱幼女卖淫罪】引诱不满十四周岁的幼女卖淫的，处五年以上有期徒刑，并处罚金。

第三百六十条 【传播性病罪】明知自己患有梅毒、淋病等严重性病卖淫、嫖娼的，处五年以下有期徒刑、拘役或者管制，并处罚金。

第三百六十一条 【特定单位的人员组织、强迫、引诱、容留、介绍卖淫的处理规定】旅馆业、饮食服务业、文化娱乐业、出租汽车业等单位的人员，利用本单位的条件，组织、强迫、引诱、容留、介绍他人卖淫的，依照本法第三百五十八条、第三百五十九条的规定定罪处罚。

前款所列单位的主要负责人，犯前款罪的，从重处罚。

第三百六十二条 【包庇罪】旅馆业、饮食服务业、文化娱乐业、出租汽车业等单位的人员，在公安机关查处卖淫、嫖娼活动时，为违法犯罪分子通风报信，情节严重的，依照本法第三百一十条的规定定罪处罚。

第九节 制作、贩卖、传播淫秽物品罪

第三百六十三条 【制作、复制、出版、贩卖、传播淫秽物品牟利罪】以牟利为目的，制作、复制、出版、贩卖、传播淫秽物品的，处三年以下有期徒刑、拘役或者管制，并处罚金；情节严重的，处三年以上十年以下有期徒刑，并处罚金；情节特别严重的，处十年以上有期徒刑或者无期徒刑，并处罚金或者没收财产。

【为他人提供书号出版淫秽书刊罪】为他人提供书号，出版淫秽书刊的，处三年以下有期徒刑、拘役或者管制，并处或者单处罚金；明知他人用于出版淫秽书刊而提供书号的，依照前款的规定处罚。

第三百六十四条 【传播淫秽物品罪】传播淫秽的书刊、影片、音像、图片或者其他淫秽物品，情节严重的，处二年以下有期徒刑、拘役或者管制。

【组织播放淫秽音像制品罪】组织播放淫秽的电影、录像等音像制品的，处三年以下有期徒刑、拘役或者管制，并处罚金；情节严重的，处三年以上十年以下有期徒刑，并处罚金。

制作、复制淫秽的电影、录像等音像制品组织播放的，依照第二款的规定从重处罚。

向不满十八周岁的未成年人传播淫秽物品的，从重处罚。

第三百六十五条 【组织淫秽表演罪】组织进行淫秽表演的，处三年以下有期徒刑、拘役或者管制，并处罚金；情节严重的，处三年以上十年以下有期徒刑，并处罚金。

第三百六十六条 【单位犯本节规定之罪的处罚】单位犯本节第三百六十三条、第三百六十四条、第三百六十五条规定之罪的，对单位判处罚金，并对其直接负责的主管人员和其他直接责任人员，依照各该条的规定处罚。

第三百六十七条 【淫秽物品的范围】本法所称淫秽物品，是指具体描绘性行为或者露骨宣扬色情的诲淫性的书刊、影片、录像带、录音带、图片及其他淫秽物品。

有关人体生理、医学知识的科学著作不是淫秽物品。

包含有色情内容的有艺术价值的文学、艺术作品不视为淫秽物品。

第七章 危害国防利益罪

第三百六十八条 【阻碍军人执行职务罪】以暴力、威胁方法阻碍军人依法执行职务的，处三年以下有期徒刑、拘役、管制或者罚金。

【阻碍军事行动罪】故意阻碍武装部队军事行动，造成严重后果的，处五年以下有期徒刑或者拘役。

第三百六十九条 【破坏武器装备、军事设施、军事通信罪】破坏武器装备、军事设施、军事通信的，处三年以下有期徒刑、拘役或者管制；破坏重要武器装备、军事设施、军事通信的，处三年以上十年以下有期徒刑；情节特别严重的，处十年以上有期徒刑、无期徒刑或者死刑。

【过失损坏武器装备、军事设施、军事通信罪】过失犯前款罪，造成严重后果的，

处三年以下有期徒刑或者拘役；造成特别严重后果的，处三年以上七年以下有期徒刑。

战时犯前两款罪的，从重处罚。

第三百七十条 【故意提供不合格武器装备、军事设施罪】明知是不合格的武器装备、军事设施而提供给武装部队的，处五年以下有期徒刑或者拘役；情节严重的，处五年以上十年以下有期徒刑；情节特别严重的，处十年以上有期徒刑、无期徒刑或者死刑。

【过失提供不合格武器装备、军事设施罪】过失犯前款罪，造成严重后果的，处三年以下有期徒刑或者拘役；造成特别严重后果的，处三年以上七年以下有期徒刑。

单位犯第一款罪的，对单位判处罚金，并对其直接负责的主管人员和其他直接责任人员，依照第一款的规定处罚。

第三百七十一条 【聚众冲击军事禁区罪】聚众冲击军事禁区，严重扰乱军事禁区秩序的，对首要分子，处五年以上十年以下有期徒刑；对其他积极参加的，处五年以下有期徒刑、拘役、管制或者剥夺政治权利。

【聚众扰乱军事管理区秩序罪】聚众扰乱军事管理区秩序，情节严重，致使军事管理区工作无法进行，造成严重损失的，对首要分子，处三年以上七年以下有期徒刑；对其他积极参加的，处三年以下有期徒刑、拘役、管制或者剥夺政治权利。

第三百七十二条 【冒充军人招摇撞骗罪】冒充军人招摇撞骗的，处三年以下有期徒刑、拘役、管制或者剥夺政治权利；情节严重的，处三年以上十年以下有期徒刑。

第三百七十三条 【煽动军人逃离部队罪】【雇用逃离部队军人罪】煽动军人逃离部队或者明知是逃离部队的军人而雇用，情节严重的，处三年以下有期徒刑、拘役或者管制。

第三百七十四条 【接送不合格兵员罪】在征兵工作中徇私舞弊，接送不合格兵员，情节严重的，处三年以下有期徒刑或者拘役；造成特别严重后果的，处三年以上七年以下有期徒刑。

第三百七十五条 【伪造、变造、买卖武装部队公文、证件、印章罪】【盗窃、抢夺武装部队公文、证件、印章罪】伪造、变造、买卖或者盗窃、抢夺武装部队公文、证件、印章的，处三年以下有期徒刑、拘役、管制或者剥夺政治权利；情节严重的，处三年以上十年以下有期徒刑。

【非法生产、买卖武装部队制式服装罪】非法生产、买卖武装部队制式服装，情节严重的，处三年以下有期徒刑、拘役或者管制，并处或者单处罚金。

【伪造、盗窃、买卖、非法提供、非法使用武装部队专用标志罪】伪造、盗窃、买卖或者非法提供、使用武装部队车辆号牌等专用标志，情节严重的，处三年以下有期徒刑、拘役或者管制，并处或者单处罚金；情节特别严重的，处三年以上七年以下有期徒刑，并处罚金。

单位犯第二款、第三款罪的，对单位判处罚金，并对其直接负责的主管人员和其他直接责任人员，依照各该款的规定处罚。

第三百七十六条 【战时拒绝、逃避征召、军事训练罪】预备役人员战时拒绝、逃避征召或者军事训练，情节严重的，处三年以下有期徒刑或者拘役。

【战时拒绝、逃避服役罪】公民战时拒绝、逃避服役，情节严重的，处二年以下有期徒刑或者拘役。

第三百七十七条 【战时故意提供虚假敌情罪】战时故意向武装部队提供虚假敌情，造成严重后果的，处三年以上十年以下有期徒刑；造成特别严重后果的，处十年以上有期徒刑或者无期徒刑。

第三百七十八条 【战时造谣扰乱军心罪】战时造谣惑众，扰乱军心的，处三年以下有期徒刑、拘役或者管制；情节严重的，处三年以上十年以下有期徒刑。

第三百七十九条 【战时窝藏逃离部队军人罪】战时明知是逃离部队的军人而为其提供隐蔽处所、财物，情节严重的，处三年以下有期徒刑或者拘役。

第三百八十条 【战时拒绝、故意延误军事订货罪】战时拒绝或者故意延误军事订货，情节严重的，对单位判处罚金，并对其直接负责的主管人员和其他直接责任人员，处五年以下有期徒刑或者拘役；造成严重后果的，处五年以上有期徒刑。

第三百八十一条 【战时拒绝军事征收、征用罪】战时拒绝军事征收、征用，情节严重的，处三年以下有期徒刑或者拘役。

第八章　贪污贿赂罪

第三百八十二条 【贪污罪】国家工作人员利用职务上的便利，侵吞、窃取、骗取或者以其他手段非法占有公共财物的，是贪污罪。

受国家机关、国有公司、企业、事业单位、人民团体委托管理、经营国有财产的人员，利用职务上的便利，侵吞、窃取、骗取或者以其他手段非法占有国有财物的，以贪污论。

与前两款所列人员勾结，伙同贪污的，以共犯论处。

第三百八十三条 【贪污罪的处罚规定】对犯贪污罪的，根据情节轻重，分别依照下列规定处罚：

（一）贪污数额较大或者有其他较重情节的，处三年以下有期徒刑或者拘役，并处罚金。

（二）贪污数额巨大或者有其他严重情节的，处三年以上十年以下有期徒刑，并处罚金或者没收财产。

（三）贪污数额特别巨大或者有其他特别严重情节的，处十年以上有期徒刑或者无期徒刑，并处罚金或者没收财产；数额特别巨大，并使国家和人民利益遭受特别重大损失的，处无期徒刑或者死刑，并处没收财产。

对多次贪污未经处理的，按照累计贪污数额处罚。

犯第一款罪，在提起公诉前如实供述自己罪行、真诚悔罪、积极退赃，避免、减少损害结果的发生，有第一项规定情形的，可以从轻、减轻或者免除处罚；有第二项、第三项规定情形的，可以从轻处罚。

犯第一款罪，有第三项规定情形被判处死刑缓期执行的，人民法院根据犯罪情节等情况可以同时决定在其死刑缓期执行二年期满依法减为无期徒刑后，终身监禁，不得减刑、假释。

第三百八十四条 【挪用公款罪】国家工作人员利用职务上的便利，挪用公款归个人使用，进行非法活动的，或者挪用公款数额较大、进行营利活动的，或者挪用公款数额较大、超过三个月未还的，是挪用公款罪，处五年以下有期徒刑或者拘役；情节严重的，处五年以上有期徒刑。挪用公款数额巨大不退还的，处十年以上有期徒刑或者无期徒刑。

挪用用于救灾、抢险、防汛、优抚、扶贫、移民、救济款物归个人使用的，从重处罚。

第三百八十五条 【受贿罪】国家工作人员利用职务上的便利，索取他人财物的，或者非法收受他人财物，为他人谋取利益的，是受贿罪。

国家工作人员在经济往来中，违反国家规定，收受各种名义的回扣、手续费，归个人所有的，以受贿论处。

第三百八十六条 【受贿罪的处罚规定】对犯受贿罪的，根据受贿所得数额及情节，依照本法第三百八十三条的规定处罚。索贿的从重处罚。

第三百八十七条 【单位受贿罪】国家机关、国有公司、企业、事业单位、人民团体，索取、非法收受他人财物，为他人谋取利益，情节严重的，对单位判处罚金，并对其直接负责的主管人员和其他直接责任人员，处五年以下有期徒刑或者拘役。

前款所列单位，在经济往来中，在账外暗中收受各种名义的回扣、手续费的，以受贿论，依照前款的规定处罚。

第三百八十八条 【受贿罪】国家工作人员利用本人职权或者地位形成的便利条件，通过其他国家工作人员职务上的行为，为请托人谋取不正当利益，索取请托人财物或者收受请托人财物的，以受贿论处。

第三百八十八条 之一 【利用影响力受贿罪】国家工作人员的近亲属或者其他与该国家工作人员关系密切的人，通过该国家工作人员职务上的行为，或者利用该国家工作人员职权或者地位形成的便利条件，通过其他国家工作人员职务上的行为，为请托人谋取不正当利益，索取请托人财物或者收受请托人财物，数额较大或者有其他较重情节的，处三年以下有期徒刑或者拘役，并处罚金；数额巨大或者有其他严重情节的，处三年以上七年以下有期徒刑，并处罚金；数额特别巨大或者有其他特别严重情节的，处七年以上有期徒刑，并处罚金或者没收财产。

离职的国家工作人员或者其近亲属以及其他与其关系密切的人，利用该离职的国家工作人员原职权或者地位形成的便利条件实施前款行为的，依照前款的规定定罪处罚。

第三百八十九条 【行贿罪】为谋取不正当利益，给予国家工作人员以财物的，是行贿罪。

在经济往来中，违反国家规定，给予国家工作人员以财物，数额较大的，或者违反国家规定，给予国家工作人员以各种名义的回扣、手续费的，以行贿论处。

因被勒索给予国家工作人员以财物，没有获得不正当利益的，不是行贿。

第三百九十条　【行贿罪的处罚规定】对犯行贿罪的，处五年以下有期徒刑或者拘役，并处罚金；因行贿谋取不正当利益，情节严重的，或者使国家利益遭受重大损失的，处五年以上十年以下有期徒刑，并处罚金；情节特别严重的，或者使国家利益遭受特别重大损失的，处十年以上有期徒刑或者无期徒刑，并处罚金或者没收财产。

行贿人在被追诉前主动交代行贿行为的，可以从轻或者减轻处罚。其中，犯罪较轻的，对侦破重大案件起关键作用的，或者有重大立功表现的，可以减轻或者免除处罚。

第三百九十条　之一　【对有影响力的人行贿罪】为谋取不正当利益，向国家工作人员的近亲属或者其他与该国家工作人员关系密切的人，或者向离职的国家工作人员或者其近亲属以及其他与其关系密切的人行贿的，处三年以下有期徒刑或者拘役，并处罚金；情节严重的，或者使国家利益遭受重大损失的，处三年以上七年以下有期徒刑，并处罚金；情节特别严重的，或者使国家利益遭受特别重大损失的，处七年以上十年以下有期徒刑，并处罚金。

单位犯前款罪的，对单位判处罚金，并对其直接负责的主管人员和其他直接责任人员，处三年以下有期徒刑或者拘役，并处罚金。

第三百九十一条　【对单位行贿罪】为谋取不正当利益，给予国家机关、国有公司、企业、事业单位、人民团体以财物的，或者在经济往来中，违反国家规定，给予各种名义的回扣、手续费的，处三年以下有期徒刑或者拘役，并处罚金。

单位犯前款罪的，对单位判处罚金，并对其直接负责的主管人员和其他直接责任人员，依照前款的规定处罚。

第三百九十二条　【介绍贿赂罪】向国家工作人员介绍贿赂，情节严重的，处三年以下有期徒刑或者拘役，并处罚金。

介绍贿赂人在被追诉前主动交代介绍贿赂行为的，可以减轻处罚或者免除处罚。

第三百九十三条　【单位行贿罪】单位为谋取不正当利益而行贿，或者违反国家规定，给予国家工作人员以回扣、手续费，情节严重的，对单位判处罚金，并对其直接负责的主管人员和其他直接责任人员，处五年以下有期徒刑或者拘役，并处罚金。因行贿取得的违法所得归个人所有的，依照本法第三百八十九条、第三百九十条的规定定罪处罚。

第三百九十四条　【贪污罪】国家工作人员在国内公务活动或者对外交往中接受礼物，依照国家规定应当交公而不交公，数额较大的，依照本法第三百八十二条、第三百八十三条的规定定罪处罚。

第三百九十五条　【巨额财产来源不明罪】国家工作人员的财产、支出明显超过合法收入，差额巨大的，可以责令该国家工作人员说明来源，不能说明来源的，差额部分以非法所得论，处五年以下有期徒刑或者拘役；差额特别巨大的，处五年以上十年以下有期徒刑。财产的差额部分予以追缴。

【隐瞒境外存款罪】国家工作人员在境外的存款，应当依照国家规定申报。数额较大、隐瞒不报的，处二年以下有期徒刑或者拘役；情节较轻的，由其所在单位或者上级主管机关酌情给予行政处分。

第三百九十六条 【私分国有资产罪】国家机关、国有公司、企业、事业单位、人民团体，违反国家规定，以单位名义将国有资产集体私分给个人，数额较大的，对其直接负责的主管人员和其他直接责任人员，处三年以下有期徒刑或者拘役，并处或者单处罚金；数额巨大的，处三年以上七年以下有期徒刑，并处罚金。

【私分罚没财物罪】司法机关、行政执法机关违反国家规定，将应当上缴国家的罚没财物，以单位名义集体私分给个人的，依照前款的规定处罚。

第九章 渎职罪

第三百九十七条 【滥用职权罪】【玩忽职守罪】国家机关工作人员滥用职权或者玩忽职守，致使公共财产、国家和人民利益遭受重大损失的，处三年以下有期徒刑或者拘役；情节特别严重的，处三年以上七年以下有期徒刑。本法另有规定的，依照规定。

国家机关工作人员徇私舞弊，犯前款罪的，处五年以下有期徒刑或者拘役；情节特别严重的，处五年以上十年以下有期徒刑。本法另有规定的，依照规定。

第三百九十八条 【故意泄露国家秘密罪】【过失泄露国家秘密罪】国家机关工作人员违反保守国家秘密法的规定，故意或者过失泄露国家秘密，情节严重的，处三年以下有期徒刑或者拘役；情节特别严重的，处三年以上七年以下有期徒刑。

非国家机关工作人员犯前款罪的，依照前款的规定酌情处罚。

第三百九十九条 【徇私枉法罪】司法工作人员徇私枉法、徇情枉法，对明知是无罪的人而使他受追诉、对明知是有罪的人而故意包庇不使他受追诉，或者在刑事审判活动中故意违背事实和法律作枉法裁判的，处五年以下有期徒刑或者拘役；情节严重的，处五年以上十年以下有期徒刑；情节特别严重的，处十年以上有期徒刑。

【民事、行政枉法裁判罪】在民事、行政审判活动中故意违背事实和法律作枉法裁判，情节严重的，处五年以下有期徒刑或者拘役；情节特别严重的，处五年以上十年以下有期徒刑。

【执行判决、裁定失职罪】【执行判决、裁定滥用职权罪】在执行判决、裁定活动中，严重不负责任或者滥用职权，不依法采取诉讼保全措施、不履行法定执行职责，或者违法采取诉讼保全措施、强制执行措施，致使当事人或者其他人的利益遭受重大损失的，处五年以下有期徒刑或者拘役；致使当事人或者其他人的利益遭受特别重大损失的，处五年以上十年以下有期徒刑。

司法工作人员收受贿赂，有前三款行为的，同时又构成本法第三百八十五条规定之罪的，依照处罚较重的规定定罪处罚。

第三百九十九条 之一 【枉法仲裁罪】依法承担仲裁职责的人员，在仲裁活动中故意违背事实和法律作枉法裁决，情节严重的，处三年以下有期徒刑或者拘役；情节特别严重的，处三年以上七年以下有期徒刑。

第四百条 【私放在押人员罪】司法工作人员私放在押的犯罪嫌疑人、被告人或者罪犯的，处五年以下有期徒刑或者拘役；情节严重的，处五年以上十年以下有期徒刑；情节特别严重的，处十年以上有期徒刑。

【失职致使在押人员脱逃罪】司法工作人员由于严重不负责任，致使在押的犯罪嫌疑人、被告人或者罪犯脱逃，造成严重后果的，处三年以下有期徒刑或者拘役；造成特别严重后果的，处三年以上十年以下有期徒刑。

第四百零一条 【徇私舞弊减刑、假释、暂予监外执行罪】司法工作人员徇私舞弊，对不符合减刑、假释、暂予监外执行条件的罪犯，予以减刑、假释或者暂予监外执行的，处三年以下有期徒刑或者拘役；情节严重的，处三年以上七年以下有期徒刑。

第四百零二条 【徇私舞弊不移交刑事案件罪】行政执法人员徇私舞弊，对依法应当移交司法机关追究刑事责任的不移交，情节严重的，处三年以下有期徒刑或者拘役；造成严重后果的，处三年以上七年以下有期徒刑。

第四百零三条 【滥用管理公司、证券职权罪】国家有关主管部门的国家机关工作人员，徇私舞弊，滥用职权，对不符合法律规定条件的公司设立、登记申请或者股票、债券发行、上市申请，予以批准或者登记，致使公共财产、国家和人民利益遭受重大损失的，处五年以下有期徒刑或者拘役。

上级部门强令登记机关及其工作人员实施前款行为的，对其直接负责的主管人员，依照前款的规定处罚。

第四百零四条 【徇私舞弊不征、少征税款罪】税务机关的工作人员徇私舞弊，不征或者少征应征税款，致使国家税收遭受重大损失的，处五年以下有期徒刑或者拘役；造成特别重大损失的，处五年以上有期徒刑。

第四百零五条 【徇私舞弊发售发票、抵扣税款、出口退税罪】税务机关的工作人员违反法律、行政法规的规定，在办理发售发票、抵扣税款、出口退税工作中，徇私舞弊，致使国家利益遭受重大损失的，处五年以下有期徒刑或者拘役；致使国家利益遭受特别重大损失的，处五年以上有期徒刑。

【违法提供出口退税证罪】其他国家机关工作人员违反国家规定，在提供出口货物报关单、出口收汇核销单等出口退税凭证的工作中，徇私舞弊，致使国家利益遭受重大损失的，依照前款的规定处罚。

第四百零六条 【国家机关工作人员签订、履行合同失职被骗罪】国家机关工作人员在签订、履行合同过程中，因严重不负责任被诈骗，致使国家利益遭受重大损失的，处三年以下有期徒刑或者拘役；致使国家利益遭受特别重大损失的，处三年以上七年以下有期徒刑。

第四百零七条 【违法发放林木采伐许可证罪】林业主管部门的工作人员违反森林法的规定，超过批准的年采伐限额发放林木采伐许可证或者违反规定滥发林木采伐许可证，情节严重，致使森林遭受严重破坏的，处三年以下有期徒刑或者拘役。

第四百零八条 【环境监管失职罪】负有环境保护监督管理职责的国家机关工作人员严重不负责任，导致发生重大环境污染事故，致使公私财产遭受重大损失或者造成人身伤亡的严重后果的，处三年以下有期徒刑或者拘役。

第四百零八条 之一 【食品监管渎职罪】负有食品安全监督管理职责的国家机关工作人员，滥用职权或者玩忽职守，导致发生重大食品安全事故或者造成其他严重后果的，处五年以下有期徒刑或者拘役；造成特别严重后果的，处五年以上十年以下有期徒刑。

徇私舞弊犯前款罪的，从重处罚。

第四百零九条 【传染病防治失职罪】从事传染病防治的政府卫生行政部门的工作人员严重不负责任，导致传染病传播或者流行，情节严重的，处三年以下有期徒刑或者拘役。

第四百一十条 【非法批准征收、征用、占用土地罪】【非法低价出让国有土地使用权罪】国家机关工作人员徇私舞弊，违反土地管理法规，滥用职权，非法批准征收、征用、占用土地，或者非法低价出让国有土地使用权，情节严重的，处三年以下有期徒刑或者拘役；致使国家或者集体利益遭受特别重大损失的，处三年以上七年以下有期徒刑。

第四百一十一条 【放纵走私罪】海关工作人员徇私舞弊，放纵走私，情节严重的，处五年以下有期徒刑或者拘役；情节特别严重的，处五年以上有期徒刑。

第四百一十二条 【商检徇私舞弊罪】国家商检部门、商检机构的工作人员徇私舞弊，伪造检验结果的，处五年以下有期徒刑或者拘役；造成严重后果的，处五年以上十年以下有期徒刑。

【商检失职罪】前款所列人员严重不负责任，对应当检验的物品不检验，或者延误检验出证、错误出证，致使国家利益遭受重大损失的，处三年以下有期徒刑或者拘役。

第四百一十三条 【动植物检疫徇私舞弊罪】动植物检疫机关的检疫人员徇私舞弊，伪造检疫结果的，处五年以下有期徒刑或者拘役；造成严重后果的，处五年以上十年以下有期徒刑。

【动植物检疫失职罪】前款所列人员严重不负责任，对应当检疫的检疫物不检疫，或者延误检疫出证、错误出证，致使国家利益遭受重大损失的，处三年以下有期徒刑或者拘役。

第四百一十四条 【放纵制售伪劣商品犯罪行为罪】对生产、销售伪劣商品犯罪行为负有追究责任的国家机关工作人员，徇私舞弊，不履行法律规定的追究职责，情节严重的，处五年以下有期徒刑或者拘役。

第四百一十五条 【办理偷越国（边）境人员出入境证件罪】【放行偷越国（边）境人员罪】负责办理护照、签证以及其他出入境证件的国家机关工作人员，对明知是企图偷越国（边）境的人员，予以办理出入境证件的，或者边防、海关等国家机关工作人员，对明知是偷越国（边）境的人员，予以放行的，处三年以下有期徒刑或者拘役；情节严重的，处三年以上七年以下有期徒刑。

第四百一十六条 【不解救被拐卖、绑架妇女、儿童罪】对被拐卖、绑架的妇女、儿童负有解救职责的国家机关工作人员，接到被拐卖、绑架的妇女、儿童及其家属的解救要求或者接到其他人的举报，而对被拐卖、绑架的妇女、儿童不进行解救，造成严重后果的，处五年以下有期徒刑或者拘役。

【阻碍解救被拐卖、绑架妇女、儿童罪】负有解救职责的国家机关工作人员利用职务阻碍解救的，处二年以上七年以下有期徒刑；情节较轻的，处二年以下有期徒刑或者拘役。

第四百一十七条 【帮助犯罪分子逃避处罚罪】有查禁犯罪活动职责的国家机关工作人员，向犯罪分子通风报信、提供便利，帮助犯罪分子逃避处罚的，处三年以下有期徒刑或者拘役；情节严重的，处三年以上十年以下有期徒刑。

第四百一十八条 【招收公务员、学生徇私舞弊罪】国家机关工作人员在招收公务员、学生工作中徇私舞弊，情节严重的，处三年以下有期徒刑或者拘役。

第四百一十九条 【失职造成珍贵文物损毁、流失罪】国家机关工作人员严重不负责任，造成珍贵文物损毁或者流失，后果严重的，处三年以下有期徒刑或者拘役。

第十章　军人违反职责罪

第四百二十条 【军人违反职责罪的概念】军人违反职责，危害国家军事利益，依照法律应当受刑罚处罚的行为，是军人违反职责罪。

第四百二十一条 【战时违抗命令罪】战时违抗命令，对作战造成危害的，处三年以上十年以下有期徒刑；致使战斗、战役遭受重大损失的，处十年以上有期徒刑、无期徒刑或者死刑。

第四百二十二条 【隐瞒、谎报军情罪】【拒传、假传军令罪】故意隐瞒、谎报军情或者拒传、假传军令，对作战造成危害的，处三年以上十年以下有期徒刑；致使战斗、战役遭受重大损失的，处十年以上有期徒刑、无期徒刑或者死刑。

第四百二十三条 【投降罪】在战场上贪生怕死，自动放下武器投降敌人的，处三年以上十年以下有期徒刑；情节严重的，处十年以上有期徒刑或者无期徒刑。

投降后为敌人效劳的，处十年以上有期徒刑、无期徒刑或者死刑。

第四百二十四条 【战时临阵脱逃罪】战时临阵脱逃的，处三年以下有期徒刑；情节严重的，处三年以上十年以下有期徒刑；致使战斗、战役遭受重大损失的，处十年以上有期徒刑、无期徒刑或者死刑。

第四百二十五条 【擅离、玩忽军事职守罪】指挥人员和值班、值勤人员擅离职守或者玩忽职守，造成严重后果的，处三年以下有期徒刑或者拘役；造成特别严重后果的，处三年以上七年以下有期徒刑。

战时犯前款罪的，处五年以上有期徒刑。

第四百二十六条 【阻碍执行军事职务罪】以暴力、威胁方法，阻碍指挥人员或者值班、值勤人员执行职务的，处五年以下有期徒刑或者拘役；情节严重的，处五年以上十年以下有期徒刑；情节特别严重的，处十年以上有期徒刑或者无期徒刑。战时从重处罚。

第四百二十七条 【指使部属违反职责罪】滥用职权，指使部属进行违反职责的活动，造成严重后果的，处五年以下有期徒刑或者拘役；情节特别严重的，处五年以上十年以下有期徒刑。

第四百二十八条 【违令作战消极罪】指挥人员违抗命令，临阵畏缩，作战消极，造成严重后果的，处五年以下有期徒刑；致使战斗、战役遭受重大损失或者有其他特别严重情节的，处五年以上有期徒刑。

第四百二十九条 【拒不救援友邻部队罪】在战场上明知友邻部队处境危急请求救援，能救援而不救援，致使友邻部队遭受重大损失的，对指挥人员，处五年以下有期徒刑。

第四百三十条 【军人叛逃罪】在履行公务期间，擅离岗位，叛逃境外或者在境外叛逃，危害国家军事利益的，处五年以下有期徒刑或者拘役；情节严重的，处五年以上有期徒刑。

驾驶航空器、舰船叛逃的，或者有其他特别严重情节的，处十年以上有期徒刑、无期徒刑或者死刑。

第四百三十一条 【非法获取军事秘密罪】以窃取、刺探、收买方法，非法获取军事秘密的，处五年以下有期徒刑；情节严重的，处五年以上十年以下有期徒刑；情节特别严重的，处十年以上有期徒刑。

【为境外窃取、刺探、收买、非法提供军事秘密罪】为境外的机构、组织、人员窃取、刺探、收买、非法提供军事秘密的，处十年以上有期徒刑、无期徒刑或者死刑。

第四百三十二条 【故意泄露军事秘密罪】【过失泄露军事秘密罪】违反保守国家秘密法规，故意或者过失泄露军事秘密，情节严重的，处五年以下有期徒刑或者拘役；情节特别严重的，处五年以上十年以下有期徒刑。

战时犯前款罪的，处五年以上十年以下有期徒刑；情节特别严重的，处十年以上有期徒刑或者无期徒刑。

第四百三十三条 【战时造谣惑众罪】战时造谣惑众，动摇军心的，处三年以下有期徒刑；情节严重的，处三年以上十年以下有期徒刑；情节特别严重的，处十年以上有期徒刑或者无期徒刑。

第四百三十四条 【战时自伤罪】战时自伤身体，逃避军事义务的，处三年以下有期徒刑；情节严重的，处三年以上七年以下有期徒刑。

第四百三十五条 【逃离部队罪】违反兵役法规，逃离部队，情节严重的，处三年以下有期徒刑或者拘役。

战时犯前款罪的，处三年以上七年以下有期徒刑。

第四百三十六条 【武器装备肇事罪】违反武器装备使用规定，情节严重，因而发生责任事故，致人重伤、死亡或者造成其他严重后果的，处三年以下有期徒刑或者拘役；

后果特别严重的，处三年以上七年以下有期徒刑。

第四百三十七条 【擅自改变武器装备编配用途罪】违反武器装备管理规定，擅自改变武器装备的编配用途，造成严重后果的，处三年以下有期徒刑或者拘役；造成特别严重后果的，处三年以上七年以下有期徒刑。

第四百三十八条 【盗窃、抢夺武器装备、军用物资罪】盗窃、抢夺武器装备或者军用物资的，处五年以下有期徒刑或者拘役；情节严重的，处五年以上十年以下有期徒刑；情节特别严重的，处十年以上有期徒刑、无期徒刑或者死刑。

盗窃、抢夺枪支、弹药、爆炸物的，依照本法第一百二十七条的规定处罚。

第四百三十九条 【非法出卖、转让武器装备罪】非法出卖、转让军队武器装备的，处三年以上十年以下有期徒刑；出卖、转让大量武器装备或者有其他特别严重情节的，处十年以上有期徒刑、无期徒刑或者死刑。

第四百四十条 【遗弃武器装备罪】违抗命令，遗弃武器装备的，处五年以下有期徒刑或者拘役；遗弃重要或者大量武器装备的，或者有其他严重情节的，处五年以上有期徒刑。

第四百四十一条 【遗失武器装备罪】遗失武器装备，不及时报告或者有其他严重情节的，处三年以下有期徒刑或者拘役。

第四百四十二条 【擅自出卖、转让军队房地产罪】违反规定，擅自出卖、转让军队房地产，情节严重的，对直接责任人员，处三年以下有期徒刑或者拘役；情节特别严重的，处三年以上十年以下有期徒刑。

第四百四十三条 【虐待部属罪】滥用职权，虐待部属，情节恶劣，致人重伤或者造成其他严重后果的，处五年以下有期徒刑或者拘役；致人死亡的，处五年以上有期徒刑。

第四百四十四条 【遗弃伤病军人罪】在战场上故意遗弃伤病军人，情节恶劣的，对直接责任人员，处五年以下有期徒刑。

第四百四十五条 【战时拒不救治伤病军人罪】战时在救护治疗职位上，有条件救治而拒不救治危重伤病军人的，处五年以下有期徒刑或者拘役；造成伤病军人重残、死亡或者有其他严重情节的，处五年以上十年以下有期徒刑。

第四百四十六条 【战时残害居民、掠夺居民财物罪】战时在军事行动地区，残害无辜居民或者掠夺无辜居民财物的，处五年以下有期徒刑；情节严重的，处五年以上十年以下有期徒刑；情节特别严重的，处十年以上有期徒刑、无期徒刑或者死刑。

第四百四十七条 【私放俘虏罪】私放俘虏的，处五年以下有期徒刑；私放重要俘虏、私放俘虏多人或者有其他严重情节的，处五年以上有期徒刑。

第四百四十八条 【虐待俘虏罪】虐待俘虏，情节恶劣的，处三年以下有期徒刑。

第四百四十九条 【战时缓刑】在战时，对被判处三年以下有期徒刑没有现实危险宣告缓刑的犯罪军人，允许其戴罪立功，确有立功表现时，可以撤销原判刑罚，不以犯罪论处。

第四百五十条 【本章适用的主体范围】本章适用于中国人民解放军的现役军官、文职干部、士兵及具有军籍的学员和中国人民武装警察部队的现役警官、文职干部、士兵及具有军籍的学员以及执行军事任务的预备役人员和其他人员。

第四百五十一条 【战时的概念】本章所称战时，是指国家宣布进入战争状态、部队受领作战任务或者遭敌突然袭击时。

部队执行戒严任务或者处置突发性暴力事件时，以战时论。

附　则

第四百五十二条 【施行日期】本法自1997年10月1日起施行。

列于本法附件一的全国人民代表大会常务委员会制定的条例、补充规定和决定，已纳入本法或者已不适用，自本法施行之日起，予以废止。

列于本法附件二的全国人民代表大会常务委员会制定的补充规定和决定予以保留。其中，有关行政处罚和行政措施的规定继续有效；有关刑事责任的规定已纳入本法，自本法施行之日起，适用本法规定。

附件一

全国人民代表大会常务委员会制定的下列条例、补充规定和决定，已纳入本法或者已不适用，自本法施行之日起，予以废止：

1. 中华人民共和国惩治军人违反职责罪暂行条例
2. 关于严惩严重破坏经济的罪犯的决定
3. 关于严惩严重危害社会治安的犯罪分子的决定
4. 关于惩治走私罪的补充规定
5. 关于惩治贪污罪贿赂罪的补充规定
6. 关于惩治泄露国家秘密犯罪的补充规定
7. 关于惩治捕杀国家重点保护的珍贵、濒危野生动物犯罪的补充规定
8. 关于惩治侮辱中华人民共和国国旗国徽罪的决定
9. 关于惩治盗掘古文化遗址古墓葬犯罪的补充规定
10. 关于惩治劫持航空器犯罪分子的决定
11. 关于惩治假冒注册商标犯罪的补充规定
12. 关于惩治生产、销售伪劣商品犯罪的决定
13. 关于惩治侵犯著作权的犯罪的决定
14. 关于惩治违反公司法的犯罪的决定
15. 关于处理逃跑或者重新犯罪的劳改犯和劳教人员的决定

附件二

全国人民代表大会常务委员会制定的下列补充规定和决定予以保留，其中，有关行

政处罚和行政措施的规定继续有效；有关刑事责任的规定已纳入本法，自本法施行之日起，适用本法规定：

1. 关于禁毒的决定

2. 关于惩治走私、制作、贩卖、传播淫秽物品的犯罪分子的决定

3.关于严惩拐卖、绑架妇女、儿童的犯罪分子的决定

4. 关于严禁卖淫嫖娼的决定

5. 关于惩治偷税、抗税犯罪的补充规定

6. 关于严惩组织、运送他人偷越国（边）境犯罪的补充规定

7. 关于惩治破坏金融秩序犯罪的决定

8. 关于惩治虚开、伪造和非法出售增值税专用发票犯罪的决定

备注：本条例生效时间为 2017 年 11 月 4 日。

（二）行政法规

中华人民共和国防治海岸工程建设项目污染损害海洋环境管理条例

（2018年3月19日修订）

（1990年6月25日中华人民共和国国务院令第62号公布　根据2007年9月25日《国务院关于修改〈中华人民共和国防治海岸工程建设项目污染损害海洋环境管理条例〉的决定》第一次修订　根据2017年3月1日《国务院关于修改和废止部分行政法规的决定》第二次修订　根据2018年3月19日《国务院关于修改和废止部分行政法规的决定》第三次修订）

第一条　为加强海岸工程建设项目的环境保护管理，严格控制新的污染，保护和改善海洋环境，根据《中华人民共和国海洋环境保护法》，制定本条例。

第二条　本条例所称海岸工程建设项目，是指位于海岸或者与海岸连接，工程主体位于海岸线向陆一侧，对海洋环境产生影响的新建、改建、扩建工程项目。具体包括：

（一）港口、码头、航道、滨海机场工程项目；

（二）造船厂、修船厂；

（三）滨海火电站、核电站、风电站；

（四）滨海物资存储设施工程项目；

（五）滨海矿山、化工、轻工、冶金等工业工程项目；

（六）固体废弃物、污水等污染物处理处置排海工程项目；

（七）滨海大型养殖场；

（八）海岸防护工程、砂石场和入海河口处的水利设施；

（九）滨海石油勘探开发工程项目；

（十）国务院环境保护主管部门会同国家海洋主管部门规定的其他海岸工程项目。

第三条　本条例适用于在中华人民共和国境内兴建海岸工程建设项目的一切单位和个人。

拆船厂建设项目的环境保护管理，依照《防止拆船污染环境管理条例》执行。

第四条　建设海岸工程建设项目，应当符合所在经济区的区域环境保护规划的要求。

第五条　国务院环境保护主管部门，主管全国海岸工程建设项目的环境保护工作。

沿海县级以上地方人民政府环境保护主管部门，主管本行政区域内的海岸工程建设项目的环境保护工作。

第六条 新建、改建、扩建海岸工程建设项目，应当遵守国家有关建设项目环境保护管理的规定。

第七条 海岸工程建设项目的建设单位，应当依法编制环境影响报告书（表），报环境保护主管部门审批。

环境保护主管部门在批准海岸工程建设项目的环境影响报告书（表）之前，应当征求海洋、海事、渔业主管部门和军队环境保护部门的意见。

禁止在天然港湾有航运价值的区域、重要苗种基地和养殖场所及水面、滩涂中的鱼、虾、蟹、贝、藻类的自然产卵场、繁殖场、索饵场及重要的洄游通道围海造地。

第八条 海岸工程建设项目环境影响报告书的内容，除按有关规定编制外，还应当包括：

（一）所在地及其附近海域的环境状况；

（二）建设过程中和建成后可能对海洋环境造成的影响；

（三）海洋环境保护措施及其技术、经济可行性论证结论；

（四）建设项目海洋环境影响评价结论。

海岸工程建设项目环境影响报告表，应当参照前款规定填报。

第九条 禁止兴建向中华人民共和国海域及海岸转嫁污染的中外合资经营企业、中外合作经营企业和外资企业；海岸工程建设项目引进技术和设备，应当有相应的防治污染措施，防止转嫁污染。

第十条 在海洋特别保护区、海上自然保护区、海滨风景游览区、盐场保护区、海水浴场、重要渔业水域和其他需要特殊保护的区域内不得建设污染环境、破坏景观的海岸工程建设项目；在其区域外建设海岸工程建设项目的，不得损害上述区域的环境质量。法律法规另有规定的除外。

第十一条 海岸工程建设项目竣工验收时，建设项目的环境保护设施经验收合格后，该建设项目方可正式投入生产或者使用。

第十二条 县级以上人民政府环境保护主管部门，按照项目管理权限，可以会同有关部门对海岸工程建设项目进行现场检查，被检查者应当如实反映情况、提供资料。检查者有责任为被检查者保守技术秘密和业务秘密。法律法规另有规定的除外。

第十三条 设置向海域排放废水设施的，应当合理利用海水自净能力，选择好排污口的位置。采用暗沟或者管道方式排放的，出水管口位置应当在低潮线以下。

第十四条 建设港口、码头，应当设置与其吞吐能力和货物种类相适应的防污设施。

港口、油码头、化学危险品码头，应当配备海上重大污染损害事故应急设备和器材。

现有港口、码头未达到前两款规定要求的，由环境保护主管部门会同港口、码头主管部门责令其限期设置或者配备。

第十五条 建设岸边造船厂、修船厂，应当设置与其性质、规模相适应的残油、废油接收处理设施，含油废水接收处理设施，拦油、收油、消油设施，工业废水接收处理设施，工业和船舶垃圾接收处理设施等。

第十六条 建设滨海核电站和其他核设施，应当严格遵守国家有关核环境保护和放射防护的规定及标准。

第十七条 建设岸边油库，应当设置含油废水接收处理设施，库场地面冲刷废水的集接、处理设施和事故应急设施；输油管线和储油设施应当符合国家关于防渗漏、防腐蚀的规定。

第十八条 建设滨海矿山，在开采、选矿、运输、贮存、冶炼和尾矿处理等过程中，应当按照有关规定采取防止污染损害海洋环境的措施。

第十九条 建设滨海垃圾场或者工业废渣填埋场，应当建造防护堤坝和场底封闭层，设置渗液收集、导出、处理系统和可燃性气体防爆装置。

第二十条 修筑海岸防护工程，在入海河口处兴建水利设施、航道或者综合整治工程，应当采取措施，不得损害生态环境及水产资源。

第二十一条 兴建海岸工程建设项目，不得改变、破坏国家和地方重点保护的野生动植物的生存环境。不得兴建可能导致重点保护的野生动植物生存环境污染和破坏的海岸工程建设项目；确需兴建的，应当征得野生动植物行政主管部门同意，并由建设单位负责组织采取易地繁育等措施，保证物种延续。

在鱼、虾、蟹、贝类的洄游通道建闸、筑坝，对渔业资源有严重影响的，建设单位应当建造过鱼设施或者采取其他补救措施。

第二十二条 集体所有制单位或者个人在全民所有的水域、海涂，建设构不成基本建设项目的养殖工程的，应当在县级以上地方人民政府规划的区域内进行。

集体所有制单位或者个人零星经营性采挖砂石，应当在县级以上地方人民政府指定的区域内采挖。

第二十三条 禁止在红树林和珊瑚礁生长的地区，建设毁坏红树林和珊瑚礁生态系统的海岸工程建设项目。

第二十四条 兴建海岸工程建设项目，应当防止导致海岸非正常侵蚀。

禁止在海岸保护设施管理部门规定的海岸保护设施的保护范围内从事爆破、采挖砂石、取土等危害海岸保护设施安全的活动。非经国务院授权的有关主管部门批准，不得占用或者拆除海岸保护设施。

第二十五条 未持有经审核和批准的环境影响报告书（表），兴建海岸工程建设项目的，依照《中华人民共和国海洋环境保护法》第七十九条的规定予以处罚。

第二十六条 拒绝、阻挠环境保护主管部门进行现场检查，或者在被检查时弄虚作假的，由县级以上人民政府环境保护主管部门依照《中华人民共和国海洋环境保护法》第七十五条的规定予以处罚。

第二十七条 海岸工程建设项目的环境保护设施未建成或者未达到规定要求，该项目即投入生产、使用的，依照《中华人民共和国海洋环境保护法》第八十条的规定予以处罚。

第二十八条 环境保护主管部门工作人员滥用职权、玩忽职守、徇私舞弊的，由其所在单位或者上级主管机关给予行政处分；构成犯罪的，依法追究刑事责任。

第二十九条 本条例自 1990 年 8 月 1 日起施行。

防治海洋工程建设项目污染损害海洋环境管理条例

（2018年3月19日修订）

（2006年9月19日中华人民共和国国务院令第475号公布　根据2017年3月1日《国务院关于修改和废止部分行政法规的决定》第一次修订　根据2018年3月19日《国务院关于修改和废止部分行政法规的决定》第二次修订）

第一章　总　则

第一条　为了防治和减轻海洋工程建设项目（以下简称海洋工程）污染损害海洋环境，维护海洋生态平衡，保护海洋资源，根据《中华人民共和国海洋环境保护法》，制定本条例。

第二条　在中华人民共和国管辖海域内从事海洋工程污染损害海洋环境防治活动，适用本条例。

第三条　本条例所称海洋工程，是指以开发、利用、保护、恢复海洋资源为目的，并且工程主体位于海岸线向海一侧的新建、改建、扩建工程。具体包括：

（一）围填海、海上堤坝工程；

（二）人工岛、海上和海底物资储藏设施、跨海桥梁、海底隧道工程；

（三）海底管道、海底电（光）缆工程；

（四）海洋矿产资源勘探开发及其附属工程；

（五）海上潮汐电站、波浪电站、温差电站等海洋能源开发利用工程；

（六）大型海水养殖场、人工鱼礁工程；

（七）盐田、海水淡化等海水综合利用工程；

（八）海上娱乐及运动、景观开发工程；

（九）国家海洋主管部门会同国务院环境保护主管部门规定的其他海洋工程。

第四条　国家海洋主管部门负责全国海洋工程环境保护工作的监督管理，并接受国务院环境保护主管部门的指导、协调和监督。沿海县级以上地方人民政府海洋主管部门负责本行政区域毗邻海域海洋工程环境保护工作的监督管理。

第五条　海洋工程的选址和建设应当符合海洋功能区划、海洋环境保护规划和国家有关环境保护标准，不得影响海洋功能区的环境质量或者损害相邻海域的功能。

第六条 国家海洋主管部门根据国家重点海域污染物排海总量控制指标，分配重点海域海洋工程污染物排海控制数量。

第七条 任何单位和个人对海洋工程污染损害海洋环境、破坏海洋生态等违法行为，都有权向海洋主管部门进行举报。

接到举报的海洋主管部门应当依法进行调查处理，并为举报人保密。

第二章 环境影响评价

第八条 国家实行海洋工程环境影响评价制度。

海洋工程的环境影响评价，应当以工程对海洋环境和海洋资源的影响为重点进行综合分析、预测和评估，并提出相应的生态保护措施，预防、控制或者减轻工程对海洋环境和海洋资源造成的影响和破坏。

海洋工程环境影响报告书应当依据海洋工程环境影响评价技术标准及其他相关环境保护标准编制。编制环境影响报告书应当使用符合国家海洋主管部门要求的调查、监测资料。

第九条 海洋工程环境影响报告书应当包括下列内容：

（一）工程概况；

（二）工程所在海域环境现状和相邻海域开发利用情况；

（三）工程对海洋环境和海洋资源可能造成影响的分析、预测和评估；

（四）工程对相邻海域功能和其他开发利用活动影响的分析及预测；

（五）工程对海洋环境影响的经济损益分析和环境风险分析；

（六）拟采取的环境保护措施及其经济、技术论证；

（七）公众参与情况；

（八）环境影响评价结论。

海洋工程可能对海岸生态环境产生破坏的，其环境影响报告书中应当增加工程对近岸自然保护区等陆地生态系统影响的分析和评价。

第十条 新建、改建、扩建海洋工程的建设单位，应当编制环境影响报告书，报有核准权的海洋主管部门核准。

海洋主管部门在核准海洋工程环境影响报告书前，应当征求海事、渔业主管部门和军队环境保护部门的意见；必要时，可以举行听证会。其中，围填海工程必须举行听证会。

第十一条 下列海洋工程的环境影响报告书，由国家海洋主管部门核准：

（一）涉及国家海洋权益、国防安全等特殊性质的工程；

（二）海洋矿产资源勘探开发及其附属工程；

（三）50 公顷以上的填海工程，100 公顷以上的围海工程；

（四）潮汐电站、波浪电站、温差电站等海洋能源开发利用工程；

（五）由国务院或者国务院有关部门审批的海洋工程。

前款规定以外的海洋工程的环境影响报告书，由沿海县级以上地方人民政府海洋主管部门根据沿海省、自治区、直辖市人民政府规定的权限核准。

海洋工程可能造成跨区域环境影响并且有关海洋主管部门对环境影响评价结论有争议的，该工程的环境影响报告书由其共同的上一级海洋主管部门核准。

第十二条 海洋主管部门应当自收到海洋工程环境影响报告书之日起 60 个工作日内，作出是否核准的决定，书面通知建设单位。

需要补充材料的，应当及时通知建设单位，核准期限从材料补齐之日起重新计算。

第十三条 海洋工程环境影响报告书核准后，工程的性质、规模、地点、生产工艺或者拟采取的环境保护措施等发生重大改变的，建设单位应当重新编制环境影响报告书，报原核准该工程环境影响报告书的海洋主管部门核准；海洋工程自环境影响报告书核准之日起超过 5 年方开工建设的，应当在工程开工建设前，将该工程的环境影响报告书报原核准该工程环境影响报告书的海洋主管部门重新核准。

第十四条 建设单位可以采取招标方式确定海洋工程的环境影响评价单位。其他任何单位和个人不得为海洋工程指定环境影响评价单位。

第三章 海洋工程的污染防治

第十五条 海洋工程的环境保护设施应当与主体工程同时设计、同时施工、同时投产使用。

第十六条 海洋工程的初步设计，应当按照环境保护设计规范和经核准的环境影响报告书的要求，编制环境保护篇章，落实环境保护措施和环境保护投资概算。

第十七条 建设单位应当在海洋工程投入运行之日 30 个工作日前，向原核准该工程环境影响报告书的海洋主管部门申请环境保护设施的验收；海洋工程投入试运行的，应当自该工程投入试运行之日起 60 个工作日内，向原核准该工程环境影响报告书的海洋主管部门申请环境保护设施的验收。

分期建设、分期投入运行的海洋工程，其相应的环境保护设施应当分期验收。

第十八条 海洋主管部门应当自收到环境保护设施验收申请之日起 30 个工作日内完成验收；验收不合格的，应当限期整改。

海洋工程需要配套建设的环境保护设施未经海洋主管部门验收或者经验收不合格的，该工程不得投入运行。

建设单位不得擅自拆除或者闲置海洋工程的环境保护设施。

第十九条 海洋工程在建设、运行过程中产生不符合经核准的环境影响报告书的情形的，建设单位应当自该情形出现之日起 20 个工作日内组织环境影响的后评价，根据后评价结论采取改进措施，并将后评价结论和采取的改进措施报原核准该工程环境影响报告书的海洋主管部门备案；原核准该工程环境影响报告书的海洋主管部门也可以责成建设单位进行环境影响的后评价，采取改进措施。

第二十条 严格控制围填海工程。禁止在经济生物的自然产卵场、繁殖场、索饵场和鸟类栖息地进行围填海活动。

围填海工程使用的填充材料应当符合有关环境保护标准。

第二十一条 建设海洋工程，不得造成领海基点及其周围环境的侵蚀、淤积和损害，危及领海基点的稳定。

进行海上堤坝、跨海桥梁、海上娱乐及运动、景观开发工程建设的，应当采取有效措施防止对海岸的侵蚀或者淤积。

第二十二条 污水离岸排放工程排污口的设置应当符合海洋功能区划和海洋环境保护规划，不得损害相邻海域的功能。

污水离岸排放不得超过国家或者地方规定的排放标准。在实行污染物排海总量控制的海域，不得超过污染物排海总量控制指标。

第二十三条 从事海水养殖的养殖者，应当采取科学的养殖方式，减少养殖饵料对海洋环境的污染。因养殖污染海域或者严重破坏海洋景观的，养殖者应当予以恢复和整治。

第二十四条 建设单位在海洋固体矿产资源勘探开发工程的建设、运行过程中，应当采取有效措施，防止污染物大范围悬浮扩散，破坏海洋环境。

第二十五条 海洋油气矿产资源勘探开发作业中应当配备油水分离设施、含油污水处理设备、排油监控装置、残油和废油回收设施、垃圾粉碎设备。

海洋油气矿产资源勘探开发作业中所使用的固定式平台、移动式平台、浮式储油装置、输油管线及其他辅助设施，应当符合防渗、防漏、防腐蚀的要求；作业单位应当经常检查，防止发生漏油事故。

前款所称固定式平台和移动式平台，是指海洋油气矿产资源勘探开发作业中所使用的钻井船、钻井平台、采油平台和其他平台。

第二十六条 海洋油气矿产资源勘探开发单位应当办理有关污染损害民事责任保险。

第二十七条 海洋工程建设过程中需要进行海上爆破作业的，建设单位应当在爆破作业前报告海洋主管部门，海洋主管部门应当及时通报海事、渔业等有关部门。

进行海上爆破作业，应当设置明显的标志、信号，并采取有效措施保护海洋资源。在重要渔业水域进行炸药爆破作业或者进行其他可能对渔业资源造成损害的作业活动的，应当避开主要经济类鱼虾的产卵期。

第二十八条 海洋工程需要拆除或者改作他用的，应当在作业前报原核准该工程环境影响报告书的海洋主管部门备案。拆除或者改变用途后可能产生重大环境影响的，应当进行环境影响评价。

海洋工程需要在海上弃置的，应当拆除可能造成海洋环境污染损害或者影响海洋资源开发利用的部分，并按照有关海洋倾倒废弃物管理的规定进行。

海洋工程拆除时，施工单位应当编制拆除的环境保护方案，采取必要的措施，防止对海洋环境造成污染和损害。

第四章　污染物排放管理

第二十九条　海洋油气矿产资源勘探开发作业中产生的污染物的处置，应当遵守下列规定：

（一）含油污水不得直接或者经稀释排放入海，应当经处理符合国家有关排放标准后再排放；

（二）塑料制品、残油、废油、油基泥浆、含油垃圾和其他有毒有害残液残渣，不得直接排放或者弃置入海，应当集中储存在专门容器中，运回陆地处理。

第三十条　严格控制向水基泥浆中添加油类，确需添加的，应当如实记录并向原核准该工程环境影响报告书的海洋主管部门报告添加油的种类和数量。禁止向海域排放含油量超过国家规定标准的水基泥浆和钻屑。

第三十一条　建设单位在海洋工程试运行或者正式投入运行后，应当如实记录污染物排放设施、处理设备的运转情况及其污染物的排放、处置情况，并按照国家海洋主管部门的规定，定期向原核准该工程环境影响报告书的海洋主管部门报告。

第三十二条　县级以上人民政府海洋主管部门，应当按照各自的权限核定海洋工程排放污染物的种类、数量，根据国务院价格主管部门和财政部门制定的收费标准确定排污者应当缴纳的排污费数额。

排污者应当到指定的商业银行缴纳排污费。

第三十三条　海洋油气矿产资源勘探开发作业中应当安装污染物流量自动监控仪器，对生产污水、机舱污水和生活污水的排放进行计量。

第三十四条　禁止向海域排放油类、酸液、碱液、剧毒废液和高、中水平放射性废水；严格限制向海域排放低水平放射性废水，确需排放的，应当符合国家放射性污染防治标准。

严格限制向大气排放含有毒物质的气体，确需排放的，应当经过净化处理，并不得超过国家或者地方规定的排放标准；向大气排放含放射性物质的气体，应当符合国家放射性污染防治标准。

严格控制向海域排放含有不易降解的有机物和重金属的废水；其他污染物的排放应当符合国家或者地方标准。

第三十五条　海洋工程排污费全额纳入财政预算，实行“收支两条线”管理，并全部专项用于海洋环境污染防治。具体办法由国务院财政部门会同国家海洋主管部门制定。

第五章　污染事故的预防和处理

第三十六条　建设单位应当在海洋工程正式投入运行前制定防治海洋工程污染损害海洋环境的应急预案，报原核准该工程环境影响报告书的海洋主管部门和有关主管部门备案。

第三十七条 防治海洋工程污染损害海洋环境的应急预案应当包括以下内容：

（一）工程及其相邻海域的环境、资源状况；

（二）污染事故风险分析；

（三）应急设施的配备；

（四）污染事故的处理方案。

第三十八条 海洋工程在建设、运行期间，由于发生事故或者其他突发性事件，造成或者可能造成海洋环境污染事故时，建设单位应当立即向可能受到污染的沿海县级以上地方人民政府海洋主管部门或者其他有关主管部门报告，并采取有效措施，减轻或者消除污染，同时通报可能受到危害的单位和个人。

沿海县级以上地方人民政府海洋主管部门或者其他有关主管部门接到报告后，应当按照污染事故分级规定及时向县级以上人民政府和上级有关主管部门报告。县级以上人民政府和有关主管部门应当按照各自的职责，立即派人赶赴现场，采取有效措施，消除或者减轻危害，对污染事故进行调查处理。

第三十九条 在海洋自然保护区内进行海洋工程建设活动，应当按照国家有关海洋自然保护区的规定执行。

第六章 监督检查

第四十条 县级以上人民政府海洋主管部门负责海洋工程污染损害海洋环境防治的监督检查，对违反海洋污染防治法律、法规的行为进行查处。

县级以上人民政府海洋主管部门的监督检查人员应当严格按照法律、法规规定的程序和权限进行监督检查。

第四十一条 县级以上人民政府海洋主管部门依法对海洋工程进行现场检查时，有权采取下列措施：

（一）要求被检查单位或者个人提供与环境保护有关的文件、证件、数据以及技术资料等，进行查阅或者复制；

（二）要求被检查单位负责人或者相关人员就有关问题作出说明；

（三）进入被检查单位的工作现场进行监测、勘查、取样检验、拍照、摄像；

（四）检查各项环境保护设施、设备和器材的安装、运行情况；

（五）责令违法者停止违法活动，接受调查处理；

（六）要求违法者采取有效措施，防止污染事态扩大。

第四十二条 县级以上人民政府海洋主管部门的监督检查人员进行现场执法检查时，应当出示规定的执法证件。用于执法检查、巡航监视的公务飞机、船舶和车辆应当有明显的执法标志。

第四十三条 被检查单位和个人应当如实提供材料，不得拒绝或者阻碍监督检查人员依法执行公务。

有关单位和个人对海洋主管部门的监督检查工作应当予以配合。

第四十四条 县级以上人民政府海洋主管部门对违反海洋污染防治法律、法规的行为，应当依法作出行政处理决定；有关海洋主管部门不依法作出行政处理决定的，上级海洋主管部门有权责令其依法作出行政处理决定或者直接作出行政处理决定。

第七章 法律责任

第四十五条 建设单位违反本条例规定，有下列行为之一的，由负责核准该工程环境影响报告书的海洋主管部门责令停止建设、运行，限期补办手续，并处5万元以上20万元以下的罚款：

（一）环境影响报告书未经核准，擅自开工建设的；

（二）海洋工程环境保护设施未申请验收或者经验收不合格即投入运行的。

第四十六条 建设单位违反本条例规定，有下列行为之一的，由原核准该工程环境影响报告书的海洋主管部门责令停止建设、运行，限期补办手续，并处5万元以上20万元以下的罚款：

（一）海洋工程的性质、规模、地点、生产工艺或者拟采取的环境保护措施发生重大改变，未重新编制环境影响报告书报原核准该工程环境影响报告书的海洋主管部门核准的；

（二）自环境影响报告书核准之日起超过5年，海洋工程方开工建设，其环境影响报告书未重新报原核准该工程环境影响报告书的海洋主管部门核准的；

（三）海洋工程需要拆除或者改作他用时，未报原核准该工程环境影响报告书的海洋主管部门备案或者未按要求进行环境影响评价的。

第四十七条 建设单位违反本条例规定，有下列行为之一的，由原核准该工程环境影响报告书的海洋主管部门责令限期改正；逾期不改正的，责令停止运行，并处1万元以上10万元以下的罚款：

（一）擅自拆除或者闲置环境保护设施的；

（二）未在规定时间内进行环境影响后评价或者未按要求采取整改措施的。

第四十八条 建设单位违反本条例规定，有下列行为之一的，由县级以上人民政府海洋主管部门责令停止建设、运行，限期恢复原状；逾期未恢复原状的，海洋主管部门可以指定具有相应资质的单位代为恢复原状，所需费用由建设单位承担，并处恢复原状所需费用1倍以上2倍以下的罚款：

（一）造成领海基点及其周围环境被侵蚀、淤积或者损害的；

（二）违反规定在海洋自然保护区内进行海洋工程建设活动的。

第四十九条 建设单位违反本条例规定，在围填海工程中使用的填充材料不符合有关环境保护标准的，由县级以上人民政府海洋主管部门责令限期改正；逾期不改正的，责令停止建设、运行，并处5万元以上20万元以下的罚款；造成海洋环境污染事故，直接负责的主管人员和其他直接责任人员构成犯罪的，依法追究刑事责任。

第五十条 建设单位违反本条例规定，有下列行为之一的，由原核准该工程环境影响报告书的海洋主管部门责令限期改正；逾期不改正的，处 1 万元以上 5 万元以下的罚款：

（一）未按规定报告污染物排放设施、处理设备的运转情况或者污染物的排放、处置情况的；

（二）未按规定报告其向水基泥浆中添加油的种类和数量的；

（三）未按规定将防治海洋工程污染损害海洋环境的应急预案备案的；

（四）在海上爆破作业前未按规定报告海洋主管部门的；

（五）进行海上爆破作业时，未按规定设置明显标志、信号的。

第五十一条 建设单位违反本条例规定，进行海上爆破作业时未采取有效措施保护海洋资源的，由县级以上人民政府海洋主管部门责令限期改正；逾期未改正的，处 1 万元以上 10 万元以下的罚款。

建设单位违反本条例规定，在重要渔业水域进行炸药爆破或者进行其他可能对渔业资源造成损害的作业，未避开主要经济类鱼虾产卵期的，由县级以上人民政府海洋主管部门予以警告、责令停止作业，并处 5 万元以上 20 万元以下的罚款。

第五十二条 海洋油气矿产资源勘探开发单位违反本条例规定向海洋排放含油污水，或者将塑料制品、残油、废油、油基泥浆、含油垃圾和其他有毒有害残液残渣直接排放或者弃置入海的，由国家海洋主管部门或者其派出机构责令限期清理，并处 2 万元以上 20 万元以下的罚款；逾期未清理的，国家海洋主管部门或者其派出机构可以指定有相应资质的单位代为清理，所需费用由海洋油气矿产资源勘探开发单位承担；造成海洋环境污染事故，直接负责的主管人员和其他直接责任人员构成犯罪的，依法追究刑事责任。

第五十三条 海水养殖者未按规定采取科学的养殖方式，对海洋环境造成污染或者严重影响海洋景观的，由县级以上人民政府海洋主管部门责令限期改正；逾期不改正的，责令停止养殖活动，并处清理污染或者恢复海洋景观所需费用 1 倍以上 2 倍以下的罚款。

第五十四条 建设单位未按本条例规定缴纳排污费的，由县级以上人民政府海洋主管部门责令限期缴纳；逾期拒不缴纳的，处应缴纳排污费数额 2 倍以上 3 倍以下的罚款。

第五十五条 违反本条例规定，造成海洋环境污染损害的，责任者应当排除危害，赔偿损失。完全由于第三者的故意或者过失造成海洋环境污染损害的，由第三者排除危害，承担赔偿责任。

违反本条例规定，造成海洋环境污染事故，直接负责的主管人员和其他直接责任人员构成犯罪的，依法追究刑事责任。

第五十六条 海洋主管部门的工作人员违反本条例规定，有下列情形之一的，依法给予行政处分；构成犯罪的，依法追究刑事责任：

（一）未按规定核准海洋工程环境影响报告书的；

（二）未按规定验收环境保护设施的；

（三）未按规定对海洋环境污染事故进行报告和调查处理的；
（四）未按规定征收排污费的；
（五）未按规定进行监督检查的。

第八章　附　则

第五十七条　船舶污染的防治按照国家有关法律、行政法规的规定执行。

第五十八条　本条例自 2006 年 11 月 1 日起施行。

中华人民共和国自然保护区条例

（2017年10月7日修订）

（1994年10月9日中华人民共和国国务院令第167号发布　根据2011年1月8日国务院令第588号《国务院关于废止和修改部分行政法规的决定》第一次修订　根据2017年10月7日国务院令第687号《国务院关于修改部分行政法规的决定》第二次修订）

第一章　总　则

第一条　为了加强自然保护区的建设和管理，保护自然环境和自然资源，制定本条例。

第二条　本条例所称自然保护区，是指对有代表性的自然生态系统、珍稀濒危野生动植物物种的天然集中分布区、有特殊意义的自然遗迹等保护对象所在的陆地、陆地水体或者海域，依法划出一定面积予以特殊保护和管理的区域。

第三条　凡在中华人民共和国领域和中华人民共和国管辖的其他海域内建设和管理自然保护区，必须遵守本条例。

第四条　国家采取有利于发展自然保护区的经济、技术政策和措施，将自然保护区的发展规划纳入国民经济和社会发展计划。

第五条　建设和管理自然保护区，应当妥善处理与当地经济建设和居民生产、生活的关系。

第六条　自然保护区管理机构或者其行政主管部门可以接受国内外组织和个人的捐赠，用于自然保护区的建设和管理。

第七条　县级以上人民政府应当加强对自然保护区工作的领导。

一切单位和个人都有保护自然保护区内自然环境和自然资源的义务，并有权对破坏、侵占自然保护区的单位和个人进行检举、控告。

第八条　国家对自然保护区实行综合管理与分部门管理相结合的管理体制。

国务院环境保护行政主管部门负责全国自然保护区的综合管理。

国务院林业、农业、地质矿产、水利、海洋等有关行政主管部门在各自的职责范围内，主管有关的自然保护区。

县级以上地方人民政府负责自然保护区管理的部门的设置和职责，由省、自治区、直辖市人民政府根据当地具体情况确定。

第九条 对建设、管理自然保护区以及在有关的科学研究中做出显著成绩的单位和个人，由人民政府给予奖励。

第二章 自然保护区的建设

第十条 凡具有下列条件之一的，应当建立自然保护区：

（一）典型的自然地理区域、有代表性的自然生态系统区域以及已经遭受破坏但经保护能够恢复的同类自然生态系统区域；

（二）珍稀、濒危野生动植物物种的天然集中分布区域；

（三）具有特殊保护价值的海域、海岸、岛屿、湿地、内陆水域、森林、草原和荒漠；

（四）具有重大科学文化价值的地质构造、著名溶洞、化石分布区、冰川、火山、温泉等自然遗迹；

（五）经国务院或者省、自治区、直辖市人民政府批准，需要予以特殊保护的其他自然区域。

第十一条 自然保护区分为国家级自然保护区和地方级自然保护区。

在国内外有典型意义、在科学上有重大国际影响或者有特殊科学研究价值的自然保护区，列为国家级自然保护区。

除列为国家级自然保护区的外，其他具有典型意义或者重要科学研究价值的自然保护区列为地方级自然保护区。地方级自然保护区可以分级管理，具体办法由国务院有关自然保护区行政主管部门或者省、自治区、直辖市人民政府根据实际情况规定，报国务院环境保护行政主管部门备案。

第十二条 国家级自然保护区的建立，由自然保护区所在的省、自治区、直辖市人民政府或者国务院有关自然保护区行政主管部门提出申请，经国家级自然保护区评审委员会评审后，由国务院环境保护行政主管部门进行协调并提出审批建议，报国务院批准。

地方级自然保护区的建立，由自然保护区所在的县、自治县、市、自治州人民政府或者省、自治区、直辖市人民政府有关自然保护区行政主管部门提出申请，经地方级自然保护区评审委员会评审后，由省、自治区、直辖市人民政府环境保护行政主管部门进行协调并提出审批建议，报省、自治区、直辖市人民政府批准，并报国务院环境保护行政主管部门和国务院有关自然保护区行政主管部门备案。

跨两个以上行政区域的自然保护区的建立，由有关行政区域的人民政府协商一致后提出申请，并按照前两款规定的程序审批。

建立海上自然保护区，须经国务院批准。

第十三条 申请建立自然保护区，应当按照国家有关规定填报建立自然保护区申报书。

第十四条 自然保护区的范围和界线由批准建立自然保护区的人民政府确定，并标明区界，予以公告。

确定自然保护区的范围和界线，应当兼顾保护对象的完整性和适度性，以及当地经济建设和居民生产、生活的需要。

第十五条 自然保护区的撤销及其性质、范围、界线的调整或者改变，应当经原批准建立自然保护区的人民政府批准。

任何单位和个人，不得擅自移动自然保护区的界标。

第十六条 自然保护区按照下列方法命名：

国家级自然保护区：自然保护区所在地地名加“国家级自然保护区”。

地方级自然保护区：自然保护区所在地地名加“地方级自然保护区”。

有特殊保护对象的自然保护区，可以在自然保护区所在地地名后加特殊保护对象的名称。

第十七条 国务院环境保护行政主管部门应当会同国务院有关自然保护区行政主管部门，在对全国自然环境和自然资源状况进行调查和评价的基础上，拟订国家自然保护区发展规划，经国务院计划部门综合平衡后，报国务院批准实施。

自然保护区管理机构或者该自然保护区行政主管部门应当组织编制自然保护区的建设规划，按照规定的程序纳入国家的、地方的或者部门的投资计划，并组织实施。

第十八条 自然保护区可以分为核心区、缓冲区和实验区。

自然保护区内保存完好的天然状态的生态系统以及珍稀、濒危动植物的集中分布地，应当划为核心区，禁止任何单位和个人进入；除依照本条例第二十七条的规定经批准外，也不允许进入从事科学研究活动。

核心区外围可以划定一定面积的缓冲区，只准进入从事科学研究观测活动。

缓冲区外围划为实验区，可以进入从事科学试验、教学实习、参观考察、旅游以及驯化、繁殖珍稀、濒危野生动植物等活动。

原批准建立自然保护区的，人民政府认为必要时可以在自然保护区的外围划定一定面积的外围保护地带。

第三章 自然保护区的管理

第十九条 全国自然保护区管理的技术规范和标准，由国务院环境保护行政主管部门组织国务院有关自然保护区行政主管部门制定。

国务院有关自然保护区行政主管部门可以按照职责分工，制定有关类型自然保护区管理的技术规范，报国务院环境保护行政主管部门备案。

第二十条 县级以上人民政府环境保护行政主管部门有权对本行政区域内各类自然保护区的管理进行监督检查；县级以上人民政府有关自然保护区行政主管部门有权对其主管的自然保护区的管理进行监督检查。被检查的单位应当如实反映情况，提供必要的资料。检查者应当为被检查的单位保守技术秘密和业务秘密。

第二十一条 国家级自然保护区，由其所在地的省、自治区、直辖市人民政府有关自然保护区行政主管部门或者国务院有关自然保护区行政主管部门管理。地方级自然保护区，由其所在地的县级以上地方人民政府有关自然保护区行政主管部门管理。

有关自然保护区行政主管部门应当在自然保护区内设立专门的管理机构，配备专业技术人员，负责自然保护区的具体管理工作。

第二十二条 自然保护区管理机构的主要职责是：

（一）贯彻执行国家有关自然保护的法律、法规和方针、政策；

（二）制定自然保护区的各项管理制度，统一管理自然保护区；

（三）调查自然资源并建立档案，组织环境监测，保护自然保护区内的自然环境和自然资源；

（四）组织或者协助有关部门开展自然保护区的科学研究工作；

（五）进行自然保护的宣传教育；

（六）在不影响保护自然保护区的自然环境和自然资源的前提下，组织开展参观、旅游等活动。

第二十三条 管理自然保护区所需经费，由自然保护区所在地的县级以上地方人民政府安排。国家对国家级自然保护区的管理，给予适当的资金补助。

第二十四条 自然保护区所在地的公安机关，可以根据需要在自然保护区设置公安派出机构，维护自然保护区内的治安秩序。

第二十五条 在自然保护区内的单位、居民和经批准进入自然保护区的人员，必须遵守自然保护区的各项管理制度，接受自然保护区管理机构的管理。

第二十六条 禁止在自然保护区内进行砍伐、放牧、狩猎、捕捞、采药、开垦、烧荒、开矿、采石、挖沙等活动；但是，法律、行政法规另有规定的除外。

第二十七条 禁止任何人进入自然保护区的核心区。因科学研究的需要，必须进入核心区从事科学研究观测、调查活动的，应当事先向自然保护区管理机构提交申请和活动计划，并经自然保护区管理机构批准；其中，进入国家级自然保护区核心区的，应当经省、自治区、直辖市人民政府有关自然保护区行政主管部门批准。

自然保护区核心区内原有居民确有必要迁出的，由自然保护区所在地的地方人民政府予以妥善安置。

第二十八条 禁止在自然保护区的缓冲区开展旅游和生产经营活动。因教学科研的目的，需要进入自然保护区的缓冲区从事非破坏性的科学研究、教学实习和标本采集活动的，应当事先向自然保护区管理机构提交申请和活动计划，经自然保护区管理机构批准。

从事前款活动的单位和个人，应当将其活动成果的副本提交自然保护区管理机构。

第二十九条 在自然保护区的实验区内开展参观、旅游活动的，由自然保护区管理机构编制方案，方案应当符合自然保护区管理目标。

在自然保护区组织参观、旅游活动的，应当严格按照前款规定的方案进行，并加强管理；进入自然保护区参观、旅游的单位和个人，应当服从自然保护区管理机构的管理。

严禁开设与自然保护区保护方向不一致的参观、旅游项目。

第三十条 自然保护区的内部未分区的，依照本条例有关核心区和缓冲区的规定管理。

第三十一条 外国人进入自然保护区，应当事先向自然保护区管理机构提交活动计划，并经自然保护区管理机构批准；其中，进入国家级自然保护区的，应当经省、自治区、直辖市环境保护、海洋、渔业等有关自然保护区行政主管部门按照各自职责批准。

进入自然保护区的外国人，应当遵守有关自然保护区的法律、法规和规定，未经批准，不得在自然保护区内从事采集标本等活动。

第三十二条 在自然保护区的核心区和缓冲区内，不得建设任何生产设施。在自然保护区的实验区内，不得建设污染环境、破坏资源或者景观的生产设施；建设其他项目，其污染物排放不得超过国家和地方规定的污染物排放标准。在自然保护区的实验区内已经建成的设施，其污染物排放超过国家和地方规定的排放标准的，应当限期治理；造成损害的，必须采取补救措施。

在自然保护区的外围保护地带建设的项目，不得损害自然保护区内的环境质量；已造成损害的，应当限期治理。

限期治理决定由法律、法规规定的机关作出，被限期治理的企业事业单位必须按期完成治理任务。

第三十三条 因发生事故或者其他突然性事件，造成或者可能造成自然保护区污染或者破坏的单位和个人，必须立即采取措施处理，及时通报可能受到危害的单位和居民，并向自然保护区管理机构、当地环境保护行政主管部门和自然保护区行政主管部门报告，接受调查处理。

第四章 法律责任

第三十四条 违反本条例规定，有下列行为之一的单位和个人，由自然保护区管理机构责令其改正，并可以根据不同情节处以 100 元以上 5 000 元以下的罚款：

（一）擅自移动或者破坏自然保护区界标的；

（二）未经批准进入自然保护区或者在自然保护区内不服从管理机构管理的；

（三）经批准在自然保护区的缓冲区内从事科学研究、教学实习和标本采集的单位和个人，不向自然保护区管理机构提交活动成果副本的。

第三十五条 违反本条例规定，在自然保护区进行砍伐、放牧、狩猎、捕捞、采药、开垦、烧荒、开矿、采石、挖沙等活动的单位和个人，除可以依照有关法律、行政法规规定给予处罚的以外，由县级以上人民政府有关自然保护区行政主管部门或者其授权的自然保护区管理机构没收违法所得，责令停止违法行为，限期恢复原状或者采取其他补救措施；对自然保护区造成破坏的，可以处以 300 元以上 1 万元以下的罚款。

第三十六条 自然保护区管理机构违反本条例规定，拒绝环境保护行政主管部门或者有关自然保护区行政主管部门监督检查，或者在被检查时弄虚作假的，由县级以上人民政府环境保护行政主管部门或者有关自然保护区行政主管部门给予 300 元以上 3 000 元以下的罚款。

第三十七条 自然保护区管理机构违反本条例规定，有下列行为之一的，由县级以上人民政府有关自然保护区行政主管部门责令限期改正；对直接责任人员，由其所在单位或者上级机关给予行政处分：

（一）开展参观、旅游活动未编制方案或者编制的方案不符合自然保护区管理目标的；

（二）开设与自然保护区保护方向不一致的参观、旅游项目的；

（三）不按照编制的方案开展参观、旅游活动的；

（四）违法批准人员进入自然保护区的核心区，或者违法批准外国人进入自然保护区的；

（五）有其他滥用职权、玩忽职守、徇私舞弊行为的。

第三十八条 违反本条例规定，给自然保护区造成损失的，由县级以上人民政府有关自然保护区行政主管部门责令赔偿损失。

第三十九条 妨碍自然保护区管理人员执行公务的，由公安机关依照《中华人民共和国治安管理处罚法》的规定给予处罚；情节严重，构成犯罪的，依法追究刑事责任。

第四十条 违反本条例规定，造成自然保护区重大污染或者破坏事故，导致公私财产重大损失或者人身伤亡的严重后果，构成犯罪的，对直接负责的主管人员和其他直接责任人员依法追究刑事责任。

第四十一条 自然保护区管理人员滥用职权、玩忽职守、徇私舞弊，构成犯罪的，依法追究刑事责任；情节轻微，尚不构成犯罪的，由其所在单位或者上级机关给予行政处分。

第五章　附　则

第四十二条 国务院有关自然保护区行政主管部门可以根据本条例，制定有关类型自然保护区的管理办法。

第四十三条 各省、自治区、直辖市人民政府可以根据本条例，制定实施办法。

第四十四条 本条例自 1994 年 12 月 1 日起施行。

消耗臭氧层物质管理条例

（2018年3月19日修订）

（2010年4月8日国务院令第573号公布　根据2018年3月19日《国务院关于修改和废止部分行政法规的决定》修订）

第一章　总　则

第一条　为了加强对消耗臭氧层物质的管理，履行《保护臭氧层维也纳公约》和《关于消耗臭氧层物质的蒙特利尔议定书》规定的义务，保护臭氧层和生态环境，保障人体健康，根据《中华人民共和国大气污染防治法》，制定本条例。

第二条　本条例所称消耗臭氧层物质，是指对臭氧层有破坏作用并列入《中国受控消耗臭氧层物质清单》的化学品。

《中国受控消耗臭氧层物质清单》由国务院环境保护主管部门会同国务院有关部门制定、调整和公布。

第三条　在中华人民共和国境内从事消耗臭氧层物质的生产、销售、使用和进出口等活动，适用本条例。

前款所称生产，是指制造消耗臭氧层物质的活动。前款所称使用，是指利用消耗臭氧层物质进行的生产经营等活动，不包括使用含消耗臭氧层物质的产品的活动。

第四条　国务院环境保护主管部门统一负责全国消耗臭氧层物质的监督管理工作。

国务院商务主管部门、海关总署等有关部门依照本条例的规定和各自的职责负责消耗臭氧层物质的有关监督管理工作。

县级以上地方人民政府环境保护主管部门和商务等有关部门依照本条例的规定和各自的职责负责本行政区域消耗臭氧层物质的有关监督管理工作。

第五条　国家逐步削减并最终淘汰作为制冷剂、发泡剂、灭火剂、溶剂、清洗剂、加工助剂、杀虫剂、气雾剂、膨胀剂等用途的消耗臭氧层物质。

国务院环境保护主管部门会同国务院有关部门拟订《中国逐步淘汰消耗臭氧层物质国家方案》（以下简称国家方案），报国务院批准后实施。

第六条　国务院环境保护主管部门根据国家方案和消耗臭氧层物质淘汰进展情况，会同国务院有关部门确定并公布限制或者禁止新建、改建、扩建生产、使用消耗臭氧层物质建设项目的类别，制定并公布限制或者禁止生产、使用、进出口消耗臭氧层物质的名录。

因特殊用途确需生产、使用前款规定禁止生产、使用的消耗臭氧层物质的，按照《关于消耗臭氧层物质的蒙特利尔议定书》有关允许用于特殊用途的规定，由国务院环境保护主管部门会同国务院有关部门批准。

第七条 国家对消耗臭氧层物质的生产、使用、进出口实行总量控制和配额管理。国务院环境保护主管部门根据国家方案和消耗臭氧层物质淘汰进展情况，商国务院有关部门确定国家消耗臭氧层物质的年度生产、使用和进出口配额总量，并予以公告。

第八条 国家鼓励、支持消耗臭氧层物质替代品和替代技术的科学研究、技术开发和推广应用。

国务院环境保护主管部门会同国务院有关部门制定、调整和公布《中国消耗臭氧层物质替代品推荐名录》。

开发、生产、使用消耗臭氧层物质替代品，应当符合国家产业政策，并按照国家有关规定享受优惠政策。国家对在消耗臭氧层物质淘汰工作中做出突出成绩的单位和个人给予奖励。

第九条 任何单位和个人对违反本条例规定的行为，有权向县级以上人民政府环境保护主管部门或者其他有关部门举报。接到举报的部门应当及时调查处理，并为举报人保密；经调查情况属实的，对举报人给予奖励。

第二章　生产、销售和使用

第十条 消耗臭氧层物质的生产、使用单位，应当依照本条例的规定申请领取生产或者使用配额许可证。但是，使用单位有下列情形之一的，不需要申请领取使用配额许可证：

（一）维修单位为了维修制冷设备、制冷系统或者灭火系统使用消耗臭氧层物质的；

（二）实验室为了实验分析少量使用消耗臭氧层物质的；

（三）出入境检验检疫机构为了防止有害生物传入传出使用消耗臭氧层物质实施检疫的；

（四）国务院环境保护主管部门规定的不需要申请领取使用配额许可证的其他情形。

第十一条 消耗臭氧层物质的生产、使用单位除具备法律、行政法规规定的条件外，还应当具备下列条件：

（一）有合法生产或者使用相应消耗臭氧层物质的业绩；

（二）有生产或者使用相应消耗臭氧层物质的场所、设施、设备和专业技术人员；

（三）有经验收合格的环境保护设施；

（四）有健全完善的生产经营管理制度。

将消耗臭氧层物质用于本条例第六条规定的特殊用途的单位，不适用前款第（一）项的规定。

第十二条 消耗臭氧层物质的生产、使用单位应当于每年 10 月 31 日前向国务院环境保护主管部门书面申请下一年度的生产配额或者使用配额，并提交其符合本条例第十一条规定条件的证明材料。

国务院环境保护主管部门根据国家消耗臭氧层物质的年度生产、使用配额总量和申请单位生产、使用相应消耗臭氧层物质的业绩情况，核定申请单位下一年度的生产配额或者使用配额，并于每年 12 月 20 日前完成审查，符合条件的，核发下一年度的生产或者使用配额许可证，予以公告，并抄送国务院有关部门和申请单位所在地省、自治区、直辖市人民政府环境保护主管部门；不符合条件的，书面通知申请单位并说明理由。

第十三条 消耗臭氧层物质的生产或者使用配额许可证应当载明下列内容：

（一）生产或者使用单位的名称、地址、法定代表人或者负责人；

（二）准予生产或者使用的消耗臭氧层物质的品种、用途及其数量；

（三）有效期限；

（四）发证机关、发证日期和证书编号。

第十四条 消耗臭氧层物质的生产、使用单位需要调整其配额的，应当向国务院环境保护主管部门申请办理配额变更手续。

国务院环境保护主管部门应当依照本条例第十一条、第十二条规定的条件和依据进行审查，并在受理申请之日起 20 个工作日内完成审查，符合条件的，对申请单位的配额进行调整，并予以公告；不符合条件的，书面通知申请单位并说明理由。

第十五条 消耗臭氧层物质的生产单位不得超出生产配额许可证规定的品种、数量、期限生产消耗臭氧层物质，不得超出生产配额许可证规定的用途生产、销售消耗臭氧层物质。

禁止无生产配额许可证生产消耗臭氧层物质。

第十六条 依照本条例规定领取使用配额许可证的单位，不得超出使用配额许可证规定的品种、用途、数量、期限使用消耗臭氧层物质。

除本条例第十条规定的不需要申请领取使用配额许可证的情形外，禁止无使用配额许可证使用消耗臭氧层物质。

第十七条 消耗臭氧层物质的销售单位，应当按照国务院环境保护主管部门的规定办理备案手续。

国务院环境保护主管部门应当将备案的消耗臭氧层物质销售单位的名单进行公告。

第十八条 除依照本条例规定进出口外，消耗臭氧层物质的购买和销售行为只能在符合本条例规定的消耗臭氧层物质的生产、销售和使用单位之间进行。

第十九条 从事含消耗臭氧层物质的制冷设备、制冷系统或者灭火系统的维修、报废处理等经营活动的单位，应当向所在地县级人民政府环境保护主管部门备案。

专门从事消耗臭氧层物质回收、再生利用或者销毁等经营活动的单位，应当向所在地省、自治区、直辖市人民政府环境保护主管部门备案。

第二十条 消耗臭氧层物质的生产、使用单位，应当按照国务院环境保护主管部门的规定采取必要的措施，防止或者减少消耗臭氧层物质的泄漏和排放。

从事含消耗臭氧层物质的制冷设备、制冷系统或者灭火系统的维修、报废处理等经营活动的单位，应当按照国务院环境保护主管部门的规定对消耗臭氧层物质进行回收、循环利用或者交由从事消耗臭氧层物质回收、再生利用、销毁等经营活动的单位进行无害化处置。

从事消耗臭氧层物质回收、再生利用、销毁等经营活动的单位，应当按照国务院环境保护主管部门的规定对消耗臭氧层物质进行无害化处置，不得直接排放。

第二十一条 从事消耗臭氧层物质的生产、销售、使用、回收、再生利用、销毁等经营活动的单位，以及从事含消耗臭氧层物质的制冷设备、制冷系统或者灭火系统的维修、报废处理等经营活动的单位，应当完整保存有关生产经营活动的原始资料至少3年，并按照国务院环境保护主管部门的规定报送相关数据。

第三章 进出口

第二十二条 国家对进出口消耗臭氧层物质予以控制，并实行名录管理。国务院环境保护主管部门会同国务院商务主管部门、海关总署制定、调整和公布《中国进出口受控消耗臭氧层物质名录》。

进出口列入《中国进出口受控消耗臭氧层物质名录》的消耗臭氧层物质的单位，应当依照本条例的规定向国家消耗臭氧层物质进出口管理机构申请进出口配额，领取进出口审批单，并提交拟进出口的消耗臭氧层物质的品种、数量、来源、用途等情况的材料。

第二十三条 国家消耗臭氧层物质进出口管理机构应当自受理申请之日起 20 个工作日内完成审查，作出是否批准的决定。予以批准的，向申请单位核发进出口审批单；未予批准的，书面通知申请单位并说明理由。

进出口审批单的有效期最长为90日，不得超期或者跨年度使用。

第二十四条 取得消耗臭氧层物质进出口审批单的单位，应当按照国务院商务主管部门的规定申请领取进出口许可证，持进出口许可证向海关办理通关手续。列入《出入境检验检疫机构实施检验检疫的进出境商品目录》的消耗臭氧层物质，由出入境检验检疫机构依法实施检验。

消耗臭氧层物质在中华人民共和国境内的海关特殊监管区域、保税监管场所与境外之间进出的，进出口单位应当依照本条例的规定申请领取进出口审批单、进出口许可证；消耗臭氧层物质在中华人民共和国境内的海关特殊监管区域、保税监管场所与境内其他区域之间进出的，或者在上述海关特殊监管区域、保税监管场所之间进出的，不需要申请领取进出口审批单、进出口许可证。

第四章 监督检查

第二十五条 县级以上人民政府环境保护主管部门和其他有关部门，依照本条例的规定和各自的职责对消耗臭氧层物质的生产、销售、使用和进出口等活动进行监督检查。

第二十六条 县级以上人民政府环境保护主管部门和其他有关部门进行监督检查，

有权采取下列措施：

（一）要求被检查单位提供有关资料；

（二）要求被检查单位就执行本条例规定的有关情况作出说明；

（三）进入被检查单位的生产、经营、储存场所进行调查和取证；

（四）责令被检查单位停止违反本条例规定的行为，履行法定义务；

（五）扣押、查封违法生产、销售、使用、进出口的消耗臭氧层物质及其生产设备、设施、原料及产品。

被检查单位应当予以配合，如实反映情况，提供必要资料，不得拒绝和阻碍。

第二十七条　县级以上人民政府环境保护主管部门和其他有关部门进行监督检查，监督检查人员不得少于 2 人，并应当出示有效的行政执法证件。

县级以上人民政府环境保护主管部门和其他有关部门的工作人员，对监督检查中知悉的商业秘密负有保密义务。

第二十八条　国务院环境保护主管部门应当建立健全消耗臭氧层物质的数据信息管理系统，收集、汇总和发布消耗臭氧层物质的生产、使用、进出口等数据信息。

县级以上地方人民政府环境保护主管部门应当将监督检查中发现的违反本条例规定的行为及处理情况逐级上报至国务院环境保护主管部门。

县级以上地方人民政府其他有关部门应当将监督检查中发现的违反本条例规定的行为及处理情况逐级上报至国务院有关部门，国务院有关部门应当及时抄送国务院环境保护主管部门。

第二十九条　县级以上地方人民政府环境保护主管部门或者其他有关部门对违反本条例规定的行为不查处的，其上级主管部门有权责令其依法查处或者直接进行查处。

第五章　法律责任

第三十条　负有消耗臭氧层物质监督管理职责的部门及其工作人员有下列行为之一的，对直接负责的主管人员和其他直接责任人员，依法给予处分；直接负责的主管人员和其他直接责任人员构成犯罪的，依法追究刑事责任：

（一）违反本条例规定核发消耗臭氧层物质生产、使用配额许可证的；

（二）违反本条例规定核发消耗臭氧层物质进出口审批单或者进出口许可证的；

（三）对发现的违反本条例的行为不依法查处的；

（四）在办理消耗臭氧层物质生产、使用、进出口等行政许可以及实施监督检查的过程中，索取、收受他人财物或者谋取其他利益的；

（五）有其他徇私舞弊、滥用职权、玩忽职守行为的。

第三十一条　无生产配额许可证生产消耗臭氧层物质的，由所在地县级以上地方人民政府环境保护主管部门责令停止违法行为，没收用于违法生产消耗臭氧层物质的原料、违法生产的消耗臭氧层物质和违法所得，拆除、销毁用于违法生产消耗臭氧层物质的设备、设施，并处 100 万元的罚款。

第三十二条 依照本条例规定应当申请领取使用配额许可证的单位无使用配额许可证使用消耗臭氧层物质的，由所在地县级以上地方人民政府环境保护主管部门责令停止违法行为，没收违法使用的消耗臭氧层物质、违法使用消耗臭氧层物质生产的产品和违法所得，并处20万元的罚款；情节严重的，并处50万元的罚款，拆除、销毁用于违法使用消耗臭氧层物质的设备、设施。

第三十三条 消耗臭氧层物质的生产、使用单位有下列行为之一的，由所在地省、自治区、直辖市人民政府环境保护主管部门责令停止违法行为，没收违法生产、使用的消耗臭氧层物质、违法使用消耗臭氧层物质生产的产品和违法所得，并处 2 万元以上 10 万元以下的罚款，报国务院环境保护主管部门核减其生产、使用配额数量；情节严重的，并处10万元以上20万元以下的罚款，报国务院环境保护主管部门吊销其生产、使用配额许可证：

（一）超出生产配额许可证规定的品种、数量、期限生产消耗臭氧层物质的；

（二）超出生产配额许可证规定的用途生产或者销售消耗臭氧层物质的；

（三）超出使用配额许可证规定的品种、数量、用途、期限使用消耗臭氧层物质的。

第三十四条 消耗臭氧层物质的生产、销售、使用单位向不符合本条例规定的单位销售或者购买消耗臭氧层物质的，由所在地县级以上地方人民政府环境保护主管部门责令改正，没收违法销售或者购买的消耗臭氧层物质和违法所得，处以所销售或者购买的消耗臭氧层物质市场总价3倍的罚款；对取得生产、使用配额许可证的单位，报国务院环境保护主管部门核减其生产、使用配额数量。

第三十五条 消耗臭氧层物质的生产、使用单位，未按照规定采取必要的措施防止或者减少消耗臭氧层物质的泄漏和排放的，由所在地县级以上地方人民政府环境保护主管部门责令限期改正，处 5 万元的罚款；逾期不改正的，处 10 万元的罚款，报国务院环境保护主管部门核减其生产、使用配额数量。

第三十六条 从事含消耗臭氧层物质的制冷设备、制冷系统或者灭火系统的维修、报废处理等经营活动的单位，未按照规定对消耗臭氧层物质进行回收、循环利用或者交由从事消耗臭氧层物质回收、再生利用、销毁等经营活动的单位进行无害化处置的，由所在地县级以上地方人民政府环境保护主管部门责令改正，处进行无害化处置所需费用3倍的罚款。

第三十七条 从事消耗臭氧层物质回收、再生利用、销毁等经营活动的单位，未按照规定对消耗臭氧层物质进行无害化处置而直接向大气排放的，由所在地县级以上地方人民政府环境保护主管部门责令改正，处进行无害化处置所需费用3倍的罚款。

第三十八条 从事消耗臭氧层物质生产、销售、使用、进出口、回收、再生利用、销毁等经营活动的单位，以及从事含消耗臭氧层物质的制冷设备、制冷系统或者灭火系统的维修、报废处理等经营活动的单位有下列行为之一的，由所在地县级以上地方人民政府环境保护主管部门责令改正，处5 000元以上2万元以下的罚款：

（一）依照本条例规定应当向环境保护主管部门备案而未备案的；

（二）未按照规定完整保存有关生产经营活动的原始资料的；

（三）未按时申报或者谎报、瞒报有关经营活动的数据资料的；

（四）未按照监督检查人员的要求提供必要的资料的。

第三十九条 拒绝、阻碍环境保护主管部门或者其他有关部门的监督检查，或者在接受监督检查时弄虚作假的，由监督检查部门责令改正，处1万元以上2万元以下的罚款；构成违反治安管理行为的，由公安机关依法给予治安管理处罚；构成犯罪的，依法追究刑事责任。

第四十条 进出口单位无进出口许可证或者超出进出口许可证的规定进出口消耗臭氧层物质的，由海关依照有关法律、行政法规的规定予以处罚；构成犯罪的，依法追究刑事责任。

第六章 附 则

第四十一条 本条例自2010年6月1日起施行。

防治船舶污染海洋环境管理条例

（2018 年 3 月 19 日修订）

（2009 年 9 月 9 日中华人民共和国国务院令第 561 号公布　根据 2013 年 7 月 18 日《国务院关于废止和修改部分行政法规的决定》第一次修订　根据 2013 年 12 月 7 日《国务院关于修改部分行政法规的决定》第二次修订　根据 2014 年 7 月 29 日《国务院关于修改部分行政法规的决定》第三次修订　根据 2016 年 2 月 6 日《国务院关于修改部分行政法规的决定》第四次修订　根据 2017 年 3 月 1 日《国务院关于修改和废止部分行政法规的决定》第五次修订　根据 2018 年 3 月 19 日《国务院关于修改和废止部分行政法规的决定》第六次修订）

第一章　总　则

第一条　为了防治船舶及其有关作业活动污染海洋环境，根据《中华人民共和国海洋环境保护法》，制定本条例。

第二条　防治船舶及其有关作业活动污染中华人民共和国管辖海域适用本条例。

第三条　防治船舶及其有关作业活动污染海洋环境，实行预防为主、防治结合的原则。

第四条　国务院交通运输主管部门主管所辖港区水域内非军事船舶和港区水域外非渔业、非军事船舶污染海洋环境的防治工作。

海事管理机构依照本条例规定具体负责防治船舶及其有关作业活动污染海洋环境的监督管理。

第五条　国务院交通运输主管部门应当根据防治船舶及其有关作业活动污染海洋环境的需要，组织编制防治船舶及其有关作业活动污染海洋环境应急能力建设规划，报国务院批准后公布实施。

沿海设区的市级以上地方人民政府应当按照国务院批准的防治船舶及其有关作业活动污染海洋环境应急能力建设规划，并根据本地区的实际情况，组织编制相应的防治船舶及其有关作业活动污染海洋环境应急能力建设规划。

第六条　国务院交通运输主管部门、沿海设区的市级以上地方人民政府应当建立健全防治船舶及其有关作业活动污染海洋环境应急反应机制，并制定防治船舶及其有关作业活动污染海洋环境应急预案。

第七条 海事管理机构应当根据防治船舶及其有关作业活动污染海洋环境的需要，会同海洋主管部门建立健全船舶及其有关作业活动污染海洋环境的监测、监视机制，加强对船舶及其有关作业活动污染海洋环境的监测、监视。

第八条 国务院交通运输主管部门、沿海设区的市级以上地方人民政府应当按照防治船舶及其有关作业活动污染海洋环境应急能力建设规划，建立专业应急队伍和应急设备库，配备专用的设施、设备和器材。

第九条 任何单位和个人发现船舶及其有关作业活动造成或者可能造成海洋环境污染的，应当立即就近向海事管理机构报告。

第二章 防治船舶及其有关作业活动污染海洋环境的一般规定

第十条 船舶的结构、设备、器材应当符合国家有关防治船舶污染海洋环境的技术规范以及中华人民共和国缔结或者参加的国际条约的要求。

船舶应当依照法律、行政法规、国务院交通运输主管部门的规定以及中华人民共和国缔结或者参加的国际条约的要求，取得并随船携带相应的防治船舶污染海洋环境的证书、文书。

第十一条 中国籍船舶的所有人、经营人或者管理人应当按照国务院交通运输主管部门的规定，建立健全安全营运和防治船舶污染管理体系。

海事管理机构应当对安全营运和防治船舶污染管理体系进行审核，审核合格的，发给符合证明和相应的船舶安全管理证书。

第十二条 港口、码头、装卸站以及从事船舶修造的单位应当配备与其装卸货物种类和吞吐能力或者修造船舶能力相适应的污染监视设施和污染物接收设施，并使其处于良好状态。

第十三条 港口、码头、装卸站以及从事船舶修造、打捞、拆解等作业活动的单位应当制定有关安全营运和防治污染的管理制度，按照国家有关防治船舶及其有关作业活动污染海洋环境的规范和标准，配备相应的防治污染设备和器材。

港口、码头、装卸站以及从事船舶修造、打捞、拆解等作业活动的单位，应当定期检查、维护配备的防治污染设备和器材，确保防治污染设备和器材符合防治船舶及其有关作业活动污染海洋环境的要求。

第十四条 船舶所有人、经营人或者管理人应当制定防治船舶及其有关作业活动污染海洋环境的应急预案，并报海事管理机构备案。

港口、码头、装卸站的经营人以及有关作业单位应当制定防治船舶及其有关作业活动污染海洋环境的应急预案，并报海事管理机构和环境保护主管部门备案。

船舶、港口、码头、装卸站以及其他有关作业单位应当按照应急预案，定期组织演练，并做好相应记录。

第三章　船舶污染物的排放和接收

第十五条　船舶在中华人民共和国管辖海域向海洋排放的船舶垃圾、生活污水、含油污水、含有毒有害物质污水、废气等污染物以及压载水，应当符合法律、行政法规、中华人民共和国缔结或者参加的国际条约以及相关标准的要求。

船舶应当将不符合前款规定的排放要求的污染物排入港口接收设施或者由船舶污染物接收单位接收。

船舶不得向依法划定的海洋自然保护区、海滨风景名胜区、重要渔业水域以及其他需要特别保护的海域排放船舶污染物。

第十六条　船舶处置污染物，应当在相应的记录簿内如实记录。

船舶应当将使用完毕的船舶垃圾记录簿在船舶上保留2年；将使用完毕的含油污水、含有毒有害物质污水记录簿在船舶上保留3年。

第十七条　船舶污染物接收单位从事船舶垃圾、残油、含油污水、含有毒有害物质污水接收作业，应当编制作业方案，遵守相关操作规程，并采取必要的防污染措施。船舶污染物接收单位应当将船舶污染物接收情况按照规定向海事管理机构报告。

第十八条　船舶污染物接收单位接收船舶污染物，应当向船舶出具污染物接收单证，经双方签字确认并留存至少2年。污染物接收单证应当注明作业双方名称，作业开始和结束的时间、地点，以及污染物种类、数量等内容。船舶应当将污染物接收单证保存在相应的记录簿中。

第十九条　船舶污染物接收单位应当按照国家有关污染物处理的规定处理接收的船舶污染物，并每月将船舶污染物的接收和处理情况报海事管理机构备案。

第四章　船舶有关作业活动的污染防治

第二十条　从事船舶清舱、洗舱、油料供受、装卸、过驳、修造、打捞、拆解，污染危害性货物装箱、充罐，污染清除作业以及利用船舶进行水上水下施工等作业活动的，应当遵守相关操作规程，并采取必要的安全和防治污染的措施。

从事前款规定的作业活动的人员，应当具备相关安全和防治污染的专业知识和技能。

第二十一条　船舶不符合污染危害性货物适载要求的，不得载运污染危害性货物，码头、装卸站不得为其进行装载作业。

污染危害性货物的名录由国家海事管理机构公布。

第二十二条　载运污染危害性货物进出港口的船舶，其承运人、货物所有人或者代理人，应当向海事管理机构提出申请，经批准方可进出港口或者过境停留。

第二十三条　载运污染危害性货物的船舶，应当在海事管理机构公布的具有相应安全装卸和污染物处理能力的码头、装卸站进行装卸作业。

第二十四条　货物所有人或者代理人交付船舶载运污染危害性货物，应当确保货物的包装与标志等符合有关安全和防治污染的规定，并在运输单证上准确注明货物的技术名称、编号、类别（性质）、数量、注意事项和应急措施等内容。

货物所有人或者代理人交付船舶载运污染危害性不明的货物，应当委托有关技术机构进行危害性评估，明确货物的危害性质以及有关安全和防治污染要求，方可交付船舶载运。

第二十五条 海事管理机构认为交付船舶载运的污染危害性货物应当申报而未申报，或者申报的内容不符合实际情况的，可以按照国务院交通运输主管部门的规定采取开箱等方式查验。

海事管理机构查验污染危害性货物，货物所有人或者代理人应当到场，并负责搬移货物，开拆和重封货物的包装。海事管理机构认为必要的，可以径行查验、复验或者提取货样，有关单位和个人应当配合。

第二十六条 进行散装液体污染危害性货物过驳作业的船舶，其承运人、货物所有人或者代理人应当向海事管理机构提出申请，告知作业地点，并附送过驳作业方案、作业程序、防治污染措施等材料。

海事管理机构应当自受理申请之日起2个工作日内作出许可或者不予许可的决定。2个工作日内无法作出决定的，经海事管理机构负责人批准，可以延长5个工作日。

第二十七条 依法获得船舶油料供受作业资质的单位，应当向海事管理机构备案。海事管理机构应当对船舶油料供受作业进行监督检查，发现不符合安全和防治污染要求的，应当予以制止。

第二十八条 船舶燃油供给单位应当如实填写燃油供受单证，并向船舶提供船舶燃油供受单证和燃油样品。

船舶和船舶燃油供给单位应当将燃油供受单证保存 3 年，并将燃油样品妥善保存1年。

第二十九条 船舶修造、水上拆解的地点应当符合环境功能区划和海洋功能区划。

第三十条 从事船舶拆解的单位在船舶拆解作业前，应当对船舶上的残余物和废弃物进行处置，将油舱（柜）中的存油驳出，进行船舶清舱、洗舱、测爆等工作。

从事船舶拆解的单位应当及时清理船舶拆解现场，并按照国家有关规定处理船舶拆解产生的污染物。

禁止采取冲滩方式进行船舶拆解作业。

第三十一条 禁止船舶经过中华人民共和国内水、领海转移危险废物。

经过中华人民共和国管辖的其他海域转移危险废物的，应当事先取得国务院环境保护主管部门的书面同意，并按照海事管理机构指定的航线航行，定时报告船舶所处的位置。

第三十二条 船舶向海洋倾倒废弃物，应当如实记录倾倒情况。返港后，应当向驶出港所在地的海事管理机构提交书面报告。

第三十三条 载运散装液体污染危害性货物的船舶和1万总吨以上的其他船舶，其经营人应当在作业前或者进出港口前与符合国家有关技术规范的污染清除作业单位签订污染清除作业协议，明确双方在发生船舶污染事故后污染清除的权利和义务。

与船舶经营人签订污染清除作业协议的污染清除作业单位应当在发生船舶污染事故后，按照污染清除作业协议及时进行污染清除作业。

第五章　船舶污染事故应急处置

第三十四条　本条例所称船舶污染事故，是指船舶及其有关作业活动发生油类、油性混合物和其他有毒有害物质泄漏造成的海洋环境污染事故。

第三十五条　船舶污染事故分为以下等级：

（一）特别重大船舶污染事故，是指船舶溢油 1 000 吨以上，或者造成直接经济损失 2 亿元以上的船舶污染事故；

（二）重大船舶污染事故，是指船舶溢油 500 吨以上不足 1 000 吨，或者造成直接经济损失 1 亿元以上不足 2 亿元的船舶污染事故；

（三）较大船舶污染事故，是指船舶溢油 100 吨以上不足 500 吨，或者造成直接经济损失 5 000 万元以上不足 1 亿元的船舶污染事故；

（四）一般船舶污染事故，是指船舶溢油不足 100 吨，或者造成直接经济损失不足 5 000 万元的船舶污染事故。

第三十六条　船舶在中华人民共和国管辖海域发生污染事故，或者在中华人民共和国管辖海域外发生污染事故造成或者可能造成中华人民共和国管辖海域污染的，应当立即启动相应的应急预案，采取措施控制和消除污染，并就近向有关海事管理机构报告。

发现船舶及其有关作业活动可能对海洋环境造成污染的，船舶、码头、装卸站应当立即采取相应的应急处置措施，并就近向有关海事管理机构报告。

接到报告的海事管理机构应当立即核实有关情况，并向上级海事管理机构或者国务院交通运输主管部门报告，同时报告有关沿海设区的市级以上地方人民政府。

第三十七条　船舶污染事故报告应当包括下列内容：

（一）船舶的名称、国籍、呼号或者编号；

（二）船舶所有人、经营人或者管理人的名称、地址；

（三）发生事故的时间、地点以及相关气象和水文情况；

（四）事故原因或者事故原因的初步判断；

（五）船舶上污染物的种类、数量、装载位置等概况；

（六）污染程度；

（七）已经采取或者准备采取的污染控制、清除措施和污染控制情况以及救助要求；

（八）国务院交通运输主管部门规定应当报告的其他事项。

作出船舶污染事故报告后出现新情况的，船舶、有关单位应当及时补报。

第三十八条　发生特别重大船舶污染事故，国务院或者国务院授权国务院交通运输主管部门成立事故应急指挥机构。

发生重大船舶污染事故，有关省、自治区、直辖市人民政府应当会同海事管理机构成立事故应急指挥机构。

发生较大船舶污染事故和一般船舶污染事故，有关设区的市级人民政府应当会同海事管理机构成立事故应急指挥机构。

有关部门、单位应当在事故应急指挥机构统一组织和指挥下，按照应急预案的分工，开展相应的应急处置工作。

第三十九条 船舶发生事故有沉没危险，船员离船前，应当尽可能关闭所有货舱（柜）、油舱（柜）管系的阀门，堵塞货舱（柜）、油舱（柜）通气孔。

船舶沉没的，船舶所有人、经营人或者管理人应当及时向海事管理机构报告船舶燃油、污染危害性货物以及其他污染物的性质、数量、种类、装载位置等情况，并及时采取措施予以清除。

第四十条 发生船舶污染事故或者船舶沉没，可能造成中华人民共和国管辖海域污染的，有关沿海设区的市级以上地方人民政府、海事管理机构根据应急处置的需要，可以征用有关单位或者个人的船舶和防治污染设施、设备、器材以及其他物资，有关单位和个人应当予以配合。

被征用的船舶和防治污染设施、设备、器材以及其他物资使用完毕或者应急处置工作结束，应当及时返还。船舶和防治污染设施、设备、器材以及其他物资被征用或者征用后毁损、灭失的，应当给予补偿。

第四十一条 发生船舶污染事故，海事管理机构可以采取清除、打捞、拖航、引航、过驳等必要措施，减轻污染损害。相关费用由造成海洋环境污染的船舶、有关作业单位承担。

需要承担前款规定费用的船舶，应当在开航前缴清相关费用或者提供相应的财务担保。

第四十二条 处置船舶污染事故使用的消油剂，应当符合国家有关标准。

第六章 船舶污染事故调查处理

第四十三条 船舶污染事故的调查处理依照下列规定进行：

（一）特别重大船舶污染事故由国务院或者国务院授权国务院交通运输主管部门等部门组织事故调查处理；

（二）重大船舶污染事故由国家海事管理机构组织事故调查处理；

（三）较大船舶污染事故和一般船舶污染事故由事故发生地的海事管理机构组织事故调查处理。

船舶污染事故给渔业造成损害的，应当吸收渔业主管部门参与调查处理；给军事港口水域造成损害的，应当吸收军队有关主管部门参与调查处理。

第四十四条 发生船舶污染事故，组织事故调查处理的机关或者海事管理机构应当及时、客观、公正地开展事故调查，勘验事故现场，检查相关船舶，询问相关人员，收集证据，查明事故原因。

第四十五条 组织事故调查处理的机关或者海事管理机构根据事故调查处理的需要，可以暂扣相应的证书、文书、资料；必要时，可以禁止船舶驶离港口或者责令停航、改航、停止作业直至暂扣船舶。

第四十六条 组织事故调查处理的机关或者海事管理机构开展事故调查时，船舶污染事故的当事人和其他有关人员应当如实反映情况和提供资料，不得伪造、隐匿、毁灭证据或者以其他方式妨碍调查取证。

第四十七条 组织事故调查处理的机关或者海事管理机构应当自事故调查结束之日起 20 个工作日内制作事故认定书，并送达当事人。

事故认定书应当载明事故基本情况、事故原因和事故责任。

第七章　船舶污染事故损害赔偿

第四十八条 造成海洋环境污染损害的责任者，应当排除危害，并赔偿损失；完全由于第三者的故意或者过失，造成海洋环境污染损害的，由第三者排除危害，并承担赔偿责任。

第四十九条 完全属于下列情形之一，经过及时采取合理措施，仍然不能避免对海洋环境造成污染损害的，免予承担责任：

（一）战争；

（二）不可抗拒的自然灾害；

（三）负责灯塔或者其他助航设备的主管部门，在执行职责时的疏忽，或者其他过失行为。

第五十条 船舶污染事故的赔偿限额依照《中华人民共和国海商法》关于海事赔偿责任限制的规定执行。但是，船舶载运的散装持久性油类物质造成中华人民共和国管辖海域污染的，赔偿限额依照中华人民共和国缔结或者参加的有关国际条约的规定执行。

前款所称持久性油类物质，是指任何持久性烃类矿物油。

第五十一条 在中华人民共和国管辖海域内航行的船舶，其所有人应当按照国务院交通运输主管部门的规定，投保船舶油污损害民事责任保险或者取得相应的财务担保。但是，1 000 总吨以下载运非油类物质的船舶除外。

船舶所有人投保船舶油污损害民事责任保险或者取得的财务担保的额度应当不低于《中华人民共和国海商法》、中华人民共和国缔结或者参加的有关国际条约规定的油污赔偿限额。

第五十二条 已依照本条例第五十一条的规定投保船舶油污损害民事责任保险或者取得财务担保的中国籍船舶，其所有人应当持船舶国籍证书、船舶油污损害民事责任保险合同或者财务担保证明，向船籍港的海事管理机构申请办理船舶油污损害民事责任保险证书或者财务保证证书。

第五十三条 发生船舶油污事故，国家组织有关单位进行应急处置、清除污染所发生的必要费用，应当在船舶油污损害赔偿中优先受偿。

第五十四条 在中华人民共和国管辖水域接收海上运输的持久性油类物质货物的货物所有人或者代理人应当缴纳船舶油污损害赔偿基金。

船舶油污损害赔偿基金征收、使用和管理的具体办法由国务院财政部门会同国务院交通运输主管部门制定。

国家设立船舶油污损害赔偿基金管理委员会，负责处理船舶油污损害赔偿基金的赔偿等事务。船舶油污损害赔偿基金管理委员会由有关行政机关和缴纳船舶油污损害赔偿基金的主要货主组成。

第五十五条 对船舶污染事故损害赔偿的争议，当事人可以请求海事管理机构调解，也可以向仲裁机构申请仲裁或者向人民法院提起民事诉讼。

第八章 法律责任

第五十六条 船舶、有关作业单位违反本条例规定的，海事管理机构应当责令改正；拒不改正的，海事管理机构可以责令停止作业、强制卸载，禁止船舶进出港口、靠泊、过境停留，或者责令停航、改航、离境、驶向指定地点。

第五十七条 违反本条例的规定，船舶的结构不符合国家有关防治船舶污染海洋环境的技术规范或者有关国际条约要求的，由海事管理机构处10万元以上30万元以下的罚款。

第五十八条 违反本条例的规定，有下列情形之一的，由海事管理机构依照《中华人民共和国海洋环境保护法》有关规定予以处罚：

（一）船舶未取得并随船携带防治船舶污染海洋环境的证书、文书的；

（二）船舶、港口、码头、装卸站未配备防治污染设备、器材的；

（三）船舶向海域排放本条例禁止排放的污染物的；

（四）船舶未如实记录污染物处置情况的；

（五）船舶超过标准向海域排放污染物的；

（六）从事船舶水上拆解作业，造成海洋环境污染损害的。

第五十九条 违反本条例的规定，船舶未按照规定在船舶上留存船舶污染物处置记录，或者船舶污染物处置记录与船舶运行过程中产生的污染物数量不符合的，由海事管理机构处2万元以上10万元以下的罚款。

第六十条 违反本条例的规定，船舶污染物接收单位从事船舶垃圾、残油、含油污水、含有毒有害物质污水接收作业，未编制作业方案、遵守相关操作规程、采取必要的防污染措施的，由海事管理机构处1万元以上5万元以下的罚款；造成海洋环境污染的，处5万元以上25万元以下的罚款。

第六十一条 违反本条例的规定，船舶污染物接收单位未按照规定向海事管理机构报告船舶污染物接收情况，或者未按照规定向船舶出具污染物接收单证，或者未按照规定将船舶污染物的接收和处理情况报海事管理机构备案的，由海事管理机构处2万元以下的罚款。

第六十二条 违反本条例的规定，有下列情形之一的，由海事管理机构处 2 000 元以上 1 万元以下的罚款：

（一）船舶未按照规定保存污染物接收单证的；

（二）船舶燃油供给单位未如实填写燃油供受单证的；

（三）船舶燃油供给单位未按照规定向船舶提供燃油供受单证和燃油样品的；

（四）船舶和船舶燃油供给单位未按照规定保存燃油供受单证和燃油样品的。

第六十三条 违反本条例的规定，有下列情形之一的，由海事管理机构处 2 万元以上 10 万元以下的罚款：

（一）载运污染危害性货物的船舶不符合污染危害性货物适载要求的；

（二）载运污染危害性货物的船舶未在具有相应安全装卸和污染物处理能力的码头、装卸站进行装卸作业的；

（三）货物所有人或者代理人未按照规定对污染危害性不明的货物进行危害性评估的。

第六十四条 违反本条例的规定，未经海事管理机构批准，船舶载运污染危害性货物进出港口、过境停留或者过驳作业的，由海事管理机构处 1 万元以上 5 万元以下的罚款。

第六十五条 违反本条例的规定，有下列情形之一的，由海事管理机构处 2 万元以上 10 万元以下的罚款：

（一）船舶发生事故沉没，船舶所有人或者经营人未及时向海事管理机构报告船舶燃油、污染危害性货物以及其他污染物的性质、数量、种类、装载位置等情况的；

（二）船舶发生事故沉没，船舶所有人或者经营人未及时采取措施清除船舶燃油、污染危害性货物以及其他污染物的。

第六十六条 违反本条例的规定，有下列情形之一的，由海事管理机构处 1 万元以上 5 万元以下的罚款：

（一）载运散装液体污染危害性货物的船舶和 1 万总吨以上的其他船舶，其经营人未按照规定签订污染清除作业协议的；

（二）污染清除作业单位不符合国家有关技术规范从事污染清除作业的。

第六十七条 违反本条例的规定，发生船舶污染事故，船舶、有关作业单位未立即启动应急预案的，对船舶、有关作业单位，由海事管理机构处 2 万元以上 10 万元以下的罚款；对直接负责的主管人员和其他直接责任人员，由海事管理机构处 1 万元以上 2 万元以下的罚款。直接负责的主管人员和其他直接责任人员属于船员的，并处给予暂扣适任证书或者其他有关证件 1 个月至 3 个月的处罚。

第六十八条 违反本条例的规定，发生船舶污染事故，船舶、有关作业单位迟报、漏报事故的，对船舶、有关作业单位，由海事管理机构处 5 万元以上 25 万元以下的罚款；对直接负责的主管人员和其他直接责任人员，由海事管理机构处 1 万元以上 5 万元以下的罚款。直接负责的主管人员和其他直接责任人员属于船员的，并处给予暂扣适任证书或者其他有关证件3个月至6个月的处罚。瞒报、谎报事故的，对船舶、有关作业单位，由海事管理机构处25万元以上50万元以下的罚款；对直接负责的主管人员和其他直接责任人员，由海事管理机构处5万元以上10万元以下的罚款。直接负责的主管人员和其他直接责任人员属于船员的，并处给予吊销适任证书或者其他有关证件的处罚。

第六十九条 违反本条例的规定，未按照国家规定的标准使用消油剂的，由海事管理机构对船舶或者使用单位处1万元以上5万元以下的罚款。

第七十条 违反本条例的规定，船舶污染事故的当事人和其他有关人员，未如实向组织事故调查处理的机关或者海事管理机构反映情况和提供资料，伪造、隐匿、毁灭证据或者以其他方式妨碍调查取证的，由海事管理机构处1万元以上5万元以下的罚款。

第七十一条 违反本条例的规定，船舶所有人有下列情形之一的，由海事管理机构责令改正，可以处5万元以下的罚款；拒不改正的，处5万元以上25万元以下的罚款：

（一）在中华人民共和国管辖海域内航行的船舶，其所有人未按照规定投保船舶油污损害民事责任保险或者取得相应的财务担保的；

（二）船舶所有人投保船舶油污损害民事责任保险或者取得的财务担保的额度低于《中华人民共和国海商法》、中华人民共和国缔结或者参加的有关国际条约规定的油污赔偿限额的。

第七十二条 违反本条例的规定，在中华人民共和国管辖水域接收海上运输的持久性油类物质货物的货物所有人或者代理人，未按照规定缴纳船舶油污损害赔偿基金的，由海事管理机构责令改正；拒不改正的，可以停止其接收的持久性油类物质货物在中华人民共和国管辖水域进行装卸、过驳作业。

货物所有人或者代理人逾期未缴纳船舶油污损害赔偿基金的，应当自应缴之日起按日加缴未缴额的万分之五的滞纳金。

第九章 附 则

第七十三条 中华人民共和国缔结或者参加的国际条约对防治船舶及其有关作业活动污染海洋环境有规定的，适用国际条约的规定。但是，中华人民共和国声明保留的条款除外。

第七十四条 县级以上人民政府渔业主管部门负责渔港水域内非军事船舶和渔港水域外渔业船舶污染海洋环境的监督管理，负责保护渔业水域生态环境工作，负责调查处理《中华人民共和国海洋环境保护法》第五条第四款规定的渔业污染事故。

第七十五条 军队环境保护部门负责军事船舶污染海洋环境的监督管理及污染事故的调查处理。

第七十六条 本条例自2010年3月1日起施行。1983年12月29日国务院发布的《中华人民共和国防止船舶污染海域管理条例》同时废止。

农药管理条例

（2017年2月8日修订）

（1997年5月8日中华人民共和国国务院令第216号发布　根据2001年11月29日《国务院关于修改〈农药管理条例〉的决定》修订　2017年2月8日国务院第164次常务会议修订通过）

第一章　总　则

第一条　为了加强农药管理，保证农药质量，保障农产品质量安全和人畜安全，保护农业、林业生产和生态环境，制定本条例。

第二条　本条例所称农药，是指用于预防、控制危害农业、林业的病、虫、草、鼠和其他有害生物以及有目的地调节植物、昆虫生长的化学合成或者来源于生物、其他天然物质的一种物质或者几种物质的混合物及其制剂。

前款规定的农药包括用于不同目的、场所的下列各类：

（一）预防、控制危害农业、林业的病、虫（包括昆虫、蜱、螨）、草、鼠、软体动物和其他有害生物；

（二）预防、控制仓储以及加工场所的病、虫、鼠和其他有害生物；

（三）调节植物、昆虫生长；

（四）农业、林业产品防腐或者保鲜；

（五）预防、控制蚊、蝇、蜚蠊、鼠和其他有害生物；

（六）预防、控制危害河流堤坝、铁路、码头、机场、建筑物和其他场所的有害生物。

第三条　国务院农业主管部门负责全国的农药监督管理工作。

县级以上地方人民政府农业主管部门负责本行政区域的农药监督管理工作。

县级以上人民政府其他有关部门在各自职责范围内负责有关的农药监督管理工作。

第四条　县级以上地方人民政府应当加强对农药监督管理工作的组织领导，将农药监督管理经费列入本级政府预算，保障农药监督管理工作的开展。

第五条　农药生产企业、农药经营者应当对其生产、经营的农药的安全性、有效性负责，自觉接受政府监管和社会监督。

农药生产企业、农药经营者应当加强行业自律，规范生产、经营行为。

第六条 国家鼓励和支持研制、生产、使用安全、高效、经济的农药，推进农药专业化使用，促进农药产业升级。

对在农药研制、推广和监督管理等工作中做出突出贡献的单位和个人，按照国家有关规定予以表彰或者奖励。

第二章 农药登记

第七条 国家实行农药登记制度。农药生产企业、向中国出口农药的企业应当依照本条例的规定申请农药登记，新农药研制者可以依照本条例的规定申请农药登记。

国务院农业主管部门所属的负责农药检定工作的机构负责农药登记具体工作。省、自治区、直辖市人民政府农业主管部门所属的负责农药检定工作的机构协助做好本行政区域的农药登记具体工作。

第八条 国务院农业主管部门组织成立农药登记评审委员会，负责农药登记评审。

农药登记评审委员会由下列人员组成：

（一）国务院农业、林业、卫生、环境保护、粮食、工业行业管理、安全生产监督管理等有关部门和供销合作总社等单位推荐的农药产品化学、药效、毒理、残留、环境、质量标准和检测等方面的专家；

（二）国家食品安全风险评估专家委员会的有关专家；

（三）国务院农业、林业、卫生、环境保护、粮食、工业行业管理、安全生产监督管理等有关部门和供销合作总社等单位的代表。

农药登记评审规则由国务院农业主管部门制定。

第九条 申请农药登记的，应当进行登记试验。

农药的登记试验应当报所在地省、自治区、直辖市人民政府农业主管部门备案。

新农药的登记试验应当向国务院农业主管部门提出申请。国务院农业主管部门应当自受理申请之日起 40 个工作日内对试验的安全风险及其防范措施进行审查，符合条件的，准予登记试验；不符合条件的，书面通知申请人并说明理由。

第十条 登记试验应当由国务院农业主管部门认定的登记试验单位按照国务院农业主管部门的规定进行。

与已取得中国农药登记的农药组成成分、使用范围和使用方法相同的农药，免予残留、环境试验，但已取得中国农药登记的农药依照本条例第十五条的规定在登记资料保护期内的，应当经农药登记证持有人授权同意。

登记试验单位应当对登记试验报告的真实性负责。

第十一条 登记试验结束后，申请人应当向所在地省、自治区、直辖市人民政府农业主管部门提出农药登记申请，并提交登记试验报告、标签样张和农药产品质量标准及其检验方法等申请资料；申请新农药登记的，还应当提供农药标准品。

省、自治区、直辖市人民政府农业主管部门应当自受理申请之日起 20 个工作日内提出初审意见，并报送国务院农业主管部门。

向中国出口农药的企业申请农药登记的，应当持本条第一款规定的资料、农药标准品以及在有关国家（地区）登记、使用的证明材料，向国务院农业主管部门提出申请。

第十二条 国务院农业主管部门受理申请或者收到省、自治区、直辖市人民政府农业主管部门报送的申请资料后，应当组织审查和登记评审，并自收到评审意见之日起20个工作日内作出审批决定，符合条件的，核发农药登记证；不符合条件的，书面通知申请人并说明理由。

第十三条 农药登记证应当载明农药名称、剂型、有效成分及其含量、毒性、使用范围、使用方法和剂量、登记证持有人、登记证号以及有效期等事项。

农药登记证有效期为5年。有效期届满，需要继续生产农药或者向中国出口农药的，农药登记证持有人应当在有效期届满90日前向国务院农业主管部门申请延续。

农药登记证载明事项发生变化的，农药登记证持有人应当按照国务院农业主管部门的规定申请变更农药登记证。

国务院农业主管部门应当及时公告农药登记证核发、延续、变更情况以及有关的农药产品质量标准号、残留限量规定、检验方法、经核准的标签等信息。

第十四条 新农药研制者可以转让其已取得登记的新农药的登记资料；农药生产企业可以向具有相应生产能力的农药生产企业转让其已取得登记的农药的登记资料。

第十五条 国家对取得首次登记的、含有新化合物的农药的申请人提交的其自己所取得且未披露的试验数据和其他数据实施保护。

自登记之日起6年内，对其他申请人未经已取得登记的申请人同意，使用前款规定的数据申请农药登记的，登记机关不予登记；但是，其他申请人提交其自己所取得的数据的除外。

除下列情况外，登记机关不得披露本条第一款规定的数据：

（一）公共利益需要；

（二）已采取措施确保该类信息不会被不正当地进行商业使用。

第三章　农药生产

第十六条 农药生产应当符合国家产业政策。国家鼓励和支持农药生产企业采用先进技术和先进管理规范，提高农药的安全性、有效性。

第十七条 国家实行农药生产许可制度。农药生产企业应当具备下列条件，并按照国务院农业主管部门的规定向省、自治区、直辖市人民政府农业主管部门申请农药生产许可证：

（一）有与所申请生产农药相适应的技术人员；

（二）有与所申请生产农药相适应的厂房、设施；

（三）有对所申请生产农药进行质量管理和质量检验的人员、仪器和设备；

（四）有保证所申请生产农药质量的规章制度。

省、自治区、直辖市人民政府农业主管部门应当自受理申请之日起20个工作日内作出审批决定，必要时应当进行实地核查。符合条件的，核发农药生产许可证；不符合条件的，书面通知申请人并说明理由。

安全生产、环境保护等法律、行政法规对企业生产条件有其他规定的，农药生产企业还应当遵守其规定。

第十八条 农药生产许可证应当载明农药生产企业名称、住所、法定代表人（负责人）、生产范围、生产地址以及有效期等事项。

农药生产许可证有效期为5年。有效期届满，需要继续生产农药的，农药生产企业应当在有效期届满90日前向省、自治区、直辖市人民政府农业主管部门申请延续。

农药生产许可证载明事项发生变化的，农药生产企业应当按照国务院农业主管部门的规定申请变更农药生产许可证。

第十九条 委托加工、分装农药的，委托人应当取得相应的农药登记证，受托人应当取得农药生产许可证。

委托人应当对委托加工、分装的农药质量负责。

第二十条 农药生产企业采购原材料，应当查验产品质量检验合格证和有关许可证明文件，不得采购、使用未依法附具产品质量检验合格证、未依法取得有关许可证明文件的原材料。

农药生产企业应当建立原材料进货记录制度，如实记录原材料的名称、有关许可证明文件编号、规格、数量、供货人名称及其联系方式、进货日期等内容。原材料进货记录应当保存2年以上。

第二十一条 农药生产企业应当严格按照产品质量标准进行生产，确保农药产品与登记农药一致。农药出厂销售，应当经质量检验合格并附具产品质量检验合格证。

农药生产企业应当建立农药出厂销售记录制度，如实记录农药的名称、规格、数量、生产日期和批号、产品质量检验信息、购货人名称及其联系方式、销售日期等内容。农药出厂销售记录应当保存2年以上。

第二十二条 农药包装应当符合国家有关规定，并印制或者贴有标签。国家鼓励农药生产企业使用可回收的农药包装材料。

农药标签应当按照国务院农业主管部门的规定，以中文标注农药的名称、剂型、有效成分及其含量、毒性及其标识、使用范围、使用方法和剂量、使用技术要求和注意事项、生产日期、可追溯电子信息码等内容。

剧毒、高毒农药以及使用技术要求严格的其他农药等限制使用农药的标签还应当标注“限制使用”字样，并注明使用的特别限制和特殊要求。用于食用农产品的农药的标签还应当标注安全间隔期。

第二十三条 农药生产企业不得擅自改变经核准的农药的标签内容，不得在农药的标签中标注虚假、误导使用者的内容。

农药包装过小，标签不能标注全部内容的，应当同时附具说明书，说明书的内容应当与经核准的标签内容一致。

第四章　农药经营

第二十四条　国家实行农药经营许可制度，但经营卫生用农药的除外。农药经营者应当具备下列条件，并按照国务院农业主管部门的规定向县级以上地方人民政府农业主管部门申请农药经营许可证：

（一）有具备农药和病虫害防治专业知识，熟悉农药管理规定，能够指导安全合理使用农药的经营人员；

（二）有与其他商品以及饮用水水源、生活区域等有效隔离的营业场所和仓储场所，并配备与所申请经营农药相适应的防护设施；

（三）有与所申请经营农药相适应的质量管理、台账记录、安全防护、应急处置、仓储管理等制度。

经营限制使用农药的，还应当配备相应的用药指导和病虫害防治专业技术人员，并按照所在地省、自治区、直辖市人民政府农业主管部门的规定实行定点经营。

县级以上地方人民政府农业主管部门应当自受理申请之日起 20 个工作日内作出审批决定。符合条件的，核发农药经营许可证；不符合条件的，书面通知申请人并说明理由。

第二十五条　农药经营许可证应当载明农药经营者名称、住所、负责人、经营范围以及有效期等事项。

农药经营许可证有效期为 5 年。有效期届满，需要继续经营农药的，农药经营者应当在有效期届满 90 日前向发证机关申请延续。

农药经营许可证载明事项发生变化的，农药经营者应当按照国务院农业主管部门的规定申请变更农药经营许可证。

取得农药经营许可证的农药经营者设立分支机构的，应当依法申请变更农药经营许可证，并向分支机构所在地县级以上地方人民政府农业主管部门备案，其分支机构免予办理农药经营许可证。农药经营者应当对其分支机构的经营活动负责。

第二十六条　农药经营者采购农药应当查验产品包装、标签、产品质量检验合格证以及有关许可证明文件，不得向未取得农药生产许可证的农药生产企业或者未取得农药经营许可证的其他农药经营者采购农药。

农药经营者应当建立采购台账，如实记录农药的名称、有关许可证明文件编号、规格、数量、生产企业和供货人名称及其联系方式、进货日期等内容。采购台账应当保存 2 年以上。

第二十七条　农药经营者应当建立销售台账，如实记录销售农药的名称、规格、数量、生产企业、购买人、销售日期等内容。销售台账应当保存 2 年以上。

农药经营者应当向购买人询问病虫害发生情况并科学推荐农药，必要时应当实地查看病虫害发生情况，并正确说明农药的使用范围、使用方法和剂量、使用技术要求和注意事项，不得误导购买人。

经营卫生用农药的，不适用本条第一款、第二款的规定。

第二十八条 农药经营者不得加工、分装农药，不得在农药中添加任何物质，不得采购、销售包装和标签不符合规定，未附具产品质量检验合格证，未取得有关许可证明文件的农药。

经营卫生用农药的，应当将卫生用农药与其他商品分柜销售；经营其他农药的，不得在农药经营场所内经营食品、食用农产品、饲料等。

第二十九条 境外企业不得直接在中国销售农药。境外企业在中国销售农药的，应当依法在中国设立销售机构或者委托符合条件的中国代理机构销售。

向中国出口的农药应当附具中文标签、说明书，符合产品质量标准，并经出入境检验检疫部门依法检验合格。禁止进口未取得农药登记证的农药。

办理农药进出口海关申报手续，应当按照海关总署的规定出示相关证明文件。

第五章 农药使用

第三十条 县级以上人民政府农业主管部门应当加强农药使用指导、服务工作，建立健全农药安全、合理使用制度，并按照预防为主、综合防治的要求，组织推广农药科学使用技术，规范农药使用行为。林业、粮食、卫生等部门应当加强对林业、储粮、卫生用农药安全、合理使用的技术指导，环境保护主管部门应当加强对农药使用过程中环境保护和污染防治的技术指导。

第三十一条 县级人民政府农业主管部门应当组织植物保护、农业技术推广等机构向农药使用者提供免费技术培训，提高农药安全、合理使用水平。

国家鼓励农业科研单位、有关学校、农民专业合作社、供销合作社、农业社会化服务组织和专业人员为农药使用者提供技术服务。

第三十二条 国家通过推广生物防治、物理防治、先进施药器械等措施，逐步减少农药使用量。

县级人民政府应当制定并组织实施本行政区域的农药减量计划；对实施农药减量计划、自愿减少农药使用量的农药使用者，给予鼓励和扶持。

县级人民政府农业主管部门应当鼓励和扶持设立专业化病虫害防治服务组织，并对专业化病虫害防治和限制使用农药的配药、用药进行指导、规范和管理，提高病虫害防治水平。

县级人民政府农业主管部门应当指导农药使用者有计划地轮换使用农药，减缓危害农业、林业的病、虫、草、鼠和其他有害生物的抗药性。

乡、镇人民政府应当协助开展农药使用指导、服务工作。

第三十三条 农药使用者应当遵守国家有关农药安全、合理使用制度，妥善保管农药，并在配药、用药过程中采取必要的防护措施，避免发生农药使用事故。

限制使用农药的经营者应当为农药使用者提供用药指导，并逐步提供统一用药服务。

第三十四条 农药使用者应当严格按照农药的标签标注的使用范围、使用方法和剂量、使用技术要求和注意事项使用农药，不得扩大使用范围、加大用药剂量或者改变使用方法。

农药使用者不得使用禁用的农药。

标签标注安全间隔期的农药，在农产品收获前应当按照安全间隔期的要求停止使用。

剧毒、高毒农药不得用于防治卫生害虫，不得用于蔬菜、瓜果、茶叶、菌类、中草药材的生产，不得用于水生植物的病虫害防治。

第三十五条 农药使用者应当保护环境，保护有益生物和珍稀物种，不得在饮用水水源保护区、河道内丢弃农药、农药包装物或者清洗施药器械。

严禁在饮用水水源保护区内使用农药，严禁使用农药毒鱼、虾、鸟、兽等。

第三十六条 农产品生产企业、食品和食用农产品仓储企业、专业化病虫害防治服务组织和从事农产品生产的农民专业合作社等应当建立农药使用记录，如实记录使用农药的时间、地点、对象以及农药名称、用量、生产企业等。农药使用记录应当保存 2 年以上。

国家鼓励其他农药使用者建立农药使用记录。

第三十七条 国家鼓励农药使用者妥善收集农药包装物等废弃物；农药生产企业、农药经营者应当回收农药废弃物，防止农药污染环境和农药中毒事故的发生。具体办法由国务院环境保护主管部门会同国务院农业主管部门、国务院财政部门等部门制定。

第三十八条 发生农药使用事故，农药使用者、农药生产企业、农药经营者和其他有关人员应当及时报告当地农业主管部门。

接到报告的农业主管部门应当立即采取措施，防止事故扩大，同时通知有关部门采取相应措施。造成农药中毒事故的，由农业主管部门和公安机关依照职责权限组织调查处理，卫生主管部门应当按照国家有关规定立即对受到伤害的人员组织医疗救治；造成环境污染事故的，由环境保护等有关部门依法组织调查处理；造成储粮药剂使用事故和农作物药害事故的，分别由粮食、农业等部门组织技术鉴定和调查处理。

第三十九条 因防治突发重大病虫害等紧急需要，国务院农业主管部门可以决定临时生产、使用规定数量的未取得登记或者禁用、限制使用的农药，必要时应当会同国务院对外贸易主管部门决定临时限制出口或者临时进口规定数量、品种的农药。

前款规定的农药，应当在使用地县级人民政府农业主管部门的监督和指导下使用。

第六章　监督管理

第四十条 县级以上人民政府农业主管部门应当定期调查统计农药生产、销售、使用情况，并及时通报本级人民政府有关部门。

县级以上地方人民政府农业主管部门应当建立农药生产、经营诚信档案并予以公布；发现违法生产、经营农药的行为涉嫌犯罪的，应当依法移送公安机关查处。

第四十一条 县级以上人民政府农业主管部门履行农药监督管理职责，可以依法采取下列措施：

（一）进入农药生产、经营、使用场所实施现场检查；

（二）对生产、经营、使用的农药实施抽查检测；

（三）向有关人员调查了解有关情况；

（四）查阅、复制合同、票据、账簿以及其他有关资料；

（五）查封、扣押违法生产、经营、使用的农药，以及用于违法生产、经营、使用农药的工具、设备、原材料等；

（六）查封违法生产、经营、使用农药的场所。

第四十二条 国家建立农药召回制度。农药生产企业发现其生产的农药对农业、林业、人畜安全、农产品质量安全、生态环境等有严重危害或者较大风险的，应当立即停止生产，通知有关经营者和使用者，向所在地农业主管部门报告，主动召回产品，并记录通知和召回情况。

农药经营者发现其经营的农药有前款规定的情形的，应当立即停止销售，通知有关生产企业、供货人和购买人，向所在地农业主管部门报告，并记录停止销售和通知情况。

农药使用者发现其使用的农药有本条第一款规定的情形的，应当立即停止使用，通知经营者，并向所在地农业主管部门报告。

第四十三条 国务院农业主管部门和省、自治区、直辖市人民政府农业主管部门应当组织负责农药检定工作的机构、植物保护机构对已登记农药的安全性和有效性进行监测。

发现已登记农药对农业、林业、人畜安全、农产品质量安全、生态环境等有严重危害或者较大风险的，国务院农业主管部门应当组织农药登记评审委员会进行评审，根据评审结果撤销、变更相应的农药登记证，必要时应当决定禁用或者限制使用并予以公告。

第四十四条 有下列情形之一的，认定为假农药：

（一）以非农药冒充农药；

（二）以此种农药冒充他种农药；

（三）农药所含有效成分种类与农药的标签、说明书标注的有效成分不符。

禁用的农药，未依法取得农药登记证而生产、进口的农药，以及未附具标签的农药，按照假农药处理。

第四十五条 有下列情形之一的，认定为劣质农药：

（一）不符合农药产品质量标准；

（二）混有导致药害等有害成分。

超过农药质量保证期的农药，按照劣质农药处理。

第四十六条 假农药、劣质农药和回收的农药废弃物等应当交由具有危险废物经营资质的单位集中处置，处置费用由相应的农药生产企业、农药经营者承担；农药生产企业、农药经营者不明确的，处置费用由所在地县级人民政府财政列支。

第四十七条 禁止伪造、变造、转让、出租、出借农药登记证、农药生产许可证、农药经营许可证等许可证明文件。

第四十八条 县级以上人民政府农业主管部门及其工作人员和负责农药检定工作的机构及其工作人员，不得参与农药生产、经营活动。

第七章 法律责任

第四十九条 县级以上人民政府农业主管部门及其工作人员有下列行为之一的，由本级人民政府责令改正；对负有责任的领导人员和直接责任人员，依法给予处分；负有责任的领导人员和直接责任人员构成犯罪的，依法追究刑事责任：

（一）不履行监督管理职责，所辖行政区域的违法农药生产、经营活动造成重大损失或者恶劣社会影响；

（二）对不符合条件的申请人准予许可或者对符合条件的申请人拒不准予许可；

（三）参与农药生产、经营活动；

（四）有其他徇私舞弊、滥用职权、玩忽职守行为。

第五十条 农药登记评审委员会组成人员在农药登记评审中谋取不正当利益的，由国务院农业主管部门从农药登记评审委员会除名；属于国家工作人员的，依法给予处分；构成犯罪的，依法追究刑事责任。

第五十一条 登记试验单位出具虚假登记试验报告的，由省、自治区、直辖市人民政府农业主管部门没收违法所得，并处 5 万元以上 10 万元以下罚款；由国务院农业主管部门从登记试验单位中除名，5 年内不再受理其登记试验单位认定申请；构成犯罪的，依法追究刑事责任。

第五十二条 未取得农药生产许可证生产农药或者生产假农药的，由县级以上地方人民政府农业主管部门责令停止生产，没收违法所得、违法生产的产品和用于违法生产的工具、设备、原材料等，违法生产的产品货值金额不足 1 万元的，并处 5 万元以上 10 万元以下罚款，货值金额 1 万元以上的，并处货值金额 10 倍以上 20 倍以下罚款，由发证机关吊销农药生产许可证和相应的农药登记证；构成犯罪的，依法追究刑事责任。

取得农药生产许可证的农药生产企业不再符合规定条件继续生产农药的，由县级以上地方人民政府农业主管部门责令限期整改；逾期拒不整改或者整改后仍不符合规定条件的，由发证机关吊销农药生产许可证。

农药生产企业生产劣质农药的，由县级以上地方人民政府农业主管部门责令停止生产，没收违法所得、违法生产的产品和用于违法生产的工具、设备、原材料等，违法生产的产品货值金额不足 1 万元的，并处 1 万元以上 5 万元以下罚款，货值金额 1 万元以上的，并处货值金额 5 倍以上 10 倍以下罚款；情节严重的，由发证机关吊销农药生产许可证和相应的农药登记证；构成犯罪的，依法追究刑事责任。

委托未取得农药生产许可证的受托人加工、分装农药，或者委托加工、分装假农药、劣质农药的，对委托人和受托人均依照本条第一款、第三款的规定处罚。

第五十三条 农药生产企业有下列行为之一的，由县级以上地方人民政府农业主管部门责令改正，没收违法所得、违法生产的产品和用于违法生产的原材料等，违法生产的产品货值金额不足 1 万元的，并处 1 万元以上 2 万元以下罚款，货值金额 1 万元以上的，并处货值金额 2 倍以上 5 倍以下罚款；拒不改正或者情节严重的，由发证机关吊销农药生产许可证和相应的农药登记证：

（一）采购、使用未依法附具产品质量检验合格证、未依法取得有关许可证明文件的原材料；

（二）出厂销售未经质量检验合格并附具产品质量检验合格证的农药；

（三）生产的农药包装、标签、说明书不符合规定；

（四）不召回依法应当召回的农药。

第五十四条 农药生产企业不执行原材料进货、农药出厂销售记录制度，或者不履行农药废弃物回收义务的，由县级以上地方人民政府农业主管部门责令改正，处 1 万元以上 5 万元以下罚款；拒不改正或者情节严重的，由发证机关吊销农药生产许可证和相应的农药登记证。

第五十五条 农药经营者有下列行为之一的，由县级以上地方人民政府农业主管部门责令停止经营，没收违法所得、违法经营的农药和用于违法经营的工具、设备等，违法经营的农药货值金额不足 1 万元的，并处 5 000 元以上 5 万元以下罚款，货值金额 1 万元以上的，并处货值金额 5 倍以上 10 倍以下罚款；构成犯罪的，依法追究刑事责任：

（一）违反本条例规定，未取得农药经营许可证经营农药；

（二）经营假农药；

（三）在农药中添加物质。

有前款第二项、第三项规定的行为，情节严重的，还应当由发证机关吊销农药经营许可证。

取得农药经营许可证的农药经营者不再符合规定条件继续经营农药的，由县级以上地方人民政府农业主管部门责令限期整改；逾期拒不整改或者整改后仍不符合规定条件的，由发证机关吊销农药经营许可证。

第五十六条 农药经营者经营劣质农药的，由县级以上地方人民政府农业主管部门责令停止经营，没收违法所得、违法经营的农药和用于违法经营的工具、设备等，违法经营的农药货值金额不足 1 万元的，并处 2 000 元以上 2 万元以下罚款，货值金额 1 万元以上的，并处货值金额 2 倍以上 5 倍以下罚款；情节严重的，由发证机关吊销农药经营许可证；构成犯罪的，依法追究刑事责任。

第五十七条 农药经营者有下列行为之一的，由县级以上地方人民政府农业主管部门责令改正，没收违法所得和违法经营的农药，并处 5 000 元以上 5 万元以下罚款；拒不改正或者情节严重的，由发证机关吊销农药经营许可证：

（一）设立分支机构未依法变更农药经营许可证，或者未向分支机构所在地县级以上地方人民政府农业主管部门备案；

（二）向未取得农药生产许可证的农药生产企业或者未取得农药经营许可证的其他农药经营者采购农药；

（三）采购、销售未附具产品质量检验合格证或者包装、标签不符合规定的农药；

（四）不停止销售依法应当召回的农药。

第五十八条 农药经营者有下列行为之一的，由县级以上地方人民政府农业主管部门责令改正；拒不改正或者情节严重的，处 2 000 元以上 2 万元以下罚款，并由发证机关吊销农药经营许可证：

（一）不执行农药采购台账、销售台账制度；

（二）在卫生用农药以外的农药经营场所内经营食品、食用农产品、饲料等；

（三）未将卫生用农药与其他商品分柜销售；

（四）不履行农药废弃物回收义务。

第五十九条 境外企业直接在中国销售农药的，由县级以上地方人民政府农业主管部门责令停止销售，没收违法所得、违法经营的农药和用于违法经营的工具、设备等，违法经营的农药货值金额不足 5 万元的，并处 5 万元以上 50 万元以下罚款，货值金额 5 万元以上的，并处货值金额 10 倍以上 20 倍以下罚款，由发证机关吊销农药登记证。

取得农药登记证的境外企业向中国出口劣质农药情节严重或者出口假农药的，由国务院农业主管部门吊销相应的农药登记证。

第六十条 农药使用者有下列行为之一的，由县级人民政府农业主管部门责令改正，农药使用者为农产品生产企业、食品和食用农产品仓储企业、专业化病虫害防治服务组织和从事农产品生产的农民专业合作社等单位的，处 5 万元以上 10 万元以下罚款，农药使用者为个人的，处 1 万元以下罚款；构成犯罪的，依法追究刑事责任：

（一）不按照农药的标签标注的使用范围、使用方法和剂量、使用技术要求和注意事项、安全间隔期使用农药；

（二）使用禁用的农药；

（三）将剧毒、高毒农药用于防治卫生害虫，用于蔬菜、瓜果、茶叶、菌类、中草药材生产或者用于水生植物的病虫害防治；

（四）在饮用水水源保护区内使用农药；

（五）使用农药毒鱼、虾、鸟、兽等；

（六）在饮用水水源保护区、河道内丢弃农药、农药包装物或者清洗施药器械。

有前款第二项规定的行为的，县级人民政府农业主管部门还应当没收禁用的农药。

第六十一条 农产品生产企业、食品和食用农产品仓储企业、专业化病虫害防治服务组织和从事农产品生产的农民专业合作社等不执行农药使用记录制度的，由县级人民政府农业主管部门责令改正；拒不改正或者情节严重的，处 2 000 元以上 2 万元以下罚款。

第六十二条 伪造、变造、转让、出租、出借农药登记证、农药生产许可证、农药经营许可证等许可证明文件的，由发证机关收缴或者予以吊销，没收违法所得，并处 1

万元以上5万元以下罚款；构成犯罪的，依法追究刑事责任。

第六十三条 未取得农药生产许可证生产农药，未取得农药经营许可证经营农药，或者被吊销农药登记证、农药生产许可证、农药经营许可证的，其直接负责的主管人员10年内不得从事农药生产、经营活动。

农药生产企业、农药经营者招用前款规定的人员从事农药生产、经营活动的，由发证机关吊销农药生产许可证、农药经营许可证。

被吊销农药登记证的，国务院农业主管部门5年内不再受理其农药登记申请。

第六十四条 生产、经营的农药造成农药使用者人身、财产损害的，农药使用者可以向农药生产企业要求赔偿，也可以向农药经营者要求赔偿。属于农药生产企业责任的，农药经营者赔偿后有权向农药生产企业追偿；属于农药经营者责任的，农药生产企业赔偿后有权向农药经营者追偿。

第八章　附　则

第六十五条 申请农药登记的，申请人应当按照自愿有偿的原则，与登记试验单位协商确定登记试验费用。

第六十六条 本条例自2017年6月1日起施行。

畜禽规模养殖污染防治条例

（自 2014 年 1 月 1 日起施行）

（由国务院于 2013 年 11 月 11 日发布　自 2014 年 1 月 1 日起施行）

第一章　总　则

第一条　为了防治畜禽养殖污染，推进畜禽养殖废弃物的综合利用和无害化处理，保护和改善环境，保障公众身体健康，促进畜牧业持续健康发展，制定本条例。

第二条　本条例适用于畜禽养殖场、养殖小区的养殖污染防治。

畜禽养殖场、养殖小区的规模标准根据畜牧业发展状况和畜禽养殖污染防治要求确定。

牧区放牧养殖污染防治，不适用本条例。

第三条　畜禽养殖污染防治，应当统筹考虑保护环境与促进畜牧业发展的需要，坚持预防为主、防治结合的原则，实行统筹规划、合理布局、综合利用、激励引导。

第四条　各级人民政府应当加强对畜禽养殖污染防治工作的组织领导，采取有效措施，加大资金投入，扶持畜禽养殖污染防治以及畜禽养殖废弃物综合利用。

第五条　县级以上人民政府环境保护主管部门负责畜禽养殖污染防治的统一监督管理。

县级以上人民政府农牧主管部门负责畜禽养殖废弃物综合利用的指导和服务。

县级以上人民政府循环经济发展综合管理部门负责畜禽养殖循环经济工作的组织协调。

县级以上人民政府其他有关部门依照本条例规定和各自职责，负责畜禽养殖污染防治相关工作。

乡镇人民政府应当协助有关部门做好本行政区域的畜禽养殖污染防治工作。

第六条　从事畜禽养殖以及畜禽养殖废弃物综合利用和无害化处理活动，应当符合国家有关畜禽养殖污染防治的要求，并依法接受有关主管部门的监督检查。

第七条　国家鼓励和支持畜禽养殖污染防治以及畜禽养殖废弃物综合利用和无害化处理的科学技术研究和装备研发。各级人民政府应当支持先进适用技术的推广，促进畜禽养殖污染防治水平的提高。

第八条　任何单位和个人对违反本条例规定的行为，有权向县级以上人民政府环境保护等有关部门举报。接到举报的部门应当及时调查处理。

对在畜禽养殖污染防治中做出突出贡献的单位和个人，按照国家有关规定给予表彰和奖励。

第二章　预　防

第九条　县级以上人民政府农牧主管部门编制畜牧业发展规划，报本级人民政府或者其授权的部门批准实施。畜牧业发展规划应当统筹考虑环境承载能力以及畜禽养殖污染防治要求，合理布局，科学确定畜禽养殖的品种、规模、总量。

第十条　县级以上人民政府环境保护主管部门会同农牧主管部门编制畜禽养殖污染防治规划，报本级人民政府或者其授权的部门批准实施。畜禽养殖污染防治规划应当与畜牧业发展规划相衔接，统筹考虑畜禽养殖生产布局，明确畜禽养殖污染防治目标、任务、重点区域，明确污染治理重点设施建设，以及废弃物综合利用等污染防治措施。

第十一条　禁止在下列区域内建设畜禽养殖场、养殖小区：

（一）饮用水水源保护区，风景名胜区；

（二）自然保护区的核心区和缓冲区；

（三）城镇居民区、文化教育科学研究区等人口集中区域；

（四）法律、法规规定的其他禁止养殖区域。

第十二条　新建、改建、扩建畜禽养殖场、养殖小区，应当符合畜牧业发展规划、畜禽养殖污染防治规划，满足动物防疫条件，并进行环境影响评价。对环境可能造成重大影响的大型畜禽养殖场、养殖小区，应当编制环境影响报告书；其他畜禽养殖场、养殖小区应当填报环境影响登记表。大型畜禽养殖场、养殖小区的管理目录，由国务院环境保护主管部门商国务院农牧主管部门确定。

环境影响评价的重点应当包括：畜禽养殖产生的废弃物种类和数量，废弃物综合利用和无害化处理方案和措施，废弃物的消纳和处理情况以及向环境直接排放的情况，最终可能对水体、土壤等环境和人体健康产生的影响以及控制和减少影响的方案和措施等。

第十三条　畜禽养殖场、养殖小区应当根据养殖规模和污染防治需要，建设相应的畜禽粪便、污水与雨水分流设施，畜禽粪便、污水的贮存设施，粪污厌氧消化和堆沤、有机肥加工、制取沼气、沼渣沼液分离和输送、污水处理、畜禽尸体处理等综合利用和无害化处理设施。已经委托他人对畜禽养殖废弃物代为综合利用和无害化处理的，可以不自行建设综合利用和无害化处理设施。

未建设污染防治配套设施、自行建设的配套设施不合格，或者未委托他人对畜禽养殖废弃物进行综合利用和无害化处理的，畜禽养殖场、养殖小区不得投入生产或者使用。

畜禽养殖场、养殖小区自行建设污染防治配套设施的，应当确保其正常运行。

第十四条　从事畜禽养殖活动，应当采取科学的饲养方式和废弃物处理工艺等有效措施，减少畜禽养殖废弃物的产生量和向环境的排放量。

第三章　综合利用与治理

第十五条　国家鼓励和支持采取粪肥还田、制取沼气、制造有机肥等方法，对畜禽养殖废弃物进行综合利用。

第十六条　国家鼓励和支持采取种植和养殖相结合的方式消纳利用畜禽养殖废弃物，促进畜禽粪便、污水等废弃物就地就近利用。

第十七条　国家鼓励和支持沼气制取、有机肥生产等废弃物综合利用以及沼渣沼液输送和施用、沼气发电等相关配套设施建设。

第十八条　将畜禽粪便、污水、沼渣、沼液等用作肥料的，应当与土地的消纳能力相适应，并采取有效措施，消除可能引起传染病的微生物，防止污染环境和传播疫病。

第十九条　从事畜禽养殖活动和畜禽养殖废弃物处理活动，应当及时对畜禽粪便、畜禽尸体、污水等进行收集、贮存、清运，防止恶臭和畜禽养殖废弃物渗出、泄漏。

第二十条　向环境排放经过处理的畜禽养殖废弃物，应当符合国家和地方规定的污染物排放标准和总量控制指标。畜禽养殖废弃物未经处理，不得直接向环境排放。

第二十一条　染疫畜禽以及染疫畜禽排泄物、染疫畜禽产品、病死或者死因不明的畜禽尸体等病害畜禽养殖废弃物，应当按照有关法律、法规和国务院农牧主管部门的规定，进行深埋、化制、焚烧等无害化处理，不得随意处置。

第二十二条　畜禽养殖场、养殖小区应当定期将畜禽养殖品种、规模以及畜禽养殖废弃物的产生、排放和综合利用等情况，报县级人民政府环境保护主管部门备案。环境保护主管部门应当定期将备案情况抄送同级农牧主管部门。

第二十三条　县级以上人民政府环境保护主管部门应当依据职责对畜禽养殖污染防治情况进行监督检查，并加强对畜禽养殖环境污染的监测。

乡镇人民政府、基层群众自治组织发现畜禽养殖环境污染行为的，应当及时制止和报告。

第二十四条　对污染严重的畜禽养殖密集区域，市、县人民政府应当制定综合整治方案，采取组织建设畜禽养殖废弃物综合利用和无害化处理设施、有计划搬迁或者关闭畜禽养殖场所等措施，对畜禽养殖污染进行治理。

第二十五条　因畜牧业发展规划、土地利用总体规划、城乡规划调整以及划定禁止养殖区域，或者因对污染严重的畜禽养殖密集区域进行综合整治，确需关闭或者搬迁现有畜禽养殖场所，致使畜禽养殖者遭受经济损失的，由县级以上地方人民政府依法予以补偿。

第四章　激励措施

第二十六条　县级以上人民政府应当采取示范奖励等措施，扶持规模化、标准化畜禽养殖，支持畜禽养殖场、养殖小区进行标准化改造和污染防治设施建设与改造，鼓励分散饲养向集约饲养方式转变。

第二十七条 县级以上地方人民政府在组织编制土地利用总体规划过程中，应当统筹安排，将规模化畜禽养殖用地纳入规划，落实养殖用地。

国家鼓励利用废弃地和荒山、荒沟、荒丘、荒滩等未利用地开展规模化、标准化畜禽养殖。

畜禽养殖用地按农用地管理，并按照国家有关规定确定生产设施用地和必要的污染防治等附属设施用地。

第二十八条 建设和改造畜禽养殖污染防治设施，可以按照国家规定申请包括污染治理贷款贴息补助在内的环境保护等相关资金支持。

第二十九条 进行畜禽养殖污染防治，从事利用畜禽养殖废弃物进行有机肥产品生产经营等畜禽养殖废弃物综合利用活动的，享受国家规定的相关税收优惠政策。

第三十条 利用畜禽养殖废弃物生产有机肥产品的，享受国家关于化肥运力安排等支持政策；购买使用有机肥产品的，享受不低于国家关于化肥的使用补贴等优惠政策。

畜禽养殖场、养殖小区的畜禽养殖污染防治设施运行用电执行农业用电价格。

第三十一条 国家鼓励和支持利用畜禽养殖废弃物进行沼气发电，自发自用、多余电量接入电网。电网企业应当依照法律和国家有关规定为沼气发电提供无歧视的电网接入服务，并全额收购其电网覆盖范围内符合并网技术标准的多余电量。

利用畜禽养殖废弃物进行沼气发电的，依法享受国家规定的上网电价优惠政策。利用畜禽养殖废弃物制取沼气或进而制取天然气的，依法享受新能源优惠政策。

第三十二条 地方各级人民政府可以根据本地区实际，对畜禽养殖场、养殖小区支出的建设项目环境影响咨询费用给予补助。

第三十三条 国家鼓励和支持对染疫畜禽、病死或者死因不明畜禽尸体进行集中无害化处理，并按照国家有关规定对处理费用、养殖损失给予适当补助。

第三十四条 畜禽养殖场、养殖小区排放污染物符合国家和地方规定的污染物排放标准和总量控制指标，自愿与环境保护主管部门签订进一步削减污染物排放量协议的，由县级人民政府按照国家有关规定给予奖励，并优先列入县级以上人民政府安排的环境保护和畜禽养殖发展相关财政资金扶持范围。

第三十五条 畜禽养殖户自愿建设综合利用和无害化处理设施、采取措施减少污染物排放的，可以依照本条例规定享受相关激励和扶持政策。

第五章　法律责任

第三十六条 各级人民政府环境保护主管部门、农牧主管部门以及其他有关部门未依照本条例规定履行职责的，对直接负责的主管人员和其他直接责任人员依法给予处分；直接负责的主管人员和其他直接责任人员构成犯罪的，依法追究刑事责任。

第三十七条 违反本条例规定，在禁止养殖区域内建设畜禽养殖场、养殖小区的，由县级以上地方人民政府环境保护主管部门责令停止违法行为；拒不停止违法行为的，处 3 万元以上 10 万元以下的罚款，并报县级以上人民政府责令拆除或者关闭。在饮用水水源保护区建设畜禽养殖场、养殖小区的，由县级以上地方人民政府环境保护主管部门责令停止违法行为，处 10 万元以上 50 万元以下的罚款，并报经有批准权的人民政府批准，责令拆除或者关闭。

第三十八条 违反本条例规定，畜禽养殖场、养殖小区依法应当进行环境影响评价而未进行的，由有权审批该项目环境影响评价文件的环境保护主管部门责令停止建设，限期补办手续；逾期不补办手续的，处 5 万元以上 20 万元以下的罚款。

第三十九条 违反本条例规定，未建设污染防治配套设施或者自行建设的配套设施不合格，也未委托他人对畜禽养殖废弃物进行综合利用和无害化处理，畜禽养殖场、养殖小区即投入生产、使用，或者建设的污染防治配套设施未正常运行的，由县级以上人民政府环境保护主管部门责令停止生产或者使用，可以处 10 万元以下的罚款。

第四十条 违反本条例规定，有下列行为之一的，由县级以上地方人民政府环境保护主管部门责令停止违法行为，限期采取治理措施消除污染，依照《中华人民共和国水污染防治法》《中华人民共和国固体废物污染环境防治法》的有关规定予以处罚：

（一）将畜禽养殖废弃物用作肥料，超出土地消纳能力，造成环境污染的；

（二）从事畜禽养殖活动或者畜禽养殖废弃物处理活动，未采取有效措施，导致畜禽养殖废弃物渗出、泄漏的。

第四十一条 排放畜禽养殖废弃物不符合国家或者地方规定的污染物排放标准或者总量控制指标，或者未经无害化处理直接向环境排放畜禽养殖废弃物的，由县级以上地方人民政府环境保护主管部门责令限期治理，可以处 5 万元以下的罚款。县级以上地方人民政府环境保护主管部门作出限期治理决定后，应当会同同级人民政府农牧等有关部门对整改措施的落实情况及时进行核查，并向社会公布核查结果。

第四十二条 未按照规定对染疫畜禽和病害畜禽养殖废弃物进行无害化处理的，由动物卫生监督机构责令无害化处理，所需处理费用由违法行为人承担，可以处 3 000 元以下的罚款。

第六章 附 则

第四十三条 畜禽养殖场、养殖小区的具体规模标准由省级人民政府确定，并报国务院环境保护主管部门和国务院农牧主管部门备案。

第四十四条 本条例自 2014 年 1 月 1 日起施行。

中华人民共和国防治陆源污染物污染损害海洋环境管理条例

（自1990年8月1日起施行）

（1990年5月25日国务院第六十一次常委会议通过 1990年6月22日国务院令第61号公布 自1990年8月1日起施行）

第一条 为加强对陆地污染源的监督管理，防治陆源污染物污染损害海洋环境，根据《中华人民共和国海洋环境保护法》，制定本条例。

第二条 本条例所称陆法污染源（简称陆源），是指从陆地向海域排放污染物，造成或者可能造成海洋环境污染损害的场所、设施等。

本条例所称陆源污染物是指由前款陆源排放的污染物。

第三条 本条例适用于在中华人民共和国境内向海域排放陆源污染物的一切单位和个人。

防止拆船污染损害海洋环境，依照《防止拆船污染环境管理条例》执行。

第四条 国务院环境保护行政主管部门，主管全国防治陆源污染物污染损害海洋环境工作。

沿海县级以上地方人民政府环境保护行政主管部门，主管本行政区域内防治陆源污染物污染损害海洋环境工作。

第五条 任何单位和个人向海域排放陆源污染物，必须执行国家和地方发布的污染物排放标准和有关规定。

第六条 任何单位和个人向海域排放陆源污染物，必须向其所在地环境保护行政主管部门申报登记拥有的污染物排放设施、处理设施和在正常作业条件下排放污染物的种类、数量和浓度，提供防治陆源污染物污染损害海洋环境的资料，并将上述事项和资料抄送海洋行政主管部门。

排放污染物的种类、数量和浓度有重大改变或者拆除、闲置污染物处理设施的，应当征得所在地环境保护行政主管部门同意并经原审批部门批准。

第七条 任何单位和个人向海域排放陆源污染物，超过国家和地方污染物排放标准的，必须缴纳超标准排污费，并负责治理。

第八条 任何单位和个人，不得在海洋特别保护区、海上自然保护区、海滨风景游览区、盐场保护区、海水浴场、重要渔业水域和其他需要特殊保护的区域内兴建排污口。

对在前款区域内已建的排污口，排放污染物超过国家和地方排放标准的，限期治理。

第九条 对向海域排放陆源污染物造成海洋环境严重污染损害的企业事业单位，限期治理。

第十条 国务院各部门或者省、自治区、直辖市人民政府直接管辖的企业事业单位的限期治理，由省、自治区、直辖市人民政府的环境保护行政主管部门提出意见，报同级人民政府决定。市、县或者市、县以下人民政府管辖的企业事业单位的限期治理，由市、县人民政府环境保护行政主管部门提出意见，报同级人民政府决定。被限期治理的企业事业单位必须如期完成治理任务。

第十一条 禁止在岸滩擅自堆放、弃置和处理固体废弃物。确需临时堆放、处理固体废弃物的，必须按照沿海省、自治区、直辖市人民政府环境保护行政主管部门规定的审批程序，提出书面申请。其主要内容包括：

（一）申请单位的名称、地址；

（二）堆放、处理的地点和占地面积；

（三）固体废弃物的种类、成分，年堆放量、处理量，积存堆放、处理的总量和堆放高度；

（四）固体废弃物堆放、处理的期限，最终处置方式；

（五）堆放、处理固体废弃物可能对海洋环境造成的污染损害；

（六）防止堆放、处理固体废弃物污染损害海洋环境的技术和措施；

（七）审批机关认为需要说明的其他事项。

现有的固体废弃物临时堆放、处理场地，未经县级以上地方人民政府环境保护行政主管部门批准的，由县级以上地方人民政府环境保护行政主管部门责令限期补办审批手续。

第十二条 被批准设置废弃物堆放场、处理场的单位和个人，必须建造防护堤和防渗漏、防扬尘等设施，经批准设置废弃物堆放场、处理场的环境保护行政主管部门验收合格后方可使用。

在批准使用的废弃物堆放场、处理场内，不得擅自堆放、弃置未经批准的其他种类的废弃物。不得露天堆放含剧毒、放射性、易溶解和易挥发性物质的废弃物；非露天堆放上述废弃物，不得作为最终处置方式。

第十三条 禁止在岸滩采用不正当的稀释、渗透方式排放有毒、有害废水。

第十四条 禁止向海域排放含高、中放射性物质的废水。

向海域排放含低放射性物质的废水，必须执行国家有关放射防护的规定和标准。

第十五条 禁止向海域排放油类、酸液、碱液和毒液。

向海域排放含油废水、含有害重金属废水和其他工业废水，必须经过处理，符合国家和地方规定的排放标准和有关规定。处理后的残渣不得弃置入海。

第十六条 向海域排放含病原体的废水，必须经过处理，符合国家和地方规定的排放标准和有关规定。

第十七条 向海域排放含热废水的水温应当符合国家有关规定。

第十八条 向自净能力较差的海域排放含有机物和营养物质的工业废水和生活废水，应当控制排放量；排污口应当设置在海水交换良好处，并采用合理的排放方式，防止海水富营养化。

第十九条 禁止将失效或者禁用的药物及药具弃置岸滩。

第二十条 入海河口处发生陆源污染物污染损害海洋环境事故，确有证据证明是由河流携带污染物造成的，由入海河口处所在地的省、自治区、直辖市人民政府环境保护行政主管部门调查处理；河流跨越省、自治区、直辖市的，由入海河口处所在省、自治区、直辖市人民政府环境保护行政主管部门和水利部门会同有关省、自治区、直辖市人民政府环境保护行政主管部门、水利部门和流域管理机构调查处理。

第二十一条 沿海相邻或者相向地区向同一海域排放陆源污染物的，由有关地方人民政府协商制定共同防治陆源污染物污染损害海洋环境的措施。

第二十二条 一切单位和个人造成陆源污染物污染损害海洋环境事故时，必须立即采用措施处理，并在事故发生后四十八小时内，向当地人民政府环境保护行政主管部门作出事故发生的时间、地点、类型和排放污染物的数量、经济损失、人员受害等情况的初步报告，并抄送有关部门。事故查清后，应当向当地人民政府环境保护行政主管部门作出书面报告，并附有关证明文件。

各级人民政府环境保护行政主管部门接到陆源污染物污染损害海洋环境事故的初步报告后，应当立即会同有关部门采用措施，消除或者减轻污染，并由县级以上人民政府环境保护行政主管部门会同有关部门或者由县级以上人民政府环境保护行政主管部门授权的部门对事故进行调查处理。

第二十三条 县级以上人民政府环境保护行政主管部门，按照项目管理权限，可以会同项目主管部门对排放陆源污染物的单位和个人进行现场检查，被检查者必须如实反映情况、提供资料。检查者有责任为被检查者保守技术秘密和业务秘密。法律法规另有规定的除外。

第二十四条 违反本条例规定，具有下列情形之一的，由县级以上人民政府环境保护行政主管部门责令改正，并可处以三百元以上三千元以下的罚款：

（一）拒报或者谎报排污申报登记事项的；

（二）拒绝、阻挠环境保护行政主管部门现场检查，或者在被检查中弄虚作假的。

第二十五条 废弃物堆放场、处理场的防污染设施未经环境保护行政主管部门验收或者验收不合格而强行使用的，由环境保护行政主管部门责令改正，并可处以五千元以上二万元以下的罚款。

第二十六条 违反本条例规定，具有下列情形之一的，由县级以上人民政府环境保护行政主管部门责令改正，并可处以五千元以上十万元以下的罚款：

（一）未经所在地环境保护行政主管部门同意和原批准部门批准，擅自改变污染物排放的种类、增加污染物排放的数量、浓度或者拆除、闲置污染物处理设施的；

（二）在本条例第八条第一款规定的区域内兴建排污口的。

第二十七条 违反本条例规定，具有下列情形之一的，由县级以上人民政府环境保护行政主管部门责令改正，并可处以一千元以上二万元以下的罚款；情节严重的，可处以二万元以上十万元以下的罚款：

（一）在岸滩采用不正当的稀释、渗透方式排放有毒、有害废水的；

（二）向海域排放含高、中放射性物质的废水的；

（三）向海域排放油类、酸液、碱液和毒液的；

（四）向岸滩弃置失效或者禁用的药物和药具的；

（五）向海域排放含油废水、含病原体废水、含热废水、含低放射性物质废水、含有害重金属废水和其他工业废水超过国家和地方规定的排放标准和有关规定或者将处理后的残渣弃置入海的；

（六）未经县级以上地方人民政府环境保护行政主管部门批准，擅自在岸滩堆放、弃置和处理废弃物或者在废弃物堆放场、处理场内，擅自堆放、处理未经批准的其他种类的废弃物或者露天堆放含剧毒、放射性、易溶解和易挥发性物质的废弃物的。

第二十八条 对逾期未完成限期治理任务的企业事业单位，征收两倍的超标准排污费，并可根据危害和损害后果，处以一万元以上十万元以下的罚款，或者责令停业、关闭。

罚款由环境保护行政主管部门决定。责令停业、关闭，由作出限期治理决定的人民政府决定；责令国务院各部门直接管辖的企业事业单位停业、关闭，须报国务院批准。

第二十九条 不按规定缴纳超标准排污费的，除追缴超标准排污费及滞纳金外，并可由县级以上人民政府环境保护行政主管部门处以一千元以上一万元以下的罚款。

第三十条 对造成陆源污染物污染损害海洋环境事故，导致重大经济损失的，由县级以上人民政府环境保护行政主管部门按照直接损失百分之三十计算罚款，但最高不得超过二十万元。

第三十一条 县级人民政府环境保护行政主管部门可处以一万元以下的罚款，超过一万元的罚款，报上级环境保护行政主管部门批准。

省辖市级人民政府环境保护行政主管部门可处以五万元以下的罚款，超过五万元的罚款，报上级环境保护行政主管部门批准。

省、自治区、直辖市人民政府环境保护行政主管部门可处以二十万元以下的罚款。

罚款全部上交国库，任何单位和个人不得截留、分成。

第三十二条 缴纳超标准排污费或者被处以罚款的单位、个人，并不免除消除污染、排除危害和赔偿损失的责任。

第三十三条 当事人对行政处罚决定不服的，可以在接到处罚通知之日起十五日内，依法申请复议；对复议决定不服的，可以在接到复议决定之日起十五日内，向人民法院起诉。当事人也可以在接到处罚通知之日起十五日内，直接向人民法院起诉。当事人逾期不申请复议、也不向人民法院起诉、又不履行处罚决定的，由作出处罚决定的机关申请人民法院强制执行。

第三十四条 环境保护行政主管部门工作人员滥用职权、玩忽职守、徇私舞弊的，由其所在单位或者上级主管机关给予行政处分；构成犯罪的，依法追究刑事责任。

第三十五条 沿海省、自治区、直辖市人民政府，可以根据本条例制定实施办法。

第三十六条 本条例由国务院环境保护行政主管部门负责解释。

第三十七条 本条例自 1990 年 8 月 1 日起施行。

城镇排水与污水处理条例

（自2014年1月1日起施行）

（2013年9月18日国务院第24次常务会议通过　自2014年1月1日起施行）

第一章　总　则

第一条　为了加强对城镇排水与污水处理的管理，保障城镇排水与污水处理设施安全运行，防治城镇水污染和内涝灾害，保障公民生命、财产安全和公共安全，保护环境，制定本条例。

第二条　城镇排水与污水处理的规划，城镇排水与污水处理设施的建设、维护与保护，向城镇排水设施排水与污水处理，以及城镇内涝防治，适用本条例。

第三条　县级以上人民政府应当加强对城镇排水与污水处理工作的领导，并将城镇排水与污水处理工作纳入国民经济和社会发展规划。

第四条　城镇排水与污水处理应当遵循尊重自然、统筹规划、配套建设、保障安全、综合利用的原则。

第五条　国务院住房城乡建设主管部门指导监督全国城镇排水与污水处理工作。

县级以上地方人民政府城镇排水与污水处理主管部门（以下称城镇排水主管部门）负责本行政区域内城镇排水与污水处理的监督管理工作。

县级以上人民政府其他有关部门依照本条例和其他有关法律、法规的规定，在各自的职责范围内负责城镇排水与污水处理监督管理的相关工作。

第六条　国家鼓励采取特许经营、政府购买服务等多种形式，吸引社会资金参与投资、建设和运营城镇排水与污水处理设施。

县级以上人民政府鼓励、支持城镇排水与污水处理科学技术研究，推广应用先进适用的技术、工艺、设备和材料，促进污水的再生利用和污泥、雨水的资源化利用，提高城镇排水与污水处理能力。

第二章　规划与建设

第七条　国务院住房城乡建设主管部门会同国务院有关部门，编制全国的城镇排水与污水处理规划，明确全国城镇排水与污水处理的中长期发展目标、发展战略、布局、任务以及保障措施等。

城镇排水主管部门会同有关部门，根据当地经济社会发展水平以及地理、气候特征，编制本行政区域的城镇排水与污水处理规划，明确排水与污水处理目标与标准，排水量与排水模式，污水处理与再生利用、污泥处理处置要求，排涝措施，城镇排水与污水处理设施的规模、布局、建设时序和建设用地以及保障措施等；易发生内涝的城市、镇还应当编制城镇内涝防治专项规划，并纳入本行政区域的城镇排水与污水处理规划。

第八条 城镇排水与污水处理规划的编制，应当依据国民经济和社会发展规划、城乡规划、土地利用总体规划、水污染防治规划和防洪规划，并与城镇开发建设、道路、绿地、水系等专项规划相衔接。

城镇内涝防治专项规划的编制，应当根据城镇人口与规模、降雨规律、暴雨内涝风险等因素，合理确定内涝防治目标和要求，充分利用自然生态系统，提高雨水滞渗、调蓄和排放能力。

第九条 城镇排水主管部门应当将编制的城镇排水与污水处理规划报本级人民政府批准后组织实施，并报上一级人民政府城镇排水主管部门备案。

城镇排水与污水处理规划一经批准公布，应当严格执行；因经济社会发展确需修改的，应当按照原审批程序报送审批。

第十条 县级以上地方人民政府应当根据城镇排水与污水处理规划的要求，加大对城镇排水与污水处理设施建设和维护的投入。

第十一条 城乡规划和城镇排水与污水处理规划确定的城镇排水与污水处理设施建设用地，不得擅自改变用途。

第十二条 县级以上地方人民政府应当按照先规划后建设的原则，依据城镇排水与污水处理规划，合理确定城镇排水与污水处理设施建设标准，统筹安排管网、泵站、污水处理厂以及污泥处理处置、再生水利用、雨水调蓄和排放等排水与污水处理设施建设和改造。

城镇新区的开发和建设，应当按照城镇排水与污水处理规划确定的建设时序，优先安排排水与污水处理设施建设；未建或者已建但未达到国家有关标准的，应当按照年度改造计划进行改造，提高城镇排水与污水处理能力。

第十三条 县级以上地方人民政府应当按照城镇排涝要求，结合城镇用地性质和条件，加强雨水管网、泵站以及雨水调蓄、超标雨水径流排放等设施建设和改造。

新建、改建、扩建市政基础设施工程应当配套建设雨水收集利用设施，增加绿地、沙石地面、可渗透路面和自然地面对雨水的滞渗能力，利用建筑物、停车场、广场、道路等建设雨水收集利用设施，削减雨水径流，提高城镇内涝防治能力。

新区建设与旧城区改建，应当按照城镇排水与污水处理规划确定的雨水径流控制要求建设相关设施。

第十四条 城镇排水与污水处理规划范围内的城镇排水与污水处理设施建设项目以及需要与城镇排水与污水处理设施相连接的新建、改建、扩建建设工程，城乡规划主管部门在依法核发建设用地规划许可证时，应当征求城镇排水主管部门的意见。城镇排水主管部门应当就排水设计方案是否符合城镇排水与污水处理规划和相关标准提出意见。

建设单位应当按照排水设计方案建设连接管网等设施；未建设连接管网等设施的，不得投入使用。城镇排水主管部门或者其委托的专门机构应当加强指导和监督。

第十五条 城镇排水与污水处理设施建设工程竣工后，建设单位应当依法组织竣工验收。竣工验收合格的，方可交付使用，并自竣工验收合格之日起 15 日内，将竣工验收报告及相关资料报城镇排水主管部门备案。

第十六条 城镇排水与污水处理设施竣工验收合格后，由城镇排水主管部门通过招标投标、委托等方式确定符合条件的设施维护运营单位负责管理。特许经营合同、委托运营合同涉及污染物削减和污水处理运营服务费的，城镇排水主管部门应当征求环境保护主管部门、价格主管部门的意见。国家鼓励实施城镇污水处理特许经营制度。具体办法由国务院住房城乡建设主管部门会同国务院有关部门制定。

城镇排水与污水处理设施维护运营单位应当具备下列条件：

（一）有法人资格；

（二）有与从事城镇排水与污水处理设施维护运营活动相适应的资金和设备；

（三）有完善的运行管理和安全管理制度；

（四）技术负责人和关键岗位人员经专业培训并考核合格；

（五）有相应的良好业绩和维护运营经验；

（六）法律、法规规定的其他条件。

第三章 排 水

第十七条 县级以上地方人民政府应当根据当地降雨规律和暴雨内涝风险情况，结合气象、水文资料，建立排水设施地理信息系统，加强雨水排放管理，提高城镇内涝防治水平。

县级以上地方人民政府应当组织有关部门、单位采取相应的预防治理措施，建立城镇内涝防治预警、会商、联动机制，发挥河道行洪能力和水库、洼淀、湖泊调蓄洪水的功能，加强对城镇排水设施的管理和河道防护、整治，因地制宜地采取定期清淤疏浚等措施，确保雨水排放畅通，共同做好城镇内涝防治工作。

第十八条 城镇排水主管部门应当按照城镇内涝防治专项规划的要求，确定雨水收集利用设施建设标准，明确雨水的排水分区和排水出路，合理控制雨水径流。

第十九条 除干旱地区外，新区建设应当实行雨水、污水分流；对实行雨水、污水合流的地区，应当按照城镇排水与污水处理规划要求，进行雨水、污水分流改造。雨水、污水分流改造可以结合旧城区改建和道路建设同时进行。

在雨水、污水分流地区，新区建设和旧城区改建不得将雨水管网、污水管网相互混接。

在有条件的地区，应当逐步推进初期雨水收集与处理，合理确定截流倍数，通过设置初期雨水贮存池、建设截流干管等方式，加强对初期雨水的排放调控和污染防治。

第二十条 城镇排水设施覆盖范围内的排水单位和个人，应当按照国家有关规定将污水排入城镇排水设施。

在雨水、污水分流地区，不得将污水排入雨水管网。

第二十一条 从事工业、建筑、餐饮、医疗等活动的企业事业单位、个体工商户（以下称排水户）向城镇排水设施排放污水的，应当向城镇排水主管部门申请领取污水排入排水管网许可证。城镇排水主管部门应当按照国家有关标准，重点对影响城镇排水与污水处理设施安全运行的事项进行审查。

排水户应当按照污水排入排水管网许可证的要求排放污水。

第二十二条 排水户申请领取污水排入排水管网许可证应当具备下列条件：

（一）排放口的设置符合城镇排水与污水处理规划的要求；

（二）按照国家有关规定建设相应的预处理设施和水质、水量检测设施；

（三）排放的污水符合国家或者地方规定的有关排放标准；

（四）法律、法规规定的其他条件。

符合前款规定条件的，由城镇排水主管部门核发污水排入排水管网许可证；具体办法由国务院住房城乡建设主管部门制定。

第二十三条 城镇排水主管部门应当加强对排放口设置以及预处理设施和水质、水量检测设施建设的指导和监督；对不符合规划要求或者国家有关规定的，应当要求排水户采取措施，限期整改。

第二十四条 城镇排水主管部门委托的排水监测机构，应当对排水户排放污水的水质和水量进行监测，并建立排水监测档案。排水户应当接受监测，如实提供有关资料。

列入重点排污单位名录的排水户安装的水污染物排放自动监测设备，应当与环境保护主管部门的监控设备联网。环境保护主管部门应当将监测数据与城镇排水主管部门共享。

第二十五条 因城镇排水设施维护或者检修可能对排水造成影响的，城镇排水设施维护运营单位应当提前 24 小时通知相关排水户；可能对排水造成严重影响的，应当事先向城镇排水主管部门报告，采取应急处理措施，并向社会公告。

第二十六条 设置于机动车道路上的窨井，应当按照国家有关规定进行建设，保证其承载力和稳定性等符合相关要求。

排水管网窨井盖应当具备防坠落和防盗窃功能，满足结构强度要求。

第二十七条 城镇排水主管部门应当按照国家有关规定建立城镇排涝风险评估制度和灾害后评估制度，在汛前对城镇排水设施进行全面检查，对发现的问题，责成有关单位限期处理，并加强城镇广场、立交桥下、地下构筑物、棚户区等易涝点的治理，强化排涝措施，增加必要的强制排水设施和装备。

城镇排水设施维护运营单位应当按照防汛要求，对城镇排水设施进行全面检查、维护、清疏，确保设施安全运行。

在汛期，有管辖权的人民政府防汛指挥机构应当加强对易涝点的巡查，发现险情，立即采取措施。有关单位和个人在汛期应当服从有管辖权的人民政府防汛指挥机构的统一调度指挥或者监督。

第四章　污水处理

第二十八条　城镇排水主管部门应当与城镇污水处理设施维护运营单位签订维护运营合同，明确双方权利义务。

城镇污水处理设施维护运营单位应当依照法律、法规和有关规定以及维护运营合同进行维护运营，定期向社会公开有关维护运营信息，并接受相关部门和社会公众的监督。

第二十九条　城镇污水处理设施维护运营单位应当保证出水水质符合国家和地方规定的排放标准，不得排放不达标污水。

城镇污水处理设施维护运营单位应当按照国家有关规定检测进出水水质，向城镇排水主管部门、环境保护主管部门报送污水处理水质和水量、主要污染物削减量等信息，并按照有关规定和维护运营合同，向城镇排水主管部门报送生产运营成本等信息。

城镇污水处理设施维护运营单位应当按照国家有关规定向价格主管部门提交相关成本信息。

城镇排水主管部门核定城镇污水处理运营成本，应当考虑主要污染物削减情况。

第三十条　城镇污水处理设施维护运营单位或者污泥处理处置单位应当安全处理处置污泥，保证处理处置后的污泥符合国家有关标准，对产生的污泥以及处理处置后的污泥去向、用途、用量等进行跟踪、记录，并向城镇排水主管部门、环境保护主管部门报告。任何单位和个人不得擅自倾倒、堆放、丢弃、遗撒污泥。

第三十一条　城镇污水处理设施维护运营单位不得擅自停运城镇污水处理设施，因检修等原因需要停运或者部分停运城镇污水处理设施的，应当在 90 个工作日前向城镇排水主管部门、环境保护主管部门报告。

城镇污水处理设施维护运营单位在出现进水水质和水量发生重大变化可能导致出水水质超标，或者发生影响城镇污水处理设施安全运行的突发情况时，应当立即采取应急处理措施，并向城镇排水主管部门、环境保护主管部门报告。

城镇排水主管部门或者环境保护主管部门接到报告后，应当及时核查处理。

第三十二条　排水单位和个人应当按照国家有关规定缴纳污水处理费。

向城镇污水处理设施排放污水、缴纳污水处理费的，不再缴纳排污费。

排水监测机构接受城镇排水主管部门委托从事有关监测活动，不得向城镇污水处理设施维护运营单位和排水户收取任何费用。

第三十三条　污水处理费应当纳入地方财政预算管理，专项用于城镇污水处理设施的建设、运行和污泥处理处置，不得挪作他用。污水处理费的收费标准不应低于城镇污水处理设施正常运营的成本。因特殊原因，收取的污水处理费不足以支付城镇污水处理设施正常运营的成本的，地方人民政府给予补贴。

污水处理费的收取、使用情况应当向社会公开。

第三十四条 县级以上地方人民政府环境保护主管部门应当依法对城镇污水处理设施的出水水质和水量进行监督检查。

城镇排水主管部门应当对城镇污水处理设施运营情况进行监督和考核，并将监督考核情况向社会公布。有关单位和个人应当予以配合。

城镇污水处理设施维护运营单位应当为进出水在线监测系统的安全运行提供保障条件。

第三十五条 城镇排水主管部门应当根据城镇污水处理设施维护运营单位履行维护运营合同的情况以及环境保护主管部门对城镇污水处理设施出水水质和水量的监督检查结果，核定城镇污水处理设施运营服务费。地方人民政府有关部门应当及时、足额拨付城镇污水处理设施运营服务费。

第三十六条 城镇排水主管部门在监督考核中，发现城镇污水处理设施维护运营单位存在未依照法律、法规和有关规定以及维护运营合同进行维护运营，擅自停运或者部分停运城镇污水处理设施，或者其他无法安全运行等情形的，应当要求城镇污水处理设施维护运营单位采取措施，限期整改；逾期不整改的，或者整改后仍无法安全运行的，城镇排水主管部门可以终止维护运营合同。

城镇排水主管部门终止与城镇污水处理设施维护运营单位签订的维护运营合同的，应当采取有效措施保障城镇污水处理设施的安全运行。

第三十七条 国家鼓励城镇污水处理再生利用，工业生产、城市绿化、道路清扫、车辆冲洗、建筑施工以及生态景观等，应当优先使用再生水。

县级以上地方人民政府应当根据当地水资源和水环境状况，合理确定再生水利用的规模，制定促进再生水利用的保障措施。

再生水纳入水资源统一配置，县级以上地方人民政府水行政主管部门应当依法加强指导。

第五章　设施维护与保护

第三十八条 城镇排水与污水处理设施维护运营单位应当建立健全安全生产管理制度，加强对窨井盖等城镇排水与污水处理设施的日常巡查、维修和养护，保障设施安全运行。

从事管网维护、应急排水、井下及有限空间作业的，设施维护运营单位应当安排专门人员进行现场安全管理，设置醒目警示标志，采取有效措施避免人员坠落、车辆陷落，并及时复原窨井盖，确保操作规程的遵守和安全措施的落实。相关特种作业人员，应当按照国家有关规定取得相应的资格证书。

第三十九条 县级以上地方人民政府应当根据实际情况，依法组织编制城镇排水与污水处理应急预案，统筹安排应对突发事件以及城镇排涝所必需的物资。

城镇排水与污水处理设施维护运营单位应当制定本单位的应急预案，配备必要的抢险装备、器材，并定期组织演练。

第四十条 排水户因发生事故或者其他突发事件，排放的污水可能危及城镇排水与污水处理设施安全运行的，应当立即采取措施消除危害，并及时向城镇排水主管部门和环境保护主管部门等有关部门报告。

城镇排水与污水处理安全事故或者突发事件发生后，设施维护运营单位应当立即启动本单位应急预案，采取防护措施、组织抢修，并及时向城镇排水主管部门和有关部门报告。

第四十一条 城镇排水主管部门应当会同有关部门，按照国家有关规定划定城镇排水与污水处理设施保护范围，并向社会公布。

在保护范围内，有关单位从事爆破、钻探、打桩、顶进、挖掘、取土等可能影响城镇排水与污水处理设施安全的活动的，应当与设施维护运营单位等共同制定设施保护方案，并采取相应的安全防护措施。

第四十二条 禁止从事下列危及城镇排水与污水处理设施安全的活动：

（一）损毁、盗窃城镇排水与污水处理设施；

（二）穿凿、堵塞城镇排水与污水处理设施；

（三）向城镇排水与污水处理设施排放、倾倒剧毒、易燃易爆、腐蚀性废液和废渣；

（四）向城镇排水与污水处理设施倾倒垃圾、渣土、施工泥浆等废弃物；

（五）建设占压城镇排水与污水处理设施的建筑物、构筑物或者其他设施；

（六）其他危及城镇排水与污水处理设施安全的活动。

第四十三条 新建、改建、扩建建设工程，不得影响城镇排水与污水处理设施安全。

建设工程开工前，建设单位应当查明工程建设范围内地下城镇排水与污水处理设施的相关情况。城镇排水主管部门及其他相关部门和单位应当及时提供相关资料。

建设工程施工范围内有排水管网等城镇排水与污水处理设施的，建设单位应当与施工单位、设施维护运营单位共同制定设施保护方案，并采取相应的安全保护措施。

因工程建设需要拆除、改动城镇排水与污水处理设施的，建设单位应当制定拆除、改动方案，报城镇排水主管部门审核，并承担重建、改建和采取临时措施的费用。

第四十四条 县级以上人民政府城镇排水主管部门应当会同有关部门，加强对城镇排水与污水处理设施运行维护和保护情况的监督检查，并将检查情况及结果向社会公开。实施监督检查时，有权采取下列措施：

（一）进入现场进行检查、监测；

（二）查阅、复制有关文件和资料；

（三）要求被监督检查的单位和个人就有关问题作出说明。

被监督检查的单位和个人应当予以配合，不得妨碍和阻挠依法进行的监督检查活动。

第四十五条 审计机关应当加强对城镇排水与污水处理设施建设、运营、维护和保护等资金筹集、管理和使用情况的监督，并公布审计结果。

第六章　法律责任

第四十六条　违反本条例规定，县级以上地方人民政府及其城镇排水主管部门和其他有关部门，不依法作出行政许可或者办理批准文件的，发现违法行为或者接到对违法行为的举报不予查处的，或者有其他未依照本条例履行职责的行为的，对直接负责的主管人员和其他直接责任人员依法给予处分；直接负责的主管人员和其他直接责任人员的行为构成犯罪的，依法追究刑事责任。

违反本条例规定，核发污水排入排水管网许可证、排污许可证后不实施监督检查的，对核发许可证的部门及其工作人员依照前款规定处理。

第四十七条　违反本条例规定，城镇排水主管部门对不符合法定条件的排水户核发污水排入排水管网许可证的，或者对符合法定条件的排水户不予核发污水排入排水管网许可证的，对直接负责的主管人员和其他直接责任人员依法给予处分；直接负责的主管人员和其他直接责任人员的行为构成犯罪的，依法追究刑事责任。

第四十八条　违反本条例规定，在雨水、污水分流地区，建设单位、施工单位将雨水管网、污水管网相互混接的，由城镇排水主管部门责令改正，处 5 万元以上 10 万元以下的罚款；造成损失的，依法承担赔偿责任。

第四十九条　违反本条例规定，城镇排水与污水处理设施覆盖范围内的排水单位和个人，未按照国家有关规定将污水排入城镇排水设施，或者在雨水、污水分流地区将污水排入雨水管网的，由城镇排水主管部门责令改正，给予警告；逾期不改正或者造成严重后果的，对单位处 10 万元以上 20 万元以下罚款，对个人处 2 万元以上 10 万元以下罚款；造成损失的，依法承担赔偿责任。

第五十条　违反本条例规定，排水户未取得污水排入排水管网许可证向城镇排水设施排放污水的，由城镇排水主管部门责令停止违法行为，限期采取治理措施，补办污水排入排水管网许可证，可以处 50 万元以下罚款；造成损失的，依法承担赔偿责任；构成犯罪的，依法追究刑事责任。

违反本条例规定，排水户不按照污水排入排水管网许可证的要求排放污水的，由城镇排水主管部门责令停止违法行为，限期改正，可以处 5 万元以下罚款；造成严重后果的，吊销污水排入排水管网许可证，并处 5 万元以上 50 万元以下罚款，可以向社会予以通报；造成损失的，依法承担赔偿责任；构成犯罪的，依法追究刑事责任。

第五十一条　违反本条例规定，因城镇排水设施维护或者检修可能对排水造成影响或者严重影响，城镇排水设施维护运营单位未提前通知相关排水户的，或者未事先向城镇排水主管部门报告，采取应急处理措施的，或者未按照防汛要求对城镇排水设施进行全面检查、维护、清疏，影响汛期排水畅通的，由城镇排水主管部门责令改正，给予警告；逾期不改正或者造成严重后果的，处 10 万元以上 20 万元以下罚款；造成损失的，依法承担赔偿责任。

第五十二条　违反本条例规定，城镇污水处理设施维护运营单位未按照国家有关规定检测进出水水质的，或者未报送污水处理水质和水量、主要污染物削减量等信息和生产运营成本等信息的，由城镇排水主管部门责令改正，可以处5万元以下罚款；造成损失的，依法承担赔偿责任。

违反本条例规定，城镇污水处理设施维护运营单位擅自停运城镇污水处理设施，未按照规定事先报告或者采取应急处理措施的，由城镇排水主管部门责令改正，给予警告；逾期不改正或者造成严重后果的，处10万元以上50万元以下罚款；造成损失的，依法承担赔偿责任。

第五十三条 违反本条例规定，城镇污水处理设施维护运营单位或者污泥处理处置单位对产生的污泥以及处理处置后的污泥的去向、用途、用量等未进行跟踪、记录的，或者处理处置后的污泥不符合国家有关标准的，由城镇排水主管部门责令限期采取治理措施，给予警告；造成严重后果的，处10万元以上20万元以下罚款；逾期不采取治理措施的，城镇排水主管部门可以指定有治理能力的单位代为治理，所需费用由当事人承担；造成损失的，依法承担赔偿责任。

违反本条例规定，擅自倾倒、堆放、丢弃、遗撒污泥的，由城镇排水主管部门责令停止违法行为，限期采取治理措施，给予警告；造成严重后果的，对单位处10万元以上50万元以下罚款，对个人处2万元以上10万元以下罚款；逾期不采取治理措施的，城镇排水主管部门可以指定有治理能力的单位代为治理，所需费用由当事人承担；造成损失的，依法承担赔偿责任。

第五十四条 违反本条例规定，排水单位或者个人不缴纳污水处理费的，由城镇排水主管部门责令限期缴纳，逾期拒不缴纳的，处应缴纳污水处理费数额1倍以上3倍以下罚款。

第五十五条 违反本条例规定，城镇排水与污水处理设施维护运营单位有下列情形之一的，由城镇排水主管部门责令改正，给予警告；逾期不改正或者造成严重后果的，处10万元以上50万元以下罚款；造成损失的，依法承担赔偿责任；构成犯罪的，依法追究刑事责任：

（一）未按照国家有关规定履行日常巡查、维修和养护责任，保障设施安全运行的；

（二）未及时采取防护措施、组织事故抢修的；

（三）因巡查、维护不到位，导致窨井盖丢失、损毁，造成人员伤亡和财产损失的。

第五十六条 违反本条例规定，从事危及城镇排水与污水处理设施安全的活动的，由城镇排水主管部门责令停止违法行为，限期恢复原状或者采取其他补救措施，给予警告；逾期不采取补救措施或者造成严重后果的，对单位处10万元以上30万元以下罚款，对个人处2万元以上10万元以下罚款；造成损失的，依法承担赔偿责任；构成犯罪的，依法追究刑事责任。

第五十七条 违反本条例规定，有关单位未与施工单位、设施维护运营单位等共同制定设施保护方案，并采取相应的安全防护措施的，由城镇排水主管部门责令改正，处2万元以上5万元以下罚款；造成严重后果的，处5万元以上10万元以下罚款；造成损失的，依法承担赔偿责任；构成犯罪的，依法追究刑事责任。

违反本条例规定，擅自拆除、改动城镇排水与污水处理设施的，由城镇排水主管部门责令改正，恢复原状或者采取其他补救措施，处5万元以上10万元以下罚款；造成严重后果的，处10万元以上30万元以下罚款；造成损失的，依法承担赔偿责任；构成犯罪的，依法追究刑事责任。

第七章　附　则

第五十八条　依照《中华人民共和国水污染防治法》的规定，排水户需要取得排污许可证的，由环境保护主管部门核发；违反《中华人民共和国水污染防治法》的规定排放污水的，由环境保护主管部门处罚。

第五十九条　本条例自2014年1月1日起施行。

气象设施和气象探测环境保护条例

（自2012年12月1日起施行）

（2012年8月22日国务院第214次常务会议通过　自2012年12月1日起施行）

第一条　为了保护气象设施和气象探测环境，确保气象探测信息的代表性、准确性、连续性和可比较性，根据《中华人民共和国气象法》，制定本条例。

第二条　本条例所称气象设施，是指气象探测设施、气象信息专用传输设施和大型气象专用技术装备等。

本条例所称气象探测环境，是指为避开各种干扰，保证气象探测设施准确获得气象探测信息所必需的最小距离构成的环境空间。

第三条　气象设施和气象探测环境保护实行分类保护、分级管理的原则。

第四条　县级以上地方人民政府应当加强对气象设施和气象探测环境保护工作的组织领导和统筹协调，将气象设施和气象探测环境保护工作所需经费纳入财政预算。

第五条　国务院气象主管机构负责全国气象设施和气象探测环境的保护工作。地方各级气象主管机构在上级气象主管机构和本级人民政府的领导下，负责本行政区域内气象设施和气象探测环境的保护工作。

设有气象台站的国务院其他有关部门和省、自治区、直辖市人民政府其他有关部门应当做好本部门气象设施和气象探测环境的保护工作，并接受同级气象主管机构的指导和监督管理。

发展改革、国土资源、城乡规划、无线电管理、环境保护等有关部门按照职责分工负责气象设施和气象探测环境保护的有关工作。

第六条　任何单位和个人都有义务保护气象设施和气象探测环境，并有权对破坏气象设施和气象探测环境的行为进行举报。

第七条　地方各级气象主管机构应当会同城乡规划、国土资源等部门制定气象设施和气象探测环境保护专项规划，报本级人民政府批准后依法纳入城乡规划。

第八条　气象设施是基础性公共服务设施。县级以上地方人民政府应当按照气象设施建设规划的要求，合理安排气象设施建设用地，保障气象设施建设顺利进行。

第九条　各级气象主管机构应当按照相关质量标准和技术要求配备气象设施，设置必要的保护装置，建立健全安全管理制度。

地方各级气象主管机构应当按照国务院气象主管机构的规定，在气象设施附近显著位置设立保护标志，标明保护要求。

第十条 禁止实施下列危害气象设施的行为：

（一）侵占、损毁、擅自移动气象设施或者侵占气象设施用地；

（二）在气象设施周边进行危及气象设施安全的爆破、钻探、采石、挖砂、取土等活动；

（三）挤占、干扰依法设立的气象无线电台（站）、频率；

（四）设置影响大型气象专用技术装备使用功能的干扰源；

（五）法律、行政法规和国务院气象主管机构规定的其他危害气象设施的行为。

第十一条 大气本底站、国家基准气候站、国家基本气象站、国家一般气象站、高空气象观测站、天气雷达站、气象卫星地面站、区域气象观测站等气象台站和单独设立的气象探测设施的探测环境，应当依法予以保护。

第十二条 禁止实施下列危害大气本底站探测环境的行为：

（一）在观测场周边 3 万米探测环境保护范围内新建、扩建城镇、工矿区，或者在探测环境保护范围上空设置固定航线；

（二）在观测场周边 1 万米范围内设置垃圾场、排污口等干扰源；

（三）在观测场周边 1 000 米范围内修建建筑物、构筑物。

第十三条 禁止实施下列危害国家基准气候站、国家基本气象站探测环境的行为：

（一）在国家基准气候站观测场周边 2 000 米探测环境保护范围内或者国家基本气象站观测场周边 1 000 米探测环境保护范围内修建高度超过距观测场距离 1/10 的建筑物、构筑物；

（二）在观测场周边 500 米范围内设置垃圾场、排污口等干扰源；

（三）在观测场周边 200 米范围内修建铁路；

（四）在观测场周边 100 米范围内挖筑水塘等；

（五）在观测场周边 50 米范围内修建公路、种植高度超过 1 米的树木和作物等。

第十四条 禁止实施下列危害国家一般气象站探测环境的行为：

（一）在观测场周边 800 米探测环境保护范围内修建高度超过距观测场距离 1/8 的建筑物、构筑物；

（二）在观测场周边 200 米范围内设置垃圾场、排污口等干扰源；

（三）在观测场周边 100 米范围内修建铁路；

（四）在观测场周边 50 米范围内挖筑水塘等；

（五）在观测场周边 30 米范围内修建公路、种植高度超过 1 米的树木和作物等。

第十五条 高空气象观测站、天气雷达站、气象卫星地面站、区域气象观测站和单独设立的气象探测设施探测环境的保护，应当严格执行国家规定的保护范围和要求。

前款规定的保护范围和要求由国务院气象主管机构公布，涉及无线电频率管理的，国务院气象主管机构应当征得国务院无线电管理部门的同意。

第十六条 地方各级气象主管机构应当将本行政区域内气象探测环境保护要求报

告本级人民政府和上一级气象主管机构，并抄送同级发展改革、国土资源、城乡规划、住房建设、无线电管理、环境保护等部门。

对不符合气象探测环境保护要求的建筑物、构筑物、干扰源等，地方各级气象主管机构应当根据实际情况，商有关部门提出治理方案，报本级人民政府批准并组织实施。

第十七条 在气象台站探测环境保护范围内新建、改建、扩建建设工程，应当避免危害气象探测环境；确实无法避免的，建设单位应当向国务院气象主管机构或者省、自治区、直辖市气象主管机构报告并提出相应的补救措施，经国务院气象主管机构或者省、自治区、直辖市气象主管机构书面同意。未征得气象主管机构书面同意或者未落实补救措施的，有关部门不得批准其开工建设。

在单独设立的气象探测设施探测环境保护范围内新建、改建、扩建建设工程的，建设单位应当事先报告当地气象主管机构，并按照要求采取必要的工程、技术措施。

第十八条 气象台站站址应当保持长期稳定，任何单位或者个人不得擅自迁移气象台站。

因国家重点工程建设或者城市（镇）总体规划变化，确需迁移气象台站的，建设单位或者当地人民政府应当向省、自治区、直辖市气象主管机构提出申请，由省、自治区、直辖市气象主管机构组织专家对拟迁新址的科学性、合理性进行评估，符合气象设施和气象探测环境保护要求的，在纳入城市（镇）控制性详细规划后，按照先建站后迁移的原则进行迁移。

申请迁移大气本底站、国家基准气候站、国家基本气象站的，由受理申请的省、自治区、直辖市气象主管机构签署意见并报送国务院气象主管机构审批；申请迁移其他气象台站的，由省、自治区、直辖市气象主管机构审批，并报送国务院气象主管机构备案。

气象台站迁移、建设费用由建设单位承担。

第十九条 气象台站探测环境遭到严重破坏，失去治理和恢复可能的，国务院气象主管机构或者省、自治区、直辖市气象主管机构可以按照职责权限和先建站后迁移的原则，决定迁移气象台站；该气象台站所在地地方人民政府应当保证气象台站迁移用地，并承担迁移、建设费用。地方人民政府承担迁移、建设费用后，可以向破坏探测环境的责任人追偿。

第二十条 迁移气象台站的，应当按照国务院气象主管机构的规定，在新址与旧址之间进行至少 1 年的对比观测。

迁移的气象台站经批准、决定迁移的气象主管机构验收合格，正式投入使用后，方可改变旧址用途。

第二十一条 因工程建设或者气象探测环境治理需要迁移单独设立的气象探测设施的，应当经设立该气象探测设施的单位同意，并按照国务院气象主管机构规定的技术要求进行复建。

第二十二条 各级气象主管机构应当加强对气象设施和气象探测环境保护的日常巡查和监督检查。各级气象主管机构可以采取下列措施：

（一）要求被检查单位或者个人提供有关文件、证照、资料；

（二）要求被检查单位或者个人就有关问题作出说明；

（三）进入现场调查、取证。

各级气象主管机构在监督检查中发现应当由其他部门查处的违法行为，应当通报有关部门进行查处。有关部门未及时查处的，各级气象主管机构可以直接通报、报告有关地方人民政府责成有关部门进行查处。

第二十三条 各级气象主管机构以及发展改革、国土资源、城乡规划、无线电管理、环境保护等有关部门及其工作人员违反本条例规定，有下列行为之一的，由本级人民政府或者上级机关责令改正，通报批评；对直接负责的主管人员和其他直接责任人员依法给予处分；构成犯罪的，依法追究刑事责任：

（一）擅自迁移气象台站的；

（二）擅自批准在气象探测环境保护范围内设置垃圾场、排污口、无线电台（站）等干扰源以及新建、改建、扩建建设工程危害气象探测环境的；

（三）有其他滥用职权、玩忽职守、徇私舞弊等不履行气象设施和气象探测环境保护职责行为的。

第二十四条 违反本条例规定，危害气象设施的，由气象主管机构责令停止违法行为，限期恢复原状或者采取其他补救措施；逾期拒不恢复原状或者采取其他补救措施的，由气象主管机构依法申请人民法院强制执行，并对违法单位处 1 万元以上 5 万元以下罚款，对违法个人处 100 元以上 1 000 元以下罚款；造成损害的，依法承担赔偿责任；构成违反治安管理行为的，由公安机关依法给予治安管理处罚；构成犯罪的，依法追究刑事责任。

挤占、干扰依法设立的气象无线电台（站）、频率的，依照无线电管理相关法律法规的规定处罚。

第二十五条 违反本条例规定，危害气象探测环境的，由气象主管机构责令停止违法行为，限期拆除或者恢复原状，情节严重的，对违法单位处 2 万元以上 5 万元以下罚款，对违法个人处 200 元以上 5 000 元以下罚款；逾期拒不拆除或者恢复原状的，由气象主管机构依法申请人民法院强制执行；造成损害的，依法承担赔偿责任。

在气象探测环境保护范围内，违法批准占用土地的，或者非法占用土地新建建筑物或者其他设施的，依照城乡规划、土地管理等相关法律法规的规定处罚。

第二十六条 本条例自 2012 年 12 月 1 日起施行。

放射性废物安全管理条例

（自 2012 年 3 月 1 日起施行）

（2011 年 11 月 30 日国务院第 183 次常务会议通过　自 2012 年 3 月 1 日起施行）

第一章　总　则

第一条　为了加强对放射性废物的安全管理，保护环境，保障人体健康，根据《中华人民共和国放射性污染防治法》，制定本条例。

第二条　本条例所称放射性废物，是指含有放射性核素或者被放射性核素污染，其放射性核素浓度或者比活度大于国家确定的清洁解控水平，预期不再使用的废弃物。

第三条　放射性废物的处理、贮存和处置及其监督管理等活动，适用本条例。

本条例所称处理，是指为了能够安全和经济地运输、贮存、处置放射性废物，通过净化、浓缩、固化、压缩和包装等手段，改变放射性废物的属性、形态和体积的活动。

本条例所称贮存，是指将废旧放射源和其他放射性固体废物临时放置于专门建造的设施内进行保管的活动。

本条例所称处置，是指将废旧放射源和其他放射性固体废物最终放置于专门建造的设施内并不再回取的活动。

第四条　放射性废物的安全管理，应当坚持减量化、无害化和妥善处置、永久安全的原则。

第五条　国务院环境保护主管部门统一负责全国放射性废物的安全监督管理工作。

国务院核工业行业主管部门和其他有关部门，依照本条例的规定和各自的职责负责放射性废物的有关管理工作。

县级以上地方人民政府环境保护主管部门和其他有关部门依照本条例的规定和各自的职责负责本行政区域放射性废物的有关管理工作。

第六条　国家对放射性废物实行分类管理。

根据放射性废物的特性及其对人体健康和环境的潜在危害程度，将放射性废物分为高水平放射性废物、中水平放射性废物和低水平放射性废物。

第七条　放射性废物的处理、贮存和处置活动，应当遵守国家有关放射性污染防治标准和国务院环境保护主管部门的规定。

第八条　国务院环境保护主管部门会同国务院核工业行业主管部门和其他有关部

门建立全国放射性废物管理信息系统，实现信息共享。

国家鼓励、支持放射性废物安全管理的科学研究和技术开发利用，推广先进的放射性废物安全管理技术。

第九条 任何单位和个人对违反本条例规定的行为，有权向县级以上人民政府环境保护主管部门或者其他有关部门举报。接到举报的部门应当及时调查处理，并为举报人保密；经调查情况属实的，对举报人给予奖励。

第二章 放射性废物的处理和贮存

第十条 核设施营运单位应当将其产生的不能回收利用并不能返回原生产单位或者出口方的废旧放射源（以下简称废旧放射源），送交取得相应许可证的放射性固体废物贮存单位集中贮存，或者直接送交取得相应许可证的放射性固体废物处置单位处置。

核设施营运单位应当对其产生的除废旧放射源以外的放射性固体废物和不能经净化排放的放射性废液进行处理，使其转变为稳定的、标准化的固体废物后自行贮存，并及时送交取得相应许可证的放射性固体废物处置单位处置。

第十一条 核技术利用单位应当对其产生的不能经净化排放的放射性废液进行处理，转变为放射性固体废物。

核技术利用单位应当及时将其产生的废旧放射源和其他放射性固体废物，送交取得相应许可证的放射性固体废物贮存单位集中贮存，或者直接送交取得相应许可证的放射性固体废物处置单位处置。

第十二条 专门从事放射性固体废物贮存活动的单位，应当符合下列条件，并依照本条例的规定申请领取放射性固体废物贮存许可证：

（一）有法人资格；

（二）有能保证贮存设施安全运行的组织机构和 3 名以上放射性废物管理、辐射防护、环境监测方面的专业技术人员，其中至少有 1 名注册核安全工程师；

（三）有符合国家有关放射性污染防治标准和国务院环境保护主管部门规定的放射性固体废物接收、贮存设施和场所，以及放射性检测、辐射防护与环境监测设备；

（四）有健全的管理制度以及符合核安全监督管理要求的质量保证体系，包括质量保证大纲、贮存设施运行监测计划、辐射环境监测计划和应急方案等。

核设施营运单位利用与核设施配套建设的贮存设施，贮存本单位产生的放射性固体废物的，不需要申请领取贮存许可证；贮存其他单位产生的放射性固体废物的，应当依照本条例的规定申请领取贮存许可证。

第十三条 申请领取放射性固体废物贮存许可证的单位，应当向国务院环境保护主管部门提出书面申请，并提交其符合本条例第十二条规定条件的证明材料。

国务院环境保护主管部门应当自受理申请之日起 20 个工作日内完成审查，对符合条件的颁发许可证，予以公告；对不符合条件的，书面通知申请单位并说明理由。

国务院环境保护主管部门在审查过程中，应当组织专家进行技术评审，并征求国务院其他有关部门的意见。技术评审所需时间应当书面告知申请单位。

第十四条 放射性固体废物贮存许可证应当载明下列内容：

（一）单位的名称、地址和法定代表人；

（二）准予从事的活动种类、范围和规模；

（三）有效期限；

（四）发证机关、发证日期和证书编号。

第十五条 放射性固体废物贮存单位变更单位名称、地址、法定代表人的，应当自变更登记之日起20日内，向国务院环境保护主管部门申请办理许可证变更手续。

放射性固体废物贮存单位需要变更许可证规定的活动种类、范围和规模的，应当按照原申请程序向国务院环境保护主管部门重新申请领取许可证。

第十六条 放射性固体废物贮存许可证的有效期为10年。

许可证有效期届满，放射性固体废物贮存单位需要继续从事贮存活动的，应当于许可证有效期届满90日前，向国务院环境保护主管部门提出延续申请。

国务院环境保护主管部门应当在许可证有效期届满前完成审查，对符合条件的准予延续；对不符合条件的，书面通知申请单位并说明理由。

第十七条 放射性固体废物贮存单位应当按照国家有关放射性污染防治标准和国务院环境保护主管部门的规定，对其接收的废旧放射源和其他放射性固体废物进行分类存放和清理，及时予以清洁解控或者送交取得相应许可证的放射性固体废物处置单位处置。

放射性固体废物贮存单位应当建立放射性固体废物贮存情况记录档案，如实完整地记录贮存的放射性固体废物的来源、数量、特征、贮存位置、清洁解控、送交处置等与贮存活动有关的事项。

放射性固体废物贮存单位应当根据贮存设施的自然环境和放射性固体废物特性采取必要的防护措施，保证在规定的贮存期限内贮存设施、容器的完好和放射性固体废物的安全，并确保放射性固体废物能够安全回取。

第十八条 放射性固体废物贮存单位应当根据贮存设施运行监测计划和辐射环境监测计划，对贮存设施进行安全性检查，并对贮存设施周围的地下水、地表水、土壤和空气进行放射性监测。

放射性固体废物贮存单位应当如实记录监测数据，发现安全隐患或者周围环境中放射性核素超过国家规定的标准的，应当立即查找原因，采取相应的防范措施，并向所在地省、自治区、直辖市人民政府环境保护主管部门报告。构成辐射事故的，应当立即启动本单位的应急方案，并依照《中华人民共和国放射性污染防治法》《放射性同位素与射线装置安全和防护条例》的规定进行报告，开展有关事故应急工作。

第十九条 将废旧放射源和其他放射性固体废物送交放射性固体废物贮存、处置单位贮存、处置时，送交方应当一并提供放射性固体废物的种类、数量、活度等资料和废旧放射源的原始档案，并按照规定承担贮存、处置的费用。

第三章　放射性废物的处置

第二十条　国务院核工业行业主管部门会同国务院环境保护主管部门根据地质、环境、社会经济条件和放射性固体废物处置的需要，在征求国务院有关部门意见并进行环境影响评价的基础上编制放射性固体废物处置场所选址规划，报国务院批准后实施。

有关地方人民政府应当根据放射性固体废物处置场所选址规划，提供放射性固体废物处置场所的建设用地，并采取有效措施支持放射性固体废物的处置。

第二十一条　建造放射性固体废物处置设施，应当按照放射性固体废物处置场所选址技术导则和标准的要求，与居住区、水源保护区、交通干道、工厂和企业等场所保持严格的安全防护距离，并对场址的地质构造、水文地质等自然条件以及社会经济条件进行充分研究论证。

第二十二条　建造放射性固体废物处置设施，应当符合放射性固体废物处置场所选址规划，并依法办理选址批准手续和建造许可证。不符合选址规划或者选址技术导则、标准的，不得批准选址或者建造。

高水平放射性固体废物和 α 放射性固体废物深地质处置设施的工程和安全技术研究、地下实验、选址和建造，由国务院核工业行业主管部门组织实施。

第二十三条　专门从事放射性固体废物处置活动的单位，应当符合下列条件，并依照本条例的规定申请领取放射性固体废物处置许可证：

（一）有国有或者国有控股的企业法人资格。

（二）有能保证处置设施安全运行的组织机构和专业技术人员。低、中水平放射性固体废物处置单位应当具有 10 名以上放射性废物管理、辐射防护、环境监测方面的专业技术人员，其中至少有 3 名注册核安全工程师；高水平放射性固体废物和 α 放射性固体废物处置单位应当具有 20 名以上放射性废物管理、辐射防护、环境监测方面的专业技术人员，其中至少有 5 名注册核安全工程师。

（三）有符合国家有关放射性污染防治标准和国务院环境保护主管部门规定的放射性固体废物接收、处置设施和场所，以及放射性检测、辐射防护与环境监测设备。低、中水平放射性固体废物处置设施关闭后应满足 300 年以上的安全隔离要求；高水平放射性固体废物和 α 放射性固体废物深地质处置设施关闭后应满足 1 万年以上的安全隔离要求。

（四）有相应数额的注册资金。低、中水平放射性固体废物处置单位的注册资金应不少于 3 000 万元；高水平放射性固体废物和 α 放射性固体废物处置单位的注册资金应不少于 1 亿元。

（五）有能保证其处置活动持续进行直至安全监护期满的财务担保。

（六）有健全的管理制度以及符合核安全监督管理要求的质量保证体系，包括质量保证大纲、处置设施运行监测计划、辐射环境监测计划和应急方案等。

第二十四条　放射性固体废物处置许可证的申请、变更、延续的审批权限和程序，以及许可证的内容、有效期限，依照本条例第十三条至第十六条的规定执行。

第二十五条 放射性固体废物处置单位应当按照国家有关放射性污染防治标准和国务院环境保护主管部门的规定，对其接收的放射性固体废物进行处置。

放射性固体废物处置单位应当建立放射性固体废物处置情况记录档案，如实记录处置的放射性固体废物的来源、数量、特征、存放位置等与处置活动有关的事项。放射性固体废物处置情况记录档案应当永久保存。

第二十六条 放射性固体废物处置单位应当根据处置设施运行监测计划和辐射环境监测计划，对处置设施进行安全性检查，并对处置设施周围的地下水、地表水、土壤和空气进行放射性监测。

放射性固体废物处置单位应当如实记录监测数据，发现安全隐患或者周围环境中放射性核素超过国家规定的标准的，应当立即查找原因，采取相应的防范措施，并向国务院环境保护主管部门和核工业行业主管部门报告。构成辐射事故的，应当立即启动本单位的应急方案，并依照《中华人民共和国放射性污染防治法》《放射性同位素与射线装置安全和防护条例》的规定进行报告，开展有关事故应急工作。

第二十七条 放射性固体废物处置设施设计服役期届满，或者处置的放射性固体废物已达到该设施的设计容量，或者所在地区的地质构造或者水文地质等条件发生重大变化导致处置设施不适宜继续处置放射性固体废物的，应当依法办理关闭手续，并在划定的区域设置永久性标记。

关闭放射性固体废物处置设施的，处置单位应当编制处置设施安全监护计划，报国务院环境保护主管部门批准。

放射性固体废物处置设施依法关闭后，处置单位应当按照经批准的安全监护计划，对关闭后的处置设施进行安全监护。放射性固体废物处置单位因破产、吊销许可证等原因终止的，处置设施关闭和安全监护所需费用由提供财务担保的单位承担。

第四章 监督管理

第二十八条 县级以上人民政府环境保护主管部门和其他有关部门，依照《中华人民共和国放射性污染防治法》和本条例的规定，对放射性废物处理、贮存和处置等活动的安全性进行监督检查。

第二十九条 县级以上人民政府环境保护主管部门和其他有关部门进行监督检查时，有权采取下列措施：

（一）向被检查单位的法定代表人和其他有关人员调查、了解情况；

（二）进入被检查单位进行现场监测、检查或者核查；

（三）查阅、复制相关文件、记录以及其他有关资料；

（四）要求被检查单位提交有关情况说明或者后续处理报告。

被检查单位应当予以配合，如实反映情况，提供必要的资料，不得拒绝和阻碍。

县级以上人民政府环境保护主管部门和其他有关部门的监督检查人员依法进行监

督检查时，应当出示证件，并为被检查单位保守技术秘密和业务秘密。

第三十条 核设施营运单位、核技术利用单位和放射性固体废物贮存、处置单位，应当按照放射性废物危害的大小，建立健全相应级别的安全保卫制度，采取相应的技术防范措施和人员防范措施，并适时开展放射性废物污染事故应急演练。

第三十一条 核设施营运单位、核技术利用单位和放射性固体废物贮存、处置单位，应当对其直接从事放射性废物处理、贮存和处置活动的工作人员进行核与辐射安全知识以及专业操作技术的培训，并进行考核；考核合格的，方可从事该项工作。

第三十二条 核设施营运单位、核技术利用单位和放射性固体废物贮存单位应当按照国务院环境保护主管部门的规定定期如实报告放射性废物产生、排放、处理、贮存、清洁解控和送交处置等情况。

放射性固体废物处置单位应当于每年 3 月 31 日前，向国务院环境保护主管部门和核工业行业主管部门如实报告上一年度放射性固体废物接收、处置和设施运行等情况。

第三十三条 禁止将废旧放射源和其他放射性固体废物送交无相应许可证的单位贮存、处置或者擅自处置。

禁止无许可证或者不按照许可证规定的活动种类、范围、规模和期限从事放射性固体废物贮存、处置活动。

第三十四条 禁止将放射性废物和被放射性污染的物品输入中华人民共和国境内或者经中华人民共和国境内转移。具体办法由国务院环境保护主管部门会同国务院商务主管部门、海关总署、国家出入境检验检疫主管部门制定。

第五章 法律责任

第三十五条 负有放射性废物安全监督管理职责的部门及其工作人员违反本条例规定，有下列行为之一的，对直接负责的主管人员和其他直接责任人员，依法给予处分；直接负责的主管人员和其他直接责任人员构成犯罪的，依法追究刑事责任：

（一）违反本条例规定核发放射性固体废物贮存、处置许可证的；

（二）违反本条例规定批准不符合选址规划或者选址技术导则、标准的处置设施选址或者建造的；

（三）对发现的违反本条例的行为不依法查处的；

（四）在办理放射性固体废物贮存、处置许可证以及实施监督检查过程中，索取、收受他人财物或者谋取其他利益的；

（五）其他徇私舞弊、滥用职权、玩忽职守行为。

第三十六条 违反本条例规定，核设施营运单位、核技术利用单位有下列行为之一的，由审批该单位立项环境影响评价文件的环境保护主管部门责令停止违法行为，限期改正；逾期不改正的，指定有相应许可证的单位代为贮存或者处置，所需费用由核设施营运单位、核技术利用单位承担，可以处 20 万元以下的罚款；构成犯罪的，依法追究刑事责任：

（一）核设施营运单位未按照规定，将其产生的废旧放射源送交贮存、处置，或者将其产生的其他放射性固体废物送交处置的；

（二）核技术利用单位未按照规定，将其产生的废旧放射源或者其他放射性固体废物送交贮存、处置的。

第三十七条 违反本条例规定，有下列行为之一的，由县级以上人民政府环境保护主管部门责令停止违法行为，限期改正，处10万元以上20万元以下的罚款；造成环境污染的，责令限期采取治理措施消除污染，逾期不采取治理措施，经催告仍不治理的，可以指定有治理能力的单位代为治理，所需费用由违法者承担；构成犯罪的，依法追究刑事责任：

（一）核设施营运单位将废旧放射源送交无相应许可证的单位贮存、处置，或者将其他放射性固体废物送交无相应许可证的单位处置，或者擅自处置的；

（二）核技术利用单位将废旧放射源或者其他放射性固体废物送交无相应许可证的单位贮存、处置，或者擅自处置的；

（三）放射性固体废物贮存单位将废旧放射源或者其他放射性固体废物送交无相应许可证的单位处置，或者擅自处置的。

第三十八条 违反本条例规定，有下列行为之一的，由省级以上人民政府环境保护主管部门责令停产停业或者吊销许可证；有违法所得的，没收违法所得；违法所得10万元以上的，并处违法所得1倍以上5倍以下的罚款；没有违法所得或者违法所得不足10万元的，并处5万元以上10万元以下的罚款；造成环境污染的，责令限期采取治理措施消除污染，逾期不采取治理措施，经催告仍不治理的，可以指定有治理能力的单位代为治理，所需费用由违法者承担；构成犯罪的，依法追究刑事责任：

（一）未经许可，擅自从事废旧放射源或者其他放射性固体废物的贮存、处置活动的；

（二）放射性固体废物贮存、处置单位未按照许可证规定的活动种类、范围、规模、期限从事废旧放射源或者其他放射性固体废物的贮存、处置活动的；

（三）放射性固体废物贮存、处置单位未按照国家有关放射性污染防治标准和国务院环境保护主管部门的规定贮存、处置废旧放射源或者其他放射性固体废物的。

第三十九条 放射性固体废物贮存、处置单位未按照规定建立情况记录档案，或者未按照规定进行如实记录的，由省级以上人民政府环境保护主管部门责令限期改正，处1万元以上5万元以下的罚款；逾期不改正的，处5万元以上10万元以下的罚款。

第四十条 核设施营运单位、核技术利用单位或者放射性固体废物贮存、处置单位未按照本条例第三十二条的规定如实报告有关情况的，由县级以上人民政府环境保护主管部门责令限期改正，处1万元以上5万元以下的罚款；逾期不改正的，处5万元以上10万元以下的罚款。

第四十一条 违反本条例规定，拒绝、阻碍环境保护主管部门或者其他有关部门的监督检查，或者在接受监督检查时弄虚作假的，由监督检查部门责令改正，处2万元以下的罚款；构成违反治安管理行为的，由公安机关依法给予治安管理处罚；构成犯罪的，依法追究刑事责任。

第四十二条 核设施营运单位、核技术利用单位或者放射性固体废物贮存、处置单位未按照规定对有关工作人员进行技术培训和考核的，由县级以上人民政府环境保护主管部门责令限期改正，处1万元以上5万元以下的罚款；逾期不改正的，处5万元以上10万元以下的罚款。

第四十三条 违反本条例规定，向中华人民共和国境内输入放射性废物或者被放射性污染的物品，或者经中华人民共和国境内转移放射性废物或者被放射性污染的物品的，由海关责令退运该放射性废物或者被放射性污染的物品，并处50万元以上100万元以下的罚款；构成犯罪的，依法追究刑事责任。

第六章 附 则

第四十四条 军用设施、装备所产生的放射性废物的安全管理，依照《中华人民共和国放射性污染防治法》第六十条的规定执行。

第四十五条 放射性废物运输的安全管理、放射性废物造成污染事故的应急处理，以及劳动者在职业活动中接触放射性废物造成的职业病防治，依照有关法律、行政法规的规定执行。

第四十六条 本条例自2012年3月1日起施行。

危险化学品安全管理条例

（2013年12月4日修订）

（2002年1月26日中华人民共和国国务院令第344号发布　2011年2月16日国务院第144次常务会议修订通过　2013年12月4日国务院第32次常务会议修订通过　自2013年12月7日起施行）

第一章　总　则

第一条　为了加强危险化学品的安全管理，预防和减少危险化学品事故，保障人民群众生命财产安全，保护环境，制定本条例。

第二条　危险化学品生产、储存、使用、经营和运输的安全管理，适用本条例。

废弃危险化学品的处置，依照有关环境保护的法律、行政法规和国家有关规定执行。

第三条　本条例所称危险化学品，是指具有毒害、腐蚀、爆炸、燃烧、助燃等性质，对人体、设施、环境具有危害的剧毒化学品和其他化学品。

危险化学品目录，由国务院安全生产监督管理部门会同国务院工业和信息化、公安、环境保护、卫生、质量监督检验检疫、交通运输、铁路、民用航空、农业主管部门，根据化学品危险特性的鉴别和分类标准确定、公布，并适时调整。

第四条　危险化学品安全管理，应当坚持安全第一、预防为主、综合治理的方针，强化和落实企业的主体责任。

生产、储存、使用、经营、运输危险化学品的单位（以下统称危险化学品单位）的主要负责人对本单位的危险化学品安全管理工作全面负责。

危险化学品单位应当具备法律、行政法规规定和国家标准、行业标准要求的安全条件，建立、健全安全管理规章制度和岗位安全责任制度，对从业人员进行安全教育、法制教育和岗位技术培训。从业人员应当接受教育和培训，考核合格后上岗作业；对有资格要求的岗位，应当配备依法取得相应资格的人员。

第五条　任何单位和个人不得生产、经营、使用国家禁止生产、经营、使用的危险化学品。

国家对危险化学品的使用有限制性规定的，任何单位和个人不得违反限制性规定使用危险化学品。

第六条　对危险化学品的生产、储存、使用、经营、运输实施安全监督管理的有关部门（以下统称负有危险化学品安全监督管理职责的部门），依照下列规定履行职责：

（一）安监部门负责危险化学品安全监督管理综合工作，组织确定、公布、调整危险化学品目录，对新建、改建、扩建生产、储存危险化学品（包括使用长输管道输送危险化学品，下同）的建设项目进行安全条件审查，核发危险化学品安全生产许可证、危险化学品安全使用许可证和危险化学品经营许可证，并负责危险化学品登记工作。

（二）公安机关负责危险化学品的公共安全管理，核发剧毒化学品购买许可证、剧毒化学品道路运输通行证，并负责危险化学品运输车辆的道路交通安全管理。

（三）质检部门负责核发危险化学品及其包装物、容器（不包括储存危险化学品的固定式大型储罐，下同）生产企业的工业产品生产许可证，并依法对其产品质量实施监督，负责对进出口危险化学品及其包装实施检验。

（四）环保部门负责废弃危险化学品处置的监督管理，组织危险化学品的环境危害性鉴定和环境风险程度评估，确定实施重点环境管理的危险化学品，负责危险化学品环境管理登记和新化学物质环境管理登记；依照职责分工调查相关危险化学品环境污染事故和生态破坏事件，负责危险化学品事故现场的应急环境监测。

（五）交通部门负责危险化学品道路运输、水路运输的许可以及运输工具的安全管理，对危险化学品水路运输安全实施监督，负责危险化学品道路运输企业、水路运输企业驾驶人员、船员、装卸管理人员、押运人员、申报人员、集装箱装箱现场检查员的资格认定。铁路监管部门负责危险化学品铁路运输及其运输工具的安全管理。民航部门负责危险化学品航空运输以及航空运输企业及其运输工具的安全管理。

（六）卫生部门负责危险化学品毒性鉴定的管理，负责组织、协调危险化学品事故受伤人员的医疗卫生救援工作。

（七）工商行政部门依据有关部门的许可证件，核发危险化学品生产、储存、经营、运输企业营业执照，查处危险化学品经营企业违法采购危险化学品的行为。

（八）邮政部门负责依法查处寄递危险化学品的行为。

第七条 负有危险化学品安全监督管理职责的部门依法进行监督检查，可以采取下列措施：

（一）进入危险化学品作业场所实施现场检查，向有关单位和人员了解情况，查阅、复制有关文件、资料；

（二）发现危险化学品事故隐患，责令立即消除或者限期消除；

（三）对不符合法律、行政法规、规章规定或者国家标准、行业标准要求的设施、设备、装置、器材、运输工具，责令立即停止使用；

（四）经本部门主要负责人批准，查封违法生产、储存、使用、经营危险化学品的场所，扣押违法生产、储存、使用、经营、运输的危险化学品以及用于违法生产、使用、运输危险化学品的原材料、设备、运输工具；

（五）发现影响危险化学品安全的违法行为，当场予以纠正或者责令限期改正。

负有危险化学品安全监督管理职责的部门依法进行监督检查，监督检查人员不得少于 2 人，并应当出示执法证件；有关单位和个人对依法进行的监督检查应当予以配合，不得拒绝、阻碍。

第八条 县级以上人民政府应当建立危险化学品安全监督管理工作协调机制，支持、督促负有危险化学品安全监督管理职责的部门依法履行职责，协调、解决危险化学品安全监督管理工作中的重大问题。

负有危险化学品安全监督管理职责的部门应当相互配合、密切协作，依法加强对危险化学品的安全监督管理。

第九条 任何单位和个人对违反本条例规定的行为，有权向负有危险化学品安全监督管理职责的部门举报。负有危险化学品安全监督管理职责的部门接到举报，应当及时依法处理；对不属于本部门职责的，应当及时移送有关部门处理。

第十条 国家鼓励危险化学品生产企业和使用危险化学品从事生产的企业采用有利于提高安全保障水平的先进技术、工艺、设备以及自动控制系统，鼓励对危险化学品实行专门储存、统一配送、集中销售。

第二章 生产、储存安全

第十一条 国家对危险化学品的生产、储存实行统筹规划、合理布局。

国务院工信部门以及国务院其他有关部门依据各自职责，负责危险化学品生产、储存的行业规划和布局。

地方人民政府组织编制城乡规划，应当根据本地区的实际情况，按照确保安全的原则，规划适当区域专门用于危险化学品的生产、储存。

第十二条 新建、改建、扩建生产、储存危险化学品的建设项目（以下简称建设项目），应当由安监部门进行安全条件审查。

建设单位应当对建设项目进行安全条件论证，委托具备国家规定的资质条件的机构对建设项目进行安全评价，并将安全条件论证和安全评价的情况报告报建设项目所在地设区的市级以上人民政府安监部门；安监部门应当自收到报告之日起 45 日内作出审查决定，并书面通知建设单位。具体办法由国务院安监部门制定。

新建、改建、扩建储存、装卸危险化学品的港口建设项目，由港口部门按照国务院交通部门的规定进行安全条件审查。

第十三条 生产、储存危险化学品的单位，应当对其铺设的危险化学品管道设置明显标志，并对危险化学品管道定期检查、检测。

进行可能危及危险化学品管道安全的施工作业，施工单位应当在开工的 7 日前书面通知管道所属单位，并与管道所属单位共同制定应急预案，采取相应的安全防护措施。管道所属单位应当指派专门人员到现场进行管道安全保护指导。

第十四条 危险化学品生产企业进行生产前，应当依照《安全生产许可证条例》的规定，取得危险化学品安全生产许可证。

生产列入国家实行生产许可证制度的工业产品目录的危险化学品的企业，应当依照

《工业产品生产许可证管理条例》的规定，取得工业产品生产许可证。

负责颁发危险化学品安全生产许可证、工业产品生产许可证的部门，应当将其颁发许可证的情况及时向同级工信部门、环保部门和公安机关通报。

第十五条 危险化学品生产企业应当提供与其生产的危险化学品相符的化学品安全技术说明书，并在危险化学品包装（包括外包装件）上粘贴或者拴挂与包装内危险化学品相符的化学品安全标签。化学品安全技术说明书和化学品安全标签所载明的内容应当符合国家标准的要求。

危险化学品生产企业发现其生产的危险化学品有新的危险特性的，应当立即公告，并及时修订其化学品安全技术说明书和化学品安全标签。

第十六条 生产实施重点环境管理的危险化学品的企业，应当按照国务院环保部门的规定，将该危险化学品向环境中释放等相关信息向环保部门报告。环保部门可以根据情况采取相应的环境风险控制措施。

第十七条 危险化学品的包装应当符合法律、行政法规、规章的规定以及国家标准、行业标准的要求。

危险化学品包装物、容器的材质以及危险化学品包装的型式、规格、方法和单件质量（重量），应当与所包装的危险化学品的性质和用途相适应。

第十八条 生产列入国家实行生产许可证制度的工业产品目录的危险化学品包装物、容器的企业，应当依照《工业产品生产许可证管理条例》的规定，取得工业产品生产许可证；其生产的危险化学品包装物、容器经国务院质检部门认定的检验机构检验合格，方可出厂销售。

运输危险化学品的船舶及其配载的容器，应当按照国家船舶检验规范进行生产，并经海事机构认定的船舶检验机构检验合格，方可投入使用。

对重复使用的危险化学品包装物、容器，使用单位在重复使用前应当进行检查；发现存在安全隐患的，应当维修或者更换。使用单位应当对检查情况作出记录，记录的保存期限不得少于 2 年。

第十九条 危险化学品生产装置或者储存数量构成重大危险源的危险化学品储存设施（运输工具加油站、加气站除外），与下列场所、设施、区域的距离应当符合国家有关规定：

（一）居住区以及商业中心、公园等人员密集场所；

（二）学校、医院、影剧院、体育场（馆）等公共设施；

（三）饮用水源、水厂以及水源保护区；

（四）车站、码头（依法经许可从事危险化学品装卸作业的除外）、机场以及通信干线、通信枢纽、铁路线路、道路交通干线、水路交通干线、地铁风亭以及地铁站出入口；

（五）基本农田保护区、基本草原、畜禽遗传资源保护区、畜禽规模化养殖场（养殖小区）、渔业水域以及种子、种畜禽、水产苗种生产基地；

（六）河流、湖泊、风景名胜区、自然保护区；

（七）军事禁区、军事管理区；

（八）法律、行政法规规定的其他场所、设施、区域。

已建的危险化学品生产装置或者储存数量构成重大危险源的危险化学品储存设施不符合前款规定的，由所在地设区的市级人民政府安监部门会同有关部门监督其所属单位在规定期限内进行整改；需要转产、停产、搬迁、关闭的，由本级人民政府决定并组织实施。

储存数量构成重大危险源的危险化学品储存设施的选址，应当避开地震活动断层和容易发生洪灾、地质灾害的区域。

本条例所称重大危险源，是指生产、储存、使用或者搬运危险化学品，且危险化学品的数量等于或者超过临界量的单元（包括场所和设施）。

第二十条 生产、储存危险化学品的单位，应当根据其生产、储存的危险化学品的种类和危险特性，在作业场所设置相应的监测、监控、通风、防晒、调温、防火、灭火、防爆、泄压、防毒、中和、防潮、防雷、防静电、防腐、防泄漏以及防护围堤或者隔离操作等安全设施、设备，并按照国家标准、行业标准或者国家有关规定对安全设施、设备进行经常性维护、保养，保证安全设施、设备的正常使用。

生产、储存危险化学品的单位，应当在其作业场所和安全设施、设备上设置明显的安全警示标志。

第二十一条 生产、储存危险化学品的单位，应当在其作业场所设置通信、报警装置，并保证处于适用状态。

第二十二条 生产、储存危险化学品的企业，应当委托具备国家规定的资质条件的机构，对本企业的安全生产条件每 3 年进行一次安全评价，提出安全评价报告。安全评价报告的内容应当包括对安全生产条件存在的问题进行整改的方案。

生产、储存危险化学品的企业，应当将安全评价报告以及整改方案的落实情况报所在地县级安监部门备案。在港区内储存危险化学品的企业，应当将安全评价报告以及整改方案的落实情况报港口部门备案。

第二十三条 生产、储存剧毒化学品或者国务院公安部门规定的可用于制造爆炸物品的危险化学品（以下简称易制爆危险化学品）的单位，应当如实记录其生产、储存的剧毒化学品、易制爆危险化学品的数量、流向，并采取必要的安全防范措施，防止剧毒化学品、易制爆危险化学品丢失或者被盗；发现剧毒化学品、易制爆危险化学品丢失或者被盗的，应当立即向当地公安机关报告。

生产、储存剧毒化学品、易制爆危险化学品的单位，应当设置治安保卫机构，配备专职治安保卫人员。

第二十四条 危险化学品应当储存在专用仓库、专用场地或者专用储存室（以下统称专用仓库）内，并由专人负责管理；剧毒化学品以及储存数量构成重大危险源的其他危险化学品，应当在专用仓库内单独存放，并实行双人收发、双人保管制度。

危险化学品的储存方式、方法以及储存数量应当符合国家标准或者国家有关规定。

第二十五条 储存危险化学品的单位应当建立危险化学品出入库核查、登记制度。

对剧毒化学品以及储存数量构成重大危险源的其他危险化学品，储存单位应当将其储存数量、储存地点以及管理人员的情况，报所在地县级安监部门（在港区内储存的，报港口部门）和公安机关备案。

第二十六条 危险化学品专用仓库应当符合国家标准、行业标准的要求，并设置明显的标志。储存剧毒化学品、易制爆危险化学品的专用仓库，应当按照国家有关规定设置相应的技术防范设施。

储存危险化学品的单位应当对其危险化学品专用仓库的安全设施、设备定期进行检测、检验。

第二十七条 生产、储存危险化学品的单位转产、停产、停业或者解散的，应当采取有效措施，及时、妥善处置其危险化学品生产装置、储存设施以及库存的危险化学品，不得丢弃危险化学品；处置方案应当报所在地县级安监部门、工信部门、环保部门和公安机关备案。安监部门应当会同环保部门和公安机关对处置情况进行监督检查，发现未依照规定处置的，应当责令其立即处置。

第三章 使用安全

第二十八条 使用危险化学品的单位，其使用条件（包括工艺）应当符合法律、行政法规的规定和国家标准、行业标准的要求，并根据所使用的危险化学品的种类、危险特性以及使用量和使用方式，建立、健全使用危险化学品的安全管理规章制度和安全操作规程，保证危险化学品的安全使用。

第二十九条 使用危险化学品从事生产并且使用量达到规定数量的化工企业（属于危险化学品生产企业的除外，下同），应当依照本条例的规定取得危险化学品安全使用许可证。

前款规定的危险化学品使用量的数量标准，由国务院安监部门会同国务院公安部门、农业部门确定并公布。

第三十条 申请危险化学品安全使用许可证的化工企业，除应当符合本条例第二十八条的规定外，还应当具备下列条件：

（一）有与所使用的危险化学品相适应的专业技术人员；

（二）有安全管理机构和专职安全管理人员；

（三）有符合国家规定的危险化学品事故应急预案和必要的应急救援器材、设备；

（四）依法进行了安全评价。

第三十一条 申请危险化学品安全使用许可证的化工企业，应当向所在地设区的市级人民政府安监部门提出申请，并提交其符合本条例第三十条规定条件的证明材料。设区的市级人民政府安监部门应当依法进行审查，自收到证明材料之日起 45 日内作出批准或者不予批准的决定。予以批准的，颁发危险化学品安全使用许可证；不予批准的，书面通知申请人并说明理由。

安监部门应当将其颁发危险化学品安全使用许可证的情况及时向同级环保部门和公安机关通报。

第三十二条 本条例第十六条关于生产实施重点环境管理的危险化学品的企业的规定，适用于使用实施重点环境管理的危险化学品从事生产的企业；第二十条、第二十一条、第二十三条第一款、第二十七条关于生产、储存危险化学品的单位的规定，适用于使用危险化学品的单位；第二十二条关于生产、储存危险化学品的企业的规定，适用于使用危险化学品从事生产的企业。

第四章 经营安全

第三十三条 国家对危险化学品经营（包括仓储经营，下同）实行许可制度。未经许可，任何单位和个人不得经营危险化学品。

依法设立的危险化学品生产企业在其厂区范围内销售本企业生产的危险化学品，不需要取得危险化学品经营许可。

依照《港口法》的规定取得港口经营许可证的港口经营人，在港区内从事危险化学品仓储经营，不需要取得危险化学品经营许可。

第三十四条 从事危险化学品经营的企业应当具备下列条件：

（一）有符合国家标准、行业标准的经营场所，储存危险化学品的，还应当有符合国家标准、行业标准的储存设施；

（二）从业人员经过专业技术培训并经考核合格；

（三）有健全的安全管理规章制度；

（四）有专职安全管理人员；

（五）有符合国家规定的危险化学品事故应急预案和必要的应急救援器材、设备；

（六）法律、法规规定的其他条件。

第三十五条 从事剧毒化学品、易制爆危险化学品经营的企业，应当向所在地设区的市级人民政府安监部门提出申请，从事其他危险化学品经营的企业，应当向所在地县级安监部门提出申请（有储存设施的，应当向所在地设区的市级人民政府安监部门提出申请）。申请人应当提交其符合本条例第三十四条规定条件的证明材料。设区的市级人民政府安监部门或者县级安监部门应当依法进行审查，并对申请人的经营场所、储存设施进行现场核查，自收到证明材料之日起 30 日内作出批准或者不予批准的决定。予以批准的，颁发危险化学品经营许可证；不予批准的，书面通知申请人并说明理由。

设区的市级人民政府安监部门和县级安监部门应当将其颁发危险化学品经营许可证的情况及时向同级环保部门和公安机关通报。

申请人持危险化学品经营许可证向工商行政部门办理登记手续后，方可从事危险化学品经营活动。法律、行政法规或者国务院规定经营危险化学品还需要经其他有关部门许可的，申请人向工商行政部门办理登记手续时还应当持相应的许可证件。

第三十六条 危险化学品经营企业储存危险化学品的，应当遵守本条例第二章关于储存危险化学品的规定。危险化学品商店内只能存放民用小包装的危险化学品。

第三十七条 危险化学品经营企业不得向未经许可从事危险化学品生产、经营活动的企业采购危险化学品，不得经营没有化学品安全技术说明书或者化学品安全标签的危险化学品。

第三十八条 依法取得危险化学品安全生产许可证、危险化学品安全使用许可证、危险化学品经营许可证的企业，凭相应的许可证件购买剧毒化学品、易制爆危险化学品。民用爆炸物品生产企业凭民用爆炸物品生产许可证购买易制爆危险化学品。

前款规定以外的单位购买剧毒化学品的，应当向所在地县级公安机关申请取得剧毒化学品购买许可证；购买易制爆危险化学品的，应当持本单位出具的合法用途说明。

个人不得购买剧毒化学品（属于剧毒化学品的农药除外）和易制爆危险化学品。

第三十九条 申请取得剧毒化学品购买许可证，申请人应当向所在地县级公安机关提交下列材料：

（一）营业执照或者法人证书（登记证书）的复印件；

（二）拟购买的剧毒化学品品种、数量的说明；

（三）购买剧毒化学品用途的说明；

（四）经办人的身份证明。

县级公安机关应当自收到前款规定的材料之日起 3 日内，作出批准或者不予批准的决定。予以批准的，颁发剧毒化学品购买许可证；不予批准的，书面通知申请人并说明理由。

剧毒化学品购买许可证管理办法由国务院公安部门制定。

第四十条 危险化学品生产企业、经营企业销售剧毒化学品、易制爆危险化学品，应当查验本条例第三十八条第一款、第二款规定的相关许可证件或者证明文件，不得向不具有相关许可证件或者证明文件的单位销售剧毒化学品、易制爆危险化学品。对持剧毒化学品购买许可证购买剧毒化学品的，应当按照许可证载明的品种、数量销售。

禁止向个人销售剧毒化学品（属于剧毒化学品的农药除外）和易制爆危险化学品。

第四十一条 危险化学品生产企业、经营企业销售剧毒化学品、易制爆危险化学品，应当如实记录购买单位的名称、地址、经办人的姓名、身份证号码以及所购买的剧毒化学品、易制爆危险化学品的品种、数量、用途。销售记录以及经办人的身份证明复印件、相关许可证件复印件或者证明文件的保存期限不得少于 1 年。

剧毒化学品、易制爆危险化学品的销售企业、购买单位应当在销售、购买后 5 日内，将所销售、购买的剧毒化学品、易制爆危险化学品的品种、数量以及流向信息报所在地县级公安机关备案，并输入计算机系统。

第四十二条 使用剧毒化学品、易制爆危险化学品的单位不得出借、转让其购买的剧毒化学品、易制爆危险化学品；因转产、停产、搬迁、关闭等确需转让的，应当向具有本条例第三十八条第一款、第二款规定的相关许可证件或者证明文件的单位转让，并在转让后将有关情况及时向所在地县级公安机关报告。

第五章　运输安全

第四十三条　从事危险化学品道路运输、水路运输的，应当分别依照有关道路运输、水路运输的法律、行政法规的规定，取得危险货物道路运输许可、危险货物水路运输许可，并向工商行政部门办理登记手续。

危险化学品道路运输企业、水路运输企业应当配备专职安全管理人员。

第四十四条　危险化学品道路运输企业、水路运输企业的驾驶人员、船员、装卸管理人员、押运人员、申报人员、集装箱装箱现场检查员应当经交通部门考核合格，取得从业资格。具体办法由国务院交通部门制定。

危险化学品的装卸作业应当遵守安全作业标准、规程和制度，并在装卸管理人员的现场指挥或者监控下进行。水路运输危险化学品的集装箱装箱作业应当在集装箱装箱现场检查员的指挥或者监控下进行，并符合积载、隔离的规范和要求；装箱作业完毕后，集装箱装箱现场检查员应当签署装箱证明书。

第四十五条　运输危险化学品，应当根据危险化学品的危险特性采取相应的安全防护措施，并配备必要的防护用品和应急救援器材。

用于运输危险化学品的槽罐以及其他容器应当封口严密，能够防止危险化学品在运输过程中因温度、湿度或者压力的变化发生渗漏、洒漏；槽罐以及其他容器的溢流和泄压装置应当设置准确、起闭灵活。

运输危险化学品的驾驶人员、船员、装卸管理人员、押运人员、申报人员、集装箱装箱现场检查员，应当了解所运输的危险化学品的危险特性及其包装物、容器的使用要求和出现危险情况时的应急处置方法。

第四十六条　通过道路运输危险化学品的，托运人应当委托依法取得危险货物道路运输许可的企业承运。

第四十七条　通过道路运输危险化学品的，应当按照运输车辆的核定载质量装载危险化学品，不得超载。

危险化学品运输车辆应当符合国家标准要求的安全技术条件，并按照国家有关规定定期进行安全技术检验。

危险化学品运输车辆应当悬挂或者喷涂符合国家标准要求的警示标志。

第四十八条　通过道路运输危险化学品的，应当配备押运人员，并保证所运输的危险化学品处于押运人员的监控之下。

运输危险化学品途中因住宿或者发生影响正常运输的情况，需要较长时间停车的，驾驶人员、押运人员应当采取相应的安全防范措施；运输剧毒化学品或者易制爆危险化学品的，还应当向当地公安机关报告。

第四十九条　未经公安机关批准，运输危险化学品的车辆不得进入危险化学品运输车辆限制通行的区域。危险化学品运输车辆限制通行的区域由县级公安机关划定，并设置明显的标志。

第五十条 通过道路运输剧毒化学品的，托运人应当向运输始发地或者目的地县级公安机关申请剧毒化学品道路运输通行证。

申请剧毒化学品道路运输通行证，托运人应当向县级公安机关提交下列材料：

（一）拟运输的剧毒化学品品种、数量的说明；

（二）运输始发地、目的地、运输时间和运输路线的说明；

（三）承运人取得危险货物道路运输许可、运输车辆取得营运证以及驾驶人员、押运人员取得上岗资格的证明文件；

（四）本条例第三十八条第一款、第二款规定的购买剧毒化学品的相关许可证件，或者海关出具的进出口证明文件。

县级公安机关应当自收到前款规定的材料之日起 7 日内，作出批准或者不予批准的决定。予以批准的，颁发剧毒化学品道路运输通行证；不予批准的，书面通知申请人并说明理由。

剧毒化学品道路运输通行证管理办法由国务院公安部门制定。

第五十一条 剧毒化学品、易制爆危险化学品在道路运输途中丢失、被盗、被抢或者出现流散、泄漏等情况的，驾驶人员、押运人员应当立即采取相应的警示措施和安全措施，并向当地公安机关报告。公安机关接到报告后，应当根据实际情况立即向安监部门、环保部门、卫生部门通报。有关部门应当采取必要的应急处置措施。

第五十二条 通过水路运输危险化学品的，应当遵守法律、行政法规以及国务院交通部门关于危险货物水路运输安全的规定。

第五十三条 海事机构应当根据危险化学品的种类和危险特性，确定船舶运输危险化学品的相关安全运输条件。

拟交付船舶运输的化学品的相关安全运输条件不明确的，货物所有人或者代理人应当委托相关技术机构进行评估，明确相关安全运输条件并经海事机构确认后，方可交付船舶运输。

第五十四条 禁止通过内河封闭水域运输剧毒化学品以及国家规定禁止通过内河运输的其他危险化学品。

前款规定以外的内河水域，禁止运输国家规定禁止通过内河运输的剧毒化学品以及其他危险化学品。

禁止通过内河运输的剧毒化学品以及其他危险化学品的范围，由国务院交通部门会同国务院环保部门、工信部门、安监部门，根据危险化学品的危险特性、危险化学品对人体和水环境的危害程度以及消除危害后果的难易程度等因素规定并公布。

第五十五条 国务院交通部门应当根据危险化学品的危险特性，对通过内河运输本条例第五十四条规定以外的危险化学品（以下简称通过内河运输危险化学品）实行分类管理，对各类危险化学品的运输方式、包装规范和安全防护措施等分别作出规定并监督实施。

第五十六条 通过内河运输危险化学品，应当由依法取得危险货物水路运输许可的水路运输企业承运，其他单位和个人不得承运。托运人应当委托依法取得危险货物水路运输许可的水路运输企业承运，不得委托其他单位和个人承运。

第五十七条 通过内河运输危险化学品，应当使用依法取得危险货物适装证书的运输船舶。水路运输企业应当针对所运输的危险化学品的危险特性，制定运输船舶危险化学品事故应急救援预案，并为运输船舶配备充足、有效的应急救援器材和设备。

通过内河运输危险化学品的船舶，其所有人或者经营人应当取得船舶污染损害责任保险证书或者财务担保证明。船舶污染损害责任保险证书或者财务担保证明的副本应当随船携带。

第五十八条 通过内河运输危险化学品，危险化学品包装物的材质、型式、强度以及包装方法应当符合水路运输危险化学品包装规范的要求。国务院交通部门对单船运输的危险化学品数量有限制性规定的，承运人应当按照规定安排运输数量。

第五十九条 用于危险化学品运输作业的内河码头、泊位应当符合国家有关安全规范，与饮用水取水口保持国家规定的距离。有关管理单位应当制定码头、泊位危险化学品事故应急预案，并为码头、泊位配备充足、有效的应急救援器材和设备。

用于危险化学品运输作业的内河码头、泊位，经交通部门按照国家有关规定验收合格后方可投入使用。

第六十条 船舶载运危险化学品进出内河港口，应当将危险化学品的名称、危险特性、包装以及进出港时间等事项，事先报告海事机构。海事机构接到报告后，应当在国务院交通部门规定的时间内作出是否同意的决定，通知报告人，同时通报港口部门。定船舶、定航线、定货种的船舶可以定期报告。

在内河港口内进行危险化学品的装卸、过驳作业，应当将危险化学品的名称、危险特性、包装和作业的时间、地点等事项报告港口部门。港口部门接到报告后，应当在国务院交通部门规定的时间内作出是否同意的决定，通知报告人，同时通报海事机构。

载运危险化学品的船舶在内河航行，通过过船建筑物的，应当提前向交通部门申报，并接受交通部门的管理。

第六十一条 载运危险化学品的船舶在内河航行、装卸或者停泊，应当悬挂专用的警示标志，按照规定显示专用信号。

载运危险化学品的船舶在内河航行，按照国务院交通部门的规定需要引航的，应当申请引航。

第六十二条 载运危险化学品的船舶在内河航行，应当遵守法律、行政法规和国家其他有关饮用水水源保护的规定。内河航道发展规划应当与依法经批准的饮用水水源保护区划定方案相协调。

第六十三条 托运危险化学品的，托运人应当向承运人说明所托运的危险化学品的种类、数量、危险特性以及发生危险情况的应急处置措施，并按照国家有关规定对所托运的危险化学品妥善包装，在外包装上设置相应的标志。

运输危险化学品需要添加抑制剂或者稳定剂的，托运人应当添加，并将有关情况告知承运人。

第六十四条 托运人不得在托运的普通货物中夹带危险化学品，不得将危险化学品匿报或者谎报为普通货物托运。

任何单位和个人不得交寄危险化学品或者在邮件、快件内夹带危险化学品，不得将危险化学品匿报或者谎报为普通物品交寄。邮政企业、快递企业不得收寄危险化学品。

对涉嫌违反本条第一款、第二款规定的，交通部门、邮政部门可以依法开拆查验。

第六十五条 通过铁路、航空运输危险化学品的安全管理，依照有关铁路、航空运输的法律、行政法规、规章的规定执行。

第六章 危险化学品登记与事故应急救援

第六十六条 国家实行危险化学品登记制度，为危险化学品安全管理以及危险化学品事故预防和应急救援提供技术、信息支持。

第六十七条 危险化学品生产企业、进口企业，应当向国务院安监部门负责危险化学品登记的机构（以下简称危险化学品登记机构）办理危险化学品登记。

危险化学品登记包括下列内容：

（一）分类和标签信息；

（二）物理、化学性质；

（三）主要用途；

（四）危险特性；

（五）储存、使用、运输的安全要求；

（六）出现危险情况的应急处置措施。

对同一企业生产、进口的同一品种的危险化学品，不进行重复登记。危险化学品生产企业、进口企业发现其生产、进口的危险化学品有新的危险特性的，应当及时向危险化学品登记机构办理登记内容变更手续。

危险化学品登记的具体办法由国务院安监部门制定。

第六十八条 危险化学品登记机构应当定期向工信、环保、公安、卫生、交通、铁路、质检等部门提供危险化学品登记的有关信息和资料。

第六十九条 县级以上地方人民政府安监部门应当会同工信、环保、公安、卫生、交通、铁路、质检等部门，根据本地区实际情况，制定危险化学品事故应急预案，报本级人民政府批准。

第七十条 危险化学品单位应当制定本单位危险化学品事故应急预案，配备应急救援人员和必要的应急救援器材、设备，并定期组织应急救援演练。

危险化学品单位应当将其危险化学品事故应急预案报所在地设区的市级人民政府安监部门备案。

第七十一条 发生危险化学品事故，事故单位主要负责人应当立即按照本单位危险化学品应急预案组织救援，并向当地安监部门和环保、公安、卫生部门报告；道路运输、水路运输过程中发生危险化学品事故的，驾驶人员、船员或者押运人员还应当向事故发生地交通部门报告。

第七十二条 发生危险化学品事故，有关地方人民政府应当立即组织安全生产监督管理、环保、公安、卫生、交通等有关部门，按照本地区危险化学品事故应急预案组织实施救援，不得拖延、推诿。

有关地方人民政府及其有关部门应当按照下列规定，采取必要的应急处置措施，减少事故损失，防止事故蔓延、扩大：

（一）立即组织营救和救治受害人员，疏散、撤离或者采取其他措施保护危害区域内的其他人员；

（二）迅速控制危害源，测定危险化学品的性质、事故的危害区域及危害程度；

（三）针对事故对人体、动植物、土壤、水源、大气造成的现实危害和可能产生的危害，迅速采取封闭、隔离、洗消等措施；

（四）对危险化学品事故造成的环境污染和生态破坏状况进行监测、评估，并采取相应的环境污染治理和生态修复措施。

第七十三条 有关危险化学品单位应当为危险化学品事故应急救援提供技术指导和必要的协助。

第七十四条 危险化学品事故造成环境污染的，由设区的市级以上人民政府环保部门统一发布有关信息。

第七章 法律责任

第七十五条 生产、经营、使用国家禁止生产、经营、使用的危险化学品的，由安监部门责令停止生产、经营、使用活动，处20万元以上50万元以下的罚款，有违法所得的，没收违法所得；构成犯罪的，依法追究刑事责任。

有前款规定行为的，安监部门还应当责令其对所生产、经营、使用的危险化学品进行无害化处理。

违反国家关于危险化学品使用的限制性规定使用危险化学品的，依照本条第一款的规定处理。

第七十六条 未经安全条件审查，新建、改建、扩建生产、储存危险化学品的建设项目的，由安监部门责令停止建设，限期改正；逾期不改正的，处50万元以上100万元以下的罚款；构成犯罪的，依法追究刑事责任。

未经安全条件审查，新建、改建、扩建储存、装卸危险化学品的港口建设项目的，由港口部门依照前款规定予以处罚。

第七十七条 未依法取得危险化学品安全生产许可证从事危险化学品生产，或者未依法取得工业产品生产许可证从事危险化学品及其包装物、容器生产的，分别依照《安全生产许可证条例》《工业产品生产许可证管理条例》的规定处罚。

违反本条例规定，化工企业未取得危险化学品安全使用许可证，使用危险化学品从事生产的，由安监部门责令限期改正，处10万元以上20万元以下的罚款；逾期不改正的，责令停产整顿。

违反本条例规定，未取得危险化学品经营许可证从事危险化学品经营的，由安监部门责令停止经营活动，没收违法经营的危险化学品以及违法所得，并处10万元以上20万元以下的罚款；构成犯罪的，依法追究刑事责任。

第七十八条 有下列情形之一的，由安监部门责令改正，可以处5万元以下的罚款；拒不改正的，处5万元以上10万元以下的罚款；情节严重的，责令停产停业整顿：

（一）生产、储存危险化学品的单位未对其铺设的危险化学品管道设置明显的标志，或者未对危险化学品管道定期检查、检测的；

（二）进行可能危及危险化学品管道安全的施工作业，施工单位未按照规定书面通知管道所属单位，或者未与管道所属单位共同制定应急预案、采取相应的安全防护措施，或者管道所属单位未指派专门人员到现场进行管道安全保护指导的；

（三）危险化学品生产企业未提供化学品安全技术说明书，或者未在包装（包括外包装件）上粘贴、拴挂化学品安全标签的；

（四）危险化学品生产企业提供的化学品安全技术说明书与其生产的危险化学品不相符，或者在包装（包括外包装件）粘贴、拴挂的化学品安全标签与包装内危险化学品不相符，或者化学品安全技术说明书、化学品安全标签所载明的内容不符合国家标准要求的；

（五）危险化学品生产企业发现其生产的危险化学品有新的危险特性不立即公告，或者不及时修订其化学品安全技术说明书和化学品安全标签的；

（六）危险化学品经营企业经营没有化学品安全技术说明书和化学品安全标签的危险化学品的；

（七）危险化学品包装物、容器的材质以及包装的型式、规格、方法和单件质量（重量）与所包装的危险化学品的性质和用途不相适应的；

（八）生产、储存危险化学品的单位未在作业场所和安全设施、设备上设置明显的安全警示标志，或者未在作业场所设置通信、报警装置的；

（九）危险化学品专用仓库未设专人负责管理，或者对储存的剧毒化学品以及储存数量构成重大危险源的其他危险化学品未实行双人收发、双人保管制度的；

（十）储存危险化学品的单位未建立危险化学品出入库核查、登记制度的；

（十一）危险化学品专用仓库未设置明显标志的；

（十二）危险化学品生产企业、进口企业不办理危险化学品登记，或者发现其生产、进口的危险化学品有新的危险特性不办理危险化学品登记内容变更手续的。

从事危险化学品仓储经营的港口经营人有前款规定情形的，由港口部门依照前款规定予以处罚。储存剧毒化学品、易制爆危险化学品的专用仓库未按照国家有关规定设置相应的技术防范设施的，由公安机关依照前款规定予以处罚。

生产、储存剧毒化学品、易制爆危险化学品的单位未设置治安保卫机构、配备专职治安保卫人员的，依照《企业事业单位内部治安保卫条例》的规定处罚。

第七十九条 危险化学品包装物、容器生产企业销售未经检验或者经检验不合格的危险化学品包装物、容器的，由质检部门责令改正，处10万元以上20万元以下的罚款，有违法所得的，没收违法所得；拒不改正的，责令停产停业整顿；构成犯罪的，依法追究刑事责任。

将未经检验合格的运输危险化学品的船舶及其配载的容器投入使用的，由海事机构依照前款规定予以处罚。

第八十条 生产、储存、使用危险化学品的单位有下列情形之一的，由安监部门责令改正，处5万元以上10万元以下的罚款；拒不改正的，责令停产停业整顿直至由原发证机关吊销其相关许可证件，并由工商行政部门责令其办理经营范围变更登记或者吊销其营业执照；有关责任人员构成犯罪的，依法追究刑事责任：

（一）对重复使用的危险化学品包装物、容器，在重复使用前不进行检查的；

（二）未根据其生产、储存的危险化学品的种类和危险特性，在作业场所设置相关安全设施、设备，或者未按照国家标准、行业标准或者国家有关规定对安全设施、设备进行经常性维护、保养的；

（三）未依照本条例规定对其安全生产条件定期进行安全评价的；

（四）未将危险化学品储存在专用仓库内，或者未将剧毒化学品以及储存数量构成重大危险源的其他危险化学品在专用仓库内单独存放的；

（五）危险化学品的储存方式、方法或者储存数量不符合国家标准或者国家有关规定的；

（六）危险化学品专用仓库不符合国家标准、行业标准的要求的；

（七）未对危险化学品专用仓库的安全设施、设备定期进行检测、检验的。

从事危险化学品仓储经营的港口经营人有前款规定情形的，由港口部门依照前款规定予以处罚。

第八十一条 有下列情形之一的，由公安机关责令改正，可以处1万元以下的罚款；拒不改正的，处1万元以上5万元以下的罚款：

（一）生产、储存、使用剧毒化学品、易制爆危险化学品的单位不如实记录生产、储存、使用的剧毒化学品、易制爆危险化学品的数量、流向的；

（二）生产、储存、使用剧毒化学品、易制爆危险化学品的单位发现剧毒化学品、易制爆危险化学品丢失或者被盗，不立即向公安机关报告的；

（三）储存剧毒化学品的单位未将剧毒化学品的储存数量、储存地点以及管理人员的情况报所在地县级公安机关备案的；

（四）危险化学品生产企业、经营企业不如实记录剧毒化学品、易制爆危险化学品购买单位的名称、地址、经办人的姓名、身份证号码以及所购买的剧毒化学品、易制爆危险化学品的品种、数量、用途，或者保存销售记录和相关材料的时间少于1年的；

（五）剧毒化学品、易制爆危险化学品的销售企业、购买单位未在规定的时限内将所销售、购买的剧毒化学品、易制爆危险化学品的品种、数量以及流向信息报所在地县级公安机关备案的；

（六）使用剧毒化学品、易制爆危险化学品的单位依照本条例规定转让其购买的剧毒化学品、易制爆危险化学品，未将有关情况向所在地县级公安机关报告的。

生产、储存危险化学品的企业或者使用危险化学品从事生产的企业未按照本条例规定将安全评价报告以及整改方案的落实情况报安监部门或者港口部门备案，或者储存危险化学品的单位未将其剧毒化学品以及储存数量构成重大危险源的其他危险化学品的储存数量、储存地点以及管理人员的情况报安监部门或者港口部门备案的，分别由安监部门或者港口部门依照前款规定予以处罚。

生产实施重点环境管理的危险化学品的企业或者使用实施重点环境管理的危险化学品从事生产的企业未按照规定将相关信息向环保部门报告的，由环保部门依照本条第一款的规定予以处罚。

第八十二条 生产、储存、使用危险化学品的单位转产、停产、停业或者解散，未采取有效措施及时、妥善处置其危险化学品生产装置、储存设施以及库存的危险化学品，或者丢弃危险化学品的，由安监部门责令改正，处 5 万元以上 10 万元以下的罚款；构成犯罪的，依法追究刑事责任。

生产、储存、使用危险化学品的单位转产、停产、停业或者解散，未依照本条例规定将其危险化学品生产装置、储存设施以及库存危险化学品的处置方案报有关部门备案的，分别由有关部门责令改正，可以处 1 万元以下的罚款；拒不改正的，处 1 万元以上 5 万元以下的罚款。

第八十三条 危险化学品经营企业向未经许可违法从事危险化学品生产、经营活动的企业采购危险化学品的，由工商行政部门责令改正，处 10 万元以上 20 万元以下的罚款；拒不改正的，责令停业整顿直至由原发证机关吊销其危险化学品经营许可证，并由工商行政部门责令其办理经营范围变更登记或者吊销其营业执照。

第八十四条 危险化学品生产企业、经营企业有下列情形之一的，由安监部门责令改正，没收违法所得，并处 10 万元以上 20 万元以下的罚款；拒不改正的，责令停产停业整顿直至吊销其危险化学品安全生产许可证、危险化学品经营许可证，并由工商行政部门责令其办理经营范围变更登记或者吊销其营业执照：

（一）向不具有本条例第三十八条第一款、第二款规定的相关许可证件或者证明文件的单位销售剧毒化学品、易制爆危险化学品的；

（二）不按照剧毒化学品购买许可证载明的品种、数量销售剧毒化学品的；

（三）向个人销售剧毒化学品（属于剧毒化学品的农药除外）、易制爆危险化学品的。

不具有本条例第三十八条第一款、第二款规定的相关许可证件或者证明文件的单位购买剧毒化学品、易制爆危险化学品，或者个人购买剧毒化学品（属于剧毒化学品的农药除外）、易制爆危险化学品的，由公安机关没收所购买的剧毒化学品、易制爆危险化学品，可以并处 5 000 元以下的罚款。

使用剧毒化学品、易制爆危险化学品的单位出借或者向不具有本条例第三十八条第一款、第二款规定的相关许可证件的单位转让其购买的剧毒化学品、易制爆危险化学品，或者向个人转让其购买的剧毒化学品（属于剧毒化学品的农药除外）、易制爆危险化学品的，由公安机关责令改正，处10万元以上20万元以下的罚款；拒不改正的，责令停产停业整顿。

第八十五条 未依法取得危险货物道路运输许可、危险货物水路运输许可，从事危险化学品道路运输、水路运输的，分别依照有关道路运输、水路运输的法律、行政法规的规定处罚。

第八十六条 有下列情形之一的，由交通部门责令改正，处5万元以上10万元以下的罚款；拒不改正的，责令停产停业整顿；构成犯罪的，依法追究刑事责任：

（一）危险化学品道路运输企业、水路运输企业的驾驶人员、船员、装卸管理人员、押运人员、申报人员、集装箱装箱现场检查员未取得从业资格上岗作业的；

（二）运输危险化学品，未根据危险化学品的危险特性采取相应的安全防护措施，或者未配备必要的防护用品和应急救援器材的；

（三）使用未依法取得危险货物适装证书的船舶，通过内河运输危险化学品的；

（四）通过内河运输危险化学品的承运人违反国务院交通部门对单船运输的危险化学品数量的限制性规定运输危险化学品的；

（五）用于危险化学品运输作业的内河码头、泊位不符合国家有关安全规范，或者未与饮用水取水口保持国家规定的安全距离，或者未经交通部门验收合格投入使用的；

（六）托运人不向承运人说明所托运的危险化学品的种类、数量、危险特性以及发生危险情况的应急处置措施，或者未按照国家有关规定对所托运的危险化学品妥善包装并在外包装上设置相应标志的；

（七）运输危险化学品需要添加抑制剂或者稳定剂，托运人未添加或者未将有关情况告知承运人的。

第八十七条 有下列情形之一的，由交通部门责令改正，处10万元以上20万元以下的罚款，有违法所得的，没收违法所得；拒不改正的，责令停产停业整顿；构成犯罪的，依法追究刑事责任：

（一）委托未依法取得危险货物道路运输许可、危险货物水路运输许可的企业承运危险化学品的；

（二）通过内河封闭水域运输剧毒化学品以及国家规定禁止通过内河运输的其他危险化学品的；

（三）通过内河运输国家规定禁止通过内河运输的剧毒化学品以及其他危险化学品的；

（四）在托运的普通货物中夹带危险化学品，或者将危险化学品谎报或者匿报为普通货物托运的。

在邮件、快件内夹带危险化学品，或者将危险化学品谎报为普通物品交寄的，依法给予治安管理处罚；构成犯罪的，依法追究刑事责任。

邮政企业、快递企业收寄危险化学品的，依照《邮政法》的规定处罚。

第八十八条 有下列情形之一的，由公安机关责令改正，处 5 万元以上 10 万元以下的罚款；构成违反治安管理行为的，依法给予治安管理处罚；构成犯罪的，依法追究刑事责任：

（一）超过运输车辆的核定载质量装载危险化学品的；

（二）使用安全技术条件不符合国家标准要求的车辆运输危险化学品的；

（三）运输危险化学品的车辆未经公安机关批准进入危险化学品运输车辆限制通行的区域的；

（四）未取得剧毒化学品道路运输通行证，通过道路运输剧毒化学品的。

第八十九条 有下列情形之一的，由公安机关责令改正，处 1 万元以上 5 万元以下的罚款；构成违反治安管理行为的，依法给予治安管理处罚：

（一）危险化学品运输车辆未悬挂或者喷涂警示标志，或者悬挂或者喷涂的警示标志不符合国家标准要求的；

（二）通过道路运输危险化学品，不配备押运人员的；

（三）运输剧毒化学品或者易制爆危险化学品途中需要较长时间停车，驾驶人员、押运人员不向当地公安机关报告的；

（四）剧毒化学品、易制爆危险化学品在道路运输途中丢失、被盗、被抢或者发生流散、泄漏等情况，驾驶人员、押运人员不采取必要的警示措施和安全措施，或者不向当地公安机关报告的。

第九十条 对发生交通事故负有全部责任或者主要责任的危险化学品道路运输企业，由公安机关责令消除安全隐患，未消除安全隐患的危险化学品运输车辆，禁止上道路行驶。

第九十一条 有下列情形之一的，由交通部门责令改正，可以处 1 万元以下的罚款；拒不改正的，处 1 万元以上 5 万元以下的罚款：

（一）危险化学品道路运输企业、水路运输企业未配备专职安全管理人员的；

（二）用于危险化学品运输作业的内河码头、泊位的管理单位未制定码头、泊位危险化学品事故应急救援预案，或者未为码头、泊位配备充足、有效的应急救援器材和设备的。

第九十二条 有下列情形之一的，依照《内河交通安全管理条例》的规定处罚：

（一）通过内河运输危险化学品的水路运输企业未制定运输船舶危险化学品事故应急救援预案，或者未为运输船舶配备充足、有效的应急救援器材和设备的；

（二）通过内河运输危险化学品的船舶的所有人或者经营人未取得船舶污染损害责任保险证书或者财务担保证明的；

（三）船舶载运危险化学品进出内河港口，未将有关事项事先报告海事机构并经其同意的；

（四）载运危险化学品的船舶在内河航行、装卸或者停泊，未悬挂专用的警示标志，或者未按照规定显示专用信号，或者未按照规定申请引航的。

未向港口部门报告并经其同意，在港口内进行危险化学品的装卸、过驳作业的，依照《港口法》的规定处罚。

第九十三条 伪造、变造或者出租、出借、转让危险化学品安全生产许可证、工业产品生产许可证，或者使用伪造、变造的危险化学品安全生产许可证、工业产品生产许可证的，分别依照《安全生产许可证条例》《工业产品生产许可证管理条例》的规定处罚。

伪造、变造或者出租、出借、转让本条例规定的其他许可证，或者使用伪造、变造的本条例规定的其他许可证的，分别由相关许可证的颁发管理机关处10万元以上20万元以下的罚款，有违法所得的，没收违法所得；构成违反治安管理行为的，依法给予治安管理处罚；构成犯罪的，依法追究刑事责任。

第九十四条 危险化学品单位发生危险化学品事故，其主要负责人不立即组织救援或者不立即向有关部门报告的，依照《生产安全事故报告和调查处理条例》的规定处罚。

危险化学品单位发生危险化学品事故，造成他人人身伤害或者财产损失的，依法承担赔偿责任。

第九十五条 发生危险化学品事故，有关地方人民政府及其有关部门不立即组织实施救援，或者不采取必要的应急处置措施减少事故损失，防止事故蔓延、扩大的，对直接负责的主管人员和其他直接责任人员依法给予处分；构成犯罪的，依法追究刑事责任。

第九十六条 负有危险化学品安全监督管理职责的部门的工作人员，在危险化学品安全监督管理工作中滥用职权、玩忽职守、徇私舞弊，构成犯罪的，依法追究刑事责任；尚不构成犯罪的，依法给予处分。

第八章　附　则

第九十七条 监控化学品、属于危险化学品的药品和农药的安全管理，依照本条例的规定执行；法律、行政法规另有规定的，依照其规定。

民用爆炸物品、烟花爆竹、放射性物品、核能物质以及用于国防科研生产的危险化学品的安全管理，不适用本条例。

法律、行政法规对燃气的安全管理另有规定的，依照其规定。

危险化学品容器属于特种设备的，其安全管理依照有关特种设备安全的法律、行政法规的规定执行。

第九十八条 危险化学品的进出口管理，依照有关对外贸易的法律、行政法规、规章的规定执行；进口的危险化学品的储存、使用、经营、运输的安全管理，依照本条例的规定执行。

危险化学品环境管理登记和新化学物质环境管理登记，依照有关环境保护的法律、行政法规、规章的规定执行。危险化学品环境管理登记，按照国家有关规定收取费用。

第九十九条 公众发现、捡拾的无主危险化学品，由公安机关接收。公安机关接收或者有关部门依法没收的危险化学品，需要进行无害化处理的，交由环境保护主管部门组织其认定的专业单位进行处理，或者交由有关危险化学品生产企业进行处理。处理所需费用由国家财政负担。

第一百条 化学品的危险特性尚未确定的，由国务院安全生产监督管理部门、国务院环境保护主管部门、国务院卫生主管部门分别负责组织对该化学品的物理危险性、环境危害性、毒理特性进行鉴定。根据鉴定结果，需要调整危险化学品目录的，依照本条例第三条第二款的规定办理。

第一百零一条 本条例施行前已经使用危险化学品从事生产的化工企业，依照本条例规定需要取得危险化学品安全使用许可证的，应当在国务院安全生产监督管理部门规定的期限内，申请取得危险化学品安全使用许可证。

第一百零二条 本条例自 2011 年 12 月 1 日起施行。

放射性物品运输安全管理条例

（自2010年1月1日起施行）

（2009年9月7日国务院第80次常务会议通过　自2010年1月1日起施行）

第一章　总　则

第一条　为了加强对放射性物品运输的安全管理，保障人体健康，保护环境，促进核能、核技术的开发与和平利用，根据《中华人民共和国放射性污染防治法》，制定本条例。

第二条　放射性物品的运输和放射性物品运输容器的设计、制造等活动，适用本条例。

本条例所称放射性物品，是指含有放射性核素，并且其活度和比活度均高于国家规定的豁免值的物品。

第三条　根据放射性物品的特性及其对人体健康和环境的潜在危害程度，将放射性物品分为一类、二类和三类。

一类放射性物品，是指Ⅰ类放射源、高水平放射性废物、乏燃料等释放到环境后对人体健康和环境产生重大辐射影响的放射性物品。

二类放射性物品，是指Ⅱ类和Ⅲ类放射源、中等水平放射性废物等释放到环境后对人体健康和环境产生一般辐射影响的放射性物品。

三类放射性物品，是指Ⅳ类和Ⅴ类放射源、低水平放射性废物、放射性药品等释放到环境后对人体健康和环境产生较小辐射影响的放射性物品。

放射性物品的具体分类和名录，由国务院核安全监管部门会同国务院公安、卫生、海关、交通运输、铁路、民航、核工业行业主管部门制定。

第四条　国务院核安全监管部门对放射性物品运输的核与辐射安全实施监督管理。

国务院公安、交通运输、铁路、民航等有关主管部门依照本条例规定和各自的职责，负责放射性物品运输安全的有关监督管理工作。

县级以上地方人民政府环境保护主管部门和公安、交通运输等有关主管部门，依照本条例规定和各自的职责，负责本行政区域放射性物品运输安全的有关监督管理工作。

第五条　运输放射性物品，应当使用专用的放射性物品运输包装容器（以下简称运输容器）。

放射性物品的运输和放射性物品运输容器的设计、制造，应当符合国家放射性物品运输安全标准。

国家放射性物品运输安全标准，由国务院核安全监管部门制定，由国务院核安全监管部门和国务院标准化主管部门联合发布。国务院核安全监管部门制定国家放射性物品运输安全标准，应当征求国务院公安、卫生、交通运输、铁路、民航、核工业行业主管部门的意见。

第六条 放射性物品运输容器的设计、制造单位应当建立健全责任制度，加强质量管理，并对所从事的放射性物品运输容器的设计、制造活动负责。

放射性物品的托运人（以下简称托运人）应当制定核与辐射事故应急方案，在放射性物品运输中采取有效的辐射防护和安全保卫措施，并对放射性物品运输中的核与辐射安全负责。

第七条 任何单位和个人对违反本条例规定的行为，有权向国务院核安全监管部门或者其他依法履行放射性物品运输安全监督管理职责的部门举报。

接到举报的部门应当依法调查处理，并为举报人保密。

第二章 放射性物品运输容器的设计

第八条 放射性物品运输容器设计单位应当建立健全和有效实施质量保证体系，按照国家放射性物品运输安全标准进行设计，并通过试验验证或者分析论证等方式，对设计的放射性物品运输容器的安全性能进行评价。

第九条 放射性物品运输容器设计单位应当建立健全档案制度，按照质量保证体系的要求，如实记录放射性物品运输容器的设计和安全性能评价过程。

进行一类放射性物品运输容器设计，应当编制设计安全评价报告书；进行二类放射性物品运输容器设计，应当编制设计安全评价报告表。

第十条 一类放射性物品运输容器的设计，应当在首次用于制造前报国务院核安全监管部门审查批准。

申请批准一类放射性物品运输容器的设计，设计单位应当向国务院核安全监管部门提出书面申请，并提交下列材料：

（一）设计总图及其设计说明书；

（二）设计安全评价报告书；

（三）质量保证大纲。

第十一条 国务院核安全监管部门应当自受理申请之日起 45 个工作日内完成审查，对符合国家放射性物品运输安全标准的，颁发一类放射性物品运输容器设计批准书，并公告批准文号；对不符合国家放射性物品运输安全标准的，书面通知申请单位并说明理由。

第十二条 设计单位修改已批准的一类放射性物品运输容器设计中有关安全内容的，应当按照原申请程序向国务院核安全监管部门重新申请领取一类放射性物品运输容器设计批准书。

第十三条 二类放射性物品运输容器的设计，设计单位应当在首次用于制造前，将设计总图及其设计说明书、设计安全评价报告表报国务院核安全监管部门备案。

第十四条 三类放射性物品运输容器的设计，设计单位应当编制设计符合国家放射性物品运输安全标准的证明文件并存档备查。

第三章 放射性物品运输容器的制造与使用

第十五条 放射性物品运输容器制造单位，应当按照设计要求和国家放射性物品运输安全标准，对制造的放射性物品运输容器进行质量检验，编制质量检验报告。

未经质量检验或者经检验不合格的放射性物品运输容器，不得交付使用。

第十六条 从事一类放射性物品运输容器制造活动的单位，应当具备下列条件：

（一）有与所从事的制造活动相适应的专业技术人员；

（二）有与所从事的制造活动相适应的生产条件和检测手段；

（三）有健全的管理制度和完善的质量保证体系。

第十七条 从事一类放射性物品运输容器制造活动的单位，应当申请领取一类放射性物品运输容器制造许可证（以下简称制造许可证）。

申请领取制造许可证的单位，应当向国务院核安全监管部门提出书面申请，并提交其符合本条例第十六条规定条件的证明材料和申请制造的运输容器型号。

禁止无制造许可证或者超出制造许可证规定的范围从事一类放射性物品运输容器的制造活动。

第十八条 国务院核安全监管部门应当自受理申请之日起45个工作日内完成审查，对符合条件的，颁发制造许可证，并予以公告；对不符合条件的，书面通知申请单位并说明理由。

第十九条 制造许可证应当载明下列内容：

（一）制造单位名称、住所和法定代表人；

（二）许可制造的运输容器的型号；

（三）有效期限；

（四）发证机关、发证日期和证书编号。

第二十条 一类放射性物品运输容器制造单位变更单位名称、住所或者法定代表人的，应当自工商变更登记之日起 20 日内，向国务院核安全监管部门办理制造许可证变更手续。

一类放射性物品运输容器制造单位变更制造的运输容器型号的，应当按照原申请程序向国务院核安全监管部门重新申请领取制造许可证。

第二十一条 制造许可证有效期为 5 年。

制造许可证有效期届满，需要延续的，一类放射性物品运输容器制造单位应当于制造许可证有效期届满 6 个月前，向国务院核安全监管部门提出延续申请。

国务院核安全监管部门应当在制造许可证有效期届满前作出是否准予延续的决定。

第二十二条 从事二类放射性物品运输容器制造活动的单位，应当在首次制造活动开始 30 日前，将其具备与所从事的制造活动相适应的专业技术人员、生产条件、检测手段，以及具有健全的管理制度和完善的质量保证体系的证明材料，报国务院核安全监管部门备案。

第二十三条 一类、二类放射性物品运输容器制造单位，应当按照国务院核安全监管部门制定的编码规则，对其制造的一类、二类放射性物品运输容器统一编码，并于每年 1 月 31 日前将上一年度的运输容器编码清单报国务院核安全监管部门备案。

第二十四条 从事三类放射性物品运输容器制造活动的单位，应当于每年 1 月 31 日前将上一年度制造的运输容器的型号和数量报国务院核安全监管部门备案。

第二十五条 放射性物品运输容器使用单位应当对其使用的放射性物品运输容器定期进行保养和维护，并建立保养和维护档案；放射性物品运输容器达到设计使用年限，或者发现放射性物品运输容器存在安全隐患的，应当停止使用，进行处理。

一类放射性物品运输容器使用单位还应当对其使用的一类放射性物品运输容器每两年进行一次安全性能评价，并将评价结果报国务院核安全监管部门备案。

第二十六条 使用境外单位制造的一类放射性物品运输容器的，应当在首次使用前报国务院核安全监管部门审查批准。

申请使用境外单位制造的一类放射性物品运输容器的单位，应当向国务院核安全监管部门提出书面申请，并提交下列材料：

（一）设计单位所在国核安全监管部门颁发的设计批准文件的复印件；

（二）设计安全评价报告书；

（三）制造单位相关业绩的证明材料；

（四）质量合格证明；

（五）符合中华人民共和国法律、行政法规规定，以及国家放射性物品运输安全标准或者经国务院核安全监管部门认可的标准的说明材料。

国务院核安全监管部门应当自受理申请之日起 45 个工作日内完成审查，对符合国家放射性物品运输安全标准的，颁发使用批准书；对不符合国家放射性物品运输安全标准的，书面通知申请单位并说明理由。

第二十七条 使用境外单位制造的二类放射性物品运输容器的，应当在首次使用前将运输容器质量合格证明和符合中华人民共和国法律、行政法规规定，以及国家放射性物品运输安全标准或者经国务院核安全监管部门认可的标准的说明材料，报国务院核安全监管部门备案。

第二十八条 国务院核安全监管部门办理使用境外单位制造的一类、二类放射性物品运输容器审查批准和备案手续，应当同时为运输容器确定编码。

第四章　放射性物品的运输

第二十九条　托运放射性物品的，托运人应当持有生产、销售、使用或者处置放射性物品的有效证明，使用与所托运的放射性物品类别相适应的运输容器进行包装，配备必要的辐射监测设备、防护用品和防盗、防破坏设备，并编制运输说明书、核与辐射事故应急响应指南、装卸作业方法、安全防护指南。

运输说明书应当包括放射性物品的品名、数量、物理化学形态、危害风险等内容。

第三十条　托运一类放射性物品的，托运人应当委托有资质的辐射监测机构对其表面污染和辐射水平实施监测，辐射监测机构应当出具辐射监测报告。

托运二类、三类放射性物品的，托运人应当对其表面污染和辐射水平实施监测，并编制辐射监测报告。

监测结果不符合国家放射性物品运输安全标准的，不得托运。

第三十一条　承运放射性物品应当取得国家规定的运输资质。承运人的资质管理，依照有关法律、行政法规和国务院交通运输、铁路、民航、邮政主管部门的规定执行。

第三十二条　托运人和承运人应当对直接从事放射性物品运输的工作人员进行运输安全和应急响应知识的培训，并进行考核；考核不合格的，不得从事相关工作。

托运人和承运人应当按照国家放射性物品运输安全标准和国家有关规定，在放射性物品运输容器和运输工具上设置警示标志。

国家利用卫星定位系统对一类、二类放射性物品运输工具的运输过程实行在线监控。具体办法由国务院核安全监管部门会同国务院有关部门制定。

第三十三条　托运人和承运人应当按照国家职业病防治的有关规定，对直接从事放射性物品运输的工作人员进行个人剂量监测，建立个人剂量档案和职业健康监护档案。

第三十四条　托运人应当向承运人提交运输说明书、辐射监测报告、核与辐射事故应急响应指南、装卸作业方法、安全防护指南，承运人应当查验、收存。托运人提交文件不齐全的，承运人不得承运。

第三十五条　托运一类放射性物品的，托运人应当编制放射性物品运输的核与辐射安全分析报告书，报国务院核安全监管部门审查批准。

放射性物品运输的核与辐射安全分析报告书应当包括放射性物品的品名、数量、运输容器型号、运输方式、辐射防护措施、应急措施等内容。

国务院核安全监管部门应当自受理申请之日起 45 个工作日内完成审查，对符合国家放射性物品运输安全标准的，颁发核与辐射安全分析报告批准书；对不符合国家放射性物品运输安全标准的，书面通知申请单位并说明理由。

第三十六条　放射性物品运输的核与辐射安全分析报告批准书应当载明下列主要内容：

（一）托运人的名称、地址、法定代表人；

（二）运输放射性物品的品名、数量；

（三）运输放射性物品的运输容器型号和运输方式；

（四）批准日期和有效期限。

第三十七条 一类放射性物品启运前，托运人应当将放射性物品运输的核与辐射安全分析报告批准书、辐射监测报告，报启运地的省、自治区、直辖市人民政府环境保护主管部门备案。

收到备案材料的环境保护主管部门应当及时将有关情况通报放射性物品运输的途经地和抵达地的省、自治区、直辖市人民政府环境保护主管部门。

第三十八条 通过道路运输放射性物品的，应当经公安机关批准，按照指定的时间、路线、速度行驶，并悬挂警示标志，配备押运人员，使放射性物品处于押运人员的监管之下。

通过道路运输核反应堆乏燃料的，托运人应当报国务院公安部门批准。通过道路运输其他放射性物品的，托运人应当报启运地县级以上人民政府公安机关批准。具体办法由国务院公安部门商国务院核安全监管部门制定。

第三十九条 通过水路运输放射性物品的，按照水路危险货物运输的法律、行政法规和规章的有关规定执行。

通过铁路、航空运输放射性物品的，按照国务院铁路、民航主管部门的有关规定执行。

禁止邮寄一类、二类放射性物品。邮寄三类放射性物品的，按照国务院邮政管理部门的有关规定执行。

第四十条 生产、销售、使用或者处置放射性物品的单位，可以依照《中华人民共和国道路运输条例》的规定，向设区的市级人民政府道路运输管理机构申请非营业性道路危险货物运输资质，运输本单位的放射性物品，并承担本条例规定的托运人和承运人的义务。

申请放射性物品非营业性道路危险货物运输资质的单位，应当具备下列条件：

（一）持有生产、销售、使用或者处置放射性物品的有效证明；

（二）有符合本条例规定要求的放射性物品运输容器；

（三）有具备辐射防护与安全防护知识的专业技术人员和经考试合格的驾驶人员；

（四）有符合放射性物品运输安全防护要求，并经检测合格的运输工具、设施和设备；

（五）配备必要的防护用品和依法经定期检定合格的监测仪器；

（六）有运输安全和辐射防护管理规章制度以及核与辐射事故应急措施。

放射性物品非营业性道路危险货物运输资质的具体条件，由国务院交通运输主管部门会同国务院核安全监管部门制定。

第四十一条 一类放射性物品从境外运抵中华人民共和国境内，或者途经中华人民共和国境内运输的，托运人应当编制放射性物品运输的核与辐射安全分析报告书，报国务院核安全监管部门审查批准。审查批准程序依照本条例第三十五条第三款的规定执行。

二类、三类放射性物品从境外运抵中华人民共和国境内，或者途经中华人民共和国境内运输的，托运人应当编制放射性物品运输的辐射监测报告，报国务院核安全监管部门备案。

托运人、承运人或者其代理人向海关办理有关手续，应当提交国务院核安全监管部门颁发的放射性物品运输的核与辐射安全分析报告批准书或者放射性物品运输的辐射监测报告备案证明。

第四十二条 县级以上人民政府组织编制的突发环境事件应急预案，应当包括放射性物品运输中可能发生的核与辐射事故应急响应的内容。

第四十三条 放射性物品运输中发生核与辐射事故的，承运人、托运人应当按照核与辐射事故应急响应指南的要求，做好事故应急工作，并立即报告事故发生地的县级以上人民政府环境保护主管部门。接到报告的环境保护主管部门应当立即派人赶赴现场，进行现场调查，采取有效措施控制事故影响，并及时向本级人民政府报告，通报同级公安、卫生、交通运输等有关主管部门。

接到报告的县级以上人民政府及其有关主管部门应当按照应急预案做好应急工作，并按照国家突发事件分级报告的规定及时上报核与辐射事故信息。

核反应堆乏燃料运输的核事故应急准备与响应，还应当遵守国家核应急的有关规定。

第五章　监督检查

第四十四条 国务院核安全监管部门和其他依法履行放射性物品运输安全监督管理职责的部门，应当依据各自职责对放射性物品运输安全实施监督检查。

国务院核安全监管部门应当将其已批准或者备案的一类、二类、三类放射性物品运输容器的设计、制造情况和放射性物品运输情况通报设计、制造单位所在地和运输途经地的省、自治区、直辖市人民政府环境保护主管部门。省、自治区、直辖市人民政府环境保护主管部门应当加强对本行政区域放射性物品运输安全的监督检查和监督性监测。

被检查单位应当予以配合，如实反映情况，提供必要的资料，不得拒绝和阻碍。

第四十五条 国务院核安全监管部门和省、自治区、直辖市人民政府环境保护主管部门以及其他依法履行放射性物品运输安全监督管理职责的部门进行监督检查，监督检查人员不得少于 2 人，并应当出示有效的行政执法证件。

国务院核安全监管部门和省、自治区、直辖市人民政府环境保护主管部门以及其他依法履行放射性物品运输安全监督管理职责的部门的工作人员，对监督检查中知悉的商业秘密负有保密义务。

第四十六条 监督检查中发现经批准的一类放射性物品运输容器设计确有重大设计安全缺陷的，由国务院核安全监管部门责令停止该型号运输容器的制造或者使用，撤销一类放射性物品运输容器设计批准书。

第四十七条 监督检查中发现放射性物品运输活动有不符合国家放射性物品运输

安全标准情形的，或者一类放射性物品运输容器制造单位有不符合制造许可证规定条件情形的，应当责令限期整改；发现放射性物品运输活动可能对人体健康和环境造成核与辐射危害的，应当责令停止运输。

第四十八条 国务院核安全监管部门和省、自治区、直辖市人民政府环境保护主管部门以及其他依法履行放射性物品运输安全监督管理职责的部门，对放射性物品运输活动实施监测，不得收取监测费用。

国务院核安全监管部门和省、自治区、直辖市人民政府环境保护主管部门以及其他依法履行放射性物品运输安全监督管理职责的部门，应当加强对监督管理人员辐射防护与安全防护知识的培训。

第六章 法律责任

第四十九条 国务院核安全监管部门和省、自治区、直辖市人民政府环境保护主管部门或者其他依法履行放射性物品运输安全监督管理职责的部门有下列行为之一的，对直接负责的主管人员和其他直接责任人员依法给予处分；直接负责的主管人员和其他直接责任人员构成犯罪的，依法追究刑事责任：

（一）未依照本条例规定作出行政许可或者办理批准文件的；

（二）发现违反本条例规定的行为不予查处，或者接到举报不依法处理的；

（三）未依法履行放射性物品运输核与辐射事故应急职责的；

（四）对放射性物品运输活动实施监测收取监测费用的；

（五）其他不依法履行监督管理职责的行为。

第五十条 放射性物品运输容器设计、制造单位有下列行为之一的，由国务院核安全监管部门责令停止违法行为，处50万元以上100万元以下的罚款；有违法所得的，没收违法所得：

（一）将未取得设计批准书的一类放射性物品运输容器设计用于制造的；

（二）修改已批准的一类放射性物品运输容器设计中有关安全内容，未重新取得设计批准书即用于制造的。

第五十一条 放射性物品运输容器设计、制造单位有下列行为之一的，由国务院核安全监管部门责令停止违法行为，处5万元以上10万元以下的罚款；有违法所得的，没收违法所得：

（一）将不符合国家放射性物品运输安全标准的二类、三类放射性物品运输容器设计用于制造的；

（二）将未备案的二类放射性物品运输容器设计用于制造的。

第五十二条 放射性物品运输容器设计单位有下列行为之一的，由国务院核安全监管部门责令限期改正；逾期不改正的，处1万元以上5万元以下的罚款：

（一）未对二类、三类放射性物品运输容器的设计进行安全性能评价的；

（二）未如实记录二类、三类放射性物品运输容器设计和安全性能评价过程的；

（三）未编制三类放射性物品运输容器设计符合国家放射性物品运输安全标准的证明文件并存档备查的。

第五十三条 放射性物品运输容器制造单位有下列行为之一的，由国务院核安全监管部门责令停止违法行为，处50万元以上100万元以下的罚款；有违法所得的，没收违法所得：

（一）未取得制造许可证从事一类放射性物品运输容器制造活动的；

（二）制造许可证有效期届满，未按照规定办理延续手续，继续从事一类放射性物品运输容器制造活动的；

（三）超出制造许可证规定的范围从事一类放射性物品运输容器制造活动的；

（四）变更制造的一类放射性物品运输容器型号，未按照规定重新领取制造许可证的；

（五）将未经质量检验或者经检验不合格的一类放射性物品运输容器交付使用的。

有前款第（三）项、第（四）项和第（五）项行为之一，情节严重的，吊销制造许可证。

第五十四条 一类放射性物品运输容器制造单位变更单位名称、住所或者法定代表人，未依法办理制造许可证变更手续的，由国务院核安全监管部门责令限期改正；逾期不改正的，处2万元的罚款。

第五十五条 放射性物品运输容器制造单位有下列行为之一的，由国务院核安全监管部门责令停止违法行为，处5万元以上10万元以下的罚款；有违法所得的，没收违法所得：

（一）在二类放射性物品运输容器首次制造活动开始前，未按照规定将有关证明材料报国务院核安全监管部门备案的；

（二）将未经质量检验或者经检验不合格的二类、三类放射性物品运输容器交付使用的。

第五十六条 放射性物品运输容器制造单位有下列行为之一的，由国务院核安全监管部门责令限期改正；逾期不改正的，处1万元以上5万元以下的罚款：

（一）未按照规定对制造的一类、二类放射性物品运输容器统一编码的；

（二）未按照规定将制造的一类、二类放射性物品运输容器编码清单报国务院核安全监管部门备案的；

（三）未按照规定将制造的三类放射性物品运输容器的型号和数量报国务院核安全监管部门备案的。

第五十七条 放射性物品运输容器使用单位未按照规定对使用的一类放射性物品运输容器进行安全性能评价，或者未将评价结果报国务院核安全监管部门备案的，由国务院核安全监管部门责令限期改正；逾期不改正的，处1万元以上5万元以下的罚款。

第五十八条 未按照规定取得使用批准书使用境外单位制造的一类放射性物品运输容器的，由国务院核安全监管部门责令停止违法行为，处50万元以上100万元以下的罚款。

未按照规定办理备案手续使用境外单位制造的二类放射性物品运输容器的，由国务院核安全监管部门责令停止违法行为，处 5 万元以上 10 万元以下的罚款。

第五十九条 托运人未按照规定编制放射性物品运输说明书、核与辐射事故应急响应指南、装卸作业方法、安全防护指南的，由国务院核安全监管部门责令限期改正；逾期不改正的，处 1 万元以上 5 万元以下的罚款。

托运人未按照规定将放射性物品运输的核与辐射安全分析报告批准书、辐射监测报告备案的，由启运地的省、自治区、直辖市人民政府环境保护主管部门责令限期改正；逾期不改正的，处 1 万元以上 5 万元以下的罚款。

第六十条 托运人或者承运人在放射性物品运输活动中，有违反有关法律、行政法规关于危险货物运输管理规定行为的，由交通运输、铁路、民航等有关主管部门依法予以处罚。

违反有关法律、行政法规规定邮寄放射性物品的，由公安机关和邮政管理部门依法予以处罚。在邮寄进境物品中发现放射性物品的，由海关依照有关法律、行政法规的规定处理。

第六十一条 托运人未取得放射性物品运输的核与辐射安全分析报告批准书托运一类放射性物品的，由国务院核安全监管部门责令停止违法行为，处 50 万元以上 100 万元以下的罚款。

第六十二条 通过道路运输放射性物品，有下列行为之一的，由公安机关责令限期改正，处 2 万元以上 10 万元以下的罚款；构成犯罪的，依法追究刑事责任：

（一）未经公安机关批准通过道路运输放射性物品的；

（二）运输车辆未按照指定的时间、路线、速度行驶或者未悬挂警示标志的；

（三）未配备押运人员或者放射性物品脱离押运人员监管的。

第六十三条 托运人有下列行为之一的，由启运地的省、自治区、直辖市人民政府环境保护主管部门责令停止违法行为，处 5 万元以上 20 万元以下的罚款：

（一）未按照规定对托运的放射性物品表面污染和辐射水平实施监测的；

（二）将经监测不符合国家放射性物品运输安全标准的放射性物品交付托运的；

（三）出具虚假辐射监测报告的。

第六十四条 未取得放射性物品运输的核与辐射安全分析报告批准书或者放射性物品运输的辐射监测报告备案证明，将境外的放射性物品运抵中华人民共和国境内，或者途经中华人民共和国境内运输的，由海关责令托运人退运该放射性物品，并依照海关法律、行政法规给予处罚；构成犯罪的，依法追究刑事责任。托运人不明的，由承运人承担退运该放射性物品的责任，或者承担该放射性物品的处置费用。

第六十五条 违反本条例规定，在放射性物品运输中造成核与辐射事故的，由县级以上地方人民政府环境保护主管部门处以罚款，罚款数额按照核与辐射事故造成的直接损失的 20%计算；构成犯罪的，依法追究刑事责任。

托运人、承运人未按照核与辐射事故应急响应指南的要求，做好事故应急工作并报告事故的，由县级以上地方人民政府环境保护主管部门处5万元以上20万元以下的罚款。

因核与辐射事故造成他人损害的，依法承担民事责任。

第六十六条 拒绝、阻碍国务院核安全监管部门或者其他依法履行放射性物品运输安全监督管理职责的部门进行监督检查，或者在接受监督检查时弄虚作假的，由监督检查部门责令改正，处1万元以上2万元以下的罚款；构成违反治安管理行为的，由公安机关依法给予治安管理处罚；构成犯罪的，依法追究刑事责任。

第七章 附 则

第六十七条 军用放射性物品运输安全的监督管理，依照《中华人民共和国放射性污染防治法》第六十条的规定执行。

第六十八条 本条例自2010年1月1日起施行。

规划环境影响评价条例

（自2009年10月1日起施行）

（2009年8月12日国务院第76次常务会议通过　自2009年10月1日起施行）

第一章　总　则

第一条　为了加强对规划的环境影响评价工作，提高规划的科学性，从源头预防环境污染和生态破坏，促进经济、社会和环境的全面协调可持续发展，根据《中华人民共和国环境影响评价法》，制定本条例。

第二条　国务院有关部门、设区的市级以上地方人民政府及其有关部门，对其组织编制的土地利用的有关规划和区域、流域、海域的建设、开发利用规划（以下称综合性规划），以及工业、农业、畜牧业、林业、能源、水利、交通、城市建设、旅游、自然资源开发的有关专项规划（以下称专项规划），应当进行环境影响评价。

依照本条第一款规定应当进行环境影响评价的规划的具体范围，由国务院环境保护主管部门会同国务院有关部门拟订，报国务院批准后执行。

第三条　对规划进行环境影响评价，应当遵循客观、公开、公正的原则。

第四条　国家建立规划环境影响评价信息共享制度。

县级以上人民政府及其有关部门应当对规划环境影响评价所需资料实行信息共享。

第五条　规划环境影响评价所需的费用应当按照预算管理的规定纳入财政预算，严格支出管理，接受审计监督。

第六条　任何单位和个人对违反本条例规定的行为或者对规划实施过程中产生的重大不良环境影响，有权向规划审批机关、规划编制机关或者环境保护主管部门举报。有关部门接到举报后，应当依法调查处理。

第二章　评　价

第七条　规划编制机关应当在规划编制过程中对规划组织进行环境影响评价。

第八条　对规划进行环境影响评价，应当分析、预测和评估以下内容：

（一）规划实施可能对相关区域、流域、海域生态系统产生的整体影响；

（二）规划实施可能对环境和人群健康产生的长远影响；

（三）规划实施的经济效益、社会效益与环境效益之间以及当前利益与长远利益之间的关系。

第九条 对规划进行环境影响评价，应当遵守有关环境保护标准以及环境影响评价技术导则和技术规范。

规划环境影响评价技术导则由国务院环境保护主管部门会同国务院有关部门制定；规划环境影响评价技术规范由国务院有关部门根据规划环境影响评价技术导则制定，并抄送国务院环境保护主管部门备案。

第十条 编制综合性规划，应当根据规划实施后可能对环境造成的影响，编写环境影响篇章或者说明。

编制专项规划，应当在规划草案报送审批前编制环境影响报告书。编制专项规划中的指导性规划，应当依照本条第一款规定编写环境影响篇章或者说明。

本条第二款所称指导性规划是指以发展战略为主要内容的专项规划。

第十一条 环境影响篇章或者说明应当包括下列内容：

（一）规划实施对环境可能造成影响的分析、预测和评估。主要包括资源环境承载能力分析、不良环境影响的分析和预测以及与相关规划的环境协调性分析。

（二）预防或者减轻不良环境影响的对策和措施。主要包括预防或者减轻不良环境影响的政策、管理或者技术等措施。

环境影响报告书除包括上述内容外，还应当包括环境影响评价结论。主要包括规划草案的环境合理性和可行性，预防或者减轻不良环境影响的对策和措施的合理性和有效性，以及规划草案的调整建议。

第十二条 环境影响篇章或者说明、环境影响报告书（以下称环境影响评价文件），由规划编制机关编制或者组织规划环境影响评价技术机构编制。规划编制机关应当对环境影响评价文件的质量负责。

第十三条 规划编制机关对可能造成不良环境影响并直接涉及公众环境权益的专项规划，应当在规划草案报送审批前，采取调查问卷、座谈会、论证会、听证会等形式，公开征求有关单位、专家和公众对环境影响报告书的意见。但是，依法需要保密的除外。

有关单位、专家和公众的意见与环境影响评价结论有重大分歧的，规划编制机关应当采取论证会、听证会等形式进一步论证。

规划编制机关应当在报送审查的环境影响报告书中附具对公众意见采纳与不采纳情况及其理由的说明。

第十四条 对已经批准的规划在实施范围、适用期限、规模、结构和布局等方面进行重大调整或者修订的，规划编制机关应当依照本条例的规定重新或者补充进行环境影响评价。

第三章 审 查

第十五条 规划编制机关在报送审批综合性规划草案和专项规划中的指导性规划草案时，应当将环境影响篇章或者说明作为规划草案的组成部分一并报送规划审批机关。未编写环境影响篇章或者说明的，规划审批机关应当要求其补充；未补充的，规划审批机关不予审批。

第十六条 规划编制机关在报送审批专项规划草案时，应当将环境影响报告书一并附送规划审批机关审查；未附送环境影响报告书的，规划审批机关应当要求其补充；未补充的，规划审批机关不予审批。

第十七条 设区的市级以上人民政府审批的专项规划，在审批前由其环境保护主管部门召集有关部门代表和专家组成审查小组，对环境影响报告书进行审查。审查小组应当提交书面审查意见。

省级以上人民政府有关部门审批的专项规划，其环境影响报告书的审查办法，由国务院环境保护主管部门会同国务院有关部门制定。

第十八条 审查小组的专家应当从依法设立的专家库内相关专业的专家名单中随机抽取。但是，参与环境影响报告书编制的专家，不得作为该环境影响报告书审查小组的成员。

审查小组中专家人数不得少于审查小组总人数的二分之一；少于二分之一的，审查小组的审查意见无效。

第十九条 审查小组的成员应当客观、公正、独立地对环境影响报告书提出书面审查意见，规划审批机关、规划编制机关、审查小组的召集部门不得干预。

审查意见应当包括下列内容：

（一）基础资料、数据的真实性；

（二）评价方法的适当性；

（三）环境影响分析、预测和评估的可靠性；

（四）预防或者减轻不良环境影响的对策和措施的合理性和有效性；

（五）公众意见采纳与不采纳情况及其理由的说明的合理性；

（六）环境影响评价结论的科学性。

审查意见应当经审查小组四分之三以上成员签字同意。审查小组成员有不同意见的，应当如实记录和反映。

第二十条 有下列情形之一的，审查小组应当提出对环境影响报告书进行修改并重新审查的意见：

（一）基础资料、数据失实的；

（二）评价方法选择不当的；

（三）对不良环境影响的分析、预测和评估不准确、不深入，需要进一步论证的；

（四）预防或者减轻不良环境影响的对策和措施存在严重缺陷的；

（五）环境影响评价结论不明确、不合理或者错误的；

（六）未附具对公众意见采纳与不采纳情况及其理由的说明，或者不采纳公众意见的理由明显不合理的；

（七）内容存在其他重大缺陷或者遗漏的。

第二十一条 有下列情形之一的，审查小组应当提出不予通过环境影响报告书的意见：

（一）依据现有知识水平和技术条件，对规划实施可能产生的不良环境影响的程度或者范围不能作出科学判断的；

（二）规划实施可能造成重大不良环境影响，并且无法提出切实可行的预防或者减轻对策和措施的。

第二十二条 规划审批机关在审批专项规划草案时，应当将环境影响报告书结论以及审查意见作为决策的重要依据。

规划审批机关对环境影响报告书结论以及审查意见不予采纳的，应当逐项就不予采纳的理由作出书面说明，并存档备查。有关单位、专家和公众可以申请查阅；但是，依法需要保密的除外。

第二十三条 已经进行环境影响评价的规划包含具体建设项目的，规划的环境影响评价结论应当作为建设项目环境影响评价的重要依据，建设项目环境影响评价的内容可以根据规划环境影响评价的分析论证情况予以简化。

第四章 跟踪评价

第二十四条 对环境有重大影响的规划实施后，规划编制机关应当及时组织规划环境影响的跟踪评价，将评价结果报告规划审批机关，并通报环境保护等有关部门。

第二十五条 规划环境影响的跟踪评价应当包括下列内容：

（一）规划实施后实际产生的环境影响与环境影响评价文件预测可能产生的环境影响之间的比较分析和评估；

（二）规划实施中所采取的预防或者减轻不良环境影响的对策和措施有效性的分析和评估；

（三）公众对规划实施所产生的环境影响的意见；

（四）跟踪评价的结论。

第二十六条 规划编制机关对规划环境影响进行跟踪评价，应当采取调查问卷、现场走访、座谈会等形式征求有关单位、专家和公众的意见。

第二十七条 规划实施过程中产生重大不良环境影响的，规划编制机关应当及时提出改进措施，向规划审批机关报告，并通报环境保护等有关部门。

第二十八条 环境保护主管部门发现规划实施过程中产生重大不良环境影响的，应当及时进行核查。经核查属实的，向规划审批机关提出采取改进措施或者修订规划的建议。

第二十九条 规划审批机关在接到规划编制机关的报告或者环境保护主管部门的建议后，应当及时组织论证，并根据论证结果采取改进措施或者对规划进行修订。

第三十条 规划实施区域的重点污染物排放总量超过国家或者地方规定的总量控制指标的，应当暂停审批该规划实施区域内新增该重点污染物排放总量的建设项目的环境影响评价文件。

第五章　法律责任

第三十一条　规划编制机关在组织环境影响评价时弄虚作假或者有失职行为，造成环境影响评价严重失实的，对直接负责的主管人员和其他直接责任人员，依法给予处分。

第三十二条　规划审批机关有下列行为之一的，对直接负责的主管人员和其他直接责任人员，依法给予处分：

（一）对依法应当编写而未编写环境影响篇章或者说明的综合性规划草案和专项规划中的指导性规划草案，予以批准的；

（二）对依法应当附送而未附送环境影响报告书的专项规划草案，或者对环境影响报告书未经审查小组审查的专项规划草案，予以批准的。

第三十三条　审查小组的召集部门在组织环境影响报告书审查时弄虚作假或者滥用职权，造成环境影响评价严重失实的，对直接负责的主管人员和其他直接责任人员，依法给予处分。

审查小组的专家在环境影响报告书审查中弄虚作假或者有失职行为，造成环境影响评价严重失实的，由设立专家库的环境保护主管部门取消其入选专家库的资格并予以公告；审查小组的部门代表有上述行为的，依法给予处分。

第三十四条　规划环境影响评价技术机构弄虚作假或者有失职行为，造成环境影响评价文件严重失实的，由国务院环境保护主管部门予以通报，处所收费用1倍以上3倍以下的罚款；构成犯罪的，依法追究刑事责任。

第六章　附　则

第三十五条　省、自治区、直辖市人民政府可以根据本地的实际情况，要求本行政区域内的县级人民政府对其组织编制的规划进行环境影响评价。具体办法由省、自治区、直辖市参照《中华人民共和国环境影响评价法》和本条例的规定制定。

第三十六条　本条例自2009年10月1日起施行。

废弃电器电子产品回收处理管理条例

（自2011年1月1日起施行）

（2008年8月20日国务院第23次常务会议通过　自2011年1月1日起施行）

第一章　总　则

第一条　为了规范废弃电器电子产品的回收处理活动，促进资源综合利用和循环经济发展，保护环境，保障人体健康，根据《中华人民共和国清洁生产促进法》和《中华人民共和国固体废物污染环境防治法》的有关规定，制定本条例。

第二条　本条例所称废弃电器电子产品的处理活动，是指将废弃电器电子产品进行拆解，从中提取物质作为原材料或者燃料，用改变废弃电器电子产品物理、化学特性的方法减少已产生的废弃电器电子产品数量，减少或者消除其危害成分，以及将其最终置于符合环境保护要求的填埋场的活动，不包括产品维修、翻新以及经维修、翻新后作为旧货再使用的活动。

第三条　列入《废弃电器电子产品处理目录》（以下简称《目录》）的废弃电器电子产品的回收处理及相关活动，适用本条例。

国务院资源综合利用主管部门会同国务院环境保护、工业信息产业等主管部门制订和调整《目录》，报国务院批准后实施。

第四条　国务院环境保护主管部门会同国务院资源综合利用、工业信息产业主管部门负责组织拟订废弃电器电子产品回收处理的政策措施并协调实施，负责废弃电器电子产品处理的监督管理工作。国务院商务主管部门负责废弃电器电子产品回收的管理工作。国务院财政、工商、质量监督、税务、海关等主管部门在各自职责范围内负责相关管理工作。

第五条　国家对废弃电器电子产品实行多渠道回收和集中处理制度。

第六条　国家对废弃电器电子产品处理实行资格许可制度。设区的市级人民政府环境保护主管部门审批废弃电器电子产品处理企业（以下简称处理企业）资格。

第七条　国家建立废弃电器电子产品处理基金，用于废弃电器电子产品回收处理费用的补贴。电器电子产品生产者、进口电器电子产品的收货人或者其代理人应当按照规定履行废弃电器电子产品处理基金的缴纳义务。

废弃电器电子产品处理基金应当纳入预算管理，其征收、使用、管理的具体办法由国务院财政部门会同国务院环境保护、资源综合利用、工业信息产业主管部门制订，报国务院批准后施行。

制订废弃电器电子产品处理基金的征收标准和补贴标准，应当充分听取电器电子产品生产企业、处理企业、有关行业协会及专家的意见。

第八条 国家鼓励和支持废弃电器电子产品处理的科学研究、技术开发、相关技术标准的研究以及新技术、新工艺、新设备的示范、推广和应用。

第九条 属于国家禁止进口的废弃电器电子产品，不得进口。

第二章 相关方责任

第十条 电器电子产品生产者、进口电器电子产品的收货人或者其代理人生产、进口的电器电子产品应当符合国家有关电器电子产品污染控制的规定，采用有利于资源综合利用和无害化处理的设计方案，使用无毒无害或者低毒低害以及便于回收利用的材料。

电器电子产品上或者产品说明书中应当按照规定提供有关有毒有害物质含量、回收处理提示性说明等信息。

第十一条 国家鼓励电器电子产品生产者自行或者委托销售者、维修机构、售后服务机构、废弃电器电子产品回收经营者回收废弃电器电子产品。电器电子产品销售者、维修机构、售后服务机构应当在其营业场所显著位置标注废弃电器电子产品回收处理提示性信息。

回收的废弃电器电子产品应当由有废弃电器电子产品处理资格的处理企业处理。

第十二条 废弃电器电子产品回收经营者应当采取多种方式为电器电子产品使用者提供方便、快捷的回收服务。

废弃电器电子产品回收经营者对回收的废弃电器电子产品进行处理，应当依照本条例规定取得废弃电器电子产品处理资格；未取得处理资格的，应当将回收的废弃电器电子产品交有废弃电器电子产品处理资格的处理企业处理。

回收的电器电子产品经过修复后销售的，必须符合保障人体健康和人身、财产安全等国家技术规范的强制性要求，并在显著位置标识为旧货。具体管理办法由国务院商务主管部门制定。

第十三条 机关、团体、企事业单位将废弃电器电子产品交有废弃电器电子产品处理资格的处理企业处理的，依照国家有关规定办理资产核销手续。

处理涉及国家秘密的废弃电器电子产品，依照国家保密规定办理。

第十四条 国家鼓励处理企业与相关电器电子产品生产者、销售者以及废弃电器电子产品回收经营者等建立长期合作关系，回收处理废弃电器电子产品。

第十五条 处理废弃电器电子产品，应当符合国家有关资源综合利用、环境保护、劳动安全和保障人体健康的要求。

禁止采用国家明令淘汰的技术和工艺处理废弃电器电子产品。

第十六条 处理企业应当建立废弃电器电子产品处理的日常环境监测制度。

第十七条 处理企业应当建立废弃电器电子产品的数据信息管理系统，向所在地的设区的市级人民政府环境保护主管部门报送废弃电器电子产品处理的基本数据和有关情况。废弃电器电子产品处理的基本数据的保存期限不得少于 3 年。

第十八条 处理企业处理废弃电器电子产品，依照国家有关规定享受税收优惠。

第十九条 回收、储存、运输、处理废弃电器电子产品的单位和个人，应当遵守国家有关环境保护和环境卫生管理的规定。

第三章 监督管理

第二十条 国务院资源综合利用、质量监督、环境保护、工业信息产业等主管部门，依照规定的职责制定废弃电器电子产品处理的相关政策和技术规范。

第二十一条 省级人民政府环境保护主管部门会同同级资源综合利用、商务、工业信息产业主管部门编制本地区废弃电器电子产品处理发展规划，报国务院环境保护主管部门备案。

地方人民政府应当将废弃电器电子产品回收处理基础设施建设纳入城乡规划。

第二十二条 取得废弃电器电子产品处理资格，依照《中华人民共和国公司登记管理条例》等规定办理登记并在其经营范围中注明废弃电器电子产品处理的企业，方可从事废弃电器电子产品处理活动。

除本条例第三十四条规定外，禁止未取得废弃电器电子产品处理资格的单位和个人处理废弃电器电子产品。

第二十三条 申请废弃电器电子产品处理资格，应当具备下列条件：

（一）具备完善的废弃电器电子产品处理设施；

（二）具有对不能完全处理的废弃电器电子产品的妥善利用或者处置方案；

（三）具有与所处理的废弃电器电子产品相适应的分拣、包装以及其他设备；

（四）具有相关安全、质量和环境保护的专业技术人员。

第二十四条 申请废弃电器电子产品处理资格，应当向所在地的设区的市级人民政府环境保护主管部门提交书面申请，并提供相关证明材料。受理申请的环境保护主管部门应当自收到完整的申请材料之日起 60 日内完成审查，作出准予许可或者不予许可的决定。

第二十五条 县级以上地方人民政府环境保护主管部门应当通过书面核查和实地检查等方式，加强对废弃电器电子产品处理活动的监督检查。

第二十六条 任何单位和个人都有权对违反本条例规定的行为向有关部门检举。有关部门应当为检举人保密，并依法及时处理。

第四章 法律责任

第二十七条 违反本条例规定，电器电子产品生产者、进口电器电子产品的收货人或者其代理人生产、进口的电器电子产品上或者产品说明书中未按照规定提供有关有毒有害物质含量、回收处理提示性说明等信息的，由县级以上地方人民政府产品质量监督部门责令限期改正，处5万元以下的罚款。

第二十八条 违反本条例规定，未取得废弃电器电子产品处理资格擅自从事废弃电器电子产品处理活动的，由工商行政管理机关依照《无照经营查处取缔办法》的规定予以处罚。

环境保护主管部门查出的，由县级以上人民政府环境保护主管部门责令停业、关闭，没收违法所得，并处5万元以上50万元以下的罚款。

第二十九条 违反本条例规定，采用国家明令淘汰的技术和工艺处理废弃电器电子产品的，由县级以上人民政府环境保护主管部门责令限期改正；情节严重的，由设区的市级人民政府环境保护主管部门依法暂停直至撤销其废弃电器电子产品处理资格。

第三十条 处理废弃电器电子产品造成环境污染的，由县级以上人民政府环境保护主管部门按照固体废物污染环境防治的有关规定予以处罚。

第三十一条 违反本条例规定，处理企业未建立废弃电器电子产品的数据信息管理系统，未按规定报送基本数据和有关情况或者报送基本数据、有关情况不真实，或者未按规定期限保存基本数据的，由所在地的设区的市级人民政府环境保护主管部门责令限期改正，可以处5万元以下的罚款。

第三十二条 违反本条例规定，处理企业未建立日常环境监测制度或者未开展日常环境监测的，由县级以上人民政府环境保护主管部门责令限期改正，可以处5万元以下的罚款。

第三十三条 违反本条例规定，有关行政主管部门的工作人员滥用职权、玩忽职守、徇私舞弊，构成犯罪的，依法追究刑事责任；尚不构成犯罪的，依法给予处分。

第五章 附 则

第三十四条 经省级人民政府批准，可以设立废弃电器电子产品集中处理场。废弃电器电子产品集中处理场应当具有完善的污染物集中处理设施，确保符合国家或者地方制定的污染物排放标准和固体废物污染环境防治技术标准，并应当遵守本条例的有关规定。

废弃电器电子产品集中处理场应当符合国家和当地工业区设置规划，与当地土地利用规划和城乡规划相协调，并应当加快实现产业升级。

第三十五条 本条例自2011年1月1日起施行。

全国污染源普查条例

（2019 年 3 月 2 日修订）

（2007 年 10 月 9 日国务院令第 508 号公布　根据 2019 年 3 月 2 日《国务院关于修改部分行政法规的决定》（国务院令第 709 号）修订）

第一章　总　则

第一条　为了科学、有效地组织实施全国污染源普查，保障污染源普查数据的准确性和及时性，根据《中华人民共和国统计法》和《中华人民共和国环境保护法》，制定本条例。

第二条　污染源普查的任务是，掌握各类污染源的数量、行业和地区分布情况，了解主要污染物的产生、排放和处理情况，建立健全重点污染源档案、污染源信息数据库和环境统计平台，为制定经济社会发展和环境保护政策、规划提供依据。

第三条　本条例所称污染源，是指因生产、生活和其他活动向环境排放污染物或者对环境产生不良影响的场所、设施、装置以及其他污染发生源。

第四条　污染源普查按照全国统一领导、部门分工协作、地方分级负责、各方共同参与的原则组织实施。

第五条　污染源普查所需经费，由中央和地方各级人民政府共同负担，并列入相应年度的财政预算，按时拨付，确保足额到位。

污染源普查经费应当统一管理，专款专用，严格控制支出。

第六条　全国污染源普查每 10 年进行 1 次，标准时点为普查年份的 12 月 31 日。

第七条　报刊、广播、电视和互联网等新闻媒体，应当及时开展污染源普查工作的宣传报道。

第二章　污染源普查的对象、范围、内容和方法

第八条　污染源普查的对象是中华人民共和国境内有污染源的单位和个体经营户。

第九条　污染源普查对象有义务接受污染源普查领导小组办公室、普查人员依法进行的调查，并如实反映情况，提供有关资料，按照要求填报污染源普查表。

污染源普查对象不得迟报、虚报、瞒报和拒报普查数据；不得推诿、拒绝和阻挠调查；不得转移、隐匿、篡改、毁弃原材料消耗记录、生产记录、污染物治理设施运行记

录、污染物排放监测记录以及其他与污染物产生和排放有关的原始资料。

第十条 污染源普查范围包括：工业污染源，农业污染源，生活污染源，集中式污染治理设施和其他产生、排放污染物的设施。

第十一条 工业污染源普查的主要内容包括：企业基本登记信息，原材料消耗情况，产品生产情况，产生污染的设施情况，各类污染物产生、治理、排放和综合利用情况，各类污染防治设施建设、运行情况等。

农业污染源普查的主要内容包括：农业生产规模，用水、排水情况，化肥、农药、饲料和饲料添加剂以及农用薄膜等农业投入品使用情况，秸秆等种植业剩余物处理情况以及养殖业污染物产生、治理情况等。

生活污染源普查的主要内容包括：从事第三产业的单位的基本情况和污染物的产生、排放、治理情况，机动车污染物排放情况，城镇生活能源结构和能源消费量，生活用水量、排水量以及污染物排放情况等。

集中式污染治理设施普查的主要内容包括：设施基本情况和运行状况，污染物的处理处置情况，渗滤液、污泥、焚烧残渣和废气的产生、处置以及利用情况等。

第十二条 每次污染源普查的具体范围和内容，由国务院批准的普查方案确定。

第十三条 污染源普查采用全面调查的方法，必要时可以采用抽样调查的方法。

污染源普查采用全国统一的标准和技术要求。

第三章 污染源普查的组织实施

第十四条 全国污染源普查领导小组负责领导和协调全国污染源普查工作。

全国污染源普查领导小组办公室设在国务院生态环境主管部门，负责全国污染源普查日常工作。

第十五条 县级以上地方人民政府污染源普查领导小组，按照全国污染源普查领导小组的统一规定和要求，领导和协调本行政区域的污染源普查工作。

县级以上地方人民政府污染源普查领导小组办公室设在同级生态环境主管部门，负责本行政区域的污染源普查日常工作。

乡（镇）人民政府、街道办事处和村（居）民委员会应当广泛动员和组织社会力量积极参与并认真做好污染源普查工作。

第十六条 县级以上人民政府生态环境主管部门和其他有关部门，按照职责分工和污染源普查领导小组的统一要求，做好污染源普查相关工作。

第十七条 全国污染源普查方案由全国污染源普查领导小组办公室拟订，经全国污染源普查领导小组审核同意，报国务院批准。

全国污染源普查方案应当包括：普查的具体范围和内容、普查的主要污染物、普查方法、普查的组织实施以及经费预算等。

拟订全国污染源普查方案，应当充分听取有关部门和专家的意见。

第十八条 全国污染源普查领导小组办公室根据全国污染源普查方案拟订污染源

普查表，报国家统计局审定。

省、自治区、直辖市人民政府污染源普查领导小组办公室，可以根据需要增设本行政区域污染源普查附表，报全国污染源普查领导小组办公室批准后使用。

第十九条 在普查启动阶段，污染源普查领导小组办公室应当进行单位清查。

县级以上人民政府机构编制、民政、市场监督管理以及其他具有设立审批、登记职能的部门，应当向同级污染源普查领导小组办公室提供其审批或者登记的单位资料，并协助做好单位清查工作。

污染源普查领导小组办公室应当以本行政区域现有的基本单位名录库为基础，按照全国污染源普查方案确定的污染源普查的具体范围，结合有关部门提供的单位资料，对污染源逐一核实清查，形成污染源普查单位名录。

第二十条 列入污染源普查范围的大、中型工业企业，应当明确相关机构负责本企业污染源普查表的填报工作，其他单位应当指定人员负责本单位污染源普查表的填报工作。

第二十一条 污染源普查领导小组办公室可以根据工作需要，聘用或者从有关单位借调人员从事污染源普查工作。

污染源普查领导小组办公室应当与聘用人员依法签订劳动合同，支付劳动报酬，并为其办理社会保险。借调人员的工资由原单位支付，其福利待遇保持不变。

第二十二条 普查人员应当坚持实事求是，恪守职业道德，具有执行普查任务所需要的专业知识。

污染源普查领导小组办公室应当对普查人员进行业务培训，对考核合格的颁发全国统一的普查员工作证。

第二十三条 普查人员依法独立行使调查、报告、监督和检查的职权，有权查阅普查对象的原材料消耗记录、生产记录、污染物治理设施运行记录、污染物排放监测记录以及其他与污染物产生和排放有关的原始资料，并有权要求普查对象改正其填报的污染源普查表中不真实、不完整的内容。

第二十四条 普查人员应当严格执行全国污染源普查方案，不得伪造、篡改普查资料，不得强令、授意普查对象提供虚假普查资料。

普查人员执行污染源调查任务，不得少于2人，并应当出示普查员工作证；未出示普查员工作证的，普查对象可以拒绝接受调查。

第二十五条 普查人员应当依法直接访问普查对象，指导普查对象填报污染源普查表。污染源普查表填写完成后，应当由普查对象签字或者盖章确认。普查对象应当对其签字或者盖章的普查资料的真实性负责。

污染源普查领导小组办公室对其登记、录入的普查资料与普查对象填报的普查资料的一致性负责，并对其加工、整理的普查资料的准确性负责。

污染源普查领导小组办公室在登记、录入、加工和整理普查资料过程中，对普查资料有疑义的，应当向普查对象核实，普查对象应当如实说明或者改正。

第二十六条 各地方、各部门、各单位的负责人不得擅自修改污染源普查领导小组办公室、普查人员依法取得的污染源普查资料；不得强令或者授意污染源普查领导小组办公室、普查人员伪造或者篡改普查资料；不得对拒绝、抵制伪造或者篡改普查资料的普查人员打击报复。

第四章　数据处理和质量控制

第二十七条 污染源普查领导小组办公室应当按照全国污染源普查方案和有关标准、技术要求进行数据处理，并按时上报普查数据。

第二十八条 污染源普查领导小组办公室应当做好污染源普查数据备份和数据入库工作，建立健全污染源信息数据库，并加强日常管理和维护更新。

第二十九条 污染源普查领导小组办公室应当按照全国污染源普查方案，建立污染源普查数据质量控制岗位责任制，并对普查中的每个环节进行质量控制和检查验收。

污染源普查数据不符合全国污染源普查方案或者有关标准、技术要求的，上一级污染源普查领导小组办公室可以要求下一级污染源普查领导小组办公室重新调查，确保普查数据的一致性、真实性和有效性。

第三十条 全国污染源普查领导小组办公室统一组织对污染源普查数据的质量核查。核查结果作为评估全国或者各省、自治区、直辖市污染源普查数据质量的重要依据。

污染源普查数据的质量达不到规定要求的，有关污染源普查领导小组办公室应当在全国污染源普查领导小组办公室规定的时间内重新进行污染源普查。

第五章　数据发布、资料管理和开发应用

第三十一条 全国污染源普查公报，根据全国污染源普查领导小组的决定发布。

地方污染源普查公报，经上一级污染源普查领导小组办公室核准发布。

第三十二条 普查对象提供的资料和污染源普查领导小组办公室加工、整理的资料属于国家秘密的，应当注明秘密的等级，并按照国家有关保密规定处理。

污染源普查领导小组办公室、普查人员对在污染源普查中知悉的普查对象的商业秘密，负有保密义务。

第三十三条 污染源普查领导小组办公室应当建立污染源普查资料档案管理制度。污染源普查资料档案的保管、调用和移交应当遵守国家有关档案管理规定。

第三十四条 国家建立污染源普查资料信息共享制度。

污染源普查领导小组办公室应当在污染源信息数据库的基础上，建立污染源普查资料信息共享平台，促进普查成果的开发和应用。

第三十五条 污染源普查取得的单个普查对象的资料严格限定用于污染源普查目的，不得作为考核普查对象是否完成污染物总量削减计划的依据，不得作为依照其他法律、行政法规对普查对象实施行政处罚和征收排污费的依据。

第六章　表彰和处罚

第三十六条　对在污染源普查工作中做出突出贡献的集体和个人，应当给予表彰和奖励。

第三十七条　地方、部门、单位的负责人有下列行为之一的，依法给予处分，并由县级以上人民政府统计机构予以通报批评；构成犯罪的，依法追究刑事责任：

（一）擅自修改污染源普查资料的；

（二）强令、授意污染源普查领导小组办公室、普查人员伪造或者篡改普查资料的；

（三）对拒绝、抵制伪造或者篡改普查资料的普查人员打击报复的。

第三十八条　普查人员不执行普查方案，或者伪造、篡改普查资料，或者强令、授意普查对象提供虚假普查资料的，依法给予处分。

污染源普查领导小组办公室、普查人员泄露在普查中知悉的普查对象商业秘密的，对直接负责的主管人员和其他直接责任人员依法给予处分；对普查对象造成损害的，应当依法承担民事责任。

第三十九条　污染源普查对象有下列行为之一的，污染源普查领导小组办公室应当及时向同级人民政府统计机构通报有关情况，提出处理意见，由县级以上人民政府统计机构责令改正，予以通报批评；情节严重的，可以建议对直接负责的主管人员和其他直接责任人员依法给予处分：

（一）迟报、虚报、瞒报或者拒报污染源普查数据的；

（二）推诿、拒绝或者阻挠普查人员依法进行调查的；

（三）转移、隐匿、篡改、毁弃原材料消耗记录、生产记录、污染物治理设施运行记录、污染物排放监测记录以及其他与污染物产生和排放有关的原始资料的。

单位有本条第一款所列行为之一的，由县级以上人民政府统计机构予以警告，可以处5万元以下的罚款。

个体经营户有本条第一款所列行为之一的，由县级以上人民政府统计机构予以警告，可以处1万元以下的罚款。

第四十条　污染源普查领导小组办公室应当设立举报电话和信箱，接受社会各界对污染源普查工作的监督和对违法行为的检举，并对检举有功的人员依法给予奖励，对检举的违法行为，依法予以查处。

第七章　附　则

第四十一条　军队、武装警察部队的污染源普查工作，由中国人民解放军总后勤部按照国家统一规定和要求组织实施。

新疆生产建设兵团的污染源普查工作，由新疆生产建设兵团按照国家统一规定和要求组织实施。

第四十二条　本条例自公布之日起施行。

民用核安全设备监督管理条例

（2016年1月13日修订）

（2007年7月4日国务院第183次常务会议通过　2007年7月11日公布　自2008年1月1日起施行　根据2016年1月13日国务院第119次常务会议《国务院关于修改部分行政法规的决定》修订　2016年2月6日发布）

第一章　总　则

第一条　为了加强对民用核安全设备的监督管理，保证民用核设施的安全运行，预防核事故，保障工作人员和公众的健康，保护环境，促进核能事业的顺利发展，制定本条例。

第二条　本条例所称民用核安全设备，是指在民用核设施中使用的执行核安全功能的设备，包括核安全机械设备和核安全电气设备。

民用核安全设备目录由国务院核安全监管部门商国务院有关部门制定并发布。

第三条　民用核安全设备设计、制造、安装和无损检验活动适用本条例。

民用核安全设备运离民用核设施现场进行的维修活动，适用民用核安全设备制造活动的有关规定。

第四条　国务院核安全监管部门对民用核安全设备设计、制造、安装和无损检验活动实施监督管理。

国务院核行业主管部门和其他有关部门依照本条例和国务院规定的职责分工负责有关工作。

第五条　民用核安全设备设计、制造、安装和无损检验单位，应当建立健全责任制度，加强质量管理，并对其所从事的民用核安全设备设计、制造、安装和无损检验活动承担全面责任。

民用核设施营运单位，应当对在役的民用核安全设备进行检查、试验、检验和维修，并对民用核安全设备的使用和运行安全承担全面责任。

第六条　民用核安全设备设计、制造、安装和无损检验活动应当符合国家有关产业政策。

国家鼓励民用核安全设备设计、制造、安装和无损检验的科学技术研究，提高安全水平。

第七条 任何单位和个人对违反本条例规定的行为，有权向国务院核安全监管部门举报。国务院核安全监管部门接到举报，应当及时调查处理，并为举报人保密。

第二章 标 准

第八条 民用核安全设备标准是从事民用核安全设备设计、制造、安装和无损检验活动的技术依据。

第九条 国家建立健全民用核安全设备标准体系。制定民用核安全设备标准，应当充分考虑民用核安全设备的技术发展和使用要求，结合我国的工业基础和技术水平，做到安全可靠、技术成熟、经济合理。

民用核安全设备标准包括国家标准、行业标准和企业标准。

第十条 涉及核安全基本原则和技术要求的民用核安全设备国家标准，由国务院核安全监管部门组织拟定，由国务院标准化主管部门和国务院核安全监管部门联合发布；其他的民用核安全设备国家标准，由国务院核行业主管部门组织拟定，经国务院核安全监管部门认可，由国务院标准化主管部门发布。

民用核安全设备行业标准，由国务院核行业主管部门组织拟定，经国务院核安全监管部门认可，由国务院核行业主管部门发布，并报国务院标准化主管部门备案。

制定民用核安全设备国家标准和行业标准，应当充分听取有关部门和专家的意见。

第十一条 尚未制定相应国家标准和行业标准的，民用核安全设备设计、制造、安装和无损检验单位应当采用经国务院核安全监管部门认可的标准。

第三章 许 可

第十二条 民用核安全设备设计、制造、安装和无损检验单位应当依照本条例规定申请领取许可证。

第十三条 申请领取民用核安全设备设计、制造、安装或者无损检验许可证的单位，应当具备下列条件：

（一）具有法人资格；

（二）有与拟从事活动相关或者相近的工作业绩，并且满 5 年以上；

（三）有与拟从事活动相适应的、经考核合格的专业技术人员，其中从事民用核安全设备焊接和无损检验活动的专业技术人员应当取得相应的资格证书；

（四）有与拟从事活动相适应的工作场所、设施和装备；

（五）有健全的管理制度和完善的质量保证体系，以及符合核安全监督管理规定的质量保证大纲。

申请领取民用核安全设备制造许可证或者安装许可证的单位，还应当制作有代表性的模拟件。

第十四条 申请领取民用核安全设备设计、制造、安装或者无损检验许可证的单位，应当向国务院核安全监管部门提出书面申请，并提交符合本条例第十三条规定条件的证明材料。

第十五条 国务院核安全监管部门应当自受理申请之日起 45 个工作日内完成审查，并对符合条件的颁发许可证，予以公告；对不符合条件的，书面通知申请单位并说明理由。

国务院核安全监管部门在审查过程中，应当组织专家进行技术评审，并征求国务院核行业主管部门和其他有关部门的意见。技术评审所需时间不计算在前款规定的期限内。

第十六条 民用核安全设备设计、制造、安装和无损检验许可证应当载明下列内容：

（一）单位名称、地址和法定代表人；

（二）准予从事的活动种类和范围；

（三）有效期限；

（四）发证机关、发证日期和证书编号。

第十七条 民用核安全设备设计、制造、安装和无损检验单位变更单位名称、地址或者法定代表人的，应当自变更工商登记之日起 20 日内，向国务院核安全监管部门申请办理许可证变更手续。

民用核安全设备设计、制造、安装和无损检验单位变更许可证规定的活动种类或者范围的，应当按照原申请程序向国务院核安全监管部门重新申请领取许可证。

第十八条 民用核安全设备设计、制造、安装和无损检验许可证有效期为 5 年。

许可证有效期届满，民用核安全设备设计、制造、安装和无损检验单位需要继续从事相关活动的，应当于许可证有效期届满 6 个月前，向国务院核安全监管部门提出延续申请。

国务院核安全监管部门应当在许可证有效期届满前作出是否准予延续的决定；逾期未作决定的，视为准予延续。

第十九条 禁止无许可证擅自从事或者不按照许可证规定的活动种类和范围从事民用核安全设备设计、制造、安装和无损检验活动。

禁止委托未取得相应许可证的单位进行民用核安全设备设计、制造、安装和无损检验活动。

禁止伪造、变造、转让许可证。

第四章 设计、制造、安装和无损检验

第二十条 民用核安全设备设计、制造、安装和无损检验单位，应当提高核安全意识，建立完善的质量保证体系，确保民用核安全设备的质量和可靠性。

民用核设施营运单位，应当对民用核安全设备设计、制造、安装和无损检验活动进行质量管理和过程控制，做好监造和验收工作。

第二十一条 民用核安全设备设计、制造、安装和无损检验单位，应当根据其质量保证大纲和民用核设施营运单位的要求，在民用核安全设备设计、制造、安装和无损检

验活动开始前编制项目质量保证分大纲，并经民用核设施营运单位审查同意。

第二十二条 民用核安全设备设计单位，应当在设计活动开始 30 日前，将下列文件报国务院核安全监管部门备案：

（一）项目设计质量保证分大纲和程序清单；

（二）设计内容和设计进度计划；

（三）设计遵循的标准和规范目录清单，设计中使用的计算机软件清单；

（四）设计验证活动清单。

第二十三条 民用核安全设备制造、安装单位，应当在制造、安装活动开始 30 日前，将下列文件报国务院核安全监管部门备案：

（一）项目制造、安装质量保证分大纲和程序清单；

（二）制造、安装技术规格书；

（三）分包项目清单；

（四）制造、安装质量计划。

第二十四条 民用核安全设备设计、制造、安装和无损检验单位，不得将国务院核安全监管部门确定的关键工艺环节分包给其他单位。

第二十五条 民用核安全设备制造、安装、无损检验单位和民用核设施营运单位，应当聘用取得民用核安全设备焊工、焊接操作工和无损检验人员资格证书的人员进行民用核安全设备焊接和无损检验活动。

民用核安全设备焊工、焊接操作工和无损检验人员由国务院核安全监管部门核准颁发资格证书。

民用核安全设备焊工、焊接操作工和无损检验人员在民用核安全设备焊接和无损检验活动中，应当严格遵守操作规程。

第二十六条 民用核安全设备无损检验单位应当客观、准确地出具无损检验结果报告。无损检验结果报告经取得相应资格证书的无损检验人员签字方为有效。

民用核安全设备无损检验单位和无损检验人员对无损检验结果报告负责。

第二十七条 民用核安全设备设计单位应当对其设计进行设计验证。设计验证由未参与原设计的专业人员进行。

设计验证可以采用设计评审、鉴定试验或者不同于设计中使用的计算方法的其他计算方法等形式。

第二十八条 民用核安全设备制造、安装单位应当对民用核安全设备的制造、安装质量进行检验。未经检验或者经检验不合格的，不得交付验收。

第二十九条 民用核设施营运单位应当对民用核安全设备质量进行验收。有下列情形之一的，不得验收通过：

（一）不能按照质量保证要求证明质量受控的；

（二）出现重大质量问题未处理完毕的。

第三十条 民用核安全设备设计、制造、安装和无损检验单位，应当对本单位所从事的民用核安全设备设计、制造、安装和无损检验活动进行年度评估，并于每年 4 月 1 日前向国务院核安全监管部门提交上一年度的评估报告。

评估报告应当包括本单位工作场所、设施、装备和人员等变动情况，质量保证体系实施情况，重大质量问题处理情况以及国务院核安全监管部门和民用核设施营运单位提出的整改要求落实情况等内容。

民用核安全设备设计、制造、安装和无损检验单位对本单位在民用核安全设备设计、制造、安装和无损检验活动中出现的重大质量问题，应当立即采取处理措施，并向国务院核安全监管部门报告。

第五章　进出口

第三十一条　为中华人民共和国境内民用核设施进行民用核安全设备设计、制造、安装和无损检验活动的境外单位，应当具备下列条件：

（一）遵守中华人民共和国的法律、行政法规和核安全监督管理规定；

（二）已取得所在国核安全监管部门规定的相应资质；

（三）使用的民用核安全设备设计、制造、安装和无损检验技术是成熟的或者经过验证的；

（四）采用中华人民共和国的民用核安全设备国家标准、行业标准或者国务院核安全监管部门认可的标准。

第三十二条　为中华人民共和国境内民用核设施进行民用核安全设备设计、制造、安装和无损检验活动的境外单位，应当事先到国务院核安全监管部门办理注册登记手续。国务院核安全监管部门应当将境外单位注册登记情况抄送国务院核行业主管部门和其他有关部门。

注册登记的具体办法由国务院核安全监管部门制定。

第三十三条　国务院核安全监管部门及其所属的检验机构应当依法对进口的民用核安全设备进行安全检验。

进口的民用核安全设备在安全检验合格后，由出入境检验机构进行商品检验。

第三十四条　国务院核安全监管部门根据需要，可以对境外单位为中华人民共和国境内民用核设施进行的民用核安全设备设计、制造、安装和无损检验活动实施核安全监督检查。

第三十五条　民用核设施营运单位应当在对外贸易合同中约定有关民用核安全设备监造、装运前检验和监装等方面的要求。

第三十六条　民用核安全设备的出口管理依照有关法律、行政法规的规定执行。

第六章　监督检查

第三十七条　国务院核安全监管部门及其派出机构，依照本条例规定对民用核安全设备设计、制造、安装和无损检验活动进行监督检查。监督检查分为例行检查和非例行检查。

第三十八条 国务院核安全监管部门及其派出机构在进行监督检查时，有权采取下列措施：

（一）向被检查单位的法定代表人和其他有关人员调查、了解情况；

（二）进入被检查单位进行现场调查或者核查；

（三）查阅、复制相关文件、记录以及其他有关资料；

（四）要求被检查单位提交有关情况说明或者后续处理报告；

（五）对有证据表明可能存在重大质量问题的民用核安全设备或者其主要部件，予以暂时封存。

被检查单位应当予以配合，如实反映情况，提供必要资料，不得拒绝和阻碍。

第三十九条 国务院核安全监管部门及其派出机构在进行监督检查时，应当对检查的内容、发现的问题以及处理情况作出记录，并由监督检查人员和被检查单位的有关负责人签字确认。被检查单位的有关负责人拒绝签字的，监督检查人员应当将有关情况记录在案。

第四十条 民用核安全设备监督检查人员在进行监督检查时，应当出示证件，并为被检查单位保守技术秘密和业务秘密。

民用核安全设备监督检查人员不得滥用职权侵犯企业的合法权益，或者利用职务上的便利索取、收受财物。

民用核安全设备监督检查人员不得从事或者参与民用核安全设备经营活动。

第四十一条 国务院核安全监管部门发现民用核安全设备设计、制造、安装和无损检验单位有不符合发证条件的情形的，应当责令其限期整改。

第四十二条 国务院核行业主管部门应当加强对本行业民用核设施营运单位的管理，督促本行业民用核设施营运单位遵守法律、行政法规和核安全监督管理规定。

第七章 法律责任

第四十三条 国务院核安全监管部门及其民用核安全设备监督检查人员有下列行为之一的，对直接负责的主管人员和其他直接责任人员，依法给予处分；直接负责的主管人员和其他直接责任人员构成犯罪的，依法追究刑事责任：

（一）不依照本条例规定颁发许可证的；

（二）发现违反本条例规定的行为不予查处，或者接到举报后不依法处理的；

（三）滥用职权侵犯企业的合法权益，或者利用职务上的便利索取、收受财物的；

（四）从事或者参与民用核安全设备经营活动的；

（五）在民用核安全设备监督管理工作中有其他违法行为的。

第四十四条 无许可证擅自从事民用核安全设备设计、制造、安装和无损检验活动的，由国务院核安全监管部门责令停止违法行为，处 50 万元以上 100 万元以下的罚款；有违法所得的，没收违法所得；对直接负责的主管人员和其他直接责任人员，处 2 万元以上10万元以下的罚款。

第四十五条 民用核安全设备设计、制造、安装和无损检验单位不按照许可证规定的活动种类和范围从事民用核安全设备设计、制造、安装和无损检验活动的，由国务院核安全监管部门责令停止违法行为，限期改正，处10万元以上50万元以下的罚款；有违法所得的，没收违法所得；逾期不改正的，暂扣或者吊销许可证，对直接负责的主管人员和其他直接责任人员，处2万元以上10万元以下的罚款。

第四十六条 民用核安全设备设计、制造、安装和无损检验单位变更单位名称、地址或者法定代表人，未依法办理许可证变更手续的，由国务院核安全监管部门责令限期改正；逾期不改正的，暂扣或者吊销许可证。

第四十七条 单位伪造、变造、转让许可证的，由国务院核安全监管部门收缴伪造、变造的许可证或者吊销许可证，处10万元以上50万元以下的罚款；有违法所得的，没收违法所得；对直接负责的主管人员和其他直接责任人员，处2万元以上10万元以下的罚款；构成违反治安管理行为的，由公安机关依法予以治安处罚；构成犯罪的，依法追究刑事责任。

第四十八条 民用核安全设备设计、制造、安装和无损检验单位未按照民用核安全设备标准进行民用核安全设备设计、制造、安装和无损检验活动的，由国务院核安全监管部门责令停止违法行为，限期改正，禁止使用相关设计、设备，处10万元以上50万元以下的罚款；有违法所得的，没收违法所得；逾期不改正的，暂扣或者吊销许可证，对直接负责的主管人员和其他直接责任人员，处2万元以上10万元以下的罚款。

第四十九条 民用核安全设备设计、制造、安装和无损检验单位有下列行为之一的，由国务院核安全监管部门责令停止违法行为，限期改正，处10万元以上50万元以下的罚款；逾期不改正的，暂扣或者吊销许可证，对直接负责的主管人员和其他直接责任人员，处2万元以上10万元以下的罚款：

（一）委托未取得相应许可证的单位进行民用核安全设备设计、制造、安装和无损检验活动的；

（二）聘用未取得相应资格证书的人员进行民用核安全设备焊接和无损检验活动的；

（三）将国务院核安全监管部门确定的关键工艺环节分包给其他单位的。

第五十条 民用核安全设备设计、制造、安装和无损检验单位对本单位在民用核安全设备设计、制造、安装和无损检验活动中出现的重大质量问题，未按照规定采取处理措施并向国务院核安全监管部门报告的，由国务院核安全监管部门责令停止民用核安全设备设计、制造、安装和无损检验活动，限期改正，处5万元以上20万元以下的罚款；逾期不改正的，暂扣或者吊销许可证，对直接负责的主管人员和其他直接责任人员，处2万元以上10万元以下的罚款。

第五十一条 民用核安全设备设计、制造、安装和无损检验单位有下列行为之一的，由国务院核安全监管部门责令停止民用核安全设备设计、制造、安装和无损检验活动，限期改正；逾期不改正的，处5万元以上20万元以下的罚款，暂扣或者吊销许可证：

（一）未按照规定编制项目质量保证分大纲并经民用核设施营运单位审查同意的；

（二）在民用核安全设备设计、制造和安装活动开始前，未按照规定将有关文件报国务院核安全监管部门备案的；

（三）未按照规定进行年度评估并向国务院核安全监管部门提交评估报告的。

第五十二条 民用核安全设备无损检验单位出具虚假无损检验结果报告的，由国务院核安全监管部门处10万元以上50万元以下的罚款，吊销许可证；有违法所得的，没收违法所得；对直接负责的主管人员和其他直接责任人员，处2万元以上10万元以下的罚款；构成犯罪的，依法追究刑事责任。

第五十三条 民用核安全设备焊工、焊接操作工违反操作规程导致严重焊接质量问题的，由国务院核安全监管部门吊销其资格证书。

第五十四条 民用核安全设备无损检验人员违反操作规程导致无损检验结果报告严重错误的，由国务院核安全监管部门吊销其资格证书。

第五十五条 民用核安全设备设计单位未按照规定进行设计验证，或者民用核安全设备制造、安装单位未按照规定进行质量检验以及经检验不合格即交付验收的，由国务院核安全监管部门责令限期改正，处10万元以上50万元以下的罚款；有违法所得的，没收违法所得；逾期不改正的，吊销许可证，对直接负责的主管人员和其他直接责任人员，处2万元以上10万元以下的罚款。

第五十六条 民用核设施营运单位有下列行为之一的，由国务院核安全监管部门责令限期改正，处100万元以上500万元以下的罚款；逾期不改正的，吊销其核设施建造许可证或者核设施运行许可证，对直接负责的主管人员和其他直接责任人员，处2万元以上10万元以下的罚款：

（一）委托未取得相应许可证的单位进行民用核安全设备设计、制造、安装和无损检验活动的；

（二）对不能按照质量保证要求证明质量受控，或者出现重大质量问题未处理完毕的民用核安全设备予以验收通过的。

第五十七条 民用核安全设备设计、制造、安装和无损检验单位被责令限期整改，逾期不整改或者经整改仍不符合发证条件的，由国务院核安全监管部门暂扣或者吊销许可证。

第五十八条 拒绝或者阻碍国务院核安全监管部门及其派出机构监督检查的，由国务院核安全监管部门责令限期改正；逾期不改正或者在接受监督检查时弄虚作假的，暂扣或者吊销许可证。

第五十九条 违反本条例规定，被依法吊销许可证的单位，自吊销许可证之日起1年内不得重新申请领取许可证。

第八章 附 则

第六十条 申请领取民用核安全设备设计、制造、安装或者无损检验许可证的单位，应当按照国家有关规定缴纳技术评审的费用。

第六十一条 本条例下列用语的含义：

（一）核安全机械设备，包括执行核安全功能的压力容器、钢制安全壳（钢衬里）、储罐、热交换器、泵、风机和压缩机、阀门、闸门、管道（含热交换器传热管）和管配件、膨胀节、波纹管、法兰、堆内构件、控制棒驱动机构、支承件、机械贯穿件以及上述设备的铸锻件等。

（二）核安全电气设备，包括执行核安全功能的传感器（包括探测器和变送器）、电缆、机柜（包括机箱和机架）、控制台屏、显示仪表、应急柴油发电机组、蓄电池（组）、电动机、阀门驱动装置、电气贯穿件等。

第六十二条 本条例自 2008 年 1 月 1 日起施行。

放射性同位素与射线装置安全和防护条例

（2014年7月29日修订）

（2005年9月14日中华人民共和国国务院令第449号公布　根据2014年7月29日《国务院关于修改部分行政法规的决定》修订）

第一章　总　则

第一条　为了加强对放射性同位素、射线装置安全和防护的监督管理，促进放射性同位素、射线装置的安全应用，保障人体健康，保护环境，制定本条例。

第二条　在中华人民共和国境内生产、销售、使用放射性同位素和射线装置，以及转让、进出口放射性同位素的，应当遵守本条例。

本条例所称放射性同位素包括放射源和非密封放射性物质。

第三条　国务院环境保护主管部门对全国放射性同位素、射线装置的安全和防护工作实施统一监督管理。

国务院公安、卫生等部门按照职责分工和本条例的规定，对有关放射性同位素、射线装置的安全和防护工作实施监督管理。

县级以上地方人民政府环境保护主管部门和其他有关部门，按照职责分工和本条例的规定，对本行政区域内放射性同位素、射线装置的安全和防护工作实施监督管理。

第四条　国家对放射源和射线装置实行分类管理。根据放射源、射线装置对人体健康和环境的潜在危害程度，从高到低将放射源分为Ⅰ类、Ⅱ类、Ⅲ类、Ⅳ类、Ⅴ类，具体分类办法由国务院环境保护主管部门制定；将射线装置分为Ⅰ类、Ⅱ类、Ⅲ类，具体分类办法由国务院环境保护主管部门商国务院卫生主管部门制定。

第二章　许可和备案

第五条　生产、销售、使用放射性同位素和射线装置的单位，应当依照本章规定取得许可证。

第六条　除医疗使用Ⅰ类放射源、制备正电子发射计算机断层扫描用放射性药物自用的单位外，生产放射性同位素、销售和使用Ⅰ类放射源、销售和使用Ⅰ类射线装置的单位的许可证，由国务院环境保护主管部门审批颁发。

除国务院环境保护主管部门审批颁发的许可证外，其他单位的许可证，由省、自治区、直辖市人民政府环境保护主管部门审批颁发。

国务院环境保护主管部门向生产放射性同位素的单位颁发许可证前，应当将申请材料印送其行业主管部门征求意见。

环境保护主管部门应当将审批颁发许可证的情况通报同级公安部门、卫生主管部门。

第七条 生产、销售、使用放射性同位素和射线装置的单位申请领取许可证，应当具备下列条件：

（一）有与所从事的生产、销售、使用活动规模相适应的，具备相应专业知识和防护知识及健康条件的专业技术人员；

（二）有符合国家环境保护标准、职业卫生标准和安全防护要求的场所、设施和设备；

（三）有专门的安全和防护管理机构或者专职、兼职安全和防护管理人员，并配备必要的防护用品和监测仪器；

（四）有健全的安全和防护管理规章制度、辐射事故应急措施；

（五）产生放射性废气、废液、固体废物的，具有确保放射性废气、废液、固体废物达标排放的处理能力或者可行的处理方案。

第八条 生产、销售、使用放射性同位素和射线装置的单位，应当事先向有审批权的环境保护主管部门提出许可申请，并提交符合本条例第七条规定条件的证明材料。

使用放射性同位素和射线装置进行放射诊疗的医疗卫生机构，还应当获得放射源诊疗技术和医用辐射机构许可。

第九条 环境保护主管部门应当自受理申请之日起 20 个工作日内完成审查，符合条件的，颁发许可证，并予以公告；不符合条件的，书面通知申请单位并说明理由。

第十条 许可证包括下列主要内容：

（一）单位的名称、地址、法定代表人；

（二）所从事活动的种类和范围；

（三）有效期限；

（四）发证日期和证书编号。

第十一条 持证单位变更单位名称、地址、法定代表人的，应当自变更登记之日起 20 日内，向原发证机关申请办理许可证变更手续。

第十二条 有下列情形之一的，持证单位应当按照原申请程序，重新申请领取许可证：

（一）改变所从事活动的种类或者范围的；

（二）新建或者改建、扩建生产、销售、使用设施或者场所的。

第十三条 许可证有效期为 5 年。有效期届满，需要延续的，持证单位应当于许可证有效期届满 30 日前，向原发证机关提出延续申请。原发证机关应当自受理延续申请之日起，在许可证有效期届满前完成审查，符合条件的，予以延续；不符合条件的，书面通知申请单位并说明理由。

第十四条 持证单位部分终止或者全部终止生产、销售、使用放射性同位素和射线装置活动的，应当向原发证机关提出部分变更或者注销许可证申请，由原发证机关核查合格后，予以变更或者注销许可证。

第十五条 禁止无许可证或者不按照许可证规定的种类和范围从事放射性同位素和射线装置的生产、销售、使用活动。

禁止伪造、变造、转让许可证。

第十六条 国务院对外贸易主管部门会同国务院环境保护主管部门、海关总署、国务院质量监督检验检疫部门和生产放射性同位素的单位的行业主管部门制定并公布限制进出口放射性同位素目录和禁止进出口放射性同位素目录。

进口列入限制进出口目录的放射性同位素，应当在国务院环境保护主管部门审查批准后，由国务院对外贸易主管部门依据国家对外贸易的有关规定签发进口许可证。进口限制进出口目录和禁止进出口目录之外的放射性同位素，依据国家对外贸易的有关规定办理进口手续。

第十七条 申请进口列入限制进出口目录的放射性同位素，应当符合下列要求：

（一）进口单位已经取得与所从事活动相符的许可证；

（二）进口单位具有进口放射性同位素使用期满后的处理方案，其中，进口Ⅰ类、Ⅱ类、Ⅲ类放射源的，应当具有原出口方负责回收的承诺文件；

（三）进口的放射源应当有明确标号和必要说明文件，其中，Ⅰ类、Ⅱ类、Ⅲ类放射源的标号应当刻制在放射源本体或者密封包壳体上，Ⅳ类、Ⅴ类放射源的标号应当记录在相应说明文件中；

（四）将进口的放射性同位素销售给其他单位使用的，还应当具有与使用单位签订的书面协议以及使用单位取得的许可证复印件。

第十八条 进口列入限制进出口目录的放射性同位素的单位，应当向国务院环境保护主管部门提出进口申请，并提交符合本条例第十七条规定要求的证明材料。

国务院环境保护主管部门应当自受理申请之日起 10 个工作日内完成审查，符合条件的，予以批准；不符合条件的，书面通知申请单位并说明理由。

海关验凭放射性同位素进口许可证办理有关进口手续。进口放射性同位素的包装材料依法需要实施检疫的，依照国家有关检疫法律、法规的规定执行。

对进口的放射源，国务院环境保护主管部门还应当同时确定与其标号相对应的放射源编码。

第十九条 申请转让放射性同位素，应当符合下列要求：

（一）转出、转入单位持有与所从事活动相符的许可证；

（二）转入单位具有放射性同位素使用期满后的处理方案；

（三）转让双方已经签订书面转让协议。

第二十条 转让放射性同位素，由转入单位向其所在地省、自治区、直辖市人民政府环境保护主管部门提出申请，并提交符合本条例第十九条规定要求的证明材料。

省、自治区、直辖市人民政府环境保护主管部门应当自受理申请之日起 15 个工作日内完成审查，符合条件的，予以批准；不符合条件的，书面通知申请单位并说明理由。

第二十一条 放射性同位素的转出、转入单位应当在转让活动完成之日起 20 日内，分别向其所在地省、自治区、直辖市人民政府环境保护主管部门备案。

第二十二条 生产放射性同位素的单位，应当建立放射性同位素产品台账，并按照国务院环境保护主管部门制定的编码规则，对生产的放射源统一编码。放射性同位素产品台账和放射源编码清单应当报国务院环境保护主管部门备案。

生产的放射源应当有明确标号和必要说明文件。其中，Ⅰ类、Ⅱ类、Ⅲ类放射源的标号应当刻制在放射源本体或者密封包壳体上，Ⅳ类、Ⅴ类放射源的标号应当记录在相应说明文件中。

国务院环境保护主管部门负责建立放射性同位素备案信息管理系统，与有关部门实行信息共享。

未列入产品台账的放射性同位素和未编码的放射源，不得出厂和销售。

第二十三条 持有放射源的单位将废旧放射源交回生产单位、返回原出口方或者送交放射性废物集中贮存单位贮存的，应当在该活动完成之日起 20 日内向其所在地省、自治区、直辖市人民政府环境保护主管部门备案。

第二十四条 本条例施行前生产和进口的放射性同位素，由放射性同位素持有单位在本条例施行之日起 6 个月内，到其所在地省、自治区、直辖市人民政府环境保护主管部门办理备案手续，省、自治区、直辖市人民政府环境保护主管部门应当对放射源进行统一编码。

第二十五条 使用放射性同位素的单位需要将放射性同位素转移到外省、自治区、直辖市使用的，应当持许可证复印件向使用地省、自治区、直辖市人民政府环境保护主管部门备案，并接受当地环境保护主管部门的监督管理。

第二十六条 出口列入限制进出口目录的放射性同位素，应当提供进口方可以合法持有放射性同位素的证明材料，并由国务院环境保护主管部门依照有关法律和我国缔结或者参加的国际条约、协定的规定，办理有关手续。

出口放射性同位素应当遵守国家对外贸易的有关规定。

第三章　安全和防护

第二十七条 生产、销售、使用放射性同位素和射线装置的单位，应当对本单位的放射性同位素、射线装置的安全和防护工作负责，并依法对其造成的放射性危害承担责任。

生产放射性同位素的单位的行业主管部门，应当加强对生产单位安全和防护工作的管理，并定期对其执行法律、法规和国家标准的情况进行监督检查。

第二十八条 生产、销售、使用放射性同位素和射线装置的单位，应当对直接从事生产、销售、使用活动的工作人员进行安全和防护知识教育培训，并进行考核；考核不合格的，不得上岗。

辐射安全关键岗位应当由注册核安全工程师担任。辐射安全关键岗位名录由国务院环境保护主管部门商国务院有关部门制定并公布。

第二十九条 生产、销售、使用放射性同位素和射线装置的单位，应当严格按照国家关于个人剂量监测和健康管理的规定，对直接从事生产、销售、使用活动的工作人员进行个人剂量监测和职业健康检查，建立个人剂量档案和职业健康监护档案。

第三十条 生产、销售、使用放射性同位素和射线装置的单位，应当对本单位的放射性同位素、射线装置的安全和防护状况进行年度评估。发现安全隐患的，应当立即进行整改。

第三十一条 生产、销售、使用放射性同位素和射线装置的单位需要终止的，应当事先对本单位的放射性同位素和放射性废物进行清理登记，作出妥善处理，不得留有安全隐患。生产、销售、使用放射性同位素和射线装置的单位发生变更的，由变更后的单位承担处理责任。变更前当事人对此另有约定的，从其约定；但是，约定中不得免除当事人的处理义务。

在本条例施行前已经终止的生产、销售、使用放射性同位素和射线装置的单位，其未安全处理的废旧放射源和放射性废物，由所在地省、自治区、直辖市人民政府环境保护主管部门提出处理方案，及时进行处理。所需经费由省级以上人民政府承担。

第三十二条 生产、进口放射源的单位销售Ⅰ类、Ⅱ类、Ⅲ类放射源给其他单位使用的，应当与使用放射源的单位签订废旧放射源返回协议；使用放射源的单位应当按照废旧放射源返回协议规定将废旧放射源交回生产单位或者返回原出口方。确实无法交回生产单位或者返回原出口方的，送交有相应资质的放射性废物集中贮存单位贮存。

使用放射源的单位应当按照国务院环境保护主管部门的规定，将Ⅳ类、Ⅴ类废旧放射源进行包装整备后送交有相应资质的放射性废物集中贮存单位贮存。

第三十三条 使用Ⅰ类、Ⅱ类、Ⅲ类放射源的场所和生产放射性同位素的场所，以及终结运行后产生放射性污染的射线装置，应当依法实施退役。

第三十四条 生产、销售、使用、贮存放射性同位素和射线装置的场所，应当按照国家有关规定设置明显的放射性标志，其入口处应当按照国家有关安全和防护标准的要求，设置安全和防护设施以及必要的防护安全联锁、报警装置或者工作信号。射线装置的生产调试和使用场所，应当具有防止误操作、防止工作人员和公众受到意外照射的安全措施。

放射性同位素的包装容器、含放射性同位素的设备和射线装置，应当设置明显的放射性标识和中文警示说明；放射源上能够设置放射性标识的，应当一并设置。运输放射性同位素和含放射源的射线装置的工具，应当按照国家有关规定设置明显的放射性标志或者显示危险信号。

第三十五条 放射性同位素应当单独存放，不得与易燃、易爆、腐蚀性物品等一起存放，并指定专人负责保管。贮存、领取、使用、归还放射性同位素时，应当进行登记、检查，做到账物相符。对放射性同位素贮存场所应当采取防火、防水、防盗、防丢失、防破坏、防射线泄漏的安全措施。

对放射源还应当根据其潜在危害的大小，建立相应的多层防护和安全措施，并对可移动的放射源定期进行盘存，确保其处于指定位置，具有可靠的安全保障。

第三十六条 在室外、野外使用放射性同位素和射线装置的，应当按照国家安全和防护标准的要求划出安全防护区域，设置明显的放射性标志，必要时设专人警戒。

在野外进行放射性同位素示踪试验的，应当经省级以上人民政府环境保护主管部门商同级有关部门批准方可进行。

第三十七条 辐射防护器材、含放射性同位素的设备和射线装置，以及含有放射性物质的产品和伴有产生 X 射线的电器产品，应当符合辐射防护要求。不合格的产品不得出厂和销售。

第三十八条 使用放射性同位素和射线装置进行放射诊疗的医疗卫生机构，应当依据国务院卫生主管部门有关规定和国家标准，制定与本单位从事的诊疗项目相适应的质量保证方案，遵守质量保证监测规范，按照医疗照射正当化和辐射防护最优化的原则，避免一切不必要的照射，并事先告知患者和受检者辐射对健康的潜在影响。

第三十九条 金属冶炼厂回收冶炼废旧金属时，应当采取必要的监测措施，防止放射性物质熔入产品中。监测中发现问题的，应当及时通知所在地设区的市级以上人民政府环境保护主管部门。

第四章 辐射事故应急处理

第四十条 根据辐射事故的性质、严重程度、可控性和影响范围等因素，从重到轻将辐射事故分为特别重大辐射事故、重大辐射事故、较大辐射事故和一般辐射事故四个等级。

特别重大辐射事故，是指Ⅰ类、Ⅱ类放射源丢失、被盗、失控造成大范围严重辐射污染后果，或者放射性同位素和射线装置失控导致 3 人以上（含 3 人）急性死亡。

重大辐射事故，是指Ⅰ类、Ⅱ类放射源丢失、被盗、失控，或者放射性同位素和射线装置失控导致 2 人以下（含 2 人）急性死亡或者 10 人以上（含 10 人）急性重度放射病、局部器官残疾。

较大辐射事故，是指Ⅲ类放射源丢失、被盗、失控，或者放射性同位素和射线装置失控导致 9 人以下（含 9 人）急性重度放射病、局部器官残疾。

一般辐射事故，是指Ⅳ类、Ⅴ类放射源丢失、被盗、失控，或者放射性同位素和射线装置失控导致人员受到超过年剂量限值的照射。

第四十一条 县级以上人民政府环境保护主管部门应当会同同级公安、卫生、财政等部门编制辐射事故应急预案，报本级人民政府批准。辐射事故应急预案应当包括下列内容：

（一）应急机构和职责分工；

（二）应急人员的组织、培训以及应急和救助的装备、资金、物资准备；

（三）辐射事故分级与应急响应措施；

（四）辐射事故调查、报告和处理程序。

生产、销售、使用放射性同位素和射线装置的单位，应当根据可能发生的辐射事故的风险，制定本单位的应急方案，做好应急准备。

第四十二条 发生辐射事故时，生产、销售、使用放射性同位素和射线装置的单位应当立即启动本单位的应急方案，采取应急措施，并立即向当地环境保护主管部门、公安部门、卫生主管部门报告。

环境保护主管部门、公安部门、卫生主管部门接到辐射事故报告后，应当立即派人赶赴现场，进行现场调查，采取有效措施，控制并消除事故影响，同时将辐射事故信息报告本级人民政府和上级人民政府环境保护主管部门、公安部门、卫生主管部门。

县级以上地方人民政府及其有关部门接到辐射事故报告后，应当按照事故分级报告的规定及时将辐射事故信息报告上级人民政府及其有关部门。发生特别重大辐射事故和重大辐射事故后，事故发生地省、自治区、直辖市人民政府和国务院有关部门应当在 4 小时内报告国务院；特殊情况下，事故发生地人民政府及其有关部门可以直接向国务院报告，并同时报告上级人民政府及其有关部门。

禁止缓报、瞒报、谎报或者漏报辐射事故。

第四十三条 在发生辐射事故或者有证据证明辐射事故可能发生时，县级以上人民政府环境保护主管部门有权采取下列临时控制措施：

（一）责令停止导致或者可能导致辐射事故的作业；

（二）组织控制事故现场。

第四十四条 辐射事故发生后，有关县级以上人民政府应当按照辐射事故的等级，启动并组织实施相应的应急预案。

县级以上人民政府环境保护主管部门、公安部门、卫生主管部门，按照职责分工做好相应的辐射事故应急工作：

（一）环境保护主管部门负责辐射事故的应急响应、调查处理和定性定级工作，协助公安部门监控追缴丢失、被盗的放射源；

（二）公安部门负责丢失、被盗放射源的立案侦查和追缴；

（三）卫生主管部门负责辐射事故的医疗应急。

环境保护主管部门、公安部门、卫生主管部门应当及时相互通报辐射事故应急响应、调查处理、定性定级、立案侦查和医疗应急情况。国务院指定的部门根据环境保护主管部门确定的辐射事故的性质和级别，负责有关国际信息通报工作。

第四十五条 发生辐射事故的单位应当立即将可能受到辐射伤害的人员送至当地卫生主管部门指定的医院或者有条件救治辐射损伤病人的医院，进行检查和治疗，或者请求医院立即派人赶赴事故现场，采取救治措施。

第五章　监督检查

第四十六条　县级以上人民政府环境保护主管部门和其他有关部门应当按照各自职责对生产、销售、使用放射性同位素和射线装置的单位进行监督检查。

被检查单位应当予以配合，如实反映情况，提供必要的资料，不得拒绝和阻碍。

第四十七条　县级以上人民政府环境保护主管部门应当配备辐射防护安全监督员。辐射防护安全监督员由从事辐射防护工作，具有辐射防护安全知识并经省级以上人民政府环境保护主管部门认可的专业人员担任。辐射防护安全监督员应当定期接受专业知识培训和考核。

第四十八条　县级以上人民政府环境保护主管部门在监督检查中发现生产、销售、使用放射性同位素和射线装置的单位有不符合原发证条件的情形的，应当责令其限期整改。

监督检查人员依法进行监督检查时，应当出示证件，并为被检查单位保守技术秘密和业务秘密。

第四十九条　任何单位和个人对违反本条例的行为，有权向环境保护主管部门和其他有关部门检举；对环境保护主管部门和其他有关部门未依法履行监督管理职责的行为，有权向本级人民政府、上级人民政府有关部门检举。接到举报的有关人民政府、环境保护主管部门和其他有关部门对有关举报应当及时核实、处理。

第六章　法律责任

第五十条　违反本条例规定，县级以上人民政府环境保护主管部门有下列行为之一的，对直接负责的主管人员和其他直接责任人员，依法给予行政处分；构成犯罪的，依法追究刑事责任：

（一）向不符合本条例规定条件的单位颁发许可证或者批准不符合本条例规定条件的单位进口、转让放射性同位素的；

（二）发现未依法取得许可证的单位擅自生产、销售、使用放射性同位素和射线装置，不予查处或者接到举报后不依法处理的；

（三）发现未经依法批准擅自进口、转让放射性同位素，不予查处或者接到举报后不依法处理的；

（四）对依法取得许可证的单位不履行监督管理职责或者发现违反本条例规定的行为不予查处的；

（五）在放射性同位素、射线装置安全和防护监督管理工作中有其他渎职行为的。

第五十一条　违反本条例规定，县级以上人民政府环境保护主管部门和其他有关部门有下列行为之一的，对直接负责的主管人员和其他直接责任人员，依法给予行政处分；构成犯罪的，依法追究刑事责任：

（一）缓报、瞒报、谎报或者漏报辐射事故的；

（二）未按照规定编制辐射事故应急预案或者不依法履行辐射事故应急职责的。

第五十二条 违反本条例规定，生产、销售、使用放射性同位素和射线装置的单位有下列行为之一的，由县级以上人民政府环境保护主管部门责令停止违法行为，限期改正；逾期不改正的，责令停产停业或者由原发证机关吊销许可证；有违法所得的，没收违法所得；违法所得 10 万元以上的，并处违法所得 1 倍以上 5 倍以下的罚款；没有违法所得或者违法所得不足 10 万元的，并处 1 万元以上 10 万元以下的罚款：

（一）无许可证从事放射性同位素和射线装置生产、销售、使用活动的；

（二）未按照许可证的规定从事放射性同位素和射线装置生产、销售、使用活动的；

（三）改变所从事活动的种类或者范围以及新建、改建或者扩建生产、销售、使用设施或者场所，未按照规定重新申请领取许可证的；

（四）许可证有效期届满，需要延续而未按照规定办理延续手续的；

（五）未经批准，擅自进口或者转让放射性同位素的。

第五十三条 违反本条例规定，生产、销售、使用放射性同位素和射线装置的单位变更单位名称、地址、法定代表人，未依法办理许可证变更手续的，由县级以上人民政府环境保护主管部门责令限期改正，给予警告；逾期不改正的，由原发证机关暂扣或者吊销许可证。

第五十四条 违反本条例规定，生产、销售、使用放射性同位素和射线装置的单位部分终止或者全部终止生产、销售、使用活动，未按照规定办理许可证变更或者注销手续的，由县级以上人民政府环境保护主管部门责令停止违法行为，限期改正；逾期不改正的，处 1 万元以上 10 万元以下的罚款；造成辐射事故，构成犯罪的，依法追究刑事责任。

第五十五条 违反本条例规定，伪造、变造、转让许可证的，由县级以上人民政府环境保护主管部门收缴伪造、变造的许可证或者由原发证机关吊销许可证，并处 5 万元以上 10 万元以下的罚款；构成犯罪的，依法追究刑事责任。

违反本条例规定，伪造、变造、转让放射性同位素进口和转让批准文件的，由县级以上人民政府环境保护主管部门收缴伪造、变造的批准文件或者由原批准机关撤销批准文件，并处 5 万元以上 10 万元以下的罚款；情节严重的，可以由原发证机关吊销许可证；构成犯罪的，依法追究刑事责任。

第五十六条 违反本条例规定，生产、销售、使用放射性同位素的单位有下列行为之一的，由县级以上人民政府环境保护主管部门责令限期改正，给予警告；逾期不改正的，由原发证机关暂扣或者吊销许可证：

（一）转入、转出放射性同位素未按照规定备案的；

（二）将放射性同位素转移到外省、自治区、直辖市使用，未按照规定备案的；

（三）将废旧放射源交回生产单位、返回原出口方或者送交放射性废物集中贮存单位贮存，未按照规定备案的。

第五十七条 违反本条例规定，生产、销售、使用放射性同位素和射线装置的单位有下列行为之一的，由县级以上人民政府环境保护主管部门责令停止违法行为，限期改正；逾期不改正的，处 1 万元以上 10 万元以下的罚款：

（一）在室外、野外使用放射性同位素和射线装置，未按照国家有关安全和防护标准的要求划出安全防护区域和设置明显的放射性标志的；

（二）未经批准擅自在野外进行放射性同位素示踪试验的。

第五十八条 违反本条例规定，生产放射性同位素的单位有下列行为之一的，由县级以上人民政府环境保护主管部门责令限期改正，给予警告；逾期不改正的，依法收缴其未备案的放射性同位素和未编码的放射源，处 5 万元以上 10 万元以下的罚款，并可以由原发证机关暂扣或者吊销许可证：

（一）未建立放射性同位素产品台账的；

（二）未按照国务院环境保护主管部门制定的编码规则，对生产的放射源进行统一编码的；

（三）未将放射性同位素产品台账和放射源编码清单报国务院环境保护主管部门备案的；

（四）出厂或者销售未列入产品台账的放射性同位素和未编码的放射源的。

第五十九条 违反本条例规定，生产、销售、使用放射性同位素和射线装置的单位有下列行为之一的，由县级以上人民政府环境保护主管部门责令停止违法行为，限期改正；逾期不改正的，由原发证机关指定有处理能力的单位代为处理或者实施退役，费用由生产、销售、使用放射性同位素和射线装置的单位承担，并处 1 万元以上 10 万元以下的罚款：

（一）未按照规定对废旧放射源进行处理的；

（二）未按照规定对使用Ⅰ类、Ⅱ类、Ⅲ类放射源的场所和生产放射性同位素的场所，以及终结运行后产生放射性污染的射线装置实施退役的。

第六十条 违反本条例规定，生产、销售、使用放射性同位素和射线装置的单位有下列行为之一的，由县级以上人民政府环境保护主管部门责令停止违法行为，限期改正；逾期不改正的，责令停产停业，并处 2 万元以上 20 万元以下的罚款；构成犯罪的，依法追究刑事责任：

（一）未按照规定对本单位的放射性同位素、射线装置安全和防护状况进行评估或者发现安全隐患不及时整改的；

（二）生产、销售、使用、贮存放射性同位素和射线装置的场所未按照规定设置安全和防护设施以及放射性标志的。

第六十一条 违反本条例规定，造成辐射事故的，由原发证机关责令限期改正，并处 5 万元以上 20 万元以下的罚款；情节严重的，由原发证机关吊销许可证；构成违反治安管理行为的，由公安机关依法予以治安处罚；构成犯罪的，依法追究刑事责任。

因辐射事故造成他人损害的，依法承担民事责任。

第六十二条 生产、销售、使用放射性同位素和射线装置的单位被责令限期整改，逾期不整改或者经整改仍不符合原发证条件的，由原发证机关暂扣或者吊销许可证。

第六十三条 违反本条例规定，被依法吊销许可证的单位或者伪造、变造许可证的单位，5年内不得申请领取许可证。

第六十四条 县级以上地方人民政府环境保护主管部门的行政处罚权限的划分，由省、自治区、直辖市人民政府确定。

第七章 附 则

第六十五条 军用放射性同位素、射线装置安全和防护的监督管理，依照《中华人民共和国放射性污染防治法》第六十条的规定执行。

第六十六条 劳动者在职业活动中接触放射性同位素和射线装置造成的职业病的防治，依照《中华人民共和国职业病防治法》和国务院有关规定执行。

第六十七条 放射性同位素的运输，放射性同位素和射线装置生产、销售、使用过程中产生的放射性废物的处置，依照国务院有关规定执行。

第六十八条 本条例中下列用语的含义：

放射性同位素，是指某种发生放射性衰变的元素中具有相同原子序数但质量不同的核素。

放射源，是指除研究堆和动力堆核燃料循环范畴的材料以外，永久密封在容器中或者有严密包层并呈固态的放射性材料。

射线装置，是指X线机、加速器、中子发生器以及含放射源的装置。

非密封放射性物质，是指非永久密封在包壳里或者紧密地固结在覆盖层里的放射性物质。

转让，是指除进出口、回收活动之外，放射性同位素所有权或者使用权在不同持有者之间的转移。

伴有产生X射线的电器产品，是指不以产生X射线为目的，但在生产或者使用过程中产生X射线的电器产品。

辐射事故，是指放射源丢失、被盗、失控，或者放射性同位素和射线装置失控导致人员受到意外的异常照射。

第六十九条 本条例自2005年12月1日起施行。1989年10月24日国务院发布的《放射性同位素与射线装置放射防护条例》同时废止。

医疗废物管理条例

（2011 年 1 月 8 日修订）

（2003 年 6 月 4 日国务院第十次常务会议通过　自 2003 年 6 月 16 日起施行　依据《国务院关于废止和修改部分行政法规的决定》（中华人民共和国国务院令　第 588 号）自 2011 年 1 月 8 日起　《医疗废物管理条例》中关于治安管理处罚的规定作出修改：将《医疗废物管理条例》第五十条中引用的“治安管理处罚条例”修改为“治安管理处罚法”）

第一章　总　则

第一条　为了加强医疗废物的安全管理，防止疾病传播，保护环境，保障人体健康，根据《中华人民共和国传染病防治法》和《中华人民共和国固体废物污染环境防治法》，制定本条例。

第二条　本条例所称医疗废物，是指医疗卫生机构在医疗、预防、保健以及其他相关活动中产生的具有直接或者间接感染性、毒性以及其他危害性的废物。

医疗废物分类目录，由国务院卫生行政主管部门和环境保护行政主管部门共同制定、公布。

第三条　本条例适用于医疗废物的收集、运送、贮存、处置以及监督管理等活动。

医疗卫生机构收治的传染病病人或者疑似传染病病人产生的生活垃圾，按照医疗废物进行管理和处置。

医疗卫生机构废弃的麻醉、精神、放射性、毒性等药品及其相关的废物的管理，依照有关法律、行政法规和国家有关规定、标准执行。

第四条　国家推行医疗废物集中无害化处置，鼓励有关医疗废物安全处置技术的研究与开发。

县级以上地方人民政府负责组织建设医疗废物集中处置设施。

国家对边远贫困地区建设医疗废物集中处置设施给予适当的支持。

第五条　县级以上各级人民政府卫生行政主管部门，对医疗废物收集、运送、贮存、处置活动中的疾病防治工作实施统一监督管理；环境保护行政主管部门，对医疗废物收集、运送、贮存、处置活动中的环境污染防治工作实施统一监督管理。

县级以上各级人民政府其他有关部门在各自的职责范围内负责与医疗废物处置有

关的监督管理工作。

第六条 任何单位和个人有权对医疗卫生机构、医疗废物集中处置单位和监督管理部门及其工作人员的违法行为进行举报、投诉、检举和控告。

第二章 医疗废物管理的一般规定

第七条 医疗卫生机构和医疗废物集中处置单位，应当建立、健全医疗废物管理责任制，其法定代表人为第一责任人，切实履行职责，防止因医疗废物导致传染病传播和环境污染事故。

第八条 医疗卫生机构和医疗废物集中处置单位，应当制定与医疗废物安全处置有关的规章制度和在发生意外事故时的应急方案；设置监控部门或者专（兼）职人员，负责检查、督促、落实本单位医疗废物的管理工作，防止违反本条例的行为发生。

第九条 医疗卫生机构和医疗废物集中处置单位，应当对本单位从事医疗废物收集、运送、贮存、处置等工作的人员和管理人员，进行相关法律和专业技术、安全防护以及紧急处理等知识的培训。

第十条 医疗卫生机构和医疗废物集中处置单位，应当采取有效的职业卫生防护措施，为从事医疗废物收集、运送、贮存、处置等工作的人员和管理人员，配备必要的防护用品，定期进行健康检查；必要时，对有关人员进行免疫接种，防止其受到健康损害。

第十一条 医疗卫生机构和医疗废物集中处置单位，应当依照《中华人民共和国固体废物污染环境防治法》的规定，执行危险废物转移联单管理制度。

第十二条 医疗卫生机构和医疗废物集中处置单位，应当对医疗废物进行登记，登记内容应当包括医疗废物的来源、种类、重量或者数量、交接时间、处置方法、最终去向以及经办人签名等项目。登记资料至少保存 3 年。

第十三条 医疗卫生机构和医疗废物集中处置单位，应当采取有效措施，防止医疗废物流失、泄漏、扩散。

发生医疗废物流失、泄漏、扩散时，医疗卫生机构和医疗废物集中处置单位应当采取减少危害的紧急处理措施，对致病人员提供医疗救护和现场救援；同时向所在地的县级人民政府卫生行政主管部门、环境保护行政主管部门报告，并向可能受到危害的单位和居民通报。

第十四条 禁止任何单位和个人转让、买卖医疗废物。

禁止在运送过程中丢弃医疗废物；禁止在非贮存地点倾倒、堆放医疗废物或者将医疗废物混入其他废物和生活垃圾。

第十五条 禁止邮寄医疗废物。

禁止通过铁路、航空运输医疗废物。

有陆路通道的，禁止通过水路运输医疗废物；没有陆路通道必需经水路运输医疗废物的，应当经设区的市级以上人民政府环境保护行政主管部门批准，并采取严格的环境保护措施后，方可通过水路运输。

禁止将医疗废物与旅客在同一运输工具上载运。

禁止在饮用水源保护区的水体上运输医疗废物。

第三章　医疗卫生机构对医疗废物的管理

第十六条　医疗卫生机构应当及时收集本单位产生的医疗废物，并按照类别分置于防渗漏、防锐器穿透的专用包装物或者密闭的容器内。

医疗废物专用包装物、容器，应当有明显的警示标识和警示说明。

医疗废物专用包装物、容器的标准和警示标识的规定，由国务院卫生行政主管部门和环境保护行政主管部门共同制定。

第十七条　医疗卫生机构应当建立医疗废物的暂时贮存设施、设备，不得露天存放医疗废物；医疗废物暂时贮存的时间不得超过 2 天。

医疗废物的暂时贮存设施、设备，应当远离医疗区、食品加工区和人员活动区以及生活垃圾存放场所，并设置明显的警示标识和防渗漏、防鼠、防蚊蝇、防蟑螂、防盗以及预防儿童接触等安全措施。

医疗废物的暂时贮存设施、设备应当定期消毒和清洁。

第十八条　医疗卫生机构应当使用防渗漏、防遗撒的专用运送工具，按照本单位确定的内部医疗废物运送时间、路线，将医疗废物收集、运送至暂时贮存地点。

运送工具使用后应当在医疗卫生机构内指定的地点及时消毒和清洁。

第十九条　医疗卫生机构应当根据就近集中处置的原则，及时将医疗废物交由医疗废物集中处置单位处置。

医疗废物中病原体的培养基、标本和菌种、毒种保存液等高危险废物，在交医疗废物集中处置单位处置前应当就地消毒。

第二十条　医疗卫生机构产生的污水、传染病病人或者疑似传染病病人的排泄物，应当按照国家规定严格消毒；达到国家规定的排放标准后，方可排入污水处理系统。

第二十一条　不具备集中处置医疗废物条件的农村，医疗卫生机构应当按照县级人民政府卫生行政主管部门、环境保护行政主管部门的要求，自行就地处置其产生的医疗废物。自行处置医疗废物的，应当符合下列基本要求：

（一）使用后的一次性医疗器具和容易致人损伤的医疗废物，应当消毒并作毁形处理；

（二）能够焚烧的，应当及时焚烧；

（三）不能焚烧的，消毒后集中填埋。

第四章　医疗废物的集中处置

第二十二条　从事医疗废物集中处置活动的单位，应当向县级以上人民政府环境保护行政主管部门申请领取经营许可证；未取得经营许可证的单位，不得从事有关医疗废物集中处置的活动。

第二十三条 医疗废物集中处置单位，应当符合下列条件：

（一）具有符合环境保护和卫生要求的医疗废物贮存、处置设施或者设备；

（二）具有经过培训的技术人员以及相应的技术工人；

（三）具有负责医疗废物处置效果检测、评价工作的机构和人员；

（四）具有保证医疗废物安全处置的规章制度。

第二十四条 医疗废物集中处置单位的贮存、处置设施，应当远离居（村）民居住区、水源保护区和交通干道，与工厂、企业等工作场所有适当的安全防护距离，并符合国务院环境保护行政主管部门的规定。

第二十五条 医疗废物集中处置单位应当至少每 2 天到医疗卫生机构收集、运送一次医疗废物，并负责医疗废物的贮存、处置。

第二十六条 医疗废物集中处置单位运送医疗废物，应当遵守国家有关危险货物运输管理的规定，使用有明显医疗废物标识的专用车辆。医疗废物专用车辆应当达到防渗漏、防遗撒以及其他环境保护和卫生要求。

运送医疗废物的专用车辆使用后，应当在医疗废物集中处置场所内及时进行消毒和清洁。

运送医疗废物的专用车辆不得运送其他物品。

第二十七条 医疗废物集中处置单位在运送医疗废物过程中应当确保安全，不得丢弃、遗撒医疗废物。

第二十八条 医疗废物集中处置单位应当安装污染物排放在线监控装置，并确保监控装置经常处于正常运行状态。

第二十九条 医疗废物集中处置单位处置医疗废物，应当符合国家规定的环境保护、卫生标准、规范。

第三十条 医疗废物集中处置单位应当按照环境保护行政主管部门和卫生行政主管部门的规定，定期对医疗废物处置设施的环境污染防治和卫生学效果进行检测、评价。检测、评价结果存入医疗废物集中处置单位档案，每半年向所在地环境保护行政主管部门和卫生行政主管部门报告一次。

第三十一条 医疗废物集中处置单位处置医疗废物，按照国家有关规定向医疗卫生机构收取医疗废物处置费用。

医疗卫生机构按照规定支付的医疗废物处置费用，可以纳入医疗成本。

第三十二条 各地区应当利用和改造现有固体废物处置设施和其他设施，对医疗废物集中处置，并达到基本的环境保护和卫生要求。

第三十三条 尚无集中处置设施或者处置能力不足的城市，自本条例施行之日起，设区的市级以上城市应当在 1 年内建成医疗废物集中处置设施；县级市应当在 2 年内建成医疗废物集中处置设施。县（旗）医疗废物集中处置设施的建设，由省、自治区、直辖市人民政府规定。

在尚未建成医疗废物集中处置设施期间，有关地方人民政府应当组织制定符合环境保护和卫生要求的医疗废物过渡性处置方案，确定医疗废物收集、运送、处置方式和处置单位。

第五章　监督管理

第三十四条　县级以上地方人民政府卫生行政主管部门、环境保护行政主管部门，应当依照本条例的规定，按照职责分工，对医疗卫生机构和医疗废物集中处置单位进行监督检查。

第三十五条　县级以上地方人民政府卫生行政主管部门，应当对医疗卫生机构和医疗废物集中处置单位从事医疗废物的收集、运送、贮存、处置中的疾病防治工作，以及工作人员的卫生防护等情况进行定期监督检查或者不定期的抽查。

第三十六条　县级以上地方人民政府环境保护行政主管部门，应当对医疗卫生机构和医疗废物集中处置单位从事医疗废物收集、运送、贮存、处置中的环境污染防治工作进行定期监督检查或者不定期的抽查。

第三十七条　卫生行政主管部门、环境保护行政主管部门应当定期交换监督检查和抽查结果。在监督检查或者抽查中发现医疗卫生机构和医疗废物集中处置单位存在隐患时，应当责令立即消除隐患。

第三十八条　卫生行政主管部门、环境保护行政主管部门接到对医疗卫生机构、医疗废物集中处置单位和监督管理部门及其工作人员违反本条例行为的举报、投诉、检举和控告后，应当及时核实，依法作出处理，并将处理结果予以公布。

第三十九条　卫生行政主管部门、环境保护行政主管部门履行监督检查职责时，有权采取下列措施：

（一）对有关单位进行实地检查，了解情况，现场监测，调查取证；

（二）查阅或者复制医疗废物管理的有关资料，采集样品；

（三）责令违反本条例规定的单位和个人停止违法行为；

（四）查封或者暂扣涉嫌违反本条例规定的场所、设备、运输工具和物品；

（五）对违反本条例规定的行为进行查处。

第四十条　发生因医疗废物管理不当导致传染病传播或者环境污染事故，或者有证据证明传染病传播或者环境污染的事故有可能发生时，卫生行政主管部门、环境保护行政主管部门应当采取临时控制措施，疏散人员，控制现场，并根据需要责令暂停导致或者可能导致传染病传播或者环境污染事故的作业。

第四十一条　医疗卫生机构和医疗废物集中处置单位，对有关部门的检查、监测、调查取证，应当予以配合，不得拒绝和阻碍，不得提供虚假材料。

第六章　法律责任

第四十二条　县级以上地方人民政府未依照本条例的规定，组织建设医疗废物集中处置设施或者组织制定医疗废物过渡性处置方案的，由上级人民政府通报批评，责令限期建成医疗废物集中处置设施或者组织制定医疗废物过渡性处置方案；并可以对政府主要领导人、负有责任的主管人员，依法给予行政处分。

第四十三条 县级以上各级人民政府卫生行政主管部门、环境保护行政主管部门或者其他有关部门，未按照本条例的规定履行监督检查职责，发现医疗卫生机构和医疗废物集中处置单位的违法行为不及时处理，发生或者可能发生传染病传播或者环境污染事故时未及时采取减少危害措施，以及有其他玩忽职守、失职、渎职行为的，由本级人民政府或者上级人民政府有关部门责令改正，通报批评；造成传染病传播或者环境污染事故的，对主要负责人、负有责任的主管人员和其他直接责任人员依法给予降级、撤职、开除的行政处分；构成犯罪的，依法追究刑事责任。

第四十四条 县级以上人民政府环境保护行政主管部门，违反本条例的规定发给医疗废物集中处置单位经营许可证的，由本级人民政府或者上级人民政府环境保护行政主管部门通报批评，责令收回违法发给的证书；并可以对主要负责人、负有责任的主管人员和其他直接责任人员依法给予行政处分。

第四十五条 医疗卫生机构、医疗废物集中处置单位违反本条例规定，有下列情形之一的，由县级以上地方人民政府卫生行政主管部门或者环境保护行政主管部门按照各自的职责责令限期改正，给予警告；逾期不改正的，处 2 000 元以上 5 000 元以下的罚款：

（一）未建立、健全医疗废物管理制度，或者未设置监控部门或者专（兼）职人员的；

（二）未对有关人员进行相关法律和专业技术、安全防护以及紧急处理等知识的培训的；

（三）未对从事医疗废物收集、运送、贮存、处置等工作的人员和管理人员采取职业卫生防护措施的；

（四）未对医疗废物进行登记或者未保存登记资料的；

（五）对使用后的医疗废物运送工具或者运送车辆未在指定地点及时进行消毒和清洁的；

（六）未及时收集、运送医疗废物的；

（七）未定期对医疗废物处置设施的环境污染防治和卫生学效果进行检测、评价，或者未将检测、评价效果存档、报告的。

第四十六条 医疗卫生机构、医疗废物集中处置单位违反本条例规定，有下列情形之一的，由县级以上地方人民政府卫生行政主管部门或者环境保护行政主管部门按照各自的职责责令限期改正，给予警告，可以并处 5 000 元以下的罚款；逾期不改正的，处 5 000 元以上 3 万元以下的罚款：

（一）贮存设施或者设备不符合环境保护、卫生要求的；

（二）未将医疗废物按照类别分置于专用包装物或者容器的；

（三）未使用符合标准的专用车辆运送医疗废物或者使用运送医疗废物的车辆运送

其他物品的；

（四）未安装污染物排放在线监控装置或者监控装置未经常处于正常运行状态的。

第四十七条 医疗卫生机构、医疗废物集中处置单位有下列情形之一的，由县级以上地方人民政府卫生行政主管部门或者环境保护行政主管部门按照各自的职责责令限期改正，给予警告，并处5 000元以上1万元以下的罚款；逾期不改正的，处1万元以上3万元以下的罚款；造成传染病传播或者环境污染事故的，由原发证部门暂扣或者吊销执业许可证件或者经营许可证件；构成犯罪的，依法追究刑事责任：

（一）在运送过程中丢弃医疗废物，在非贮存地点倾倒、堆放医疗废物或者将医疗废物混入其他废物和生活垃圾的；

（二）未执行危险废物转移联单管理制度的；

（三）将医疗废物交给未取得经营许可证的单位或者个人收集、运送、贮存、处置的；

（四）对医疗废物的处置不符合国家规定的环境保护、卫生标准、规范的；

（五）未按照本条例的规定对污水、传染病病人或者疑似传染病病人的排泄物，进行严格消毒，或者未达到国家规定的排放标准，排入污水处理系统的；

（六）对收治的传染病病人或者疑似传染病病人产生的生活垃圾，未按照医疗废物进行管理和处置的。

第四十八条 医疗卫生机构违反本条例规定，将未达到国家规定标准的污水、传染病病人或者疑似传染病病人的排泄物排入城市排水管网的，由县级以上地方人民政府建设行政主管部门责令限期改正，给予警告，并处5 000元以上1万元以下的罚款；逾期不改正的，处1万元以上3万元以下的罚款；造成传染病传播或者环境污染事故的，由原发证部门暂扣或者吊销执业许可证件；构成犯罪的，依法追究刑事责任。

第四十九条 医疗卫生机构、医疗废物集中处置单位发生医疗废物流失、泄漏、扩散时，未采取紧急处理措施，或者未及时向卫生行政主管部门和环境保护行政主管部门报告的，由县级以上地方人民政府卫生行政主管部门或者环境保护行政主管部门按照各自的职责责令改正，给予警告，并处1万元以上3万元以下的罚款；造成传染病传播或者环境污染事故的，由原发证部门暂扣或者吊销执业许可证件或者经营许可证件；构成犯罪的，依法追究刑事责任。

第五十条 医疗卫生机构、医疗废物集中处置单位，无正当理由，阻碍卫生行政主管部门或者环境保护行政主管部门执法人员执行职务，拒绝执法人员进入现场，或者不配合执法部门的检查、监测、调查取证的，由县级以上地方人民政府卫生行政主管部门或者环境保护行政主管部门按照各自的职责责令改正，给予警告；拒不改正的，由原发证部门暂扣或者吊销执业许可证件或者经营许可证件；触犯《中华人民共和国治安管理处罚法》，构成违反治安管理行为的，由公安机关依法予以处罚；构成犯罪的，依法追究刑事责任。

第五十一条 不具备集中处置医疗废物条件的农村，医疗卫生机构未按照本条例的要求处置医疗废物的，由县级人民政府卫生行政主管部门或者环境保护行政主管部门按照各自的职责责令限期改正，给予警告；逾期不改正的，处 1 000 元以上 5 000 元以下的罚款；造成传染病传播或者环境污染事故的，由原发证部门暂扣或者吊销执业许可证件；构成犯罪的，依法追究刑事责任。

第五十二条 未取得经营许可证从事医疗废物的收集、运送、贮存、处置等活动的，由县级以上地方人民政府环境保护行政主管部门责令立即停止违法行为，没收违法所得，可以并处违法所得 1 倍以下的罚款。

第五十三条 转让、买卖医疗废物，邮寄或者通过铁路、航空运输医疗废物，或者违反本条例规定通过水路运输医疗废物的，由县级以上地方人民政府环境保护行政主管部门责令转让、买卖双方、邮寄人、托运人立即停止违法行为，给予警告，没收违法所得；违法所得 5 000 元以上的，并处违法所得 2 倍以上 5 倍以下的罚款；没有违法所得或者违法所得不足 5 000 元的，并处 5 000 元以上 2 万元以下的罚款。

承运人明知托运人违反本条例的规定运输医疗废物，仍予以运输的，或者承运人将医疗废物与旅客在同一工具上载运的，按照前款的规定予以处罚。

第五十四条 医疗卫生机构、医疗废物集中处置单位违反本条例规定，导致传染病传播或者发生环境污染事故，给他人造成损害的，依法承担民事赔偿责任。

第七章 附 则

第五十五条 计划生育技术服务、医学科研、教学、尸体检查和其他相关活动中产生的具有直接或者间接感染性、毒性以及其他危害性废物的管理，依照本条例执行。

第五十六条 军队医疗卫生机构医疗废物的管理由中国人民解放军卫生主管部门参照本条例制定管理办法。

第五十七条 本条例自公布之日起施行。

中华人民共和国防止拆船污染环境管理条例

（2016年2月6日修订）

（1988年5月18日国务院国发〔1988〕31号发布　2016年2月6日国务院令第666号修订）

第一条　为防止拆船污染环境，保护生态平衡，保障人体健康，促进拆船事业的发展，制定本条例。

第二条　本条例适用于在中华人民共和国管辖水域从事岸边和水上拆船活动的单位和个人。

第三条　本条例所称岸边拆船，指废船停靠拆船码头拆解；废船在船坞拆解；废船冲滩（不包括海难事故中的船舶冲滩）拆解。

本条例所称水上拆船，指对完全处于水上的废船进行拆解。

第四条　县级以上人民政府环境保护部门负责组织协调、监督检查拆船业的环境保护工作，并主管港区水域外的岸边拆船环境保护工作。

中华人民共和国港务监督（含港航监督，下同）主管水上拆船和综合港港区水域拆船的环境保护工作，并协助环境保护部门监督港区水域外的岸边拆船防止污染工作。

国家渔政渔港监督管理部门主管渔港水域拆船的环境保护工作，负责监督拆船活动对沿岸渔业水域的影响，发现污染损害事故后，会同环境保护部门调查处理。

军队环境保护部门主管军港水域拆船的环境保护工作。

国家海洋管理部门和重要江河的水资源保护机构，依据《中华人民共和国海洋环境保护法》和《中华人民共和国水污染防治法》确定的职责，协助以上各款所指主管部门监督拆船的防止污染工作。

县级以上人民政府的环境保护部门、中华人民共和国港务监督、国家渔政渔港监督管理部门和军队环境保护部门，在主管本条第一、第二、第三、第四款所确定水域的拆船环境保护工作时，简称“监督拆船污染的主管部门”。

第五条　地方人民政府应当根据需要和可能，结合本地区的特点、环境状况和技术条件，统筹规划、合理设置拆船厂。

在饮用水源地、海水淡化取水点、盐场、重要的渔业水域、海水浴场、风景名胜区以及其他需要特殊保护的区域，不得设置拆船厂。

第六条　设置拆船厂，必须编制环境影响报告书（表）。其内容包括：拆船厂的地理位置、周围环境状况、拆船规模和条件、拆船工艺、防污措施、预期防治效果等。未依法进行环境影响评价的拆船厂，不得开工建设。

环境保护部门在批准环境影响报告书（表）前，应当征求各有关部门的意见。

第七条 监督拆船污染的主管部门有权对拆船单位的拆船活动进行检查，被检查单位必须如实反映情况，提供必要的资料。

监督拆船污染的主管部门有义务为被检查单位保守技术和业务秘密。

第八条 对严重污染环境的拆船单位，限期治理。

对拆船单位的限期治理，由监督拆船污染的主管部门提出意见，通过批准环境影响报告书（表）的环境保护部门，报同级人民政府决定。

第九条 拆船单位应当健全环境保护规章制度，认真组织实施。

第十条 拆船单位必须配备或者设置防止拆船污染必需的拦油装置、废油接收设备、含油污水接收处理设施或者设备、废弃物回收处置场等，并经批准环境影响报告书（表）的环境保护部门验收合格，发给验收合格证后，方可进船拆解。

第十一条 拆船单位在废船拆解前，必须清除易燃、易爆和有毒物质；关闭海底阀和封闭可能引起油污水外溢的管道。垃圾、残油、废油、油泥、含油污水和易燃易爆物品等废弃物必须送到岸上集中处理，并不得采用渗坑、渗井的处理方式。

废油船在拆解前，必须进行洗舱、排污、清舱、测爆等工作，经港务监督检查核准后，方可拆解。

第十二条 在水上进行拆船作业的拆船单位和个人，必须事先采取有效措施，严格防止溢出、散落水中的油类和其他漂浮物扩散。

在水上进行拆船作业，一旦出现溢出、散落水中的油类和其他漂浮物，必须及时收集处理。

第十三条 排放洗舱水、压舱水和舱底水，必须符合国家和地方规定的排放标准；排放未经处理的洗舱水、压舱水和舱底水，还必须经过监督拆船污染的主管部门批准。

监督拆船污染的主管部门接到拆船单位申请排放未经处理的洗舱水、压舱水和舱底水的报告后，应当抓紧办理，及时审批。

第十四条 拆下的船舶部件或者废弃物，不得投弃或者存放水中；带有污染物的船舶部件或者废弃物，严禁进入水体。未清洗干净的船底和油柜必须拖到岸上拆解。

拆船作业产生的电石渣及其废水，必须收集处理，不得流入水中。

船舶拆解完毕，拆船单位和个人应当及时清理拆船现场。

第十五条 发生拆船污染损害事故时，拆船单位或者个人必须立即采取消除或者控制污染的措施，并迅速报告监督拆船污染的主管部门。

污染损害事故发生后，拆船单位必须向监督拆船污染的主管部门提交《污染事故报告书》，报告污染发生的原因、经过、排污数量、采取的抢救措施、已造成和可能造成的污染损害后果等，并接受调查处理。

第十六条 拆船单位关闭或者搬迁后，必须及时清理原厂址遗留的污染物，并由监督拆船污染的主管部门检查验收。

第十七条 违反本条例规定，有下列情形之一的，监督拆船污染的主管部门除责令其限期纠正外，还可以根据不同情节，处以一万元以上十万元以下的罚款：

（一）发生污染损害事故，不向监督拆船污染的主管部门报告也不采取消除或者控制污染措施的；

（二）废油船未经洗舱、排污、清舱和测爆即行拆解的；

（三）任意排放或者丢弃污染物造成严重污染的。

违反本条例规定，擅自在第五条第二款所指的区域设置拆船厂并进行拆船的，按照分级管理的原则，由县级以上人民政府责令限期关闭或者搬迁。

拆船厂未依法进行环境影响评价擅自开工建设的，依照《中华人民共和国环境保护法》的规定处罚。

第十八条 违反本条例规定，有下列情形之一的，监督拆船污染的主管部门除责令其限期纠正外，还可以根据不同情节，给予警告或者处以一万元以下的罚款：

（一）拒绝或者阻挠监督拆船污染的主管部门进行现场检查或者在被检查时弄虚作假的；

（二）未按规定要求配备和使用防污设施、设备和器材，造成环境污染的；

（三）发生污染损害事故，虽采取消除或者控制污染措施，但不向监督拆船污染的主管部门报告的；

（四）拆船单位关闭、搬迁后，原厂址的现场清理不合格的。

第十九条 罚款全部上缴国库。

拆船单位和个人在受到罚款后，并不免除其对本条例规定义务的履行，已造成污染危害的，必须及时排除危害。

第二十条 对经限期治理逾期未完成治理任务的拆船单位，可以根据其造成的危害后果，责令停业整顿或者关闭。

前款所指拆船单位的停业整顿或者关闭，由作出限期治理决定的人民政府决定。责令国务院有关部门直属的拆船单位停业整顿或者关闭，由国务院环境保护部门会同有关部门批准。

第二十一条 对造成污染损害后果负有责任的或者有第十八条第（一）项所指行为的拆船单位负责人和直接责任者，可以根据不同情节，由其所在单位或者上级主管机关给予行政处分。

第二十二条 当事人对行政处罚决定不服的，可以在收到处罚决定通知之日起十五日内，向人民法院起诉；期满不起诉又不履行的，由作出处罚决定的主管部门申请人民法院强制执行。

第二十三条 因拆船污染直接遭受损害的单位或者个人，有权要求造成污染损害方赔偿损失。造成污染损害方有责任对直接遭受危害的单位或者个人赔偿损失。

赔偿责任和赔偿金额的纠纷，可以根据当事人的请求，由监督拆船污染的主管部门处理；当事人对处理决定不服的，可以向人民法院起诉。

当事人也可以直接向人民法院起诉。

第二十四条 凡直接遭受拆船污染损害，要求赔偿损失的单位和个人，应当提交《污染索赔报告书》。报告书应当包括以下内容：

（一）受拆船污染损害的时间、地点、范围、对象，以及当时的气象、水文条件；

（二）受拆船污染损害的损失清单，包括品名、数量、单价、计算方法等；

（三）有关监测部门的鉴定。

第二十五条 因不可抗拒的自然灾害，并经及时采取防范和抢救措施，仍然不能避免造成污染损害的，免予承担赔偿责任。

第二十六条 对检举、揭发拆船单位隐瞒不报或者谎报污染损害事故，以及积极采取措施制止或者减轻污染损害的单位和个人，给予表扬和奖励。

第二十七条 监督拆船污染的主管部门的工作人员玩忽职守、滥用职权、徇私舞弊的，由其所在单位或者上级主管机关给予行政处分；对国家和人民利益造成重大损失、构成犯罪的，依法追究刑事责任。

第二十八条 本条例自 1988 年 6 月 1 日起施行。

建设项目环境保护管理条例

（2017年7月16日修订）

（1998年11月29日中华人民共和国国务院令第253号发布　根据2017年7月16日《国务院关于修改〈建设项目环境保护管理条例〉的决定》修订）

第一章　总　则

第一条　为了防止建设项目产生新的污染、破坏生态环境，制定本条例。

第二条　在中华人民共和国领域和中华人民共和国管辖的其他海域内建设对环境有影响的建设项目，适用本条例。

第三条　建设产生污染的建设项目，必须遵守污染物排放的国家标准和地方标准；在实施重点污染物排放总量控制的区域内，还必须符合重点污染物排放总量控制的要求。

第四条　工业建设项目应当采用能耗物耗小、污染物产生量少的清洁生产工艺，合理利用自然资源，防止环境污染和生态破坏。

第五条　改建、扩建项目和技术改造项目必须采取措施，治理与该项目有关的原有环境污染和生态破坏。

第二章　环境影响评价

第六条　国家实行建设项目环境影响评价制度。

第七条　国家根据建设项目对环境的影响程度，按照下列规定对建设项目的环境保护实行分类管理：

（一）建设项目对环境可能造成重大影响的，应当编制环境影响报告书，对建设项目产生的污染和对环境的影响进行全面、详细的评价；

（二）建设项目对环境可能造成轻度影响的，应当编制环境影响报告表，对建设项目产生的污染和对环境的影响进行分析或者专项评价；

（三）建设项目对环境影响很小，不需要进行环境影响评价的，应当填报环境影响登记表。

建设项目环境影响评价分类管理名录，由国务院环境保护行政主管部门在组织专家进行论证和征求有关部门、行业协会、企事业单位、公众等意见的基础上制定并公布。

第八条 建设项目环境影响报告书，应当包括下列内容：

（一）建设项目概况；

（二）建设项目周围环境现状；

（三）建设项目对环境可能造成影响的分析和预测；

（四）环境保护措施及其经济、技术论证；

（五）环境影响经济损益分析；

（六）对建设项目实施环境监测的建议；

（七）环境影响评价结论。

建设项目环境影响报告表、环境影响登记表的内容和格式，由国务院环境保护行政主管部门规定。

第九条 依法应当编制环境影响报告书、环境影响报告表的建设项目，建设单位应当在开工建设前将环境影响报告书、环境影响报告表报有审批权的环境保护行政主管部门审批；建设项目的环境影响评价文件未依法经审批部门审查或者审查后未予批准的，建设单位不得开工建设。

环境保护行政主管部门审批环境影响报告书、环境影响报告表，应当重点审查建设项目的环境可行性、环境影响分析预测评估的可靠性、环境保护措施的有效性、环境影响评价结论的科学性等，并分别自收到环境影响报告书之日起 60 日内、收到环境影响报告表之日起 30 日内，作出审批决定并书面通知建设单位。

环境保护行政主管部门可以组织技术机构对建设项目环境影响报告书、环境影响报告表进行技术评估，并承担相应费用；技术机构应当对其提出的技术评估意见负责，不得向建设单位、从事环境影响评价工作的单位收取任何费用。

依法应当填报环境影响登记表的建设项目，建设单位应当按照国务院环境保护行政主管部门的规定将环境影响登记表报建设项目所在地县级环境保护行政主管部门备案。

环境保护行政主管部门应当开展环境影响评价文件网上审批、备案和信息公开。

第十条 国务院环境保护行政主管部门负责审批下列建设项目环境影响报告书、环境影响报告表：

（一）核设施、绝密工程等特殊性质的建设项目；

（二）跨省、自治区、直辖市行政区域的建设项目；

（三）国务院审批的或者国务院授权有关部门审批的建设项目。

前款规定以外的建设项目环境影响报告书、环境影响报告表的审批权限，由省、自治区、直辖市人民政府规定。

建设项目造成跨行政区域环境影响，有关环境保护行政主管部门对环境影响评价结论有争议的，其环境影响报告书或者环境影响报告表由共同上一级环境保护行政主管部门审批。

第十一条 建设项目有下列情形之一的，环境保护行政主管部门应当对环境影响报告书、环境影响报告表作出不予批准的决定：

（一）建设项目类型及其选址、布局、规模等不符合环境保护法律法规和相关法定规划；

（二）所在区域环境质量未达到国家或者地方环境质量标准，且建设项目拟采取的措施不能满足区域环境质量改善目标管理要求；

（三）建设项目采取的污染防治措施无法确保污染物排放达到国家和地方排放标准，或者未采取必要措施预防和控制生态破坏；

（四）改建、扩建和技术改造项目，未针对项目原有环境污染和生态破坏提出有效防治措施；

（五）建设项目的环境影响报告书、环境影响报告表的基础资料数据明显不实，内容存在重大缺陷、遗漏，或者环境影响评价结论不明确、不合理。

第十二条 建设项目环境影响报告书、环境影响报告表经批准后，建设项目的性质、规模、地点、采用的生产工艺或者防治污染、防止生态破坏的措施发生重大变动的，建设单位应当重新报批建设项目环境影响报告书、环境影响报告表。

建设项目环境影响报告书、环境影响报告表自批准之日起满 5 年，建设项目方开工建设的，其环境影响报告书、环境影响报告表应当报原审批部门重新审核。原审批部门应当自收到建设项目环境影响报告书、环境影响报告表之日起 10 日内，将审核意见书面通知建设单位；逾期未通知的，视为审核同意。

审核、审批建设项目环境影响报告书、环境影响报告表及备案环境影响登记表，不得收取任何费用。

第十三条 建设单位可以采取公开招标的方式，选择从事环境影响评价工作的单位，对建设项目进行环境影响评价。

任何行政机关不得为建设单位指定从事环境影响评价工作的单位，进行环境影响评价。

第十四条 建设单位编制环境影响报告书，应当依照有关法律规定，征求建设项目所在地有关单位和居民的意见。

第三章 环境保护设施建设

第十五条 建设项目需要配套建设的环境保护设施，必须与主体工程同时设计、同时施工、同时投产使用。

第十六条 建设项目的初步设计，应当按照环境保护设计规范的要求，编制环境保护篇章，落实防治环境污染和生态破坏的措施以及环境保护设施投资概算。

建设单位应当将环境保护设施建设纳入施工合同，保证环境保护设施建设进度和资金，并在项目建设过程中同时组织实施环境影响报告书、环境影响报告表及其审批部门审批决定中提出的环境保护对策措施。

第十七条 编制环境影响报告书、环境影响报告表的建设项目竣工后，建设单位应当按照国务院环境保护行政主管部门规定的标准和程序，对配套建设的环境保护设施进行验收，编制验收报告。

建设单位在环境保护设施验收过程中，应当如实查验、监测、记载建设项目环境保护设施的建设和调试情况，不得弄虚作假。

除按照国家规定需要保密的情形外，建设单位应当依法向社会公开验收报告。

第十八条 分期建设、分期投入生产或者使用的建设项目，其相应的环境保护设施应当分期验收。

第十九条 编制环境影响报告书、环境影响报告表的建设项目，其配套建设的环境保护设施经验收合格，方可投入生产或者使用；未经验收或者验收不合格的，不得投入生产或者使用。

前款规定的建设项目投入生产或者使用后，应当按照国务院环境保护行政主管部门的规定开展环境影响后评价。

第二十条 环境保护行政主管部门应当对建设项目环境保护设施设计、施工、验收、投入生产或者使用情况，以及有关环境影响评价文件确定的其他环境保护措施的落实情况，进行监督检查。

环境保护行政主管部门应当将建设项目有关环境违法信息记入社会诚信档案，及时向社会公开违法者名单。

第四章 法律责任

第二十一条 建设单位有下列行为之一的，依照《中华人民共和国环境影响评价法》的规定处罚：

（一）建设项目环境影响报告书、环境影响报告表未依法报批或者报请重新审核，擅自开工建设；

（二）建设项目环境影响报告书、环境影响报告表未经批准或者重新审核同意，擅自开工建设；

（三）建设项目环境影响登记表未依法备案。

第二十二条 违反本条例规定，建设单位编制建设项目初步设计未落实防治环境污染和生态破坏的措施以及环境保护设施投资概算，未将环境保护设施建设纳入施工合同，或者未依法开展环境影响后评价的，由建设项目所在地县级以上环境保护行政主管部门责令限期改正，处5万元以上20万元以下的罚款；逾期不改正的，处20万元以上100万元以下的罚款。

违反本条例规定，建设单位在项目建设过程中未同时组织实施环境影响报告书、环境影响报告表及其审批部门审批决定中提出的环境保护对策措施的，由建设项目所在地县级以上环境保护行政主管部门责令限期改正，处20万元以上100万元以下的罚款；逾期不改正的，责令停止建设。

第二十三条 违反本条例规定，需要配套建设的环境保护设施未建成、未经验收或者验收不合格，建设项目即投入生产或者使用，或者在环境保护设施验收中弄虚作假的，由县级以上环境保护行政主管部门责令限期改正，处20万元以上100万元以下的罚款；逾期不改正的，处100万元以上200万元以下的罚款；对直接负责的主管人员和其他责任人员，处5万元以上20万元以下的罚款；造成重大环境污染或者生态破坏的，责令停止生产或者使用，或者报经有批准权的人民政府批准，责令关闭。

违反本条例规定，建设单位未依法向社会公开环境保护设施验收报告的，由县级以上环境保护行政主管部门责令公开，处5万元以上20万元以下的罚款，并予以公告。

第二十四条 违反本条例规定，技术机构向建设单位、从事环境影响评价工作的单位收取费用的，由县级以上环境保护行政主管部门责令退还所收费用，处所收费用1倍以上3倍以下的罚款。

第二十五条 从事建设项目环境影响评价工作的单位，在环境影响评价工作中弄虚作假的，由县级以上环境保护行政主管部门处所收费用1倍以上3倍以下的罚款。

第二十六条 环境保护行政主管部门的工作人员徇私舞弊、滥用职权、玩忽职守，构成犯罪的，依法追究刑事责任；尚不构成犯罪的，依法给予行政处分。

第五章 附 则

第二十七条 流域开发、开发区建设、城市新区建设和旧区改建等区域性开发，编制建设规划时，应当进行环境影响评价。具体办法由国务院环境保护行政主管部门会同国务院有关部门另行规定。

第二十八条 海洋工程建设项目的环境保护管理，按照国务院关于海洋工程环境保护管理的规定执行。

第二十九条 军事设施建设项目的环境保护管理，按照中央军事委员会的有关规定执行。

第三十条 本条例自发布之日起施行。

中华人民共和国环境保护税法实施条例

（自2018年1月1日起施行）

（2017年12月30日中华人民共和国国务院令第693号公布　自2018年1月1日起施行）

第一章　总　则

第一条　根据《中华人民共和国环境保护税法》（以下简称环境保护税法），制定本条例。

第二条　环境保护税法所附《环境保护税税目税额表》所称其他固体废物的具体范围，依照环境保护税法第六条第二款规定的程序确定。

第三条　环境保护税法第五条第一款、第十二条第一款第三项规定的城乡污水集中处理场所，是指为社会公众提供生活污水处理服务的场所，不包括为工业园区、开发区等工业聚集区域内的企业事业单位和其他生产经营者提供污水处理服务的场所，以及企业事业单位和其他生产经营者自建自用的污水处理场所。

第四条　达到省级人民政府确定的规模标准并且有污染物排放口的畜禽养殖场，应当依法缴纳环境保护税；依法对畜禽养殖废弃物进行综合利用和无害化处理的，不属于直接向环境排放污染物，不缴纳环境保护税。

第二章　计税依据

第五条　应税固体废物的计税依据，按照固体废物的排放量确定。固体废物的排放量为当期应税固体废物的产生量减去当期应税固体废物的贮存量、处置量、综合利用量的余额。

前款规定的固体废物的贮存量、处置量，是指在符合国家和地方环境保护标准的设施、场所贮存或者处置的固体废物数量；固体废物的综合利用量，是指按照国务院发展改革、工业和信息化主管部门关于资源综合利用要求以及国家和地方环境保护标准进行综合利用的固体废物数量。

第六条　纳税人有下列情形之一的，以其当期应税固体废物的产生量作为固体废物的排放量：

（一）非法倾倒应税固体废物；

（二）进行虚假纳税申报。

第七条 应税大气污染物、水污染物的计税依据，按照污染物排放量折合的污染当量数确定。

纳税人有下列情形之一的，以其当期应税大气污染物、水污染物的产生量作为污染物的排放量：

（一）未依法安装使用污染物自动监测设备或者未将污染物自动监测设备与环境保护主管部门的监控设备联网；

（二）损毁或者擅自移动、改变污染物自动监测设备；

（三）篡改、伪造污染物监测数据；

（四）通过暗管、渗井、渗坑、灌注或者稀释排放以及不正常运行防治污染设施等方式违法排放应税污染物；

（五）进行虚假纳税申报。

第八条 从两个以上排放口排放应税污染物的，对每一排放口排放的应税污染物分别计算征收环境保护税；纳税人持有排污许可证的，其污染物排放口按照排污许可证载明的污染物排放口确定。

第九条 属于环境保护税法第十条第二项规定情形的纳税人，自行对污染物进行监测所获取的监测数据，符合国家有关规定和监测规范的，视同环境保护税法第十条第二项规定的监测机构出具的监测数据。

第三章 税收减免

第十条 环境保护税法第十三条所称应税大气污染物或者水污染物的浓度值，是指纳税人安装使用的污染物自动监测设备当月自动监测的应税大气污染物浓度值的小时平均值再平均所得数值或者应税水污染物浓度值的日平均值再平均所得数值，或者监测机构当月监测的应税大气污染物、水污染物浓度值的平均值。

依照环境保护税法第十三条的规定减征环境保护税的，前款规定的应税大气污染物浓度值的小时平均值或者应税水污染物浓度值的日平均值，以及监测机构当月每次监测的应税大气污染物、水污染物的浓度值，均不得超过国家和地方规定的污染物排放标准。

第十一条 依照环境保护税法第十三条的规定减征环境保护税的，应当对每一排放口排放的不同应税污染物分别计算。

第四章 征收管理

第十二条 税务机关依法履行环境保护税纳税申报受理、涉税信息比对、组织税款入库等职责。

环境保护主管部门依法负责应税污染物监测管理，制定和完善污染物监测规范。

第十三条 县级以上地方人民政府应当加强对环境保护税征收管理工作的领导，及时协调、解决环境保护税征收管理工作中的重大问题。

第十四条 国务院税务、环境保护主管部门制定涉税信息共享平台技术标准以及数据采集、存储、传输、查询和使用规范。

第十五条 环境保护主管部门应当通过涉税信息共享平台向税务机关交送在环境保护监督管理中获取的下列信息：

（一）排污单位的名称、统一社会信用代码以及污染物排放口、排放污染物种类等基本信息；

（二）排污单位的污染物排放数据（包括污染物排放量以及大气污染物、水污染物的浓度值等数据）；

（三）排污单位环境违法和受行政处罚情况；

（四）对税务机关提请复核的纳税人的纳税申报数据资料异常或者纳税人未按照规定期限办理纳税申报的复核意见；

（五）与税务机关商定交送的其他信息。

第十六条 税务机关应当通过涉税信息共享平台向环境保护主管部门交送下列环境保护税涉税信息：

（一）纳税人基本信息；

（二）纳税申报信息；

（三）税款入库、减免税额、欠缴税款以及风险疑点等信息；

（四）纳税人涉税违法和受行政处罚情况；

（五）纳税人的纳税申报数据资料异常或者纳税人未按照规定期限办理纳税申报的信息；

（六）与环境保护主管部门商定交送的其他信息。

第十七条 环境保护税法第十七条所称应税污染物排放地是指：

（一）应税大气污染物、水污染物排放口所在地；

（二）应税固体废物产生地；

（三）应税噪声产生地。

第十八条 纳税人跨区域排放应税污染物，税务机关对税收征收管辖有争议的，由争议各方按照有利于征收管理的原则协商解决；不能协商一致的，报请共同的上级税务机关决定。

第十九条 税务机关应当依据环境保护主管部门交送的排污单位信息进行纳税人识别。

在环境保护主管部门交送的排污单位信息中没有对应信息的纳税人，由税务机关在纳税人首次办理环境保护税纳税申报时进行纳税人识别，并将相关信息交送环境保护主管部门。

第二十条 环境保护主管部门发现纳税人申报的应税污染物排放信息或者适用的排污系数、物料衡算方法有误的，应当通知税务机关处理。

第二十一条 纳税人申报的污染物排放数据与环境保护主管部门交送的相关数据

不一致的，按照环境保护主管部门交送的数据确定应税污染物的计税依据。

第二十二条 环境保护税法第二十条第二款所称纳税人的纳税申报数据资料异常，包括但不限于下列情形：

（一）纳税人当期申报的应税污染物排放量与上一年同期相比明显偏低，且无正当理由；

（二）纳税人单位产品污染物排放量与同类型纳税人相比明显偏低，且无正当理由。

第二十三条 税务机关、环境保护主管部门应当无偿为纳税人提供与缴纳环境保护税有关的辅导、培训和咨询服务。

第二十四条 税务机关依法实施环境保护税的税务检查，环境保护主管部门予以配合。

第二十五条 纳税人应当按照税收征收管理的有关规定，妥善保管应税污染物监测和管理的有关资料。

第五章 附 则

第二十六条 本条例自2018年1月1日起施行。2003年1月2日国务院公布的《排污费征收使用管理条例》同时废止。

中华人民共和国河道管理条例

（2018年3月19日修订）

（1988年6月10日中华人民共和国国务院令第3号发布　根据2011年1月8日《国务院关于废止和修改部分行政法规的决定》第一次修订　根据2017年3月1日《国务院关于修改和废止部分行政法规的决定》第二次修订　根据2017年10月7日《国务院关于修改部分行政法规的决定》第三次修订　根据2018年3月19日《国务院关于修改和废止部分行政法规的决定》第四次修订）

第一章　总　则

第一条　为加强河道管理，保障防洪安全，发挥江河湖泊的综合效益，根据《中华人民共和国水法》，制定本条例。

第二条　本条例适用于中华人民共和国领域内的河道（包括湖泊、人工水道、行洪区、蓄洪区、滞洪区）。

河道内的航道，同时适用《中华人民共和国航道管理条例》。

第三条　开发利用江河湖泊水资源和防治水害，应当全面规划、统筹兼顾、综合利用、讲求效益，服从防洪的总体安排，促进各项事业的发展。

第四条　国务院水利行政主管部门是全国河道的主管机关。

各省、自治区、直辖市的水利行政主管部门是该行政区域的河道主管机关。

第五条　国家对河道实行按水系统一管理和分级管理相结合的原则。

长江、黄河、淮河、海河、珠江、松花江、辽河等大江大河的主要河段，跨省、自治区、直辖市的重要河段，省、自治区、直辖市之间的边界河道以及国境边界河道，由国家授权的江河流域管理机构实施管理，或者由上述江河所在省、自治区、直辖市的河道主管机关根据流域统一规划实施管理。其他河道由省、自治区、直辖市或者市、县的河道主管机关实施管理。

第六条　河道划分等级。河道等级标准由国务院水利行政主管部门制定。

第七条　河道防汛和清障工作实行地方人民政府行政首长负责制。

第八条　各级人民政府河道主管机关以及河道监理人员，必须按照国家法律、法规，加强河道管理，执行供水计划和防洪调度命令，维护水工程和人民生命财产安全。

第九条　一切单位和个人都有保护河道堤防安全和参加防汛抢险的义务。

第二章　河道整治与建设

第十条　河道的整治与建设，应当服从流域综合规划，符合国家规定的防洪标准、通航标准和其他有关技术要求，维护堤防安全，保持河势稳定和行洪、航运通畅。

第十一条　修建开发水利、防治水害、整治河道的各类工程和跨河、穿河、穿堤、临河的桥梁、码头、道路、渡口、管道、缆线等建筑物及设施，建设单位必须按照河道管理权限，将工程建设方案报送河道主管机关审查同意。未经河道主管机关审查同意的，建设单位不得开工建设。

建设项目经批准后，建设单位应当将施工安排告知河道主管机关。

第十二条　修建桥梁、码头和其他设施，必须按照国家规定的防洪标准所确定的河宽进行，不得缩窄行洪通道。

桥梁和栈桥的梁底必须高于设计洪水位，并按照防洪和航运的要求，留有一定的超高。设计洪水位由河道主管机关根据防洪规划确定。

跨越河道的管道、线路的净空高度必须符合防洪和航运的要求。

第十三条　交通部门进行航道整治，应当符合防洪安全要求，并事先征求河道主管机关对有关设计和计划的意见。

水利部门进行河道整治，涉及航道的，应当兼顾航运的需要，并事先征求交通部门对有关设计和计划的意见。

在国家规定可以流放竹木的河流和重要的渔业水域进行河道、航道整治，建设单位应当兼顾竹木水运和渔业发展的需要，并事先将有关设计和计划送同级林业、渔业主管部门征求意见。

第十四条　堤防上已修建的涵闸、泵站和埋设的穿堤管道、缆线等建筑物及设施，河道主管机关应当定期检查，对不符合工程安全要求的，限期改建。

在堤防上新建前款所指建筑物及设施，应当服从河道主管机关的安全管理。

第十五条　确需利用堤顶或者戗台兼做公路的，须经县级以上地方人民政府河道主管机关批准。堤身和堤顶公路的管理和维护办法，由河道主管机关商交通部门制定。

第十六条　城镇建设和发展不得占用河道滩地。城镇规划的临河界限，由河道主管机关会同城镇规划等有关部门确定。沿河城镇在编制和审查城镇规划时，应当事先征求河道主管机关的意见。

第十七条　河道岸线的利用和建设，应当服从河道整治规划和航道整治规划。计划部门在审批利用河道岸线的建设项目时，应当事先征求河道主管机关的意见。

河道岸线的界限，由河道主管机关会同交通等有关部门报县级以上地方人民政府划定。

第十八条　河道清淤和加固堤防取土以及按照防洪规划进行河道整治需要占用的土地，由当地人民政府调剂解决。

因修建水库、整治河道所增加的可利用土地，属于国家所有，可以由县级以上人民政府用于移民安置和河道整治工程。

第十九条 省、自治区、直辖市以河道为边界的，在河道两岸外侧各10公里之内，以及跨省、自治区、直辖市的河道，未经有关各方达成协议或者国务院水利行政主管部门批准，禁止单方面修建排水、阻水、引水、蓄水工程以及河道整治工程。

第三章 河道保护

第二十条 有堤防的河道，其管理范围为两岸堤防之间的水域、沙洲、滩地（包括可耕地）、行洪区，两岸堤防及护堤地。

无堤防的河道，其管理范围根据历史最高洪水位或者设计洪水位确定。

河道的具体管理范围，由县级以上地方人民政府负责划定。

第二十一条 在河道管理范围内，水域和土地的利用应当符合江河行洪、输水和航运的要求；滩地的利用，应当由河道主管机关会同土地管理等有关部门制定规划，报县级以上地方人民政府批准后实施。

第二十二条 禁止损毁堤防、护岸、闸坝等水工程建筑物和防汛设施、水文监测和测量设施、河岸地质监测设施以及通信照明等设施。

在防汛抢险期间，无关人员和车辆不得上堤。

因降雨雪等造成堤顶泥泞期间，禁止车辆通行，但防汛抢险车辆除外。

第二十三条 禁止非管理人员操作河道上的涵闸闸门，禁止任何组织和个人干扰河道管理单位的正常工作。

第二十四条 在河道管理范围内，禁止修建围堤、阻水渠道、阻水道路；种植高秆农作物、芦苇、杞柳、荻柴和树木（堤防防护林除外）；设置拦河渔具；弃置矿渣、石渣、煤灰、泥土、垃圾等。

在堤防和护堤地，禁止建房、放牧、开渠、打井、挖窖、葬坟、晒粮、存放物料、开采地下资源、进行考古发掘以及开展集市贸易活动。

第二十五条 在河道管理范围内进行下列活动，必须报经河道主管机关批准；涉及其他部门的，由河道主管机关会同有关部门批准：

（一）采沙、取土、淘金、弃置砂石或者淤泥；

（二）爆破、钻探、挖筑鱼塘；

（三）在河道滩地存放物料、修建厂房或者其他建筑设施；

（四）在河道滩地开采地下资源及进行考古发掘。

第二十六条 根据堤防的重要程度、堤基土质条件等，河道主管机关报经县级以上人民政府批准，可以在河道管理范围的相连地域划定堤防安全保护区。在堤防安全保护区内，禁止进行打井、钻探、爆破、挖筑鱼塘、采石、取土等危害堤防安全的活动。

第二十七条 禁止围湖造田。已经围垦的，应当按照国家规定的防洪标准进行治理，逐步退田还湖。湖泊的开发利用规划必须经河道主管机关审查同意。

禁止围垦河流，确需围垦的，必须经过科学论证，并经省级以上人民政府批准。

第二十八条 加强河道滩地、堤防和河岸的水土保持工作，防止水土流失、河道淤积。

第二十九条 江河的故道、旧堤、原有工程设施等，不得擅自填堵、占用或者拆毁。

第三十条 护堤护岸林木，由河道管理单位组织营造和管理，其他任何单位和个人不得侵占、砍伐或者破坏。

河道管理单位对护堤护岸林木进行抚育和更新性质的采伐及用于防汛抢险的采伐，根据国家有关规定免交育林基金。

第三十一条 在为保证堤岸安全需要限制航速的河段，河道主管机关应当会同交通部门设立限制航速的标志，通行的船舶不得超速行驶。

在汛期，船舶的行驶和停靠必须遵守防汛指挥部的规定。

第三十二条 山区河道有山体滑坡、崩岸、泥石流等自然灾害的河段，河道主管机关应当会同地质、交通等部门加强监测。在上述河段，禁止从事开山采石、采矿、开荒等危及山体稳定的活动。

第三十三条 在河道中流放竹木，不得影响行洪、航运和水工程安全，并服从当地河道主管机关的安全管理。

在汛期，河道主管机关有权对河道上的竹木和其他漂流物进行紧急处置。

第三十四条 向河道、湖泊排污的排污口的设置和扩大，排污单位在向环境保护部门申报之前，应当征得河道主管机关的同意。

第三十五条 在河道管理范围内，禁止堆放、倾倒、掩埋、排放污染水体的物体。禁止在河道内清洗装贮过油类或者有毒污染物的车辆、容器。

河道主管机关应当开展河道水质监测工作，协同环境保护部门对水污染防治实施监督管理。

第四章 河道清障

第三十六条 对河道管理范围内的阻水障碍物，按照“谁设障，谁清除”的原则，由河道主管机关提出清障计划和实施方案，由防汛指挥部责令设障者在规定的期限内清除。逾期不清除的，由防汛指挥部组织强行清除，并由设障者负担全部清障费用。

第三十七条 对壅水、阻水严重的桥梁、引道、码头和其他跨河工程设施，根据国家规定的防洪标准，由河道主管机关提出意见并报经人民政府批准，责成原建设单位在规定的期限内改建或者拆除。汛期影响防洪安全的，必须服从防汛指挥部的紧急处理决定。

第五章 经 费

第三十八条 河道堤防的防汛岁修费，按照分级管理的原则，分别由中央财政和地方财政负担，列入中央和地方年度财政预算。

第三十九条 受益范围明确的堤防、护岸、水闸、圩垸、海塘和排涝工程设施，河道主管机关可以向受益的工商企业等单位和农户收取河道工程修建维护管理费，其标准应当根据工程修建和维护管理费用确定。收费的具体标准和计收办法由省、自治区、直辖市人民政府制定。

第四十条 在河道管理范围内采沙、取土、淘金，必须按照经批准的范围和作业方式进行，并向河道主管机关缴纳管理费。收费的标准和计收办法由国务院水利行政主管部门会同国务院财政主管部门制定。

第四十一条 任何单位和个人，凡对堤防、护岸和其他水工程设施造成损坏或者造成河道淤积的，由责任者负责修复、清淤或者承担维修费用。

第四十二条 河道主管机关收取的各项费用，用于河道堤防工程的建设、管理、维修和设施的更新改造。结余资金可以连年结转使用，任何部门不得截取或者挪用。

第四十三条 河道两岸的城镇和农村，当地县级以上人民政府可以在汛期组织堤防保护区域内的单位和个人义务出工，对河道堤防工程进行维修和加固。

第六章 罚 则

第四十四条 违反本条例规定，有下列行为之一的，县级以上地方人民政府河道主管机关除责令其纠正违法行为、采取补救措施外，可以并处警告、罚款、没收非法所得；对有关责任人员，由其所在单位或者上级主管机关给予行政处分；构成犯罪的，依法追究刑事责任：

（一）在河道管理范围内弃置、堆放阻碍行洪物体的；种植阻碍行洪的林木或者高秆植物的；修建围堤、阻水渠道、阻水道路的；

（二）在堤防、护堤地建房、放牧、开渠、打井、挖窖、葬坟、晒粮、存放物料、开采地下资源、进行考古发掘以及开展集市贸易活动的；

（三）未经批准或者不按照国家规定的防洪标准、工程安全标准整治河道或者修建水工程建筑物和其他设施的；

（四）未经批准或者不按照河道主管机关的规定在河道管理范围内采砂、取土、淘金、弃置砂石或者淤泥、爆破、钻探、挖筑鱼塘的；

（五）未经批准在河道滩地存放物料、修建厂房或者其他建筑设施，以及开采地下资源或者进行考古发掘的；

（六）违反本条例第二十七条的规定，围垦湖泊、河流的；

（七）擅自砍伐护堤护岸林木的；

（八）汛期违反防汛指挥部的规定或者指令的。

第四十五条 违反本条例规定，有下列行为之一的，县级以上地方人民政府河道主管机关除责令其纠正违法行为、赔偿损失、采取补救措施外，可以并处警告、罚款；应当给予治安管理处罚的，按照《中华人民共和国治安管理处罚法》的规定处罚；构成犯罪的，依法追究刑事责任：

（一）损毁堤防、护岸、闸坝、水工程建筑物，损毁防汛设施、水文监测和测量设施、河岸地质监测设施以及通信照明等设施；

（二）在堤防安全保护区内进行打井、钻探、爆破、挖筑鱼塘、采石、取土等危害堤防安全的活动的；

（三）非管理人员操作河道上的涵闸闸门或者干扰河道管理单位正常工作的。

第四十六条 当事人对行政处罚决定不服的，可以在接到处罚通知之日起 15 日内，向作出处罚决定的机关的上一级机关申请复议，对复议决定不服的，可以在接到复议决定之日起 15 日内，向人民法院起诉。当事人也可以在接到处罚通知之日起 15 日内，直接向人民法院起诉。当事人逾期不申请复议或者不向人民法院起诉又不履行处罚决定的，由作出处罚决定的机关申请人民法院强制执行。对治安管理处罚不服的，按照《中华人民共和国治安管理处罚法》的规定办理。

第四十七条 对违反本条例规定，造成国家、集体、个人经济损失的，受害方可以请求县级以上河道主管机关处理。受害方也可以直接向人民法院起诉。

当事人对河道主管机关的处理决定不服的，可以在接到通知之日起，15 日内向人民法院起诉。

第四十八条 河道主管机关的工作人员以及河道监理人员玩忽职守、滥用职权、徇私舞弊的，由其所在单位或者上级主管机关给予行政处分；对公共财产、国家和人民利益造成重大损失的，依法追究刑事责任。

第七章 附 则

第四十九条 各省、自治区、直辖市人民政府，可以根据本条例的规定，结合本地区的实际情况，制定实施办法。

第五十条 本条例由国务院水利行政主管部门负责解释。

第五十一条 本条例自发布之日起施行。

（三）部门规章

环境影响评价公众参与办法

（自 2019 年 1 月 1 日起施行）

（2018 年 4 月 16 日由生态环境部部务会议审议通过　2018 年 7 月 16 日公布　自 2019 年 1 月 1 日起施行）

第一条　为规范环境影响评价公众参与，保障公众环境保护知情权、参与权、表达权和监督权，依据《中华人民共和国环境保护法》《中华人民共和国环境影响评价法》《规划环境影响评价条例》《建设项目环境保护管理条例》等法律法规，制定本办法。

第二条　本办法适用于可能造成不良环境影响并直接涉及公众环境权益的工业、农业、畜牧业、林业、能源、水利、交通、城市建设、旅游、自然资源开发的有关专项规划的环境影响评价公众参与，和依法应当编制环境影响报告书的建设项目的环境影响评价公众参与。

国家规定需要保密的情形除外。

第三条　国家鼓励公众参与环境影响评价。

环境影响评价公众参与遵循依法、有序、公开、便利的原则。

第四条　专项规划编制机关应当在规划草案报送审批前，举行论证会、听证会，或者采取其他形式，征求有关单位、专家和公众对环境影响报告书草案的意见。

第五条　建设单位应当依法听取环境影响评价范围内的公民、法人和其他组织的意见，鼓励建设单位听取环境影响评价范围之外的公民、法人和其他组织的意见。

第六条　专项规划编制机关和建设单位负责组织环境影响报告书编制过程的公众参与，对公众参与的真实性和结果负责。

专项规划编制机关和建设单位可以委托环境影响报告书编制单位或者其他单位承担环境影响评价公众参与的具体工作。

第七条　专项规划环境影响评价的公众参与，本办法未作规定的，依照《中华人民共和国环境影响评价法》《规划环境影响评价条例》的相关规定执行。

第八条　建设项目环境影响评价公众参与相关信息应当依法公开，涉及国家秘密、商业秘密、个人隐私的，依法不得公开。法律法规另有规定的，从其规定。

生态环境主管部门公开建设项目环境影响评价公众参与相关信息，不得危及国家安全、公共安全、经济安全和社会稳定。

第九条　建设单位应当在确定环境影响报告书编制单位后7个工作日内，通过其网站、建设项目所在地公共媒体网站或者建设项目所在地相关政府网站（以下统称网络平台），公开下列信息：

（一）建设项目名称、选址选线、建设内容等基本情况，改建、扩建、迁建项目应当说明现有工程及其环境保护情况；

（二）建设单位名称和联系方式；

（三）环境影响报告书编制单位的名称；

（四）公众意见表的网络链接；

（五）提交公众意见表的方式和途径。

在环境影响报告书征求意见稿编制过程中，公众均可向建设单位提出与环境影响评价相关的意见。

公众意见表的内容和格式，由生态环境部制定。

第十条 建设项目环境影响报告书征求意见稿形成后，建设单位应当公开下列信息，征求与该建设项目环境影响有关的意见：

（一）环境影响报告书征求意见稿全文的网络链接及查阅纸质报告书的方式和途径；

（二）征求意见的公众范围；

（三）公众意见表的网络链接；

（四）公众提出意见的方式和途径；

（五）公众提出意见的起止时间。

建设单位征求公众意见的期限不得少于 10 个工作日。

第十一条 依照本办法第十条规定应当公开的信息，建设单位应当通过下列三种方式同步公开：

（一）通过网络平台公开，且持续公开期限不得少于 10 个工作日；

（二）通过建设项目所在地公众易于接触的报纸公开，且在征求意见的 10 个工作日内公开信息不得少于 2 次；

（三）通过在建设项目所在地公众易于知悉的场所张贴公告的方式公开，且持续公开期限不得少于 10 个工作日。

鼓励建设单位通过广播、电视、微信、微博及其他新媒体等多种形式发布本办法第十条规定的信息。

第十二条 建设单位可以通过发放科普资料、张贴科普海报、举办科普讲座或者通过学校、社区、大众传播媒介等途径，向公众宣传与建设项目环境影响有关的科学知识，加强与公众互动。

第十三条 公众可以通过信函、传真、电子邮件或者建设单位提供的其他方式，在规定时间内将填写的公众意见表等提交建设单位，反映与建设项目环境影响有关的意见和建议。

公众提交意见时，应当提供有效的联系方式。鼓励公众采用实名方式提交意见并提供常住地址。

对公众提交的相关个人信息，建设单位不得用于环境影响评价公众参与之外的用途，未经个人信息相关权利人允许不得公开。法律法规另有规定的除外。

第十四条 对环境影响方面公众质疑性意见多的建设项目，建设单位应当按照下列方式组织开展深度公众参与：

（一）公众质疑性意见主要集中在环境影响预测结论、环境保护措施或者环境风险防范措施等方面的，建设单位应当组织召开公众座谈会或者听证会。座谈会或者听证会应当邀请在环境方面可能受建设项目影响的公众代表参加。

（二）公众质疑性意见主要集中在环境影响评价相关专业技术方法、导则、理论等方面的，建设单位应当组织召开专家论证会。专家论证会应当邀请相关领域专家参加，并邀请在环境方面可能受建设项目影响的公众代表列席。

建设单位可以根据实际需要，向建设项目所在地县级以上地方人民政府报告，并请求县级以上地方人民政府加强对公众参与的协调指导。县级以上生态环境主管部门应当在同级人民政府指导下配合做好相关工作。

第十五条 建设单位决定组织召开公众座谈会、专家论证会的，应当在会议召开的 10 个工作日前，将会议的时间、地点、主题和可以报名的公众范围、报名办法，通过网络平台和在建设项目所在地公众易于知悉的场所张贴公告等方式向社会公告。

建设单位应当综合考虑地域、职业、受教育水平、受建设项目环境影响程度等因素，从报名的公众中选择参加会议或者列席会议的公众代表，并在会议召开的5个工作日前通知拟邀请的相关专家，并书面通知被选定的代表。

第十六条 建设单位应当在公众座谈会、专家论证会结束后5个工作日内，根据现场记录，整理座谈会纪要或者专家论证结论，并通过网络平台向社会公开座谈会纪要或者专家论证结论。座谈会纪要和专家论证结论应当如实记载各种意见。

第十七条 建设单位组织召开听证会的，可以参考环境保护行政许可听证的有关规定执行。

第十八条 建设单位应当对收到的公众意见进行整理，组织环境影响报告书编制单位或者其他有能力的单位进行专业分析后提出采纳或者不采纳的建议。

建设单位应当综合考虑建设项目情况、环境影响报告书编制单位或者其他有能力的单位的建议、技术经济可行性等因素，采纳与建设项目环境影响有关的合理意见，并组织环境影响报告书编制单位根据采纳的意见修改完善环境影响报告书。

对未采纳的意见，建设单位应当说明理由。未采纳的意见由提供有效联系方式的公众提出的，建设单位应当通过该联系方式，向其说明未采纳的理由。

第十九条 建设单位向生态环境主管部门报批环境影响报告书前，应当组织编写建设项目环境影响评价公众参与说明。公众参与说明应当包括下列主要内容：

（一）公众参与的过程、范围和内容；

（二）公众意见收集整理和归纳分析情况；

（三）公众意见采纳情况，或者未采纳情况、理由及向公众反馈的情况等。

公众参与说明的内容和格式，由生态环境部制定。

第二十条 建设单位向生态环境主管部门报批环境影响报告书前，应当通过网络平台，公开拟报批的环境影响报告书全文和公众参与说明。

第二十一条 建设单位向生态环境主管部门报批环境影响报告书时，应当附具公众参与说明。

第二十二条 生态环境主管部门受理建设项目环境影响报告书后，应当通过其网站或者其他方式向社会公开下列信息：

（一）环境影响报告书全文；

（二）公众参与说明；

（三）公众提出意见的方式和途径。

公开期限不得少于 10 个工作日。

第二十三条 生态环境主管部门对环境影响报告书作出审批决定前，应当通过其网站或者其他方式向社会公开下列信息：

（一）建设项目名称、建设地点；

（二）建设单位名称；

（三）环境影响报告书编制单位名称；

（四）建设项目概况、主要环境影响和环境保护对策与措施；

（五）建设单位开展的公众参与情况；

（六）公众提出意见的方式和途径。

公开期限不得少于 5 个工作日。

生态环境主管部门依照第一款规定公开信息时，应当通过其网站或者其他方式同步告知建设单位和利害关系人享有要求听证的权利。

生态环境主管部门召开听证会的，依照环境保护行政许可听证的有关规定执行。

第二十四条 在生态环境主管部门受理环境影响报告书后和作出审批决定前的信息公开期间，公民、法人和其他组织可以依照规定的方式、途径和期限，提出对建设项目环境影响报告书审批的意见和建议，举报相关违法行为。

生态环境主管部门对收到的举报，应当依照国家有关规定处理。必要时，生态环境主管部门可以通过适当方式向公众反馈意见采纳情况。

第二十五条 生态环境主管部门应当对公众参与说明内容和格式是否符合要求、公众参与程序是否符合本办法的规定进行审查。

经综合考虑收到的公众意见、相关举报及处理情况、公众参与审查结论等，生态环境主管部门发现建设项目未充分征求公众意见的，应当责成建设单位重新征求公众意见，退回环境影响报告书。

第二十六条 生态环境主管部门参考收到的公众意见，依照相关法律法规、标准和技术规范等审批建设项目环境影响报告书。

第二十七条 生态环境主管部门应当自作出建设项目环境影响报告书审批决定之

日起7个工作日内，通过其网站或者其他方式向社会公告审批决定全文，并依法告知提起行政复议和行政诉讼的权利及期限。

第二十八条 建设单位应当将环境影响报告书编制过程中公众参与的相关原始资料，存档备查。

第二十九条 建设单位违反本办法规定，在组织环境影响报告书编制过程的公众参与时弄虚作假，致使公众参与说明内容严重失实的，由负责审批环境影响报告书的生态环境主管部门将该建设单位及其法定代表人或主要负责人失信信息记入环境信用记录，向社会公开。

第三十条 公众提出的涉及征地拆迁、财产、就业等与建设项目环境影响评价无关的意见或者诉求，不属于建设项目环境影响评价公众参与的内容。公众可以依法另行向其他有关主管部门反映。

第三十一条 对依法批准设立的产业园区内的建设项目，若该产业园区已依法开展了规划环境影响评价公众参与且该建设项目性质、规模等符合经生态环境主管部门组织审查通过的规划环境影响报告书和审查意见，建设单位开展建设项目环境影响评价公众参与时，可以按照以下方式予以简化：

（一）免予开展本办法第九条规定的公开程序，相关应当公开的内容纳入本办法第十条规定的公开内容一并公开；

（二）本办法第十条第二款和第十一条第一款规定的10个工作日的期限减为5个工作日；

（三）免予采用本办法第十一条第一款第三项规定的张贴公告的方式。

第三十二条 核设施建设项目建造前的环境影响评价公众参与依照本办法有关规定执行。

堆芯热功率300兆瓦以上的反应堆设施和商用乏燃料后处理厂的建设单位应当听取该设施或者后处理厂半径15公里范围内公民、法人和其他组织的意见；其他核设施和铀矿冶设施的建设单位应当根据环境影响评价的具体情况，在一定范围内听取公民、法人和其他组织的意见。

大型核动力厂建设项目的建设单位应当协调相关省级人民政府制定项目建设公众沟通方案，以指导与公众的沟通工作。

第三十三条 土地利用的有关规划和区域、流域、海域的建设、开发利用规划的编制机关，在组织进行规划环境影响评价的过程中，可以参照本办法的有关规定征求公众意见。

第三十四条 本办法自2019年1月1日起施行。《环境影响评价公众参与暂行办法》自本办法施行之日起废止。其他文件中有关环境影响评价公众参与的规定与本办法规定不一致的，适用本办法。

工矿用地土壤环境管理办法（试行）

（自2018年8月1日起施行）

（2018年4月12日由生态环境部部务会议审议通过　2018年5月3日公布　自2018年8月1日起施行）

第一章　总　则

第一条　为了加强工矿用地土壤和地下水环境保护监督管理，防治工矿用地土壤和地下水污染，根据《中华人民共和国环境保护法》《中华人民共和国水污染防治法》等法律法规和国务院印发的《土壤污染防治行动计划》，制定本办法。

第二条　本办法适用于从事工业、矿业生产经营活动的土壤环境污染重点监管单位用地土壤和地下水的环境现状调查、环境影响评价、污染防治设施的建设和运行管理、污染隐患排查、环境监测和风险评估、污染应急、风险管控和治理与修复等活动，以及相关环境保护监督管理。

矿产开采作业区域用地，固体废物集中贮存、填埋场所用地，不适用本办法。

第三条　土壤环境污染重点监管单位（以下简称重点单位）包括：

（一）有色金属冶炼、石油加工、化工、焦化、电镀、制革等行业中应当纳入排污许可重点管理的企业；

（二）有色金属矿采选、石油开采行业规模以上企业；

（三）其他根据有关规定纳入土壤环境污染重点监管单位名录的企事业单位。

重点单位以外的企事业单位和其他生产经营者生产经营活动涉及有毒有害物质的，其用地土壤和地下水环境保护相关活动及相关环境保护监督管理，可以参照本办法执行。

第四条　生态环境部对全国工矿用地土壤和地下水环境保护工作实施统一监督管理。

县级以上地方生态环境主管部门负责本行政区域内的工矿用地土壤和地下水环境保护相关活动的监督管理。

第五条　设区的市级以上地方生态环境主管部门应当制定公布本行政区域的土壤环境污染重点监管单位名单，并动态更新。

第六条　工矿企业是工矿用地土壤和地下水环境保护的责任主体，应当按照本办法的规定开展相关活动。

造成工矿用地土壤和地下水污染的企业应当承担治理与修复的主体责任。

第二章　污染防控

第七条　重点单位新、改、扩建项目，应当在开展建设项目环境影响评价时，按照国家有关技术规范开展工矿用地土壤和地下水环境现状调查，编制调查报告，并按规定上报环境影响评价基础数据库。

重点单位应当将前款规定的调查报告主要内容通过其网站等便于公众知晓的方式向社会公开。

第八条　重点单位新、改、扩建项目用地应当符合国家或者地方有关建设用地土壤污染风险管控标准。

重点单位通过新、改、扩建项目的土壤和地下水环境现状调查，发现项目用地污染物含量超过国家或者地方有关建设用地土壤污染风险管控标准的，土地使用权人或者污染责任人应当参照污染地块土壤环境管理有关规定开展详细调查、风险评估、风险管控、治理与修复等活动。

第九条　重点单位建设涉及有毒有害物质的生产装置、储罐和管道，或者建设污水处理池、应急池等存在土壤污染风险的设施，应当按照国家有关标准和规范的要求，设计、建设和安装有关防腐蚀、防泄漏设施和泄漏监测装置，防止有毒有害物质污染土壤和地下水。

第十条　重点单位现有地下储罐储存有毒有害物质的，应当在本办法公布后一年之内，将地下储罐的信息报所在地设区的市级生态环境主管部门备案。

重点单位新、改、扩建项目地下储罐储存有毒有害物质的，应当在项目投入生产或者使用之前，将地下储罐的信息报所在地设区的市级生态环境主管部门备案。

地下储罐的信息包括地下储罐的使用年限、类型、规格、位置和使用情况等。

第十一条　重点单位应当建立土壤和地下水污染隐患排查治理制度，定期对重点区域、重点设施开展隐患排查。发现污染隐患的，应当制定整改方案，及时采取技术、管理措施消除隐患。隐患排查、治理情况应当如实记录并建立档案。

重点区域包括涉及有毒有害物质的生产区，原材料及固体废物的堆存区、储放区和转运区等；重点设施包括涉及有毒有害物质的地下储罐、地下管线，以及污染治理设施等。

第十二条　重点单位应当按照相关技术规范要求，自行或者委托第三方定期开展土壤和地下水监测，重点监测存在污染隐患的区域和设施周边的土壤、地下水，并按照规定公开相关信息。

第十三条　重点单位在隐患排查、监测等活动中发现工矿用地土壤和地下水存在污染迹象的，应当排查污染源，查明污染原因，采取措施防止新增污染，并参照污染地块土壤环境管理有关规定及时开展土壤和地下水环境调查与风险评估，根据调查与风险评估结果采取风险管控或者治理与修复等措施。

第十四条 重点单位拆除涉及有毒有害物质的生产设施设备、构筑物和污染治理设施的，应当按照有关规定，事先制定企业拆除活动污染防治方案，并在拆除活动前十五个工作日报所在地县级生态环境、工业和信息化主管部门备案。

企业拆除活动污染防治方案应当包括被拆除生产设施设备、构筑物和污染治理设施的基本情况、拆除活动全过程土壤污染防治的技术要求、针对周边环境的污染防治要求等内容。

重点单位拆除活动应当严格按照有关规定实施残留物料和污染物、污染设备和设施的安全处理处置，并做好拆除活动相关记录，防范拆除活动污染土壤和地下水。拆除活动相关记录应当长期保存。

第十五条 重点单位突发环境事件应急预案应当包括防止土壤和地下水污染相关内容。

重点单位突发环境事件造成或者可能造成土壤和地下水污染的，应当采取应急措施避免或者减少土壤和地下水污染；应急处置结束后，应当立即组织开展环境影响和损害评估工作，评估认为需要开展治理与修复的，应当制定并落实污染土壤和地下水治理与修复方案。

第十六条 重点单位终止生产经营活动前，应当参照污染地块土壤环境管理有关规定，开展土壤和地下水环境初步调查，编制调查报告，及时上传全国污染地块土壤环境管理信息系统。

重点单位应当将前款规定的调查报告主要内容通过其网站等便于公众知晓的方式向社会公开。

土壤和地下水环境初步调查发现该重点单位用地污染物含量超过国家或者地方有关建设用地土壤污染风险管控标准的，应当参照污染地块土壤环境管理有关规定开展详细调查、风险评估、风险管控、治理与修复等活动。

第三章 监督管理

第十七条 县级以上生态环境主管部门有权对本行政区域内的重点单位进行现场检查。被检查单位应当予以配合，如实反映情况，提供必要的资料。实施现场检查的部门、机构及其工作人员应当为被检查单位保守商业秘密。

第十八条 县级以上生态环境主管部门对重点单位进行监督检查时，有权采取下列措施：

（一）进入被检查单位进行现场核查或者监测；

（二）查阅、复制相关文件、记录以及其他有关资料；

（三）要求被检查单位提交有关情况说明。

第十九条 重点单位未按本办法开展工矿用地土壤和地下水环境保护相关活动或者弄虚作假的，由县级以上生态环境主管部门将该企业失信情况记入其环境信用记录，并通过全国信用信息共享平台、国家企业信用信息公示系统向社会公开。

第四章　附　则

第二十条　本办法所称的下列用语的含义：

（一）矿产开采作业区域用地，指露天采矿区用地、排土场等与矿业开采作业直接相关的用地。

（二）有毒有害物质，是指下列物质：

1. 列入《中华人民共和国水污染防治法》规定的有毒有害水污染物名录的污染物；

2. 列入《中华人民共和国大气污染防治法》规定的有毒有害大气污染物名录的污染物；

3.《中华人民共和国固体废物污染环境防治法》规定的危险废物；

4. 国家和地方建设用地土壤污染风险管控标准管控的污染物；

5. 列入优先控制化学品名录内的物质；

6. 其他根据国家法律法规有关规定应当纳入有毒有害物质管理的物质。

（三）土壤和地下水环境现状调查，指对重点单位新、改、扩建项目用地的土壤和地下水环境质量进行的调查评估，其主要调查内容包括土壤和地下水中主要污染物的含量等。

（四）土壤和地下水污染隐患，指相关设施设备因设计、建设、运行管理等不完善，而导致相关有毒有害物质泄漏、渗漏、溢出等污染土壤和地下水的隐患。

（五）土壤和地下水污染迹象，指通过现场检查和隐患排查发现有毒有害物质泄漏或者疑似泄漏，或者通过土壤和地下水环境监测发现土壤或者地下水中污染物含量升高的现象。

第二十一条　本办法自 2018 年 8 月 1 日起施行。

排污许可管理办法（试行）

（自 2018 年 1 月 10 日起施行）

（2017 年 11 月 6 日由环境保护部部务会议审议通过　2018 年 1 月 10 日公布　自公布之日起施行）

第一章　总　则

第一条　为规范排污许可管理，根据《中华人民共和国环境保护法》《中华人民共和国水污染防治法》《中华人民共和国大气污染防治法》以及国务院办公厅印发的《控制污染物排放许可制实施方案》，制定本办法。

第二条　排污许可证的申请、核发、执行以及与排污许可相关的监管和处罚等行为，适用本办法。

第三条　环境保护部依法制定并公布固定污染源排污许可分类管理名录，明确纳入排污许可管理的范围和申领时限。

纳入固定污染源排污许可分类管理名录的企业事业单位和其他生产经营者（以下简称排污单位）应当按照规定的时限申请并取得排污许可证；未纳入固定污染源排污许可分类管理名录的排污单位，暂不需申请排污许可证。

第四条　排污单位应当依法持有排污许可证，并按照排污许可证的规定排放污染物。

应当取得排污许可证而未取得的，不得排放污染物。

第五条　对污染物产生量大、排放量大或者环境危害程度高的排污单位实行排污许可重点管理，对其他排污单位实行排污许可简化管理。

实行排污许可重点管理或者简化管理的排污单位的具体范围，依照固定污染源排污许可分类管理名录规定执行。实行重点管理和简化管理的内容及要求，依照本办法第十一条规定的排污许可相关技术规范、指南等执行。

设区的市级以上地方环境保护主管部门，应当将实行排污许可重点管理的排污单位确定为重点排污单位。

第六条　环境保护部负责指导全国排污许可制度实施和监督。各省级环境保护主管部门负责本行政区域排污许可制度的组织实施和监督。

排污单位生产经营场所所在地设区的市级环境保护主管部门负责排污许可证核

发。地方性法规对核发权限另有规定的，从其规定。

第七条 同一法人单位或者其他组织所属、位于不同生产经营场所的排污单位，应当以其所属的法人单位或者其他组织的名义，分别向生产经营场所所在地有核发权的环境保护主管部门（以下简称核发环保部门）申请排污许可证。

生产经营场所和排放口分别位于不同行政区域时，生产经营场所所在地核发环保部门负责核发排污许可证，并应当在核发前，征求其排放口所在地同级环境保护主管部门意见。

第八条 依据相关法律规定，环境保护主管部门对排污单位排放水污染物、大气污染物等各类污染物的排放行为实行综合许可管理。

2015年1月1日及以后取得建设项目环境影响评价审批意见的排污单位，环境影响评价文件及审批意见中与污染物排放相关的主要内容应当纳入排污许可证。

第九条 环境保护部对实施排污许可管理的排污单位及其生产设施、污染防治设施和排放口实行统一编码管理。

第十条 环境保护部负责建设、运行、维护、管理全国排污许可证管理信息平台。

排污许可证的申请、受理、审核、发放、变更、延续、注销、撤销、遗失补办应当在全国排污许可证管理信息平台上进行。排污单位自行监测、执行报告及环境保护主管部门监管执法信息应当在全国排污许可证管理信息平台上记载，并按照本办法规定在全国排污许可证管理信息平台上公开。

全国排污许可证管理信息平台中记录的排污许可证相关电子信息与排污许可证正本、副本依法具有同等效力。

第十一条 环境保护部制定排污许可证申请与核发技术规范、环境管理台账及排污许可证执行报告技术规范、排污单位自行监测技术指南、污染防治可行技术指南以及其他排污许可政策、标准和规范。

第二章 排污许可证内容

第十二条 排污许可证由正本和副本构成，正本载明基本信息，副本包括基本信息、登记事项、许可事项、承诺书等内容。

设区的市级以上地方环境保护主管部门可以根据环境保护地方性法规，增加需要在排污许可证中载明的内容。

第十三条 以下基本信息应当同时在排污许可证正本和副本中载明：

（一）排污单位名称、注册地址、法定代表人或者主要负责人、技术负责人、生产经营场所地址、行业类别、统一社会信用代码等排污单位基本信息；

（二）排污许可证有效期限、发证机关、发证日期、证书编号和二维码等基本信息。

第十四条 以下登记事项由排污单位申报，并在排污许可证副本中记录：

（一）主要生产设施、主要产品及产能、主要原辅材料等；

（二）产排污环节、污染防治设施等；

（三）环境影响评价审批意见、依法分解落实到本单位的重点污染物排放总量控制指标、排污权有偿使用和交易记录等。

第十五条 下列许可事项由排污单位申请，经核发环保部门审核后，在排污许可证副本中进行规定：

（一）排放口位置和数量、污染物排放方式和排放去向等，大气污染物无组织排放源的位置和数量；

（二）排放口和无组织排放源排放污染物的种类、许可排放浓度、许可排放量；

（三）取得排污许可证后应当遵守的环境管理要求；

（四）法律法规规定的其他许可事项。

第十六条 核发环保部门应当根据国家和地方污染物排放标准，确定排污单位排放口或者无组织排放源相应污染物的许可排放浓度。

排污单位承诺执行更加严格的排放浓度的，应当在排污许可证副本中规定。

第十七条 核发环保部门按照排污许可证申请与核发技术规范规定的行业重点污染物允许排放量核算方法，以及环境质量改善的要求，确定排污单位的许可排放量。

对于本办法实施前已有依法分解落实到本单位的重点污染物排放总量控制指标的排污单位，核发环保部门应当按照行业重点污染物允许排放量核算方法、环境质量改善要求和重点污染物排放总量控制指标，从严确定许可排放量。

2015年1月1日及以后取得环境影响评价审批意见的排污单位，环境影响评价文件和审批意见确定的排放量严于按照本条第一款、第二款确定的许可排放量的，核发环保部门应当根据环境影响评价文件和审批意见要求确定排污单位的许可排放量。

地方人民政府依法制定的环境质量限期达标规划、重污染天气应对措施要求排污单位执行更加严格的重点污染物排放总量控制指标的，应当在排污许可证副本中规定。

本办法实施后，环境保护主管部门应当按照排污许可证规定的许可排放量，确定排污单位的重点污染物排放总量控制指标。

第十八条 下列环境管理要求由核发环保部门根据排污单位的申请材料、相关技术规范和监管需要，在排污许可证副本中进行规定：

（一）污染防治设施运行和维护、无组织排放控制等要求；

（二）自行监测要求、台账记录要求、执行报告内容和频次等要求；

（三）排污单位信息公开要求；

（四）法律法规规定的其他事项。

第十九条 排污单位在申请排污许可证时，应当按照自行监测技术指南，编制自行监测方案。

自行监测方案应当包括以下内容：

（一）监测点位及示意图、监测指标、监测频次；

（二）使用的监测分析方法、采样方法；

（三）监测质量保证与质量控制要求；

（四）监测数据记录、整理、存档要求等。

第二十条　排污单位在填报排污许可证申请时，应当承诺排污许可证申请材料是完整、真实和合法的；承诺按照排污许可证的规定排放污染物，落实排污许可证规定的环境管理要求，并由法定代表人或者主要负责人签字或者盖章。

第二十一条　排污许可证自作出许可决定之日起生效。首次发放的排污许可证有效期为三年，延续换发的排污许可证有效期为五年。

对列入国务院经济综合宏观调控部门会同国务院有关部门发布的产业政策目录中计划淘汰的落后工艺装备或者落后产品，排污许可证有效期不得超过计划淘汰期限。

第二十二条　环境保护主管部门核发排污许可证，以及监督检查排污许可证实施情况时，不得收取任何费用。

第三章　申请与核发

第二十三条　省级环境保护主管部门应当根据本办法第六条和固定污染源排污许可分类管理名录，确定本行政区域内负责受理排污许可证申请的核发环保部门、申请程序等相关事项，并向社会公告。

依据环境质量改善要求，部分地区决定提前对部分行业实施排污许可管理的，该地区省级环境保护主管部门应当报环境保护部备案后实施，并向社会公告。

第二十四条　在固定污染源排污许可分类管理名录规定的时限前已经建成并实际排污的排污单位，应当在名录规定时限申请排污许可证；在名录规定的时限后建成的排污单位，应当在启动生产设施或者在实际排污之前申请排污许可证。

第二十五条　实行重点管理的排污单位在提交排污许可申请材料前，应当将承诺书、基本信息以及拟申请的许可事项向社会公开。公开途径应当选择包括全国排污许可证管理信息平台等便于公众知晓的方式，公开时间不得少于五个工作日。

第二十六条　排污单位应当在全国排污许可证管理信息平台上填报并提交排污许可证申请，同时向核发环保部门提交通过全国排污许可证管理信息平台印制的书面申请材料。

申请材料应当包括：

（一）排污许可证申请表，主要内容包括：排污单位基本信息，主要生产设施、主要产品及产能、主要原辅材料，废气、废水等产排污环节和污染防治设施，申请的排放口位置和数量、排放方式、排放去向，按照排放口和生产设施或者车间申请的排放污染物种类、排放浓度和排放量，执行的排放标准；

（二）自行监测方案；

（三）由排污单位法定代表人或者主要负责人签字或者盖章的承诺书；

（四）排污单位有关排污口规范化的情况说明；

（五）建设项目环境影响评价文件审批文号，或者按照有关国家规定经地方人民政府依法处理、整顿规范并符合要求的相关证明材料；

（六）排污许可证申请前信息公开情况说明表；

（七）污水集中处理设施的经营管理单位还应当提供纳污范围、纳污排污单位名单、管网布置、最终排放去向等材料；

（八）本办法实施后的新建、改建、扩建项目排污单位存在通过污染物排放等量或者减量替代削减获得重点污染物排放总量控制指标情况的，且出让重点污染物排放总量控制指标的排污单位已经取得排污许可证的，应当提供出让重点污染物排放总量控制指标的排污单位的排污许可证完成变更的相关材料；

（九）法律法规规章规定的其他材料。

主要生产设施、主要产品产能等登记事项中涉及商业秘密的，排污单位应当进行标注。

第二十七条 核发环保部门收到排污单位提交的申请材料后，对材料的完整性、规范性进行审查，按照下列情形分别作出处理：

（一）依照本办法不需要取得排污许可证的，应当当场或者在五个工作日内告知排污单位不需要办理；

（二）不属于本行政机关职权范围的，应当当场或者在五个工作日内作出不予受理的决定，并告知排污单位向有核发权限的部门申请；

（三）申请材料不齐全或者不符合规定的，应当当场或者在五个工作日内出具告知单，告知排污单位需要补正的全部材料，可以当场更正的，应当允许排污单位当场更正；

（四）属于本行政机关职权范围，申请材料齐全、符合规定，或者排污单位按照要求提交全部补正申请材料的，应当受理。

核发环保部门应当在全国排污许可证管理信息平台上作出受理或者不予受理排污许可证申请的决定，同时向排污单位出具加盖本行政机关专用印章和注明日期的受理单或者不予受理告知单。

核发环保部门应当告知排污单位需要补正的材料，但逾期不告知的，自收到书面申请材料之日起即视为受理。

第二十八条 对存在下列情形之一的，核发环保部门不予核发排污许可证：

（一）位于法律法规规定禁止建设区域内的；

（二）属于国务院经济综合宏观调控部门会同国务院有关部门发布的产业政策目录中明令淘汰或者立即淘汰的落后生产工艺装备、落后产品的；

（三）法律法规规定不予许可的其他情形。

第二十九条 核发环保部门应当对排污单位的申请材料进行审核，对满足下列条件的排污单位核发排污许可证：

（一）依法取得建设项目环境影响评价文件审批意见，或者按照有关规定经地方人民政府依法处理、整顿规范并符合要求的相关证明材料；

（二）采用的污染防治设施或者措施有能力达到许可排放浓度要求；

（三）排放浓度符合本办法第十六条规定，排放量符合本办法第十七条规定；

（四）自行监测方案符合相关技术规范；

（五）本办法实施后的新建、改建、扩建项目排污单位存在通过污染物排放等量或者减量替代削减获得重点污染物排放总量控制指标情况的，出让重点污染物排放总量控制指标的排污单位已完成排污许可证变更。

第三十条 对采用相应污染防治可行技术的，或者新建、改建、扩建建设项目排污单位采用环境影响评价审批意见要求的污染治理技术的，核发环保部门可以认为排污单位采用的污染防治设施或者措施有能力达到许可排放浓度要求。

不符合前款情形的，排污单位可以通过提供监测数据予以证明。监测数据应当通过使用符合国家有关环境监测、计量认证规定和技术规范的监测设备取得；对于国内首次采用的污染治理技术，应当提供工程试验数据予以证明。

环境保护部依据全国排污许可证执行情况，适时修订污染防治可行技术指南。

第三十一条 核发环保部门应当自受理申请之日起二十个工作日内作出是否准予许可的决定。自作出准予许可决定之日起十个工作日内，核发环保部门向排污单位发放加盖本行政机关印章的排污许可证。

核发环保部门在二十个工作日内不能作出决定的，经本部门负责人批准，可以延长十个工作日，并将延长期限的理由告知排污单位。

依法需要听证、检验、检测和专家评审的，所需时间不计算在本条所规定的期限内。核发环保部门应当将所需时间书面告知排污单位。

第三十二条 核发环保部门作出准予许可决定的，须向全国排污许可证管理信息平台提交审核结果，获取全国统一的排污许可证编码。

核发环保部门作出准予许可决定的，应当将排污许可证正本以及副本中基本信息、许可事项及承诺书在全国排污许可证管理信息平台上公告。

核发环保部门作出不予许可决定的，应当制作不予许可决定书，书面告知排污单位不予许可的理由，以及依法申请行政复议或者提起行政诉讼的权利，并在全国排污许可证管理信息平台上公告。

第四章 实施与监管

第三十三条 禁止涂改排污许可证。禁止以出租、出借、买卖或者其他方式非法转让排污许可证。排污单位应当在生产经营场所内方便公众监督的位置悬挂排污许可证正本。

第三十四条 排污单位应当按照排污许可证规定，安装或者使用符合国家有关环境监测、计量认证规定的监测设备，按照规定维护监测设施，开展自行监测，保存原始监测记录。

实施排污许可重点管理的排污单位，应当按照排污许可证规定安装自动监测设备，并与环境保护主管部门的监控设备联网。

对未采用污染防治可行技术的，应当加强自行监测，评估污染防治技术达标可行性。

第三十五条 排污单位应当按照排污许可证中关于台账记录的要求，根据生产特点和污染物排放特点，按照排污口或者无组织排放源进行记录。记录主要包括以下内容：

（一）与污染物排放相关的主要生产设施运行情况；发生异常情况的，应当记录原因和采取的措施；

（二）污染防治设施运行情况及管理信息；发生异常情况的，应当记录原因和采取的措施；

（三）污染物实际排放浓度和排放量；发生超标排放情况的，应当记录超标原因和采取的措施；

（四）其他按照相关技术规范应当记录的信息。

台账记录保存期限不少于三年。

第三十六条 污染物实际排放量按照排污许可证规定的废气、污水的排污口、生产设施或者车间分别计算，依照下列方法和顺序计算：

（一）依法安装使用了符合国家规定和监测规范的污染物自动监测设备的，按照污染物自动监测数据计算；

（二）依法不需安装污染物自动监测设备的，按照符合国家规定和监测规范的污染物手工监测数据计算；

（三）不能按照本条第一项、第二项规定的方法计算的，包括依法应当安装而未安装污染物自动监测设备或者自动监测设备不符合规定的，按照环境保护部规定的产排污系数、物料衡算方法计算。

第三十七条 排污单位应当按照排污许可证规定的关于执行报告内容和频次的要求，编制排污许可证执行报告。

排污许可证执行报告包括年度执行报告、季度执行报告和月执行报告。

排污单位应当每年在全国排污许可证管理信息平台上填报、提交排污许可证年度执行报告并公开，同时向核发环保部门提交通过全国排污许可证管理信息平台印制的书面执行报告。书面执行报告应当由法定代表人或者主要负责人签字或者盖章。

季度执行报告和月执行报告至少应当包括以下内容：

（一）根据自行监测结果说明污染物实际排放浓度和排放量及达标判定分析；

（二）排污单位超标排放或者污染防治设施异常情况的说明。

年度执行报告可以替代当季度或者当月的执行报告，并增加以下内容：

（一）排污单位基本生产信息；

（二）污染防治设施运行情况；

（三）自行监测执行情况；

（四）环境管理台账记录执行情况；

（五）信息公开情况；

（六）排污单位内部环境管理体系建设与运行情况；

（七）其他排污许可证规定的内容执行情况等。

建设项目竣工环境保护验收报告中与污染物排放相关的主要内容，应当由排污单位记载在该项目验收完成当年排污许可证年度执行报告中。

排污单位发生污染事故排放时，应当依照相关法律法规规章的规定及时报告。

第三十八条 排污单位应当对提交的台账记录、监测数据和执行报告的真实性、完整性负责，依法接受环境保护主管部门的监督检查。

第三十九条 环境保护主管部门应当制定执法计划，结合排污单位环境信用记录，确定执法监管重点和检查频次。

环境保护主管部门对排污单位进行监督检查时，应当重点检查排污许可证规定的许可事项的实施情况。通过执法监测、核查台账记录和自动监测数据以及其他监控手段，核实排污数据和执行报告的真实性，判定是否符合许可排放浓度和许可排放量，检查环境管理要求落实情况。

环境保护主管部门应当将现场检查的时间、内容、结果以及处罚决定记入全国排污许可证管理信息平台，依法在全国排污许可证管理信息平台上公布监管执法信息、无排污许可证和违反排污许可证规定排污的排污单位名单。

第四十条 环境保护主管部门可以通过政府购买服务的方式，组织或者委托技术机构提供排污许可管理的技术支持。

技术机构应当对其提交的技术报告负责，不得收取排污单位任何费用。

第四十一条 上级环境保护主管部门可以对具有核发权限的下级环境保护主管部门的排污许可证核发情况进行监督检查和指导，发现属于本办法第四十九条规定违法情形的，上级环境保护主管部门可以依法撤销。

第四十二条 鼓励社会公众、新闻媒体等对排污单位的排污行为进行监督。排污单位应当及时公开有关排污信息，自觉接受公众监督。

公民、法人和其他组织发现排污单位有违反本办法行为的，有权向环境保护主管部门举报。

接受举报的环境保护主管部门应当依法处理，并按照有关规定对调查结果予以反馈，同时为举报人保密。

第五章 变更、延续、撤销

第四十三条 在排污许可证有效期内，下列与排污单位有关的事项发生变化的，排污单位应当在规定时间内向核发环保部门提出变更排污许可证的申请：

（一）排污单位名称、地址、法定代表人或者主要负责人等正本中载明的基本信息发生变更之日起三十个工作日内；

（二）因排污单位原因许可事项发生变更之日前三十个工作日内；

（三）排污单位在原场址内实施新建、改建、扩建项目应当开展环境影响评价的，在取得环境影响评价审批意见后，排污行为发生变更之日前三十个工作日内；

（四）新制修订的国家和地方污染物排放标准实施前三十个工作日内；

（五）依法分解落实的重点污染物排放总量控制指标发生变化后三十个工作日内；

（六）地方人民政府依法制定的限期达标规划实施前三十个工作日内；

（七）地方人民政府依法制定的重污染天气应急预案实施后三十个工作日内；

（八）法律法规规定需要进行变更的其他情形。

发生本条第一款第三项规定情形，且通过污染物排放等量或者减量替代削减获得重点污染物排放总量控制指标的，在排污单位提交变更排污许可申请前，出让重点污染物排放总量控制指标的排污单位应当完成排污许可证变更。

第四十四条　申请变更排污许可证的，应当提交下列申请材料：

（一）变更排污许可证申请；

（二）由排污单位法定代表人或者主要负责人签字或者盖章的承诺书；

（三）排污许可证正本复印件；

（四）与变更排污许可事项有关的其他材料。

第四十五条　核发环保部门应当对变更申请材料进行审查，作出变更决定的，在排污许可证副本中载明变更内容并加盖本行政机关印章，同时在全国排污许可证管理信息平台上公告；属于本办法第四十三条第一款第一项情形的，还应当换发排污许可证正本。

属于本办法第四十三条第一款规定情形的，排污许可证期限仍自原证书核发之日起计算；属于本办法第四十三条第二款情形的，变更后排污许可证期限自变更之日起计算。

属于本办法第四十三条第一款第一项情形的，核发环保部门应当自受理变更申请之日起十个工作日内作出变更决定；属于本办法第四十三条第一款规定的其他情形的，应当自受理变更申请之日起二十个工作日内作出变更许可决定。

第四十六条　排污单位需要延续依法取得的排污许可证的有效期的，应当在排污许可证届满三十个工作日前向原核发环保部门提出申请。

第四十七条　申请延续排污许可证的，应当提交下列材料：

（一）延续排污许可证申请；

（二）由排污单位法定代表人或者主要负责人签字或者盖章的承诺书；

（三）排污许可证正本复印件；

（四）与延续排污许可事项有关的其他材料。

第四十八条　核发环保部门应当按照本办法第二十九条规定对延续申请材料进行审查，并自受理延续申请之日起二十个工作日内作出延续或者不予延续许可决定。

作出延续许可决定的，向排污单位发放加盖本行政机关印章的排污许可证，收回原排污许可证正本，同时在全国排污许可证管理信息平台上公告。

第四十九条 有下列情形之一的，核发环保部门或者其上级行政机关，可以撤销排污许可证并在全国排污许可证管理信息平台上公告：

（一）超越法定职权核发排污许可证的；

（二）违反法定程序核发排污许可证的；

（三）核发环保部门工作人员滥用职权、玩忽职守核发排污许可证的；

（四）对不具备申请资格或者不符合法定条件的申请人准予行政许可的；

（五）依法可以撤销排污许可证的其他情形。

第五十条 有下列情形之一的，核发环保部门应当依法办理排污许可证的注销手续，并在全国排污许可证管理信息平台上公告：

（一）排污许可证有效期届满，未延续的；

（二）排污单位被依法终止的；

（三）应当注销的其他情形。

第五十一条 排污许可证发生遗失、损毁的，排污单位应当在三十个工作日内向核发环保部门申请补领排污许可证；遗失排污许可证的，在申请补领前应当在全国排污许可证管理信息平台上发布遗失声明；损毁排污许可证的，应当同时交回被损毁的排污许可证。

核发环保部门应当在收到补领申请后十个工作日内补发排污许可证，并在全国排污许可证管理信息平台上公告。

第六章　法律责任

第五十二条 环境保护主管部门在排污许可证受理、核发及监管执法中有下列行为之一的，由其上级行政机关或者监察机关责令改正，对直接负责的主管人员或者其他直接责任人员依法给予行政处分；构成犯罪的，依法追究刑事责任：

（一）符合受理条件但未依法受理申请的；

（二）对符合许可条件的不依法准予核发排污许可证或者未在法定时限内作出准予核发排污许可证决定的；

（三）对不符合许可条件的准予核发排污许可证或者超越法定职权核发排污许可证的；

（四）实施排污许可证管理时擅自收取费用的；

（五）未依法公开排污许可相关信息的；

（六）不依法履行监督职责或者监督不力，造成严重后果的；

（七）其他应当依法追究责任的情形。

第五十三条 排污单位隐瞒有关情况或者提供虚假材料申请行政许可的，核发环保部门不予受理或者不予行政许可，并给予警告。

第五十四条 违反本办法第四十三条规定，未及时申请变更排污许可证的；或者违反本办法第五十一条规定，未及时补办排污许可证的，由核发环保部门责令改正。

第五十五条 重点排污单位未依法公开或者不如实公开有关环境信息的，由县级以上环境保护主管部门责令公开，依法处以罚款，并予以公告。

第五十六条 违反本办法第三十四条，有下列行为之一的，由县级以上环境保护主管部门依据《中华人民共和国大气污染防治法》《中华人民共和国水污染防治法》的规定，责令改正，处二万元以上二十万元以下的罚款；拒不改正的，依法责令停产整治：

（一）未按照规定对所排放的工业废气和有毒有害大气污染物、水污染物进行监测，或者未保存原始监测记录的；

（二）未按照规定安装大气污染物、水污染物自动监测设备，或者未按照规定与环境保护主管部门的监控设备联网，或者未保证监测设备正常运行的。

第五十七条 排污单位存在以下无排污许可证排放污染物情形的，由县级以上环境保护主管部门依据《中华人民共和国大气污染防治法》《中华人民共和国水污染防治法》的规定，责令改正或者责令限制生产、停产整治，并处十万元以上一百万元以下的罚款；情节严重的，报经有批准权的人民政府批准，责令停业、关闭：

（一）依法应当申请排污许可证但未申请，或者申请后未取得排污许可证排放污染物的；

（二）排污许可证有效期限届满后未申请延续排污许可证，或者延续申请未经核发环保部门许可仍排放污染物的；

（三）被依法撤销排污许可证后仍排放污染物的；

（四）法律法规规定的其他情形。

第五十八条 排污单位存在以下违反排污许可证行为的，由县级以上环境保护主管部门依据《中华人民共和国环境保护法》《中华人民共和国大气污染防治法》《中华人民共和国水污染防治法》的规定，责令改正或者责令限制生产、停产整治，并处十万元以上一百万元以下的罚款；情节严重的，报经有批准权的人民政府批准，责令停业、关闭：

（一）超过排放标准或者超过重点大气污染物、重点水污染物排放总量控制指标排放水污染物、大气污染物的；

（二）通过偷排、篡改或者伪造监测数据、以逃避现场检查为目的的临时停产、非紧急情况下开启应急排放通道、不正常运行大气污染防治设施等逃避监管的方式排放大气污染物的；

（三）利用渗井、渗坑、裂隙、溶洞，私设暗管，篡改、伪造监测数据，或者不正常运行水污染防治设施等逃避监管的方式排放水污染物的；

（四）其他违反排污许可证规定排放污染物的。

第五十九条 排污单位违法排放大气污染物、水污染物，受到罚款处罚，被责令改正的，依法作出处罚决定的行政机关组织复查，发现其继续违法排放大气污染物、水污染物或者拒绝、阻挠复查的，作出处罚决定的行政机关可以自责令改正之日的次日起，依法按照原处罚数额按日连续处罚。

第六十条 排污单位发生本办法第三十五条第一款第二、三项或者第三十七条第四款第二项规定的异常情况，及时报告核发环保部门，且主动采取措施消除或者减轻违法行为危害后果的，县级以上环境保护主管部门应当依据《中华人民共和国行政处罚法》相关规定从轻处罚。

排污单位应当在相应季度执行报告或者月执行报告中记载本条第一款情况。

第七章 附 则

第六十一条 依照本办法首次发放排污许可证时，对于在本办法实施前已经投产、运营的排污单位，存在以下情形之一，排污单位承诺改正并提出改正方案的，环境保护主管部门可以向其核发排污许可证，并在排污许可证中记载其存在的问题，规定其承诺改正内容和承诺改正期限：

（一）在本办法实施前的新建、改建、扩建建设项目不符合本办法第二十九条第一项条件；

（二）不符合本办法第二十九条第二项条件。

对于不符合本办法第二十九条第一项条件的排污单位，由核发环保部门依据《建设项目环境保护管理条例》第二十三条，责令限期改正，并处罚款。

对于不符合本办法第二十九条第二项条件的排污单位，由核发环保部门依据《中华人民共和国大气污染防治法》第九十九条或者《中华人民共和国水污染防治法》第八十三条，责令改正或者责令限制生产、停产整治，并处罚款。

本条第二款、第三款规定的核发环保部门责令改正内容或者限制生产、停产整治内容，应当与本条第一款规定的排污许可证规定的改正内容一致；本条第二款、第三款规定的核发环保部门责令改正期限或者限制生产、停产整治期限，应当与本条第一款规定的排污许可证规定的改正期限的起止时间一致。

本条第一款规定的排污许可证规定的改正期限为三至六个月、最长不超过一年。

在改正期间或者限制生产、停产整治期间，排污单位应当按证排污，执行自行监测、台账记录和执行报告制度，核发环保部门应当按照排污许可证的规定加强监督检查。

第六十二条 本办法第六十一条第一款规定的排污许可证规定的改正期限到期，排污单位完成改正任务或者提前完成改正任务的，可以向核发环保部门申请变更排污许可证，核发环保部门应当按照本办法第五章规定对排污许可证进行变更。

本办法第六十一条第一款规定的排污许可证规定的改正期限到期，排污单位仍不符合许可条件的，由核发环保部门依据《中华人民共和国大气污染防治法》第九十九条或者《中华人民共和国水污染防治法》第八十三条或者《建设项目环境保护管理条例》第二十三条的规定，提出建议报有批准权的人民政府批准责令停业、关闭，并按照本办法第五十条规定注销排污许可证。

第六十三条　对于本办法实施前依据地方性法规核发的排污许可证，尚在有效期内的，原核发环保部门应当在全国排污许可证管理信息平台填报数据，获取排污许可证编码；已经到期的，排污单位应当按照本办法申请排污许可证。

第六十四条　本办法第十二条规定的排污许可证格式、第二十条规定的承诺书样本和本办法第二十六条规定的排污许可证申请表格式，由环境保护部制定。

第六十五条　本办法所称排污许可，是指环境保护主管部门根据排污单位的申请和承诺，通过发放排污许可证法律文书形式，依法依规规范和限制排污行为，明确环境管理要求，依据排污许可证对排污单位实施监管执法的环境管理制度。

第六十六条　本办法所称主要负责人是指依照法律、行政法规规定代表非法人单位行使职权的负责人。

第六十七条　涉及国家秘密的排污单位，其排污许可证的申请、受理、审核、发放、变更、延续、注销、撤销、遗失补办应当按照保密规定执行。

放射性同位素与射线装置安全许可管理办法

（2017年12月12日修订）

（2006年1月18日国家环境保护总局令第31号公布　根据2008年11月21日环境保护部2008年第二次部务会议通过的《关于修改〈放射性同位素与射线装置安全许可管理办法〉的决定》第一次修订　根据2017年12月12日环境保护部第五次部务会议通过的《环境保护部关于修改部分规章的决定》第二次修订）

第一章　总　则

第一条　为实施《放射性同位素与射线装置安全和防护条例》规定的辐射安全许可制度，制定本办法。

第二条　在中华人民共和国境内生产、销售、使用放射性同位素与射线装置的单位（以下简称辐射工作单位），应当依照本办法的规定，取得辐射安全许可证（以下简称许可证）。

进口、转让放射性同位素，进行放射性同位素野外示踪试验，应当依照本办法的规定报批。

出口放射性同位素，应当依照本办法的规定办理有关手续。

使用放射性同位素的单位将放射性同位素转移到外省、自治区、直辖市使用的，应当依照本办法的规定备案。

本办法所称放射性同位素包括放射源和非密封放射性物质。

第三条　根据放射源与射线装置对人体健康和环境的潜在危害程度，从高到低，将放射源分为Ⅰ类、Ⅱ类、Ⅲ类、Ⅳ类、Ⅴ类，将射线装置分为Ⅰ类、Ⅱ类、Ⅲ类。

第四条　除医疗使用Ⅰ类放射源、制备正电子发射计算机断层扫描用放射性药物自用的单位外，生产放射性同位素、销售和使用Ⅰ类放射源、销售和使用Ⅰ类射线装置的辐射工作单位的许可证，由国务院环境保护主管部门审批颁发。

除国务院环境保护主管部门审批颁发的许可证外，其他辐射工作单位的许可证，由省、自治区、直辖市人民政府环境保护主管部门审批颁发。

一个辐射工作单位生产、销售、使用多类放射源、射线装置或者非密封放射性物质的，只需要申请一个许可证。

辐射工作单位需要同时分别向国务院环境保护主管部门和省级环境保护主管部门

申请许可证的，其许可证由国务院环境保护主管部门审批颁发。

环境保护主管部门应当将审批颁发许可证的情况通报同级公安部门、卫生主管部门。

第五条 省级以上人民政府环境保护主管部门可以委托下一级人民政府环境保护主管部门审批颁发许可证。

第六条 国务院环境保护主管部门负责对列入限制进出口目录的放射性同位素的进口进行审批。

国务院环境保护主管部门依照我国有关法律和缔结或者参加的国际条约、协定的规定，办理列入限制进出口目录的放射性同位素出口的有关手续。

省级环境保护主管部门负责以下活动的审批或备案：

（一）转让放射性同位素。

（二）转移放射性同位素到外省、自治区、直辖市使用。

（三）放射性同位素野外示踪试验；但有可能造成跨省界环境影响的放射性同位素野外示踪试验，由国务院环境保护主管部门审批。

第二章　许可证的申请与颁发

第七条 辐射工作单位在申请领取许可证前，应当组织编制或者填报环境影响评价文件，并依照国家规定程序报环境保护主管部门审批。

环境影响评价文件中的环境影响报告书或者环境影响报告表，应当由具有相应环境影响评价资质的机构编制。

第八条 根据放射性同位素与射线装置的安全和防护要求及其对环境的影响程度，对环境影响评价文件实行分类管理。

转让放射性同位素和射线装置的活动不需要编制环境影响评价文件。

第九条 申请领取许可证的辐射工作单位从事下列活动的，应当组织编制环境影响报告书：

（一）生产放射性同位素的（制备 PET 用放射性药物的除外）；

（二）使用 I 类放射源的（医疗使用的除外）；

（三）销售（含建造）、使用 I 类射线装置的。

第十条 申请领取许可证的辐射工作单位从事下列活动的，应当组织编制环境影响报告表：

（一）制备 PET 用放射性药物的；

（二）销售 I 类、II 类、III类放射源的；

（三）医疗使用 I 类放射源的；

（四）使用II类、III类放射源的；

（五）生产、销售、使用II类射线装置的。

第十一条 申请领取许可证的辐射工作单位从事下列活动的，应当填报环境影响登记表：

（一）销售、使用Ⅳ类、Ⅴ类放射源的；

（二）生产、销售、使用Ⅲ类射线装置的。

第十二条 辐射工作单位组织编制或者填报环境影响评价文件时，应当按照其规划设计的放射性同位素与射线装置的生产、销售、使用规模进行评价。

前款所称的环境影响评价文件，除按照国家有关环境影响评价的要求编制或者填报外，还应当包括对辐射工作单位从事相应辐射活动的技术能力、辐射安全和防护措施进行评价的内容。

第十三条 生产放射性同位素的单位申请领取许可证，应当具备下列条件：

（一）设有专门的辐射安全与环境保护管理机构。

（二）有不少于5名核物理、放射化学、核医学和辐射防护等相关专业的技术人员，其中具有高级职称的不少于1名。

生产半衰期大于60天的放射性同位素的单位，前项所指的专业技术人员应当不少于30名，其中具有高级职称的不少于6名。

（三）从事辐射工作的人员必须通过辐射安全和防护专业知识及相关法律法规的培训和考核，其中辐射安全关键岗位应当由注册核安全工程师担任。

（四）有与设计生产规模相适应，满足辐射安全和防护、实体保卫要求的放射性同位素生产场所、生产设施、暂存库或暂存设备，并拥有生产场所和生产设施的所有权。

（五）具有符合国家相关规定要求的运输、贮存放射性同位素的包装容器。

（六）具有符合国家放射性同位素运输要求的运输工具，并配备有5年以上驾龄的专职司机。

（七）配备与辐射类型和辐射水平相适应的防护用品和监测仪器，包括个人剂量测量报警、固定式和便携式辐射监测、表面污染监测、流出物监测等设备。

（八）建立健全的操作规程、岗位职责、辐射防护制度、安全保卫制度、设备检修维护制度、人员培训制度、台账管理制度和监测方案。

（九）建立事故应急响应机构，制定应急响应预案和应急人员的培训演习制度，有必要的应急装备和物资准备，有与设计生产规模相适应的事故应急处理能力。

（十）具有确保放射性废气、废液、固体废物达标排放的处理能力或者可行的处理方案。

第十四条 销售放射性同位素的单位申请领取许可证，应当具备下列条件：

（一）设有专门的辐射安全与环境保护管理机构，或者至少有1名具有本科以上学历的技术人员专职负责辐射安全与环境保护管理工作。

（二）从事辐射工作的人员必须通过辐射安全和防护专业知识及相关法律法规的培训和考核。

（三）需要暂存放射性同位素的，有满足辐射安全和防护、实体保卫要求的暂存库或设备。

（四）需要安装调试放射性同位素的，有满足防止误操作、防止工作人员和公众受到意外照射要求的安装调试场所。

（五）具有符合国家相关规定要求的贮存、运输放射性同位素的包装容器。

（六）运输放射性同位素能使用符合国家放射性同位素运输要求的运输工具。

（七）配备与辐射类型和辐射水平相适应的防护用品和监测仪器，包括个人剂量测量报警、便携式辐射监测、表面污染监测等仪器。

（八）有健全的操作规程、岗位职责、安全保卫制度、辐射防护措施、台账管理制度、人员培训计划和监测方案。

（九）有完善的辐射事故应急措施。

第十五条 生产、销售射线装置的单位申请领取许可证，应当具备下列条件：

（一）设有专门的辐射安全与环境保护管理机构，或至少有 1 名具有本科以上学历的技术人员专职负责辐射安全与环境保护管理工作。

（二）从事辐射工作的人员必须通过辐射安全和防护专业知识及相关法律法规的培训和考核。

（三）射线装置生产、调试场所满足防止误操作、防止工作人员和公众受到意外照射的安全要求。

（四）配备必要的防护用品和监测仪器。

（五）有健全的操作规程、岗位职责、辐射防护措施、台账管理制度、培训计划和监测方案。

（六）有辐射事故应急措施。

第十六条 使用放射性同位素、射线装置的单位申请领取许可证，应当具备下列条件：

（一）使用Ⅰ类、Ⅱ类、Ⅲ类放射源，使用Ⅰ类、Ⅱ类射线装置的，应当设有专门的辐射安全与环境保护管理机构，或者至少有1名具有本科以上学历的技术人员专职负责辐射安全与环境保护管理工作；其他辐射工作单位应当有1名具有大专以上学历的技术人员专职或者兼职负责辐射安全与环境保护管理工作；依据辐射安全关键岗位名录，应当设立辐射安全关键岗位的，该岗位应当由注册核安全工程师担任。

（二）从事辐射工作的人员必须通过辐射安全和防护专业知识及相关法律法规的培训和考核。

（三）使用放射性同位素的单位应当有满足辐射防护和实体保卫要求的放射源暂存库或设备。

（四）放射性同位素与射线装置使用场所有防止误操作、防止工作人员和公众受到意外照射的安全措施。

（五）配备与辐射类型和辐射水平相适应的防护用品和监测仪器，包括个人剂量测量报警、辐射监测等仪器。使用非密封放射性物质的单位还应当有表面污染监测仪。

（六）有健全的操作规程、岗位职责、辐射防护和安全保卫制度、设备检修维护制度、放射性同位素使用登记制度、人员培训计划、监测方案等。

（七）有完善的辐射事故应急措施。

（八）产生放射性废气、废液、固体废物的，还应具有确保放射性废气、废液、固体废物达标排放的处理能力或者可行的处理方案。

使用放射性同位素和射线装置开展诊断和治疗的单位，还应当配备质量控制检测设备，制定相应的质量保证大纲和质量控制检测计划，至少有1名医用物理人员负责质量保证与质量控制检测工作。

第十七条 将购买的放射源装配在设备中销售的辐射工作单位，按照销售和使用放射性同位素申请领取许可证。

第十八条 申请领取许可证的辐射工作单位应当向有审批权的环境保护主管部门提交下列材料：

（一）辐射安全许可证申请表（见附件1）；

（二）企业法人营业执照正、副本或者事业单位法人证书正、副本及法定代表人身份证原件及其复印件，审验后留存复印件；

（三）经审批的环境影响评价文件；

（四）满足本办法第十三条至第十六条相应规定的证明材料；

（五）单位现存的和拟新增加的放射源和射线装置明细表。

第十九条 环境保护主管部门在受理申请时，应当告知申请单位按照环境影响评价文件中描述的放射性同位素与射线装置的生产、销售、使用的规划设计规模申请许可证。

环境保护主管部门应当自受理申请之日起20个工作日内完成审查，符合条件的，颁发许可证，并予以公告；不符合条件的，书面通知申请单位并说明理由。

第二十条 许可证包括下列主要内容：

（一）单位的名称、地址、法定代表人；

（二）所从事活动的种类和范围；

（三）有效期限；

（四）发证日期和证书编号。

许可证中活动的种类分为生产、销售和使用三类；活动的范围是指辐射工作单位生产、销售、使用的所有放射性同位素的类别、总活度和射线装置的类别、数量。

许可证分为正本和副本（具体格式和内容见附件2），具有同等效力。

第二十一条 取得生产、销售、使用高类别放射性同位素与射线装置的许可证的辐射工作单位，从事低类别的放射性同位素与射线装置的生产、销售、使用活动，不需要另行申请低类别的放射性同位素与射线装置的许可证。

第二十二条 辐射工作单位变更单位名称、地址和法定代表人的，应当自变更登记之日起20日内，向原发证机关申请办理许可证变更手续，并提供以下有关材料：

（一）许可证变更申请报告；

（二）变更后的企业法人营业执照或事业单位法人证书正、副本复印件；

（三）许可证正、副本。

原发证机关审查同意后，换发许可证。

第二十三条 有下列情形之一的，持证单位应当按照本办法规定的许可证申请程序，重新申请领取许可证：

（一）改变许可证规定的活动的种类或者范围的；

（二）新建或者改建、扩建生产、销售、使用设施或者场所的。

第二十四条 许可证有效期为5年。有效期届满，需要延续的，应当于许可证有效期届满30日前向原发证机关提出延续申请，并提供下列材料：

（一）许可证延续申请报告；

（二）监测报告；

（三）许可证有效期内的辐射安全防护工作总结；

（四）许可证正、副本。

原发证机关应当自受理延续申请之日起，在许可证有效期届满前完成审查，符合条件的，予以延续，换发许可证，并使用原许可证的编号；不符合条件的，书面通知申请单位并说明理由。

第二十五条 辐射工作单位部分终止或者全部终止生产、销售、使用放射性同位素与射线装置活动的，应当向原发证机关提出部分变更或者注销许可证申请，由原发证机关核查合格后，予以变更或者注销许可证。

第二十六条 辐射工作单位因故遗失许可证的，应当及时到所在地省级报刊上刊登遗失公告，并于公告30日后的1个月内持公告到原发证机关申请补发。

第三章　进出口转让、转移活动的审批与备案

第二十七条 进口列入限制进出口目录的放射性同位素的单位，应当在进口前报国务院环境保护主管部门审批；获得批准后，由国务院对外贸易主管部门依据对外贸易的有关规定签发进口许可证。国务院环境保护主管部门在批准放射源进口申请时，给定放射源编码。

分批次进口非密封放射性物质的单位，应当每6个月报国务院环境保护主管部门审批一次。

第二十八条 申请进口列入限制进出口目录的放射性同位素的单位，应当向国务院环境保护主管部门提交放射性同位素进口审批表，并提交下列材料：

（一）进口单位许可证复印件；

（二）放射性同位素使用期满后的处理方案，其中，进口Ⅰ类、Ⅱ类、Ⅲ类放射源的，应当提供原出口方负责从最终用户回收放射源的承诺文件复印件；

（三）进口放射源的明确标号和必要的说明文件的影印件或者复印件，其中，Ⅰ类、Ⅱ类、Ⅲ类放射源的标号应当刻制在放射源本体或者密封包壳体上，Ⅳ类、Ⅴ类放射源的标号应当记录在相应说明文件中；

（四）进口单位与原出口方之间签订的有效协议复印件；

（五）将进口的放射性同位素销售给其他单位使用的，还应当提供与使用单位签订的有效协议复印件，以及使用单位许可证复印件。

放射性同位素进口审批表的具体格式和内容见附件 3。

第二十九条 国务院环境保护主管部门应当自受理放射性同位素进口申请之日起 10 个工作日内完成审查，符合条件的，予以批准；不符合条件的，书面通知申请单位并说明理由。

进口单位和使用单位应当在进口活动完成之日起 20 日内，分别将批准的放射性同位素进口审批表报送各自所在地的省级环境保护主管部门。

第三十条 出口列入限制进出口目录的放射性同位素的单位，应当向国务院环境保护主管部门提交放射性同位素出口表，并提交下列材料：

（一）出口单位许可证复印件；

（二）国外进口方可以合法持有放射性同位素的中文或英文证明材料；

（三）出口单位与国外进口方签订的有效协议复印件。

放射性同位素出口表的具体格式和内容见附件 4。

出口单位应当在出口活动完成之日起 20 日内，将放射性同位素出口表报送所在地的省级环境保护主管部门。

出口放射性同位素的单位应当遵守国家对外贸易的有关规定。

第三十一条 转让放射性同位素的，转入单位应当在每次转让前报所在地省级环境保护主管部门审查批准。

分批次转让非密封放射性物质的，转入单位可以每6个月报所在地省级环境保护主管部门审查批准。

放射性同位素只能在持有许可证的单位之间转让。禁止向无许可证或者超出许可证规定的种类和范围的单位转让放射性同位素。

未经批准不得转让放射性同位素。

第三十二条 转入放射性同位素的单位应当于转让前向所在地省级环境保护主管部门提交放射性同位素转让审批表，并提交下列材料：

（一）转出、转入单位的许可证；

（二）放射性同位素使用期满后的处理方案；

（三）转让双方签订的转让协议。

放射性同位素转让审批表的具体格式和内容见附件 5。

环境保护主管部门应当自受理申请之日起 15 个工作日内完成审查，符合条件的，予以批准；不符合条件的，书面通知申请单位并说明理由。

第三十三条 转入、转出放射性同位素的单位应当在转让活动完成之日起 20 日内，分别将一份放射性同位素转让审批表报送各自所在地省级环境保护主管部门。

第三十四条 在野外进行放射性同位素示踪试验的单位，应当在每次试验前编制环境影响报告表，并经试验所在地省级环境保护主管部门商同级有关部门审查批准后方可进行。

放射性同位素野外示踪试验有可能造成跨省界环境影响的，其环境影响报告表应当报国务院环境保护主管部门商同级有关部门审查批准。

第三十五条 使用放射性同位素的单位需要将放射性同位素转移到外省、自治区、直辖市使用的，应当于活动实施前 10 日内持许可证复印件向使用地省级环境保护主管部门备案，书面报告移出地省级环境保护主管部门，并接受使用地环境保护主管部门的监督管理。

书面报告的内容应当包括该放射性同位素的核素、活度、转移时间和地点、辐射安全负责人和联系电话等内容；转移放射源的还应提供放射源标号和编码。

使用单位应当在活动结束后 20 日内到使用地省级环境保护主管部门办理备案注销手续，并书面告知移出地省级环境保护主管部门。

第四章 监督管理

第三十六条 辐射工作单位应当按照许可证的规定从事放射性同位素和射线装置的生产、销售、使用活动。

禁止无许可证或者不按照许可证规定的种类和范围从事放射性同位素和射线装置的生产、销售、使用活动。

第三十七条 生产放射性同位素与射线装置的单位，应当在放射性同位素的包装容器、含放射性同位素的设备和射线装置上设置明显的放射性标识和中文警示说明；放射源上能够设置放射性标识的，应当一并设置。

含放射源设备的说明书应当告知用户该设备含有放射源及其相关技术参数和结构特性，并告知放射源的潜在辐射危害及相应的安全防护措施。

第三十八条 生产、进口放射源的单位在销售Ⅰ类、Ⅱ类、Ⅲ类放射源时，应当与使用放射源的单位签订废旧放射源返回合同。

使用Ⅰ类、Ⅱ类、Ⅲ类放射源的单位应当按照废旧放射源返回合同规定，在放射源闲置或者废弃后3个月内将废旧放射源交回生产单位或者返回原出口方。确实无法交回生产单位或者返回原出口方的，送交有相应资质的放射性废物集中贮存单位贮存。

使用Ⅳ类、Ⅴ类放射源的单位应当按照国务院环境保护主管部门的规定，在放射源闲置或者废弃后3个月内将废旧放射源进行包装整备后送交有相应资质的放射性废物集中贮存单位贮存。

使用放射源的单位应当在废旧放射源交回、返回或者送交活动完成之日起 20 日内，向其所在地省级环境保护主管部门备案。

第三十九条 销售、使用放射源的单位在本办法实施前已经贮存的废旧放射源，应当自本办法实施之日起1年内交回放射源生产单位或者返回原出口方，或送交有相应资质的放射性废物集中贮存单位。

第四十条 生产放射性同位素的场所、产生放射性污染的放射性同位素销售和使用场所、产生放射性污染的射线装置及其场所，终结运行后应当依法实施退役。退役完成后，有关辐射工作单位方可申请办理许可证变更或注销手续。

第四十一条 辐射工作单位应当建立放射性同位素与射线装置台账，记载放射性同位素的核素名称、出厂时间和活度、标号、编码、来源和去向，及射线装置的名称、型号、射线种类、类别、用途、来源和去向等事项。

放射性同位素与射线装置台账、个人剂量档案和职业健康监护档案应当长期保存。

第四十二条 辐射工作单位应当编写放射性同位素与射线装置安全和防护状况年度评估报告，于每年1月31日前报原发证机关。

年度评估报告应当包括放射性同位素与射线装置台账、辐射安全和防护设施的运行与维护、辐射安全和防护制度及措施的建立和落实、事故和应急以及档案管理等方面的内容。

第四十三条 县级以上人民政府环境保护主管部门应当对辐射工作单位进行监督检查，对存在的问题，应当提出书面的现场检查意见和整改要求，由检查人员签字或检查单位盖章后交被检查单位，并由被检查单位存档备案。

第四十四条 省级环境保护主管部门应当编写辐射工作单位监督管理年度总结报告，于每年3月1日前报国务院环境保护主管部门。

报告内容应当包括辐射工作单位数量、放射源数量和类别、射线装置数量和类别、许可证颁发与注销情况、事故及其处理情况、监督检查与处罚情况等内容。

第五章　罚　则

第四十五条 辐射工作单位违反本办法的有关规定，有下列行为之一的，由县级以上人民政府环境保护主管部门责令停止违法行为，限期改正；逾期不改正的，处1万元以上3万元以下的罚款：

（一）未在含放射源设备的说明书中告知用户该设备含有放射源的；

（二）销售、使用放射源的单位未在本办法实施之日起1年内将其贮存的废旧放射源交回、返回或送交有关单位的。

辐射工作单位违反本办法的其他规定，按照《中华人民共和国放射性污染防治法》《放射性同位素与射线装置安全和防护条例》及其他相关法律法规的规定进行处罚。

第六章　附　则

第四十六条 省级以上人民政府环境保护主管部门依据《电离辐射防护与辐射源安全基本标准》（GB 18871—2002）及国家有关规定负责对放射性同位素与射线装置管理的豁免出具证明文件。

第四十七条 本办法自2006年3月1日起施行。

附件（略）。

国家级自然保护区监督检查办法

（2017年12月12日修订）

（2006年10月18日国家环境保护总局国家环境保护总局令第36号公布　根据2017年12月12日环境保护部第五次部务会议通过的《环境保护部关于修改部分规章的决定》修订）

第一条　为加强对国家级自然保护区的监督管理，提高国家级自然保护区的建设和管理水平，根据《中华人民共和国环境保护法》《中华人民共和国自然保护区条例》以及其他有关规定，制定本办法。

第二条　本办法适用于国务院环境保护行政主管部门组织的对全国各类国家级自然保护区的监督检查。

第三条　国务院环境保护行政主管部门在依照法律法规和本办法的规定履行监督检查职责时，有权采取下列措施：

（一）进入国家级自然保护区进行实地检查；

（二）要求国家级自然保护区管理机构汇报建设和管理情况；

（三）查阅或者复制有关资料、凭证；

（四）向有关单位和人员调查了解相关情况；

（五）法律、法规规定有权采取的其他措施。

监督检查人员在履行监督检查职责时，应当严格遵守国家有关法律法规规定的程序，出示证件，并为被检查单位保守技术和业务秘密。

第四条　有关单位或者人员对依法进行的监督检查应当给予支持与配合，如实反映情况，提供有关资料，不得拒绝或者妨碍监督检查工作。

第五条　任何单位和个人都有权对污染或者破坏国家级自然保护区的单位、个人以及不履行或者不依法履行国家级自然保护区监督管理职责的机构进行检举或者控告。

第六条　国务院环境保护行政主管部门应当向社会公开国家级自然保护区监督检查的有关情况，接受社会监督。

第七条　国务院环境保护行政主管部门组织对国家级自然保护区的建设和管理状况进行定期评估。

国务院环境保护行政主管部门组织成立国家级自然保护区评估委员会，对国家级自然保护区的建设和管理状况进行定期评估，并根据评估结果提出整改建议。

对每个国家级自然保护区的建设和管理状况的定期评估，每5年不少于1次。

第八条 国家级自然保护区定期评估的内容应当包括：

（一）管理机构的设置和人员编制情况；

（二）管护设施状况；

（三）面积和功能分区适宜性、范围、界线和土地权属；

（四）管理规章、规划的制定及其实施情况；

（五）资源本底、保护及利用情况；

（六）科研、监测、档案和标本情况；

（七）自然保护区内建设项目管理情况；

（八）旅游和其他人类活动情况；

（九）与周边社区的关系状况；

（十）宣传教育、培训、交流与合作情况；

（十一）管理经费情况；

（十二）其他应当评估的内容。

国家级自然保护区定期评估标准由国务院环境保护行政主管部门另行制定。

第九条 国务院环境保护行政主管部门组织国家级自然保护区定期评估时，应当在评估开始20个工作日前通知拟被评估的国家级自然保护区管理机构及其行政主管部门。

第十条 国家级自然保护区评估结果分为优、良、中和差4个等级。

国务院环境保护行政主管部门应当及时将评估结果和整改建议向被评估的国家级自然保护区管理机构反馈，并抄送该自然保护区行政主管部门及所在地省级人民政府。

被评估的国家级自然保护区管理机构对评估结果有异议的，可以向国务院环境保护行政主管部门申请复核；国务院环境保护行政主管部门应当及时进行审查核实。

第十一条 国家级自然保护区定期评估结果由国务院环境保护行政主管部门统一发布。

第十二条 国务院环境保护行政主管部门对国家级自然保护区进行执法检查。

执法检查分为定期检查、专项检查、抽查和专案调查等。

第十三条 国家级自然保护区执法检查的内容应当包括：

（一）国家级自然保护区的设立、范围和功能区的调整以及名称的更改是否符合有关规定；

（二）国家级自然保护区内是否存在违法砍伐、放牧、狩猎、捕捞、采药、开垦、烧荒、开矿、采石、挖沙、影视拍摄以及其他法律法规禁止的活动；

（三）国家级自然保护区内是否存在违法的建设项目，排污单位的污染物排放是否符合环境保护法律、法规及自然保护区管理的有关规定，超标排污单位限期治理的情况；

（四）涉及国家级自然保护区且其环境影响评价文件依法由地方环境保护行政主管部门审批的建设项目在审批前，其环境影响评价文件中的生态影响专题报告是否征得省级环境保护行政主管部门的同意；

（五）国家级自然保护区内是否存在破坏、侵占、非法转让自然保护区的土地或者其他自然资源的行为；

（六）在国家级自然保护区的实验区开展参观、旅游活动的，自然保护区管理机构是否编制方案，编制的方案是否符合自然保护区管理目标；国家级自然保护区的参观、旅游活动是否按照编制的方案进行；

（七）国家级自然保护区建设是否符合建设规划（总体规划）要求，相关基础设施、设备是否符合国家有关标准和技术规范；

（八）国家级自然保护区管理机构是否依法履行职责；

（九）国家级自然保护区的建设和管理经费的使用是否符合国家有关规定；

（十）法律法规规定的应当实施监督检查的其他内容。

第十四条 对在定期评估或者执法检查中发现的违反国家级自然保护区建设和管理规定的国家级自然保护区管理机构，除依照本办法第十九条的规定处理外，国务院环境保护行政主管部门应当责令限期整改，并可酌情予以通报。

对于整改不合格且保护对象受到严重破坏，不再符合国家级自然保护区条件的国家级自然保护区，国务院环境保护行政主管部门应当向国家级自然保护区评审委员会提出对该国家级自然保护区予以降级的建议，经评审通过并报国务院批准后，给予降级处理。

第十五条 因有关行政机关或者国家级自然保护区管理机构滥用职权、玩忽职守、徇私舞弊，导致该国家级自然保护区被降级的，对其直接负责的主管人员和其他直接责任人员，国务院环境保护行政主管部门可以向其上级机关或者有关监察机关提出行政处分建议。

第十六条 被降级的国家级自然保护区，5 年之内不得再次申报设立国家级自然保护区。

第十七条 国务院环境保护行政主管部门应当及时向社会公布对国家级自然保护区执法检查的结果、被责令整改的国家级自然保护区名单及其整改情况和被降级的国家级自然保护区名单。

第十八条 县级以上地方人民政府及其有关行政主管部门，违反有关规定，有下列行为之一的，对直接负责的主管人员和其他直接责任人员，国务院环境保护行政主管部门可以向其上级机关或者有关监察机关提出行政处分建议：

（一）未经批准，擅自撤销国家级自然保护区或者擅自调整、改变国家级自然保护区的范围、界限、功能区划的；

（二）违法批准在国家级自然保护区内建设污染或者破坏生态环境的项目的；

（三）违法批准在国家级自然保护区内开展旅游或者开采矿产资源的；

（四）对本辖区内发生的违反环境保护法律法规中有关国家级自然保护区管理规定的行为，不予制止或者不予查处的；

（五）制定或者采取与环境保护法律法规中有关国家级自然保护区管理规定相抵触的规定或者措施，经指出仍不改正的；

（六）干预或者限制环境保护行政主管部门依法对国家级自然保护区实施监督检查的；

（七）其他违反国家级自然保护区管理规定的行为。

第十九条 国家级自然保护区管理机构违反有关规定，有下列行为之一的，国务院环境保护行政主管部门应当责令限期改正；对直接负责的主管人员和其他直接责任人员，可以向设立该管理机构的自然保护区行政主管部门或者有关监察机关提出行政处分建议：

（一）擅自调整、改变自然保护区的范围、界限和功能区划的；

（二）开展参观、旅游活动未编制方案或者编制的方案不符合自然保护区管理目标的；

（三）开设与自然保护区保护方向不一致的参观、旅游项目的；

（四）不按照编制的方案开展参观、旅游活动的；

（五）对国家级自然保护区内发生的违反环境保护法律法规中有关国家级自然保护区管理规定的行为，不予制止或者不予查处的；

（六）阻挠或者妨碍监督检查人员依法履行职责的；

（七）挪用、滥用国家级自然保护区建设和管理经费的；

（八）对监督检查人员、检举和控告人员进行打击报复的；

（九）其他不依法履行自然保护区建设和管理职责的行为。

第二十条 国家级自然保护区管理机构拒绝国务院环境保护行政主管部门对国家级自然保护区的监督检查，或者在监督检查中弄虚作假的，由国务院环境保护行政主管部门依照《自然保护区条例》的有关规定给予处罚。

第二十一条 省级人民政府环境保护行政主管部门对本行政区域内地方级自然保护区的监督检查，可以参照本办法执行。

县级以上地方人民政府环境保护行政主管部门对本行政区域内的国家级自然保护区的执法检查内容，可以参照本办法执行；在执法检查中发现国家级自然保护区管理机构有违反国家级自然保护区建设和管理规定行为的，可以将有关情况逐级上报国务院环境保护行政主管部门，由国务院环境保护行政主管部门经核实后依照本办法的有关规定处理。

第二十二条 本办法自 2006 年 12 月 1 日起施行。

农用地土壤环境管理办法（试行）

（自 2017 年 11 月 1 日起施行）

（环境保护部、农业部 2017 年 9 月 25 日公布　自 2017 年 11 月 1 日起施行）

第一章　总　则

第一条　为了加强农用地土壤环境保护监督管理，保护农用地土壤环境，管控农用地土壤环境风险，保障农产品质量安全，根据《中华人民共和国环境保护法》《中华人民共和国农产品质量安全法》等法律法规和《土壤污染防治行动计划》，制定本办法。

第二条　农用地土壤污染防治相关活动及其监督管理适用本办法。

前款所指的农用地土壤污染防治相关活动，是指对农用地开展的土壤污染预防、土壤污染状况调查、环境监测、环境质量类别划分、分类管理等活动。

本办法所称的农用地土壤环境质量类别划分和分类管理，主要适用于耕地。园地、草地、林地可参照本办法。

第三条　环境保护部对全国农用地土壤环境保护工作实施统一监督管理；县级以上地方环境保护主管部门对本行政区域内农用地土壤污染防治相关活动实施统一监督管理。

农业部对全国农用地土壤安全利用、严格管控、治理与修复等工作实施监督管理；县级以上地方农业主管部门负责本行政区域内农用地土壤安全利用、严格管控、治理与修复等工作的组织实施。

农用地土壤污染预防、土壤污染状况调查、环境监测、环境质量类别划分、农用地土壤优先保护、监督管理等工作，由县级以上环境保护和农业主管部门按照本办法有关规定组织实施。

第四条　环境保护部会同农业部制定农用地土壤污染状况调查、环境监测、环境质量类别划分等技术规范。

农业部会同环境保护部制定农用地土壤安全利用、严格管控、治理与修复、治理与修复效果评估等技术规范。

第五条　县级以上地方环境保护和农业主管部门在编制本行政区域的环境保护规划和农业发展规划时，应当包含农用地土壤污染防治工作的内容。

第六条　环境保护部会同农业部等部门组织建立全国农用地土壤环境管理信息系

统（以下简称农用地环境信息系统），实行信息共享。

县级以上地方环境保护主管部门、农业主管部门应当按照国家有关规定，在本行政区域内组织建设和应用农用地环境信息系统，并加强农用地土壤环境信息统计工作，健全农用地土壤环境信息档案，定期上传农用地环境信息系统，实行信息共享。

第七条 受委托从事农用地土壤污染防治相关活动的专业机构，以及受委托从事治理与修复效果评估的第三方机构，应当遵守有关环境保护标准和技术规范，并对其出具的技术文件的真实性、准确性、完整性负责。

受委托从事治理与修复的专业机构，应当遵守国家有关环境保护标准和技术规范，在合同约定范围内开展工作，对治理与修复活动及其效果负责。

受委托从事治理与修复的专业机构在治理与修复活动中弄虚作假，对造成的环境污染和生态破坏负有责任的，除依照有关法律法规接受处罚外，还应当依法与造成环境污染和生态破坏的其他责任者承担连带责任。

第二章　土壤污染预防

第八条 排放污染物的企业事业单位和其他生产经营者应当采取有效措施，确保废水、废气排放和固体废物处理、处置符合国家有关规定要求，防止对周边农用地土壤造成污染。

从事固体废物和化学品储存、运输、处置的企业，应当采取措施防止固体废物和化学品的泄漏、渗漏、遗撒、扬散污染农用地。

第九条 县级以上地方环境保护主管部门应当加强对企业事业单位和其他生产经营者排污行为的监管，将土壤污染防治作为环境执法的重要内容。

设区的市级以上地方环境保护主管部门应当根据本行政区域内工矿企业分布和污染排放情况，确定土壤环境重点监管企业名单，上传农用地环境信息系统，实行动态更新，并向社会公布。

第十条 从事规模化畜禽养殖和农产品加工的单位和个人，应当按照相关规范要求，确定废物无害化处理方式和消纳场地。

县级以上地方环境保护主管部门、农业主管部门应当依据法定职责加强畜禽养殖污染防治工作，指导畜禽养殖废弃物综合利用，防止畜禽养殖活动对农用地土壤环境造成污染。

第十一条 县级以上地方农业主管部门应当加强农用地土壤污染防治知识宣传，提高农业生产者的农用地土壤环境保护意识，引导农业生产者合理使用肥料、农药、兽药、农用薄膜等农业投入品，根据科学的测土配方进行合理施肥，鼓励采取种养结合、轮作等良好农业生产措施。

第十二条 禁止在农用地排放、倾倒、使用污泥、清淤底泥、尾矿（渣）等可能对土壤造成污染的固体废物。

农田灌溉用水应当符合相应的水质标准，防止污染土壤、地下水和农产品。禁止向农田灌溉渠道排放工业废水或者医疗污水。向农田灌溉渠道排放城镇污水以及未综合利用的畜禽养殖废水、农产品加工废水的，应当保证其下游最近的灌溉取水点的水质符合农田灌溉水质标准。

第三章　调查与监测

第十三条　环境保护部会同农业部等部门建立农用地土壤污染状况定期调查制度，制定调查工作方案，每十年开展一次。

第十四条　环境保护部会同农业部等部门建立全国土壤环境质量监测网络，统一规划农用地土壤环境质量国控监测点位，规定监测要求，并组织实施全国农用地土壤环境监测工作。

农用地土壤环境质量国控监测点位应当重点布设在粮食生产功能区、重要农产品生产保护区、特色农产品优势区以及污染风险较大的区域等。

县级以上地方环境保护主管部门会同农业等有关部门，可以根据工作需要，布设地方农用地土壤环境质量监测点位，增加特征污染物监测项目，提高监测频次，有关监测结果应当及时上传农用地环境信息系统。

第十五条　县级以上农业主管部门应当根据不同区域的农产品质量安全情况，组织实施耕地土壤与农产品协同监测，开展风险评估，根据监测评估结果，优化调整安全利用措施，并将监测结果及时上传农用地环境信息系统。

第四章　分类管理

第十六条　省级农业主管部门会同环境保护主管部门，按照国家有关技术规范，根据土壤污染程度、农产品质量情况，组织开展耕地土壤环境质量类别划分工作，将耕地划分为优先保护类、安全利用类和严格管控类，划分结果报省级人民政府审定，并根据土地利用变更和土壤环境质量变化情况，定期对各类别农用地面积、分布等信息进行更新，数据上传至农用地环境信息系统。

第十七条　县级以上地方农业主管部门应当根据永久基本农田划定工作要求，积极配合相关部门将符合条件的优先保护类耕地划为永久基本农田，纳入粮食生产功能区和重要农产品生产保护区建设，实行严格保护，确保其面积不减少，耕地污染程度不上升。在优先保护类耕地集中的地区，优先开展高标准农田建设。

第十八条　严格控制在优先保护类耕地集中区域新建有色金属冶炼、石油加工、化工、焦化、电镀、制革等行业企业，有关环境保护主管部门依法不予审批可能造成耕地土壤污染的建设项目环境影响报告书或者报告表。优先保护类耕地集中区域现有可能造成土壤污染的相关行业企业应当按照有关规定采取措施，防止对耕地造成污染。

第十九条　对安全利用类耕地，应当优先采取农艺调控、替代种植、轮作、间作等措施，阻断或者减少污染物和其他有毒有害物质进入农作物可食部分，降低农产品超标风险。

对严格管控类耕地，主要采取种植结构调整或者按照国家计划经批准后进行退耕还林还草等风险管控措施。

对需要采取治理与修复工程措施的安全利用类或者严格管控类耕地，应当优先采取不影响农业生产、不降低土壤生产功能的生物修复措施，或辅助采取物理、化学治理与修复措施。

第二十条 县级以上地方农业主管部门应当根据农用地土壤安全利用相关技术规范要求，结合当地实际情况，组织制定农用地安全利用方案，报所在地人民政府批准后实施，并上传农用地环境信息系统。

农用地安全利用方案应当包括以下风险管控措施：

（一）针对主要农作物种类、品种和农作制度等具体情况，推广低积累品种替代、水肥调控、土壤调理等农艺调控措施，降低农产品有害物质超标风险；

（二）定期开展农产品质量安全监测和调查评估，实施跟踪监测，根据监测和评估结果及时优化调整农艺调控措施。

第二十一条 对需要采取治理与修复工程措施的受污染耕地，县级以上地方农业主管部门应当组织制定土壤污染治理与修复方案，报所在地人民政府批准后实施，并上传农用地环境信息系统。

第二十二条 从事农用地土壤污染治理与修复活动的单位和个人应当采取必要措施防止产生二次污染，并防止对被修复土壤和周边环境造成新的污染。治理与修复过程中产生的废水、废气和固体废物，应当按照国家有关规定进行处理或者处置，并达到国家或者地方规定的环境保护标准和要求。

第二十三条 县级以上地方环境保护主管部门应当对农用地土壤污染治理与修复的环境保护措施落实情况进行监督检查。

治理与修复活动结束后，县级以上地方农业主管部门应当委托第三方机构对治理与修复效果进行评估，评估结果上传农用地环境信息系统。

第二十四条 县级以上地方农业主管部门应当对严格管控类耕地采取以下风险管控措施：

（一）依法提出划定特定农产品禁止生产区域的建议；

（二）会同有关部门按照国家退耕还林还草计划，组织制定种植结构调整或者退耕还林还草计划，报所在地人民政府批准后组织实施，并上传农用地环境信息系统。

第二十五条 对威胁地下水、饮用水水源安全的严格管控类耕地，县级环境保护主管部门应当会同农业等主管部门制定环境风险管控方案，报同级人民政府批准后组织实施，并上传农用地环境信息系统。

第五章　监督管理

第二十六条 设区的市级以上地方环境保护主管部门应当定期对土壤环境重点监管企业周边农用地开展监测，监测结果作为环境执法和风险预警的重要依据，并上传农用地环境信息系统。

设区的市级以上地方环境保护主管部门应当督促土壤环境重点监管企业自行或者委托专业机构开展土壤环境监测，监测结果向社会公开，并上传农用地环境信息系统。

第二十七条 县级以上环境保护主管部门和县级以上农业主管部门，有权对本行政区域内的农用地土壤污染防治相关活动进行现场检查。被检查单位应当予以配合，如实反映情况，提供必要的资料。实施现场检查的部门、机构及其工作人员应当为被检查单位保守商业秘密。

第二十八条 突发环境事件可能造成农用地土壤污染的，县级以上地方环境保护主管部门应当及时会同农业主管部门对可能受到污染的农用地土壤进行监测，并根据监测结果及时向当地人民政府提出应急处置建议。

第二十九条 违反本办法规定，受委托的专业机构在从事农用地土壤污染防治相关活动中，不负责任或者弄虚作假的，由县级以上地方环境保护主管部门、农业主管部门将该机构失信情况记入其环境信用记录，并通过企业信用信息系统向社会公开。

第六章 附 则

第三十条 本办法自 2017 年 11 月 1 日起施行。

建设项目环境影响登记表备案管理办法

（自2017年1月1日起施行）

（环境保护部2016年11月2日部务会议审议通过　自2017年1月1日起施行）

第一条　为规范建设项目环境影响登记表备案，依据《环境影响评价法》和《建设项目环境保护管理条例》，制定本办法。

第二条　本办法适用于按照《建设项目环境影响评价分类管理名录》规定应当填报环境影响登记表的建设项目。

第三条　填报环境影响登记表的建设项目，建设单位应当依照本办法规定，办理环境影响登记表备案手续。

第四条　填报环境影响登记表的建设项目应当符合法律法规、政策、标准等要求。

建设单位对其填报的建设项目环境影响登记表内容的真实性、准确性和完整性负责。

第五条　县级环境保护主管部门负责本行政区域内的建设项目环境影响登记表备案管理。

按照国家有关规定，县级环境保护主管部门被调整为市级环境保护主管部门派出分局的，由市级环境保护主管部门组织所属派出分局开展备案管理。

第六条　建设项目的建设地点涉及多个县级行政区域的，建设单位应当分别向各建设地点所在地的县级环境保护主管部门备案。

第七条　建设项目环境影响登记表备案采用网上备案方式。

对国家规定需要保密的建设项目，建设项目环境影响登记表备案采用纸质备案方式。

第八条　环境保护部统一布设建设项目环境影响登记表网上备案系统（以下简称网上备案系统）。

省级环境保护主管部门在本行政区域内组织应用网上备案系统，通过提供地址链接方式，向县级环境保护主管部门分配网上备案系统使用权限。

县级环境保护主管部门应当向社会公告网上备案系统地址链接信息。

各级环境保护主管部门应当将环境保护法律、法规、规章以及规范性文件中与建设项目环境影响登记表备案相关的管理要求，及时在其网站的网上备案系统中公开，为建设单位办理备案手续提供便利。

第九条 建设单位应当在建设项目建成并投入生产运营前，登录网上备案系统，在网上备案系统注册真实信息，在线填报并提交建设项目环境影响登记表。

第十条 建设单位在办理建设项目环境影响登记表备案手续时，应当认真查阅、核对《建设项目环境影响评价分类管理名录》，确认其备案的建设项目属于按照《建设项目环境影响评价分类管理名录》规定应当填报环境影响登记表的建设项目。

对按照《建设项目环境影响评价分类管理名录》规定应当编制环境影响报告书或者报告表的建设项目，建设单位不得擅自降低环境影响评价等级，填报环境影响登记表并办理备案手续。

第十一条 建设单位填报建设项目环境影响登记表时，应当同时就其填报的环境影响登记表内容的真实、准确、完整作出承诺，并在登记表中的相应栏目由该建设单位的法定代表人或者主要负责人签署姓名。

第十二条 建设单位在线提交环境影响登记表后，网上备案系统自动生成备案编号和回执，该建设项目环境影响登记表备案即为完成。

建设单位可以自行打印留存其填报的建设项目环境影响登记表及建设项目环境影响登记表备案回执。

建设项目环境影响登记表备案回执是环境保护主管部门确认收到建设单位环境影响登记表的证明。

第十三条 建设项目环境影响登记表备案完成后，建设单位或者其法定代表人或者主要负责人在建设项目建成并投入生产运营前发生变更的，建设单位应当依照本办法规定再次办理备案手续。

第十四条 建设项目环境影响登记表备案完成后，建设单位应当严格执行相应污染物排放标准及相关环境管理规定，落实建设项目环境影响登记表中填报的环境保护措施，有效防治环境污染和生态破坏。

第十五条 建设项目环境影响登记表备案完成后，县级环境保护主管部门通过其网站的网上备案系统同步向社会公开备案信息，接受公众监督。对国家规定需要保密的建设项目，县级环境保护主管部门严格执行国家有关保密规定，备案信息不公开。

县级环境保护主管部门应当根据国务院关于加强环境监管执法的有关规定，将其完成备案的建设项目纳入有关环境监管网格管理范围。

第十六条 公民、法人和其他组织发现建设单位有以下行为的，有权向环境保护主管部门或者其他负有环境保护监督管理职责的部门举报：

（一）环境影响登记表存在弄虚作假的；

（二）有污染环境和破坏生态行为的；

（三）对按照《建设项目环境影响评价分类管理名录》规定应当编制环境影响报告书或者报告表的建设项目，建设单位擅自降低环境影响评价等级，填报环境影响登记表并办理备案手续的。

举报应当采取书面形式，有明确的被举报人，并提供相关事实和证据。

第十七条 环境保护主管部门或者其他负有环境保护监督管理职责的部门可以采取抽查、根据举报进行检查等方式，对建设单位遵守本办法规定的情况开展监督检查，并根据监督检查认定的事实，按照以下情形处理：

（一）构成行政违法的，依照有关环境保护法律法规和规定，予以行政处罚；

（二）构成环境侵权的，依法承担环境侵权责任；

（三）涉嫌构成犯罪的，依法移送司法机关。

第十八条 建设单位未依法备案建设项目环境影响登记表的，由县级环境保护主管部门根据《环境影响评价法》第三十一条第三款的规定，责令备案，处五万元以下的罚款。

第十九条 违反本办法规定，建设单位违反承诺，在填报建设项目环境影响登记表时弄虚作假，致使备案内容失实的，由县级环境保护主管部门将该建设单位违反承诺情况记入其环境信用记录，向社会公布。

第二十条 违反本办法规定，对按照《建设项目环境影响评价分类管理名录》应当编制环境影响报告书或者报告表的建设项目，建设单位擅自降低环境影响评价等级，填报环境影响登记表并办理备案手续，经查证属实的，县级环境保护主管部门认定建设单位已经取得的备案无效，向社会公布，并按照以下规定处理：

（一）未依法报批环境影响报告书或者报告表，擅自开工建设的，依照《环境保护法》第六十一条和《环境影响评价法》第三十一条第一款的规定予以处罚、处分。

（二）未依法报批环境影响报告书或者报告表，擅自投入生产或者经营的，分别依照《环境影响评价法》第三十一条第一款和《建设项目环境保护管理条例》的有关规定作出相应处罚。

第二十一条 对依照本办法第十八条、第二十条规定处理的建设单位，由县级环境保护主管部门将该建设单位违法失信信息记入其环境信用记录，向社会公布。

第二十二条 本办法自 2017 年 1 月 1 日起施行。

附：建设项目环境影响登记表（略）。

污染地块土壤环境管理办法

（自 2017 年 7 月 1 日起施行）

（2016 年 12 月 27 日环境保护部部务会议审议通过　自 2017 年 7 月 1 日起施行）

第一章　总　则

第一条　为了加强污染地块环境保护监督管理，防控污染地块环境风险，根据《中华人民共和国环境保护法》等法律法规和国务院发布的《土壤污染防治行动计划》，制定本办法。

第二条　本办法所称疑似污染地块，是指从事过有色金属冶炼、石油加工、化工、焦化、电镀、制革等行业生产经营活动，以及从事过危险废物贮存、利用、处置活动的用地。

按照国家技术规范确认超过有关土壤环境标准的疑似污染地块，称为污染地块。

本办法所称疑似污染地块和污染地块相关活动，是指对疑似污染地块开展的土壤环境初步调查活动，以及对污染地块开展的土壤环境详细调查、风险评估、风险管控、治理与修复及其效果评估等活动。

第三条　拟收回土地使用权的，已收回土地使用权的，以及用途拟变更为居住用地和商业、学校、医疗、养老机构等公共设施用地的疑似污染地块和污染地块相关活动及其环境保护监督管理，适用本办法。

不具备本条第一款情形的疑似污染地块和污染地块土壤环境管理办法另行制定。

放射性污染地块环境保护监督管理，不适用本办法。

第四条　环境保护部对全国土壤环境保护工作实施统一监督管理。

地方各级环境保护主管部门负责本行政区域内的疑似污染地块和污染地块相关活动的监督管理。

按照国家有关规定，县级环境保护主管部门被调整为设区的市级环境保护主管部门派出分局的，由设区的市级环境保护主管部门组织所属派出分局开展疑似污染地块和污染地块相关活动的监督管理。

第五条　环境保护部制定疑似污染地块和污染地块相关活动方面的环境标准和技术规范。

第六条　环境保护部组织建立全国污染地块土壤环境管理信息系统（以下简称污染

地块信息系统）。

县级以上地方环境保护主管部门按照环境保护部的规定，在本行政区域内组织建设和应用污染地块信息系统。

疑似污染地块和污染地块的土地使用权人应当按照环境保护部的规定，通过污染地块信息系统，在线填报并提交疑似污染地块和污染地块相关活动信息。

县级以上环境保护主管部门应当通过污染地块信息系统，与同级城乡规划、国土资源等部门实现信息共享。

第七条 任何单位或者个人有权向环境保护主管部门举报未按照本办法规定开展疑似污染地块和污染地块相关活动的行为。

第八条 环境保护主管部门鼓励和支持社会组织，对造成土壤污染、损害社会公共利益的行为，依法提起环境公益诉讼。

第二章 各方责任

第九条 土地使用权人应当按照本办法的规定，负责开展疑似污染地块和污染地块相关活动，并对上述活动的结果负责。

第十条 按照“谁污染、谁治理”原则，造成土壤污染的单位或者个人应当承担治理与修复的主体责任。

责任主体发生变更的，由变更后继承其债权、债务的单位或者个人承担相关责任。

责任主体灭失或者责任主体不明确的，由所在地县级人民政府依法承担相关责任。

土地使用权依法转让的，由土地使用权受让人或者双方约定的责任人承担相关责任。

土地使用权终止的，由原土地使用权人对其使用该地块期间所造成的土壤污染承担相关责任。

土壤污染治理与修复实行终身责任制。

第十一条 受委托从事疑似污染地块和污染地块相关活动的专业机构，或者受委托从事治理与修复效果评估的第三方机构，应当遵守有关环境标准和技术规范，并对相关活动的调查报告、评估报告的真实性、准确性、完整性负责。

受委托从事风险管控、治理与修复的专业机构，应当遵守国家有关环境标准和技术规范，按照委托合同的约定，对风险管控、治理与修复的效果承担相应责任。

受委托从事风险管控、治理与修复的专业机构，在风险管控、治理与修复等活动中弄虚作假，造成环境污染和生态破坏，除依照有关法律法规接受处罚外，还应当依法与造成环境污染和生态破坏的其他责任者承担连带责任。

第三章 环境调查与风险评估

第十二条 县级环境保护主管部门应当根据国家有关保障工业企业场地再开发利用环境安全的规定，会同工业和信息化、城乡规划、国土资源等部门，建立本行政区域疑似污染地块名单，并及时上传污染地块信息系统。

疑似污染地块名单实行动态更新。

第十三条 对列入疑似污染地块名单的地块，所在地县级环境保护主管部门应当书面通知土地使用权人。

土地使用权人应当自接到书面通知之日起六个月内完成土壤环境初步调查，编制调查报告，及时上传污染地块信息系统，并将调查报告主要内容通过其网站等便于公众知晓的方式向社会公开。

土壤环境初步调查应当按照国家有关环境标准和技术规范开展，调查报告应当包括地块基本信息、疑似污染地块是否为污染地块的明确结论等主要内容，并附具采样信息和检测报告。

第十四条 设区的市级环境保护主管部门根据土地使用权人提交的土壤环境初步调查报告建立污染地块名录，及时上传污染地块信息系统，同时向社会公开，并通报各污染地块所在地县级人民政府。

对列入名录的污染地块，设区的市级环境保护主管部门应当按照国家有关环境标准和技术规范，确定该污染地块的风险等级。

污染地块名录实行动态更新。

第十五条 县级以上地方环境保护主管部门应当对本行政区域具有高风险的污染地块，优先开展环境保护监督管理。

第十六条 对列入污染地块名录的地块，设区的市级环境保护主管部门应当书面通知土地使用权人。

土地使用权人应当在接到书面通知后，按照国家有关环境标准和技术规范，开展土壤环境详细调查，编制调查报告，及时上传污染地块信息系统，并将调查报告主要内容通过其网站等便于公众知晓的方式向社会公开。

土壤环境详细调查报告应当包括地块基本信息，土壤污染物的分布状况及其范围，以及对土壤、地表水、地下水、空气污染的影响情况等主要内容，并附具采样信息和检测报告。

第十七条 土地使用权人应当按照国家有关环境标准和技术规范，在污染地块土壤环境详细调查的基础上开展风险评估，编制风险评估报告，及时上传污染地块信息系统，并将评估报告主要内容通过其网站等便于公众知晓的方式向社会公开。

风险评估报告应当包括地块基本信息、应当关注的污染物、主要暴露途径、风险水平、风险管控以及治理与修复建议等主要内容。

第四章 风险管控

第十八条 污染地块土地使用权人应当根据风险评估结果，并结合污染地块相关开发利用计划，有针对性地实施风险管控。

对暂不开发利用的污染地块，实施以防止污染扩散为目的的风险管控。

对拟开发利用为居住用地和商业、学校、医疗、养老机构等公共设施用地的污染地块，实施以安全利用为目的的风险管控。

第十九条 污染地块土地使用权人应当按照国家有关环境标准和技术规范，编制风险管控方案，及时上传污染地块信息系统，同时抄送所在地县级人民政府，并将方案主要内容通过其网站等便于公众知晓的方式向社会公开。

风险管控方案应当包括管控区域、目标、主要措施、环境监测计划以及应急措施等内容。

第二十条 土地使用权人应当按照风险管控方案要求，采取以下主要措施：

（一）及时移除或者清理污染源；

（二）采取污染隔离、阻断等措施，防止污染扩散；

（三）开展土壤、地表水、地下水、空气环境监测；

（四）发现污染扩散的，及时采取有效补救措施。

第二十一条 因采取风险管控措施不当等原因，造成污染地块周边的土壤、地表水、地下水或者空气污染等突发环境事件的，土地使用权人应当及时采取环境应急措施，并向所在地县级以上环境保护主管部门和其他有关部门报告。

第二十二条 对暂不开发利用的污染地块，由所在地县级环境保护主管部门配合有关部门提出划定管控区域的建议，报同级人民政府批准后设立标识、发布公告，并组织开展土壤、地表水、地下水、空气环境监测。

第五章 治理与修复

第二十三条 对拟开发利用为居住用地和商业、学校、医疗、养老机构等公共设施用地的污染地块，经风险评估确认需要治理与修复的，土地使用权人应当开展治理与修复。

第二十四条 对需要开展治理与修复的污染地块，土地使用权人应当根据土壤环境详细调查报告、风险评估报告等，按照国家有关环境标准和技术规范，编制污染地块治理与修复工程方案，并及时上传污染地块信息系统。

土地使用权人应当在工程实施期间，将治理与修复工程方案的主要内容通过其网站等便于公众知晓的方式向社会公开。

工程方案应当包括治理与修复范围和目标、技术路线和工艺参数、二次污染防范措施等内容。

第二十五条 污染地块治理与修复期间，土地使用权人或者其委托的专业机构应当采取措施，防止对地块及其周边环境造成二次污染；治理与修复过程中产生的废水、废气和固体废物，应当按照国家有关规定进行处理或者处置，并达到国家或者地方规定的环境标准和要求。

治理与修复工程原则上应当在原址进行；确需转运污染土壤的，土地使用权人或者其委托的专业机构应当将运输时间、方式、线路和污染土壤数量、去向、最终处置措施等，提前五个工作日向所在地和接收地设区的市级环境保护主管部门报告。

修复后的土壤再利用应当符合国家或者地方有关规定和标准要求。

治理与修复期间，土地使用权人或者其委托的专业机构应当设立公告牌和警示标识，公开工程基本情况、环境影响及其防范措施等。

第二十六条 治理与修复工程完工后，土地使用权人应当委托第三方机构按照国家有关环境标准和技术规范，开展治理与修复效果评估，编制治理与修复效果评估报告，及时上传污染地块信息系统，并通过其网站等便于公众知晓的方式公开，公开时间不得少于两个月。

治理与修复效果评估报告应当包括治理与修复工程概况、环境保护措施落实情况、治理与修复效果监测结果、评估结论及后续监测建议等内容。

第二十七条 污染地块未经治理与修复，或者经治理与修复但未达到相关规划用地土壤环境质量要求的，有关环境保护主管部门不予批准选址涉及该污染地块的建设项目环境影响报告书或者报告表。

第二十八条 县级以上环境保护主管部门应当会同城乡规划、国土资源等部门，建立和完善污染地块信息沟通机制，对污染地块的开发利用实行联动监管。

污染地块经治理与修复，并符合相应规划用地土壤环境质量要求后，可以进入用地程序。

第六章 监督管理

第二十九条 县级以上环境保护主管部门及其委托的环境监察机构，有权对本行政区域内的疑似污染地块和污染地块相关活动进行现场检查。被检查单位应当予以配合，如实反映情况，提供必要的资料。实施现场检查的部门、机构及其工作人员应当为被检查单位保守商业秘密。

第三十条 县级以上环境保护主管部门对疑似污染地块和污染地块相关活动进行监督检查时，有权采取下列措施：

（一）向被检查单位调查、了解疑似污染地块和污染地块的有关情况；

（二）进入被检查单位进行现场核查或者监测；

（三）查阅、复制相关文件、记录以及其他有关资料；

（四）要求被检查单位提交有关情况说明。

第三十一条 设区的市级环境保护主管部门应当于每年的12月31日前，将本年度本行政区域的污染地块环境管理工作情况报省级环境保护主管部门。

省级环境保护主管部门应当于每年的1月31日前，将上一年度本行政区域的污染地块环境管理工作情况报环境保护部。

第三十二条 违反本办法规定，受委托的专业机构在编制土壤环境初步调查报告、土壤环境详细调查报告、风险评估报告、风险管控方案、治理与修复方案过程中，或者受委托的第三方机构在编制治理与修复效果评估报告过程中，不负责任或者弄虚作假致使报告失实的，由县级以上环境保护主管部门将该机构失信情况记入其环境信用记录，并通过企业信用信息公示系统向社会公开。

第七章　附　则

第三十三条　本办法自 2017 年 7 月 1 日起施行。

环境保护档案管理办法

（自 2017 年 3 月 1 日起施行）

（2016 年 10 月 18 日环境保护部部务会议修订通过　自 2017 年 3 月 1 日起施行）

第一章　总　则

第一条　为了加强环境保护档案的形成、管理和保护工作，开发利用环境保护档案信息资源，根据《中华人民共和国档案法》及其实施办法、《中华人民共和国环境保护法》等相关法律法规，结合环境保护工作实际，制定本办法。

第二条　本办法所称环境保护档案，是指各级环境保护主管部门及其派出机构、直属单位（以下简称环境保护部门），在环境保护各项工作和活动中形成的，对国家、社会和单位具有利用价值、应当归档保存的各种形式和载体的历史记录，主要包括文书档案、音像（照片、录音、录像）档案、科技档案、会计档案、人事档案、基建档案及电子档案等。

第三条　环境保护档案工作是环境保护部门的重要职责，实行统一领导、分级管理。

第四条　国务院环境保护主管部门对环境保护档案管理工作实行监督和指导，在业务上接受国家档案行政管理部门的监督和指导。

地方各级环境保护主管部门对本行政区域内环境保护档案管理工作实行监督和指导，在业务上接受同级档案行政管理部门和上级环境保护主管部门的监督和指导。

第二章　环境保护部门档案工作职责

第五条　环境保护部门应当加强对档案工作的领导，完善档案工作管理体制，建立档案管理机构，配备政治可靠、责任心强、具备档案管理及环境保护相关专业知识和业务技能的正式专职档案管理人员。环境保护部门办公厅（室）档案管理机构归口负责本部门档案管理工作。

第六条　环境保护部门应当将档案工作纳入本部门发展规划和年度工作计划，列入工作考核检查内容，及时研究并协调解决档案工作中的重大问题，确保档案工作与本部门整体工作同步协调发展。

第七条 环境保护部门应当按照部门预算编制和管理的有关规定，科学合理核定档案工作经费，并列入同级财政预算，加强对档案工作经费的审计和绩效考核，确保科学使用、专款专用。

第八条 环境保护部门应当按照国家有关档案管理的规定，确定文件材料的具体接收范围，包括本部门在各项工作和活动中形成的具有利用价值、应当归档保存的各种形式和载体的历史记录，以及与本部门有关的撤销或者合并部门的全部档案。

第九条 环境保护部门应当将档案信息化建设纳入本部门信息化建设同步实施，推进文档一体化管理，实现资源数字化、利用网络化、管理智能化。

第十条 环境保护部门应当为开展档案管理工作提供必要条件。档案管理人员办公室、档案库房、阅档室和档案整理间应当分开。

第十一条 环境保护部门应当加强档案基础设施建设，改善档案安全管理条件，提供符合设计规范的专用库房，配备防盗、防火、防潮、防水、防尘、防光、防鼠、防虫等安全设施，以及计算机、复印机、打印机、扫描仪、照相机、摄像机、防磁柜等工作设备。

第十二条 环境保护部门应当将档案管理人员培训、交流、使用列入干部培养和选拔任用统一规划，统筹安排，为档案管理人员学习培训、挂职锻炼、交流任职等创造条件。档案管理人员的职务晋升或者职称评定、业务能力考核，按照国家有关规定执行，并享有专业人员的同等待遇。

第十三条 环境保护部门应当按照《中华人民共和国保守国家秘密法》等有关法律法规，确保环境保护档案安全保密和有效利用。

第三章　档案管理机构、文件（项目）承办单位职责

第十四条 环境保护部门的档案管理机构应当履行下列职责：

（一）贯彻执行国家档案法律法规和工作方针、政策。经国家档案行政管理部门同意，国务院环境保护主管部门的档案管理机构负责研究制定环境保护档案管理规章制度、行业标准和技术规范并组织实施。地方各级环境保护主管部门的档案管理机构依据上级环境保护主管部门和档案行政管理部门的相关制度要求，制定本行政区域内环境保护档案管理工作制度并组织实施。

（二）负责本部门档案的统一管理，地方各级环境保护主管部门的档案管理机构对本行政区域内环境保护档案管理工作进行监督和指导。

（三）负责编制本部门档案管理经费年度预算，将档案资料收集整理、保管保护、开发利用，设备购置和运行维护，信息化建设，以及档案宣传培训等项目经费列入预算。

（四）负责本部门档案信息化工作，参与本部门电子文件全过程管理工作，组织实施本部门档案数字化加工、电子文件归档和电子档案管理以及重要档案异地、异质备份工作。

（五）负责对本部门重点工作、重大会议和活动、重大建设项目、重大科研项目、重大生态保护项目等归档工作进行监督和指导，参与重大科研项目成果验收、重大建设项目工程竣工和重要设备仪器开箱的文件材料验收工作。

（六）负责制定本部门文件（项目）材料的归档范围和保管期限，指导本部门的文件收集、整理、归档工作，组织档案信息资源的编研，科学合理开发利用，安全保管档案并按照有关规定向档案馆移交档案。

（七）国务院环境保护主管部门的档案管理机构，负责汇总统计地方环境保护主管部门，本部门及其派出机构、直属单位档案工作基本情况的数据，并报送国家档案行政管理部门。地方各级环境保护主管部门的档案管理机构，负责汇总统计本行政区域内环境保护档案工作基本情况数据，并报送同级档案行政管理部门和上级环境保护主管部门。

（八）负责开展环境保护部门档案工作业务交流，组织档案管理人员专业培训。

（九）各级环境保护主管部门的档案管理机构负责组织实施同级档案行政管理部门布置的相关工作，并协调环境保护部门的档案管理机构与其他部门档案管理机构之间的档案工作。

第十五条 环境保护部门的文件（项目）承办单位在本部门档案管理机构的指导下，履行下列职责：

（一）负责本单位文件（项目）材料的收集、整理和归档。

（二）负责督促指导文件（项目）承办人分类整理文件材料，做到齐全完整、分类清楚、排列有序，并按照规定向本部门档案管理机构移交。

（三）重大建设项目、重大科研项目、重大生态保护项目承办单位负责制定专项档案管理规定、归档范围和保管期限，报环境保护部门的档案管理机构同意后，由项目承办单位组织实施。

第四章 文件材料的归档

第十六条 环境保护文件材料归档范围应当全面、系统地反映综合管理和政策法规、科学技术、环境影响评价、环境监测、污染防治、生态保护、核与辐射安全监管、环境监察执法等业务活动。

第十七条 环境保护部门在部署污染源普查、环境质量调查等专项工作时，应当明确文件材料的归档要求；在检查专项工作进度时，应当检查文件材料的收集、整理情况；重大建设项目、重大科研项目和重大生态保护项目文件材料不符合归档要求的，不得进行项目鉴定、验收和申报奖项。

第十八条 环境保护文件材料归档工作一般应于次年 3 月底前完成。文件（项目）承办单位根据下列情形，按要求将应归档文件及电子文件同步移交本部门档案管理机构进行归档，任何人不得据为己有或者拒绝归档：

（一）文书材料应当在文件办理完毕后及时归档；

（二）重大会议和活动等文件材料，应当在会议和活动结束后一个月内归档；

（三）科研项目、建设项目文件材料应当在成果鉴定和项目验收后两个月内归档，周期较长的科研项目、建设项目可以按完成阶段分期归档；

（四）一般仪器设备随机文件材料，应当在开箱验收或者安装调试后七日内归档，重要仪器设备开箱验收应当由档案管理人员现场监督随机文件材料归档。

第五章　档案的管理

第十九条　环境保护部门应当加强对不同门类、各种形式和载体档案的管理，确保环境保护档案真实、齐全、完整。

第二十条　环境保护档案的分类、著录、标引，依照《中国档案分类法环境保护档案分类表》《环境保护档案著录细则》《环境保护档案管理规范》等文件的有关规定执行，其相应的电子文件材料应当按照有关要求同步归档。

文书材料的整理归档，依照《归档文件整理规则》（DA/T 22—2015）的有关规定执行。

照片资料的整理归档，依照《照片档案管理规范》（GB/T 11821—2002）的有关规定执行。

录音、录像资料的整理归档，依照录音、录像管理的有关规定执行。

科技文件的整理归档，依照《科学技术档案案卷构成的一般要求》（GB/T 11822—2008）的有关规定执行。

会计资料的整理归档，依照《会计档案管理办法》（财政部、国家档案局令第 79 号）的有关规定执行。

人事文件材料的整理归档，依照《干部档案工作条例》（组通字〔1991〕13 号）、《干部档案整理工作细则》（组通字〔1991〕11 号）、《干部人事档案材料收集归档规定》（中组发〔2009〕12 号）等文件的有关规定执行。

电子文件的整理归档，依照《电子文件归档与电子档案管理规范》（GB/T 18894—2016）、《CAD 电子文件光盘存储、归档与档案管理要求》（GB/T 17678.1—1999）等文件的有关规定执行。重要电子文件应当与纸质文件材料一并归档。

第二十一条　环境保护部门的档案管理机构应当定期检查档案保管状态，调试库房温度、湿度，及时对破损或者变质的档案进行修复。

第二十二条　环境保护档案的鉴定应当定期进行。

环境保护部门成立环境保护档案鉴定小组进行鉴定工作，鉴定小组由环境保护部门分管档案工作的负责人、办公厅（室）负责人，以及档案管理机构、保密部门和文件（项目）承办单位有关人员组成。

对保管期限变动、密级调整和需要销毁的档案，应当提请本部门环境保护档案鉴定小组鉴定。鉴定工作结束后，环境保护档案鉴定小组应当形成鉴定报告，提出鉴定意见。

第二十三条 环境保护档案的销毁应当按照相关规定办理，并履行销毁批准手续。未经鉴定、未履行批准销毁手续的档案，严禁销毁。

对经过环境保护档案鉴定小组鉴定确认无保存价值需要销毁的档案，应当进行登记造册，报本部门分管档案工作负责人批准后销毁。档案销毁清册永久保存。

环境保护档案的销毁由档案管理机构组织实施。销毁档案时，档案管理机构与保密部门应当分别指派人员共同进行现场监督，并在销毁清册上签字确认。档案销毁后，应当及时调整档案柜（架），并在目录及检索工具中注明。

第二十四条 环境保护部门撤销或者变动时，应当妥善保管环境保护档案，向相关接收部门或者同级档案管理部门移交，并向上级环境保护主管部门报告。

第二十五条 文件（项目）承办单位的工作人员退休或者工作岗位变动时，应当及时对属于归档范围的文件材料进行整理、归档，并办理移交手续，不得带走或者毁弃。

第六章 档案的利用

第二十六条 环境保护部门的档案管理机构应当积极开发环境保护档案信息资源，并根据环境保护工作实际需要，对现有档案信息资源进行综合加工和深度开发，为环境保护工作提供服务。

第二十七条 环境保护部门应当积极开展环境保护档案的利用工作，建立健全档案利用制度，明确相应的利用范围和审批程序，确保档案合理利用。

第二十八条 环境保护档案一般以数字副本代替档案原件提供利用。档案原件原则上不得带出档案室。

利用环境保护档案的单位或者个人应当负责所利用档案的安全和保密，不得擅自转借，不得对档案原件进行折叠、剪贴、抽取、拆散，严禁在档案原件上勾画、涂抹、填注、加字、改字，或者以其他方式损毁档案。

第七章 奖励与处罚

第二十九条 有下列事迹之一的，依照国家有关规定给予表扬、表彰或者奖励：

（一）在环境保护档案的收集、整理或者开发利用等方面做出显著成绩的；

（二）对环境保护档案的保护和现代化管理做出显著成绩的；

（三）将个人所有的具有重要或者珍贵价值的环境保护档案捐赠给国家的；

（四）执行档案法律法规表现突出的。

第三十条 在环境保护档案工作中有违法违纪行为的，依法依规给予处分；情节严重，涉嫌构成犯罪的，依法移送司法机关追究刑事责任。

第八章　附　则

第三十一条　地方各级环境保护主管部门可以根据本办法，结合本地实际情况，联合同级档案行政管理部门制定实施细则，并报上级档案行政管理部门和环境保护主管部门备案。

第三十二条　本办法自2017年3月1日起施行。1994年10月6日公布的《环境保护档案管理办法》（原国家环境保护局　国家档案局令第13号）同时废止。

放射性物品运输安全监督管理办法

（自2016年5月1日起施行）

第一章　总　则

第一条　为加强对放射性物品运输安全的监督管理，依据《放射性物品运输安全管理条例》，制定本办法。

第二条　本办法适用于对放射性物品运输和放射性物品运输容器的设计、制造和使用过程的监督管理。

第三条　国务院核安全监管部门负责对全国放射性物品运输的核与辐射安全实施监督管理，具体职责为：

（一）负责对放射性物品运输容器的设计、制造和使用等进行监督检查；

（二）负责对放射性物品运输过程中的核与辐射事故应急给予支持和指导；

（三）负责对放射性物品运输安全监督管理人员进行辐射防护与安全防护知识培训。

第四条　省、自治区、直辖市环境保护主管部门负责对本行政区域内放射性物品运输的核与辐射安全实施监督管理，具体职责为：

（一）负责对本行政区域内放射性物品运输活动的监督检查；

（二）负责在本行政区域内放射性物品运输过程中的核与辐射事故的应急准备和应急响应工作；

（三）负责对本行政区域内放射性物品运输安全监督管理人员进行辐射防护与安全防护知识培训。

第五条　放射性物品运输单位和放射性物品运输容器的设计、制造和使用单位，应当对其活动负责，并配合国务院核安全监管部门和省、自治区、直辖市环境保护主管部门进行监督检查，如实反映情况，提供必要的资料。

第六条　监督检查人员应当依法实施监督检查，并为被检查者保守商业秘密。

第二章　放射性物品运输容器设计活动的监督管理

第七条　放射性物品运输容器设计单位应当具备与设计工作相适应的设计人员、工作场所和设计手段，按照放射性物品运输容器设计的相关规范和标准从事设计活动，并为其设计的放射性物品运输容器的制造和使用单位提供必要的技术支持。从事一类放射性物品运输容器设计的单位应当依法取得设计批准书。

放射性物品运输容器设计单位应当在设计阶段明确首次使用前对运输容器的结

构、包容、屏蔽、传热和核临界安全功能进行检查的方法和要求。

第八条 放射性物品运输容器设计单位应当加强质量管理，建立健全质量保证体系，编制质量保证大纲并有效实施。

放射性物品运输容器设计单位对其所从事的放射性物品运输容器设计活动负责。

第九条 放射性物品运输容器设计单位应当通过试验验证或者分析论证等方式，对其设计的放射性物品运输容器的安全性能进行评价。

安全性能评价应当贯穿整个设计过程，保证放射性物品运输容器的设计满足所有的安全要求。

第十条 放射性物品运输容器设计单位应当按照国务院核安全监管部门规定的格式和内容编制设计安全评价文件。

设计安全评价文件应当包括结构评价、热评价、包容评价、屏蔽评价、临界评价、货包（放射性物品运输容器与其放射性内容物）操作规程、验收试验和维修大纲，以及运输容器的工程图纸等内容。

第十一条 放射性物品运输容器设计单位对其设计的放射性物品运输容器进行试验验证的，应当在验证开始前至少二十个工作日提请国务院核安全监管部门进行试验见证，并提交下列文件：

（一）初步设计说明书和计算报告；

（二）试验验证方式和试验大纲；

（三）试验验证计划。

国务院核安全监管部门应当及时组织对设计单位的试验验证过程进行见证，并做好相应的记录。

开展特殊形式和低弥散放射性物品设计试验验证的单位，应当依照本条第一款的规定提请试验见证。

第十二条 国务院核安全监管部门应当对放射性物品运输容器设计活动进行监督检查。

申请批准一类放射性物品运输容器的设计，国务院核安全监管部门原则上应当对该设计活动进行一次现场检查；对于二类、三类放射性物品运输容器的设计，国务院核安全监管部门应当结合试验见证情况进行现场抽查。

国务院核安全监管部门可以结合放射性物品运输容器的制造和使用情况，对放射性物品运输容器设计单位进行监督检查。

第十三条 国务院核安全监管部门对放射性物品运输容器设计单位进行监督检查时，应当检查质量保证大纲和试验验证的实施情况、人员配备、设计装备、设计文件、安全性能评价过程记录、以往监督检查发现问题的整改落实情况等。

第十四条 一类放射性物品运输容器设计批准书颁发前的监督检查中，发现放射性物品运输容器设计单位的设计活动不符合法律法规要求的，国务院核安全监管部门应当暂缓或者不予颁发设计批准书。

监督检查中发现经批准的一类放射性物品运输容器设计确有重大设计安全缺陷的，国务院核安全监管部门应当责令停止该型号运输容器的制造或者使用，撤销一类放射性物品运输容器设计批准书。

第三章　放射性物品运输容器制造活动的监督管理

第十五条　放射性物品运输容器制造单位应当具备与制造活动相适应的专业技术人员、生产条件和检测手段，采用经设计单位确认的设计图纸和文件。一类放射性物品运输容器制造单位应当依法取得一类放射性物品运输容器制造许可证后，方可开展制造活动。

放射性物品运输容器制造单位应当在制造活动开始前，依据设计提出的技术要求编制制造过程工艺文件，并严格执行；采用特种工艺的，应当进行必要的工艺试验或者工艺评定。

第十六条　放射性物品运输容器制造单位应当加强质量管理，建立健全质量保证体系，编制质量保证大纲并有效实施。

放射性物品运输容器制造单位对其所从事的放射性物品运输容器制造质量负责。

第十七条　放射性物品运输容器制造单位应当按照设计要求和有关标准，对放射性物品运输容器的零部件和整体容器进行质量检验，编制质量检验报告。未经质量检验或者经检验不合格的放射性物品运输容器，不得交付使用。

第十八条　一类、二类放射性物品运输容器制造单位，应当按照本办法规定的编码规则，对其制造的一类、二类放射性物品运输容器进行统一编码。

一类、二类放射性物品运输容器制造单位，应当于每年 1 月 31 日前将上一年度制造的运输容器的编码清单报国务院核安全监管部门备案。

三类放射性物品运输容器制造单位，应当于每年 1 月 31 日前将上一年度制造的运输容器的型号及其数量、设计总图报国务院核安全监管部门备案。

第十九条　一类放射性物品运输容器制造单位应当在每次制造活动开始前至少三十日，向国务院核安全监管部门提交制造质量计划。国务院核安全监管部门应当根据制造活动的特点选取检查点并通知制造单位。

一类放射性物品运输容器制造单位应当根据制造活动的实际进度，在国务院核安全监管部门选取的检查点制造活动开始前，至少提前十个工作日书面报告国务院核安全监管部门。

第二十条　国务院核安全监管部门应当对放射性物品运输容器的制造过程进行监督检查。

对一类放射性物品运输容器的制造活动应当至少组织一次现场检查；对二类放射性物品运输容器的制造，应当对制造过程进行不定期抽查；对三类放射性物品运输容器的制造，应当根据每年的备案情况进行不定期抽查。

第二十一条　国务院核安全监管部门对放射性物品运输容器制造单位进行现场监

督检查时，应当检查以下内容：

（一）一类放射性物品运输容器制造单位遵守制造许可证的情况；

（二）质量保证体系的运行情况；

（三）人员资格情况；

（四）生产条件和检测手段与所从事制造活动的适应情况；

（五）编制的工艺文件与采用的技术标准以及有关技术文件的符合情况；

（六）工艺过程的实施情况以及零部件采购过程中的质量保证情况；

（七）制造过程记录；

（八）重大质量问题的调查和处理，以及整改要求的落实情况等。

第二十二条 国务院核安全监管部门在监督检查中，发现一类放射性物品运输容器制造单位有不符合制造许可证规定情形的，由国务院核安全监管部门责令限期整改。

监督检查中发现放射性物品运输容器制造确有重大质量问题或者违背设计要求的，由国务院核安全监管部门责令停止该型号运输容器的制造或者使用。

第二十三条 一类放射性物品运输容器的使用单位在采购境外单位制造的运输容器时，应当在对外贸易合同中明确运输容器的设计、制造符合我国放射性物品运输安全法律法规要求，以及境外单位配合国务院核安全监管部门监督检查的义务。

采购境外单位制造的一类放射性物品运输容器的使用单位，应当在相应制造活动开始前至少三个月通知国务院核安全监管部门，并配合国务院核安全监管部门对境外单位一类放射性物品运输容器制造活动实施监督检查。

采购境外单位制造的一类放射性物品运输容器成品的使用单位，应当在使用批准书申请时提交相应的文件，证明该容器质量满足设计要求。

第四章 放射性物品运输活动的监督管理

第二十四条 托运人对放射性物品运输的核与辐射安全和应急工作负责，对拟托运物品的合法性负责，并依法履行各项行政审批手续。托运一类放射性物品的托运人应当依法取得核与辐射安全分析报告批复后方可从事运输活动。托运人应当对直接从事放射性物品运输的工作人员进行运输安全和应急响应知识的培训和考核，并建立职业健康档案。

承运人应当对直接从事放射性物品运输的工作人员进行运输安全和应急响应知识的培训和考核，并建立职业健康档案。对托运人提交的有关资料，承运人应当进行查验、收存，并配合托运人做好运输过程中的安全保卫和核与辐射事故应急工作。

放射性物品运输应当有明确并且具备核与辐射安全法律法规规定条件的接收人。接收人应当对所接收的放射性物品进行核对验收，发现异常应当及时通报托运人和承运人。

第二十五条 托运人应当根据拟托运放射性物品的潜在危害建立健全应急响应体

系，针对具体运输活动编制应急响应指南，并在托运前提交承运人。

托运人应当会同承运人定期开展相应的应急演习。

第二十六条 托运人应当对每个放射性物品运输容器在制造完成后、首次使用前进行详细检查，确保放射性物品运输容器的包容、屏蔽、传热、核临界安全功能符合设计要求。

第二十七条 托运人应当按照运输容器的特点，制定每次启运前检查或者试验程序，并按照程序进行检查。检查时应当核实内容物符合性，并对运输容器的吊装设备、密封性能、温度、压力等进行检测和检查，确保货包的热和压力已达到平衡、稳定状态，密闭性能完好。

对装有易裂变材料的放射性物品运输容器，还应当检查中子毒物和其他临界控制措施是否符合要求。

每次检查或者试验应当由获得托运人授权的操作人员进行，并制作书面记录。

检查不符合要求的，不得启运。

第二十八条 托运一类放射性物品的，托运人应当委托有资质的辐射监测机构在启运前对其表面污染和辐射水平实施监测，辐射监测机构应当出具辐射监测报告。

托运二类、三类放射性物品的，托运人应当对其表面污染和辐射水平实施监测，并编制辐射监测报告，存档备查。

监测结果不符合国家放射性物品运输安全标准的，不得托运。

第二十九条 托运人应当根据放射性物品运输安全标准，限制单个运输工具上放射性物品货包的数量。

承运人应当按照托运人的要求运输货包。放射性物品运输和中途贮存期间，承运人应当妥善堆放，采取必要的隔离措施，并严格执行辐射防护和监测要求。

第三十条 托运人和承运人应当采取措施，确保货包和运输工具外表面的非固定污染不超过放射性物品运输安全标准的要求。

在运输途中货包受损、发生泄漏或者有泄漏可能的，托运人和承运人应当立即采取措施保护现场，限制非专业人员接近，并由具备辐射防护与安全防护知识的专业技术人员按放射性物品运输安全标准要求评定货包的污染程度和辐射水平，消除或者减轻货包泄漏、损坏造成的后果。

经评定，货包泄漏量超过放射性物品运输安全标准要求的，托运人和承运人应当立即报告事故发生地的县级以上环境保护主管部门，并在环境保护主管部门监督下将货包移至临时场所。货包完成修理和去污之后，方可向外发送。

第三十一条 放射性物品运输中发生核与辐射安全事故时，托运人和承运人应当根据核与辐射事故应急响应指南的要求，做好事故应急工作，并立即报告事故发生地的县级以上环境保护主管部门。相关部门应当按照应急预案做好事故应急响应工作。

第三十二条 一类放射性物品启运前，托运人应当将放射性物品运输的核与辐射安全分析报告批准书、辐射监测报告，报启运地的省、自治区、直辖市环境保护主管部门备案。

启运地的省、自治区、直辖市环境保护主管部门收到托运人的备案材料后，应当将一类放射性物品运输辐射监测备案表及时通报途经地和抵达地的省、自治区、直辖市环境保护主管部门。

第三十三条 对一类放射性物品的运输，启运地的省、自治区、直辖市环境保护主管部门应当在启运前对放射性物品运输托运人的运输准备情况进行监督检查。

对运输频次比较高、运输活动比较集中的地区，可以根据实际情况制定监督检查计划，原则上检查频次每月不少于一次；对二类放射性物品的运输，可以根据实际情况开展抽查，原则上检查频次每季度不少于一次；对三类放射性物品的运输，可以根据实际情况实施抽查，原则上检查频次每年不少于一次。

途经地和抵达地的省、自治区、直辖市环境保护主管部门不得中途拦截检查；发生特殊情况的除外。

第三十四条 省、自治区、直辖市环境保护主管部门应当根据运输货包的类别和数量，按照放射性物品运输安全标准对本行政区域内放射性物品运输货包的表面污染和辐射水平开展启运前的监督性监测。监督性监测不得收取费用。

辐射监测机构和托运人应当妥善保存原始记录和监测报告，并配合省、自治区、直辖市环境保护主管部门进行监督性监测。

第三十五条 放射性物品从境外运抵中华人民共和国境内，或者途经中华人民共和国境内运输的，应当根据放射性物品的分类，分别按照法律法规规定的一类、二类、三类放射性物品运输的核与辐射安全监督管理要求进行运输。

第三十六条 放射性物品运输容器使用单位应当按照放射性物品运输安全标准和设计要求制定容器的维修和维护程序，严格按照程序进行维修和维护，并建立维修、维护和保养档案。放射性物品运输容器达到设计使用年限，或者发现放射性物品运输容器存在安全隐患的，应当停止使用，进行处理。

第三十七条 一类放射性物品运输容器使用单位应当对其使用的一类放射性物品运输容器每两年进行一次安全性能评价。安全性能评价应当在两年使用期届满前至少三个月进行，并在使用期届满前至少两个月编制定期安全性能评价报告。

定期安全性能评价报告，应当包括运输容器的运行历史和现状、检查和检修及发现问题的处理情况、定期检查和试验等内容。使用单位应当做好接受监督检查的准备。必要时，国务院核安全监管部门可以根据运输容器使用特点和使用情况，选取检查点并组织现场检查。

一类放射性物品运输容器使用单位应当于两年使用期届满前至少三十日，将安全性能评价结果报国务院核安全监管部门备案。

第三十八条 放射性物品启运前的监督检查包括以下内容：

（一）运输容器及放射性内容物：检查运输容器的日常维修和维护记录、定期安全性能评价记录（限一类放射性物品运输容器）、编码（限一类、二类放射性物品运输容器）等，确保运输容器及内容物均符合设计的要求；

（二）托运人启运前辐射监测情况，以及随车辐射监测设备的配备；

（三）表面污染和辐射水平；

（四）标记、标志和标牌是否符合要求；

（五）运输说明书，包括特殊的装卸作业要求、安全防护指南、放射性物品的品名、数量、物理化学形态、危害风险以及必要的运输路线的指示等；

（六）核与辐射事故应急响应指南；

（七）核与辐射安全分析报告批准书、运输容器设计批准书等相关证书的持有情况；

（八）直接从事放射性物品运输的工作人员的运输安全、辐射防护和应急响应知识的培训和考核情况；

（九）直接从事放射性物品运输的工作人员的辐射防护管理情况。

对一类、二类放射性物品运输的监督检查，还应当包括卫星定位系统的配备情况。

对重要敏感的放射性物品运输活动，国务院核安全监管部门应当根据核与辐射安全分析报告及其批复的要求加强监督检查。

第三十九条 国务院核安全监管部门和省、自治区、直辖市环境保护主管部门在监督检查中发现放射性物品运输活动有不符合国家放射性物品运输安全标准情形的，应当责令限期整改；发现放射性物品运输活动可能对人体健康和环境造成核与辐射危害的，应当责令停止运输。

第五章 附 则

第四十条 本办法自 2016 年 5 月 1 日起施行。

附件（略）。

饮用水水源保护区污染防治管理规定

（2010年12月22日修订）

（根据《国务院办公厅关于做好规章清理工作有关问题的通知》(国办发〔2010〕28号) 特公布《关于废止、修改部分环保部门规章和规范性文件的决定》 自公布之日起施行 2010年12月22日根据《关于废止、修改部分环保部门规章和规范性文件的决定》修订)

第一章 总 则

第一条 为保障人民身体健康和经济建设发展，必须保护好饮用水水源。根据《中华人民共和国水污染防治法》特制定本规定。

第二条 本规定适用于全国所有集中式供水的饮用水地表水源和地下水源的污染防治管理。

第三条 按照不同的水质标准和防护要求分级划分饮用水水源保护区。饮用水水源保护区一般划分为一级保护区和二级保护区，必要时可增设准保护区。各级保护区应有明确的地理界线。

第四条 饮用水水源各级保护区及准保护区均应规定明确的水质标准并限期达标。

第五条 饮用水水源保护区的设置和污染防治应纳入当地的经济和社会发展规划和水污染防治规划。跨地区的饮用水水源保护区的设置和污染治理应纳入有关流域、区域、城市的经济和社会发展规划和水污染防治规划。

第六条 跨地区的河流、湖泊、水库、输水渠道，其上游地区不得影响下游饮用水水源保护区对水质标准的要求。

第二章 饮用水地表水源保护区的划分和防护

第七条 饮用水地表水源保护区包括一定的水域和陆域，其范围应按照不同水域特点进行水质定量预测并考虑当地具体条件加以确定，保证在规划设计的水文条件和污染负荷下，供应规划水量时，保护区的水质能满足相应的标准。

第八条 在饮用水地表水源取水口附近划定一定的水域和陆域作为饮用水地表水源一级保护区。一级保护区的水质标准不得低于国家规定的《地表水环境质量标准》II类标准，并须符合国家规定的《生活饮用水卫生标准》的要求。

第九条 在饮用水地表水源一级保护区外划定一定水域和陆域作为饮用水地表水源二级保护区。二级保护区的水质标准不得低于国家规定的《地表水环境质量标准》III类标准，应保证一级保护区的水质能满足规定的标准。

第十条 根据需要可在饮用水地表水源二级保护区外划定一定的水域及陆域作为饮用水地表水源准保护区。准保护区的水质标准应保证二级保护区的水质能满足规定的标准。

第十一条 饮用水地表水源各级保护区及准保护区内均必须遵守下列规定：

一、禁止一切破坏水环境生态平衡的活动以及破坏水源林、护岸林、与水源保护相关植被的活动。

二、禁止向水域倾倒工业废渣、城市垃圾、粪便及其他废弃物。

三、运输有毒有害物质、油类、粪便的船舶和车辆一般不准进入保护区，必须进入者应事先申请并经有关部门批准、登记并设置防渗、防溢、防漏设施。

四、禁止使用剧毒和高残留农药，不得滥用化肥，不得使用炸药、毒品捕杀鱼类。

第十二条 饮用水地表水源各级保护区及准保护区内必须分别遵守下列规定：

一、一级保护区内

禁止新建、扩建与供水设施和保护水源无关的建设项目；

禁止向水域排放污水，已设置的排污口必须拆除；

不得设置与供水需要无关的码头，禁止停靠船舶；

禁止堆置和存放工业废渣、城市垃圾、粪便和其他废弃物；

禁止设置油库；

禁止从事种植、放养畜禽和网箱养殖活动；

禁止可能污染水源的旅游活动和其他活动。

二、二级保护区内

禁止新建、改建、扩建排放污染物的建设项目；

原有排污口依法拆除或者关闭；

禁止设立装卸垃圾、粪便、油类和有毒物品的码头。

三、准保护区内

禁止新建、扩建对水体污染严重的建设项目；改建建设项目，不得增加排污量。

第三章 饮用水地下水源保护区的划分和防护

第十三条 饮用水地下水源保护区应根据饮用水水源地所处的地理位置、水文地质条件、供水的数量、开采方式和污染源的分布划定。

第十四条 饮用水地下水源保护区的水质均应达到国家规定的《生活饮用水卫生标准》的要求。

各级地下水源保护区的范围应根据当地的水文地质条件确定，并保证开采规划水量时能达到所要求的水质标准。

第十五条 饮用水地下水源一级保护区位于开采井的周围，其作用是保证集水有一定滞后时间，以防止一般病原菌的污染。直接影响开采井水质的补给区地段，必要时也可划为一级保护区。

第十六条 饮用水地下水源二级保护区位于饮用水地下水源一级保护区外，其作用是保证集水有足够的滞后时间，以防止病原菌以外的其他污染。

第十七条 饮用水地下水源准保护区位于饮用水地下水源二级保护区外的主要补给区，其作用是保护水源地的补给水源水量和水质。

第十八条 饮用水地下水源各级保护区及准保护区内均必须遵守下列规定：

一、禁止利用渗坑、渗井、裂隙、溶洞等排放污水和其他有害废弃物。

二、禁止利用透水层孔隙、裂隙、溶洞及废弃矿坑储存石油、天然气、放射性物质、有毒有害化工原料、农药等。

三、实行人工回灌地下水时不得污染当地地下水源。

第十九条 饮用水地下水源各级保护区及准保护区内必须遵守下列规定：

一、一级保护区内

禁止建设与取水设施无关的建筑物；

禁止从事农牧业活动；

禁止倾倒、堆放工业废渣及城市垃圾、粪便和其他有害废弃物；

禁止输送污水的渠道、管道及输油管道通过本区；

禁止建设油库；

禁止建立墓地。

二、二级保护区内

（一）对于潜水含水层地下水水源地

禁止建设化工、电镀、皮革、造纸、制浆、冶炼、放射性、印染、染料、炼焦、炼油及其他有严重污染的企业，已建成的要限期治理，转产或搬迁；

禁止设置城市垃圾、粪便和易溶、有毒有害废弃物堆放场和转运站，已有的上述场站要限期搬迁；

禁止利用未经净化的污水灌溉农田，已有的污灌农田要限期改用清水灌溉；

化工原料、矿物油类及有毒有害矿产品的堆放场所必须有防雨、防渗措施。

（二）对于承压含水层地下水水源地

禁止承压水和潜水的混合开采，作好潜水的止水措施。

三、准保护区内

禁止建设城市垃圾、粪便和易溶、有毒有害废弃物的堆放场站，因特殊需要设立转运站的，必须经有关部门批准，并采取防渗漏措施；

当补给源为地表水体时，该地表水体水质不应低于《地表水环境质量标准》III类标准；

不得使用不符合《农田灌溉水质标准》的污水进行灌溉，合理使用化肥；

保护水源林，禁止毁林开荒，禁止非更新砍伐水源林。

第四章　饮用水水源保护区污染防治的监督管理

第二十条　各级人民政府的环境保护部门会同有关部门做好饮用水水源保护区的污染防治工作并根据当地人民政府的要求制定和颁布地方饮用水水源保护区污染防治管理规定。

第二十一条　饮用水水源保护区的划定，由有关市、县人民政府提出划定方案，报省、自治区、直辖市人民政府批准；跨市、县饮用水水源保护区的划定，由有关市、县人民政府协商提出划定方案，报省、自治区、直辖市人民政府批准；协商不成的，由省、自治区、直辖市人民政府环境保护主管部门会同同级水行政、国土资源、卫生、建设等部门提出划定方案，征求同级有关部门的意见后，报省、自治区、直辖市人民政府批准。

跨省、自治区、直辖市的饮用水水源保护区，由有关省、自治区、直辖市人民政府商有关流域管理机构划定；协商不成的，由国务院环境保护主管部门会同同级水行政、国土资源、卫生、建设等部门提出划定方案，征求国务院有关部门的意见后，报国务院批准。

国务院和省、自治区、直辖市人民政府可以根据保护饮用水水源的实际需要，调整饮用水水源保护区的范围，确保饮用水安全。

第二十二条　环境保护、水利、地质矿产、卫生、建设等部门应结合各自的职责，对饮用水水源保护区污染防治实施监督管理。

第二十三条　因突发性事故造成或可能造成饮用水水源污染时，事故责任者应立即采取措施消除污染并报告当地城市供水、卫生防疫、环境保护、水利、地质矿产等部门和本单位主管部门。由环境保护部门根据当地人民政府的要求组织有关部门调查处理，必要时经当地人民政府批准后采取强制性措施以减轻损失。

第五章　奖励与惩罚

第二十四条　对执行本规定保护饮用水水源有显著成绩和贡献的单位或个人给予表扬和奖励。奖励办法由市级以上（含市级）环境保护部门制定，报经当地人民政府批准实施。

第二十五条　对违反本规定的单位或个人，应根据《中华人民共和国水污染防治法》及其实施细则的有关规定进行处罚。

第六章　附　则

第二十六条　本规定由国家环境保护部门负责解释。

第二十七条　本规定自公布之日起实施。

汽车排气污染监督管理办法

（2010年12月22日修订）

（1990年8月15日国家环境保护局、公安部、国家进出口商品检验局、中国人民解放军总后勤部、交通部、中国汽车工业总公司发布并施行　2010年12月22日根据《关于废止、修改部分环保部门规章和规范性文件的决定》修订）

第一章　总　则

第一条　为加强对汽车排气污染的监督管理，防治大气污染，制定本办法。

第二条　一切生产、改装、使用、维修、进口汽车及其发动机的单位和个人，必须执行本办法。

第三条　各级人民政府的环境保护行政主管部门是对汽车排气污染实施统一监督管理的机关，指导、协调各汽车排气污染监督管理部门的工作。

各省、自治区、直辖市及省辖市人民政府的环境保护行政主管部门对其所辖地区汽车生产企业生产的汽车及其发动机产品的排气污染实施监督管理。

各级人民政府的公安交通管理部门根据国家环境保护法规对在用汽车排气污染实施具体的监督管理。

国家进出口商品检验部门及其设在各地的商检机构根据国家环境保护法规对进口汽车排气污染实施具体的监督管理。

军队车辆管理部门根据国家环境保护法规对军用车辆排气污染实施具体的监督管理。

第四条　各级人民政府的有关部门应将汽车排气污染防治工作纳入国民经济和社会发展计划，加强汽车排气污染防治的科学研究，采取措施控制汽车排气污染，保护大气环境。

第五条　各级人民政府的汽车生产主管部门必须将汽车排气污染控制工作纳入生产建设计划，采取技术措施，将汽车及其发动机排放指标纳入产品质量指标，保证汽车及其发动机产品稳定达到国家规定的排放标准。

第六条　各级人民政府的汽车维修主管部门，必须采取有效技术措施，将排放指标纳入汽车维修质量标准，保证汽车及其发动机的维修质量稳定地达到国家规定的排放标准。

第七条 对控制汽车排气污染有贡献的单位或个人，应给予表彰、奖励。

第二章 汽车及其发动机产品的监督管理

第八条 汽车及其发动机产品生产主管部门对出厂汽车及发动机产品的排气污染，实施行业监督管理。

第九条 汽车及其发动机产品生产主管部门必须将汽车及其发动机产品排气污染指标纳入产品质量指标。汽车及其发动机生产企业必须具备出厂检验所必需的排气污染检测手段，其质量检验单位应按标准要求对出厂产品严格检验，达不到国家规定的排放标准的产品不得出厂。

第十条 汽车及其发动机新产品（不包括采用已定型的汽车底盘改装的新车）的定型，必须包括排气污染指标，并将有关资料报主管本企业的省、自治区、直辖市及省辖市的环境保护行政主管部门备案。

第十一条 汽车及其发动机产品的排放情况，应由各省、自治区、直辖市环境保护行政主管部门认可的监督检测机构进行抽测，抽测频率每季度不得多于一次，每年不得少于两次。达不到国家规定的排放标准的产品，不得出厂。

第十二条 汽车及其发动机产品达不到或不能稳定达到国家规定的排放标准的企业，应限期稳定达到国家规定的排放标准。

第十三条 国务院有关部门或各省、自治区、直辖市人民政府直接管辖的企业的汽车排气限期稳定达到国家规定的排放标准，由省、自治区、直辖市人民政府环境保护行政主管部门提出意见，报同级人民政府决定。市、县和市、县以下人民政府管辖的企业的汽车排气限期稳定达到国家规定的排放标准，由市、县人民政府的环境保护行政主管部门提出意见，报同级人民政府决定。

第三章 在用汽车的监督管理

第十四条 在用汽车排气污染必须达到国家规定的排放标准。

第十五条 公安交通管理部门必须将汽车排气污染检验纳入初次检验、年度检验及道路行驶抽检内容。初次检验达不到国家规定的排放标准的汽车不发牌证；年检达不到国家规定的排放标准的汽车，不得继续行驶。对抽检的车辆，其排气达不到国家规定的排放标准的，由公安交通管理部门按《中华人民共和国道路交通管理条例》有关规定给予处罚。

第十六条 军队和人民武装警察部队车辆管理部门，必须将汽车排气污染检验纳入初次检验、年度检验及抽检内容，初次检验不合格的不发牌证，年检达不到国家规定的排放标准的汽车，不得继续行驶。

第十七条 凡年检排气合格的汽车跨省、市行驶时，所到地区不再进行抽检。

第十八条 排气污染控制装置定型投产前，必须经国家环境保护行政主管部门指定的检测机构认定，并由环境保护行政主管部门实施质量监督。

各级汽车排气污染监督管理部门，不得强制推销汽车排气污染控制装置。

第四章　汽车维修的监督管理

第十九条　汽车维修主管部门，对所维修的汽车排气污染实施行业监督管理。

第二十条　汽车维修主管部门必须将汽车排气污染指标纳入维修质量考核内容。经维修的汽车其排气必须达到国家规定的排放标准。

第二十一条　汽车维修主管部门负责组织制定防治汽车排气污染维修规范和维修质量管理人员的业务培训。

第二十二条　凡从事汽车大修、发动机总成维修的企业，必须具备符合规范的汽车排气污染检测手段，车辆维修后的排气状况必须经过自检合格方可出厂。

第二十三条　凡承担汽车排气污染控制装置的安装、更换和调整等业务的维修企业，必须经汽车维修主管部门审查核发专修许可证，并报当地环境保护行政主管部门备案。

第二十四条　市级以上环境保护行政主管部门对大修竣工、发动机总成大修及车辆排气专修出厂的汽车，进行排气污染抽测，达不到国家规定的排放标准的，不得出厂。

第五章　进口汽车监督管理

第二十五条　各级商检部门对进口汽车实施质量许可制度和法定检验。进口汽车的单位或个人必须遵守商检法规，并根据国家规定的排放标准将其纳入订货合同，排气污染达不到国家规定标准的不得进口。

第二十六条　对未将国家规定的排放标准纳入订货合同的进口汽车的单位或个人，由商检部门按《中华人民共和国进出口商品检验法》和其他法律、法规及有关规定给予处罚。

第六章　汽车排气污染检测的管理

第二十七条　公安交通管理部门汽车排气检测设备能力不能满足汽车排气年检需要的地方，由环境保护行政主管部门监测机构承担汽车排气年检工作。

第二十八条　市级以上环境保护行政主管部门对保有汽车的单位进行汽车排气污染的不定期抽检。

第二十九条　市级以上环境保护行政主管部门负责汽车排气检测仪器设备的抽检和业务指导。对不符合规范要求的检测单位和个人，环境保护行政主管部门应停止其检测工作，直到合格。

第三十条　承担汽车排气污染检测的单位必须按要求向当地环境保护行政主管部门定期报送检测的统计数据。

第三十一条　汽车排气污染的初检、年检和对汽车生产企业的抽检，按当地物价部门核定的标准收取检测工本费。对汽车排气污染的路检，对汽车保有单位的抽检以及对维修厂维修后汽车的抽检，凡不超标者不收检测费。

第七章　附　则

第三十二条　本办法所指排气污染物，包括发动机排气管废气、曲轴箱泄漏、油箱及燃料系统的燃料蒸发的排放物。

发动机排气管废气污染物排放标准已于1983年颁布，按标准规定的日期进行检测。

曲轴箱排放物测量方法及限值标准已于1989年颁布，按标准规定的日期进行检测。

油箱及燃油系统燃料蒸发污染物待排放标准颁布后，按标准规定日期进行检测。

第三十三条　本办法同样适用于摩托车排气污染监督管理。

第三十四条　本办法由国家环境保护局负责解释。

第三十五条　本办法自公布之日起施行。

第三十六条　国务院颁布机动车船监督管理办法后，本办法即行废止。

近岸海域环境功能区管理办法

（2010年12月22日修订）

（1999年11月10日国家环境保护总局局务会议原则通过 1999年12月10日公布施行 2010年12月22日根据《关于废止、修改部分环保部门规章和规范性文件的决定》修订）

第一章 总 则

第一条 为保护和改善近岸海域生态环境，执行《中华人民共和国海水水质标准》，规范近岸海域环境功能区的划定工作，加强对近岸海域环境功能区的管理，制定本办法。

第二条 近岸海域环境功能区，是指为适应近岸海域环境保护工作的需要，依据近岸海域的自然属性和社会属性以及海洋自然资源开发利用现状，结合本行政区国民经济、社会发展计划与规划，按照本办法规定的程序，对近岸海域按照不同的使用功能和保护目标而划定的海洋区域。

近岸海域环境功能区分为四类：

一类近岸海域环境功能区包括海洋渔业水域、海上自然保护区、珍稀濒危海洋生物保护区等；

二类近岸海域环境功能区包括水产养殖区、海水浴场、人体直接接触海水的海上运动或娱乐区、与人类食用直接有关的工业用水区等；

三类近岸海域环境功能区包括一般工业用水区、海滨风景旅游区等；

四类近岸海域环境功能区包括海洋港口水域、海洋开发作业区等。

各类近岸海域环境功能区执行相应类别的海水水质标准。

本办法所称近岸海域是指与沿海省、自治区、直辖市行政区域内的大陆海岸、岛屿、群岛相毗连，《中华人民共和国领海及毗连区法》规定的领海外部界限向陆一侧的海域。渤海的近岸海域，为自沿岸低潮线向海一侧12海里以内的海域。

第三条 沿海县级以上地方人民政府环境保护行政主管部门对本行政区近岸海域环境功能区的环境保护工作实施统一监督管理。

第二章 近岸海域环境功能区的划定

第四条 划定近岸海域环境功能区，应当遵循统一规划，合理布局，因地制宜，陆海兼顾，局部利益服从全局利益，近期计划与长远规划相协调，经济效益、社会效益和环境效益相统一，促进经济、社会可持续发展的原则。

第五条 近岸海域环境功能区划方案应当包括以下主要内容：

（一）本行政区近岸海域自然环境现状；

（二）本行政区沿海经济、社会发展现状和发展规划；

（三）本行政区近岸海域海洋资源开发利用现状、开发规划和存在的主要问题；

（四）本行政区近岸海域环境状况变化预测；

（五）近岸海域环境功能区的海水水质现状和保护目标；

（六）近岸海域环境功能区的功能、位置和面积；

（七）近岸海域环境功能区海水水质保护目标可达性分析；

（八）近岸海域环境功能区的管理措施。

第六条 任何单位和个人不得擅自改变近岸海域环境功能区划方案。确因需要必须进行调整的，由本行政区省辖市级环境保护行政主管部门按本办法第四条和第五条的规定提出调整方案，报原审批机关批准。

第三章 近岸海域环境功能区的管理

第七条 各类近岸海域环境功能区应当执行国家《海水水质标准》（GB 3097—1997）规定的相应类别的海水水质标准。

（一）一类近岸海域环境功能区应当执行一类海水水质标准；

（二）二类近岸海域环境功能区应当执行不低于二类的海水水质标准；

（三）三类近岸海域环境功能区应当执行不低于三类的海水水质标准；

（四）四类近岸海域环境功能区应当执行不低于四类的海水水质标准。

第八条 沿海省、自治区、直辖市人民政府环境保护行政主管部门根据本行政区近岸海域环境功能区环境保护的需要，对国家海水水质标准中未作规定的项目，可以组织拟订地方海水水质补充标准，报同级人民政府批准发布。

沿海省、自治区、直辖市人民政府环境保护行政主管部门对国家污染物排放标准中未作规定的项目，可以组织拟订地方污染物排放标准；对国家污染物排放标准中已规定的项目，可以组织拟订严于国家污染排放标准的地方污染物排放标准，报同级人民政府批准发布。

地方海水水质补充标准和地方污染物排放标准应报国务院环境保护行政主管部门备案。

凡是向已有地方污染物排放标准的近岸海域环境功能区排放污染物的，应当执行地方污染物排放标准。

第九条 对入海河流河口、陆源直排口和污水排海工程排放口附近的近岸海域，可确定为混合区。

确定混合区的范围，应当根据该区域的水动力条件，邻近近岸海域环境功能区的水质要求，接纳污染物的种类、数量等因素，进行科学论证。

混合区不得影响邻近近岸海域环境功能区的水质和鱼类洄游通道。

第十条 在一类、二类近岸海域环境功能区内，禁止兴建污染环境、破坏景观的海岸工程建设项目。

第十一条 禁止破坏红树林和珊瑚礁。

在红树林自然保护区和珊瑚礁自然保护区开展活动，应严格执行《中华人民共和国自然保护区条例》，禁止危害保护区环境的项目建设和其他经济开发活动。

禁止在红树林自然保护区和珊瑚礁自然保护区内设置新的排污口。本办法发布前已经设置的排污口，由县级以上地方人民政府环境保护行政主管部门依照《海洋环境保护法》第七十七条规定责令其关闭，并处二万元以上十万元以下的罚款。

第十二条 向近岸海域环境功能区排放陆源污染物，必须遵守海洋环境保护有关法律、法规的规定和有关污染物排放标准。

对现有排放陆源污染物超过国家或者地方污染物排放标准的，限期治理。

第十三条 在近岸海域环境功能区内可能发生重大海洋环境污染事故的单位和个人，应当依照国家规定制定污染事故应急计划。

第十四条 沿海县级以上地方人民政府环境保护行政主管部门，有权对在本行政区近岸海域环境功能区内兴建海岸工程建设项目和排放陆源污染物的单位进行现场检查。被检查者应当如实反映情况，提供必要的资料。环境保护行政主管部门应当为被检查者保守技术秘密和业务秘密。

第十五条 沿海县级以上地方人民政府环境保护行政主管部门，应当按照国务院环境保护行政主管部门的有关规定进行近岸海域环境状况统计，在发布本行政区的环境状况公报中列出近岸海域环境状况。

第十六条 国务院环境保护行政主管部门对近岸海域环境质量状况定期组织检查和考核，并公布检查和考核结果。

第十七条 在近岸海域环境功能区内，防治船舶、海洋石油勘探开发、向海洋倾倒废弃物污染的环境保护工作，由《中华人民共和国海洋环境保护法》规定的有关主管部门实施监督管理。

第十八条 违反本办法规定的，由环境保护行政主管部门依照有关法律、法规的规定进行处罚。

第四章 附 则

第十九条 本办法用语含义

（一）海洋渔业水域是指鱼虾类的产卵场、索饵场、越冬场、洄游通道；

（二）珍稀濒危海洋生物保护区是指对珍贵、稀少、濒临灭绝的和有益的、有重要经济、科学研究价值的海洋动植物，依法划出一定范围予以特殊保护和管理的区域；

（三）水产养殖区是指鱼虾贝藻类及其他海洋水生动植物的养殖区域；

（四）海水浴场是指在一定的海域内，有专门机构管理，供人进行露天游泳的场所；

（五）人体直接接触海水的海上运动或娱乐区是指在海上开展游泳、冲浪、划水等活动的区域；

（六）与人类食用直接有关的工业用水区是指从事取卤、晒盐、食品加工、海水淡化和从海水中提取供人食用的其他化学元素等的区域；

（七）一般工业用水区是指利用海水做冷却水、冲刷库场等的区域；

（八）滨海风景旅游区是指风景秀丽、气候宜人，供人观赏、旅游的沿岸或海洋区域；

（九）海洋港口水域是指沿海港口以及河流入海处附近，以靠泊海船为主的港口，包括港区水域、通海航道、库场和装卸作业区；

（十）海洋开发作业区是指勘探、开发、管线输送海洋资源的海洋作业区以及海洋倾废区。

第二十条 本办法自公布之日起施行。

医疗废物管理行政处罚办法

（2010年12月22日修订）

（自2004年6月1日起施行　2010年12月22日根据《关于废止、修改部分环保部门规章和规范性文件的决定》修订）

第一条　根据《中华人民共和国传染病防治法》《中华人民共和国固体废物污染环境防治法》和《医疗废物管理条例》（以下简称《条例》），县级以上人民政府卫生行政主管部门和环境保护行政主管部门按照各自职责，对违反医疗废物管理规定的行为实施的行政处罚，适用本办法。

第二条　医疗卫生机构有《条例》第四十五条规定的下列情形之一的，由县级以上地方人民政府卫生行政主管部门责令限期改正，给予警告；逾期不改正的，处2 000元以上5 000元以下的罚款：

（一）未建立、健全医疗废物管理制度，或者未设置监控部门或者专（兼）职人员的；

（二）未对有关人员进行相关法律和专业技术、安全防护以及紧急处理等知识培训的；

（三）未对医疗废物进行登记或者未保存登记资料的；

（四）对使用后的医疗废物运送工具或者运送车辆未在指定地点及时进行消毒和清洁的；

（五）依照《条例》自行建有医疗废物处置设施的医疗卫生机构未定期对医疗废物处置设施的污染防治和卫生学效果进行检测、评价，或者未将检测、评价效果存档、报告的。

第三条　医疗废物集中处置单位有《条例》第四十五条规定的下列情形之一的，由县级以上地方人民政府环境保护行政主管部门责令限期改正，给予警告；逾期不改正的，处2 000元以上5 000元以下的罚款：

（一）未建立、健全医疗废物管理制度，或者未设置监控部门或者专（兼）职人员的；

（二）未对有关人员进行相关法律和专业技术、安全防护以及紧急处理等知识培训的；

（三）未对医疗废物进行登记或者未保存登记资料的；

（四）对使用后的医疗废物运送车辆未在指定地点及时进行消毒和清洁的；

（五）未及时收集、运送医疗废物的；

（六）未定期对医疗废物处置设施的污染防治和卫生学效果进行检测、评价，或者未将检测、评价效果存档、报告的。

第四条 医疗卫生机构、医疗废物集中处置单位有《条例》第四十五条规定的情形，未对从事医疗废物收集、运送、贮存、处置等工作的人员和管理人员采取职业卫生防护措施的，由县级以上地方人民政府卫生行政主管部门责令限期改正，给予警告；逾期不改正的，处 2 000 元以上 5 000 元以下的罚款。

第五条 医疗卫生机构有《条例》第四十六条规定的下列情形之一的，由县级以上地方人民政府卫生行政主管部门责令限期改正，给予警告，可以并处 5 000 元以下的罚款，逾期不改正的，处 5 000 元以上 3 万元以下的罚款：

（一）贮存设施或者设备不符合环境保护、卫生要求的；

（二）未将医疗废物按照类别分置于专用包装物或者容器的；

（三）未使用符合标准的运送工具运送医疗废物的。

第六条 医疗废物集中处置单位有《条例》第四十六条规定的下列情形之一的，由县级以上地方人民政府环境保护行政主管部门责令限期改正，给予警告，可以并处 5 000 元以下的罚款，逾期不改正的，处 5 000 元以上 3 万元以下的罚款：

（一）贮存设施或者设备不符合环境保护、卫生要求的；

（二）未将医疗废物按照类别分置于专用包装物或者容器的；

（三）未使用符合标准的专用车辆运送医疗废物的；

（四）未安装污染物排放在线监控装置或者监控装置未经常处于正常运行状态的。

第七条 医疗卫生机构有《条例》第四十七条规定的下列情形之一的，由县级以上地方人民政府卫生行政主管部门责令限期改正，给予警告，并处 5 000 元以上 1 万元以下的罚款；逾期不改正的，处 1 万元以上 3 万元以下的罚款：

（一）在医疗卫生机构内运送过程中丢弃医疗废物，在非贮存地点倾倒、堆放医疗废物或者将医疗废物混入其他废物和生活垃圾的；

（二）未按照《条例》的规定对污水、传染病病人或者疑似传染病病人的排泄物，进行严格消毒的，或者未达到国家规定的排放标准，排入医疗卫生机构内的污水处理系统的；

（三）对收治的传染病病人或者疑似传染病病人产生的生活垃圾，未按照医疗废物进行管理和处置的。

医疗卫生机构在医疗卫生机构外运送过程中丢弃医疗废物，在非贮存地点倾倒、堆放医疗废物或者将医疗废物混入其他废物和生活垃圾的，由县级以上地方人民政府环境保护行政主管部门依照《中华人民共和国固体废物污染环境防治法》第七十五条规定责令停止违法行为，限期改正，处 1 万元以上 10 万元以下的罚款。

第八条 医疗废物集中处置单位有《条例》第四十七条规定的情形，在运送过程中丢弃医疗废物，在非贮存地点倾倒、堆放医疗废物或者将医疗废物混入其他废物和生活垃圾的，由县级以上地方人民政府环境保护行政主管部门依照《中华人民共和国固体废物污染环境防治法》第七十五条规定责令停止违法行为，限期改正，处1万元以上10万元以下的罚款。

第九条 医疗废物集中处置单位和依照《条例》自行建有医疗废物处置设施的医疗卫生机构，有《条例》第四十七条规定的情形，对医疗废物的处置不符合国家规定的环境保护、卫生标准、规范的，由县级以上地方人民政府环境保护行政主管部门责令限期改正，给予警告，并处5 000元以上1万元以下的罚款；逾期不改正的，处1万元以上3万元以下的罚款。

第十条 医疗卫生机构、医疗废物集中处置单位有《条例》第四十七条规定的下列情形之一的，由县级以上人民政府环境保护行政主管部门依照《中华人民共和国固体废物污染环境防治法》第七十五条规定责令停止违法行为，限期改正，处2万元以上20万元以下的罚款：

（一）未执行危险废物转移联单管理制度的；

（二）将医疗废物交给或委托给未取得经营许可证的单位或者个人收集、运送、贮存、处置的。

第十一条 有《条例》第四十九条规定的情形，医疗卫生机构发生医疗废物流失、泄漏、扩散时，未采取紧急处理措施，或者未及时向卫生行政主管部门报告的，由县级以上地方人民政府卫生行政主管部门责令改正，给予警告，并处1万元以上3万元以下的罚款。

医疗废物集中处置单位发生医疗废物流失、泄漏、扩散时，未采取紧急处理措施，或者未及时向环境保护行政主管部门报告的，由县级以上地方人民政府环境保护行政主管部门责令改正，给予警告，并处1万元以上3万元以下的罚款。

第十二条 有《条例》第五十条规定的情形，医疗卫生机构、医疗废物集中处置单位阻碍卫生行政主管部门执法人员执行职务，拒绝执法人员进入现场，或者不配合执法部门的检查、监测、调查取证的，由县级以上地方人民政府卫生行政主管部门责令改正，给予警告；拒不改正的，由原发证的卫生行政主管部门暂扣或者吊销医疗卫生机构的执业许可证件。

医疗卫生机构、医疗废物集中处置单位阻碍环境保护行政主管部门执法人员执行职务，拒绝执法人员进入现场，或者不配合执法部门的检查、监测、调查取证的，由县级以上地方人民政府环境保护行政主管部门依照《中华人民共和国固体废物污染环境防治法》第七十条规定责令限期改正；拒不改正或者在检查时弄虚作假的，处2 000元以上2万元以下的罚款。

第十三条 有《条例》第五十一条规定的情形，不具备集中处置医疗废物条件的农村，医疗卫生机构未按照卫生行政主管部门有关疾病防治的要求处置医疗废物的，由县级人民政府卫生行政主管部门责令限期改正，给予警告；逾期不改正的，处1 000元以上 5 000 元以下的罚款；未按照环境保护行政主管部门有关环境污染防治的要求处置医疗废物的，由县级人民政府环境保护行政主管部门责令限期改正，给予警告；逾期不改正的，处 1 000 元以上 5 000 元以下的罚款。

第十四条 有《条例》第五十二条规定的情形，未取得经营许可证从事医疗废物的收集、运送、贮存、处置等活动的，由县级以上人民政府环境保护行政主管部门依照《中华人民共和国固体废物污染环境防治法》第七十七条规定责令停止违法行为，没收违法所得，可以并处违法所得 3 倍以下的罚款。

第十五条 有《条例》第四十七条、第四十八条、第四十九条、第五十一条规定的情形，医疗卫生机构造成传染病传播的，由县级以上地方人民政府卫生行政主管部门依法处罚，并由原发证的卫生行政主管部门暂扣或者吊销执业许可证件；造成环境污染事故的，由县级以上地方人民政府环境保护行政主管部门依照《中华人民共和国固体废物污染环境防治法》有关规定予以处罚，并由原发证的卫生行政主管部门暂扣或者吊销执业许可证件。

医疗废物集中处置单位造成传染病传播的，由县级以上地方人民政府卫生行政主管部门依法处罚，并由原发证的环境保护行政主管部门暂扣或者吊销经营许可证件；造成环境污染事故的，由县级以上地方人民政府环境保护行政主管部门依照《中华人民共和国固体废物污染环境防治法》有关规定予以处罚，并由原发证的环境保护行政主管部门暂扣或者吊销经营许可证件。

第十六条 有《条例》第五十三条规定的情形，转让、买卖医疗废物，邮寄或者通过铁路、航空运输医疗废物，或者违反《条例》规定通过水路运输医疗废物的，由县级以上地方人民政府环境保护行政主管部门责令转让、买卖双方、邮寄人、托运人立即停止违法行为，给予警告，没收违法所得；违法所得 5 000 元以上的，并处违法所得 2 倍以上 5 倍以下的罚款；没有违法所得或者违法所得不足 5 000 元的，并处 5 000 元以上 2 万元以下的罚款。

承运人明知托运人违反《条例》的规定运输医疗废物，仍予以运输的，按照前款的规定予以处罚；承运人将医疗废物与旅客在同一工具上载运的，由县级以上人民政府环境保护行政主管部门依照《中华人民共和国固体废物污染环境防治法》第七十五条规定责令停止违法行为，限期改正，处 1 万元以上 10 万元以下的罚款。

第十七条 本办法自 2004 年 6 月 1 日起施行。

环境保护行政许可听证暂行办法

（自2004年7月1日起施行）

（2004年6月17日经国家环境保护总局局务会议通过　自2004年7月1日起施行）

第一章　总　则

第一条　为了规范环境保护行政许可活动，保障和监督环境保护行政主管部门依法行政，提高环境保护行政许可的科学性、公正性、合理性和民主性，保护公民、法人和其他组织的合法权益，根据《中华人民共和国行政许可法》《中华人民共和国环境影响评价法》等有关法律法规的规定，制定本办法。

第二条　县级以上人民政府环境保护行政主管部门实施环境保护行政许可时，适用本办法进行听证。

第三条　听证由拟作出环境保护行政许可决定的环境保护行政主管部门组织。

第四条　环境保护行政主管部门组织听证，应当遵循公开、公平、公正和便民的原则，充分听取公民、法人和其他组织的意见，保证其陈述意见、质证和申辩的权利。

除涉及国家秘密、商业秘密或者个人隐私外，听证应当公开举行。

公开举行的听证，公民、法人或者其他组织可以申请参加旁听。

第二章　听证的适用范围

第五条　实施环境保护行政许可，有下列情形之一的，适用本办法：

（一）按照法律、法规、规章的规定，实施环境保护行政许可应当组织听证的；

（二）实施涉及公共利益的重大环境保护行政许可，环境保护行政主管部门认为需要听证的；

（三）环境保护行政许可直接涉及申请人与他人之间重大利益关系，申请人、利害关系人依法要求听证的。

第六条　除国家规定需要保密的建设项目外，建设本条所列项目的单位，在报批环境影响报告书前，未依法征求有关单位、专家和公众的意见，或者虽然依法征求了有关单位、专家和公众的意见，但存在重大意见分歧的，环境保护行政主管部门在审查或者重新审核建设项目环境影响评价文件之前，可以举行听证会，征求项目所在地有关单位和居民的意见：

（一）对环境可能造成重大影响、应当编制环境影响报告书的建设项目；

（二）可能产生油烟、恶臭、噪声或者其他污染，严重影响项目所在地居民生活环境质量的建设项目。

第七条 对可能造成不良环境影响并直接涉及公众环境权益的工业、农业、畜牧业、林业、能源、水利、交通、城市建设、旅游、自然资源开发的有关专项规划，设区的市级以上人民政府在审批该专项规划草案和作出决策之前，指定环境保护行政主管部门对环境影响报告书进行审查的，环境保护行政主管部门可以举行听证会，征求有关单位、专家和公众对环境影响报告书草案的意见。国家规定需要保密的规划除外。

第三章 听证主持人和听证参加人

第八条 环境保护行政许可的听证活动，由承担许可职能的环境保护行政主管部门组织，并由其指定听证主持人具体实施。

听证主持人应当由环境保护行政主管部门许可审查机构内审查该行政许可申请的工作人员以外的人员担任。

环境行政许可事项重大复杂，环境保护行政主管部门决定举行听证，由许可审查机构的人员担任听证主持人可能影响公正处理的，由法制机构工作人员担任听证主持人。

记录员由听证主持人指定。

第九条 听证主持人在听证活动中行使下列职权：

（一）决定举行听证的时间、地点和方式；

（二）决定听证的延期、中止或者终结；

（三）决定证人是否出席作证；

（四）就听证事项进行询问；

（五）接收并审核有关证据，必要时可要求听证参加人提供或者补充证据；

（六）指挥听证活动，维护听证秩序，对违反听证纪律的行为予以警告直至责令其退场；

（七）对听证笔录进行审阅；

（八）法律、法规和规章赋予的其他职权。

记录员具体承担听证准备和听证记录工作。

第十条 听证主持人在听证活动中承担下列义务：

（一）决定将有关听证的通知及时送达行政许可申请人、利害关系人、行政许可审查人员、鉴定人、翻译人员等听证参加人；

（二）公正地主持听证，保证当事人行使陈述权、申辩权和质证权；

（三）符合回避情形的，应当自行回避；

（四）保守听证案件涉及的国家秘密、商业秘密和个人隐私。

记录员应当如实制作听证笔录，并承担本条第（四）项所规定的义务。

第十一条 听证主持人有下列情形之一的，应当自行回避。环境保护行政许可申请人或者利害关系人有权以口头或者书面方式申请其回避：

（一）是被听证的行政许可的审查人员，或者是行政许可审查人员的近亲属；

（二）是被听证的行政许可的当事人，或者是被听证的行政许可当事人、代理人的近亲属；

（三）与行政许可结果有直接利害关系的；

（四）与被听证的行政许可当事人有其他关系，可能影响公正听证的。

前款规定，适用于环境鉴定、监测人员。

行政许可申请人或者利害关系人申请听证主持人回避的，应说明理由，由组织听证的环境保护行政主管部门负责人决定是否回避。在是否回避的决定作出之前，被申请回避的听证主持人应当暂停参与听证工作。

第十二条 环境保护行政许可申请人、利害关系人享有下列权利：

（一）要求或者放弃听证；

（二）依法申请听证主持人回避；

（三）可以亲自参加听证，也可以委托一至二人代理参加听证；

（四）就听证事项进行陈述、申辩和举证；

（五）对证据进行质证；

（六）听证结束前进行最后陈述；

（七）审阅并核对听证笔录；

（八）查阅案卷。

第十三条 环境保护行政许可申请人、利害关系人承担下列义务：

（一）按照组织听证的环境保护行政主管部门指定的时间、地点出席听证会；

（二）依法举证；

（三）如实回答听证主持人的询问；

（四）遵守听证纪律。

听证申请人无正当理由不出席听证会的，视同放弃听证权利。

听证申请人违反听证纪律，情节严重被听证主持人责令退场的，视同放弃听证权利。

环境鉴定人、监测人、证人、翻译人员等听证参加人，应当承担第（三）项和第（四）项义务。

第十四条 行政许可申请人、利害关系人或者其法定代理人，委托他人代理参加听证的，应当向组织听证的环境保护行政主管部门提交由委托人签名或者盖章的授权委托书。

授权委托书应当载明委托事项及权限。

第十五条 组织听证的环境保护行政主管部门可以通知了解被听证的行政许可事项的单位和个人出席听证会。

有关单位应当支持了解被听证的行政许可事项的单位和个人出席听证会。

证人确有困难不能出席听证会的，可以提交有本人签名或者盖章的书面证言。

第十六条 环境保护行政许可事项需要进行鉴定或者监测的，应当委托符合条件的鉴定或者监测机构。接受委托的机构有权了解有关材料，必要时可以询问行政许可申请人、利害关系人或者证人。

鉴定或者监测机构应当提交签名或者盖章的书面鉴定或者监测结论。

第四章 听证程序

第十七条 环境保护行政主管部门对本办法第五条第（一）项和第（二）项规定的环境保护行政许可事项，决定举行听证的，应在听证举行的 10 日前，通过报纸、网络或者布告等适当方式，向社会公告。

公告内容应当包括被听证的许可事项和听证会的时间、地点，以及参加听证会的方法。

第十八条 组织听证的环境保护行政主管部门可以根据场地等条件，确定参加听证会的人数。

第十九条 参加环境保护行政许可听证的公民、法人或者其他组织人数众多的，可以推举代表人参加听证。

第二十条 环境保护行政主管部门对本办法第五条第（三）项规定的环境保护行政许可事项，在作出行政许可决定之前，应当告知行政许可申请人、利害关系人享有要求听证的权利，并送达《环境保护行政许可听证告知书》。

《环境保护行政许可听证告知书》应当载明下列事项：

（一）行政许可申请人、利害关系人的姓名或者名称；

（二）被听证的行政许可事项；

（三）对被听证的行政许可的初步审查意见、证据和理由；

（四）告知行政许可申请人、利害关系人有申请听证的权利；

（五）告知申请听证的期限和听证的组织机关。

送达《环境保护行政许可听证告知书》可以采取直接送达、委托送达、邮寄送达等形式，并由行政许可申请人、利害关系人在送达回执上签字。

行政许可申请人、利害关系人人数众多或者其他必要情形时，可以通过报纸、网络或者布告等适当方式，将《环境保护行政许可听证告知书》向社会公告。

第二十一条 行政许可申请人、利害关系人要求听证的，应当在收到听证告知书之日起 5 日内以书面形式提出听证申请。

第二十二条 《环境保护行政许可听证申请书》包括以下内容：

（一）听证申请人的姓名、地址；

（二）申请听证的具体要求；

（三）申请听证的依据、理由；

（四）其他相关材料。

第二十三条 组织行政许可听证的环境保护行政主管部门收到听证申请书后，应当对申请材料进行审查。申请材料不齐备的，应当一次性告知听证申请人补正。

第二十四条 听证申请有下列情形之一的，组织听证的环境保护行政主管部门不予受理，并书面说明理由：

（一）听证申请人不是该环境保护行政许可的申请人、利害关系人的；

（二）听证申请未在收到《环境保护行政许可听证告知书》后5个工作日内提出的；

（三）其他不符合申请听证条件的。

第二十五条 组织听证的环境保护行政主管部门经过审核，对符合听证条件的听证申请，应当受理，并在20日内组织听证。

第二十六条 组织听证的环境保护行政主管部门应当在听证举行的7日前，将《环境保护行政许可听证通知书》分别送达行政许可申请人、利害关系人，并由其在送达回执上签字。

《环境保护行政许可听证通知书》应当载明下列事项：

（一）行政许可申请人、利害关系人的姓名或者名称；

（二）听证的事由与依据；

（三）听证举行的时间、地点和方式；

（四）听证主持人、行政许可审查人员的姓名、职务；

（五）告知行政许可申请人、利害关系人预先准备证据、通知证人等事项；

（六）告知行政许可申请人、利害关系人参加听证的权利和义务；

（七）其他注意事项。

申请人、利害关系人人数众多或者其他必要情形时，可以通过报纸、网络或者布告等适当方式，向社会公告。

第二十七条 环境保护行政许可申请人、利害关系人接到听证通知后，应当按时到场；无正当理由不到场的，或者未经听证主持人允许中途退场的，视为放弃听证权利，并记入听证笔录。

第二十八条 环境保护行政许可听证会按以下程序进行：

（一）听证主持人宣布听证会场纪律，告知听证申请人、利害关系人的权利和义务，询问并核实听证参加人的身份，宣布听证开始；

（二）记录员宣布听证所涉许可事项、听证主持人和听证员的姓名、工作单位和职务；

（三）行政许可审查人员提出初步审查意见、理由和证据；

（四）行政许可申请人、利害关系人就该行政许可事项进行陈述和申辩，提出有关证据，对行政许可审查人员提出的证据进行质证；

（五）行政许可审查人员和行政许可申请人、利害关系人进行辩论；

（六）行政许可申请人、利害关系人做最后陈述；

（七）主持人宣布听证结束。

在听证过程中，主持人可以向行政许可审查人员、行政许可申请人、利害关系人和证人发问，有关人员应当如实回答。

第二十九条 组织听证的环境保护行政主管部门，对听证会必须制作笔录。

听证笔录应当载明下列事项，并由听证员和记录员签名：

（一）听证所涉许可事项；

（二）听证主持人和记录员的姓名、职务；

（三）听证参加人的基本情况；

（四）听证的时间、地点；

（五）听证公开情况；

（六）行政许可审查人员提出的初步审查意见、理由和证据；

（七）行政许可申请人、利害关系人和其他听证参加人的主要观点、理由和依据；

（八）延期、中止或者终止的说明；

（九）听证主持人对听证活动中有关事项的处理情况；

（十）听证主持人认为应当笔录的其他事项。

听证结束后，听证笔录应交陈述意见的行政许可申请人、利害关系人审核无误后签字或者盖章。无正当理由拒绝签字或者盖章的，应当记入听证笔录。

第三十条 听证终结后，听证主持人应当及时将听证笔录报告本部门负责人。

环境保护行政主管部门应当根据听证笔录，作出环境保护行政许可决定，并应当在许可决定中附具对听证会反映的主要观点采纳或者不采纳的说明。

第三十一条 有下列情形之一的，可以延期举行听证：

（一）因不可抗力事由致使听证无法按期举行的；

（二）行政许可申请人、利害关系人临时申请听证主持人回避的；

（三）行政许可申请人、利害关系人申请延期，并有正当理由的；

（四）可以延期的其他情形。

延期听证的，组织听证的环境保护行政主管部门应当书面通知听证参加人。

第三十二条 有下列情形之一的，中止听证：

（一）听证主持人认为听证过程中提出的新的事实、理由、依据有待进一步调查核实或者鉴定的；

（二）申请听证的公民死亡、法人或者其他组织终止，尚未确定权利、义务承受人的；

（三）其他需要中止听证的情形。

中止听证的，组织听证的环境保护行政主管部门应当书面通知听证参加人。

第三十三条 延期、中止听证的情形消失后，由组织听证的环境保护行政主管部门决定是否恢复听证，并书面通知听证参加人。

第三十四条 有下列情形之一的，应当终止听证：

（一）行政许可申请人、利害关系人在告知后明确放弃听证权利的；

（二）听证申请人撤回听证要求的；

（三）听证申请人无正当理由不参加听证的；

（四）听证申请人在听证过程中声明退出的；

（五）听证申请人未经听证主持人允许中途退场的；

（六）听证申请人为法人或者其他组织的，该法人或者其他组织终止后，承受其权利的法人或者组织放弃听证权利的；

（七）听证申请人违反听证纪律，情节严重，被听证主持人责令退场的；

（八）需要终止听证的其他情形。

第五章　罚　则

第三十五条　环境保护行政主管部门及其工作人员违反《中华人民共和国行政许可法》的规定，有下列情形之一的，由有关机关依法责令改正；情节严重的，对直接负责的主管人员和其他直接责任人员依法给予行政处分：

（一）对法律、法规、规章规定应当组织听证的环境保护行政许可事项，不组织听证的；

（二）对符合法定条件的环境保护行政许可听证申请，不予受理的；

（三）在受理、审查、决定环境保护行政许可过程中，未向申请人、利害关系人履行法定告知义务的；

（四）未依法说明不受理环境保护行政许可听证申请或者不予听证的理由的。

第三十六条　环境保护行政主管部门的听证主持人、记录员，在听证时玩忽职守、滥用职权、徇私舞弊的，依法给予行政处分；构成犯罪的，依法追究刑事责任。

第六章　附　则

第三十七条　《环境保护行政许可听证公告》《环境保护行政许可听证告知书》《环境保护行政许可听证申请书》《环境保护行政许可听证通知书》和《送达回执》的格式，由国家环境保护总局统一规范。

第三十八条　环境保护行政主管部门组织听证所需经费，应当根据《中华人民共和国行政许可法》第五十八条的规定，列入本行政机关的预算，由本级财政予以保障。

第三十九条　环境保护行政主管部门受权起草的环境保护法律、法规，或者依职权起草的环境保护规章，直接涉及公民、法人或者其他组织切身利益，有关机关、组织或者公民对草案有重大意见分歧的，环境保护行政主管部门可以采取听证会形式，听取社会意见。

环境立法听证会，除适用《规章制定程序条例》等法律法规规定的程序外，可以参照本办法关于听证组织和听证程序的规定执行。

第四十条　本办法自2004年7月1日起施行。

附件：1.《环境保护行政许可听证公告》格式

2.《环境保护行政许可听证告知书》格式

3.《环境保护行政许可听证申请书》格式

4.《环境保护行政许可听证通知书》格式

5.《送达回执》格式

附件 1：

×××环境保护局

环境保护行政许可听证公告

×××　〔×〕　×号

根据《中华人民共和国行政许可法》第四十六条（和《＿＿＿＿＿》第＿＿＿条）的规定，我局定于＿＿年＿月＿日＿时＿分，在＿＿＿＿（地点）＿＿＿＿＿＿＿就＿＿＿＿＿＿＿（环境保护行政许可事项）＿＿＿＿＿＿＿＿举行听证。

如申请参加该听证会，可在＿＿年＿＿月＿＿日到我局办理有关申请手续。

我局通信地址及邮政编码：＿＿＿＿＿＿＿＿＿＿

联系人：＿＿＿＿＿＿＿＿＿＿＿＿＿＿＿

联系电话：＿＿＿＿＿＿＿＿＿＿＿＿＿＿

传真：＿＿＿＿＿＿＿＿＿＿＿＿＿＿＿＿

在参加听证前，须做好以下准备：

1. 携带有关证据材料；

2. 通知有关证人出席作证；

3. 委托代理人参加的，须提前办理委托代理手续。

×××环境保护局（印章）

×年×月×日

附件 2：

×××环境保护局

环境保护行政许可听证告知书

×××　〔×〕　×号

(环境保护行政许可申请人或者利害关系人)：

(环境保护行政许可申请人）于____年____月____日向我局提出了关于__________(环境保护行政许可事项)__________的申请。我局的初步审查意见是______________。主要理由：____。

主要证据：____。

根据《中华人民共和国行政许可法》第四十七条规定，对该项环境保护行政许可，你单位（或者个人）有权要求听证。

你单位（或者个人）如果要求听证，可以在收到本告知书之日起五日内向我局以书面提出听证申请；逾期未提出听证申请，视为你单位（或者个人）放弃听证权利。

我局通讯地址及邮政编码：______________

联系人：______________

联系电话：______________

传真：______________

×××环境保护局（印章）

×年×月×日

附件 3：

环境保护行政许可听证申请书

（ ×××环境保护局）＿：

现就＿＿（环境保护行政许可事项）＿＿＿＿＿＿＿＿＿＿＿＿＿＿＿＿

＿＿＿＿＿＿＿＿提出听证申请。

申请的依据和理由：＿＿＿＿＿＿＿＿＿＿＿＿＿＿＿＿＿＿＿＿

＿＿＿＿＿＿＿＿＿＿＿＿＿＿＿＿＿＿＿＿＿＿＿＿＿＿＿＿＿＿

＿＿＿＿＿＿＿＿＿＿＿＿＿＿＿＿＿＿＿＿＿＿＿＿＿＿＿＿＿＿

＿＿＿＿＿＿＿＿＿＿＿＿＿＿＿＿＿＿＿＿＿＿＿＿＿＿＿＿＿＿

＿＿＿＿＿＿＿＿＿＿＿＿＿＿＿＿＿＿＿＿＿＿＿＿＿＿＿＿＿＿

＿＿＿＿＿＿＿＿＿＿＿＿＿＿＿＿＿＿＿＿＿＿＿＿＿＿＿＿＿＿

＿＿＿＿＿＿＿＿＿＿＿＿＿＿＿＿＿＿＿＿＿＿＿＿＿＿＿＿＿＿

＿＿＿＿＿＿＿＿＿＿＿＿＿＿＿＿＿＿＿＿＿＿＿＿＿＿＿＿＿＿

＿＿＿＿＿＿＿＿＿＿＿＿＿＿＿＿＿＿＿＿＿＿＿＿＿＿＿＿＿。

附件：有关材料

环境保护行政许可听证申请人：＿＿＿＿＿＿＿＿＿＿

通讯地址及邮政编码：＿＿＿＿＿＿＿＿＿＿＿＿＿＿

联系人姓名和电话：＿＿＿＿＿＿＿＿＿＿＿＿＿＿＿

环境保护行政许可听证申请人

（签字或者印章）

×年×月×日

附件 4：

×××环境保护局

环境保护行政许可听证通知书

×××　〔×〕　×号

(环境保护行政许可申请人或者利害关系人)：

根据《中华人民共和国行政许可法》第四十七条规定，并应__(环境保护行政许可利害关系人　和/或　申请人)__的听证要求，我局决定就________(环境保护行政许可事项)__________________举行听证。

一、听证会的时间、地点

时间：____年____月____日____时____分

地点：______________________________

二、参加听证会人员

1. 听证主持人姓名：________职务：________，

书记员姓名：____________职务：________。

2. 环境保护行政许可审查人员姓名：________职务：________。

3. 环境保护行政许可申请人：________________。

4. 环境保护行政许可利害关系人：____________。

三、环境保护行政许可申请人和利害关系人的权利和义务

1. 根据《环境保护行政许可听证办法》第十三条的规定，环境保护行政许可申请人、利害关系人享有下列权利：

（一）要求或者放弃听证；

（二）经说明理由，依法申请听证主持人回避；

（三）可以亲自参加听证，也可以委托一至二人代理参加听证；

（四）就听证事项进行陈述、申辩和举证；

（五）对证据进行质证；

（六）听证结束前进行最后陈述；

（七）审阅并核对听证笔录；

（八）查阅案卷。

2. 根据《环境保护行政许可听证办法》第十四条的规定，环境保护行政许可申请人、利害关系人承担下列义务：

（一）按照组织听证的环境保护行政主管部门指定的时间、地点出席听证会。听证申请人无正当理由不出席听证会的，视同放弃听证权利；

（二）依法举证；

（三）如实回答听证主持人的询问；

（四）遵守听证纪律。听证申请人违反听证纪律，情节严重被听证主持人责令退场的，视同放弃听证权利。

四、注意事项

1. 携带有关证据材料；

2. 通知有关证人出席作证；

3. 如委托代理人参加的，须提前办理委托代理手续。

五、我局联系方式

我局通讯地址及邮政编码：____________________

联系人：____________________________________

联系电话：__________________________________

传真：______________________________________

×××环境保护局（印章）

×年×月×日

附件 5：

×××环境保护局

送　达　回　执

受送达人 姓名或者名称	
受送达人地址	
案　由	
送达文书名称 及发文字号	
送达地点	
收到时间	×年×月×日
受送达人	受送达人（签字或者印章） ×年×月×日
送达机关	送达机关（印章） ×年×月×日

污染源自动监控管理办法

（自 2005 年 11 月 1 日起施行）

（2005 年 7 月 7 日国家环境保护总局第十次局务会议通过　予以公布　自 2005 年 11 月 1 日起施行）

第一章　总　则

第一条　为加强污染源监管，实施污染物排放总量控制与排污许可证制度和排污收费制度，预防污染事故，提高环境管理科学化、信息化水平，根据《水污染防治法》《大气污染防治法》《环境噪声污染防治法》《水污染防治法实施细则》《建设项目环境保护管理条例》和《排污费征收使用管理条例》等有关环境保护法律法规，制定本办法。

第二条　本办法适用于重点污染源自动监控系统的监督管理。

重点污染源水污染物、大气污染物和噪声排放自动监控系统的建设、管理和运行维护，必须遵守本办法。

第三条　本办法所称自动监控系统，由自动监控设备和监控中心组成。

自动监控设备是指在污染源现场安装的用于监控、监测污染物排放的仪器、流量（速）计、污染治理设施运行记录仪和数据采集传输仪等仪器、仪表，是污染防治设施的组成部分。

监控中心是指环境保护部门通过通信传输线路与自动监控设备连接用于对重点污染源实施自动监控的计算机软件和设备等。

第四条　自动监控系统经环境保护部门检查合格并正常运行的，其数据作为环境保护部门进行排污申报核定、排污许可证发放、总量控制、环境统计、排污费征收和现场环境执法等环境监督管理的依据，并按照有关规定向社会公开。

第五条　国家环境保护总局负责指导全国重点污染源自动监控工作，制定有关工作制度和技术规范。

地方环境保护部门根据国家环境保护总局的要求按照统筹规划、保证重点、兼顾一般、量力而行的原则，确定需要自动监控的重点污染源，制定工作计划。

第六条　环境监察机构负责以下工作：

（一）参与制定工作计划，并组织实施；

（二）核实自动监控设备的选用、安装、使用是否符合要求；

（三）对自动监控系统的建设、运行和维护等进行监督检查；

（四）本行政区域内重点污染源自动监控系统联网监控管理；

（五）核定自动监控数据，并向同级环境保护部门和上级环境监察机构等联网报送；

（六）对不按照规定建立或者擅自拆除、闲置、关闭及不正常使用自动监控系统的的排污单位提出依法处罚的意见。

第七条　环境监测机构负责以下工作：

（一）指导自动监控设备的选用、安装和使用；

（二）对自动监控设备进行定期比对监测，提出自动监控数据有效性的意见。

第八条　环境信息机构负责以下工作：

（一）指导自动监控系统的软件开发；

（二）指导自动监控系统的联网，核实自动监控系统的联网是否符合国家环境保护总局制定的技术规范；

（三）协助环境监察机构对自动监控系统的联网运行进行维护管理。

第九条　任何单位和个人都有保护自动监控系统的义务，并有权对闲置、拆除、破坏以及擅自改动自动监控系统参数和数据等不正常使用自动监控系统的行为进行举报。

第二章　自动监控系统的建设

第十条　列入污染源自动监控计划的排污单位，应当按照规定的时限建设、安装自动监控设备及其配套设施，配合自动监控系统的联网。

第十一条　新建、改建、扩建和技术改造项目应当根据经批准的环境影响评价文件的要求建设、安装自动监控设备及其配套设施，作为环境保护设施的组成部分，与主体工程同时设计、同时施工、同时投入使用。

第十二条　建设自动监控系统必须符合下列要求：

（一）自动监控设备中的相关仪器应当选用经国家环境保护总局指定的环境监测仪器检测机构适用性检测合格的产品；

（二）数据采集和传输符合国家有关污染源在线自动监控（监测）系统数据传输和接口标准的技术规范；

（三）自动监控设备应安装在符合环境保护规范要求的排污口；

（四）按照国家有关环境监测技术规范，环境监测仪器的比对监测应当合格；

（五）自动监控设备与监控中心能够稳定联网；

（六）建立自动监控系统运行、使用、管理制度。

第十三条　自动监控设备的建设、运行和维护经费由排污单位自筹，环境保护部门可以给予补助；监控中心的建设和运行、维护经费由环境保护部门编报预算申请经费。

第三章　自动监控系统的运行、维护和管理

第十四条　自动监控系统的运行和维护，应当遵守以下规定：

（一）自动监控设备的操作人员应当按国家相关规定，经培训考核合格、持证上岗；

（二）自动监控设备的使用、运行、维护符合有关技术规范；

（三）定期进行比对监测；

（四）建立自动监控系统运行记录；

（五）自动监控设备因故障不能正常采集、传输数据时，应当及时检修并向环境监察机构报告，必要时应当采用人工监测方法报送数据。

自动监控系统由第三方运行和维护的，接受委托的第三方应当依据《环境污染治理设施运营资质许可管理办法》的规定，申请取得环境污染治理设施运营资质证书。

第十五条 自动监控设备需要维修、停用、拆除或者更换的，应当事先报经环境监察机构批准同意。

环境监察机构应当自收到排污单位的报告之日起 7 日内予以批复；逾期不批复的，视为同意。

第四章 罚 则

第十六条 违反本办法规定，现有排污单位未按规定的期限完成安装自动监控设备及其配套设施的，由县级以上环境保护部门责令限期改正，并可处 1 万元以下的罚款。

第十七条 违反本办法规定，新建、改建、扩建和技术改造的项目未安装自动监控设备及其配套设施，或者未经验收或者验收不合格的，主体工程即正式投入生产或者使用的，由审批该建设项目环境影响评价文件的环境保护部门依据《建设项目环境保护管理条例》责令停止主体工程生产或者使用，可以处 10 万元以下的罚款。

第十八条 违反本办法规定，有下列行为之一的，由县级以上地方环境保护部门按以下规定处理：

（一）故意不正常使用水污染物排放自动监控系统，或者未经环境保护部门批准，擅自拆除、闲置、破坏水污染物排放自动监控系统，排放污染物超过规定标准的；

（二）不正常使用大气污染物排放自动监控系统，或者未经环境保护部门批准，擅自拆除、闲置、破坏大气污染物排放自动监控系统的；

（三）未经环境保护部门批准，擅自拆除、闲置、破坏环境噪声排放自动监控系统，致使环境噪声排放超过规定标准的。

有前款第（一）项行为的，依据《水污染防治法》第四十八条和《水污染防治法实施细则》第四十一条的规定，责令恢复正常使用或者限期重新安装使用，并处 10 万元以下的罚款；有前款第（二）项行为的，依据《大气污染防治法》第四十六条的规定，责令停止违法行为，限期改正，给予警告或者处 5 万元以下罚款；有前款第（三）项行为的，依据《环境噪声污染防治法》第五十条的规定，责令改正，处 3 万元以下罚款。

第五章 附 则

第十九条 本办法自 2005 年 11 月 1 日起施行。

环境信访办法

（自 2006 年 7 月 1 日起施行）

（国家环境保护总局 2006 年第 5 次局务会议通过　予以发布　自 2006 年 7 月 1 日起施行）

第一章　总　则

第一条　为了规范环境信访工作，维护环境信访秩序，保护信访人的合法环境权益，根据《信访条例》和环境保护有关法律、法规，制定本办法。

第二条　本办法所称环境信访是指公民、法人或者其他组织采用书信、电子邮件、传真、电话、走访等形式，向各级环境保护行政主管部门反映环境保护情况，提出建议、意见或者投诉请求，依法由环境保护行政主管部门处理的活动。

采用前款规定形式，反映环境保护情况，提出建议、意见或者投诉请求的公民、法人或其他组织，称信访人。

第三条　各级环境保护行政主管部门应当畅通信访渠道，认真倾听人民群众的建议、意见和要求，为信访人采用本办法规定的形式反映情况，提出建议、意见或者投诉请求提供便利条件。

各级环境保护行政主管部门及其工作人员不得打击报复信访人。

第四条　环境信访工作应当遵循下列原则：

（一）属地管理、分级负责，谁主管、谁负责，依法、及时、就地解决问题与疏导教育相结合；

（二）科学、民主决策，依法履行职责，从源头预防环境信访案件的发生；

（三）建立统一领导、部门协调，统筹兼顾、标本兼治，各负其责、齐抓共管的环境信访工作机制；

（四）维护公众对环境保护工作的知情权、参与权和监督权，实行政务公开；

（五）深入调查研究，实事求是，妥善处理，解决问题。

第五条　环境信访工作实行行政首长负责制。各级环境保护行政主管部门负责人应当阅批重要来信、接待重要来访，定期听取环境信访工作汇报，研究解决环境信访工作中的问题，检查指导环境信访工作。

第六条　各级环境保护行政主管部门应当建立健全环境信访工作责任制，将环境信访工作绩效纳入工作人员年度考核体系。对环境信访工作中的失职、渎职行为，按照有关法律、法规和本办法，实行责任追究制度。

第七条 信访人检举、揭发污染环境、破坏生态的违法行为或者提出的建议、意见，对环境保护工作有重要推动作用的，环境保护行政主管部门应当给予表扬或者奖励。

对在环境信访工作中做出优异成绩的单位或个人，由同级或上级环境保护行政主管部门给予表彰或者奖励。

第二章 环境信访工作机构、工作人员及职责

第八条 按照有利工作、方便信访人的原则，县级环境保护行政主管部门应当设立或指定环境信访工作机构，配备环境信访工作专职或兼职人员；各省、自治区和设区的城市环境保护行政主管部门应当设立独立的环境信访工作机构。

各级环境保护行政主管部门应当加强环境信访工作机构的能力建设，配备与环境信访工作相适应的工作人员，保证工作经费和必要的工作设备及设施。

各级环境保护行政主管部门的环境信访工作机构代表本机关负责组织、协调、处理和督促检查环境信访工作及信访事项的办理，保障环境信访渠道的畅通。

第九条 各级环境保护行政主管部门应当选派责任心强，熟悉环境保护业务，了解相关的法律、法规和政策，有群众工作经验的人员从事环境信访工作；重视环境信访干部的培养和使用。

第十条 环境信访工作机构履行下列职责：

（一）受理信访人提出的环境信访事项；

（二）向本级环境保护行政主管部门有关内设机构或单位、下级环境保护行政主管部门转送、交办环境信访事项；

（三）承办上级环境保护行政主管部门和本级人民政府交办处理的环境信访事项；

（四）协调、处理环境信访事项；

（五）督促检查环境信访事项的处理和落实情况，督促承办机构上报处理结果；

（六）研究、分析环境信访情况，开展调查研究，及时向环境保护行政主管部门提出改进工作的建议；

（七）总结交流环境信访工作经验，检查、指导下级环境保护行政主管部门的环境信访工作，组织环境信访工作人员培训；

（八）向本级和上一级环境保护行政主管部门提交年度工作报告，报告应当包括环境信访承办、转办、督办工作情况和受理环境信访事项的数据统计及分析等内容。

第三章 环境信访渠道

第十一条 各级环境保护行政主管部门应当向社会公布环境信访工作机构的通信地址、邮政编码、电子信箱、投诉电话，信访接待时间、地点、查询方式等。

各级环境保护行政主管部门应当在其信访接待场所或本机关网站公布与环境信访

工作有关的法律、法规、规章，环境信访事项的处理程序，以及其他为信访人提供便利的相关事项。

第十二条 地方各级环境保护行政主管部门应当建立负责人信访接待日制度，由部门负责人协调处理信访事项，信访人可以在公布的接待日和接待地点，当面反映环境保护情况，提出意见、建议或者投诉。

各级环境保护行政主管部门负责人或者其指定的人员，必要时可以就信访人反映的突出问题到信访人居住地与信访人面谈或进行相关调查。

第十三条 国务院环境保护行政主管部门充分利用现有政务信息网络资源，推进全国环境信访信息系统建设。

地方各级环境保护行政主管部门应当建立本行政区域的环境信访信息系统，与环境举报热线、环境统计和本级人民政府信访信息系统互相联通，实现信息共享。

第十四条 环境信访工作机构应当及时、准确地将下列信息输入环境信访信息系统：

（一）信访人的姓名、地址和联系电话，环境信访事项的基本要求、事实和理由摘要；

（二）已受理环境信访事项的转办、交办、办理和督办情况；

（三）重大紧急环境信访事项的发生、处置情况。

信访人可以到受理其信访事项的环境信访工作机构指定的场所，查询其提出的环境信访事项的处理情况及结果。

第十五条 各级环境保护行政主管部门可以协调相关社会团体、法律援助机构、相关专业人员、社会志愿者等共同参与，综合运用咨询、教育、协商、调解、听证等方法，依法、及时、合理处理信访人反映的环境问题。

第四章　环境信访事项的提出

第十六条 信访人可以提出以下环境信访事项：

（一）检举、揭发违反环境保护法律、法规和侵害公民、法人或者其他组织合法环境权益的行为；

（二）对环境保护工作提出意见、建议和要求；

（三）对环境保护行政主管部门及其所属单位工作人员提出批评、建议和要求。

对依法应当通过诉讼、仲裁、行政复议等法定途径解决的投诉请求，信访人应当依照有关法律、行政法规规定的程序向有关机关提出。

第十七条 信访人的环境信访事项，应当依法向有权处理该事项的本级或者上一级环境保护行政主管部门提出。

第十八条 信访人一般应当采用书信、电子邮件、传真等书面形式提出环境信访事项；采用口头形式提出的，环境信访机构工作人员应当记录信访人的基本情况、请求、主要事实、理由、时间和联系方式。

第十九条 信访人采用走访形式提出环境信访事项的，应当到环境保护行政主管部门设立或者指定的接待场所提出。多人提出同一环境信访事项的，应当推选代表，代表人数不得超过 5 人。

第二十条 信访人在信访过程中应当遵守法律、法规，自觉履行下列义务：

（一）尊重社会公德，爱护接待场所的公共财物；

（二）申请处理环境信访事项，应当如实反映基本事实、具体要求和理由，提供本人真实姓名、证件及联系方式；

（三）对环境信访事项材料内容的真实性负责；

（四）服从环境保护行政主管部门做出的符合环境保护法律、法规的处理决定。

第二十一条 信访人在信访过程中不得损害国家、社会、集体的利益和其他公民的合法权利，自觉维护社会公共秩序和信访秩序，不得有下列行为：

（一）围堵、冲击环境保护行政机关，拦截公务车辆，堵塞机关公共通道；

（二）捏造、歪曲事实，诬告、陷害他人；

（三）侮辱、殴打、威胁环境信访接待人员；

（四）采取自残、发传单、打标语、喊口号、穿状衣等过激行为或者其他扰乱公共秩序、违反公共道德的行为；

（五）煽动、串联、胁迫、以财物诱使、幕后操纵他人信访或者以信访为名借机敛财；

（六）在环境信访接待场所滞留、滋事，或者将生活不能自理的人弃留在接待场所；

（七）携带危险物品、管制器具，妨害国家和公共安全的其他行为。

第五章　环境信访事项的受理

第二十二条 各级环境信访工作机构收到信访事项，应当予以登记，并区分情况，分别按下列方式处理：

（一）信访人提出属于本办法第十六条规定的环境信访事项的，应予以受理，并及时转送、交办本部门有关内设机构、单位或下一级环境保护行政主管部门处理，要求其在指定办理期限内反馈结果，提交办结报告，并回复信访人。对情况重大、紧急的，应当及时提出建议，报请本级环境保护行政主管部门负责人决定；

（二）对不属于环境保护行政主管部门处理的信访事项不予受理，但应当告知信访人依法向有关机关提出；

（三）对依法应当通过诉讼、仲裁、行政复议等法定途径解决的，应当告知信访人依照有关法律、行政法规规定程序向有关机关和单位提出；

（四）对信访人提出的环境信访事项已经受理并正在办理中的，信访人在规定的办理期限内再次提出同一环境信访事项的，不予受理。

对信访人提出的环境信访事项，环境信访机构能够当场决定受理的，应当场答复；不能当场答复是否受理的，应当自收到环境信访事项之日起 15 日内书面告知信访人。但是信访人的姓名（名称）、住址或联系方式不清而联系不上的除外。

各级环境保护行政主管部门工作人员收到的环境信访事项，交由环境信访工作机构按规定处理。

第二十三条 同级人民政府信访机构转送、交办的环境信访事项，接办的环境保护行政主管部门应当自收到转送、交办信访事项之日起 15 日内，决定是否受理并书面告知信访人。

第二十四条 环境信访事项涉及两个或两个以上环境保护行政主管部门时，最先收到环境信访事项的环境保护行政主管部门可进行调查，由环境信访事项涉及的环境保护行政主管部门协商受理，受理有争议的，由上级环境保护行政主管部门协调、决定受理部门。

对依法应当由其他环境保护行政主管部门处理的环境信访事项，环境信访工作人员应当告知信访人依照属地管理规定向有权处理的环境保护行政主管部门提出环境信访事项，并将环境信访事项转送有权处理的环境保护行政主管部门；上级环境保护行政主管部门认为有必要直接受理的环境信访事项，可以直接受理。

第二十五条 信访人提出可能造成社会影响的重大、紧急环境信访事项时，环境信访工作人员应当及时向本级环境保护行政主管部门负责人报告。本级环境保护行政主管部门应当在职权范围内依法采取措施，果断处理，防止不良影响的发生或扩大，并立即报告本级人民政府和上一级环境保护行政主管部门。

突发重大环境信访事项时，紧急情况下可直接报告国家环境保护总局或国家信访局。

环境保护行政主管部门对重大、紧急环境信访事项不得隐瞒、谎报、缓报，或者授意他人隐瞒、谎报、缓报。

第二十六条 各级环境保护行政主管部门及其工作人员不得将信访人的检举、揭发材料及有关情况透露或者转给被检举、揭发的人员或者单位。

第六章 环境信访事项办理和督办

第二十七条 各级环境保护行政主管部门及其工作人员办理环境信访事项，应当恪尽职守，秉公办理，查清事实，分清责任，正确疏导，及时、恰当、妥善处理，不得推诿、敷衍、拖延。

第二十八条 有权做出处理决定的环境保护行政主管部门工作人员与环境信访事项或者信访人有直接利害关系的，应当回避。

第二十九条 各级环境保护行政主管部门或单位对办理的环境信访事项应当进行登记，并根据职责权限和信访事项的性质，按照下列程序办理：

（一）经调查核实，依据有关规定，分别做出以下决定：

1. 属于环境信访受理范围、事实清楚、法律依据充分，做出予以支持的决定，并答复信访人；

2. 信访人的请求合理但缺乏法律依据的，应当对信访人说服教育，同时向有关部门提出完善制度的建议；

3. 信访人的请求不属于环境信访受理范围，不符合法律、法规及其他有关规定的，不予支持，并答复信访人。

（二）对重大、复杂、疑难的环境信访事项可以举行听证。听证应当公开举行，通过质询、辩论、评议、合议等方式，查明事实，分清责任。听证范围、主持人、参加人、程序等可以按照有关规定执行。

第三十条 环境信访事项应当自受理之日起 60 日内办结，情况复杂的，经本级环境保护行政主管部门负责人批准，可以适当延长办理期限，但延长期限不得超过 30 日，并应告知信访人延长理由；法律、行政法规另有规定的，从其规定。

对上级环境保护行政主管部门或者同级人民政府信访机构交办的环境信访事项，接办的环境保护行政主管部门必须按照交办的时限要求办结，并将办理结果报告交办部门和答复信访人；情况复杂的，经本级环境保护行政主管部门负责人批准，并向交办部门说明情况，可以适当延长办理期限，并告知信访人延期理由。

上级环境保护行政主管部门或者同级人民政府信访机构认为交办的环境信访事项处理不当的，可以要求原办理的环境保护行政主管部门重新办理。

第三十一条 信访人对环境保护行政主管部门做出的环境信访事项处理决定不服的，可以自收到书面答复之日起 30 日内请求原办理部门的同级人民政府或上一级环境保护行政主管部门复查。收到复查请求的环境保护行政主管部门自收到复查请求之日起 30 日内提出复查意见，并予以书面答复。

第三十二条 信访人对复查意见不服的，可以自收到书面答复之日起 30 日内请求复查部门的本级人民政府或上一级环境保护行政主管部门复核，收到复核请求的环境保护行政主管部门自收到复核请求之日起 30 日内提出复核意见。

第三十三条 上级环境保护行政主管部门对环境信访事项进行复查、复核时，应当听取作出决定的环境保护行政主管部门的意见，必要时可以要求信访人和原处理部门共同到场说明情况，需要向其他有关部门调查核实的，也可以向其他有关部门和人员进行核实。

上级环境保护行政主管部门对环境信访事项进行复查、复核时，发现下级环境保护行政主管部门对环境信访事项处理不当的，在复查、复核的同时，有权直接处理或者要求下级环境保护行政主管部门重新处理。

各级环境保护行政主管部门在复查、复核环境信访事项中，本级人民政府或上一级人民政府对信访事项的复查、复核有明确规定的，按其规定执行。

第三十四条 信访人对复核决定不服的，仍以同一事实和理由提出环境信访事项的，各级环境保护行政主管部门不再受理。

第三十五条 各级环境保护行政主管部门，发现有权做出处理决定的下级环境保护行政主管部门办理环境信访事项有下列情形之一的，应当及时督办，并提出改进建议：

（一）无正当理由未按规定的办理期限办结的；

（二）未按规定程序反馈办理结果的；

（三）办结后信访处理决定未得到落实的；

（四）未按规定程序办理的；

（五）办理时弄虚作假的；

（六）其他需要督办的事项。

第三十六条 各级环境信访工作机构对信访人反映集中、突出的政策性问题，应当及时向本级环境保护行政主管部门负责人报告，会同有关部门进行调查研究，提出完善政策、解决问题的建议。

对在环境信访工作中推诿、敷衍、拖延、弄虚作假，造成严重后果的工作人员，可以向有权做出处理决定的部门提出行政处分建议。

第七章 法律责任

第三十七条 因下列情形之一导致环境信访事项发生、造成严重后果的，对直接负责的主管人员和其他直接责任人员依照有关法律、行政法规的规定给予行政处分；构成犯罪的，依法追究刑事责任：

（一）超越或者滥用职权，侵害信访人合法权益的；

（二）应当作为而不作为，侵害信访人合法权益的；

（三）适用法律、法规错误或者违反法定程序，侵害信访人合法权益的；

（四）拒不执行有权处理的行政机关做出的支持信访请求意见的。

第三十八条 各级环境信访工作机构对收到的环境信访事项应当登记、受理、转送、交办和告知信访人事项的而未按规定登记、受理、转送、交办和告知信访人事项的，或者应当履行督办职责而未履行的，由其所属的环境保护行政主管部门责令改正；造成严重后果的，对直接负责的主管人员和其他直接责任人员依法给予行政处分。

第三十九条 环境保护行政主管部门在办理环境信访事项过程中，有下列行为之一的，由其上级环境保护行政主管部门责令改正；造成严重后果的，对直接负责的主管人员和其他直接责任人员由有权处理的行政部门依法给予行政处分：

（一）推诿、敷衍、拖延环境信访事项办理或者未在法定期限内办结环境信访事项的；

（二）对事实清楚、符合法律、法规、规章或者其他有关规定的投诉请求未给予支持的。

第四十条 各级环境保护行政主管部门及其工作人员在处理环境信访事项过程中，作风粗暴、激化矛盾并造成严重后果的，依法给予行政处分。

违反本办法第二十六条规定，造成严重后果的，对直接负责的主管人员和其他直接责任人员依法给予行政处分；构成犯罪的，移交司法机关追究刑事责任。

违反本办法第三条第二款规定，打击报复信访人，尚不构成犯罪的，依法给予行政处分或纪律处分；构成犯罪的，移交司法机关追究刑事责任。

第四十一条 信访人捏造歪曲事实、诬告陷害他人的，依法承担相应的法律责任。

信访人违反本办法第二十一条规定的，有关机关及所属单位工作人员应当对信访人进行劝阻、批评或者教育。经劝阻、批评和教育无效的，交由公安机关依法进行处置。构成犯罪的，依法追究刑事责任。

第八章 附 则

第四十二条 本办法没有规定的事项，按《信访条例》的有关规定执行。

第四十三条 外国人、无国籍人、外国组织反映国内环境信访事项的处理，参照本办法执行。

第四十四条 环境信访文书的格式和内容见附件。

第四十五条 本办法自 2006 年 7 月 1 日起施行，1997 年 4 月 29 日国家环保局发布的《环境信访办法》同时废止。

附件（略）。

国家级自然保护区监督检查办法

（自 2006 年 12 月 1 日起施行）

（2006 年 10 月 18 日经国家环境保护总局第六次局务会议通过　自 2006 年 12 月 1 日起施行　2017 年 12 月 20 日经《环境保护部关于修改部分规章的决定》修改　2019 年 8 月 22 日经《生态环境部关于废止、修改部分规章的决定》修改）

第一条　为加强对国家级自然保护区的监督管理，提高国家级自然保护区的建设和管理水平，根据《中华人民共和国环境保护法》《中华人民共和国自然保护区条例》以及其他有关规定，制定本办法。

第二条　本办法适用于国务院环境保护行政主管部门组织的对全国各类国家级自然保护区的监督检查。

第三条　国务院环境保护行政主管部门在依照法律法规和本办法的规定履行监督检查职责时，有权采取下列措施：

（一）进入国家级自然保护区进行实地检查；

（二）要求国家级自然保护区管理机构汇报建设和管理情况；

（三）查阅或者复制有关资料、凭证；

（四）向有关单位和人员调查了解相关情况；

（五）法律、法规规定有权采取的其他措施。

监督检查人员在履行监督检查职责时，应当严格遵守国家有关法律法规规定的程序，出示证件，并为被检查单位保守技术和业务秘密。

第四条　有关单位或者人员对依法进行的监督检查应当给予支持与配合，如实反映情况，提供有关资料，不得拒绝或者妨碍监督检查工作。

第五条　任何单位和个人都有权对污染或者破坏国家级自然保护区的单位、个人以及不履行或者不依法履行国家级自然保护区监督管理职责的机构进行检举或者控告。

第六条　国务院环境保护行政主管部门应当向社会公开国家级自然保护区监督检查的有关情况，接受社会监督。

第七条　国务院环境保护行政主管部门组织对国家级自然保护区的建设和管理状况进行定期评估。

国务院环境保护行政主管部门组织成立国家级自然保护区评估委员会，对国家级自然保护区的建设和管理状况进行定期评估，并根据评估结果提出整改建议。

对每个国家级自然保护区的建设和管理状况的定期评估，每五年不少于一次。

第八条 国家级自然保护区定期评估的内容应当包括：

（一）管理机构的设置和人员编制情况；

（二）管护设施状况；

（三）面积和功能分区适宜性、范围、界线和土地权属；

（四）管理规章、规划的制定及其实施情况；

（五）资源本底、保护及利用情况；

（六）科研、监测、档案和标本情况；

（七）自然保护区内建设项目管理情况；

（八）旅游和其他人类活动情况；

（九）与周边社区的关系状况；

（十）宣传教育、培训、交流与合作情况；

（十一）管理经费情况；

（十二）其他应当评估的内容。

国家级自然保护区定期评估标准由国务院环境保护行政主管部门另行制定。

第九条 国务院环境保护行政主管部门组织国家级自然保护区定期评估时，应当在评估开始20个工作日前通知拟被评估的国家级自然保护区管理机构及其行政主管部门。

第十条 国家级自然保护区评估结果分为优、良、中和差四个等级。

国务院环境保护行政主管部门应当及时将评估结果和整改建议向被评估的国家级自然保护区管理机构反馈，并抄送该自然保护区行政主管部门及所在地省级人民政府。

被评估的国家级自然保护区管理机构对评估结果有异议的，可以向国务院环境保护行政主管部门申请复核；国务院环境保护行政主管部门应当及时进行审查核实。

第十一条 国家级自然保护区定期评估结果由国务院环境保护行政主管部门统一发布。

第十二条 国务院环境保护行政主管部门对国家级自然保护区进行执法检查。

执法检查分为定期检查、专项检查、抽查和专案调查等。

第十三条 国家级自然保护区执法检查的内容应当包括：

（一）国家级自然保护区的设立、范围和功能区的调整以及名称的更改是否符合有关规定；

（二）国家级自然保护区内是否存在违法砍伐、放牧、狩猎、捕捞、采药、开垦、烧荒、开矿、采石、挖沙、影视拍摄以及其他法律法规禁止的活动；

（三）国家级自然保护区内是否存在违法的建设项目，排污单位的污染物排放是否符合环境保护法律、法规及自然保护区管理的有关规定，超标排污单位限期治理的情况；

（四）国家级自然保护区内是否存在破坏、侵占、非法转让自然保护区的土地或者其他自然资源的行为；

（五）在国家级自然保护区的实验区开展参观、旅游活动的，自然保护区管理机构是否编制方案，编制的方案是否符合自然保护区管理目标；国家级自然保护区的参观、旅游活动是否按照编制的方案进行；

（六）国家级自然保护区建设是否符合建设规划（总体规划）要求，相关基础设施、设备是否符合国家有关标准和技术规范；

（七）国家级自然保护区管理机构是否依法履行职责；

（八）国家级自然保护区的建设和管理经费的使用是否符合国家有关规定；

（九）法律法规规定的应当实施监督检查的其他内容。

第十四条 对在定期评估或者执法检查中发现的违反国家级自然保护区建设和管理规定的国家级自然保护区管理机构，除依照本办法第十九条的规定处理外，国务院环境保护行政主管部门应当责令限期整改，并可酌情予以通报。

对于整改不合格且保护对象受到严重破坏，不再符合国家级自然保护区条件的国家级自然保护区，国务院环境保护行政主管部门应当向国家级自然保护区评审委员会提出对该国家级自然保护区予以降级的建议，经评审通过并报国务院批准后，给予降级处理。

第十五条 因有关行政机关或者国家级自然保护区管理机构滥用职权、玩忽职守、徇私舞弊，导致该国家级自然保护区被降级的，对其直接负责的主管人员和其他直接责任人员，国务院环境保护行政主管部门可以向其上级机关或者有关监察机关提出行政处分建议。

第十六条 被降级的国家级自然保护区，五年之内不得再次申报设立国家级自然保护区。

第十七条 国务院环境保护行政主管部门应当及时向社会公布对国家级自然保护区执法检查的结果、被责令整改的国家级自然保护区名单及其整改情况和被降级的国家级自然保护区名单。

第十八条 县级以上地方人民政府及其有关行政主管部门，违反有关规定，有下列行为之一的，对直接负责的主管人员和其他直接责任人员，国务院环境保护行政主管部门可以向其上级机关或者有关监察机关提出行政处分建议：

（一）未经批准，擅自撤销国家级自然保护区或者擅自调整、改变国家级自然保护区的范围、界限、功能区划的；

（二）违法批准在国家级自然保护区内建设污染或者破坏生态环境的项目的；

（三）违法批准在国家级自然保护区内开展旅游或者开采矿产资源的；

（四）对本辖区内发生的违反环境保护法律法规中有关国家级自然保护区管理规定的行为，不予制止或者不予查处的；

（五）制定或者采取与环境保护法律法规中有关国家级自然保护区管理规定相抵触的规定或者措施，经指出仍不改正的；

（六）干预或者限制环境保护行政主管部门依法对国家级自然保护区实施监督检查的；

（七）其他违反国家级自然保护区管理规定的行为。

第十九条 国家级自然保护区管理机构违反有关规定，有下列行为之一的，国务院环境保护行政主管部门应当责令限期改正；对直接负责的主管人员和其他直接责任人员，可以向设立该管理机构的自然保护区行政主管部门或者有关监察机关提出行政处分建议：

（一）擅自调整、改变自然保护区的范围、界限和功能区划的；

（二）开展参观、旅游活动未编制方案或者编制的方案不符合自然保护区管理目标的；

（三）开设与自然保护区保护方向不一致的参观、旅游项目的；

（四）不按照批准的方案开展参观、旅游活动的；

（五）对国家级自然保护区内发生的违反环境保护法律法规中有关国家级自然保护区管理规定的行为，不予制止或者不予查处的；

（六）阻挠或者妨碍监督检查人员依法履行职责的；

（七）挪用、滥用国家级自然保护区建设和管理经费的；

（八）对监督检查人员、检举和控告人员进行打击报复的；

（九）其他不依法履行自然保护区建设和管理职责的行为。

第二十条 国家级自然保护区管理机构拒绝国务院环境保护行政主管部门对国家级自然保护区的监督检查，或者在监督检查中弄虚作假的，由国务院环境保护行政主管部门依照《自然保护区条例》的有关规定给予处罚。

第二十一条 省级人民政府环境保护行政主管部门对本行政区域内地方级自然保护区的监督检查，可以参照本办法执行。

县级以上地方人民政府环境保护行政主管部门对本行政区域内的国家级自然保护区的执法检查内容，可以参照本办法执行；在执法检查中发现国家级自然保护区管理机构有违反国家级自然保护区建设和管理规定行为的，可以将有关情况逐级上报国务院环境保护行政主管部门，由国务院环境保护行政主管部门经核实后依照本办法的有关规定处理。

第二十二条 本办法自2006年12月1日起施行。

环境统计管理办法

（自 2006 年 12 月 1 日起施行）

（2006 年 10 月 18 日经国家环境保护总局第六次局务会议通过　予以公布　自 2006 年 12 月 1 日起施行）

第一章　总　则

第一条　为加强环境统计管理，保障环境统计资料的准确性和及时性，根据《中华人民共和国环境保护法》《中华人民共和国统计法》（以下简称《统计法》）及其实施细则的有关规定，制定本办法。

第二条　环境统计的任务是对环境状况和环境保护工作情况进行统计调查、统计分析，提供统计信息和咨询，实行统计监督。

环境统计的内容包括环境质量、环境污染及其防治、生态保护、核与辐射安全、环境管理及其他有关环境保护事项。

环境统计的类型有：普查和专项调查；定期调查和不定期调查。定期调查包括统计年报、半年报、季报和月报等。

第三条　环境统计工作实行统一管理、分级负责。

国务院环境保护行政主管部门在国务院统计行政主管部门的业务指导下，对全国环境统计工作实行统一管理，制定环境统计的规章制度、标准规范、工作计划，组织开展环境统计科学研究，部署指导全国环境统计工作，汇总、管理和发布全国环境统计资料。

县级以上地方环境保护行政主管部门在上级环境保护行政主管部门和同级统计行政主管部门的指导下，负责本辖区的环境统计工作。

第四条　各级环境保护行政主管部门应当加强环境统计能力建设，将环境统计信息建设列入发展计划，建立健全环境统计信息系统，有计划地用现代信息技术装备本部门及其管辖系统的统计机构，提高环境统计信息处理能力，满足辖区内环境统计信息需求。

第五条　各级环境保护行政主管部门应当根据国家环境统计任务和本地区、本部门的环境管理需要，在下列方面加强对环境统计工作的领导和监督：

（一）将环境统计事业发展纳入环境保护工作计划，并组织实施；

（二）建立、健全环境统计机构；

（三）安排并保障环境统计业务经费；

（四）按时完成上级环境保护行政主管部门依照法规、规章规定布置的统计任务，采取措施保障统计数据的准确性和及时性，不得随意删改统计数据；

（五）开展环境统计科学研究，改进和完善环境统计制度和方法；

（六）建立环境统计工作奖惩制度。

第六条 环境统计范围内的机关、团体、企业事业单位和个体工商户，必须依照有关法律、法规和本办法的规定，如实提供环境统计资料，不得虚报、瞒报、拒报、迟报，不得伪造、篡改。

第二章 环境统计机构和人员

第七条 国务院环境保护行政主管部门设置专门的统计机构，归口管理环境统计工作。国务院环境保护行政主管部门有关司（办、局），负责本司（办、局）业务范围内的专业统计工作。

县级以上地方环境保护行政主管部门应当确定承担环境统计职能的机构，设定岗位，配备人员，负责归口管理环境统计工作。

第八条 各级环境保护行政主管部门的统计机构（以下简称环境统计机构）的职责是：

（一）制定环境统计工作规章制度和工作计划，并组织实施；

（二）建立健全环境统计指标体系，归口管理环境统计调查项目；

（三）开展环境统计分析和预测；

（四）实行环境统计质量控制和监督，采取措施保障统计资料的准确性和及时性；

（五）收集、汇总和核实环境统计资料，建立和管理环境统计数据库，提供对外公布的环境统计信息；

（六）按照规定向同级统计行政主管部门和上级环境保护行政主管部门报送环境统计资料；

（七）指导下级环境保护行政主管部门和调查对象的环境统计工作；组织环境统计人员的业务培训；

（八）开展环境统计科研和国内外环境统计业务的交流与合作；

（九）负责环境统计的保密工作。

第九条 各级环境保护行政主管部门的相关职能机构负责其业务范围内的统计工作，其职责是：

（一）编制业务范围内的环境统计调查方案，提交同级环境统计机构审核，并按规定经批准后组织实施；

（二）收集、汇总、审核其业务范围内的环境统计数据，并按照调查方案的要求，上报上级环境保护行政主管部门对口的相关职能机构，同时抄报给同级环境统计机构；

（三）开展环境统计分析，对本部门业务工作提出建议。

第十条 环境统计范围内的机关、团体、企业事业单位应当指定专人负责环境统计工作。

环境统计范围内的机关、团体、企业事业单位和个体工商户的环境统计职责是：

（一）完善环境计量、监测制度，建立健全生产活动及其环境保护设施运行的原始记录、统计台账和核算制度；

（二）按照规定，报送和提供环境统计资料，管理本单位的环境统计调查表和基本环境统计资料。

第十一条 环境统计机构和统计人员在环境统计工作中依法独立行使以下职权，任何单位和个人不得干扰或者阻挠：

（一）统计调查权：调查、搜集有关资料，召开有关调查会议，要求有关单位和人员提供环境统计资料，检查与环境统计资料有关的各种原始记录，要求更正不实的环境统计数据；

（二）统计报告权：调查人员必须将环境统计调查所得资料和情况进行整理、分析，及时、如实地向上级机关和统计部门提供环境统计资料；

（三）统计监督权：根据环境统计调查和统计分析，对环境统计工作进行监督，指出存在的问题，提出改进的建议。

第十二条 各级环境保护行政主管部门和企业事业单位的环境统计人员应当保持相对稳定。

变动环境统计人员的，应当及时向上级环境保护行政主管部门和同级统计行政主管部门报告，并做好环境统计资料的交接工作。

第三章 环境统计调查制度

第十三条 各级环境保护行政主管部门设定环境统计调查项目，必须事先制定环境统计调查方案。

环境统计调查方案应当包括项目名称、调查机关、调查目的、调查范围、调查对象、调查方式、调查时间、调查的主要内容，供调查对象填报用的统计调查表及说明、供整理上报用的综合表及说明和统计调查所需人员及经费来源。

环境统计调查方案的内容可以定期调整。

第十四条 环境统计调查方案应当按照规定程序经审查批准后实施。

统计调查对象属于本部门管辖系统内的，应当经本级环境统计机构审核后，由本级环境保护行政主管部门负责人审批，报同级统计行政主管部门备案。

统计调查对象超出本部门管辖系统的，应当由本级环境统计机构审核后，经本级环境保护行政主管部门负责人同意，报同级统计行政主管部门审批，其中重要的，报国务院或者本级地方人民政府审批。

第十五条 编制环境统计调查方案应当遵循以下原则：

（一）凡可从已有资料或利用现有资料整理加工得到所需资料的，不得重复调查；

（二）抽样调查、重点调查或者行政记录可以满足需要的，不得制发全面统计调查表；一次性统计调查可以满足需要的，不得进行经常性统计调查；年度统计调查可以满足需要的，不得按季度统计调查；季度统计调查可以满足需要的，不得按月统计调查；月以下的进度统计调查必须从严控制；

（三）编制新的环境统计调查方案，必须事先试点或者充分征求有关地方环境保护行政主管部门、其他有关部门和基层单位的意见，进行可行性论证；

（四）统计调查需要的人员和经费应当有保证；

（五）地方环境统计调查方案，其指标解释、计算方法、完成期限及其他有关内容，不得与国家环境统计调查方案相抵触。

第十六条 按照规定程序批准的环境统计调查表，必须在右上角标明统一编号、制表机关、批准或者备案机关、批准或者备案文号及有效期限。

未标明前款所列内容或者超过有效期限的环境统计调查表属无效报表，被调查单位和个人有权拒绝填报。

第十七条 环境统计调查表中的指标必须有确定的涵义、数据采集来源和计算方法。

国务院环境保护行政主管部门制定全国性环境统计调查表，并对其指标的涵义、数据采集来源、计算方法和汇总程序等作出统一规定。

县级以上地方环境保护行政主管部门可以根据地方环境管理需要，补充制定地方性环境统计调查表，并对其指标的涵义、数据采集来源和计算方法等作出规定。

第十八条 各级环境保护行政主管部门必须按照批准的环境统计调查方案开展环境统计调查。

环境统计调查中所采取的统计标准和计量单位、统计编码及标准必须符合国家有关标准。未经批准机关同意，任何单位及个人不得擅自修改、变动。

第十九条 在环境统计调查中，污染物排放量数据应当按照自动监控、监督性监测、物料衡算、排污系数以及其他方法综合比对获取。

第二十条 各级环境保护行政主管部门应当建立健全环境统计数据质量控制制度，加强对重要环境统计数据的逐级审核和评估。

县级以上地方环境保护行政主管部门应当采取现场核查、资料核查以及其他有效方式，对企业环境统计数据进行审查和核实。

第二十一条 国家建立环境统计的周期普查和定期抽样调查制度。

国务院环境保护行政主管部门定期组织开展全国污染源普查，并在普查基础上适时校正污染物排放统计数据；周期普查外的其他年份，组织开展环境统计定期抽样调查，并根据环境管理需要，适时开展专项调查。

第四章　环境统计资料的管理和公布

第二十二条 各部门、各单位提供环境统计资料，必须经本部门、本单位负责人审核、签署或者盖章。

第二十三条 环境统计资料是制定环境保护政策、规划、计划，考核环境保护工作的基本依据。

各级环境保护行政主管部门制定环境保护政策、年度计划和中长期规划，开展各类环境保护考核，需要使用环境统计资料的，应当以环境统计机构或者统计负责人签署或者盖章的统计资料为准。

各级环境保护行政主管部门的相关职能机构使用环境统计资料进行各项环境管理考核评比，其结果需经同级环境统计机构会签。

第二十四条 各级环境保护行政主管部门的相关职能机构应当在规定的日期内，将其组织实施的其业务范围内的统计调查所获得的调查结果（含调查汇总资料及数据），报送环境统计机构。

前款所述的环境统计调查结果应当纳入环境统计年报或者其他形式的环境统计资料，统一发布。

第二十五条 各级环境保护行政主管部门应当建立健全环境统计资料定期公布制度，依法定期公布本辖区的环境统计资料，并向同级人民政府统计行政主管部门提供环境统计资料。

第二十六条 环境统计机构应当做好统计信息咨询服务工作。

提供《统计法》和环境统计报表制度规定外的环境统计信息咨询、查询，可以实行有偿服务。

第二十七条 各级环境保护行政主管部门必须执行国家有关统计资料保密管理的规定，加强对环境统计资料的保密管理。

第二十八条 各级环境保护行政主管部门和各企业事业单位必须建立环境统计资料档案。环境统计资料档案的保管、调用和移交，应当遵守国家有关档案管理的规定。

第五章　奖励与惩罚

第二十九条 各级环境保护行政主管部门对有下列表现之一的环境统计机构或者个人，应当给予表彰或者奖励：

（一）在改革和完善环境统计制度、统计调查方法等方面，有重要贡献的；

（二）在完成规定的环境统计调查任务，保障环境统计资料准确性、及时性方面，做出显著成绩的；

（三）在进行环境统计分析、预测和监督方面取得突出成绩的；

（四）在环境统计方面，运用和推广现代信息技术有显著效果的；

（五）在环境统计科学研究方面有所创新、做出重要贡献的；

（六）忠于职守，执行统计法律、法规和本办法表现突出的。

第三十条 国务院环境保护行政主管部门每年对全国环境统计工作进行评比和表扬，每 5 年对全国环境统计工作进行专项表彰。

第三十一条 违反本办法的规定，有下列行为之一的，由有关部门责令改正，并依照有关法律、法规的规定给予处分或者行政处罚：

（一）未经批准，擅自制发环境统计调查表的；

（二）虚报、瞒报、拒报、屡次迟报或者伪造、篡改环境统计资料的；

（三）妨碍环境统计人员执行环境统计公务的；

（四）环境统计人员滥用职权、玩忽职守的；

（五）未按规定保守国家或者被调查者的秘密的；

（六）有其他违反法律、法规关于统计规定的行为的。

有前款所列行为之一，情节严重构成犯罪的，依法追究刑事责任。

第六章　附　则

第三十二条　本办法自2006年12月1日起施行。1995年6月15日国家环境保护局发布的《环境统计管理暂行办法》同时废止。

环境信息公开办法（试行）

（自 2008 年 5 月 1 日起施行）

（2007 年 2 月 8 日经国家环境保护总局第一次局务会议通过　予以公布　自 2008 年 5 月 1 日起施行）

第一章　总　则

第一条　为了推进和规范环境保护行政主管部门（以下简称环保部门）以及企业公开环境信息，维护公民、法人和其他组织获取环境信息的权益，推动公众参与环境保护，依据《中华人民共和国政府信息公开条例》《中华人民共和国清洁生产促进法》和《国务院关于落实科学发展观　加强环境保护的决定》以及其他有关规定，制定本办法。

第二条　本办法所称环境信息，包括政府环境信息和企业环境信息。

政府环境信息，是指环保部门在履行环境保护职责中制作或者获取的，以一定形式记录、保存的信息。

企业环境信息，是指企业以一定形式记录、保存的，与企业经营活动产生的环境影响和企业环境行为有关的信息。

第三条　国家环境保护总局负责推进、指导、协调、监督全国的环境信息公开工作。

县级以上地方人民政府环保部门负责组织、协调、监督本行政区域内的环境信息公开工作。

第四条　环保部门应当遵循公正、公平、便民、客观的原则，及时、准确地公开政府环境信息。

企业应当按照自愿公开与强制性公开相结合的原则，及时、准确地公开企业环境信息。

第五条　公民、法人和其他组织可以向环保部门申请获取政府环境信息。

第六条　环保部门应当建立、健全环境信息公开制度。

国家环境保护总局由办公厅作为本部门政府环境信息公开工作的组织机构，各业务机构按职责分工做好本领域政府环境信息公开工作。

县级以上地方人民政府环保部门根据实际情况自行确定本部门政府环境信息公开工作的组织机构，负责组织实施本部门的政府环境信息公开工作。

环保部门负责政府环境信息公开工作的组织机构的具体职责是：

（一）组织制定本部门政府环境信息公开的规章制度、工作规则；

（二）组织协调本部门各业务机构的政府环境信息公开工作；

（三）组织维护和更新本部门公开的政府环境信息；

（四）监督考核本部门各业务机构政府环境信息公开工作；

（五）组织编制本部门政府环境信息公开指南、政府环境信息公开目录和政府环境信息公开工作年度报告；

（六）监督指导下级环保部门政府环境信息公开工作；

（七）监督本辖区企业环境信息公开工作；

（八）负责政府环境信息公开前的保密审查；

（九）本部门有关环境信息公开的其他职责。

第七条　公民、法人和其他组织使用公开的环境信息，不得损害国家利益、公共利益和他人的合法权益。

第八条　环保部门应当从人员、经费方面为本部门环境信息公开工作提供保障。

第九条　环保部门发布政府环境信息依照国家有关规定需要批准的，未经批准不得发布。

第十条　环保部门公开政府环境信息，不得危及国家安全、公共安全、经济安全和社会稳定。

第二章　政府环境信息公开

第一节　公开的范围

第十一条　环保部门应当在职责权限范围内向社会主动公开以下政府环境信息：

（一）环境保护法律、法规、规章、标准和其他规范性文件；

（二）环境保护规划；

（三）环境质量状况；

（四）环境统计和环境调查信息；

（五）突发环境事件的应急预案、预报、发生和处置等情况；

（六）主要污染物排放总量指标分配及落实情况，排污许可证发放情况，城市环境综合整治定量考核结果；

（七）大、中城市固体废物的种类、产生量、处置状况等信息；

（八）建设项目环境影响评价文件受理情况，受理的环境影响评价文件的审批结果和建设项目竣工环境保护验收结果，其他环境保护行政许可的项目、依据、条件、程序和结果；

（九）排污费征收的项目、依据、标准和程序，排污者应当缴纳的排污费数额、实际征收数额以及减免缓情况；

（十）环保行政事业性收费的项目、依据、标准和程序；

（十一）经调查核实的公众对环境问题或者对企业污染环境的信访、投诉案件及其处理结果；

（十二）环境行政处罚、行政复议、行政诉讼和实施行政强制措施的情况；

（十三）污染物排放超过国家或者地方排放标准，或者污染物排放总量超过地方人民政府核定的排放总量控制指标的污染严重的企业名单；

（十四）发生重大、特大环境污染事故或者事件的企业名单，拒不执行已生效的环境行政处罚决定的企业名单；

（十五）环境保护创建审批结果；

（十六）环保部门的机构设置、工作职责及其联系方式等情况；

（十七）法律、法规、规章规定应当公开的其他环境信息。

环保部门应当根据前款规定的范围编制本部门的政府环境信息公开目录。

第十二条 环保部门应当建立健全政府环境信息发布保密审查机制，明确审查的程序和责任。

环保部门在公开政府环境信息前，应当依照《中华人民共和国保守国家秘密法》以及其他法律、法规和国家有关规定进行审查。

环保部门不得公开涉及国家秘密、商业秘密、个人隐私的政府环境信息。但是，经权利人同意或者环保部门认为不公开可能对公共利益造成重大影响的涉及商业秘密、个人隐私的政府环境信息，可以予以公开。

环保部门对政府环境信息不能确定是否可以公开时，应当依照法律、法规和国家有关规定报有关主管部门或者同级保密工作部门确定。

第二节 公开的方式和程序

第十三条 环保部门应当将主动公开的政府环境信息，通过政府网站、公报、新闻发布会以及报刊、广播、电视等便于公众知晓的方式公开。

第十四条 属于主动公开范围的政府环境信息，环保部门应当自该环境信息形成或者变更之日起 20 个工作日内予以公开。法律、法规对政府环境信息公开的期限另有规定的，从其规定。

第十五条 环保部门应当编制、公布政府环境信息公开指南和政府环境信息公开目录，并及时更新。

政府环境信息公开指南，应当包括信息的分类、编排体系、获取方式，政府环境信息公开工作机构的名称、办公地址、办公时间、联系电话、传真号码、电子邮箱等内容。

政府环境信息公开目录，应当包括索引、信息名称、信息内容的概述、生成日期、公开时间等内容。

第十六条 公民、法人和其他组织依据本办法第五条规定申请环保部门提供政府环境信息的，应当采用信函、传真、电子邮件等书面形式；采取书面形式确有困难的，申请人可以口头提出，由环保部门政府环境信息公开工作机构代为填写政府环境信息公开申请。

政府环境信息公开申请应当包括下列内容：

（一）申请人的姓名或者名称、联系方式；

（二）申请公开的政府环境信息内容的具体描述；

（三）申请公开的政府环境信息的形式要求。

第十七条 对政府环境信息公开申请，环保部门应当根据下列情况分别作出答复：

（一）申请公开的信息属于公开范围的，应当告知申请人获取该政府环境信息的方式和途径；

（二）申请公开的信息属于不予公开范围的，应当告知申请人该政府环境信息不予公开并说明理由；

（三）依法不属于本部门公开或者该政府环境信息不存在的，应当告知申请人；对于能够确定该政府环境信息的公开机关的，应当告知申请人该行政机关的名称和联系方式；

（四）申请内容不明确的，应当告知申请人更改、补充申请。

第十八条 环保部门应当在收到申请之日起 15 个工作日内予以答复；不能在 15 个工作日内作出答复的，经政府环境信息公开工作机构负责人同意，可以适当延长答复期限，并书面告知申请人，延长答复的期限最长不得超过 15 个工作日。

第三章　企业环境信息公开

第十九条 国家鼓励企业自愿公开下列企业环境信息：

（一）企业环境保护方针、年度环境保护目标及成效；

（二）企业年度资源消耗总量；

（三）企业环保投资和环境技术开发情况；

（四）企业排放污染物种类、数量、浓度和去向；

（五）企业环保设施的建设和运行情况；

（六）企业在生产过程中产生的废物的处理、处置情况，废弃产品的回收、综合利用情况；

（七）与环保部门签订的改善环境行为的自愿协议；

（八）企业履行社会责任的情况；

（九）企业自愿公开的其他环境信息。

第二十条 列入本办法第十一条第一款第（十三）项名单的企业，应当向社会公开下列信息：

（一）企业名称、地址、法定代表人；

（二）主要污染物的名称、排放方式、排放浓度和总量、超标、超总量情况；

（三）企业环保设施的建设和运行情况；

（四）环境污染事故应急预案。

企业不得以保守商业秘密为借口，拒绝公开前款所列的环境信息。

第二十一条 依照本办法第二十条规定向社会公开环境信息的企业，应当在环保部门公布名单后 30 日内，在所在地主要媒体上公布其环境信息，并将向社会公开的环境信息报所在地环保部门备案。

环保部门有权对企业公布的环境信息进行核查。

第二十二条 依照本办法第十九条规定自愿公开环境信息的企业，可以将其环境信息通过媒体、互联网等方式，或者通过公布企业年度环境报告的形式向社会公开。

第二十三条 对自愿公开企业环境行为信息、且模范遵守环保法律法规的企业，环保部门可以给予下列奖励：

（一）在当地主要媒体公开表彰；

（二）依照国家有关规定优先安排环保专项资金项目；

（三）依照国家有关规定优先推荐清洁生产示范项目或者其他国家提供资金补助的示范项目；

（四）国家规定的其他奖励措施。

第四章　监督与责任

第二十四条 环保部门应当建立健全政府环境信息公开工作考核制度、社会评议制度和责任追究制度，定期对政府环境信息公开工作进行考核、评议。

第二十五条 环保部门应当在每年 3 月 31 日前公布本部门的政府环境信息公开工作年度报告。

政府环境信息公开工作年度报告应当包括下列内容：

（一）环保部门主动公开政府环境信息的情况；

（二）环保部门依申请公开政府环境信息和不予公开政府环境信息的情况；

（三）因政府环境信息公开申请行政复议、提起行政诉讼的情况；

（四）政府环境信息公开工作存在的主要问题及改进情况；

（五）其他需要报告的事项。

第二十六条 公民、法人和其他组织认为环保部门不依法履行政府环境信息公开义务的，可以向上级环保部门举报。收到举报的环保部门应当督促下级环保部门依法履行政府环境信息公开义务。

公民、法人和其他组织认为环保部门在政府环境信息公开工作中的具体行政行为侵犯其合法权益的，可以依法申请行政复议或者提起行政诉讼。

第二十七条 环保部门违反本办法规定，有下列情形之一的，上一级环保部门应当责令其改正；情节严重的，对负有直接责任的主管人员和其他直接责任人员依法给予行政处分：

（一）不依法履行政府环境信息公开义务的；

（二）不及时更新政府环境信息内容、政府环境信息公开指南和政府环境信息公开目录的；

（三）在公开政府环境信息过程中违反规定收取费用的；

（四）通过其他组织、个人以有偿服务方式提供政府环境信息的；

（五）公开不应当公开的政府环境信息的；

（六）违反本办法规定的其他行为。

第二十八条 违反本办法第二十条规定，污染物排放超过国家或者地方排放标准，或者污染物排放总量超过地方人民政府核定的排放总量控制指标的污染严重的企业，不公布或者未按规定要求公布污染物排放情况的，由县级以上地方人民政府环保部门依据《中华人民共和国清洁生产促进法》的规定，处10万元以下罚款，并代为公布。

第五章 附 则

第二十九条 本办法自2008年5月1日起施行。

企业事业单位环境信息公开办法

（自 2015 年 1 月 1 日起施行）

（2014 年 12 月 15 日由环境保护部部务会议审议通过　予以公布　自 2015 年 1 月 1 日起施行）

第一条　为维护公民、法人和其他组织依法享有获取环境信息的权利，促进企业事业单位如实向社会公开环境信息，推动公众参与和监督环境保护，根据《中华人民共和国环境保护法》《企业信息公示暂行条例》等有关法律法规，制定本办法。

第二条　环境保护部负责指导、监督全国企业事业单位环境信息公开工作。

县级以上环境保护主管部门负责指导、监督本行政区域内的企业事业单位环境信息公开工作。

第三条　企业事业单位应当按照强制公开和自愿公开相结合的原则，及时、如实地公开其环境信息。

第四条　环境保护主管部门应当建立健全指导、监督企业事业单位环境信息公开工作制度。环境保护主管部门开展指导、监督企业事业单位环境信息公开工作所需经费，应当列入本部门的行政经费预算。

有条件的环境保护主管部门可以建设企业事业单位环境信息公开平台。

企业事业单位应当建立健全本单位环境信息公开制度，指定机构负责本单位环境信息公开日常工作。

第五条　环境保护主管部门应当根据企业事业单位公开的环境信息及政府部门环境监管信息，建立企业事业单位环境行为信用评价制度。

第六条　企业事业单位环境信息涉及国家秘密、商业秘密或者个人隐私的，依法可以不公开；法律、法规另有规定的，从其规定。

第七条　设区的市级人民政府环境保护主管部门应当于每年 3 月底前确定本行政区域内重点排污单位名录，并通过政府网站、报刊、广播、电视等便于公众知晓的方式公布。

环境保护主管部门确定重点排污单位名录时，应当综合考虑本行政区域的环境容量、重点污染物排放总量控制指标的要求，以及企业事业单位排放污染物的种类、数量和浓度等因素。

第八条　具备下列条件之一的企业事业单位，应当列入重点排污单位名录：

（一）被设区的市级以上人民政府环境保护主管部门确定为重点监控企业的；

（二）具有试验、分析、检测等功能的化学、医药、生物类省级重点以上实验室、二级以上医院、污染物集中处置单位等污染物排放行为引起社会广泛关注的或者可能对环境敏感区造成较大影响的；

（三）三年内发生较大以上突发环境事件或者因环境污染问题造成重大社会影响的；

（四）其他有必要列入的情形。

第九条 重点排污单位应当公开下列信息：

（一）基础信息，包括单位名称、组织机构代码、法定代表人、生产地址、联系方式，以及生产经营和管理服务的主要内容、产品及规模；

（二）排污信息，包括主要污染物及特征污染物的名称、排放方式、排放口数量和分布情况、排放浓度和总量、超标情况，以及执行的污染物排放标准、核定的排放总量；

（三）防治污染设施的建设和运行情况；

（四）建设项目环境影响评价及其他环境保护行政许可情况；

（五）突发环境事件应急预案；

（六）其他应当公开的环境信息。

列入国家重点监控企业名单的重点排污单位还应当公开其环境自行监测方案。

第十条 重点排污单位应当通过其网站、企业事业单位环境信息公开平台或者当地报刊等便于公众知晓的方式公开环境信息，同时可以采取以下一种或者几种方式予以公开：

（一）公告或者公开发行的信息专刊；

（二）广播、电视等新闻媒体；

（三）信息公开服务、监督热线电话；

（四）本单位的资料索取点、信息公开栏、信息亭、电子屏幕、电子触摸屏等场所或者设施；

（五）其他便于公众及时、准确获得信息的方式。

第十一条 重点排污单位应当在环境保护主管部门公布重点排污单位名录后九十日内公开本办法第九条规定的环境信息；环境信息有新生成或者发生变更情形的，重点排污单位应当自环境信息生成或者变更之日起三十日内予以公开。法律、法规另有规定的，从其规定。

第十二条 重点排污单位之外的企业事业单位可以参照本办法第九条、第十条和第十一条的规定公开其环境信息。

第十三条 国家鼓励企业事业单位自愿公开有利于保护生态、防治污染、履行社会环境责任的相关信息。

第十四条 环境保护主管部门有权对重点排污单位环境信息公开活动进行监督检查。被检查者应当如实反映情况，提供必要的资料。

第十五条 环境保护主管部门应当宣传和引导公众监督企业事业单位环境信息公

开工作。

公民、法人和其他组织发现重点排污单位未依法公开环境信息的，有权向环境保护主管部门举报。接受举报的环境保护主管部门应当对举报人的相关信息予以保密，保护举报人的合法权益。

第十六条 重点排污单位违反本办法规定，有下列行为之一的，由县级以上环境保护主管部门根据《中华人民共和国环境保护法》的规定责令公开，处三万元以下罚款，并予以公告：

（一）不公开或者不按照本办法第九条规定的内容公开环境信息的；

（二）不按照本办法第十条规定的方式公开环境信息的；

（三）不按照本办法第十一条规定的时限公开环境信息的；

（四）公开内容不真实、弄虚作假的。

法律、法规另有规定的，从其规定。

第十七条 本办法由国务院环境保护主管部门负责解释。

第十八条 本办法自 2015 年 1 月 1 日起施行。

环境监测管理办法

（自2007年9月1日起施行）

（2007年7月25日国家环境保护总局令第39号发布　自2007年9月1日起施行）

第一条　为加强环境监测管理，根据《环境保护法》等有关法律法规，制定本办法。

第二条　本办法适用于县级以上环境保护部门下列环境监测活动的管理：

（一）环境质量监测；

（二）污染源监督性监测；

（三）突发环境污染事件应急监测；

（四）为环境状况调查和评价等环境管理活动提供监测数据的其他环境监测活动。

第三条　环境监测工作是县级以上环境保护部门的法定职责。

县级以上环境保护部门应当按照数据准确、代表性强、方法科学、传输及时的要求，建设先进的环境监测体系，为全面反映环境质量状况和变化趋势，及时跟踪污染源变化情况，准确预警各类环境突发事件等环境管理工作提供决策依据。

第四条　县级以上环境保护部门对本行政区域环境监测工作实施统一监督管理，履行下列主要职责：

（一）制定并组织实施环境监测发展规划和年度工作计划；

（二）组建直属环境监测机构，并按照国家环境监测机构建设标准组织实施环境监测能力建设；

（三）建立环境监测工作质量审核和检查制度；

（四）组织编制环境监测报告，发布环境监测信息；

（五）依法组建环境监测网络，建立网络管理制度，组织网络运行管理；

（六）组织开展环境监测科学技术研究、国际合作与技术交流。

国家环境保护总局适时组建直属跨界环境监测机构。

第五条　县级以上环境保护部门所属环境监测机构具体承担下列主要环境监测技术支持工作：

（一）开展环境质量监测、污染源监督性监测和突发环境污染事件应急监测；

（二）承担环境监测网建设和运行，收集、管理环境监测数据，开展环境状况调查和评价，编制环境监测报告；

（三）负责环境监测人员的技术培训；

（四）开展环境监测领域科学研究，承担环境监测技术规范、方法研究以及国际合作和交流；

（五）承担环境保护部门委托的其他环境监测技术支持工作。

第六条 国家环境保护总局负责依法制定统一的国家环境监测技术规范。

省级环境保护部门对国家环境监测技术规范未作规定的项目，可以制定地方环境监测技术规范，并报国家环境保护总局备案。

第七条 县级以上环境保护部门负责统一发布本行政区域的环境污染事故、环境质量状况等环境监测信息。

有关部门间环境监测结果不一致的，由县级以上环境保护部门报经同级人民政府协调后统一发布。

环境监测信息未经依法发布，任何单位和个人不得对外公布或者透露。

属于保密范围的环境监测数据、资料、成果，应当按照国家有关保密的规定进行管理。

第八条 县级以上环境保护部门所属环境监测机构依据本办法取得的环境监测数据，应当作为环境统计、排污申报核定、排污费征收、环境执法、目标责任考核等环境管理的依据。

第九条 县级以上环境保护部门按照环境监测的代表性分别负责组织建设国家级、省级、市级、县级环境监测网，并分别委托所属环境监测机构负责运行。

第十条 环境监测网由各环境监测要素的点位（断面）组成。

环境监测点位（断面）的设置、变更、运行，应当按照国家环境保护总局有关规定执行。

各大水系或者区域的点位（断面），属于国家级环境监测网。

第十一条 环境保护部门所属环境监测机构按照其所属的环境保护部门级别，分为国家级、省级、市级、县级四级。

上级环境监测机构应当加强对下级环境监测机构的业务指导和技术培训。

第十二条 环境保护部门所属环境监测机构应当具备与所从事的环境监测业务相适应的能力和条件，并按照经批准的环境保护规划规定的要求和时限，逐步达到国家环境监测能力建设标准。

环境保护部门所属环境监测机构从事环境监测的专业技术人员，应当进行专业技术培训，并经国家环境保护总局统一组织的环境监测岗位考试考核合格，方可上岗。

第十三条 县级以上环境保护部门应当对本行政区域内的环境监测质量进行审核和检查。

各级环境监测机构应当按照国家环境监测技术规范进行环境监测，并建立环境监测质量管理体系，对环境监测实施全过程质量管理，并对监测信息的准确性和真实性负责。

第十四条 县级以上环境保护部门应当建立环境监测数据库，对环境监测数据实行信息化管理，加强环境监测数据收集、整理、分析、储存，并按照国家环境保护总局的要求定期将监测数据逐级报上一级环境保护部门。

各级环境保护部门应当逐步建立环境监测数据信息共享制度。

第十五条 环境监测工作，应当使用统一标志。

环境监测人员佩戴环境监测标志，环境监测站点设立环境监测标志，环境监测车辆印制环境监测标志，环境监测报告附具环境监测标志。

环境监测统一标志由国家环境保护总局制定。

第十六条 任何单位和个人不得损毁、盗窃环境监测设施。

第十七条 县级以上环境保护部门应当协调有关部门，将环境监测网建设投资、运行经费等环境监测工作所需经费全额纳入同级财政年度经费预算。

第十八条 县级以上环境保护部门及其工作人员、环境监测机构及环境监测人员有下列行为之一的，由任免机关或者监察机关按照管理权限依法给予行政处分；涉嫌犯罪的，移送司法机关依法处理：

（一）未按照国家环境监测技术规范从事环境监测活动的；

（二）拒报或者两次以上不按照规定的时限报送环境监测数据的；

（三）伪造、篡改环境监测数据的；

（四）擅自对外公布环境监测信息的。

第十九条 排污者拒绝、阻挠环境监测工作人员进行环境监测活动或者弄虚作假的，由县级以上环境保护部门依法给予行政处罚；构成违反治安管理行为的，由公安机关依法给予治安处罚；构成犯罪的，依法追究刑事责任。

第二十条 损毁、盗窃环境监测设施的，县级以上环境保护部门移送公安机关，由公安机关依照《治安管理处罚法》的规定处10日以上15日以下拘留；构成犯罪的，依法追究刑事责任。

第二十一条 排污者必须按照县级以上环境保护部门的要求和国家环境监测技术规范，开展排污状况自我监测。

排污者按照国家环境监测技术规范，并经县级以上环境保护部门所属环境监测机构检查符合国家规定的能力要求和技术条件的，其监测数据作为核定污染物排放种类、数量的依据。

不具备环境监测能力的排污者，应当委托环境保护部门所属环境监测机构或者经省级环境保护部门认定的环境监测机构进行监测；接受委托的环境监测机构所从事的监测活动，所需经费由委托方承担，收费标准按照国家有关规定执行。

经省级环境保护部门认定的环境监测机构，是指非环境保护部门所属的、从事环境监测业务的机构，可以自愿向所在地省级环境保护部门申请证明其具备相适应的环境监测业务能力认定，经认定合格者，即为经省级环境保护部门认定的环境监测机构。

经省级环境保护部门认定的环境监测机构应当接受所在地环境保护部门所属环境监测机构的监督检查。

第二十二条 辐射环境监测的管理，参照本办法执行。

第二十三条 本办法自2007年9月1日起施行。

电子废物污染环境防治管理办法

（自2008年2月1日起施行）

（2007年9月7日经国家环境保护总局2007年第3次局务会议通过　自2008年2月1日起施行）

第一章　总　则

第一条　为了防治电子废物污染环境，加强对电子废物的环境管理，根据《固体废物污染环境防治法》，制定本办法。

第二条　本办法适用于中华人民共和国境内拆解、利用、处置电子废物污染环境的防治。

产生、贮存电子废物污染环境的防治，也适用本办法；有关法律、行政法规另有规定的，从其规定。

电子类危险废物相关活动污染环境的防治，适用《固体废物污染环境防治法》有关危险废物管理的规定。

第三条　国家环境保护总局对全国电子废物污染环境防治工作实施监督管理。

县级以上地方人民政府环境保护行政主管部门对本行政区域内电子废物污染环境防治工作实施监督管理。

第四条　任何单位和个人都有保护环境的义务，并有权对造成电子废物污染环境的单位和个人进行控告和检举。

第二章　拆解利用处置的监督管理

第五条　新建、改建、扩建拆解、利用、处置电子废物的项目，建设单位（包括个体工商户）应当依据国家有关规定，向所在地设区的市级以上地方人民政府环境保护行政主管部门报批环境影响报告书或者环境影响报告表（以下统称环境影响评价文件）。

前款规定的环境影响评价文件，应当包括下列内容：

（一）建设项目概况；

（二）建设项目是否纳入地方电子废物拆解利用处置设施建设规划；

（三）选择的技术和工艺路线是否符合国家产业政策和电子废物拆解利用处置环境保护技术规范和管理要求，是否与所拆解利用处置的电子废物类别相适应；

（四）建设项目对环境可能造成影响的分析和预测；

（五）环境保护措施及其经济、技术论证；

（六）对建设项目实施环境监测的方案；

（七）对本项目不能完全拆解、利用或者处置的电子废物以及其他固体废物或者液态废物的妥善利用或者处置方案；

（八）环境影响评价结论。

第六条 建设项目竣工后，建设单位（包括个体工商户）应当向审批该建设项目环境影响评价文件的环境保护行政主管部门申请该建设项目需要采取的环境保护措施验收。

前款规定的环境保护措施验收，应当包括下列内容：

（一）配套建设的环境保护设施是否竣工；

（二）是否配备具有相关专业资质的技术人员，建立管理人员和操作人员培训制度和计划；

（三）是否建立电子废物经营情况记录簿制度；

（四）是否建立日常环境监测制度；

（五）是否落实不能完全拆解、利用或者处置的电子废物以及其他固体废物或者液态废物的妥善利用或者处置方案；

（六）是否具有与所处理的电子废物相适应的分类、包装、车辆以及其他收集设备；

（七）是否建立防范因火灾、爆炸、化学品泄漏等引发的突发环境污染事件的应急机制。

第七条 负责审批环境影响评价文件的县级以上人民政府环境保护行政主管部门应当及时将具备下列条件的单位（包括个体工商户），列入电子废物拆解利用处置单位（包括个体工商户）临时名录，并予以公布：

（一）已依法办理工商登记手续，取得营业执照；

（二）建设项目的环境保护措施经环境保护行政主管部门验收合格。

负责审批环境影响评价文件的县级以上人民政府环境保护行政主管部门，对近 3 年内没有 2 次以上（含 2 次）违反环境保护法律、法规和没有本办法规定的下列违法行为的列入临时名录的单位（包括个体工商户），列入电子废物拆解利用处置单位（包括个体工商户）名录，予以公布并定期调整：

（一）超过国家或者地方规定的污染物排放标准排放污染物的；

（二）随意倾倒、堆放所产生的固体废物或液态废物的；

（三）将未完全拆解、利用或者处置的电子废物提供或者委托给列入名录且具有相应经营范围的拆解利用处置单位（包括个体工商户）以外的单位或者个人从事拆解、利用、处置活动的；

（四）环境监测数据、经营情况记录弄虚作假的。

近 3 年内有 2 次以上（含 2 次）违反环境保护法律、法规和本办法规定的本条第二款所列违法行为记录的，其单位法定代表人或者个体工商户经营者新设拆解、利用、处置电子废物的经营企业或者个体工商户的，不得列入名录。

名录（包括临时名录）应当载明单位（包括个体工商户）名称、单位法定代表人或者个体工商户经营者、住所、经营范围。

禁止任何个人和未列入名录（包括临时名录）的单位（包括个体工商户）从事拆解、利用、处置电子废物的活动。

第八条 建设电子废物集中拆解利用处置区的，应当严格规划，符合国家环境保护总局制定的有关技术规范的要求。

第九条 从事拆解、利用、处置电子废物活动的单位（包括个体工商户）应当按照环境保护措施验收的要求对污染物排放进行日常定期监测。

从事拆解、利用、处置电子废物活动的单位（包括个体工商户）应当按照电子废物经营情况记录簿制度的规定，如实记载每批电子废物的来源、类型、重量或者数量、收集（接收）、拆解、利用、贮存、处置的时间；运输者的名称和地址；未完全拆解、利用或者处置的电子废物以及固体废物或液态废物的种类、重量或者数量及去向等。

监测报告及经营情况记录簿应当保存 3 年。

第十条 从事拆解、利用、处置电子废物活动的单位（包括个体工商户），应当按照经验收合格的培训制度和计划进行培训。

第十一条 拆解、利用和处置电子废物，应当符合国家环境保护总局制定的有关电子废物污染防治的相关标准、技术规范和技术政策的要求。

禁止使用落后的技术、工艺和设备拆解、利用和处置电子废物。

禁止露天焚烧电子废物。

禁止使用冲天炉、简易反射炉等设备和简易酸浸工艺利用、处置电子废物。

禁止以直接填埋的方式处置电子废物。

拆解、利用、处置电子废物应当在专门作业场所进行。作业场所应当采取防雨、防地面渗漏的措施，并有收集泄漏液体的设施。拆解电子废物，应当首先将铅酸电池、镉镍电池、汞开关、阴极射线管、多氯联苯电容器、制冷剂等去除并分类收集、贮存、利用、处置。

贮存电子废物，应当采取防止因破碎或者其他原因导致电子废物中有毒有害物质泄漏的措施。破碎的阴极射线管应当贮存在有盖的容器内。电子废物贮存期限不得超过 1 年。

第十二条 县级以上人民政府环境保护行政主管部门有权要求拆解、利用、处置电子废物的单位定期报告电子废物经营活动情况。

县级以上人民政府环境保护行政主管部门应当通过书面核查和实地检查等方式进行监督检查，并将监督检查情况和处理结果予以记录，由监督检查人员签字后归档。监督抽查和监测 1 年不得少于 1 次。

县级以上人民政府环境保护行政主管部门发现有不符合环境保护措施验收合格时

条件、情节轻微的，可以责令限期整改；经及时整改并未造成危害后果的，可以不予处罚。

第十三条 本办法施行前已经从事拆解、利用、处置电子废物活动的单位（包括个体工商户），具备下列条件的，可以自本办法施行之日起120日内，按照本办法的规定，向所在地设区的市级以上地方人民政府环境保护行政主管部门申请核准列入临时名录，并提供下列相关证明文件：

（一）已依法办理工商登记手续，取得营业执照；

（二）环境保护设施已经环境保护行政主管部门竣工验收合格；

（三）已经符合或者经过整改符合本办法规定的环境保护措施验收条件，能够达到电子废物拆解利用处置环境保护技术规范和管理要求；

（四）污染物排放及所产生固体废物或者液态废物的利用或者处置符合环境保护设施竣工验收时的要求。

设区的市级以上地方人民政府环境保护行政主管部门应当自受理申请之日起20个工作日内，对申请单位提交的证明材料进行审查，并对申请单位的经营设施进行现场核查，符合条件的，列入临时名录，并予以公告；不符合条件的，书面通知申请单位并说明理由。

列入临时名录经营期限满3年，并符合本办法第七条第二款所列条件的，列入名录。

第三章 相关方责任

第十四条 电子电器产品、电子电气设备的生产者应当依据国家有关法律、行政法规或者规章的规定，限制或者淘汰有毒有害物质在产品或者设备中的使用。

电子电器产品、电子电气设备的生产者、进口者和销售者，应当依据国家有关规定公开产品或者设备所含铅、汞、镉、六价铬、多溴联苯（PBB）、多溴二苯醚（PBDE）等有毒有害物质，以及不当利用或者处置可能对环境和人类健康影响的信息，产品或者设备废弃后以环境无害化方式利用或者处置的方法提示。

电子电器产品、电子电气设备的生产者、进口者和销售者，应当依据国家有关规定建立回收系统，回收废弃产品或者设备，并负责以环境无害化方式贮存、利用或者处置。

第十五条 有下列情形之一的，应当将电子废物提供或者委托给列入名录（包括临时名录）的具有相应经营范围的拆解利用处置单位（包括个体工商户）进行拆解、利用或者处置：

（一）产生工业电子废物的单位，未自行以环境无害化方式拆解、利用或者处置的；

（二）电子电器产品、电子电气设备生产者、销售者、进口者、使用者、翻新或者维修者、再制造者，废弃电子电器产品、电子电气设备的；

（三）拆解利用处置单位（包括个体工商户），不能完全拆解、利用或者处置电子废物的；

（四）有关行政主管部门在行政管理活动中，依法收缴的非法生产或者进口的电子电器产品、电子电气设备需要拆解、利用或者处置的。

第十六条 产生工业电子废物的单位，应当记录所产生工业电子废物的种类、重量或者数量、自行或者委托第三方贮存、拆解、利用、处置情况等；并依法向所在地县级以上地方人民政府环境保护行政主管部门提供电子废物的种类、产生量、流向、拆解、利用、贮存、处置等有关资料。

记录资料应当保存 3 年。

第十七条 以整机形式转移含铅酸电池、镉镍电池、汞开关、阴极射线管和多氯联苯电容器的废弃电子电器产品或者电子电气设备等电子类危险废物的，适用《固体废物污染环境防治法》第二十三条的规定。

转移过程中应当采取防止废弃电子电器产品或者电子电气设备破碎的措施。

第四章 罚 则

第十八条 县级以上人民政府环境保护行政主管部门违反本办法规定，不依法履行监督管理职责的，由本级人民政府或者上级环境保护行政主管部门依法责令改正；对负有责任的主管人员和其他直接责任人员，依据国家有关规定给予行政处分；构成犯罪的，依法追究刑事责任。

第十九条 违反本办法规定，拒绝现场检查的，由县级以上人民政府环境保护行政主管部门依据《固体废物污染环境防治法》责令限期改正；拒不改正或者在检查时弄虚作假的，处 2 000 元以上 2 万元以下的罚款；情节严重，但尚构不成刑事处罚的，并由公安机关依据《治安管理处罚法》处 5 日以上 10 日以下拘留；构成犯罪的，依法追究刑事责任。

第二十条 违反本办法规定，任何个人或者未列入名录（包括临时名录）的单位（包括个体工商户）从事拆解、利用、处置电子废物活动的，按照下列规定予以处罚：

（一）未获得环境保护措施验收合格的，由审批该建设项目环境影响评价文件的人民政府环境保护行政主管部门依据《建设项目环境保护管理条例》责令停止拆解、利用、处置电子废物活动，可以处 10 万元以下罚款；

（二）未取得营业执照的，由工商行政管理部门依据《无照经营查处取缔办法》依法予以取缔，没收专门用于从事无照经营的工具、设备、原材料、产品等财物，并处 5 万元以上 50 万元以下的罚款。

第二十一条 违反本办法规定，有下列行为之一的，由所在地县级以上人民政府环境保护行政主管部门责令限期整改，并处 3 万元以下罚款：

（一）将未完全拆解、利用或者处置的电子废物提供或者委托给列入名录（包括临时名录）且具有相应经营范围的拆解利用处置单位（包括个体工商户）以外的单位或者个人从事拆解、利用、处置活动的；

（二）拆解、利用和处置电子废物不符合有关电子废物污染防治的相关标准、技术规范和技术政策的要求，或者违反本办法规定的禁止性技术、工艺、设备要求的；

（三）贮存、拆解、利用、处置电子废物的作业场所不符合要求的；

（四）未按规定记录经营情况、日常环境监测数据、所产生工业电子废物的有关情况等，或者环境监测数据、经营情况记录弄虚作假的；

（五）未按培训制度和计划进行培训的；

（六）贮存电子废物超过 1 年的。

第二十二条 列入名录（包括临时名录）的单位（包括个体工商户）违反《固体废物污染环境防治法》等有关法律、行政法规规定，有下列行为之一的，依据有关法律、行政法规予以处罚：

（一）擅自关闭、闲置或者拆除污染防治设施、场所的；

（二）未采取无害化处置措施，随意倾倒、堆放所产生的固体废物或液态废物的；

（三）造成固体废物或液态废物扬散、流失、渗漏或者其他环境污染等环境违法行为的；

（四）不正常使用污染防治设施的。

有前款第一项、第二项、第三项行为的，分别依据《固体废物污染环境防治法》第六十八条规定，处以 1 万元以上 10 万元以下罚款；有前款第四项行为的，依据《水污染防治法》《大气污染防治法》有关规定予以处罚。

第二十三条 列入名录（包括临时名录）的单位（包括个体工商户）违反《固体废物污染环境防治法》等有关法律、行政法规规定，有造成固体废物或液态废物严重污染环境的下列情形之一的，由所在地县级以上人民政府环境保护行政主管部门依据《固体废物污染环境防治法》和《国务院关于落实科学发展观 加强环境保护的决定》的规定，责令限其在 3 个月内进行治理，限产限排，并不得建设增加污染物排放总量的项目；逾期未完成治理任务的，责令其在 3 个月内停产整治；逾期仍未完成治理任务的，报经本级人民政府批准关闭：

（一）危害生活饮用水水源的；

（二）造成地下水或者土壤重金属环境污染的；

（三）因危险废物扬散、流失、渗漏造成环境污染的；

（四）造成环境功能丧失无法恢复环境原状的；

（五）其他造成固体废物或者液态废物严重污染环境的情形。

第二十四条 县级以上人民政府环境保护行政主管部门发现有违反本办法的行为，依据有关法律、法规和本办法的规定应当由工商行政管理部门或者公安机关行使行政处罚权的，应当及时移送有关主管部门依法予以处罚。

第五章 附 则

第二十五条 本办法中下列用语的含义：

（一）电子废物，是指废弃的电子电器产品、电子电气设备（以下简称产品或者设备）及其废弃零部件、元器件和国家环境保护总局会同有关部门规定纳入电子废物管理的物品、物质。包括工业生产活动中产生的报废产品或者设备、报废的半成品和下脚料，产品或者设备维修、翻新、再制造过程产生的报废品，日常生活或者为日常生活提供服务的活动中废弃的产品或者设备，以及法律法规禁止生产或者进口的产品或者设备；

（二）工业电子废物，是指在工业生产活动中产生的电子废物，包括维修、翻新和再制造工业单位以及拆解利用处置电子废物的单位（包括个体工商户），在生产活动及相关活动中产生的电子废物；

（三）电子类危险废物，是指列入国家危险废物名录或者根据国家规定的危险废物鉴别标准和鉴别方法认定的具有危险特性的电子废物。包括含铅酸电池、镉镍电池、汞开关、阴极射线管和多氯联苯电容器等的产品或者设备等；

（四）拆解，是指以利用、贮存或者处置为目的，通过人工或者机械的方式将电子废物进行拆卸、解体活动；不包括产品或者设备维修、翻新、再制造过程中的拆卸活动；

（五）利用，是指从电子废物中提取物质作为原材料或者燃料的活动，不包括对产品或者设备的维修、翻新和再制造。

第二十六条　本办法自 2008 年 2 月 1 日起施行。

危险废物出口核准管理办法

（自2008年3月1日起施行）

（2007年12月25日经国家环境保护总局2007年第四次局务会议审议通过　自2008年3月1日起施行）

第一章　总　则

第一条　为了规范危险废物出口管理，防止环境污染，根据《控制危险废物越境转移及其处置巴塞尔公约》（以下简称《巴塞尔公约》）和有关法律、行政法规，制定本办法。

第二条　在中华人民共和国境内产生的危险废物应当尽量在境内进行无害化处置，减少出口量，降低危险废物出口转移的环境风险。

禁止向《巴塞尔公约》非缔约方出口危险废物。

第三条　产生、收集、贮存、处置、利用危险废物的单位，向中华人民共和国境外《巴塞尔公约》缔约方出口危险废物，必须取得危险废物出口核准。

本办法所称危险废物，是指列入国家危险废物名录或者根据国家规定的危险废物鉴别标准和鉴别方法认定的具有危险特性的固体废物。

《巴塞尔公约》规定的“危险废物”和“其他废物”，以及进口缔约方或者过境缔约方立法确定的“危险废物”，其出口核准管理也适用本办法。

第四条　国务院环境保护行政主管部门负责核准危险废物出口申请，并进行监督管理。

县级以上地方人民政府环境保护行政主管部门依据本办法的规定，对本行政区域内危险废物出口活动进行监督管理。

第二章　出口申请与核准

第五条　申请出口危险废物，应当向国务院环境保护行政主管部门提交下列材料：

（一）申请书；

（二）越境转移通知书（中、英文）；

（三）出口者与进口国（地区）的处置者或者利用者签订的书面协议；

（四）危险废物的基本情况数据表、物质安全技术说明书（MSDS）或者化学品安全技术说明书（CSDS）；

（五）危险废物产生情况的说明文件，主要包括危险废物的产生过程、地点、工艺和设备的说明；

（六）危险废物在进口国（地区）处置或者利用情况的说明文件，主要包括危险废物处置或者利用设施的地点、类型、处理能力以及处置或者利用中产生的废水、废气、废渣的处理方法等；

（七）处置者或者利用者在进口国（地区）获得的有关危险废物处置或者利用的授权或者许可的有效凭证；

（八）危险废物运输突发环境污染事件应急预案；

（九）危险废物运输的路线说明文件，主要包括境内运输路线（包括途经的省、市、县）、离境地点、过境国（地区）过境地点、进口国（地区）入境地点以及进口国（地区）和过境国（地区）主管部门的联系方式及通讯地址等；

（十）出口者的书面承诺文件或者有效的保险文件。出具书面承诺文件的，应当承诺在因故未完成出口活动或者由于意外事故引发环境污染时，承担危险废物退运、处置、污染消除和损失赔偿等有关费用；

（十一）出口者的营业执照。出口者为危险废物收集者、贮存者、处置者或者利用者的，还需提交危险废物经营许可证；

（十二）危险废物国内运输单位危险货物运输资质证书及承运合同。

前款所列申请材料的复印件应当加盖申请单位印章。

第六条　国务院环境保护行政主管部门根据下列情况分别作出处理：

（一）申请材料齐全、符合要求的，予以受理；

（二）申请材料不齐全或者不符合要求的，应当当场或者在 5 个工作日内一次告知申请单位需要补正的全部内容。

第七条　国务院环境保护行政主管部门对符合下列条件之一的，应当自受理之日起 15 个工作日内，作出初步核准出口决定：

（一）进口国（地区）的利用者需要将该危险废物作为再循环或者回收工业的原材料，且有相应的技术能力、必要设施、设备和场所，能以环境无害化方式利用该危险废物；

（二）中华人民共和国没有以环境无害化方式处置该危险废物所需的足够的技术能力和必要的设施、设备或者适当的处置场所，且进口国（地区）的处置者有相应的技术能力、必要设施、设备和场所，并能以环境无害化方式处置该危险废物。

国务院环境保护行政主管部门对不符合前款所列条件的，应当自受理之日起 15 个工作日内，作出不予核准出口决定，并书面通知申请单位。

国务院环境保护行政主管部门对受理的申请进行书面审查。需要现场核查的，应当指派两名以上工作人员进行核查。

第八条　对已作出初步核准决定的危险废物出口申请，国务院环境保护行政主管部门应当向进口国（地区）和过境国（地区）主管部门发出书面征求意见的函，并自收到同意进口和同意过境的书面意见之日起 5 个工作日内，作出核准出口决定。

对进口国（地区）主管部门或者过境国（地区）主管部门不同意危险废物出口或者过境的，不予核准出口申请，并书面通知申请单位。

第九条 国务院环境保护行政主管部门应当自作出核准决定之日起10个工作日内，向申请单位签发危险废物出口核准通知单。

国务院环境保护行政主管部门根据危险废物出口者提供的境内运输路线说明文件，将核准结果通知危险废物所在地和境内运输途经地区的省级人民政府环境保护行政主管部门。

省级人民政府环境保护行政主管部门应当将核准结果通知本行政区域内有关设区的市级和县级人民政府环境保护行政主管部门。

第十条 有下列情形之一的，应当重新提出申请：

（一）改变或者增加出口危险废物类别或者数量的；

（二）改变出口者、进口国（地区）的处置者或者利用者的；

（三）改变进口国（地区）、过境国（地区）的；

（四）改变出口目的的；

（五）改变出口时限的。

第十一条 危险废物出口核准通知单的有效期限不超过 1 年。

第三章 监督管理

第十二条 危险废物出口者应当对每一批出口的危险废物，填写《危险废物越境转移—转移单据》，一式二份。

转移单据应当随出口的危险废物从转移起点直至处置或者利用地点，并由危险废物出口者、承运人和进口国（地区）的进口者、处置者或者利用者及有关国家（地区）海关部门填写相关信息。

危险废物出口者应当将信息填写完整的转移单据，一份报国务院环境保护行政主管部门，一份自留存档。

危险废物出口者应当妥善保存自留存档的转移单据，不得擅自损毁。转移单据的保存期应不少于 5 年。国务院环境保护行政主管部门要求延长转移单据保存期限的，有关单位应当按照要求延长转移单据的保存期限。

第十三条 国务院环境保护行政主管部门有权检查转移单据的运行情况，也可以委托县级以上地方人民政府环境保护行政主管部门检查转移单据的运行情况。被检查单位应当接受检查，如实汇报情况。

第十四条 在危险废物运输开始 10 个工作日之前，危险废物出口者应当填写《运输前信息报告单》，并将其连同填写的转移单据复印件，一并报送国务院环境保护行政主管部门，并抄送危险废物移出地和境内运输途经地区的省级、设区的市级和县级人民政府环境保护行政主管部门。

第十五条 自危险废物离境之日起 10 个工作日内，危险废物出口者应当填写《离境信息报告单》，并将其连同危险废物出口者和相关承运人填写的转移单据复印件和危险废物出口报关单复印件，报送国务院环境保护行政主管部门。

第十六条 自危险废物进口者接收危险废物之日起 10 个工作日内，危险废物出口者应当填写《抵达进口国（地区）信息报告单》，并将其连同危险废物出口者、相关承运人、危险废物进口者及过境国（地区）海关、进口国（地区）海关填写完毕的转移单据复印件，一并报送国务院环境保护行政主管部门。

第十七条 自危险废物处置或者利用完毕之日起 40 个工作日内，危险废物出口者应当填写《处置或者利用完毕信息报告单》，并将其连同危险废物出口者、相关承运人、危险废物进口者、进口国（地区）的危险废物处置者或者利用者及过境国（地区）海关、进口国（地区）海关填写完毕的转移单据原件，一并报送国务院环境保护行政主管部门。

第十八条 自危险废物出口核准通知单有效期届满之日起 20 个工作日内，危险废物出口者应当填写《危险废物出口总结信息报告单》，并报送国务院环境保护行政主管部门。

第十九条 危险废物出口者应当将按照第十五条、第十六条、第十七条和第十八条的规定向国务院环境保护行政主管部门报送的有关材料，同时抄送危险废物移出地省级、设区的市级和县级人民政府环境保护行政主管部门。

第二十条 禁止伪造、变造或者买卖危险废物出口核准通知单。

第四章 罚 则

第二十一条 违反本办法规定，无危险废物出口核准通知单或者不按照危险废物出口核准通知单出口危险废物的，由县级以上人民政府环境保护行政主管部门责令改正，并处 3 万元以下的罚款。

不按照危险废物出口核准通知单出口危险废物，情节严重的，还可以由国务院环境保护行政主管部门撤销危险废物出口核准通知单。

第二十二条 违反本办法规定，申请危险废物出口核准的单位隐瞒有关情况或者提供虚假材料的，国务院环境保护行政主管部门不予受理其申请或者不予核准其申请，给予警告，并记载其不良记录。

第二十三条 违反本办法规定，有下列行为之一的，由县级以上人民政府环境保护行政主管部门责令改正，并处以罚款：

（一）未按规定填写转移单据的；

（二）未按规定运行转移单据的；

（三）未按规定的存档期限保管转移单据的；

（四）拒绝接受环境保护行政主管部门对转移单据执行情况进行检查的。

有前款第（一）项、第（二）项、第（三）项行为的，处 3 万元以下罚款；有前款第（四）项行为的，依据《固体废物污染环境防治法》第七十条的规定，予以处罚。

有前款第（一）项、第（二）项、第（四）项行为，情节严重的，由国务院环境保护行政主管部门撤销危险废物出口核准通知单。

第二十四条 违反本办法规定，未将有关信息报送国务院环境保护行政主管部门，或者未抄报有关地方人民政府环境保护行政主管部门的，由县级以上人民政府环境保护行政主管部门责令限期改正；逾期不改正的，由县级以上人民政府环境保护行政主管部门处3万元以下罚款，并记载危险废物出口者的不良记录。

第二十五条 违反本办法规定，伪造、变造或者买卖危险废物出口核准通知单的，由公安机关依据《中华人民共和国治安管理处罚法》进行处罚。

第二十六条 以欺骗、贿赂等不正当手段取得危险废物出口核准通知单的，依据《中华人民共和国行政许可法》的规定，由国务院环境保护行政主管部门撤销危险废物出口核准通知单，并处3万元以下罚款。

第二十七条 危险废物出口未能按照书面协议的规定完成时，如果在进口国通知国务院环境保护行政主管部门和《巴塞尔公约》秘书处之后90日内或者在有关国家同意的另一期限内不能作出环境上无害的处置替代安排，出口者应当负责将废物退运回国，并承担该废物的运输与处置或者利用等相关费用。

第二十八条 负责危险废物出口核准管理工作的人员玩忽职守、徇私舞弊或者滥用职权的，依法给予行政处分；构成犯罪的，依法追究刑事责任。

第五章 附 则

第二十九条 从中华人民共和国台湾地区向其他《巴塞尔公约》缔约方出口危险废物的核准，参照本办法执行。

第三十条 本办法自2008年3月1日起施行。

新化学物质环境管理办法

（自 2003 年 10 月 15 日起施行）

（2003 年 4 月 1 日国家环境保护总局第 4 次局务会议审议通过　予以发布　自 2003 年 10 月 15 日起施行）

第一章　总　则

第一条　为加强对新化学物质的环境管理，防止环境污染，保障人体健康，保护生态环境，制定本办法。

第二条　本办法适用于在中华人民共和国境内从事生产和进口新化学物质环境管理活动。

第三条　国家对新化学物质环境管理实行生产前和进口前申报登记制度。

生产或者进口新化学物质的，必须按照本办法的规定，在生产前或者进口前进行新化学物质申报，申请领取新化学物质环境管理登记证（以下简称登记证）。

本办法施行前已在中华人民共和国境内生产或者进口的化学物质，不需要进行新化学物质申报。

第四条　本办法所称新化学物质，是指在申报时，尚未在中华人民共和国境内生产或者进口的化学物质。

国家环境保护总局负责收录并适时公布已在中华人民共和国境内生产或者进口的化学物质名单。

第五条　国家环境保护总局负责制定新化学物质环境管理标准和技术规范。

第六条　国家环境保护总局设立新化学物质环境管理专家评审委员会（以下简称评审委员会）。

评审委员会负责对新化学物质的环境影响进行评估，并向国家环境保护总局提交书面评估意见。

第七条　从事新化学物质环境管理的机构及其工作人员，应当为新化学物质申报人（以下简称申报人）提交的材料保守商业秘密和技术秘密。

第二章　申　报

第八条　申报人应当在生产前或者进口前向国家环境保护总局化学品登记中心（以

下简称登记中心）提交新化学物质申报表、测试数据报告和测试机构的资质证明等资料。

申报表的内容包括所申报化学物质的名称、分子结构、测试方法、用途、年生产或进口量、物理—化学性质、毒理学和生态毒理学特性、事故预防和应急措施、污染预防和消除方法、废弃物处置措施等。

在中国境外完成测试数据的，完成测试数据的境外测试机构必须获得所在国家主管机关的认可。

新化学物质的生态毒理学数据必须包括在中国境内用中国的供试生物完成的测试数据。

第九条 申报人对其提交的申报材料中涉及商业秘密或者技术秘密要求保密的，应当在申报材料中注明。

申报人对要求保密的内容予以公开时，应当书面告知登记中心。

第十条 对分子结构相似、用途相同或者相近、测试数据相近的新化学物质，申报人可以提出系列申报，按每种新化学物质分别办理登记证。

第十一条 两个以上申报人联合申报同一新化学物质的，按每个申报人分别办理登记证。

第十二条 已经列入四个以上其他国家或者区域经济一体化组织现有化学物质名录的新化学物质，申报时仅需提供申报表和在中国境内完成的生态毒理学测试报告。

第十三条 有下列情形之一的，可以申请办理免于申报手续：

（一）以科学研究为目的，每年生产或者进口新化学物质数量不超过 100 千克的；

（二）新化学物质单体含量低于 2%的聚合物；

（三）为了进行工艺研究、开发而生产或者进口新化学物质数量不超过 1 000 千克的，可以申请为期一年的免于申报，不予延续；

（四）为了在中国境内用中国的供试生物进行新化学物质生态毒理学测试而进口新化学物质测试样品的。

申请办理免于申报手续的申报人应当向登记中心提交免于申报的申请表和有关符合本条第一款所列情形的证明材料，并保存该物质的科学研究、工艺研究与开发、生产或者进口的数量、客户名称等记录。

第三章　登　记

第十四条 登记中心自收到申报人提交的申报材料之日起 15 日内，根据本办法的规定对申报材料进行形式审查，符合规定的，予以受理并书面通知申报人；对不符合规定的，不予受理，并书面通知申报人。

登记中心发现申报人提交的申报材料不齐全或者不符合本办法要求的，应当一次性书面通知申报人需要补正的全部内容。

登记中心对予以受理的，自受理之日起 5 日内将申报材料提交评审委员会。

第十五条 评审委员会自收到申报材料之日起 60 日内，按照国家环境保护总局有关新化学物质环境管理标准与技术规范的规定，对该化学物质的环境影响进行评估，并将书面评估意见提交国家环境保护总局。

第十六条 国家环境保护总局自收到评审委员会的书面评估意见之日起 30 日内对申报材料作出是否予以登记的决定。对予以登记的，签发登记证；不予登记的，说明理由。

国家环境保护总局将决定通知登记中心，由登记中心将决定书面通知申报人。

第十七条 对于办理免于申报的，登记中心自收到申请材料之日起 15 日内提出处理建议，报国家环境保护总局审核。

国家环境保护总局自收到申请材料和处理建议之日起 15 日内对免于申报的申请做出是否予以免于申报的决定，并将决定通知登记中心，由登记中心将决定书面通知申报人。

第十八条 国家环境保护总局对于根据本办法第十六条、第十七条作出予以登记或者免于申报决定的，应当将决定和新化学物质环境影响监管通知单通知该新化学物质生产者或者进口者所在地省级环境保护部门。

省级环境保护部门将决定和新化学物质环境影响监管通知单通知该新化学物质生产者或者进口者所在地设区的市级或者县级环境保护部门。

第四章 监督管理

第十九条 登记证持有人应当自每次实际生产、进口或者将新化学物质转移到使用者之日起 5 日内，向生产者或者进口者所在地县级环境保护部门填报新化学物质生产、进口及流向情况备案表。

生产者或者进口者所在地县级环境保护部门自收到备案表之日起5日内报设区的市级环境保护部门，设区的市级环境保护部门自收到备案表之日起 5 日内报省级环境保护部门，省级环境保护部门自收到备案表之日起 5 日内报国家环境保护总局。

第二十条 新化学物质转移出生产或者进口地的，生产者或者进口者所在地县级环境保护部门自收到备案表之日起 5 日内，应当将新化学物质流向情况及该新化学物质的决定、环境影响监管通知单通知使用者所在地县级环境保护部门。

使用者所在地县级环境保护部门自收到新化学物质流向情况及该新化学物质的决定、环境影响监管通知单之日起 5 日内报设区的市级环境保护部门，设区的市级环境保护部门自收到材料之日起 5 日内报省级环境保护部门。

第二十一条 登记证持有人应当将新化学物质申报、生产或者进口、新化学物质影响等资料，保存至该化学物质公布之日。

第二十二条 环境保护部门在审批生产新化学物质或者用进口的新化学物质从事生产的新建、改建、扩建项目环境影响评价文件时，应当将该项目是否取得登记证作为审查的重要依据。

第二十三条 县级以上环境保护部门应当对本行政区域内的新化学物质进行监督

检查，发现新化学物质严重危害环境的，应当责令生产者、进口者或者使用者立即采取应急措施，消除危害，并将有关情况径报国家环境保护总局，同时报告上一级环境保护部门。

国家环境保护总局接到报告后，应当进行核查，并可以撤销该新化学物质生产者或者进口者持有的登记证。

第五章　法律责任

第二十四条　违反本办法规定，申报人在申领登记证的过程中弄虚作假的，由国家环境保护总局责令改正，处一万元以上三万元以下罚款，同时公告其违规行为，记载其不良记录，并在三年内不予受理其新化学物质申报。

第二十五条　违反本办法规定，有下列行为之一的，由县级以上地方环境保护部门责令改正，处三万元以下罚款，并报告国家环境保护总局，由国家环境保护总局公告其违规行为，记载其不良记录，并在三年内不予受理其新化学物质申报。

（一）拒绝环境保护部门现场检查，或者在检查时弄虚作假的；

（二）未按规定填报新化学物质生产、进口以及流向情况备案表的；

（三）未按规定保存新化学物质申报、生产或者进口、新化学物质影响等资料的；

（四）未申报或者未取得登记证生产或者进口新化学物质的。

第二十六条　从事新化学物质环境管理的机构及其工作人员违反本办法规定，滥用职权、玩忽职守，或者泄露申报人商业秘密和技术秘密的，依法给予行政处分；构成犯罪的，依法追究刑事责任。

第六章　附　则

第二十七条　下列文件的格式和内容由国家环境保护总局统一规定：

（一）新化学物质申报表；

（二）新化学物质免于申报申请表；

（三）新化学物质登记证；

（四）新化学物质环境影响监管通知单；

（五）新化学物质生产、进口及流向情况备案表。

第二十八条　新化学物质申报登记收费按照国家有关规定执行。

第二十九条　本办法自 2003 年 10 月 15 日起施行。

废弃电器电子产品处理资格许可管理办法

（自 2011 年 1 月 1 日起施行）

（2010 年 11 月 5 日环境保护部 2010 年第二次部务会议审议通过　予以公布　自 2011 年 1 月 1 日起施行）

第一章　总　则

第一条　为了规范废弃电器电子产品处理资格许可工作，防止废弃电器电子产品处理污染环境，根据《中华人民共和国行政许可法》《中华人民共和国固体废物污染环境防治法》《废弃电器电子产品回收处理管理条例》，制定本办法。

第二条　本办法适用于废弃电器电子产品处理资格的申请、审批及相关监督管理活动。

本办法所称“废弃电器电子产品”，是指列入国家发展和改革委员会、环境保护部、工业和信息化部发布的《废弃电器电子产品处理目录》的产品。

第三条　国家对废弃电器电子产品实行集中处理制度，鼓励废弃电器电子产品处理的规模化、产业化、专业化发展。

省级人民政府环境保护主管部门应当会同同级人民政府相关部门编制本地区废弃电器电子产品处理发展规划，报环境保护部备案。

编制废弃电器电子产品处理发展规划应当依照集中处理的要求，合理布局废弃电器电子产品处理企业。

废弃电器电子产品处理发展规划应当根据本地区经济社会发展、产业结构、处理企业变化等有关情况，每五年修订一次。

第四条　处理废弃电器电子产品，应当符合国家有关资源综合利用、环境保护、劳动安全和保障人体健康的要求。

禁止采用国家明令淘汰的技术和工艺处理废弃电器电子产品。

第五条　设区的市级人民政府环境保护主管部门依照本办法的规定，负责废弃电器电子产品处理资格的许可工作。

第六条　县级以上人民政府环境保护主管部门依照《废弃电器电子产品回收处理管理条例》和本办法的有关规定，负责废弃电器电子产品处理的监督管理工作。

第二章　许可条件和程序

第七条　申请废弃电器电子产品处理资格的企业应当依法成立，符合本地区废弃电器电子产品处理发展规划的要求，具有增值税一般纳税人企业法人资格，并具备下列条件：

（一）具备与其申请处理能力相适应的废弃电器电子产品处理车间和场地、贮存场所、拆解处理设备及配套的数据信息管理系统、污染防治设施等；

（二）具有与所处理的废弃电器电子产品相适应的分拣、包装设备以及运输车辆、搬运设备、压缩打包设备、专用容器及中央监控设备、计量设备、事故应急救援和处理设备等；

（三）具有健全的环境管理制度和措施，包括对不能完全处理的废弃电器电子产品的妥善利用或者处置方案，突发环境事件的防范措施和应急预案等；

（四）具有相关安全、质量和环境保护的专业技术人员。

第八条　申请废弃电器电子产品处理资格的企业，应当向废弃电器电子产品处理设施所在地设区的市级人民政府环境保护主管部门提交书面申请，并提供相关证明材料。

第九条　设区的市级人民政府环境保护主管部门应当自受理申请之日起3个工作日内对申请的有关信息进行公示，征求公众意见。公示期限不得少于10个工作日。

对公众意见，受理申请的环境保护主管部门应当进行核实。

第十条　设区的市级人民政府环境保护主管部门应当自受理申请之日起60日内，对企业提交的材料进行审查，并组织进行现场核查。对符合条件的，颁发废弃电器电子产品处理资格证书，并予以公告；不符合条件的，书面通知申请企业并说明理由。

第十一条　废弃电器电子产品处理资格证书包括下列主要内容：

（一）法人名称、法定代表人、住所；

（二）处理设施地址；

（三）处理的废弃电器电子产品类别；

（四）主要处理设施、设备及运行参数；

（五）处理能力；

（六）有效期限；

（七）颁发日期和证书编号。

废弃电器电子产品处理资格证书格式，由环境保护部统一规定。

第十二条　废弃电器电子产品处理企业变更法人名称、法定代表人或者住所的，应当自工商变更登记之日起15个工作日内，向原发证机关申请办理废弃电器电子产品处理资格变更手续。

第十三条　有下列情形之一的，废弃电器电子产品处理企业应当按照原申请程序，重新申请废弃电器电子产品处理资格：

（一）增加废弃电器电子产品处理类别的；

（二）新建处理设施的；

（三）改建、扩建原有处理设施的；

（四）处理废弃电器电子产品超过资格证书确定的处理能力 20%以上的。

第十四条 废弃电器电子产品处理发展规划修订后，原发证机关应当根据本地区经济社会发展、废弃电器电子产品处理市场变化等有关情况，对拟继续从事废弃电器电子产品处理活动的企业进行审查，符合条件的，换发废弃电器电子产品处理资格证书。

第十五条 废弃电器电子产品处理企业拟终止处理活动的，应当对经营设施、场所采取污染防治措施，对未处置的废弃电器电子产品作出妥善处理，并在采取上述措施之日起 20 日内向原发证机关提出注销申请，由原发证机关进行现场核查合格后注销其废弃电器电子产品处理资格。

终止废弃电器电子产品处理活动的企业，应当对其经营设施、场所进行环境调查与风险评估；经评估需要治理修复的，应当依法承担治理修复责任。

第十六条 禁止无废弃电器电子产品处理资格证书或者不按照废弃电器电子产品处理资格证书的规定处理废弃电器电子产品。

禁止将废弃电器电子产品提供或者委托给无废弃电器电子产品处理资格证书的单位和个人从事处理活动。

禁止伪造、变造、转让废弃电器电子产品处理资格证书。

第三章 监督管理

第十七条 设区的市级人民政府环境保护主管部门应当于每年 3 月 31 日前将上一年度废弃电器电子产品处理资格证书颁发情况报省级人民政府环境保护主管部门备案。

省级以上人民政府环境保护主管部门应当加强对设区的市级人民政府环境保护主管部门审批、颁发废弃电器电子产品处理资格证书情况的监督检查，及时纠正违法行为。

第十八条 县级以上地方人民政府环境保护主管部门应当通过书面核查和实地检查等方式，加强对废弃电器电子产品处理活动的监督检查，并将监督检查情况和处理结果予以记录，由监督检查人员签字后归档。

公众可以依法向县级以上地方人民政府环境保护主管部门申请公开监督检查的处理结果。

第十九条 废弃电器电子产品处理企业应当制定年度监测计划，对污染物排放进行日常监测。监测报告应当保存 3 年以上。

县级以上地方人民政府环境保护主管部门应当加强对废弃电器电子产品处理企业污染物排放情况的监督性监测。监督性监测每半年不得少于 1 次。

第二十条 废弃电器电子产品处理企业应当建立数据信息管理系统，定期向发证机关报送废弃电器电子产品处理的基本数据和有关情况，并向社会公布。有关要求由环境保护部另行制定。

第四章　法律责任

第二十一条　废弃电器电子产品处理企业有下列行为之一的，由县级以上地方人民政府环境保护主管部门责令停止违法行为，限期改正，处3万元以下罚款；逾期未改正的，由发证机关收回废弃电器电子产品处理资格证书：

（一）不按照废弃电器电子产品处理资格证书的规定处理废弃电器电子产品的；

（二）未按规定办理废弃电器电子产品处理资格变更、换证、注销手续的。

第二十二条　废弃电器电子产品处理企业有下列行为之一的，除按照有关法律法规进行处罚外，由发证机关收回废弃电器电子产品处理资格证书：

（一）擅自关闭、闲置、拆除或者不正常使用污染防治设施、场所的，经县级以上人民政府环境保护主管部门责令限期改正，逾期未改正的；

（二）造成较大以上级别的突发环境事件的。

第二十三条　废弃电器电子产品处理企业将废弃电器电子产品提供或者委托给无废弃电器电子产品处理资格证书的单位和个人从事处理活动的，由县级以上地方人民政府环境保护主管部门责令停止违法行为，限期改正，处3万元以下罚款；情节严重的，由发证机关收回废弃电器电子产品处理资格证书。

第二十四条　伪造、变造废弃电器电子产品处理资格证书的，由县级以上地方人民政府环境保护主管部门收缴伪造、变造的处理资格证书，处3万元以下罚款；构成违反治安管理行为的，移送公安机关依法予以治安管理处罚；构成犯罪的，移送司法机关依法追究其刑事责任。

倒卖、出租、出借或者以其他形式非法转让废弃电器电子产品处理资格证书的，由县级以上地方人民政府环境保护主管部门责令停止违法行为，限期改正，处3万元以下罚款；情节严重的，由发证机关收回废弃电器电子产品处理资格证书；构成犯罪的，移送司法机关依法追究其刑事责任。

第二十五条　违反本办法的其他规定，按照《中华人民共和国固体废物污染环境防治法》《废弃电器电子产品回收处理管理条例》以及其他相关法律法规的规定进行处罚。

第五章　附　则

第二十六条　本办法施行前已经从事废弃电器电子产品处理活动的企业，应当于本办法施行之日起60日内，向废弃电器电子产品处理设施所在地设区的市级人民政府环境保护主管部门提交废弃电器电子产品处理资格申请；逾期不申请的，不得继续从事废弃电器电子产品处理活动。

第二十七条　本办法自2011年1月1日起施行。

环境行政处罚办法

（自2010年3月1日起施行）

（1989年12月26日第七届全国人民代表大会常务委员会第十一次会议通过 2014年4月24日第十二届全国人民代表大会常务委员会第八次会议修订）

第一章 总 则

第一条 【立法目的】为规范环境行政处罚的实施，监督和保障环境保护主管部门依法行使职权，维护公共利益和社会秩序，保护公民、法人或者其他组织的合法权益，根据《中华人民共和国行政处罚法》及有关法律、法规，制定本办法。

第二条 【适用范围】公民、法人或者其他组织违反环境保护法律、法规或者规章规定，应当给予环境行政处罚的，应当依照《中华人民共和国行政处罚法》和本办法规定的程序实施。

第三条 【罚教结合】实施环境行政处罚，坚持教育与处罚相结合，服务与管理相结合，引导和教育公民、法人或者其他组织自觉守法。

第四条 【维护合法权益】实施环境行政处罚，应当依法维护公民、法人及其他组织的合法权益，保守相对人的有关技术秘密和商业秘密。

第五条 【查处分离】实施环境行政处罚，实行调查取证与决定处罚分开、决定罚款与收缴罚款分离的规定。

第六条 【规范自由裁量权】行使行政处罚自由裁量权必须符合立法目的，并综合考虑以下情节：

（一）违法行为所造成的环境污染、生态破坏程度及社会影响；

（二）当事人的过错程度；

（三）违法行为的具体方式或者手段；

（四）违法行为危害的具体对象；

（五）当事人是初犯还是再犯；

（六）当事人改正违法行为的态度和所采取的改正措施及效果。

同类违法行为的情节相同或者相似、社会危害程度相当的，行政处罚种类和幅度应当相当。

第七条 【不予处罚情形】违法行为轻微并及时纠正，没有造成危害后果的，不予行政处罚。

第八条 【回避情形】有下列情形之一的，案件承办人员应当回避：

（一）是本案当事人或者当事人近亲属的；

（二）本人或者近亲属与本案有直接利害关系的；

（三）法律、法规或者规章规定的其他回避情形。

符合回避条件的，案件承办人员应当自行回避，当事人也有权申请其回避。

第九条 【法条适用规则】当事人的一个违法行为同时违反两个以上环境法律、法规或者规章条款，应当适用效力等级较高的法律、法规或者规章；效力等级相同的，可以适用处罚较重的条款。

第十条 【处罚种类】根据法律、行政法规和部门规章，环境行政处罚的种类有：

（一）警告；

（二）罚款；

（三）责令停产整顿；

（四）责令停产、停业、关闭；

（五）暂扣、吊销许可证或者其他具有许可性质的证件；

（六）没收违法所得、没收非法财物；

（七）行政拘留；

（八）法律、行政法规设定的其他行政处罚种类。

第十一条 【责令改正与连续违法认定】环境保护主管部门实施行政处罚时，应当及时作出责令当事人改正或者限期改正违法行为的行政命令。

责令改正期限届满，当事人未按要求改正，违法行为仍处于继续或者连续状态的，可以认定为新的环境违法行为。

第十二条 【责令改正形式】根据环境保护法律、行政法规和部门规章，责令改正或者限期改正违法行为的行政命令的具体形式有：

（一）责令停止建设；

（二）责令停止试生产；

（三）责令停止生产或者使用；

（四）责令限期建设配套设施；

（五）责令重新安装使用；

（六）责令限期拆除；

（七）责令停止违法行为；

（八）责令限期治理；

（九）法律、法规或者规章设定的责令改正或者限期改正违法行为的行政命令的其他具体形式。

根据最高人民法院关于行政行为种类和规范行政案件案由的规定，行政命令不属行政处罚。行政命令不适用行政处罚程序的规定。

第十三条 【处罚不免除缴纳排污费义务】实施环境行政处罚，不免除当事人依法缴纳排污费的义务。

第二章 实施主体与管辖

第十四条 【处罚主体】县级以上环境保护主管部门在法定职权范围内实施环境行政处罚。

经法律、行政法规、地方性法规授权的环境监察机构在授权范围内实施环境行政处罚，适用本办法关于环境保护主管部门的规定。

第十五条 【委托处罚】环境保护主管部门可以在其法定职权范围内委托环境监察机构实施行政处罚。受委托的环境监察机构在委托范围内，以委托其处罚的环境保护主管部门名义实施行政处罚。

委托处罚的环境保护主管部门，负责监督受委托的环境监察机构实施行政处罚的行为，并对该行为的后果承担法律责任。

第十六条 【外部移送】发现不属于环境保护主管部门管辖的案件，应当按照有关要求和时限移送有管辖权的机关处理。

涉嫌违法依法应当由人民政府实施责令停产整顿、责令停业、关闭的案件，环境保护主管部门应当立案调查，并提出处理建议报本级人民政府。

涉嫌违法依法应当实施行政拘留的案件，移送公安机关。

涉嫌违反党纪、政纪的案件，移送纪检、监察部门。

涉嫌犯罪的案件，按照《行政执法机关移送涉嫌犯罪案件的规定》等有关规定移送司法机关，不得以行政处罚代替刑事处罚。

第十七条 【案件管辖】县级以上环境保护主管部门管辖本行政区域的环境行政处罚案件。

造成跨行政区域污染的行政处罚案件，由污染行为发生地环境保护主管部门管辖。

第十八条 【优先管辖】两个以上环境保护主管部门都有管辖权的环境行政处罚案件，由最先发现或者最先接到举报的环境保护主管部门管辖。

第十九条 【管辖争议解决】对行政处罚案件的管辖权发生争议时，争议双方应报请共同的上一级环境保护主管部门指定管辖。

第二十条 【指定管辖】下级环境保护主管部门认为其管辖的案件重大、疑难或者实施处罚有困难的，可以报请上一级环境保护主管部门指定管辖。

上一级环境保护主管部门认为下级环境保护主管部门实施处罚确有困难或者不能独立行使处罚权的，经通知下级环境保护主管部门和当事人，可以对下级环境保护主管部门管辖的案件指定管辖。

上级环境保护主管部门可以将其管辖的案件交由有管辖权的下级环境保护主管部门实施行政处罚。

第二十一条 【内部移送】不属于本机关管辖的案件，应当移送有管辖权的环境保护主管部门处理。

受移送的环境保护主管部门对管辖权有异议的，应当报请共同的上一级环境保护主管部门指定管辖，不得再自行移送。

第三章 一般程序

第一节 立 案

第二十二条 【立案条件】环境保护主管部门对涉嫌违反环境保护法律、法规和规章的违法行为，应当进行初步审查，并在7个工作日内决定是否立案。

经审查，符合下列四项条件的，予以立案：

（一）有涉嫌违反环境保护法律、法规和规章的行为；

（二）依法应当或者可以给予行政处罚；

（三）属于本机关管辖；

（四）违法行为发生之日起到被发现之日止未超过2年，法律另有规定的除外。违法行为处于连续或继续状态的，从行为终了之日起计算。

第二十三条 【撤销立案】对已经立案的案件，根据新情况发现不符合第二十二条立案条件的，应当撤销立案。

第二十四条 【紧急案件先行调查取证】对需要立即查处的环境违法行为，可以先行调查取证，并在7个工作日内决定是否立案和补办立案手续。

第二十五条 【立案审查后的案件移送】经立案审查，属于环境保护主管部门管辖，但不属于本机关管辖范围的，应当移送有管辖权的环境保护主管部门；属于其他有关部门管辖范围的，应当移送其他有关部门。

第二节 调查取证

第二十六条 【专人负责调查取证】环境保护主管部门对登记立案的环境违法行为，应当指定专人负责，及时组织调查取证。

第二十七条 【协助调查取证】需要委托其他环境保护主管部门协助调查取证的，应当出具书面委托调查函。

受委托的环境保护主管部门应当予以协助。无法协助的，应当及时将无法协助的情况和原因函告委托机关。

第二十八条 【调查取证出示证件】调查取证时，调查人员不得少于两人，并应当出示中国环境监察证或者其他行政执法证件。

第二十九条 【调查人员职权】调查人员有权采取下列措施：

（一）进入有关场所进行检查、勘察、取样、录音、拍照、录像；

（二）询问当事人及有关人员，要求其说明相关事项和提供有关材料；

（三）查阅、复制生产记录、排污记录和其他有关材料。

环境保护主管部门组织的环境监测等技术人员随同调查人员进行调查时，有权采取上述措施和进行监测、试验。

第三十条　【调查人员责任】调查人员负有下列责任：

（一）对当事人的基本情况、违法事实、危害后果、违法情节等情况进行全面、客观、及时、公正的调查；

（二）依法收集与案件有关的证据，不得以暴力、威胁、引诱、欺骗以及其他违法手段获取证据；

（三）询问当事人、证人或者其他有关人员，应当告知其依法享有的权利；

（四）对当事人、证人或者其他有关人员的陈述如实记录。

第三十一条　【当事人配合调查】当事人及有关人员应当配合调查、检查或者现场勘验，如实回答询问，不得拒绝、阻碍、隐瞒或者提供虚假情况。

第三十二条　【证据类别】环境行政处罚证据，主要有书证、物证、证人证言、视听资料和计算机数据、当事人陈述、监测报告和其他鉴定结论、现场检查（勘察）笔录等形式。

证据应当符合法律、法规、规章和最高人民法院有关行政执法和行政诉讼证据的规定，并经查证属实才能作为认定事实的依据。

第三十三条　【现场检查笔录】对有关物品或者场所进行检查时，应当制作现场检查（勘察）笔录，可以采取拍照、录像或者其他方式记录现场情况。

第三十四条　【现场检查取样】需要取样的，应当制作取样记录或者将取样过程记入现场检查（勘察）笔录，可以采取拍照、录像或者其他方式记录取样情况。

第三十五条　【监测报告要求】环境保护主管部门组织监测的，应当提出明确具体的监测任务，并要求提交监测报告。

监测报告必须载明下列事项：

（一）监测机构的全称；

（二）监测机构的国家计量认证标志（CMA）和监测字号；

（三）监测项目的名称、委托单位、监测时间、监测点位、监测方法、检测仪器、检测分析结果等内容；

（四）监测报告的编制、审核、签发等人员的签名和监测机构的盖章。

第三十六条　【在线监测数据可为证据】环境保护主管部门可以利用在线监控或者其他技术监控手段收集违法行为证据。经环境保护主管部门认定的有效性数据，可以作为认定违法事实的证据。

第三十七条　【现场监测数据可为证据】环境保护主管部门在对排污单位进行监督检查时，可以现场即时采样，监测结果可以作为判定污染物排放是否超标的证据。

第三十八条　【证据的登记保存】在证据可能灭失或者以后难以取得的情况下，经本机关负责人批准，调查人员可以采取先行登记保存措施。

情况紧急的，调查人员可以先采取登记保存措施，再报请机关负责人批准。

先行登记保存有关证据，应当当场清点，开具清单，由当事人和调查人员签名或者盖章。

先行登记保存期间，不得损毁、销毁或者转移证据。

第三十九条 【登记保存措施与解除】对于先行登记保存的证据，应当在7个工作日内采取以下措施：

（一）根据情况及时采取记录、复制、拍照、录像等证据保全措施；

（二）需要鉴定的，送交鉴定；

（三）根据有关法律、法规规定可以查封、暂扣的，决定查封、暂扣；

（四）违法事实不成立，或者违法事实成立但依法不应当查封、暂扣或者没收的，决定解除先行登记保存措施。

超过7个工作日未作出处理决定的，先行登记保存措施自动解除。

第四十条 【依法实施查封暂扣】实施查封、暂扣等行政强制措施，应当有法律、法规的明确规定，并应当告知当事人有申请行政复议和提起行政诉讼的权利。

第四十一条 【查封暂扣实施要求】 查封、暂扣当事人的财物，应当当场清点，开具清单，由调查人员和当事人签名或者盖章。

查封、暂扣的财物应当妥善保管，严禁动用、调换、损毁或者变卖。

第四十二条 【查封暂扣解除】经查明与违法行为无关或者不再需要采取查封、暂扣措施的，应当解除查封、暂扣措施，将查封、暂扣的财物如数返还当事人，并由调查人员和当事人在财物清单上签名或者盖章。

第四十三条 【当事人与现场调查取证】环境保护主管部门调查取证时，当事人应当到场。

下列情形不影响调查取证的进行：

（一）当事人拒不到场的；

（二）无法找到当事人的；

（三）当事人拒绝签名、盖章或者以其他方式确认的；

（四）暗查或者其他方式调查的；

（五）当事人未到场的其他情形。

第四十四条 【调查终结】有下列情形之一的，可以终结调查：

（一）违法事实清楚、法律手续完备、证据充分的；

（二）违法事实不成立的；

（三）作为当事人的自然人死亡的；

（四）作为当事人的法人或者其他组织终止，无法人或者其他组织承受其权利义务，又无其他关系人可以追查的；

（五）发现不属于本机关管辖的；

（六）其他依法应当终结调查的情形。

第四十五条 【案件移送审查】终结调查的，案件调查机构应当提出已查明违法行为的事实和证据、初步处理意见，按照查处分离的原则送本机关处罚案件审查部门审查。

第三节 案件审查

第四十六条 【案件审查的内容】案件审查的主要内容包括：

（一）本机关是否有管辖权；

（二）违法事实是否清楚；

（三）证据是否确凿；

（四）调查取证是否符合法定程序；

（五）是否超过行政处罚追诉时效；

（六）适用依据和初步处理意见是否合法、适当。

第四十七条 【补充或重新调查取证】违法事实不清、证据不充分或者调查程序违法的，应当退回补充调查取证或者重新调查取证。

第四节 告知和听证

第四十八条 【处罚告知和听证】在作出行政处罚决定前，应当告知当事人有关事实、理由、依据和当事人依法享有的陈述、申辩权利。

在作出暂扣或吊销许可证、较大数额的罚款和没收等重大行政处罚决定之前，应当告知当事人有要求举行听证的权利。

第四十九条 【当事人申辩的处理】环境保护主管部门应当对当事人提出的事实、理由和证据进行复核。当事人提出的事实、理由或者证据成立的，应当予以采纳。

不得因当事人的申辩而加重处罚。

第五十条 【处罚听证的执行】行政处罚听证按有关规定执行。

第五节 处理决定

第五十一条 【处罚决定】本机关负责人经过审查，分别作出如下处理：

（一）违法事实成立，依法应当给予行政处罚的，根据其情节轻重及具体情况，作出行政处罚决定；

（二）违法行为轻微，依法可以不予行政处罚的，不予行政处罚；

（三）符合本办法第十六条情形之一的，移送有权机关处理。

第五十二条 【重大案件集体审议】案情复杂或者对重大违法行为给予较重的行政处罚，环境保护主管部门负责人应当集体审议决定。

集体审议过程应当予以记录。

第五十三条 【处罚决定书的制作】决定给予行政处罚的，应当制作行政处罚决定书。

对同一当事人的两个或者两个以上环境违法行为，可以分别制作行政处罚决定书，也可以列入同一行政处罚决定书。

第五十四条　【处罚决定书的内容】行政处罚决定书应当载明以下内容：

（一）当事人的基本情况，包括当事人姓名或者名称、组织机构代码、营业执照号码、地址等；

（二）违反法律、法规或者规章的事实和证据；

（三）行政处罚的种类、依据和理由；

（四）行政处罚的履行方式和期限；

（五）不服行政处罚决定，申请行政复议或者提起行政诉讼的途径和期限；

（六）作出行政处罚决定的环境保护主管部门名称和作出决定的日期，并且加盖作出行政处罚决定环境保护主管部门的印章。

第五十五条　【作出处罚决定的时限】环境保护行政处罚案件应当自立案之日起的3个月内作出处理决定。案件办理过程中听证、公告、监测、鉴定、送达等时间不计入期限。

第五十六条　【处罚决定的送达】行政处罚决定书应当送达当事人，并根据需要抄送与案件有关的单位和个人。

第五十七条　【送达方式】送达行政处罚文书可以采取直接送达、留置送达、委托送达、邮寄送达、转交送达、公告送达、公证送达或者其他方式。

送达行政处罚文书应当使用送达回证并存档。

第四章　简易程序

第五十八条　【简易程序的适用】违法事实确凿、情节轻微并有法定依据，对公民处以50元以下、对法人或者其他组织处以1 000元以下罚款或者警告的行政处罚，可以适用本章简易程序，当场作出行政处罚决定。

第五十九条　【简易程序规定】当场作出行政处罚决定时，环境执法人员不得少于两人，并应遵守下列简易程序：

（一）执法人员应向当事人出示中国环境监察证或者其他行政执法证件；

（二）现场查清当事人的违法事实，并依法取证；

（三）向当事人说明违法的事实、行政处罚的理由和依据、拟给予的行政处罚，告知陈述、申辩权利；

（四）听取当事人的陈述和申辩；

（五）填写预定格式、编有号码、盖有环境保护主管部门印章的行政处罚决定书，由执法人员签名或者盖章，并将行政处罚决定书当场交付当事人；

（六）告知当事人如对当场作出的行政处罚决定不服，可以依法申请行政复议或者提起行政诉讼。

以上过程应当制作笔录。

执法人员当场作出的行政处罚决定，应当在决定之日起3个工作日内报所属环境保护主管部门备案。

第五章 执 行

第六十条 【处罚决定的履行】当事人应当在行政处罚决定书确定的期限内，履行处罚决定。

申请行政复议或者提起行政诉讼的，不停止行政处罚决定的执行。

第六十一条 【强制执行的适用】当事人逾期不申请行政复议、不提起行政诉讼、又不履行处罚决定的，由作出处罚决定的环境保护主管部门申请人民法院强制执行。

第六十二条 【强制执行的期限】申请人民法院强制执行应当符合《最高人民法院关于执行〈中华人民共和国行政诉讼法〉若干问题的解释》的规定，并在下列期限内提起：

（一）行政处罚决定书送达后当事人未申请行政复议且未提起行政诉讼的，在处罚决定书送达之日起 60 日后起算的 180 日内；

（二）复议决定书送达后当事人未提起行政诉讼的，在复议决定书送达之日起 15 日后起算的 180 日内；

（三）第一审行政判决后当事人未提出上诉的，在判决书送达之日起 15 日后起算的 180 日内；

（四）第一审行政裁定后当事人未提出上诉的，在裁定书送达之日起 10 日后起算的 180 日内；

（五）第二审行政判决书送达之日起 180 日内。

第六十三条 【被处罚企业资产重组后的执行】当事人实施违法行为，受到处以罚款、没收违法所得或者没收非法财物等处罚后，发生企业分立、合并或者其他资产重组等情形，由承受当事人权利义务的法人、其他组织作为被执行人。

第六十四条 【延期或者分期缴纳罚款】确有经济困难，需要延期或者分期缴纳罚款的，当事人应当在行政处罚决定书确定的缴纳期限届满前，向作出行政处罚决定的环境保护主管部门提出延期或者分期缴纳的书面申请。

批准当事人延期或者分期缴纳罚款的，应当制作同意延期（分期）缴纳罚款通知书，并送达当事人和收缴罚款的机构。延期或者分期缴纳的最后一期缴纳时间不得晚于申请人民法院强制执行的最后期限。

第六十五条 【没收物品的处理】依法没收的非法财物，应当按照国家规定处理。

销毁物品，应当按照国家有关规定处理；没有规定的，经环境保护主管部门负责人批准，由两名以上环境执法人员监督销毁，并制作销毁记录。

处理物品应当制作清单。

第六十六条 【罚没款上缴国库】罚没款及没收物品的变价款，应当全部上缴国库，任何单位和个人不得截留、私分或者变相私分。

第六章 结案和归档

第六十七条 【结案】有下列情形之一的，应当结案：

（一）行政处罚决定由当事人履行完毕的；
（二）行政处罚决定依法强制执行完毕的；
（三）不予行政处罚等无须执行的；
（四）行政处罚决定被依法撤销的；
（五）环境保护主管部门认为可以结案的其他情形。

第六十八条 【立卷归档】结案的行政处罚案件，应当按照下列要求将案件材料立卷归档：

（一）一案一卷，案卷可以分正卷、副卷；
（二）各类文书齐全，手续完备；
（三）书写文书用签字笔、钢笔或者打印；
（四）案卷装订应当规范有序，符合文档要求。

第六十九条 【归档顺序】正卷按下列顺序装订：

（一）行政处罚决定书及送达回证；
（二）立案审批材料；
（三）调查取证及证据材料；
（四）行政处罚事先告知书、听证告知书、听证通知书等法律文书及送达回证；
（五）听证笔录；
（六）财物处理材料；
（七）执行材料；
（八）结案材料；
（九）其他有关材料。

副卷按下列顺序装订：

（一）投诉、申诉、举报等案源材料；
（二）涉及当事人有关技术秘密和商业秘密的材料；
（三）听证报告；
（四）审查意见；
（五）集体审议记录；
（六）其他有关材料。

第七十条 【案卷管理】案卷归档后，任何单位、个人不得修改、增加、抽取案卷材料。案卷保管及查阅，按档案管理有关规定执行。

第七十一条 【案件统计】环境保护主管部门应当建立行政处罚案件统计制度，并按照环境保护部有关环境统计的规定向上级环境保护主管部门报送本行政区的行政处罚情况。

第七章 监 督

第七十二条 【信息公开】除涉及国家机密、技术秘密、商业秘密和个人隐私外，行政处罚决定应当向社会公开。

第七十三条 【监督检查】上级环境保护主管部门负责对下级环境保护主管部门的行政处罚工作情况进行监督检查。

第七十四条 【处罚备案】环境保护主管部门应当建立行政处罚备案制度。

下级环境保护主管部门对上级环境保护主管部门督办的处罚案件，应当在结案后20日内向上一级环境保护主管部门备案。

第七十五条 【纠正、撤销或变更】环境保护主管部门通过接受当事人的申诉和检举，或者通过备案审查等途径，发现下级环境保护主管部门的行政处罚决定违法或者显失公正的，应当督促其纠正。

环境保护主管部门经过行政复议，发现下级环境保护主管部门作出的行政处罚违法或者显失公正的，依法撤销或者变更。

第七十六条 【评议和表彰】环境保护主管部门可以通过案件评查或者其他方式评议行政处罚工作。对在行政处罚工作中做出显著成绩的单位和个人，可依照国家或者地方的有关规定给予表彰和奖励。

第八章　附　则

第七十七条 【违法所得的认定】当事人违法所获得的全部收入扣除当事人直接用于经营活动的合理支出，为违法所得。

法律、法规或者规章对“违法所得”的认定另有规定的，从其规定。

第七十八条 【较大数额罚款的界定】本办法第四十八条所称“较大数额”罚款和没收，对公民是指人民币（或者等值物品价值）5 000 元以上、对法人或者其他组织是指人民币（或者等值物品价值）50 000 元以上。

地方性法规、地方政府规章对“较大数额”罚款和没收的限额另有规定的，从其规定。

第七十九条 【期间规定】本办法有关期间的规定，除注明工作日（不包含节假日）外，其他期间按自然日计算。

期间开始之日，不计算在内。期间届满的最后一日是节假日的，以节假日后的第一日为期间届满的日期。期间不包括在途时间，行政处罚文书在期满前交邮的，视为在有效期内。

第八十条 【相关法规适用】本办法未作规定的其他事项，适用《行政处罚法》《罚款决定与罚款收缴分离实施办法》《环境保护违法违纪行为处分暂行规定》等有关法律、法规和规章的规定。

第八十一条 【核安全处罚适用例外】核安全监督管理的行政处罚，按照国家有关核安全监督管理的规定执行。

第八十二条 【生效日期】本办法自2010年3月1日起施行。

1999年8月6日原国家环境保护总局发布的《环境保护行政处罚办法》同时废止。

环境行政执法后督察办法

（自 2011 年 3 月 1 日起施行）

（2010 年 11 月 5 日环境保护部第 2 次部务会议审议通过　自 2011 年 3 月 1 日起施行）

第一条　为了规范环境行政执法后督察工作，提高环境行政执法效能，制定本办法。

第二条　本办法所称环境行政执法后督察，是指环境保护主管部门对环境行政处罚、行政命令等具体行政行为执行情况进行监督检查的行政管理措施。

第三条　县级以上人民政府环境保护主管部门负责组织实施环境行政执法后督察。

对县级以上人民政府或者其环境保护主管部门依法作出的环境行政处罚、行政命令等具体行政行为，由县级以上人民政府环境保护主管部门的环境监察机构负责具体实施环境行政执法后督察。

对环境保护部依法作出的环境行政处罚、行政命令等具体行政行为，可以由环境保护部委托其派出的环境保护督查机构负责具体实施环境行政执法后督察。

第四条　县级以上人民政府环境保护主管部门应当将环境行政执法后督察纳入环境行政执法工作计划。

对有重大影响或者造成严重污染的环境违法案件，县级以上人民政府环境保护主管部门应当制定后督察工作方案，并组织实施。

第五条　县级以上人民政府环境保护主管部门应当在环境行政处罚、行政命令等具体行政行为执行期限届满之日起 60 日内，进行环境行政执法后督察。

第六条　县级以上人民政府环境保护主管部门应当对下列事项进行环境行政执法后督察：

（一）罚款，责令停产整顿，责令停产、停业、关闭，没收违法所得、没收非法财物等环境行政处罚决定的执行情况；

（二）责令改正或者限期改正违法行为、责令限期缴纳排污费等环境行政命令的执行情况；

（三）其他具体行政行为的执行情况。

第七条　县级以上人民政府环境保护主管部门进行环境行政执法后督察时，执法人员（以下统称“后督察人员”）不得少于两人，并可以根据工作需要，依法采取下列措施：

（一）进入有关场所进行检查、勘察、录音、拍照、录像、取样或者监测；

（二）询问当事人和有关人员，要求其对相关事项作出说明；

（三）查阅、复制生产记录、排污记录、监测报告和其他有关资料；

（四）依法可以采取的其他措施。

后督察人员应当对现场检查情况制作《环境行政执法后督察现场检查记录》。

后督察人员有义务为被督察的单位保守在检查中获取的技术秘密和商业秘密。

第八条 环境行政执法后督察工作结束后，负责具体实施后督察工作的机构应当向本级人民政府环境保护主管部门提交《环境行政执法后督察报告》，报告具体行政行为执行情况、后督察开展情况、发现的问题等，并提出处理建议。

第九条 县级以上人民政府环境保护主管部门应当根据《环境行政执法后督察报告》提出的处理建议，依法进行处理或者处罚：

（一）逾期未依法履行行政处罚决定的，申请人民法院强制执行；

（二）逾期未按要求完成限期治理任务的，报请有批准权的人民政府责令停产、停业、关闭；

（三）逾期未按要求改正环境违法行为的，依据相关法律法规的规定采取罚款、责令停产停业、暂扣或者吊销许可证等行政处罚措施，或者采取责令停止建设、责令停止试生产、强制拆除、指定有治理能力的单位代为治理或者代为处置等行政强制措施；

（四）逾期拒不缴纳排污费的，依法予以处罚，并报经有批准权的人民政府批准，责令停产停业整顿；

（五）逾期未履行或者未落实本办法第六条所列的行政处罚、行政命令等具体行政行为，严重污染环境或者造成重大社会影响的，依照有关规定进行挂牌督办或者暂停审批建设项目环境影响评价文件；已经实施挂牌督办或者暂停审批建设项目环境影响评价文件的，不予解除；

（六）国有企业或者国有控股企业逾期未履行或者未落实本办法第六条所列的行政处罚、行政命令等具体行政行为的，依法移送监察机关追究相关人员相应责任；

（七）当事人或者相关责任人涉嫌犯罪的，依法移送司法机关追究刑事责任。

第十条 县级以上人民政府环境保护主管部门可以将环境行政执法后督察情况以及相关处罚或者处理情况向商务部门、工商部门、监察机关、人民银行等有监管职责的部门或者机构通报。

第十一条 县级以上人民政府环境保护主管部门应当在职责范围内向社会公开拒不执行已生效的环境行政处罚决定的企业名单。

第十二条 后督察人员在环境行政执法后督察过程中玩忽职守、滥用职权、徇私舞弊的，依法给予处分；涉嫌犯罪的，依法移送司法机关追究刑事责任。

第十三条 对下级人民政府环境保护主管部门作出的环境行政处罚、行政命令等具体行政行为，上级人民政府环境保护主管部门可以按照本办法的规定对其执行情况进行后督察，并将督察情况、存在问题、处理意见等及时向下级人民政府环境保护主管部门反馈，同时责成下级人民政府环境保护主管部门依法进行处罚或者处理。必要时，上级人民政府环境保护主管部门可以向相关地方人民政府进行反馈，或者联合纪检监察机关进行调查，追究有关责任人的行政责任。

上级人民政府环境保护主管部门开展环境行政执法后督察的，应当在具体行政行为执行期限届满后进行，并不受本办法第五条规定的60日期限限制。

第十四条 本办法自2011年3月1日起施行。

环保举报热线工作管理办法

（自2011年3月1日起施行）

（2010年11月5日环境保护部2010年第2次部务会议审议通过　自2011年3月1日起施行）

第一章　总　则

第一条　为了加强环保举报热线工作的规范化管理，畅通群众举报渠道，维护和保障人民群众的合法环境权益，根据《信访条例》以及环境保护法律、法规的有关规定，制定本办法。

第二条　公民、法人或者其他组织通过拨打环保举报热线电话，向各级环境保护主管部门举报环境污染或者生态破坏事项，请求环境保护主管部门依法处理的，适用本办法。

环保举报热线应当使用“12369”特服电话号码，各地名称统一为“12369”环保举报热线。

承担“12369”环保举报热线工作的机构依法受理的举报事项，称举报件。

第三条　环保举报热线工作应当遵循下列原则：

（一）属地管理、分级负责，谁主管、谁负责；

（二）依法受理，及时办理；

（三）维护公众对环境保护工作的知情权、参与权和监督权；

（四）调查研究，实事求是，妥善处理，解决问题。

第四条　环保举报热线要做到有报必接、违法必查，事事有结果、件件有回音。

除发生不可抗力情形外，环保举报热线应当保证畅通。

第二章　机构、职责和人员

第五条　各级环境保护主管部门应当加强承担环保举报热线工作的机构建设，配备相应的专职工作人员，保障工作条件，保持队伍稳定。

第六条　承担环保举报热线工作机构的职责是：

（一）依法受理环境污染、生态破坏的举报事项；

（二）对举报件及时转送、交办、催办、督办；

（三）向上级交办部门报告交办件的办理结果；

（四）研究、分析环保举报热线工作情况，向环境保护主管部门提出改进工作的意见和建议；

（五）向本级和上一级环境保护主管部门提交年度工作报告，报告举报事项受理情况以及举报件的转送、交办、答复、催办、督办等情况；

（六）检查、指导和考核下级环保举报热线工作，总结交流工作经验，组织工作人员培训。

各地承担环保举报热线工作的机构可以根据实际情况依法履行其他工作职责，或者承担当地人民政府授予的其他职责。

第七条 环保举报热线工作人员应当具备以下条件：

（一）遵纪守法，政治立场坚定，熟悉环境保护业务，了解相关的法律、法规和政策，经业务培训并且考核合格；

（二）热爱本职工作，有较强的事业心和责任感；

（三）大专以上文化程度；

（四）掌握受理举报事项的基本知识和技能，有较强的协调能力和沟通能力；

（五）作风正派，实事求是；

（六）严格遵守各项规章制度。

第三章 工作程序

第八条 环保举报热线工作人员接听举报电话，应当耐心细致，用语规范，准确据实记录举报时间、被举报单位的名称和地址、举报内容、举报人的姓名和联系方式、诉求目的等信息，并区分情况，分别按照下列方式处理：

（一）对属于各级环境保护主管部门职责范围的环境污染和生态破坏的举报事项，应当予以受理；

（二）对不属于环境保护主管部门处理的举报事项不予受理，但应当告知举报人依法向有关机关提出；

（三）对依法应当通过诉讼、仲裁、行政复议等法定途径解决或者已经进入上述程序的，应当告知举报人依照有关法律、法规规定向有关机关和单位提出；

（四）举报事项已经受理，举报人再次提出同一举报事项的，不予受理，但应当告知举报人受理情况和办理结果的查询方式；

（五）举报人对环境保护主管部门做出的举报件答复不服，仍以同一事实和理由提出举报的，不予受理，但应当告知举报人可以依照《信访条例》的规定提请复查或者复核；

（六）对涉及突发环境事件和有群体性事件倾向的举报事项，应当立即受理并及时向有关负责人报告；

（七）涉及两个或者两个以上环境保护主管部门的举报事项，由举报事项涉及的环境保护主管部门协商受理；协商不成的，由其共同的上一级环境保护主管部门协调、决定受理机关。

对举报人提出的举报事项，环保举报热线工作人员能当场决定受理的，应当当场告知举报人；不能当场告知是否受理的，应当在 15 日内告知举报人，但举报人联系不上的除外。

第九条 属于本级环境保护主管部门办理的举报件，承担环保举报热线工作的机构受理后，应当在 3 个工作日内转送本级环境保护主管部门有关内设机构。

第十条 属于下级环境保护主管部门办理的举报件，承担环保举报热线工作的机构受理后，应当通过“12369”环保举报热线管理系统于 3 个工作日内向下级承担环保举报热线工作的机构交办。

地方各级环保举报热线工作人员应当即时接收上级交办的举报件，并按规定及时进行处理。

第十一条 举报件应当自受理之日起 60 日内办结。情况复杂的，经本级环境保护主管部门负责人批准，可以适当延长办理期限，并告知举报人延期理由，但延长期限不得超过 30 日。

对上级交办的举报件，下级承担环保举报热线工作的机构应当按照交办的时限要求办结，并将办理结果报告上级交办机构；情况复杂的，经本级环境保护主管部门负责人批准，并向交办机构说明情况，可以适当延长办理期限，并告知举报人延期理由。

第十二条 举报件办结后，举报件办理部门应当将举报件办理结果及时答复举报人并转送承担环保举报热线工作的机构。

对上级交办的举报件，负责办理的下级环境保护主管部门应当在办理后及时将办理结果向上级交办机构报告；上级交办机构发现报告内容不全或者事实不清的，可以退回原办理部门重新办理。

举报件办理结果应当由环境保护主管部门负责人签发，并说明举报事项、查处情况、处理意见、答复情况等。

第十三条 举报件办理部门未及时转送或者报告办理结果的，环保举报热线工作人员应当及时催办。

第十四条 上级承担环保举报热线工作的机构发现向下级交办的举报件有下列情形之一的，应当向环境保护主管部门报告，由环境保护主管部门按照有关规定及时督办：

（一）办结后处理决定未得到落实的；

（二）问题久拖不决，群众反复举报的；

（三）办理时弄虚作假的；

（四）未按照规定程序办理的；

（五）其他需要督办的情形。

第十五条 各级承担环保举报热线工作的机构应当视情况抽查、回访已经办结的举报件，听取意见，改进工作。

第四章　工作制度

第十六条　各级环境保护主管部门应当建立健全环保举报热线工作规章制度，确保环保举报热线工作有章可循、规范有序。

第十七条　各级承担环保举报热线工作的机构应当对各类举报信息和办理情况进行汇总、分析，提出建议，并向本级环境保护主管部门和上级承担环保举报热线工作的机构报告。

第十八条　各级环境保护主管部门应当定期分析总结环保举报热线工作情况，并根据工作需要，向有关单位和部门通报。

第十九条　各级环境保护主管部门应当通过电视、报刊、网络等媒体宣传环保举报热线，提高公众的参与意识和监督意识。

第二十条　各级环境保护主管部门应当定期组织开展环保举报热线工作人员政治理论学习和业务工作培训，加强队伍建设，不断提高工作人员的思想觉悟和业务水平。

第二十一条　各级承担环保举报热线工作的机构应当健全保密管理制度，完善保密防护措施，加强保密检查，并积极开展保密宣传教育。

第二十二条　各级承担环保举报热线工作的机构应当妥善保存相关书面材料或者录音资料，并按照档案管理的有关规范建立档案。

第二十三条　各级环境保护主管部门应当结合本单位工作实际，制定环保举报热线工作表彰和奖励制度，对事迹突出、成绩显著的工作人员或者单位给予表彰和奖励。

第二十四条　各级环境保护主管部门应当积极争取当地财政部门资金支持，将环保举报热线的建设、运行、管理、维护等资金纳入财政预算，确保环保举报热线工作及其管理系统正常运行。

第二十五条　各级环境保护主管部门以及环保举报热线工作人员玩忽职守、滥用职权、徇私舞弊的，依法给予处分；涉嫌犯罪的，依法移送司法机关追究刑事责任。

环境保护主管部门及其工作人员对举报人进行打击报复的，依法给予处分；涉嫌犯罪的，依法移送司法机关追究刑事责任。

第五章　附　则

第二十六条　本办法未作规定的事项，按照《信访条例》和《环境信访办法》的有关规定执行。

地方各级环境保护主管部门可以结合本地实际情况制定实施细则。

第二十七条　本办法自2011年3月1日起施行。

固体废物进口管理办法

（自2011年8月1日起施行）

（2011年4月8日环境保护部、商务部、国家发展和改革委员会、海关总署、国家质量监督检验检疫总局令第12号发布　自2011年8月1日起施行）

第一章　总　则

第一条　为了规范固体废物进口环境管理，防止进口固体废物污染环境，根据《中华人民共和国固体废物污染环境防治法》和有关法律、行政法规，制定本办法。

第二条　本办法所称固体废物，是指在生产、生活和其他活动中产生的丧失原有利用价值或者虽未丧失利用价值但被抛弃或者放弃的固态、半固态、液态和置于容器中的气态的物品、物质以及法律、行政法规规定纳入固体废物管理的物品、物质。

本办法所称固体废物进口，是指将中华人民共和国境外的固体废物运入中华人民共和国境内的活动。

第三条　本办法适用于以任何方式进口固体废物的活动。

通过赠送、出口退运进境、提供样品等方式将固体废物运入中华人民共和国境内的，进境修理产生的未复运出境固体废物以及出境修理或者出料加工中产生的复运进境固体废物的，除另有规定外，也适用本办法。

第四条　禁止转让固体废物进口相关许可证。

本办法所称转让固体废物进口相关许可证，是指：

（一）出售或者出租、出借固体废物进口相关许可证；

（二）使用购买或者租用、借用的固体废物进口相关许可证进口固体废物；

（三）将进口的固体废物全部或者部分转让给固体废物进口相关许可证载明的利用企业以外的单位或者个人。

第五条　禁止中华人民共和国境外的固体废物进境倾倒、堆放、处置。

禁止固体废物转口贸易。

未取得固体废物进口相关许可证的进口固体废物不得存入海关监管场所，包括保税区、出口加工区、保税物流园区、保税港区等海关特殊监管区域和保税物流中心（A/B型）、保税仓库等海关保税监管场所（以下简称“海关特殊监管区域和场所”）。

除另有规定外，进口固体废物不得办理转关手续（废纸除外）。

第六条 国务院环境保护行政主管部门对全国固体废物进口环境管理工作实施统一监督管理。国务院商务主管部门、国务院经济综合宏观调控部门、海关总署和国务院质量监督检验检疫部门在各自的职责范围内负责固体废物进口相关管理工作。

县级以上地方环境保护行政主管部门对本行政区域内固体废物进口环境管理工作实施监督管理。各级商务主管部门、经济综合宏观调控部门、海关、出入境检验检疫部门在各自职责范围内对固体废物进口实施相关监督管理。

国务院环境保护行政主管部门会同国务院商务主管部门、国务院经济综合宏观调控部门、海关总署、国务院质量监督检验检疫部门建立固体废物进口管理工作协调机制，实行固体废物进口管理信息共享，协调处理固体废物进口及经营活动监督管理工作的重要事务。

第七条 任何单位和个人有权向各级环境保护行政主管部门、商务主管部门、经济综合宏观调控部门、海关和出入境检验检疫部门，检举违反固体废物进口监管程序和进口固体废物造成污染的行为。

第二章　一般规定

第八条 禁止进口危险废物。禁止经中华人民共和国过境转移危险废物。

禁止以热能回收为目的进口固体废物。

禁止进口不能用作原料或者不能以无害化方式利用的固体废物。

禁止进口境内产生量或者堆存量大且尚未得到充分利用的固体废物。

禁止进口尚无适用国家环境保护控制标准或者相关技术规范等强制性要求的固体废物。

禁止以凭指示交货（TO ORDER）方式承运固体废物入境。

第九条 对可以弥补境内资源短缺，且根据国家经济、技术条件能够以无害化方式利用的可用作原料的固体废物，按照其加工利用过程的污染排放强度，实行限制进口和自动许可进口分类管理。

第十条 国务院环境保护行政主管部门会同国务院商务主管部门、国务院经济综合宏观调控部门、海关总署、国务院质量监督检验检疫部门制定、调整并公布禁止进口、限制进口和自动许可进口的固体废物目录。

第十一条 禁止进口列入禁止进口目录的固体废物。

进口列入限制进口或者自动许可进口目录的固体废物，必须取得固体废物进口相关许可证。

第十二条 进口固体废物应当采取防扬散、防流失、防渗漏或者其他防止污染环境的措施。

第十三条 进口固体废物的装运、申报应当符合海关规定，有关规定由海关总署另行制定。

第十四条 进口固体废物必须符合进口可用作原料的固体废物环境保护控制标准

或者相关技术规范等强制性要求。经检验检疫，不符合进口可用作原料的固体废物环境保护控制标准或者相关技术规范等强制性要求的固体废物，不得进口。

第十五条 申请和审批进口固体废物，按照风险最小化原则，实行“就近口岸”报关。

第十六条 国家对进口可用作原料的固体废物的国外供货商实行注册登记制度。向中国出口可用作原料的固体废物的国外供货商，应当取得国务院质量监督检验检疫部门颁发的注册登记证书。

国家对进口可用作原料的固体废物的国内收货人实行注册登记制度。进口可用作原料的固体废物的国内收货人在签订对外贸易合同前，应当取得国务院质量监督检验检疫部门颁发的注册登记证书。

第十七条 国务院环境保护行政主管部门对加工利用进口废五金电器、废电线电缆、废电机等环境风险较大的固体废物的企业，实行定点企业资质认定管理。管理办法由国务院环境保护行政主管部门制定。

第十八条 国家鼓励限制进口的固体废物在设定的进口废物“圈区管理”园区内加工利用。

进口废物“圈区管理”应当符合法律、法规和国家标准要求。进口废物“圈区管理”园区的建设规范和要求由国务院环境保护行政主管部门会同国务院商务主管部门、国务院经济综合宏观调控部门、海关总署、国务院质量监督检验检疫部门制定。

第十九条 出口加工区内的进口固体废物利用企业以加工贸易方式进口固体废物的，必须持有固体废物进口相关许可证。

出口加工区以外的进口固体废物利用企业以加工贸易方式进口固体废物的，必须持有商务主管部门签发的有效的《加工贸易业务批准证》、海关核发的有效的加工贸易手册（账册）和固体废物进口相关许可证。

以加工贸易方式进口的固体废物或者加工成品因故无法出口需内销的，加工贸易企业无须再次申领固体废物进口相关许可证；未经加工的原进口固体废物仅限留作本企业自用。

第三章 固体废物进口许可管理

第二十条 进口列入限制进口目录的固体废物，应当经国务院环境保护行政主管部门会同国务院对外贸易主管部门审查许可。进口列入自动许可进口目录的固体废物，应当依法办理自动许可手续。

第二十一条 固体废物进口相关许可证当年有效。

固体废物进口相关许可证应当在有效期内使用，无论是否使用完毕逾期均自行失效。

固体废物进口相关许可证因故在有效期内未使用完的，利用企业应当在有效期届满30日前向发证机关提出延期申请。发证机关扣除已使用的数量后，重新签发固体废物进口相关许可证，并在备注栏中注明“延期使用”和原证证号。

固体废物进口相关许可证只能延期一次，延期最长不超过60日。

第二十二条 固体废物进口相关许可证实行“一证一关”管理。一般情况下固体废物进口相关许可证为“非一批一证”制，如要实行“一批一证”，应当同时在固体废物进口相关许可证备注栏内打印“一批一证”字样。

“一证一关”指固体废物进口相关许可证只能在一个海关报关；“一批一证”指固体废物进口相关许可证在有效期内一次报关使用；“非一批一证”指固体废物进口相关许可证在有效期内可以多次报关使用，由海关逐批签注核减进口数量，最后一批进口时，允许溢装上限为固体废物进口相关许可证实际余额的 3%，且不论是否仍有余额，海关将在签注后留存正本存档。

第二十三条 固体废物进口相关许可证上载明的事项发生变化的，利用企业应当按照申请程序重新申请领取固体废物进口相关许可证。

发证机关受理申请后，注销原证，并公告注销的证书编号。

第二十四条 进口固体废物审批管理所需费用，按照国家有关规定执行。

第四章 检验检疫与海关手续

第二十五条 进口固体废物的承运人在受理承运业务时，应当要求货运委托人提供下列证明材料：

（一）固体废物进口相关许可证；

（二）进口可用作原料的固体废物国内收货人注册登记证书；

（三）进口可用作原料的固体废物国外供货商注册登记证书；

（四）进口可用作原料的固体废物装运前检验证书。

第二十六条 对进口固体废物，由国务院质量监督检验检疫部门指定的装运前检验机构实施装运前检验；检验合格的，出具装运前检验证书。

进口的固体废物运抵固体废物进口相关许可证列明的口岸后，国内收货人应当持固体废物进口相关许可证报检验检疫联、装运前检验证书以及其他必要单证，向口岸出入境检验检疫机构报检。

出入境检验检疫机构经检验检疫，对符合国家环境保护控制标准或者相关技术规范等强制性要求的，出具《入境货物通关单》，并备注“经初步检验检疫，未发现不符合国家环境保护控制标准要求的物质”；对不符合国家环境保护控制标准或者相关技术规范等强制性要求的，出具检验检疫处理通知书，并及时通知口岸海关和口岸所在地省、自治区、直辖市环境保护行政主管部门。

口岸所在地省、自治区、直辖市环境保护行政主管部门收到进口固体废物检验检疫不合格的通知后，应当及时通知利用企业所在地省、自治区、直辖市环境保护行政主管部门和国务院环境保护行政主管部门。

对于检验结果不服的，申请人应当根据进出口商品复验工作的有关规定申请复验。

国务院质量监督检验检疫部门或者出入境检验检疫机构可以根据检验工作的实际情况，会同同级环境保护行政主管部门共同实施复验工作。

第二十七条 除另有规定外，对限制进口类或者自动许可进口类可用作原料的固体废物，应当持固体废物进口相关许可证和出入境检验检疫机构出具的《入境货物通关单》等有关单证向海关办理进口验放手续。

第二十八条 进口者对海关将其所进口的货物纳入固体废物管理范围不服的，可以依法申请行政复议，也可以向人民法院提起行政诉讼。

海关怀疑进口货物的收货人申报的进口货物为固体废物的，可以要求收货人送口岸检验检疫部门进行固体废物属性检验，必要时，海关可以直接送口岸检验检疫部门进行固体废物属性检验，并按照检验结果处理。

口岸检验检疫部门应当出具检验结果，并注明是否属于固体废物。

海关或者收货人对口岸所在地检验检疫部门的检验结论有异议的，国务院环境保护行政主管部门会同海关总署、国务院质量监督检验检疫部门指定专门鉴别机构对进口的货物、物品是否属于固体废物和固体废物类别进行鉴别。

《固体废物鉴别导则》及有关鉴别程序和办法由国务院环境保护行政主管部门会同海关总署、国务院质量监督检验检疫部门制定。

检验或者鉴别期间，海关不接受企业担保放行的申请。对货物在检验或者鉴别期间产生的相关费用以及损失，由进口货物的收货人自行承担。

本条所涉进口固体废物的鉴别，应当以《固体废物鉴别导则》为依据。

第二十九条 将境外的固体废物进境倾倒、堆放、处置的，进口属于禁止进口的固体废物或者未经许可擅自进口固体废物的，以及检验不合格的进口固体废物，由口岸海关依法责令进口者或者承运人在规定的期限内将有关固体废物原状退运至原出口国，进口者或者承运人承担相应责任和费用，并不免除其办理海关手续的义务，进口者或者承运人不得放弃有关固体废物。

收货人无法确认的进境固体废物，由承运人向海关提出退运申请或者可以由海关依法责令承运人退运。承运人承担相应责任和费用，并不免除其办理海关手续的义务。

第三十条 对当事人拒不退运或者超过 3 个月不退运出境的固体废物，口岸海关会同口岸出入境检验检疫机构和口岸所在地环境保护行政主管部门对进口者或者承运人采取强制措施予以退运。

第三十一条 对确属无法退运出境或者海关决定不予退运的固体废物，经进口者向口岸海关申请（进口者不明时由承运人或者负有连带责任的第三人申请），参考就近原则，由海关以拍卖或者委托方式移交省、自治区、直辖市环境保护行政主管部门认定的具有无害化利用或者处置能力的单位进行综合利用或者无害化处置，相关滞港费用和处置费用由进口者承担，进口者不明的由承运人承担。

对委托综合利用或者无害化处置扣除处理费用后产生的收益，应当由具有无害化利用或者处置能力的单位交由海关上缴国库。各级海关未经批准，不得拍卖国家禁止进口的固体废物。具体管理办法由海关总署会同国务院环境保护行政主管部门另行制定。

第三十二条 海关应当将退运等后续处理情况通报出入境检验检疫机构和口岸所在地省、自治区、直辖市环境保护行政主管部门。

口岸所在地省、自治区、直辖市环境保护行政主管部门应当通知进口固体废物利用企业所在地省、自治区、直辖市环境保护行政主管部门和国务院环境保护行政主管部门。

出入境检验检疫机构和环境保护行政主管部门应当根据具体情况对有关单位做出处理。

第五章 监督管理

第三十三条 进口的固体废物必须全部由固体废物进口相关许可证载明的利用企业作为原料利用。

第三十四条 进口固体废物利用企业应当以环境无害化方式对进口的固体废物进行加工利用。

由海关以拍卖或者委托方式移交处理的进口固体废物的利用或者处置单位，必须对所承担的进口固体废物全部进行综合利用或者无害化处置。

第三十五条 进口固体废物利用企业应当建立经营情况记录簿，如实记载每批进口固体废物的来源、种类、重量或者数量、去向，接收、拆解、利用、贮存的时间，运输者的名称和联系方式，进口固体废物加工利用后的残余物种类、重量或者数量、去向等情况。经营记录簿及相关单据、影像资料等原始凭证应当至少保存 5 年。

进口固体废物利用企业应当对污染物排放进行日常定期监测。监测报告应当至少保存 5 年。

进口固体废物利用企业应当按照国务院环境保护行政主管部门的规定，定期向所在地省、自治区、直辖市环境保护行政主管部门报告进口固体废物经营情况和环境监测情况。省、自治区、直辖市环境保护行政主管部门汇总后报国务院环境保护行政主管部门。

固体废物的进口者、代理商、承运人等其他经营单位，应当记录所代理的进口固体废物的来源、种类、重量或者数量、去向等情况，并接受有关部门的监督检查。记录资料及相关单据、影像资料等原始凭证应当至少保存 3 年。

第三十六条 省、自治区、直辖市环境保护行政主管部门应当组织对进口固体废物利用企业进行实地检查和监督性监测，发现有下列情形之一的，应当在 5 个工作日内报知国务院环境保护行政主管部门：

（一）隐瞒有关情况或者提供虚假材料申请固体废物进口相关许可证或者转让固体废物进口相关许可证；

（二）超过国家或者地方规定的污染物排放标准，或者超过总量控制指标排放污染物；

（三）对进口固体废物加工利用后的残余物未进行无害化利用或者处置；

（四）未按规定报告进口固体废物经营情况和环境监测情况，或者在报告时弄虚作假。

国务院环境保护行政主管部门和省、自治区、直辖市环境保护行政主管部门应当将有关情况记录存档，作为审批固体废物进口相关许可证的依据。

各级环境保护行政主管部门、商务主管部门、经济综合宏观调控部门、海关、出入境检验检疫部门，有权依据各自的职责对与进口固体废物有关的单位进行监督检查。

被检查的单位应当如实反映情况，提供必要的材料。检查机关应当为被检查的单位保守技术秘密和业务秘密。

检查机关进行现场检查时，可以采取现场监测、采集样品、查阅或者复制相关资料等措施。

检查人员进行现场检查，应当出示证件。

第六章　海关特殊监管区域和场所的特别规定

第三十七条　固体废物从境外进入海关特殊监管区域和场所时，有关单位应当申领固体废物进口相关许可证，并申请检验检疫。固体废物从海关特殊监管区域和场所进口到境内区外或者在海关特殊监管区域和场所之间进出的，无需办理固体废物进口相关许可证。

第三十八条　海关特殊监管区域和场所内单位不得以转口货物为名存放进口固体废物。

第三十九条　海关特殊监管区域和场所内单位产生的未复运出境的残次品、废品、边角料、受灾货物等，如属于限制进口或者自动许可进口的固体废物，其在境内与海关特殊监管区域和场所之间进出，或者在海关特殊监管区域和场所之间进出，免于提交固体废物进口相关许可证。出入境检验检疫机构不实施检验。

第四十条　海关特殊监管区域和场所内单位产生的未复运出境的残次品、废品、边角料、受灾货物等，如属于禁止进口的固体废物，需出区进行利用或者处置的，应当由产生单位或者收集单位向海关特殊监管区域和场所行政管理部门和所在地设区的市级环境保护行政主管部门提出申请，并提交如下申请材料：

（一）转移固体废物出区申请书；

（二）申请单位和接收单位签订的合同；

（三）接收单位的经年检合格的营业执照；

（四）拟转移的区内固体废物的产生过程及工艺、成分分析报告、物理化学性质登记表；

（五）接收单位利用或者处置废物方式的说明，包括废物利用或者处置设施的地点、类型、处理能力及利用或者处置过程中产生的废气、废水、废渣的处理方法等的介绍资料；

（六）证明接收单位能对区内固体废物以环境无害化方式进行利用或者处置的材料；出区废物是危险废物的，须提供接收单位所持的《危险废物经营许可证》复印件，并加盖接收单位章。

第四十一条 海关特殊监管区域和场所行政管理部门和所在地设区的市级环境保护行政主管部门受理出区申请后，作出准予或者不准予出区的决定，批准文件有效期为1年。

出入境检验检疫机构凭海关特殊监管区域和场所行政管理部门和所在地设区的市级环境保护行政主管部门批准文件办理通关单，并对固体废物免于实施检验。海关凭海关特殊监管区域和场所行政管理部门和所在地设区的市级环境保护行政主管部门批准文件按规定办理有关手续。

第四十二条 海关特殊监管区域和场所内单位产生的固体废物，出区跨省转移、贮存、处置的，须按照《中华人民共和国固体废物污染环境防治法》第二十三条的规定向有关省、自治区、直辖市环境保护行政主管部门提出申请。

海关特殊监管区域和场所内单位产生的固体废物属于危险废物或者废弃电器电子产品的，出区时须依法执行危险废物管理或者废弃电器电子产品管理的有关制度。

第七章 罚 则

第四十三条 违反本办法规定，将中华人民共和国境外的固体废物进境倾倒、堆放、处置，进口属于禁止进口的固体废物或者未经许可擅自进口限制进口的固体废物，或者以原料利用为名进口不能用作原料的固体废物的，由海关依据《中华人民共和国固体废物污染环境防治法》第七十八条的规定追究法律责任，并可以由发证机关撤销其固体废物进口相关许可证。

违反本办法规定，以进口固体废物名义经中华人民共和国过境转移危险废物的，由海关依据《中华人民共和国固体废物污染环境防治法》第七十九条的规定追究法律责任，并可以由发证机关撤销其固体废物进口相关许可证。

违反本办法规定，走私进口固体废物的，由海关按照有关法律、行政法规的规定进行处罚；构成犯罪的，依法追究刑事责任。

第四十四条 对已经非法入境的固体废物，按照《中华人民共和国固体废物污染环境防治法》第八十条的规定进行处理。

第四十五条 违反本办法规定，转让固体废物进口相关许可证的，由发证机关撤销其固体废物进口相关许可证；构成犯罪的，依法追究刑事责任。

第四十六条 以欺骗、贿赂等不正当手段取得固体废物进口相关许可证的，依据《中华人民共和国行政许可法》的规定，由发证机关撤销其固体废物进口相关许可证；构成犯罪的，依法追究刑事责任。

第四十七条 违反本办法规定，对进口固体废物加工利用后的残余物未进行无害化利用或者处置的，由所在地县级以上环境保护行政主管部门根据《中华人民共和国固体废物污染环境防治法》第六十八条第（二）项的规定责令停止违法行为，限期改正，并处1万元以上10万元以下的罚款；逾期拒不改正的，可以由发证机关撤销其固体废物进口相关许可证。造成污染环境事故的，按照《固体废物污染环境防治法》第八十二条的规定办理。

第四十八条 违反本办法规定，未执行经营情况记录簿制度、未履行日常环境监测或者未按规定报告进口固体废物经营情况和环境监测情况的，由所在地县级以上环境保护行政主管部门责令限期改正，可以并处3万元以下罚款；逾期拒不改正的，可以由发证机关撤销其固体废物进口相关许可证。

第四十九条 违反检验检疫有关规定进口固体废物的，按照《中华人民共和国进出口商品检验法》《中华人民共和国进出口商品检验法实施条例》等规定进行处罚。

违反海关有关规定进口固体废物的，按照《中华人民共和国海关法》和《中华人民共和国海关行政处罚实施条例》等规定进行处罚。

擅自进口禁止进口、不符合国家环境保护控制标准或者相关技术规范强制性要求的固体废物，经海关责令退运，超过3个月怠于履行退运义务的，由海关依照《中华人民共和国海关行政处罚实施条例》的规定进行处罚。

第五十条 进口固体废物监督管理人员贪污受贿、玩忽职守、徇私舞弊或者滥用职权，依法给予行政处分；构成犯罪的，依法追究刑事责任。

第八章 附 则

第五十一条 本办法中由设区的市级环境保护行政主管部门行使的监管职责，在直辖市行政区域以及省、自治区直辖的县级行政区域内，由省、自治区、直辖市环境保护行政主管部门行使。

第五十二条 固体废物运抵关境即视为进口行为发生。

第五十三条 进口固体废物利用企业是指实际从事进口固体废物拆解、加工利用活动的企业。

第五十四条 来自中国香港、澳门特别行政区和中国台湾地区固体废物的进口管理依照本办法执行。

第五十五条 本办法自2011年8月1日起施行。

国务院环境保护行政主管部门、国务院商务主管部门、国务院经济综合宏观调控部门、海关总署、国务院质量监督检验检疫部门在本办法实施前根据各自职责发布的进口固体废物管理有关规定、通知与本办法不一致的，以本办法为准。

突发环境事件信息报告办法

（自2011年5月1日起施行）

（2011年3月24日环境保护部2011年第1次部务会议审议通过　自2011年5月1日起施行）

第一条　为了规范突发环境事件信息报告工作，提高环境保护主管部门应对突发环境事件的能力，依据《中华人民共和国突发事件应对法》《国家突发公共事件总体应急预案》《国家突发环境事件应急预案》及相关法律法规的规定，制定本办法。

第二条　本办法适用于环境保护主管部门对突发环境事件的信息报告。

突发环境事件分为特别重大（Ⅰ级）、重大（Ⅱ级）、较大（Ⅲ级）和一般（Ⅳ级）四级。

核与辐射突发环境事件的信息报告按照核安全有关法律法规执行。

第三条　突发环境事件发生地设区的市级或者县级人民政府环境保护主管部门在发现或者得知突发环境事件信息后，应当立即进行核实，对突发环境事件的性质和类别做出初步认定。

对初步认定为一般（Ⅳ级）或者较大（Ⅲ级）突发环境事件的，事件发生地设区的市级或者县级人民政府环境保护主管部门应当在四小时内向本级人民政府和上一级人民政府环境保护主管部门报告。

对初步认定为重大（Ⅱ级）或者特别重大（Ⅰ级）突发环境事件的，事件发生地设区的市级或者县级人民政府环境保护主管部门应当在两小时内向本级人民政府和省级人民政府环境保护主管部门报告，同时上报环境保护部。省级人民政府环境保护主管部门接到报告后，应当进行核实并在一小时内报告环境保护部。

突发环境事件处置过程中事件级别发生变化的，应当按照变化后的级别报告信息。

第四条　发生下列一时无法判明等级的突发环境事件，事件发生地设区的市级或者县级人民政府环境保护主管部门应当按照重大（Ⅱ级）或者特别重大（Ⅰ级）突发环境事件的报告程序上报：

（一）对饮用水水源保护区造成或者可能造成影响的；

（二）涉及居民聚居区、学校、医院等敏感区域和敏感人群的；

（三）涉及重金属或者类金属污染的；

（四）有可能产生跨省或者跨国影响的；

（五）因环境污染引发群体性事件，或者社会影响较大的；

（六）地方人民政府环境保护主管部门认为有必要报告的其他突发环境事件。

第五条 上级人民政府环境保护主管部门先于下级人民政府环境保护主管部门获悉突发环境事件信息的，可以要求下级人民政府环境保护主管部门核实并报告相应信息。下级人民政府环境保护主管部门应当依照本办法的规定报告信息。

第六条 向环境保护部报告突发环境事件有关信息的，应当报告总值班室，同时报告环境保护部环境应急指挥领导小组办公室。环境保护部环境应急指挥领导小组办公室应当根据情况向部内相关司局通报有关信息。

第七条 环境保护部在接到下级人民政府环境保护主管部门重大（Ⅱ级）或者特别重大（Ⅰ级）突发环境事件以及其他有必要报告的突发环境事件信息后，应当及时向国务院总值班室和中共中央办公厅秘书局报告。

第八条 突发环境事件已经或者可能涉及相邻行政区域的，事件发生地环境保护主管部门应当及时通报相邻区域同级人民政府环境保护主管部门，并向本级人民政府提出向相邻区域人民政府通报的建议。接到通报的环境保护主管部门应当及时调查了解情况，并按照本办法第三条、第四条的规定报告突发环境事件信息。

第九条 上级人民政府环境保护主管部门接到下级人民政府环境保护主管部门以电话形式报告的突发环境事件信息后，应当如实、准确做好记录，并要求下级人民政府环境保护主管部门及时报告书面信息。

对于情况不够清楚、要素不全的突发环境事件信息，上级人民政府环境保护主管部门应当要求下级人民政府环境保护主管部门及时核实补充信息。

第十条 县级以上人民政府环境保护主管部门应当建立突发环境事件信息档案，并按照有关规定向上一级人民政府环境保护主管部门报送本行政区域突发环境事件的月度、季度、半年度和年度报告以及统计情况。上一级人民政府环境保护主管部门定期对报告及统计情况进行通报。

第十一条 报告涉及国家秘密的突发环境事件信息，应当遵守国家有关保密的规定。

第十二条 突发环境事件的报告分为初报、续报和处理结果报告。

初报在发现或者得知突发环境事件后首次上报；续报在查清有关基本情况、事件发展情况后随时上报；处理结果报告在突发环境事件处理完毕后上报。

第十三条 初报应当报告突发环境事件的发生时间、地点、信息来源、事件起因和性质、基本过程、主要污染物和数量、监测数据、人员受害情况、饮用水水源地等环境敏感点受影响情况、事件发展趋势、处置情况、拟采取的措施以及下一步工作建议等初步情况，并提供可能受到突发环境事件影响的环境敏感点的分布示意图。

续报应当在初报的基础上，报告有关处置进展情况。

处理结果报告应当在初报和续报的基础上，报告处理突发环境事件的措施、过程和结果，突发环境事件潜在或者间接危害以及损失、社会影响、处理后的遗留问题、责任追究等详细情况。

第十四条 突发环境事件信息应当采用传真、网络、邮寄和面呈等方式书面报告；情况紧急时，初报可通过电话报告，但应当及时补充书面报告。

书面报告中应当载明突发环境事件报告单位、报告签发人、联系人及联系方式等内容，并尽可能提供地图、图片以及相关的多媒体资料。

第十五条 在突发环境事件信息报告工作中迟报、谎报、瞒报、漏报有关突发环境事件信息的，给予通报批评；造成后果的，对直接负责的主管人员和其他直接责任人员依法依纪给予处分；构成犯罪的，移送司法机关依法追究刑事责任。

第十六条 本办法由环境保护部解释。

第十七条 本办法自2011年5月1日起施行。《环境保护行政主管部门突发环境事件信息报告办法（试行）》（环发〔2006〕50号）同时废止。

附录

突发环境事件分级标准

按照突发事件严重性和紧急程度，突发环境事件分为特别重大（Ⅰ级）、重大（Ⅱ级）、较大（Ⅲ级）和一般（Ⅳ级）四级。

1 特别重大（Ⅰ级）突发环境事件。

凡符合下列情形之一的，为特别重大突发环境事件：

（1）因环境污染直接导致10人以上死亡或100人以上中毒的；

（2）因环境污染需疏散、转移群众5万人以上的；

（3）因环境污染造成直接经济损失1亿元以上的；

（4）因环境污染造成区域生态功能丧失或国家重点保护物种灭绝的；

（5）因环境污染造成地市级以上城市集中式饮用水水源地取水中断的；

（6）1、2类放射源失控造成大范围严重辐射污染后果的；核设施发生需要进入场外应急的严重核事故，或事故辐射后果可能影响邻省和境外的，或按照“国际核事件分级（INES）标准”属于3级以上的核事件；台湾核设施中发生的按照“国际核事件分级（INES）标准”属于4级以上的核事故；周边国家核设施中发生的按照“国际核事件分级（INES）标准”属于4级以上的核事故；

（7）跨国界突发环境事件。

2 重大（Ⅱ级）突发环境事件。

凡符合下列情形之一的，为重大突发环境事件：

（1）因环境污染直接导致3人以上10人以下死亡或50人以上100人以下中毒的；

（2）因环境污染需疏散、转移群众1万人以上5万人以下的；

（3）因环境污染造成直接经济损失2 000万元以上1亿元以下的；

（4）因环境污染造成区域生态功能部分丧失或国家重点保护野生动植物种群大批死亡的；

（5）因环境污染造成县级城市集中式饮用水水源地取水中断的；

（6）重金属污染或危险化学品生产、贮运、使用过程中发生爆炸、泄漏等事件，或因倾倒、堆放、丢弃、遗撒危险废物等造成的突发环境事件发生在国家重点流域、国家级自然保护区、风景名胜区或居民聚集区、医院、学校等敏感区域的；

（7）1、2类放射源丢失、被盗、失控造成环境影响，或核设施和铀矿冶炼设施发生的达到进入场区应急状态标准的，或进口货物严重辐射超标的事件；

（8）跨省（区、市）界突发环境事件。

3　较大（Ⅲ级）突发环境事件。

凡符合下列情形之一的，为较大突发环境事件：

（1）因环境污染直接导致3人以下死亡或10人以上50人以下中毒的；

（2）因环境污染需疏散、转移群众5 000人以上1万人以下的；

（3）因环境污染造成直接经济损失500万元以上2 000万元以下的；

（4）因环境污染造成国家重点保护的动植物物种受到破坏的；

（5）因环境污染造成乡镇集中式饮用水水源地取水中断的；

（6）3类放射源丢失、被盗或失控，造成环境影响的；

（7）跨地市界突发环境事件。

4　一般（Ⅳ级）突发环境事件。

除特别重大突发环境事件、重大突发环境事件、较大突发环境事件以外的突发环境事件。

污染源自动监控设施现场监督检查办法

（自 2012 年 4 月 1 日起施行）

（2011 年 12 月 30 日环境保护部第 2 次部务会议通过　自 2012 年 4 月 1 日起施行）

第一章　总　则

第一条　为加强对污染源自动监控设施的现场监督检查，保障其正常运行，保证自动监控数据的真实、可靠和有效，根据《中华人民共和国水污染防治法》《中华人民共和国大气污染防治法》等有关法律法规，制定本办法。

第二条　本办法所称污染源自动监控设施，是指在污染源现场安装的用于监控、监测污染物排放的在线自动监测仪、流量（速）计、污染治理设施运行记录仪和数据采集传输仪器、仪表、传感器等设施，是污染防治设施的组成部分。

第三条　本办法适用于各级环境保护主管部门对污染源自动监控设施的现场监督检查。

第四条　污染源自动监控设施的现场监督检查，由各级环境保护主管部门或者其委托的行使现场监督检查职责的机构（以下统称监督检查机构）具体负责。

省级以下环境保护主管部门对污染源自动监控设施进行监督管理和现场监督检查的权限划分，由省级环境保护主管部门确定。

第五条　实施污染源自动监控设施现场监督检查，应当与其他污染防治设施的现场检查相结合，并遵守国家有关法律法规、标准、技术规范以及环境保护主管部门的规定。

第六条　污染源自动监控设施的生产者和销售者，应当保证其生产和销售的污染源自动监控设施符合国家规定的标准。

排污单位自行运行污染源自动监控设施的，应当保证其正常运行。由取得环境污染治理设施运营资质的单位（以下简称运营单位）运行污染源自动监控设施的，排污单位应当配合、监督运营单位正常运行；运营单位应当保证污染源自动监控设施正常运行。

污染源自动监控设施的生产者、销售者以及排污单位和运营单位应当接受和配合监督检查机构的现场监督检查，并按照要求提供相关技术资料。监督检查机构有义务为被检查单位保守在检查中获取的商业秘密。

第二章　监督管理

第七条　污染源自动监控设施建成后，组织建设的单位应当及时组织验收。经验收合格后，污染源自动监控设施方可投入使用。

排污单位或者其他污染源自动监控设施所有权单位，应当在污染源自动监控设施验收后五个工作日内，将污染源自动监控设施有关情况交有管辖权的监督检查机构登记备案。

污染源自动监控设施的主要设备或者核心部件更换、采样位置或者主要设备安装位置等发生重大变化的，应当重新组织验收。排污单位或者其他污染源自动监控设施所有权单位应当在重新验收合格后五个工作日内，向有管辖权的监督检查机构变更登记备案。

有管辖权的监督检查机构应当对污染源自动监控设施登记事项及时予以登记，作为现场监督检查的依据。

第八条　污染源自动监控设施确需拆除或者停运的，排污单位或者运营单位应当事先向有管辖权的监督检查机构报告，经有管辖权的监督检查机构同意后方可实施。有管辖权的监督检查机构接到报告后，可以组织现场核实，并在接到报告后五个工作日内作出决定；逾期不作出决定的，视为同意。

污染源自动监控设施发生故障不能正常使用的，排污单位或者运营单位应当在发生故障后十二小时内向有管辖权的监督检查机构报告，并及时检修，保证在五个工作日内恢复正常运行。停运期间，排污单位或者运营单位应当按照有关规定和技术规范，采用手工监测等方式，对污染物排放状况进行监测，并报送监测数据。

第九条　下级环境保护主管部门应当每季度向上一级环境保护主管部门报告污染源自动监控设施现场监督检查工作情况。省级环境保护主管部门应当于每年的 1 月 30 日前向环境保护部报送上一年度本行政区域污染源自动监控设施现场监督检查工作报告。

第十条　污染源自动监控设施现场监督检查工作报告应当包括以下内容：

（一）辖区内污染源自动监控设施总体运行情况、存在的问题和建议；

（二）辖区内有关污染源自动监控设施违法行为及其查处情况和典型案例；

（三）污染源自动监控设施生产者、销售者和运营单位在辖区内服务质量评估。

第十一条　上级环境保护主管部门应当定期组织对本辖区内下级环境保护主管部门污染源自动监控设施现场监督检查的工作情况进行督查，并实行专项考核。

第十二条　污染源自动监控设施现场监督检查的有关情况，应当依法公开。

第三章　现场监督检查

第十三条　对污染源自动监控设施进行现场监督检查，应当重点检查以下内容：

（一）排放口规范化情况；

（二）污染源自动监控设施现场端建设规范化情况；

（三）污染源自动监控设施变更情况；

（四）污染源自动监控设施运行状况；

（五）污染源自动监控设施运行、维护、检修、校准校验记录；

（六）相关资质、证书、标志的有效性；

（七）企业生产工况、污染治理设施运行与自动监控数据的相关性。

第十四条 污染源自动监控设施现场监督检查分为例行检查和重点检查。

监督检查机构应当对污染源自动监控设施定期进行例行检查。对国家重点监控企业污染源自动监控设施的例行检查每月至少一次；对其他企业污染源自动监控设施的例行检查每季度至少一次。

对涉嫌不正常运行、使用污染源自动监控设施或者有弄虚作假等违法情况的企业，监督检查机构应当进行重点检查。重点检查可以邀请有关部门和专家参加。

实施污染源自动监控设施例行检查或者重点检查的，可以根据情况，事先通知被检查单位，也可以不事先通知。

第十五条 污染源自动监控设施的现场监督检查，按照下列程序进行：

（一）检查前准备工作，包括污染源自动监控设施登记备案情况、污染物排放及污染防治的有关情况，现场检查装备配备等；

（二）进行现场监督检查；

（三）认定运行正常的，结束现场监督检查；

（四）对涉嫌不正常运行、使用或者有弄虚作假等违法行为的，进行重点检查；

（五）经重点检查，认定有违法行为的，依法予以处罚。

污染源自动监控设施现场监督检查结果，应当及时反馈被检查单位。

第十六条 现场监督检查人员应当按照有关技术规范要求填写现场监督检查表，制作现场监督检查笔录。

现场监督检查人员进行污染源自动监控设施现场监督检查时，可以采取以下措施：

（一）以拍照、录音、录像、仪器标定或者拷贝文件、数据等方式保存现场检查资料；

（二）使用快速监测仪器采样监测。必要时，由环境监测机构进行监督性监测或者比对监测并出具监测结果；

（三）要求排污单位或者运营单位对污染源自动监控设施的硬件、软件进行技术测试；

（四）封存有关样品、试剂等物质，并送交有关部门或者机构检测。

第四章 法律责任

第十七条 排污单位或者其他污染源自动监控设施所有权单位，未按照本办法第七条的规定向有管辖权的监督检查机构登记其污染源自动监控设施有关情况，或者登记情况不属实的，依照《中华人民共和国水污染防治法》第七十二条第（一）项或者《中华人民共和国大气污染防治法》第四十六条第（一）项的规定处罚。

第十八条 排污单位或者运营单位有下列行为之一的，依照《中华人民共和国水污染防治法》第七十条或者《中华人民共和国大气污染防治法》第四十六条第（二）项的规定处罚：

（一）采取禁止进入、拖延时间等方式阻挠现场监督检查人员进入现场检查污染源自动监控设施的；

（二）不配合进行仪器标定等现场测试的；

（三）不按照要求提供相关技术资料和运行记录的；

（四）不如实回答现场监督检查人员询问的。

第十九条 排污单位或者运营单位擅自拆除、闲置污染源自动监控设施，或者有下列行为之一的，依照《中华人民共和国水污染防治法》第七十三条或者《中华人民共和国大气污染防治法》第四十六条第（三）项的规定处罚：

（一）未经环境保护主管部门同意，部分或者全部停运污染源自动监控设施的；

（二）污染源自动监控设施发生故障不能正常运行，不按照规定报告又不及时检修恢复正常运行的；

（三）不按照技术规范操作，导致污染源自动监控数据明显失真的；

（四）不按照技术规范操作，导致传输的污染源自动监控数据明显不一致的；

（五）不按照技术规范操作，导致排污单位生产工况、污染治理设施运行与自动监控数据相关性异常的；

（六）擅自改动污染源自动监控系统相关参数和数据的；

（七）污染源自动监控数据未通过有效性审核或者有效性审核失效的；

（八）其他人为原因造成的污染源自动监控设施不正常运行的情况。

第二十条 排污单位或者运营单位有下列行为之一的，依照《中华人民共和国水污染防治法》第七十条或者《中华人民共和国大气污染防治法》第四十六条第（二）项的规定处罚：

（一）将部分或者全部污染物不经规范的排放口排放，规避污染源自动监控设施监控的；

（二）违反技术规范，通过稀释、吸附、吸收、过滤等方式处理监控样品的；

（三）不按照技术规范的要求，对仪器、试剂进行变动操作的；

（四）违反技术规范的要求，对污染源自动监控系统功能进行删除、修改、增加、干扰，造成污染源自动监控系统不能正常运行，或者对污染源自动监控系统中存储、处理或者传输的数据和应用程序进行删除、修改、增加的操作的；

（五）其他欺骗现场监督检查人员，掩盖真实排污状况行为。

第二十一条 排污单位排放污染物超过国家或者地方规定的污染物排放标准，或者超过重点污染物排放总量控制指标的，依照《中华人民共和国水污染防治法》第七十四条或者《中华人民共和国大气污染防治法》第四十八条的规定处罚。

第二十二条 污染源自动监控设施生产者、销售者参与排污单位污染源自动监控设施运行弄虚作假的，由环境保护主管部门予以通报，公开该生产者、销售者名称及其产品型号；情节严重的，收回其环境保护适用性检测报告和环境保护产品认证证书。对已经安装使用该生产者、销售者生产、销售的同类产品的企业，环境保护主管部门应当加强重点检查。

第二十三条 运营单位参与排污单位污染源自动监控设施运行弄虚作假的，依照《环境污染治理设施运营资质许可管理办法》的有关规定处罚。

第二十四条 环境保护主管部门的工作人员有下列行为之一的，依法给予处分；构成犯罪的，依法追究刑事责任：

（一）不履行或者不按照规定履行对污染源自动监控设施现场监督检查职责的；

（二）对接到举报或者所发现的违法行为不依法予以查处的；

（三）包庇、纵容、参与排污单位或者运营单位弄虚作假的；

（四）其他玩忽职守、滥用职权或者徇私舞弊行为。

第二十五条 排污单位通过污染源自动监控设施数据弄虚作假获取主要污染物年度削减量、有关环境保护荣誉称号或者评级的，由原核定削减量或者授予荣誉称号的环境保护主管部门予以撤销。

排污单位通过污染源自动监控设施数据弄虚作假，骗取国家优惠脱硫脱硝电价的，环境保护主管部门应当及时通报优惠电价核定部门，取消电价优惠。

第二十六条 违反技术规范的要求，对污染源自动监控系统功能进行删除、修改、增加、干扰，造成污染源自动监控系统不能正常运行，或者对污染源自动监控系统中存储、处理或者传输的数据和应用程序进行删除、修改、增加的操作，构成违反治安管理行为的，由环境保护主管部门移送公安部门依据《中华人民共和国治安管理处罚法》第二十九条规定处理；涉嫌构成犯罪的，移送司法机关依照《中华人民共和国刑法》第二百八十六条追究刑事责任。

第五章　附　则

第二十七条 本办法由环境保护部负责解释。

第二十八条 污染源自动监控设施现场监督检查的技术规范和相关指南由环境保护部另行发布。

第二十九条 本办法自 2012 年 4 月 1 日起施行。

环境监察办法

（自2012年9月1日起施行）

（2012年7月4日环境保护部部务会议审议通过　自2012年9月1日起施行）

第一章　总　则

第一条　为加强和规范环境监察工作，加强环境监察队伍建设，提升环境监察效能，根据《中华人民共和国环境保护法》等有关法律、法规，结合环境监察工作实际，制定本办法。

第二条　本办法所称环境监察，是指环境保护主管部门依据环境保护法律、法规、规章和其他规范性文件实施的行政执法活动。

第三条　环境监察应当遵循以下原则：

（一）教育和惩戒相结合；

（二）严格执法和引导自觉守法相结合；

（三）证据确凿，程序合法，定性准确，处理恰当；

（四）公正、公开、高效。

第四条　环境保护部对全国环境监察工作实施统一监督管理。

县级以上地方环境保护主管部门负责本行政区域的环境监察工作。

各级环境保护主管部门所属的环境监察机构（以下简称“环境监察机构”），负责具体实施环境监察工作。

第五条　环境监察机构对本级环境保护主管部门负责，并接受上级环境监察机构的业务指导和监督。

各级环境保护主管部门应当加强对环境监察机构的领导，建立健全工作协调机制，并为环境监察机构提供必要的工作条件。

第六条　环境监察机构的主要任务包括：

（一）监督环境保护法律、法规、规章和其他规范性文件的执行；

（二）现场监督检查污染源的污染物排放情况、污染防治设施运行情况、环境保护行政许可执行情况、建设项目环境保护法律法规的执行情况等；

（三）现场监督检查自然保护区、畜禽养殖污染防治等生态和农村环境保护法律法规执行情况；

（四）具体负责排放污染物申报登记、排污费核定和征收；

（五）查处环境违法行为；

（六）查办、转办、督办对环境污染和生态破坏的投诉、举报，并按照环境保护主管部门确定的职责分工，具体负责环境污染和生态破坏纠纷的调解处理；

（七）参与突发环境事件的应急处置；

（八）对严重污染环境和破坏生态问题进行督查；

（九）依照职责，具体负责环境稽查工作；

（十）法律、法规、规章和规范性文件规定的其他职责。

第二章　环境监察机构和人员

第七条　各级环境监察机构可以命名为环境监察局。省级、设区的市级、县级环境监察机构，也可以分别以环境监察总队、环境监察支队、环境监察大队命名。

县级环境监察机构的分支（派出）机构和乡镇级环境监察机构的名称，可以命名为环境监察中队或者环境监察所。

第八条　环境监察机构的设置和人员构成，应当根据本行政区域范围大小、经济社会发展水平、人口规模、污染源数量和分布、生态保护和环境执法任务量等因素科学确定。

第九条　环境监察机构的工作经费，应当按照国家有关规定列入环境保护主管部门预算，由本级财政予以保障。

第十条　环境监察机构的办公用房、执法业务用房及执法车辆、调查取证器材等执法装备，应当符合国家环境监察标准化建设及验收要求。

环境监察机构的执法车辆应当喷涂统一的环境监察执法标识。

第十一条　录用环境监察机构的工作人员（以下简称“环境监察人员”），应当符合《中华人民共和国公务员法》的有关规定。

第十二条　环境保护主管部门应当根据工作需要，制定环境监察培训五年规划和年度计划，组织开展分级分类培训。

设区的市级、县级环境监察机构的主要负责人和省级以上环境监察人员的岗位培训，由环境保护部统一组织。其他环境监察人员的岗位培训，由省级环境保护主管部门组织。

环境监察人员参加培训的情况，应当作为环境监察人员考核、任职的主要依据。

第十三条　从事现场执法工作的环境监察人员进行现场检查时，有权依法采取以下措施：

（一）进入有关场所进行勘察、采样、监测、拍照、录音、录像、制作笔录；

（二）查阅、复制相关资料；

（三）约见、询问有关人员，要求说明相关事项，提供相关材料；

（四）责令停止或者纠正违法行为；

（五）适用行政处罚简易程序，当场作出行政处罚决定；

（六）法律、法规、规章规定的其他措施。

实施现场检查时，从事现场执法工作的环境监察人员不得少于两人，并出示《中国环境监察执法证》等行政执法证件，表明身份，说明执法事项。

第十四条 从事现场执法工作的环境监察人员，应当持有《中国环境监察执法证》。

对参加岗位培训，并经考试取得培训合格证书的环境监察人员，经核准后颁发《中国环境监察执法证》。《中国环境监察执法证》颁发、使用、管理的具体办法，由环境保护部另行制定。

第十五条 各级环境监察机构应当建立健全保密制度，完善保密措施，落实保密责任，指定专人管理保密的日常工作。

第十六条 环境监察人员应当严格遵守有关廉政纪律和要求。

第十七条 各级环境保护主管部门应当建立健全对环境监察人员的考核制度。

对工作表现突出、有显著成绩的环境监察人员，给予表彰和奖励。对在环境监察工作中违法违纪的环境监察人员，依法给予处分，可以暂扣、收回《中国环境监察执法证》；涉嫌构成犯罪的，依法移送司法机关追究刑事责任。

第三章　环境监察工作

第十八条 环境监察机构应当根据本行政区域环境保护工作任务、污染源数量、类型、管理权限等，制定环境监察工作年度计划。

环境监察工作年度计划报同级环境保护主管部门批准后实施，并抄送上一级环境监察机构。

第十九条 环境监察机构应当根据环境监察工作年度计划，组织现场检查。现场检查可以采取例行检查或者重点检查的方式进行。

第二十条 对排污者申报的排放污染物的种类、数量，环境监察机构负责依法进行核定。

第二十一条 环境监察机构应当按照排污费征收标准和核定的污染物种类、数量，负责向排污者征收排污费。

对减缴、免缴、缓缴排污费的申请，环境监察机构应当依法审核。

第二十二条 违反环境保护法律、法规和规章规定的，环境保护主管部门应当责令违法行为人改正或者限期改正，并依法实施行政处罚。

第二十三条 对违反环境保护法律、法规，严重污染环境或者造成重大社会影响的环境违法案件，环境保护主管部门可以提出明确要求，督促有关部门限期办理，并向社会公开办理结果。

第二十四条 环境监察机构负责组织实施环境行政执法后督察，监督环境行政处罚、行政命令等具体行政行为的执行。

第二十五条 企业事业单位严重污染环境或者造成严重生态破坏的，环境保护主管部门或者环境监察机构可以约谈单位负责人，督促其限期整改。

对未完成环境保护目标任务或者发生重大、特大突发环境事件的，环境保护主管部门或者环境监察机构可以约谈下级地方人民政府负责人，要求地方人民政府依法履行职责，落实整改措施，并可以提出改进工作的建议。

第二十六条 对依法受理的案件，属于本机关管辖的，环境保护主管部门应当按照规定的时限和程序依法处理；属于环境保护主管部门管辖但不属于本机关管辖的，受理案件的环境保护主管部门应当移送有管辖权的环境保护主管部门处理；不属于环境保护主管部门管辖的，受理案件的环境保护主管部门应当移送有管辖权的机关处理。

环境保护主管部门应当加强与司法机关的配合和协作，并可以根据工作需要，联合其他部门共同执法。

第二十七条 相邻行政区域的环境保护主管部门应当相互通报环境监察执法信息，加强沟通、协调和配合。

同一区域、流域内的环境保护主管部门应当加强信息共享，开展联合检查和执法活动。

环境监察机构应当加强信息统计，并以专题报告、定期报告、统计报表等形式，向同级环境保护主管部门和上级环境监察机构报告本行政区域的环境监察工作情况。

环境保护主管部门应当依法公开环境监察的有关信息。

第二十八条 上级环境保护主管部门应当对下级环境保护主管部门在环境监察工作中依法履行职责、行使职权和遵守纪律的情况进行稽查。

第二十九条 对环境监察工作中形成的污染源监察、建设项目检查、排放污染物申报登记、排污费征收、行政处罚等材料，应当及时进行整理，立卷归档。

第三十条 上级环境监察机构应当对下一级环境保护主管部门的环境监察工作进行年度考核。

第四章 附 则

第三十一条 环境保护主管部门所属的其他机构，可以按照环境保护主管部门确定的职责分工，参照本办法，具体实施其职责范围内的环境监察工作。

第三十二条 本办法由环境保护部负责解释。

第三十三条 本办法自2012年9月1日起施行。《环境监理工作暂行办法》（〔91〕环监字第338号）、《环境监理工作制度（试行）》（环监〔1996〕888号）、《环境监理工作程序（试行）》（环监〔1996〕888号）、《环境监理政务公开制度》（环发〔1999〕15号）同时废止。

环境监察执法证件管理办法

（自 2014 年 3 月 1 日起施行）

（2013 年 12 月 5 日环境保护部部务会议审议通过　自 2014 年 3 月 1 日起施行）

第一章　总　则

第一条　为加强环境监察执法证件管理，规范环境监察执法人员的执法行为，根据《中华人民共和国环境保护法》《中华人民共和国行政处罚法》等有关法律法规，制定本办法。

第二条　本办法适用于环境监察执法证件的申领、使用和管理。

第三条　环境监察执法证件是环境监察执法人员依法开展环境监察执法活动资格和身份的证明。

第四条　环境保护部负责全国环境监察执法证件的管理工作。

省级环境保护主管部门负责本行政区域内环境监察执法证件的管理工作。

环境保护部环境监察局、省级环境监察机构负责具体实施环境监察执法证件管理工作。

第五条　环境监察执法证件的样式、编码方式和制作要求由环境保护部统一制定。

第六条　从事现场执法工作的环境监察执法人员进行现场检查时，有权依法采取以下措施：

（一）进入有关场所进行勘察、采样、监测、拍照、录音、录像、制作笔录；

（二）查阅、复制相关资料；

（三）约见、询问有关人员，要求说明相关事项，提供相关材料；

（四）责令停止或者纠正违法行为；

（五）适用行政处罚简易程序，当场作出行政处罚决定；

（六）法律、法规、规章规定的其他措施。

环境监察执法人员在执行环境监察执法任务时，应当出示环境监察执法证件或者有效的地方行政执法证件。

未取得环境监察执法证件的，不得从事环境监察执法工作。

第二章　证件申领

第七条　县级以上环境保护主管部门具有正式编制拟从事环境监察执法工作的人员，具备下列条件的，可以申请领取环境监察执法证件：

（一）具有全日制大专以上学历；

（二）在环境保护主管部门工作满一年；

（三）熟悉环境保护法律、法规、规章和环境监察执法的业务知识；

（四）参加环境监察执法资格培训并经考试合格。

第八条　环境保护部负责组织以下人员的执法资格培训和考试：

（一）省级以上环境保护主管部门拟从事环境监察执法工作的人员；

（二）设区的市级环境保护主管部门及其环境监察机构负责人；

（三）县级环境保护主管部门负责人、县级环境监察机构主要负责人。

前款规定之外的其他申领人员的执法资格培训和考试由省级环境保护主管部门组织。

第九条　环境监察执法资格培训的教学大纲由环境保护部统一编制。省级环境保护主管部门可以结合本地实际补充培训内容。

第十条　环境监察执法人员每五年至少参加一次执法资格培训并经考试合格。

第十一条　申请领取环境监察执法证件的，申领人员应当向本级环境保护主管部门的环境监察机构提出书面申请。

收到申请的环境监察机构依照本办法的规定进行审核，并通过全国环境监察队伍管理系统逐级审核上报至环境保护部环境监察局。

环境保护部环境监察局对收到的申请进行审核，对属于本级环境保护主管部门的申领人员，认为符合本办法第七条规定的，报请环境保护部核发环境监察执法证件；对其他申领人员，认为符合本办法第七条规定，可以确认其环境监察执法人员资格的，告知省级环境保护主管部门核发环境监察执法证件。

第三章　证件管理

第十二条　县级以上环境监察机构负责本级环境保护主管部门环境监察执法证件持有人（以下简称“持证人”）在全国环境监察队伍管理系统中的信息更新维护。

第十三条　环境监察执法证件应当载明人员姓名、证件编号、所属单位、使用区域、发证日期和发证部门等信息，并加盖发证部门的公章。

禁止伪造、变造环境监察执法证件。

第十四条　持证人应当按照证件载明的职责和区域范围从事环境监察执法工作。

下级环境监察执法人员受上级环境保护主管部门委派开展异地环境监察执法活动的，不受环境监察执法证件规定的区域范围限制。

第十五条　持证人应当妥善保管环境监察执法证件，不得涂改、损毁或者转借他人。

第十六条 环境监察执法证件每两年审验一次。持证人所在单位应当将证件统一报送发证部门审验。

发证部门应当对以下事项进行审验：

（一）环境监察执法证件所载信息是否与持证人实际情况相符；

（二）持证人是否持有有效的环境监察执法资格培训合格证明。

逾期未审验的环境监察执法证件，自行失效；经审验不合格的，由发证部门收回环境监察执法证件。

第十七条 持证人遗失环境监察执法证件的，应当及时向其所在的环境保护主管部门报告，由其所在的环境保护主管部门逐级报告至发证部门。发证部门应当在核实后及时补发新证。

第十八条 有下列情形之一的，持证人或者其所在单位应当申请换发环境监察执法证件：

（一）持证人所在单位名称发生变化的；

（二）持证人从事环境监察执法的区域范围发生变更的；

（三）持证人所持环境监察执法证件污损、残缺的；

（四）持证人职务、级别发生变化的；

（五）其他应当换发环境监察执法证件的情形。

申请换发环境监察执法证件的，应当将原证件交回发证部门；发证部门应当及时换发新证。

第十九条 有下列情形之一的，持证人或者其所在单位应当向发证部门申请注销环境监察执法证件：

（一）持证人退休的；

（二）持证人调离环境监察执法工作岗位的；

（三）其他应当注销环境监察执法证件的情形。

注销的环境监察执法证件应当交回发证部门。

第四章 责任追究

第二十条 持证人有下列行为之一的，由县级以上环境保护主管部门给予批评教育，责令限期改正，并暂扣其环境监察执法证件：

（一）涂改、转借环境监察执法证件的；

（二）使用环境监察执法证件从事与公务无关的活动的；

（三）违反环境监察执法人员行为规范的；

（四）其他违反环境监察执法证件管理相关规定的行为。

对暂扣环境监察执法证件的人员，发证部门应当对其重新进行环境监察执法资格培训。证件暂扣期间，不得从事环境监察执法工作。

暂扣环境监察执法证件的情况应当及时报发证部门备案。

第二十一条 持证人有下列行为之一的，由发证部门收回环境监察执法证件：

（一）受到刑事处罚、行政拘留或者记大过以上行政处分的；

（二）以欺诈、舞弊、贿赂等不正当手段获取环境监察执法证件的；

（三）违反廉洁执法相关规定且情节严重的；

（四）其他严重违反相关法律法规的行为。

第二十二条 环境保护主管部门有下列行为之一的，由上级环境保护主管部门给予通报批评，责令限期改正：

（一）安排未取得环境监察执法证件的人员从事环境监察执法工作的；

（二）对持证人和环境监察执法证件管理不善导致严重后果的；

（三）其他违反环境监察执法证件管理相关规定的行为。

第二十三条 发证部门工作人员违反本办法的规定，滥用职权、徇私舞弊、玩忽职守，擅自发放或者越权发放环境监察执法证件的，依法给予处分。

第五章　附　则

第二十四条 本办法由环境保护部负责解释。

第二十五条 本办法自 2014 年 3 月 1 日起施行。原国家环境保护局发布的《环境监理执法标志管理办法》（国家环境保护局令第 9 号）同时废止。

消耗臭氧层物质进出口管理办法

（自 2014 年 3 月 1 日起施行）

第一条 为履行《关于消耗臭氧层物质的蒙特利尔议定书》及其修正案，加强对我国消耗臭氧层物质进出口管理，根据《消耗臭氧层物质管理条例》，制定本办法。

第二条 本办法适用于以任何形式进出口列入《中国进出口受控消耗臭氧层物质名录》的消耗臭氧层物质的活动；通过捐赠、货样、广告物品、退运等方式将列入《中国进出口受控消耗臭氧层物质名录》的消耗臭氧层物质运入、运出中华人民共和国关境，其他法律法规另有规定的，从其规定。

《中国进出口受控消耗臭氧层物质名录》由国务院环境保护主管部门会同国务院商务主管部门、海关总署制定、调整和公布。

第三条 国家对列入《中国进出口受控消耗臭氧层物质名录》的消耗臭氧层物质实行进出口配额许可证管理。

第四条 国务院环境保护主管部门、国务院商务主管部门和海关总署联合设立国家消耗臭氧层物质进出口管理机构，对消耗臭氧层物质的进出口实行统一监督管理。

第五条 国务院环境保护主管部门根据消耗臭氧层物质淘汰进展情况，商国务院商务主管部门确定国家消耗臭氧层物质年度进出口配额总量，并在每年 12 月 20 日前公布下一年度进出口配额总量。

第六条 从事消耗臭氧层物质进出口的单位（以下简称“进出口单位”）应当具有法人资格，并依法办理对外贸易经营者备案登记手续。

第七条 进出口单位应当在每年 10 月 31 日前向国家消耗臭氧层物质进出口管理机构申请下一年度进出口配额，并提交下列材料：

（一）法人营业执照和对外贸易经营者备案登记表；

（二）消耗臭氧层物质进出口单位年度环保备案表；

（三）下一年度消耗臭氧层物质进出口配额申请书和年度进出口计划表。

初次申请进出口配额的进出口单位，还应当提交前三年消耗臭氧层物质进出口业绩。

申请进出口属于危险化学品的消耗臭氧层物质的单位，还应当提交该危险化学品的国内生产使用企业持有的危险化学品环境管理登记证，以及安全生产监督管理部门核发的危险化学品生产、使用或者经营许可证。

未按时提交上述材料或者提交材料不齐全的，国家消耗臭氧层物质进出口管理机构不予受理配额申请。

第八条 国家消耗臭氧层物质进出口管理机构在核定进出口单位的年度进出口配额申请时，应当综合考虑下列因素：

（一）遵守法律法规情况；

（二）前三年消耗臭氧层物质进出口业绩；

（三）上一年度消耗臭氧层物质进出口计划及配额完成情况；

（四）管理水平和环境保护措施落实情况；

（五）其他影响消耗臭氧层物质进出口的因素。

第九条 国家消耗臭氧层物质进出口管理机构应当在每年12月20日前对进出口单位的进出口配额做出发放与否的决定，并予以公告。

第十条 在年度进出口配额指标内，进出口单位需要进出口消耗臭氧层物质的，应当向国家消耗臭氧层物质进出口管理机构申请领取进出口受控消耗臭氧层物质审批单，并提交下列材料：

（一）消耗臭氧层物质进出口申请书；

（二）对外贸易合同或者订单等相关材料，非生产企业还应当提交合法生产企业的供货证明；

（三）国家消耗臭氧层物质进出口管理机构认为需要提供的其他材料。

出口回收的消耗臭氧层物质的单位应当持有回收单位所在省级环境保护主管部门签发的回收证明，依法申请领取进出口受控消耗臭氧层物质审批单后，方可办理其他手续。

特殊用途的消耗臭氧层物质的出口，进出口单位应当提交进口国政府部门出具的进口许可证或者其他官方批准文件等材料。

第十一条 国家消耗臭氧层物质进出口管理机构应当自受理进出口申请之日起二十个工作日内完成审查，作出是否签发消耗臭氧层物质进出口审批单的决定，并对获准签发消耗臭氧层物质进出口审批单的进出口单位名单进行公示；未予批准的，应当书面通知申请单位并说明理由。

第十二条 消耗臭氧层物质进出口审批单实行“一单一批”制。审批单有效期为九十日，不得超期或者跨年度使用。

第十三条 进出口单位应当持进出口审批单，向所在地省级商务主管部门所属的发证机构申请领取消耗臭氧层物质进出口许可证。在京中央企业向国务院商务主管部门授权的发证机构申请领取消耗臭氧层物质进出口许可证。

消耗臭氧层物质进出口许可证实行“一批一证”制。每份进出口许可证只能报关使用一次，当年有效，不得跨年度使用。

进出口许可证的申领和管理按照国务院商务主管部门有关规定执行。

第十四条 进出口单位凭商务主管部门签发的消耗臭氧层物质进出口许可证向海关办理通关手续。

第十五条 进出口单位在领取消耗臭氧层物质进出口许可证后，实际进出口的数量少于批准的数量的，应当在完成通关手续之日起二十个工作日内向国家消耗臭氧层物质进出口管理机构报告实际进出口数量等信息。

进出口单位在领取消耗臭氧层物质进出口许可证后，实际未发生进出口的，应当在进出口许可证有效期届满之日起二十个工作日内向国家消耗臭氧层物质进出口管理机构报告。

第十六条 消耗臭氧层物质在中华人民共和国境内的海关特殊监管区域、保税监管场所与境外之间进出的，进出口单位应当依照本办法的规定申请领取进出口审批单、进出口许可证；消耗臭氧层物质在中华人民共和国境内的海关特殊监管区域、保税监管场所与境内其他区域之间进出的，或者在上述海关特殊监管区域、保税监管场所之间进出的，不需要申请领取进出口审批单、进出口许可证。

第十七条 进出口单位应当按照进出口审批单或者进出口许可证载明的内容从事消耗臭氧层物质的进出口活动。发生与进出口审批单或者进出口许可证载明的内容不符的情形的，进出口单位应当重新申请领取进出口审批单或者进出口许可证。

第十八条 国家消耗臭氧层物质进出口管理机构建立消耗臭氧层物质进出口数据信息管理系统，收集、汇总消耗臭氧层物质的进出口数据信息。

国务院环境保护主管部门、商务主管部门、海关总署以及省级环境保护主管部门应当建立信息共享机制，及时通报消耗臭氧层物质进出口、进出口单位信息和违法情况等信息。

第十九条 县级以上环境保护主管部门、商务主管部门、海关等有关部门有权依法对进出口单位的消耗臭氧层物质进出口活动进行监督检查。被检查单位必须如实反映情况，提供必要资料，不得拒绝和阻碍。检查部门对监督检查中知悉的商业秘密负有保密义务。

第二十条 进出口单位当年不能足额使用的进出口配额，应当于当年 10 月 31 日前报告并交还国家消耗臭氧层物质进出口管理机构。国家消耗臭氧层物质进出口管理机构可以根据实际情况对年度配额进行调整分配。

进出口单位未按期交还进出口配额并且在当年年底前未足额使用的，国家消耗臭氧层物质进出口管理机构可以核减或者取消其下一年度的进出口配额。

第二十一条 进出口单位以欺骗、贿赂等不正当手段取得消耗臭氧层物质进出口年度配额、消耗臭氧层物质进出口审批单或者进出口许可证的，依照《中华人民共和国行政许可法》的规定，由国家消耗臭氧层物质进出口管理机构撤销其消耗臭氧层物质进出口审批单，或者由商务主管部门撤销其消耗臭氧层物质进出口许可证，并由国家消耗臭氧层物质进出口管理机构酌情核减或者取消进出口单位本年度或者下一年度的进出口配额；构成犯罪的，依法移送司法机关追究刑事责任。

进出口单位对本办法第七条、第十条要求申请人提交的数据、材料有谎报、瞒报情形的，国家消耗臭氧层物质进出口管理机构除给予前款规定处罚外，还应当将违法事实通报给进出口单位所在地县级以上地方环境保护主管部门，并由进出口单位所在地县级以上地方环境保护主管部门依照《消耗臭氧层物质管理条例》第三十八条的规定予以处罚。

第二十二条 进出口单位倒卖、出租、出借进出口审批单或者进出口许可证的，由国家消耗臭氧层物质进出口管理机构撤销其消耗臭氧层物质进出口审批单，或者由商务主管部门撤销其消耗臭氧层物质进出口许可证，并由国家消耗臭氧层物质进出口管理机构取消其当年配额，禁止其三年内再次申请消耗臭氧层物质进出口配额；构成犯罪的，依法移送司法机关追究刑事责任。

第二十三条 进出口单位使用虚假进出口审批单或者进出口许可证的，由国家消耗臭氧层物质进出口管理机构取消其当年进出口配额，禁止其再次申请消耗臭氧层物质进出口配额；构成犯罪的，依法移送司法机关追究刑事责任。

第二十四条 进出口单位无进出口许可证或者超出进出口许可证的规定进出口消耗臭氧层物质的，或者违反海关有关规定进出口消耗臭氧层物质的，或者走私消耗臭氧层物质的，由海关依法处罚；构成犯罪的，依法移送司法机关追究刑事责任。国家消耗臭氧层物质进出口管理机构可以根据进出口单位违法行为情节轻重，禁止其再次申请消耗臭氧层物质进出口配额。

第二十五条 负有消耗臭氧层物质进出口监督管理职责的部门及其工作人员有下列行为之一的，对直接负责的主管人员和其他直接责任人员，依法给予处分；构成犯罪的，依法移送司法机关追究刑事责任：

（一）违反本办法规定发放消耗臭氧层物质进出口配额的；

（二）违反本办法规定签发消耗臭氧层物质进出口审批单或者进出口许可证的；

（三）对发现的违反本办法的行为不依法查处的；

（四）在办理消耗臭氧层物质进出口以及实施监督检查的过程中，索取、收受他人财物或者谋取其他利益的；

（五）其他徇私舞弊、滥用职权、玩忽职守行为。

第二十六条 本办法规定的消耗臭氧层物质进出口配额申请书、年度进出口计划表、消耗臭氧层物质进出口申请书、进出口受控消耗臭氧层物质审批单、消耗臭氧层物质进出口单位年度环保备案表、回收证明等文件格式由国家消耗臭氧层物质进出口管理机构统一制定并公布。

第二十七条 本办法由国务院环境保护主管部门商国务院商务主管部门、海关总署解释。

第二十八条 本办法自 2014 年 3 月 1 日起施行。原国家环境保护总局发布的《消耗臭氧层物质进出口管理办法》（环发〔1999〕278 号）和原国家环境保护总局、原对外经济贸易合作部、海关总署发布的《关于加强对消耗臭氧层物质进出口管理的规定》（环发〔2000〕85 号）同时废止。

环境保护主管部门实施按日连续处罚办法

（自2015年1月1日起施行）

（2014年12月15日环境保护部部务会议审议通过　自2015年1月1日起施行）

第一章　总　则

第一条　为规范实施按日连续处罚，依据《中华人民共和国环境保护法》《中华人民共和国行政处罚法》等法律，制定本办法。

第二条　县级以上环境保护主管部门对企业事业单位和其他生产经营者（以下称排污者）实施按日连续处罚的，适用本办法。

第三条　实施按日连续处罚，应当坚持教育与处罚相结合的原则，引导和督促排污者及时改正环境违法行为。

第四条　环境保护主管部门实施按日连续处罚，应当依法向社会公开行政处罚决定和责令改正违法行为决定等相关信息。

第二章　适用范围

第五条　排污者有下列行为之一，受到罚款处罚，被责令改正，拒不改正的，依法作出罚款处罚决定的环境保护主管部门可以实施按日连续处罚：

（一）超过国家或者地方规定的污染物排放标准，或者超过重点污染物排放总量控制指标排放污染物的；

（二）通过暗管、渗井、渗坑、灌注或者篡改、伪造监测数据，或者不正常运行防治污染设施等逃避监管的方式排放污染物的；

（三）排放法律、法规规定禁止排放的污染物的；

（四）违法倾倒危险废物的；

（五）其他违法排放污染物行为。

第六条　地方性法规可以根据环境保护的实际需要，增加按日连续处罚的违法行为的种类。

第三章　实施程序

第七条　环境保护主管部门检查发现排污者违法排放污染物的，应当进行调查取证，并依法作出行政处罚决定。

按日连续处罚决定应当在前款规定的行政处罚决定之后作出。

第八条 环境保护主管部门可以当场认定违法排放污染物的，应当在现场调查时向排污者送达责令改正违法行为决定书，责令立即停止违法排放污染物行为。

需要通过环境监测认定违法排放污染物的，环境监测机构应当按照监测技术规范要求进行监测。环境保护主管部门应当在取得环境监测报告后三个工作日内向排污者送达责令改正违法行为决定书，责令立即停止违法排放污染物行为。

第九条 责令改正违法行为决定书应当载明下列事项：

（一）排污者的基本情况，包括名称或者姓名、营业执照号码或者居民身份证号码、组织机构代码、地址以及法定代表人或者主要负责人姓名等；

（二）环境违法事实和证据；

（三）违反法律、法规或者规章的具体条款和处理依据；

（四）责令立即改正的具体内容；

（五）拒不改正可能承担按日连续处罚的法律后果；

（六）申请行政复议或者提起行政诉讼的途径和期限；

（七）环境保护主管部门的名称、印章和决定日期。

第十条 环境保护主管部门应当在送达责令改正违法行为决定书之日起三十日内，以暗查方式组织对排污者违法排放污染物行为的改正情况实施复查。

第十一条 排污者在环境保护主管部门实施复查前，可以向作出责令改正违法行为决定书的环境保护主管部门报告改正情况，并附具相关证明材料。

第十二条 环境保护主管部门复查时发现排污者拒不改正违法排放污染物行为的，可以对其实施按日连续处罚。

环境保护主管部门复查时发现排污者已经改正违法排放污染物行为或者已经停产、停业、关闭的，不启动按日连续处罚。

第十三条 排污者具有下列情形之一的，认定为拒不改正：

（一）责令改正违法行为决定书送达后，环境保护主管部门复查发现仍在继续违法排放污染物的；

（二）拒绝、阻挠环境保护主管部门实施复查的。

第十四条 复查时排污者被认定为拒不改正违法排放污染物行为的，环境保护主管部门应当按照本办法第八条的规定再次作出责令改正违法行为决定书并送达排污者，责令立即停止违法排放污染物行为，并应当依照本办法第十条、第十二条的规定对排污者再次进行复查。

第十五条 环境保护主管部门实施按日连续处罚应当符合法律规定的行政处罚程序。

第十六条 环境保护主管部门决定实施按日连续处罚的，应当依法作出处罚决定书。

处罚决定书应当载明下列事项：

（一）排污者的基本情况，包括名称或者姓名、营业执照号码或者居民身份证号码、组织机构代码、地址以及法定代表人或者主要负责人姓名等；

（二）初次检查发现的环境违法行为及该行为的原处罚决定、拒不改正的违法事实和证据；

（三）按日连续处罚的起止时间和依据；

（四）按照按日连续处罚规则决定的罚款数额；

（五）按日连续处罚的履行方式和期限；

（六）申请行政复议或者提起行政诉讼的途径和期限；

（七）环境保护主管部门名称、印章和决定日期。

第四章　计罚方式

第十七条　按日连续处罚的计罚日数为责令改正违法行为决定书送达排污者之日的次日起，至环境保护主管部门复查发现违法排放污染物行为之日止。再次复查仍拒不改正的，计罚日数累计执行。

第十八条　再次复查时违法排放污染物行为已经改正，环境保护主管部门在之后的检查中又发现排污者有本办法第五条规定的情形的，应当重新作出处罚决定，按日连续处罚的计罚周期重新起算。按日连续处罚次数不受限制。

第十九条　按日连续处罚每日的罚款数额，为原处罚决定书确定的罚款数额。

按照按日连续处罚规则决定的罚款数额，为原处罚决定书确定的罚款数额乘以计罚日数。

第五章　附　则

第二十条　环境保护主管部门针对违法排放污染物行为实施按日连续处罚的，可以同时适用责令排污者限制生产、停产整治或者查封、扣押等措施；因采取上述措施使排污者停止违法排污行为的，不再实施按日连续处罚。

第二十一条　本办法由国务院环境保护主管部门负责解释。

第二十二条　本办法自 2015 年 1 月 1 日起施行。

环境保护主管部门实施查封、扣押办法

（自2015年1月1日起施行）

（2014年12月15日环境保护部部务会议审议通过　自2015年1月1日起施行）

第一章　总　则

第一条　为规范实施查封、扣押，依据《中华人民共和国环境保护法》《中华人民共和国行政强制法》等法律，制定本办法。

第二条　对企业事业单位和其他生产经营者（以下称排污者）违反法律法规规定排放污染物，造成或者可能造成严重污染，县级以上环境保护主管部门对造成污染物排放的设施、设备实施查封、扣押的，适用本办法。

第三条　环境保护主管部门实施查封、扣押所需经费，应当列入本机关的行政经费预算，由同级财政予以保障。

第二章　适用范围

第四条　排污者有下列情形之一的，环境保护主管部门依法实施查封、扣押：

（一）违法排放、倾倒或者处置含传染病病原体的废物、危险废物、含重金属污染物或者持久性有机污染物等有毒物质或者其他有害物质的；

（二）在饮用水水源一级保护区、自然保护区核心区违反法律法规规定排放、倾倒、处置污染物的；

（三）违反法律法规规定排放、倾倒化工、制药、石化、印染、电镀、造纸、制革等工业污泥的；

（四）通过暗管、渗井、渗坑、灌注或者篡改、伪造监测数据，或者不正常运行防治污染设施等逃避监管的方式违反法律法规规定排放污染物的；

（五）较大、重大和特别重大突发环境事件发生后，未按照要求执行停产、停排措施，继续违反法律法规规定排放污染物的；

（六）法律、法规规定的其他造成或者可能造成严重污染的违法排污行为。

有前款第一项、第二项、第三项、第六项情形之一的，环境保护主管部门可以实施查封、扣押；已造成严重污染或者有前款第四项、第五项情形之一的，环境保护主管部门应当实施查封、扣押。

第五条 环境保护主管部门查封、扣押排污者造成污染物排放的设施、设备，应当符合有关法律的规定。不得重复查封、扣押排污者已被依法查封的设施、设备。

对不易移动的或者有特殊存放要求的设施、设备，应当就地查封。查封时，可以在该设施、设备的控制装置等关键部件或者造成污染物排放所需供水、供电、供气等开关阀门张贴封条。

第六条 具备下列情形之一的排污者，造成或者可能造成严重污染的，环境保护主管部门应当按照有关环境保护法律法规予以处罚，可以不予实施查封、扣押：

（一）城镇污水处理、垃圾处理、危险废物处置等公共设施的运营单位；

（二）生产经营业务涉及基本民生、公共利益的；

（三）实施查封、扣押可能影响生产安全的。

第七条 环境保护主管部门实施查封、扣押的，应当依法向社会公开查封、扣押决定，查封、扣押延期情况和解除查封、扣押决定等相关信息。

第三章 实施程序

第八条 实施查封、扣押的程序包括调查取证、审批、决定、执行、送达、解除。

第九条 环境保护主管部门实施查封、扣押前，应当做好调查取证工作。

查封、扣押的证据包括现场检查笔录、调查询问笔录、环境监测报告、视听资料、证人证言和其他证明材料。

第十条 需要实施查封、扣押的，应当书面报经环境保护主管部门负责人批准；案情重大或者社会影响较大的，应当经环境保护主管部门案件审查委员会集体审议决定。

第十一条 环境保护主管部门决定实施查封、扣押的，应当制作查封、扣押决定书和清单。

查封、扣押决定书应当载明下列事项：

（一）排污者的基本情况，包括名称或者姓名、营业执照号码或者居民身份证号码、组织机构代码、地址以及法定代表人或者主要负责人姓名等；

（二）查封、扣押的依据和期限；

（三）查封、扣押设施、设备的名称、数量和存放地点等；

（四）排污者应当履行的相关义务及申请行政复议或者提起行政诉讼的途径和期限；

（五）环境保护主管部门的名称、印章和决定日期。

第十二条 实施查封、扣押应当符合下列要求：

（一）由两名以上具有行政执法资格的环境行政执法人员实施，并出示执法身份证件；

（二）通知排污者的负责人或者受委托人到场，当场告知实施查封、扣押的依据以及依法享有的权利、救济途径，并听取其陈述和申辩；

（三）制作现场笔录，必要时可以进行现场拍摄。现场笔录的内容应当包括查封、扣押实施的起止时间和地点等；

（四）当场清点并制作查封、扣押设施、设备清单，由排污者和环境保护主管部门分别收执。委托第三人保管的，应同时交第三人收执。执法人员可以对上述过程进行现场拍摄；

（五）现场笔录和查封、扣押设施、设备清单由排污者和执法人员签名或者盖章；

（六）张贴封条或者采取其他方式，明示环境保护主管部门已实施查封、扣押。

第十三条 情况紧急，需要当场实施查封、扣押的，应当在实施后二十四小时内补办批准手续。环境保护主管部门负责人认为不需要实施查封、扣押的，应当立即解除。

第十四条 查封、扣押决定书应当当场交付排污者负责人或者受委托人签收。排污者负责人或者受委托人应当签名或者盖章，注明日期。

实施查封、扣押过程中，排污者负责人或者受委托人拒不到场或者拒绝签名、盖章的，环境行政执法人员应当予以注明，并可以邀请见证人到场，由见证人和环境行政执法人员签名或者盖章。

第十五条 查封、扣押的期限不得超过三十日；情况复杂的，经本级环境保护主管部门负责人批准可以延长，但延长期限不得超过三十日。法律、法规另有规定的除外。

延长查封、扣押的决定应当及时书面告知排污者，并说明理由。

第十六条 对就地查封的设施、设备，排污者应当妥善保管，不得擅自损毁封条、变更查封状态或者启用已查封的设施、设备。

对扣押的设施、设备，环境保护主管部门应当妥善保管，也可以委托第三人保管。扣押期间设施、设备的保管费用由环境保护主管部门承担。

第十七条 查封的设施、设备造成损失的，由排污者承担。扣押的设施、设备造成损失的，由环境保护主管部门承担；因受委托第三人原因造成损失的，委托的环境保护主管部门先行赔付后，可以向受委托第三人追偿。

第十八条 排污者在查封、扣押期限届满前，可以向决定实施查封、扣押的环境保护主管部门提出解除申请，并附具相关证明材料。

第十九条 环境保护主管部门应当自收到解除查封、扣押申请之日起五个工作日内，组织核查，并根据核查结果分别作出如下决定：

（一）确已改正违反法律法规规定排放污染物行为的，解除查封、扣押；

（二）未改正违反法律法规规定排放污染物行为的，维持查封、扣押。

第二十条 环境保护主管部门实施查封、扣押后，应当及时查清事实，有下列情形之一的，应当立即作出解除查封、扣押决定：

（一）对违反法律、法规规定排放污染物行为已经作出行政处罚或者处理决定，不再需要实施查封、扣押的；

（二）查封、扣押期限已经届满的；

（三）其他不再需要实施查封、扣押的情形。

第二十一条 查封、扣押措施被解除的，环境保护主管部门应当立即通知排污者，并自解除查封、扣押决定作出之日起三个工作日内送达解除决定。

扣押措施被解除的，还应当通知排污者领回扣押物；无法通知的，应当进行公告，排污者应当自招领公告发布之日起六十日内领回；逾期未领回的，所造成的损失由排污者自行承担。

扣押物无法返还的，环境保护主管部门可以委托拍卖机构依法拍卖或者变卖，所得款项上缴国库。

第二十二条 排污者涉嫌环境污染犯罪已由公安机关立案侦查的，环境保护主管部门应当依法移送查封、扣押的设施、设备及有关法律文书、清单。

第二十三条 环境保护主管部门对查封后的设施、设备应当定期检视其封存情况。

排污者阻碍执法、擅自损毁封条、变更查封状态或者隐藏、转移、变卖、启用已查封的设施、设备的，环境保护主管部门应当依据《中华人民共和国治安管理处罚法》等法律、法规及时提请公安机关依法处理。

第四章 附 则

第二十四条 本办法由国务院环境保护主管部门负责解释。

第二十五条 本办法自 2015 年 1 月 1 日起施行。

环境保护主管部门实施限制生产、停产整治办法

（自 2015 年 1 月 1 日起施行）

（2014 年 12 月 15 日环境保护部部务会议审议通过　自 2015 年 1 月 1 日起施行）

第一章　总　则

第一条　为规范实施限制生产、停产整治措施，依据《中华人民共和国环境保护法》，制定本办法。

第二条　县级以上环境保护主管部门对超过污染物排放标准或者超过重点污染物排放总量控制指标排放污染物的企业事业单位和其他生产经营者（以下称排污者），责令采取限制生产、停产整治措施的，适用本办法。

第三条　环境保护主管部门作出限制生产、停产整治决定时，应当责令排污者改正或者限期改正违法行为，并依法实施行政处罚。

第四条　环境保护主管部门实施限制生产、停产整治的，应当依法向社会公开限制生产、停产整治决定，限制生产延期情况和解除限制生产、停产整治的日期等相关信息。

第二章　适用范围

第五条　排污者超过污染物排放标准或者超过重点污染物日最高允许排放总量控制指标的，环境保护主管部门可以责令其采取限制生产措施。

第六条　排污者有下列情形之一的，环境保护主管部门可以责令其采取停产整治措施：

（一）通过暗管、渗井、渗坑、灌注或者篡改、伪造监测数据，或者不正常运行防治污染设施等逃避监管的方式排放污染物，超过污染物排放标准的；

（二）非法排放含重金属、持久性有机污染物等严重危害环境、损害人体健康的污染物超过污染物排放标准三倍以上的；

（三）超过重点污染物排放总量年度控制指标排放污染物的；

（四）被责令限制生产后仍然超过污染物排放标准排放污染物的；

（五）因突发事件造成污染物排放超过排放标准或者重点污染物排放总量控制指标的；

（六）法律、法规规定的其他情形。

第七条 具备下列情形之一的排污者，超过污染物排放标准或者超过重点污染物排放总量控制指标排放污染物的，环境保护主管部门应当按照有关环境保护法律法规予以处罚，可以不予实施停产整治：

（一）城镇污水处理、垃圾处理、危险废物处置等公共设施的运营单位；

（二）生产经营业务涉及基本民生、公共利益的；

（三）实施停产整治可能影响生产安全的。

第八条 排污者有下列情形之一的，由环境保护主管部门报经有批准权的人民政府责令停业、关闭：

（一）两年内因排放含重金属、持久性有机污染物等有毒物质超过污染物排放标准受过两次以上行政处罚，又实施前列行为的；

（二）被责令停产整治后拒不停产或者擅自恢复生产的；

（三）停产整治决定解除后，跟踪检查发现又实施同一违法行为的；

（四）法律法规规定的其他严重环境违法情节的。

第三章 实施程序

第九条 环境保护主管部门在作出限制生产、停产整治决定前，应当做好调查取证工作。

责令限制生产、停产整治的证据包括现场检查笔录、调查询问笔录、环境监测报告、视听资料、证人证言和其他证明材料。

第十条 作出限制生产、停产整治决定前，应当书面报经环境保护主管部门负责人批准；案情重大或者社会影响较大的，应当经环境保护主管部门案件审查委员会集体审议决定。

第十一条 环境保护主管部门作出限制生产、停产整治决定前，应当告知排污者有关事实、依据及其依法享有的陈述、申辩或者要求举行听证的权利；就同一违法行为进行行政处罚的，可以在行政处罚事先告知书或者行政处罚听证告知书中一并告知。

第十二条 环境保护主管部门作出限制生产、停产整治决定的，应当制作责令限制生产决定书或者责令停产整治决定书，也可以在行政处罚决定书中载明。

第十三条 责令限制生产决定书和责令停产整治决定书应当载明下列事项：

（一）排污者的基本情况，包括名称或者姓名、营业执照号码或者居民身份证号码、组织机构代码、地址以及法定代表人或者主要负责人姓名等；

（二）违法事实、证据，以及作出限制生产、停产整治决定的依据；

（三）责令限制生产、停产整治的改正方式、期限；

（四）排污者应当履行的相关义务及申请行政复议或者提起行政诉讼的途径和期限；

（五）环境保护主管部门的名称、印章和决定日期。

第十四条 环境保护主管部门应当自作出限制生产、停产整治决定之日起七个工作日内将决定书送达排污者。

第十五条 限制生产一般不超过三个月；情况复杂的，经本级环境保护主管部门负责人批准，可以延长，但延长期限不得超过三个月。

停产整治的期限，自责令停产整治决定书送达排污者之日起，至停产整治决定解除之日止。

第十六条 排污者应当在收到责令限制生产决定书或者责令停产整治决定书后立即整改，并在十五个工作日内将整改方案报作出决定的环境保护主管部门备案并向社会公开。整改方案应当确定改正措施、工程进度、资金保障和责任人员等事项。

被限制生产的排污者在整改期间，不得超过污染物排放标准或者重点污染物日最高允许排放总量控制指标排放污染物，并按照环境监测技术规范进行监测或者委托有条件的环境监测机构开展监测，保存监测记录。

第十七条 排污者完成整改任务的，应当在十五个工作日内将整改任务完成情况和整改信息社会公开情况，报作出限制生产、停产整治决定的环境保护主管部门备案，并提交监测报告以及整改期间生产用电量、用水量、主要产品产量与整改前的对比情况等材料。限制生产、停产整治决定自排污者报环境保护主管部门备案之日起解除。

第十八条 排污者有下列情形之一的，限制生产、停产整治决定自行终止：

（一）依法被撤销、解散、宣告破产或者因其他原因终止营业的；

（二）被有批准权的人民政府依法责令停业、关闭的。

第十九条 排污者被责令限制生产、停产整治后，环境保护主管部门应当按照相关规定对排污者履行限制生产、停产整治措施的情况实施后督察，并依法进行处理或者处罚。

第二十条 排污者解除限制生产、停产整治后，环境保护主管部门应当在解除之日起三十日内对排污者进行跟踪检查。

第四章 附 则

第二十一条 本办法由国务院环境保护主管部门负责解释。

第二十二条 本办法自 2015 年 1 月 1 日起施行。

突发环境事件调查处理办法

（自 2015 年 3 月 1 日起施行）

（2014 年 12 月 15 日环境保护部部务会议审议通过　自 2015 年 3 月 1 日起施行）

第一条　为规范突发环境事件调查处理工作，依照《中华人民共和国环境保护法》《中华人民共和国突发事件应对法》等法律法规，制定本办法。

第二条　本办法适用于对突发环境事件的原因、性质、责任的调查处理。

核与辐射突发事件的调查处理，依照核与辐射安全有关法律法规执行。

第三条　突发环境事件调查应当遵循实事求是、客观公正、权责一致的原则，及时、准确查明事件原因，确认事件性质，认定事件责任，总结事件教训，提出防范和整改措施建议以及处理意见。

第四条　环境保护部负责组织重大和特别重大突发环境事件的调查处理；省级环境保护主管部门负责组织较大突发环境事件的调查处理；事发地设区的市级环境保护主管部门视情况组织一般突发环境事件的调查处理。

上级环境保护主管部门可以视情况委托下级环境保护主管部门开展突发环境事件调查处理，也可以对由下级环境保护主管部门负责的突发环境事件直接组织调查处理，并及时通知下级环境保护主管部门。

下级环境保护主管部门对其负责的突发环境事件，认为需要由上一级环境保护主管部门调查处理的，可以报请上一级环境保护主管部门决定。

第五条　突发环境事件调查应当成立调查组，由环境保护主管部门主要负责人或者主管环境应急管理工作的负责人担任组长，应急管理、环境监测、环境影响评价管理、环境监察等相关机构的有关人员参加。

环境保护主管部门可以聘请环境应急专家库内专家和其他专业技术人员协助调查。

环境保护主管部门可以根据突发环境事件的实际情况邀请公安、交通运输、水利、农业、卫生、安全监管、林业、地震等有关部门或者机构参加调查工作。

调查组可以根据实际情况分为若干工作小组开展调查工作。工作小组负责人由调查组组长确定。

第六条　调查组成员和受聘请协助调查的人员不得与被调查的突发环境事件有利害关系。

调查组成员和受聘请协助调查的人员应当遵守工作纪律，客观公正地调查处理突发环境事件，并在调查处理过程中恪尽职守，保守秘密。未经调查组组长同意，不得擅自发布突发环境事件调查的相关信息。

第七条 开展突发环境事件调查，应当制定调查方案，明确职责分工、方法步骤、时间安排等内容。

第八条 开展突发环境事件调查，应当对突发环境事件现场进行勘查，并可以采取以下措施：

（一）通过取样监测、拍照、录像、制作现场勘查笔录等方法记录现场情况，提取相关证据材料；

（二）进入突发环境事件发生单位、突发环境事件涉及的相关单位或者工作场所，调取和复制相关文件、资料、数据、记录等；

（三）根据调查需要，对突发环境事件发生单位有关人员、参与应急处置工作的知情人员进行询问，并制作询问笔录。

进行现场勘查、检查或者询问，不得少于两人。

突发环境事件发生单位的负责人和有关人员在调查期间应当依法配合调查工作，接受调查组的询问，并如实提供相关文件、资料、数据、记录等。因客观原因确实无法提供的，可以提供相关复印件、复制品或者证明该原件、原物的照片、录像等其他证据，并由有关人员签字确认。

现场勘查笔录、检查笔录、询问笔录等，应当由调查人员、勘查现场有关人员、被询问人员签名。

开展突发环境事件调查，应当制作调查案卷，并由组织突发环境事件调查的环境保护主管部门归档保存。

第九条 突发环境事件调查应当查明下列情况：

（一）突发环境事件发生单位基本情况；

（二）突发环境事件发生的时间、地点、原因和事件经过；

（三）突发环境事件造成的人身伤亡、直接经济损失情况，环境污染和生态破坏情况；

（四）突发环境事件发生单位、地方人民政府和有关部门日常监管和事件应对情况；

（五）其他需要查明的事项。

第十条 环境保护主管部门应当按照所在地人民政府的要求，根据突发环境事件应急处置阶段污染损害评估工作的有关规定，开展应急处置阶段污染损害评估。

应急处置阶段污染损害评估报告或者结论是编写突发环境事件调查报告的重要依据。

第十一条 开展突发环境事件调查，应当查明突发环境事件发生单位的下列情况：

（一）建立环境应急管理制度、明确责任人和职责的情况；

（二）环境风险防范设施建设及运行的情况；

（三）定期排查环境安全隐患并及时落实环境风险防控措施的情况；

（四）环境应急预案的编制、备案、管理及实施情况；

（五）突发环境事件发生后的信息报告或者通报情况；

（六）突发环境事件发生后，启动环境应急预案，并采取控制或者切断污染源防止污染扩散的情况；

（七）突发环境事件发生后，服从应急指挥机构统一指挥，并按要求采取预防、处置措施的情况；

（八）生产安全事故、交通事故、自然灾害等其他突发事件发生后，采取预防次生突发环境事件措施的情况；

（九）突发环境事件发生后，是否存在伪造、故意破坏事发现场，或者销毁证据阻碍调查的情况。

第十二条 开展突发环境事件调查，应当查明有关环境保护主管部门环境应急管理方面的下列情况：

（一）按规定编制环境应急预案和对预案进行评估、备案、演练等的情况，以及按规定对突发环境事件发生单位环境应急预案实施备案管理的情况；

（二）按规定赶赴现场并及时报告的情况；

（三）按规定组织开展环境应急监测的情况；

（四）按职责向履行统一领导职责的人民政府提出突发环境事件处置或者信息发布建议的情况；

（五）突发环境事件已经或者可能涉及相邻行政区域时，事发地环境保护主管部门向相邻行政区域环境保护主管部门的通报情况；

（六）接到相邻行政区域突发环境事件信息后，相关环境保护主管部门按规定调查了解并报告的情况；

（七）按规定开展突发环境事件污染损害评估的情况。

第十三条 开展突发环境事件调查，应当收集地方人民政府和有关部门在突发环境事件发生单位建设项目立项、审批、验收、执法等日常监管过程中和突发环境事件应对、组织开展突发环境事件污染损害评估等环节履职情况的证据材料。

第十四条 开展突发环境事件调查，应当在查明突发环境事件基本情况后，编写突发环境事件调查报告。

第十五条 突发环境事件调查报告应当包括下列内容：

（一）突发环境事件发生单位的概况和突发环境事件发生经过；

（二）突发环境事件造成的人身伤亡、直接经济损失，环境污染和生态破坏的情况；

（三）突发环境事件发生的原因和性质；

（四）突发环境事件发生单位对环境风险的防范、隐患整改和应急处置情况；

（五）地方政府和相关部门日常监管和应急处置情况；

（六）责任认定和对突发环境事件发生单位、责任人的处理建议；

（七）突发环境事件防范和整改措施建议；

（八）其他有必要报告的内容。

第十六条 特别重大突发环境事件、重大突发环境事件的调查期限为六十日；较大突发环境事件和一般突发环境事件的调查期限为三十日。突发环境事件污染损害评估所需时间不计入调查期限。

调查组应当按照前款规定的期限完成调查工作，并向同级人民政府和上一级环境保护主管部门提交调查报告。

调查期限从突发环境事件应急状态终止之日起计算。

第十七条 环境保护主管部门应当依法向社会公开突发环境事件的调查结论、环境影响和损失的评估结果等信息。

第十八条 突发环境事件调查过程中发现突发环境事件发生单位涉及环境违法行为的，调查组应当及时向相关环境保护主管部门提出处罚建议。相关环境保护主管部门应当依法对事发单位及责任人员予以行政处罚；涉嫌构成犯罪的，依法移送司法机关追究刑事责任。发现其他违法行为的，环境保护主管部门应当及时向有关部门移送。

发现国家行政机关及其工作人员、突发环境事件发生单位中由国家行政机关任命的人员涉嫌违法违纪的，环境保护主管部门应当依法及时向监察机关或者有关部门提出处分建议。

第十九条 对于连续发生突发环境事件，或者突发环境事件造成严重后果的地区，有关环境保护主管部门可以约谈下级地方人民政府主要领导。

第二十条 环境保护主管部门应当将突发环境事件发生单位的环境违法信息记入社会诚信档案，并及时向社会公布。

第二十一条 环境保护主管部门可以根据调查报告，对下级人民政府、下级环境保护主管部门下达督促落实突发环境事件调查报告有关防范和整改措施建议的督办通知，并明确责任单位、工作任务和完成时限。

接到督办通知的有关人民政府、环境保护主管部门应当在规定时限内，书面报送事件防范和整改措施建议的落实情况。

第二十二条 本办法由环境保护部负责解释。

第二十三条 本办法自 2015 年 3 月 1 日起施行。

突发环境事件应急管理办法

（自 2015 年 6 月 5 日起施行）

（2015 年 3 月 19 日环境保护部部务会议通过　自 2015 年 6 月 5 日起施行）

第一章　总　则

第一条　为预防和减少突发环境事件的发生，控制、减轻和消除突发环境事件引起的危害，规范突发环境事件应急管理工作，保障公众生命安全、环境安全和财产安全，根据《中华人民共和国环境保护法》《中华人民共和国突发事件应对法》《国家突发环境事件应急预案》及相关法律法规，制定本办法。

第二条　各级环境保护主管部门和企业事业单位组织开展的突发环境事件风险控制、应急准备、应急处置、事后恢复等工作，适用本办法。

本办法所称突发环境事件，是指由于污染物排放或者自然灾害、生产安全事故等因素，导致污染物或者放射性物质等有毒有害物质进入大气、水体、土壤等环境介质，突然造成或者可能造成环境质量下降，危及公众身体健康和财产安全，或者造成生态环境破坏，或者造成重大社会影响，需要采取紧急措施予以应对的事件。

突发环境事件按照事件严重程度，分为特别重大、重大、较大和一般四级。

核设施及有关核活动发生的核与辐射事故造成的辐射污染事件按照核与辐射相关规定执行。重污染天气应对工作按照《大气污染防治行动计划》等有关规定执行。

造成国际环境影响的突发环境事件的涉外应急通报和处置工作，按照国家有关国际合作的相关规定执行。

第三条　突发环境事件应急管理工作坚持预防为主、预防与应急相结合的原则。

第四条　突发环境事件应对，应当在县级以上地方人民政府的统一领导下，建立分类管理、分级负责、属地管理为主的应急管理体制。

县级以上环境保护主管部门应当在本级人民政府的统一领导下，对突发环境事件应急管理日常工作实施监督管理，指导、协助、督促下级人民政府及其有关部门做好突发环境事件应对工作。

第五条　县级以上地方环境保护主管部门应当按照本级人民政府的要求，会同有关部门建立健全突发环境事件应急联动机制，加强突发环境事件应急管理。

相邻区域地方环境保护主管部门应当开展跨行政区域的突发环境事件应急合作，共同防范、互通信息，协力应对突发环境事件。

第六条 企业事业单位应当按照相关法律法规和标准规范的要求，履行下列义务：

（一）开展突发环境事件风险评估；

（二）完善突发环境事件风险防控措施；

（三）排查治理环境安全隐患；

（四）制定突发环境事件应急预案并备案、演练；

（五）加强环境应急能力保障建设。

发生或者可能发生突发环境事件时，企业事业单位应当依法进行处理，并对所造成的损害承担责任。

第七条 环境保护主管部门和企业事业单位应当加强突发环境事件应急管理的宣传和教育，鼓励公众参与，增强防范和应对突发环境事件的知识和意识。

第二章　风险控制

第八条 企业事业单位应当按照国务院环境保护主管部门的有关规定开展突发环境事件风险评估，确定环境风险防范和环境安全隐患排查治理措施。

第九条 企业事业单位应当按照环境保护主管部门的有关要求和技术规范，完善突发环境事件风险防控措施。

前款所指的突发环境事件风险防控措施，应当包括有效防止泄漏物质、消防水、污染雨水等扩散至外环境的收集、导流、拦截、降污等措施。

第十条 企业事业单位应当按照有关规定建立健全环境安全隐患排查治理制度，建立隐患排查治理档案，及时发现并消除环境安全隐患。

对于发现后能够立即治理的环境安全隐患，企业事业单位应当立即采取措施，消除环境安全隐患。对于情况复杂、短期内难以完成治理，可能产生较大环境危害的环境安全隐患，应当制定隐患治理方案，落实整改措施、责任、资金、时限和现场应急预案，及时消除隐患。

第十一条 县级以上地方环境保护主管部门应当按照本级人民政府的统一要求，开展本行政区域突发环境事件风险评估工作，分析可能发生的突发环境事件，提高区域环境风险防范能力。

第十二条 县级以上地方环境保护主管部门应当对企业事业单位环境风险防范和环境安全隐患排查治理工作进行抽查或者突击检查，将存在重大环境安全隐患且整治不力的企业信息纳入社会诚信档案，并可以通报行业主管部门、投资主管部门、证券监督管理机构以及有关金融机构。

第三章　应急准备

第十三条 企业事业单位应当按照国务院环境保护主管部门的规定，在开展突发环境事件风险评估和应急资源调查的基础上制定突发环境事件应急预案，并按照分类分级管理的原则，报县级以上环境保护主管部门备案。

第十四条 县级以上地方环境保护主管部门应当根据本级人民政府突发环境事件专项应急预案，制定本部门的应急预案，报本级人民政府和上级环境保护主管部门备案。

第十五条 突发环境事件应急预案制定单位应当定期开展应急演练，撰写演练评估报告，分析存在问题，并根据演练情况及时修改完善应急预案。

第十六条 环境污染可能影响公众健康和环境安全时，县级以上地方环境保护主管部门可以建议本级人民政府依法及时公布环境污染公共监测预警信息，启动应急措施。

第十七条 县级以上地方环境保护主管部门应当建立本行政区域突发环境事件信息收集系统，通过“12369”环保举报热线、新闻媒体等多种途径收集突发环境事件信息，并加强跨区域、跨部门突发环境事件信息交流与合作。

第十八条 县级以上地方环境保护主管部门应当建立健全环境应急值守制度，确定应急值守负责人和应急联络员并报上级环境保护主管部门。

第十九条 企业事业单位应当将突发环境事件应急培训纳入单位工作计划，对从业人员定期进行突发环境事件应急知识和技能培训，并建立培训档案，如实记录培训的时间、内容、参加人员等信息。

第二十条 县级以上环境保护主管部门应当定期对从事突发环境事件应急管理工作的人员进行培训。

省级环境保护主管部门以及具备条件的市、县级环境保护主管部门应当设立环境应急专家库。

县级以上地方环境保护主管部门和企业事业单位应当加强环境应急处置救援能力建设。

第二十一条 县级以上地方环境保护主管部门应当加强环境应急能力标准化建设，配备应急监测仪器设备和装备，提高重点流域区域水、大气突发环境事件预警能力。

第二十二条 县级以上地方环境保护主管部门可以根据本行政区域的实际情况，建立环境应急物资储备信息库，有条件的地区可以设立环境应急物资储备库。

企业事业单位应当储备必要的环境应急装备和物资，并建立完善相关管理制度。

第四章 应急处置

第二十三条 企业事业单位造成或者可能造成突发环境事件时，应当立即启动突发环境事件应急预案，采取切断或者控制污染源以及其他防止危害扩大的必要措施，及时通报可能受到危害的单位和居民，并向事发地县级以上环境保护主管部门报告，接受调查处理。

应急处置期间，企业事业单位应当服从统一指挥，全面、准确地提供本单位与应急处置相关的技术资料，协助维护应急秩序，保护与突发环境事件相关的各项证据。

第二十四条 获知突发环境事件信息后，事件发生地县级以上地方环境保护主管部门应当按照《突发环境事件信息报告办法》规定的时限、程序和要求，向同级人民政府和上级环境保护主管部门报告。

第二十五条 突发环境事件已经或者可能涉及相邻行政区域的，事件发生地环境保护主管部门应当及时通报相邻区域同级环境保护主管部门，并向本级人民政府提出向相邻区域人民政府通报的建议。

第二十六条 获知突发环境事件信息后，县级以上地方环境保护主管部门应当立即组织排查污染源，初步查明事件发生的时间、地点、原因、污染物质及数量、周边环境敏感区等情况。

第二十七条 获知突发环境事件信息后，县级以上地方环境保护主管部门应当按照《突发环境事件应急监测技术规范》开展应急监测，及时向本级人民政府和上级环境保护主管部门报告监测结果。

第二十八条 应急处置期间，事发地县级以上地方环境保护主管部门应当组织开展事件信息的分析、评估，提出应急处置方案和建议报本级人民政府。

第二十九条 突发环境事件的威胁和危害得到控制或者消除后，事发地县级以上地方环境保护主管部门应当根据本级人民政府的统一部署，停止应急处置措施。

第五章 事后恢复

第三十条 应急处置工作结束后，县级以上地方环境保护主管部门应当及时总结、评估应急处置工作情况，提出改进措施，并向上级环境保护主管部门报告。

第三十一条 县级以上地方环境保护主管部门应当在本级人民政府的统一部署下，组织开展突发环境事件环境影响和损失等评估工作，并依法向有关人民政府报告。

第三十二条 县级以上环境保护主管部门应当按照有关规定开展事件调查，查清突发环境事件原因，确认事件性质，认定事件责任，提出整改措施和处理意见。

第三十三条 县级以上地方环境保护主管部门应当在本级人民政府的统一领导下，参与制定环境恢复工作方案，推动环境恢复工作。

第六章 信息公开

第三十四条 企业事业单位应当按照有关规定，采取便于公众知晓和查询的方式公开本单位环境风险防范工作开展情况、突发环境事件应急预案及演练情况、突发环境事件发生及处置情况，以及落实整改要求情况等环境信息。

第三十五条 突发环境事件发生后，县级以上地方环境保护主管部门应当认真研判事件影响和等级，及时向本级人民政府提出信息发布建议。履行统一领导职责或者组织处置突发事件的人民政府，应当按照有关规定统一、准确、及时发布有关突发事件事态发展和应急处置工作的信息。

第三十六条 县级以上环境保护主管部门应当在职责范围内向社会公开有关突发环境事件应急管理的规定和要求，以及突发环境事件应急预案及演练情况等环境信息。

县级以上地方环境保护主管部门应当对本行政区域内突发环境事件进行汇总分析，

定期向社会公开突发环境事件的数量、级别，以及事件发生的时间、地点、应急处置概况等信息。

第七章 罚 则

第三十七条 企业事业单位违反本办法规定，导致发生突发环境事件，《中华人民共和国突发事件应对法》《中华人民共和国水污染防治法》《中华人民共和国大气污染防治法》《中华人民共和国固体废物污染环境防治法》等法律法规已有相关处罚规定的，依照有关法律法规执行。

较大、重大和特别重大突发环境事件发生后，企业事业单位未按要求执行停产、停排措施，继续违反法律法规规定排放污染物的，环境保护主管部门应当依法对造成污染物排放的设施、设备实施查封、扣押。

第三十八条 企业事业单位有下列情形之一的，由县级以上环境保护主管部门责令改正，可以处一万元以上三万元以下罚款：

（一）未按规定开展突发环境事件风险评估工作，确定风险等级的；

（二）未按规定开展环境安全隐患排查治理工作，建立隐患排查治理档案的；

（三）未按规定将突发环境事件应急预案备案的；

（四）未按规定开展突发环境事件应急培训，如实记录培训情况的；

（五）未按规定储备必要的环境应急装备和物资；

（六）未按规定公开突发环境事件相关信息的。

第八章 附 则

第三十九条 本办法由国务院环境保护主管部门负责解释。

第四十条 本办法自 2015 年 6 月 5 日起施行。

环境保护公众参与办法

（自 2015 年 9 月 1 日起施行）

（2015 年 7 月 2 日环境保护部部务会议通过　自 2015 年 9 月 1 日起施行）

第一条　为保障公民、法人和其他组织获取环境信息、参与和监督环境保护的权利，畅通参与渠道，促进环境保护公众参与依法有序发展，根据《环境保护法》及有关法律法规，制定本办法。

第二条　本办法适用于公民、法人和其他组织参与制定政策法规、实施行政许可或者行政处罚、监督违法行为、开展宣传教育等环境保护公共事务的活动。

第三条　环境保护公众参与应当遵循依法、有序、自愿、便利的原则。

第四条　环境保护主管部门可以通过征求意见、问卷调查，组织召开座谈会、专家论证会、听证会等方式征求公民、法人和其他组织对环境保护相关事项或者活动的意见和建议。

公民、法人和其他组织可以通过电话、信函、传真、网络等方式向环境保护主管部门提出意见和建议。

第五条　环境保护主管部门向公民、法人和其他组织征求意见时，应当公布以下信息：

（一）相关事项或者活动的背景资料；

（二）征求意见的起止时间；

（三）公众提交意见和建议的方式；

（四）联系部门和联系方式。

公民、法人和其他组织应当在征求意见的时限内提交书面意见和建议。

第六条　环境保护主管部门拟组织问卷调查征求意见的，应当对相关事项的基本情况进行说明。调查问卷所设问题应当简单明确、通俗易懂。调查的人数及其范围应当综合考虑相关事项或者活动的环境影响范围和程度、社会关注程度、组织公众参与所需要的人力和物力资源等因素。

第七条　环境保护主管部门拟组织召开座谈会、专家论证会征求意见的，应当提前将会议的时间、地点、议题、议程等事项通知参会人员，必要时可以通过政府网站、主要媒体等途径予以公告。

参加专家论证会的参会人员应当以相关专业领域专家、环保社会组织中的专业人士为主，同时应当邀请可能受相关事项或者活动直接影响的公民、法人和其他组织的代表参加。

第八条 法律、法规规定应当听证的事项，环境保护主管部门应当向社会公告，并举行听证。

环境保护主管部门组织听证应当遵循公开、公平、公正和便民的原则，充分听取公民、法人和其他组织的意见，并保证其陈述意见、质证和申辩的权利。

除涉及国家秘密、商业秘密或者个人隐私外，听证应当公开举行。

第九条 环境保护主管部门应当对公民、法人和其他组织提出的意见和建议进行归类整理、分析研究，在作出环境决策时予以充分考虑，并以适当的方式反馈公民、法人和其他组织。

第十条 环境保护主管部门支持和鼓励公民、法人和其他组织对环境保护公共事务进行舆论监督和社会监督。

第十一条 公民、法人和其他组织发现任何单位和个人有污染环境和破坏生态行为的，可以通过信函、传真、电子邮件、“12369”环保举报热线、政府网站等途径，向环境保护主管部门举报。

第十二条 公民、法人和其他组织发现地方各级人民政府、县级以上环境保护主管部门不依法履行职责的，有权向其上级机关或者监察机关举报。

第十三条 接受举报的环境保护主管部门应当依照有关法律、法规规定调查核实举报的事项，并将调查情况和处理结果告知举报人。

第十四条 接受举报的环境保护主管部门应当对举报人的相关信息予以保密，保护举报人的合法权益。

第十五条 对保护和改善环境有显著成绩的单位和个人，依法给予奖励。

国家鼓励县级以上环境保护主管部门推动有关部门设立环境保护有奖举报专项资金。

第十六条 环境保护主管部门可以通过提供法律咨询、提交书面意见、协助调查取证等方式，支持符合法定条件的环保社会组织依法提起环境公益诉讼。

第十七条 环境保护主管部门应当在其职责范围内加强宣传教育工作，普及环境科学知识，增强公众的环保意识、节约意识；鼓励公众自觉践行绿色生活、绿色消费，形成低碳节约、保护环境的社会风尚。

第十八条 环境保护主管部门可以通过项目资助、购买服务等方式，支持、引导社会组织参与环境保护活动。

第十九条 法律、法规和环境保护部制定的其他部门规章对环境保护公众参与另有规定的，从其规定。

第二十条 本办法自 2015 年 9 月 1 日起施行。

建设项目环境影响后评价管理办法（试行）

（自2016年1月1日起施行）

（2015年4月2日环境保护部部务会议审议通过　自2016年1月1日起施行）

第一条　为规范建设项目环境影响后评价工作，根据《中华人民共和国环境影响评价法》，制定本办法。

第二条　本办法所称环境影响后评价，是指编制环境影响报告书的建设项目在通过环境保护设施竣工验收且稳定运行一定时期后，对其实际产生的环境影响以及污染防治、生态保护和风险防范措施的有效性进行跟踪监测和验证评价，并提出补救方案或者改进措施，提高环境影响评价有效性的方法与制度。

第三条　下列建设项目运行过程中产生不符合经审批的环境影响报告书情形的，应当开展环境影响后评价：

（一）水利、水电、采掘、港口、铁路行业中实际环境影响程度和范围较大，且主要环境影响在项目建成运行一定时期后逐步显现的建设项目，以及其他行业中穿越重要生态环境敏感区的建设项目；

（二）冶金、石化和化工行业中有重大环境风险，建设地点敏感，且持续排放重金属或者持久性有机污染物的建设项目；

（三）审批环境影响报告书的环境保护主管部门认为应当开展环境影响后评价的其他建设项目。

第四条　环境影响后评价应当遵循科学、客观、公正的原则，全面反映建设项目的实际环境影响，客观评估各项环境保护措施的实施效果。

第五条　建设项目环境影响后评价的管理，由审批该建设项目环境影响报告书的环境保护主管部门负责。

环境保护部组织制定环境影响后评价技术规范，指导跨行政区域、跨流域和重大敏感项目的环境影响后评价工作。

第六条　建设单位或者生产经营单位负责组织开展环境影响后评价工作，编制环境影响后评价文件，并对环境影响后评价结论负责。

建设单位或者生产经营单位可以委托环境影响评价机构、工程设计单位、大专院校和相关评估机构等编制环境影响后评价文件。编制建设项目环境影响报告书的环境影响评价机构，原则上不得承担该建设项目环境影响后评价文件的编制工作。

建设单位或者生产经营单位应当将环境影响后评价文件报原审批环境影响报告书的环境保护主管部门备案，并接受环境保护主管部门的监督检查。

第七条 建设项目环境影响后评价文件应当包括以下内容：

（一）建设项目过程回顾。包括环境影响评价、环境保护措施落实、环境保护设施竣工验收、环境监测情况，以及公众意见收集调查情况等；

（二）建设项目工程评价。包括项目地点、规模、生产工艺或者运行调度方式，环境污染或者生态影响的来源、影响方式、程度和范围等；

（三）区域环境变化评价。包括建设项目周围区域环境敏感目标变化、污染源或者其他影响源变化、环境质量现状和变化趋势分析等；

（四）环境保护措施有效性评估。包括环境影响报告书规定的污染防治、生态保护和风险防范措施是否适用、有效，能否达到国家或者地方相关法律、法规、标准的要求等；

（五）环境影响预测验证。包括主要环境要素的预测影响与实际影响差异，原环境影响报告书内容和结论有无重大漏项或者明显错误，持久性、累积性和不确定性环境影响的表现等；

（六）环境保护补救方案和改进措施；

（七）环境影响后评价结论。

第八条 建设项目环境影响后评价应当在建设项目正式投入生产或者运营后三至五年内开展。原审批环境影响报告书的环境保护主管部门也可以根据建设项目的环境影响和环境要素变化特征，确定开展环境影响后评价的时限。

第九条 建设单位或者生产经营单位可以对单个建设项目进行环境影响后评价，也可以对在同一行政区域、流域内存在叠加、累积环境影响的多个建设项目开展环境影响后评价。

第十条 建设单位或者生产经营单位完成环境影响后评价后，应当依法公开环境影响评价文件，接受社会监督。

第十一条 对未按规定要求开展环境影响后评价，或者不落实补救方案、改进措施的建设单位或者生产经营单位，审批该建设项目环境影响报告书的环境保护主管部门应当责令其限期改正，并向社会公开。

第十二条 环境保护主管部门可以依据环境影响后评价文件，对建设项目环境保护提出改进要求，并将其作为后续建设项目环境影响评价管理的依据。

第十三条 建设项目环境影响报告书经批准后，其性质、规模、地点、工艺或者环境保护措施发生重大变动的，依照《中华人民共和国环境影响评价法》第二十四条的规定执行，不适用本办法。

第十四条 本办法由环境保护部负责解释。

第十五条 本办法自2016年1月1日起施行。

行政主管部门移送适用行政拘留环境违法案件暂行办法

（自 2015 年 1 月 1 日起施行）

（2014 年 12 月 24 日　公安部、工业和信息化部、环境保护部、农业部、国家质量监督检验检疫总局〔2014〕853 号文印发　自 2015 年 1 月 1 日起施行）

第一条　为规范环境违法案件行政拘留的实施，监督和保障职能部门依法行使职权，依据《中华人民共和国环境保护法》（以下简称《环境保护法》）的规定，制定本办法。

第二条　本办法适用于县级以上环境保护主管部门或者其他负有环境保护监督管理职责的部门办理尚不构成犯罪，依法作出行政处罚决定后，仍需要移送公安机关处以行政拘留的案件。

第三条　《环境保护法》第六十三条第一项规定的建设项目未依法进行环境影响评价，被责令停止建设，拒不执行的行为，包括以下情形：

（一）送达责令停止建设决定书后，再次检查发现仍在建设的；

（二）现场检查时虽未建设，但有证据证明在责令停止建设期间仍在建设的；

（三）被责令停止建设后，拒绝、阻扰环境保护主管部门或者其他负有环境保护监督管理职责的部门核查的。

第四条　《环境保护法》第六十三条第二项规定的违反法律规定，未取得排污许可证排放污染物，被责令停止排污，拒不执行的行为，包括以下情形：

（一）送达责令停止排污决定书后，再次检查发现仍在排污的；

（二）现场检查虽未发现当场排污，但有证据证明在被责令停止排污期间有过排污事实的；

（三）被责令停止排污后，拒绝、阻挠环境保护主管部门或者其他具有环境保护管理职责的部门核查的。

第五条　《环境保护法》第六十三条第三项规定的通过暗管、渗井、渗坑、灌注等逃避监管的方式违法排放污染物，是指通过暗管、渗井、渗坑、灌注等不经法定排放口排放污染物等逃避监管的方式违法排放污染物：

暗管是指通过隐蔽的方式达到规避监管目的而设置的排污管道，包括埋入地下的水泥管、瓷管、塑料管等，以及地上的临时排污管道；

渗井、渗坑是指无防渗漏措施或起不到防渗作用的、封闭或半封闭的坑、池、塘、井和沟、渠等；

灌注是指通过高压深井向地下排放污染物。

第六条 《环境保护法》第六十三条第三项规定的通过篡改、伪造监测数据等逃避监管的方式违法排放污染物，是指篡改、伪造用于监控、监测污染物排放的手工及自动监测仪器设备的监测数据，包括以下情形：

（一）违反国家规定，对污染源监控系统进行删除、修改、增加、干扰，或者对污染源监控系统中存储、处理、传输的数据和应用程序进行删除、修改、增加，造成污染源监控系统不能正常运行的；

（二）破坏、损毁监控仪器站房、通讯线路、信息采集传输设备、视频设备、电力设备、空调、风机、采样泵及其他监控设施的，以及破坏、损毁监控设施采样管线，破坏、损毁监控仪器、仪表的；

（三）稀释排放的污染物故意干扰监测数据的；

（四）其他致使监测、监控设施不能正常运行的情形。

第七条 《环境保护法》第六十三条第三项规定的通过不正常运行防治污染设施等逃避监管的方式违法排放污染物，包括以下情形：

（一）将部分或全部污染物不经过处理设施，直接排放的；

（二）非紧急情况下开启污染物处理设施的应急排放阀门，将部分或者全部污染物直接排放的；

（三）将未经处理的污染物从污染物处理设施的中间工序引出直接排放的；

（四）在生产经营或者作业过程中，停止运行污染物处理设施的；

（五）违反操作规程使用污染物处理设施，致使处理设施不能正常发挥处理作用的；

（六）污染物处理设施发生故障后，排污单位不及时或者不按规程进行检查和维修，致使处理设施不能正常发挥处理作用的；

（七）其他不正常运行污染防治设施的情形。

第八条 《环境保护法》第六十三条第四项规定的生产、使用国家明令禁止生产、使用的农药，被责令改正，拒不改正的行为，包括以下情形：

（一）送达责令改正文书后再次检查发现仍在生产、使用的；

（二）无正当理由不及时完成责令改正文书规定的改正要求的；

（三）送达责令改正文书后，拒绝、阻挠环境保护、农业、工业和信息化、质量监督检验检疫等主管部门核查的。

国家明令禁止生产、使用的农药是指法律、行政法规和国家有关部门规章、规范性文件明令禁止生产、使用的农药。

第九条 《环境保护法》第六十三条规定的直接负责的主管人员是指违法行为主要获利者和在生产、经营中有决定权的管理、指挥、组织人员；其他直接责任人员是指直接排放、倾倒、处置污染物或者篡改、伪造监测数据的工作人员等。

第十条 县级以上人民政府环境保护主管部门或者其他负有环境保护监督管理职责的部门向公安机关移送环境违法案件，应当制作案件移送审批单，报经本部门负责人批准。

第十一条 案件移送部门应当向公安机关移送下列案卷材料：

（一）移送材料清单；

（二）案件移送书；

（三）案件调查报告；

（四）涉案证据材料；

（五）涉案物品清单；

（六）行政执法部门的处罚决定等相关材料；

（七）其他有关涉案材料等。

案件移送部门向公安机关移送的案卷材料应当为原件，移送前应当将案卷材料复印备查。案件移送部门对移送材料的真实性、合法性负责。

第十二条 案件移送部门应当在作出移送决定后3日内将案件移送书和案件相关材料移送至同级公安机关；公安机关应当按照《公安机关办理行政案件程序规定》的要求受理。

第十三条 公安机关经审查，认为案件违法事实不清、证据不足的，可以在受案后3日内书面告知案件移送部门补充移送相关证据材料，也可以按照《公安机关办理行政案件程序规定》调查取证。

第十四条 公安机关对移送的案件，认为事实清楚、证据确实充分，依法决定行政拘留的，应当在作出决定之日起3日内将决定书抄送案件移送部门。

第十五条 公安机关对移送的案件，认为事实不清、证据不足，不符合行政拘留条件的，应当在受案后5日内书面告知案件移送部门并说明理由，同时退回案卷材料。案件移送部门收到书面告知及退回的案卷材料后应当依法予以结案。

第十六条 实施行政拘留的环境违法案件案卷原件由公安机关结案归档。案件移送部门应当将行政处罚决定书、送交回执等公安机关制作的文书以及其他证据补充材料复印存档，公安机关应当予以配合。

第十七条 上级环境保护主管部门或者其他负有环境保护监督管理职责的部门负责对下级部门经办案件的稽查，发现下级部门应当移送而未移送的，应当责令移送。

第十八条 当事人不服行政拘留处罚申请行政复议或者提起行政诉讼的，案件移送部门应当协助配合公安机关做好行政复议、行政应诉相关工作。

第十九条 本办法有关期间的规定，均为工作日。

第二十条 本办法自2015年1月1日起施行。

附件（略）。

粉煤灰综合利用管理办法

（自 2013 年 3 月 1 日起施行）

（2013 年 1 月 5 日国家发展和改革委员会等 10 部门令第 19 号发布　自 2013 年 3 月 1 日起施行）

第一章　总　则

第一条　为节约资源、保护环境、发展循环经济，深入推进粉煤灰综合利用健康发展，根据《中华人民共和国循环经济促进法》《中华人民共和国清洁生产促进法》《中华人民共和国固体废物污染环境防治法》等有关法律法规，制定本办法。

第二条　中华人民共和国境内粉煤灰的产生、储运、综合利用等活动，用本办法。

第三条　本办法所称粉煤灰是指：燃煤电厂以及煤矸石、煤泥资源综合利用电厂（以下称产灰单位）锅炉烟气经除尘器收集后获得的细小飞灰和炉底渣。

第四条　本办法所称粉煤灰综合利用是指：从粉煤灰中进行物质提取，以粉煤灰为原料生产建材、化工、复合材料等产品，粉煤灰直接用于建筑工程、筑路、回填和农业等。

第五条　国家发展改革委负责全国粉煤灰综合利用的组织协调和监督检查工作，国务院有关部门负责各自职责范围内的相关工作。

地方各级资源综合利用主管部门负责本办法的贯彻实施和本行政区域的监督、管理和协调工作，有关部门负责各自职责范围内的相关工作。

相关行业协会、社会团体组织开展粉煤灰综合利用技术培训和交流，加强行业自律。

第六条　粉煤灰综合利用应遵循“谁产生、谁治理，谁利用、谁受益”的原则，减少粉煤灰堆存，不断扩大粉煤灰综合利用规模，提高技术水平和产品附加值。

第二章　综合管理

第七条　国家发展改革委会同国务院有关部门组织编制粉煤灰综合利用实施方案。各省级资源综合利用主管部门会同有关部门编制本行政区域的粉煤灰综合利用实施方案，并纳入地方经济社会发展规划，报国家发展改革委备案。

第八条　国家发展改革委会同科技部、工业和信息化部、财政部、国土资源部、环境保护部、住房城乡建设部、交通运输部、税务总局、质检总局等部门负责制订完善粉煤灰综合利用的相关政策、技术、产品导向目录和标准，组织开展粉煤灰清洁高效利用关键技术、设备的研发与产业化示范，推动粉煤灰在建筑、建材、化工等更多领域的广泛应用。

第九条 产灰单位须按照《中华人民共和国固体废物污染环境防治法》和环境保护部门有关规定申报登记粉煤灰产生、贮存、流向、利用和处置等情况，同时报同级资源综合利用主管部门备案。

地市级环境保护部门、资源综合利用主管部门负责统计和掌握本地区粉煤灰产生、贮存、流向、利用、处置等数据信息。各省（区、市）环境保护部门和资源综合利用主管部门应于每年 6 月底前，将本地区上年度统计数据报环境保护部和国家发展改革委。

第十条 新建和扩建燃煤电厂，项目可行性研究报告和项目申请报告中须提出粉煤灰综合利用方案，明确粉煤灰综合利用途径和处置方式。

综合利用方案中涉及粉煤灰存储、装运的设施和装备以及产灰单位自行建设粉煤灰综合利用工程的要与主体工程同时设计、同时施工、同时建成。

综合利用方案中涉及为其他单位提供粉煤灰的，用灰单位应符合国家产业政策且具备相应的处理能力。

第十一条 新建电厂应综合考虑周边粉煤灰利用能力，以及节约土地、防止环境污染，避免建设永久性粉煤灰堆场（库），确需建设的，原则上占地规模按不超过 3 年储灰量设计，且粉煤灰堆场（库）选址、设计、建设及运行管理应当符合《一般工业固体废物贮存、处置场污染控制标准》（GB 18599—2001）等相关要求。

第十二条 产灰单位灰渣处理工艺系统应按照干湿分排、粗细分排、灰渣分排的原则进行分类收集，并配备相应储灰设施。已投运的电厂要改造、完善粉煤灰储、装、运系统，包括加工分选、磨细和灰场综合治理等设施。

产灰单位既有湿排灰堆场（库），应制订粉煤灰综合利用专项方案和污染防治专项方案，并报所在地市级资源综合利用主管部门和环境保护部门备案。新建电厂应以便于利用为原则，不得湿排粉煤灰。

堆场（库）中的粉煤灰应按环境保护部门有关规定严格管理。

第十三条 在堆场（库）提取粉煤灰，产灰单位应与用灰单位签订取灰安全及环保协议，产灰单位应对用灰单位从指定地点装运未经加工的粉煤灰（包括从湿排灰堆场（库）取灰点、电厂储装运设施中取原灰）提供装载方便，并维护灰场和生产现场的安全。

第十四条 粉煤灰运输须使用专用封闭罐车，并严格遵守环境保护等有关部门规定和要求，避免二次污染。

第十五条 粉煤灰建材产品和利用粉煤灰或制品建造的道路、港口、桥涵、大坝及其他建筑工程，必须符合国家或行业的有关质量标准，质量技术监督部门和工程质量管理部门应依法监督管理。

第三章　鼓励措施

第十六条　鼓励对粉煤灰进行以下高附加值和大掺量利用：

（一）发展高铝粉煤灰提取氧化铝及相关产品；

（二）发展技术成熟的大掺量粉煤灰新型墙体材料；

（三）利用粉煤灰作为水泥混合材并在生料中替代黏土进行配料；

（四）利用粉煤灰作商品混凝土掺合料等。

第十七条　鼓励产灰单位对粉煤灰进行分选加工，生产的符合国家或行业标准的成品粉煤灰，可以适当收取费用，其收费标准根据加工成本和质量，由产、用灰双方商定。

鼓励产灰单位与用灰单位签订长期供应协议。

第十八条　用灰单位可以按照《国家鼓励的资源综合利用认定管理办法》有关要求和程序申报资源综合利用认定。符合条件的用灰单位，可根据国家有关规定，申请享受资源综合利用相关优惠政策。

第十九条　鼓励在具备条件的建筑、筑路等工程中使用符合国家或行业质量标准的粉煤灰及其制品。

第二十条　对粉煤灰大掺量、高附加值关键共性技术的自主创新研究，相关部门应给予一定支持。对获得国家和地方资金支持的粉煤灰综合利用项目，所在地区科技、投资、环保等部门要对项目进展、资金使用、环境影响情况进行监督检查，并进行资源综合利用效果的后评估。

第二十一条　各级资源综合利用主管部门应会同相关部门，根据本地区实际情况制定相应的鼓励和扶持措施。

第二十二条　相关部门、各级地方政府对在粉煤灰综合利用工作中有突出贡献的产灰、用灰、运灰、设计、科研和管理等单位及个人按规定予以表彰和奖励。

第四章　法律责任

第二十三条　新建电厂兴建永久性储灰场违反第十一条规定的，由国土资源等部门监督其限期整改。对环境造成污染的，由环境保护部门依法予以处罚。

第二十四条　任何单位及个人不得在灰场（库）非指定区域擅自取灰，凡擅自取灰影响灰场（库）安全，造成财产损失或引发安全事故的，有关部门要依法追究相关责任。

第二十五条　违反本办法第十四条、第十五条规定的，由环境保护、质量技术监督等部门根据情节轻重及有关规定予以行政处罚，资源综合利用主管部门监督整改。

第二十六条　有关部门依照本办法及相关规定对单位、个人处以罚款和没收财物时，应遵守《中华人民共和国行政处罚法》相关规定，同时必须使用财政部门统一制发的罚没票据。

第五章　附　则

第二十七条　各省级资源综合利用主管部门应根据本办法，并结合当地实际情况，制定实施细则。

第二十八条　本办法自 2013 年 3 月 1 日起施行。原国家经贸委等六部门联合发布的《粉煤灰综合利用管理办法》（国经贸节〔1994〕14 号）同时废止。

机动车强制报废标准规定

（自 2013 年 5 月 1 日起施行）

（2012 年 8 月 24 日商务部第 68 次部务会议审议通过　并经发展改革委、公安部、环境保护部同意　予以发布　自 2013 年 5 月 1 日起施行）

第一条　为保障道路交通安全、鼓励技术进步、加快建设资源节约型、环境友好型社会，根据《中华人民共和国道路交通安全法》及其实施条例、《中华人民共和国大气污染防治法》《中华人民共和国噪声污染防治法》，制定本规定。

第二条　根据机动车使用和安全技术、排放检验状况，国家对达到报废标准的机动车实施强制报废。

第三条　商务、公安、环境保护、发展改革等部门依据各自职责，负责报废机动车回收拆解监督管理、机动车强制报废标准执行有关工作。

第四条　已注册机动车有下列情形之一的应当强制报废，其所有人应当将机动车交售给报废机动车回收拆解企业，由报废机动车回收拆解企业按规定进行登记、拆解、销毁等处理，并将报废机动车登记证书、号牌、行驶证交公安机关交通管理部门注销：

（一）达到本规定第五条规定使用年限的；

（二）经修理和调整仍不符合机动车安全技术国家标准对在用车有关要求的；

（三）经修理和调整或者采用控制技术后，向大气排放污染物或者噪声仍不符合国家标准对在用车有关要求的；

（四）在检验有效期届满后连续 3 个机动车检验周期内未取得机动车检验合格标志的。

第五条　各类机动车使用年限分别如下：

（一）小、微型出租客运汽车使用 8 年，中型出租客运汽车使用 10 年，大型出租客运汽车使用 12 年；

（二）租赁载客汽车使用 15 年；

（三）小型教练载客汽车使用 10 年，中型教练载客汽车使用 12 年，大型教练载客汽车使用 15 年；

（四）公交客运汽车使用 13 年；

（五）其他小、微型营运载客汽车使用 10 年，大、中型营运载客汽车使用 15 年；

（六）专用校车使用 15 年；

（七）大、中型非营运载客汽车（大型轿车除外）使用20年；

（八）三轮汽车、装用单缸发动机的低速货车使用9年，装用多缸发动机的低速货车以及微型载货汽车使用12年，危险品运输载货汽车使用10年，其他载货汽车（包括半挂牵引车和全挂牵引车）使用15年；

（九）有载货功能的专项作业车使用15年，无载货功能的专项作业车使用30年；

（十）全挂车、危险品运输半挂车使用10年，集装箱半挂车20年，其他半挂车使用15年；

（十一）正三轮摩托车使用12年，其他摩托车使用13年。

对小、微型出租客运汽车（纯电动汽车除外）和摩托车，省、自治区、直辖市人民政府有关部门可结合本地实际情况，制定严于上述使用年限的规定，但小、微型出租客运汽车不得低于6年，正三轮摩托车不得低于10年，其他摩托车不得低于11年。

小、微型非营运载客汽车、大型非营运轿车、轮式专用机械车无使用年限限制。

机动车使用年限起始日期按照注册登记日期计算，但自出厂之日起超过2年未办理注册登记手续的，按照出厂日期计算。

第六条 变更使用性质或者转移登记的机动车应当按照下列有关要求确定使用年限和报废：

（一）营运载客汽车与非营运载客汽车相互转换的，按照营运载客汽车的规定报废，但小、微型非营运载客汽车和大型非营运轿车转为营运载客汽车的，应按照本规定附件1所列公式核算累计使用年限，且不得超过15年；

（二）不同类型的营运载客汽车相互转换，按照使用年限较严的规定报废；

（三）小、微型出租客运汽车和摩托车需要转出登记所属地省、自治区、直辖市范围的，按照使用年限较严的规定报废；

（四）危险品运输载货汽车、半挂车与其他载货汽车、半挂车相互转换的，按照危险品运输载货车、半挂车的规定报废。

距本规定要求使用年限1年以内（含1年）的机动车，不得变更使用性质、转移所有权或者转出登记地所属地市级行政区域。

第七条 国家对达到一定行驶里程的机动车引导报废。

达到下列行驶里程的机动车，其所有人可以将机动车交售给报废机动车回收拆解企业，由报废机动车回收拆解企业按规定进行登记、拆解、销毁等处理，并将报废的机动车登记证书、号牌、行驶证交公安机关交通管理部门注销：

（一）小、微型出租客运汽车行驶60万千米，中型出租客运汽车行驶50万千米，大型出租客运汽车行驶60万千米；

（二）租赁载客汽车行驶60万千米；

（三）小型和中型教练载客汽车行驶50万千米，大型教练载客汽车行驶60万千米；

（四）公交客运汽车行驶40万千米；

（五）其他小、微型营运载客汽车行驶60万千米，中型营运载客汽车行驶50万千米，大型营运载客汽车行驶 80 万千米；

（六）专用校车行驶 40 万千米；

（七）小、微型非营运载客汽车和大型非营运轿车行驶 60 万千米，中型非营运载客汽车行驶 50 万千米，大型非营运载客汽车行驶 60 万千米；

（八）微型载货汽车行驶 50 万千米，中、轻型载货汽车行驶 60 万千米，重型载货汽车（包括半挂牵引车和全挂牵引车）行驶 70 万千米，危险品运输载货汽车行驶 40 万千米，装用多缸发动机的低速货车行驶 30 万千米；

（九）专项作业车、轮式专用机械车行驶 50 万千米；

（十）正三轮摩托车行驶 10 万千米，其他摩托车行驶 12 万千米。

第八条 本规定所称机动车是指上道路行驶的汽车、挂车、摩托车和轮式专用机械车；非营运载客汽车是指个人或者单位不以获取利润为目的的自用载客汽车；危险品运输载货汽车是指专门用于运输剧毒化学品、爆炸品、放射性物品、腐蚀性物品等危险品的车辆；变更使用性质是指使用性质由营运转为非营运或者由非营运转为营运，小、微型出租、租赁、教练等不同类型的营运载客汽车之间的相互转换，以及危险品运输载货汽车转为其他载货汽车。本规定所称检验周期是指《中华人民共和国道路交通安全法实施条例》规定的机动车安全技术检验周期。

第九条 省、自治区、直辖市人民政府有关部门依据本规定第五条制定的小、微型出租客运汽车或者摩托车使用年限标准，应当及时向社会公布，并报国务院商务、公安、环境保护等部门备案。

第十条 上道路行驶拖拉机的报废标准规定另行制定。

第十一条 本规定自 2013 年 5 月 1 日起施行。2013 年 5 月 1 日前已达到本规定所列报废标准的，应当在 2014 年 4 月 30 日前予以报废。《关于发布〈汽车报废标准〉的通知》（国经贸经〔1997〕456 号）、《关于调整轻型载货汽车报废标准的通知》（国经贸经〔1998〕407 号）、《关于调整汽车报废标准若干规定的通知》（国经贸资源〔2 000〕1202 号）、《关于印发〈农用运输车报废标准〉的通知》（国经贸资源〔2001〕234 号）、《摩托车报废标准暂行规定》（国家经贸委、发展计划委、公安部、环保总局令〔2002〕第 33 号）同时废止。

附件：

1. 非营运小微型载客汽车和大型轿车变更使用性质后累计使用年限计算公式
2. 机动车使用年限及行驶里程参考值汇总表

附件 1

非营运小微型载客汽车和大型轿车变更使用性质后累计使用年限计算公式

累计使用年限=原状态已使用年+（1–原状态已使用年限/原状态使用年限）×状态改变后年限

备注：公式中原状态已使用年中不足 1 年的按 1 年计算，例如，已使用 2.5 年按照 3 年计算；原状态使用年限数值取定值为 17；累计使用年限计算结果向下圆整为整数，且不超过 15 年。

附件 2

机动车使用年限及行驶里程参考值汇总表

车辆类型与用途					使用年限/年	行驶里程参考值/万千米
汽车	载客	营运	出租客运	小、微型	8	60
				中型	10	50
				大型	12	60
			租赁		15	60
			教练	小型	10	50
				中型	12	50
				大型	15	60
			公交客运		13	40
			其他	小、微型	10	60
				中型	15	50
				大型	15	80
		专用校车			15	40
		非营运	小、微型客车、大型轿车		无	60
			中型客车		20	50
			大型客车		20	60
	载货	微型			12	50
		中、轻型			15	60
		重型			15	70
		危险品运输			10	40
		三轮汽车、装用单缸发动机的低速货车			9	无
		装用多缸发动机的低速货车			12	30
	专项作业	有载货功能			15	50
		无载货功能			30	50
挂车	半挂车	集装箱			20	无
		危险品运输			10	无
		其他			15	无
	全挂车				10	无
摩托车	正三轮				12	10
	其他				13	12
轮式专用机械车					无	50

铅蓄电池行业准入条件

（自2012年7月1日起施行）

为促进我国铅蓄电池及其含铅零部件生产行业持续、健康、协调发展，规范行业投资行为，依据《中华人民共和国环境保护法》《重金属污染综合防治“十二五”规划》和《产业结构调整指导目录（2011年本）》等国家有关法律、法规和产业政策，按照合理布局、控制总量、优化存量、保护环境、有序发展的原则，制定铅蓄电池行业准入条件。

一、企业布局

（一）新建项目应在依法批准设立的县级以上工业园区内的相应功能区建设，符合《铅蓄电池厂卫生防护距离标准》（GB 11659）的要求。有条件的地区应将现有生产企业逐步迁入工业园区。重金属污染防控重点区域禁止新建铅蓄电池及其含铅零部件生产项目。所有新建、改扩建项目必须有所在地省级以上环境保护主管部门确定的重金属污染物排放总量来源。

（二）《建设项目环境影响评价分类管理名录》（环境保护部令第2号）第三条规定的各级各类自然保护区、文化保护地等环境敏感区内，以及土地利用总体规划确定的耕地和基本农田保护范围内，禁止新建、改扩建铅蓄电池及其含铅零部件生产项目。

二、生产能力

（一）新建、改扩建铅蓄电池生产企业（项目），建成后同一厂区年生产能力不应低于50万千伏安时（按单班8小时计算，下同）。

（二）现有铅蓄电池生产企业（项目）同一厂区年生产能力不应低于20万千伏安时；现有商品极板（指以电池配件形式对外销售的铅蓄电池用极板）生产企业（项目），同一厂区年极板生产能力不应低于100万千伏安时。

（三）卷绕式、双极性、铅碳电池（超级电池）等新型铅蓄电池，或采用扩展式（拉网、冲孔、连铸连轧等）板栅制造工艺的生产项目，不受生产能力限制。

三、不符合准入条件的建设项目

（一）开口式普通铅蓄电池（指采用酸雾未经过滤的直排式结构，内部与外部压力一致的铅蓄电池）生产项目。现有开口式普通铅蓄电池生产能力应予以淘汰。

（二）新建、改扩建商品极板生产项目。

（三）新建、改扩建外购商品极板组装铅蓄电池的生产项目。

（四）新建、改扩建干式荷电铅蓄电池（内部不含电解质，极板为干态且处于荷电状态的铅蓄电池）生产项目。

（五）新建、改扩建镉含量高于 0.002%（电池质量百分比，下同）或砷含量高于 0.1%的铅蓄电池及其含铅零部件生产项目。

（六）现有镉含量高于 0.002%或砷含量高于 0.1%的铅蓄电池及其含铅零部件生产能力应于 2013 年 12 月 31 日前予以淘汰。

四、工艺与装备

新建、改扩建企业（项目）及现有企业，工艺装备及相关配套设施必须达到下列要求：

（一）项目应按照生产规模配备符合相关管理要求及技术规范的工艺装备和具备相应处理能力的节能环保设施。节能环保设施应定期进行保养、维护，并做好日常运行维护记录。新建、改扩建项目的工程设计和工艺布局设计应由具有国家批准工程设计行业资质的单位承担。

（二）熔铅、铸板及铅零件工序应设在封闭的车间内，熔铅锅、铸板机中产生烟尘的部位，应保持在局部负压环境下生产，并与废气处理设施连接。熔铅锅应保持封闭，并采用自动温控措施，加料口不加料时应处于关闭状态。禁止采用开放式熔铅锅和手工铸板工艺。新建、改扩建项目如采用重力浇铸板栅工艺，应实现集中供铅（指采用一台熔铅炉为两台以上铸板机供铅），现有项目采用重力浇铸板栅工艺的，应于 2013 年 12 月 31 日前实现集中供铅。

（三）铅粉制造工序应采用全自动密封式铅粉机。铅粉系统（包括贮粉、输粉）应密封，系统排放口应与废气处理设施连接。禁止使用开口式铅粉机和人工输粉工艺。

（四）和膏工序（包括加料）应使用自动化设备，在密封状态下生产，并与废气处理设施连接。禁止使用开口式和膏机。

（五）涂板及极板传送工序应配备废液自动收集系统，并与废水管线连通，禁止采用手工涂板工艺。生产管式极板应当使用自动挤膏机或封闭式全自动负压灌粉机，禁止采用手工操作干式灌粉工艺。

（六）分板刷板（耳）工序应设在封闭的车间内，采用机械化分板刷板（耳）设备，做到整体密封，保持在局部负压环境下生产，并与废气处理设施连接，禁止采用手工操作工艺。现有手工操作工艺应于 2012 年 12 月 31 日前停止使用。

（七）供酸工序应采用自动配酸系统、密闭式酸液输送系统和自动灌酸设备，禁止采用人工配酸和灌酸工艺。

（八）化成工序应设在封闭的车间内，配备硫酸雾收集装置并与相应处理设施连接；采用外化成工艺的，化成槽应封闭，并保持在局部负压环境下生产，禁止采用手工焊接外化成工艺。2012 年 12 月 31 日后新建、改扩建的项目，禁止采用外化成工艺，且化成充电机放电能量必须回馈利用，不得用电阻消耗。

（九）包板、称板、装配焊接等工序，所有工位应配备烟尘收集装置，根据烟、尘特点采用符合设计规范的吸气方式，保持合适的吸气压力，并与废气处理设施连接，确保工位在局部负压环境下。

（十）淋酸、洗板、浸渍、灌酸、电池清洗工序应配备废液自动收集系统，通过废水管线送至相应处理装置进行处理。

（十一）新建、改扩建项目的包板、称板工序必须采用机械化包板、称板设备。

（十二）新建、改扩建项目的焊接工序必须使用自动烧焊机或自动铸焊机等自动化生产设备。

（十三）新建、改扩建项目的电池清洗工序必须使用自动清洗机。

五、环境保护

组织开展铅蓄电池企业环保核查，重点核查以下内容：依法执行建设项目（包括新建、改扩建项目）环境影响评价审批和环保设施“三同时”竣工验收制度；严格执行排污申报、排污缴费与排污许可证制度；主要污染物排放达到总量控制指标要求；主要污染物和特征污染物稳定达标排放；实施强制性清洁生产审核并通过评估验收等。

六、职业卫生与安全生产

（一）项目应符合《职业病防治法》《安全生产法》等有关法律、法规、标准要求，具备相应的职业病危害防治和安全生产条件，并建立、健全安全生产责任制。

（二）新建、改扩建项目应进行职业病危害预评价和职业病防护设施设计，经批准后方可开工建设；职业病防护设施应与主体工程同时设计、同时施工、同时投入生产和使用；应在试运行 12 个月内进行职业病危害控制效果评价；职业病防护设施经验收合格后，方可投入正式生产和使用。

（三）生产作业环境必须满足《工业企业设计卫生标准》（GBZ 1）和《铅作业安全卫生规程》（GB 13746）的要求。

（四）企业应建立有效的职业卫生管理制度，实施有专人负责的职业病危害因素日常监测，并定期对工作场所进行职业病危害因素检测、评价，确保职工的职业健康。应设置专用更衣室、淋浴房、洗衣房等辅助用房，场所建设、生产设备应符合职业病防治的相关要求。员工生活区与生产区域应严格分开，加强管理，禁止穿着工作服离开生产区域；员工休息室设在厂区内的，禁止员工家属和儿童等非生产人员居住；员工下班前，应督促其洗手和洗澡。应为员工提供有效的个人防护用品，在员工离开生产区域前，应收回手套、口罩、工作服、帽子等，进行统一处理，不得带出生产区域；应对每班次使用过的工作服等进行统一清洗。

（五）熔铅、铸板及铅零件、铅粉制造、分板刷板（耳）、装配焊接、废极板处理等产生严重职业病危害的作业岗位应设置警示标识和中文警示说明；应安装集中通风系统，其换气量应满足稀释铅烟、铅尘的需要，通风系统进风口应设在室外空气洁净处，不得设在车间内；禁止使用工业电风扇代替集中通风系统或进行降温。

（六）企业应当依法与劳动者订立劳动合同，如实向劳动者告知工作过程中可能产生的职业病危害及其后果、职业病防护措施、待遇及参加工伤保险等情况，并在劳动合同中写明；应建立职业健康监护档案，根据《职业健康监护管理办法》（卫生部令第23号）和有关标准的规定，组织上岗前、在岗期间、离岗时职业健康检查，并将检查结果如实告知劳动者。普通员工每年至少应进行一次体检；对工作在产生严重职业病危害作业岗位的员工，应采取预防铅污染措施，每半年至少进行一次血铅检测，经诊断为血铅超标者，应按照《职业性慢性铅中毒诊断标准》（GBZ 37）进行驱铅治疗。

（七）企业应通过GB/T 28001（OHSAS 18001）“职业健康安全管理体系”认证。

七、节能与回收利用

（一）企业生产设备、工艺能耗和产品应符合国家各项节能法律法规和标准的要求。

（二）铅蓄电池生产企业应积极履行生产者责任延伸制，利用销售渠道建立废旧铅蓄电池回收系统，或委托持有危险废物经营许可证的再生铅企业等相关单位对废旧铅蓄电池进行有效回收利用。企业不得采购不符合环保要求的再生铅企业生产的产品作为原料。鼓励铅蓄电池生产企业利用销售渠道建立废旧铅蓄电池回收机制，并与符合有关产业政策要求的再生铅企业共同建立废旧电池回收处理系统。

八、监督管理

（一）新建、改扩建铅蓄电池及其含铅零部件生产项目应符合本准入条件的要求，项目的投资管理、土地供应、节能评估、职业病危害预评价等手续应按照本准入条件中的规定进行审核，并履行相关报批手续。未通过建设项目环境影响评价审批的，一律不准开工建设；未经环境影响评价审批的在建项目或者未经环保“三同时”（建设项目的环保设施与主体工程同时设计、同时施工、同时投产使用）验收的项目，一律停止建设和生产。

（二）各地人民政府及工业和信息化、环境保护主管部门应对本地区铅蓄电池及其含铅零部件生产行业统一规划，严格控制新建项目，并使其符合本地区资源能源、生态环境和土地利用等总体规划的要求；对现有铅蓄电池企业，在其卫生防护距离之内不应规划建设居住区、医院、学校、食品加工企业等环境敏感项目；应引导现有企业主动实施兼并重组，有效整合现有产能，着力提升产业集中度，加大先进适用的清洁生产技术应用力度，提高产品质量，改善环境污染状况。

（三）环境保护部牵头组织开展铅蓄电池企业环境保护核查，对经核查符合环保规定的企业予以公告。未列入符合环保规定公告名单的企业，不予通过铅蓄电池行业准入审查。企业如造成污染物排放超标，应依法责令限期治理并停产，逾期未完成治理任务的，应依法责令关闭。

（四）现有铅蓄电池及其含铅零部件生产企业应达到《电池行业清洁生产评价指标体系（试行）》（发展改革委公告 2006 年第 87 号）中规定的“清洁生产企业”水平，新建、改扩建项目应达到“清洁生产先进企业”水平。

（五）对不符合本准入条件的铅蓄电池及其含铅零部件生产项目，投资管理部门不予备案（核准）；国土资源部门不予办理用地有关手续；金融机构不提供任何形式的新增授信支持；城乡规划和建设、消防、卫生、质检、安全监督等部门不予办理相关手续。对经审查符合本准入条件的企业名单，工业和信息化部、环境保护部将向有关部门进行通报。

（六）搬迁项目应执行本准入条件中关于新建项目的有关规定。

（七）生产商品极板的企业，应向省级工业和信息化、环境保护主管部门申报极板销售记录，不得将极板销售给不符合本准入条件的企业。

（八）所有铅蓄电池及其含铅零部件生产企业，应在本准入条件公布后，对本企业符合准入条件的情况进行自查，并将自查情况报省级工业和信息化主管部门进行核查。

（九）工业和信息化部、环境保护部将按照本准入条件做好相关管理工作。现有铅蓄电池及其含铅零部件生产项目，均应于 2013 年 12 月 31 日前达到本准入条件的要求（如前述条款中已规定具体时间的，以前述条款的规定为准）。对于已达到本准入条件的企业，工业和信息化部、环境保护部将联合公告，实行社会监督和动态管理，有关管理办法将另行发布。

（十）行业协会应组织企业加强行业自律，协助政府有关部门做好准入条件的实施和跟踪监督工作。

九、附则

（一）本准入条件中涉及的企业和项目，包括中华人民共和国境内所有新建、改扩建和现有铅蓄电池及其含铅零部件生产企业及其生产项目。

（二）本准入条件中所涉及的国家法律、法规、标准及产业政策若进行修订，则按修订后的最新版本执行。

（三）本准入条件自 2012 年 7 月 1 日起实施，由工业和信息化部、环境保护部负责解释。

铅蓄电池行业准入公告管理暂行办法

（自2012年11月29日起施行）

（工信部联消费〔2012〕569号）

第一章　总　则

第一条　为顺利实施《铅蓄电池行业准入条件》（以下简称《准入条件》），开展铅蓄电池行业准入公告管理工作，促进行业持续、健康、协调发展，特制定本办法。

第二条　省级工业和信息化主管部门依据《准入条件》以及有关法律、法规和产业政策的规定，负责本地区铅蓄电池行业准入管理工作，组织企业提出准入公告申请，对企业提交的申请材料进行初审，将初审结果报送工业和信息化部。

第三条　工业和信息化部与环境保护部负责全国铅蓄电池行业准入的管理工作。工业和信息化部组织有关协会和专家，对各省报送的企业名单及相关材料进行审核。工业和信息化部与环境保护部联合公告符合《准入条件》的铅蓄电池生产企业名单。

第二章　申请条件

第四条　申请准入公告的铅蓄电池生产企业，应当具备以下条件：

（一）在工商部门登记，具备独立法人资格；

（二）拥有独立的生产厂区；

（三）符合国家有关法律、法规、产业政策和发展规划的要求；

（四）所生产的铅蓄电池产品符合国家有关标准要求；

（五）符合《准入条件》中的所有要求；

（六）进入环境保护部符合环保规定公告名单。

第五条　准入公告的申请工作以具备独立法人资格的企业为申请主体。集团公司旗下具有独立法人资格的子公司，需要单独申请。

第六条　同一企业法人拥有多个位于不同地址的厂区或生产车间的，每个厂区或生产车间需要单独填写《铅蓄电池企业准入审查申请书》（以下简称《申请书》，见附件1），并在申请准入公告时一起提交。

第三章　申请、审查及公告程序

第七条　申请准入公告的铅蓄电池生产企业，自愿填写《申请书》，并将《申请书》和工商营业执照副本（复印件）等相关材料报送所在地省级工业和信息化主管部门；从事商品极板生产或外购商品极板进行组装的，还需要提供上一年度的极板销售或采购记录（销售、采购记录格式见附件 2、3，从事进出口贸易的需附相应进出口证明）。

第八条　省级工业和信息化主管部门依据《准入条件》，组织有关专家对申请准入公告企业的情况进行现场核查，提出相关初审意见，并填写在《申请书》的相应位置。

第九条　省级工业和信息化主管部门于每年 2 月、5 月、8 月和 11 月，将经初审符合《准入条件》的企业名单以及相关申请材料报送工业和信息化部。

第十条　工业和信息化部组织有关协会和专家，采用材料审查和现场抽查的方式，对省级工业和信息化主管部门报送的企业名单和申请材料进行审核。

第十一条　经过审核符合《准入条件》的企业，工业和信息化部将向社会进行公示，公示时间为 10 个工作日。公示期间无异议的，工业和信息化部与环境保护部将以联合公告形式公布；公示期间有异议的，将在核实有关情况后酌情处理。

第四章　监督管理

第十二条　工业和信息化部将组织有关协会和专家，或委托省级工业和信息化主管部门，对进入准入公告名单的铅蓄电池生产企业进行不定期抽查。

第十三条　进入准入公告名单的商品极板生产企业，应于每季度第一个月内向所在地省级工业和信息化主管部门申报上一季度极板销售记录（销售记录格式见附件 2，向境外销售的需附相应出口证明）。

第十四条　进入准入公告名单的铅蓄电池组装企业，应于每季度第一个月内向所在地省级工业和信息化主管部门申报上一季度极板采购记录（采购记录格式见附件 3，从境外采购的需附相应进口证明）。

第十五条　工业和信息化部对进入准入公告名单的企业实行动态管理。进入准入公告名单的企业有下列情况之一的，省级工业和信息化主管部门要责令其限期整改，拒不整改或整改不合格的，工业和信息化部将会同环境保护部，将其从准入公告名单中剔除：

1. 填报《铅蓄电池企业准入审查申请书》时有弄虚作假行为；

2. 商品极板生产企业不及时申报极板销售记录、销售记录不真实或将极板销售给不符合《准入条件》的企业；

3. 外购商品极板组装铅蓄电池的企业不及时申报极板采购记录、采购记录不真实或从不符合《准入条件》的极板生产企业采购商品极板。

第十六条　进入准入公告名单的铅蓄电池生产企业，如果被环境保护部从符合环保规定公告名单中除名，工业和信息化部将会同环境保护部，将其从准入公告名单中剔除。

第十七条 从事铅蓄电池行业准入审查工作的有关工作人员，有徇私舞弊、玩忽职守、滥用职权等行为的，依法给予行政处分；构成犯罪的，依法移送司法机关追究刑事责任。

第五章 附 则

第十八条 将企业从准入公告名单中剔除前，工业和信息化部须提前告知企业，听取其陈述和申辩。

第十九条 本办法由工业和信息化部、环境保护部依据职责负责解释。

附件（略）。

中华人民共和国船舶及其有关作业活动污染海洋环境防治管理规定

（自 2011 年 2 月 1 日起施行）

（2010 年 10 月 8 日经交通运输部第 9 次部务会议通过　予以公布　自 2011 年 2 月 1 日起施行）

第一章　总　则

第一条　为了防治船舶及其有关作业活动污染海洋环境，根据《中华人民共和国海洋环境保护法》《中华人民共和国防治船舶污染海洋环境管理条例》和中华人民共和国缔结或者加入的国际条约，制定本规定。

第二条　防治船舶及其有关作业活动污染中华人民共和国管辖海域适用本规定。

本规定所称有关作业活动，是指船舶装卸、过驳、清舱、洗舱、油料供受、修造、打捞、拆解、污染危害性货物装箱、充罐、污染清除以及其他水上水下船舶施工作业等活动。

第三条　国务院交通运输主管部门主管全国船舶及其有关作业活动污染海洋环境的防治工作。

国家海事管理机构负责监督管理全国船舶及其有关作业活动污染海洋环境的防治工作。

各级海事管理机构根据职责权限，具体负责监督管理本辖区船舶及其有关作业活动污染海洋环境的防治工作。

第二章　一般规定

第四条　船舶的结构、设备、器材应当符合国家有关防治船舶污染海洋环境的船舶检验规范以及中华人民共和国缔结或者加入的国际条约的要求，并按照国家规定取得相应的合格证书。

第五条　船舶应当依照法律、行政法规、国务院交通运输主管部门的规定以及中华人民共和国缔结或者加入的国际条约的要求，取得并随船携带相应的防治船舶污染海洋环境的证书、文书。

海事管理机构应当向社会公布本条第一款规定的证书、文书目录，并及时更新。

第六条 中国籍船舶持有的防治船舶污染海洋环境的证书、文书由国家海事管理机构或者其认可的机构签发；外国籍船舶持有的防治船舶污染海洋环境的证书、文书应当符合中华人民共和国缔结或者加入的国际条约的要求。

第七条 船员应当具有相应的防治船舶污染海洋环境的专业知识和技能，并按照有关法律、行政法规、规章的规定参加相应的培训、考试，持有有效的适任证书或者相应的培训合格证明。

从事有关作业活动的单位应当组织本单位作业人员进行操作技能、设备使用、作业程序、安全防护和应急反应等专业培训，确保作业人员具备相关安全和防治污染的专业知识和技能。

第八条 港口、码头、装卸站和从事船舶修造作业的单位应当按照国家有关标准配备相应的污染监视设施和污染物接收设施。

港口、码头、装卸站以及从事船舶修造、打捞、拆解等有关作业活动的其他单位应当按照国家有关标准配备相应的防治污染设备和器材。

第九条 船舶从事下列作业活动，应当按照《中华人民共和国海事行政许可条件规定》的规定，取得海事管理机构的许可，并遵守相关操作规程，落实安全和防治污染措施：

（一）在沿海港口进行舷外拷铲、油漆作业或者使用焚烧炉的；

（二）在港区水域内洗舱、清舱、驱气以及排放压载水的；

（三）冲洗沾有污染物、有毒有害物质的甲板的；

（四）进行船舶水上拆解、打捞、修造和其他水上、水下船舶施工作业的。

第十条 海事管理机构在依法审批 3 万载重吨以上油轮的货舱清舱、1 万吨以上散装液体污染危害性货物过驳以及沉船打捞、油轮拆解等存在较大污染风险的作业活动时，可以要求申请人进行作业方案可行性研究。

第十一条 任何单位和个人发现船舶及其有关作业活动造成或者可能造成海洋环境污染的，应当立即就近向海事管理机构报告。

第三章 船舶污染物的排放与接收

第十二条 在中华人民共和国管辖海域航行、停泊、作业的船舶排放船舶垃圾、生活污水、含油污水、含有毒有害物质污水、废气等污染物以及压载水，应当符合法律、行政法规、有关标准以及中华人民共和国缔结或者加入的国际条约的规定。

第十三条 船舶不得向依法划定的海洋自然保护区、海洋特别保护区、海滨风景名胜区、重要渔业水域以及其他需要特别保护的海域排放污染物。

依法设立本条第一款规定的需要特别保护的海域的，应当在适当的区域配套设置船舶污染物接收设施和应急设备器材。

第十四条 船舶应当将不符合第十二条规定排放要求以及依法禁止向海域排放的污染物，排入具备相应接收能力的港口接收设施或者委托具备相应接收能力的船舶污染物接收单位接收。

船舶委托船舶污染物接收单位进行污染物接收作业的，其船舶经营人应当在作业前明确指定所委托的船舶污染物接收单位。

第十五条 船舶污染物接收单位进行船舶垃圾、残油、含油污水、含有毒有害物质污水接收作业，应当具有与其作业风险相适应的预防和清除污染的能力，并经海事管理机构批准。

第十六条 船舶污染物接收作业单位应当落实安全与防污染管理制度。进行污染物接收作业的，应当遵守国家有关标准、规程，并采取有效的防污染措施，防止污染物溢漏。

第十七条 船舶污染物接收单位应当在污染物接收作业完毕后，向船舶出具污染物接收单证，如实填写所接收的污染物种类和数量，并由船长签字确认。船舶污染物接收单证上应当注明作业单位名称，作业双方船名，作业开始和结束的时间、地点，以及污染物种类、数量等内容。

船舶应当携带相应的记录簿和船舶污染物接收单证到海事管理机构办理船舶污染物接收证明，并将船舶污染物接收证明保存在相应的记录簿中。

第十八条 国际航行船舶在驶离国内港口前应当将船上污染物清理干净，并在办理出口岸手续时向海事管理机构出示有效的污染物接收证明。

第十九条 船舶进行涉及污染物处置的作业，应当在相应的记录簿内规范填写、如实记录，真实反映船舶运行过程中产生的污染物数量、处置过程和去向。按照法律、行政法规、国务院交通运输主管部门的规定以及中华人民共和国缔结或者加入的国际条约的要求，不需要配备记录簿的，应当将有关情况在作业当日的航海日志或者轮机日志中如实记载。

船舶应当将使用完毕的船舶垃圾记录簿在船舶上保留2年；将使用完毕的含油污水、含有毒有害物质污水记录簿在船舶上保留3年。

第二十条 船舶污染物接收单位应当将接收的污染物交由具有国家规定资质的污染物处理单位进行处理，并每月将船舶污染物的接收和处理情况报海事管理机构备案。

第二十一条 接收处理含有有毒有害物质或者其他危险成分的船舶污染物的，应当符合国家有关危险废物的管理规定。来自疫区船舶产生的污染物，应当经有关检疫部门检疫处理后方可进行接收和处理。

第二十二条 船舶应当配备有盖、不渗漏、不外溢的垃圾储存容器，或者对垃圾实行袋装。

船舶应当对垃圾进行分类收集和存放，对含有有毒有害物质或者其他危险成分的垃圾应当单独存放。

船舶将含有有毒有害物质或者其他危险成分的垃圾排入港口接收设施或者委托船舶污染物接收单位接收的，应当向对方说明此类垃圾所含物质的名称、性质和数量等情况。

第二十三条 船舶应当按照国家有关规定以及中华人民共和国缔结或者加入的国

际条约的要求，设置与生活污水产生量相适应的处理装置或者储存容器。

第四章　船舶载运污染危害性货物及其有关作业

第二十四条　本规定所称污染危害性货物，是指直接或者间接进入水体，会损害水体质量和环境质量，从而产生损害生物资源、危害人体健康等有害影响的货物。

国家海事管理机构应当向社会公布污染危害性货物的名录，并根据需要及时更新。

第二十五条　船舶载运污染危害性货物进出港口，承运人或者代理人应当在进出港24小时前（航程不足24小时的，在驶离上一港口时）向海事管理机构办理船舶适载申报手续；货物所有人或者代理人应当在船舶适载申报之前向海事管理机构办理货物适运申报手续。

货物适运申报和船舶适载申报经海事管理机构审核同意后，船舶方可进出港口、过境停留或者进行装卸作业。

第二十六条　交付运输的污染危害性货物的特性、包装以及针对货物采取的风险防范和应急措施等应当符合国家有关标准、规定以及中华人民共和国缔结或者加入的国际条约的要求；需要经国家有关主管部门依法批准后方可载运的，还需要取得有关主管部门的批准。

船舶适载的条件按照《中华人民共和国海事行政许可条件规定》关于船舶载运危险货物的适载条件执行。

第二十七条　货物所有人或者代理人办理货物适运申报手续的，应当向海事管理机构提交下列材料：

（一）货物适运申报单，包括货物所有人或者代理人有关情况以及货物名称、种类、特性等基本信息；

（二）由代理人办理货物适运申报手续的，应当提供货物所有人出具的有效授权证明；

（三）相应的污染危害性货物安全技术说明书，安全作业注意事项、防范和应急措施等有关材料；

（四）需要经国家有关主管部门依法批准后方可载运的污染危害性货物，应当持有有效的批准文件；

（五）交付运输下列污染危害性货物的，还应当提交下列材料：

1. 载运包装污染危害性货物的，应当提供包装和中型散装容器检验合格证明或者压力容器检验合格证明；

2. 使用可移动罐柜装载污染危害性货物的，应当提供罐柜检验合格证明；

3. 载运放射性污染危害性货物的，应当提交放射性剂量证明；

4. 货物中添加抑止剂或者稳定剂的，应当提交抑止剂或者稳定剂的名称、数量、温度、有效期以及超过有效期时应当采取的措施；

5. 载运限量污染危害性货物的，应当提交限量危险货物证明；

6. 载运污染危害性不明货物的，应当提交符合第三十一条规定的污染危害性评估报告。

第二十八条 承运人或者代理人办理船舶适载申报手续的，应当向海事管理机构提交下列材料：

（一）船舶载运污染危害性货物申报单，包括承运人或者代理人有关情况以及货物名称、种类、特性等基本信息；

（二）海事管理机构批准的货物适运证明；

（三）由代理人办理船舶适载申报手续的，应当提供承运人出具的有效授权证明；

（四）防止油污证书、船舶适载证书、船舶油污损害民事责任保险或者其他财务保证证书；

（五）载运污染危害性货物的船舶在运输途中发生过意外情况的，还应当在船舶载运污染危害性货物申报单内扼要说明所发生意外情况的原因、已采取的控制措施和目前状况等有关情况，并于抵港后送交详细报告；

（六）列明实际装载情况的清单、舱单或者积载图；

（七）拟进行装卸作业的港口、码头、装卸站。

定船舶、定航线、定货种的船舶可以办理不超过一个月期限的船舶定期适载申报手续。办理船舶定期适载申报手续的，除应当提交本条第一款规定的材料外，还应当提交能够证明固定船舶在固定航线上运输固定污染危害性货物的有关材料。

第二十九条 海事管理机构收到货物适运申报、船舶适载申报后，应当根据第二十六条规定的条件在 24 小时内作出批准或者不批准的决定；办理船舶定期适载申报的，应当在 7 日内作出批准或者不批准的决定。

第三十条 货物所有人或者代理人交付船舶载运污染危害性货物，应当采取有效的防治污染措施，确保货物的包装与标志的规格、比例、色度、持久性等符合国家有关安全与防治污染的要求，并在运输单证上如实注明该货物的技术名称、数量、类别、性质、预防和应急措施等内容。

第三十一条 货物所有人或者代理人交付船舶载运污染危害性不明的货物，应当由国家海事管理机构认定的评估机构进行污染危害性评估，明确货物的污染危害性质和船舶载运技术条件，并经海事管理机构确认后方可交付船舶运输。

国家海事管理机构应当根据下列标准认定并定期公布本条第一款规定的评估机构名单：

（一）有固定的办公场所，并配备必要的检测、鉴定等设施、设备；

（二）具有与污染危害性货物评估相适应技术能力的专业人员；

（三）有符合污染危害性货物评估要求的管理制度。

第三十二条 曾经载运污染危害性货物的空容器和运输组件，应当彻底清洗并消除危害，取得由具有国家规定资质的检测机构出具的清洁证明后，方可按照普通货物交付船舶运输。在未彻底清洗并消除危害之前，应当按照原所装货物的要求进行运输。

第三十三条 海事管理机构认为交付船舶载运的货物应当按照污染危害性货物申报而未申报的，或者申报的内容不符合实际情况的，经海事管理机构负责人批准，可以采取开箱等方式查验。

海事管理机构在实施开箱查验时，货物所有人或者代理人应当到场，并负责搬移货物，开拆和重封货物的包装。海事管理机构认为必要时，可以径行开验、复验或者提取货样。有关单位和个人应当配合。

第三十四条 船舶不符合污染危害性货物适载要求的，不得载运污染危害性货物，码头、装卸站不得为其进行装卸作业。

发现船舶及其有关作业活动可能对海洋环境造成污染危害的，码头、装卸站、船舶应当立即采取相应的应急措施，并向海事管理机构报告。

第三十五条 从事污染危害性货物装卸作业的码头、装卸站，应当符合安全装卸和污染物处理的相关标准，并向海事管理机构提交安全装卸和污染物处理能力情况的有关材料。海事管理机构应当将具有相应安全装卸和污染物处理能力的码头、装卸站向社会公布。

载运污染危害性货物的船舶应当在海事管理机构公布的具有相应安全装卸和污染物处理能力的码头、装卸站进行装卸作业。

第三十六条 船舶进行散装液体污染危害性货物过驳作业的，应当符合国家海上交通安全和防治船舶海洋污染环境的管理规定和技术规范，选择缓流、避风、水深、底质等条件较好的水域，远离人口密集区、船舶通航密集区、航道、重要的民用目标或者设施、军用水域，制订安全和防治污染的措施和应急计划并保证有效实施。

第三十七条 进行散装液体污染危害性货物过驳作业的船舶，其承运人、货物所有人或者代理人应当向海事管理机构提交下列申请材料：

（一）船舶作业申请书，内容包括作业船舶资料、联系人、联系方式、作业时间、作业地点、过驳种类和数量等基本情况；

（二）船舶作业方案、拟采取的监护和防治污染措施；

（三）船舶作业应急预案；

（四）对船舶作业水域通航安全和污染风险的分析报告；

（五）与具有相应资质的污染清除作业单位签订的污染清除作业协议。

以过驳方式进行油料供受作业的，应当提交本条第一款第（一）、（二）、（三）、（五）项规定的材料。

海事管理机构应当自受理申请之日起 2 日内根据第三十六条规定的条件作出批准或者不予批准的决定。2 日内无法作出决定的，经海事管理机构负责人批准，可以延长 5 日。

第三十八条 从事船舶油料供受作业的单位应当向海事管理机构备案，并提交下列备案材料：

（一）工商营业执照；

（二）安全与防治污染制度文件、应急预案、应急设备物资清单、输油软管耐压检测证明以及作业人员参加培训情况；

（三）通过船舶进行油料供受作业的，还应当提交船舶相关证书、船上油污应急计划、作业船舶油污责任保险凭证以及船员适任证书；

（四）燃油质量承诺书；从事成品油供受作业的单位应当同时提交有关部门依法批准的成品油批发或者零售经营的证书。

第三十九条 进行船舶油料供受作业的，作业双方应当采取满足安全和防治污染要求的供受油作业管理措施，同时应当遵守下列规定：

（一）作业前，应当做到：

1. 检查管路、阀门，做好准备工作，堵好甲板排水孔，关好有关通海阀；

2. 检查油类作业的有关设备，使其处于良好状态；

3. 对可能发生溢漏的地方，设置集油容器；

4. 供受油双方以受方为主商定联系信号，双方均应切实执行。

（二）作业中，要有足够人员值班，当班人员要坚守岗位，严格执行操作规程，掌握作业进度，防止跑油、漏油；

（三）停止作业时，必须有效关闭有关阀门；

（四）收解输油软管时，必须事先用盲板将软管有效封闭，或者采取其他有效措施，防止软管存油倒流入海。

海事管理机构应当对船舶油料供受作业进行监督检查，发现不符合安全和防治污染要求的，应当予以制止。

第四十条 船舶燃油供给单位应当如实填写燃油供受单证，并向船舶提供燃油供受单证和燃油样品。燃油供受单证应当包括受油船船名，船舶识别号或国际海事组织编号，作业时间、地点，燃油供应商的名称、地址和联系方式以及燃油种类、数量、密度和含硫量等内容。船舶和燃油供给单位应当将燃油供受单证保存 3 年，将燃油样品妥善保存 1 年。

燃油供给单位应当确保所供燃油的质量符合相关标准要求，并将所供燃油送交取得国家规定资质的燃油检测单位检测。燃油质量的检测报告应当留存在作业船舶上备查。

第四十一条 船舶从事 300 吨及以上的油类或者比重小于 1 且不溶、微溶于水的散装有毒液体物质的装卸、过驳作业，应当布设围油栏。

布设围油栏方案应当在作业前报海事管理机构备案。因受自然条件或者其他原因限制，不适合布设围油栏的，可以采用其他防治污染替代措施，但应当将拟采取的替代措施和理由在作业前报海事管理机构同意。

第四十二条 载运污染危害性货物的船舶进出港口和通过桥区、交通管制区、通航密集区以及航行条件受限制的区域，或者载运剧毒、爆炸、放射性货物的船舶进出港口，应当遵守海事管理机构的特别规定，并采取必要的安全和防治污染保障措施。

第四十三条 船舶载运散发有毒有害气体或者粉尘物质等货物的，应当采取密闭或者其他防护措施。对有封闭作业要求的污染危害性货物，在运输和作业过程中应当采取措施回收有毒有害气体。

第五章　船舶拆解、打捞、修造和其他水上水下船舶施工作业

第四十四条　进行船舶修造、水上拆解作业的，应当在海事管理机构确定并公布的地点进行。

禁止采取冲滩方式进行船舶拆解作业。

第四十五条　进行船舶拆解、打捞、修造和其他水上水下船舶施工作业的，应当遵守相关操作规程，并采取必要的安全和防治污染措施。

第四十六条　在进行船舶拆解和船舶油舱修理作业前，作业单位应当将船舶上的残余物和废弃物进行有效处置，将燃油舱、货油舱中的存油驳出，进行洗舱、清舱、测爆等工作，并按照规定取得船舶污染物接收证明和有效的测爆证书。

船舶燃油舱、货油舱中的存油需要通过过驳方式交付储存的，应当交由船舶污染物接收单位或者依法获得船舶油料供受作业资质的单位储存，并按照第三十七条的规定经过海事管理机构的批准。

第四十七条　在船坞内进行船舶修造作业的，修造船厂应当将坞内污染物清理完毕，确认不会造成水域污染后，方可沉起浮船坞或者开启坞门。

第四十八条　船舶拆解、打捞、修造或者其他水上水下船舶施工作业结束后，应当及时清除污染物，并将作业全过程产生的污染物的清除处理情况一并向海事管理机构报告，海事管理机构可以视情况进行现场核实。

第六章　法律责任

第四十九条　海事管理机构发现船舶、有关作业单位存在违反本规定行为的，应当责令改正；拒不改正的，海事管理机构可以责令停止作业、强制卸载，禁止船舶进出港口、靠泊、过境停留，或者责令停航、改航、离境、驶向指定地点。

第五十条　违反本规定，船舶的结构不符合国家有关防治船舶污染海洋环境的船舶检验规范或者有关国际条约要求的，由海事管理机构处10万元以上30万元以下的罚款。

第五十一条　违反本规定，船舶、港口、码头和装卸站未配备防治污染设施、设备、器材，有下列情形之一的，由海事管理机构予以警告，或者处2万元以上10万元以下的罚款：

（一）配备的防治污染设施、设备、器材数量不能满足法律、行政法规、规章、有关标准以及我国缔结或者参加的国际条约要求的；

（二）配备的防治污染设施、设备、器材技术性能不能满足法律、行政法规、规章、有关标准以及我国缔结或者参加的国际条约要求的。

第五十二条　违反本规定，船舶未持有防治船舶污染海洋环境的证书、文书的，由海事管理机构予以警告，或者处2万元以下的罚款。

第五十三条　违反本规定，船舶向海域排放本规定禁止排放的污染物的，由海事管

理机构处3万元以上20万元以下的罚款。

第五十四条 违反本规定，船舶排放或者处置污染物，有下列情形之一的，由海事管理机构处2万元以上10万元以下的罚款：

（一）超过标准向海域排放污染物的；

（二）未按照规定在船上留存船舶污染物排放或者处置记录的；

（三）船舶污染物处置记录与船舶运行过程中产生的污染物数量不符合的。

第五十五条 违反本规定，船舶污染物接收单位未经海事管理机构批准，擅自进行船舶垃圾、残油、含油污水、含有毒有害物质污水接收作业的，由海事管理机构处1万元以上5万元以下的罚款；造成海洋环境污染的，处5万元以上25万元以下的罚款。

第五十六条 违反本规定，船舶、船舶污染物接收单位接收处理污染物，有下列第（一）项情形的，由海事管理机构予以警告，或者处2万元以下的罚款；有下列第（二）项、第（三）项情形的，由海事管理机构处2万元以下的罚款：

（一）船舶未如实记录污染物处置情况的；

（二）船舶未按照规定办理污染物接收证明的；

（三）船舶污染物接收单位未按照规定将船舶污染物的接收和处理情况报海事管理机构备案的。

第五十七条 违反本规定，未经海事管理机构批准，船舶载运污染危害性货物进出港口、过境停留、进行装卸的，由海事管理机构对其承运人、货物所有人或者代理人处1万元以上5万元以下的罚款；未经海事管理机构批准，船舶进行散装液体污染危害性货物过驳作业的，由海事管理机构对船舶处1万元以上5万元以下的罚款。

第五十八条 违反本规定，有下列第（一）项情形的，由海事管理机构予以警告，或者处2万元以上10万元以下的罚款；有下列第（二）项、第（三）项、第（四）项情形的，由海事管理机构处2万元以上10万元以下的罚款：

（一）船舶载运的污染危害性货物不具备适运条件的；

（二）载运污染危害性货物的船舶不符合污染危害性货物适载要求的；

（三）载运污染危害性货物的船舶未在具有相应安全装卸和污染物处理能力的码头、装卸站进行装卸作业的；

（四）货物所有人或者代理人未按照规定对污染危害性不明的货物进行污染危害性评估的。

第五十九条 违反本规定，有下列情形之一的，由海事管理机构处2 000元以上1万元以下的罚款：

（一）船舶未按照规定保存污染物接收证明的；

（二）船舶油料供受单位未如实填写燃油供受单证的；

（三）船舶油料供受单位未按照规定向船舶提供燃油供受单证和燃油样品的；

（四）船舶和船舶油料供受单位未按照规定保存燃油供受单证和燃油样品的。

第六十条 违反本规定，进行船舶水上拆解、旧船改装、打捞和其他水上水下船舶施工作业，造成海洋环境污染损害的，由海事管理机构予以警告，或者处5万元以上20万元以下的罚款。

第七章 附 则

第六十一条 军事船舶以及国务院交通运输主管部门所辖港区水域外渔业船舶污染海洋环境的防治工作，不适用本规定。

第六十二条 本规定自2011年2月1日起施行。

放射性物品道路运输管理规定

（2016年9月2日修正）

（2010年10月27日交通运输部发布　根据2016年9月2日《交通运输部关于修改〈放射性物品道路运输管理规定〉的决定》修正）

第一章　总　则

第一条　为了规范放射性物品道路运输活动，保障人民生命财产安全，保护环境，根据《道路运输条例》和《放射性物品运输安全管理条例》，制定本规定。

第二条　从事放射性物品道路运输活动的，应当遵守本规定。

第三条　本规定所称放射性物品，是指含有放射性核素，并且其活度和比活度均高于国家规定的豁免值的物品。

本规定所称放射性物品道路运输专用车辆（以下简称专用车辆），是指满足特定技术条件和要求，用于放射性物品道路运输的载货汽车。

本规定所称放射性物品道路运输，是指使用专用车辆通过道路运输放射性物品的作业过程。

第四条　根据放射性物品的特性及其对人体健康和环境的潜在危害程度，将放射性物品分为一类、二类和三类。

一类放射性物品，是指Ⅰ类放射源、高水平放射性废物、乏燃料等释放到环境后对人体健康和环境产生重大辐射影响的放射性物品。

二类放射性物品，是指Ⅱ类和Ⅲ类放射源、中等水平放射性废物等释放到环境后对人体健康和环境产生一般辐射影响的放射性物品。

三类放射性物品，是指Ⅳ类和Ⅴ类放射源、低水平放射性废物、放射性药品等释放到环境后对人体健康和环境产生较小辐射影响的放射性物品。

放射性物品的具体分类和名录，按照国务院核安全监管部门会同国务院公安、卫生、海关、交通运输、铁路、民航、核工业行业主管部门制定的放射性物品具体分类和名录执行。

第五条　从事放射性物品道路运输应当保障安全，依法运输，诚实信用。

第六条　国务院交通运输主管部门主管全国放射性物品道路运输管理工作。

县级以上地方人民政府交通运输主管部门负责组织领导本行政区域放射性物品道

路运输管理工作。

县级以上道路运输管理机构负责具体实施本行政区域放射性物品道路运输管理工作。

第二章　运输资质许可

第七条　申请从事放射性物品道路运输经营的，应当具备下列条件：

（一）有符合要求的专用车辆和设备。

1. 专用车辆要求。

（1）专用车辆的技术要求应当符合《道路运输车辆技术管理规定》有关规定；

（2）车辆为企业自有，且数量为 5 辆以上；

（3）核定载质量在 1 吨及以下的车辆为厢式或者封闭货车；

（4）车辆配备满足在线监控要求，且具有行驶记录仪功能的卫星定位系统。

2. 设备要求。

（1）配备有效的通讯工具；

（2）配备必要的辐射防护用品和依法经定期检定合格的监测仪器。

（二）有符合要求的从业人员。

1. 专用车辆的驾驶人员取得相应机动车驾驶证，年龄不超过 60 周岁；

2. 从事放射性物品道路运输的驾驶人员、装卸管理人员、押运人员经所在地设区的市级人民政府交通运输主管部门考试合格，取得注明从业资格类别为“放射性物品道路运输”的道路运输从业资格证（以下简称道路运输从业资格证）；

3. 有具备辐射防护与相关安全知识的安全管理人员。

（三）有健全的安全生产管理制度。

1. 有关安全生产应急预案；

2. 从业人员、车辆、设备及停车场地安全管理制度；

3. 安全生产作业规程和辐射防护管理措施；

4. 安全生产监督检查和责任制度。

第八条　生产、销售、使用或者处置放射性物品的单位（含在放射性废物收贮过程中的从事放射性物品运输的省、自治区、直辖市城市放射性废物库营运单位），符合下列条件的，可以使用自备专用车辆从事为本单位服务的非经营性放射性物品道路运输活动：

（一）持有有关部门依法批准的生产、销售、使用、处置放射性物品的有效证明；

（二）有符合国家规定要求的放射性物品运输容器；

（三）有具备辐射防护与安全防护知识的专业技术人员；

（四）具备满足第七条规定条件的驾驶人员、专用车辆、设备和安全生产管理制度，但专用车辆的数量可以少于 5 辆。

第九条　国家鼓励技术力量雄厚、设备和运输条件好的生产、销售、使用或者处置放射性物品的单位按照第八条规定的条件申请从事非经营性放射性物品道路运输。

第十条 申请从事放射性物品道路运输经营的企业，应当向所在地设区的市级道路运输管理机构提出申请，并提交下列材料：

（一）《放射性物品道路运输经营申请表》，包括申请人基本信息、拟申请运输的放射性物品范围（类别或者品名）等内容；

（二）企业负责人身份证明及复印件，经办人身份证明及复印件和委托书；

（三）证明专用车辆、设备情况的材料，包括：

1. 未购置车辆的，应当提交拟投入车辆承诺书。内容包括拟购车辆数量、类型、技术等级、总质量、核定载质量、车轴数以及车辆外廓尺寸等有关情况；

2. 已购置车辆的，应当提供车辆行驶证、车辆技术等级评定结论及复印件等有关材料；

3. 对辐射防护用品、监测仪器等设备配置情况的说明材料。

（四）有关驾驶人员、装卸管理人员、押运人员的道路运输从业资格证及复印件，驾驶人员的驾驶证及复印件，安全管理人员的工作证明；

（五）企业经营方案及相关安全生产管理制度文本。

第十一条 申请从事非经营性放射性物品道路运输的单位，向所在地设区的市级道路运输管理机构提出申请时，除提交第十条第（三）项、第（五）项规定的材料外，还应当提交下列材料：

（一）《放射性物品道路运输申请表》，包括申请人基本信息、拟申请运输的放射性物品范围（类别或者品名）等内容；

（二）单位负责人身份证明及复印件，经办人身份证明及复印件和委托书；

（三）有关部门依法批准生产、销售、使用或者处置放射性物品的有效证明；

（四）放射性物品运输容器、监测仪器检测合格证明；

（五）对放射性物品运输需求的说明材料；

（六）有关驾驶人员的驾驶证、道路运输从业资格证及复印件；

（七）有关专业技术人员的工作证明，依法应当取得相关从业资格证件的，还应当提交有效的从业资格证件及复印件。

第十二条 设区的市级道路运输管理机构应当按照《道路运输条例》和《交通运输行政许可实施程序规定》以及本规定规范的程序实施行政许可。

决定准予许可的，应当向被许可人作出准予行政许可的书面决定，并在 10 日内向放射性物品道路运输经营申请人发放《道路运输经营许可证》，向非经营性放射性物品道路运输申请人颁发《放射性物品道路运输许可证》。决定不予许可的，应当书面通知申请人并说明理由。

第十三条 对申请时未购置专用车辆，但提交拟投入车辆承诺书的，被许可人应当自收到《道路运输经营许可证》或者《放射性物品道路运输许可证》之日起半年内落实拟投入车辆承诺书。做出许可决定的道路运输管理机构对被许可人落实拟投入车辆承诺书的落实情况进行核实，符合许可要求的，应当为专用车辆配发《道路运输证》。

对申请时已购置专用车辆，且按照第十条、第十一条规定提交了专用车辆有关材料的，做出许可决定的道路运输管理机构应当对专用车辆情况进行核实，符合许可要求的，应当在向被许可人颁发《道路运输经营许可证》或者《放射性物品道路运输许可证》的同时，为专用车辆配发《道路运输证》。

做出许可决定的道路运输管理机构应当在《道路运输证》有关栏目内注明允许运输放射性物品的范围（类别或者品名）。对从事非经营性放射性物品道路运输的，还应当在《道路运输证》上加盖“非经营性放射性物品道路运输专用章”。

第十四条 放射性物品道路运输企业或者单位终止放射性物品运输业务的，应当在终止之日 30 日前书面告知做出原许可决定的道路运输管理机构。属于经营性放射性物品道路运输业务的，做出原许可决定的道路运输管理机构应当在接到书面告知之日起 10 日内向将放射性道路运输企业终止放射性物品运输业务的有关情况向社会公布。

放射性物品道路运输企业或者单位应当在终止放射性物品运输业务之日起 10 日内将相关许可证件缴回原发证机关。

第三章 专用车辆、设备管理

第十五条 放射性物品道路运输企业或者单位应当按照有关车辆及设备管理的标准和规定，维护、检测、使用和管理专用车辆和设备，确保专用车辆和设备技术状况良好。

第十六条 设区的市级道路运输管理机构应当按照《道路运输车辆技术管理规定》的规定定期对专用车辆是否符合第七条、第八条规定的许可条件进行审验，每年审验一次。

第十七条 设区的市级道路运输管理机构应当对监测仪器定期检定合格证明和专用车辆投保危险货物承运人责任险情况进行检查。检查可以结合专用车辆定期审验的频率一并进行。

第十八条 禁止使用报废的、擅自改装的、检测不合格的或者其他不符合国家规定要求的车辆、设备从事放射性物品道路运输活动。

第十九条 禁止专用车辆用于非放射性物品运输，但集装箱运输车（包括牵引车、挂车）、甩挂运输的牵引车以及运输放射性药品的专用车辆除外。

按照本条第一款规定使用专用车辆运输非放射性物品的，不得将放射性物品与非放射性物品混装。

第四章 放射性物品运输

第二十条 道路运输放射性物品的托运人（以下简称托运人）应当制定核与辐射事故应急方案，在放射性物品运输中采取有效的辐射防护和安全保卫措施，并对放射性物品运输中的核与辐射安全负责。

第二十一条 道路运输放射性物品的承运人（以下简称承运人）应当取得相应的放

射性物品道路运输资质，并对承运事项是否符合本企业或者单位放射性物品运输资质许可的运输范围负责。

第二十二条 非经营性放射性物品道路运输单位应当按照《放射性物品运输安全管理条例》、《道路运输条例》和本规定的要求履行托运人和承运人的义务，并负相应责任。

非经营性放射性物品道路运输单位不得从事放射性物品道路运输经营活动。

第二十三条 承运人与托运人订立放射性物品道路运输合同前，应当查验、收存托运人提交的下列材料：

（一）运输说明书，包括放射性物品的品名、数量、物理化学形态、危害风险等内容；

（二）辐射监测报告，其中一类放射性物品的辐射监测报告由托运人委托有资质的辐射监测机构出具；二、三类放射性物品的辐射监测报告由托运人出具；

（三）核与辐射事故应急响应指南；

（四）装卸作业方法指南；

（五）安全防护指南。

托运人将本条第一款第（四）项、第（五）项要求的内容在运输说明书中一并作出说明的，可以不提交第（四）项、第（五）项要求的材料。

托运人提交材料不齐全的，或者托运的物品经监测不符合国家放射性物品运输安全标准的，承运人不得与托运人订立放射性物品道路运输合同。

第二十四条 一类放射性物品启运前，承运人应当向托运人查验国务院核安全主管部门关于核与辐射安全分析报告书的审批文件以及公安部门关于准予道路运输放射性物品的审批文件。

二、三类放射性物品启运前，承运人应当向托运人查验公安部门关于准予道路运输放射性物品的审批文件。

第二十五条 托运人应当按照《放射性物质安全运输规程》（GB 11806）等有关国家标准和规定，在放射性物品运输容器上设置警示标志。

第二十六条 专用车辆运输放射性物品过程中，应当悬挂符合国家标准《道路危险货物运输车辆标志》（GB 13392）要求的警示标志。

第二十七条 专用车辆不得违反国家有关规定超载、超限运输放射性物品。

第二十八条 在放射性物品道路运输过程中，除驾驶人员外，还应当在专用车辆上配备押运人员，确保放射性物品处于押运人员监管之下。运输一类放射性物品的，承运人必要时可以要求托运人随车提供技术指导。

第二十九条 驾驶人员、装卸管理人员和押运人员上岗时应当随身携带道路运输从业资格证，专用车辆驾驶人员还应当随车携带《道路运输证》。

第三十条 驾驶人员、装卸管理人员和押运人员应当按照托运人所提供的资料了解所运输的放射性物品的性质、危害特性、包装物或者容器的使用要求、装卸要求以及发生突发事件时的处置措施。

第三十一条 放射性物品运输中发生核与辐射事故的，承运人、托运人应当按照核与辐射事故应急响应指南的要求，结合本企业安全生产应急预案的有关内容，做好事故应急工作，并立即报告事故发生地的县级以上人民政府环境保护主管部门。

第三十二条 放射性物品道路运输企业或者单位应当聘用具有相应道路运输从业资格证的驾驶人员、装卸管理人员和押运人员，并定期对驾驶人员、装卸管理人员和押运人员进行运输安全生产和基本应急知识等方面的培训，确保驾驶人员、装卸管理人员和押运人员熟悉有关安全生产法规、标准以及相关操作规程等业务知识和技能。

放射性物品道路运输企业或者单位应当对驾驶人员、装卸管理人员和押运人员进行运输安全生产和基本应急知识等方面的考核；考核不合格的，不得从事相关工作。

第三十三条 放射性物品道路运输企业或者单位应当按照国家职业病防治的有关规定，对驾驶人员、装卸管理人员和押运人员进行个人剂量监测，建立个人剂量档案和职业健康监护档案。

第三十四条 放射性物品道路运输企业或者单位应当投保危险货物承运人责任险。

第三十五条 放射性物品道路运输企业或者单位不得转让、出租、出借放射性物品道路运输许可证件。

第三十六条 县级以上道路运输管理机构应当督促放射性物品道路运输企业或者单位对专用车辆、设备及安全生产制度等安全条件建立相应的自检制度，并加强监督检查。

县级以上道路运输管理机构工作人员依法对放射性物品道路运输活动进行监督检查的，应当按照劳动保护规定配备必要的安全防护设备。

第五章 法律责任

第三十七条 拒绝、阻碍道路运输管理机构依法履行放射性物品运输安全监督检查，或者在接受监督检查时弄虚作假的，由县级以上道路运输管理机构责令改正，处1万元以上2万元以下的罚款；构成违反治安管理行为的，交由公安机关依法给予治安管理处罚；构成犯罪的，依法追究刑事责任。

第三十八条 违反本规定，未取得有关放射性物品道路运输资质许可，有下列情形之一的，由县级以上道路运输管理机构责令停止运输，有违法所得的，没收违法所得，处违法所得2倍以上10倍以下的罚款；没有违法所得或者违法所得不足2万元的，处3万元以上10万元以下的罚款。构成犯罪的，依法追究刑事责任：

（一）无资质许可擅自从事放射性物品道路运输的；

（二）使用失效、伪造、变造、被注销等无效放射性物品道路运输许可证件从事放射性物品道路运输的；

（三）超越资质许可事项，从事放射性物品道路运输的；

（四）非经营性放射性物品道路运输单位从事放射性物品道路运输经营的。

第三十九条 违反本规定，放射性物品道路运输企业或者单位擅自改装已取得《道路运输证》的专用车辆的，由县级以上道路运输管理机构责令改正，处5 000元以上2万元以下的罚款。

第四十条 违反本规定，未随车携带《道路运输证》的，由县级以上道路运输管理机构责令改正，对放射性物品道路运输企业或者单位处警告或者 20 元以上 200 元以下的罚款。

第四十一条 放射性物品道路运输活动中，由不符合本规定第七条、第八条规定条件的人员驾驶专用车辆的，由县级以上道路运输管理机构责令改正，处 200 元以上 2 000 元以下的罚款；构成犯罪的，依法追究刑事责任。

第四十二条 违反本规定，放射性物品道路运输企业或者单位有下列行为之一，由县级以上道路运输管理机构责令限期投保；拒不投保的，由原许可的设区的市级道路运输管理机构吊销《道路运输经营许可证》或者《放射性物品道路运输许可证》，或者在许可证件上注销相应的许可范围：

（一）未投保危险货物承运人责任险的；

（二）投保的危险货物承运人责任险已过期，未继续投保的。

第四十三条 违反本规定，放射性物品道路运输企业或者单位非法转让、出租放射性物品道路运输许可证件的，由县级以上道路运输管理机构责令停止违法行为，收缴有关证件，处 2 000 元以上 1 万元以下的罚款；有违法所得的，没收违法所得。

第四十四条 违反本规定，放射性物品道路运输企业或者单位已不具备许可要求的有关安全条件，存在重大运输安全隐患的，由县级以上道路运输管理机构责令限期改正；在规定时间内不能按要求改正且情节严重的，由原许可机关吊销《道路运输经营许可证》或者《放射性物品道路运输许可证》，或者在许可证件上注销相应的许可范围。

第四十五条 县级以上道路运输管理机构工作人员在实施道路运输监督检查过程中，发现放射性物品道路运输企业或者单位有违规情形，且按照《放射性物品运输安全管理条例》等有关法律法规的规定，应当由公安部门、核安全监管部门或者环境保护等部门处罚情形的，应当通报有关部门依法处理。

第六章 附 则

第四十六条 军用放射性物品道路运输不适用于本规定。

第四十七条 本规定自 2011 年 1 月 1 日起施行。

洗染业管理办法

（自 2007 年 7 月 1 日起施行）

（2006 年 12 月 20 日商务部第 10 次部务会议审议通过　并经工商总局、环保总局同意　予以公布　自 2007 年 7 月 1 日起施行）

第一条　为规范洗染服务行为，维护经营者和消费者的合法权益，防止环境污染，促进洗染行业健康发展，根据国家有关法律、行政法规，制定本办法。

第二条　在中华人民共和国境内从事洗染经营活动，适用本办法。

本办法所称洗染，是指从事衣物洗涤、熨烫、染色、织补以及皮革制品和裘皮服装的清洗、保养等服务的经营行为。

第三条　商务部对全国洗染行业进行指导、协调、监督和管理，地方各级商务主管部门负责本行政区域内洗染行业指导、协调、监督和管理工作。

工商行政管理部门负责洗染企业的登记注册，依法监管服务产品质量和经营行为，依法查处侵害消费者合法权益的违法行为。

环保部门负责对洗染企业开设和经营过程中影响环境的行为进行监督管理，依法查处其环境违法行为。

第四条　开设洗染店、水洗厂应在安全、卫生、环保、节水、节能等方面符合国家相关法律规定和标准要求。

新建或改建、扩建洗染店应当使用具有净化回收干洗溶剂功能的全封闭式干洗机。

逐步淘汰开启式干洗机。现有洗染店使用开启式干洗机的，必须进行改装，增加压缩机制冷回收系统，强制回收干洗溶剂；使用开启式石油衍生溶剂干洗机和烘干机的，还须配备防火、防爆的安全装置。

第五条　新建或改、扩建洗染店、水洗厂应依法进行环境影响评价，并经环保部门验收合格后，方可投入使用。

从事洗染经营活动的经营者，应当依法进行工商登记，领取营业执照。

经营者应当在取得营业执照后 60 日内，向登记注册地工商行政管理部门的同级商务主管部门办理备案。

第六条　经营者应当具有固定的营业场所，配备与经营规模相适应并符合国家有关规定的专用洗染、保管、污染防治等设施设备。

第七条　洗染店不得使用不符合国家有关规定的干洗溶剂。干洗溶剂储存、使用、回收场所应具备防渗漏条件，属于危险化学品的，应符合危险化学品管理的有关规定。

鼓励水洗厂使用无磷、低磷洗涤用品。

第八条 洗染业污染物的排放应当达到国家或地方规定的污染物排放标准的要求。新的行业污染物排放标准出台后，应执行新的行业排放标准。

干洗中产生的含有干洗溶剂的残渣、废水应进行妥善收集、处理，属于危险废物的，应依法委托持有危险废物经营许可证的单位进行处理、处置。

外排废水排入城市污水管网进行集中处理的，应当符合相应污水处理厂对进水水质的要求。有废水处理设施的，应对产生的污泥进行无害化处理。

不得将不符合排放标准的废水直接排放到河流、湖泊、雨水管线、渗坑、渗井等。

洗染店、水洗厂的厂界噪声应当符合《工业企业厂界噪声标准》（GB 12348—90）相应区域的规定标准。

第九条 经营者应当制定符合有关法律法规要求的安全生产、环境保护和卫生管理制度，为员工提供有效的防护用品，定期对员工进行安全、环保和卫生教育、培训。

第十条 从业人员应当信守职业道德，遵守国家法律法规；洗染技术人员应当具备相应的专业技能，鼓励洗染技术人员取得国家有关部门颁发的资格证书或有关组织及机构颁发的培训合格证书，持证上岗。

第十一条 经营者应当在营业场所醒目位置上悬挂营业执照，明示服务项目、服务价格以及投诉电话等。

第十二条 经营者在经营过程中应遵循诚实信用原则，对消费者提出或询问的有关问题，做出真实明确的答复，不得欺骗和误导消费者，不得从事下列欺诈行为：

（一）虚假宣传；

（二）利用储值卡进行消费欺诈；

（三）以“水洗”、“单烫”冒充干洗等欺骗行为；

（四）故意掩饰在加工过程中使衣物损伤的事实；

（五）其他违反法律、行政法规的欺诈行为。

第十三条 经营者在接收衣物时应当对衣物状况进行认真检验，履行下列责任：

（一）提示消费者检查衣袋内是否有遗留物品，确认衣物附件、饰物是否齐全；

（二）提示消费者易损、易腐蚀及贵重饰物或附件，明确服务责任；

（三）将衣物的新旧、脏净、破损程度和织物面料质地、性能变化程度的洗染效果向消费者说明；

（四）对确实不易洗染或有不能除净的牢固性污渍，应当告知消费者，确认洗染效果。

第十四条 经营者可以根据消费者意愿实行保值清洗，即由经营者和消费者协商一致做出书面清洗约定，约定清洗费用、保值额和服务内容。

对实行保值清洗的衣物，因经营者责任造成损坏、丢失的，或者清洗后直接影响衣物原有质量而无法恢复的，经营者应当根据与消费者约定的保值额予以赔偿。

第十五条 经营者在提供服务时应当向消费者开具服务单据。服务单据应包括：衣物名称、数量、颜色、破损或缺件状况，服务内容，价格，送取日期，保管期，双方约定事宜，争议解决方式等内容。

第十六条 经营者应当执行洗染行业服务规范、操作规程和质量标准，并指定专人负责洗染质量检验工作。

第十七条 经营者应当规范各工序衣物交接手续，防止丢失或损坏；对于脏、净衣物的存放和收付应当分离。

第十八条 医疗卫生单位的纺织品洗涤应在专门洗涤厂区、专用洗涤设备进行加工，并严格进行消毒处理。

经消毒、洗涤后的纺织品应符合国家有关卫生要求。

第十九条 因经营者责任，洗染后的衣物未能达到洗染质量要求或不符合与消费者事先约定要求的，或者造成衣物损坏、丢失的，经营者应当根据不同情况给予重新加工、退还洗染费或者赔偿损失。

非经营者过错，由于洗涤标识误导或衣物制作及质量不符合国家和行业标准要求，造成未能达到洗染质量标准的，经营者不承担责任。

第二十条 商务主管部门应当通过制定行业发展规划、促进政策、标准和综合协调、指导行业协会工作等方式，规范洗染市场秩序，促进行业发展。

商务主管部门引导和支持成立洗染质量鉴定委员会，开展洗染质量鉴定工作；引导相关行业组织制定洗染行业消费纠纷争议的解决办法，维护经营者和消费者合法权益。

第二十一条 洗染行业协会应当接受商务主管部门的业务指导，加强行业自律；开展倡导诚信经营、组织实施标准、提供信息咨询、开展技术培训、调解服务纠纷、反映经营者建议和要求等促进行业发展工作。

第二十二条 经营者违反本办法规定，法律法规有规定的，从其规定；没有规定的，由商务、工商、环保部门依据本办法第三条规定的职能责令改正，有违法所得的，可处违法所得 3 倍以下罚款，但最高不超过 3 万元；没有违法所得的，可处 1 万元以下罚款；并可予以公告。

第二十三条 各省、自治区、直辖市商务主管部门可以依据本办法，结合本行政区域内的洗染行业实际情况，会同有关部门制定相关的实施办法。

第二十四条 本办法下列用语的定义：

全封闭式干洗机：是指以四氯乙烯或石油衍生溶剂作为干洗溶剂，配置溶剂回收制冷系统，在除臭过程中，机器内气体和工作场所气体不进行交换，不直接外排废气的干洗机。

开启式干洗机：是指以四氯乙烯或石油衍生溶剂作为干洗溶剂，采用水冷回收系统，在打开装卸门之前，通过吸入新鲜空气排出机器内干洗溶剂气体混合物进行除臭过程的干洗机。

染色：仅指洗染店对服装的复染或改染服务。

第二十五条 本办法自 2007 年 7 月 1 日起施行。

渔业水域污染事故调查处理程序规定

（2014年4月24日修订）

（1989年12月26日第七届全国人民代表大会常务委员会第十一次会议通过 2014年4月24日第十二届全国人民代表大会常务委员会第八次会议修订）

第一章 总 则

第一条 为及时、公正地调查处理渔业水域污染事故，维护国家、集体和公民的合法权益，根据《中华人民共和国环境保护法》《中华人民共和国水污染防治法》《中华人民共和国渔业法》等有关法律法规，制定本规定。

第二条 任何公民、法人或其他组织造成渔业水域污染事故的，应当接受渔政监督管理机构（以下简称主管机构）的调查处理。

各级主管机构调查处理渔业水域污染事故适用本规定。

第三条 本规定所称的渔业水域是指鱼虾贝类的产卵场、索饵场、越冬场、洄游通道和鱼虾贝藻类及其他水生动植物的增养殖场。

第四条 本规定所称的渔业水域污染事故是指由于单位和个人将某种物质和能量引入渔业水域，损坏渔业水体使用功能，影响渔业水域内的生物繁殖、生长或造成该生物死亡、数量减少，以及造成该生物有毒有害物质积累、质量下降等，对渔业资源和渔业生产造成损害的事实。

第二章 污染事故处理管辖

第五条 地（市）、县主管机构依法管辖其监督管理范围内的较大及一般性渔业水域污染事故。

省（自治区、直辖市）主管机构依法管辖其监督管理范围内直接经济损失额在百万元以上的重大渔业水域污染事故。

中华人民共和国渔政渔港监督管理局管辖或指定省级主管机构处理直接经济损失额在千万元以上的特大渔业水域污染事故和涉外渔业水域污染事故。

第六条 中华人民共和国渔政渔港监督管理局成立渔业水域污染事故技术审定委员会，负责全国重大渔业水域污染事故的技术审定工作。

第七条 下级主管机构对其处理范围内的渔业水域污染事故，认为需要由上级主管机构处理的，可报请上级主管机构处理。

第八条 上级主管机构管辖的渔业水域污染事故必要时可以指定下级机构处理。

第九条 对管辖权有争议的渔业水域污染事故，由争议双方协商解决，协商不成的，由共同的上一级主管机构指定机关调查处理。

第十条 指定处理的渔业水域污染事故应办理书面手续。主管机构指定的单位，须在指定权限范围内行使权力。

第十一条 跨行政区域的渔业水域污染纠纷，按照《中华人民共和国水污染防治法》第二十六条的规定，由有关地方人民政府协商解决，或者由其共同的上级人民政府协调解决，主管机构应积极配合有关地方人民政府做好事故的处理工作。

第三章 调查与取证

第十二条 主管机构在发现或接到事故报告后，应做好下列工作：

（一）填写事故报告表，内容包括报告人、事故发生时间、地点、污染损害原因及状况等。

（二）尽快组织渔业环境监测站或有关人员赴现场进行调查取证。重大、特大及涉外渔业水域污染事故应立即向同级人民政府及环境保护主管部门和上一级主管机构报告。

（三）对污染情况复杂、损失较重的污染事故，应参照农业部颁布的《污染死鱼调查方法（淡水）》的规定进行调查取证。

渔业执法人员

第十三条 渔业执法人员调查处理渔业水域污染事故，应当收集与污染事故有关的各种证据，证据包括书证、物证、视听资料、证人证言、当事人陈述、鉴定结论、现场笔录。

证据必须查证属实，才能作为认定事实的依据。

第十四条 调查渔业水域污染事故，必须制作现场笔录，内容包括：发生事故时间、地点、水体类型、气候、水文、污染物、污染源、污染范围、损失程度等。

笔录应当表述清楚，定量准确，如实记录，并有在场调查的两名渔业执法人员的签名和笔录时间。

第十五条 渔业环境监测站出具的监测数据、鉴定结论或其他具备资格的有关单位出具的鉴定证明是主管机构处理污染事故的依据。

监测数据、鉴定结果报告书由监测鉴定人员签名，并加盖单位公章。

第四章 处理程序

第十六条 因渔业水域污染事故发生的赔偿责任和赔偿金额的纠纷，当事人可以向事故发生地的主管机构申请调解处理，当事人也可以直接向人民法院起诉。

申请条件

第十七条 主管机构受理当事人事故纠纷调解处理申请应符合下列条件：

（一）必须是双方当事人同意调解处理；

（二）申请人必须是与渔业损失事故纠纷有直接利害关系的单位或个人；

（三）有明确的被申请人和具体的事实依据与请求；

（四）不超越主管机构受理范围。

第十八条 如属当事人一方申请调解的，主管机构有责任通知另一方接受调解，如另一方拒绝接受调解，当事人可直接向人民法院起诉。

第十九条 请求主管机构调解处理的纠纷，当事人必须提交申请书，申请书应写明如下事实：

（一）申请人与被申请人的姓名、性别、年龄、职业、住址、邮政编码等（单位的名称、地址、法定代表人的姓名）；

（二）申请事项，事实和理由；

（三）与事故纠纷有关的证据和其他资料；

（四）请求解决的问题。

受理机构

申请书一式三份，申请人自留一份，两份递交受理机构。

第二十条 主管机构受理污染事故赔偿纠纷后，可根据需要邀请有关部门的人员参加调解处理工作。

负责和参加处理纠纷的人员与纠纷当事人有利害关系时，应当自行回避，当事人也可提出回避请求。

第二十一条 主管机构应在收到申请书十日内将申请书副本送达被申请人。被申请人在收到申请书副本之日起十五日内提交答辩书和有关证据。被申请人不按期或不提出答辩书的，视为拒绝调解处理，主管机构应告知申请人向人民法院起诉。

第二十二条 调解处理过程中，应召集双方座谈协商。经协商可达成调解协议。

第二十三条 调解协议书经当事人双方和主管机构三方签字盖章后生效。

当事人拒不履行调解协议的，主管机构应督促履行，同时当事人可向人民法院起诉。

第二十四条 当事人对主管机构调解污染事故赔偿纠纷处理决定不服的，可以向人民法院起诉。

第二十五条 调解处理过程中，当事人一方向法院起诉，调解处理终止。

第二十六条 凡污染造成渔业损害事故的，都应赔偿渔业损失，并由主管机构根据情节依照《渔业行政处罚程序规定》对污染单位和个人给予罚款。

第二十七条 凡污染造成人工增殖和天然渔业资源损失的，按污染对渔业资源的损失及渔业生产的损害程度，由主管机构依照《渔业行政处罚程序规定》责令赔偿渔业资源损失。

第五章　附　则

第二十八条　本规定中渔业损失的计算，按农业部颁布的《水域污染事故渔业损失计算方法规定》执行。

第二十九条　本规定中事故报告登记表、现场记录、渔业水域污染事故调解协议书等文书格式，由农业部统一制定。

第三十条　本规定由农业部负责解释。

中华人民共和国海洋石油勘探开发环境保护管理条例实施办法

（2016 年 1 月 5 日修正）

（1990 年 9 月 20 日国家海洋局令第 1 号公布　根据 2016 年 1 月 5 日国土资源部第 1 次部务会议《国土资源部关于修改和废止部分规章的决定》修正）

第一条　根据《中华人民共和国海洋环境保护法》第四十七条规定，为实施《中华人民共和国海洋石油勘探开发环境保护管理条例》（以下简称《条例》），制定本实施办法。

第二条　本办法适用于在中华人民共和国的内海、领海、及其他管辖海域从事石油勘探开发的任何法人、自然人和其他经济实体。

第三条　国家海洋局及其派出机构是实施本办法的主管部门。派出机构包括：分局及其所属的海洋管区（以下简称海区主管部门）。海洋监察站根据海洋管区的授权实施管理。

沿海省、自治区、直辖市海洋管理机构是主管部门授权实施本办法的地方管理机构。

第四条　凡在中国管辖海域从事海洋石油勘探开发者，应在实施作业前将海洋石油勘探开发位置、范围报海区主管部门。并按照“海洋石油勘探开发环境保护报告表”的内容和要求，向海区主管部门报告有关情况。

第五条　需使用炸药震源和其他对渔业资源有损害的方法进行海洋石油地震勘探作业时，应在开始作业之前半个月将计划和作业海区报告海区主管部门，并采用有效的技术措施，最大限度地减少对资源的损害或影响。

第六条　从事海洋石油开发者应在编制油（气）田总体开发方案的同时，按《条例》第五条规定的内容编报海洋环境影响报告书，并将经批准的环境影响报告书送交所处海区主管部门。

生产中（含试生产）的油（气）田，根据开采规模的变化及环境质量状况，作业者应对环境影响报告书适时进行补充完善，并报主管部门审查。

第七条　承担环境影响评价的单位必须具有从事海洋环境影响评价的能力，并持有甲级环境影响评价证书。

第八条　凡在中国管辖海域作业的固定式和移动式平台的防污设备必须符合《条

例》第七条规定的要求，并经主管部门查验证书后，方可作业。

第九条 为防止和控制溢油污染，减少污染损害，从事海洋石油勘探开发的作业者，应根据油田开发规模、作业海域的自然环境和资源状况，制定溢油应急计划，报海区主管部门备案。

第十条 溢油应急计划包括以下内容：

一、平台作业情况及海域环境、资源状况；

二、溢油风险分析；

三、溢油应急能力。

第十一条 作业者应根据油田开发规模、风险分析情况等，配置相应的各种应急设备，使其具有处置与油田开发规模相适应的溢油事故的能力。

第十二条 固定式和移动平台及其他海上设施含油污水的排放，必须符合中华人民共和国颁布的有关国家标准。

一、机舱、机房和甲板含油污水的排放，应符合《船舶污染物排放标准》（GB 3552—83）。

二、采油工业污水排放，应符合《海洋石油开发工业含油污水排放标准》（GB 4914—85）。

三、含油污水在排放前不得稀释和加入消油剂进行预处理。

四、采油工业污水排放时，应按《海洋石油开发工业含油污水分析方法》的要求取样检测，并将测得结果记录于“防污记录簿”中。

检测分析仪器须是经检验合格的正式产品。

第十三条 钻井作业试油前，作业者应通知海区主管部门。试油期间，作业者应采取有效措施，防止油类造成污染。

第十四条 使用水基泥浆时，应尽可能避免或减少向水基泥浆中加入油类，如必须加入油类时，应在“防污记录簿”上记录油的种类、数量；含油水基泥浆排放前，应通知海区主管部门，并提交含油水基泥浆样品；含油量超过 10%（重量）的水基泥浆，禁止向海中排放。含油量低于 10%（重量）的水基泥浆，回收确有困难、经海区主管部门批准，可以向海中排放，但应交纳排污费。

含油水基泥浆排放前不得加入消油剂进行处理。

需使用油基泥浆时，应使用低毒油基泥浆；采取有效的技术措施，使钻屑与泥浆得到充分的分离；油基泥浆必须回收，不得排入海中；钻屑中的油含量超过 15%（重量）时，禁止排放入海。含油量低于 15%（重量）的钻屑，回收确有困难、经海区主管部门批准，可以向海中排放，但应交纳排污费。

海区主管部门可要求作业者提供钻井泥浆、钻屑样品。

作业者应将钻井泥浆、钻屑的含油量、排放时间、排放量等情况记录在“防污记录簿”中。

第十五条 一切塑料制品（包括但不限于合成缆绳、合成渔网和塑料袋等）和其他废弃物（包括残油、废油、含油垃圾及其残液残渣等），禁止排放或弃置入海，应集中储存在专门容器中，运回陆地处理；

不得在平台及其他海上设施上焚烧有毒化学制品。在平台上烧毁其纸制品、棉麻织物、木质包装材料时，不得造成海洋环境污染。

在距最近陆地12海里以内投弃食品废弃物，应使粒径小于25毫米；在此海域内排放粪便，须经消毒和粉碎等处理。

第十六条 作业者应在重要生产、输油环节采取有效措施，严格遵守操作规程，避免发生溢油事故。各类储油设施、输油管线应符合防渗、防漏、防腐要求。

第十七条 发生溢油事故时，作业者应尽快采取措施，切断溢源，防止或控制溢油扩大。

第十八条 发生任何溢油事故，作业者都必须向海区主管部门报告。报告的主要内容包括：事故发生时间、位置、原因；溢油的性质、状态、数量；责任人；当时海况；采取的措施；处理结果。同时应记录在“防污记录簿”中，并使用季度报表C“海洋石油污染事故情况报告表”，按季度报海区主管部门。

第十九条 以下两种溢油事故发生时，作业者应在24小时内报告海区主管部门。

一、平台距海岸20海里以内，溢油量超过1吨的；

二、平台距海岸20海里以外，溢油量超过10吨的。

以下两种溢油事故发生时，作业者应在48小时内报告海区主管部门。

一、平台距海岸20海里以内，溢油量不超过1吨的；

二、平台距海岸20海里以外，溢油量不超过10吨的。

第二十条 海面溢油应首先使用机械回收。消油剂应严格控制使用，并遵守《海洋石油勘探开发化学消油剂使用规定》。

第二十一条 勘探和采油生产作业完成之后，平台钻具、井架、井桩及其他设施不得任意弃置；对需在海上弃置的平台、井架、井桩及平台的有关设施，按海洋倾废管理的规定执行。

第二十二条 凡进行海洋石油勘探开发和生产作业的平台及设施，都必须备有“防污记录簿”和“季度防污报表”，并按要求填写，按时报海区主管部门。

平台作业时间不足一个季度的，并且在本季度内不再作业的，作业者应于平台作业结束后十五日内报海区主管部门。

第二十三条 对超过标准排放污染物的作业者，海区主管部门可以责令其缴纳排污费。由于设备和技术原因，长期达不到标准的，应限期治理，在治理期间收取超标排污费。

第二十四条 凡违反《中华人民共和国海洋环境保护法》、《条例》和本办法，按《条例》第二十七、二十八条规定，海区主管部门有权依情节轻重和造成海洋环境有害影响的程度，对肇事者给予警告或罚款。

一、不按《条例》第四条规定编报海洋环境影响报告书和造成海洋环境污染损害的，罚款金额为人民币一万元至十万元。

二、对作业者的下列违法行为，罚款金额为人民币五千元至一万元：

1. 不按规定备案溢油应急计划；

2. 不按《条例》第七条规定配备防污染设施或设施不合格的；

3. 不按本办法第十二、十四、十五条规定处理废弃物和含油污水。

三、对作业者的下列违法行为，罚款金额为人民币一千元至五千元：

1. 不按本办法第十八、十九条规定向海区主管部门报告溢油事故；

2. 不按规定使用化学消油剂。

四、对作业者的下列违法行为，罚款金额为人民币一千元以下：

1. 不按规定配备“防污记录簿”；

2. 涂改、伪造“防污记录簿”或记载非正规化；

3. 不按规定报告或通知有关情况；

4. 不按规定上报季度防污报表或伪造季度防污报表；

5. 不按本办法第十四条规定向海区主管部门提交样品；

6. 拒绝向执行检查任务的公务人员提供“防污记录簿”或如实陈述有关情况；

7. 阻挠或妨碍公务人员执行公务。

第二十五条 当事人对处罚决定不服的，可以在接到处罚通知之日起 15 日内，向作出处罚决定机关的上一级机关申请复议；对复议决定不服的，可以在接到复议决定之日起 15 日内，向人民法院起诉。当事人也可以在接到处罚通知之日起 15 日内，直接向人民法院起诉。当事人逾期不申请复议、也不向人民法院起诉、又不履行处罚决定的，由作出处罚决定的机关申请人民法院强制执行。

第二十六条 凡违反《条例》及本办法，造成公、私财产重大损失或致人员伤亡的，对直接责任人员由司法机关依法追究刑事责任。

第二十七条 赔偿责任包括：

一、由于作业者的行为造成海洋环境污染损害而引起海水水质、生物资源等损害，致使受害方为清除、治理污染所支付的费用；

二、由于作业者的行为造成海洋环境污染损害而引起受害方经济收入的损失金额，被破坏的生产工具修复更新费用，受害方因防止污染损害所采取的相应的预防措施所支出的费用；

三、为处理海洋石油勘探开发引起的污染损害事件所进行的调查费用。

第二十八条 受到海洋石油勘探开发污染损害，要求赔偿的单位、个人可以根据《条例》第二十二条的规定，向海区主管部门提出污染损害索赔报告书；参与清除污染作业的单位和个人，可以根据《条例》第二十三条的规定，向海区主管部门提交索取清除费用报告书。

海区主管部门对赔偿责任和赔偿金额纠纷，可以根据当事人的请求作出调解处理。当事人对调解处理不服的，可以向人民法院起诉。当事人也可以直接向人民法院起诉。

涉外案件还可以按仲裁程序解决。

第二十九条 请求赔偿的诉讼时效期间为三年，从受害方知道或应当知道受油污损害之日算起。

赔偿纠纷处理结束后，受害方不得就同一污染事故再次提出索赔要求。

第三十条 由于战争行为、不可抗拒的自然灾害或完全由于第三者的故意或过失，虽然及时采取合理措施，但仍不能避免对海洋环境造成污染损害的，可免除发生事故的作业者的责任。

由于第三者的责任造成污染损害的，由第三者承担赔偿责任。

要求免于承担赔偿责任的作业者，应按《条例》第二十四条的规定，向主管部门提交报告。海区主管部门对免除责任的条件调查属实后，可作出免除赔偿责任的决定。

第三十一条 凡在海洋石油勘探开发中防止海洋污染，保护海洋环境有成绩的单位和个人，海区主管部门应给予表扬和奖励。

第三十二条 在本办法中，下列用语含义是：

一、“油类”系指任何类型的油及其炼制品。

二、“内海”系指领海基线内侧的全部海域，包括：（1）海湾、海峡、海港、河口湾；（2）领海基线与海岸之间的海域；（3）被陆地包围或通过狭窄水道连接海洋的海域。

三、“应急能力”系指溢油应急的技术设备、通信能力、应急组织及职责、实施预案、海面溢油清除办法、人员的培训等。

四、“溢油事故”系指非正常作业情况下原油及其炼制品的泄漏。溢油事故按其溢油量分为大、中、小三类，溢油量小于 10 吨的为小型溢油事故；溢油量在 10～100 吨的为中型溢油事故；溢油量大于 100 吨的为大型溢油事故。

第三十三条 本办法由国家海洋局负责解释。

第三十四条 本办法自颁布之日起生效。

注：在本办法第十二条规定的《海洋石油开发工业含油污水分析方法》未颁布前，暂按《石油工业废水水质监测分析方法》执行。

《海洋石油勘探开发化学消油剂使用规定》由主管部门另行制定。

最高人民法院、最高人民检察院关于办理环境污染刑事案件适用法律若干问题的解释

（自 2017 年 1 月 1 日起施行）

（2016 年 11 月 7 日最高人民法院审判委员会第 1698 次会议、2016 年 12 月 8 日最高人民检察院第十二届检察委员会第 58 次会议通过　自 2017 年 1 月 1 日起施行）

第一条　实施《刑法》第三百三十八条规定的行为，具有下列情形之一的，应当认定为“严重污染环境”：

（一）在饮用水水源一级保护区、自然保护区核心区排放、倾倒、处置有放射性的废物、含传染病病原体的废物、有毒物质的；

（二）非法排放、倾倒、处置危险废物三吨以上的；

（三）排放、倾倒、处置含铅、汞、镉、铬、砷、铊、锑的污染物，超过国家或者地方污染物排放标准三倍以上的；

（四）排放、倾倒、处置含镍、铜、锌、银、钒、锰、钴的污染物，超过国家或者地方污染物排放标准十倍以上的；

（五）通过暗管、渗井、渗坑、裂隙、溶洞、灌注等逃避监管的方式排放、倾倒、处置有放射性的废物、含传染病病原体的废物、有毒物质的；

（六）二年内曾因违反国家规定，排放、倾倒、处置有放射性的废物、含传染病病原体的废物、有毒物质受过两次以上行政处罚，又实施前列行为的；

（七）重点排污单位篡改、伪造自动监测数据或者干扰自动监测设施，排放化学需氧量、氨氮、二氧化硫、氮氧化物等污染物的；

（八）违法减少防治污染设施运行支出一百万元以上的；

（九）违法所得或者致使公私财产损失三十万元以上的；

（十）造成生态环境严重损害的；

（十一）致使乡镇以上集中式饮用水水源取水中断十二小时以上的；

（十二）致使基本农田、防护林地、特种用途林地五亩以上，其他农用地十亩以上，其他土地二十亩以上基本功能丧失或者遭受永久性破坏的；

（十三）致使森林或者其他林木死亡五十立方米以上，或者幼树死亡二千五百株以上的；

（十四）致使疏散、转移群众五千人以上的；

（十五）致使三十人以上中毒的；

（十六）致使三人以上轻伤、轻度残疾或者器官组织损伤导致一般功能障碍的；

（十七）致使一人以上重伤、中度残疾或者器官组织损伤导致严重功能障碍的；

（十八）其他严重污染环境的情形。

第二条 实施《刑法》第三百三十九条、第四百零八条规定的行为，致使公私财产损失三十万元以上，或者具有本解释第一条第十项至第十七项规定情形之一的，应当认定为"致使公私财产遭受重大损失或者严重危害人体健康"或者"致使公私财产遭受重大损失或者造成人身伤亡的严重后果"。

第三条 实施《刑法》第三百三十八条、第三百三十九条规定的行为，具有下列情形之一的，应当认定为"后果特别严重"：

（一）致使县级以上城区集中式饮用水水源取水中断十二小时以上的；

（二）非法排放、倾倒、处置危险废物一百吨以上的；

（三）致使基本农田、防护林地、特种用途林地十五亩以上，其他农用地三十亩以上，其他土地六十亩以上基本功能丧失或者遭受永久性破坏的；

（四）致使森林或者其他林木死亡一百五十立方米以上，或者幼树死亡七千五百株以上的；

（五）致使公私财产损失一百万元以上的；

（六）造成生态环境特别严重损害的；

（七）致使疏散、转移群众一万五千人以上的；

（八）致使一百人以上中毒的；

（九）致使十人以上轻伤、轻度残疾或者器官组织损伤导致一般功能障碍的；

（十）致使三人以上重伤、中度残疾或者器官组织损伤导致严重功能障碍的；

（十一）致使一人以上重伤、中度残疾或者器官组织损伤导致严重功能障碍，并致使五人以上轻伤、轻度残疾或者器官组织损伤导致一般功能障碍的；

（十二）致使一人以上死亡或者重度残疾的；

（十三）其他后果特别严重的情形。

第四条 实施《刑法》第三百三十八条、第三百三十九条规定的犯罪行为，具有下列情形之一的，应当从重处罚：

（一）阻挠环境监督检查或者突发环境事件调查，尚不构成妨害公务等犯罪的；

（二）在医院、学校、居民区等人口集中地区及其附近，违反国家规定排放、倾倒、处置有放射性的废物、含传染病病原体的废物、有毒物质或者其他有害物质的；

（三）在重污染天气预警期间、突发环境事件处置期间或者被责令限期整改期间，违反国家规定排放、倾倒、处置有放射性的废物、含传染病病原体的废物、有毒物质或者其他有害物质的；

（四）具有危险废物经营许可证的企业违反国家规定排放、倾倒、处置有放射性的废物、含传染病病原体的废物、有毒物质或者其他有害物质的。

第五条 实施《刑法》第三百三十八条、第三百三十九条规定的行为，刚达到应当追究刑事责任的标准，但行为人及时采取措施，防止损失扩大、消除污染，全部赔偿损失，积极修复生态环境，且系初犯，确有悔罪表现的，可以认定为情节轻微，不起诉或者免予刑事处罚；确有必要判处刑罚的，应当从宽处罚。

第六条 无危险废物经营许可证从事收集、贮存、利用、处置危险废物经营活动，严重污染环境的，按照污染环境罪定罪处罚；同时构成非法经营罪的，依照处罚较重的规定定罪处罚。

实施前款规定的行为，不具有超标排放污染物、非法倾倒污染物或者其他违法造成环境污染的情形的，可以认定为非法经营情节显著轻微危害不大，不认为是犯罪；构成生产、销售伪劣产品等其他犯罪的，以其他犯罪论处。

第七条 明知他人无危险废物经营许可证，向其提供或者委托其收集、贮存、利用、处置危险废物，严重污染环境的，以共同犯罪论处。

第八条 违反国家规定，排放、倾倒、处置含有毒害性、放射性、传染病病原体等物质的污染物，同时构成污染环境罪、非法处置进口的固体废物罪、投放危险物质罪等犯罪的，依照处罚较重的规定定罪处罚。

第九条 环境影响评价机构或其人员，故意提供虚假环境影响评价文件，情节严重的，或者严重不负责任，出具的环境影响评价文件存在重大失实，造成严重后果的，应当依照《刑法》第二百二十九条、第二百三十一条的规定，以提供虚假证明文件罪或者出具证明文件重大失实罪定罪处罚。

第十条 违反国家规定，针对环境质量监测系统实施下列行为，或者强令、指使、授意他人实施下列行为的，应当依照《刑法》第二百八十六条的规定，以破坏计算机信息系统罪论处：

（一）修改参数或者监测数据的；

（二）干扰采样，致使监测数据严重失真的；

（三）其他破坏环境质量监测系统的行为。

重点排污单位篡改、伪造自动监测数据或者干扰自动监测设施，排放化学需氧量、氨氮、二氧化硫、氮氧化物等污染物，同时构成污染环境罪和破坏计算机信息系统罪的，依照处罚较重的规定定罪处罚。

从事环境监测设施维护、运营的人员实施或者参与实施篡改、伪造自动监测数据、干扰自动监测设施、破坏环境质量监测系统等行为的，应当从重处罚。

第十一条 单位实施本解释规定的犯罪的，依照本解释规定的定罪量刑标准，对直接负责的主管人员和其他直接责任人员定罪处罚，并对单位判处罚金。

第十二条 环境保护主管部门及其所属监测机构在行政执法过程中收集的监测数据，在刑事诉讼中可以作为证据使用。

公安机关单独或者会同环境保护主管部门，提取污染物样品进行检测获取的数据，在刑事诉讼中可以作为证据使用。

第十三条 对国家危险废物名录所列的废物，可以依据涉案物质的来源、产生过程、被告人供述、证人证言以及经批准或者备案的环境影响评价文件等证据，结合环境保护主管部门、公安机关等出具的书面意见作出认定。

对于危险废物的数量，可以综合被告人供述，涉案企业的生产工艺、物耗、能耗情况，以及经批准或者备案的环境影响评价文件等证据作出认定。

第十四条 对案件所涉的环境污染专门性问题难以确定的，依据司法鉴定机构出具的鉴定意见，或者国务院环境保护主管部门、公安部门指定的机构出具的报告，结合其他证据作出认定。

第十五条 下列物质应当认定为《刑法》第三百三十八条规定的“有毒物质”：

（一）危险废物，是指列入国家危险废物名录，或者根据国家规定的危险废物鉴别标准和鉴别方法认定的，具有危险特性的废物；

（二）《关于持久性有机污染物的斯德哥尔摩公约》附件所列物质；

（三）含重金属的污染物；

（四）其他具有毒性，可能污染环境的物质。

第十六条 无危险废物经营许可证，以营利为目的，从危险废物中提取物质作为原材料或者燃料，并具有超标排放污染物、非法倾倒污染物或者其他违法造成环境污染的情形的行为，应当认定为“非法处置危险废物”。

第十七条 本解释所称“二年内”，以第一次违法行为受到行政处罚的生效之日与又实施相应行为之日的时间间隔计算确定。

本解释所称“重点排污单位”，是指设区的市级以上人民政府环境保护主管部门依法确定的应当安装、使用污染物排放自动监测设备的重点监控企业及其他单位。

本解释所称“违法所得”，是指实施《刑法》第三百三十八条、第三百三十九条规定的行为所得和可得的全部违法收入。

本解释所称“公私财产损失”，包括实施《刑法》第三百三十八条、第三百三十九条规定的行为直接造成财产损毁、减少的实际价值，为防止污染扩大、消除污染而采取必要合理措施所产生的费用，以及处置突发环境事件的应急监测费用。

本解释所称“生态环境损害”，包括生态环境修复费用，生态环境修复期间服务功能的损失和生态环境功能永久性损害造成的损失，以及其他必要合理费用。

本解释所称“无危险废物经营许可证”，是指未取得危险废物经营许可证，或者超出危险废物经营许可证的经营范围。

第十八条 本解释自 2017 年 1 月 1 日起施行。本解释施行后，《最高人民法院、最高人民检察院关于办理环境污染刑事案件适用法律若干问题的解释》（法释〔2013〕15 号）同时废止；之前发布的司法解释与本解释不一致的，以本解释为准。

最高人民法院关于审理环境侵权责任纠纷案件适用法律若干问题的解释

（自2015年6月3日起施行）

（2015年2月9日最高人民法院审判委员会第1644次会议通过 2015年6月1日最高人民法院公布 自2015年6月3日起施行）

为正确审理环境侵权责任纠纷案件，根据《中华人民共和国侵权责任法》《中华人民共和国环境保护法》《中华人民共和国民事诉讼法》等法律的规定，结合审判实践，制定本解释。

第一条 因污染环境造成损害，不论污染者有无过错，污染者应当承担侵权责任。污染者以排污符合国家或者地方污染物排放标准为由主张不承担责任的，人民法院不予支持。

污染者不承担责任或者减轻责任的情形，适用《海洋环境保护法》《水污染防治法》《大气污染防治法》等环境保护单行法的规定；相关环境保护单行法没有规定的，适用《侵权责任法》的规定。

第二条 两个以上污染者共同实施污染行为造成损害，被侵权人根据《侵权责任法》第八条规定请求污染者承担连带责任的，人民法院应予支持。

第三条 两个以上污染者分别实施污染行为造成同一损害，每一个污染者的污染行为都足以造成全部损害，被侵权人根据《侵权责任法》第十一条规定请求污染者承担连带责任的，人民法院应予支持。

两个以上污染者分别实施污染行为造成同一损害，每一个污染者的污染行为都不足以造成全部损害，被侵权人根据《侵权责任法》第十二条规定请求污染者承担责任的，人民法院应予支持。

两个以上污染者分别实施污染行为造成同一损害，部分污染者的污染行为足以造成全部损害，部分污染者的污染行为只造成部分损害，被侵权人根据《侵权责任法》第十一条规定请求足以造成全部损害的污染者与其他污染者就共同造成的损害部分承担连带责任，并对全部损害承担责任的，人民法院应予支持。

第四条 两个以上污染者污染环境，对污染者承担责任的大小，人民法院应当根据污染物的种类、排放量、危害性以及有无排污许可证、是否超过污染物排放标准、是否超过重点污染物排放总量控制指标等因素确定。

第五条 被侵权人根据《侵权责任法》第六十八条规定分别或者同时起诉污染者、第三人的，人民法院应予受理。

被侵权人请求第三人承担赔偿责任的，人民法院应当根据第三人的过错程度确定其相应赔偿责任。

污染者以第三人的过错污染环境造成损害为由主张不承担责任或者减轻责任的，人民法院不予支持。

第六条 被侵权人根据《侵权责任法》第六十五条规定请求赔偿的，应当提供证明以下事实的证据材料：

（一）污染者排放了污染物；

（二）被侵权人的损害；

（三）污染者排放的污染物或者其次生污染物与损害之间具有关联性。

第七条 污染者举证证明下列情形之一的，人民法院应当认定其污染行为与损害之间不存在因果关系：

（一）排放的污染物没有造成该损害可能的；

（二）排放的可造成该损害的污染物未到达该损害发生地的；

（三）该损害于排放污染物之前已发生的；

（四）其他可以认定污染行为与损害之间不存在因果关系的情形。

第八条 对查明环境污染案件事实的专门性问题，可以委托具备相关资格的司法鉴定机构出具鉴定意见或者由国务院环境保护主管部门推荐的机构出具检验报告、检测报告、评估报告或者监测数据。

第九条 当事人申请通知一至两名具有专门知识的人出庭，就鉴定意见或者污染物认定、损害结果、因果关系等专业问题提出意见的，人民法院可以准许。当事人未申请，人民法院认为有必要的，可以进行释明。

具有专门知识的人在法庭上提出的意见，经当事人质证，可以作为认定案件事实的根据。

第十条 负有环境保护监督管理职责的部门或者其委托的机构出具的环境污染事件调查报告、检验报告、检测报告、评估报告或者监测数据等，经当事人质证，可以作为认定案件事实的根据。

第十一条 对于突发性或者持续时间较短的环境污染行为，在证据可能灭失或者以后难以取得的情况下，当事人或者利害关系人根据《民事诉讼法》第八十一条规定申请证据保全的，人民法院应当准许。

第十二条 被申请人具有《环境保护法》第六十三条规定情形之一，当事人或者利害关系人根据《民事诉讼法》第一百条或者第一百零一条规定申请保全的，人民法院可以裁定责令被申请人立即停止侵害行为或者采取污染防治措施。

第十三条 人民法院应当根据被侵权人的诉讼请求以及具体案情，合理判定污染者承担停止侵害、排除妨碍、消除危险、恢复原状、赔礼道歉、赔偿损失等民事责任。

第十四条 被侵权人请求恢复原状的，人民法院可以依法裁判污染者承担环境修复责任，并同时确定被告不履行环境修复义务时应当承担的环境修复费用。

污染者在生效裁判确定的期限内未履行环境修复义务的，人民法院可以委托其他人进行环境修复，所需费用由污染者承担。

第十五条 被侵权人起诉请求污染者赔偿因污染造成的财产损失、人身损害以及为防止污染扩大、消除污染而采取必要措施所支出的合理费用的，人民法院应予支持。

第十六条 下列情形之一，应当认定为《环境保护法》第六十五条规定的弄虚作假：

（一）环境影响评价机构明知委托人提供的材料虚假而出具严重失实的评价文件的；

（二）环境监测机构或者从事环境监测设备维护、运营的机构故意隐瞒委托人超过污染物排放标准或者超过重点污染物排放总量控制指标的事实的；

（三）从事防治污染设施维护、运营的机构故意不运行或者不正常运行环境监测设备或者防治污染设施的；

（四）有关机构在环境服务活动中其他弄虚作假的情形。

第十七条 被侵权人提起诉讼，请求污染者停止侵害、排除妨碍、消除危险的，不受《环境保护法》第六十六条规定的时效期间的限制。

第十八条 本解释适用于审理因污染环境、破坏生态造成损害的民事案件，但法律和司法解释对环境民事公益诉讼案件另有规定的除外。

相邻污染侵害纠纷、劳动者在职业活动中因受污染损害发生的纠纷，不适用本解释。

第十九条 本解释施行后，人民法院尚未审结的一审、二审案件适用本解释规定。本解释施行前已经作出生效裁判的案件，本解释施行后依法再审的，不适用本解释。

本解释施行后，最高人民法院以前颁布的司法解释与本解释不一致的，不再适用。

最高人民法院关于审理环境民事公益诉讼案件适用法律若干问题的解释

（自2015年1月7日起施行）

（2014年12月8日最高人民法院审判委员会第1631次会议通过　2015年1月6日最高人民法院以法释〔2015〕1号公布　自2015年1月7日起施行）

为正确审理环境民事公益诉讼案件，根据《中华人民共和国民事诉讼法》《中华人民共和国侵权责任法》《中华人民共和国环境保护法》等法律的规定，结合审判实践，制定本解释。

第一条　法律规定的机关和有关组织依据《民事诉讼法》第五十五条、《环境保护法》第五十八条等法律的规定，对已经损害社会公共利益或者具有损害社会公共利益重大风险的污染环境、破坏生态的行为提起诉讼，符合《民事诉讼法》第一百一十九条第二项、第三项、第四项规定的，人民法院应予受理。

第二条　依照法律、法规的规定，在设区的市级以上人民政府民政部门登记的社会团体、民办非企业单位以及基金会等，可以认定为《环境保护法》第五十八条规定的社会组织。

第三条　设区的市，自治州、盟、地区，不设区的地级市，直辖市的区以上人民政府民政部门，可以认定为《环境保护法》第五十八条规定的设区的市级以上人民政府民政部门。

第四条　社会组织章程确定的宗旨和主要业务范围是维护社会公共利益，且从事环境保护公益活动的，可以认定为《环境保护法》第五十八条规定的专门从事环境保护公益活动。

社会组织提起的诉讼所涉及的社会公共利益，应与其宗旨和业务范围具有关联性。

第五条　社会组织在提起诉讼前五年内未因从事业务活动违反法律、法规的规定受过行政、刑事处罚的，可以认定为《环境保护法》第五十八条规定的无违法记录。

第六条　第一审环境民事公益诉讼案件由污染环境、破坏生态行为发生地、损害结果地或者被告住所地的中级以上人民法院管辖。

中级人民法院认为确有必要的，可以在报请高级人民法院批准后，裁定将本院管辖的第一审环境民事公益诉讼案件交由基层人民法院审理。

同一原告或者不同原告对同一污染环境、破坏生态行为分别向两个以上有管辖权的人民法院提起环境民事公益诉讼的，由最先立案的人民法院管辖，必要时由共同上级人民法院指定管辖。

第七条 经最高人民法院批准，高级人民法院可以根据本辖区环境和生态保护的实际情况，在辖区内确定部分中级人民法院受理第一审环境民事公益诉讼案件。

中级人民法院管辖环境民事公益诉讼案件的区域由高级人民法院确定。

第八条 提起环境民事公益诉讼应当提交下列材料：

（一）符合《民事诉讼法》第一百二十一条规定的起诉状，并按照被告人数提出副本；

（二）被告的行为已经损害社会公共利益或者具有损害社会公共利益重大风险的初步证明材料；

（三）社会组织提起诉讼的，应当提交社会组织登记证书、章程、起诉前连续五年的年度工作报告书或者年检报告书，以及由其法定代表人或者负责人签字并加盖公章的无违法记录的声明。

第九条 人民法院认为原告提出的诉讼请求不足以保护社会公共利益的，可以向其释明变更或者增加停止侵害、恢复原状等诉讼请求。

第十条 人民法院受理环境民事公益诉讼后，应当在立案之日起五日内将起诉状副本发送被告，并公告案件受理情况。

有权提起诉讼的其他机关和社会组织在公告之日起三十日内申请参加诉讼，经审查符合法定条件的，人民法院应当将其列为共同原告；逾期申请的，不予准许。

公民、法人和其他组织以人身、财产受到损害为由申请参加诉讼的，告知其另行起诉。

第十一条 检察机关、负有环境保护监督管理职责的部门及其他机关、社会组织、企业事业单位依据《民事诉讼法》第十五条的规定，可以通过提供法律咨询、提交书面意见、协助调查取证等方式支持社会组织依法提起环境民事公益诉讼。

第十二条 人民法院受理环境民事公益诉讼后，应当在十日内告知对被告行为负有环境保护监督管理职责的部门。

第十三条 原告请求被告提供其排放的主要污染物名称、排放方式、排放浓度和总量、超标排放情况以及防治污染设施的建设和运行情况等环境信息，法律、法规、规章规定被告应当持有或者有证据证明被告持有而拒不提供，如果原告主张相关事实不利于被告的，人民法院可以推定该主张成立。

第十四条 对于审理环境民事公益诉讼案件需要的证据，人民法院认为必要的，应当调查收集。

对于应当由原告承担举证责任且为维护社会公共利益所必要的专门性问题，人民法院可以委托具备资格的鉴定人进行鉴定。

第十五条 当事人申请通知有专门知识的人出庭，就鉴定人作出的鉴定意见或者就因果关系、生态环境修复方式、生态环境修复费用以及生态环境受到损害至恢复原状期间服务功能的损失等专门性问题提出意见的，人民法院可以准许。

前款规定的专家意见经质证，可以作为认定事实的根据。

第十六条 原告在诉讼过程中承认的对己方不利的事实和认可的证据，人民法院认为损害社会公共利益的，应当不予确认。

第十七条 环境民事公益诉讼案件审理过程中，被告以反诉方式提出诉讼请求的，人民法院不予受理。

第十八条 对污染环境、破坏生态，已经损害社会公共利益或者具有损害社会公共利益重大风险的行为，原告可以请求被告承担停止侵害、排除妨碍、消除危险、恢复原状、赔偿损失、赔礼道歉等民事责任。

第十九条 原告为防止生态环境损害的发生和扩大，请求被告停止侵害、排除妨碍、消除危险的，人民法院可以依法予以支持。

原告为停止侵害、排除妨碍、消除危险采取合理预防、处置措施而发生的费用，请求被告承担的，人民法院可以依法予以支持。

第二十条 原告请求恢复原状的，人民法院可以依法判决被告将生态环境修复到损害发生之前的状态和功能。无法完全修复的，可以准许采用替代性修复方式。

人民法院可以在判决被告修复生态环境的同时，确定被告不履行修复义务时应承担的生态环境修复费用；也可以直接判决被告承担生态环境修复费用。

生态环境修复费用包括制定、实施修复方案的费用和监测、监管等费用。

第二十一条 原告请求被告赔偿生态环境受到损害至恢复原状期间服务功能损失的，人民法院可以依法予以支持。

第二十二条 原告请求被告承担检验、鉴定费用，合理的律师费以及为诉讼支出的其他合理费用的，人民法院可以依法予以支持。

第二十三条 生态环境修复费用难以确定或者确定具体数额所需鉴定费用明显过高的，人民法院可以结合污染环境、破坏生态的范围和程度、生态环境的稀缺性、生态环境恢复的难易程度、防治污染设备的运行成本、被告因侵害行为所获得的利益以及过错程度等因素，并可以参考负有环境保护监督管理职责的部门的意见、专家意见等，予以合理确定。

第二十四条 人民法院判决被告承担的生态环境修复费用、生态环境受到损害至恢复原状期间服务功能损失等款项，应当用于修复被损害的生态环境。

其他环境民事公益诉讼中败诉原告所需承担的调查取证、专家咨询、检验、鉴定等必要费用，可以酌情从上述款项中支付。

第二十五条 环境民事公益诉讼当事人达成调解协议或者自行达成和解协议后，人民法院应当将协议内容公告，公告期间不少于三十日。

公告期满后，人民法院审查认为调解协议或者和解协议的内容不损害社会公共利益的，应当出具调解书。当事人以达成和解协议为由申请撤诉的，不予准许。

调解书应当写明诉讼请求、案件的基本事实和协议内容，并应当公开。

第二十六条 负有环境保护监督管理职责的部门依法履行监管职责而使原告诉讼请求全部实现，原告申请撤诉的，人民法院应予准许。

第二十七条 法庭辩论终结后，原告申请撤诉的，人民法院不予准许，但本解释第二十六条规定的情形除外。

第二十八条 环境民事公益诉讼案件的裁判生效后，有权提起诉讼的其他机关和社会组织就同一污染环境、破坏生态行为另行起诉，有下列情形之一的，人民法院应予受理：

（一）前案原告的起诉被裁定驳回的；

（二）前案原告申请撤诉被裁定准许的，但本解释第二十六条规定的情形除外。

环境民事公益诉讼案件的裁判生效后，有证据证明存在前案审理时未发现的损害，有权提起诉讼的机关和社会组织另行起诉的，人民法院应予受理。

第二十九条 法律规定的机关和社会组织提起环境民事公益诉讼的，不影响因同一污染环境、破坏生态行为受到人身、财产损害的公民、法人和其他组织依据《民事诉讼法》第一百一十九条的规定提起诉讼。

第三十条 已为环境民事公益诉讼生效裁判认定的事实，因同一污染环境、破坏生态行为依据《民事诉讼法》第一百一十九条规定提起诉讼的原告、被告均无需举证证明，但原告对该事实有异议并有相反证据足以推翻的除外。

对于环境民事公益诉讼生效裁判就被告是否存在法律规定的不承担责任或者减轻责任的情形、行为与损害之间是否存在因果关系、被告承担责任的大小等所作的认定，因同一污染环境、破坏生态行为依据《民事诉讼法》第一百一十九条规定提起诉讼的原告主张适用的，人民法院应予支持，但被告有相反证据足以推翻的除外。被告主张直接适用对其有利的认定的，人民法院不予支持，被告仍应举证证明。

第三十一条 被告因污染环境、破坏生态在环境民事公益诉讼和其他民事诉讼中均承担责任，其财产不足以履行全部义务的，应当先履行其他民事诉讼生效裁判所确定的义务，但法律另有规定的除外。

第三十二条 发生法律效力的环境民事公益诉讼案件的裁判，需要采取强制执行措施的，应当移送执行。

第三十三条 原告交纳诉讼费用确有困难，依法申请缓交的，人民法院应予准许。

败诉或者部分败诉的原告申请减交或者免交诉讼费用的，人民法院应当依照《诉讼费用交纳办法》的规定，视原告的经济状况和案件的审理情况决定是否准许。

第三十四条 社会组织有通过诉讼违法收受财物等牟取经济利益行为的，人民法院可以根据情节轻重依法收缴其非法所得、予以罚款；涉嫌犯罪的，依法移送有关机关处理。

社会组织通过诉讼牟取经济利益的，人民法院应当向登记管理机关或者有关机关发送司法建议，由其依法处理。

第三十五条 本解释施行前最高人民法院发布的司法解释和规范性文件，与本解释不一致的，以本解释为准。

二

天津市环境保护法律法规及部门规章

（一）地方法规

天津市生态环境保护条例

（自2019年3月1日起施行）

（2019年1月18日天津市第十七届人民代表大会第二次会议通过　自2019年3月1日起施行）

第一章　总　则

第一条　为了保护和改善生态环境，防治污染和其他公害，保障公众健康，推进生态文明建设，促进经济社会可持续发展，根据《中华人民共和国环境保护法》《全国人民代表大会常务委员会关于全面加强生态环境保护依法推动打好污染防治攻坚战的决议》和其他有关法律、行政法规，结合本市实际情况，制定本条例。

第二条　本条例适用于本市行政区域和管辖海域内的生态环境保护及其监督管理活动。

第三条　本市生态环境保护坚持人与自然和谐共生，践行“绿水青山就是金山银山”的理念，贯彻节约优先、保护优先、自然恢复为主的方针，坚持预防为主、综合治理、公众参与、损害担责的原则，统筹山水林田湖草系统治理，实行最严格的生态环境保护制度，建设绿色发展示范城市，开展区域污染协同防治，不断满足人民日益增长的优美生态环境需要。

第四条　本市按照国家有关规定确定生态保护红线、环境质量底线、资源利用上线，制定生态环境准入清单，在地方立法、政策制定、规划编制、项目建设、执法监管中，不得变通突破、降低标准。

第五条　各级人民政府应当对本行政区域的生态环境质量负责，组织落实生态环境保护目标和任务，采取有效措施，保障生态环境安全，持续改善本行政区域生态环境质量。

第六条　市和区生态环境主管部门对本行政区域的生态环境保护工作实施统一监督管理。

乡镇人民政府、街道办事处应当明确承担生态环境保护责任的机构和人员，落实生态环境保护相关职责。

发展改革、工业和信息化、规划和自然资源、住房城乡建设、城市管理、水务、农业农村等有关部门，按照各自职责做好生态环境保护相关监督管理工作。

第七条 各级人民政府应当加大保护和改善生态环境、防治污染和其他公害的财政投入，并纳入本级财政预算。

鼓励和引导民间资本和社会资金参与生态环境保护，建立、健全多元化的生态环境保护投资融资机制，推行有利于生态环境保护的经济政策。

第八条 支持和推进生态环境保护科学技术研究、开发和应用，鼓励生态环境保护产业发展，加强生态环境保护信息化建设，提高生态环境保护科学技术水平。

第九条 各级人民政府及有关部门应当加强生态环境保护宣传和普及工作，提高公众的生态环境保护意识，营造保护生态环境的良好风气。

教育行政部门、学校应当将生态环境保护知识纳入学校教育内容，培养学生的生态环境保护意识。

各类媒体应当开展生态环境保护法律法规和生态环境保护知识的宣传，对生态环境违法行为进行舆论监督。

第十条 任何单位和个人都有保护生态环境的义务。

企业事业单位和其他生产经营者应当防止、减少环境污染和生态破坏，对所造成的损害依法承担责任。

公民应当增强生态环境保护意识，采取绿色、低碳、节俭的生活方式，自觉履行生态环境保护义务。

第十一条 市和区人民政府应当对保护和改善生态环境作出突出贡献的单位和个人给予奖励。

第二章 监督管理

第十二条 市和区人民政府应当将生态环境保护工作纳入国民经济和社会发展规划。

市和区生态环境主管部门应当会同有关部门，根据国家生态环境保护规划的要求，组织编制本行政区域的生态环境保护规划，报本级人民政府批准后公布实施。

生态环境保护规划的调整和修改，应当按照法定程序进行，任何单位和个人不得擅自变更。

第十三条 生态环境主管部门应当按照生态环境保护规划拟定生态环境保护实施方案，分年度确定生态环境保护目标和任务，并推动落实。

第十四条 对国家环境质量标准和国家污染物排放标准中未作规定的项目，本市可以制定地方标准；对国家环境质量标准和国家污染物排放标准中已作规定的项目，本市可以制定严于国家标准的地方标准，并报国务院生态环境主管部门备案。

第十五条 建立、健全生态环境监测制度。市生态环境主管部门会同有关部门组织建设和完善本市生态环境监测网络，建立、健全环境资源承载能力监测预警机制和监测数据共享机制，依法加强对生态环境监测工作的监督管理。

第十六条 市和区生态环境监测机构的监测数据、污染源自动监测数据以及生态环境主管部门委托的具有相应资质的社会生态环境监测机构出具的监测数据，可以作为环境执法和管理的依据。

生态环境监测机构应当对其监测数据的真实性、准确性负责。

第十七条 编制有关开发利用规划，建设对生态环境有影响的项目，应当依法进行环境影响评价。

未依法进行环境影响评价或者审查后未予批准的开发利用规划，不得组织实施；未依法进行环境影响评价的建设项目，不得开工建设。

第十八条 建设项目需要配套建设的环境保护设施，应当与主体工程同时设计、同时施工、同时投产使用。编制环境影响报告书、环境影响报告表的建设项目，其配套建设的环境保护设施未经验收或者验收不合格的，主体工程不得投入生产或者使用。

第十九条 实施重点污染物排放总量控制。市人民政府按照国务院的规定削减和控制本市重点污染物排放总量。

市生态环境主管部门根据重点污染物排放总量控制指标和本市环境质量状况及经济社会发展水平，组织拟定本市重点污染物排放总量控制指标分解落实计划，报市人民政府批准后，由市生态环境主管部门组织实施。

区生态环境主管部门根据本市重点污染物排放总量控制指标分解落实计划，拟定本行政区域重点污染物排放总量控制实施方案，经区人民政府批准并报市生态环境主管部门备案后，由区生态环境主管部门组织实施。

市人民政府可以根据本市环境质量状况和污染防治工作的需要，对重点污染物之外的其他污染物排放实行总量控制。

第二十条 对超过重点污染物排放总量控制指标或者未完成国家确定的环境质量目标的区域，市和区生态环境主管部门应当暂停审批该区域新增重点污染物排放总量的建设项目环境影响评价文件。

第二十一条 市和区生态环境主管部门根据国家有关规定，分别确定市级、区级重点排污单位名录，并向社会公布。

第二十二条 本市依照法律规定实行排污许可管理制度。

实行排污许可管理的企业事业单位和其他生产经营者，应当按照国家和本市有关规定向所在地的区排污许可证核发机关申请核发排污许可证，并按照排污许可证载明的污染物种类、许可排放浓度、许可排放量、排放方式和排放去向等要求排放污染物。应当取得排污许可证而未取得的，不得排放污染物。

第二十三条 市人民政府建立环境监察制度，对市人民政府有关部门和区人民政府执行生态环境保护法律法规情况和环境质量责任落实情况等开展日常监察和专项督察。

第二十四条 实行环境保护目标责任制和考核评价制度。

市人民政府应当将环境保护目标完成情况纳入对市人民政府负有生态环境保护监督管理职责的部门及其负责人和区人民政府及其负责人的考核评价内容，考核结果向社会公开。

实行领导干部自然资源资产离任审计和生态环境损害责任终身追究制。

第二十五条 市和区人民政府应当每年向本级人民代表大会或者人民代表大会常务委员会报告环境状况和环境保护目标完成情况，对发生的重大环境事件应当及时向本级人民代表大会常务委员会报告，依法接受监督。

第二十六条 有下列情形之一的区，市生态环境主管部门应当约谈该区人民政府主要负责人，并将约谈情况向社会公开：

（一）超过重点污染物排放总量控制指标的；

（二）未完成环境质量改善目标的；

（三）法律、法规规定应当约谈的其他情形。

有上述情形之一的乡镇或者街道，区生态环境主管部门约谈该乡镇人民政府或者街道办事处的主要负责人，并将约谈情况向社会公开。

第二十七条 企业事业单位和其他生产经营者应当配合生态环境主管部门和其他负有生态环境保护监督管理职责的部门实施现场检查。被检查者应当如实反映情况，提供必要的资料。禁止以围堵、滞留执法人员或者拖延等方式拒绝、阻挠监督检查，或者在接受监督检查时弄虚作假。

实施现场检查的部门、机构及其工作人员应当为被检查者保守商业秘密。

第二十八条 市生态环境主管部门应当建立信息平台，其他负有生态环境保护监督管理职责的部门应当将本领域的生态环境保护信息按照规定向信息平台归集，并实现信息共享。

第三章　保护和改善生态环境

第二十九条 本市划定永久性保护生态区域，在滨海新区与中心城区中间地带加强规划管控、建设绿色生态屏障，对生态环境实行严格保护。

在重点海洋生态功能区、生态环境敏感区和脆弱区等海域划定生态保护红线，加强海洋生态环境保护。

第三十条 根据国家规定建立、健全生态保护补偿制度。市和相关区人民政府应当落实生态保护补偿资金，加大对重点生态保护区域的补偿力度。

受益地区和生态保护地区人民政府可以通过协商或者按照市场规则等方式进行生态保护补偿。

第三十一条 加强自然保护区等各类自然保护地的管理和保护，禁止破坏自然保护区等各类自然保护地的生态环境。

第三十二条 优先保护饮用水水源，加强对引滦入津、南水北调及其他水源保护，按照国家有关规定划定饮用水水源保护区，实施水源地生态修复，确保饮用水安全。

第三十三条 加强湿地生态系统保护，建立湿地分级体系，规范湿地用途，对重要湿地实施名录管理。坚持自然恢复与人工修复相结合，对退化湿地进行修复。

第三十四条 各级人民政府应当加强生物多样性保护，依法保护野生动植物，禁止从事非法猎捕、杀害、采伐、采集、加工、收购、出售野生动植物等活动。

加强生物安全管理，防止境外有害生物物种进入，并对入侵的有害生物物种采取措施，严防扩散。研究、开发和利用生物技术，应当采取措施防止对生物多样性的破坏。

第三十五条 严格执行国家产业政策和准入标准，实行生态环境准入清单制度，禁止新建、扩建高污染项目。

严格执行国家关于淘汰严重污染生态环境的产品、工艺、设备的规定，推动落后产能退出。

第三十六条 本市采取财政、价格、政府采购等方面的政策和措施，鼓励和支持企业对产品设计、原材料采购、制造、包装、销售、物流、回收和再利用等环节实施绿色改造，提高资源、能源利用效率，提升全产业链的污染预防和控制水平。

第三十七条 市和区人民政府应当采取措施优先发展公共交通，倡导和鼓励公众选择公共交通等绿色出行方式。

交通运输、城市管理、邮政等行政管理部门应当推动公共交通、环卫、邮政、快递、物流等行业机动车船清洁能源替代工作。国家机关和使用财政资金的其他组织应当优先使用新能源或者清洁能源机动车船。

第三十八条 国家机关和使用财政资金的其他组织应当优先采购和使用节能、节水、节材等有利于节约资源、保护生态环境的产品、设备和设施。

第三十九条 宾馆、商场、餐饮、洗浴等服务性企业应当采用有利于保护生态环境和资源循环利用的产品，引导消费者减少使用一次性用品。

第四十条 市和区人民政府及其有关部门应当采取措施，组织对生活垃圾进行分类投放、分类收集、分类运输、分类处置和回收利用，促进生活垃圾减量化、资源化和无害化。

公共机构，宾馆、饭店等相关企业，居民社区等应当按照规定对生活垃圾进行分类投放，减少生活垃圾对生态环境的损害。

鼓励和引导居民分类投放生活垃圾。

第四十一条 鼓励基层群众性自治组织、社会组织通过组织居民开展捐赠、义卖、置换等活动，推动居民闲置物品的再利用。

第四章 防治污染和其他公害

第四十二条 本市坚持全民共治、源头防控，加强水、气、声、渣、光等环境污染要素治理，防治大气、水、土壤、海洋等污染，保障生态环境安全。

第四十三条 加强大气环境保护，以产业结构调整、能源结构调整、运输结构调整和空间布局调整为重点，深化燃煤、工业、机动车船、扬尘和建设项目污染防治，推动大气环境质量持续改善。

第四十四条 加强水环境保护，预防、控制和减少工业废水、城镇和农村污水、农业种植养殖对地表水体、地下水体和海域的污染，改善水环境质量。

第四十五条 加强土壤环境保护，开展土壤污染的预防、风险管控和修复工作，重点保护未污染土壤，推动土壤资源永续利用。

第四十六条 预防和治理工业生产、建筑施工、交通运输和社会生活中所产生的环境噪声污染，保护和改善生活、生产环境，保障人体健康。

第四十七条 加强海洋环境保护，向海洋排放污染物、倾倒废弃物，进行海岸工程和海洋工程建设，船舶航行、停泊及有关作业活动，应当符合法律法规规定和有关标准，防止和减少对海洋生态环境的污染损害。

第四十八条 各级人民政府及农业农村等有关部门应当指导农业生产经营者科学合理施用农药、化肥等农业投入品，科学处置农用薄膜、农作物秸秆等农业废弃物，防止农业面源污染。

禁止将不符合农用标准和环境保护标准的固体废物、废水施入农田。施用农药、化肥等农业投入品及进行灌溉，应当采取措施，防止重金属和其他有毒有害物质污染生态环境。

畜禽养殖场、养殖小区、定点屠宰企业等的选址、建设和管理应当符合有关法律法规规定。从事畜禽水产养殖、屠宰的单位和其他生产经营者应当采取措施，对畜禽粪便、尸体和污水等废弃物进行科学处置，防止污染生态环境。

第四十九条 排放污染物的企业事业单位和其他生产经营者应当采取措施，防治在生产建设或者其他活动中产生的废气、废水、废渣、医疗废物、粉尘、恶臭气体、放射性物质以及噪声、振动、光辐射、电磁辐射等对生态环境的污染和危害。

排放污染物的企业事业单位应当建立生态环境保护责任制度，明确单位负责人和相关人员的责任。

第五十条 排放污染物的企业事业单位和其他生产经营者，应当按照国家和本市有关规定设置规范化排污口，严禁通过暗管、渗井、渗坑、灌注等方式违法排放污染物。

第五十一条 排放污染物的企业事业单位和其他生产经营者应当对监测数据的完整性、真实性和准确性负责。企业事业单位和其他生产经营者，或者其委托的生态环境监测机构、从事环境监测设备和污染防治设施维护运营的机构，不得有下列篡改、伪造监测数据的行为：

（一）对污染源监控系统进行删除、修改、增加、干扰，或者对污染源监控系统中存储、处理、传输的数据和应用程序进行删除、修改、增加，造成污染源监控系统不能正常运行的；

（二）破坏、损毁监控仪器站房、通讯线路、信息采集传输设备、视频设备、电力设备、空调、风机、采样泵及其他监控设施的，以及破坏、损毁监控设施采样管线，破坏、损毁监控仪器、仪表的；

（三）在自动监测点位采取稀释、投放药剂以及其他方式干扰监测数据的；

（四）在人工监测过程中篡改、伪造、销毁原始记录，或者故意操纵、干扰、干预监测活动的；

（五）其他篡改、伪造监测数据的。

第五十二条 排放污染物的企业事业单位和其他生产经营者，应当安装污染防治设施并保持污染防治设施的正常使用，不得以下列不正常运行污染防治设施的方式违法排放污染物：

（一）将部分或者全部污染物不经过处理设施直接排放的；

（二）非紧急情况下开启污染物处理设施的应急排放阀门，将部分或者全部污染物直接排放的；

（三）将未经处理的污染物从污染物处理设施的中间工序引出直接排放的；

（四）在生产经营或者作业过程中，停止运行污染物处理设施的；

（五）违反操作规程使用污染物处理设施，致使处理设施不能正常发挥处理作用的；

（六）污染物处理设施发生故障后，排污单位不及时或者不按照规程进行检查和维修，致使处理设施不能正常发挥处理作用的；

（七）其他不正常运行污染防治设施违法排放污染物的。

企业事业单位和其他生产经营者应当如实记录污染防治设施的运行、维修、更新和污染物排放等情况。

第五十三条 企业事业单位和其他生产经营者拆除或者停用污染防治设施，应当提前十日向所在地的区生态环境主管部门报告，说明拆除或者停用理由。对经采取其他措施污染物排放能够达到规定要求的，区生态环境主管部门应当自接到报告之日起十日内予以批复。

污染防治设施因异常情况影响处理效果或者因故障、不可抗力等紧急情况停运的，企业事业单位和其他生产经营者应当停运排放相应污染物的生产设施，采取应急措施，并在十二小时内向生态环境主管部门报告，生态环境主管部门应当立即赴现场核实处理。

第五十四条 重点排污单位应当按照国家和本市有关规定安装自动监测设备并组织验收。自动监测设备应当与生态环境主管部门的监控设备联网，并保证正常运行。

自动监测设备出现故障，重点排污单位应当于故障发生后十二小时内向所在地的区生态环境主管部门书面报告。自动监测设备不能正常运行期间，重点排污单位应当按照有关规定采取人工监测的方式进行监测，并向所在地的区生态环境主管部门报送监测数据。

第五十五条 重点排污单位应当按照规定向社会公开自动监测数据和人工监测数据，并建立监测数据档案，原始监测记录应当至少保存三年。

第五十六条 产生固体废物的单位和个人，应当采取措施，防止或者减少固体废物对生态环境的污染，不得擅自倾倒、堆放、丢弃、遗撒固体废物。

第五十七条 产生危险废物的单位，应当按照国家有关规定制定危险废物管理计划，并报所在地的区生态环境主管部门备案。

产生危险废物的单位，应当向所在地的区生态环境主管部门申报危险废物的种类、产生量、流向、贮存、利用、处置等有关资料。

产生危险废物的单位应当如实填写危险废物台账，台账应当至少保存五年。

第五十八条 从事收集、贮存、利用、处置危险废物经营活动的单位贮存危险废物，应当采取符合国家环境保护标准的防护措施，并不得超过一年；确需延长期限的，应当报经原批准经营许可证的生态环境主管部门批准；法律、行政法规另有规定的除外。

产生危险废物的单位应当按照有关规定贮存、利用、处置危险废物，贮存危险废物不得超过六个月。确需延长期限的，应当报经所在地的区生态环境主管部门批准；法律、行政法规另有规定的除外。

第五十九条 本市限制高油耗、高排放的机动车船、非道路移动机械的使用。

市人民政府可以根据大气环境质量状况，划定并公布禁止使用高排放非道路移动机械的区域。

第六十条 市人民政府应当依据重污染天气的预警等级，及时启动应急预案并向社会公布。市人民政府有关部门和区人民政府根据应急预案可以采取责令有关企业停产或者限产、限制部分机动车行驶、停止工地土石方作业和建筑物拆除施工、停止露天烧烤、停止幼儿园和学校组织的户外活动、组织开展人工影响天气作业等应急措施。

企业事业单位和其他生产经营者在重污染天气应急响应期间，应当按照应急预案的要求采取停产、限产等应急措施。

第六十一条 市和区人民政府及其有关部门和企业事业单位，应当依法做好突发环境事件的风险控制、应急准备、应急处置和事后恢复等工作。

企业事业单位应当按照生态环境主管部门的要求开展突发环境事件风险评估，对环境风险和环境安全隐患进行排查，并制定相应的风险防控措施和应急预案。

企业事业单位造成或者可能造成突发环境事件时，应当立即启动应急预案，采取切断或者控制污染源以及其他防止危害扩大的必要措施，及时通报可能受到危害的单位和居民，并向生态环境主管部门和有关部门报告。

第六十二条 鼓励和支持企业事业单位和其他生产经营者投保环境污染责任保险。

第五章 信息公开和公众参与

第六十三条 市生态环境主管部门应当定期发布环境状况公报。

生态环境主管部门和其他负有生态环境保护监督管理职责的部门，应当依法公开环境质量、环境监测、突发环境事件及环境行政许可、行政处罚等信息。

生态环境主管部门和其他负有生态环境保护监督管理职责的部门，应当将被查处排污单位的违法行为及行政处罚结果纳入信用信息共享平台和市场主体信用信息公示系统。

第六十四条 重点排污单位应当通过信息平台，按照国家有关规定公开排污信息、污染防治设施的建设和运行情况、建设项目环境影响评价及其他环境保护行政许可情况、突发环境事件应急预案等环境信息，接受社会监督。重点排污单位还应当公开其环境自行监测方案。

第六十五条 公民、法人和其他组织依法享有获取生态环境信息、参与和监督生态环境保护的权利，有权举报生态环境违法行为。经查证属实的，按照有关规定对举报人给予奖励。

公民、法人和其他组织发现本市各级人民政府、生态环境主管部门和其他负有生态环境保护监督管理职责的部门不依法履行职责的，有权向其上级机关或者监察机关举报。

接受举报的部门应当对举报人的相关信息予以保密，保护举报人的合法权益。

第六十六条 鼓励基层群众性自治组织、环境保护志愿者及社会组织开展生态环境保护宣传，参与生态环境教育、环保科普和生态保护实践，倡导绿色生活方式，推动环境信息公开，监督生态环境违法行为。

鼓励和支持符合法律规定的社会组织依法提起环境公益诉讼。

第六章　区域污染协同防治

第六十七条 本市与北京市、河北省及周边地区建立污染防治联动协作机制，定期协商区域污染防治重大事项，开展生态环境保护联合检查、联动执法，共同做好区域污染治理和生态环境保护工作。

第六十八条 市人民政府应当会同北京市、河北省及周边省级人民政府建立应急联动机制，及时通报重污染天气、环境污染事故等预警和应急响应的有关信息，并可根据需要，商请有关省市人民政府采取相应的应对措施。

第六十九条 本市建立、健全与北京市、河北省及周边地区的跨区域、跨流域横向生态保护补偿机制，共同推进区域协调发展。

第七十条 本市应当加强与北京市、河北省及周边地区的污染防治科研合作，组织开展环境污染成因、溯源和污染防治政策、标准、措施等重大问题的联合科研，开展区域性、流域性生态环境问题研究，推进节能减排、污染排放、产业准入和退出等方面环境标准的统一。

第七十一条 鼓励和支持本市与北京市、河北省接壤的相关区，与北京市、河北省相关地区建立定期会商、联动执法、信息共享等机制，联合排查与处置跨区域、跨流域的重点污染企业、环境污染行为、生态环境违法案件或者突发环境事件。

第七章　法律责任

第七十二条 违反本条例规定的行为，法律或者行政法规已有行政处罚规定的，从其规定；违反刑法规定构成犯罪的，依法追究刑事责任。

第七十三条 本市各级人民政府、生态环境主管部门和其他负有生态环境保护监督管理职责的部门在生态环境保护工作中，有滥用职权、玩忽职守、徇私舞弊行为的，对直接负责的主管人员和其他直接责任人员依法给予处分。

第七十四条 违反本条例规定，企业事业单位和其他生产经营者通过暗管、渗井、渗坑、灌注或者篡改、伪造监测数据，或者不正常运行污染防治设施等逃避监管的方式违法排放污染物的，由生态环境主管部门责令改正或者责令限制生产、停产整治，并处十万元以上一百万元以下的罚款；情节严重的，报经有批准权的人民政府批准，责令停业、关闭。

第七十五条 生态环境监测机构、从事环境监测设备和污染防治设施维护运营的机构篡改、伪造监测数据或者出具虚假监测报告的，由生态环境主管部门责令改正，并处十万元以上五十万元以下的罚款；情节严重的，移送相关资质认定部门撤销其资质认定证书。

第七十六条 违反本条例规定，污染防治设施因异常情况影响处理效果或者因故障、不可抗力等紧急情况停运，未停运排放相应污染物的生产设施、未采取应急措施或者未按照规定报告的，由生态环境主管部门责令改正，并处一万元以上十万元以下的罚款。

第七十七条 违反本条例规定，有下列行为之一的，由生态环境主管部门责令改正，并处二万元以上二十万元以下的罚款；拒不改正的，责令停产整治：

（一）未按照规定安装自动监测设备，或者未与生态环境主管部门的监控设备联网的；

（二）未按照规定完成自动监测设备验收的；

（三）不正常运行自动监测设备的；

（四）未按照规定向社会公开监测数据的；

（五）未按照规定保存原始监测记录的。

第七十八条 违反本条例规定，未如实填写危险废物台账，或者未按照规定保存危险废物台账的，由生态环境主管部门责令改正，并处五万元以上二十万元以下的罚款。

第七十九条 违反本条例规定，从事收集、贮存、利用、处置危险废物经营活动的单位未经批准贮存危险废物超过一年的，由生态环境主管部门责令改正，并处五万元以上二十万元以下的罚款。

违反本条例规定，产生危险废物的单位未经批准贮存危险废物超过六个月的，由生态环境主管部门责令限期改正；逾期不改正的，处五万元以上二十万元以下的罚款。

第八十条 违反本条例规定，在禁止区域使用高排放非道路移动机械的，由生态环境主管部门责令改正，并处五万元以上二十万元以下的罚款。

第八十一条 违反本条例规定，拒不执行停产或者限产、停止工地土石方作业或者建筑物拆除施工等重污染天气应急措施的，由负有相应生态环境保护监督管理职责的部门责令改正，并处一万元以上十万元以下的罚款。拒不执行机动车管控措施的，由公安机关依照有关规定予以处罚。

第八十二条 企业事业单位和其他生产经营者有下列行为之一，受到罚款处罚，被责令改正拒不改正的，依法作出处罚决定的行政主管部门可以自责令改正之日的次日起，按照原处罚数额按日连续处罚：

（一）未依法取得排污许可证排放污染物的；

（二）超过污染物排放标准或者超过重点污染物排放总量控制指标排放污染物的；

（三）通过暗管、渗井、渗坑、灌注或者篡改、伪造监测数据，或者不正常运行污染防治设施等逃避监管的方式违法排放污染物的；

（四）法律、法规规定的其他实施按日连续处罚的行为。

存在按日连续处罚情形的，作出行政处罚决定的行政主管部门应当约谈排污单位的主要负责人，并将约谈情况向社会公开。

第八十三条 企业事业单位和其他生产经营者有下列行为之一，尚不构成犯罪的，除按照有关法律、法规规定予以处罚外，由生态环境主管部门或者其他有关部门将案件移送公安机关，并由公安机关对其直接负责的主管人员和其他直接责任人员依照《环境保护法》的规定予以拘留：

（一）建设项目未依法进行环境影响评价，被责令停止建设，拒不执行的；

（二）未依法取得排污许可证排放污染物，被责令停止排污，拒不执行的；

（三）通过暗管、渗井、渗坑、灌注或者篡改、伪造监测数据，或者不正常运行污染防治设施等逃避监管的方式违法排放污染物的；

（四）生产、使用国家明令禁止生产、使用的农药，被责令改正，拒不改正的。

第八章　附　则

第八十四条 本条例自2019年3月1日起施行。1994年11月30日天津市第十二届人民代表大会常务委员会第十二次会议通过，2004年12月21日天津市第十四届人民代表大会常务委员会第十六次会议、2010年9月25日天津市第十五届人民代表大会常务委员会第十九次会议和2017年11月28日天津市第十六届人民代表大会常务委员会第三十九次会议修正的《天津市环境保护条例》同时废止。

天津市水污染防治条例

（2018 年 11 月 21 日修订）

（2016 年 1 月 29 日天津市第十六届人民代表大会第四次会议通过　根据 2017 年 12 月 22 日天津市第十六届人民代表大会常务委员会第四十次会议《关于修改部分地方性法规的决定》第一次修订　根据 2018 年 11 月 21 日天津市第十七届人民代表大会常务委员会第六次会议《关于修改〈天津市消费者权益保护条例〉等四部地方性法规的决定》第二次修订）

第一章　总　则

第一条　为了防治水污染，保护和改善本市水环境质量，保障饮用水安全，促进经济社会全面协调可持续发展，根据《中华人民共和国环境保护法》《中华人民共和国水污染防治法》等有关法律、行政法规，结合本市实际情况，制定本条例。

第二条　本条例适用于本市行政区域内的河流、湖泊、渠道、水库等地表水体和地下水体的污染防治。

海洋环境污染防治，适用《中华人民共和国海洋环境保护法》和本市相关地方性法规。

第三条　水污染防治应当以实现良好水环境质量为目标，坚持注重节水、保护优先、预防为主、综合治理、公众参与、损害担责的原则。

第四条　市人民政府对全市的水环境质量负责。区人民政府对本行政区域内的水环境质量负责。

市和区人民政府应当将水环境保护工作纳入国民经济和社会发展规划、计划，转变经济发展方式，优化产业结构，促进清洁生产，合理规划城乡布局，加强生态建设，保护和改善水环境质量。

第五条　市和区人民政府应当保障水污染防治的财政投入，专款专用，提高资金使用效益。

鼓励和引导社会资金进入水污染防治领域，引导金融机构增加对水污染防治项目的信贷支持。

第六条　市和区生态环境主管部门对本行政区域水污染防治实施统一监督管理。

市水行政主管部门负责本市行政区域内水资源保护和城镇排水、污水集中处理的管理和监督工作；区水行政主管部门和其他相关行政主管部门按照职责分工，负责本行政区域内水资源保护和城镇排水、污水集中处理的管理和监督工作。

发展改革、工业和信息化、规划、建设、国土房管、农业、市容园林、交通运输、财政、科技、公安、海洋等有关行政管理部门按照各自职责，做好水污染防治相关工作。

第七条 本市建立市、区、乡镇（街道）、村四级河长制、湖长制，分级分段组织领导河流、湖泊、湿地、坑塘的水污染防治、水环境治理、水生态修复、水资源保护和水域岸线管理等工作。

第八条 本市实行水环境保护目标责任制和考核评价制度。

市人民政府应当根据本市水环境质量逐年提高的目标制定考核评价指标，将水环境保护目标完成情况作为对市人民政府有关部门和区人民政府及其负责人考核评价的内容，考核结果向社会公开。

第九条 鼓励支持水污染防治科学技术研究，推广应用先进的水污染防治和节水技术、设备，实施水生态修复，鼓励支持海水淡化和再生水利用。

第十条 市和区人民政府应当加强节约用水和水环境保护的宣传教育，普及相关科学知识，提高公民的水环境保护意识，拓宽公众参与水环境保护的渠道，并对在水环境保护方面做出显著成绩的单位和个人予以表彰和奖励。

第二章 水污染共同防治

第十一条 市生态环境主管部门应当会同有关部门按照国家水污染防治的要求和本市实际情况，组织编制水污染防治规划，纳入全市环境保护规划，报市人民政府批准后公布实施。

区人民政府应当按照市水污染防治规划，根据水环境状况和水污染防治要求，制定本区水环境治理措施和实施方案。

第十二条 市人民政府对国家水环境质量标准和水污染物排放标准中未作规定的项目，可以制定本市地方标准；对国家水环境质量标准和水污染物排放标准中已作规定的项目，可以制定严于国家标准的地方标准，并报国务院生态环境主管部门备案。

第十三条 本市实行水污染物排放浓度控制和重点水污染物排放总量控制相结合的管理制度。排放水污染物的，其污染物排放浓度应当符合严于国家标准的本市地方标准；本市地方标准没有规定的，应当符合国家标准。排放重点水污染物的，应当符合总量控制指标。

向城镇污水管网排放水污染物的，还应当符合国家规定的污水排入城镇下水道水质标准。

直接向水体排放污染物的，其主要污染物还应当符合相应水功能区的水环境质量标准限值。

第十四条 市生态环境主管部门根据国家下达的重点水污染物排放总量控制指标和本市水环境质量状况及经济社会发展水平，组织拟定重点水污染物排放总量控制指标分解落实计划，报市人民政府批准后，由市生态环境主管部门组织实施。

区生态环境主管部门依据重点水污染物排放总量控制指标分解落实计划，拟定本行政区域重点水污染物排放总量控制实施方案，经区人民政府批准后组织实施，并报市生态环境主管部门备案。

第十五条 对超过重点水污染物排放总量控制指标或者未完成水环境质量改善目标的区，市生态环境主管部门应当暂停审批该区新增重点水污染物排放总量的建设项目的环境影响评价文件，同时约谈该区人民政府主要负责人，并向社会公布。

对超过重点水污染物排放总量控制指标的乡镇（街道）、工业园区，区生态环境主管部门可以暂停审批其新增重点水污染物排放总量的建设项目的环境影响评价文件。

第十六条 本市依法实行排污许可管理制度。纳入排污许可管理的直接或者间接向水体排放污染物的企业事业单位和其他生产经营者，应当按照规定向生态环境主管部门申请核发排污许可证，并按照排污许可证载明的污染物种类、排放总量指标、排放方式等要求排放污染物。

第十七条 市生态环境主管部门负责全市水环境质量和水污染源的统一监督监测，会同水行政主管部门建立水环境质量监测网络。

市生态环境主管部门定期发布本市水环境质量状况公报。

第十八条 市和区人民政府应当根据流域生态环境功能需要，组织开展河流、湖泊、湿地保护与修复，因地制宜建设人工湿地、水源涵养林、沿河沿湖植被缓冲带和隔离带等生态环境治理与保护工程，整治黑臭水体，提高流域环境资源承载能力。

从事开发建设活动，应当采取有效措施，维护流域生态环境功能，严守生态保护红线。

第十九条 排放水污染物的企业事业单位和其他生产经营者，应当建立并实施水污染防治和污染物排放管理责任制度，明确负责人和相关人员的责任。

第二十条 新建、改建、扩建排放水污染物的建设项目，应当依法进行环境影响评价，其中排放重点水污染物的项目应当符合重点水污染物排放总量要求。建设项目的环境影响评价文件未经批准的，不得开工建设。

第二十一条 建设项目的水污染防治设施，应当与主体工程同时设计、同时施工、同时投入使用。水污染防治设施未经验收或者验收不合格的，主体工程不得投入生产或者使用。

第二十二条 企业事业单位和其他生产经营者应当保持水污染防治设施正常运行，对监测数据的真实性和准确性负责，不得篡改、伪造监测数据或者不正常运行水污染防治设施，违法排放水污染物。

水污染防治设施因异常情况影响处理效果或者停止运行的，应当立即采取应急措施，并在十二小时内向区生态环境主管部门报告。

第二十三条 排放水污染物的企业事业单位和其他生产经营者，应当按照法律、行政法规、国家和本市有关规定设置排污口。在河道设置排污口的，还应当遵守国家和本市河道管理相关规定。

第二十四条 排放水污染物的企业事业单位应当按照规定对本单位排污情况自行监测，不具备监测能力的，应当委托环境监测机构或者有资质的社会检测机构进行监测，并配合生态环境主管部门开展监督性监测。

排放水污染物的企业事业单位应当按照规定向社会公开监测数据，并建立监测数据档案，原始监测记录应当至少保存三年。

第二十五条 根据国家有关规定，市生态环境主管部门确定重点排污单位，并将重点排污单位名录及其排污许可的种类和数量向社会公开。

第二十六条 重点排污单位应当安装与生态环境主管部门监控设备联网的水污染物排放自动监测设备，并保证监测设备正常运行。

水污染物排放自动监测的数据，可以作为生态环境主管部门监管和执法的依据。

第二十七条 重点排污单位应当按照国家有关规定，如实公开排污信息、水污染防治设施的建设和运行情况、突发水污染事故应急预案等信息，接受社会监督。

第二十八条 生态环境主管部门和其他负有水环境保护监督管理职责的部门，应当将被查处排污单位的违法行为及行政处罚结果及时向社会公布，并记入市场主体信用信息公示系统。

第二十九条 禁止下列污染地表水和地下水的行为：

（一）在水体清洗装贮过油类或者有毒污染物的车辆和容器；

（二）直接或者间接向水体排放油类、酸液、碱液；

（三）向水体排放、倾倒工业废渣、垃圾或者其他废弃物；

（四）在河流、湖泊、渠道、水库等最高水位线以下的滩地和岸坡堆放、存贮固体废物或者其他污染物；

（五）利用无防渗漏措施的沟渠、坑塘等输送或者存贮工业废水、含有毒污染物的废水、含病原体的污水或者其他废弃物；

（六）直接或者间接向水体排放剧毒废液，或者将含有可溶性剧毒废渣向水体排放、倾倒或者直接埋入地下；

（七）通过雨水管道、暗管违法排放水污染物；

（八）通过渗井、渗坑、灌注等方式违法向地下排放水污染物；

（九）向水体排放、倾倒放射性固体废物或者含有放射性物质的废水；

（十）向水体排放可能影响水环境质量标准的含热废水或者含病原体的污水。

第三十条 人工回灌补给地下水的，不得恶化地下水水质。

化学品生产企业以及工业集聚区、矿山开采区、尾矿库、危险废物处置场、垃圾填埋场等的运营、管理单位，应当采取防渗漏等措施，并建设地下水水质监测井进行监测，防止地下水污染。

加油站等的地下油罐应当使用双层罐或者采取建造防渗池等其他有效措施，并进行防渗漏监测，防止地下水污染。

报废矿井、钻井或者取水井等，应当实施封井或者回填。

第三十一条 船舶排放含油污水、生活污水应当符合船舶污染物排放标准。

船舶的残油、废油应当回收，禁止排入水体。

禁止向水体倾倒船舶垃圾。

第三十二条 海事管理机构按照职责分工对所辖区内船舶污染水体的防治实施监督管理。

第三十三条 公民、法人和其他组织对水污染违法行为有权进行举报。对查证属实的，按照有关规定给予奖励。

公民、法人和其他组织发现市和区人民政府、生态环境主管部门和其他有关部门不依法履行水环境保护相关监督管理职责的，有权向其上级机关或者监察机关举报。

接受举报的机关应当对举报人的相关信息予以保密，保护举报人的合法权益。

第三十四条 公民、法人和其他组织应当自觉履行水环境保护义务，树立节约用水、保护水源人人有责的观念，提高水重复利用率，减少污水排放。

第三章 饮用水水源保护

第三十五条 本市实行饮用水水源保护区制度。饮用水水源保护区分为一级保护区和二级保护区，必要时在二级保护区外围划定一定区域作为准保护区。

饮用水水源保护区的划定，由有关区人民政府按照国家有关规定提出划定方案，报市人民政府批准后向社会公布。

第三十六条 饮用水水源保护区所在区人民政府应当加强饮用水水源地隔离防护设施建设。在饮用水水源一级保护区的边界设立明确的护栏围网和明显的警示标志；在饮用水水源二级保护区和准保护区的边界设立明显的地理界标和警示标志。

禁止损毁、擅自移动前款规定的地理界标、护栏围网和警示标志。

第三十七条 饮用水水源一级保护区内禁止下列行为：

（一）新建、改建、扩建与供水和保护水源无关的建设项目；

（二）设置排污口，或者排放污水、工业废水；

（三）堆放、存贮工业废渣、固体废物和其他污染物；

（四）饲养畜禽、水产养殖和擅自放生水生生物；

（五）使用炸鱼、毒鱼、电鱼的方法以及使用机动船只进行水产捕捞；

（六）组织或者进行游泳、垂钓、水上体育或者其他可能污染饮用水水源的活动；

（七）开办旅游观光、游船游览等活动；

（八）乱砍滥伐树木，破坏植被，采砂、取土等。

已建成的与供水和保护水源无关的建设项目、公园、旅游景区，由区人民政府责令拆除或者关闭。

第三十八条 饮用水水源二级保护区内禁止下列行为：

（一）新建、改建、扩建排放污染物的建设项目，新建存贮液体化学原料、油类或者其他含有毒污染物物质的工程设施；

（二）设置排污口，或者向城镇污水管网以外排放污水、工业废水；

（三）堆放、存贮工业废渣、固体废弃物和其他污染物；

（四）乱砍滥伐树木，破坏植被，擅自采砂、取土等。

已建成的排放污染物的建设项目和存贮液体化学原料、油类或者其他含有毒污染物物质的工程设施，由区人民政府责令拆除或者关闭。

第三十九条 饮用水水源准保护区内禁止下列行为：

（一）新建、扩建向水体排放污染物的建设项目，改建建设项目增加排污量的；

（二）乱砍滥伐树木，破坏植被，擅自采砂、取土等。

第四章 工业水污染防治

第四十条 市和区人民政府应当合理规划工业布局，促进工业企业实行清洁生产，节约用水，减少水污染物排放量。

第四十一条 市发展改革行政主管部门应当会同有关部门，严格执行国家有关产业结构调整的规定和准入标准，禁止新建、扩建严重污染水环境的工业项目。

市工业和信息化行政主管部门应当会同有关部门，严格执行国家有关淘汰严重污染水环境的产品、工艺、设备的规定。

第四十二条 本市按照国家有关环境保护、清洁生产和循环经济的要求推动工业园区建设，通过合理规划工业布局，引导工业企业入驻工业园区。

第四十三条 建设工业园区，应当同步配套建设污水集中处理设施，并安装自动在线监控设施。

工业园区未按照规划建设污水集中处理设施或者污水集中处理设施排放不达标的，生态环境主管部门暂停审批该工业园区新增水污染物排放总量的建设项目的环境影响评价文件。

第四十四条 本市禁止新建、扩建制浆造纸、制革、染料、农药合成等严重污染水环境的生产项目。

已建成的不符合国家产业政策的小型造纸、制革、印染、染料、炼焦、炼硫、炼砷、炼油、电镀、农药等生产项目，由区人民政府按照国务院有关规定责令关闭。

第四十五条 工业企业排放工业废水，应当接入城镇污水管网进行污水集中处理，不得非法倾倒、偷排工业废水。

第五章 城镇水污染防治

第四十六条 市和区人民政府应当加强城镇污水集中处理设施及配套管网的规划、建设，提高城镇污水的处理率。

第四十七条 新城镇建设应当同步规划、设计、建设雨水排放管网与污水排放管网，实行雨水、污水分流。

尚未实现雨污分流的区域，市和区人民政府应当制定雨污分流改造计划，加快实施雨污分流改造，或者采取截流、调蓄和治理等措施。

第四十八条 任何单位和个人不得向雨水收集口、雨水管道排放或者倾倒污水、污物和垃圾等废弃物。

第四十九条 实施新城镇建设应当按照规划将污水管网接入城镇污水集中处理设施；不能接入的，应当自建污水集中处理设施。

第五十条 城镇污水集中处理设施的运营单位应当保障处理设施正常运行，确保出水水质达到国家和本市相关排放标准。

已投入运行的污水集中处理设施的出水水质达标率、污水处理率，应当纳入区水环境保护目标考核体系。

第五十一条 城镇用水单位和个人按照国家和本市有关规定缴纳的污水处理费，应当用于城镇污水集中处理设施的建设、运行和污泥处理处置，不得挪作他用。

第五十二条 排放下列污水的单位，应当按照相关标准进行预处理后排入城镇污水管网：

（一）医疗卫生机构产生的含病原体的污水；

（二）含难以生物降解的有机污染物的废水；

（三）含高盐的工业废水。

第五十三条 实验室、检验室、化验室产生的有毒有害废液应当按照危险废物管理的有关规定，单独收集并交由专业处理单位处理，不得排入城镇污水管网或者直接排入水体。

第五十四条 城镇排水主管部门应当对污水处理所产生污泥的收集、运输、处理和处置进行监督管理。

第五十五条 城镇污水集中处理设施运营单位或者污泥处理处置单位应当安全处理处置污泥，保证处理处置后的污泥符合国家有关标准，对产生的污泥以及处理处置后的污泥去向、用途、用量等进行跟踪、记录，并向城镇排水主管部门、生态环境主管部门报告。

第六章　农业和农村水污染防治

第五十六条 市和区人民政府应当根据水资源承载力和水污染防治的要求，优化农村产业结构和产业发展布局，强化农业的生态功能。

第五十七条 市和区人民政府应当按照因地制宜、标本兼治、分期规划、积极推进的原则，编制农村生活污水处理、坑塘治理规划，制定污水处理实施方案。对于未纳入城镇污水管网的村庄，应当采取建设污水处理站或者其他适宜的处理方法，使农村生活污水达标排放。

水库周边、河道两侧等重点区域的村庄，应当建设污水集中处理设施。

第五十八条 本市鼓励种植业采取测土配方施肥、病虫害生物防治、节水灌溉等措施，减少化肥、农药施用量，防止污染水环境。

第五十九条 禁止在农业种植中利用工业废水和城镇污水灌溉，禁止利用有毒有害的污泥做肥料，禁止违反规定使用剧毒、高残留农药。

第六十条 市和区人民政府应当支持现有规模化养殖场建设配套的畜禽粪便污水无害化处理设施，实施雨污分流；引导种植和养殖相结合的资源化利用。

新建、改建和扩建的规模化养殖场应当同步建设畜禽粪便污水处理设施。

规模化养殖场应当严格执行国家和本市有关规定，使经过处理的畜禽粪便污水符合农田利用要求或者排放标准。对动物尸体应当按照规定进行无害化处理，禁止向水体丢弃。

第六十一条 本市鼓励水产养殖企业和个人使用无污染的渔用饲料、渔药，减少化学药物的使用，采用生物防治方法，防止污染水环境。

水产养殖排水直接排入水体的，应当符合受纳水体水功能区的水环境质量标准。

第七章 水污染事故预防与处置

第六十二条 市和区人民政府应当制定和完善饮用水安全突发事件应急预案、水污染事故处置应急预案，落实责任主体，明确预警预报与响应程序、应急处置及保障措施等内容，依法及时公布预警信息。

第六十三条 可能发生水污染事故的企业事业单位，应当按照国家和本市有关规定制定应急预案，并建设事故状态下的水污染防治设施，储备应急救援物资，做好应急准备，定期进行演练。

生产、使用、储存危险化学品的企业事业单位，应当在其储存场所建立防渗漏围堰，在厂区修建消防废水、废液的收集装置，采取措施防止在处理安全生产事故过程中产生的可能污染水体的消防废水、废液排入水体。

第六十四条 企业事业单位发生或者可能发生水污染事故时，应当立即启动应急预案，并报告所在区人民政府或者生态环境主管部门。生态环境主管部门接到报告后，应当及时采取应急措施并向本级人民政府报告，通报有关部门。

生态环境主管部门应当会同水行政主管部门等相关部门及时对水污染事故可能影响的区域进行监测，督促造成事故的企业事业单位妥善处理事故造成的水体污染。

第八章 区域水污染防治协作

第六十五条 本市与北京市、河北省及周边地区建立水污染防治上下游联动协作机制和统一协同的流域水环境管理机制，共同做好流域污染治理和水环境保护。

第六十六条 本市在与北京市、河北省交界地区加强跨界水质断面监测，并将监测数据定期向北京市、河北省通报。

本市与河北省建立区域饮用水水源水质监测、预警、应急处理联动机制，确保饮用水安全。

第六十七条 本市与北京市、河北省及周边地区建立跨行政区域水污染事故应急联动和会商机制，及时沟通事故应对和处理的信息。

第六十八条 本市建立永久性保护生态区域生态补偿机制，对纳入永久性保护生态区域的饮用水水源保护区实行生态补偿。

本市加快建立跨界水环境补偿机制，实行区之间相互补偿。

第六十九条 本市推动与河北省建立引滦水环境补偿机制，促进水污染治理，保障水环境质量。

第九章　法律责任

第七十条 违反本条例第十三条、第五十条第一款规定，企业事业单位和其他生产经营者超过水污染物排放标准或者超过重点水污染物排放总量控制指标排放污染物的，由生态环境主管部门责令改正或者责令限制生产、停产整治，处十万元以上一百万元以下罚款；情节严重的，报经有批准权的人民政府批准，责令停业、关闭。

违反本条例规定，企业事业单位和其他生产经营者向城镇污水管网排放污水，水质不符合排水管理规定的，由城镇排水主管部门依照排水管理的有关规定予以处罚。

第七十一条 违反本条例第十六条规定，未依法取得排污许可证排放水污染物的，由生态环境主管部门责令停止排放或者限制生产、停产整治，处十万元以上一百万元以下罚款；情节严重的，报经有批准权的人民政府批准，责令停业、关闭。

第七十二条 违反本条例第二十条规定，环境影响评价文件未经批准或者备案，擅自开工建设的，由生态环境主管部门依照环境影响评价有关法律予以处罚。

第七十三条 违反本条例第二十一条规定，建设项目的水污染防治设施未经验收或者验收不合格，主体工程即投入生产或者使用的，由生态环境主管部门依照建设项目环境保护有关法律、行政法规予以处罚。

第七十四条 违反本条例规定，有下列行为之一的，由生态环境主管部门责令改正，处一万元以上十万元以下罚款：

（一）水污染防治设施因异常情况影响处理效果或者停止运行，未按照规定报告的；

（二）重点排污单位不依法公开或者不如实公开环境信息的。

第七十五条 违反本条例规定，有下列行为之一的，由生态环境主管部门责令限期改正，处二万元以上二十万元以下罚款；逾期不改正的，责令停产整治：

（一）拒报或者谎报有关水污染物排放申报事项的；

（二）未按照规定对所排放的水污染物进行监测或者未保存原始监测记录的；

（三）重点排污单位未按照要求安装、正常运行水污染物排放自动监测设备或者未与生态环境主管部门的监控设备联网的。

第七十六条 违反本条例第二十二条第一款规定篡改、伪造监测数据或者不正常运行水污染防治设施的，由生态环境主管部门责令限期改正或者责令限制生产、停产整治，处十万元以上一百万元以下罚款；情节严重的，报经有批准权的人民政府批准，责令停业、关闭。

第七十七条 违反本条例第二十三条规定，未依法设置排污口的，由生态环境主管部门责令限期拆除，处二万元以上十万元以下罚款；逾期不拆除的，强制拆除，所需费用由违法者承担，处十万元以上五十万元以下罚款；情节严重的，可以责令停产整治。

违反有关河道管理规定在河道设置排污口的，由水行政主管部门依法给予处罚。

第七十八条 违反本条例第二十九条下列规定的，由生态环境主管部门责令停止违法行为，限期采取治理措施，消除污染，处以罚款；逾期不采取治理措施的，环境保护主管部门可以指定有治理能力的单位代为治理，所需费用由违法者承担：

（一）违反第一项、第三项、第四项、第十项规定的，处二万元以上二十万元以下罚款；

（二）违反第二项、第五项、第六项、第九项规定的，处十万元以上一百万元以下罚款；情节严重的，报经有批准权的人民政府批准，责令停业、关闭。

违反本条例第二十九条第七项、第八项规定的，由环境保护主管部门责令改正或者责令限制生产、停产整治，并处十万元以上一百万元以下罚款；情节严重的，报经有批准权的人民政府批准，责令停业、关闭。

在地表水饮用水水源一级保护区和二级保护区内有第二十九条第一项、第三项、第四项行为的，由水行政主管部门依照第一款规定实施处罚。

第七十九条 违反本条例第三十条规定，有下列行为之一的，由生态环境主管部门责令停止违法行为，限期采取治理措施，消除污染，处二万元以上二十万元以下罚款；逾期不采取治理措施的，生态环境主管部门可以指定有治理能力的单位代为治理，所需费用由违法者承担：

（一）未采取防渗漏等措施，或者未建设地下水水质监测井进行监测的；

（二）加油站等的地下油罐未使用双层罐或者采取建造防渗池等其他有效措施，或者未进行防渗漏监测的。

第八十条 违反本条例第三十一条规定，船舶违法排放水污染物的，由海事管理机构责令停止违法行为，处五千元以上五万元以下罚款。

第八十一条 违反本条例第三十七条第一项、第三十八条第一项、第三十九条第一项规定，进行违法建设的，由生态环境主管部门责令停止违法行为，处十万元以上五十万元以下罚款；报经有批准权的人民政府批准，责令拆除或者关闭。

第八十二条 违反本条例第三十七条第二项、第三十八条第二项规定，排放污水、工业废水的，由生态环境主管部门责令停止违法行为，处十万元以上五十万元以下罚款。设置排污口的，由所在地的区人民政府责令限期拆除，处十万元以上五十万元以下罚款；逾期不拆除的，强制拆除，所需费用由违法者承担，处五十万元以上一百万元以下罚款，并可以责令停产整治。

第八十三条 违反本条例规定，有下列行为之一的，由水行政主管部门责令停止违法行为，恢复原状，没收违法物品和工具，对单位处二万元以上十万元以下罚款，对个人处一千元以上一万元以下罚款：

（一）损毁、擅自移动饮用水水源保护区地理界标、护栏围网和警示标志的；

（二）在饮用水水源一级保护区内饲养畜禽、水产养殖和擅自放生水生生物的；

（三）在饮用水水源一级保护区内使用炸鱼、毒鱼、电鱼的方法以及使用机动船只进行水产捕捞的；

（四）在饮用水水源一级保护区内组织游泳、垂钓、水上体育或者其他可能污染饮用水水源的活动的；

（五）在饮用水水源一级保护区内开办旅游观光、游船游览等活动的。

在饮用水水源一级保护区和二级保护区内堆放、存贮工业废渣、固体废弃物和其他污染物的，由水行政主管部门责令停止违法行为，限期采取治理措施，消除污染，处二万元以上二十万元以下罚款；逾期不采取治理措施的，可以指定有治理能力的单位代为治理，所需费用由违法者承担。涉及地下水饮用水水源保护区的，由生态环境主管部门实施处罚。

个人在饮用水水源一级保护区内游泳、垂钓、进行水上体育活动的，由水行政主管部门责令停止违法行为，可以处五百元以下罚款。

第八十四条 违反本条例第四十五条规定，非法倾倒、偷排工业废水的，由生态环境主管部门责令停止违法行为，处一万元以上十万元以下罚款。

第八十五条 违反本条例第四十八条规定，向雨水收集口、雨水管道排放或者倾倒污水、污物和垃圾等废弃物的，由城镇排水主管部门依照排水管理的有关规定予以处罚。

第八十六条 违反本条例第五十二条规定，未对排放的水污染物进行预处理的，由生态环境主管部门责令改正或者责令限制生产、停产整治，处十万元以上一百万元以下罚款；情节严重的，报经有批准权的人民政府批准，责令停业、关闭。

第八十七条 违反本条例第五十三条规定，未将有毒有害废液单独收集并交由专业处理单位处理的，由生态环境主管部门责令改正，处一万元以上十万元以下罚款。

第八十八条 违反本条例第五十五条规定，城镇污水集中处理设施运营单位或者污泥处理处置单位违法处理处置污泥的，由城镇排水主管部门依照排水管理的有关规定予以处罚。

第八十九条 违反本条例第五十九条规定，在农业种植中利用工业废水和城镇污水灌溉、利用有毒有害污泥做肥料的，由农业农村主管部门责令停止违法行为，对单位处一万元以上五万元以下罚款，对个人处一千元以上五千元以下罚款。

在农业种植中违反规定使用剧毒、高残留农药的，由农业农村主管部门责令停止违法行为、采取措施消除危害；情节严重的，处五千元以上三万元以下罚款。

第九十条 违反本条例第六十条第二款规定，未建设畜禽粪便污水处理设施或者未经验收合格，规模化养殖场即投入生产、使用的，由生态环境主管部门依照建设项目环境保护有关法律、行政法规予以处罚。

第九十一条 企业事业单位和其他生产经营者有下列行为之一，受到罚款处罚，被责令改正，拒不改正的，依法作出处罚决定的行政主管部门可以自责令改正之日的次日起，按照原处罚数额按日连续处罚：

（一）未依法取得排污许可证排放水污染物的；

（二）超过国家或者地方规定的污染物排放标准，或者超过重点污染物排放总量控制指标排放水污染物的；

（三）通过雨水管道、暗管、渗井、渗坑、灌注或者篡改、伪造监测数据，或者不正常运行水污染防治设施等逃避监管的方式排放水污染物的；

（四）排放法律、法规规定禁止排放的水污染物的。

第九十二条 对处以按日连续处罚的企业事业单位和其他生产经营者，自决定按日连续处罚之日起七日内，由生态环境主管部门或者作出行政处罚决定的行政主管部门约谈其主要负责人，并向社会公开约谈情况、整改措施及结果。

第九十三条 企业事业单位和其他生产经营者违反本条例规定，有下列行为之一，尚不构成犯罪的，除按照有关法律、法规规定予以处罚外，由生态环境主管部门将案件移送公安机关，并由公安机关对其直接负责的主管人员和其他直接责任人员依照《环境保护法》的规定处以拘留：

（一）建设项目未依法进行环境影响评价，被责令停止建设，拒不执行的；

（二）未依法取得排污许可证排放水污染物，被责令停止排污，拒不执行的；

（三）通过雨水管道、暗管、渗井、渗坑、灌注或者篡改、伪造监测数据，或者不正常运行水污染防治设施等逃避监管的方式排放水污染物的。

第九十四条 单位和个人实施违反本条例规定的行为，依据刑法构成犯罪的，依法追究刑事责任。

第九十五条 生态环境主管部门和其他负有水环境保护监督管理职责的部门在水污染防治工作中，有下列行为之一的，对直接负责的主管人员和其他直接责任人员依法给予行政处分，构成犯罪的，依法追究刑事责任：

（一）违法作出行政许可决定的；

（二）接到对污染水环境行为的举报或者其他部门移送违法案件，不依法查处或者泄露举报人信息的；

（三）违反规定不公开水环境相关信息的；

（四）有滥用职权、玩忽职守、徇私舞弊的其他行为的。

第九十六条 造成水污染的企业事业单位应当承担水环境修复责任，对受到损失的单位或者个人依法予以赔偿。

第十章　附　则

第九十七条 本条例所称污水集中处理设施，是指收集、接纳、输送、处理、处置及利用城市污水的设施的总称，包括城镇污水处理厂、工业园区污水处理厂和农村污水处理站等。

第九十八条 本条例所称水功能区，是指根据流域或者区域水资源的自然属性和社会属性，依据其水域具有某种应用功能和作用，由市人民政府批准划定的饮用水源、工业用水、农业用水、景观娱乐用水等水功能区。

第九十九条 本条例自2016年3月1日起施行。2002年4月18日天津市第十三届人民代表大会常务委员会第三十二次会议通过、2010年9月25日天津市第十五届人民代表大会常务委员会第十九次会议修正的《天津市引滦水源污染防治管理条例》，2004年1月7日天津市人民政府公布、2004年6月21日修正的《天津市水污染防治管理办法》（2004年天津市人民政府令第67号）同时废止。

天津市大气污染防治条例

（2018年9月29日修订）

（2015年1月30日天津市第十六届人民代表大会第三次会议通过　根据2017年12月22日天津市第十六届人民代表大会常务委员会第四十次会议《关于修改部分地方性法规的决定》第一次修订　根据2018年9月29日天津市第十七届人民代表大会常务委员会第五次会议《关于修改部分地方性法规的决定》第二次修订）

第一章　总　则

第一条　为了防治大气污染，保护和改善生活环境和生态环境，保障公众健康，促进经济和社会的可持续发展，根据《中华人民共和国大气污染防治法》等有关法律、法规，结合本市实际情况，制定本条例。

第二条　大气污染防治应当以实现良好的大气环境质量为目标，坚持保护优先、预防为主、综合治理、公众参与、损害担责的原则。

第三条　市人民政府对本市的大气环境质量负责。区人民政府对本行政区域的大气环境质量负责。

市和区人民政府应当将大气环境保护工作纳入国民经济和社会发展规划和计划，以大气污染物排放总量为约束，合理规划城市布局，加强生态建设，转变经济发展方式，优化产业结构和布局，促进清洁生产，使大气环境质量达到规定标准，保护和改善大气环境。

乡镇人民政府、街道办事处应当履行大气污染防治的监督管理职责，保护和改善大气环境。

第四条　市和区人民政府应当加大对大气污染防治的财政投入，提高资金使用效益。

鼓励和引导社会资本进入大气污染防治领域，引导金融机构增加对大气污染防治项目的信贷支持。

第五条　环境保护行政主管部门对本行政区域大气污染防治工作实施统一监督管理。

发展改革、工业和信息化、建设、市场监管、交通运输、农村工作、商务、市容园林、公安、国土房管、规划、水务、海事等有关行政主管部门，在各自职责范围内对大气污染防治实施监督管理。

第六条 鼓励和支持大气污染防治科学技术研究，推广、应用先进的大气污染防治技术；鼓励和支持开发、利用太阳能、风能、地热能、浅层地温能等清洁能源；鼓励和支持煤炭清洁利用技术的开发和推广。

市环境保护行政主管部门应当加强大气环境容量、污染成因、治理技术和防治政策等研究，适时提出有针对性的对策措施。

第七条 本市实施大气污染防治网格化精细管理，实行大气环境质量目标责任制和考核评价制度，将大气环境质量目标完成情况和措施落实情况作为对市人民政府有关部门和区人民政府及其负责人的考核内容，考核结果定期向社会公布。

第八条 对保护和改善大气环境作出显著成绩的单位和个人，由市和区人民政府给予奖励。

第九条 市和区人民政府应当定期向本级人民代表大会常务委员会报告大气污染防治工作情况，并接受监督。

第二章 大气污染共同防治

第十条 市环境保护行政主管部门应当会同有关部门按照国家大气污染防治的要求和本市实际情况，组织编制大气污染防治规划，纳入全市环境保护规划，报市人民政府批准后公布实施。

区人民政府应当根据本区域大气环境状况和大气污染防治要求，制定大气环境治理措施和阶段性达标方案。

第十一条 市人民政府对国家大气环境质量标准和污染物排放标准中未作规定的项目，可以制定本市地方标准；对国家大气污染物排放标准中已作规定的项目，可以制定严于国家标准的地方标准，并报国务院环境保护主管部门备案。

第十二条 本市实行大气污染物排放浓度控制和重点大气污染物排放总量控制相结合的管理制度。

向大气排放污染物的，其污染物排放浓度不得超过国家和本市规定的排放标准；排放重点大气污染物的，不得超过总量控制指标。

第十三条 市发展改革行政主管部门应当会同有关部门，严格执行国家有关产业结构调整的规定和准入标准，禁止新建、扩建高污染工业项目。

市工业和信息化行政主管部门应当会同有关部门，严格执行国家有关淘汰落后产品、工艺、设备的规定。

第十四条 新建排放重点大气污染物的工业项目，应当按照有利于减排、资源循环利用和集中治理的原则，集中安排在工业园区建设。

第十五条 市环境保护行政主管部门负责大气环境质量和大气污染源的统一监督监测，建立和完善大气环境质量监测网络，发布大气环境质量预报、日报，实时发布大气环境质量数据，定期发布大气环境质量状况公报。

市气象部门、市环境保护行政主管部门共同做好大气环境质量预报和重污染天气预报工作。

第十六条 向大气排放污染物的企业事业单位，应当建立大气污染防治和污染物排放管理责任制度，明确单位负责人和相关人员的责任。

第十七条 新建、改建、扩建向大气排放污染物的建设项目，应当依法进行环境影响评价，其中排放重点大气污染物的项目应当取得重点大气污染物排放指标。未依法进行环境影响评价的建设项目，不得开工建设。

第十八条 建设单位应当将建设项目配套建设的大气污染防治设施与主体工程同时设计、同时施工、同时投入使用；大气污染防治设施未经验收合格的，主体工程不得投入生产或者使用。

第十九条 大气污染防治设施应当保持正常使用。

拆除或者停用大气污染防治设施的，应当提前十日向所在地的区环境保护行政主管部门申报，说明拆除或者停用理由。对经采取其他措施污染物排放能够达到规定要求的，区环境保护行政主管部门应当在接到申报后十日内予以批准。

第二十条 向大气排放污染物的企业事业单位和其他生产经营者，应当按照国家和本市有关规定设置大气污染物排放口和应急排放通道。

禁止通过偷排、篡改或者伪造监测数据、以逃避现场检查为目的的临时停产、非紧急情况下开启排放旁路、不正常运行大气污染防治设施等逃避监管的方式，排放大气污染物。

第二十一条 向大气排放污染物的单位，应当履行下列义务：

（一）按照规定对本单位排污情况自行监测，不具备监测能力的，应当委托环境监测机构或者有资质的社会检测机构进行监测；

（二）建立监测数据档案，原始监测记录应当至少保存三年；

（三）按照规定设置和使用监测点位和采样平台；

（四）配合环境保护行政主管部门开展监督性监测；

（五）按规定向社会公开监测数据等。

第二十二条 根据环境容量、排污单位排放污染物种类、数量和浓度等因素，国家和本市环境保护行政主管部门确定的大气污染物重点排污单位，应当安装与环境保护行政主管部门联网的大气污染源在线自动监测设施，并保持正常运行、监测数据准确。

市环境保护行政主管部门应当向社会公布重点排污单位名录。

大气污染源在线自动监测数据，可以作为环境保护行政主管部门环境执法和管理的依据。

第二十三条 环境保护行政主管部门和其他负有环境保护监督管理职责的部门，应当将依法查处排污单位的违法行为及处罚结果及时向社会公布，并记入市场主体信用信息公示系统。

第二十四条 向大气排放污染物的企业应当如实公开排放大气污染物种类和数量、大气污染防治设施的建设和运行情况等环境保护信息，接受公众监督。

第二十五条 公民、法人和其他组织对大气污染违法行为有权进行举报。对查证属实的，给予奖励。奖励办法由市人民政府规定。

公民、法人和其他组织发现市和区人民政府及其环境保护行政主管部门或者其他有关部门不依法履行大气环境相关监督管理职责的，可以向其上级机关或者监察机关举报。

接受举报的机关应当对举报人的相关信息予以保密，保护举报人的合法权益。

第二十六条 公民、法人和其他组织有依法保护大气环境的义务。提倡公众绿色出行，优先选择公共交通、自行车、步行的出行方式，鼓励使用清洁能源机动车，减少机动车排放污染。

第三章 重点大气污染物总量控制

第二十七条 本市实施重点大气污染物排放总量控制。市环境保护行政主管部门根据国家核定的重点大气污染物排放总量和本市大气环境质量状况及经济社会发展水平，拟订重点大气污染物排放总量控制计划，报市人民政府批准后，由市环境保护行政主管部门组织实施。

区环境保护行政主管部门依据重点大气污染物排放总量控制计划核定的指标，根据实际情况，拟订本行政区域重点大气污染物排放总量控制实施方案，经区人民政府批准后组织实施，并报市环境保护行政主管部门备案。

第二十八条 对超过重点大气污染物排放总量控制指标的地区，市和区环境保护行政主管部门应当暂停该地区审批新增该重点大气污染物排放总量的建设项目环境影响评价文件。

第二十九条 重点大气污染物排放单位的污染物排放总量，由环境保护行政主管部门根据重点大气污染物排放总量控制计划和排放标准，按照公开、公平、公正的原则予以核定。

第三十条 本市在严格控制重点大气污染物排放总量、实行排放总量削减计划的前提下，按照有利于总量减少的原则，可以进行大气污染物排污权交易。具体办法由市人民政府制定。

第三十一条 本市对大气污染物实行排污许可证制度。

纳入排污许可证管理的向大气排放污染物的单位，应当按照规定向环境保护行政主管部门申请核发排污许可证，并按照排污许可证载明的污染物种类、排放总量指标等要求排放污染物，逐步减少污染物排放总量。

第四章 高污染燃料污染防治

第三十二条 市和区人民政府应当采取措施，改善能源结构，推广清洁能源的生产和使用。

第三十三条 市人民政府划定、公布高污染燃料禁燃区，并根据大气环境质量状况，逐步扩大禁燃区范围。

在高污染燃料禁燃区内，新建、改建、扩建项目禁止使用煤和重油、渣油、石油焦等高污染燃料。

第三十四条 高污染燃料禁燃区内已建的燃煤电厂和企业事业单位及其他生产经营者使用高污染燃料的锅炉、窑炉，应当按照市或者区人民政府规定的期限改用天然气等清洁能源、并网或者拆除，国家另有规定的除外。

第三十五条 本市实施燃煤消费总量控制。市发展改革行政主管部门应当会同相关部门编制本市清洁能源发展规划，确定燃煤消费总量控制目标，制定燃煤消费总量控制方案并组织实施，逐步削减燃煤消费总量。

区人民政府应当按照燃煤消费总量控制目标和控制方案制定本行政区域清洁能源改造计划并组织实施。

第三十六条 禁止销售和使用不符合国家和本市规定标准的燃煤及其制品。商务、市场监管行政主管部门对销售环节实施监督管理；环境保护行政主管部门对使用环节实施监督管理。

第三十七条 市商务行政主管部门应当根据本市城乡规划，按照大气污染防治要求，制定经营性煤炭堆场和民用煤配送网点的布局和总量控制计划。

煤炭经营企业应当将煤炭集中存放到经营性煤炭堆场。

外环线以内不得设置经营性煤炭堆场。

第五章 机动车、船舶排气污染防治

第三十八条 市人民政府应当制定公共交通优先发展规划，健全和完善公共交通系统，提高公共交通出行比例。

第三十九条 在本市销售、行驶的机动车尾气排放应当符合本市排放标准。

不符合本市尾气排放标准的机动车，公安交管部门不予办理机动车登记。

第四十条 机动车所有者或者使用者应当正常使用机动车，不得拆除、停用、擅自改装排气污染防治设施。

第四十一条 在本市销售、使用的非道路移动机械，应当符合国家和本市规定的污染物排放标准。

农村工作、建设等行政主管部门应当配合环境保护行政主管部门，按照各自职责，加强农业机械、施工工程机械等非道路移动机械排放污染物的监督和管理。

第四十二条 机动车维修单位进行与机动车尾气排放有关的维修和保养应当符合国家和本市有关技术规范。维修保养后的机动车应当达到规定的尾气排放标准。

交通运输行政主管部门应当加强对机动车维修单位的监督管理。

第四十三条 本市实行机动车尾气定期检验制度。在用机动车的所有者应当按照国家和本市的规定将机动车送至检验机构，对其尾气进行定期检验；未经检验或者检验不合格的，不得上路行驶。

第四十四条 在学校、宾馆、商场、公园、办公场所、社区、医院、旅游景点的周边和停车场等不影响车辆正常行驶的地段，燃油机动车驾驶人停车三分钟以上的，应当熄灭发动机。

第四十五条 环境保护行政主管部门可以在机动车停放地对在用机动车的污染物排放状况进行监督抽测。

环境保护行政主管部门可以对在道路上行驶的机动车的污染物排放状况进行遥感监测。遥感监测取得的数据无争议的，可以作为环境执法的依据；有争议的，当事人可以申请采取其他监测方式进行复测。

第四十六条 鼓励提前淘汰高污染排放机动车和非道路移动机械。市环境保护行政主管部门会同市财政、交通运输、公安、商务、市场监管等行政主管部门，根据大气环境质量状况和机动车、非道路移动机械排放污染状况，制定高污染排放在用机动车、非道路移动机械治理方案，报市人民政府批准后实施。

第四十七条 本市按照国家规定对运营机动车实行强制报废制度。达到国家规定使用年限的运营机动车，应当依法强制报废。

第四十八条 在本市销售和使用的船舶应当符合国家和本市大气污染物排放标准。

船舶的所有者或者使用者应当正常使用船舶，不得拆除、擅自改装排放污染控制装置。

推进靠泊船舶采用岸基供电方式，提倡船舶在泊位停靠期间使用岸电。现有码头应当逐步实施岸基供电设施改造。新建码头应当规划、设计和建设岸基供电设施。

市交通运输行政主管部门和海事部门应当按照各自职责，加强对船舶排放大气污染物的监督和管理。

第四十九条 在本市销售的机动车、非道路移动机械和船舶用燃料应当符合国家和本市规定的质量标准。

市场监管行政主管部门应当加强对加油站燃油质量的监督检查。

第六章　挥发性有机物、废气、粉尘和恶臭污染防治

第五十条 市环境保护行政主管部门应当会同市市场监管行政主管部门制定涂料等产品挥发性有机物含量限值标准。

生产、销售、使用含挥发性有机物的原料和产品，其挥发性有机物含量限值应当符合国家和本市标准。

第五十一条 鼓励生产、销售、使用低挥发性有机物或者无挥发性有机物的原料和产品。

市市场监管行政主管部门应当会同市环境保护行政主管部门指导相关行业协会定期公布低挥发性有机物含量的产品目录。

第五十二条 产生含挥发性有机物废气的生产经营活动，应当在密闭空间或者设备中进行，并按照规定安装、使用污染防治设施；无法密闭的，应当采取措施减少废气排放。

第五十三条 石油、化工及其他生产和使用挥发性有机溶剂的企业，应当采取泄漏检测与修复技术，对管道、设备进行日常检测、修复，采取措施减少挥发性有机物泄漏。

第五十四条 加油加气站、储油储气库和使用油、气罐车的单位，应当按照有关规定安装、使用油气回收装置，每年向环境保护行政主管部门报送油气排放检测报告。

第五十五条 工业涂装企业应当建立台账，记录原料、辅料的挥发性有机物含量、使用量、废弃量和去向。台账的保存时间不得少于三年。

第五十六条 饮食服务、服装干洗、机动车维修等经营单位，应当按照环境保护行政主管部门的规定，安装使用油烟、异味和废气等污染物的净化处理设施，定期对净化处理设施进行清洗维护，排放的污染物不得超过规定的排放标准，不得影响周边环境和居民正常生活。

禁止在居民住宅楼、未配套设立专用烟道的商住综合楼、商住综合楼与居住层相邻的商业楼层内新建、改建、扩建产生油烟、异味、废气的饮食服务项目。

第五十七条 禁止任何单位和个人在人口集中地区和居民住宅区内新建、改建和扩建产生有毒有害气体、恶臭气体的生产经营场所。

禁止任何单位和个人在人口集中地区和其他需要特殊保护的区域内贮存、加工、制造或者使用产生恶臭气体的物质。

第五十八条 工业企业向大气排放有毒有害气体、恶臭气体和粉尘物质的，应当采取车间密闭方式并安装、使用集中收集处理等排放设施，防止生产过程中的泄漏。

第五十九条 禁止露天焚烧沥青、油毡、橡胶、塑料、皮革、垃圾以及其他产生有毒有害气体、恶臭气体和烟尘的物质。

禁止露天焚烧落叶、秸秆、枯草等产生烟尘污染的物质。

禁止在区人民政府划定区域外的公共场所露天烧烤食品或者为露天烧烤食品提供场地。

第六十条 单位和个人燃放烟花爆竹，应当遵守国家和本市的有关规定。

第七章 扬尘污染防治

第六十一条 建设工程、房屋拆除工程、市政道路工程、水务工程、园林绿化工程等施工现场，施工单位应当按照有关规定，采取设置围挡、苫盖、道路硬化、喷淋、冲洗等措施防治扬尘污染。

第六十二条 禁止在施工工地现场搅拌混凝土和砂浆。

第六十三条 煤炭、煤矸石、煤渣、煤灰、矿粉、砂石、灰土等易产生扬尘的散体物料堆场，应当密闭贮存；不能密闭的，应当按照规定设置严密围挡或者防风抑尘网，并采取有效覆盖措施防止扬尘。装卸物料应当采取密闭或者喷淋等方式控制扬尘排放。

第六十四条 运输企业运输工程渣土、矿粉、砂石、灰浆、建筑垃圾等散装、流体物料的，应当采用专用车辆密闭运输，并按照指定的时间、区域和路线行驶。

第六十五条 在道路、广场、公园和其他公共场所进行清扫保洁作业，应当严格执行清扫保洁作业有关标准，防止扬尘污染。

城市主要道路清洁应当采取低尘作业方式，提高道路机械化清扫率和再生水冲洗率。

第八章　重污染预警与应急

第六十六条　本市建立重污染天气预警机制。市人民政府应当制定重污染天气应急预案，并向社会公布。

市人民政府有关部门和区人民政府应当制定重污染天气应急实施方案。

出现重污染天气时，市人民政府应当及时发布预警信息，启动应急预案，采取应急措施。

第六十七条　发生突发大气污染事故可能影响公众健康和环境安全时，市和区人民政府应当及时发布预警信息，采取应急措施。

应急处置工作结束后，市或者区人民政府应当立即组织评估环境影响和损失，并及时将评估结果向社会公布。

第六十八条　有发生大气污染事故可能性的企业事业单位和其他生产经营者，应当按照国家和本市有关规定制定应急预案，报环境保护行政主管部门和有关部门备案。

企业事业单位和其他生产经营者发生大气污染事故时，应当启动应急预案，立即报告所在区人民政府及其环境保护行政主管部门。

第九章　区域大气污染防治协作

第六十九条　本市与北京市、河北省及周边地区建立大气污染防治协调合作机制，定期协商区域内大气污染防治重大事项。

第七十条　市人民政府应当根据本市和北京市、河北省及周边地区大气污染防治需要，加快淘汰高污染排放车辆。

第七十一条　市人民政府应当会同北京市、河北省及周边地区人民政府，建立重污染天气应急联动机制，及时通报预警和应急响应的有关信息，并可根据需要，商请有关省市人民政府采取相应的应对措施。

第七十二条　市环境保护等行政主管部门应当与北京市、河北省及周边地区有关部门建立沟通协调机制，对在省市边界建设可能对相邻省市大气环境产生影响的重大项目，及时通报有关信息。

第七十三条　市环境保护行政主管部门应当加强与北京市、河北省及周边地区的大气污染防治科研合作，组织开展区域大气污染成因、溯源和防治政策、标准、措施等重大问题的联合科研，推动节能减排、污染排放、产业准入和淘汰等方面环境标准的统一。

第十章　法律责任

第七十四条　违反本条例规定，排放大气污染物超过标准的，由环境保护行政主管部门责令改正或者限制生产、停产整治，并处十万元以上一百万元以下罚款；情节严重的，报经有批准权的人民政府批准，责令停业、关闭。

排放重点大气污染物超过排污许可证核定排放总量指标的，由环境保护行政主管部门责令停止排放污染物，处十万元以上一百万元以下罚款，并将超过排放总量指标的部分在核定下一年度排放总量指标时扣除；拒不停止排放污染物的，环境保护行政主管部门可以责令其采取限制生产、停产整治等措施；情节严重的，报经有批准权的人民政府批准，责令停业、关闭。

第七十五条　违反本条例规定，环境影响评价文件未经批准或者备案，擅自开工建设的，由环境保护行政主管部门依照环境影响评价有关法律予以处罚。

第七十六条　违反本条例规定，建设项目的大气污染防治设施未建成或者未经验收合格，主体工程投入生产或者使用的，由环境保护行政主管部门依照建设项目环境保护有关法律、行政法规予以处罚。

第七十七条　违反本条例规定，有下列行为之一的，由环境保护行政主管部门责令停止违法行为，限期改正，并处二万元以上二十万元以下罚款：

（一）拒绝环境保护行政主管部门现场检查或者在被检查时弄虚作假的；

（二）未按照规定安装、使用大气污染防治设施，或者未经环境保护行政主管部门批准，擅自拆除、停用大气污染防治设施的。

第七十八条　违反本条例规定，通过偷排、篡改或者伪造监测数据、以逃避现场检查为目的的临时停产、非紧急情况下开启排放旁路、不正常运行大气污染防治设施等逃避监管的方式排放大气污染物的，由环境保护行政主管部门责令改正或者限制生产、停产整治，并处十万元以上一百万元以下罚款；情节严重的，报经有批准权的人民政府批准，责令停业、关闭。

第七十九条　违反本条例规定，有下列行为之一的，由环境保护行政主管部门责令限期改正，处二万元以上二十万元以下罚款，拒不改正的，责令停产整治：

（一）未按照规定对所排放的大气污染物进行监测或者未保存原始监测记录的；

（二）不安装使用与环境保护行政主管部门联网的大气污染源在线自动监测设施的。

第八十条　违反本条例规定，向大气排放污染物的企业未按照规定公开环境保护相关信息的，由环境保护行政主管部门责令限期改正，处一万元以上十万元以下罚款。

第八十一条　违反本条例规定，未依法取得排污许可证排放大气污染物的，由环境保护行政主管部门责令改正或者限制生产、停产整治，并处十万元以上一百万元以下罚款；情节严重的，报经有批准权的人民政府批准，责令停业、关闭。

第八十二条　违反本条例对高污染燃料管理规定的，按照以下规定予以处罚：

（一）未按照市或者区人民政府规定的期限改用清洁能源的，由环境保护行政主管部门报区人民政府，责令限期拆除；

（二）销售不符合国家和本市规定标准的燃煤及其制品的，由市场监管行政主管部门责令改正，没收原材料、产品和违法所得，并处货值金额一倍以上三倍以下罚款；

（三）使用不符合国家和本市规定标准的燃煤及其制品的，由环境保护行政主管部门责令限期改正，对单位处货值金额一倍以上三倍以下罚款。

第八十三条 违反本条例机动车污染防治规定的，按照以下规定予以处罚：

（一）不正常使用机动车排气污染防治设施，或者拆除、改装排气污染防治设施的，由环境保护行政主管部门责令停止违法行为，并处一千元以上五千元以下罚款；

（二）机动车超标排放污染物（含机动车排放黑烟）的，由环境保护行政主管部门处二百元以上二千元以下罚款。

第八十四条 违反本条例挥发性有机物污染防治规定，有下列行为之一的，由环境保护行政主管部门责令停止违法行为，限期改正，并处二万元以上二十万元以下罚款；拒不改正的，责令停产整治：

（一）产生含挥发性有机物废气的生产经营活动，未在密闭空间、设备中进行，或者未按照规定安装、使用污染防治设施的；

（二）加油加气站、储油储气库和使用油、气罐车的单位，未按照有关规定安装、使用油气回收装置的；

（三）工业涂装企业未按照规定建立和保存台账的。

第八十五条 违反本条例规定，饮食服务、服装干洗、机动车维修等经营单位有下列行为之一的，由环境保护行政主管部门责令改正，并按照以下规定处以罚款；拒不改正的，责令停业整治：

（一）饮食服务经营单位未按照有关规定安装、使用油烟净化设施，超标排放油烟的，处五千元以上五万元以下罚款；

（二）服装干洗和机动车维修经营单位未按照有关规定设置异味和废气处理装置等污染防治设施并保持正常使用，影响周边环境的，处二千元以上二万元以下罚款。

第八十六条 违反本条例规定，未采取污染防治措施，向大气排放有毒有害气体、恶臭气体的，由环境保护行政主管部门或者其他依法行使监督管理权的部门责令改正，并处一万元以上十万元以下罚款，拒不改正的，责令停工整治或者停业整治。

第八十七条 违反本条例规定，有下列行为之一的，由城市管理综合行政执法机关责令改正，按照以下规定处罚：

（一）露天焚烧沥青、油毡、橡胶、塑料、皮革、垃圾等产生有毒有害的物质的，对单位处一万元以上十万元以下罚款，对个人处五百元以上二千元以下罚款；

（二）露天焚烧落叶、秸秆、枯草等产生烟尘污染的物质的，可以处五百元以上二千元以下罚款；

（三）在区人民政府划定区域外的公共场所露天烧烤食品或者为露天烧烤食品提供场地的，责令改正，没收烧烤工具和违法所得，并处五百元以上二万元以下罚款；

（四）在居民住宅楼、未配套设立专用烟道的商住综合楼、商住综合楼内与居住层相邻的商业楼层内新建、改建、扩建产生油烟、异味、废气的餐饮服务项目的，责令改正；拒不改正的，予以关闭，并处一万元以上十万元以下罚款。

第八十八条 违反本条例规定，未实施扬尘污染防治措施，造成扬尘污染的，由有关部门责令限期改正，并按照以下规定予以处罚：

（一）施工现场未采取设置围挡、苫盖、道路硬化、喷淋、冲洗等防治扬尘污染措施，或者未使用专用车辆密闭运输散装、流体物料的，由建设、交通运输、水务行政主管部门按照各自职责，处一万元以上十万元以下罚款，拒不改正的，责令停工整治；

（二）在施工工地现场搅拌混凝土、砂浆的，由建设、交通运输、水务行政主管部门按照各自职责，处一万元以上五万元以下罚款；

（三）存放煤炭、煤矸石、煤渣、煤灰、矿粉、砂石、灰土等易产生扬尘的散体物料堆场，未采取密闭贮存、设置围挡或者防风抑尘网等有效措施防止扬尘的，或者装卸物料未采取密闭或者喷淋等方式的，由环境保护行政主管部门处一万元以上十万元以下罚款，拒不改正的，责令停工整治或者停业整治；

（四）运输散装、流体物料撒漏造成扬尘污染的，由城市管理综合行政执法机关按照本市市容环境有关规定处罚。

第八十九条 违反本条例规定，造成一般或者较大大气污染事故的，由环境保护行政主管部门按照污染事故造成的直接损失的一倍以上三倍以下处以罚款；造成重大或者特大大气污染事故的，由环境保护行政主管部门按照污染事故造成的直接损失的三倍以上五倍以下处以罚款。对直接负责的主管人员和其他直接责任人员可以处上一年度从本企业事业单位取得收入百分之五十以下的罚款。

第九十条 违反本条例规定，拒不执行停产或者限产、停止工地土石方作业或者建筑物拆除施工等重污染天气应急措施的，由负有相应环境保护监督管理职责的部门处一万元以上十万元以下罚款。拒不执行机动车管控措施的，由公安机关依照有关规定予以处罚。

第九十一条 违反本条例规定，企业事业单位和其他生产经营者有下列行为之一，受到罚款处罚，被责令改正，拒不改正的，依法作出处罚决定的行政主管部门可以自责令改正之日的次日起，按照原处罚数额按日连续处罚：

（一）超过污染物排放标准或者超过重点大气污染物排放总量控制指标，排放大气污染物的；

（二）通过偷排、篡改或者伪造监测数据等逃避监管的方式，排放大气污染物的；

（三）未依法取得排污许可证排放大气污染物的；

（四）施工现场未采取设置围挡、苫盖、道路硬化、喷淋、冲洗等防治扬尘污染措施，或者未使用专用车辆密闭运输散装、流体物料的；

（五）在施工工地现场搅拌混凝土、砂浆的；

（六）存放煤炭、煤矸石、煤渣、煤灰、矿粉、砂石、灰土等易产生扬尘的散体物料堆场，未采取密闭贮存、设置围挡或者防风抑尘网等有效措施防止扬尘的，或者装卸物料未采取密闭或者喷淋等方式的。

第九十二条 对处以按日连续处罚的企业事业单位和其他生产经营者，自决定按日连续处罚之日起七日内，由环境保护行政主管部门或者作出行政处罚决定的行政主管部门约谈其主要负责人，并向社会公开约谈情况、整改措施及结果。

第九十三条 违反本条例规定，企业事业单位和其他生产经营者有下列行为之一，尚不构成犯罪的，除按照有关法律、法规规定予以处罚外，由环境保护行政主管部门移送公安机关，对其直接负责的主管人员和其他直接责任人员，由公安机关依照法律规定处以拘留：

（一）建设项目未依法进行环境影响评价，被责令停止建设，拒不执行的；

（二）违反法律规定，未取得排污许可证排放污染物，被责令停止排污，拒不执行的；

（三）通过偷排、篡改或者伪造监测数据等逃避监管的方式，排放大气污染物的。

第九十四条 环境保护行政主管部门和其他负有大气环境保护监督管理职责的部门在大气污染防治工作中，有下列行为之一的，由任免机关或者监察机关按照管理权限，对直接负责的主管人员和其他直接责任人员依法给予行政处分；构成犯罪的，依法追究刑事责任：

（一）违法作出行政许可决定的；

（二）接到对污染大气环境行为的举报或者其他部门移送违法案件，不依法查处或者泄露举报人信息的；

（三）违反规定不公开大气环境相关信息的；

（四）有滥用职权、玩忽职守、徇私舞弊的其他行为的。

第十一章 附 则

第九十五条 本条例所称高污染燃料，是指原（散）煤、煤矸石、粉煤、煤泥、燃料油（重油和渣油）、石油焦、各种可燃废物等；燃料中污染物含量超过国家相关限值的固硫蜂窝型煤、轻柴油、煤油和人工煤气。

本条例所称非道路移动机械，是指不在道路上行驶的以汽油或者柴油为燃料的施工工程机械、农业机械等机械，如拖拉机、打桩机、发电机等。

第九十六条 本条例规定的行政处罚，由市人民政府负有大气污染防治行政执法职责的部门根据公平公正、过罚相当的原则，制定行政处罚自由裁量基准，并向社会公布。

第九十七条 本条例自2015年3月1日起施行。2002年7月18日天津市第十三届人民代表大会常务委员会第三十四次会议通过、2004年11月12日天津市第十四届人民代表大会常务委员会第十五次会议修正的《天津市大气污染防治条例》同时废止。

天津市海洋环境保护条例

（2018年9月29日修订）

（2012年2月22日天津市第十五届人民代表大会常务委员会第三十次会议通过　根据2015年11月27日天津市第十六届人民代表大会常务委员会第二十二次会议《关于修改〈天津市海洋环境保护条例〉的决定》第一次修订　根据2017年12月22日天津市第十六届人民代表大会常务委员会第四十次会议《关于修改部分地方性法规的决定》第二次修订　根据2018年9月29日天津市第十七届人民代表大会常务委员会第五次会议《关于修改部分地方性法规的决定》第三次修订）

第一章　总　则

第一条　为了保护和改善海洋环境，促进经济和社会的可持续发展，根据《中华人民共和国海洋环境保护法》等法律、行政法规，结合本市实际，制定本条例。

第二条　在本市管辖海域内从事航行、勘探、开发、工程建设、生产、旅游、科学研究及其他活动，以及在本市沿海陆域内从事影响海洋环境活动的单位和个人，必须遵守本条例。

在本市管辖海域以外从事前款规定的活动，造成本市管辖海域污染和海洋生态破坏的，按照国家有关规定和本条例执行。

第三条　市人民政府统一领导海洋环境保护工作，将海洋环境保护工作纳入本市国民经济和社会发展规划和年度计划。采取有利于海洋环境保护的政策和措施，使海洋环境保护工作同经济和社会发展相协调。

第四条　本市按照国家有关规定，在重点海洋生态功能区、生态环境敏感区和脆弱区等海域划定生态保护红线，实行严格保护。

第五条　市海洋行政主管部门负责本市管辖海域内海洋环境的监督管理，组织海洋环境保护和海洋生态修复，组织海洋环境的调查、监测、监视、评价和科学研究，负责海洋自然保护区和海洋特别保护区的保护和管理，负责海洋工程建设项目、海洋倾倒废弃物以及其他海洋开发利用活动对海洋污染损害的防治工作。

市环境保护行政主管部门对本市的海洋环境保护工作实施指导、协调和监督，负责本市陆源污染物和海岸工程建设项目对海洋污染损害的防治工作。

海事管理机构负责所辖港区水域内非军事船舶和所辖港区水域外非渔业、非军事船舶污染海洋环境的监督管理，并负责污染事故的调查处理；对在其管辖海域航行、停泊和作业的外国籍船舶造成的污染事故登轮检查处理。船舶污染事故给渔业造成损害的，市渔业行政主管部门应当参与调查处理。

市渔业行政主管部门负责本市渔港水域内非军事船舶和渔港水域外渔业船舶污染海洋环境的监督管理，负责渔业水域生态环境保护工作，调查处理依法由海事管理机构调查处理的污染事故以外的渔业污染事故。

市水务、交通港口等行政管理部门应当按照职责分工做好海洋环境保护工作。

第六条 海洋环境保护应当坚持科学规划、海陆统筹、预防为主、防治结合的原则，建立海洋资源开发与生态环境保护、海洋环境整治与陆源污染控制相结合的海洋环境保护机制。

第七条 市和滨海新区人民政府应当将海洋环境保护所需经费纳入同级财政预算，并根据经济社会发展状况逐步加大资金投入。

本市鼓励多渠道筹措资金，用于海洋环境保护和海洋生态修复。

第八条 本市鼓励海洋环境保护科技创新、海洋资源综合利用，推行清洁生产，防止污染海洋环境。

第九条 市和滨海新区人民政府及其有关部门应当加强海洋环境保护宣传教育，提高公民海洋环境保护意识。

对在保护、改善海洋环境，举报、制止海洋环境污染中做出突出成绩的单位和个人，有关部门应当给予奖励。

第二章 海洋环境监督管理

第十条 市海洋行政主管部门应当会同市环境保护、发展改革等有关部门和滨海新区人民政府，根据国家和本市海洋功能区划、全国海洋环境保护规划和重点海域区域性海洋环境保护规划，组织编制本市海洋环境保护规划，报市人民政府批准后实施。

第十一条 市海洋行政主管部门根据本市海洋环境质量状况和经济技术条件，对国家海洋环境质量标准中未作规定的项目，拟定本市海洋环境质量标准，报市人民政府批准后实施。

第十二条 市海洋行政主管部门根据国家环境监测、监视规范和标准，统一组织本市管辖海域的海洋环境监测、监视，定期评价海洋环境质量，发布海洋环境质量公报。

市海洋行政主管部门会同有关部门组织建立本市海洋环境监测、监视网络，实现本市海洋环境监测、监视资料的信息共享。

第十三条 市海洋行政主管部门应当对管辖海域定期组织海洋环境调查评价。调查评价内容主要包括：海洋生物资源、海洋生态状况，以及重点海域、主要入海河流污染物排放等基本情况。

第十四条 市海洋行政主管部门应当会同有关部门制定本市重大海洋环境污染事故应急预案和风暴潮、海浪、海冰、海啸、赤潮等突发性海洋自然灾害应急观测、预报、预警预案，报市人民政府批准后实施。

可能发生重大海洋环境污染事故的单位，应当按照国家有关规定，制定海洋环境污染事故应急方案，配备应急设施，并将应急方案报市海洋行政主管部门、市环境保护行政主管部门备案。

第十五条 因发生事故或者其他突发事件，造成或者可能造成海洋环境污染的，当事人必须立即启动应急方案，及时采取处理措施，并向可能受到危害者通报，同时立即向依照本条例规定行使海洋环境监督管理权的部门报告，接受调查处理。

行使海洋环境监督管理权的部门，接到海洋环境污染事故报告后，必须根据情况采取有效措施，解除或者减轻危害。

第十六条 发生重大海洋环境污染事故和风暴潮、海浪、海冰、海啸、赤潮等突发性海洋自然灾害时，市海洋行政主管部门必须立即向市人民政府报告，并及时启动应急预案。

第十七条 依照本条例行使海洋环境监督管理权的部门，对海上污染事故或者违反本条例规定的行为，应当及时予以制止并调查取证，采取有效措施防止污染事态扩大，并依法进行处理。

第三章 海洋生态保护

第十八条 本市建立海洋生态保护补偿制度。

开发利用海洋资源，应当根据海洋功能区划合理布局，严格遵守生态保护红线，不得造成海洋生态环境破坏。

第十九条 市和滨海新区人民政府应当采取有效措施保护滨海湿地、淤泥质海岸、入海河口、重要渔业水域等典型性海洋生态系统，保护海洋生物多样性。

第二十条 本市鼓励单位和个人在适宜的海域投资建设人工鱼礁和实施近海人工资源增殖放流活动。人工鱼礁建设和近海人工资源增殖放流活动应当符合国家和本市海洋功能区划和技术规范。

渔业行政主管部门应当加强对人工鱼礁礁区和近海人工资源增殖放流活动的监督管理和生态监测。

第二十一条 渔业行政主管部门应当根据海洋功能区划，确定用于渔业养殖的海域，定期对养殖海域海洋环境质量进行监测。

第二十二条 引进海洋动植物物种的，应当经过科学论证，并按照有关法律、法规规定报有关部门批准。经批准引进的海洋动植物物种，应当先在指定区域进行完全可控制的试验。发现可能造成海洋生态危害的，应当及时采取有效措施，消除危害。

市海洋、渔业行政主管部门应当对引进的海洋动植物物种组织跟踪观察，发现可能对海洋生态系统造成危害的，应当及时采取措施，避免危害的发生或者减轻、消除危害。

第四章 海洋环境污染防治

第二十三条 本市按照国家规定执行重点海域排污总量控制制度。

市海洋行政主管部门应当会同市环境保护、发展改革等部门，根据海洋功能区划和海洋环境容量，制定本市海域主要污染物排海总量控制指标，报市人民政府批准后实施。

第二十四条 设置入海排污口或者向海域排放陆源污染物的，应当符合海洋功能区划和海洋环境保护规划。向海域排放陆源污染物的种类、数量和浓度等，必须严格执行国家或者本市规定的标准和有关规定。

市海洋行政主管部门、环境保护行政主管部门，应当按照海域排污总量控制要求，加强对入海排污口和陆源污染物排海的监督。

第二十五条 市海洋行政主管部门在审批海洋工程建设项目时，应当审查入海直排口、污水离岸排放工程排污口设置是否符合海洋功能区划和海洋环境保护规划。

第二十六条 在海洋自然保护区、海洋特别保护区、重要渔业水域、盐场保护区、海滨旅游度假区和其他需要特别保护的区域，不得新建排污口。

第二十七条 临海工业园区必须建设污水集中处理设施，实行污水集中处理，达标排放。

临海的宾馆、饭店、旅游场所产生的污水，其所在区域未建污水集中处理设施的，必须自行设置污水处理设施进行处理，达标排放。

第二十八条 填海、围海工程使用的填充材料，应当符合有关环境保护标准，不得使用有毒有害材料。

第五章 海洋环境影响评价

第二十九条 新建、改建、扩建海岸工程或者海洋工程建设项目，必须按照国家有关规定，进行环境影响评价。

第三十条 海岸工程建设项目环境影响评价文件，应当报环境保护行政主管部门审查批准。环境保护行政主管部门在批准海岸工程建设项目环境影响评价文件前，必须征求海洋、海事、渔业行政主管部门的意见。

海洋工程建设项目环境影响评价文件，除应当由国家海洋行政主管部门审查批准的之外，由市海洋行政主管部门审查批准。市海洋行政主管部门在批准海洋工程建设项目环境影响评价文件前，必须征求海事、渔业行政主管部门的意见。

对超过主要污染物排海总量控制指标的重点海域和未完成海洋环境保护目标、任务的海域，市环境保护行政主管部门、海洋行政主管部门，根据职责分工暂停审批新增相应种类污染物排放总量的建设项目环境影响评价文件。

环境保护行政主管部门、海洋行政主管部门在批准海岸工程、海洋工程建设项目环境影响评价文件前，涉及军事用海的，还必须征求军队环境保护部门的意见。

第三十一条 海岸工程、海洋工程建设项目的环境影响评价文件经批准后，建设项目的性质、规模、地点、采用的生产工艺或者防治污染、防止生态破坏的措施发生重大变动的，建设单位应当重新报批建设项目的环境影响评价文件。

海岸工程、海洋工程建设项目的环境影响评价文件自批准之日起超过五年后开工建设的，其环境影响评价文件应当报原审批部门重新审核。

第三十二条 市海洋行政主管部门在批准海洋工程建设项目环境影响评价文件前，应当征求有关单位、专家和公众的意见，必要时可以举行听证会听取意见。

第三十三条 市海洋行政主管部门在审查海洋工程环境影响评价文件时，发现实施海洋工程等可能导致海洋生态环境改变的，应当要求申请单位采取补救措施，保护海洋生态环境。

第三十四条 本市严格控制填海、围海工程。因建设需要确需填海、围海的，市海洋行政主管部门在审查海洋工程建设项目环境影响评价文件时，必须举行听证会听取意见。

第三十五条 填海、围海工程确需在海域内取土的，应当经过科学论证，并严格按照规定海域范围取土。

禁止在海洋生物的自然产卵场、繁殖场、索饵场和鸟类栖息地取土。

第三十六条 拆除废弃的海洋工程构筑物和附属设施，应当由建设单位或者使用者向市海洋行政主管部门申请，经批准拆除的，施工单位应当编制拆除活动的环境保护方案，并采取保护措施，防止对海洋环境造成污染和损害。

第三十七条 从事海岸工程、海洋工程建设项目环境影响评价工作的单位和技术人员，应当依法取得相应的环境影响评价资质证书和资格证书。

第六章 法律责任

第三十八条 违反本条例规定的行为，法律、行政法规和本市其他地方性法规已有处罚规定的，从其规定。

第三十九条 违反本条例第十四条第二款规定，可能发生重大海洋环境污染事故的单位，未制定应急方案或者未配备必要应急设施的，由行使海洋环境监督管理权的部门责令其限期制定，并可予以通报。未按规定采取应急预防措施，导致发生一般或者较大海洋环境污染事故的，按照直接损失的百分之二十处以罚款；对造成重大或者特大海洋环境污染事故的，按照直接损失的百分之三十处以罚款；对直接负责的主管人员和其他直接责任人员可以处上一年度从本单位取得收入百分之五十以下的罚款；直接负责的主管人员和其他直接责任人员属于国家工作人员的，依法给予处分。

对严重污染海洋环境、破坏海洋生态，构成犯罪的，依法追究刑事责任。

第四十条 违反本条例第二十八条规定，使用有毒有害的材料进行填海、围海的，由市海洋行政主管部门责令其停止施工、限期改正、采取补救措施，直至消除污染危害，并处以五万元以下罚款；造成海洋环境污染事故，直接负责的主管人员和其他直接责任人员构成犯罪的，依法追究刑事责任。

第四十一条 违反本条例第三十五条规定，未严格按照规定海域范围取土的，由市海洋行政主管部门责令其停止施工、限期改正、采取补救措施，并处以五万元以上二十万元以下罚款。

第四十二条 因工程建设、石油开采、海上运输、排放污染物、倾倒废弃物发生污染事故，造成海洋生态、海洋水产资源、海洋保护区损害的，由依照本条例行使海洋环境监督管理权的部门向责任者提出损害赔偿要求，所得赔偿款用于海洋生态保护修复和海洋水产资源养护。

因海洋环境污染事故造成单位和个人损害的，受害人有权依法要求责任者承担赔偿责任。

第四十三条 行使海洋环境监督管理权的部门有下列行为之一的，对直接负责的主管人员和其他直接责任人员依法给予处分；构成犯罪的，依法追究刑事责任；给当事人造成损害的，依法给予赔偿：

（一）发生风暴潮、海浪、海冰、海啸、赤潮等海洋自然灾害未及时报告，造成严重危害的；

（二）对海上污染事故或者违反本条例规定的行为，未依法予以制止或者采取措施，造成严重后果的；

（三）未按规定审批或者核准海岸工程、海洋工程建设项目环境影响评价文件的；

（四）未依法履行职责，造成海洋生态严重破坏的；

（五）其他滥用职权、玩忽职守的行为。

第七章　附　则

第四十四条 本条例自 2012 年 5 月 1 日起施行。市人民政府 1996 年 1 月 9 日发布的《天津市海域环境保护管理办法》（市人民政府令第 54 号）同时废止。

天津市海域使用管理条例

（2018年9月29日修订）

（2007年11月15日天津市第十四届人民代表大会常务委员会第四十次会议通过　根据2010年9月25日天津市第十五届人民代表大会常务委员会第十九次会议《关于修改部分地方性法规的决定》第一次修订　根据2012年5月9日天津市第十五届人民代表大会常务委员会第三十二次会议《关于修改部分地方性法规的决定》第二次修订　根据2016年3月30日天津市第十六届人民代表大会常务委员会第二十五次会议《关于修改部分地方性法规的决定》第三次修订　根据2016年7月29日天津市第十六届人民代表大会常务委员会第二十七次会议《关于修改部分地方性法规的决定》第四次修订　根据2018年9月29日天津市第十七届人民代表大会常务委员会第五次会议《关于修改部分地方性法规的决定》第五次修订）

第一章　总　则

第一条　为了加强海域使用管理，维护国家海域所有权和海域使用权人的合法权益，保障海域的合理开发和可持续利用，促进天津滨海新区开发开放，根据《中华人民共和国海域使用管理法》，结合本市实际情况，制定本条例。

第二条　在本市行政区域毗邻海域持续使用特定海域三个月以上排他性使用海域活动和不足三个月临时排他性使用海域活动，以及海域使用的监督管理，应当遵守本条例。

第三条　市海洋行政主管部门负责本市海域使用的统一监督管理。

第四条　海域使用必须符合国家和本市海洋功能区划，遵循统一规划、节约使用、合理开发和治理保护相结合的原则。

海域使用必须遵守海洋环境保护的法律、法规，严格保护海洋资源，防治污染损害，维护海洋生态平衡。

第二章　海洋功能区划和海域使用规划

第五条　本市严格实行海洋功能区划和海域使用规划制度。

第六条　市海洋行政主管部门会同有关部门依法编制本市海洋功能区划，经市人民政府审核同意后，报国务院批准。

市人民政府应当自国务院批准本市海洋功能区划之日起二十日内向社会公布，涉及国家秘密的部分除外。

第七条 经国务院批准的本市海洋功能区划，因天津滨海新区开发开放需要进行修改的，由市海洋行政主管部门提出修改方案，经市人民政府审核同意后，报国务院批准。

第八条 市海洋行政主管部门会同有关部门根据本市城市总体规划和海洋功能区划编制海域使用规划，报市人民政府批准后实施。

编制海域使用规划，应当坚持总量控制和可持续利用的原则，科学安排各类海域使用。

第九条 市海洋行政主管部门应当根据海岸线的变化，按照国家有关规定和标准，适时组织海岸线的修测，将海岸线修测成果报市人民政府批准。

第三章 海域使用申请和审批

第十条 建设项目需要使用海域的，应当向市海洋行政主管部门提出海域使用申请，市海洋行政主管部门应当依据海洋功能区划、海域使用论证报告及专家评审意见进行预审，并出具用海预审意见书。

项目审批主管部门在对使用海域的建设项目进行审批、核准或者备案时，应当将市海洋行政主管部门的用海预审意见书作为立项受理要件。

第十一条 单位和个人申请海域使用权，应当向市海洋行政主管部门提交下列材料：

（一）申请书；

（二）相关的资信证明；

（三）海域使用的论证材料；

（四）海洋环境影响评价报告的批复文件；

（五）法律、法规规定的其他材料。

申请建设项目海域使用权，还应当提交项目审批主管部门批准、核准或者备案的材料。

申请底播养殖项目海域使用权，不提供海域使用论证材料。

第十二条 下列使用海域项目，申请人应当提交海域使用论证报告书：

（一）国家和本市重大建设项目；

（二）填海、围海和建设非透水性海上人工构筑物等改变海域自然属性的项目；

（三）影响海洋功能区划主导功能的项目；

（四）涉及港口、航道等海上交通安全的项目；

（五）涉及国防安全、自然保护区、特别保护区的项目。

前款规定以外使用海域的项目，申请人应当提交海域使用论证报告表。

第十三条 申请人可以按要求自行编制海域使用论证报告，也可以委托有关机构编制。

海域使用论证单位应当按照国家有关规定和标准，科学、客观、公正地进行海域使用论证，并对论证结论负责。

第十四条 对申请材料齐全、符合法定形式的海域使用申请，市海洋行政主管部门应当出具海域使用申请受理书面凭证；对不符合受理条件的，应当自接到申请之日起五日内通知申请人并说明理由。

第十五条 市海洋行政主管部门受理海域使用申请后，应当征求有关部门意见，在法定期限内按照海洋功能区划和海域使用规划提出审核意见，并按照法定审批权限报市人民政府批准，或者经市人民政府签署意见后报国务院海洋行政主管部门审核。

第十六条 申请海域使用有下列情形之一的，不予批准：

（一）不符合海洋功能区划和海域使用规划的；

（二）严重影响海洋环境的；

（三）造成航道、港区、入海河口的淤积、堵塞，严重影响海上交通安全和港口作业的；

（四）导致岸滩侵蚀或者危害海岸工程安全和行洪排涝的；

（五）影响军事管理区、国防设施安全的；

（六）法律、法规禁止的其他情形。

第四章 海域使用权

第十七条 海域使用权可以通过申请取得，也可以通过招标、拍卖或者挂牌等出让方式取得。

海域使用权招标、拍卖或者挂牌的方案，由市海洋行政主管部门拟定，征求有关部门的意见，报市人民政府批准后组织实施。

第十八条 海域使用申请依法批准后，市海洋行政主管部门应当在十日内书面通知申请人。

申请人在收到书面通知后，应当按照规定缴纳海域使用金，进行海域使用权登记，领取海域使用权证书。

第十九条 市海洋行政主管部门应当在颁发海域使用权证书后二十日内向社会公告。单位和个人需要查询的，市海洋行政主管部门应当提供方便。

第二十条 海域使用权期限届满需要续期的，海域使用权人应当按照国家有关规定向市海洋行政主管部门提出续期申请。市海洋行政主管部门应当在海域使用权期限届满前向海域使用人作出提示。

第二十一条 海域使用权的内容发生变更的，海域使用权人应当向原登记机关办理变更登记手续。

第二十二条 缴纳海域使用金取得的海域使用权，可以转让、出租、抵押、作价入股和继承。

法律规定免缴或者经批准免缴、减缴海域使用金的海域使用权，不得擅自转让、出租、抵押或者作价入股。

转让海域使用权的，应当符合法律、行政法规的规定。

第二十三条 法律规定免缴海域使用金的，其使用的海域不得用于经营性活动。

经批准免缴或者减缴海域使用金的，其使用的海域不得用于批准以外的其他经营性活动。

第二十四条 有下列情形之一的，市海洋行政主管部门依法无偿收回海域使用权，并直接办理注销登记：

（一）海域使用权期限届满，未申请续期或者申请续期未获批准的；

（二）无正当理由闲置海域满一年的；

（三）法律、法规规定应当依法无偿收回海域使用权的其他情形。

第二十五条 因公共利益、国家安全和天津滨海新区开发建设的需要，提前收回海域使用权的，应当按照国家和本市有关规定对海域使用权人给予补偿。

第二十六条 海域使用权人填海、围海和建设非透水性海上人工构筑物等海洋工程项目，应当严格按照海域使用权批准的界址和面积进行设计、施工，工程项目的边界不得超过批准的海域使用界址线。

第二十七条 填海、围海和非透水性海上人工构筑物等海洋工程项目竣工后十日内，海域使用权人应当向市海洋行政主管部门提出海域使用验收申请，提交下列材料：

（一）海域使用权证书；

（二）工程项目监理报告、工程建设验收报告；

（三）海洋工程项目设计图纸；

（四）其他需要提供的文件、资料。

市海洋行政主管部门在收到验收申请后应当按照国家有关规定组织验收。

第二十八条 市海洋行政主管部门组织专家和有关部门对下列内容进行验收：

（一）海洋工程项目竣工后实际界址、面积调查情况，与批准界址和面积的对比分析；

（二）填海区周边海域地形地貌和水动力变化情况分析；

（三）海域使用论证报告和海洋环境影响评价报告中的相应管理措施落实情况；

（四）其他需要验收的事项。

经验收合格的，市海洋行政主管部门出具海域使用验收文件。经验收不合格的，市海洋行政主管部门出具限期整改通知；海域使用权人经整改后，重新提出验收申请。

第二十九条 填海项目竣工后形成的土地，属于国家所有。

海域使用权人应当在验收合格后三个月内，凭市海洋行政主管部门出具的海域使用验收文件、海域使用权证书，办理土地登记。

第五章 临时使用海域

第三十条 不足三个月临时排他性使用特定海域的，海域使用人应当向市海洋行政主管部门提出申请，办理临时海域使用证。

办理临时海域使用证的，应当提交下列材料：

（一）申请书；

（二）资信证明；

（三）海域使用界址图；

（四）其他相关材料。

第三十一条 市海洋行政主管部门应当自接到申请之日起在十日内完成审核。同意临时使用海域的，核发临时海域使用证；不同意临时使用海域的，书面通知申请人并说明理由。

第三十二条 临时使用海域不得改变用途，不得转让、出租和抵押。

临时使用海域期限届满，原海域使用人应当拆除临时使用海域的设施和构筑物，恢复原状。

第六章 海域使用金

第三十三条 依法取得海域使用权的单位和个人，应当缴纳海域使用金。海域使用金由市海洋行政主管部门代为征收并上缴财政。

第三十四条 填海、围海和建设非透水性海上人工构筑物等海洋工程项目的海域使用金，应当一次性缴纳。因特殊情况一次性缴纳确有困难的，经市海洋行政主管部门批准可以分期缴纳，分期缴纳期限最长不得超过项目用海的施工期限。

第三十五条 经批准减缴海域使用金的使用海域项目，其使用的海域进行转让、出租或者作价入股的，必须补缴减缴部分的海域使用金。

第三十六条 招标、拍卖或者挂牌方式出让海域使用权，其出让底价不得低于国家规定的海域使用金标准。

第三十七条 经营性临时使用海域的，应当按照市人民政府有关规定缴纳海域使用金。

第七章 法律责任

第三十八条 违反本条例第十三条规定，海域使用论证单位弄虚作假造成论证报告失实的，由市海洋行政主管部门没收违法所得，并可处以十万元以上三十万元以下的罚款；报由国家海洋行政主管部门对其资质进行处理。

第三十九条 违反本条例第二十三条规定，擅自将免缴、减缴海域使用金的使用海域项目用于经营性活动或者用于批准以外的其他经营性活动的，由市海洋行政主管部门责令停止违法活动，没收违法所得，并处以该海域面积应缴纳海域使用金一倍以上二倍以下的罚款；拒不改正的，处以该海域面积应缴纳海域使用金三倍以上五倍以下的罚款，由颁发海域使用权证书的海洋行政主管部门收回其海域使用权。

第四十条 违反本条例第二十六条规定，海域使用权人填海、围海和建设非透水构筑物等海洋工程项目使用海域边界超过批准的海域使用界址线的，由市海洋行政主管部门责令退还非法占用的海域、恢复海域原状、没收违法所得，并处非法占用海域期间内该海域面积应缴海域使用金十倍以上二十倍以下的罚款。

第四十一条 违反本条例第三十二条第二款规定，不拆除临时使用海域的设施和构筑物的，由海洋行政主管部门责令限期拆除；逾期拒不拆除的，处以一万元以上五万元以下的罚款，并由作出处罚的机关委托有关单位代为拆除，所需费用由原海域使用人承担。

第四十二条 违反本条例规定，海域使用权人未按期缴纳海域使用金的，由市海洋行政主管部门责令限期补缴海域使用金。

第四十三条 当事人对具体行政行为不服的，可以依法申请行政复议或者向人民法院起诉；逾期不申请复议、不起诉又不履行的，由海洋行政主管部门申请人民法院强制执行。

第四十四条 海洋行政主管部门及其工作人员玩忽职守、徇私舞弊、滥用职权的，由其所在单位或者上级主管部门依法给予行政处分；构成犯罪的，依法追究刑事责任。

第八章　附　则

第四十五条 本条例自 2008 年 4 月 1 日起施行。市人民政府 1999 年 11 月 5 日发布的《天津市海域使用管理办法》，同时废止。

天津市湿地保护条例

（自 2016 年 10 月 1 日起施行）

（2016 年 7 月 29 日天津市第十六届人民代表大会常务委员会第二十七次会议通过 自 2016 年 10 月 1 日起施行）

第一章　总　则

第一条　为了加强湿地保护，维护湿地生态功能和生物多样性，促进湿地资源可持续利用，保护和改善生态环境，建设生态宜居城市，根据有关法律、法规，结合本市实际，制定本条例。

第二条　本市行政区域内的湿地保护、管理和利用等活动，适用本条例。

第三条　本条例所称湿地，是指常年或者季节性积水地带、水域和低潮时水深不超过六米的海域，包括沼泽湿地、湖泊湿地、河流湿地、滨海湿地等自然湿地，以及重点保护野生动物栖息地或者重点保护野生植物的原生地等人工湿地。

第四条　本市对湿地实行统筹规划、保护优先、科学恢复、合理利用和可持续发展的原则。

第五条　市和区县人民政府应当加强对湿地保护工作的领导，将湿地保护纳入本级国民经济和社会发展规划，保障湿地保护的资金投入。

第六条　本市实行综合协调、分部门实施的湿地保护管理体制。市农业行政主管部门负责全市湿地保护的综合协调工作。

市林业行政主管部门、区县林业行政主管部门或者区县人民政府指定的部门负责本行政区域内湿地保护的组织、协调、指导和监督。

市容园林、水务、海洋等行政主管部门按照职责，具体负责湿地保护管理工作。

发展改革、财政、规划、国土房管、建设、环保、旅游等部门，依照职责分工，配合有关部门做好湿地保护相关工作。

第七条　市和区县人民政府及其有关部门、新闻媒体应当加强湿地保护宣传教育，提高公众保护湿地意识。

第八条　本市支持湿地保护的科学研究，应用、推广研究成果，提高湿地保护和湿地修复水平。

第九条　保护湿地是全社会的共同责任。公民、法人和其他组织都有保护湿地的义务，有权对破坏、非法侵占湿地资源的行为进行检举或者控告。

鼓励公民、法人和其他组织以志愿服务等多种形式参与湿地保护活动。

第二章　规划与名录

第十条　市农业行政主管部门应当会同发展改革、规划、国土房管、环保、市容园林、水务、旅游、海洋等行政主管部门编制全市湿地保护规划，报市人民政府批准后实施。

区县林业行政主管部门或者区县人民政府指定的部门应当会同有关部门，根据全市湿地保护规划编制本区县的湿地保护规划，报本级人民政府批准后组织实施。

第十一条　湿地保护规划应当明确目标任务、总体布局、保护范围、保护内容、保护措施等，并与土地利用总体规划相衔接，与城乡建设规划、海洋功能区划、水资源规划、渔业水域滩涂规划、主体功能区划相协调。

编制湿地保护规划，应当采取座谈会、论证会、听证会等多种形式，广泛听取各方面意见。

调整湿地保护规划，应当按照编制的程序广泛听取意见，并经市或者区县人民政府批准。

第十二条　本市对湿地实行分级保护管理。按照湿地保护规划和湿地生态功能、生物多样性的重要程度等，将湿地分为国家重要湿地、市级重要湿地和一般湿地。

本市永久性保护生态区域内的湿地，应当纳入重要湿地予以保护。

第十三条　本市对重要湿地实施名录管理。本市重要湿地名录包括国家重要湿地和市级重要湿地。

市级重要湿地由市林业行政主管部门会同国土房管、市容园林、水务、海洋等部门提出，经专家论证，报市人民政府批准后列入名录管理。

本市重要湿地名录应当载明湿地的名称、地理位置、范围、保护级别、类型、主要保护内容与标准、责任单位、主管部门等事项。

第十四条　一般湿地由区县人民政府根据实际情况，参照本条例的有关规定实施保护。

第十五条　列入本市重要湿地名录的湿地，由市人民政府设立保护标志。禁止任何单位和个人擅自移动或者破坏湿地保护标志。

第十六条　本市重要湿地名录中已确定为自然保护区的湿地，依照国家有关自然保护区的规定进行保护。

第十七条　以保护湿地生态系统、合理利用湿地、开展湿地宣传教育和科学研究为目的，并可供开展生态旅游等活动的重要湿地，可以设立湿地公园。

设立湿地公园应当由市林业行政主管部门会同有关部门研究论证，予以认定。

第三章　监督与管理

第十八条　市林业行政主管部门应当对列入本市重要湿地名录的湿地定期组织开展保护情况的监测和评估，对保护措施落实情况、责任单位履行职责情况等进行监督检查，并向市人民政府进行年度报告。

区县人民政府应当定期组织对一般湿地保护情况的监督检查。

第十九条　市林业行政主管部门应当组织有关部门，每五年开展一次全市湿地资源调查，对湿地资源进行监测和评估，建立资源档案，并按照规定向社会公布调查情况。

第二十条　在列入本市重要湿地名录的湿地内从事科学研究、科普教育、生态旅游等活动的，应当遵守有关规定，符合湿地保护规划，不得超出湿地承载能力、改变湿地生态功能、破坏野生动植物生存环境。

第二十一条　在列入本市重要湿地名录的湿地内禁止从事下列活动：

（一）猎捕野生动物、采挖野生植物；

（二）挖砂、取土、开垦、围垦、烧荒；

（三）填埋、排干湿地；

（四）取用或者截断湿地水源；

（五）倾倒垃圾，排放生活污水、工业废水；

（六）引进外来物种；

（七）破坏湿地保护监测设施、设备；

（八）其他破坏湿地及其生态功能的活动。

从事前款所列活动，法律、法规另有规定的从其规定。

第二十二条　市和区县水行政主管部门在制定水资源开发利用规划和配置水资源时，应当兼顾湿地生态用水的需要，维护湿地的自然净化能力。在保障生活、生产用水的前提下，合理调配水资源，充分利用雨洪水和再生水，适时组织补水；在遇到旱情和汛情时，应当首先服从抗旱和防洪需要，同时兼顾湿地的恢复和再生条件。

第二十三条　湿地保护责任单位应当组织开展湿地有害生物监测，发现其对湿地生态系统造成危害的，应当及时采取措施消除危害，并报告有关行政主管部门。

第二十四条　市林业行政主管部门应当建立健全野生动物保护机制。湿地保护责任单位应当对受伤、受困的野生动物及时采取救护措施。

第二十五条　征收、征用或者占用列入本市重要湿地名录的湿地，应当经市人民政府批准。

第二十六条　本市建立湿地保护生态补偿机制，对列入本市重要湿地名录的湿地的保护，实行生态补偿。

第四章　法律责任

第二十七条　违反本条例第十五条规定，擅自移动或者破坏湿地保护标志的，由林业行政主管部门责令改正，可以并处一千元以上五千元以下罚款。

第二十八条 违反本条例第十七条第二款规定，未经认定擅自使用湿地公园名称的，由林业行政主管部门责令改正；拒不改正的，处五千元以上五万元以下罚款。

第二十九条 违反本条例第二十一条规定的，由有关行政主管部门依照相关法律、法规进行处罚。

第三十条 湿地保护的相关国家工作人员，滥用职权、玩忽职守、徇私舞弊，依法给予处分；构成犯罪的，依法追究刑事责任。

第五章 附 则

第三十一条 本条例自 2016 年 10 月 1 日起施行。

天津市市容和环境卫生管理条例

（2018年12月14日修订）

（2003年5月21日天津市第十四届人民代表大会常务委员会第三次会议通过　根据2005年10月20日天津市第十四届人民代表大会常务委员会第二十三次会议《关于修改〈天津市市容和环境卫生管理条例〉的决定》第一次修订　根据2012年5月9日天津市第十五届人民代表大会常务委员会第三十二次会议《关于修改部分地方性法规的决定》第二次修订　根据2018年12月14日天津市第十七届人民代表大会常务委员会第七次会议《关于修改〈天津市植物保护条例〉等三十二部地方性法规的决定》第三次修订）

第一章　总　则

第一条　为加强市容和环境卫生管理，创造和维护整洁、优美的市容环境，保障人民身体健康，促进经济发展和社会文明进步，根据有关法律、法规，结合本市实际情况，制定本条例。

第二条　本条例适用于本市中心城区和其他城市建成区、风景游览区以及其他实行城市化管理的区域。

其他实行城市化管理区域的具体范围由有关区人民政府划定并公布。

第三条　本市市容和环境卫生管理工作，实行统一领导、属地管理、分级负责、公众参与、社会监督的原则。

第四条　市市容和环境卫生行政管理部门主管本市市容和环境卫生工作，负责本条例的组织实施。

区市容和环境卫生行政管理部门在本级人民政府领导下，负责本行政区域内的市容和环境卫生管理工作。

天津经济技术开发区、天津港保税区的管理机构负责本辖区内的市容和环境卫生管理工作。天津新技术产业园区的管理机构负责华苑产业区的市容和环境卫生管理工作。

本条例规定的行政处罚按照规定的分工，由市市容和环境卫生行政管理执法机构和区集中行使城市管理行政处罚权的行政执法机构实施；尚未实行集中行使城市管理行政处罚权的区，由市容和环境卫生行政管理部门实施。

市容和环境卫生行政管理部门和集中行使城市管理行政处罚权的行政执法机构及其工作人员，应当严格依法行政，认真履行职责，自觉接受监督。

第五条 街道办事处、镇人民政府负责各自辖区内的市容和环境卫生管理工作，并履行下列职责：

（一）对驻街、镇市容和环境卫生管理机构、市容和环境卫生作业单位的工作进行组织、协调、监督和检查；

（二）开展有关市容和环境卫生法律、法规的宣传教育活动；

（三）督促单位和个人履行市容和环境卫生义务，组织驻街、镇的单位开展市容和环境卫生清整活动；

（四）指导居民委员会、村民委员会做好本居住区的市容和环境卫生工作；

（五）监督责任单位保持本责任区内市容环境的清洁和环境卫生公共设施的完好。

居民委员会、村民委员会应当组织本居住区居民、村民开展市容和环境卫生社区服务，协助街道办事处和镇人民政府做好环境卫生工作。

第六条 市和区人民政府应当把市容和环境卫生事业纳入国民经济和社会发展计划，完善市容和环境卫生设施，提供市容和环境卫生公共服务，保障市容和环境卫生事业必要的费用。

第七条 市市容和环境卫生行政管理部门应当根据本市市容和环境卫生事业发展需要，组织编制市容和环境卫生专业规划，经市规划管理部门综合平衡后纳入城市总体规划。

第八条 各级人民政府应当制定政策，鼓励、支持和引导单位和个人兴办市容和环境卫生服务企业，逐步实现市容和环境卫生服务的社会化、市场化和专业化。

第九条 市容和环境卫生行政管理部门和广播电视、新闻出版、文化、教育、科技等部门以及机场、车站、港口、旅游景点等公共场所经营或者管理单位，应当加强有关市容和环境卫生的法律、法规和科学知识的宣传，增强全社会维护市容和环境卫生的责任和意识。

第十条 维护市容和环境卫生，是全社会的共同责任。

任何单位和个人都有享受整洁优美市容环境的权利，同时负有维护市容和环境卫生、爱护市容和环境卫生设施的义务。

对在市容和环境卫生工作方面成绩显著的单位和个人，市和区人民政府应当给予表彰和奖励。

第二章　城市容貌管理

第十一条 市市容和环境卫生行政管理部门应当会同有关部门，根据国家的城市容貌标准，结合本市实际情况，制订本市城市容貌标准，报市人民政府批准后公布实施。

本市的城市容貌标准应当包括建筑景观、公共设施、环境卫生、园林绿化、夜景灯光设施、户外广告设施、公共场地等方面的要求。

第十二条 本市主要道路两侧和景观区域内的建筑物、构筑物及其他设施的所有者、使用者或者管理者应当按照城市容貌标准，对建筑物、构筑物和其他设施的外部进行清洗或者粉刷，保持容貌美观。违反规定的，责令限期改正。

在道路两侧和景观区域内，对建筑物外檐、构筑物、围墙和其他设施进行装修、改建、改变的，或者设置各类标志设施的，应当符合城市容貌标准，并到市容和环境卫生行政管理部门办理许可手续。市容和环境卫生行政管理部门应当在十五日内作出书面决定。

未经许可或者不按许可内容装修、改建、改变或者设置的，责令限期改正；逾期不改正的，处二千元以上二万元以下罚款。

第十三条 对道路两侧的建筑物、构筑物及其他设施进行街道综合整修的，市容和环境卫生行政管理部门应当按照城市容貌标准，制定街道综合整修方案和质量标准，并组织实施。

建筑物、构筑物和其他设施，由使用者负责整修，当事人另有约定的除外；用于居住的房屋，由房屋产权人负责整修，政府给予适当补贴。

在规定期限内不履行整修义务或者整修未达到规定标准的，责令限期改正。

第十四条 新建建筑物临街一侧，应当按要求设置透景或者半透景的围墙、栅栏、绿篱及花坛、草坪作为分界。

建筑物临街一侧的现有围墙不符合前款要求的，应当在街道综合整修时按照要求设置。违反规定的，责令限期改建或者拆除。

透景围墙内外应当保持环境整洁、美观。

第十五条 临时悬挂、设置标语或者其他宣传品的，应当符合城市容貌标准，并到市容和环境卫生行政管理部门办理许可手续。市容和环境卫生行政管理部门应当在三日内作出书面决定。经许可悬挂或者设置的，应当在许可的时间和范围内悬挂或者设置，并在期满后及时清除。未经许可或者不按许可内容悬挂、设置的，责令限期清除，并处五十元以上二千元以下罚款。

禁止违反前款规定在建筑物、构筑物和其他设施或者树木、居民楼道等处摆放、张贴、悬挂、刻划、涂写各种有碍城市容貌的标语、其他宣传品和其他物品。违反规定的，责令清除；拒不清除的，处五十元以上二千元以下罚款。市容和环境卫生行政管理部门应当组织有关单位及时清理或者覆盖。对妨害、破坏社会管理秩序的行为，由公安机关依法给予治安处罚。

街道办事处、镇人民政府应当在居民区内设置规范的专用告示栏供单位或者个人使用，并定期维护。

第十六条 任何单位和个人不得在道路两侧和公共场地堆放物品，搭建建筑物、构筑物或者其他设施。因建设等特殊需要临时堆放或者搭建的，应当符合城市容貌标准，并经市容和环境卫生行政管理部门同意。未经批准或者不按批准内容堆放物品的，责令限期改正；逾期不改正的，处五十元以上二千元以下罚款。未经批准或者不按批准内容搭建建筑物、构筑物或者其他设施的，责令限期拆除；逾期不拆除的，处二千元以上二万元以下罚款，并经市或者区人民政府批准强制拆除。

第十七条 禁止在居民区内的道路、绿地、空地、楼道、庭院等部位进行下列影响城市容貌的行为：

（一）堆放物品、丢弃废弃物；

（二）搭建建筑物、构筑物或者其他设施；

（三）从事摆卖、加工等经营活动。

有前款第（一）项行为的，责令限期清理；逾期不清理的，由街道办事处、镇人民政府组织物业管理服务企业或者环境卫生服务单位代为清理，所需费用由责任者承担；无责任者的，按无主物清理。有第（二）项行为的，责令限期拆除；逾期不拆除的，经区人民政府批准，强制拆除。有第（三）项行为的，责令限期改正；逾期不改正的，没收违法物品和工具，并处五十元以上二千元以下罚款。

第十八条 从事机动车辆清洗经营活动的，应当具备符合规范要求的经营场所和污水、污泥处理设施。违反规定的，责令停止经营，并可处一百元以上一千元以下罚款。

第十九条 禁止擅自占用道路和公共场所从事摆卖、生产、加工、修配、机动车清洗和餐饮等经营活动。违反规定的，没收其违法所得和非法财物，可以处五千元以下罚款。

第二十条 严格控制占路设置各类存车场。确有必要设置的，应当经有关部门批准。批准设置前，应当征得市容和环境卫生行政管理部门同意。

第三章　夜景灯光和户外广告设置管理

第二十一条 主干道路、商业街两侧的建筑物、构筑物和其他设施及广场、绿地，应当在规定期限内按照规划及标准设置夜景灯光照明设施。

第二十二条 夜景灯光照明设施按照下列规定设置：

（一）大中型构筑物、道路、桥梁、广场、花坛、绿地夜景灯光照明设施的设置，由电力、市政、园林等单位或者产权单位负责；

（二）沿街单位或者商店，以及经批准设置的经营性棚亭夜景灯光照明设施的设置，由经营者负责；非经营性的，由使用者负责；

（三）大中型公共建筑、风貌建筑上夜景灯光照明设施的设置，由使用单位负责；

（四）户外广告上夜景灯光照明设施的设置，由广告发布单位负责；

（五）非经营性灯光照明设施（含牌匾、字号、单位名称标识、公益性广告、标志性指示牌）由使用者负责。

不按规定设置或者设置的灯光照明设施不符合设置标准的，责令限期改正；逾期不改正的，处一千元以上一万元以下罚款。

第二十三条 新建、改建、扩建工程和外檐再装修工程按照城市容貌标准或者市人民政府的有关规定需要设置夜景灯光照明设施的，建设单位应当把夜景灯光照明设施列入设计方案，并与主体工程同时设计、施工和投入使用，所需费用列入工程总投资。违反规定的，责令限期改正；逾期不改正的，按照夜景灯光照明设施的设计造价一倍以上二倍以下处以罚款。

第二十四条　夜景灯光照明设施的产权人或者使用者应当保持设施功能完好，及时修复损坏的设施。违反规定的，责令限期改正；逾期不改正的，处三百元以上三千元以下罚款。

夜景灯光照明设施的产权人或者使用者不得擅自改变、移动、拆除夜景灯光照明设施。确需改变、移动、拆除的，应当符合城市景观灯光工程技术规范。未按照工程技术规范改变、移动、拆除的，责令恢复原状，并处三千元以上三万元以下罚款。

夜景灯光照明设施应当按照市市容和环境卫生行政管理部门规定的时间启闭。违反规定的，责令改正；拒不改正的，处三百元以上三千元以下罚款。

第二十五条　设置户外广告设施（含霓虹灯、招牌、标牌、电子显示牌、灯箱、公告栏、宣传栏、实物造型等）应当遵守各种安全技术规范，不得妨碍市政公共设施、道路交通设施的使用，不得损害城市容貌。

设置户外广告设施的，应当到市容和环境卫生行政管理部门办理许可手续。市容和环境卫生行政管理部门对符合下列条件的申请，应当在十五日内作出许可决定：

（一）符合户外广告设置规划，并与周围建筑、街景环境相协调；

（二）符合户外广告设置规范；

（三）采用新技术、新材料。

未经许可或者不按许可内容设置的，责令限期改正；逾期不改正的，予以强制拆除，并处二千元以上一万元以下罚款。

转让户外广告设施所有权的，应当向市容和环境卫生行政管理部门备案。

第二十六条　户外广告设施由广告设施所有者负责养护和维修，保持设施的安全、整洁和完好。违反规定的，责令限期改正，并可处五千元以下罚款；逾期不改正的，予以强制拆除。

第二十七条　在经营性户外广告设施上未发布商业广告满七日的，应当按照市容和环境卫生行政管理部门的要求发布公益性广告。违反规定的，责令限期改正；逾期不改正的，处一万元以下罚款。

第四章　环境卫生保洁管理

第二十八条　环境卫生保洁，应当达到国家和本市规定的环境卫生质量标准。

环境卫生作业人员应当严格遵守环境卫生质量标准和有关操作规范，避免因违章作业造成污染。

第二十九条　环境卫生保洁责任单位，按照下列规定确定：

（一）主次干道、支路、胡同里巷、楼群甬路由环境卫生作业单位负责；

（二）实行物业管理的住宅小区由物业管理服务企业负责；

（三）公共场地由经营单位或者管理单位负责；

（四）各类市场、存车场由开办单位负责；

（五）单位和个体经营者按照所在区人民政府划定的环境卫生保洁责任区，自行负责该区域的环境卫生保洁工作；

（六）在道路和公共场地举办各种宣传、咨询、展销等活动的，由主办单位负责。

不按规定履行保洁责任或者履行责任不符合国家和本市规定标准的，责令限期改正；逾期不改正的，处三百元以上三千元以下罚款。

第三十条 环境卫生保洁责任单位应当确定责任人，建立健全环境卫生保洁制度，及时履行保洁责任。

第三十一条 禁止下列影响环境卫生清洁的行为：

（一）随地吐痰、吐口香糖、便溺，乱倒粪便；

（二）乱扔烟蒂、纸屑、瓜果皮核以及各类包装废弃物等；

（三）乱倒、乱堆渣土、污泥或者其他废弃物，向道路、河道、公共场地上抛撒杂物、废弃物，由建筑物或者车辆向外抛掷杂物、废弃物。

违反前款第（一）项规定的，责令即时清除，并处五十元以上一百元以下罚款；违反第（二）项规定的，责令即时清除，并处十元以上五十元以下罚款；违反第（三）项规定的，责令限期清除，逾期不清除的，处五十元以上五百元以下罚款，其中单位违反此项规定的，处五百元以上五千元以下罚款。

第三十二条 运输车辆应当符合下列规定：

（一）严禁车轮带泥污染道路；

（二）运载垃圾、渣土、泥浆、沙石、煤炭和其他散体物料的，应当使用密闭运输工具；

（三）严禁运输车辆所载物沿途泄漏和散落。

违反前款第（一）、（三）项规定的，责令限期清除，并可按每平方米处五十元以下罚款；违反第（二）项规定的，责令限期改正，并可按每车处一百元以下罚款。

第三十三条 公园、绿地、花坛、道路绿化隔离带的环境卫生保洁，由养护单位负责。

有关单位或者个人进行植树、剪枝等作业时，应当遵守下列规定：

（一）当日清除余土，及时清运枯树和残枝等杂物；

（二）花坛、绿地、树穴周边的土面应当低于边沿侧石；

（三）施肥、移种花草、松土、除草、浇水时不得污染道路。

违反前款规定的，责令限期改正；逾期不改正的，处一千元以下罚款。

第三十四条 集贸市场内的环境卫生保洁工作，由市场开办单位负责，并应当遵守下列规定：

（一）设置与废弃物产生量相适用的废弃物容器，并做到废弃物日产日清、无满冒外溢；

（二）按照规划要求设置公共厕所，并保持公厕内卫生清洁；

（三）组织专人对市场内进行全天保洁，保持市场整洁有序；

（四）责成产生废弃物的经营者自备废弃物容器。

违反前款规定的，责令限期改正；逾期不改正的，处二千元以下罚款。

第三十五条 建设工程施工单位应当负责施工工地及周围环境的保洁工作，并遵守下列规定：

（一）临街工地设置实墙围挡，堆放工程渣土不得超过实墙围挡的高度，不得向建设工地外排放污水、污泥；

（二）不得擅自在建设工地围挡外堆放建筑垃圾、工程渣土和建筑材料，经批准占用道路堆放的应当码放整齐，散体、流体物料应当围挡存放；

（三）工地出入口处有防治车辆污染道路的措施；

（四）工地内设置符合规定要求的临时厕所，并保持清洁；

（五）工程竣工要及时对场地进行清整，达到地平场净。

违反前款规定的，责令限期改正；逾期不改正的，处五千元以上一万元以下罚款。

第三十六条 铺设、维修道路或者进行地下管线作业，应当遵守下列规定：

（一）作业现场设置围挡，挖掘的渣土堆放整齐；

（二）排放泥浆不得污染道路；

（三）及时清除余土和废弃物，恢复路面整洁。

违反前款规定的，责令限期改正；逾期不改正的，处五千元以下罚款。

第三十七条 掏挖下水道作业，应当使用容器装载污泥，及时清运，并清洗作业现场。违反规定的，责令限期改正；逾期不改正的，处一千元以下罚款。

第三十八条 建设工程竣工的，建设单位应当及时向有关保洁责任单位办理环境卫生保洁责任交接手续。

第三十九条 穿越城镇的公路、铁路和河道管理范围内的环境卫生保洁，由法律、法规或者市人民政府规定的责任单位负责，并应当达到国家和本市规定的环境卫生质量标准。违反规定的，责令限期改正；逾期不改正的，处二千元以下罚款。

第四十条 禁止在城区内饲养鸡、鸭、鹅、猪、羊、兔、驴、马、牛、骡、食用鸽以及其他影响市容和环境卫生的禽畜。与城区接壤地区的农业户饲养禽畜的，必须在规定的区域内圈养。违反规定的，责令限期改正；逾期不改正的，予以没收。

因科研、教学等特殊需要饲养禽畜的，应当按有关规定加强管理，不得影响市容和环境卫生。

养犬应当遵守本市养犬管理条例的有关规定。

饲养信鸽应当符合有关规定，具备相应条件，并采取措施，防止影响市容和环境卫生。饲养信鸽影响市容和环境卫生的，责令限期拆除鸽舍。

第五章　废弃物管理

第四十一条 收集、存放、运输和处理生活废弃物，应当遵守下列规定：

（一）按照市容和环境卫生行政管理部门规定的时间、地点、方式，倾倒和清运生活废弃物；

（二）生活废弃物不得与工业废弃物、危险废弃物、工程渣土混同存放、清运和处理；

（三）存放和清运生活废弃物，应当使用密闭容器。

违反前款第（一）项规定的，责令限期改正，逾期不改正的，处二千元以下罚款；违反第（二）项规定的，依照国家有关法律规定处罚；违反第（三）项规定的，责令限期改正，逾期不改正的，处二百元以下罚款。

第四十二条 生活废弃物应当实行袋装密闭收集，并逐步实行分类收集、贮存、运输和处置，推行合理利用和无害化处置。已实现供气、供暖的住宅楼，应当逐步封闭垃圾道。废旧电池等特殊废弃物应当单独存放和处置。

医疗废弃物必须严格按照国家法律、法规的规定收集、存放、运输、处理，不得与生活废弃物混同存放、清运、处理。

宾馆、饭店、饮食等行业所产生的废弃物，应当实行分类和袋装收集。违反规定的，责令限期改正；逾期不改正的，处五千元以下罚款。

第四十三条 装修房屋产生废弃物的，应当及时将废弃物运送到市容和环境卫生行政管理部门指定的地点，或者委托环境卫生服务单位有偿代为清运。

产生建筑垃圾的单位，应当按照国家有关规定，持申请书、施工证明文件到市容和环境卫生行政管理部门办理处置核准手续。市容和环境卫生行政管理部门应当自受理申请之日起七日内作出核准决定，颁发处置核准文件。未经核准或者不按核准内容处置的，责令限期改正；拒不改正的，按每车三百元处以罚款。

第四十四条 化粪池和储粪池应当定期疏通。粪便外溢时，市容和环境卫生行政管理部门应当组织有关单位及时清除、疏通，再分清责任，并由责任者承担有关费用。

第四十五条 标有“垃圾专用车”字样的城市生活废弃物运输专用车辆应当封闭、不得洒漏，在运输作业时公安交通管理部门应当在行驶路线和时间上提供便利，保障通行。

第六章　环境卫生设施管理

第四十六条 居民区、商业文化街、城镇道路、广场和商场、影剧院、体育场馆、车站、机场、港口、市场、公园、绿地以及其他群众活动频繁地区，应当设置环境卫生公共设施。

环境卫生公共设施的设置，主、次干道两侧和重点地区由市容和环境卫生行政管理部门负责；实行物业管理的居民区由物业管理服务企业负责；未实行物业管理的居民区由街道办事处、镇人民政府负责；其他地区由管理单位或者有关责任单位负责。

卫生保洁责任单位应当自行配置本责任区内的垃圾容器和废物箱。

违反规定，配置不符合要求或者不配置垃圾容器和废物箱的，责令限期改正。

第四十七条 环境卫生设施应当保持完好无损。坏损的，应当及时维修或者更新、重置。产权明确的，由产权单位负责；产权不明确的，由市容和环境卫生行政管理部门负责。违反规定的，责令限期改正。

原有设施不符合标准的，应当进行改造。

第四十八条 环境卫生设施应当由管理单位或者产权单位负责保持整洁卫生，定期消毒，达到环境卫生质量标准。违反规定的，责令限期改正。

第四十九条 新建、改建、扩建工程项目，必须按照环境卫生专业规划和环境卫生设施设置标准，配套建设和配置环境卫生设施，并与主体工程同时设计、同时施工、同时投入使用，所需经费列入建设项目总投资。违反规定的，责令限期改正；逾期不改正的，按照设施的设计造价一倍以上二倍以下处以罚款。

第五十条 禁止将环境卫生设施和附属物损毁、移动、停用、占用、拆除或者改变用途。违反规定的，责令恢复原状或者补建；拒不恢复原状或者补建的，处一千元以上三万元以下罚款，并按照重置价格赔偿损失。

环境卫生设施确需拆除的，应当持拆除方案，到市容和环境卫生行政管理部门办理许可手续。市容和环境卫生行政管理部门应当在法定期限内作出书面决定。经许可拆除的，申请人应当进行异地重建或者按照重置价格交纳补偿费用。补偿费用应当专款专用，不得挪作他用。

第七章 其他规定

第五十一条 市容和环境卫生行政管理部门及城市管理行政执法机构应当建立举报、投诉受理制度。

对损害城市容貌和环境卫生清洁的行为，任何单位和个人均有权制止，并可以向市容和环境卫生行政管理部门或者城市管理行政执法机构举报。接到举报的市容和环境卫生行政管理部门或者城市管理行政执法机构，应当指定专人依法及时查处，并将查处结果告知举报人。

第五十二条 市容和环境卫生行政管理部门、城市管理行政执法机构及其工作人员应当依法履行管理职责，及时受理申请、举报或者投诉，依法查处违法行为。

对应当受理的申请、举报或者投诉事项不予受理，或者对应当制止、查处的违法行为不予制止、查处，或者违法管理、滥用职权、徇私舞弊的，由其所在单位或者上级主管部门对直接负责的主管人员和其他直接责任人员，依法给予行政处分；构成犯罪的，依法追究刑事责任。

对违反前款规定的行政执法人员，应当暂扣或者吊销其行政执法证件。

第五十三条 拒绝、阻挠执法人员执行公务或者侮辱、殴打市容和环境卫生工作人员的，由公安机关依法给予治安处罚；构成犯罪的，依法追究刑事责任。

故意破坏各类市容和环境卫生设施的，应当依法承担民事责任；尚未构成犯罪的，由公安机关依法给予治安处罚；构成犯罪的，依法追究刑事责任。

第五十四条 对违反本条例的行为，情节轻微或者主动改正的，可以减轻或者免予处罚。

对不服从管理或者拒绝履行行政处罚决定的，可以暂扣违法行为涉及的工具或者物品，要求其到指定地点接受处理。

第五十五条 对责令限期改正，责任者拒不改正，其后果已经或者将造成环境污染的，市容和环境卫生行政管理部门或者城市管理行政执法机构可以采取代为改正措施，所需费用由责任者承担。

第五十六条 当事人对市容和环境卫生行政管理部门、城市管理行政执法机构所做出的具体行政行为不服的，可以依照行政复议法或者行政诉讼法的规定，申请行政复议或者提起行政诉讼。

当事人不履行行政处罚决定的，做出具体行政行为的市容和环境卫生行政管理部门或者城市管理行政执法机构可以依法申请人民法院强制执行，或者依法强制执行。

第五十七条 清雪铲冰管理工作，按照市人民政府有关规定执行。

第八章 附 则

第五十八条 农村集贸市场的市容和环境卫生管理，高速公路和国道、铁路两侧的大型户外广告设施的管理，可以参照本条例执行。

第五十九条 本条例自公布之日起施行。1998 年 2 月 25 日天津市第十二届人民代表大会常务委员会第四十次会议通过的《天津市环境卫生管理条例》同时废止。

天津市清洁生产促进条例

（2017年12月22日修订）

（2008年9月10日天津市第十五届人民代表大会常务委员会第四次会议通过　根据2017年12月22日天津市第十六届人民代表大会常务委员会第四十次会议《关于修改部分地方性法规的决定》修订）

第一条　为了促进本市清洁生产，提高资源利用率，减少和避免污染物产生，保护和改善环境，保障人体健康，促进经济和社会可持续发展，根据《中华人民共和国清洁生产促进法》，结合本市实际情况，制定本条例。

第二条　本市行政区域内从事生产和服务活动的单位以及从事相关管理活动的部门，依照法律、行政法规和本条例规定，组织、实施清洁生产。

第三条　清洁生产促进工作应当坚持政府推动、政策引导、企业实施、公众参与、依法监督的原则，坚持与资源节约和综合利用、经济结构调整、企业技术进步相结合。

本市鼓励社会团体和公众参与清洁生产的宣传、教育、推广、实施及监督等促进工作。

第四条　市和区人民政府负责领导本行政区域内的清洁生产促进工作，将清洁生产促进工作纳入本地区国民经济和社会发展规划，制定促进清洁生产的政策措施，将清洁生产促进工作作为政府绩效考核的重要内容。

第五条　市人民政府用于支持企业生产、科技进步的各项专项资金，应当重点支持清洁生产。

区人民政府应当安排一定的资金支持清洁生产。

第六条　市工业经济主管部门负责组织、协调和指导全市清洁生产促进工作。

区工业经济主管部门负责组织、协调和指导本行政区域内的清洁生产促进工作，并接受市工业经济主管部门的指导和监督。

环境保护、发展改革、科学技术、建设、农业、商务、交通、财政、质量技术监督、安全生产、水利等部门，按照各自职责，负责有关清洁生产促进工作。

第七条　市工业经济主管部门会同有关主管部门，根据本市实际情况编制清洁生产推行规划。

清洁生产推行规划应当包括实施清洁生产工作的目标、指标、进程和具体要求，以及实施清洁生产重点企业名单和重点项目等内容。

第八条 市和区农业主管部门应当加强对农业实施清洁生产的指导、推动、监督，组织实施农村清洁能源工程，提高资源利用效率，推动农业废弃物的集中处置、综合利用和再生利用。

第九条 市和区环境保护主管部门应当按照有关法律、法规的规定，加强对清洁生产实施的监督。

第十条 企业应当建立健全清洁生产管理制度，制定清洁生产实施计划，明确清洁生产目标和岗位责任制。

第十一条 企业应当配备符合国家标准的计量器具，对能源、水资源和原材料的消耗情况以及污染物的排放进行计量和监测，并保存原始统计记录。

第十二条 本市鼓励企业自愿开展清洁生产审核。

第十三条 有下列情形之一的，企业应当依照国家和本市规定实施强制性清洁生产审核：

（一）污染物排放超过国家和地方排放标准，或者污染物排放总量超过区人民政府核定的排放总量控制指标的；

（二）使用有毒有害原料进行生产或者在生产中排放有毒有害物质的；

（三）年综合能耗在 5 000 吨标准煤以上的；

（四）年取水量在 20 万吨以上的。

工业经济主管部门、环境保护主管部门依法确定实施强制性清洁生产审核企业的名单，并予以公布。

第十四条 实施强制性清洁生产审核的企业应当自名单公布之日起两个月内开展清洁生产审核工作，清洁生产审核应当在一年内完成，并将清洁生产审核报告分别报送工业经济主管部门和环境保护主管部门。工业经济主管部门会同环境保护主管部门组织专家对清洁生产审核报告进行评估，并对清洁生产审核情况进行验收。

第十五条 企业可以自行组织开展清洁生产审核，不具备审核能力的企业可以委托从事清洁生产审核的咨询服务机构进行审核。

第十六条 从事清洁生产审核的咨询服务机构，应当有熟悉相关行业生产工艺、技术，掌握清洁生产和污染防治知识以及清洁生产审核程序的技术人员。

从事清洁生产审核的咨询服务机构应当出具真实、有效的清洁生产审核报告，并为企业保守商业秘密。

第十七条 工业经济主管部门应当会同有关部门加强对企业清洁生产审核报告落实情况的检查，及时向社会公布检查结果，促进企业降低消耗，减少和避免污染物的产生。

第十八条 市工业经济主管部门会同有关部门，根据清洁生产推行规划和清洁生产审核情况，组织编制本市清洁生产指南，并向社会公布。

对列入清洁生产指南鼓励的项目，市人民政府有关部门和区人民政府应当在立项、政策、资金等方面优先安排，给予优惠和支持。项目采用清洁生产的机器、设备可以加速折旧，以原有固定资产折旧率为基数提高百分之三十。

企业用于清洁生产审核和培训的费用，可以列入企业经营成本或者相关费用科目。

第十九条 财政部门和环境保护主管部门应当对清洁生产项目，在环境保护专项资金使用上给予优先安排。

第二十条 市工业经济主管部门会同有关主管部门，支持和鼓励企业成为实施清洁生产示范企业。

对实施清洁生产示范企业和推行清洁生产做出重大贡献的企业和个人，市或者区人民政府应当给予表彰和奖励。

第二十一条 企业违反本条例第十条、第十一条规定，由工业经济主管部门责令限期改正；对其中不保存原始记录或者伪造原始记录的，处三千元以上三万元以下罚款。

第二十二条 企业有本条例第十三条第（三）项、第（四）项规定的情形，不按照要求实施强制性清洁生产审核或者虽经审核但不如实报告审核结果的，由工业经济主管部门责令限期改正；逾期不改正的，处一万元以上十万元以下罚款。

第二十三条 清洁生产审核咨询服务机构违反本条例第十六条第二款规定，出具虚假审核报告的，由工业经济主管部门处一万元以上五万元以下罚款。

第二十四条 企业违反法律、行政法规规定造成严重环境污染或者重大社会影响的，由有关主管部门依照有关法律、行政法规责令停产停业；构成犯罪的，依法追究刑事责任。

第二十五条 工业经济主管部门、环境保护主管部门和相关行政部门及其工作人员在清洁生产工作中滥用职权、徇私舞弊、玩忽职守的，依法给予处分；构成犯罪的，依法追究刑事责任。

第二十六条 本条例所称清洁生产审核，是指按照一定程序，对生产和服务过程进行调查和诊断，找出能耗高、物耗高、污染重的原因，提出减少有毒有害物料的使用、产生，降低能耗、物耗以及废物产生的方案，进而选定技术经济和环境可行的清洁生产方案的过程。

本条例所称有毒有害原料或者物质是指《危险货物品名表》《危险化学品名录》《国家危险废物名录》和《剧毒化学品目录》中的剧毒、强腐蚀性、强刺激性、放射性（不包括核电设施和军工核设施）、致癌、致畸等物质。

第二十七条 本条例自2008年12月1日起施行。

天津市环境教育条例

（自2012年11月1日起施行）

（2012年9月11日天津市第十五届人民代表大会常务委员会第三十五次会议通过 自2012年11月1日起施行）

第一条 为了推动环境教育，增强公民环境保护意识，促进生态文明建设，根据有关法律、法规的规定，结合本市实际，制定本条例。

第二条 本条例所称环境教育，是指通过多种形式向公民普及环境保护的基本知识，培养公民的环境保护意识，提高公民环境保护技能，树立正确的环境价值观，自觉履行保护环境的义务。

第三条 环境教育应当坚持统一规划、分级管理、单位组织、全民参加，坚持经常教育与集中教育相结合、普及教育与重点教育相结合、理论教育与实践教育相结合的原则。

第四条 普及环境教育是全社会的共同责任，一切有受教育能力的公民都应当接受环境教育。

第五条 本市可以通过下列方式和途径开展环境教育：

（一）开设环境教育课程；

（二）举办环境教育专题讲座；

（三）开展环境教育实践活动；

（四）举办环境教育专题咨询；

（五）举办环境教育集中培训；

（六）开设环境教育专栏；

（七）通过大众传播媒介开展环境教育公益宣传；

（八）便于公众接受的环境教育方式。

第六条 市和区、县人民政府应当将环境教育纳入国民经济和社会发展规划，并组织实施。

市和区、县人民政府应当将环境教育所需经费列入本级财政预算并予以保障。

第七条 市环境教育工作领导小组领导全市环境教育工作，负责环境教育重大事项的统筹协调，其日常工作由市环境保护行政管理部门承担。

第八条 市环境保护行政管理部门主管全市环境教育工作，负责环境教育的组织、推动、监督、管理。

区、县环境保护行政管理部门负责本行政区域内的环境教育工作。

财政、教育、人力社保、司法行政、文化广播影视等部门应当做好与环境教育相关的工作。

第九条 市环境保护行政管理部门负责组织编制本市环境教育工作规划和年度计划，并组织落实。

市环境保护行政管理部门应当于每年第四季度向社会公布下一年度全市环境教育计划，明确重点教育内容。

各区县、各系统应当按照全市环境教育计划，结合本地区、本系统的情况，制定环境教育工作计划。

第十条 国家机关、社会团体、企业事业单位和其他组织，应当明确相应的部门和人员负责环境教育工作，并按照全市和本地区、本系统环境教育计划，结合本单位情况，安排环境教育实施计划。

第十一条 各级国家机关及其各部门主要负责人在任职期间，应当带头接受环境教育培训。

公务员主管部门应当将环境教育列入公务员培训计划，并组织实施。

第十二条 国家机关、事业单位应当对本单位人员每年至少进行一次环境教育培训，受教育人员比例不得低于百分之九十五。

第十三条 学校应当按照教育行政部门的统一要求，将环境教育内容纳入教学计划，结合教学实际落实师资和教学内容，并采取多种形式，组织学生参加环境教育实践活动，增强环境保护意识。

按照国家要求，小学、中学每学年安排的环境教育课时不得少于四课时。

高等院校和中等专业技术学校应当通过开设环境教育必修课程或者选修课程进行环境教育，并采取多种形式，提高学生的环境素养和环境保护技能。

第十四条 幼儿园的环境教育应当结合幼儿特点，采取适宜的活动方式，培养幼儿环境保护意识。

第十五条 工会、共青团、妇联等人民团体应当结合工作特点，加强对职工、青少年、妇女等群体的环境教育，增强环境保护意识。

第十六条 居民委员会、村民委员会应当根据自身特点，采取多种形式对居民、村民开展经常性的环境教育活动。

第十七条 排放污染物的企业应当将环境教育纳入企业年度工作计划和环境保护考核内容，结合企业特点，安排对从业人员的环境教育。

纳入国家和本市排放污染物重点监控的企业，其负责人和环境保护管理人员、环境保护设施操作人员，每年接受环境教育培训的时间不得少于八学时。

第十八条 被依法处罚的环境违法企业，其负责人及相关责任人员，应当接受由环境保护行政管理部门组织的不少于二十四学时的环境教育培训。

第十九条 环境保护行政管理部门应当建立环境教育资源和公共服务平台，开发环境教育学习课程，编制环境教育资料，为国家机关、企业事业单位、社会团体和其他组织开展环境教育提供政策、信息等方面的支持和服务。

第二十条 鼓励、引导、支持下列单位创建环境教育基地：

（一）植物园、科技馆、文化馆、博物馆；

（二）自然保护区、风景名胜区；

（三）具有环境保护示范作用的相关企业和科研院所实验室；

（四）其他适于开展环境教育的场所。

区、县环境行政管理部门应当在本区、县内至少确定一个环境教育基地为示范基地，并给予适当支持。

第二十一条 广播、电视、报刊、网络媒体等，应当开设环境教育栏目，开展环境教育公益宣传。

第二十二条 每年6月5日（世界环境日）所在的星期为本市环境教育宣传周。

在环境教育宣传周期间，环境保护行政管理部门应当组织开展环境教育宣传，国家机关、社会团体、企业事业单位和其他组织应当集中开展环境教育主题活动。

在环境教育宣传周期间，环境教育示范基地应当向社会公众免费开放。

第二十三条 本市鼓励公民、法人和其他组织以捐助、捐赠、志愿服务等多种方式，支持、参与环境教育活动。

第二十四条 对在环境教育工作中成绩突出的单位和个人，根据国家有关规定予以表彰和奖励。

第二十五条 违反本条例规定，不依法开展环境教育工作的单位及其负责人，由环境保护行政管理部门通报批评，责令改正。

第二十六条 市和区、县人民政府应当定期向本级人民代表大会常务委员会报告环境教育工作情况，接受监督检查。

第二十七条 本条例自2012年11月1日起施行。

天津市河道管理条例

（2018 年 12 月 14 日修正）

（1998 年 1 月 7 日天津市第十二届人民代表大会常务委员会第三十九次会议通过　根据 2005 年 3 月 24 日天津市第十四届人民代表大会常务委员会第十九次会议《关于修改〈天津市河道管理条例〉的决定》第一次修正　2011 年 7 月 6 日天津市第十五届人民代表大会常务委员会第二十五次会议修订　根据 2012 年 5 月 9 日天津市第十五届人民代表大会常务委员会第三十二次会议《关于修改部分地方性法规的决定》第二次修正　根据 2018 年 9 月 29 日天津市第十七届人民代表大会常务委员会第五次会议《关于修改部分地方性法规的决定》第三次修正　根据 2018 年 12 月 14 日天津市第十七届人民代表大会常务委员会第七次会议《关于修改〈天津市植物保护条例〉等三十二部地方性法规的决定》第四次修正）

第一章　总　则

第一条　为了加强河道管理，保障防洪、排涝和供水安全，改善城乡水环境和生态，发挥河道的综合效益，根据国家有关法律、法规的规定，结合本市实际情况，制定本条例。

第二条　本条例适用于本市行政区域内河道（包括湖泊、水库、人工水道）的整治、保护、利用和其他相关管理活动。

河道内的航道，同时适用国家和本市有关航道管理的规定。

第三条　本市对河道实行统一规划、综合治理、积极保护、合理利用的原则。

第四条　市和区人民政府应当加强对河道管理工作的领导，并将其纳入国民经济和社会发展规划，所需资金纳入本级财政预算。

河道防汛和清障工作，严格执行各级人民政府行政首长负责制。

第五条　市水行政主管部门是本市河道行政主管部门，对本市河道实施统一监督管理，并负责行洪河道、城市供排水河道和有关水库（以下统称市管河道）的管理。

区水行政主管部门是区河道行政主管部门，在市水行政主管部门的业务指导下，负责本行政区域内市管河道以外河道的管理。

规划和自然资源、生态环境、城市管理、农业农村、文化和旅游、航道等有关管理部门按照各自职责做好相关工作。

第六条 河道的修建、维护、管理实行统一管理、分级负责。

河道的确定和分级管理，由市水行政主管部门提出方案，经市人民政府批准后向社会公布。

第七条 任何单位和个人都有保护河道安全、维护河道水环境和参加防汛抢险的义务；都有劝阻、制止和举报危害河道安全、破坏河道水环境行为的权利。

第二章 河道整治与建设

第八条 河道专业规划由市和区水行政主管部门会同有关部门组织编制，经本级人民政府批准后，纳入本级城乡规划。

其他各类专业规划涉及河道的，应当与河道专业规划相协调。

编制详细规划涉及河道的，应当事先征求水行政主管部门意见。

第九条 河道的整治与建设应当服从流域规划、区域规划和城乡规划，符合国家和本市规定的防洪、排涝、通航、供水标准以及其他有关技术要求。

河道的整治与建设应当满足河道基本功能的要求，实施水环境生态综合整治，以实现河道通畅、水清岸绿的目标。

河道整治与建设应当考虑生态的完整性，注重保护、恢复河道及周边的生态环境和历史人文景观。

河道整治与建设选用的材料应当符合国家标准。

第十条 河道的整治与建设，由水行政主管部门负责组织实施。

水行政主管部门应当根据河道专业规划和河道实际状况，制定河道整治与建设的年度计划；对影响防洪安全、水质和环境景观的河道应当列入当年年度计划，安排整治。

第十一条 水行政主管部门进行河道整治涉及航道的，应当兼顾航运需要，并事先征求航道行政管理部门的意见。

航道行政管理部门进行航道整治，应当符合防洪和供水安全要求，并事先征求水行政主管部门的意见。

第十二条 河道清淤和加固堤防取土等河道整治需要占用的土地，由市和区人民政府按照国家和本市的有关规定调剂解决。

因整治河道增加的土地，属于国家所有，任何单位和个人不得随意占用。

清淤等河道整治的弃土，由水行政主管部门负责管理、使用和处置，主要用于河道整治与建设，免交相关费用。

第三章 河道保护

第十三条 河道管理应当设定管理范围，并根据堤防的重要程度、堤基地质条件等实际情况设定保护范围。

河道管理范围为岸线之间的水域、沙洲、滩地（包括可耕地）、行洪区，堤防护岸、护堤地及河道入海口。

河道保护范围是与河道管理范围相连的堤防安全保护区。

第十四条 水库的管理范围和保护范围，由市和区人民政府另行规定。

第十五条 水库以外其他河道管理范围的护堤地，按照下列规定划定：

（一）海河、永定新河、独流减河、子牙新河、潮白新河为河堤外坡脚以外各三十米；

（二）州河、泃河（含引泃入潮）、还乡河（含故道和分洪道）、蓟运河、青龙湾减河（含引青入潮）、永定河、北运河、金钟河、子牙河、南运河（独流减河以上）、大清河、中亭河（左堤）为河堤外坡脚以外各二十五米；

（三）北京排污河、马厂减河（独流减河以上）、新开河为河堤外坡脚以外各二十米；

（四）市管河道以外的河道为河堤外坡脚以外各十米。

中心城区和滨海新区建成区内的行洪河道不宜设护堤地的，在河道两侧各设不小于十五米宽的防汛抢险通道，视为护堤地。外环河以公路侧、对岸外侧以上河口外缘为准向外延伸十五米，视为护堤地。

第十六条 河道入海口的划定，纵向由挡潮闸起，无挡潮闸的由河道入海口的海岸线起，向海侧延伸至拦门沙的外缘；横向由河道入海口的中心线起，向两侧各延伸一千五百米至四千米。

第十七条 在河道管理范围内禁止下列行为：

（一）损毁堤防、护岸、闸坝、截渗沟等水工程建筑物和防汛设施，损毁测量设施、警示标志、安全监控等附属设施；

（二）占用、封堵防汛抢险通道；

（三）在堤防和护堤地内采砂、采石、取土、挖筑池塘；

（四）设置阻水渔具或者其他障碍物；

（五）倾倒、弃置矿渣、石渣、煤灰、泥土、垃圾等废弃物；

（六）载重量三吨以上的非防汛抢险车辆在未铺设路面的堤顶通行；

（七）非水库管理船只在水库大坝坝前五百米范围内滞留；

（八）水闸、橡胶坝引排水期间，船只和人员在其管理范围内滞留；

（九）在河道内直接利用水体进行实验；

（十）法律、法规禁止的其他行为。

第十八条 在市管河道以外的区界河或者跨区河道管理范围内，修建排水、阻水、引水、蓄水工程以及河道整治工程，应当经有关各方达成一致。

第十九条 水库以外其他河道的保护范围按照下列规定划定：

（一）本条例第十五条第一款第一项规定的河道，为护堤地以外三十米；

（二）本条例第十五条第一款第二项规定的河道，为护堤地以外二十米；

（三）本条例第十五条第一款第三项规定的河道，为护堤地以外十五米。

市管河道以外的河道、中心城区和滨海新区建成区内的行洪河道、外环河不设保护范围。

第二十条 在河道保护范围内，禁止打井、钻探、爆破、挖筑池塘、采石、取土等危害堤防安全的活动。

第二十一条 山区河道易于发生山体滑坡、崩岸、泥石流等灾害的河段，水行政主管部门应当会同地质等管理部门加强监测。

禁止在前款规定河段从事开山、采石、采矿、开荒等危及山体稳定的活动。

第二十二条 禁止擅自填堵河道。

确因建设需要填堵河道的，建设单位应当委托具有相应资质的水利规划设计单位进行论证，并按照下列权限审批：

（一）市管河道经市水行政主管部门审核同意后，报市人民政府批准；

（二）市管河道以外的河道经所在区水行政主管部门审核同意后，报所在区人民政府批准。

填堵河道需要实施水系调整的，所需费用由建设单位承担。

第二十三条 涉河建设工程、河道整治、提升改造河道景观等建设项目，应当严格按照国家规定的标准设计和施工，不得降低堤防高度和防洪标准。

第二十四条 河道管理范围内已修建的涵闸、泵站、码头和埋设的管道、缆线等设施，设施管理单位应当定期检查和维护，并服从水行政主管部门的安全管理；不符合堤防安全要求的，设施管理单位应当改建或者采取补救措施。

第二十五条 单位和个人对河道的水体、堤防、护岸和其他水工程设施等造成损害或者造成河道淤积的，应当负责修复、清淤或者承担修复、清淤费用。

第二十六条 水行政主管部门应当加强河流的故道、旧堤、原有工程设施的管理。河流的故道、旧堤、原有工程设施，不得填堵、占用或者拆毁；确需填堵、占用、拆除的，应当报市水行政主管部门批准。

第二十七条 护堤护岸林木由河道管理单位组织营造和管理，其他任何单位和个人不得擅自营造和砍伐，不得破坏。

护堤护岸林木抚育和更新性质的采伐，由市水行政主管部门按照市林业行政管理部门的委托审核发放采伐许可证。

城市建成区内行洪河道护堤护岸林木的营造和管理，按照城市园林绿化管理的规定执行。

第二十八条 壅水、阻水严重的桥梁、引道、码头和其他跨河工程设施须依法改建或者拆除的，产权单位或者设施管理单位应当在规定的期限内改建或者拆除。

第二十九条 水行政主管部门应当严格控制在河道上新建、改建、扩建排水口门或者设置临时排水泵点的审批。

向河道排水应当服从防汛统一调度和水行政主管部门的监督管理。排水口门的产权单位或者管理单位应当加强对排水口门的管理，按照国家和本市有关规定排水，不得污染河道水体。

第四章 河道利用

第三十条 河道管理范围内新建、改建、扩建建设项目，建设单位应当按照河道管理权限，将工程建设方案报水行政主管部门审查同意后，按照规定程序履行其他审批手续。

建设项目涉及防洪安全的，报审时应附具洪水影响评价报告。

建设项目性质、规模、地点需要变更的，建设单位应当事先向原审查同意的水行政主管部门重新办理审查手续。

第三十一条 建设项目经批准后，建设单位应当将施工安排告知水行政主管部门，并与水行政主管部门签订确保河道功能正常发挥和保障防洪、供水安全的责任书。

建设单位安排施工时，应当按照规定的位置和界限进行。

建设项目施工期间，水行政主管部门应当派员到现场监督检查，建设单位应予配合。

第三十二条 工程施工影响堤防安全和河道行洪、排灌等功能正常发挥的，建设单位应当采取补救措施或者停止施工。

工程竣工后，建设单位应当将工程竣工报告、质检报告、竣工图报送水行政主管部门；工程施工现场应当按照责任书的要求进行清理，未按照责任书要求清理的，交纳清理费用。

第三十三条 城市、村镇建设和发展不得占用河道管理范围内土地。城市、村镇建设规划的临河界限为河道管理范围的外缘线。城市、村镇建设规划涉及河道管理范围的，应当事先征求水行政主管部门的意见。

本条例施行前占用河道堤防的建筑物，应当逐步迁出。

第三十四条 河道岸线的利用和建设，应当服从河道专业规划和航道整治规划。规划行政管理部门审批涉及河道岸线开发利用规划，立项审批行政管理部门审批利用河道岸线的建设项目，应当事先征求水行政主管部门的意见。

河道岸线的界限为：有河堤的，以河堤外坡脚为准；无河堤的，以护岸为准；既无河堤又无护岸的，以天然河岸为准。

第三十五条 在河道管理范围内进行下列活动，应当经水行政主管部门同意；依照法律、法规规定还需经其他行政管理部门审批的，应当依法办理有关手续：

（一）在滩地内钻探、开采地下资源、进行考古发掘；

（二）在河道内固定船只、修建水上设施。

从事前款规定的行为，应当按照准许的范围和作业方式进行，并接受水行政主管部门的检查监督。

第三十六条 在河道管理范围内兴建建设项目临时占用或者利用河道、堤防、滩地、闸桥的，应当与水行政主管部门协商一致，并给予适当补偿。

第五章　法律责任

第三十七条　有下列行为之一的，由水行政主管部门责令停止违法行为，采取补救措施，可以处一万元以上三万元以下罚款，有违法所得的，没收违法所得；情节严重的，处三万元以上五万元以下罚款：

（一）占用、封堵防汛抢险通道；

（二）载重量三吨以上的非防汛抢险车辆在未铺设路面的堤顶通行；

（三）在河道内直接利用水体进行实验。

第三十八条　有下列行为之一的，由水行政主管部门责令停止违法行为，采取补救措施，可以处五千元以上五万元以下罚款；造成损坏的，依法承担民事责任；应当给予治安管理处罚的，依照治安管理处罚法的规定处罚；构成犯罪的，依法追究刑事责任。

（一）损毁堤防、护岸、闸坝、截渗沟等水工程建筑物、水工程设施；

（二）在堤防和护堤地内采砂、采石、取土、挖筑池塘；

（三）损毁防汛设施、测量设施、警示标志、安全监控等附属设施；

（四）在河道保护范围内从事打井、钻探、爆破、挖筑池塘、采石、取土等危害堤防安全的活动。

第三十九条　在易于发生山体滑坡、崩岸、泥石流等灾害的山区河道从事开山、采石、采矿、开荒等危及山体稳定活动的，由水行政主管部门责令停止违法行为，没收违法所得，对个人处一千元以上一万元以下罚款，对单位处二万元以上二十万元以下罚款。

第四十条　在河道管理范围内有下列行为之一的，由水行政主管部门责令改正，给予警告，并对个人处二百元以上五百元以下罚款，对单位处一万元以上三万元以下罚款：

（一）设置阻水渔具或者其他障碍物；

（二）非水库管理船只在水库大坝坝前五百米范围内滞留；

（三）水闸、橡胶坝引排水期间，船只和有关人员在其管理范围内滞留。

第四十一条　有下列行为之一的，由水行政主管部门责令限期改正、采取补救措施外，可以并处警告、一万元以上五万元以下罚款、没收违法所得；对有关责任人员，由其所在单位或者上级主管机关给予行政处分；构成犯罪的，依法追究刑事责任：

（一）涉河建设工程、河道整治、提升改造河道景观等建设项目擅自降低堤防高度或者防洪标准；

（二）河道管理范围内已建的涵闸、泵站、码头和埋设的管道、缆线等设施不符合堤防安全要求，拒不改建或者拒不采取补救措施；

（三）未经批准填堵、占用、拆毁河流故道、旧堤、原有工程设施；

（四）未经批准在河道内固定船只、修建水上设施；

（五）未经批准或者未按照水行政主管部门的规定在滩地内钻探、开采地下资源、进行考古发掘。

第四十二条　壅水、阻水严重的桥梁、引道、码头和其他跨河工程设施的产权单位或者管理单位未在规定期限内改建或拆除的，由水行政主管部门责令限期改建或者拆除，逾期不拆除的强行拆除，所需费用由违法单位或者个人承担，并处一万元以上十万元以下罚款。

第四十三条 擅自营造、砍伐或者破坏护堤护岸林木的，由水行政主管部门责令停止违法行为、采取补救措施，可以并处警告、没收违法所得；处一千元以上五千元以下罚款；情节严重的，处五千元以上二万元以下罚款；对有关责任人员，由其所在单位或者上级主管机关给予行政处分；构成犯罪的，依法追究刑事责任。

第四十四条 建设项目性质、规模、地点变更，建设单位未重新办理手续的，由水行政主管部门责令停止违法行为，限期补办有关手续，处一万元以上十万元以下罚款。

建设项目经批准后，建设单位拒绝与水行政主管部门签订安全保障责任书或者未按照责任书要求清理施工现场的，或者工程竣工后，建设单位未将工程竣工报告、质检报告、竣工图报送水行政主管部门的，由水行政主管部门责令限期改正，处一万元以上三万元以下罚款。

第四十五条 未经批准在河道管理范围内修建围堤、阻水渠道、阻水道路的，由水行政主管部门责令停止违法行为、采取补救措施外，可以并处警告、没收非法所得；并处一万元以上三万元以下罚款；情节严重的，处三万元以上十万元以下罚款；对有关责任人员，由其所在单位或者上级主管机关给予行政处分；构成犯罪的，依法追究刑事责任。

第四十六条 在防汛抢险期间，除防汛抢险车辆以外的其他车辆在堤顶通行的，由水行政主管部门责令限期改正，处一千元以上一万元以下罚款；情节严重的，处一万元以上五万元以下罚款。

第四十七条 非管理人员操作河道上的涵闸闸门的，水行政主管部门除责令纠正违法行为、赔偿损失、采取补救措施外，可以并处警告、一千元以上一万元以下罚款；应当给予治安管理处罚的，依照治安管理处罚法的规定处罚；构成犯罪的，依法追究刑事责任。

第四十八条 有下列行为之一的，水行政主管部门除责令其纠正违法行为、采取补救措施外，可以并处警告、没收非法所得；并处一千元以上一万元以下罚款；情节严重的，处一万元以上五万元以下罚款；对有关责任人员，由其所在单位或者上级主管机关给予行政处分；构成犯罪的，依法追究刑事责任：

（一）在堤防、护堤地建房、放牧、开渠、打井、挖窖、葬坟、晒粮、存放物料、开采地下资源、进行考古发掘以及开展集市贸易活动的；

（二）汛期违反防汛指挥部防汛抢险指令的。

第四十九条 水行政主管部门的管理人员滥用职权、玩忽职守、徇私舞弊的，由其所在单位或者上级主管部门给予处分；构成犯罪的，依法追究刑事责任。

第六章　附　则

第五十条　法律、行政法规对海河流域管理另有规定的，从其规定。

第五十一条　本条例自 2011 年 10 月 1 日起施行。1998 年 1 月 7 日天津市第十二届人民代表大会常务委员会第三十次会议通过、2005 年 3 月 24 日天津市第十四届人民代表大会常务委员会第十九次会议修订的《天津市河道管理条例》同时废止。

天津市引滦水源污染防治管理条例

（自 2002 年 7 月 1 日起施行）

（2002 年 4 月 18 日天津市第十三届人民代表大会常务委员会第三十二次会议通过 自 2002 年 7 月 1 日起施行）

第一章 总 则

第一条 为了加强本市行政区域内引滦水源保护，防治污染，保障人民身体健康，促进国民经济和社会可持续发展，根据国家有关法律、法规，结合本市实际情况，制定本条例。

第二条 在本市行政区域内引滦水源的污染防治和管理适用本条例。

第三条 市人民政府和引滦水源保护区所在地的区、县人民政府，对引滦水源环境质量负责，应当将引滦水源保护工作纳入本地区国民经济和社会发展计划，并采取防治水污染、提高水体自净能力的对策和措施。

第四条 市环境保护行政主管部门负责本条例的组织实施和引滦水源污染防治的监督管理。

引滦水源保护区所在地的区、县环境保护行政主管部门负责本辖区内引滦水源水污染防治的具体监督管理。

水利、规划、土地、建设、财政、卫生、公安、农业等部门，按照各自职责，负责引滦水源保护的相关管理工作。

第五条 任何单位和个人都有责任保护引滦水源环境，有权对污染引滦水源的行为进行监督、制止和检举。

第二章 引滦水源保护区范围

第六条 引滦水源保护区包括警戒区、一级保护区、二级保护区和其他引滦工程管理范围。

第七条 警戒区的范围：

（一）于桥水库周边二十二米高程线以内；

（二）尔王庄水库环库公路以内；

（三）引滦输水明渠两堤外坡脚以内。

第八条 一级保护区的范围：

（一）于桥水库，南面从水库大坝南端向东至十百户么喝山环库公路以内；从么喝山至西龙虎峪二十四米高程线以内；东面和北面从警戒线向外扩延三百米；西面大坝外坡脚以内；

（二）尔王庄水库，南面从水库管理处向东至高庄户桥梅丰公路以内；东面从高庄户桥向北至孙校庄正东青龙湾故道右堤以内；北面从孙校庄正东穿孙校庄村南至东中心台乡村公路以内；西面从东中心台至水库管理处大尔公路以内；

（三）引滦输水明渠两堤从外坡脚向外各扩延五百米。

第九条 二级保护区的范围：

（一）于桥水库，南面南山分水岭以内；东面以东龙虎峪南山穿龙北沿省界过朱官屯至出头岭以内；北面从一级保护区界限向外扩延五公里；西面从大坝外坡脚向外扩延五百米；

（二）尔王庄水库，由警戒区向外扩延五公里一级保护区以外的范围。

第十条 其他引滦工程管理范围，由市人民政府规定。

第十一条 市人民政府和引滦水源保护区所在地的区、县人民政府，应当根据本条例规定的警戒区和一级保护区范围，设置明显的保护标志。

第三章 防止引滦水源污染

第十二条 警戒区内禁止下列行为：

（一）排放油类、酸液、碱液和含有放射性物质的废水以及有毒有害废液；

（二）排放污水、工业废水；

（三）堆放、贮存和倾倒工业废渣、垃圾、粪便、固体废弃物以及其他有毒有害物质；

（四）新建、扩建、改建与供水设施、水电设施和保护水源无关的建设项目；

（五）饲养畜禽和从事集约化水产养殖；

（六）使用炸药、有毒物质或者电网捕杀鱼类以及使用机动船只进行水产捕捞；

（七）在水体中洗涤衣物、清洗车辆和容器；

（八）进行各种旅游和旅游服务活动；

（九）进行水上体育和娱乐活动。

第十三条 一级保护区内禁止下列行为：

（一）排放油类、酸液、碱液和含有放射性物质的废水以及有毒有害废液；

（二）向水体排放污水、工业废水；

（三）堆放、贮存和倾倒工业废渣、固体废弃物以及其他有毒有害物质；

（四）新建、扩建与供水设施、水电设施和保护水源无关的建设项目。

第十四条 二级保护区内禁止下列行为：

（一）新建、扩建向水体排放污染物的建设项目；

（二）超过国家和本市规定的污染物排放标准或者总量控制要求，排放污染物。

第十五条 在一级保护区、二级保护区内改建的建设项目，不得扩大建设规模，必须使污染物排放达到国家和本市规定的排放标准，必须削减污染物排放量。

第十六条 引滦水源保护区内禁止使用剧毒和高残留农药。

第十七条 引滦水源保护区内禁止采石、放牧、乱砍滥伐树木、破坏植被，禁止未经批准擅自采砂、取土等行为。

第十八条 禁止破坏引滦水源保护区的防护设施和保护标志。

第十九条 于桥水库周边地区开发建设总体规划，由蓟县人民政府会同市环境保护、规划、土地、水利等部门共同编制，报市人民政府批准。

于桥水库周边地区的开发建设，必须执行统一的开发建设总体规划。

第二十条 市和引滦水源保护区所在地的区、县人民政府，应当组织社会各方面力量开展植树造林，保护自然植被，防止水土流失，改善生态环境。

第二十一条 在引滦水源保护区内的单位，应当建立健全和组织落实本单位引滦水源保护责任制，制定防止污染水源的应急措施。

引滦水源水厂应当加强水质监测，定期向环境保护行政主管部门报告监测结果，协助环境保护行政主管部门对水厂卫生保护区范围内发生的水污染事故进行调查。

第二十二条 引滦水源保护区内发生或者可能发生水污染事故的，肇事单位或者个人应当立即采取有效措施控制污染，并向区、县环境保护行政主管部门报告。

区、县环境保护行政主管部门应当立即派员到达现场，采取应急措施控制污染扩散，并报经同级人民政府批准采取其他强制性应急措施，同时向市环境保护行政主管部门报告。

市环境保护行政主管部门接到水污染事故报告后，应当立即组织有关部门进行监测和调查，并对事故进行处理。

第四章 政府及其部门的职责

第二十三条 市人民政府的职责：

（一）对引滦水源保护和污染防治工作进行统一领导和规划；

（二）对有关部门和区、县人民政府落实引滦水源保护和污染防治责任制的情况进行监督检查；

（三）统筹安排库区移民搬迁工作；

（四）其他需要协调解决的事项。

市人民政府设立库区移民发展基金，具体办法由市人民政府制定。

第二十四条 引滦水源保护区所在地区、县人民政府的职责：

（一）领导本行政区域内引滦水源保护和污染防治工作；

（二）建立引滦水源保护和污染防治工作责任制，组织有关部门具体实施；

（三）控制引滦水源保护区内人口机械增长；

（四）具体组织安排库区移民搬迁和警戒区、一级保护区内与保护水源无关设施的拆除搬迁工作。

第二十五条　市和引滦水源保护区所在地区、县环境保护行政主管部门的职责：

（一）会同有关部门制定引滦水源保护区污染防治规划；

（二）负责引滦水源保护区建设项目的环境保护管理工作；

（三）负责引滦水源保护区的水质监测、评价和发布工作；

（四）了解引滦水源水量的调度情况，定期向同级人民政府报告引滦水源水质情况；

（五）负责对于桥水库内船只种类和数量的总量控制；

（六）负责调查处理水污染事故和纠纷。

第二十六条　市水行政主管部门的职责：

（一）协同市环境保护行政主管部门制定引滦水源保护区污染防治规划；

（二）对引滦水源保护区的水质进行监测，并向市环境保护行政主管部门通报监测结果；

（三）负责引滦水库、河道、明渠及其闸、坝、口、门的管理，防止水体污染；

（四）负责引滦水源水利工程的建设、改造和现有设施的维护、管理；

（五）协同市环境保护行政主管部门对引滦水源发生的水污染事故进行调查。

第二十七条　市规划行政主管部门的职责：

（一）对引滦水源保护区内建设项目的规划实施统一管理；

（二）对规定可以在引滦水源保护区内建设的工程项目，应当严格审批；批准建设的工程项目的选址、定点，应当征得市环境保护行政主管部门和市水行政主管部门的同意。

第二十八条　公安机关应当加强引滦水源保护区治安秩序的管理和治安保卫工作，维护引滦水源保护区的公共安全。

第五章　法律责任

第二十九条　违反本条例规定，有下列行为之一的，由市或者区、县人民政府责令限期治理、停业、关闭或者拆除；环境保护行政主管部门可处以五万元以下罚款：

（一）在警戒区、一级保护区内新建、扩建与供水设施、水电设施和保护水源无关的建设项目；

（二）在二级保护区内超过国家和本市规定的污染物排放标准或者总量控制要求，排放污染物的；

（三）在二级保护区内新建、扩建向水体排放污染物的建设项目，或者在一级、二级保护区内改建的建设项目污染物排放未达到国家和本市规定的排放标准或者未削减污染物排放总量的。

第三十条　违反本条例规定，有下列行为之一的，由环境保护行政主管部门责令停止违法行为，限期改正，没收违法物品或者工具，对责任单位可处以二万元以上十万元以下罚款；对直接责任人员可处以一千元以上一万元以下罚款：

（一）在警戒区和一级保护区内排放油类、酸液、碱液和含有放射性物质废水或者其他有毒有害废液的；

（二）在警戒区内排放污水或者工业废水的；

（三）在一级保护区内向水体排放污水或者工业废水的；

（四）在发生或者可能发生水污染事故时，肇事单位或者个人不采取有效措施控制污染，或者不立即向环境保护行政主管部门报告的。

第三十一条 违反本条例规定，有下列行为之一的，由水行政主管部门责令停止违法行为，恢复原状，没收违法物品和工具，对责任单位可处以二万元以上十万元以下罚款；对直接责任人员可处以一千元以上一万元以下罚款：

（一）在警戒区、一级保护区内堆放、贮存或者倾倒工业废渣、垃圾、粪便、固体废弃物和其他有毒有害物质的；

（二）在警戒区内饲养畜禽和从事集约化水产养殖的；

（三）在警戒区水体中使用炸药、有毒物质或者电网捕杀鱼类以及使用机动船只进行水产捕捞的；

（四）在警戒区水体中洗涤衣物、清洗车辆或者容器的；

（五）在警戒区内进行各种旅游、旅游服务或者水上体育、娱乐活动的；

（六）破坏引滦水源保护区的防护设施或者保护标志的。

对在警戒区内直接向水体排放油类、酸液、碱液和含有放射性物质废水或者其他有毒有害废液以及污水、工业废水的，水行政主管部门可以依据本条第一款的规定予以处罚。

第三十二条 违反本条例规定，在引滦水源保护区内采石、放牧、乱砍滥伐树木、破坏植被，或者未经批准擅自采砂、取土的，由环境保护、水利、林业、土地等部门依据相关法律、行政法规予以处罚。

第三十三条 拒绝、阻碍行政执法人员在引滦水源保护区内依法执行公务的，由公安机关依照《中华人民共和国治安管理处罚条例》规定予以处罚；构成犯罪的，依法追究刑事责任。

第三十四条 本条例规定负有引滦水源环境保护执法责任的行政主管部门及其工作人员，不依法履行管理职责，对污染引滦水源违法行为不予制止，或者致使污染后果扩大的，由其所在单位或者上级主管部门，对主要负责人和直接责任人员给予行政处分；构成犯罪的，依法追究刑事责任。

第六章 附 则

第三十五条 本条例自2002年7月1日起施行。市人民政府1992年9月8日发布的《天津市境内引滦水源保护区污染防治管理规定》同时废止。

天津市海堤管理办法

（2010年11月8日修订）

（2000年9月4日市人民政府发布　2004年6月26日根据市人民政府《关于修改〈天津市海堤管理办法〉的决定》修订　根据2010年11月8日市人民政府第59次常务会议《关于修改部分市政府规章的决定》修订）

第一条　为加强海堤的建设、维护和管理，防御、减轻风暴潮灾害，保障人民生命财产安全和经济发展，根据《中华人民共和国防洪法》《中华人民共和国水法》和有关法律、法规，结合本市实际，制定本办法。

第二条　本办法所称海堤是指抗御风暴潮灾害的海岸防御工程和河口内由最高潮水位控制河段的堤防工程，包括海堤堤身、镇压层、消浪防冲设施、堤后管理道路、护堤地、沿堤涵闸等设施。

第三条　在本市行政区域内从事海堤建设、维护和管理及与海堤安全有关的活动，适用本办法。

第四条　各级人民政府应当加强对海堤建设、维护和管理工作的领导，并把海堤建设纳入国民经济和社会发展计划。

第五条　防潮抢险实行各级人民政府行政首长负责制。任何单位和个人都有保护海堤设施和依法参加防潮抢险的义务。

第六条　市和沿海各区水行政主管部门负责本行政区域内海堤的建设、维护和管理工作。

专用海堤由专用单位负责建设、维护和管理。

第七条　各级计划、财政、土地规划、交通、环境保护、农业等有关部门，应当按照各自职责做好海堤建设和管理工作。

第八条　海堤建设和涉及海堤安全工作的其他建设项目，必须根据海堤建设总体规划进行。

海堤建设总体规划，由市水行政主管部门会同有关部门根据防洪御潮的要求和城市防洪总体规划组织编制，经征求海堤所在区人民政府意见后，报市人民政府批准。

海堤建设总体规划应当确定海堤等级、御潮标准、封闭线布置以及排涝涵闸、抢险道路等设施的布局，明确海堤建设用地及规划保留区的范围。

第九条　海堤建设应当按照统一的规划和标准实施。海堤建设总体规划确需修改的，必须按照原审批程序报经批准。

海堤建设的具体技术标准、规范，由市水行政主管部门会同相关部门，根据国家有关规定，结合本市地理和气候条件等因素制定。

第十条 海堤建设资金、日常维护和管理费用，根据“谁受益、谁负担”的原则，按照下列规定分别承担：

（一）由市和沿海各区人民政府根据实际需要，在财政预算中安排一定比例的资金专项用于海堤建设；

（二）海堤的日常维护及管理经费，由市防洪工程维护费和所在区财政年度预算中列支；

（三）海堤受益范围内的企业和个人，按照国家的有关规定依法承担相应的义务；

（四）专用海堤的建设、维护和管理费用由专用单位承担，在返还的防洪工程维护费和企业税前收益中列支。

因风暴潮等自然灾害超过海堤防御标准、造成海堤损毁的，应当在财政预算中安排资金用于海堤修复。

第十一条 海堤建设项目竣工后，由建设单位组织设计、施工、工程监理等有关单位进行工验：验收不合格的，应当采取措施，限期达到设计标准。

第十二条 市和沿海各区水行政主管部门应当建立健全海提管理制度，进行海堤日常巡查和风暴潮发生后例行检查，加强工程监测、维护和管理，保障海堤安全。

专用海堤的专用单位，应当明确管理机构或者配备专管人员，负责专用海堤的维护管理，接受水行政主管部门的指导监督。

第十三条 海堤管理范围为海堤堤身占用地和海堤迎水坡脚、背水坡脚以外各 30 米；海堤安全保护范围由管理范围的外缘线向外各延伸 30 米。

海堤背水坡一侧与村庄或企业毗邻不宜划定 30 米管理范围的，应留有防潮抢险通道。

海堤和沿堤涵闸管理范围及保护范围划定后，有关水行政主管部门应当设立界标，并按照海堤闭合区设立里程柱。

第十四条 海堤与公路毗邻且海堤管理范围与公路管理范围交叉的，有关部门按照各自职责进行管理，单方不得批准修建筑设施和改变现状。

第十五条 禁止在海堤堤身垦种作物、存放物料、装卸货物、放牧等。海堤及涵闸管理范围内，禁止进行爆破、打井挖塘、采石取土、挖坑开沟、建窑、建房、倾倒垃圾和废土等；禁止翻挖堤脚镇压层抛石和消浪防冲设施，严禁毁坏海堤及其附属设施、设备和护堤生物。

海堤保护范围内，禁止进行爆破、打井挖塘、采石取土及其他危害海堤安全的活动。

除与海港、渔港相结合的海堤和经批准的避风锚地外，禁止在海堤上设立系船缆柱和在海堤管理范围内抛锚泊船、造船和修理船只。

在船舶航行可能危及海堤安全的河段，应当限定航速。限定航速的标志，由交通行政主管部门与水行政主管部门商定后设置。

第十六条 沿海各区人民政府应当有组织地拆除在海堤及沿堤涵闸管理范围内影响海堤及涵闸安全的各类建筑物、构筑物。

第十七条 建设跨堤、穿堤、临堤的码头、厂房、油库、冷库、涵闸、桥梁、道路、渡口、船闸、船坞、管道缆线等设施，应当符合海堤建设总体规划，不得影响海堤安全、妨碍防潮抢险。

以上建设项目，项目审批部门应当征求水行政主管部门意见。

因建设前款工程设施需要占用海堤及其设施的，应当给予补偿。需对海堤及其设施进行拆改的，应当承担相应费用；对堤防及其设施造成损坏的，应当进行赔偿。

第十八条 除防汛抢险、海堤管理专用和特殊情况需要通行的车辆外，禁止其他机动车辆在海堤上行驶。

海堤堤身作公路路基的，公路的运行管理应当服从海堤的加固、维护管理。

第十九条 市和沿海各区水行政主管部门应当定期对海堤安全进行鉴定。每年汛前、汛后和风暴潮以后应当各进行一次检查，发现工程缺陷及时进行修复。

每十年或者特大风暴潮后，市水行政主管部门应当组织有关部门对海堤设计的潮浪指标进行复核。有关水行政主管部门应当根据复核后的潮浪指标和堤前涂面高程、海堤状况（包括沿堤涵闸），对海堤安全重新进行鉴定，未达到设计标准的，其管理单位应当及时采取措施进行加固。

第二十条 违反本办法第十五条规定的，由水行政主管部门责令其停止违法行为、限期恢复原状或者采取其他补救措施，情节严重的，并处 1 万元以下罚款；造成海堤损毁的，依法赔偿损失。

第二十一条 违反本办法第十八条第一款规定的，由水行政主管部门责令其停止违法行为，并可处 1 000 元以下罚款。

第二十二条 拒绝、阻碍海堤管理人员依法执行公务的，由公安机关依照《中华人民共和国治安管理处罚法》的规定予以处罚；构成犯罪的，依法追究刑事责任。

第二十三条 市和沿海各区水行政主管部门的工作人员在海堤管理工作中，滥用职权、玩忽职守、徇私舞弊的，由其所在单位或者上级主管部门给予行政处分；构成犯罪的，依法追究刑事责任。

第二十四条 本办法自 2004 年 7 月 1 日起施行。

天津市工业企业堆场扬尘防治管理规定

（津环保气〔2015〕99号　2015年6月16日）

为进一步改善我市环境空气质量，有效控制工业企业堆场扬尘污染，依据《天津市大气污染防治条例》《天津市清新空气行动方案》的有关要求，制定本管理规定。

一、适用范围

本管理规定适用于天津市辖区内工业企业散体物料堆场（以下简称堆场）扬尘污染防治和环境保护日常管理，主要包括易产生扬尘污染的各种燃煤企业煤、灰堆场及各种工业料、工业固体废弃物堆场、散货物流堆场等。

建筑、拆迁、市政基础设施建设、交通运输、水务工程、市容整治、园林绿化和混凝土搅拌站等行业扬尘污染防治和管理工作依据行业相关规定执行，不适用本管理规定。

二、管理要求

（一）治理要求

1. 全市建成区内的堆场、重点行业（钢铁、电力、石油化工、供热、建材）储煤场，须采取封闭措施。

2. 建成区外的堆场，应采取防风抑尘网（墙）配备喷淋系统、苫盖措施。为最大限度地控制扬尘污染，工业企业堆场应尽可能采取封闭措施。

3. 采取防风抑尘网措施的工业企业堆场须同步采取苫盖、喷淋措施。

4. 未采取封闭措施的堆场要安装在线监控系统，并与环保监管系统联网。

5. 新建工业企业堆场项目的环境影响评价文件须对扬尘防治方案的技术可行性充分论证；审批部门须依照《天津市工业企业堆场扬尘防治技术导则》对扬尘防治方案进行严格审查，并督促建设单位落实环保“三同时”要求。

（二）管理要求

1. 封闭。工业企业堆场封闭须严格落实《天津市工业企业堆场扬尘防治技术导则》各项技术要求。

2. 防风网。采取防风抑尘网措施的工业企业堆场须同步采取苫盖、喷淋措施，并严格落实《天津市工业企业堆场扬尘防治技术导则》各项技术要求。

3. 搅拌、粉碎、筛分等作业。须在封闭车间内进行；堆场内进行搅拌、粉碎、筛分等作业时应喷水抑尘，在重污染天气时禁止进行搅拌、粉碎、筛分等产生扬尘的作业。

4. 装卸作业。应尽可能密闭装卸方式。装卸或堆场内倒运等作业时须严格喷淋抑尘。在重污染天气时禁止打开苫盖进行装卸、倒运等产生扬尘的作业。采用密闭输送设备作业的，应当在装卸处配备吸尘、喷淋等防尘设施，并保持防尘设施的正常使用。

5. 厂区道路。堆场场坪及路面应当进行硬化处理，并定期洒水、清扫，保持路面整洁，杜绝二次扬尘；并根据生产和外界环境风力等级情况适当增加洒水清扫次数，做到厂内道路清洁整齐。堆场外道路上撒落的物料及时收集清理，避免造成扬尘污染。

6. 车辆运输。车辆运输过程中，车厢应采取密闭措施或有效篷盖，严禁敞开式运输，防止沿途抛洒造成扬尘污染。堆场进出口设置车辆清洗专用场地，配备运输车辆冲洗保洁设施，严禁带尘带土上路，车辆清洗专用场地四周应设防溢座、废水导流渠、废水收集池、沉砂池等，收集车辆清洗过程中产生的废水。冲洗废水经处理后回用，严禁冲洗废水直接外排或流淌到地面道路。

7. 应加强场区周围绿化，有条件的应密植高大树木。对于长期堆放的废弃物，可在堆场表面及四周种植植物，减少风蚀起尘。

8. 日常管理。各单位应建立扬尘污染控制管理制度，配备专职环保工作人员，加强环境管理工作，确保扬尘防治措施落实到位。同时应加强对抑尘设施、监控设备的维护管理，确保正常使用。

9. 设置扬尘污染防治公示牌。对堆场类型、扬尘控制标准、企业负责人和手机号码，区县和市级责任部门及监督电话，环境污染举报电话等内容向公众进行告知，接受社会监督。公示牌样式及填写说明见附件。

三、部门职责

（一）市环保局加强对区县的监督、检查和指导，不定期对全市工业企业堆场扬尘治理情况进行抽查并通报抽查结果。

（二）各级环保部门须加强堆场环境执法检查力度，对辖区内封闭堆场每年至少检查一次；对采取防风抑尘墙（网）的堆场每季度至少全面检查一次。

四、责任追究和处罚

（一）对因落实措施不到位、管理不善等因素造成环境污染的，按照国家及天津市相关污染防治法规，对违法单位严肃查处，对相关责任人依法依规追究责任。

（二）未按照要求对工业企业堆场采取密闭贮存、设置围挡或者防风抑尘网等有效措施防止扬尘的，或者装卸物料未采取密闭或者喷淋等方式的，由环境保护行政主管部门依照《天津市大气污染防治条例》第八十九条第三项规定处一万元以上十万元以下罚款。

天津市建设工程文明施工管理规定

（2018年4月10日修订）

（2006年4月28日由天津市人民政府颁布　根据2018年4月10日《天津市人民政府关于修改和废止部分规章的决定》修订）

第一章　总　则

第一条　为加强本市建设工程文明施工管理，提高施工管理水平，维护城市市容整洁，保障人身和公共安全，根据国家有关法律、法规，结合本市实际情况，制定本规定。

第二条　本规定适用于本市行政区域内建设工程的新建、改建、扩建和房屋拆除等施工活动及监督管理。

本规定所称建设工程是指土木工程、建筑工程、线路管道工程和设备安装及装修工程。

本规定所称文明施工是指建设工程施工过程中按照规定采取措施，保障作业环境、市容环境卫生质量和人员健康安全的施工活动。

第三条　市建设行政主管部门对全市建设工程文明施工实施统一监督管理，并负责本规定的组织实施。

区、县建设行政主管部门按照职责分工，对本行政区域内的建设工程文明施工实施监督管理。

市和区县建设安全监督管理机构按照市建设行政主管部门规定的职责分工，负责建设工程文明施工的日常监督管理工作。

第四条　本市对施工现场实行联合检查制度。环保、市容环境、卫生、质监、安全监管、国土资源等有关部门对施工现场进行专项执法检查，应当由建设行政主管部门统一组织实施。法律、法规另有规定的，从其规定。

第五条　建设工程文明施工管理实行企业负责、中介评估、政府监管的原则。

第二章　一般规定

第六条　建设单位应当依据国家有关法律、法规和文明施工质量标准，在相关合同中明确勘察、施工、工程监理等单位的安全文明施工责任，并应用现代信息技术，实施远程视频监控。

第七条 建设单位在编制工程概算时，应当依据市建设行政主管部门的有关规定，确定建设工程安全作业环境及安全施工措施所需费用。

建设单位应当按照规定将建设工程安全作业环境及安全施工措施所需费用一次性存入银行专项账户，在向建设安全监督管理机构办理安全施工措施资料备案时，一并提供专项账户存款有效凭证，没有提供专项账户存款凭证的，建设安全监督管理机构不予备案。

建设工程安全作业环境及安全施工措施费用应当专款专用，其使用接受建设安全监督管理机构的监督。

第八条 工程监理单位应当按照监理合同的约定将文明施工纳入监理范围，对施工组织设计中的文明施工管理措施是否符合工程建设强制性标准进行审查，并与建设工程监理规范确定的内容同步实施。

工程监理单位在实施监理过程中，发现不符合文明施工要求的，应当要求施工单位整改；情况严重的，应当要求施工单位暂时停止施工，并及时报告建设单位。施工单位拒不整改或者不停止施工的，工程监理单位应当及时向有关主管部门报告。

第九条 建设工程实行施工总承包的，由总承包单位对施工现场的安全文明施工实施统一管理。分包单位应当服从总承包单位的管理，并对分包范围内的安全文明施工向总承包单位负责。建设工程未实行施工总承包的，由建设单位统一协调管理，各施工单位按照承包范围分别负责。

施工单位工程项目负责人对施工现场文明施工直接负责，组织编制实施文明施工方案，落实文明施工责任制，实行文明施工目标管理。

第十条 施工单位应当遵守有关环境保护和安全生产法律、法规的规定，采取措施防止或者减少粉尘、废气、废水、固体废物、噪声、振动和照明产生的污染和危害。

第三章 现场管理

第十一条 施工现场的施工区、办公区、生活区应当分开设置，实行区划管理。生活、办公设施应当科学合理布局，并符合城市环境、卫生、消防安全及安全文明施工标准化管理的有关规定。

第十二条 施工现场的场区应干净整齐，施工现场的楼梯口、电梯井口、预留洞口、通道口和建筑物临边部位应当设置整齐、标准的防护装置，各类警示标志设置明显。施工作业面应当保持良好的安全作业环境，余料及时清理、清扫，禁止随意丢弃。

第十三条 施工现场的各种设施、建筑材料、设备器材、现场制品、成品半成品、构配件等物料应当按照施工总平面图划定的区域存放，并设置标签。禁止混放或在施工现场外擅自占道堆放建筑材料、工程渣土和建筑垃圾。

施工现场堆放砂、石等散体物料的，应当设置高度不低于 0.5 米的堆放池，并对物料裸露部分实施苫盖。土方、工程渣土和垃圾应当集中堆放，堆放高度不得超出围挡高度，并采取苫盖、固化措施。

第十四条 建设单位在施工现场应当按照规定设置实体围挡，并符合下列要求：

（一）围挡材质采用砌体或者定型板材，有基础和墙帽。围挡外侧与道路衔接处要采用绿化或者硬化铺装措施。围挡必须稳固、安全、整洁、美观；

（二）城镇建成区、风景旅游区、市容景观道路、交通主干道及机场、码头、车站、广场的施工现场，围挡高度不得低于 2.5 米，其他地区围挡高度不得低于 1.8 米；

（三）围挡大门应当采用封闭门扇，设置应当符合消防要求，其宽度不得小于 6 米；

（四）市政工程、道路维修及地下管线敷设工程项目工地围挡可以连续设置，也可以按工程进度分段设置。特殊情况不能进行围挡的，应当设置安全警示标志，并在工程险要处采取隔离措施；

（五）拆除工程应当在拆除前采用金属板材做临时围挡，拆除完成后设置符合本规定要求的围挡。

第十五条 在城市建成区、机场、车站、广场的施工现场内，地面应当实行混凝土硬化；其他地区的施工现场从大门入口处应设置长度不少于 30 米的混凝土路面，裸露地面应当采取绿化措施或采用绿色防尘网苫盖。在大门入口处应当设置冲车设备，对驶出场区的车辆进行冲洗。

第十六条 建筑物外檐脚手架应当使用符合国家和有关部门要求的全封闭的绿色安全立网，防止高空坠物和建筑粉尘飞扬。安全立网应当定期冲洗，保持清洁。

第十七条 施工产生的渣土、泥浆及废弃物应当随产随清。暂存的渣土应当集中堆放并全部苫盖。禁止渣土外溢至围挡以外或者露天存放。

施工现场渣土和垃圾清运应当采取喷淋压尘装载。禁止将建筑物内的垃圾凌空抛撒。

施工单位运输工程渣土、泥浆、建筑垃圾及砂、石等散体建筑材料，应当采用密闭运输车辆，并按指定路线行驶。

第十八条 拆除建筑物和构筑物应当采用符合要求的作业方式，拆除、清运时要采取喷淋措施。

拆除建筑物和构筑物后暂时不能开工的建设用地，建设单位应当实施简易绿化、绿色防尘网苫盖或者硬化铺装措施。

第十九条 在本市外环线以内区域和外环线以外的区县建成区、风景旅游区内施工，应当采用商品混凝土和成品灰，使用清洁能源。禁止在施工现场搅拌混凝土和灰土、露天堆放水泥和石灰，焚烧垃圾等有害物质。在施工现场不得将煤炭、木材及油毡、油漆等材料作为燃烧能源。

第二十条 在施工现场搭建的临时建筑物应当按照本市有关规定，采用轻钢结构标准型拼装活动板房，搭建高度不得超过三层，并设置符合安全规定的通道和钢制楼梯。搭建的单层建筑物屋顶不得高出施工现场围挡。禁止搭建木结构房屋、帐篷及利用现场围挡搭建临时建筑物或设施。

第二十一条 在施工现场设置职工生活区的，应当建立健全宿舍管理制度。每间宿舍住宿人数不得超过 15 人，人均使用面积不得少于 2 平方米，保障职工冬季取暖和居住安全。禁止明火取暖和在尚未竣工的建筑物内设置员工集体宿舍。在施工现场外设置生活区的，应当实行封闭管理。

第二十二条 在施工现场设置食堂及就餐场所的，应当符合卫生管理规定，制定健全的生活卫生和预防食物中毒管理制度。

坐落在建成区内的施工现场厕所，应当采用密闭水冲式，保持干净清洁。高层建筑施工应当隔层设置简易厕所。

第二十三条 施工单位应当制定公共卫生突发事件应急预案。在施工现场应当配备符合有关规定要求的急救人员、保健医药箱和急救器材。

第二十四条 施工现场应当设置良好的排水系统和废水回收利用设施。防止污水、污泥污染周边道路，堵塞排水管道或河道。采用明沟排水的，沟顶应当设置盖板。禁止向饮用水源及各类河道、水域排水。

第二十五条 施工单位对可能危及公共设施的施工作业，应当提前采取保护措施，以保障公共设施的安全和正常使用。造成损坏的应当承担经济赔偿责任。

第四章　法律责任

第二十六条 建设单位违反本规定第六条、第七条、第十五条、第十九条规定的，由建设行政主管部门责令限期改正，并可处以 2 000 元以上 3 万元以下罚款。

第二十七条 施工单位违反本规定第十三条、第十四条、第十六条、第十八条、第二十条、第二十三条规定的，由建设行政主管部门责令限期改正，并可处以 5 000 元以上 2 万元以下罚款；对负有直接责任的工程项目负责人根据前述标准予以罚款。

第二十八条 施工单位违反本规定第十七条、第二十一条、第二十二条的规定，存在安全事故隐患的，由建设行政主管部门责令限期改正，并可处以 1 万元以上 2 万元以下罚款；对负有直接责任的工程项目负责人根据前述标准予以罚款。

第二十九条 工程监理单位违反本规定第九条规定的，由建设行政主管部门责令限期改正，并可处以 5 000 元以上 3 万元以下罚款。

第三十条 对违反本规定进行施工侵害施工人员民事权益的，除按照规定予以行政处罚外，应依法追究其民事责任并给予民事赔偿。

第三十一条 任何单位和个人，对违反本规定的行为有权进行举报、投诉，有关部门应予受理并予以查处。

第三十二条 当事人对行政处罚决定不服的，可依法申请行政复议或向人民法院提起诉讼。当事人逾期不申请行政复议，也不向人民法院提起诉讼，又不履行行政处罚决定的，由作出行政处罚决定的机关申请人民法院强制执行。

第三十三条 文明施工监督管理工作人员滥用职权、玩忽职守、徇私舞弊的，由其所在单位或者上级主管部门给予行政处分；构成犯罪的，依法追究刑事责任。

第五章　附　则

第三十四条　法律、行政法规对铁路、交通、水利等专业建设工程的文明施工管理没有相关规定的，按照本规定执行。

农村村民自建低层住宅的活动，不适用本规定。

第三十五条　本规定自 2006 年 6 月 1 日起施行。

天津市危险化学品企业安全治理规定

（自 2015 年 9 月 7 日起实施）

（2015 年 9 月 7 日天津市人民政府令第 22 号公布　自公布之日起施行）

第一章　总　则

第一条　为全面加强危险化学品安全治理工作，严格落实安全生产企业主体责任、部门监管责任、政府属地责任，防止危险化学品事故，保障人民群众生命财产安全，保护环境，根据相关法律、法规规定，结合本市实际，制定本规定。

第二条　本规定适用于在本市行政区域内从事生产、储存、使用、经营和运输危险化学品的企业（以下统称危险化学品企业）的安全治理工作。

第三条　危险化学品企业安全治理坚持安全第一、预防为主，依法依规、严格责任，风险管理、社会共治。

第四条　通过危险化学品企业安全治理，实现危险化学品企业规划布局科学合理，本质安全水平明显提升，安全隐患及时排除，安全生产环境显著改善。

第五条　市和区县人民政府领导本行政区域内危险化学品企业的安全治理工作，承担属地管理责任。向社会公布危险化学品企业监管部门权力清单和责任清单。

市人民政府各部门和区县人民政府根据天津市安全生产责任制规定，对危险化学品企业的安全治理工作实行行政首长负责制。

乡镇人民政府以及街道办事处、开发区管理机构等政府的派出机关应当按照职责，加强对本辖区危险化学品企业的监督检查，协助上级人民政府有关部门依法履行本辖区危险化学品企业安全治理的相关工作职责并承担属地管理责任。

第二章　监督管理责任

第六条　市和区县人民政府应当定期召开危险化学品安全监督管理联席会议，拟定年度监管计划，通报相关信息，研究、协调、解决危险化学品企业安全治理工作的重大问题。

第七条　安全生产监督管理部门负责危险化学品企业安全治理综合工作，承担危险化学品安全监督管理联席会议办公室职责。

市安全生产监督管理部门应当根据危险化学品管理相关法律、法规、规章要求，会同有关部门制定全市统一的危险化学品企业行政检查标准和目录并向社会公布。

第八条 安全生产监督管理、公安、市场监管、交通运输、环保、商务、海事、邮政等依法对危险化学品安全负有监督管理职责的部门（以下统称负有危险化学品安全监督管理职责的部门），在其职责范围内对危险化学品企业实施安全治理。

行业主管部门、特殊监管区域监管部门等有关部门应当按照“管行业必须管安全、管业务必须管安全、管生产经营必须管安全”的要求，强化安全生产责任落实，履行危险化学品企业安全治理相关工作职责。

其他有关部门应当切实履行安全生产相关工作职责，为危险化学品企业安全治理工作提供支持和保障。

第九条 对登记注册地和实际生产经营地不一致的从事危险化学品生产经营的企业，由生产经营行为发生地负有危险化学品安全监督管理职责的部门负责监管，企业登记注册地负有危险化学品安全监督管理职责的部门应当予以配合，主动通报企业注册相关信息。

第十条 市级负有危险化学品安全监督管理职责的部门应当确定由其重点监管的危险化学品企业的范围；区县负有危险化学品安全监督管理职责的部门对本行政区域内危险化学品企业实施监管。

市和区县负有危险化学品安全监督管理职责的部门应当向社会公布监管范围和企业目录，不得遗漏。

第三章　企业主体责任

第十一条 危险化学品企业应当落实安全生产主体责任，依照法律、法规、规章和标准从事生产经营活动，接受社会监督，承担社会责任。

危险化学品企业的主要负责人对本企业的安全生产工作全面负责。

第十二条 危险化学品企业应当建立安全生产自查制度，重点对下列事项进行自查：

（一）落实安全生产责任制度、安全生产管理规章制度、岗位安全操作规程情况；

（二）落实安全投入情况；

（三）落实主要负责人、安全管理人员和其他从业人员安全培训制度，特种作业人员持证上岗情况；

（四）安全设施、设备、装置保持良好运行状态，无安全隐患情况；

（五）危险工艺运用和危险场所动火、有毒有害、受限空间、爆破、登高等作业现场安全管理情况；

（六）落实重大危险源登记建档、风险辨识防控及现场监控措施情况；

（七）落实隐患排查治理制度及执行情况；

（八）企业主要负责人和安全生产管理人员的安全生产知识与管理能力经主管部门考核合格情况；

（九）编制应急预案，提供相应的保障措施，有针对性地开展应急演练并进行评估情况；

（十）行业协会确定的自查事项；

（十一）法律、法规、规章规定的其他事项。

危险化学品企业应当按照规定定期对主体责任落实情况进行自查，形成自查报告并建档备查。

第十三条 危险化学品建设项目的安全距离应当严格执行相应类别的国家规定和标准。项目建设单位、设计单位、施工单位和安全评价机构应当严格遵守并执行。

建设项目规划、设计审批部门应当严格审查危险化学品建设项目安全距离并征求同级安全生产监督管理部门的意见，港口的危险化学品储存、装卸建设项目应当征求港口行政管理部门的意见。安全生产监督管理部门和港口行政管理部门应当在3个工作日内反馈意见。

在已有危险化学品建设项目周边新建、改建、扩建项目的，应当符合国家有关安全距离的规定和标准。

第十四条 危险化学品企业应当建立风险管控制度，对设备运行、人员操作、工艺流程、安全设施等方面开展危险有害因素辨识和分析，采用相应的安全评价方法进行风险评估，及时采取对策措施。

第十五条 危险化学品企业对重大危险源、危险源点应当加强安全管理，通过物联网、大数据等科技手段进行24小时实时在线监控，并安排专人值守，发现问题及时整改。

危险化学品企业应当实时、准确地向负有危险化学品安全监督管理职责的部门提供基础数据、与安全有关的业务及监测数据等信息。

第十六条 危险化学品企业应当建立安全生产设备设施检修报废制度，确保设备设施正常运行。

安装报警系统、联锁装置的危险化学品企业严禁擅自停用。

第十七条 危险化学品应当按规定储存在专用仓库、专用场地或者专用储存室内，实行分类、分区储存，严禁超范围、超量储存，严禁禁忌物混存。

第十八条 具有资质的危险化学品道路运输企业应当严格使用专门的运输车辆，不得超过规定荷载运输危险化学品，不得将危险化学品与普通货物混装混运，不得将互相禁忌的危险化学品混装混运。

从事危险化学品道路运输的驾驶人员、装卸管理人员、押运人员应当经交通运输主管部门考核合格，并取得相应的从业资格；危险化学品运输车辆应当悬挂或者喷涂符合国家标准要求的警示标志。

运输剧毒化学品应当严格按照公安机关开具的剧毒化学品运输通行证载明事项进行运输。

第十九条 危险化学品企业出租设备设施、作业场所的，对承租单位的安全生产工作应当统一协调管理。

第四章　综合治理措施

第二十条　本市按照有关规定严格审批危险化学品项目，除国家级与市级重点危险化学品项目外，其他危险化学品项目原则上不予批准。

本市危险化学品项目布局规划应当统筹区域经济社会环境因素、安全容量，充分考虑区域产业链合理性。

已建成的危险化学品企业不符合国家有关安全距离规定存在重大安全隐患的，应当依法停产停业或者搬迁。

第二十一条　负有危险化学品安全监督管理职责的部门应当制定监督检查方案，确定监督检查的频次、方式、重点行业和重点内容。

第二十二条　本市在对危险化学品企业的违法行为依法给予相应处罚的同时，加强对企业日常监督管理，对轻微违法违规行为实行记分管理制度。

市安全生产监督管理部门会同有关部门制定危险化学品企业轻微违法违规行为记分标准和监管措施，对危险化学品企业在记分周期内累积扣分达到相应标准的，实行重点监管。

第二十三条　负有危险化学品安全监督管理职责的部门对有下列行为的企业通过企业信用信息公示系统向社会公示：

（一）企业由于安全生产问题 1 年内被处以 2 次以上（含 2 次）行政处罚的；

（二）企业未按规定进行自查的；

（三）企业对自查中发现的问题不及时采取措施治理的；

（四）企业对监管部门检查中发现的问题不及时采取整改措施或在规定时限内未整改完成的；

（五）企业未及时、如实提供与安全有关的业务及监测数据的；

（六）未取得批准文件擅自改建、扩建危险化学品建设项目的；

（七）企业拒不执行监管监察指令的；

（八）法律、法规、规章规定的其他行为。

对发生上述行为的危险化学品企业实施重点监管，并在项目核准、用地审批、政府采购、工程招投标、出入境资质审核等方面通报相关单位，依法予以限制或禁止。

第二十四条　市安全生产监督管理部门应当建立危险化学品企业监督平台，建设安全监督“一张网”。负有危险化学品安全监督管理职责的部门应当将本部门掌握的危险化学品企业信息及有关行政执法信息向监督平台提供，实现监管信息的互通和共享。

第二十五条　本市政府绩效考核工作应当提高安全生产绩效考评分值比例，严格落实发生特别重大生产安全事故“一票否决”制度。

第二十六条　负有危险化学品安全监督管理职责的部门应当严格履行监管职责，对未取得许可证件、批准文件等擅自从事生产经营的，坚决予以取缔。

安全生产监督管理部门根据情况组织相关部门联合执法，查处危险化学品非法行为。

第五章　第三方参与治理

第二十七条　安全生产等行业协会应当组织危险化学品企业加强行业自律，引导企业严格落实主体责任，维护行业安全生产秩序，抵制和纠正违法违规行为，配合监管部门做好治理工作，为危险化学品企业提供技术信息咨询和安全培训等服务。

第二十八条　负有危险化学品安全监督管理职责的部门应当建立危险化学品安全生产专家库，建立专家参与技术服务、监督检查和决策咨询机制。

第二十九条　本市鼓励和支持安全评价等中介服务机构参与危险化学品企业安全生产隐患排查、安全评估等安全管理工作。

第三十条　本市鼓励保险机构充分发挥保险机制的作用，承保单位应当积极提供相关安全服务。

第三十一条　负有危险化学品安全监督管理职责的部门应当建立健全举报奖励制度，鼓励和接受社会举报监督。

第三十二条　本市加强对危险化学品安全管理法律、法规、规章和安全生产知识的宣传，强化危险化学品企业从业人员和政府有关部门监管人员安全培训教育，增强全社会危险化学品安全管理和风险防范意识。

第六章　法律责任

第三十三条　违反本规定，法律、法规、规章已经作出行政处罚规定的，从其规定。

第三十四条　危险化学品企业有下列情形之一的，负有危险化学品安全监督管理职责的部门依据相关法律、法规、规章规定予以从重处罚：

（一）超资质范围、超许可数量生产、经营、储存的；

（二）未按规定配备安全管理机构和人员的；

（三）发现重大事故隐患，未及时整改的；

（四）危险化学品的储存方式、方法或者储存数量不符合国家标准或者国家有关规定的；

（五）未取得批准文件擅自改建、扩建危险化学品建设项目的。

第三十五条　危险化学品企业未按照规定进行自查的，由负有危险化学品安全监督管理职责的部门责令限期改正，可并处 5 000 元以上 3 万元以下的罚款。

第三十六条　危险化学品企业未及时、如实、准确提供与安全有关的业务及监测数据的，由负有危险化学品安全监督管理职责的部门责令限期改正，可并处 1 万元以上 3 万元以下的罚款。

第三十七条　危险化学品企业不具备法律、法规、规章和标准规定的安全生产条件，经停产停业整顿仍不具备安全生产条件的，负有危险化学品安全监督管理职责的部门提请政府按照有关权限依法予以关闭，有关部门应当依法吊销其有关证照。

市或区县人民政府作出关闭企业决定的同时，应当成立专门的工作小组，具体负责指导企业关闭工作依法实施。

第三十八条 负有危险化学品安全监督管理职责的部门发现本部门查处的违法行为涉嫌犯罪，依法需要追究刑事责任的，应当及时向公安或检察机关移送案件。

第三十九条 负有危险化学品安全监督管理职责的部门的工作人员，在危险化学品安全治理工作中滥用职权、玩忽职守、徇私舞弊，构成犯罪的，依法追究刑事责任；尚不构成犯罪的，依法给予处分。

第七章 附 则

第四十条 医疗卫生机构、学校、科研院所等事业单位、人民团体以及其他经济组织的危险化学品的治理，参照本规定执行。

第四十一条 本规定所称危险化学品，是指具有毒害、腐蚀、爆炸、燃烧、助燃等性质，对人体、设施、环境具有危害的剧毒化学品和其他化学品。

监控化学品、属于危险化学品的药品和农药的安全管理，依照本规定执行；法律、行政法规另有规定的，依照其规定。

民用爆炸物品、烟花爆竹、放射性物品、核能物质以及用于国防科研生产的危险化学品的安全管理，不适用本规定。

废弃危险化学品的处置，依照国家和本市有关环境保护的规定执行。

法律、法规对燃气的安全管理另有规定的，依照其规定。

第四十二条 本规定自公布之日起施行。

天津市永久性保护生态区域管理规定

（自2019年9月10日起施行）

（津政发〔2019〕23号）

第一条 为加快建设生态宜居的现代化天津，有效保护本市生态资源，根据《天津市绿化条例》、《天津市人民代表大会常务委员会关于批准划定永久性保护生态区域的决定》、《天津市人民代表大会常务委员会关于进一步加强永久性保护生态区域管理的决议》等有关规定，制定本规定。

第二条 本规定适用于本市永久性保护生态区域的保护、管理和监督工作。

第三条 本规定所称永久性保护生态区域，是指《天津市人民代表大会常务委员会关于批准划定永久性保护生态区域的决定》中划定的山地、河流、水库和湖泊、湿地和盐田、郊野公园和城市公园、林带六类区域。

本市永久性保护生态区域分为红线区与黄线区，其界限分别以市人民政府公布的《天津市生态用地保护红线划定方案》中确定界线为准。

第四条 市和区人民政府应当加强对永久性保护生态区域保护和管理工作的组织领导和统筹协调。

第五条 市人民政府有关主管部门应当根据有关法律、法规和规章的规定，认真履行各自职责，协调配合，做好以下工作：

（一）市生态环境局负责对永久性保护生态区域的生态环境保护和环境污染防治实施监督管理；牵头组织拟定全市永久性保护生态区域考核方案，报市人民政府批准后执行；对永久性保护生态区域管理工作中出现的重大问题提出处理意见，报市人民政府决定。

（二）市规划和自然资源局负责组织永久性保护生态区域界线的划定，指导、协调和监督永久性保护生态区域内的规划工作；负责对永久性保护生态区域内的自然保护区、地质公园、地质遗迹、风景名胜区、湿地和盐田、林带、国家森林公园、郊野公园实施监督管理。

（三）市水务局负责对永久性保护生态区域内的河道、水库、湖泊实施监督管理，具体负责永久性保护生态区域红线区内行洪河道、城市供排水河道和市管水库的管理。

（四）市城市管理委负责对永久性保护生态区域内的城市公园和外环线绿化带实施监督管理，具体负责市级公园的管理。

市发展改革委、市农业农村委、市住房城乡建设委、市交通运输委、市财政局、市公安局等相关部门应当按照各自职责做好永久性保护生态区域保护和管理工作。

第六条 各区人民政府应当组织有关部门按照各自职责，在本行政区域内，做好以下工作：

（一）按照有关法律、法规和规章规定，对永久性保护生态区域实施保护和严格管理。

（二）设立、管理和维护永久性保护生态区域标桩、标牌等保护设施。

（三）以实现永久性保护生态区域生态保护功能为目的，制定生态保护工作方案，建立相应工作机制，编制保护与实施规划，积极推进永久性保护生态区域内生态保护与生态修复、恢复项目的实施。

（四）鼓励永久性保护生态区域内的原农村居民点逐步外迁，制定搬迁安置方案。

（五）市人民政府交办的其他相关工作。

第七条 街道办事处和乡镇人民政府应当组织动员本辖区单位参与永久性保护生态区域保护活动，根据有关法律、法规和规章规定，对在永久性保护生态区域内发生的违法行为及时予以处理。

第八条 各区人民政府和市人民政府有关主管部门应当采取多种方式加强宣传教育和科学知识普及工作，提升公众的生态保护意识，对相关管理人员进行培训，确保永久性保护生态区域保护工作的顺利实施。

第九条 支持和鼓励公民、法人和其他组织参与永久性保护生态区域的保护工作，对违反本规定的行为进行举报。充分发挥社会团体在生态文明建设、生态保护宣传及社会监督中的作用。

第十条 永久性保护生态区域标桩、标牌设立应当与《天津市人民代表大会常务委员会关于批准划定永久性保护生态区域的决定》规定的坐标相符合，并与自然环境相协调。

各区人民政府应当设立本行政区域内永久性保护生态区域标桩、标牌的台账，建立管护责任制度，明确日常管护责任人，保证标桩和标牌整洁、完整。

第十一条 任何单位和个人不得破坏或者擅自迁移永久性保护生态区域的保护标志。破坏或擅自迁移永久性保护生态区域保护标志的，应当恢复原状，造成损失的依法进行赔偿。

第十二条 永久性保护生态区域内的自然保护区按照有关法律、法规和规章实施管理；涉及不同类型保护区的重叠部分，按照最严格的管控标准实施保护和管理：

第十三条 在永久性保护生态区域建设生态保护工程、重大基础设施、重大民生保障项目，应在确保功能不降低、性质不改变、环境不破坏、面积不减少的前提下，由相关行政主管部门组织专家进行生态环境影响论证、提出保护和修复方案，经市人民政府审查同意后，履行基本建设程序。

第十四条 市规划和自然资源局应当会同市有关部门定期对永久性保护生态区域

管理制度实施情况开展评估工作。

第十五条 市或区人民政府有关部门对在永久性保护生态区域内进行违法用地、违法建设、非法排放污染物、盗伐林木、猎捕采伐珍稀濒危和受保护物种等行为，根据有关法律、法规和规章的规定予以处理；构成犯罪的，依法追究刑事责任。

第十六条 有关工作人员在永久性保护生态区域管理工作中玩忽职守、滥用职权、徇私舞弊的，依法予以处分；构成犯罪的，依法追究刑事责任。

第十七条 本规定自印发之日起施行，有效期5年。

天津市实施《中华人民共和国突发事件应对法》办法

（自2015年7月1日起施行）

（2015年5月21日天津市第十六届人民代表大会常务委员会第十八次会议表决通过　自2015年7月1日起施行）

第一章　总　则

第一条　为了实施《中华人民共和国突发事件应对法》，结合本市实际情况，制定本办法。

第二条　本市突发事件的预防与应急准备、监测与预警、应急处置与救援、事后恢复与重建等应对活动，适用本办法。

第三条　本办法所称突发事件，是指突然发生，造成或者可能造成严重社会危害，需要采取应急处置措施予以应对的自然灾害、事故灾难、公共卫生事件和社会安全事件。

突发事件的等级和分级标准，按照国家有关规定执行。

第四条　突发事件应对工作坚持以人为本、预防为主、预防与应急相结合的原则，建立统一领导、综合协调、分类管理、分级负责、属地管理为主的应急管理体制。

第五条　市和区县人民政府对本辖区内突发事件的应对工作负总责。

市和区县人民政府应急办事机构，承担本级人民政府突发事件应急管理工作。

第六条　市和区县人民政府设立突发事件应急委员会，统一领导、协调本级人民政府各有关部门和下级人民政府开展突发事件应对工作；根据实际需要，设立气象灾害、抗震救灾、环境污染等突发事件专项应急指挥机构，组织、协调、指挥相关类别的突发事件应对工作。

市和区县人民政府有关部门应当按照各自职责明确机构和人员，做好相应的突发事件应对工作。

第七条　乡镇人民政府、街道办事处应当明确机构和人员，做好本辖区的突发事件应对工作。

居民委员会、村民委员会应当将应急工作作为居民自治、村民自治的重要内容，协助各级人民政府、街道办事处做好群众的组织、动员工作。

其他有关机关、团体、企业事业单位应当根据本单位突发事件应对工作的需要，明确工作机构或者指定应急管理工作人员，在所在地人民政府的领导下开展突发事件应对工作。

第八条 市和区县人民政府应当在综合分析本辖区突发事件风险、统筹各类突发事件应对工作的基础上，组织编制本级突发事件应急体系建设规划，并将其纳入国民经济和社会发展规划。区县人民政府突发事件应急体系建设规划，应当依据市人民政府突发事件应急体系建设规划编制。

市和区县人民政府有关部门编制的防洪规划、气象灾害防御规划、防震减灾规划等规划中涉及突发事件应对工作的，应当与本级人民政府突发事件应急体系建设规划相衔接。

第九条 市和区县人民政府应当保障突发事件应对工作所需经费，将突发事件应对工作经费纳入财政预算，专款专用。

第十条 市和区县人民政府应当与驻地部队、有关驻津单位建立联动机制，加强与相邻地区之间的协作，有效预防和处置突发事件。

根据突发事件应对工作的需要，市和区县人民政府可以要求有关驻津单位予以配合和支持。

第十一条 市和区县人民政府及其有关部门，应当建立健全突发事件信息公开制度，完善信息发布制度和新闻发言人制度，建立健全重大突发事件新闻报道快速反应机制和舆情收集、分析机制，依法及时公开信息。

第十二条 市和区县人民政府建立有效的社会动员机制，充分发挥公民、法人和其他组织在突发事件应对中的作用，增强全民的公共安全和社会责任意识，提高全社会避险、自救、互救能力。

工会、共青团、妇联、红十字会等团体和组织，应当结合各自职责和工作特点，协助人民政府做好突发事件应对工作。

公民、法人和其他组织有义务参与突发事件应对工作，并服从指挥和安排，积极配合实施应急处置措施。

第十三条 本市鼓励公民、法人和其他组织为突发事件应对工作提供物资、资金、技术支持和捐赠；鼓励志愿者组织参与突发事件应对工作，组织志愿者根据其自身能力，参加科普宣传、应急演练、秩序维护、心理疏导、医疗救助等活动。

第十四条 市和区县人民政府应当建立突发事件应对工作考核机制，并将突发事件应对工作纳入本级政府目标管理考评体系。

第二章　预防与应急准备

第十五条 本市建立健全突发事件应急预案体系。应急预案体系由总体应急预案、专项应急预案、部门应急预案、基层应急预案和单位应急预案等组成。

市和区县人民政府应急办事机构，负责推动本级突发事件应急预案体系建设，指导、监督本级人民政府有关部门和下级人民政府应急预案的制定、修订和备案工作。

市和区县人民政府有关部门按照国家和本市的有关规定，加强对相关行业、相关领域应急预案的指导、监督和管理工作。

第十六条 市和区县人民政府应当制定突发事件总体应急预案，组织制定自然灾害、事故灾难、公共卫生事件、社会安全事件等突发事件专项应急预案。

第十七条 市和区县人民政府有关部门，根据各自的职责和本级人民政府突发事件总体应急预案、专项应急预案，制定突发事件部门应急预案。

第十八条 乡镇人民政府、街道办事处应当根据上级人民政府及其有关部门的应急预案，结合本地区实际情况制定突发事件基层应急预案。

居民委员会、村民委员会，根据乡镇、街道的基层应急预案制定相应的突发事件应急措施。

第十九条 下列单位应当结合工作实际制定突发事件单位应急预案：

（一）冶炼、化工、制药企业；

（二）建筑施工单位；

（三）易燃易爆物品、危险化学品、放射性物品、病原微生物等危险物品的生产、经营、储运、使用单位；

（四）供水、排水、发电、供电、供油、供气、供热、公共交通、河海堤防、水库大坝、粮库等经营单位或者管理单位；

（五）通信、广播、电视、互联网运营等单位；

（六）医院、学校、商场、火车站、地铁、机场、码头、旅游景点、影剧院、大型娱乐场所、运动场馆、幼儿园、养老机构等公共场所和其他人员密集场所的经营单位或者管理单位；

（七）大型群众性活动的主办单位或者承办单位；

（八）法律、法规、规章规定的其他单位。

第二十条 市和区县人民政府应当建立健全风险识别、风险评估、风险控制等风险管理制度和风险管理信息化系统。

第二十一条 制定、修订应急预案应当进行风险分析和应急资源调查。

第二十二条 市和区县人民政府应当组织有关部门，依法对本行政区域内容易引发自然灾害、事故灾难和公共卫生事件的危险源、危险区域进行调查、登记、监控、风险评估，每年进行检查，并责令有关单位采取安全防范措施。

市和区县人民政府应当将依法登记的危险源、危险区域按照国家有关规定向社会公布。

乡镇人民政府、街道办事处，应当经常性地组织排查危险源、危险区域内容易引发突发事件的风险隐患，对发现的异常情况采取必要的处置措施。

各级人民政府及其有关部门和街道办事处，按照本办法对危险源、危险区域进行检查、排查时，相关单位和个人应当予以配合。

第二十三条 各单位应当建立健全安全管理制度，定期对本单位的危险源和危险区域进行自查，采取安全防范措施，发现异常情况及时处置，并及时报告所在地人民政府或者人民政府有关部门。

第二十四条 市和区县人民政府制定城乡规划，应当符合预防、处置突发事件的需要，充分考虑公共安全，统筹安排应对突发事件所必需的设备和基础设施建设，合理确定应急避难场所。已有的建筑物、构筑物和基础设施不符合预防、处置突发事件需要的，当地人民政府应当采取防范措施，制定改造方案并组织实施，相关所有权人和管理、使用单位应当予以配合。

市和区县人民政府应当统筹规划、建设突发事件应急避难场所，安排其所需的交通、供水、供电、排污等基础设施，设置明显标志和导引图，并向社会公布。

应急避难场所的管理单位应当加强对应急避难场所的维护和管理，保证其正常使用。

第二十五条　市和区县人民政府依托公安消防等专业队伍，建立综合性应急救援队伍。

建设、交通运输、卫生计生、市容园林、环保、水务、农业、林业、安全监管、地震、气象等有关部门，应当根据需要采取多种形式组建相关专业的应急救援队伍。

易燃易爆物品、危险化学品、放射性物品、病原微生物等危险物品的生产、经营、储运、使用单位和冶炼、化工、制药、建筑施工等单位，应当建立由本单位职工组成的应急救援队伍。

市和区县人民政府应当组织各类应急救援队伍联合培训、联合演练，提高其合成应急、协同应急的能力。

第二十六条　市人民政府及其有关部门应当建立突发事件应对工作专家队伍，为突发事件应对工作提供分析评估、决策咨询和处置建议。

区县人民政府根据需要可以聘请突发事件应对工作专家。

第二十七条　市和区县人民政府建立健全突发事件应急管理培训制度，对突发事件应急管理人员进行培训，提高其应急指挥、组织协调和依法处置能力。

建立应急救援队伍的部门和有关单位，应当加强对应急救援队伍专业技能的培训，提高其抢险救援能力。

第二十八条　各级人民政府及其有关部门、街道办事处、居民委员会、村民委员会、企业事业单位，应当通过多种形式普及突发事件应对知识，提高公众应对突发事件的能力。

新闻媒体应当无偿开展突发事件预防与应急、自救与互救知识的公益宣传。政府投资的防灾减灾教育基地、科学普及基地，应当向公众免费开放。

第二十九条　各级人民政府及其有关部门、街道办事处、有关企业事业单位，应当按照突发事件应急预案的要求定期组织开展有针对性的应急演练。有关居民委员会、村民委员会应当配合应急演练。

第三十条　市人民政府应当建立应急救援物资、生活必需品和应急处置装备等应急物资的储备保障和调剂供应制度，完善重要应急物资的监管、生产、储备、调拨和紧急配送体系。

区县人民政府应当根据本地区突发事件的风险和特点储备应急物资。

市和区县人民政府及其有关部门可以与有关企业签订协议，保障应急物资的生产、供给。

第三十一条 本市建立以市级应急平台为中心，区县级应急平台与专业应急平台为支撑的应急平台体系，实现应急平台之间互联互通和信息共享。

应急平台应当具备监测监控、预测预警、信息报告、综合研判、辅助决策、指挥调度、异地会商、总结评估等功能，为本市突发事件应对工作提供技术支持。

应急平台建设应当充分利用现有专业系统资源，避免重复建设。

第三十二条 各级人民政府及其有关部门和街道办事处，应当建立健全二十四小时值守应急制度，及时处置、上报突发事件。

市和区县人民政府应当对本级人民政府有关部门和下一级人民政府的值守应急工作进行监督检查。

第三章 监测与预警

第三十三条 市和区县人民政府应当依托应急平台建立统一的突发事件信息系统和信息报告制度，通过多种途径收集突发事件信息，形成突发事件信息报送快速反应机制和分析机制。

获悉突发事件信息的公民、法人或者其他组织，应当及时向所在地人民政府、有关主管部门或者指定的专业机构报告，接到报告的单位应当及时核实处理。

第三十四条 各级人民政府及其有关部门、街道办事处、有关单位和人员，应当按照国家和本市的有关规定，及时、客观、真实地报送、报告突发事件信息，并根据事态发展及时续报，不得迟报、谎报、瞒报、漏报。

报送、报告的突发事件信息，应当包括报告人名称、时间、地点、事件类别、伤亡或者经济损失的初步评估、影响范围、事件发展态势及处置情况等。

第三十五条 市和区县人民政府建立专业监测和社会监测相结合的突发事件监测体系，建立健全基础信息数据库，根据需要对可能发生的突发事件实行跨地区、跨部门的联合监测。

市和区县人民政府及其有关部门，应当及时汇总、分析监测信息，必要时组织相关部门、专业技术人员进行会商，对发生突发事件的可能性及其可能造成的影响进行评估。

第三十六条 本市建立健全突发事件预警制度。

可以预警的自然灾害、事故灾难和公共卫生事件的预警级别，按照突发事件发生的紧急程度、发展势态和可能造成的危害程度分为一级、二级、三级和四级，分别用红色、橙色、黄色和蓝色标示，一级为最高级别。

可以预警的自然灾害、事故灾难或者公共卫生事件即将发生或者发生的可能性增大时，市和区县人民政府按照国家和本市的有关规定发布相应级别的警报，决定并宣布有关地区进入预警期。

第三十七条 市和区县人民政府应当通过广播、电视、政务网等方式，向社会及时发布预警信息。

新闻单位、电信运营企业、互联网运营商和公共场所电子显示屏管理单位，应当通过报刊、手机短信、微信、电子显示屏等方式及时向公众转发政府发布的预警信息。

第三十八条 宣布进入预警期后，市和区县人民政府应当根据《中华人民共和国突发事件应对法》的有关规定和本市应急预案的要求，采取必要措施，避免或者减轻突发事件的损害。

公民、法人和其他组织应当根据市和区县人民政府及其有关部门发布的预警信息，采取防灾避险措施。

第三十九条 市和区县人民政府应当根据事态的发展，按照国家和本市有关规定适时调整预警级别并重新发布。有事实证明不可能发生突发事件或者危险已经解除的，应当立即宣布解除警报，终止预警期，并解除已经采取的有关措施。

第四章 应急处置与救援

第四十条 突发事件发生后，履行统一领导职责或者组织处置突发事件的人民政府，应当启动相应的应急预案，针对突发事件的性质、特点和危害程度，组织有关部门，调集应急救援队伍，动员社会力量依法进行处置。

突发事件发生地的区县人民政府认为难以控制和应对突发事件事态发展的，应当在采取先期处置措施的同时，立即报告市人民政府。市人民政府应当及时采取措施，统一领导应急处置工作。

第四十一条 突发事件发生地的乡镇人民政府、街道办事处应当按照有关规定启动应急预案，立即组织救援人员赶赴现场，开展救护伤员、疏散群众、控制现场、抢险救援等先期处置工作，并立即向区县人民政府报告。

突发事件发生地的居民委员会、村民委员会和其他组织，应当按照人民政府的决定、命令，进行宣传动员，组织群众开展自救互救，协助维护社会秩序。

第四十二条 受到自然灾害危害或者发生事故灾难、公共卫生事件的单位，应当立即启动本单位的应急预案，组织人员开展自救互救，撤离危险区域，控制危险源，封锁现场或者危险场所，采取措施防止危害扩大，并按照规定立即报告突发事件信息；对因本单位的问题引发的或者主体是本单位人员的社会安全事件，有关单位应当按照规定上报情况，并迅速派出负责人赶赴现场开展劝解、疏导工作。

第四十三条 突发事件发生后，履行统一领导职责的人民政府根据应急预案设立现场指挥部，确定现场总指挥。现场总指挥有权决定现场处置方案，统一调度现场应急救援力量和应急物资，协调有关单位开展现场应急处置工作。

第四十四条 突发事件发生后，履行统一领导职责的人民政府按照《中华人民共和国突发事件应对法》规定采取应急处置措施，同时根据需要可以采取下列措施：

（一）指定有关的场地、场所作为临时应急避难场所；

（二）要求有关企业生产、供应突发事件应对需要的应急救援物资和生活必需品；

（三）组织专业人员对受到突发事件危害的有关人员提供心理干预服务。

第四十五条 处置突发事件期间，市和区县人民政府组织、协调铁路、公路、航空、水路等相关运输单位，优先运送处置突发事件所需物资、设备、工具、应急救援人员和受到突发事件危害的人员。

承担突发事件处置任务的机动车，凭应急通行证不受交通限行措施的限制，在本市免交高速公路通行费。应急通行证由市人民政府应急办事机构负责制作、发放和管理。

第四十六条 处置突发事件期间，市和区县人民政府组织、协调电信运营企业做好应急通信保障工作，保障应急指挥通信畅通。无线电管理部门应当保障应急使用的频率，采取必要的监测和干扰排查等技术保障措施，根据市人民政府决定依法实施无线电管制。

第四十七条 履行统一领导职责或者组织处置突发事件的人民政府应当按照国家和本市的有关规定，统一、准确、及时发布有关突发事件事态发展和应急处置工作的信息，并对虚假信息及时予以澄清。

新闻媒体应当客观、真实、准确地报道有关突发事件的信息，正确引导社会舆论。

任何单位和个人不得编造、传播有关突发事件事态发展或者应急处置工作的虚假信息。

第四十八条 根据处置突发事件需要必须征用单位和个人财产时，市和区县人民政府及其有关部门可以作出应急征用决定。应急征用决定应当载明应急征用的依据、事由、被征用财产的名称及数量、被征用人及其联系方式等。

被征用的财产在使用完毕或者应急处置工作结束后，实施征用的单位应当及时将其返还。财产被征用或者征用后毁损、灭失的，应当依法给予补偿。

第五章　事后恢复与重建

第四十九条 突发事件应急处置工作结束后，履行统一领导职责的人民政府应当及时组织有关部门和专业技术人员，对突发事件造成的损失进行统计、核实和评估，按照短期恢复与长远发展并重的原则，因地制宜、科学制定恢复重建计划并组织实施。

第五十条 突发事件受灾人员需要过渡性安置的，市和区县人民政府应当采取就地安置与异地安置、政府安置与自行安置相结合的方式，对受灾人员进行安置。对自行安置的人员，有关人民政府应当根据实际情况提供必要的帮助。

设置过渡性安置点的，有关人民政府应当采取相应的防灾、防疫措施，建设必要的配套基础设施和公共服务设施，保障受灾人员的安全和基本生活需要。

第五十一条 履行统一领导职责的人民政府应当及时组织有关部门和专业技术人员，对突发事件发生的原因、过程和影响进行调查分析，对预防与应急准备、监测预警、信息报送、应急决策、处置与救援等应对工作进行评估，总结经验教训，制定改进措施，并向上一级人民政府提出报告。

第五十二条 市和区县人民政府应当根据损失评估情况和有关规定，对受突发事件影响较大的地区和行业依法给予费用减免、贷款贴息、财政资助、项目安排等政策扶持，并组织提供物资、人力等支持。

第五十三条 本市鼓励、支持保险机构开展有关突发事件灾害风险的商业保险业务，倡导单位和个人积极参加相关保险。

突发事件发生地的区县人民政府及其有关部门、乡镇人民政府、街道办事处、居民委员会、村民委员会、有关单位应当及时为投保人出具办理保险理赔的相关证明，协助做好保险理赔工作。

第五十四条 市和区县人民政府对在突发事件应对工作中做出突出贡献的单位和个人，应当按照国家和本市的有关规定给予表彰或者奖励，对在应急救援工作中伤亡的人员依法给予抚恤或者评定为烈士。

第五十五条 市和区县人民政府及其有关部门，应当对突发事件应对工作的原始记录等有关资料依法进行收集、整理、立卷，并定期移交归档。

第六章 法律责任

第五十六条 各级人民政府及其有关部门违反本办法规定，有下列情形之一的，由其上级行政机关或者监察机关责令改正；情节严重的，对直接负责的主管人员和其他直接责任人员依法给予处分：

（一）未按照规定制定、修订突发事件应急预案并备案的；

（二）未按照规定对危险源、危险区域进行调查、登记、监控、风险评估、检查和排查的；

（三）未建立健全二十四小时值守应急制度的；

（四）未按照规定组织开展应急演练的；

（五）未按照规定适时调整预警级别，发布、更新预警信息，或者解除警报的；

（六）不服从现场总指挥的指挥、调度，造成后果的；

（七）征用财产不符合有关规定的；

（八）未对受灾人员进行过渡性安置的。

第五十七条 有关单位有下列情形之一的，由所在地区县人民政府责令限期改正；情节严重的，对直接负责的主管人员和其他直接责任人员依法给予处分：

（一）未按照规定制定、修订突发事件应急预案并备案的；

（二）未对应急避难场所进行维护和管理，保证其正常使用的；

（三）未按照规定建立应急救援队伍的；

（四）未按照规定开展应急演练的；

（五）不按照市和区县人民政府的要求，生产、供应突发事件应对需要的生活必需品和应急救援物资的。

第七章 附 则

第五十八条 本办法自2015年7月1日起施行。

天津市实施《中华人民共和国水法》办法

（2018年11月21日修订）

（1994年1月26日天津市第十二届人民代表大会常务委员会第五次会议通过　2006年9月7日天津市第十四届人民代表大会常务委员会第三十一次会议第一次修订　根据2018年11月21日天津市第十七届人民代表大会常务委员会第六次会议《关于修改〈天津市消费者权益保护条例〉等四部地方性法规的决定》第二次修订）

第一条　为合理开发、利用、节约和保护水资源，防治水害，发挥水资源综合效益，实现水资源的可持续利用，促进国民经济和社会发展，依据《中华人民共和国水法》，结合本市实际情况，制定本办法。

第二条　凡在本市行政区域内开发、利用、节约、保护、管理水资源，防治水害，应当遵守《中华人民共和国水法》和本办法。

第三条　市和区、县人民政府应当将水资源开发、利用、节约和保护工作纳入本行政区域国民经济和社会发展计划，采取有效措施，合理利用水资源，防止地面沉降和水体污染，保护生态环境。

第四条　市水行政主管部门负责全市水资源统一管理和监督工作。

区、县水行政主管部门按照规定的权限负责本行政区域内水资源管理和监督工作。

市和区、县其他有关部门按照职责分工，负责水资源开发、利用、节约和保护的有关工作。

第五条　本市鼓励单位和个人投资开发利用海水、再生水、雨（洪）水，并依法保护其合法权益。

第六条　市和区、县水行政主管部门应当按照国家和本市的有关规定，会同有关部门编制本区域水资源综合规划，报本级人民政府批准，并报上一级水行政主管部门备案。

第七条　防洪、防潮、治涝、供水、灌溉、水力发电、水土保持、控制地面沉降的专业规划，海水、再生水、雨（洪）水开发利用的专业规划，河道、水库、湖泊、滩涂治理及利用河道、渠道排水的专业规划，由市和区、县水行政主管部门会同有关部门编制，报同级人民政府批准。

渔业、内河航运、水上旅游、水污染防治、地下水普查勘探等专业规划，由市和区、县人民政府有关部门编制，征求同级水行政主管部门意见后，报同级人民政府批准。

第八条　水资源开发、利用、配置应当遵循下列原则：

（一）兴利与除害相结合，兼顾上下游、左右岸和有关地区之间的利益，充分发挥水资源的综合效益，服从全市防洪、抗旱总体安排；

（二）优先满足城乡居民生活用水，统筹兼顾工业、农业、生态环境和其他用水需要；

（三）优先开发利用地表水，限制开采地下水，防止地面沉降；

（四）保护生态环境，防止水体污染；

（五）有条件的地区，应当使用海水、再生水和雨（洪）水。

第九条 水工程建设，应当符合水资源综合规划和专业规划。新建、改建、扩建水工程，建设单位应当执行国家和本市有关水利工程建设的管理规定。

第十条 市水利工程建设需要移民的，建设单位应当编制移民安置规划，经依法批准后，由有关区、县人民政府组织实施。安置移民所需经费列入工程建设投资计划。

第十一条 市水行政主管部门应当会同市环境保护行政主管部门拟订本市河道、湖泊、水库的水功能区划，报市人民政府批准。经批准的水功能区划应当向社会公告。

水行政主管部门按照水功能区对水质的要求和水体的自然净化能力，核定该水域的纳污能力，并向生态环境主管部门提出该水域的限制排污总量意见。生态环境主管部门根据各排水口门所辖范围的具体情况，核定各排水口门污染物排放量，并通报水行政主管部门。

第十二条 禁止在城市供水河道、水库设置排污（水）口。

在其他河道、水库新建、改建、扩建排污（水）口的，建设单位应当向水行政主管部门提交设置论证报告和符合水利工程规范的设计文件及施工方案，水行政主管部门应当依法予以审查。

第十三条 生态环境主管部门和水行政主管部门应当加强排水口门水质的监督检测，对污染物排放量超过控制指标的，应当责令排水口门管理单位关闭口门、停止排放，并相互通告；发现重大污染水质事故的，应当立即报告人民政府。

排水口门管理单位应当按照核定的污染物排放量控制指标进行管理，并服从水行政主管部门的统一调度。

第十四条 市水行政主管部门应当会同有关部门，根据地面沉降和地下水分布、开采状况定期进行地下水分区评价，划定地下水禁采区、限采区，报市人民政府批准后公布。

第十五条 禁止跨含水组开采地下水。

揭露和穿透含水层的工程，应当采取分层止水和封孔措施，防止渗漏、串层。

第十六条 申请取水的单位和个人（以下简称申请人），应当依法向水行政主管部门提出申请。水行政主管部门应当在法定期限内决定批准或者不批准。决定批准的，应当同时签发取水申请批准文件。

取水申请经审批机关批准，申请人方可兴建取水工程或者设施。取水工程或者设施竣工后，申请人应当按照国务院水行政主管部门的规定，向取水审批机关报送取水工程或者设施试运行情况等相关材料；经验收合格的，由取水审批机关核发取水许可证。

直接利用已有的取水工程或者设施取水的，经取水审批机关审查合格，发给取水许可证。

第十七条 取水的单位和个人应当按照实际取水量和水资源费收费标准缴纳水资源费。

水资源费的收费标准由市价格行政主管部门会同市财政部门、市水行政主管部门拟订，报市人民政府批准。

第十八条 新建、改建、扩建建设项目，需要直接从河道、地下取水的，办理取水许可申请时，应当提交建设项目水资源论证报告；取用公共自来水的，办理用水计划指标时，应当提交建设项目用水报告书。

第十九条 市水行政主管部门应当根据本市地热水、矿泉水储藏情况和水资源状况及用水实际需要，会同市地质矿产行政主管部门确定年度地热水、矿泉水开采区域及限量。市水行政主管部门应当将地热水、矿泉水等地下水资源的使用情况定期向市人民政府报告。

取用已探明的地热水、矿泉水的单位和个人，应当依法向市水行政主管部门办理取水许可证；按照国家有关规定，凭取水许可证向市地质矿产行政主管部门办理采矿许可证，并按照市水行政主管部门确定的开采限量开采。

市水行政主管部门、市地质矿产行政主管部门办理取水许可证、采矿许可证，只收取工本费。

本市严格控制在非地热异常区开采地热水。

第二十条 取用地下水（农村家庭生活和零星散养、圈养畜禽饮用等取用少量浅层地下水的除外）、建设地源热泵工程需要凿井的，应当符合以下条件：

（一）符合水资源开发利用规划；

（二）具有符合凿井技术规范的施工方案；

（三）具有土地使用权证明文件；

（四）凿井施工单位必须具有相应的技术等级。

建设地源热泵工程需要凿井的单位和个人，应当向水行政主管部门提出申请，经批准后方可施工。

第二十一条 利用地源热泵技术取用地下水的，抽灌水时应当保持采灌平衡并按照规定进行监测。

地下水抽出量大于灌入量的，井权人应当采取措施，达到采灌平衡。

第二十二条 达到设计使用年限或者出水量异常、水质恶化的取水井，井权人应当委托有关专业技术单位鉴定。

经鉴定失去使用价值的水井，井权人应当按照水利工程技术规范的要求进行封填。封填时应当通知水行政主管部门派人现场监督。

第二十三条 开采矿藏和建设地下工程需要疏干排水的，采矿单位或者建设单位应当采取措施防止周边地下水水位下降、水源枯竭、水质污染或者地面沉降，并将经有关专家论证后的防治措施方案，报市水行政主管部门备案。

第二十四条 使用水工程供应的水，用水户应当与供水单位签订供用水合同，并缴纳水费。

供水单位应当为用水户安装经检定合格的计量设施，其计量结果作为结算水费的依据。

用水户应当按照供用水合同的约定按时缴纳水费。无正当理由不缴纳水费的，按日加收不超过千分之五的违约金；超过两个交费周期的，供水单位可以依据合同约定报请同级人民政府批准后，采取停水措施。用水户足额补交欠费后，供水单位应当及时恢复供水。

第二十五条 单位和个人向河道、渠道、水库排水需使用排灌站、排水闸涵等排水设施的，应当支付相关费用。具体收费标准由市价格行政主管部门会同市水行政主管部门依法制定。

排灌站、排水闸涵等排水设施用于防洪、排涝等公益性排水的，其运行管理费用的筹集办法，由市人民政府制定。

第二十六条 水工程的管理和保护范围，按照规定的管理权限由市或者区、县水行政主管部门提出划定方案，报同级人民政府批准。对依法批准的水工程管理范围内的土地，土地行政主管部门应当依法予以确权，并办理土地使用证。

第二十七条 在河道、湖泊、渠道、水库、海挡、输水管线等水工程管理范围内，禁止下列行为：

（一）擅自砍伐防护林木、挖筑池塘；

（二）修建房屋、坟墓或者其他阻碍行洪、危害水工程安全的建（构）筑物；

（三）倾倒、堆放、掩埋工业、建筑废弃物和生活垃圾；

（四）种植阻碍行洪、排涝、输水的林木和高秆作物；

（五）在堤坝垦植、铲草、放牧；

（六）从事其他影响水工程运行和危害水工程安全的活动。

第二十八条 禁止在河道、渠道、水库中毒鱼、炸鱼、电鱼。

禁止在城市供水水库内从事集约化养殖和餐饮、娱乐、旅游等活动。

禁止在城市供水河道内从事养殖、捕捞作业。

在其他河道、渠道、水库内养殖、捕捞，不得影响行洪、排涝、灌溉，不得污染水体。

第二十九条 在非城市供水河道、渠道、水库等水工程设施及水体从事旅游、航运、体育、餐饮、娱乐等经营性活动的，应当符合水功能区划和防洪、堤岸维护及管理的要求，征得水工程设施管理单位的同意，并交纳一定的设施维护费用。

从事前款活动应当采取措施，防止污染水体和破坏周围环境。

第三十条 水行政主管部门应当按照本市防洪规划、河道（水库）整治规划及河势现状等情况，编制河道采砂取土规划，确定年度采砂、采石、取土控制总量并划定禁采区，规定禁采期。

在本市河道、水库管理范围内采砂、采石、取土的，应当向水行政主管部门申请办理采砂许可证。

申请采砂、采石、取土的，应当符合下列条件：

（一）符合防洪整治规划和水利技术规范等相关规定；

（二）涉及第三人利益的，应当与第三人达成协议；

（三）有相应的设备、专业技术人员。

第三十一条 禁止围垦、填垫水库、湖泊、河道（含故旧河道）、渠道和坑塘洼淀。确需围垦、填垫的，按管理权限经水行政主管部门依法审核后，报同级人民政府批准。

第三十二条 禁止损坏或者毁坏堤防、护岸、防汛、水文监测、水文地质监测等工程设施及附属设备。

建设项目施工可能影响到前款工程设施及附属设备正常使用的，建设单位应当在开工三十日前征得工程设施管理单位同意，并采取相应的补救措施。造成工程设施损坏的，应当承担赔偿责任。

第三十三条 违反本办法规定，在城市供水河道、水库以外新建、改建、扩建排污（水）口未按照审查同意的设计文件和施工方案进行施工的，由水行政主管部门责令改正，并根据情节轻重处一万元以上十万元以下罚款。

第三十四条 违反本办法规定，污染物排放量超过控制指标，排水口门管理单位拒不关闭口门的，由生态环境主管部门或者水行政主管部门，处一万元以上十万元以下罚款。

第三十五条 违反本办法规定，跨含水组开采地下水的，由水行政主管部门责令限期封填，并处二万元以上五万元以下罚款。

违反本办法规定，揭露和穿透含水层的工程未采取分层止水和封孔措施的，由水行政主管部门责令限期采取补救措施；逾期不采取补救措施的，责令封填，并处二万元以上五万元以下罚款。

第三十六条 违反本办法规定，未办理取水许可擅自取水的，由水行政主管部门责令停止违法行为，限期采取补救措施，处五万元以上十万元以下的罚款。

违反本办法规定，未按照批准的取水许可规定条件取水的，由水行政主管部门责令停止违法行为，限期采取补救措施，处二万元以上十万元以下罚款；情节严重的，吊销其取水许可证。

第三十七条 违反本办法规定，未经水行政主管部门批准擅自凿井的，由水行政主管部门责令停止违法行为，限期补办手续；逾期不补办或者补办未被批准的，责令限期封填，并处一万元以上五万元以下罚款。

违反本办法规定，建设凿井工程不符合规定条件的，由水行政主管部门责令限期改正，按照情节轻重，处一万元以上十万元以下罚款。

第三十八条 违反本办法规定，利用地源热泵技术取用地下水不进行监测的，由水行政主管部门责令改正，并可处一千元以上一万元以下罚款。

违反本办法规定，利用地源热泵技术取用地下水未达到采灌平衡的，由水行政主管部门责令停止使用，采取补救措施，处二万元以上五万元以下罚款。

第三十九条 违反本办法规定，对达到设计使用年限或者出水量异常、水质恶化的取水井未作鉴定的，由水行政主管部门委托有关专业技术单位鉴定，鉴定费用由井权人承担。

违反本办法规定，经鉴定失去使用价值的井未封填或者未按照水利工程技术规范进行封填的，由水行政主管部门责令限期封填或者采取补救措施；逾期不封填或者不采取补救措施的，处一万元以上三万元以下罚款。

第四十条 违反本办法规定，在河道、湖泊、渠道、水库、海挡、输水管线等水工程管理范围内，从事影响水工程运行和危害水工程安全活动的，由水行政主管部门责令停止违法行为，限期恢复原状或者采取补救措施，并处一万元以下罚款；情节严重的，并处一万元以上五万元以下罚款。

法律、法规对前款行为有处罚规定的，从其规定。

第四十一条 违反本办法规定，在城市供水水库、河道以外的水库、河道、渠道内从事养殖、捕捞等活动影响行洪、排涝的，由水行政主管部门责令停止违法行为，恢复原状，没收非法财物，并处一千元以上二万元以下罚款；情节严重的，并处二万元以上十万元以下罚款。

第四十二条 违反本办法规定，在河道、水库管理范围内采砂、采石、取土未办理许可证的，由水行政主管部门责令停止违法行为，没收违法所得和非法采砂机具，并处二万元以上五万元以下罚款；情节严重的，并处五万元以上十万元以下罚款。

违反本办法规定，未按照许可规定的要求采砂、采石、取土的，由水行政主管部门责令停止违法行为，没收违法所得，处二万元以上五万元以下罚款，并吊销采砂许可证。

第四十三条 违反本办法的行为，构成违反治安管理处罚法的，由公安机关依法给予处罚；构成犯罪的，依法追究刑事责任。

第四十四条 各级水行政主管部门和水工程管理单位的工作人员玩忽职守、滥用职权、徇私舞弊的，由其所在单位或者上级主管机关给予行政处分；对国家和人民利益造成重大损失构成犯罪的，由司法机关依法追究其刑事责任。

第四十五条 本办法所称取水工程或者设施，是指闸、坝、渠道、人工河道、虹吸管、水泵、水井以及水电站等。

第四十六条 本市城市供水河道、供水水库，经市人民政府确定后，由市水行政主管部门向社会公布。

第四十七条 本办法自 2006 年 12 月 1 日起施行。

天津市电磁辐射环境保护管理办法

（自 2006 年 2 月 1 日起施行）

（2005 年 11 月 24 日天津市人民政府令第 96 号公布　自 2006 年 2 月 1 日起施行）

第一条　为了防治电磁辐射污染，保护环境，保障人体健康，促进经济和社会的可持续发展，依据有关法律、法规，结合本市实际，制定本办法。

第二条　凡在本市行政区域内从事带有本条第二款所列电磁辐射作业活动的单位和个人，必须遵守本办法。

本办法所指电磁辐射，是指广播电视设施、无线通讯设施和雷达等在信息传递中发射的电磁波，高压送变电设施、电气化铁路、城市轨道交通在运行中产生的电磁辐射，以及工业、科学、医疗设备应用中产生的电磁辐射。

第三条　市环境保护行政主管部门对本市行政区域内的电磁辐射污染防治实施统一监督管理。

市无线电管理、广播电视、电力、信息产业、民航、铁路、卫生、轨道交通等主管部门，依照各自职责，协同市环境保护行政主管部门对电磁辐射污染防治实施监督管理。

第四条　市环境保护行政主管部门负责组织建立本市电磁辐射环境监测网络，定期发布电磁辐射环境质量状况公报。

第五条　市环境保护行政主管部门依照《电磁辐射防护规定》（GB 8702—88），负责确认本市电磁辐射建设项目或设备的豁免水平。

前款所称豁免水平是指国务院环境保护行政主管部门规定的对应用或伴有电磁辐射活动免于管理的限值。

第六条　建设电磁辐射项目或购置电磁辐射设备的，应当遵守国家和本市有关建设项目环境保护管理的规定。

市环境保护行政主管部门负责确定未列入国家《建设项目环境保护分类管理名录》中的电磁辐射建设项目或设备的环境保护管理类别，并向社会公布。

第七条　电磁辐射的建设项目或设备与周围建筑物之间的防护距离，应当符合经批准的环境影响报告书（表）的要求，建设项目或设备的电磁辐射强度不得超过国家规定的标准。

第八条　从事带有电磁辐射作业活动的单位和个人，应当将电磁辐射的种类、强度、用途、方式以及污染防治设施等向市环境保护行政主管部门办理申报登记手续，并提供污染防治方面的有关资料。

电磁辐射在种类、强度、用途、方式以及污染防治设施等方面发生重大改变的，应当在 15 日前向市环境保护行政主管部门办理变更登记手续。

本办法实施前，未办理申报登记手续的单位和个人，应当在本办法实施之日起 3 个月内补办电磁辐射申报登记手续。对不符合本办法规定和国家标准，污染严重的，要采取补救措施，难以补救的要依法关闭或搬迁。

第九条 从事带有电磁辐射作业活动的单位和个人，必须保持电磁辐射污染防治设施的正常运转，不得擅自拆除或者闲置。

确有必要拆除或者闲置的，应当在 15 日前向市环境保护行政主管部门提出申请，说明拆除或闲置理由。市环境保护行政主管部门接到申请后，对电磁辐射强度和防护距离能够达到规定要求的，应在 20 日内予以批准。

第十条 从事带有电磁辐射作业活动的单位和个人，应当制定电磁辐射的监测方案，并向市环境保护行政主管部门备案。

从事带有电磁辐射作业活动的单位和个人，应当按照监测方案进行监测，也可以委托具有法定资质的单位进行监测。监测中发现异常的，应当及时向市环境保护行政主管部门报告。

第十一条 市环境保护行政主管部门有权对本市从事带有电磁辐射作业活动的单位和个人进行现场检查。被检查的单位和个人必须如实反映情况，提供必要的资料和数据。市环境保护行政主管部门应为被检查单位和个人保守技术和商业秘密。

第十二条 市环境保护行政主管部门应会同有关部门制定本市电磁辐射污染事故应急方案，报市人民政府批准后执行。

第十三条 从事带有电磁辐射作业活动的单位和个人，应当制定电磁辐射污染事故应急预案，并向市环境保护行政主管部门备案，加强电磁辐射防护知识和技能的培训，建立安全责任制，防止发生电磁辐射污染事故。

第十四条 造成电磁辐射污染事故的单位和个人，应当按照应急预案采取处理措施，在污染事故发生后 24 小时内向市环境保护行政主管和有关主管部门报告，并协助调查，接受处理。

第十五条 市环境保护行政主管部门接到污染事故报告后，应当按照本市电磁辐射污染事故应急方案及时组织监测，确定污染程度和范围，采取相应的控制污染措施。

第十六条 造成电磁辐射污染事故的单位和个人，应当查明事故原因，并向市环境保护行政主管部门提交书面事故报告。

市环境保护行政主管部门应当会同有关部门，对事故的原因、性质、污染程度和范围、危害后果和责任等进行全面调查，并由市环境保护行政主管部门或有关部门依法做出处理决定。

第十七条 违反本办法有下列行为之一的，由市环境保护行政主管部门责令限期改正，并处罚款：

（一）排放的电磁辐射强度超过国家规定标准的，处5 000元以上3万元以下罚款；

（二）拒报、谎报或瞒报有关申报登记事项的，处3 000元以上3万元以下罚款；

（三）擅自拆除、闲置电磁辐射污染防治设施的，处5 000元以上3万元以下罚款；

（四）未制定电磁辐射监测方案或在监测中发现异常未及时向市环境保护行政主管部门报告的，处3 000元以上1万元以下罚款；

（五）被检查的单位和个人拒绝检查或者在检查中弄虚作假的，处5 000元以上3万元以下罚款；

（六）未制定电磁辐射污染事故应急预案的，处1 000元以上1万元以下罚款。

第十八条 违反本办法第十四条规定，未在规定时间内向市环境保护行政主管部门和有关主管部门报告污染事故的，由市环境保护行政主管部门处1万元以下罚款。

违反本办法，造成电磁辐射污染事故的，由市环境保护行政主管部门处1 000元以上3万元以下罚款，并承担相应的民事赔偿责任。

第十九条 对监督管理部门的工作人员玩忽职守、滥用职权、徇私舞弊的，由所在单位或上级机关给予行政处分；构成犯罪的，依法追究刑事责任。

第二十条 国家对军用设施、装备的电磁辐射污染防治有规定的，从其规定。

第二十一条 本办法自2006年2月1日起施行。

天津市环境噪声污染防治管理办法

（自 2003 年 10 月 1 日起施行）

（2003 年 8 月 15 日天津市人民政府令第 6 号公布　自 2003 年 10 月 1 日起施行）

第一条　为防治环境噪声污染，保护和改善生活环境，保障人体健康，促进经济和社会发展，根据《中华人民共和国环境噪声污染防治法》，结合本市实际，制定本办法。

第二条　本办法适用于本市行政区域内环境噪声污染的防治。

第三条　市和区、县环境保护行政主管部门对所辖区域内环境噪声污染防治实施统一监督管理。

各级公安、交通、铁路、民航管理部门和海事行政管理部门、渔政渔港监督部门依照有关法律、法规的规定，按下列分工，对环境噪声污染防治实施监督管理：

（一）各级公安交通管理部门负责对道路交通噪声及由机动车辆产生的噪声污染防治实施监督管理；

（二）各级公安治安管理部门负责对社会生活噪声污染防治实施监督管理；

（三）各级铁路管理部门负责对铁路机车及列车运行产生的噪声污染防治实施监督管理；

（四）海事行政管理部门、渔政渔港监督部门负责对船舶产生的噪声污染防治实施监督管理；

（五）民航管理部门负责对航空器产生的噪声污染防治实施监督管理。

第四条　各级规划部门在确定建设布局时，应当依据国家《城市区域环境噪声标准》（GB 3096—93）和市人民政府批准的本市城市区域环境噪声标准适用区域划分调整方案及民用建筑隔声设计规范，合理划定建筑物与公路、铁路、机场、地铁（地上部分）、城市高架桥和轻轨道路等的防噪声距离，并提出相应的规划设计要求。

第五条　新建、扩建、改建向环境排放噪声的建设项目，必须遵守国家和本市有关建设项目环境保护管理的规定。

第六条　产生环境噪声的单位和个体工商户，必须按照规定到所在地的区、县环境保护行政主管部门办理排污申报登记手续。

噪声源的种类、数量和噪声强度有重大改变的，应当提前 15 日办理变更登记手续；发生突发性重大改变的，必须在改变之日起 3 日内办理变更登记手续。

第七条　排放噪声超过国家规定的环境噪声排放标准的，应当采取措施进行治理，并按照国家规定缴纳超标准排污费。

第八条 对于在噪声敏感建筑物集中区域内造成严重环境噪声污染的单位和个体工商户应当责令其限期治理，限期治理由市或区、县人民政府按照国务院规定的权限决定。其中，对小型企事业单位和个体工商户的限期治理决定，可以由市或区、县环境保护行政主管部门作出。

被责令限期治理的单位和个体工商户，必须按期完成限期治理任务，并应当定期向所在地环境保护行政主管部门报告治理进度情况。

排放的噪声对周围生活环境造成污染、又缺乏有效治理措施的单位和个体工商户，由环境保护行政主管部门报经同级人民政府批准，责令其转产或者搬迁。

第九条 拆除或者闲置噪声污染防治设施的，必须事先向所在地的区、县环境保护行政主管部门申报并说明理由，经批准后方可实施。环境保护行政主管部门应当在自接到申报之日起 30 日内予以批复，逾期不批复的视为同意。

第十条 工业企业和个体工商户向周围生活环境排放噪声，应当符合国家规定的工业企业厂界噪声排放标准。

第十一条 在噪声敏感建筑物集中区域内不得新建、改建、扩建噪声超过国家标准的工业企业。原有噪声超标的工业企业应当逐步搬迁或转产。

第十二条 产生环境噪声污染的工业企业，应当对设备进行合理布局，采用低噪声设备，改进工艺，并采取吸声、消声、隔声、隔振和阻尼减振等治理措施，减轻环境噪声污染，达到工业企业厂界噪声排放标准。

第十三条 在本市建成区内从事各类活动确需排放偶发性强烈噪声的，必须事先向当地公安机关提出申请，经批准后方可进行。产生偶发性强烈噪声前，当地公安机关应当向社会公告。

第十四条 施工单位向周围生活环境排放建筑施工噪声，应当符合国家规定的建筑施工场界噪声限值。

第十五条 禁止在噪声敏感建筑物集中区域内的施工中采用人工打桩、气打桩、搅拌混凝土、联络性鸣笛等施工方式。

第十六条 环境保护行政主管部门可在中小学生毕业和升学考试期间，对产生环境噪声污染的建筑施工作业或其他活动作出禁止性、限制性规定。

第十七条 在噪声敏感建筑物集中区域内，除抢修、抢险作业外，不得在夜间进行产生噪声污染的施工作业。确需夜间施工作业的，必须提前 3 日向所在地的区、县环境保护行政主管部门提出申请，经审核批准后，方可施工，并由施工单位公告当地居民。

进入外环线以内的运输建筑施工材料的车辆，必须于当日 19 时后进入，并于当日 23 时前离开。

第十八条 向周围环境排放建筑施工噪声超过建筑施工场界噪声限值的，确因技术条件所限，不能通过治理消除环境噪声污染的，必须采取有效措施，把噪声污染减少到最低程度，并在施工现场所在地的区、县环境保护行政主管部门监督下与受其噪声污染的居民组织和有关单位协商，达成一致后，方可施工。

第十九条 在本市建成区内行驶的机动车辆，应当装有符合国家和本市规定的消声器和喇叭，并保持性能良好。特种车辆安装、使用警报器，必须符合公安部门规定，在非执行紧急任务或者在禁止使用警报器的地段和时段内，不得使用警报器。

机动车辆应当安装符合环境噪声标准的防盗报警器。

第二十条 禁止机动车辆在外环线以内地区（含外环线）及塘沽区、汉沽区、大港区的建成区内鸣放喇叭。

第二十一条 各类航空器在本市建成区上空进行超低空训练飞行或从事商业性飞行活动的，应当按照有关规定进行。

铁路机车进入本市建成区内，应当按照国家和本市有关规定禁止或限制鸣笛。

各类机动船舶（包括气垫船）在本市建成区内的河道航行时，必须按照规定使用声响装置。

第二十二条 在车站、铁路编组站、港口、码头、机场等地指挥作业时使用高音广播喇叭的，应当降低音量并逐步改为低音广播系统或无线电通讯联系方式，减轻噪声对周围生活环境的影响。

第二十三条 新建公路、城市高架和轻轨道路、铁路、地铁（地上部分）经过已有的噪声敏感建筑物集中区域的，应当按照国家规定间隔一定距离。

有可能造成环境噪声污染的，建设单位应当设置声屏障或采取对两侧敏感建筑物安装隔声门窗等控制环境噪声污染的措施。

第二十四条 禁止在商业经营活动中使用高音喇叭或采用其他发出高噪声的方法招揽顾客。

经营活动中使用空调器、冷却塔等可能产生环境噪声污染设备、设施的，其经营者应当采取措施，使其边界噪声不超过国家规定的环境噪声排放标准。

第二十五条 禁止任何单位和个人在本市噪声敏感建筑物集中区域内使用高音广播喇叭和其他发出高噪声的音响器材，以及在午间和夜间进行可能产生环境噪声污染的活动。

在建成区街道、广场、公园等公共场所组织娱乐、集会、商业宣传等活动，使用音响器材发出过大音量的，应当在公安部门规定的活动区域和时间内进行。

各类运营车辆不得使用广播喇叭招徕乘客。

第二十六条 禁止居民家庭在午间和夜间使用音响设施、各类乐器等进行噪声扰民的家庭室内娱乐活动。

第二十七条 禁止午间和夜间在住宅楼内进行噪声扰民作业。在其他时段内作业的，应当采取噪声控制措施，减轻、避免对周围居民造成环境噪声污染。

第二十八条 饮食服务业、文化娱乐业、修配加工业的经营者，必须采取有效措施，使其边界噪声不超过国家规定的噪声排放标准，并应当控制夜间经营时间。

禁止在居民楼内新建、扩建、改建产生环境噪声污染的各类经营场所。

第二十九条 违反本办法第六条规定，拒报、谎报环境噪声排放申报事项或未按规定办理变更登记手续的，由区、县环境保护行政主管部门给予警告或处以 1 000 元以上 1 万元以下罚款。

第三十条 违反本办法第七条规定，不按规定缴纳超标准排污费的，由环境保护行政主管部门按国家有关规定进行处罚。

第三十一条 违反本办法第八条第二款规定，逾期未完成限期治理任务的，除按照国家规定加收超标准排污费外，可以根据所造成的危害后果处以 1 万元以上 10 万元以下罚款，或者责令其停业、搬迁、关闭。

前款规定的罚款由环境保护行政主管部门决定，责令停业、搬迁、关闭由同级人民政府决定。

第三十二条 违反本办法第九条规定，擅自拆除或者闲置环境噪声污染防治设施，致使环境噪声排放超过规定标准的，由环境保护行政主管部门责令改正，并处以 5 000 元以上 5 万元以下罚款。

第三十三条 违法本办法第十三条规定，未经当地公安机关批准，进行产生偶发性强烈噪声活动的，由公安机关给予警告并责令限期改正；逾期不改正的，处以 1 000 元以上 3 万元以下罚款。

第三十四条 违反本办法第十五条规定，在噪声敏感建筑物集中区域内的施工中采用人工打桩、气打桩、搅拌混凝土、联络性鸣笛等施工方式的，由环境保护行政主管部门责令改正，并可处以 1 000 元以上 1 万元以下罚款。

第三十五条 违反本办法第十七条第一款规定，擅自在噪声敏感建筑物集中区域内夜间进行产生噪声污染施工作业的，由环境保护行政主管部门责令改正，并可处以 1 000 元以上 3 万元以下罚款。

第三十六条 违反本办法第十七条第二款规定，运输建筑施工材料的车辆未按规定的时间进、出本市外环线以内区域的，由公安交通管理部门处以 50 元以上 200 元以下罚款。

第三十七条 违反本办法第十九条第一款规定，安装不符合国家及本市规定的消音器和喇叭上路行驶的，由公安交通管理部门依照有关规定予以处罚。

第三十八条 违反本办法第二十条规定，机动车在外环线以内道路（含外环线）及塘沽区、汉沽区、大港区建成区内道路鸣放喇叭的，由公安交通管理部门依照有关规定予以处罚。

第三十九条 违反本办法第二十一条第一款、第二款规定，各类航空器未按规定在本市建成区上空进行超低空飞行或从事商业性飞行活动、铁路机车驶经或进入本市建成区内不按规定鸣笛，产生噪声污染的，由环境保护行政主管部门责令改正，并可处以 1 000 元以上 1 万元以下罚款。

第四十条 违反本办法第二十四条第二款规定，在经营活动中使用空调器、冷却塔，其边界噪声超过国家规定的环境噪声排放标准的，由环境保护行政主管部门责令改正，并可处以 1 000 元以上 3 万元以下罚款。

第四十一条 违反本办法第二十四条第一款、第二十五条、第二十六条、第二十七条规定，造成社会生活噪声污染的，由公安机关责令停止违法行为；对拒不改正的，处以 1 000 元以下罚款。

第四十二条 违反本办法第二十八条第一款规定，饮食服务业、文化娱乐业、修配加工业等经营场所的边界噪声超过国家规定的噪声排放标准的，由环境保护行政主管部门责令改正，并可处 2 000 元以上 5 万元以下罚款。

违反本办法第二十八条第二款规定的，按照建设项目环境保护管理的有关规定予以处罚。

第四十三条 当事人对行政处罚决定不服的，可以依法申请行政复议或向人民法院提起诉讼。逾期不申请行政复议，也不向人民法院提起行政诉讼，又不履行行政处罚决定的，由作出处罚决定的机关申请人民法院强制执行。

第四十四条 违反本办法规定，造成环境噪声污染和损害，情节严重的，由所在单位或者上级主管机关对责任者给予行政处分；构成犯罪的，依法追究刑事责任。

第四十五条 造成环境噪声污染危害的单位和个人，有责任排除危害，并向受到损害的单位或者个人赔偿损失。

赔偿责任和赔偿金额的纠纷，可以根据当事人的请求，由环境保护行政主管部门或者其他有监督管理权的部门调解处理；调解不成的，当事人可以向人民法院起诉。当事人也可以直接向人民法院起诉。

第四十六条 环境保护监督管理人员滥用职权、徇私舞弊、玩忽职守的，由其所在单位或者其上级主管机关给予行政处分；构成犯罪的，依法追究刑事责任。

第四十七条 本办法下列用语的含义是：

（一）“噪声敏感建筑物集中区域”是指医疗区、文教科研区和以机关或者居民住宅为主的区域。

（二）“午间”是指当日 12 时至 14 时之间。

（三）“夜间”是指当日 22 时至次日凌晨 6 时之间。

第四十八条 本办法自 2003 年 10 月 1 日起施行。1996 年 1 月 9 日市人民政府发布的《天津市环境噪声污染防治管理办法》（市人民政府令第 55 号）同时废止。

天津市引黄济津保水护水管理办法

（自2002年11月11日起施行）

（2002年10月11日天津市人民政府令第62号公布　自2002年11月11日起施行）

第一条　为确保城市供水，防止引黄济津水量损失和水质污染，依据《中华人民共和国水污染防治法》《中华人民共和国水法》等有关法律规定，结合本市具体情况制定本办法。

第二条　本市行政区域内引黄济津输水供水工作遵循本办法。

第三条　引黄济津输水供水河道及其保护范围：

南运河（九宣闸至上改道闸）、子牙河（十一堡闸以下）、马厂减河（九宣闸至尾闸）、马圈引河、独流减河十里横河、独流减河北深槽（十米河口至万家码头）、洪泥河、海河（二道闸以上）和北运河（屈家店闸以下）的主河槽、滩地、堤防及背水坡脚以外30米；

津河、卫津河（南京路至外环线）、复兴河和月牙河的河槽、堤防及背水坡脚以外15米；

北大港水库库区、围堤及背水坡脚以外30米。

第四条　市环境保护行政主管部门负责引黄济津水源污染防治统一监督管理工作。

市水行政主管部门负责引黄济津输水供水统一调度和蓄水水库、输水河道、明渠及其闸、坝、口、门的监督管理，防止水体污染。

市政、市容、交通、公安等有关部门按照各自职责负责相关工作。

第五条　引黄济津保水护水工作实行行政首长负责制。

静海县、西青区、大港区、津南区、东丽区、北辰区和市内六区人民政府，负责各自行政区域内输水河道、蓄水水库的保水护水工作。各区县要逐级建立保水护水责任制度，分段定岗、定人、定责。

第六条　引黄济津输水供水期间，各责任人对输水河道两岸口门必须按规定自行封堵，拆除临时泵点，停止使用固定泵站、泵点，任何单位和个人不得擅自拆封或启用。

第七条　引黄济津输水供水期间禁止向引黄济津输水河道排水。

第八条　取用引黄济津输水河道水源并回排的，必须进行水质监测，经环保部门同意后方可回排。

第九条　直接从输水河道、水库取用水的单位或个人，须到市水行政主管部门办理取水许可手续，未经许可不得擅自取用水。

第十条 引黄济津水源保护范围内，严禁下列行为：

（一）排放油类、酸液、碱液和含有放射性物质的废水以及有毒有害废液；

（二）排放污水、工业废水；

（三）设立摊点、市场，堆放、储存工业废渣、建筑杂土、生活垃圾和其他污染物、有害物；

（四）放养畜禽或养殖、捕杀鱼类；

（五）在水体中洗涤衣物、清洁车辆和容器；

（六）旅游船只、餐厅和娱乐场所排放污染物；

（七）其他法律、法规禁止的行为。

第十一条 任何单位和个人不得挖掘或拆除河道堤防、坝埝和已封堵口门。

河道堤防、坝埝、口门发生毁损的，所在区、县人民政府要及时组织抢修。

第十二条 引黄济津输水供水河道及其保护范围内发生水污染事故的，责任单位或个人应立即采取有效措施控制污染，并向环保部门报告。

第十三条 道路、交通部门应保障保水护水车辆、船只通行，公安部门应加强沿线治安保卫工作，维护输水安全。

任何单位和个人不得拦截保水护水车辆、船只，不得妨碍和阻拦保水护水人员执行任务。

第十四条 全市所有单位和个人都有保水护水的义务，发现偷水、污染水等行为及时向有关主管部门举报。对保水护水工作成绩突出的单位和个人，各级政府应给予表彰。

第十五条 违反本办法第五条、第十一条第二款规定未建立保水护水责任制度或未履行职责的，由市人民政府予以通报批评，并对有关责任人员给予行政处分。

第十六条 违反本办法第六条、第七条、第十一条第一款规定的，由市水行政主管部门责令停止违法行为，并处 2 万元以下罚款。

第十七条 违反本办法第九条规定的，由市水行政主管部门没收取水工具，按照取水工程或设施的最大引水能力和引水时间（最低以 24 小时计）按现行综合水价的 12 倍收取水费，并按《中华人民共和国水法》第六十九条规定予以处罚。

第十八条 违反本办法第八条、第十条第（一）、（二）、（六）项规定的，由环境保护行政主管部门责令停止违法行为、采取补救措施，并对责任单位处以 2 万元以下罚款；对直接责任人可处以 5 000 元以下罚款。

违反本办法第十二条规定的，依据前款规定给予罚款处罚。

第十九条 违反本办法第十条第（三）、（四）、（五）项规定的，由水行政主管部门责令停止违法行为、采取补救措施，并对责任单位处以 2 万元以下罚款；对直接责任人可处以 5 000 元以下罚款。

第二十条 拒绝、阻碍管理人员依法执行职务、聚众哄抢水源和盗窃、破坏输水工程设施的，由公安机关依照《中华人民共和国治安管理处罚条例》的规定予以处罚；构成犯罪的，依法追究刑事责任。

第二十一条 对保水护水工作负有行政监督管理职责的工作人员玩忽职守、滥用职权、徇私舞弊的，环境保护行政主管部门和水行政主管部门依法给予行政处分；构成犯罪的，依法追究刑事责任。

第二十二条 引黄济津输水供水的起止时间由市人民政府确定并公告。

第二十三条 本办法自2002年11月11日起执行。

天津市危险废物污染环境防治办法

（自2004年7月1日起施行）

（1999年12月15日市人民政府发布　2004年6月30日天津市人民政府令第57号修订公布　自2004年7月1日起施行）

第一条　为加强危险废物的管理，防止危险废物的污染，保护和改善环境，保障人民身体健康，根据有关法律、法规，结合我市实际情况，制定本办法。

第二条　在本市行政区域内从事危险废物产生、收集、运输、贮存、利用和处置活动的，必须遵守本办法。

第三条　按照本办法管理的危险废物是指列入《国家危险废物名录》或者根据国家规定的危险废物鉴别标准和鉴别方法认定的具有危险特性的废物。

第四条　危险废物污染环境的防治，实行减少危险废物的产生、充分合理利用危险废物和无害化处理危险废物的原则。

本市鼓励、支持综合利用资源，对危险废物进行充分回收与合理利用。建立危险废物交换机构和交换网络。

第五条　市环境保护行政主管部门负责全市危险废物污染环境防治工作的统一监督管理。

各区、县环境保护行政主管部门负责本辖区内危险废物污染环境防治工作的监督管理。

天津经济技术开发区、天津港保税区和天津新技术产业园区的危险废物污染环境防治工作，分别由本区管理委员会按照本办法组织实施。

市和区、县人民政府有关部门依照各自职责对危险废物污染环境的防治实施监督管理。

第六条　产生危险废物的单位，必须按照国家和本市污染源申报登记的有关规定到所在区、县环境保护行政主管部门进行申报登记。当所产生的危险废物的种类、数量、去向变化时，必须及时向原申报登记的环境保护行政主管部门办理变更申报登记手续。产生危险废物的新建项目应在投入试生产之日起1个月内进行申报登记。

第七条　产生、贮存、利用、处置危险废物的建设项目，必须遵守国家和本市建设项目环境保护管理的有关规定，执行环境保护影响评价制度和防治危险废物污染的设施与主体工程同时设计、同时施工、同时投产使用的制度。

对于所产生的危险废物无法处置的建设项目，不得批准建设。

第八条 市环境保护行政主管部门应当对全市危险废物集中处置设施、场所进行统一规划和环境监督管理。

危险废物集中处置设施、场所的建设，应当纳入我市城市基础设施的建设规划。

产生危险废物的单位或个人将危险废物送入集中设施、场所进行处置的，应当缴纳处置费用并遵守有关管理规定。

第九条 从事收集、贮存、利用、处置危险废物经营活动的单位（含跨省、市从事危险废物经营活动的单位），应当按照国务院的有关规定向环境保护行政主管部门申领危险废物经营许可证。

第十条 从事危险废物收集、贮存、利用、处置的单位，应具备与其经营活动相适应的技术、场地、设备和污染防治能力，并持有环境保护行政主管部门颁发的危险废物经营许可证。禁止无经营许可证或者不按照经营许可证的规定从事收集、贮存、利用、处置危险废物的经营活动。

第十一条 持危险废物经营许可证的单位所从事的经营活动与危险废物经营许可证规定的范围和内容发生变化，应于3个月内向发证机关办理变更手续并领取申请表。

危险废物经营许可证有效期为3年。在期满前停业或期满后不再从事该经营活动的，应向发证机关办理注销手续。有效期满后继续从事该经营活动的，应当在期满前60日提出延续申请。

第十二条 将危险废物从产生地运至利用、贮存和处置地点，产生、运输和接受危险废物的单位必须按照国家有关规定填写危险废物转移联单（以下简称联单）。

第十三条 接受危险废物的单位在验收危险废物时，若发现危险废物的名称、数量、特性、形态、包装方式与联单填写的内容不符，有权拒绝接收废物，并及时向市环境保护行政主管部门报告。

第十四条 产生、运输和接受危险废物的单位必须对自留存档的联单保存3年。

市环境保护行政主管部门对某些联单提出延长保存年限的，产生、运输和接受危险废物的单位应当按照要求延期保存。

第十五条 禁止任何单位和个人从境外向本市进口、走私危险废物。

第十六条 转移危险废物的，必须按照国家有关规定填写联单，并向危险废物移出地和接受地的人民政府环境保护行政主管部门报告。

第十七条 危险废物必须按照国家规定进行处置，不按规定处置危险废物的单位，由所在区、县环境保护行政主管部门责令其限期改正。逾期不处置或者处置不符合国家有关规定的，由环境保护行政主管部门指定的具有处置能力和资格的单位代为处置，处置费用由产生危险废物的单位承担。

第十八条 环境保护行政主管部门有权对管辖范围内危险废物的产生、收集、贮存、利用和处置活动进行现场检查、索取资料、采集样品。被检查单位必须如实反映情况，提供必要的资料和样品。检查部门和人员有义务为被检查单位保守技术秘密和业务秘密。

第十九条 在收集、运输、贮存、利用和处置危险废物过程中，发生污染事故或其他突发性污染事件时，有关单位和个人必须立即采取措施，消除或减轻污染危害，及时通知可能受到危害的单位和居民，并应于 24 小时内向所在区、县环境保护行政主管部门和有关部门报告，接受调查处理。

第二十条 禁止向危险废物处置场所以外的区域倾倒、堆放、填埋或者排放危险废物。

禁止利用渗坑、裂隙、溶洞或稀释等方法处理危险废物。

禁止将危险废物与一般固体废物、城市生活垃圾及其他废物混合排放。

第二十一条 采取焚烧方式处理危险废物时，焚烧炉的设计及其污染物排放必须符合国家制定的规范和标准，防止对大气造成污染。

采取填埋方式处置危险废物时，填埋场的建设必须符合国家制定的规范和标准，必须采取防止污染大气、水体和土壤等措施。

第二十二条 收集、贮存、利用和处置危险废物的设施和场所，必须按市环境保护行政主管部门的规定设置统一的危险废物识别标志。

危险废物运输识别标志的申领和放置，按照危险货物和化学危险品运输管理的有关规定执行。

第二十三条 收集、运输、贮存危险废物，必须按危险废物特性进行分类包装。

危险废物产生者应当根据危险废物的性质、形态，选择安全的包装材料和包装方式。包装容器的外面必须有表示废物形态、性质的明显标志，并向运输者和接受者提供安全保护要求的文字说明。

第二十四条 运输危险废物时，委托、运输和装卸的单位或个人应当按照国家和本市有关危险货物和化学危险品的管理规定执行。

运输过程中应有防泄漏、防散落、防破损的措施。

禁止使用载客的交通工具装运危险废物或者客货混装。

第二十五条 危险废物的贮存设施必须符合国家标准和有关规定，有防渗漏、防雨淋、防流失措施，并必须设置识别危险废物的明显标志。

第二十六条 收集、贮存、运输、利用、处置危险废物的场所、设施、设备和容器、包装物或其他物品转作他用时，必须经过消除污染的处理，并经环境保护监测部门监测，达到无害化标准，未达标准的严禁转作他用。

第二十七条 危险废物处置场所必须严格管理和维护，保证正常运行，防止环境污染事故的发生。

对停止使用或决定关闭的危险废物贮存、利用、处置设施和场所，必须经环境监测部门监测，按照有关技术规范采取防止污染的措施，方可停止使用或关闭，并在停止使用或关闭后的 30 日内，向市环境保护行政主管部门备案。

禁止任何单位或个人侵占、损坏危险废物贮存、利用、处置场所和设施。

对堆放、填埋过危险废物的土地，必须采取植被覆盖等封闭措施，不能进行其他用途的开发利用。

第二十八条 违反本办法第十五条规定的，由市环境保护行政主管部门提出处理意见，按照《中华人民共和国固体废物污染环境防治法》的有关规定执行。

第二十九条 违反本办法第二十条第一、二款规定的，对经营性活动并有违法所得的处 3 万元以下罚款，无违法所得的处 1 万元以下罚款；对非经营性活动的，处 1 000 元以下罚款。

第三十条 违反本办法规定，有下列行为之一的，由市或区、县环境保护行政主管部门责令其限期改正，并处以 1 万元以下罚款：

（一）不按规定向环境保护行政主管部门申报登记危险废物，或者在申报登记时弄虚作假的；

（二）拒绝环境保护行政主管部门现场检查，或者在被检查时弄虚作假的。

第三十一条 违反本办法规定，有下列行为之一的，由市或区、县环境保护行政主管部门责令停止违法行为，限期改正，排除危害，并可以根据危害程度处以 5 万元以下罚款：

（一）将危险废物混入城市生活垃圾及其他非危险废物内的；

（二）将危险废物提供或者委托给无经营许可证的单位收集、贮存、利用、处置的；

（三）转移危险废物，不按照有关规定填写危险废物转移联单或者未向移出地和接受地的人民政府环境保护行政主管部门报告的；

（四）使用载客的交通工具装运危险废物或将危险废物与旅客在同一运输工具上混载的；

（五）危险废物产生者不处置其产生的危险废物或者不承担依法应当承担的处置费用的；

（六）将收集、贮存、运输、利用、处置危险废物的场所、设施、设备、容器包装物及其他物品未经消除污染处理转作他用的；

（七）收集、贮存、利用、处置危险废物的设施或者场所不设置危险废物识别标志的；

（八）擅自关闭、闲置或拆除危险废物污染环境防治场所、设施的。

第三十二条 无经营许可证或者不按照经营许可证规定从事收集、贮存、利用、处置危险废物经营活动的，由市环境保护行政主管部门责令停止违法行为、没收违法所得，并可处违法所得 1 倍以下罚款。

不按照经营许可证规定范围从事前款活动的，还可由发证机关吊销其经营许可证。

第三十三条 建设项目中需要配套建设的危险废物防治设施，未建成或未验收合格即投入生产或使用的，由审核该建设项目环境影响报告书的环境保护行政主管部门责令其停止生产或使用，可并处 10 万元以下罚款。

第三十四条 违反本办法第二十条第一、二款以及第三十条，第三十一条规定的行为之一，造成危险废物污染环境事故的，由市环境保护行政主管部门处以 10 万元以下罚款。造成重大经济损失的，按照直接损失的 30%处以罚款，但最多不得超过 50 万元。

对项目直接责任的主管人员和其他直接责任人员，由所在单位或者上级主管部门给予行政处分；构成犯罪的，依法追究刑事责任。

第三十五条 造成危险废物污染环境事故的单位和个人，有责任排除危害，并对遭受损害的单位或个人赔偿损失。

第三十六条 对监督管理部门的工作人员玩忽职守、滥用职权、徇私舞弊的，由所在单位或上级机关给予行政处分；构成犯罪的，依法追究刑事责任。

第三十七条 当事人对行政处罚决定不服的，可以依法申请行政复议或向人民法院提起诉讼。逾期不申请行政复议，也不向人民法院起诉，又不履行处罚决定的，由作出处罚决定的机关申请人民法院强制执行。

第三十八条 排入水体中的废水和排入大气中的废气污染防治以及放射性废物污染防治不适用本办法。

第三十九条 本办法自 2004 年 7 月 1 日起施行。

天津市放射性废物管理办法

（2018年4月28日修订）

（2004年6月30日天津市人民政府令第60号公布　自2004年7月1日起施行　根据2018年4月28日《天津市人民政府关于修改和废止部分规章的决定》修订）

第一条　为加强对放射性废物的管理，保护环境，保障公众健康，根据《中华人民共和国放射性污染防治法》等有关规定，结合本市实际，制定本办法。

第二条　凡在本市行政区域内应用放射性同位素和辐射技术产生放射性废物的单位，均应遵守本办法。

第三条　市环境保护行政主管部门负责对本市放射性废物实施统一监督管理。

市卫生、公安等部门应根据各自职责，加强对放射性废物的安全防护和安全保卫实施监督管理。

第四条　下列放射性废物属于本办法的管理范围：

（一）受放射污染的各种材料、容器、工具、设备、动物尸体或植株；

（二）废放射源；

（三）含放射性核素的有机闪烁液；

（四）其他放射性废物。

第五条　产生放射性废物的单位，应建立符合国家有关标准的放射性废物暂存室（库）。放射性废物暂存室（库）的建设应符合建设项目环境保护的有关规定。

产生放射性废物的单位，应在暂存室（库）外显著位置设立放射性标志，配备专职或兼职管理人员，防止放射性废物丢失、被盗。

第六条　产生放射性废物的单位，可将半衰期小于60天的放射性废物存入暂存室（库），并按照市环境保护行政主管部门的规定，将处理后的放射性废物送交放射性废物处置单位处置。

第七条　产生放射性废物的单位，对本办法第六条规定以外的放射性废物，不得自行处置，应直接送交放射性废物处置单位处置。

第八条　放射性废物需要移入或移出本市的，应按照国家有关规定执行。

第九条　禁止将废放射源混入其他放射性废物。禁止将放射性废物混入固体废物或者乱弃、乱埋、焚烧。

第十条　送交的放射性废物，应符合下列要求：

（一）废物应干燥，游离液体率不大于 1%；

（二）废物性能稳定，无挥发性，无易燃、易爆等不稳定性物质，无强氧化剂、腐蚀剂等物质；

（三）试验植株应脱水、干化或灰化；

（四）动物尸体应固化于水泥中或防腐、干化、灰化；

（五）包装体外表面的污染控制水平和放射性强度应符合国家有关标准；

（六）废放射源应密封包装完整，包装后的外表面放射性强度应符合国家有关标准。

第十一条 包装放射性废物时，应遵守下列规定：

（一）使用统一规格的放射性废物包装容器，每个容器体积不得超过 30 升，装载放射性废物后总重量不得超过 20 公斤；

（二）按照放射性废物半衰期的长短，分别装入不同的包装容器。

第十二条 放射性废物处置单位对送交的放射性废物应进行检验。对符合处置要求的，予以接收，并填写放射性废物（源）处置登记卡片；对不符合处置要求的，应经送交单位进行处理并符合处置要求后，予以接收。

废放射源被接收后，产生放射性废物的单位应持放射性废物（源）处置登记卡片到公安机关办理放射源注销手续。

第十三条 放射性废物处置单位应当安排专人和符合辐射防护要求的车辆统一收运放射性废物。

运输放射性废物的行车路线应避开水源保护区、风景名胜区、自然保护区及其他需要保护的区域。运输过程中应减少在人口稠密地区通过的时间和距离。

第十四条 每次收运放射性废物后，工作人员应进行体表污染检查，合格后方能离开放射性废物处置场所。汽车和工具也应进行污染检查，当污染超过国家标准规定的限值时，必须进行去污处理。

第十五条 对在防治放射性废物污染中做出显著成绩的单位或个人，由其所在单位及其上级主管部门或市环境保护行政主管部门给予表彰和奖励。

第十六条 违反本办法第五条第一款规定的，按照国家或本市建设项目环境保护的有关规定进行处罚。

违反本办法第五条第二款规定，不按照要求设置放射性标志的，由市环境保护行政主管部门责令其限期改正；逾期不改正的，处以 1 万元以下罚款。

第十七条 对违反本办法第十五条，不按规定交纳放射性废物处置费用的，由市环境保护行政主管部门责令其限期交纳，逾期不交纳的按日加收应交费用 5‰的滞纳金，并可处 3 万元以下的罚款。

第十八条 被处以罚款的单位，并不免除其消除污染，排除危害和赔偿损失的责任。

第十九条 对违反本办法，触犯有关治安管理规定的，由公安机关予以处罚。

第二十条 本办法自 2004 年 7 月 1 日起施行。1998 年 6 月 1 日市人民政府《批转市环保局拟定的天津市放射性废物管理办法的通知》（津政发〔1998〕46 号）同时废止。

天津市防止拆船污染环境管理实施办法

（2018年4月10日修订）

（天津市人民政府第7号令发布　自1993年8月7日起施行　根据2018年4月10日《天津市人民政府关于修改和废止部分规章的决定》修订）

第一条　为加强对本市拆船业的环境管理，根据《中华人民共和国环境保护法》和《中华人民共和国防止拆船污染环境管理条例》，结合本市实际情况，制定本办法。

第二条　本办法适用于在本市管辖水域从事岸边和水上拆船活动的单位和个人。

第三条　市环境保护行政主管部门对全市拆船业的环境保护工作实施统一监督管理。

区（县）环境保护行政主管部门主管本辖区岸边拆船防止污染工作，并监督检查本辖区拆船业的环境保护工作。

天津港务监督主管海河二道闸至新港船闸之间的内河水域和天津港港区水域拆船的环境保护工作，并协助环境保护行政主管部门监督岸边拆船防止污染工作。

天津港航监督主管海河二道闸以上水域和其他内河水域拆船的环境保护工作，并协助环境保护行政主管部门监督岸边拆船防止污染工作。

天津渔政渔港监督管理处主管渔港水域拆船的环境保护工作，负责监督拆船活动对沿岸渔业水域影响，发现污染损害事故后，会同环境保护行政主管部门调查处理。

国家海洋局北海分局驻津海洋监察部门和有关水资源保护机构，依据《中华人民共和国海洋环境保护法》和《中华人民共和国水污染防治法》确定的职责，协助以上各款所指主管部门监督拆船的防止污染工作。

第四条　在下列区域内，不得设置拆船厂：

（一）饮用水水源地；

（二）盐场保护区范围内；

（三）依法确定的一类水质海区和二类水质海区；

（四）重要的渔业水域；

（五）海水淡化取水点；

（六）海水浴场、风景名胜区；

（七）其他需要特殊保护的区域。

第五条　新建、改建或扩建拆船厂的建设单位，应严格执行国家有关建设项目环境保护管理的规定，必须编制环境影响报告书（表）。未依法进行环境影响评价的拆船厂，不得开工建设。

环境保护行政主管部门在批准环境影响报告书（表）前，应当征求有关部门的意见。

第六条 对严重污染环境的拆船单位，限期治理。

对小型拆船单位的限期治理，由监督拆船污染的主管部门提出意见，通过批准环境影响报告书（表）的区（县）环境保护行政主管部门审核，报区（县）人民政府决定。

对大型拆船单位的限期治理，由监督拆船污染的主管部门提出意见，通过批准环境影响报告书（表）的市环境保护行政主管部门审核，报市人民政府决定。

第七条 拆船排放洗舱水、压舱水和舱底水，须事先向监督拆船污染的主管部门提出申请，经批准后方可排放。

监督拆船污染的主管部门应在接到完备的申请文件之日起五日内做出批准或不批准的答复。

第八条 拆船排放的洗舱水、压舱水和舱底水，必须符合国家和本市规定的排放标准。

第九条 对擅自在本办法第四条所指的区域内设置拆船厂并进行拆船的，由区人民政府责令限期关闭或者搬迁。

第十条 拆船单位关闭、搬迁或转产，必须及时清理原厂址遗留的污染物，并由监督拆船污染的主管部门检查验收，对现场清理不合格的，由监督拆船污染的主管部门责令其限期纠正，对逾期不纠正者，除给予警告或者处以一万元以下的罚款外，并责令其支付委托单位或者个人代为清理所需的费用。

第十一条 本办法由市环境保护局负责解释并组织实施。

第十二条 本办法自发布之日起施行。

天津市城镇污水处理厂管理办法

（自 2019 年 1 月 28 日起施行）

第一条 为加强对本市城镇污水处理厂（以下简称污水处理厂）的监督与管理，提高污水处理厂运行效率和管理水平，根据有关法律法规规定，结合本市实际，制定本办法。

第二条 本办法适用于本市行政区域内污水处理厂的规划、建设、运行和监督管理。

第三条 市水行政主管部门负责本市污水处理的监督管理工作。

各有关区人民政府对所辖区域内污水处理厂的规划、建设、运行和监督管理负总责。

区水行政主管部门和其他相关行政主管部门按照职责分工负责所辖区域内污水处理厂的规划、建设、运行的监督管理工作。

发展改革、住房城乡建设、财政、规划和自然资源、生态环境等相关部门依照各自法定职责做好相关管理工作。

第四条 城镇污水应当实现全收集、全处理。对尚不具备建设污水处理厂条件且污水不能进入城镇污水集中处理设施的建制镇，应当建设城镇污水处理站。

城镇污水处理站的监督管理办法由各有关区人民政府参照本办法另行制定。

第五条 本市污水处理厂、污水收集管网、污泥处置设施的规划和建设应当符合城市规划和排水专项规划等相关规划要求。

污水收集管网系统设计和建设应当优先或同步于污水处理厂设计和建设，保证污水处理厂投入运行后发挥合理效益。

第六条 污水处理厂建设项目进行立项审查、初步设计审查时，审查机关应当征求水行政主管部门的意见。

污水处理厂建设过程中，建设单位应当向水行政主管部门提供建设进度等相关资料。

第七条 新建污水处理厂，建设单位应当按照国家和本市有关规定及标准确定污泥处置方式，保证污泥处置无害化。

已投入运行的污水处理厂，其运营单位应当对产生的污泥进行无害化处理。

第八条 新建污水处理厂，建设单位应当按照国家和本市有关规定同步建设在线监测系统，已投入运行但未建设在线监测系统的污水处理厂应当补建在线监测系统。在线监测包括进水口、出水口的水量、化学需氧量、氨氮、总磷、总氮等指标。进出水口在线监测系统应当与水行政主管部门的监控设备联网，出水口在线监测系统应当与生态环境主管部门的监控设备联网，并保证监测设备正常运行。

污水处理厂应当按照有关规定开展自行监测，建立监测台账，并公开环境信息。

第九条 新建0.5万吨/日以上（含0.5万吨/日）污水处理厂应当配套建设中控系统；已建成投入运行的2万吨/日以上（含2万吨/日）污水处理厂应当配套完善中控系统；已建成投入运行的2万吨/日以下污水处理厂应当逐步建设中控系统。

第十条 建设单位对建成的污水处理厂组织竣工验收时，应当有水行政主管部门等相关部门参加。

第十一条 各有关区人民政府和市有关部门应当积极推广政府和社会资本合作（PPP）模式，通过特许经营、政府购买服务等多种方式，依法选择符合要求的污水处理厂运营单位。

第十二条 市水行政主管部门根据住房城乡建设部和本市有关规定，对本市城镇污水处理工作进行考核。

第十三条 污水处理厂运营单位、污泥处置厂应当接受水行政主管部门和生态环境主管部门的监督检查，并履行下列义务：

（一）配合进行现场检查和检验；

（二）如实提供有关数据和资料；

（三）就提出的有关问题作出说明。

第十四条 污水处理厂运营单位应当按照《城镇污水处理厂运行、维护及安全技术规程》（CJJ 60—2011）要求，制定保障污水处理厂正常运行的生产管理制度、安全生产制度、水质检验制度和突发性事件应急预案等，并将突发性事件应急预案报送水行政主管部门。

污水处理厂运营单位、污泥处置厂应当建立生产运行记录及报表，保管期限为3年。

第十五条 污水处理厂运营单位应当保证处理后的出水水质符合国家和本市规定的污染物排放标准，未经处理或处理后不达标的污水不得直接排放。

污水处理厂废气排放、污泥、噪声控制等应当符合国家和本市规定的污染物排放标准。

第十六条 污水处理厂进水水质超过《污水排入城镇下水道水质标准》（GB/T 31962—2015）规定的控制指标时，运营单位应当及时向水行政主管部门和生态环境主管部门报告。

第十七条 污水处理厂运营单位应当按照《城镇排水与污水处理条例》每月向水行政主管部门和生态环境主管部门报送上月每日进出水水质、水量等检测数据。

第十八条 各有关区人民政府作为污泥处理处置工作的责任主体，对污泥处理处置工作负总责。

市水行政主管部门负责指导各有关区加强对污泥产生、贮存、运输、处理等环节的监管和污泥处置厂运行的监管。

生态环境主管部门对污泥污染环境行为，按照有关法律法规执行。

第十九条 本市污泥处理处置执行污泥转运联单和污泥分配管理制度。污水处理厂运营单位和污泥处置厂应当订立污泥处置合同，禁止随意丢弃、遗撒污泥，严控不达标污泥进入耕地，临时堆放应当采取必要的防护、防渗措施，杜绝二次污染。

第二十条 污水处理厂运营单位应当委托具有相关资质的检测机构对出厂污泥定期进行检测，对于检测结果达到危险废弃物标准的，应当按照《中华人民共和国固体废物污染环境防治法》的有关规定处理。

污泥处置厂应当委托具有相关资质的检测机构对进出厂泥质定期进行检测，检测结果应当报水行政主管部门和生态环境主管部门。

第二十一条 污水处理厂运营单位、污泥处置厂应当于每年 3 月 20 日前向水行政主管部门报送上年度运营报告。

区水行政主管部门汇总其所管辖污水处理及污泥处理处置设施的运行情况，形成书面报告，于每年 3 月底前上报市水行政主管部门。

第二十二条 污水处理费应当严格按照天津市污水处理费征收使用管理有关办法使用和管理，确保专款专用。

第二十三条 本办法所称城镇污水处理站，是指本市建制镇建成区范围内设计日处理能力 1 000 吨以下且出水水质为《城镇污水处理厂污染物排放标准》（DB 12/599—2015）C 标准的污水处理设施。

第二十四条 本办法自印发之日起施行，有效期 5 年。

天津市引滦工程管理办法

（2004年6月26日修订）

（1994年9月8日天津市人民政府发布　1998年1月7日天津市人民政府第一次修订　根据2004年6月26日天津市人民政府《关于修改天津市引滦工程管理办法的决定》第二次修订）

第一条　为加强对引滦工程的管理，保障城市人民生活用水和工业用水，依据有关法律、法规，制定本办法。

第二条　本办法适用于本市行政区域内的引滦工程。本办法所称引滦工程是指黎河（天津境内段）、州河（山下屯闸以上）、输水明渠和暗渠（管）、新引河、于桥水库、尔王庄水库、潮白河泵站、尔王庄泵站、大张庄泵站、于桥水电站及沿途倒虹吸、闸、涵、桥等工程和水文水质监测、通讯、供电等设施。

第三条　天津市水行政主管部门是引滦工程的主管机关。

第四条　引滦工程主管机关应依法加强引滦工程的管理，维护工程安全，执行供水计划，保障国家财产不受侵害。

第五条　引滦工程的管理范围：

黎河为输水占地（即设计输水65米^3/秒流量水面线加0.5米超高）及两侧以外10米范围；州河、沟河、蓟运河为河堤外坡脚以内范围及以外25米范围。

于桥水库坝上为22米（大沽）高程以下范围，坝下为征地范围。

尔王庄水库为征地范围。

输水明渠为征地范围。明渠渠堤外坡脚以外征地范围不足10米的，按10米划定管理范围。

输水暗渠（管）为暗渠（管）覆盖面及由两侧外缘向外延伸10米范围。

其他水工程设施、防汛设施、水文水质监测设施、水文地质监测设施、通讯设施为工程征地范围及其边线以外10米范围。

第六条　引滦工程的保护范围：

于桥水库坝上为22米至设计洪水位25.62米（大沽）高程之间，坝下为管理范围以外200米范围。

其他各项工程为由管理范围外缘向外延伸30米范围。

第七条　禁止在河道、输水明渠管理范围内建房、挖沟取土、挖筑鱼塘、修建坟墓、放牧、堆放物料、弃置垃圾、倾倒污物、考古发掘、捕鱼、电鱼、炸鱼活动。

禁止在河道、输水明渠保护范围内打井、钻探、爆破、采砂等危害堤防安全的活动。

禁止在河道、输水明渠未铺设路面的堤段行驶载重量3吨以上的车辆及雨雪后泥泞期间行车。

第八条 禁止在输水暗渠（管）管理范围内挖沟、取土、修渠、建房，禁止在输水暗渠（管）上部堆放物料、植树、修建坟墓及顺输水暗渠（管）上部行驶载重量3吨以上车辆。

禁止在输水暗渠（管）保护范围内打井、钻探、爆破、开采地下资源、挖筑鱼塘等危害输水暗渠（管）安全的活动。

第九条 禁止在水库管理范围内建房、围垦、挖筑鱼塘、取土、修建坟墓、堆放物料、弃置垃圾污物。

在水库大坝管理和保护范围内，禁止进行爆破、采石、打井等危害大坝安全的活动。

第十条 禁止损毁水库、河道、输水明渠和输水暗渠（管）的护岸、护坡、涵闸、排气孔、水文设施、测量标志、通信器材、电力设备、里程桩及其他工程设施。

第十一条 严禁私自截取引滦水库、河道、明渠、暗渠（管）中的水。

第十二条 引滦工程沿途护堤、护岸林木由工程管理单位组织营造和管理，其他任何单位和个人不得侵占、砍伐和破坏。

第十三条 引滦工程管理范围和保护范围内的土地所有权和使用权，依照国家有关法律、法规和规章执行。

第十四条 在引滦工程管理范围和保护范围内新建、扩建、改建项目，必须经引滦工程主管机关审查同意后，方可按照基本建设程序履行审批手续。项目批准后，建设单位应按引滦工程安全管理的要求施工。

第十五条 引滦工程管理部门应定期检查巡视工程设施，发现故障，及时抢修。在抢修过程中，有关单位应积极配合协助，不得阻拦和干扰。

第十六条 引滦工程管理部门应开展水质监测工作，协同环境保护部门对水污染防治实施监督管理。

第十七条 违反本办法规定的单位或个人，引滦工程主管机关应责令其赔偿损失，处以警告、没收非法所得或100元以上5 000元以下罚款，情节严重的，处以5 000元以上1 0000元以下罚款。

第十八条 当事人对行政处罚决定不服的，按《中华人民共和国水法》第四十八条的规定申请复议或向人民法院起诉。

第十九条 引滦工程管理人员玩忽职守、滥用职权、徇私舞弊的，由其所在单位或上级主管机关给予行政处分。给国家财产造成重大损失构成犯罪的，由司法机关依法追究刑事责任。

第二十条 本办法自2007年7月1日起施行。

天津市人民代表大会关于农作物秸秆综合利用和露天禁烧的决定

（自 2017 年 3 月 1 日起施行）

（2017 年 1 月 20 日天津市第十六届人民代表大会第六次会议通过　自 2017 年 3 月 1 日起施行）

为了贯彻落实京津冀协同发展重大国家战略和绿色发展理念，保护京津冀及周边地区生态环境，保护人民群众身体健康，推进农作物秸秆综合利用，禁止露天焚烧农作物秸秆，根据《中华人民共和国大气污染防治法》《中华人民共和国农业法》等法律、行政法规，结合本市实际，作如下决定：

一、本市各级国家机关、村民自治组织、各类农业经营主体以及企业事业单位、社会团体，要切实增强环境意识、生态意识、资源意识，大力推进农作物秸秆综合利用，在本市行政区域内全面禁止露天焚烧农作物秸秆。

二、推进农作物秸秆综合利用和禁止露天焚烧，应当坚持政府主导、规划引领、政策扶持、科技支撑、疏堵结合、依法治理的原则，发挥市场机制作用，推进农作物秸秆资源化、产业化利用，逐步完善农作物秸秆田间处理、收集储运、多元利用体系，到 2020 年基本实现农作物秸秆全量化综合利用。

三、各级人民政府是推进农作物秸秆综合利用和露天禁烧工作的责任主体，应当建立健全行政首长负责制、目标管理责任制和工作协调机制，综合运用法律、行政、经济、科技等手段，实现农作物秸秆综合利用和露天禁烧目标。

四、农业和环境保护行政主管部门按照规定的职责，分别负责农作物秸秆综合利用和露天禁烧工作。

发展改革、财政、科技、公安、交通等部门按照各自职责，共同做好农作物秸秆综合利用和露天禁烧工作。

五、市农业行政主管部门会同有关部门组织编制农作物秸秆综合利用规划，根据本市农作物秸秆资源和利用现状，合理确定农作物秸秆肥料化、饲料化、燃料化、原料化和基料化的发展目标，统筹安排农作物秸秆综合利用项目和产业布局。农作物秸秆综合利用规划经市人民政府批准后施行。

六、市、区财政部门应当根据农作物秸秆综合利用产业化发展需要，将农作物秸秆综合利用资金纳入本级财政预算，加大财政投入力度，重点支持农作物秸秆综合利用的科研开发和适用技术应用，农作物秸秆机械化还田离田作业、收集储运以及农作物秸秆资源化利用项目，并将农作物秸秆收割、捡拾打捆、粉碎、青贮等农机具纳入农机补贴范围，对农作物秸秆机械化作业给予补贴。

市、区人民政府有关部门应当落实国家关于促进农作物秸秆综合利用产业发展的税收、投资、用地、用电、信贷、保险等扶持政策。

七、推广农作物秸秆机械化粉碎还田，将粉碎还田作为小麦、玉米等农作物秸秆综合利用的重要途径，推进肥料化利用。小麦、玉米联合收获机作业时应当配置使用农作物秸秆切碎抛撒还田装置。

八、推广青饲机械化收获技术和装备，应用农作物秸秆饲料加工先进适用技术，不断扩大农作物秸秆饲料化利用规模。

九、推进农作物秸秆燃料化利用，扶持以农作物秸秆为原料的生物质能利用项目。推进农作物秸秆原料化利用，扶持以农作物秸秆为原料的加工业。推进农作物秸秆基料化利用，扶持以农作物秸秆为基料的食用菌生产。

十、推进农作物秸秆收集储运体系建设，加快建设以企业为龙头、农民专业合作社和农户参与、市场化推进的农作物秸秆收集和物流体系，畅通农作物秸秆从田间到加工利用企业的输送渠道。

十一、将农作物秸秆综合利用作为市级重点科研及推广应用项目，鼓励支持高等院校、科研单位和企业开展农作物秸秆综合利用技术与设备的研究开发，加快国内外成熟适用技术的转化应用，建立科技示范基地，加强技术培训，提高农作物秸秆综合利用水平。

十二、从事种植业的农户、家庭农场、农民专业合作社、农业企业等农业经营主体，应当加强对农产品采收后的秸秆管理，落实农作物秸秆综合利用措施，不得露天焚烧农作物秸秆。

十三、各级人民政府及有关部门和村民委员会、居民委员会应当加强农作物秸秆综合利用和露天禁烧的宣传教育，动员和鼓励社会各方面力量积极参与，充分调动农业经营者在农作物秸秆综合利用和露天禁烧中的积极性、主动性和创造性。

新闻媒体应当加强对农作物秸秆综合利用和露天禁烧的公益宣传，引导农业经营者加强农作物秸秆综合利用，自觉遵守农作物秸秆露天禁烧规定。

十四、各区人民政府应当制定和落实禁止露天焚烧农作物秸秆的实施方案和监督检查措施，加大实时监测和现场执法、综合执法力度；完善区域联动、部门协调、乡镇为主的防控机制，落实网格化管理，将禁止露天焚烧农作物秸秆的任务细化到田、责任到人。

十五、各级人民政府应当建立健全农作物秸秆综合利用和露天禁烧工作考核评价机制和工作奖惩制度，对于在农作物秸秆综合利用和露天禁烧工作中成绩显著的，应当给予表彰或者奖励；对于工作不力、露天焚烧农作物秸秆不能得到有效治理的，予以责任追究。

十六、农业经营主体使用小麦、玉米联合收获机作业，未配置使用农作物秸秆切碎抛撒还田装置的，由农业行政主管部门责令改正；拒不改正的，不得享受还田作业补贴。

十七、农业经营主体或者他人露天焚烧农作物秸秆的，由环境保护行政主管部门责令停止违法行为，并可以处五百元以上二千元以下罚款；构成犯罪的，依法追究刑事责任。

农业经营主体未采取综合利用措施，致使农作物秸秆露天焚烧的，由环境保护行政主管部门给予批评教育，可以处一百元以上五百元以下罚款。但已按照前款规定实施处罚的除外。

十八、本决定自2017年3月1日起施行。

（二）部门规范性文件

天津市“12369”环保微信举报工作管理暂行规定

（自2015年6月16日起施行）

（津环保监〔2015〕101号）

第一章 总 则

第一条 为规范天津市“12369”环保微信举报管理工作，拓宽群众举报渠道，维护和保障人民群众的合法环境权益，按照环境保护部的要求，依据《中华人民共和国环境保护法》《信访条例》等法律法规，结合我市环境保护工作实际，制定本规定。

第二条 本规定所称环保微信举报，是指公民、法人或者其他组织通过微信公众号“12369环保举报”，向市、区县环境保护主管部门举报环境污染事项，请求环境保护主管部门依法处理的举报。

市、区县环境保护主管部门应当使用“12369”环保微信举报管理平台（以下简称“平台”），登录处理“12369”环保微信举报类、咨询类、建议类及其他微信事项。

第三条 市、区县环境保护主管部门通过“平台”受理环保微信举报的事项，适用本规定。

第四条 全市环保微信举报管理工作遵循下列工作原则：

（一）属地管理、分级负责，谁主管、谁负责；

（二）依法受理，及时办理；

（三）维护公众的知情权、参与权和监督权。

第二章 机构和职责

第五条 市级“平台”管理机构为天津市环境保护举报受理中心，负责对全市“12369”环保微信举报业务工作实施统一监督管理，对涉及跨行政区域、重特大突发环境事件等需要市级环境保护主管部门介入的事项进行协调。

各区县环境保护主管部门为本行政区环保微信举报办理工作责任主体，应结合实际情况制定本行政区环保微信举报受理和办理工作流程，负责受理、转办、办理、答复本行政区所有环保微信举报事项。

各区县环境保护主管部门对环保微信举报管理工作实行“一把手”负总责，并指定一名分管领导负责本行政区环保微信举报事项的审核确认工作。

第三章　受理范围和程序

第六条　全市环保微信举报受理范围为：

（一）工业企业在生产经营过程中，超标排放大气污染物的，如冒黑烟等；

（二）工业企业在生产经营过程中，超标排放水污染物的，如排黑水等；

（三）工业企业在生产经营过程中，超标排放噪声的；

（四）非法排放、转移、倾倒、处置危险废物的，如倒黑渣等。

第七条　市、区县两级“平台”应在2个工作日内对接收的举报事项进行确认处理。

对属于环境保护主管部门职责范围内的举报事项，应及时予以受理，通过“平台”录入受理信息，并及时批转相关责任部门进行查处。

对不属于环境保护主管部门职责范围内的举报事项或咨询类、建议类等事项，应及时通过“平台”录入答复意见。

第八条　受理的举报件要及时转办，属于环境保护主管部门职责范围的要转送相关业务部门办理；属于其他部门职责范围的，要建立移交机制并告知举报人；超出本级管理权限的，可申请上级协调处理。

第九条　承办微信举报件的业务部门要及时办理。需要现场查处的，承办举报的环境保护主管部门要安排人员第一时间赶赴现场，依法开展查处工作。微信举报件办理完毕后，承办部门要及时提交答复意见。

第十条　微信举报办理情况回复内容应当包括：被举报对象的基本情况、现场检查及核实情况、存在的环境违法问题、环保部门处理意见、与举报人沟通答复情况等内容。

第十一条　环保微信举报事项办结后，应由本部门分管领导审核，确认同意回复后，操作人员及时将办理结果录入“平台”，并选择办结操作，通过“平台”将办结情况回复微信举报人。

第十二条　已受理的环保微信举报，应自受理之日起60日内办结。情况复杂或有特殊情况的，经本级环境保护主管部门负责人批准，可以适当延长办理期限，并在“平台”录入延期理由，但延长期限不得超过30日。

第四章　工作制度

第十三条　各区县环境保护主管部门应当每月将本级“平台”举报办理情况进行汇总、分析，向市级“平台”上报，每月向社会公开。

第十四条　天津市环境保护举报受理中心负责对各级“平台”举报办理情况进行定期检查、不定期抽查、业务指导和目标考核。天津市环境保护举报受理中心对发现的未及时办理或重复举报的事项，要督促区县环境保护主管部门认真办理。

第十五条　各区县环境保护主管部门应当安排专人管理“平台”，建立健全人员和工作管理规章制度，按要求完善办公条件，确保“平台”的信息安全，使微信举报办理工作有序开展。

第十六条 “平台”操作人员应遵守本规定，服从上级“平台”管理，维护“平台”工作秩序；不得使用“平台”发送涉密信息、不良信息及垃圾信息；不得以个人名义向举报人发送未经审批的信息。

第十七条 市、区县环境保护主管部门应当健全微信举报信息保密管理制度，对举报人个人信息予以保密。

第十八条 市、区县环境保护主管部门应按照相关制度对环保微信举报工作人员的工作表现给予表彰和惩处。

第五章 附 则

第十九条 本规定自印发之日起实施。

天津市环境保护局水环境保护约谈暂行办法

（自2016年3月1日起施行）

（津环保法〔2016〕96号）

第一条 为切实加强我市环境保护监督管理，依法查处环境违法行为，依据《中华人民共和国环境保护法》《天津市水污染防治条例》等有关法律法规的规定，结合我市实际，制定本办法。

第二条 本办法所称约谈，是指依照《天津市水污染防治条例》第八十九条及第九十条的规定，环境保护行政主管部门对处以按日连续处罚的企业事业单位和其他生产经营者的主要负责人实施问责谈话的制度。

第三条 约谈对象主要包括受到按日连续处罚的企业事业单位和其他生产经营者的法定代表人（统称为被约谈人）。

第四条 环境保护行政主管部门法制机构统一负责约谈工作的组织实施。

约谈由主管法制工作的局领导或局领导委托法制机构负责人主持召开。

约谈人由有关处（科）室、环境监察机构、环境监测机构负责人组成，也可以邀请相关行业专家参加约谈。

市环保局组织约谈，可以邀请被约谈人所在地区县环保部门负责同志参加。

约谈应采取公开的形式进行（涉及国家、商业机密和个人隐私除外），并向社会公开约谈情况。

第五条 环境保护行政主管部门约谈工作应于决定按日连续处罚之日起7个工作日内完成，并应按照以下程序进行：

（一）约谈的提议

法制机构依照《天津市水污染防治条例》第九十条规定对决定实施按日连续处罚的环境违法企业作出《约谈告知书》经主管局领导审签同意后，由环境监察机构送达当事人。

《约谈告知书》应包括以下内容：被约谈人、约谈事由、约谈地点、约谈时间、约谈人等。

（二）约谈的实施

1. 约谈人通报被约谈人存在的主要环境问题及造成的影响，说明有关环境保护法律法规规定，并提出限期整改等要求。

2. 被约谈人就存在的问题做出说明，内容包括存在问题的原因及处理经过、采取的管理措施等。

3. 约谈人就有关情况提出询问，并做出处理意见。

4. 形成书面约谈纪要，由各方参加人签名留存。

（三）约谈的结果

1. 约谈人就约谈情况形成《责令整改决定书》，明确整改要求和时限，由监察总队送达被约谈人。

2. 约谈情况和整改措施及结果登载到环境保护行政主管部门政务网站。

第六条 环境监察机构应对约谈事项进行后督查。

第七条 约谈事项全部整改完成后，法制机构应将相关材料及时整理归档。

第八条 被约谈人的法定代表人应准时参加约谈，因特殊情况不能参加的，应当书面说明理由，可委托相关负责人参加约谈。受委托人应携带法定代表人委托书参会。对无故不参加约谈或未按照《责令整改决定书》要求进行整改的，以发文通报、新闻媒体曝光等方式对被约谈人及其相关负责人进行公开通报，并将相关情况存档备案，作为对其环境管理或环境执法中的从严从重情节。

第九条 本办法由天津市环境保护局负责解释。

第十条 本办法自 2016 年 3 月 1 日起施行。

第十一条 本办法有效期 5 年。

《天津市水污染防治条例》行政处罚自由裁量权应用原则规定（试行）

（自2016年3月1日起施行）

一、为贯彻落实《天津市水污染防治条例》（以下简称《条例》），规范和正确行使行政处罚自由裁量权，全面推进依法行政工作，根据《中华人民共和国行政处罚法》、环境保护部《关于印发规范环境行政处罚自由裁量权若干意见的通知》（环发〔2009〕24号），《环境保护部办公厅关于印发有关规范行使环境行政处罚自由裁量权文件的通知》（环办〔2009〕107号）的有关规定，制定本规定。

二、行使行政处罚自由裁量权，应当遵循公开公正、处罚法定、过罚相当、程序严格、教罚结合的原则。

三、实施行政处罚时，应当责令当事人改正违法行为或者限期改正违法行为。

四、《常见水环境违法事实裁量基准裁量基准》（以下简称《裁量基准》）针对常见水环境违法事实分为行为裁量基准和后果裁量基准。

行为裁量基准是对常见水环境违法行为的不同情节，分类确定不同的裁量因素、裁量因子。

后果裁量基准是对所有水环境违法行为的共性后果，确定具有共性的裁量因素、裁量因子。

违反多项裁量基准的，裁量基准累加计算。

行为裁量基准和后果裁量基准共同组成对一项违法事实的最终裁量。

五、实行行政处罚案件电子裁量，所有水环境行政处罚案件均应在行政执法及处罚支撑信息平台上进行裁量。

六、本规定及《裁量基准》应当向社会公开，接受社会监督。

七、本规定及《裁量基准》自2016年3月1日起执行，我市原有水环境行政处罚自由裁量规定与本规定不一致的，按照本规定与基准执行。

常见水环境违法事实裁量基准（试行）

（自2016年3月1日起施行）

一、行为裁量基准

1. 超标或超总量排放水污染物的违法行为

分类	裁量因素	裁量因子		裁量等级
超标或超总量排放水污染物	超总量	不足5%		一般
		5%及以上不足10%		较重
		10%及以上不足20%		严重
		20%及以上		特别严重
	超过排放标准	pH值	大于等于5小于6、大于9小于等于10	一般
			大于等于4小于5、大于10小于等于11	较重
			大于等于2小于4、大于11小于等于12	严重
			大于等于0小于2、大于12小于等于14	特别严重
		其他主要污染物	不足50%	轻微
			50%及以上不足100%	一般
			100%及以上不足200%	较重
			200%及以上不足300%	严重
			300%及以上	特别严重
	日排水量	不足5吨		一般
		5吨及以上不足10吨		较重
		10吨及以上不足20吨		严重
		20吨及以上		特别严重
	水污染物种类	二类污染物		较重
		一类污染物		严重
		不得检出的因子		特别严重
	超标因子数量	一项		较重
		两项		严重
		三项及以上		特别严重

2. 违反环保许可证管理制度的违法行为

裁量因素	裁量因子	裁量等级
违法行为持续时间	不足 1 个月	一般
	1 个月及以上不足 2 个月	较重
	2 个月及以上不足 3 个月	严重
	3 个月及以上	特别严重

3. 违反建设项目环境影响评价制度的违法行为

裁量因素	裁量因子	裁量等级
项目应报批的环评文件的等级	登记表	轻微
	报告表	一般
	报告书	严重
项目建设进程	正在建设或者已经建成	较重
	已经投入试生产	严重
	已经正式投入生产使用	特别严重

4. 违反建设项目污染防治设施验收制度的环境违法行为

裁量因素	裁量因子	裁量等级
项目应报批的环评文件的等级	登记表	轻微
	报告表	一般
	报告书	严重
项目建设进程	已经投入试生产	严重
	已经正式投入生产使用	特别严重
污染防治设施建设状态	污染防治设施未按要求建设	一般
	污染防治设施在建	较重
	污染防治设施未建设	严重

5. 违反排污申报登记制度的违法行为

裁量因素	裁量因子	裁量等级
违反情形	未按照规定的时间、污染物种类和浓度申报	一般
	拒绝申报	较重
	谎报	严重
逾期时间	不足 15 天	轻微
	15 天及以上不足 1 个月	一般
	1 个月及以上不足 2 个月	较重
	2 个月及以上不足 3 个月	严重
	3 个月及以上	特别严重

6. 不正常使用或擅自拆除、闲置水污染处理设施的违法行为

分类	裁量因素	裁量因子	裁量等级
不正常使用或擅自拆除、闲置水污染处理设施	日排水量	不足 5 吨	一般
		5 吨及以上不足 10 吨	较重
		10 吨及以上不足 20 吨	严重
		20 吨及以上	特别严重
	水污染物种类	二类污染物	较重
		一类污染物	严重
		不得检出的因子	特别严重
	超标因子数量	一项	较重
		两项	严重
		三项以上	特别严重

7. 违法造成环境污染事故的违法行为

裁量因素	裁量因子	裁量等级
事故等级	一般事故	一般
	较大事故	较重
	重大事故	严重
	特大事故	特别严重
事故责任人	其他直接责任人员	较重
	主管人员	严重

8. 违反自动监控环境管理制度的违法行为

裁量因素	裁量因子	裁量等级
安装状态	功能未达要求	一般
	数量未达到要求	较重
	位置未达要求	严重
	未安装	特别严重
运行状态	安装未联网	一般
	运行不正常	较重
记录状况	保存不全	一般
	未保存	较重

9. 违反突发环境事件应急管理制度的违法行为

裁量因素	裁量因子	裁量等级
预案制定	不符合规范要求	较重
	未制定	严重
处置情况	预案启动不及时或未启动预案	较重
	应急措施不到位	严重
	未采取应急措施	特别严重

10. 违反水污染管理制度的其他违法行为

裁量因素	裁量因子	裁量等级
日排水量	不足 5 吨	一般
	5 吨及以上不足 10 吨	较重
	10 吨及以上不足 20 吨	严重
	20 吨及以上	特别严重
水污染物种类	二类污染物	较重
	一类污染物	严重
	不得检出	特别严重

二、后果裁量基准

裁量因素	裁量因子	裁量等级
改正态度	立即改正	一般
	改正不及时	较重
	拒绝改正	特别严重
补救措施	完全消除违法后果	一般
	补救成效不明显	较重
	补救无成效	严重
	无补救措施	特别严重
舆论影响	区县级媒体曝光	一般
	市级媒体曝光或者互联网曝光但反响不强烈	较重
	互联网门户网站曝光并且反响强烈	严重
	中央媒体曝光	特别严重
公众影响	一次有效投诉	轻微
	两次有效投诉	一般
	三次有效投诉	较重
	四次有效投诉	严重
	1. 五次及以上有效投诉或者造成群体上访; 2. 致使乡镇或者县级以上集中式饮用水水源取水中断十二小时及以上的; 3. 致使疏散、转移群众五千人及以上的	特别严重
直接经济损失	不足 1 万元	轻微
	1 万元及以上不足 5 万元	一般
	5 万元及以上不足 10 万元	较重
	10 万元及以上不足 20 万元	严重
	1. 20 万元及以上; 2. 致使基本农田、防护林地、特种用途林地五亩及以上，其他农用地十亩及以上，其他土地二十亩及以上基本功能丧失或者遭受永久性破坏的; 3. 致使森林或者其他林木死亡五十立方米及以上，或者幼树死亡二千五百株及以上的; 4. 致使公私财产损失三十万元及以上的	特别严重

裁量因素	裁量因子	裁量等级
个人经济损失	不足 500 元	轻微
	500 元及以上不足 1 000 元	一般
	1 000 元及以上不足 1 万元	较重
	1 万元及以上不足 3 万元	严重
	3 万元及以上	特别严重
人员伤亡	受伤人感觉轻度不适	轻微
	1 人受伤入院诊治	一般
	2 人受伤入院诊治	较重
	3 人受伤入院诊治	严重
	1. 3 人及以上受伤住院或发生造成人员死亡； 2. 致使三十人及以上中毒的； 3. 致使三人及以上轻伤、轻度残疾或者器官组织损伤导致一般功能障碍的； 4. 致使一人及以上重伤、中度残疾或者器官组织损伤导致严重功能障碍的	特别严重

《天津市大气污染防治条例》行政处罚自由裁量权规范（试行）

（自2015年3月1日起施行）

一、基本原则和要求

规范和行使《条例》行政处罚自由裁量权时，必须基于有利于本市大气环境监管目的，遵循合法、合理、公平公正、过罚相当、处罚与教育相结合、便于适用的原则。

根据环境保护部和市政府有关文件精神，规范行政处罚自由裁量权应当根据法律目的，全面考虑、衡量违法事实、性质、情节及社会危害程度等相关因素，排除不相关因素的干扰。明确对违法事实、性质、情节及社会危害程度等因素基本相同的同类行政违法行为，所适用的法律、法规、规章依据，酌情决定对违法行为人是否处罚、处罚种类和处罚幅度的权限，实现情节相当的同类案件所适用的法规依据、处罚种类和幅度基本相同的要求。

二、行使自由裁量权的有关情节和情形

（一）应当综合、全面考虑的情节

1. 环境违法行为的具体方法或者手段；
2. 环境违法行为危害的具体对象；
3. 环境违法行为造成的环境污染、生态破坏程度以及社会影响；
4. 改正环境违法行为的态度和所采取的改正措施及其效果；
5. 环境违法行为人是初犯还是再犯；
6. 环境违法行为人的主观过错程度。

（二）从重处罚的情形

1. 主观恶意，明知故犯；
2. 后果严重，反映强烈；
3. 区域敏感，影响恶劣；
4. 不听劝阻，再次违法；
5. 超标量大，危害面广。

（三）从轻处罚的情形

1. 主动消除或者减轻违法行为危害后果的；

2. 主动改正或者及时中止环境违法行为的；

3. 积极配合行政执法部门查处违法行为有立功表现的；

4. 其他可以从轻行政处罚的。

三、行政处罚自由裁量权规范表

根据建设项目的环评类别、污染物的性质和排放情况、违法行为对环境的影响等违法情节，对行为人违反建设项目环境影响评价制度、大气污染防治设施验收和管理制度、达标排放制度等环境违法行为，依据《条例》设定的行政处罚种类和幅度，采用表格式按类别、情节对处罚幅度进行细化分档，分别制定了超标超总量排放、违反大气污染防治设施使用规定、违反挥发性有机物污染防治制度等行政处罚自由裁量权规范。

四、有关适用问题的规定

（一）对违法情节特别严重的环境违法行为，经局长办公会集体讨论决定，可以在执行本规范的基础上，依法加重处罚。

（二）本规范规定的处罚幅度范围，包含上、下限本数。

大气污染物排放超标或者超总量行政处罚自由裁量权规范表（一）

单位：万元

类别 \ 金额 \ 情节	超标超总量倍数
锅炉（35 蒸吨以上）	30+10×超标倍数（最高不超过 100 万）
锅炉［10～35（含）蒸吨］	20+10×超标倍数（最高不超过 100 万）
锅炉［10（含）蒸吨以下］	10+10×超标倍数（最高不超过 100 万）
其他排放源	10+10×超标倍数（最高不超过 100 万）
依据	《天津市大气污染防治条例》第七十五条排放大气污染物超过标准的，由环境保护行政主管部门责令限期改正，并处十万元以上一百万元以下罚款； 排放重点大气污染物超过排污许可证核定排放总量指标的，由环境保护行政主管部门责令停止排放污染物，处十万元以上一百万元以下罚款，并将超过排放总量指标的部分在核定下一年度排放总量指标时扣除

违反建设项目环评制度行政处罚自由裁量权规范表（二）

单位：万元

类别 \ 金额 \ 情节	已开工建设但主体工程未建成或者主体工程已建成但尚未投入生产或者使用	环境影响评价文件未经批准主体工程已投入生产或者使用	造成较大社会影响或有其他严重情节
登记表项目	5～6	6～7	7～8
报告表项目	7～9	9～11	11～15
报告书项目	8～11	11～15	15～20
依据	《天津市大气污染防治条例》第七十六条环境影响评价文件未经批准，擅自开工建设的，由环境保护行政主管部门责令停止建设，处五万元以上二十万元以下罚款，并可以责令恢复原状		

违反建设项目污染防治设施验收制度行政处罚自由裁量权规范表（三）

单位：万元

情节/金额/类别	污染防治设施已建成但未经验收或者经验收不合格，主体工程即投入生产或者使用	污染防治设施未建成主体工程即投入生产或者使用	造成较大社会影响或有其他严重情节
登记表项目	1	1～2	2～3
报告表项目	2～3	3～5	5～8
报告书项目	5～6	6～8	8～10
依据	《天津市大气污染防治条例》第七十七条违反本条例规定，建设项目的大气污染防治设施未建成或者未经验收合格，主体工程投入生产或者使用的，由审批该建设项目环境影响评价文件的环境保护行政主管部门责令停止生产或者使用，并处一万元以上十万元以下罚款		

违反大气污染防治设施使用规定行政处罚自由裁量权规范表（四）

单位：万元

情节/金额/类别	不正常使用	不正常使用情节严重	擅自拆除、停用
大气污染物防治设施	2～5	5～12	12～20
机动车污染防治设施	0.1～0.2	0.2～0.3	0.3～0.5
服装干洗和机动车维修经营单位污染防治设施	0.2～0.5	0.5～1.2	1.2～2
有毒有害气体或恶臭气体污染防治设施	1～5	5～8	7～10
	采取污染防治措施，但未能有效防止污染周边环境	未安装净化装置或采取其他措施防止污染周边环境	污染周边环境，社会影响较大（如受到投拆举报等）
依据	《天津市大气污染防治条例》第七十八条有下列行为之一的，由环境保护行政主管部门责令停止违法行为，限期改正，并处二万元以上二十万元以下罚款：（三）未按照规定安装、使用大气污染防治设施，或者未经环境保护行政主管部门批准，擅自拆除、停用大气污染防治设施的； 第八十四条违反本条例机动车污染防治规定的，按照以下规定予以处罚：（一）不正常使用机动车排气污染防治设施，或者拆除、改装排气污染防治设施的，由环境保护行政主管部门责令停止违法行为，并处一千元以上五千元以下罚款； 第八十六条违反本条例规定，饮食服务、服装干洗、机动车维修等经营单位有下列行为之一的，由环境保护行政主管部门责令限期改正，按照以下规定处罚：（二）服装干洗和机动车维修经营单位未按照有关规定设置异味和废气处理装置等污染防治设施并保持正常使用，影响周边环境的，处二千元以上二万元以下罚款； 第八十七条违反本条例规定，未采取污染防治措施，向大气排放有毒有害气体、恶臭气体的，由环境保护行政主管部门或者其他依法行使监督管理权的部门责令改正，并处一万元以上十万元以下罚款		

违反排污申报登记制度行政处罚自由裁量权规范表（五）

单位：万元

情节 金额 类别	未按规定的时间、污染物种类和浓度申报	拒绝申报	谎报
排污申报登记	2～5	5～12	12～20
依据	《天津市大气污染防治条例》第七十八条违反本条例规定，有下列行为之一的，由环境保护行政主管部门责令停止违法行为，限期改正，并处二万元以上二十万元以下罚款：（一）拒报或者谎报有关污染物排放申报事项的		

拒绝现场检查行政处罚自由裁量权规范表（六）

单位：万元

情节 金额 类别	干扰执法人员现场检查，致使现场检查无法有效实施	在被检查时弄虚作假	拒绝执法人员进入现场，致使现场检查无法实施
妨碍现场检查	2～5	5～12	12～20
依据	《天津市大气污染防治条例》第七十八条违反本条例规定，有下列行为之一的，由环境保护行政主管部门责令停止违法行为，限期改正，并处二万元以上二十万元以下罚款：（二）拒绝环境保护行政主管部门现场检查或者在被检查时弄虚作假的		

篡改或伪造监测数据等逃避监管的行为行政处罚自由裁量权规范表（七）

单位：万元

情节 金额 类别	一般企业	市控企业	国控企业
伪造监测数据	10～30	30～70	70～100
篡改自动监控系统监测数据	10～30	30～70	70～100
篡改自动监控系统参数	10～30	30～70	70～100
以逃避现场检查为目的的临时停产	10～30	30～70	70～100
非紧急情况下开启排放旁路	10～30	30～70	70～100
不正常运行大气污染防治设施	10～30	30～70	70～100
依据	第七十九条违反本条例规定，通过偷排、篡改或者伪造监测数据、以逃避现场检查为目的的临时停产、非紧急情况下开启排放旁路、不正常运行大气污染防治设施等逃避监管的方式排放大气污染物的，由环境保护行政主管部门责令限期改正，并处十万元以上一百万元以下罚款		

违反大气污染物监测有关规定行政处罚自由裁量权规范表（八）

单位：万元

类别 \ 金额 \ 情节	未正常运行	未按规定与环保部门联网	未按照规定安装
大气污染物排放自动监控设备	2～12/台（套）	12～20/台（套）	20/台（套）
监测及保存原始监测记录	未按规定监测	保存不符合规定	未保存记录
	20	2～10	10～20
依据	《天津市大气污染防治条例》第八十条违反本条例规定，有下列行为之一的，由环境保护行政主管部门责令限期改正，处二万元以上二十万元以下罚款：（一）未按照规定对所排放的大气污染物进行监测或者未保存原始监测记录的。（二）不安装使用与环境保护行政主管部门联网的大气污染源在线自动监测设施的		

违反信息公开规定行政处罚自由裁量权规范表（九）

单位：万元

类别 \ 金额 \ 情节	每缺少 1 类	每缺少 1 项
公开内容	2	1+0.1×项目数
依据	《天津市大气污染防治条例》第八十一条规定，向大气排放污染物的企业未按照规定公开环境保护相关信息的，由环境保护行政主管部门责令限期改正，处一万元以上十万元以下罚款； 企业应公开的信息类别：基础信息；排污信息；防治污染设施的建设和运行情况；建设项目环境影响评价及其他环境保护行政许可情况；突发环境事件应急预案；自行监测；其他应当公开的环境信息	

使用不符合标准的燃煤制品行政处罚自由裁量权规范表（十）

单位：万元

类别 \ 金额 \ 情节	超标倍数＜1	1≤超标倍数＜2	2≤超标倍数＜3	3≤超标倍数＜4	超标倍数≥4
超标燃煤及其制品	1	2	3	4	5
依据	《天津市大气污染防治条例》第八十三条违反本条例对高污染燃料管理规定的，按照以下规定予以处罚：（三）使用不符合国家和本市规定标准的燃煤及其制品的，由环境保护行政主管部门责令限期改正，对单位处一万元以上五万元以下罚款				

机动车排污行政处罚自由裁量权规范表（十一）

单位：万元

情节 金额 类别	超标倍数＜1	1≤超标倍数＜2	2≤超标倍数＜3	超标倍数≥3
超标车辆	0.02	0.04	0.1	0.2
依据	《天津市大气污染防治条例》第八十四条违反本条例机动车污染防治规定的，按照以下规定予以处罚：（二）机动车超标排放污染物（含机动车排放黑烟）的，由环境保护行政主管部门处二百元以上二千元以下罚款			

生产和服务活动违反挥发性有机物污染防治规定行政处罚自由裁量权规范表（十二）

单位：万元

情节 金额 类别	2年用量≤0.5吨	0.5吨＜2年用量≤1吨	1吨＜2年用量≤5吨	5吨＜2年用量≤10吨	2年用量＞10吨
未按规定在密闭空间、设备中进行产生含挥发性有机物废气的生产和服务活动或者未按规定安装并使用污染防治设施（未使用涂料）	按规定在密闭空间、设备中，但未正常使用污染防治设施	按规定在密闭空间、设备中，但未安装并使用污染防治设施	未按规定在密闭空间、设备中，情节严重	未按规定在密闭空间、设备中，情节特别严重	
	2～5	5～10	10～15	15～20	
依据	《天津市大气污染防治条例》第八十五条违反本条例挥发性有机物污染防治规定，有下列行为之一的，由环境保护行政主管部门责令停止违法行为，限期改正，并处二万元以上二十万元以下罚款；拒不改正的，责令停产整治：（一）产生含挥发性有机物废气的生产经营活动，未在密闭空间、设备中进行，或者未按照规定安装、使用污染防治设施的				

违反油气回收管理规定行政处罚自由裁量权规范表（十三）

单位：万元

类别＼情节＼金额	2～5	5～10	10～15	15～20
加油站不符合油气回收管理规定	气液比值低于 0.9（不含）或超过 1.3（不含）；加油站的密闭性值超出标准量大于 200 Pa；加油站的液阻值超出标准；相关阀门未正常关闭或开启；气路、油路及相关阀门存在泄漏	油气回收真空泵停用；气液比值低于 0.2；密闭检测时，压力无法达到标准规定的 500 Pa；处理装置不能正常启动	加油时卸油时，未接回气管；处理装置停机	加油站未安装油气回收装置仍在运营
储油库不符合油气回收管理规定	相关阀门未正常关闭或开启；气路，油路及相关阀门存在泄漏	—	处理装置不能正常启动；处理装置停机时仍断续发油；储油库装油时，未接回气管	储油库未安装油气回收装置仍在运营；上装发油
油罐车不符合油气回收管理规定	油罐车检测不合格；相关阀门未正常关闭或开启；气路、油路及相关阀门存在泄漏	给加油站卸油时，油罐车人孔盖敞开，或者未接回气管支气管；在油库装油时，油罐车人孔盖敞开，或者未接回气管支气管；油罐车未安装油气回收装置仍在运营	—	—
其他不符合油气回收管理规定	—	检查时发现的其他问题	不配合环保部门检查检测	在被检查检测时弄虚作假等其他严重情节
依据	《天津市大气污染防治条例》第八十五条违反本条例挥发性有机物污染防治规定，有下列行为之一的，由环境保护行政主管部门责令停止违法行为，限期改正，并处二万元以上二十万元以下罚款；拒不改正的，责令停产整治：（二）加油加气站、储油储气库和使用油、气罐车的单位，未按照有关规定安装、使用油气回收装置的			

工业涂装企业违反挥发性有机物污染防治规定行政处罚自由裁量权规范表（十四）

单位：万元

情节 金额 类别	记录不规范、项目不全或者建立和保存台账时间低于三年	未记录或者保存相关数据和信息	弄虚作假
工业涂装企业未按照要求记录或者保存相关数据和信息、弄虚作假	2～8	8～15	15～20
依据	《天津市大气污染防治条例》第八十五条违反本条例挥发性有机物污染防治规定，有下列行为之一的，由环境保护行政主管部门责令停止违法行为，限期改正，并处二万元以上二十万元以下罚款；拒不改正的，责令停产整治：（三）工业涂装企业未按照规定建立和保存台账的		

违反油烟净化设施使用规定行政处罚自由裁量权规范表（十五）

单位：万元

情节 金额 类别		违反油烟净化设施使用规定，情节较轻	不正常使用	未经批准闲置（关闭）、拆除	未采取有效防护措施（未安装）
1≤灶头个数<3（小型）	企业法人	0.5～0.6	0.6～0.8	0.8～1	1～1.5
	个体工商户		0.6～0.7	0.7～0.8	0.8～1
3≤灶头个数<6（中型）	企业法人	0.8～1	1～2	2～3	3～4
	个体工商户	0.7～0.8	0.8～1	1～1.2	1.2～1.5
灶头个数≥6（大型）	企业法人	1～2	2～3	3～4	4～5
	个体工商户	0.8～1	1～1.2	1.2～1.5	1.5～4
备注		1. 依据《天津市大气污染防治条例》第八十六条违反本条例规定，饮食服务、服装干洗、机动车维修等经营单位有下列行为之一的，由环境保护行政主管部门责令限期改正，按照以下规定处罚：（一）饮食服务经营单位未按照有关规定安装、使用油烟净化设施，超标排放油烟的，处五千元以上五万元以下罚款； 2. 单位内部员工食堂违反油烟净化设施使用规定，参照执行个体工商户的自由裁量权规范； 3. 灶头数特指对应单台净化装置			

露天焚烧有毒有害物质产生污染的行政处罚自由裁量权规范表（十六）

单位：万元

情节 / 金额 / 类别	立即改正的	拒不改正的	造成较大社会影响或有其他严重情节
单位	1～2	3～4	5
个人	0.02～0.05	0.05～0.1	0.2
依据	《天津市大气污染防治条例》第八十八条违反本条例规定，有下列行为之一的，由有关部门按照以下规定处罚：（一）露天焚烧沥青、油毡、橡胶、塑料、皮革、垃圾等产生有毒有害物质的，由环境保护行政主管部门责令停止违法行为，对企业事业单位处一万元以上五万元以下罚款；对个人可以处二百元以上二千元以下罚款		

露天焚烧秸秆产生污染的行政处罚自由裁量权规范表（十七）

单位：万元

情节 / 金额 / 类别	立即改正的	拒不改正的	造成较大社会影响或有其他严重情节
单位或个人	0.02～0.05	0.05～0.1	0.2
依据	《天津市大气污染防治条例》第八十八条违反本条例规定，有下列行为之一的，由有关部门按照以下规定处罚：（三）露天焚烧秸秆的，由环境保护行政主管部门责令停止违法行为，可以处二百元以上二千元以下罚款		

违反工业企业堆场扬尘污染防治规定的行政处罚自由裁量权规范表（十八）

单位：万元

<table>
<tr><td rowspan="3">情节</td><td rowspan="2">装卸散体物料</td><td colspan="6">应采取防风抑尘网（墙）配备喷淋系统、苫盖措施的散体物料堆场</td><td rowspan="2">按全市整体要求应封闭的散体物料堆场</td><td rowspan="3">未采取任何防尘措施，散体物料裸露堆放</td></tr>
<tr><td colspan="2">防风抑尘网（墙）</td><td colspan="2">苫盖</td><td colspan="2">喷淋系统</td></tr>
<tr><td>未采取密闭或者喷淋措施</td><td>不符合技术指南要求</td><td>未采取</td><td>未实现100%苫盖</td><td>未采取</td><td>不按时开启</td><td>未安装</td><td>未封闭</td></tr>
<tr><td>金额</td><td>1～2</td><td>2～4</td><td>6～8</td><td>1～2</td><td>4～6</td><td>1～2</td><td>2～4</td><td>5～8</td><td>10</td></tr>
<tr><td>依据</td><td colspan="9">《天津市大气污染防治条例》第八十九条违反本条例规定，未实施扬尘污染防治措施，造成扬尘污染的，由有关部门责令限期改正，并按照以下规定予以处罚：（三）存放煤炭、煤矸石、煤渣、煤灰、矿粉、砂石、灰土等易产生扬尘的散体物料堆场，未采取密闭贮存、设置围挡或者防风抑尘网等有效措施防止扬尘的，或者装卸物料未采取密闭或者喷淋等方式的，由环境保护行政主管部门处一万元以上十万元以下罚款</td></tr>
</table>

备注：违反多项要求的，罚款数额累加计算，最高不超过10万元。

造成大气污染事故的行政处罚自由裁量权规范表（十九）

单位：倍

情节 金额 类别	损失较大	损失极大	造成较大社会影响或有其他严重情节
一般事故	1	1.5	2
较大事故	2	2.5	3
重大事故	3	4	5
特大事故	4	4.5	5
个人	0.3	0.4	0.5
依据	《天津市大气污染防治条例》第九十条违反本条例规定，造成一般或者较大大气污染事故的，由环境保护行政主管部门按照污染事故造成的直接损失的一倍以上三倍以下处以罚款；造成重大或者特大大气污染事故的，由环境保护行政主管部门按照污染事故造成的直接损失的三倍以上五倍以下处以罚款。对直接负责的主管人员和其他直接责任人员可以处上一年度从本企业事业单位取得收入百分之五十以下的罚款		

未依法取得排污许可证行政处罚自由裁量权规范表（二十）

单位：万元

情节 金额 类别	一般企业	市控企业	国控企业
未依法取得排污许可证	10～40	40～70	70～100
依据	《天津市大气污染防治条例》第八十二条违反本条例规定，未依法取得排污许可证排放大气污染物的，由环境保护行政主管部门责令停止排放，并处十万元以上一百万元以下罚款；拒不停止排放的，报经有批准权的人民政府批准，责令停业、关闭		

天津市近岸海域环境功能区划调整方案

（津环规范〔2019〕5号）

一、调整范围

本次区划调整范围涉及9个环境功能区，分别是：滨海旅游休闲娱乐区、高沙岭旅游休闲娱乐区、汉沽工业与城镇用海区、临港经济区工业与城镇用海区、高沙岭工业与城镇用海区、南港工业与城镇用海区、天津港南港航运区、天津港北港航运区、永定新河口综合用海区。

二、调整内容

（一）滨海旅游休闲娱乐区（TJ009BⅡ）面积、主要功能、水质目标不变，备注“可适度填海造陆开展基础设施建设、设置航道，港池执行四类环境功能区标准”修改为“除国家重大战略项目外，禁止新增围填海”。

（二）高沙岭旅游休闲娱乐区（TJ011BⅡ）面积、主要功能、水质目标不变，备注“可适度填海造陆开展基础设施建设、设置航道，港池执行四类环境功能区标准”修改为“除国家重大战略项目外，禁止新增围填海”。

（三）汉沽工业与城镇用海区（TJ015DⅣ）面积不变，主要功能“工业与城镇建设用海”修改为“工业与城镇用海”，水质目标“第四类”修改为“第三类”，功能区编号中“DⅣ”修改为“CⅢ”。

（四）临港经济区工业与城镇用海区（TJ016DⅣ）面积不变，主要功能“工业与城镇建设用海”修改为“工业与城镇用海”，水质目标“第四类”修改为“第三类”，功能区编号中“DⅣ”修改为“CⅢ”。

（五）高沙岭工业与城镇用海区（TJ017DⅣ）面积不变，主要功能“工业与城镇建设用海”修改为“工业与城镇用海”，水质目标“第四类”修改为“第三类”，功能区编号中“DⅣ”修改为“CⅢ”。

（六）南港工业与城镇用海区（TJ018DⅣ）面积不变，主要功能“工业与城镇建设用海”修改为“工业与城镇用海”，水质目标“第四类”修改为“第三类”，功能区编号中“DⅣ”修改为“CⅢ”。

（七）天津港南港航运区（TJ013CⅢ）面积、主要功能、水质目标不变，备注中增加“本区南港工业与城镇用海区东部水域（东西宽约2.6公里），为与毗邻农渔业区和保护区的缓冲水域，执行二类水质标准。”

（八）永定新河口综合用海区（TJ019DⅣ）功能区东侧边界点位由现状位置平行调整至天津港北港航道及锚地以西。调整后范围坐标为“117°46′15.61″E，39°04′12.36″N；117°46′11.99″E，39°05′13.56″N”，面积调整为 7.62 平方公里。

（九）天津港北港航运区（TJ012CⅢ）主要功能、水质目标不变，面积调整为 439.18 平方公里。

附件：1. 天津市近岸海域环境功能区划表（调整部分）

2. 天津市近岸海域环境功能区划图（调整后）

附件 1

天津市近岸海域环境功能区划表（调整部分）

序号	功能区名称	代码	所在区域	范围	面积（km^2）	主要功能	水质目标	备注
1	滨海旅游休闲娱乐区	TJ009BⅡ	汉沽功能区	中心渔港及航道以南、永定新河北治导线以北、岸线以东。 117°50′47″E，39°10′55″N； 117°53′53″E，39°06′15″N； 117°50′50″E，39°03′39″N； 117°44′37″E，39°05′46″N； 117°47′19″E，39°08′31″N	64.82	休闲娱乐，兼邮轮游艇港口及盐田工业取水，渔业资源增殖、生态修复	第二类	除国家重大战略项目外，禁止新增围填海
2	高沙岭旅游休闲娱乐区	TJ011BⅡ	塘沽功能区	高沙岭附近。 117°46′20″E，38°50′07″N； 117°44′37″E，38°47′13″N； 117°42′22″E，38°47′13″N； 117°43′36″E，38°49′21″N； 117°43′47″E，38°49′40″N	27.46	旅游娱乐，兼公务、游艇码头用海	第二类	除国家重大战略项目外，禁止新增围填海
3	汉沽工业与城镇用海区	TJ015CⅢ	汉沽功能区	中心渔港以东，海岸线以南，汉沽浅海生态系统海洋特别保护区以北，含北疆电厂。 117°56′36″E，39°12′44″N； 117°57′17″E，39°10′53″N； 117°56′05″E，39°10′36″N； 117°55′47″E，39°11′24″N； 117°52′46″E，39°10′24″N； 117°52′05″E，39°11′29″N	16.35	工业与城镇用海	第三类	

序号	功能区名称	代码	所在区域	范围	面积（km²）	主要功能	水质目标	备注
4	临港经济区工业与城镇用海区	TJ016CⅢ	塘沽功能区	大沽排污口以南，原滨海浴场以北，岸线以东的区域。 117°50′32″E，38°54′49″N； 117°48′54″E，38°55′51″N； 117°48′48″E，38°52′19″N； 117°43′47″E，38°49′40″N； 117°37′46″E，38°51′42″N； 117°42′31″E，38°57′32″N； 117°43′32″E，38°57′38″N	72.89	工业与城镇用海	第三类	
5	高沙岭工业与城镇用海区	TJ017CⅢ	塘沽功能区	高沙岭岸线以东，临港经济区以南，独流减河北治导线以北区域。 117°35′04″E，38°47′46″N； 117°37′15″E，38°50′36″N； 117°43′36″E，38°49′21″N； 117°42′22″E，38°47′13″N	52.32	工业与城镇用海	第三类	
6	南港工业与城镇用海区	TJ018CⅢ	大港功能区	独流减河南治导线以南，青静黄北治导线以北，海岸线以东的区域。 117°36′20″E，38°45′28″N； 117°36′18″E，38°42′32″N； 117°38′10″E，38°44′46″N； 117°40′38″E，38°45′08″N； 117°40′39″E，38°43′02″N； 117°43′11″E，38°43′01″N； 117°43′09″E，38°39′53″N； 117°33′46″E，38°40′13″N； 117°34′13″E，38°45′49″N	100.04	工业与城镇用海	第三类	
7	天津港南港航运区	TJ013CⅢ	大港功能区	天津港南港港口东侧。 117°45′00″E，38°45′27″N； 117°58′09″E，38°45′23″N； 117°58′09″E，38°46′22″N； 117°45′00″E，38°39′53″N； 117°43′09″E，38°39′53″N； 117°43′10″E，38°46′26″N	67.03	航道用海	第三类	本区南港工业与城镇用海区东部水域（东西宽约 2.6 公里），为与毗邻农渔业区和保护区的缓冲水域，执行二类水质标准

序号	功能区名称	代码	所在区域	范围	面积（km²）	主要功能	水质目标	备注
8	永定新河口综合用海区	TJ019DⅣ	塘沽功能区	永定新河口至东疆东旅游休闲娱乐区东边界向北延长线所包围区域。117°46′15.61″E，39°04′12.36″N；117°46′11.99″E，39°05′13.56″N	7.62	河口、港口用海	第四类	
9	天津港北港航运区	TJ012CⅢ	塘沽功能区	天津港、临港经济区东侧。117°43′18″E，39°06′15″N；117°43′37″E，39°06′15″N；117°44′16″E，39°05′41″N；117°44′37″E，39°05′46″N；117°50′50″E，39°03′39″N；117°59′25″E，39°00′58″N；117°59′05″E，38°59′17″N；118°07′13″E，38°58′03″N；118°05′44″E，38°52′37″N；117°58′14″E，38°53′53″N；117°58′09″E，38°47′09″N；117°46′20″E，38°50′07″N	439.18	航道用海	第三类	可在东疆港区东侧海域进行离岸、岛式综合服务性港岛建设

附件 2

天津市近岸海域环境功能区划图（调整后）

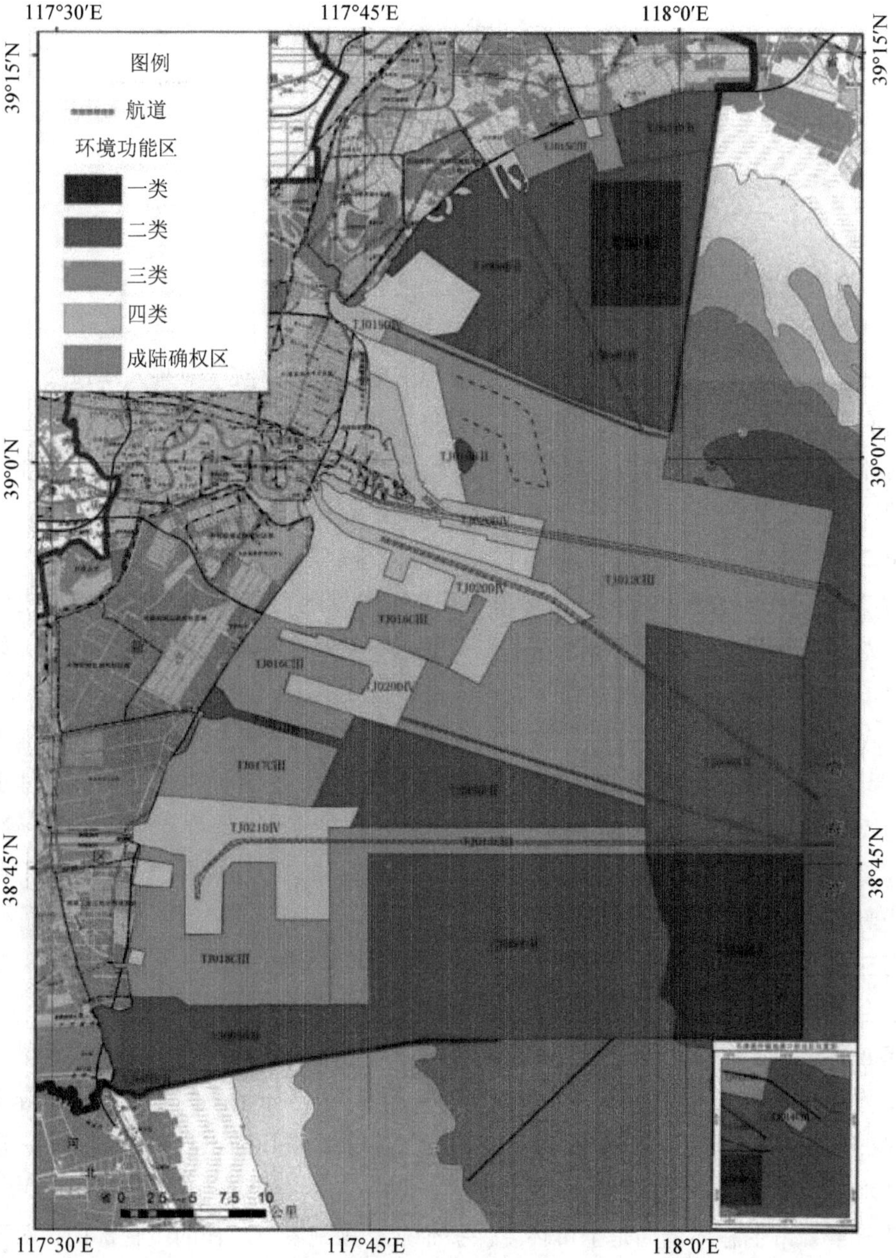

天津市环境保护企业“领跑者”制度实施办法（试行）

（津环规范〔2019〕4号）

第一章　总　则

第一条　为深入贯彻习近平生态文明思想，全面贯彻落实《中共天津市委　天津市人民政府关于全面加强生态环境保护坚决打好污染防治攻坚战的实施意见》，进一步优化营商环境，促进经济社会高质量发展，打好打胜污染防治攻坚战，推进生态环境高水平保护，建立实施环境保护企业“领跑者”制度，制定本办法。

第二条　本办法适用于对天津市行政区域内排放污染物的企业进行环境保护企业“领跑者”认定的相关活动。第三条环境保护企业“领跑者”，是同类可比范围内生产工艺技术先进，污染治理处于全市领先水平，生态环境保护管理科学规范的企业。第四条环境保护企业“领跑者”制度，通过表彰先进、树立典型、政策鼓励，推动环境管理模式从“底线约束”向“底线约束”与“先进带动”并重转变，引导企业向环境保护企业“领跑者”学习，提高落实治理污染主体责任的主动性、自觉性，提升污染治理水平，减少污染物排放。第五条市生态环境局是全市环境保护企业“领跑者”工作的主管部门，负责环境保护企业“领跑者”的发布和撤销。市财政局、市发展和改革委、市工业和信息化局等部门按照各自职责做好相关工作。

第三条　环境保护企业“领跑者”，是同类可比范围内生产工艺技术先进，污染治理处于全市领先水平，生态环境保护管理科学规范的企业。

第四条　环境保护企业“领跑者”制度，通过表彰先进、树立典型、政策鼓励，推动环境管理模式从“底线约束”向“底线约束”与“先进带动”并重转变，引导企业向环境保护企业“领跑者”学习，提高落实治理污染主体责任的主动性、自觉性，提升污染治理水平，减少污染物排放。

第五条　市生态环境局是全市环境保护企业“领跑者”工作的主管部门，负责环境保护企业“领跑者”的发布和撤销。市财政局、市发展和改革委、市工业和信息化局等部门按照各自职责做好相关工作。

第二章　申　报

第六条　环境保护企业“领跑者”由企业自愿申报，坚持公开、公正、公平和诚信的原则。

第七条　申报环境保护企业“领跑者”的，应当满足以下条件：

（一）应当依法设立，生产工艺、设备满足相关法律法规、标准规范、产业政策、规划等政策文件要求。

（二）近一年未因违反生态环境保护法律法规受到相关行政处罚，员工未因违反生态环境保护法律法规受到相关行政、刑事处罚。

（三）新、改、扩建项目“环境影响评价”、“三同时”和“竣工环保验收”执行率达到 100%；环保设施同步运转率达到 100%；工业固体废物综合利用率达到 100%，危险废物无害化处置率达到 100%。

（四）有健全的环境管理机构、制度和人员，涉及环境风险的，应当编制环境污染事故应急预案并依照规定备案。

（五）清洁生产、污染物排放、生态资源环境绩效达到行业领先水平。

（六）严格执行控制污染物排放许可制度。

（七）严格按照有关规定，定期向社会公开环境信息。

第八条　申报采用“一张表”的形式，申报企业需在规定时间内提交，逾期不再受理。申报工作中存在弄虚作假的，三年内不得申报。

第三章　遴选、发布与退出

第九条　市生态环境局委托第三方机构开展环境保护企业“领跑者”遴选和发布工作，每年遴选和发布一次。

第十条　环境保护企业“领跑者”遴选按年度确定行业范围，每行业环境保护企业“领跑者”不多于 2 家。

第十一条　第三方机构确定申报单位初选名单，开展申报材料审查和现场核查，并确定评审名单，进入评审名单的数量不少于拟发布数量的 1.5 倍。

第十二条　第三方机构组织召开专家评审会，通过匿名方式进行评选，确定拟入选企业名单。

第十三条　市生态环境局通过网络、报刊等媒体，对拟入选企业名单予以公示，并对最终确定的环境保护企业“领跑者”颁发证书。

第十四条　鼓励公民、法人和其他组织对环境保护企业“领跑者”进行监督。发现不满足本办法第七条、第十六条要求，并经第三方机构核实的环境保护企业“领跑者”，由市生态环境局督促整改或取消称号，向社会公开。

第四章　激励政策与遵循要求

第十五条　环境保护企业“领跑者”有效期一年，可享受以下激励政策：

（一）可以申报技术研发改造、节能减排、污染防治等专项，各相关部门按要求予以政策、资金支持，其中申报生态环境保护相关专项时，可优先入库，优先评审。

（二）鼓励绿色投资基金优先提供金融支持，鼓励基金、期货、融资担保等机构提供高效便捷服务。

（三）满足生态环境部重污染天气重点行业应急减排措施要求的，在天津市重污染天气应急期间不列入停限产清单。

（四）新建、改建、扩建时，自身可替代污染物排放总量指标优先用于本单位。

（五）适当降低生态环境保护执法检查频次。

（六）可将获得环境保护企业“领跑者”信息推送至天津市市场主体信用信息公示系统。

（七）受邀参与本市生态环境保护相关标准、政策研究制定工作。

（八）可获得有效治理技术的信息推送。

（九）可拍摄环境保护企业“领跑者”宣传片，并在全市主流媒体发布。

第十六条　环境保护企业“领跑者”应当遵循以下要求：

（一）积极进行生产技术和治污技术升级，使大气、水、固废、噪声等排放和控制在同行业领先。

（二）主动通过网络、公示公告等多种方式公开污染物排放状况、治污设施运行状况等环境管理行为和措施，主动接受公众监督，积极响应公众合理合法诉求，主动向属地生态环境部门报送环境信息。

（三）通过问卷调查、座谈会等方式征求公民、法人和其他组织的意见和建议，每年开展不少于 2 次公众开放日活动。

第五章　附　则

第十七条　本办法自 2019 年 8 月 31 日起实施，有效期五年。

天津市固定污染源自动监控管理办法

（津环规范〔2019〕7号）

第一章　总　则

第一条　为加强污染源监督管理，规范固定污染源自动监控系统建设和运行维护，切实发挥固定污染源自动监控系统效能，根据《中华人民共和国环境保护法》、《中华人民共和国大气污染防治法》、《中华人民共和国水污染防治法》、《天津市生态环境保护条例》、《天津市大气污染防治条例》、《天津市水污染防治条例》、《污染源自动监控管理办法》和《污染源自动监控设施现场监督检查办法》等法律、法规、规章，结合本市实际，制定本办法。

第二条　本办法适用于天津市行政区域内水环境重点排污单位和大气环境重点排污单位污染物排放自动监控系统的建设、运行维护和监督管理。

第三条　本办法所称自动监控系统，由排污单位的自动监测设备和生态环境主管部门的监控设备组成。

自动监测设备安装在固定污染源现场，包括用于监控、监测污染物排放的仪器、流量（速）计、污染治理设施运行记录仪、采样装置、数据采集传输仪器、仪表、传感器等设施。自动监测设备及其配套设施是污染防治设施的组成部分。

生态环境主管部门的监控设备通过通信传输线路与现场端自动监测设备联网，包括用于对固定污染源实施自动监控的信息管理平台、计算机机房硬件等监控设备。

第四条　重点排污单位自动监测设备的安装和运行维护经费由排污单位自筹，生态环境主管部门可以给予补助；生态环境主管部门监控设备的建设安装、运行维护经费由生态环境主管部门编报预算申请经费。

第五条　市、区生态环境主管部门按“属地管理、分级负责”的原则开展污染源自动监控系统的日常监管。

市生态环境主管部门负责市污染源自动监控信息管理平台的建设、管理和维护；负责对全市污染源自动监测设备运行维护情况进行抽查；指导区生态环境主管部门污染源自动监控系统建设和管理工作；

区生态环境主管部门负责对本行政区域内污染源自动监测设备的安装、联网、验收和运行维护等进行日常监管；根据本行政区域内管理需求，负责区污染源自动监控信息管理平台的建设、管理和运行维护；负责对生态环境主管部门污染源自动监控信息管理平台数据进行每日网络巡查，及时处理异常、超标等数据；负责对本行政区内污染源自动监测设备进行现场检查，对发现的违法违规行为，依照有关法律法规对相关责任单位予以查处，于每年12月31日前向市生态环境主管部门报送本年度现场检查工作总结和下一年度现场检查计划。

第六条 重点排污单位是自动监测设备建设和运行维护的主体，责任有：

（一）对自动监测数据的真实性、准确性和完整性负责，按要求完成信息公开，不得篡改、伪造或者指使篡改、伪造自动监测数据；

（二）提供自动监测设备建设和运行维护必需的房屋、交通、水、电、安全、防火、防盗、防漏、通讯等基本条件；

（三）在安装自动监测设备前，确保排污口符合国家及我市有关规定和监测规范要求；

（四）按照国家及我市有关规定和监测规范要求，安装自动监测设备并组织验收；

（五）按照国家及我市有关规定和监测规范要求，建立本单位自动监测设备运行、使用、维护、管理制度和相关记录；

（六）将本单位自动监测设备按照有关规定与生态环境主管部门自动监控信息管理平台稳定联网，保证当年累计自动监测数据有效传输率达到90%以上，确保自动监测设备正常运行；

（七）及时向所在区生态环境主管部门报告自动监测设备故障、检修、停运、事故及处理的情况，并按照有关规定对异常数据进行标记处理，将标记信息报送至生态环境主管部门；

（八）配合生态环境主管部门的现场检查，保证执法人员到厂后15分钟内进入厂区，进入厂区后可在15分钟内进入监测站房，如实回答执法人员的询问，并提供自动监测历史数据及相关记录；

（九）配合执法人员开展污染源自动监测设备技术指标抽检的现场测试并保证自动监测设备正常运行，技术指标抽检结果应符合相关标准要求。

第二章 自动监测设备的建设安装和运行维护

第七条 大气环境重点排污单位和水环境重点排污单位应当按照国家和本市有关规定安装使用自动监测设备。

第八条 重点排污单位应按照国家和本市建设要求完成自动监测设备及其配套设施的安装，并与生态环境主管部门联网。

第九条 重点排污单位应当在下列排放口安装自动监测设备：

（一）已核发排污许可证的单位，排污许可证中载明的应实施自动监测的排放口；

（二）尚未核发排污许可证的单位，按照已发布的相关行业排污许可证申请与核发技术规范、自行监测技术指南和相关排放标准等文件要求筛选出的应当实施自动监测的排放口；

（三）重点排污单位通过相关行业排污许可证申请与核发技术规范、自行监测技术指南和相关排放标准等文件筛选后，仍难以确定安装污染源自动监测设备的排放口的，可以根据环境影响评价文件及现场实际情况制定满足相关法律法规和标准的要求，且具备合理性和可行性的技术方案，确定应当实施自动监测的排放口；

（四）按照国家及本市相关规定需要重点监管的排放口。

第十条 安装污染物自动监测设备的监测项目应当符合下列规定：

（一）锅炉废气排放口，监测项目至少包含二氧化硫、氮氧化物、颗粒物以及相关烟气参数（包括温度、压力、流速或流量、湿度、含氧量等，其中使用天然气的可暂不监测二氧化硫和颗粒物；

（二）电力企业发电机组的废气排放口，监测项目至少包含二氧化硫、氮氧化物、颗粒物以及相关烟气参数（包括温度、压力、流速或流量、湿度、含氧量等），其中使用天然气的可暂不监测二氧化硫和颗粒物；

（三）垃圾焚烧炉和危险废物焚烧设施的废气排放口，监测项目至少包含二氧化硫、氮氧化物、颗粒物、一氧化碳、氯化氢以及相关工艺参数（包括烟气温度、压力、流速或流量、湿度、含氧量和炉膛内温度等）；

（四）工业炉窑的废气排放口，监测项目至少包含二氧化硫、氮氧化物、颗粒物以及相关烟气参数（包括温度、压力、流速或流量、湿度、含氧量等）；

（五）废水排放口监测项目至少包含化学需氧量、氨氮、pH 和流量。纳入国家或者本市规定的氮、磷重点排放行业的重点排污单位还应当监测总氮和（或）总磷两项污染物；

（六）国家和本市规定的其他需要安装自动监测设备的情形。

第十一条 相关法律、法规、规章、国家文件和标准有其他要求的，安装污染物自动监测设备的监测项目从其规定。

第十二条 污染源自动监测设备及其配套设施安装必须符合下列要求：

（一）自动监测设备应当选用经生态环境部指定的环境监测仪器检测机构适用性检测合格，并在有效期内的产品；若监测项目对应的自动监测设备暂无环境监测仪器检测机构适用性检测合格产品，设备应当符合国家及我市有关规定和监测规范要求；

（二）自动监测设备的安装和调试应当符合国家及我市有关规定和监测规范要求；

（三）自动监测数据的采集和传输应当符合有关污染源自动监测设备数据传输和接口标准的技术规范，数据传输采用数字接口直连。

第十三条 污染源自动监测设备完成安装并与生态环境主管部门联网后 60 个自然日内，重点排污单位应按照国家和本市有关规定自行组织完成验收工作，且验收合格。验收合格后 5 个工作日内向所在区生态环境主管部门登记备案。当登记备案信息发生变更时，应于变更后 5 个工作日内向所在区生态环境主管部门变更登记备案。

污染源自动监测设备的整套采样单元或分析单元设备更换、采样位置或者主要设备安装位置等发生重大变化的，应当重新组织验收。

第十四条 对污染源自动监测设备的运行和维护，应当遵守以下规定，保证自动监测设备正常运行：

（一）重点排污单位可以自行或委托具有相应能力的第三方机构负责污染源自动监测设备的运行和维护；

（二）自动监测设备的操作和运行维护应当符合国家及我市有关规定和监测规范要求，符合仪器设备厂商提供的运维手册或者使用说明书；

（三）自动监测设备应当按照国家及我市有关规定和监测规范要求定期校准，定期开展手工比对校验，并制作校准、校验记录；设备所需的试剂、标准物质和质控样，应注明物质名称、制备单位、制备人员、制备日期、物质浓度和有效期限等重要信息；保证标准物质或质控样标注浓度与实验室测定结果误差符合技术指标要求；

（四）自动监测设备因故障不能正常监测、采集、传输数据的，应当于发生故障后12小时内向所在区生态环境主管部门报告，并在5个工作日内恢复正常运行。停运期间，重点排污单位应当采用手工监测的方式对污染物排放状况进行监测，每天不少于4次，间隔不得超过6小时，并报送监测数据，同时将原始监测报告留存备查；

（五）自动监测设备的整套采样单元或分析单元设备需要进行更换的，应当至少提前5个工作日向所在区生态环境主管部门报告，并于15个工作日内完成设备更换，实现与生态环境主管部门联网。停运期间，重点排污单位应当采用手工监测的方式对污染物排放状况进行监测，每天不少于4次，间隔不得超过6小时，并报送监测数据，同时将原始监测报告留存备查；

（六）自动监测设备发生故障或设备更换不能正常使用期间，重点排污单位自行开展手工监测的，其实验室建设运行应当符合相关标准要求；若采取委托监测的形式，应当委托具有相应资质的生态环境监测机构进行监测；

（七）自动监测数据及相关记录应至少保存3年，保证自动监测历史数据可在排污单位的自动监测设备上调取查阅；相关记录关键信息应完整，至少包括日常巡检、停运、故障及其处理、易耗品更换、标准物质更换和校准、校验记录等；

（八）企业生产工况或污染治理设施发生变化时，自动监测数据应能及时响应，且变化趋势符合逻辑。

第三章　监督管理

第十五条 生态环境主管部门应设专人负责污染源自动监控工作，每日查看自动监控信息管理平台污染源自动监测数据，对超标、异常情况及时响应处理。

第十六条 污染源自动监测数据的现场检查工作，应当遵守以下规定：

（一）对污染源自动监控信息管理平台的超标、异常情况及时进行调查；

（二）按照有关规定对污染源自动监测设备运行情况进行例行检查，对现场检查中发现的违法违规行为，依照有关法律法规对相关责任单位予以查处。

第十七条 污染源自动监测设备经验收合格并正常运行的，产生的自动监测数据可以作为环境执法和管理的依据。

第十八条 污染源自动监测数据的应用，应当遵守以下规定：

（一）自动监测数据用于判定污染物排放浓度超标时，按照排污许可证、相关行业排污许可证申请与核发技术规范、国家及本市污染物排放标准等有关规定执行；

（二）重点排污单位依据国家及我市有关规定和监测规范要求对异常数据进行标记的，标记后的数据不作为判定超标或达标的依据；

（三）自动监测数据用于计算排放量时，重点排污单位依据国家及我市有关规定和监测规范要求修约补遗的数据可作为计算污染物排放量的依据。

第十九条 重点排污单位应通过市生态环境主管部门建立的信息平台，依法、如实公开其污染源自动监测数据等环境信息。

第四章 附 则

第二十条 本办法自印发之日起施行，有效期5年。

天津市生态环境损害鉴定评估管理办法（试行）

第一章　总　则

第一条　为规范天津市生态环境损害鉴定评估工作，根据《中华人民共和国环境保护法》、《中共中央办公厅　国务院办公厅关于印发〈生态环境损害赔偿制度改革方案〉的通知》（中办发〔2017〕68 号）、《中共天津市委办公厅　天津市人民政府办公厅关于印发〈天津市生态环境损害赔偿制度改革实施方案〉的通知》（津党办发〔2018〕38 号）等相关法律法规及文件，结合我市实际，制定本办法。

第二条　本办法适用于本市范围内发生的生态环境损害事件的鉴定评估工作。生态环境损害，是指因污染环境、破坏生态造成大气、地表水、地下水、土壤、森林、湿地等环境要素和植物、动物、微生物等生物要素的不利改变，以及上述要素构成的生态系统功能退化。

生态环境损害事件系指符合《天津市生态环境损害赔偿制度改革实施方案》中规定情形的污染环境、破坏生态事件。

第三条　本办法所称生态环境损害鉴定评估，是指鉴定人、评估人综合运用环境科学技术或者相关专业知识，采用监测、检测、现场勘察、实验模拟或者综合分析等技术方法，对环境污染或者生态破坏案件涉及的专门性问题进行鉴别和判断并提供鉴定评估意见的活动。

第四条　生态环境损害鉴定评估的主要领域包括：

（一）污染物性质鉴定评估，主要包括危险废物鉴定评估、有毒物质鉴定评估，以及污染物其他物理、化学等性质的鉴定评估；

（二）地表水和沉积物生态环境损害鉴定评估，主要包括因生态环境污染或生态破坏造成河流、湖泊、水库等地表水资源和沉积物生态环境损害的鉴定评估；

（三）空气污染生态环境摄害鉴定评估，主要包括国污染物质排放或泄漏造成环境空气生态环境损害的鉴定评估；

（四）土壤与地下水生态环境损害鉴定评估，主要包括因生态环境污染或生态破坏造成农田、居住和工矿企业用地等土壤与地下水资源及生态环境损害的鉴定评估；

（五）近海海洋与海岸带环境损害鉴定评估，主要包括因近海海域环境污染或生态破坏造成的海岸、潮间带、水下岸坡等近海海洋环境资源及生态环境损害的鉴定评估；

（六）生态系统环境损害鉴定，主要对动物、植物等生物资源和森林、湿地等生态系统，以及因生态破坏而造成的生物资源与生态系统功能损害的鉴定；

（七）其他生态环境损害鉴定，主要包括噪声、振动、光、热、电磁辐射、核辐射等污染造成的生态环境损害鉴定。

第五条 鉴定评估机构和鉴定人、评估人进行生态环境损害鉴定评估，应当遵循客观、公正、科学的原则，遵守职业道德和执业纪律，严格按照有关法律法规和技术规范开展业务。

第二章　生态环境损害鉴定评估的委托

第六条 生态环境损害鉴定评估的委托人可以是赔偿权利人及其指定的部门、人民检察院。从事生态环境损害鉴定评估的机构和人员应当具有与其鉴定评估业务相对应的资质。从事生态环境损害司法鉴定业务的鉴定机构应当经我市司法行政部门登记，取得《司法鉴定许可证》，在登记的业务范围内从事相关鉴定工作。从事环境损害评估、治理和修复方案编制业务的机构，可以接受委托，出具生态环境损害评估报告和修复方案。

第七条 委托鉴定评估时，委托人应当出具委托书或者与鉴定评估机构签订委托协议，明确鉴定评估项目、要求、材料提供、时限、费用支付标准等事项。

鉴定评估机构应当按规定对委托事项进行审查，无正当理由不得拒绝接受委托。对于按规定不能接受委托的，应当向委托人说明理由，退还鉴定、评估材料。

第八条 鉴定评估机构应当对委托鉴定事项、鉴定评估材料等进行审查并对属于本机构鉴定评估业务范围，鉴定用途合法，提供的鉴定评估材料能够满足鉴定需要的，应当接受委托。

对于鉴定评估材料不能满足鉴定评估需要的，鉴定评估机构可以要求委托人补充，经补充后能够满足鉴定需要的，应当接受委托。

对于复杂、疑难或者特殊鉴定事项的委托，鉴定评估机构可根据实际情况与委托人协商确定接受委托的时间。

第九条 具有下列情形之一的，生态环境损害鉴定评估机构不得接受委托：

（一）委托人就同一鉴定评估事项同时委托其他机构进行鉴定评估的；

（二）委托鉴定事项不属于本机构鉴定评估业务范围的；

（三）鉴定评估材料不真实、不完整、不充分或者来源不合法的；

（四）鉴定评估用途违法违规或者违背社会公德的；

（五）鉴定评估要求不符合鉴定评估执业规则或者相关技术规范的；

（六）鉴定评估要求超出本机构技术条件和鉴定能力的；

（七）其他不符合法律、法规、规章规定的情形。

第十条 生态环境损害鉴定评估工作包括鉴定评估准备、生态环境损害调查、因果关系分析、生态环境损害实物量化、生态环境损害价值量化和恢复方案筛选、鉴定评估报告编制和生态环境恢复效果评估。开展鉴定评估工作时，应根据鉴定评估委托事项开展相应的工作，可根据鉴定评估委托事项适当简化工作程序。必要时，针对生态环境损害鉴定评估中的关键问题，开展专题研究。

第三章　生态环境损害鉴定评估报告的管理

第十一条　具备相应资质的鉴定评估机构对生态环境损害进行鉴定评估。鉴定评估机构应根据委托书或委托协议，编制鉴定评估报告书（鉴定意见书）。鉴定评估报告书（鉴定意见书）应当一式四份，三份交委托人收执，一份由鉴定评估机构存档，鉴定评估机构应当按照有关规定或者与委托人约定的方式，向委托人发送鉴定评估报告书（鉴定意见书）。

第十二条　委托人对鉴定评估过程、鉴定评估报告书（鉴定意见书）提出询问的，鉴定评估机构、鉴定人和评估人应当给予解释或者说明。

第十三条　鉴定评估报告书（鉴定意见书）出具后，发现有下列情形之一的，鉴定评估机构可以进行补正：

（一）图像、谱图、表格不清晰的；

（二）签名、盖章或者编号不符合制作要求的；

（三）文字表达有瑕疵或者错别字，但不影响司法鉴定或评估意见的。

补正应当在原鉴定评估报告书（鉴定意见书）上进行，由至少一名鉴定人、评估人在补正处签名。必要时，可以出具补正书。对鉴定评估报告书（鉴定意见书）进行补正，不得改变鉴定评估报告书（鉴定意见书）的原意。

第十四条　生态环境损害鉴定评估报告依情况可进行专家评审。

第十五条　鉴定评估机构应当按照规定将鉴定评估报告书（鉴定意见书）以及有关资料整理立卷，归档保管。

第四章　生态环境损害鉴定评估机构的管理

第十六条　市生态环境局会同市司法局建立生态环境损害司法鉴定机构登记评审专家库。市生态环境局指导有关生态环境损害调查、鉴定评估、修复方案编制、修复效果评估等业务工作。市司法局负责生态环境损害司法鉴定机构的登记评审和监督管理。

第十七条　鉴定评估机构及从业人员和鉴定评估评审专家在生态环境损害鉴定评估工作中存在严重失实、隐瞒不报、弄虚作假等行为的，依法给予处分。

第五章　附　件

第十八条　本办法自印发之日起施行，有效期五年。

天津市生态环境损害赔偿磋商办法
（试行）

第一章　总　则

第一条　为加强生态环境保护，规范天津市生态环境损害赔偿磋商行为，促使生态环境损害赔偿义务人尽快承担赔偿责任，修复受损生态环境，根据《中华人民共和国环境保护法》、《中共中央办公厅、国务院办公厅印发〈生态环境损害赔偿制度改革方案〉的通知》（中办发〔2017〕68 号）、《中共天津市委办公厅　天津市人民政府办公厅关于印发〈天津市生态环境损害赔偿制度改革实施方案〉的通知》（津党办发〔2018〕38 号）等相关法律法规及文件，结合我市实际，制定本办法。

第二条　本办法所称生态环境损害赔偿磋商，是指生态环境损害发生后，赔偿权利人与赔偿义务人就生态环境损害赔偿有关事宜开展的磋商活动。

第三条　本办法所称赔偿权利人，是指天津市人民政府、各区人民政府和海河教育园区管委会。

市、区政府可以指定同级规划和自然资源、生态环境、住房和城乡建设、水务、农业农村、城市管理等相关部门负责生态环境损害赔偿具体工作；海河教育园区管委会根据所属各部门职责分工，指定相应部门负责生态环境损害赔偿具体工作。各区关于生态环境损害赔偿具体工作另有规定的，按照相应规定执行。

赔偿权利人及其指定的部门牵头成立生态环境损害赔偿磋商小组（下称　“磋商小组”）参与磋商会议，与赔偿义务人就生态环境损害有关事宜开展磋商。

磋商小组由赔偿权利人及其指定的部门、鉴定评估机构专家等有关人员组成。商请同级人民法院、人民检察院派员参加。

第四条　本办法所称赔偿义务人，是指违反法律法规造成生态环境损害，对生态环境损害负有赔偿责任的企事业单位和其他生产经营者或个人。

第五条　历史遗留且无责任主体的生态环境损害问题，纳入正常环境治理工作，不纳入生态环境损害赔偿磋商范围；

涉及人身伤害、个人和集体财产损失要求赔偿的，适用侵权责任法等法律规定；

涉及海洋生态环境损害的，适用海洋环境保护法等法律及相关规定。

第六条　生态环境损害赔偿磋商应当遵守以下原则：

（一）双方平等、自愿，公平、诚信；

（二）遵守法律、法规、规章和政策；

（三）尊重当事人的合法权利；

（四）依据生态环境损害鉴定评估结果与修复方案进行；

（五）有利于节约资源、保护生态环境。

第二章　磋商程序

第七条　生态环境损害事件发生后，赔偿权利人及其指定的部门启动磋商程序应具备以下条件：

（一）完成生态环境损害调查；

（二）符合规定的生态环境损害鉴定评估机构完成生态环境损害鉴定评估并制定修复方案（含替代修复）；

（三）法律、法规等规定的其他条件。

第八条　赔偿权利人及其指定的部门在召开磋商会议前向赔偿义务人送达《生态环境损害赔偿磋商告知书》。

《生态环境损害赔偿磋商告知书》应当包括以下内容：

（一）拟开展磋商会议的时间、地点；

（二）生态环境损害赔偿义务人名称（姓名）、住所地（地址）；

（三）生态损害主要事实及证据；

（四）参加磋商会议的要求及注意事项。

赔偿义务人收到《生态环境损害赔偿磋商告知书》之日起 5 个工作日内提交答复意见。同意进行磋商的，赔偿权利人及其指定的部门应当自收到答复意见之日起 7 个工作日内组成磋商小组，确定磋商会议主持人、记录员，并告知赔偿义务人。被采取留置措施或抽留、逮捕等强制措施的赔偿义务人，由赔偿权利人及其指定的部门委托监察、公安、检察等有关部门代为送达《生态环境损害赔偿磋商告知书》。

第九条　赔偿义务人委托他人代理参加磋商的，应当向赔偿权利人及其指定的部门提交由委托人签名或者盖章的授权委托书，授权委托书应当载明委托事项及权限。

第十条　赔偿义务人因正当理由不能参加磋商会议的，应于磋商会议召开 2 个工作日前书面告知赔偿权利人及其指定的部口。因故不能参加磋商会议一般不得超过一次。

第十一条　赔偿义务人下落不明的，赔偿权利人及其指定的部门应当发出寻找赔偿义务人的公告。自发出公告之日起，经过 60 日仍未找到赔偿义务人的，赔偿权利人及其指定的部门依法向人民法院提起生态环境损害赔偿诉讼。

第十二条　召开磋商会议，磋商会议按下列程序进行：

（一）记录员查明参会人的身份和到场情况，宣布会场纪律和注意事项，介绍参会各方的基本情况：

（二）主持人宣布磋商会议开始，介绍案由，告知参会各方权利和义务；询问是否申请主持人、记录员及磋商小组成员回避；

（三）赔偿权利人及其指定的部门就生态环境损害赔偿情况进行陈述、发表赔偿意见并出示相关证据；

（四）赔偿权利人及其指定的部门对生态环境损害调查情况进行说明；

（五）生态环境损害鉴定评估机构对鉴定评估情况进行说明；

（六）赔偿义务人进行陈述并发表意见；

（七）其他磋商小组成员进行陈述并发表意见；

（八）赔偿权利人及其指定的部门就损害事实和程度、修复启动时间和期限、赔偿的责任承担方式和期限等具体问题与赔偿义务人进行磋商；

（九）主持人引导磋商会议进行，归纳争议焦点，提出磋商建议。

以上程序可以根据具体情况进行简化，直接针对争议问题进行协商。

记录员应详细记录磋商过程，参会人认为对自己陈述的记录有遗漏或者差错的，有权申请补正。如果不予补正，应当记录该申请。会议记录经参会各方核对签字后存档。参会人拒绝签字的，由记录员将参会人拒绝签字的理由及其他情况写明后一并存档。

第十三条 在同一生态环境损害赔偿案件中存在两个以上赔偿义务人时，其中部分赔偿义务人拒绝磋商的，不影响赔偿权利人及其指定的部门与其他赔偿义务人在其应承担的赔偿义务范围内展开磋商。

第十四条 磋商达成一致意见的，签订《生态环境损害赔偿协议》。

赔偿协议包括以下内容：

（一）协议双方当事人名称（姓名）、住所地、赔偿义务人 身份证复印件、社会信用代码；

（二）生态环境损害事实及赔偿理由；

（三）协议双方当事人对鉴定意见或鉴定评估报告、修复方案的意见；

（四）履行生态环境损害赔偿责任的方式及期限；

（五）生态环境修复工程预计启动时间和修复期限；

（六）生态环境修复及治理效果的评估方式；

（七）违约责任的承担；

（八）争议解决途径、不可抗力因素的处理及其他事项。

生态环境损害赔偿协议一式五份，赔偿权利人或其指定的部门、赔偿义务人、财政部门、同级人民检察院、生态环境损害鉴定评估机构各执一份。

双方当事人申请司法确认的，经确认有效的生态环境损害赔偿协议发送至前款规定的部门。

第十五条 有下列情形之一的，终止生态环境损害赔偿磋商程序：

（一）赔偿义务人不同意赔偿权利人及其指定的部门提出的磋商建议，或者在收到《生态环境损害赔偿磋商告知书》后未在规定的时间内提交答复意见的；

（二）被采取留置措施或强制措施的赔偿义务人在规定的答复时间内未做出委托代理也未书面说明可以亲自参加磋商会议的；

（三）赔偿义务人不按规定参加磋商会议或者未经磋商主持人许可中途退出的；

（四）3 个月以内，双方仍未达成一致磋商意见的；

（五）磋商双方任一方当事人因其他事由终止磋商的。

生态环境损害赔偿磋商程序终止的，赔偿权利人及其指定的部门依法向人民法院提起生态环境损害赔偿诉讼。

第三章　司法确认与责任追究

第十六条　生态环境损害赔偿协议签订后，双方当事人可以自协议生效之日起 7 个工作日内共同向有管辖权的人民法院申请司法确认。

人民法院依法确认协议有效，出具司法确认书，赔偿义务人履行或者不完全履行的，赔偿权利人及其指定的部门可以向人民法院申请强制执行。

人民法院依法确认协议无效的，应将理由书面告知赔偿权利人及其指定的部门与赔偿义务人。赔偿权利人及其指定的部门可以与赔偿义务人重新进行磋商；赔偿权利人及其指定的部门也可以依法向人民法院提起生态环境损害赔偿诉讼。

通过重新磋商达成的协议，重新向人民法院申请司法确认。

第十七条　生态环境损害磋商过程中，在证据可能灭失或以后难以取得的情况下，利害关系人可依照民事诉讼法的相关规定向人民法院申请诉前证据保全。

第十八条　赔偿义务人承担生态环境损害赔偿责任不能免除法律、法规规定的造成生态环境损害违法行为应当承担的行政、刑事法律责任。

赔偿义务人积极参与生态环境损害赔偿磋商，主动消除或者减轻生态环境损害后果的，赔偿权利人及其指定的部门可将协议履行情况提供给行政机关和司法机关，作为量罚参考。

第十九条　本办法所称的“以上”、“以内”包括本数。

第二十条　本办法自印发之日起施行，有效期五年。

天津市生态环境损害赔偿资金管理办法（试行）

第一条 为加快构建和完善生态环境损害赔偿制度，规范天津市生态环境损害赔偿资金管理，根据《中华人民共和国预算法》《中华人民共和国环境保护法》《中共中央办公厅、国务院办公厅印发〈生态环境损害赔偿制度改革方案〉的通知》（中办发〔2017〕68号）、《中共天津市委办公厅、天津市人民政府办公厅关于印发〈天津市生态环境损害赔偿制度改革实施方案〉的通知》（津党办发〔2018〕38号）等相关法律法规及文件，在总结其他地区改革试点实践经验基础上，结合我市实际，制定本办法。

第二条 本办法所称生态环境损害赔偿资金，是指生态环境损害事件发生后，根据生态环境损害赔偿磋商所达成的协议或人民法院判决、调解生效的法律文书等，由造成生态环境损害的赔偿义务人缴纳的用于支付清除污染、生态环境修复及相关费用的资金。

赔偿义务人自行修复或由其委托具备修复能力的社会第三方机构进行修复的，发生的生态环境损害修复费用不纳入本办法管理。

第三条 本办法所称赔偿义务人，是指违反法律法规造成生态环境损害，对生态环境损害负有赔偿责任的企事业单位和其他生产经营者或个人。

本办法所称赔偿权利人，是指天津市人民政府、各区人民政府和海河教育园区管委会。市、区政府可以指定同级规划和自然资源、生态环境、住房和城乡建设、水务、农业农村、城市管理等相关部门负责生态环境损害赔偿具体工作；海河教育园区管委会根据所属各部门职责分工，指定相应部门负责生态环境损害赔偿具体工作。

各区关于生态环境损害赔偿具体工作另有规定的，按照相应规定执行。

第四条 生态环境损害赔偿资金来源范围主要包括：

（一）生态环境损害赔偿磋商协议确定的赔偿资金；

（二）赔偿权利人提起的生态环境损害赔偿民事诉讼案件经人民法院判决、调解生效的法律文书确定的生态环境损害赔偿资金；

（三）赔偿义务人自愿支付的赔偿金；

（四）企事业单位或个人自愿定向捐赠的资金；

（五）其他用于生态环境损害修复的赔偿资金。

第五条 生态环境损害赔偿资金属于政府非税收入，由赔偿权利人指定的行政主管部门执收，收入通过天津市非税收入收缴电子化管理系统缴入同级国库，作为非税收入其他收入纳入同级财政预算管理。

第六条 生态环境损害赔偿资金原则上用于损害结果发生地的生态环境损害修复及相关工作，使用范围包括：

（一）清除污染费用支出；

（二）损害地生态环境修复费用或替代修复费用支出；

（三）生态环境受到损害至恢复原状期间服务功能的损失补偿费用支出；

（四）生态环境功能永久性损害造成的损失补偿费用支出；

（五）现场调查、勘验勘查、环境监测、鉴定评估（含修复后评估）、专家咨询、信息公开、第三方审计、验收、诉讼、律师代理、政府采购代理等事务性费用支出；

（六）法律法规规定用于生态环境损害修复的其他相关费用支出。

第七条 损害结果发生地的生态环境损害经评估无法修复的，可由赔偿权利人及其指定的部门结合本区域生态环境损害情况开展替代修复，用于其他污染治理和生态环境修复。

第八条 赔偿权利人及其指定的部门负责确定生态环境损害赔偿资金使用项目（下称“资金使用项目”），拟定资金计划，送同级财政部门审核后按规定拨付。

第九条 赔偿权利人及其指定的部门可以委托第三方单位承担资金使用项目的相关工作并与之签订项目合同。资金使用项目工作属于政府采购范围的，应当依据《政府采购法》《政府采购法实施条例》等相关法律法规进行。

第十条 资金使用项目相关承担单位应当严格按照合同约定的项目内容、期限、预期成果等履行合同，发挥生态环境损害赔偿资金使用效益。

资金使用项目相关承担单位应当及时跟进生态环境损害修复工作进展，并定期向赔偿权利人及其指定的部门书面报告项目进展、资金使用中期、终期情况。

第十一条 赔偿权利人及其指定的部门应当会同同级财政部门，对生态环境损害赔偿资金使用情况进行全程监督，组织定期或不定期专项检查。

第十二条 生态环境损害赔偿资金使用情况、资金使用项目实施情况、监督检查结果，由赔偿权利人指定的部门报告同级人民政府。

第十三条 资金使用项目相关承担单位在生态环境损害赔偿资金使用过程中存在骗取资金、挪用资金等违法违纪行为的，依照相应法律法规处理、追回资金，两年内停止其参与竞争资格，并向社会公开其不良信用信息。

第十四条 政府有关部门及工作人员在生态环境损害赔偿资金管理过程中存在挤占、截留、挪用等违反规定不当管理生态环境损害赔偿资金，以及其他滥用职权、玩忽职守、徇私舞弊等违法违纪行为的，按照《预算法》《财政违法行为处罚处分条例》等国家有关规定进行严肃处理，追究相应责任；涉嫌犯罪的，依法移送司法机关处理。

第十五条 本办法自公布之日起施行，有效期五年。

天津市生态环境损害赔偿信息公开办法（试行）

第一条 为保障公民、法人和其他组织对生态环境损害赔偿。相关工作的知情权，依据《中华人民共和国政府信息公开条例》、《中共中央办公厅 国务院办公厅关于印发〈生态环境损害赔偿制度改革方案〉的通知》（中办发〔2017〕68号）、《中共天津市委办公厅 天津市人民政府办公厅关于印发〈天津市生态环境损害赔偿制度改革实施方案〉的通知》（津党办发〔2018〕38号）等相关法律法规及文件，制定本办法。

第二条 本办法所称生态环境损害赔偿信息，是指相关部门在履行生态环境损害赔偿工作职责中制作或者获取的，以一定形式记录、保存的信息。

第三条 本办法所称相关部门，是指由赔偿权利人指定的规划和自然资源、生态环境、住房和城乡建设、水务、农业农村、城市管理等部门。

各相关部门负责其职责范围内的生态环境损害赔偿信息公开和公众参与具体工作。

第四条 生态环境损害调查、鉴定评估、修复方案编制等工作中涉及公共利益的重大事项应当向社会公开。

第五条 公民、法人和其他组织可向相关部门依法申请获取生态环境损害赔偿信息。相关部门根据公民、法人和其他组织申请情况，可公开下列信息：

（一）生态环境损害鉴定评估结论；

（二）生态环境损害案件最终处理结果；

（三）生态环境修复评估结论；

（四）生态环境损害赔偿资金使用情况。

第六条 下列信息依法不予公开：

（一）属于国家秘密的；

（二）属于商业秘密或者公开后可能导致商业秘密被泄露的；

（三）属于个人隐私或者公开后可能导致对个人造成不当侵害的；

（四）公开后危及国家安全、公共安全、经济安全和社会稳定的；

（五）属于过程性信息的，但法律、法规另有规定的除外；

（六）执法有关，公开后可能直接影响案件查处或者危及个人生命安全的；

（七）法律、法规、规章规定不予公开的其他情形。

有前款第（二）、（三）项规定情形的生态环境损害赔偿信息，有关单位和个人同意公开的，可以公开。

第七条 公民、法人或者其他组织应当采用书面形式（包括数据电文形式）提出生态环境损害赔偿信息公开申请。

信息公开申请应当包括下列内容：

（一）申请人的姓名或者名称、联系方式；

（二）申请公开的生态环境损害赔偿信息的内容描述；

（三）申请公开的生态环境损害赔偿信息的形式要求。

第八条 对申请公开的生态环境损害赔偿信息，相关职能部门根据下列情况分别作出答复：

（一）属于依申请公开范围的，应当按照规定及时答复申请人；

（二）属于公开范围的，予以提供，或告知申请人获取该信息的方式和途径；

（三）属于不予公开范围的，应当告知申请人并说明理由；

（四）依法不属于本部门公开或者该信息不存在的，应当告知申请人，对能够确定该信息的部门的，应当告知申请人该部门的名称、联系方式；

（五）申请内容不明确的，应当告知申请人作出更改、补充。

第九条 相关部门认为申请公开的信息涉及商业秘密、个人隐私，公开后可能损害第三方合法权益的，应当书面征求第三方的意见；第三方不同意公开的，不得公开。但是相关部门认为不公开可能对公共利益造成重大影响的，可以予以公开，并将决定公开的信息内容和理由书面通知第三方。

第十条 相关部门收到信息公开申请，能够当场答复的，应当当场予以答复。

相关部门不能当场答复的，应当自收到申请之日起 15 个工作日内予以答复；如需延长答复期限的，应当经政府信息公开工作机构负责人同意，并告知申请人，延长答复的期限最长不得超过 15 个工作日。

申请公开的信息涉及第三方权益的，相关部门征求第三方意见所需时间不计算在本条第二款规定的期限内。

第十一条 相关部门依申请公开信息，应当按照申请人要求的形式予以提供；无法按照申请人要求的形式提供的，可以通过安排申请人查阅相关资料、提供复制件或者其他适当形式提供。

第十二条 支持和鼓励公众对生态环境损害赔偿活动进行监督。公众认为公开的生态环境损害赔偿信息不准确或者不完整的，可以要求相关部门及时予以更改、补正。

公众发现相关部门在生态环境损害赔偿活动中存在违法行为的，可以依法向相关部门进行举报。

第十三条 有下列情形之一的，视情节轻重，依法追究责任人责任：

（一）不按本办法公开生态环境损害赔偿信息的；

（二）公开信息不真实、弄虚作假，造成严重影响的；

（三）向公民、法人或其他组织有偿提供生态环境损害赔偿信息的；

（四）公开不应当公开的生态环境损害赔偿信息的；

（五）其他违反政府信息公开规定的。

第十四条 本办法自公布之日起施行，有效期五年。

附录：生态环境保护综合行政执法事项指导目录

（2020 年版）

序号	事项名称	职权类型	实施依据	实施主体	
				责任部门	第一责任层级建议
1	对拒不改正违法排放污染物行为的行政处罚	行政处罚	1.《中华人民共和国环境保护法》 第五十九条　企业事业单位和其他生产经营者违法排放污染物，受到罚款处罚，被责令改正，拒不改正的，**依法作出处罚决定的行政机关**可以自责令改正之日的次日起，按照原处罚数额按日连续处罚。 前款规定的罚款处罚，依照有关法律法规按照防治污染设施的运行成本、违法行为造成的直接损失或者违法所得等因素确定的规定执行。 地方性法规可以根据环境保护的实际需要，增加第一款规定的按日连续处罚的违法行为的种类。 2.《排污许可管理办法（试行）》 第五十九条　排污单位违法排放大气污染物、水污染物，受到罚款处罚，被责令改正的，依法作出处罚决定的行政机关组织复查，发现其继续违法排放大气污染物、水污染物或者拒绝、阻挠复查的，**作出处罚决定的行政机关**可以自责令改正之日的次日起，依法按照原处罚数额按日连续处罚。	生态环境主管部门	设区的市

序号	事项名称	职权类型	实施依据	实施主体	
				责任部门	第一责任层级建议
2	对超标或超总量排放大气污染物的行政处罚	行政处罚	1.《中华人民共和国环境保护法》 第六十条　企业事业单位和其他生产经营者超过污染物排放标准或者超过重点污染物排放总量控制指标排放污染物的，**县级以上人民政府环境保护主管部门**可以责令其采取限制生产、停产整治等措施；情节严重的，报经有批准权的人民政府批准，责令停业、关闭。 2.《中华人民共和国大气污染防治法》 第九十九条　违反本法规定，有下列行为之一的，由**县级以上人民政府生态环境主管部门**责令改正或者限制生产、停产整治，并处十万元以上一百万元以下的罚款；情节严重的，报经有批准权的人民政府批准，责令停业、关闭： （一）未依法取得排污许可证排放大气污染物的； （二）超过大气污染物排放标准或者超过重点大气污染物排放总量控制指标排放大气污染物的； （三）通过逃避监管的方式排放大气污染物的。	生态环境主管部门	设区的市
3	对违法排放污染物造成或者可能造成严重污染的行政强制	行政强制	1.《中华人民共和国环境保护法》 第二十五条　企业事业单位和其他生产经营者违反法律法规规定排放污染物，造成或者可能造成严重污染的，**县级以上人民政府环境保护主管部门和其他负有环境保护监督管理职责的部门**，可以查封、扣押造成污染物排放的设施、设备。	生态环境主管部门	设区的市

序号	事项名称	职权类型	实施依据	实施主体	
				责任部门	第一责任层级建议
4	对重点排污单位等不公开或者不如实公开环境信息的行政处罚	行政处罚	1.《中华人民共和国环境保护法》 第五十五条　重点排污单位应当如实向社会公开其主要污染物的名称、排放方式、排放浓度和总量、超标排放情况，以及防治污染设施的建设和运行情况，接受社会监督。 第六十二条　违反本法规定，重点排污单位不公开或者不如实公开环境信息的，由**县级以上地方人民政府环境保护主管部门**责令公开，处以罚款，并予以公告。 2.《中华人民共和国清洁生产促进法》 第十七条　省、自治区、直辖市人民政府负责清洁生产综合协调的部门、环境保护部门，根据促进清洁生产工作的需要，在本地区主要媒体上公布未达到能源消耗控制指标、重点污染物排放控制指标的企业的名单，为公众监督企业实施清洁生产提供依据。 　　列入前款规定名单的企业，应当按照国务院清洁生产综合协调部门、环境保护部门的规定公布能源消耗或者重点污染物产生、排放情况，接受公众监督。 第三十六条　违反本法第十七条第二款规定，未按照规定公布能源消耗或者重点污染物产生、排放情况的，由**县级以上地方人民政府负责清洁生产综合协调的部门、环境保护部门**按照职责分工责令公布，可以处十万元以下的罚款。 3.《企业事业单位环境信息公开办法》 第十六条　重点排污单位违反本办法规定，有下列行为之一的，由**县级以上环境保护主管部门**根据《中华人民共和国环境保护法》的规定责令公开，处三万元以下罚款，并予以公告：（一）不公开或者不按照本办法第九条规定的内容公开环境信息的；（二）不按照本办法第十条规定的方式公开环境信息的；（三）不按照本办法第十一条规定的时限公开环境信息的；（四）公开内容不真实、弄虚作假的。 　　法律、法规另有规定的，从其规定。 4.《排污许可管理办法（试行）》 第五十五条　重点排污单位未依法公开或者不如实公开有关环境信息的，由**县级以上环境保护主管部门**责令公开，依法处以罚款，并予以公告。	生态环境主管部门	设区的市

序号	事项名称	职权类型	实施依据	实施主体	
				责任部门	第一责任层级建议
5	对不实施强制性清洁生产审核或者在清洁生产审核中弄虚作假等行为的行政处罚	行政处罚	1.《中华人民共和国清洁生产促进法》 第二十七条　企业应当对生产和服务过程中的资源消耗以及废物的产生情况进行监测，并根据需要对生产和服务实施清洁生产审核。 有下列情形之一的企业，应当实施强制性清洁生产审核： （一）污染物排放超过国家或者地方规定的排放标准，或者虽未超过国家或者地方规定的排放标准，但超过重点污染物排放总量控制指标的； （二）超过单位产品能源消耗限额标准构成高耗能的； （三）使用有毒、有害原料进行生产或者在生产中排放有毒、有害物质的。 污染物排放超过国家或者地方规定的排放标准的企业，应当按照环境保护相关法律的规定治理。 实施强制性清洁生产审核的企业，应当将审核结果向所在地县级以上地方人民政府负责清洁生产综合协调的部门、环境保护部门报告，并在本地区主要媒体上公布，接受公众监督，但涉及商业秘密的除外。 县级以上地方人民政府有关部门应当对企业实施强制性清洁生产审核的情况进行监督，必要时可以组织对企业实施清洁生产的效果进行评估验收，所需费用纳入同级政府预算。承担评估验收工作的部门或者单位不得向被评估验收企业收取费用。 实施清洁生产审核的具体办法，由国务院清洁生产综合协调部门、环境保护部门会同国务院有关部门制定。 第三十九条第一款　违反本法第二十七条第二款、第四款规定，不实施强制性清洁生产审核或者在清洁生产审核中弄虚作假的，或者实施强制性清洁生产审核的企业不报告或者不如实报告审核结果的，由**县级以上地方人民政府负责清洁生产综合协调的部门、环境保护部门**按照职责分工责令限期改正；拒不改正的，处以五万元以上五十万元以下的罚款。	生态环境主管部门	设区的市

序号	事项名称	职权类型	实施依据	实施主体	
				责任部门	第一责任层级建议
6	对排污单位未申请或未依法取得排污许可证但排放污染物等行为的行政处罚	行政处罚	1.《中华人民共和国大气污染防治法》 第九十九条第一款第一项　违反本法规定，有下列行为之一的，由**县级以上人民政府生态环境主管部门**责令改正或者限制生产、停产整治，并处十万元以上一百万元以下的罚款；情节严重的，报经有批准权的人民政府批准，责令停业、关闭： （一）未依法取得排污许可证排放大气污染物的；	生态环境主管部门	设区的市
			2.《中华人民共和国水污染防治法》 第八十三条　违反本法规定，有下列行为之一的，由**县级以上人民政府环境保护主管部门**责令改正或者责令限制生产、停产整治，并处十万元以上一百万元以下的罚款；情节严重的，报经有批准权的人民政府批准，责令停业、关闭： （一）未依法取得排污许可证排放水污染物的； （二）超过水污染物排放标准或者超过重点水污染物排放总量控制指标排放水污染物的； （三）利用渗井、渗坑、裂隙、溶洞，私设暗管，篡改、伪造监测数据，或者不正常运行水污染防治设施等逃避监管的方式排放水污染物的； （四）未按照规定进行预处理，向污水集中处理设施排放不符合处理工艺要求的工业废水的。 3.《排污许可管理办法（试行）》 第五十七条　排污单位存在以下无排污许可证排放污染物情形的，由**县级以上生态环境主管部门**依据《中华人民共和国大气污染防治法》《中华人民共和国水污染防治法》的规定，责令改正或者责令限制生产、停产整治，并处十万元以上一百万元以下的罚款；情节严重的，报经有批准权的人民政府批准，责令停业、关闭： （一）依法应当申请排污许可证但未申请，或者申请后未取得排污许可证排放污染物的； （二）排污许可证有效期限届满后未申请延续排污许可证，或者延续申请未经核发环保部门许可仍排放污染物的； （三）被依法撤销排污许可证后仍排放污染物的； （四）法律法规规定的其他情形。	生态环境主管部门	设区的市
7	对排污单位隐瞒有关情况或者提供虚假材料申请行政许可的行政处罚	行政处罚	1.《排污许可管理办法（试行）》 第五十三条　排污单位隐瞒有关情况或者提供虚假材料申请行政许可的，**核发环保部门**不予受理或者不予行政许可，并给予警告。	生态环境主管部门	设区的市

序号	事项名称	职权类型	实施依据	实施主体	
				责任部门	第一责任层级建议
8	对未按规定进行环境影响评价，擅自开工建设的行政处罚	行政处罚	1.《中华人民共和国环境保护法》 第六十一条　建设单位未依法提交建设项目环境影响评价文件或者环境影响评价文件未经批准，擅自开工建设的，由**负有环境保护监督管理职责的部门**责令停止建设，处以罚款，并可以责令恢复原状。 2.《中华人民共和国环境影响评价法》 第二十四条　建设项目的环境影响评价文件经批准后，建设项目的性质、规模、地点、采用的生产工艺或者防治污染、防止生态破坏的措施发生重大变动的，建设单位应当重新报批建设项目的环境影响评价文件。建设项目的环境影响评价文件自批准之日起超过五年，方决定该项目开工建设的，其环境影响评价文件应当报原审批部门重新审核；原审批部门应当自收到建设项目环境影响评价文件之日起十日内，将审核意见书面通知建设单位。 第三十一条　建设单位未依法报批建设项目环境影响报告书、报告表，或者未依照本法第二十四条的规定重新报批或者报请重新审核环境影响报告书、报告表，擅自开工建设的，由**县级以上生态环境主管部门**责令停止建设，根据违法情节和危害后果，处建设项目总投资额百分之一以上百分之五以下的罚款，并可以责令恢复原状；对建设单位直接负责的主管人员和其他直接责任人员，依法给予行政处分。 建设项目环境影响报告书、报告表未经批准或者未经原审批部门重新审核同意，建设单位擅自开工建设的，依照前款的规定处罚、处分。 建设单位未依法备案建设项目环境影响登记表的，由**县级以上生态环境主管部门**责令备案，处五万元以下的罚款。 海洋工程建设项目的建设单位有本条所列违法行为的，依照《中华人民共和国海洋环境保护法》的规定处罚。 3.《建设项目环境保护管理条例》 第二十一条　建设单位有下列行为之一的，依照《中华人民共和国环境影响评价法》的规定处罚：（一）建设项目环境影响报告书、环境影响报告表未依法报批或者报请重新审核，擅自开工建设；（二）建设项目环境影响报告书、环境影响报告表未经批准或者重新审核同意，擅自开工建设；（三）建设项目环境影响登记表未依法备案。	生态环境主管部门	设区的市

序号	事项名称	职权类型	实施依据	实施主体	
				责任部门	第一责任层级建议
9	对接受委托为建设项目环境影响评价提供技术服务的机构在环境影响评价工作中不负责任等行为的行政处罚	行政处罚	1.《中华人民共和国环境影响评价法》 第十九条　建设单位可以委托技术单位对其建设项目开展环境影响评价，编制建设项目环境影响报告书、环境影响报告表；建设单位具备环境影响评价技术能力的，可以自行对其建设项目开展环境影响评价，编制建设项目环境影响报告书、环境影响报告表。 编制建设项目环境影响报告书、环境影响报告表应当遵守国家有关环境影响评价标准、技术规范等规定。 **国务院生态环境主管部门**应当制定建设项目环境影响报告书、环境影响报告表编制的能力建设指南和监管办法。 接受委托为建设单位编制建设项目环境影响报告书、环境影响报告表的技术单位，不得与负责审批建设项目环境影响报告书、环境影响报告表的生态环境主管部门或者其他有关审批部门存在任何利益关系。 第三十二条　建设项目环境影响报告书、环境影响报告表存在基础资料明显不实，内容存在重大缺陷、遗漏或者虚假，环境影响评价结论不正确或者不合理等严重质量问题的，由**设区的市级以上人民政府生态环境主管部门**对建设单位处五十万元以上二百万元以下的罚款，并对建设单位的法定代表人、主要负责人、直接负责的主管人员和其他直接责任人员，处五万元以上二十万元以下的罚款。 接受委托编制建设项目环境影响报告书、环境影响报告表的技术单位违反国家有关环境影响评价标准和技术规范等规定，致使其编制的建设项目环境影响报告书、环境影响报告表存在基础资料明显不实，内容存在重大缺陷、遗漏或者虚假，环境影响评价结论不正确或者不合理等严重质量问题的，由**设区的市级以上人民政府生态环境主管部门**对技术单位处所收费用三倍以上五倍以下的罚款；情节严重的，禁止从事环境影响报告书、环境影响报告表编制工作；有违法所得的，没收违法所得。 编制单位有本条第一款、第二款规定的违法行为的，编制主持人和主要编制人员五年内禁止从事环境影响报告书、环境影响报告表编制工作；构成犯罪的，依法追究刑事责任，并终身禁止从事环境影响报告书、环境影响报告表编制工作。 2.《规划环境影响评价条例》 第三十四条　规划环境影响评价技术机构弄虚作假或者有失职行为，造成环境影响评价文件严重失实的，由**国务院环境保护主管部门**予以通报，处所收费用 1 倍以上 3 倍以下的罚款；构成犯罪的，依法追究刑事责任。	生态环境主管部门	国务院主管部门

序号	事项名称	职权类型	实施依据	实施主体	
				责任部门	第一责任层级建议
10	对未依法备案环境影响登记表的行政处罚	行政处罚	1.《中华人民共和国环境影响评价法》 第三十一条　建设单位未依法报批建设项目环境影响报告书、报告表，或者未依照本法第二十四条的规定重新报批或者报请重新审核环境影响报告书、报告表，擅自开工建设的，由**县级以上生态环境主管部门**责令停止建设，根据违法情节和危害后果，处建设项目总投资额百分之一以上百分之五以下的罚款，并可以责令恢复原状；对建设单位直接负责的主管人员和其他直接责任人员，依法给予行政处分。 建设项目环境影响报告书、报告表未经批准或者未经原审批部门重新审核同意，建设单位擅自开工建设的，依照前款的规定处罚、处分。 建设单位未依法备案建设项目环境影响登记表的，由**县级以上生态环境主管部门**责令备案，处五万元以下的罚款。 海洋工程建设项目的建设单位有本条所列违法行为的，依照《中华人民共和国海洋环境保护法》的规定处罚。 2.《建设项目环境影响登记表备案管理办法》 第十八条　建设单位未依法备案建设项目环境影响登记表的，由**县级环境保护主管部门**根据《中华人民共和国环境影响评价法》第三十一条第三款的规定，责令备案，处五万元以下的罚款。 第二十条　违反本办法规定，对按照《建设项目环境影响评价分类管理名录》应当编制环境影响报告书或者报告表的建设项目，建设单位擅自降低环境影响评价等级，填报环境影响登记表并办理备案手续，经查证属实的，**县级环境保护主管部门**认定建设单位已经取得的备案无效，向社会公布，并按照以下规定处理：（一）未依法报批环境影响报告书或者报告表，擅自开工建设的，依照《环境保护法》第六十一条和《环境影响评价法》第三十一条第一款的规定予以处罚、处分。（二）未依法报批环境影响报告书或者报告表，擅自投入生产或者经营的，分别依照《环境影响评价法》第三十一条第一款和《建设项目环境保护管理条例》的有关规定作出相应处罚。	生态环境主管部门	设区的市

序号	事项名称	职权类型	实施依据	实施主体	
				责任部门	第一责任层级建议
11	对编制建设项目初步设计未落实污染防治措施及环保投资概算等行为的行政处罚	行政处罚	1.《建设项目环境保护管理条例》 第二十二条第一款　违反本条例规定，建设单位编制建设项目初步设计未落实防治环境污染和生态破坏的措施以及环境保护设施投资概算，未将环境保护设施建设纳入施工合同，或者未依法开展环境影响后评价的，由**建设项目所在地县级以上环境保护行政主管部门**责令限期改正，处5万元以上20万元以下的罚款；逾期不改正的，处20万元以上100万元以下的罚款。	生态环境主管部门	设区的市
12	对建设过程中未同时实施审批决定中的环保措施的行政处罚	行政处罚	1.《建设项目环境保护管理条例》 第二十二条第二款　违反本条例规定，建设单位在项目建设过程中未同时组织实施环境影响报告书、环境影响报告表及其审批部门审批决定中提出的环境保护对策措施的，由**建设项目所在地县级以上环境保护行政主管部门**责令限期改正，处20万元以上100万元以下的罚款；逾期不改正的，责令停止建设。	生态环境主管部门	设区的市
13	对环保设施未建成、未验收即投入生产或者使用等行为的行政处罚	行政处罚	1.《建设项目环境保护管理条例》 第二十三条第一款　违反本条例规定，需要配套建设的环境保护设施未建成、未经验收或者验收不合格，建设项目即投入生产或者使用，或者在环境保护设施验收中弄虚作假的，由**县级以上环境保护行政主管部门**责令限期改正，处20万元以上100万元以下的罚款；逾期不改正的，处100万元以上200万元以下的罚款；对直接负责的主管人员和其他责任人员，处5万元以上20万元以下的罚款；造成重大环境污染或者生态破坏的，责令停止生产或者使用，或者报经有批准权的人民政府批准，责令关闭。	生态环境主管部门	设区的市
14	对建设单位未依法向社会公开环境保护设施验收报告的行政处罚	行政处罚	1.《建设项目环境保护管理条例》 第二十三条第二款　违反本条例规定，建设单位未依法向社会公开环境保护设施验收报告的，由**县级以上环境保护行政主管部门**责令公开，处5万元以上20万元以下的罚款，并予以公告。	生态环境主管部门	设区的市

序号	事项名称	职权类型	实施依据	实施主体	
				责任部门	第一责任层级建议
15	对从事技术评估的技术单位违规收取费用的行政处罚	行政处罚	1.《建设项目环境保护管理条例》 第二十四条　违反本条例规定，技术机构向建设单位、从事环境影响评价工作的单位收取费用的，由**县级以上环境保护行政主管部门**责令退还所收费用，处所收费用 1 倍以上 3 倍以下的罚款。	生态环境主管部门	设区的市
16	对未按规定开展突发环境事件风险评估工作，确定风险等级等行为的行政处罚	行政处罚	1.《突发环境事件应急管理办法》 第三十八条　企业事业单位有下列情形之一的，由**县级以上环境保护主管部门**责令改正，可以处一万元以上三万元以下罚款：（一）未按规定开展突发环境事件风险评估工作，确定风险等级的；（二）未按规定开展环境安全隐患排查治理工作，建立隐患排查治理档案的；（三）未按规定将突发环境事件应急预案备案的；（四）未按规定开展突发环境事件应急培训，如实记录培训情况的；（五）未按规定储备必要的环境应急装备和物资；（六）未按规定公开突发环境事件相关信息的。	生态环境主管部门	设区的市
17	对自然保护区管理机构拒不接受生态环境主管部门检查或在检查时弄虚作假的行政处罚	行政处罚	1.《中华人民共和国自然保护区条例》 第三十六条　自然保护区管理机构违反本条例规定，拒绝环境保护行政主管部门或者有关自然保护区行政主管部门监督检查，或者在被检查时弄虚作假的，由**县级以上人民政府环境保护行政主管部门**或者有关自然保护区行政主管部门给予 300 元以上 3 000 元以下的罚款。	生态环境主管部门	设区的市

序号	事项名称	职权类型	实施依据	实施主体	
				责任部门	第一责任层级建议
18	对国家级自然保护区管理机构拒绝国务院环境保护行政主管部门对国家级自然保护区的监督检查，或者在监督检查中弄虚作假的行政处罚	行政处罚	1.《中华人民共和国自然保护区条例》 第三十六条　自然保护区管理机构违反本条例规定，拒绝环境保护行政主管部门或者有关自然保护区行政主管部门监督检查，或者在被检查时弄虚作假的，由**县级以上人民政府环境保护行政主管部门或者有关自然保护区行政主管部门**给予300元以上3 000元以下的罚款。 2.《国家级自然保护区监督检查办法》 第二十条　国家级自然保护区管理机构拒绝国务院环境保护行政主管部门对国家级自然保护区的监督检查，或者在监督检查中弄虚作假的，由**国务院环境保护行政主管部门**依照《自然保护区条例》的有关规定给予处罚。	生态环境主管部门	国务院主管部门
19	对在自然保护地内进行非法开矿、修路、筑坝、建设造成生态破坏的行政处罚	行政处罚	1.《中华人民共和国野生动物保护法》 第十三条第二款　禁止在相关自然保护区域建设法律法规规定不得建设的项目。机场、铁路、公路、水利水电、围堰、围填海等建设项目的选址选线，应当避让相关自然保护区域、野生动物迁徙洄游通道；无法避让的，应当采取修建野生动物通道、过鱼设施等措施，消除或者减少对野生动物的不利影响。 第四十三条　违反本法第十二条第三款、第十三条第二款规定的，依照有关法律法规的规定处罚。 2.《中华人民共和国自然保护区条例》 第三十五条　违反本条例规定，在自然保护区进行砍伐、放牧、狩猎、捕捞、采药、开垦、烧荒、开矿、采石、挖沙等活动的单位和个人，除可以依照有关法律、行政法规规定给予处罚的以外，由**县级以上人民政府有关自然保护区行政主管部门或者其授权的自然保护区管理机构**没收违法所得，责令停止违法行为，限期恢复原状或者采取其他补救措施；对自然保护区造成破坏的，可以处以300元以上1万元以下的罚款。 3.《风景名胜区条例》 第四十条第一款　违反本条例的规定，有下列行为之一的，由**风景名胜区管理机构**责令停止违法行为、恢复原状或者限期拆除，没收违法所得，并处50万元以上100万元以下的罚款：	生态环境主管部门	设区的市

序号	事项名称	职权类型	实施依据	实施主体	
				责任部门	第一责任层级建议
19	对在自然保护地内进行非法开矿、修路、筑坝、建设造成生态破坏的行政处罚	行政处罚	（一）在风景名胜区内进行开山、采石、开矿等破坏景观、植被、地形地貌的活动的； （二）在风景名胜区内修建储存爆炸性、易燃性、放射性、毒害性、腐蚀性物品的设施的； （三）在核心景区内建设宾馆、招待所、培训中心、疗养院以及与风景名胜资源保护无关的其他建筑物的。 第四十一条　违反本条例的规定，在风景名胜区内从事禁止范围以外的建设活动，未经风景名胜区管理机构审核的，由**风景名胜区管理机构**责令停止建设、限期拆除，对个人处 2 万元以上 5 万元以下的罚款，对单位处 20 万元以上 50 万元以下的罚款。 第四十六条　违反本条例的规定，施工单位在施工过程中，对周围景物、水体、林草植被、野生动物资源和地形地貌造成破坏的，由**风景名胜区管理机构**责令停止违法行为、限期恢复原状或者采取其他补救措施，并处 2 万元以上 10 万元以下的罚款；逾期未恢复原状或者采取有效措施的，由风景名胜区管理机构责令停止施工。 4.《在国家级自然保护区修筑设施审批管理暂行办法》 第十四条　违反本办法规定，未经批准擅自在国家级自然保护区修筑设施的，**县级以上人民政府林业主管部门**应当责令停止建设或者使用设施，并采取补救措施。 第十五条　在国家级自然保护区修筑设施对自然保护区造成破坏的，**县级以上人民政府林业主管部门**应当依法给予行政处罚或者作出其他处理决定。 林业主管部门在对国家级自然保护区监督检查中，发现有关工作人员有违法行为，依法应当给予处分的，应当向其任免机关或者监察机关提出处分建议。 5.《森林公园管理办法》 第十条　森林公园的设施和景点建设，必须按照总体规划设计进行。 在珍贵景物、重要景点和核心景区，除必要的保护和附属设施外，不得建设宾馆、招待所、疗养院和其他工程设施。 第十九条　破坏森林公园的森林和野生动植物资源，依照有关法律、法规的规定处理。	生态环境主管部门	设区的市

序号	事项名称	职权类型	实施依据	实施主体	
				责任部门	第一责任层级建议
20	对在湿地自然保护地内采矿，倾倒有毒有害物质、废弃物、垃圾的行政处罚	行政处罚	1.《中华人民共和国固体废物污染环境防治法》 第七十五条　违反本法有关危险废物污染环境防治的规定，有下列行为之一的，由**县级以上人民政府环境保护行政主管部门**责令停止违法行为，限期改正，处以罚款：（一）不设置危险废物识别标志的；（二）不按照国家规定申报登记危险废物，或者在申报登记时弄虚作假的；（三）擅自关闭、闲置或者拆除危险废物集中处置设施、场所的；（四）不按照国家规定缴纳危险废物排污费的；（五）将危险废物提供或者委托给无经营许可证的单位从事经营活动的；（六）不按照国家规定填写危险废物转移联单或者未经批准擅自转移危险废物的；（七）将危险废物混入非危险废物中贮存的；（八）未经安全性处置，混合收集、贮存、运输、处置具有不相容性质的危险废物的；（九）将危险废物与旅客在同一运输工具上载运的；（十）未经消除污染的处理将收集、贮存、运输、处置危险废物的场所、设施、设备和容器、包装物及其他物品转作他用的；（十一）未采取相应防范措施，造成危险废物扬散、流失、渗漏或者造成其他环境污染的；（十二）在运输过程中沿途丢弃、遗撒危险废物的；（十三）未制定危险废物意外事故防范措施和应急预案的。 　　有前款第一项、第二项、第七项、第八项、第九项、第十项、第十一项、第十二项、第十三项行为之一的，处一万元以上十万元以下的罚款；有前款第三项、第五项、第六项行为之一的，处二万元以上二十万元以下的罚款；有前款第四项行为的，限期缴纳，逾期不缴纳的，处应缴纳危险废物排污费金额一倍以上三倍以下的罚款。 2.《中华人民共和国自然保护区条例》 第三十五条　违反本条例规定，在自然保护区进行砍伐、放牧、狩猎、捕捞、采药、开垦、烧荒、开矿、采石、挖沙等活动的单位和个人，除可以依照有关法律、行政法规规定给予处罚的以外，由县级以上人民政府有关自然保护区行政主管部门或者其授权的自然保护区管理机构没收违法所得，责令停止违法行为，限期恢复原状或者采取其他补救措施；对自然保护区造成破坏的，可以处以 300 元以上 1 万元以下的罚款。 3.《湿地保护管理规定》 第十一条　县级以上人民政府林业主管部门可以采取湿地自然保护区、湿地公园、湿地保护小区等方式保护湿地，健全湿地保护管理机构和管理制度，完善湿地保护体系，加强湿地保护。	生态环境主管部门	设区的市

序号	事项名称	职权类型	实施依据	实施主体	
				责任部门	第一责任层级建议
20	对在湿地自然保护地内采矿，倾倒有毒有害物质、废弃物、垃圾的行政处罚	行政处罚	第十九条　具备自然保护区建立条件的湿地，应当依法建立自然保护区。 自然保护区的建立和管理按照自然保护区管理的有关规定执行。 第二十九条　除法律法规有特别规定的以外，在湿地内禁止从事下列活动：（一）开（围）垦、填埋或者排干湿地；（二）永久性截断湿地水源；（三）挖沙、采矿；（四）倾倒有毒有害物质、废弃物、垃圾；（五）破坏野生动物栖息地和迁徙通道、鱼类洄游通道，滥采滥捕野生动植物；（六）引进外来物种；（七）擅自放牧、捕捞、取土、取水、排污、放生；（八）其他破坏湿地及其生态功能的活动。 第三十四条　**县级以上人民政府林业主管部门**应当会同同级人民政府有关部门开展湿地保护执法活动，对破坏湿地的违法行为依法予以处理。	生态环境主管部门	设区的市
21	对在国家森林公园内排放废水、废气、废渣等对森林公园景观和生态造成较大影响的行政处罚	行政处罚	1.《中华人民共和国水污染防治法》 第八十三条　违反本法规定，有下列行为之一的，由**县级以上人民政府环境保护主管部门**责令改正或者责令限制生产、停产整治，并处十万元以上一百万元以下的罚款；情节严重的，报经有批准权的人民政府批准，责令停业、关闭：（一）未依法取得排污许可证排放水污染物的；（二）超过水污染物排放标准或者超过重点水污染物排放总量控制指标排放水污染物的；（三）利用渗井、渗坑、裂隙、溶洞，私设暗管，篡改、伪造监测数据，或者不正常运行水污染防治设施等逃避监管的方式排放水污染物的；（四）未按照规定进行预处理，向污水集中处理设施排放不符合处理工艺要求的工业废水的。 2.《中华人民共和国大气污染防治法》 第九十九条　违反本法规定，有下列行为之一的，由**县级以上人民政府生态环境主管部门**责令改正或者限制生产、停产整治，并处十万元以上一百万元以下的罚款；情节严重的，报经有批准权的人民政府批准，责令停业、关闭： （一）未依法取得排污许可证排放大气污染物的； （二）超过大气污染物排放标准或者超过重点大气污染物排放总量控制指标排放大气污染物的； （三）通过逃避监管的方式排放大气污染物的。	生态环境主管部门	设区的市

序号	事项名称	职权类型	实施依据	实施主体	
				责任部门	第一责任层级建议
21	对在国家森林公园内排放废水、废气、废渣等对森林公园景观和生态造成较大影响的行政处罚	行政处罚	3.《国家级森林公园管理办法》 第十八条　在国家级森林公园内禁止从事下列活动： （一）擅自采折、采挖花草、树木、药材等植物； （二）非法猎捕、杀害野生动物； （三）刻划、污损树木、岩石和文物古迹及葬坟； （四）损毁或者擅自移动园内设施； （五）未经处理直接排放生活污水和超标准的废水、废气，乱倒垃圾、废渣、废物及其他污染物； （六）在非指定的吸烟区吸烟和在非指定区域野外用火、焚烧香蜡纸烛、燃放烟花爆竹； （七）擅自摆摊设点、兜售物品； （八）擅自围、填、堵、截自然水系； （九）法律、法规、规章禁止的其他活动。 国家级森林公园经营管理机构应当通过标示牌、宣传单等形式将森林风景资源保护的注意事项告知旅游者。 第三十条　在国家级森林公园内有违反本办法的行为，森林法和野生动物保护法等法律法规已有明确规定的，**县级以上人民政府林业主管部门**依法予以从重处罚。	生态环境主管部门	设区的市
22	对在水产苗种繁殖、栖息地从事采矿、排放污水等破坏水域生态环境的行政处罚	行政处罚	1.《中华人民共和国水污染防治法》 第八十五条　有下列行为之一的，由**县级以上地方人民政府环境保护主管部门**责令停止违法行为，限期采取治理措施，消除污染，处以罚款；逾期不采取治理措施的，环境保护主管部门可以指定有治理能力的单位代为治理，所需费用由违法者承担： （一）向水体排放油类、酸液、碱液的； （二）向水体排放剧毒废液，或者将含有汞、镉、砷、铬、铅、氰化物、黄磷等的可溶性剧毒废渣向水体排放、倾倒或者直接埋入地下的； （三）在水体清洗装贮过油类、有毒污染物的车辆或者容器的； （四）向水体排放、倾倒工业废渣、城镇垃圾或者其他废弃物，或者在江河、湖泊、运河、渠道、水库最高水位线以下的滩地、岸坡堆放、存贮固体废弃物或者其他污染物的； （五）向水体排放、倾倒放射性固体废物或者含有高放射性、中放射性物质的废水的；	生态环境主管部门	设区的市

序号	事项名称	职权类型	实施依据	实施主体	
				责任部门	第一责任层级建议
22	对在水产苗种繁殖、栖息地从事采矿、排放污水等破坏水域生态环境的行政处罚	行政处罚	（六）违反国家有关规定或者标准，向水体排放含低放射性物质的废水、热废水或者含病原体的污水的； （七）未采取防渗漏等措施，或者未建设地下水水质监测井进行监测的； （八）加油站等的地下油罐未使用双层罐或者采取建造防渗池等其他有效措施，或者未进行防渗漏监测的； （九）未按照规定采取防护性措施，或者利用无防渗漏措施的沟渠、坑塘等输送或者存贮含有毒污染物的废水、含病原体的污水或者其他废弃物的。 有前款第三项、第四项、第六项、第七项、第八项行为之一的，处二万元以上二十万元以下的罚款。有前款第一项、第二项、第五项、第九项行为之一的，处十万元以上一百万元以下的罚款；情节严重的，报经有批准权的人民政府批准，责令停业、关闭。 2.《中华人民共和国海洋环境保护法》 第七十三条　违反本法有关规定，有下列行为之一的，由依照本法规定**行使海洋环境监督管理权的部门**责令停止违法行为、限期改正或者责令采取限制生产、停产整治等措施，并处以罚款；拒不改正的，依法作出处罚决定的部门可以自责令改正之日的次日起，按照原罚款数额按日连续处罚；情节严重的，报经有批准权的人民政府批准，责令停业、关闭： （一）向海域排放本法禁止排放的污染物或者其他物质的； （二）不按照本法规定向海洋排放污染物，或者超过标准、总量控制指标排放污染物的； （三）未取得海洋倾倒许可证，向海洋倾倒废弃物的； （四）因发生事故或者其他突发性事件，造成海洋环境污染事故，不立即采取处理措施的。 有前款第（一）、（三）项行为之一的，处三万元以上二十万元以下的罚款；有前款第（二）、（四）项行为之一的，处二万元以上十万元以下的罚款。 3.《水产苗种管理办法》 第十九条　禁止在水产苗种繁殖、栖息地从事采矿、挖沙、爆破、排放污水等破坏水域生态环境的活动。对水域环境造成污染的，依照《中华人民共和国水污染防治法》和《中华人民共和国海洋环境保护法》的有关规定处理。 在水生动物苗种主产区引水时，应当采取措施，保护苗种。	生态环境主管部门	设区的市

序号	事项名称	职权类型	实施依据	实施主体	
				责任部门	第一责任层级建议
23	对拒绝、阻挠监督检查，或者在接受水污染监督检查时弄虚作假的行政处罚	行政处罚	1.《中华人民共和国水污染防治法》 第八十一条　以拖延、围堵、滞留执法人员等方式拒绝、阻挠环境保护主管部门或者其他依照本法规定行使监督管理权的部门的监督检查，或者在接受监督检查时弄虚作假的，由**县级以上人民政府环境保护主管部门或者其他依照本法规定行使监督管理权的部门**责令改正，处二万元以上二十万元以下的罚款。 2.《环境监测管理办法》 第十九条　排污者拒绝、阻挠环境监测工作人员进行环境监测活动或者弄虚作假的，由**县级以上环境保护部门**依法给予行政处罚；构成违反治安管理行为的，由公安机关依法给予治安处罚；构成犯罪的，依法追究刑事责任。	生态环境主管部门	设区的市
24	对未按照规定对所排放的水污染物自行监测等行为的行政处罚	行政处罚	1.《中华人民共和国水污染防治法》 第八十二条　违反本法规定，有下列行为之一的，由**县级以上人民政府环境保护主管部门**责令限期改正，处二万元以上二十万元以下的罚款；逾期不改正的，责令停产整治：（一）未按照规定对所排放的水污染物自行监测，或者未保存原始监测记录的；（二）未按照规定安装水污染物排放自动监测设备，未按照规定与环境保护主管部门的监控设备联网，或者未保证监测设备正常运行的；（三）未按照规定对有毒有害水污染物的排污口和周边环境进行监测，或者未公开有毒有害水污染物信息的。 2.《排污许可管理办法（试行）》 第三十四条　排污单位应当按照排污许可证规定，安装或者使用符合国家有关环境监测、计量认证规定的监测设备，按照规定维护监测设施，开展自行监测，保存原始监测记录。 实施排污许可重点管理的排污单位，应当按照排污许可证规定安装自动监测设备，并与环境保护主管部门的监控设备联网。 对未采用污染防治可行技术的，应当加强自行监测，评估污染防治技术达标可行性。 第五十六条　违反本办法第三十四条，有下列行为之一的，由**县级以上环境保护主管部门**依据《中华人民共和国大气污染防治法》《中华人民共和国水污染防治法》的规定，责令改正，处二万元以上二十万元以下的罚款；拒不改正的，依法责令停产整治：（一）未按照规定对所排放的工业废气和有毒有害大气污染物、水污染物进行监测，或者未保存原始监测记录的；（二）未按照规定安装大气污染物、水污染物自动监测设备，或者未按照规定与环境保护主管部门的监控设备联网，或者未保证监测设备正常运行的。	生态环境主管部门	设区的市

<table>
<tr><th rowspan="2">序号</th><th rowspan="2">事项名称</th><th rowspan="2">职权类型</th><th rowspan="2">实施依据</th><th colspan="2">实施主体</th></tr>
<tr><th>责任部门</th><th>第一责任层级建议</th></tr>
<tr><td>25</td><td>对违规设置排污口的行政处罚</td><td>行政处罚</td><td>1.《中华人民共和国水污染防治法》
第八十四条　在饮用水水源保护区内设置排污口的，由县级以上地方人民政府责令限期拆除，处十万元以上五十万元以下的罚款；逾期不拆除的，强制拆除，所需费用由违法者承担，处五十万元以上一百万元以下的罚款，并可以责令停产整治。
　　除前款规定外，违反法律、行政法规和国务院环境保护主管部门的规定设置排污口的，由县级以上地方人民政府环境保护主管部门责令限期拆除，处二万元以上十万元以下的罚款；逾期不拆除的，强制拆除，所需费用由违法者承担，处十万元以上五十万元以下的罚款；情节严重的，可以责令停产整治。
　　未经水行政主管部门或者流域管理机构同意，在江河、湖泊新建、改建、扩建排污口的，由县级以上人民政府水行政主管部门或者流域管理机构依据职权，依照前款规定采取措施、给予处罚。

2.《中华人民共和国水法》
第三十四条　禁止在饮用水水源保护区内设置排污口。
　　在江河、湖泊新建、改建或者扩大排污口，应当经过有管辖权的水行政主管部门或者流域管理机构同意，由环境保护行政主管部门负责对该建设项目的环境影响报告书进行审批。

3.《水产种质资源保护区管理暂行办法》
第二十一条　禁止在水产种质资源保护区内新建排污口。
　　在水产种质资源保护区附近新建、改建、扩建排污口，应当保证保护区水体不受污染。
第二十三条　单位和个人违反本办法规定，对水产种质资源保护区内的水产种质资源及其生存环境造成损害的，由县级以上人民政府渔业行政主管部门或者其所属的渔政监督管理机构、水产种质资源保护区管理机构依法处理。</td><td>生态环境主管部门</td><td>设区的市</td></tr>
</table>

序号	事项名称	职权类型	实施依据	实施主体：责任部门	实施主体：第一责任层级建议
26	对违法设置排污口的行政强制	行政强制	1.《中华人民共和国水污染防治法》 第八十四条　在饮用水水源保护区内设置排污口的，由县级以上地方人民政府责令限期拆除，处十万元以上五十万元以下的罚款；逾期不拆除的，强制拆除，所需费用由违法者承担，处五十万元以上一百万元以下的罚款，并可以责令停产整治。 除前款规定外，违反法律、行政法规和国务院环境保护主管部门的规定设置排污口的，由**县级以上地方人民政府环境保护主管部门**责令限期拆除，处二万元以上十万元以下的罚款；逾期不拆除的，强制拆除，所需费用由违法者承担，处十万元以上五十万元以下的罚款；情节严重的，可以责令停产整治。 未经**水行政主管部门或者流域管理机构**同意，在江河、湖泊新建、改建、扩建排污口的，由县级以上人民政府**水行政主管部门或者流域管理机构**依据职权，依照前款规定采取措施、给予处罚。	生态环境主管部门	设区的市
27	对违法向水体排放油类、酸液、碱液等行为的行政处罚	行政处罚	1.《中华人民共和国水污染防治法》 第八十五条　有下列行为之一的，由**县级以上地方人民政府环境保护主管部门**责令停止违法行为，限期采取治理措施，消除污染，处以罚款；逾期不采取治理措施的，环境保护主管部门可以指定有治理能力的单位代为治理，所需费用由违法者承担： （一）向水体排放油类、酸液、碱液的； （二）向水体排放剧毒废液，或者将含有汞、镉、砷、铬、铅、氰化物、黄磷等的可溶性剧毒废渣向水体排放、倾倒或者直接埋入地下的； （三）在水体清洗装贮过油类、有毒污染物的车辆或者容器的； （四）向水体排放、倾倒工业废渣、城镇垃圾或者其他废弃物，或者在江河、湖泊、运河、渠道、水库最高水位线以下的滩地、岸坡堆放、存贮固体废弃物或者其他污染物的； （五）向水体排放、倾倒放射性固体废物或者含有高放射性、中放射性物质的废水的； （六）违反国家有关规定或者标准，向水体排放含低放射性物质的废水、热废水或者含病原体的污水的； （七）未采取防渗漏等措施，或者未建设地下水水质监测井进行监测的； （八）加油站等的地下油罐未使用双层罐或者采取建造防渗池等其他有效措施，或者未进行防渗漏监测的；	生态环境主管部门	设区的市

序号	事项名称	职权类型	实施依据	实施主体	
				责任部门	第一责任层级建议
27	对违法向水体排放油类、酸液、碱液等行为的行政处罚	行政处罚	（九）未按照规定采取防护性措施，或者利用无防渗漏措施的沟渠、坑塘等输送或者存贮含有毒污染物的废水、含病原体的污水或者其他废弃物的。 有前款第三项、第四项、第六项、第七项、第八项行为之一的，处二万元以上二十万元以下的罚款。有前款第一项、第二项、第五项、第九项行为之一的，处十万元以上一百万元以下的罚款；情节严重的，报经有批准权的人民政府批准，责令停业、关闭。	生态环境主管部门	设区的市
28	对违法向水体排放油类、酸液、碱液等行为的行政强制	行政强制	1.《中华人民共和国水污染防治法》 第八十五条　有下列行为之一的，由**县级以上地方人民政府环境保护主管部门**责令停止违法行为，限期采取治理措施，消除污染，处以罚款；逾期不采取治理措施的，环境保护主管部门可以指定有治理能力的单位代为治理，所需费用由违法者承担：（一）向水体排放油类、酸液、碱液的；（二）向水体排放剧毒废液，或者将含有汞、镉、砷、铬、铅、氰化物、黄磷等的可溶性剧毒废渣向水体排放、倾倒或者直接埋入地下的；（三）在水体清洗装贮过油类、有毒污染物的车辆或者容器的；（四）向水体排放、倾倒工业废渣、城镇垃圾或者其他废弃物，或者在江河、湖泊、运河、渠道、水库最高水位线以下的滩地、岸坡堆放、存贮固体废弃物或者其他污染物的；（五）向水体排放、倾倒放射性固体废物或者含有高放射性、中放射性物质的废水的；（六）违反国家有关规定或者标准，向水体排放含低放射性物质的废水、热废水或者含病原体的污水的；（七）未采取防渗漏等措施，或者未建设地下水水质监测井进行监测的；（八）加油站等的地下油罐未使用双层罐或者采取建造防渗池等其他有效措施，或者未进行防渗漏监测的；（九）未按照规定采取防护性措施，或者利用无防渗漏措施的沟渠、坑塘等输送或者存贮含有毒污染物的废水、含病原体的污水或者其他废弃物的。 有前款第三项、第四项、第六项、第七项、第八项行为之一的，处二万元以上二十万元以下的罚款。有前款第一项、第二项、第五项、第九项行为之一的，处十万元以上一百万元以下的罚款；情节严重的，报经有批准权的人民政府批准，责令停业、关闭。	生态环境主管部门	设区的市
29	对违规建设污染严重的生产项目的行政处罚	行政处罚	1.《中华人民共和国水污染防治法》 第八十七条　违反本法规定，建设不符合国家产业政策的小型造纸、制革、印染、染料、炼焦、炼硫、炼砷、炼汞、炼油、电镀、农药、石棉、水泥、玻璃、钢铁、火电以及其他严重污染水环境的生产项目的，由所在地的市、县人民政府责令关闭。	生态环境主管部门	设区的市

序号	事项名称	职权类型	实施依据	实施主体	
				责任部门	第一责任层级建议
30	对超过水污染物排放标准或者超过重点水污染物排放总量控制指标排放水污染物的行政处罚	行政处罚	1.《中华人民共和国水污染防治法》 第八十三条第二项　违反本法规定，有下列行为之一的，由**县级以上人民政府环境保护主管部门**责令改正或者责令限制生产、停产整治，并处十万元以上一百万元以下的罚款；情节严重的，报经有批准权的人民政府批准，责令停业、关闭：（二）超过水污染物排放标准或者超过重点水污染物排放总量控制指标排放水污染物的。	生态环境主管部门	设区的市
31	对在主要入太湖河道岸线内以及岸线周边、两侧保护范围内新建、扩建化工、医药生产项目等行为的行政处罚	行政处罚	1.《太湖流域管理条例》 第六十四条第一款　违反本条例规定，在太湖、淀山湖、太浦河、新孟河、望虞河和其他主要入太湖河道岸线内以及岸线周边、两侧保护范围内新建、扩建化工、医药生产项目，或者设置剧毒物质、危险化学品的贮存、输送设施，或者设置废物回收场、垃圾场、水上餐饮经营设施的，由**太湖流域县级以上地方人民政府环境保护主管部门**责令改正，处20万元以上50万元以下罚款；拒不改正的，由太湖流域县级以上地方人民政府环境保护主管部门依法强制执行，所需费用由违法行为人承担；构成犯罪的，依法追究刑事责任。	生态环境主管部门	太湖流域设区的市
32	对擅自修建水工程，或者建设桥梁、码头和其他拦河、跨河、临河建筑物、构筑物，铺设跨河管道、电缆等行为的行政处罚	行政处罚	1.《中华人民共和国水法》 第六十五条第二款　未经水行政主管部门或者流域管理机构同意，擅自修建水工程，或者建设桥梁、码头和其他拦河、跨河、临河建筑物、构筑物，铺设跨河管道、电缆，且防洪法未作规定的，由**县级以上人民政府水行政主管部门或者流域管理机构**依据职权，责令停止违法行为，限期补办有关手续；逾期不补办或者补办未被批准的，责令限期拆除违法建筑物、构筑物；逾期不拆除的，强行拆除，所需费用由违法单位或者个人负担，并处一万元以上十万元以下的罚款。	生态环境主管部门	设区的市
33	对太湖流域擅自占用规定的水域、滩地等行为的行政处罚	行政处罚	1.《太湖流域管理条例》 第六十七条　违反本条例规定，有下列行为之一的，由**太湖流域管理机构或者县级以上地方人民政府水行政主管部门**按照职责权限责令改正，对单位处5万元以上10万元以下罚款，对个人处1万元以上3万元以下罚款；拒不改正的，由太湖流域管理机构或者县级以上地方人民政府水行政主管部门按照职责权限依法强制执行，所需费用由违法行为人承担：（一）擅自占用太湖、太浦河、新孟河、望虞河岸线内水域、滩地或者临时占用期满不及时恢复原状的；（二）在太湖岸线内圈圩，加高、加宽已经建成圈圩的圩堤，或者垫高已经围湖所造土地地面的；（三）在太湖从事不符合水功能区保护要求的开发利用活动的。 违反本条例规定，在太湖岸线内围湖造地的，依照《中华人民共和国水法》第六十六条的规定处罚。	生态环境主管部门	太湖流域设区的市

序号	事项名称	职权类型	实施依据	实施主体	
				责任部门	第一责任层级建议
34	对在饮用水水源一级保护区内新建、改建、扩建与供水设施和保护水源无关的建设项目等行为的行政处罚	行政处罚	1.《中华人民共和国水污染防治法》 第九十一条　有下列行为之一的，由**县级以上地方人民政府环境保护主管部门**责令停止违法行为，处十万元以上五十万元以下的罚款；并报经有批准权的人民政府批准，责令拆除或者关闭： （一）在饮用水水源一级保护区内新建、改建、扩建与供水设施和保护水源无关的建设项目的； （二）在饮用水水源二级保护区内新建、改建、扩建排放污染物的建设项目的； （三）在饮用水水源准保护区内新建、扩建对水体污染严重的建设项目，或者改建建设项目增加排污量的。 在饮用水水源一级保护区内从事网箱养殖或者组织进行旅游、垂钓或者其他可能污染饮用水水体的活动的，由**县级以上地方人民政府环境保护主管部门**责令停止违法行为，处二万元以上十万元以下的罚款。个人在饮用水水源一级保护区内游泳、垂钓或者从事其他可能污染饮用水水体的活动的，由**县级以上地方人民政府环境保护主管部门**责令停止违法行为，可以处五百元以下的罚款。	生态环境主管部门	设区的市
35	对在饮用水水源保护区内使用农药等行为的行政处罚	行政处罚	1.《农药管理条例》 第六十条第一款第四项、第六项　农药使用者有下列行为之一的，由**县级人民政府农业主管部门**责令改正，农药使用者为农产品生产企业、食品和食用农产品仓储企业、专业化病虫害防治服务组织和从事农产品生产的农民专业合作社等单位的，处5万元以上10万元以下罚款，农药使用者为个人的，处1万元以下罚款；构成犯罪的，依法追究刑事责任： （四）在饮用水水源保护区内使用农药； （六）在饮用水水源保护区、河道内丢弃农药、农药包装物或者清洗施药器械。	生态环境主管部门	设区的市
36	对不按规定制定水污染事故的应急方案等行为的行政处罚	行政处罚	1.《中华人民共和国水污染防治法》 第九十三条　企业事业单位有下列行为之一的，由**县级以上人民政府环境保护主管部门**责令改正；情节严重的，处二万元以上十万元以下的罚款： （一）不按照规定制定水污染事故的应急方案的； （二）水污染事故发生后，未及时启动水污染事故的应急方案，采取有关应急措施的。	生态环境主管部门	设区的市

序号	事项名称	职权类型	实施依据	实施主体	
				责任部门	第一责任层级建议
37	对造成水污染事故的行政处罚	行政处罚	1.《中华人民共和国水污染防治法》 第九十四条第一款　企业事业单位违反本法规定，造成水污染事故的，除依法承担赔偿责任外，由**县级以上人民政府环境保护主管部门**依照本条第二款的规定处以罚款，责令限期采取治理措施，消除污染；未按照要求采取治理措施或者不具备治理能力的，由环境保护主管部门指定有治理能力的单位代为治理，所需费用由违法者承担；对造成重大或者特大水污染事故的，还可以报经有批准权的人民政府批准，责令关闭；对直接负责的主管人员和其他直接责任人员可以处上一年度从本单位取得的收入百分之五十以下的罚款；有《中华人民共和国环境保护法》第六十三条规定的违法排放水污染物等行为之一，尚不构成犯罪的，由公安机关对直接负责的主管人员和其他直接责任人员处十日以上十五日以下的拘留；情节较轻的，处五日以上十日以下的拘留。 第二款　对造成一般或者较大水污染事故的，按照水污染事故造成的直接损失的百分之二十计算罚款；对造成重大或者特大水污染事故的，按照水污染事故造成的直接损失的百分之三十计算罚款。	生态环境主管部门	设区的市
38	对造成水污染事故的行政强制	行政强制	1.《中华人民共和国水污染防治法》 第九十四条第一款　企业事业单位违反本法规定，造成水污染事故的，除依法承担赔偿责任外，由**县级以上人民政府环境保护主管部门**依照本条第二款的规定处以罚款，责令限期采取治理措施，消除污染；未按照要求采取治理措施或者不具备治理能力的，由环境保护主管部门指定有治理能力的单位代为治理，所需费用由违法者承担；对造成重大或者特大水污染事故的，还可以报经有批准权的人民政府批准，责令关闭；对直接负责的主管人员和其他直接责任人员可以处上一年度从本单位取得的收入百分之五十以下的罚款；有《中华人民共和国环境保护法》第六十三条规定的违法排放水污染物等行为之一，尚不构成犯罪的，由公安机关对直接负责的主管人员和其他直接责任人员处十日以上十五日以下的拘留；情节较轻的，处五日以上十日以下的拘留。 第二款　对造成一般或者较大水污染事故的，按照水污染事故造成的直接损失的百分之二十计算罚款；对造成重大或者特大水污染事故的，按照水污染事故造成的直接损失的百分之三十计算罚款。	生态环境主管部门	设区的市

序号	事项名称	职权类型	实施依据	实施主体	
				责任部门	第一责任层级建议
39	对违法排污造成突发环境事件的行政强制	行政强制	1.《中华人民共和国环境保护法》 第二十五条　企业事业单位和其他生产经营者违反法律法规规定排放污染物，造成或者可能造成严重污染的，**县级以上人民政府环境保护主管部门和其他负有环境保护监督管理职责的部门**，可以查封、扣押造成污染物排放的设施、设备。 2.《突发环境事件应急管理办法》 第三十七条　企业事业单位违反本办法规定，导致发生突发环境事件，《中华人民共和国突发事件应对法》《中华人民共和国水污染防治法》《中华人民共和国大气污染防治法》《中华人民共和国固体废物污染环境防治法》等法律法规已有相关处罚规定的，依照有关法律法规执行。 较大、重大和特别重大突发环境事件发生后，企业事业单位未按要求执行停产、停排措施，继续违反法律法规规定排放污染物的，**环境保护主管部门**应当依法对造成污染物排放的设施、设备实施查封、扣押。	生态环境主管部门	设区的市
40	对被责令改正的企业事业单位和其他生产经营者继续违法排放水污染物等行为的行政处罚	行政处罚	1.《中华人民共和国水污染防治法》 第九十五条　企业事业单位和其他生产经营者违法排放水污染物，受到罚款处罚，被责令改正的，**依法作出处罚决定的行政机关**应当组织复查，发现其继续违法排放水污染物或者拒绝、阻挠复查的，依照《中华人民共和国环境保护法》的规定按日连续处罚。	生态环境主管部门	设区的市
41	对拒不接受海洋环境检查或在检查时弄虚作假的行政处罚	行政处罚	1.《中华人民共和国海洋环境保护法》 第十九条第二款　依照本法规定行使海洋环境监督管理权的部门，有权对管辖范围内排放污染物的单位和个人进行现场检查。被检查者应当如实反映情况，提供必要的资料。 第七十五条　违反本法第十九条第二款的规定，拒绝现场检查，或者在被检查时弄虚作假的，由依照本法规定**行使海洋环境监督管理权的部门**予以警告，并处二万元以下的罚款。	生态环境主管部门	设区的市

序号	事项名称	职权类型	实施依据	实施主体	
				责任部门	第一责任层级建议
42	对拒不接受防治海岸工程建设项目检查或在检查时弄虚作假的行政处罚	行政处罚	1.《中华人民共和国海洋环境保护法》 第七十五条　违反本法第十九条第二款的规定，拒绝现场检查，或者在被检查时弄虚作假的，由依照本法规定行使海洋环境监督管理权的部门予以警告，并处二万元以下的罚款。 2.《中华人民共和国防治海岸工程建设项目污染损害海洋环境管理条例》 第二十六条　拒绝、阻挠环境保护主管部门进行现场检查，或者在被检查时弄虚作假的，由**县级以上人民政府环境保护主管部门**依照《中华人民共和国海洋环境保护法》第七十五条的规定予以处罚。	生态环境主管部门	设区的市
43	对拒不接受防治陆源污染物检查或在检查时弄虚作假的行政处罚	行政处罚	1.《中华人民共和国防治陆源污染物污染损害海洋环境管理条例》 第二十四条第二项　违反本条例规定，具有下列情形之一的，由**县级以上人民政府环境保护行政主管部门**责令改正，并可处以三百元以上三千元以下的罚款： （二）拒绝、阻挠环境保护行政主管部门现场检查，或者在被检查中弄虚作假的。	生态环境主管部门	设区的市
44	对违法设置入海排污口的行政处罚	行政处罚	1.《中华人民共和国海洋环境保护法》 第三十条　入海排污口位置的选择，应当根据海洋功能区划、海水动力条件和有关规定，经科学论证后，报设区的市级以上人民政府环境保护行政主管部门备案。 环境保护行政主管部门应当在完成备案后十五个工作日内将入海排污口设置情况通报海洋、海事、渔业行政主管部门和军队环境保护部门。 在海洋自然保护区、重要渔业水域、海滨风景名胜区和其他需要特别保护的区域，不得新建排污口。 在有条件的地区，应当将排污口深海设置，实行离岸排放。设置陆源污染物深海离岸排放排污口，应当根据海洋功能区划、海水动力条件和海底工程设施的有关情况确定，具体办法由国务院规定。 第七十七条　违反本法第三十条第一款、第三款规定设置入海排污口的，由**县级以上地方人民政府环境保护行政主管部门**责令其关闭，并处二万元以上十万元以下的罚款。 海洋、海事、渔业行政主管部门和军队环境保护部门发现入海排污口设置违反本法第三十条第一款、第三款规定的，应当通报环境保护行政主管部门依照前款规定予以处罚。	生态环境主管部门	设区的市

序号	事项名称	职权类型	实施依据	实施主体	
				责任部门	第一责任层级建议
45	对非法向海域排污等行为的行政处罚	行政处罚	1.《中华人民共和国海洋环境保护法》 第七十三条　违反本法有关规定，有下列行为之一的，由依照本法规定**行使海洋环境监督管理权的部门**责令停止违法行为、限期改正或者责令采取限制生产、停产整治等措施，并处以罚款；拒不改正的，依法作出处罚决定的部门可以自责令改正之日的次日起，按照原罚款数额按日连续处罚；情节严重的，报经有批准权的人民政府批准，责令停业、关闭： （一）向海域排放本法禁止排放的污染物或者其他物质的； （二）不按照本法规定向海洋排放污染物，或者超过标准、总量控制指标排放污染物的； （三）未取得海洋倾倒许可证，向海洋倾倒废弃物的； （四）因发生事故或者其他突发性事件，造成海洋环境污染事故，不立即采取处理措施的。 有前款第（一）、（三）项行为之一的，处三万元以上二十万元以下的罚款；有前款第（二）、（四）项行为之一的，处二万元以上十万元以下的罚款。	生态环境主管部门	设区的市
46	对在海岛及周边海域违法排放污染物的行政处罚	行政处罚	1.《中华人民共和国海岛保护法》 第四十九条　在海岛及其周边海域违法排放污染物的，依照有关环境保护法律的规定处罚。 2.《中华人民共和国海洋环境保护法》 第七十三条　违反本法有关规定，有下列行为之一的，由依照本法规定**行使海洋环境监督管理权的部门**责令停止违法行为、限期改正或者责令采取限制生产、停产整治等措施，并处以罚款；拒不改正的，依法作出处罚决定的部门可以自责令改正之日的次日起，按照原罚款数额按日连续处罚；情节严重的，报经有批准权的人民政府批准，责令停业、关闭： （一）向海域排放本法禁止排放的污染物或者其他物质的； （二）不按照本法规定向海洋排放污染物，或者超过标准、总量控制指标排放污染物的； （三）未取得海洋倾倒许可证，向海洋倾倒废弃物的； （四）因发生事故或者其他突发性事件，造成海洋环境污染事故，不立即采取处理措施的。 有前款第（一）、（三）项行为之一的，处三万元以上二十万元以下的罚款；有前款第（二）、（四）项行为之一的，处二万元以上十万元以下的罚款。	生态环境主管部门	设区的市

序号	事项名称	职权类型	实施依据	实施主体	
				责任部门	第一责任层级建议
47	对向海洋违法倾倒废弃物的行政处罚	行政处罚	1.《中华人民共和国海洋环境保护法》 第五十七条　国家海洋行政主管部门按照科学、合理、经济、安全的原则选划海洋倾倒区，经国务院环境保护行政主管部门提出审核意见后，报国务院批准。 临时性海洋倾倒区由国家海洋行政主管部门批准，并报国务院环境保护行政主管部门备案。 国家海洋行政主管部门在选划海洋倾倒区和批准临时性海洋倾倒区之前，必须征求国家海事、渔业行政主管部门的意见。 第八十五条　违反本法规定，不按照许可证的规定倾倒，或者向已经封闭的倾倒区倾倒废弃物的，由**海洋行政主管部门**予以警告，并处三万元以上二十万元以下的罚款；对情节严重的，可以暂扣或者吊销许可证。	生态环境主管部门	设区的市
48	对涉及海洋废弃物堆放场、处理场的防污染设施未经验收或者验收不合格而强行使用的行政处罚	行政处罚	1.《中华人民共和国防治陆源污染物污染损害海洋环境管理条例》 第二十五条　废弃物堆放场、处理场的防污染设施未经环境保护行政主管部门验收或者验收不合格而强行使用的，由**环境保护行政主管部门**责令改正，并可处以五千元以上二万元以下的罚款。	生态环境主管部门	设区的市
49	对擅自改变陆源污染物排放种类、增加污染物排放数量、浓度或者拆除、闲置污染物处理设施等行为的行政处罚	行政处罚	1.《中华人民共和国防治陆源污染物污染损害海洋环境管理条例》 第二十六条第一款第一项　违反本条例规定，具有下列情形之一的，由**县级以上人民政府环境保护行政主管部门**责令改正，并可处以五千元以上十万元以下的罚款： （一）未经所在地环境保护行政主管部门同意和原批准部门批准，擅自改变污染物排放的种类、增加污染物排放的数量、浓度或者拆除、闲置污染物处理设施的；	生态环境主管部门	设区的市

序号	事项名称	职权类型	实施依据	实施主体	
				责任部门	第一责任层级建议
50	对在岸滩采用不正当的稀释、渗透方式排放有毒、有害废水等行为的行政处罚	行政处罚	1.《中华人民共和国防治陆源污染物污染损害海洋环境管理条例》 第二十七条　违反本条例规定，具有下列情形之一的，由**县级以上人民政府环境保护行政主管部门**责令改正，并可处以一千元以上二万元以下的罚款；情节严重的，可处以二万元以上十万元以下的罚款： （一）在岸滩采用不正当的稀释、渗透方式排放有毒、有害废水的； （二）向海域排放含高、中放射性物质的废水的； （三）向海域排放油类、酸液、碱液和毒液的； （四）向岸滩弃置失效或者禁用的药物和药具的； （五）向海域排放含油废水、含病原体废水、含热废水、含低放射性物质废水、含有害重金属废水和其他工业废水超过国家和地方规定的排放标准和有关规定或者将处理后的残渣弃置入海的； （六）未经县级以上地方人民政府环境保护行政主管部门批准，擅自在岸滩堆放、弃置和处理废弃物或者在废弃物堆放场、处理场内，擅自堆放、处理未经批准的其他种类的废弃物或者露天堆放含剧毒、放射性、易溶解和易挥发性物质的废弃物的。	生态环境主管部门	设区的市
51	对海水养殖者未按规定采取科学的养殖方式，对海洋环境造成污染或者严重影响海洋景观的行政处罚	行政处罚	1.《防治海洋工程建设项目污染损害海洋环境管理条例》 第五十三条　海水养殖者未按规定采取科学的养殖方式，对海洋环境造成污染或者严重影响海洋景观的，由**县级以上人民政府海洋主管部门**责令限期改正；逾期不改正的，责令停止养殖活动，并处清理污染或者恢复海洋景观所需费用1倍以上2倍以下的罚款。	生态环境主管部门	设区的市

序号	事项名称	职权类型	实施依据	实施主体	
				责任部门	第一责任层级建议
52	对未申报、未报告、拒报或谎报向海洋排污等行为的行政处罚	行政处罚	1.《中华人民共和国海洋环境保护法》 第七十四条　违反本法有关规定，有下列行为之一的，由依照本法规定**行使海洋环境监督管理权的部门**予以警告，或者处以罚款： （一）不按照规定申报，甚至拒报污染物排放有关事项，或者在申报时弄虚作假的； （二）发生事故或者其他突发性事件不按照规定报告的； （三）不按照规定记录倾倒情况，或者不按照规定提交倾倒报告的； （四）拒报或者谎报船舶载运污染危害性货物申报事项的。 有前款第（一）、（三）项行为之一的，处二万元以下的罚款；有前款第（二）、（四）项行为之一的，处五万元以下的罚款。	生态环境主管部门	设区的市
53	对未依法进行环境影响评价兴建海岸工程建设项目的行政处罚	行政处罚	1.《中华人民共和国海洋环境保护法》 第七十九条　海岸工程建设项目未依法进行环境影响评价的，依照《中华人民共和国环境影响评价法》的规定处理。 2.《中华人民共和国环境影响评价法》 第三十一条　建设单位未依法报批建设项目环境影响报告书、报告表，或者未依照本法第二十四条的规定重新报批或者报请重新审核环境影响报告书、报告表，擅自开工建设的，由**县级以上生态环境主管部门**责令停止建设，根据违法情节和危害后果，处建设项目总投资额百分之一以上百分之五以下的罚款，并可以责令恢复原状；对建设单位直接负责的主管人员和其他直接责任人员，依法给予行政处分。 建设项目环境影响报告书、报告表未经批准或者未经原审批部门重新审核同意，建设单位擅自开工建设的，依照前款的规定处罚、处分。 建设单位未依法备案建设项目环境影响登记表的，由**县级以上生态环境主管部门**责令备案，处五万元以下的罚款。 海洋工程建设项目的建设单位有本条所列违法行为的，依照《中华人民共和国海洋环境保护法》的规定处罚。	生态环境主管部门	设区的市

序号	事项名称	职权类型	实施依据	实施主体	
				责任部门	第一责任层级建议
53	对未依法进行环境影响评价兴建海岸工程建设项目的行政处罚	行政处罚	3.《中华人民共和国防治海岸工程建设项目污染损害海洋环境管理条例》 第二十五条　未持有经审核和批准的环境影响报告书（表），兴建海岸工程建设项目的，依照《中华人民共和国海洋环境保护法》第七十九条的规定予以处罚。	生态环境主管部门	设区的市
54	对海岸工程建设项目未建成环境保护设施，或者环境保护设施未达到规定要求即投入生产、使用的行政处罚	行政处罚	1.《中华人民共和国海洋环境保护法》 第四十四条　海岸工程建设项目的环境保护设施，必须与主体工程同时设计、同时施工、同时投产使用。 环境保护设施应当符合经批准的环境影响评价报告书（表）的要求。 第八十条　违反本法第四十四条的规定，海岸工程建设项目未建成环境保护设施，或者环境保护设施未达到规定要求即投入生产、使用的，由**环境保护行政主管部门**责令其停止生产或者使用，并处二万元以上十万元以下的罚款。 2.《中华人民共和国防治海岸工程建设项目污染损害海洋环境管理条例》 第二十七条　海岸工程建设项目的环境保护设施未建成或者未达到规定要求，该项目即投入生产、使用的，依照《中华人民共和国海洋环境保护法》第八十条的规定予以处罚。	生态环境主管部门	设区的市
55	对在自然保护区内建设污染环境、破坏景观的海岸工程建设项目等行为的行政处罚	行政处罚	1.《中华人民共和国自然保护区条例》 第三十二条　在自然保护区的核心区和缓冲区内，不得建设任何生产设施。在自然保护区的实验区内，不得建设污染环境、破坏资源或者景观的生产设施；建设其他项目，其污染物排放不得超过国家和地方规定的污染物排放标准。在自然保护区的实验区内已经建成的设施，其污染物排放超过国家和地方规定的排放标准的，应当限期治理；造成损害的，必须采取补救措施。 在自然保护区的外围保护地带建设的项目，不得损害自然保护区内的环境质量；已造成损害的，应当限期治理。 限期治理决定由法律、法规规定的机关作出，被限期治理的企业事业单位必须按期完成治理任务。 第三十五条　违反本条例规定，在自然保护区进行砍伐、放牧、狩猎、捕捞、采药、开垦、烧荒、开矿、采石、挖沙等活动的单位和个人，除可以依照有关法律、行政法规规定给予处罚的以外，由**县级以上人民政府有关自然保护区行政主管部门或者其授权的自然保护区管理机构**没收违法所得，责令停止违法行为，限期恢复原状或者采取其他补救措施；对自然保护区造成破坏的，可以处以300元以上10 000元以下的罚款。	生态环境主管部门	设区的市

序号	事项名称	职权类型	实施依据	实施主体：责任部门	实施主体：第一责任层级建议
55	对在自然保护区内建设污染环境、破坏景观的海岸工程建设项目等行为的行政处罚	行政处罚	2.《近岸海域环境功能区管理办法》 第十条　在一类、二类近岸海域环境功能区内，禁止兴建污染环境、破坏景观的海岸工程建设项目。 第十一条　禁止破坏红树林和珊瑚礁。 在红树林自然保护区和珊瑚礁自然保护区开展活动，应严格执行《中华人民共和国自然保护区条例》，禁止危害保护区环境的项目建设和其他经济开发活动。 禁止在红树林自然保护区和珊瑚礁自然保护区内设置新的排污口。本办法发布前已经设置的排污口。依法限期治理。 第十八条　违反本办法规定的，由**环境保护行政主管部门**依照有关法律、法规的规定进行处罚。	生态环境主管部门	设区的市
56	对违法进行海洋工程建设项目的行政处罚	行政处罚	1.《中华人民共和国海洋环境保护法》 第四十七条第一款　海洋工程建设项目必须符合全国海洋主体功能区规划、海洋功能区划、海洋环境保护规划和国家有关环境保护标准。海洋工程建设项目单位应当对海洋环境进行科学调查，编制海洋环境影响报告书（表），并在建设项目开工前，报海洋行政主管部门审查批准。 第八十二条第一款　违反本法第四十七条第一款的规定，进行海洋工程建设项目的，由**海洋行政主管部门**责令其停止施工，根据违法情节和危害后果，处建设项目总投资额百分之一以上百分之五以下的罚款，并可以责令恢复原状。	生态环境主管部门	设区的市
57	对海洋工程建设项目未建成环境保护设施、环境保护设施未达到规定要求即投入生产、使用的行政处罚	行政处罚	1.《中华人民共和国海洋环境保护法》 第四十八条　海洋工程建设项目的环境保护设施，必须与主体工程同时设计、同时施工、同时投产使用。 环境保护设施未经海洋行政主管部门验收，或者经验收不合格的，建设项目不得投入生产或者使用。 拆除或闲置环境保护设施，必须事先征得海洋行政主管部门的同意。 第八十二条第二款　违反本法第四十八条的规定，海洋工程建设项目未建成环境保护设施、环境保护设施未达到规定要求即投入生产、使用的，由**海洋行政主管部门**责令其停止生产、使用，并处五万元以上二十万元以下的罚款。	生态环境主管部门	设区的市

序号	事项名称	职权类型	实施依据	实施主体	
				责任部门	第一责任层级建议
58	对海洋工程建设项目擅自拆除或者闲置环境保护设施等行为的行政处罚	行政处罚	1.《防治海洋工程建设项目污染损害海洋环境管理条例》 第四十七条　建设单位违反本条例规定，有下列行为之一的，由**原核准该工程环境影响报告书的海洋主管部门**责令限期改正；逾期不改正的，责令停止运行，并处1万元以上10万元以下的罚款： （一）擅自拆除或者闲置环境保护设施的； （二）未在规定时间内进行环境影响后评价或者未按要求采取整改措施的。	生态环境主管部门	设区的市
59	对海洋工程建设项目造成领海基点及其周围环境损害等行为的行政处罚	行政处罚	1.《防治海洋工程建设项目污染损害海洋环境管理条例》 第四十八条　建设单位违反本条例规定，有下列行为之一的，由**县级以上人民政府海洋主管部门**责令停止建设、运行，限期恢复原状；逾期未恢复原状的，海洋主管部门可以指定具有相应资质的单位代为恢复原状，所需费用由建设单位承担，并处恢复原状所需费用1倍以上2倍以下的罚款： （一）造成领海基点及其周围环境被侵蚀、淤积或者损害的； （二）违反规定在海洋自然保护区内进行海洋工程建设活动的。	生态环境主管部门	设区的市
60	对海洋工程建设项目造成领海基点及其周围环境被侵蚀、淤积或者损害等行为的行政强制	行政强制	1.《防治海洋工程建设项目污染损害海洋环境管理条例》 第四十八条　建设单位违反本条例规定，有下列行为之一的，由**县级以上人民政府海洋主管部门**责令停止建设、运行，限期恢复原状；逾期未恢复原状的，海洋主管部门可以指定具有相应资质的单位代为恢复原状，所需费用由建设单位承担，并处恢复原状所需费用1倍以上2倍以下的罚款： （一）造成领海基点及其周围环境被侵蚀、淤积或者损害的； （二）违反规定在海洋自然保护区内进行海洋工程建设活动的。	生态环境主管部门	省级、设区的市
61	对海洋工程建设项目违法使用含超标准放射性物质等行为的行政处罚	行政处罚	1.《中华人民共和国海洋环境保护法》 第四十九条　海洋工程建设项目，不得使用含超标准放射性物质或者易溶出有毒有害物质的材料。 第八十三条　违反本法第四十九条的规定，使用含超标准放射性物质或者易溶出有毒有害物质材料的，由**海洋行政主管部门**处五万元以下的罚款，并责令其停止该建设项目的运行，直到消除污染危害。	生态环境主管部门	省级、设区的市

序号	事项名称	职权类型	实施依据	实施主体	
				责任部门	第一责任层级建议
62	对围填海工程材料不符合环保标准的行政处罚	行政处罚	1.《防治海洋工程建设项目污染损害海洋环境管理条例》 第四十九条　建设单位违反本条例规定，在围填海工程中使用的填充材料不符合有关环境保护标准的，由**县级以上人民政府海洋主管部门**责令限期改正；逾期不改正的，责令停止建设、运行，并处5万元以上20万元以下的罚款；造成海洋环境污染事故，直接负责的主管人员和其他直接责任人员构成犯罪的，依法追究刑事责任。	生态环境主管部门	设区的市
63	对海洋工程建设项目未按规定报告污染物排放设施、处理设备的运转情 况等行为的行政处罚	行政处罚	1.《防治海洋工程建设项目污染损害海洋环境管理条例》 第五十条　建设单位违反本条例规定，有下列行为之一的，由**原核准该工程环境影响报告书的海洋主管部门**责令限期改正；逾期不改正的，处1万元以上5万元以下的罚款： （一）未按规定报告污染物排放设施、处理设备的运转情况或者污染物的排放、处置情况的； （二）未按规定报告其向水基泥浆中添加油的种类和数量的； （三）未按规定将防治海洋工程污染损害海洋环境的应急预案备案的； （四）在海上爆破作业前未按规定报告海洋主管部门的； （五）进行海上爆破作业时，未按规定设置明显标志、信号的。	生态环境主管部门	设区的市
64	对进行海上爆破作业时未采取有效措施保护海洋资源的行政处罚	行政处罚	1.《防治海洋工程建设项目污染损害海洋环境管理条例》 第五十一条　建设单位违反本条例规定，进行海上爆破作业时未采取有效措施保护海洋资源的，由**县级以上人民政府海洋主管部门**责令限期改正；逾期未改正的，处1万元以上10万元以下的罚款。 建设单位违反本条例规定，在重要渔业水域进行炸药爆破或者进行其他可能对渔业资源造成损害的作业，未避开主要经济类鱼虾产卵期的，由**县级以上人民政府海洋主管部门**予以警告、责令停止作业，并处5万元以上20万元以下的罚款。	生态环境主管部门	设区的市

序号	事项名称	职权类型	实施依据	实施主体	
				责任部门	第一责任层级建议
65	对港口、码头、装卸站、船舶及船舶未配备防污设施、器材等行为的行政处罚	行政处罚	1.《中华人民共和国海洋环境保护法》 第八十七条　违反本法规定，有下列行为之一的，由依照本法规定**行使海洋环境监督管理权的部门**予以警告，或者处以罚款： （一）港口、码头、装卸站及船舶未配备防污设施、器材的； （二）船舶未持有防污证书、防污文书，或者不按照规定记载排污记录的； （三）从事水上和港区水域拆船、旧船改装、打捞和其他水上、水下施工作业，造成海洋环境污染损害的； （四）船舶载运的货物不具备防污适运条件的。 有前款第（一）、（四）项行为之一的，处二万元以上十万元以下的罚款；有前款第（二）项行为的，处二万元以下的罚款；有前款第（三）项行为的，处五万元以上二十万元以下的罚款。	生态环境主管部门	设区的市
66	对船舶、石油平台和装卸油类的港口、码头、装卸站不编制溢油应急计划的行政处罚	行政处罚	1.《中华人民共和国海洋环境保护法》 第八十八条　违反本法规定，船舶、石油平台和装卸油类的港口、码头、装卸站不编制溢油应急计划的，由依照本法规定**行使海洋环境监督管理权的部门**予以警告，或者责令限期改正。	生态环境主管部门	设区的市
67	对违法采挖、破坏珊瑚礁，砍伐海岛周边海域红树林等造成海洋生态系统破坏行为的行政处罚	行政处罚	1.《中华人民共和国海洋环境保护法》 第七十六条　违反本法规定，造成珊瑚礁、红树林等海洋生态系统及海洋水产资源、海洋保护区破坏的，由依照本法规定**行使海洋环境监督管理权的部门**责令限期改正和采取补救措施，并处一万元以上十万元以下的罚款；有违法所得的，没收其违法所得。 2.《中华人民共和国海岛保护法》 第四十六条　违反本法规定，采挖、破坏珊瑚、珊瑚礁，或者砍伐海岛周边海域红树林的，依照《中华人民共和国海洋环境保护法》的规定处罚。	生态环境主管部门	设区的市
68	对违反规定在无居民海岛进行生产、建设等行为造成环境污染或生态破坏的行政处罚	行政处罚	1.《中华人民共和国海岛保护法》 第四十七条第二款　违反本法规定，在无居民海岛进行生产、建设活动或者组织开展旅游活动的，由**县级以上人民政府海洋主管部门**责令停止违法行为，没收违法所得，并处二万元以上二十万元以下的罚款。	生态环境主管部门	设区的市

序号	事项名称	职权类型	实施依据	实施主体	
				责任部门	第一责任层级建议
69	对拒不接受大气污染监督检查或在接受监督检查时弄虚作假的行政处罚	行政处罚	1.《中华人民共和国大气污染防治法》 第九十八条　违反本法规定，以拒绝进入现场等方式拒不接受生态环境主管部门及其环境执法机构或者其他负有大气环境保护监督管理职责的部门的监督检查，或者在接受监督检查时弄虚作假的，由**县级以上人民政府生态环境主管部门或者其他负有大气环境保护监督管理职责的部门**责令改正，处二万元以上二十万元以下的罚款；构成违反治安管理行为的，由公安机关依法予以处罚。 2.《环境监测管理办法》 第十九条　排污者拒绝、阻挠环境监测工作人员进行环境监测活动或者弄虚作假的，由**县级以上环境保护部门**依法给予行政处罚；构成违反治安管理行为的，由公安机关依法给予治安处罚；构成犯罪的，依法追究刑事责任。	生态环境主管部门	设区的市
70	对拒不接受消耗臭氧层物质检查或在检查时弄虚作假的行政处罚	行政处罚	1.《消耗臭氧层物质管理条例》 第三十九条　拒绝、阻碍环境保护主管部门或者其他有关部门的监督检查，或者在接受监督检查时弄虚作假的，由**监督检查部门**责令改正，处1万元以上2万元以下的罚款；构成违反治安管理行为的，由公安机关依法给予治安管理处罚；构成犯罪的，依法追究刑事责任。	生态环境主管部门	设区的市
71	对未依法取得排污许可证排放大气污染物等行为的行政处罚	行政处罚	1.《中华人民共和国大气污染防治法》 第九十九条　违反本法规定，有下列行为之一的，由**县级以上人民政府生态环境主管部门**责令改正或者限制生产、停产整治，并处十万元以上一百万元以下的罚款；情节严重的，报经有批准权的人民政府批准，责令停业、关闭： （一）未依法取得排污许可证排放大气污染物的； （二）超过大气污染物排放标准或者超过重点大气污染物排放总量控制指标排放大气污染物的； （三）通过逃避监管的方式排放大气污染物的。	生态环境主管部门	设区的市

序号	事项名称	职权类型	实施依据	实施主体	
				责任部门	第一责任层级建议
72	对未依法取得排污许可证排放大气污染物等行为受到罚款处罚，被责令改正拒不改正的行政处罚	行政处罚	1.《中华人民共和国大气污染防治法》 第一百二十三条　违反本法规定，企业事业单位和其他生产经营者有下列行为之一，受到罚款处罚，被责令改正，拒不改正的，**依法作出处罚决定的行政机关**可以自责令改正之日的次日起，按照原处罚数额按日连续处罚： （一）未依法取得排污许可证排放大气污染物的； （二）超过大气污染物排放标准或者超过重点大气污染物排放总量控制指标排放大气污染物的； （三）通过逃避监管的方式排放大气污染物的； （四）建筑施工或者贮存易产生扬尘的物料未采取有效措施防治扬尘污染的。	生态环境主管部门	设区的市
73	对侵占、损毁或者擅自移动、改变大气环境质量监测设施等行为的行政处罚	行政处罚	1.《中华人民共和国大气污染防治法》 第一百条　违反本法规定，有下列行为之一的，由**县级以上人民政府生态环境主管部门**责令改正，处二万元以上二十万元以下的罚款；拒不改正的，责令停产整治： （一）侵占、损毁或者擅自移动、改变大气环境质量监测设施或者大气污染物排放自动监测设备的； （二）未按照规定对所排放的工业废气和有毒有害大气污染物进行监测并保存原始监测记录的； （三）未按照规定安装、使用大气污染物排放自动监测设备或者未按照规定与环境保护主管部门的监控设备联网，并保证监测设备正常运行的； （四）重点排污单位不公开或者不如实公开自动监测数据的； （五）未按照规定设置大气污染物排放口的。 2.《排污许可管理办法（试行）》 第三十四条　排污单位应当按照排污许可证规定，安装或者使用符合国家有关环境监测、计量认证规定的监测设备，按照规定维护监测设施，开展自行监测，保存原始监测记录。 实施排污许可重点管理的排污单位，应当按照排污许可证规定安装自动监测设备，并与环境保护主管部门的监控设备联网。 对未采用污染防治可行技术的，应当加强自行监测，评估污染防治技术达标可行性。	生态环境主管部门	设区的市

序号	事项名称	职权类型	实施依据	实施主体	
				责任部门	第一责任层级建议
73	对侵占、损毁或者擅自移动、改变大气环境质量监测设施等行为的行政处罚	行政处罚	第五十六条　违反本办法第三十四条，有下列行为之一的，由**县级以上环境保护主管部门**依据《中华人民共和国大气污染防治法》《中华人民共和国水污染防治法》的规定，责令改正，处二万元以上二十万元以下的罚款；拒不改正的，依法责令停产整治：（一）未按照规定对所排放的工业废气和有毒有害大气污染物、水污染物进行监测，或者未保存原始监测记录的；（二）未按照规定安装大气污染物、水污染物自动监测设备，或者未按照规定与环境保护主管部门的监控设备联网，或者未保证监测设备正常运行的。	生态环境主管部门	设区的市
74	对单位燃用不符合质量标准的煤炭、石油焦的行政处罚	行政处罚	1.《中华人民共和国大气污染防治法》 第一百零五条　违反本法规定，单位燃用不符合质量标准的煤炭、石油焦的，由**县级以上人民政府生态环境主管部门**责令改正，处货值金额一倍以上三倍以下的罚款。	生态环境主管部门	设区的市
75	对在禁燃区内新、扩建燃用高污染燃料的设施等行为的行政处罚	行政处罚	1.《中华人民共和国大气污染防治法》 第一百零七条第一款　违反本法规定，在禁燃区内新建、扩建燃用高污染燃料的设施，或者未按照规定停止燃用高污染燃料，或者在城市集中供热管网覆盖地区新建、扩建分散燃煤供热锅炉，或者未按照规定拆除已建成的不能达标排放的燃煤供热锅炉的，由**县级以上地方人民政府生态环境主管部门**没收燃用高污染燃料的设施，组织拆除燃煤供热锅炉，并处二万元以上二十万元以下的罚款。	生态环境主管部门	设区的市
76	对生产、进口、销售或者使用不符合规定标准或者要求锅炉的行政处罚	行政处罚	1.《中华人民共和国大气污染防治法》 第一百零七条第二款　违反本法规定，生产、进口、销售或者使用不符合规定标准或者要求的锅炉，由**县级以上人民政府市场监督管理、生态环境主管部门**责令改正，没收违法所得，并处二万元以上二十万元以下的罚款。	生态环境主管部门	设区的市
77	对违反挥发性有机物治理相关规定的行政处罚	行政处罚	1.《中华人民共和国大气污染防治法》 第一百零八条　违反本法规定，有下列行为之一的，由**县级以上人民政府生态环境主管部门**责令改正，处二万元以上二十万元以下的罚款；拒不改正的，责令停产整治： （一）产生含挥发性有机物废气的生产和服务活动，未在密闭空间或者设备中进行，未按照规定安装使用污染防治设施，或者未采取减少废气排放措施的； （二）工业涂装企业未使用低挥发性有机物含量涂料或者未建立、保存台账的； （三）石油、化工以及其他生产和使用有机溶剂的企业，未采取措施对管道、设备进行日常维护、维修，减少物料泄漏或者对泄漏的物料未及时收集处理的；	生态环境主管部门	设区的市

序号	事项名称	职权类型	实施依据	实施主体 责任部门	实施主体 第一责任层级建议
77	对违反挥发性有机物治理相关规定的行政处罚	行政处罚	（四）储油储气库、加油加气站和油罐车、气罐车等，未按照国家有关规定安装并正常使用油气回收装置的； （五）钢铁、建材、有色金属、石油、化工、制药、矿产开采等企业，未采取集中收集处理、密闭、围挡、遮盖、清扫、洒水等措施，控制、减少粉尘和气态污染物排放的； （六）工业生产、垃圾填埋或者其他活动中产生的可燃性气体未回收利用，不具备回收利用条件未进行防治污染处理，或者可燃性气体回收利用装置不能正常作业，未及时修复或者更新的。	生态环境主管部门	设区的市
78	对生产超过污染物排放标准的机动车、非道路移动机械的行政处罚	行政处罚	1.《中华人民共和国大气污染防治法》 第一百零九条第一款　违反本法规定，生产超过污染物排放标准的机动车、非道路移动机械的，由**省级以上人民政府生态环境主管部门**责令改正，没收违法所得，并处货值金额一倍以上三倍以下的罚款，没收销毁无法达到污染物排放标准的机动车、非道路移动机械；拒不改正的，责令停产整治，并由国务院机动车生产主管部门责令停止生产该车型。	生态环境主管部门	省级
79	对机动车、非道路移动机械生产企业对发动机、污染控制装置弄虚作假、以次充好等行为的行政处罚	行政处罚	1.《中华人民共和国大气污染防治法》 第一百零九条第二款　违反本法规定，机动车、非道路移动机械生产企业对发动机、污染控制装置弄虚作假、以次充好，冒充排放检验合格产品出厂销售的，由**省级以上人民政府生态环境主管部门**责令停产整治，没收违法所得，并处货值金额一倍以上三倍以下的罚款，没收销毁无法达到污染物排放标准的机动车、非道路移动机械，并由国务院机动车生产主管部门责令停止生产该车型。	生态环境主管部门	省级
80	对机动车生产、进口企业未按照规定向社会公布其生产、进口机动车车型的排放检验信息或者污染控制技术信息的行政处罚	行政处罚	1.《中华人民共和国大气污染防治法》 第一百一十一条第一款　违反本法规定，机动车生产、进口企业未按照规定向社会公布其生产、进口机动车车型的排放检验信息或者污染控制技术信息的，由**省级以上人民政府生态环境主管部门**责令改正，处五万元以上五十万元以下的罚款。	生态环境主管部门	省级
81	对伪造机动车、非道路移动机械排放检验结果等行为的行政处罚	行政处罚	1.《中华人民共和国大气污染防治法》 第一百一十二条第一款　违反本法规定，伪造机动车、非道路移动机械排放检验结果或者出具虚假排放检验报告的，由**县级以上人民政府生态环境主管部门**没收违法所得，并处十万元以上五十万元以下的罚款；情节严重的，由负责资质认定的部门取消其检验资格。	生态环境主管部门	设区的市

序号	事项名称	职权类型	实施依据	实施主体	
				责任部门	第一责任层级建议
82	对弄虚作假的方式通过机动车排放检验或者破坏机动车车载排放诊断系统的行政处罚	行政处罚	1.《中华人民共和国大气污染防治法》 第一百一十二条第三款　违反本法规定，以临时更换机动车污染控制装置等弄虚作假的方式通过机动车排放检验或者破坏机动车车载排放诊断系统的，由**县级以上人民政府生态环境主管部门**责令改正，对机动车所有人处五千元的罚款；对机动车维修单位处每辆机动车五千元的罚款。	生态环境主管部门	设区的市
83	对使用排放不合格的非道路移动机械等行为的行政处罚	行政处罚	1.《中华人民共和国大气污染防治法》 第一百一十四条第一款　违反本法规定，使用排放不合格的非道路移动机械，或者在用重型柴油车、非道路移动机械未按照规定加装、更换污染控制装置的，由**县级以上人民政府生态环境等主管部门**按照职责责令改正，处五千元的罚款。	生态环境主管部门	设区的市
84	对在禁止使用高排放非道路移动机械的区域使用高排放非道路移动机械的行政处罚	行政处罚	1.《中华人民共和国大气污染防治法》 第一百一十四条第二款　违反本法规定，在禁止使用高排放非道路移动机械的区域使用高排放非道路移动机械的，由**城市人民政府生态环境等主管部门**依法予以处罚。	生态环境主管部门	设区的市
85	对未密闭煤炭、煤矸石、煤渣等易产生扬尘的物料等行为的行政处罚	行政处罚	1.《中华人民共和国大气污染防治法》 第一百一十七条　违反本法规定，有下列行为之一的，由**县级以上人民政府生态环境等主管部门**按照职责责令改正，处一万元以上十万元以下的罚款；拒不改正的，责令停工整治或者停业整治： （一）未密闭煤炭、煤矸石、煤渣、煤灰、水泥、石灰、石膏、砂土等易产生扬尘的物料的； （二）对不能密闭的易产生扬尘的物料，未设置不低于堆放物高度的严密围挡，或者未采取有效覆盖措施防治扬尘污染的； （三）装卸物料未采取密闭或者喷淋等方式控制扬尘排放的； （四）存放煤炭、煤矸石、煤渣、煤灰等物料，未采取防燃措施的； （五）码头、矿山、填埋场和消纳场未采取有效措施防治扬尘污染的； （六）排放有毒有害大气污染物名录中所列有毒有害大气污染物的企业事业单位，未按照规定建设环境风险预警体系或者对排放口和周边环境进行定期监测、排查环境安全隐患并采取有效措施防范环境风险的； （七）向大气排放持久性有机污染物的企业事业单位和其他生产经营者以及废弃物焚烧设施的运营单位，未按照国家有关规定采取有利于减少持久性有机污染物排放的技术方法和工艺，配备净化装置的； （八）未采取措施防止排放恶臭气体的。	生态环境主管部门	设区的市

序号	事项名称	职权类型	实施依据	实施主体	
				责任部门	第一责任层级建议
86	对干洗、机动车维修未设置废气污染防治设施并保持正常使用，影响周边环境的行政处罚	行政处罚	1.《中华人民共和国大气污染防治法》 第一百二十条　违反本法规定，从事服装干洗和机动车维修等服务活动，未设置异味和废气处理装置等污染防治设施并保持正常使用，影响周边环境的，由**县级以上地方人民政府生态环境主管部门**责令改正，处二千元以上二万元以下的罚款；拒不改正的，责令停业整治。	生态环境主管部门	设区的市
87	对造成大气污染事故的行政处罚	行政处罚	1.《中华人民共和国大气污染防治法》 第一百二十二条　违反本法规定，造成大气污染事故的，由**县级以上人民政府生态环境主管部门**依照本条第二款的规定处以罚款；对直接负责的主管人员和其他直接责任人员可以处上一年度从本企业事业单位取得收入百分之五十以下的罚款。 对造成一般或者较大大气污染事故的，按照污染事故造成直接损失的一倍以上三倍以下计算罚款；对造成重大或者特大大气污染事故的，按照污染事故造成的直接损失的三倍以上五倍以下计算罚款。	生态环境主管部门	设区的市
88	对违法排放大气污染物，造成或者可能造成严重大气污染，或者有关证据可能灭失或者被隐匿的行政强制	行政强制	1.《中华人民共和国大气污染防治法》 第三十条　企业事业单位和其他生产经营者违反法律法规规定排放大气污染物，造成或者可能造成严重大气污染，或者有关证据可能灭失或者被隐匿的，**县级以上人民政府生态环境主管部门和其他负有大气环境保护监督管理职责的部门**，可以对有关设施、设备、物品采取查封、扣押等行政强制措施。	生态环境主管部门	设区的市
89	对无生产配额许可证生产消耗臭氧层物质的行政处罚	行政处罚	1.《消耗臭氧层物质管理条例》 第三十一条　无生产配额许可证生产消耗臭氧层物质的，由**所在地县级以上地方人民政府环境保护主管部门**责令停止违法行为，没收用于违法生产消耗臭氧层物质的原料、违法生产的消耗臭氧层物质和违法所得拆除、销毁用于违法生产消耗臭氧层物质的设备、设施，并处100万元的罚款。	生态环境	设区的市
90	对应当申请领取使用配额许可证的单位无使用配额许可证使用消耗臭氧层物质的行政处罚	行政处罚	1.《消耗臭氧层物质管理条例》 第三十二条　依照本条例规定应当申请领取使用配额许可证的单位无使用配额许可证使用消耗臭氧层物质的，由**所在地县级以上地方人民政府环境保护主管部门**责令停止违法行为，没收违法使用的消耗臭氧层物质、违法使用消耗臭氧层物质生产的产品和违法所得，并处20万元的罚款；情节严重的，并处50万元的罚款，拆除、销毁用于违法使用消耗臭氧层物质的设备、设施。	生态环境主管部门	设区的市

序号	事项名称	职权类型	实施依据	实施主体	
				责任部门	第一责任层级建议
91	对超出生产配额许可证规定的品种、数量、期限生产消耗臭氧层物质等行为的行政处罚	行政处罚	1.《消耗臭氧层物质管理条例》 第三十三条　消耗臭氧层物质的生产、使用单位有下列行为之一的，由**所在地省、自治区、直辖市人民政府环境保护主管部门**责令停止违法行为，没收违法生产、使用的消耗臭氧层物质、违法使用消耗臭氧层物质生产的产品和违法所得，并处2万元以上10万元以下的罚款，报国务院环境保护主管部门核减其生产、使用配额数量；情节严重的，并处10万元以上20万元以下的罚款，报**国务院环境保护主管部门**吊销其生产、使用配额许可证：（一）超出生产配额许可证规定的品种、数量、期限生产消耗臭氧层物质的；（二）超出生产配额许可证规定的用途生产或者销售消耗臭氧层物质的；（三）超出使用配额许可证规定的品种数量、用途、期限使用消耗臭氧层物质的。	生态环境主管部门	省级
92	对向不符合规定的单位销售或者购买消耗臭氧层物质的行政处罚	行政处罚	1.《消耗臭氧层物质管理条例》 第三十四条　消耗臭氧层物质的生产、销售、使用单位向不符合本条例规定的单位销售或者购买消耗臭氧层物质的，由**所在地县级以上地方人民政府环境保护主管部门**责令改正，没收违法销售或者购买的消耗臭氧层物质和违法所得，处以所销售或者购买的消耗臭氧层物质市场总价3倍的罚款；对取得生产、使用配额许可证的单位，报国务院环境保护主管部门核减其生产、使用配额数量。	生态环境主管部门	设区的市
93	对未按照规定防止或者减少消耗臭氧层物质的泄漏和排放的行政处罚	行政处罚	1.《消耗臭氧层物质管理条例》 第三十五条　消耗臭氧层物质的生产、使用单位，未按照规定采取必要的措施防止或者减少消耗臭氧层物质的泄漏和排放的，由**所在地县级以上地方人民政府环境保护主管部门**责令限期改正，处5万元的罚款；逾期不改正的，处10万元的罚款，报国务院环境保护主管部门核减其生产、使用配额数量。	生态环境主管部门	设区的市
94	对未按照规定对消耗臭氧层物质进行回收等行为的行政处罚	行政处罚	1.《消耗臭氧层物质管理条例》 第三十六条　从事含消耗臭氧层物质的制冷设备、制冷系统或者灭火系统的维修、报废处理等经营活动的单位，未按照规定对消耗臭氧层物质进行回收、循环利用或者交由从事消耗臭氧层物质回收、再生利用、销毁等经营活动的单位进行无害化处置的，由**所在地县级以上地方人民政府环境保护主管部门**责令改正，处进行无害化处置所需费用3倍的罚款。	生态环境主管部门	设区的市

序号	事项名称	职权类型	实施依据	实施主体：责任部门	实施主体：第一责任层级建议
95	对未按照规定进行无害化处置直接向大气排放的行政处罚	行政处罚	1.《消耗臭氧层物质管理条例》 第三十七条　从事消耗臭氧层物质回收、再生利用、销毁等经营活动的单位，未按照规定对消耗臭氧层物质进行无害化处置而直接向大气排放的，由**所在地县级以上地方人民政府环境保护主管部门**责令改正，处进行无害化处置所需费用3倍的罚款。	生态环境主管部门	设区的市
96	对违法生产、销售、使用进出口的消耗臭氧层物质的单位及其生产设备、设施、原料及产品的行政强制	行政强制	1.《消耗臭氧层物质管理条例》 第二十六条第一款第五项　**县级以上人民政府环境保护主管部门和其他有关部门**进行监督检查，有权采取下列措施： （五）扣押、查封违法生产、销售、使用、进出口的消耗臭氧层物质及其生产设备、设施、原料及产品。	生态环境主管部门	省级、设区的市
97	对从事消耗臭氧层物质经营活动的单位未按规定向环境保护主管部门备案等行为的行政处罚	行政处罚	1.《消耗臭氧层物质管理条例》 第三十八条　从事消耗臭氧层物质生产、销售、使用、进出口、回收、再生利用、销毁等经营活动的单位，以及从事含消耗臭氧层物质的制冷设备、制冷系统或者灭火系统的维修、报废处理等经营活动的单位有下列行为之一的，由**所在地县级以上地方人民政府环境保护主管部门**责令改正，处5 000元以上2万元以下的罚款：（一）依照本条例规定应当向环境保护主管部门备案而未备案的；（二）未按照规定完整保存有关生产经营活动的原始资料的；（三）未按时申报或者谎报、瞒报有关经营活动的数据资料的；（四）未按照监督检查人员的要求提供必要的资料的。 2.《消耗臭氧层物质进出口管理办法》 第七条　进出口单位应当在每年10月31日前向国家消耗臭氧层物质进出口管理机构申请下一年度进出口配额，并提交下一年度消耗臭氧层物质进出口配额申请书和年度进出口计划表。 初次申请进出口配额的进出口单位，还应当提交法人营业执照和对外贸易经营者备案登记表，以及前三年消耗臭氧层物质进出口业绩。 申请进出口属于危险化学品的消耗臭氧层物质的单位，还应当提交安全生产监督管理部门核发的危险化学品生产、使用或者经营许可证。 未按时提交上述材料或者提交材料不齐全的，国家消耗臭氧层物质进出口管理机构不予受理配额申请。	生态环境主管部门	设区的市

序号	事项名称	职权类型	实施依据	实施主体	
				责任部门	第一责任层级建议
97	对从事消耗臭氧层物质经营活动的单位未按规定向环境保护主管部门备案等行为的行政处罚	行政处罚	第十条　在年度进出口配额指标内，进出口单位需要进出口消耗臭氧层物质的，应当向国家消耗臭氧层物质进出口管理机构申请领取进出口受控消耗臭氧层物质审批单，并提交下列材料：（一）消耗臭氧层物质进出口申请书；（二）对外贸易合同或者订单等相关材料，非生产企业还应当提交合法生产企业的供货证明；（三）国家消耗臭氧层物质进出口管理机构认为需要提供的其他材料。 出口回收的消耗臭氧层物质的单位依法申请领取进出口受控消耗臭氧层物质审批单后，方可办理其他手续。 特殊用途的消耗臭氧层物质的出口，进出口单位应当提交进口国政府部门出具的进口许可证或者其他官方批准文件等材料。 第二十一条第二款　进出口单位对本办法第七条、第十条要求申请人提交的数据、材料有谎报、瞒报情形的，国家消耗臭氧层物质进出口管理机构除给予前款规定处罚外，还应当将违法事实通报给进出口单位所在地县级以上地方环境保护主管部门，并由进出口单位**所在地县级以上地方环境保护主管部门**依照《消耗臭氧层物质管理条例》第三十八条的规定予以处罚。	生态环境主管部门	设区的市
98	对碳排放权交易机构及其工作人员未按照规定公布交易信息等的行政处罚	行政处罚	1.《碳排放权交易管理暂行办法》 第四十三条　交易机构及其工作人员有下列情形之一的，由**国务院碳交易主管部门**责令限期改正；逾期未改正的，依法给予行政处罚；给交易主体造成经济损失的，依法承担赔偿责任；构成犯罪的，依法追究刑事责任。 （一）未按照规定公布交易信息； （二）未建立并执行风险管理制度； （三）未按照规定向国务院碳交易主管部门报送有关信息； （四）开展违规的交易业务； （五）泄露交易主体的商业秘密； （六）其他违法违规行为。	生态环境主管部门	国务院主管部门
99	对拒不接受噪声污染检查或在检查时弄虚作假的行政处罚	行政处罚	1.《中华人民共和国环境噪声污染防治法》 第五十五条　排放环境噪声的单位违反本法第二十一条的规定，拒绝生态环境行政主管部门或者其他依照本法规定行使环境噪声监督管理权的部门、机构现场检查或者在被检查时弄虚作假的，**生态环境主管部门或者其他依照本法规定行使环境噪声监督管理权的监督管理部门、机构**可以根据不同情节，给予警告或者处以罚款。	生态环境主管部门	设区的市

序号	事项名称	职权类型	实施依据	实施主体	
				责任部门	第一责任层级建议
100	对噪声污染防治设施未建成等行为的行政处罚	行政处罚	1.《中华人民共和国环境噪声污染防治法》 第十四条　建设项目的环境噪声污染防治设施必须与主体工程同时设计、同时施工、同时投产使用。 建设项目在投入生产或者使用之前，其环境噪声污染防治设施必须按照国家规定的标准和程序进行验收；达不到国家规定要求的，该建设项目不得投入生产或者使用。 第四十八条　违反本法第十四条的规定，建设项目中需要配套建设的环境噪声污染防治设施没有建成或者没有达到国家规定的要求，擅自投入生产或者使用的，由**县级以上生态环境主管部门**责令限期改正，并对单位和个人处以罚款；造成重大环境污染或者生态破坏的，责令停止生产或者使用，或者报经有批准权的人民政府批准，责令关闭。	生态环境主管部门	设区的市
101	对拒报或者谎报规定环境噪声排放申报事项的行政处罚	行政处罚	1.《中华人民共和国环境噪声污染防治法》 第四十九条　违反本法规定，拒报或者谎报规定的环境噪声排放申报事项的，**县级以上地方人民政府生态环境主管部门**可以根据不同情节，给予警告或者处以罚款。	生态环境主管部门	设区的市
102	对擅自拆除或者闲置噪声污染防治设施导致环境噪声超标的行政处罚	行政处罚	1.《中华人民共和国环境噪声污染防治法》 第十五条　产生环境噪声污染的企业事业单位，必须保持防治环境噪声污染的设施的正常使用；拆除或者闲置环境噪声污染防治设施的，必须事先报经所在地的**县级以上地方人民政府生态环境主管部门**批准。 第五十条　违反本法第十五条的规定，未经生态环境行政主管部门批准，擅自拆除或者闲置环境噪声污染防治设施，致使环境噪声排放超过规定标准的，由**县级以上地方人民政府生态环境主管部门**责令改正，并处罚款。 2.《污染源自动监控管理办法》 第十八条第一款第三项　违反本办法规定，有下列行为之一的，由**县级以上地方环境保护部门**按以下规定处理： （三）未经环境保护部门批准，擅自拆除、闲置、破坏环境噪声排放自动监控系统的，致使环境噪声排放超过规定标准的。 第二款　有前款第（三）项行为的，依据《环境噪声污染防治法》第五十条的规定，责令改正，处3万元以下罚款。	生态环境主管部门	设区的市

序号	事项名称	职权类型	实施依据	实施主体	
				责任部门	第一责任层级建议
103	对经限期治理逾期未完成噪声污染治理任务的行政处罚	行政处罚	1.《中华人民共和国环境噪声污染防治法》 第十七条　对于在噪声敏感建筑物集中区域内造成严重环境噪声污染的企业事业单位，限期治理。 被限期治理的单位必须按期完成治理任务。限期治理由县级以上人民政府按照国务院规定的权限决定。 对小型企业事业单位的限期治理，可以由县级以上人民政府在国务院规定的权限内授权其生态环境主管部门决定。 第五十二条　违反本法第十七条的规定，对经限期治理逾期未完成治理任务的企业事业单位，除依照国家规定加收超标准排污费外，可以根据所造成的危害后果处以罚款，或者责令停业、搬迁、关闭。 前款规定的罚款由**生态环境主管部门**决定。责令停业、搬迁、关闭由县级以上人民政府按照国务院规定的权限决定。	生态环境主管部门	设区的市
104	对拒不接受固体废物污染检查或在检查时弄虚作假的行政处罚	行政处罚	1.《中华人民共和国固体废物污染环境防治法》 第七十条　违反本法规定，拒绝**县级以上人民政府环境保护行政主管部门**或者其他固体废物污染环境防治工作的监督管理部门现场检查的，由**执行现场检查的部门**责令限期改正；拒不改正或者在检查时弄虚作假的，处二千元以上二万元以下的罚款。	生态环境主管部门	设区的市
105	对拒不接受医疗废物检查或在检查时弄虚作假的行政处罚	行政处罚	1.《医疗废物管理行政处罚办法》 第十二条第二款　医疗卫生机构、医疗废物集中处置单位阻碍环境保护行政主管部门执法人员执行职务，拒绝执法人员进入现场，或者不配合执法部门的检查、监测、调查取证的，由**县级以上地方人民政府环境保护行政主管部门**依照《中华人民共和国固体废物污染环境防治法》第七十条规定责令限期改正；拒不改正或者在检查时弄虚作假的，处二千元以上二万元以下的罚款。	生态环境主管部门	设区的市
106	对不按照国家规定申报登记工业固体废物等行为的行政处罚	行政处罚	1.《中华人民共和国固体废物污染环境防治法》 第六十八条　违反本法规定，有下列行为之一的，由**县级以上人民政府环境保护行政主管部门**责令停止违法行为，限期改正，处以罚款： （一）不按照国家规定申报登记工业固体废物，或者在申报登记时弄虚作假的； （二）对暂时不利用或者不能利用的工业固体废物未建设贮存的设施、场所安全分类存放，或者未采取无害化处置措施的；	生态环境主管部门	设区的市

序号	事项名称	职权类型	实施依据	实施主体	
				责任部门	第一责任层级建议
106	对不按照国家规定申报登记工业固体废物等行为的行政处罚	行政处罚	（三）将列入限期淘汰名录被淘汰的设备转让给他人使用的； （四）擅自关闭、闲置或者拆除工业固体废物污染环境防治设施、场所的； （五）在自然保护区、风景名胜区、饮用水水源保护区、基本农田保护区和其他需要特别保护的区域内，建设工业固体废物集中贮存、处置的设施、场所和生活垃圾填埋场的； （六）擅自转移固体废物出省、自治区、直辖市行政区域贮存、处置的； （七）未采取相应防范措施，造成工业固体废物扬散、流失、渗漏或者造成其他环境污染的； （八）在运输过程中沿途丢弃、遗撒工业固体废物的。 有前款第一项、第八项行为之一的，处五千元以上五万元以下的罚款；有前款第二项、第三项、第四项、第五项、第六项、第七项行为之一的，处一万元以上十万元以下的罚款。 2.《电子废物污染环境防治管理办法》 第二十二条　列入名录（包括临时名录）的单位（包括个体工商户）违反《固体废物污染环境防治法》等有关法律、行政法规规定，有下列行为之一的，依据有关法律、行政法规予以处罚： （一）擅自关闭、闲置或者拆除污染防治设施、场所的； （二）未采取无害化处置措施，随意倾倒、堆放所产生的固体废物或液态废物的； （三）造成固体废物或液态废物扬散、流失、渗漏或者其他环境污染等环境违法行为的； （四）不正常使用污染防治设施的。 有前款第一项、第二项、第三项行为的，分别依据《固体废物污染环境防治法》第六十八条规定，处以1万元以上10万元以下罚款；有前款第四项行为的，依据《水污染防治法》、《大气污染防治法》有关规定予以处罚。 第二十三条　列入名录（包括临时名录）的单位（包括个体工商户）违反《固体废物污染环境防治法》等有关法律、行政法规规定，有造成固体废物或液态废物严重污染环境的下列情形之一的，由**所在地县级以上人民政府环境保护行政主管部门**依据《固体废物污染环境防治法》和《国务院关于落实科学发展观加强环境保护的决定》的规定，责令限其在三个月内进	生态环境主管部门	设区的市

序号	事项名称	职权类型	实施依据	实施主体	
				责任部门	第一责任层级建议
106	对不按照国家规定申报登记工业固体废物等行为的行政处罚	行政处罚	行治理，限产限排，并不得建设增加污染物排放总量的项目；逾期未完成治理任务的，责令其在三个月内停产整治；逾期仍未完成治理任务的，报经本级人民政府批准关闭： （一）危害生活饮用水水源的； （二）造成地下水或者土壤重金属环境污染的； （三）因危险废物扬散、流失、渗漏造成环境污染的； （四）造成环境功能丧失无法恢复环境原状的； （五）其他造成固体废物或者液态废物严重污染环境的情形。	生态环境主管部门	设区的市
107	对建设项目需要配套建设的固体废物污染环境防治设施未建成、未经验收或者验收不合格，主体工程即投入生产或者使用的行政处罚	行政处罚	1.《中华人民共和国固体废物污染环境防治法》 第六十九条　违反本法规定，建设项目需要配套建设的固体废物污染环境防治设施未建成、未经验收或者验收不合格，主体工程即投入生产或者使用的，由**审批该建设项目环境影响评价文件的环境保护行政主管部门**责令停止生产或者使用，可以并处十万元以下的罚款。	生态环境主管部门	设区的市
108	对矿业固体废物贮存设施停止使用后未按规定封场的行政处罚	行政处罚	1.《中华人民共和国固体废物污染环境防治法》 第七十三条　尾矿、矸石、废石等矿业固体废物贮存设施停止使用后，未按照国家有关环境保护规定进行封场的，由**县级以上地方人民政府环境保护行政主管部门**责令限期改正，可以处五万元以上二十万元以下的罚款。	生态环境主管部门	设区的市
109	对产生尾矿的企业未申报登记等行为的行政处罚	行政处罚	1.《中华人民共和国固体废物污染环境防治法》 第六十八条　违反本法规定，有下列行为之一的，由**县级以上人民政府环境保护行政主管部门**责令停止违法行为，限期改正，处以罚款： （一）不按照国家规定申报登记工业固体废物，或者在申报登记时弄虚作假的； （二）对暂时不利用或者不能利用的工业固体废物未建设贮存的设施、场所安全分类存放，或者未采取无害化处置措施的； （三）将列入限期淘汰名录被淘汰的设备转让给他人使用的；	生态环境主管部门	设区的市

序号	事项名称	职权类型	实施依据	实施主体	
				责任部门	第一责任层级建议
109	对产生尾矿的企业未申报登记等行为的行政处罚	行政处罚	（四）擅自关闭、闲置或者拆除工业固体废物污染环境防治设施、场所的； （五）在自然保护区、风景名胜区、饮用水水源保护区、基本农田保护区和其他需要特别保护的区域内，建设工业固体废物集中贮存、处置的设施、场所和生活垃圾填埋场的； （六）擅自转移固体废物出省、自治区、直辖市行政区域贮存、处置的； （七）未采取相应防范措施，造成工业固体废物扬散、流失、渗漏或者造成其他环境污染的； （八）在运输过程中沿途丢弃、遗撒工业固体废物的。 有前款第一项、第八项行为之一的，处五千元以上五万元以下的罚款；有前款第二项、第三项、第四项、第五项、第六项、第七项行为之一的，处一万元以上十万元以下的罚款。 第八十一条　违反本法规定，造成固体废物严重污染环境的，由**县级以上人民政府环境保护行政主管部门**按照国务院规定的权限决定限期治理；逾期未完成治理任务的，由本级人民政府决定停业或者关闭。 2.《防治尾矿污染环境管理规定》 第十八条　对违反本规定，有下列行为之一的，由**环境保护行政主管部门**依法给予行政处罚： （一）产生尾矿的企业未向当地人民政府环境保护行政主管部门申报登记的，依照《中华人民共和国固体废物污染环境防治法》第六十八条规定处以五千元以上五万元以下罚款，并限期补办排污申报登记手续。 （二）违反本规定第十条规定，逾期未建成或者完善尾矿设施，或者违反本规定第十二条规定，在风景名胜区、自然保护区和其他需要特殊保护的区域内建设产生尾矿的企业的，依照《中华人民共和国固体废物污染环境防治法》第六十八条规定责令停止违法行为，限期改正，处一万元以上十万元以下的罚款；造成严重污染的，依照《中华人民共和国固体废物污染环境防治法》第八十一条规定决定限期治理；逾期未完成治理任务的，由本级人民政府决定停业或者关闭。 （三）拒绝环境保护行政主管部门现场检查的，依照《中华人民共和国固体废物污染环境防治法》第七十条规定，责令限期改正；拒不改正或者在检查时弄虚作假的，处二千元以上二万元以下的罚款。	生态环境主管部门	设区的市

序号	事项名称	职权类型	实施依据	实施主体	
				责任部门	第一责任层级建议
110	对违法新、改、建煤矿及选煤厂，违反煤矸石综合利用有关规定对环境造成污染等行为的行政处罚	行政处罚	1.《中华人民共和国固体废物污染环境防治法》 第七十三条　尾矿、矸石、废石等矿业固体废物贮存设施停止使用后，未按照国家有关环境保护规定进行封场的，由**县级以上地方人民政府环境保护行政主管部门**责令限期改正，可以处五万元以上二十万元以下的罚款。 2.《煤矸石综合利用管理办法》 第十条　新建（改扩建）煤矿及选煤厂应节约土地、防止环境污染，禁止建设永久性煤矸石堆放场（库）。确需建设临时性堆放场（库）的，其占地规模应当与煤炭生产和洗选加工能力相匹配，原则上占地规模按不超过3年储矸量设计，且必须有后续综合利用方案。煤矸石临时性堆放场（库）选址、设计、建设及运行管理应当符合《一般工业固体废物贮存、处置场污染控制标准》、《煤炭工程项目建设用地指标》等相关要求。 第十二条　利用煤矸石进行土地复垦时，应严格按照《土地复垦条例》和国土、环境保护等相关部门出台的有关规定执行，遵守相关技术规范、质量控制标准和环保要求。 第十四条　煤矸石综合利用要符合国家环境保护相关规定，达标排放。煤矸石发电企业应严格执行《火电厂大气污染物排放标准》等相关标准规定的限值要求和总量控制要求，应建立环保设施管理制度，并实行专人负责；发电机组烟气系统必须安装烟气自动在线监控装置，并符合《固定污染源烟气排放连续监测技术规范》要求，同时保留好完整的脱硫脱硝除尘系统数据，且保存一年以上；煤矸石发电产生的粉煤灰、脱硫石膏、废烟气脱硝催化剂等固体废弃物应按照有关规定进行综合利用和妥善处置。 第十六条　下列产品和工程项目，应当符合国家或行业有关质量、环境、节能和安全标准： （一）利用煤矸石生产的建筑材料或其他与煤矸石综合利用相关的产品； （二）煤矸石井下充填置换工程； （三）利用煤矸石或制品的建筑、道路等工程； （四）其他与煤矸石综合利用相关的工程项目。 第二十三条　违反本办法第十条规定，新建（改扩建）煤矿或煤炭洗选企业建设永久性煤矸石堆场的或不符合《煤炭工程项目建设用地指标》要求的，由**国土资源等部门**监督其限期整改。 违反本办法第十条、第十二条、第十四条、第十六条有关规定对环境造成污染的，由**环境**	生态环境主管部门	设区的市

序号	事项名称	职权类型	实施依据	实施主体	
				责任部门	第一责任层级建议
110	对违法新、改、建煤矿及选煤厂，违反煤矸石综合利用有关规定对环境造成污染等行为的行政处罚	行政处罚	**保护部门**依法处罚；煤矸石发电企业超标排放的，由所在地价格主管部门依据环境保护部门提供的环保设施运行情况，按照燃煤发电机组环保电价及环保设施运行监管办法有关规定罚没其环保电价款，同时环境保护部门每年向社会公告不达标企业名单。 违反本办法第十六条（一）项的，由**质量技术监督部门**依据《产品质量法》进行处罚；违反本办法第十五条、第十六条（二）（三）（四）项造成安全事故的，由安监部门依据有关规定进行处罚。 对达不到本办法第十三条、第十四条、第十五条、第十六条规定，弄虚作假、不符合质量标准和安全要求、超标排放的，有关部门应及时取消其享受国家相关鼓励扶持政策资格，并限期整改；对已享受国家鼓励扶持政策的，将按照有关法律和相关规定予以处罚和追缴。	生态环境主管部门	设区的市
111	对土壤污染重点监管单位未制定、实施自行监测方案，或者未将监测数据报生态环境主管部门等行为的行政处罚	行政处罚	1.《中华人民共和国土壤污染防治法》 第八十六条　违反本法规定，有下列行为之一的，由**地方人民政府生态环境主管部门或者其他负有土壤污染防治监督管理职责的部门**责令改正，处以罚款；拒不改正的，责令停产整治： （一）土壤污染重点监管单位未制定、实施自行监测方案，或者未将监测数据报生态环境主管部门的； （二）土壤污染重点监管单位篡改、伪造监测数据的； （三）土壤污染重点监管单位未按年度报告有毒有害物质排放情况，或者未建立土壤污染隐患排查制度的； （四）拆除设施、设备或者建筑物、构筑物，企业事业单位未采取相应的土壤污染防治措施或者土壤污染重点监管单位未制定、实施土壤污染防治工作方案的； （五）尾矿库运营、管理单位未按照规定采取措施防止土壤污染的； （六）尾矿库运营、管理单位未按照规定进行土壤污染状况监测的； （七）建设和运行污水集中处理设施、固体废物处置设施，未依照法律法规和相关标准的要求采取措施防止土壤污染的。 有前款规定行为之一的，处二万元以上二十万元以下的罚款；有前款第二项、第四项、第五项、第七项规定行为之一，造成严重后果的，处二十万元以上二百万元以下的罚款。	生态环境主管部门	设区的市

序号	事项名称	职权类型	实施依据	实施主体	
				责任部门	第一责任层级建议
112	对向农用地排放重金属或者其他有毒有害物质含量超标的污水、污泥，以及可能造成土壤污染的清淤底泥、尾矿、矿渣等行为的行政处罚	行政处罚	1.《中华人民共和国土壤污染防治法》 第八十七条　违反本法规定，向农用地排放重金属或者其他有毒有害物质含量超标的污水、污泥，以及可能造成土壤污染的清淤底泥、尾矿、矿渣等的，由**地方人民政府生态环境主管部门**责令改正，处十万元以上五十万元以下的罚款；情节严重的，处五十万元以上二百万元以下的罚款，并可以将案件移送公安机关，对直接负责的主管人员和其他直接责任人员处五日以上十五日以下的拘留；有违法所得的，没收违法所得。	生态环境主管部门	设区的市
113	对将重金属或者其他有毒有害物质含量超标的工业固体废物、生活垃圾或者污染土壤用于土地复垦的行政处罚	行政处罚	1.《中华人民共和国土壤污染防治法》 第八十九条　违反本法规定，将重金属或者其他有毒有害物质含量超标的工业固体废物、生活垃圾或者污染土壤用于土地复垦的，由**地方人民政府生态环境主管部门**责令改正，处十万元以上一百万元以下的罚款；有违法所得的，没收违法所得。	生态环境主管部门	设区的市
114	对出具虚假调查报告、风险评估报告、风险管控效果评估报告、修复效果评估报告的行政处罚	行政处罚	1.《中华人民共和国土壤污染防治法》 第九十条　违反本法规定，受委托从事土壤污染状况调查和土壤污染风险评估、风险管控效果评估、修复效果评估活动的单位，出具虚假调查报告、风险评估报告、风险管控效果评估报告、修复效果评估报告的，由地方人民政府生态环境主管部门处十万元以上五十万元以下的罚款；情节严重的，禁止从事上述业务，并处五十万元以上一百万元以下的罚款；有违法所得的，没收违法所得。 前款规定的单位出具虚假报告的，由**地方人民政府生态环境主管部门**对直接负责的主管人员和其他直接责任人员处一万元以上五万元以下的罚款；情节严重的，十年内禁止从事前款规定的业务；构成犯罪的，终身禁止从事前款规定的业务。 本条第一款规定的单位和委托人恶意串通，出具虚假报告，造成他人人身或者财产损害的，还应当与委托人承担连带责任。	生态环境主管部门	设区的市
115	对未单独收集、存放开发建设过程中剥离的表土等行为的行政处罚		1.《中华人民共和国土壤污染防治法》 第九十一条　违反本法规定，有下列行为之一的，由**地方人民政府生态环境主管部门**责令改正，处十万元以上五十万元以下的罚款；情节严重的，处五十万元以上一百万元以下的罚款；有违法所得的，没收违法所得；对直接负责的主管人员和其他直接责任人员处五千元以上二万元以下的罚款： （一）未单独收集、存放开发建设过程中剥离的表土的；	生态环境主管部门	设区的市

序号	事项名称	职权类型	实施依据	实施主体	
				责任部门	第一责任层级建议
115	对未单独收集、存放开发建设过程中剥离的表土等行为的行政处罚	行政处罚	（二）实施风险管控、修复活动对土壤、周边环境造成新的污染的； （三）转运污染土壤，未将运输时间、方式、线路和污染土壤数量、去向、最终处置措施等提前报所在地和接收地生态环境主管部门的； （四）未达到土壤污染风险评估报告确定的风险管控、修复目标的建设用地地块，开工建设与风险管控、修复无关的项目的。	生态环境主管部门	设区的市
116	对未按照规定实施后期管理的行政处罚	行政处罚	1.《中华人民共和国土壤污染防治法》 第九十二条　违反本法规定，土壤污染责任人或者土地使用权人未按照规定实施后期管理的，由**地方人民政府生态环境主管部门或者其他负有土壤污染防治监督管理职责的部门**责令改正，处一万元以上五万元以下的罚款；情节严重的，处五万元以上五十万元以下的罚款。	生态环境主管部门	设区的市
117	对拒不配合检查，或者在接受检查时弄虚作假的行政处罚	行政处罚	1.《中华人民共和国土壤污染防治法》 第九十三条　违反本法规定，被检查者拒不配合检查，或者在接受检查时弄虚作假的，由**地方人民政府生态环境主管部门或者其他负有土壤污染防治监督管理职责的部门**责令改正，处二万元以上二十万元以下的罚款；对直接负责的主管人员和其他直接责任人员处五千元以上二万元以下的罚款。	生态环境主管部门	设区的市
118	对未按照规定进行土壤污染状况调查等行为的行政处罚	行政处罚	1.《中华人民共和国土壤污染防治法》 第九十四条　违反本法规定，土壤污染责任人或者土地使用权人有下列行为之一的，由**地方人民政府生态环境主管部门或者其他负有土壤污染防治监督管理职责的部门**责令改正，处二万元以上二十万元以下的罚款；拒不改正的，处二十万元以上一百万元以下的罚款，并委托他人代为履行，所需费用由土壤污染责任人或者土地使用权人承担；对直接负责的主管人员和其他直接责任人员处五千元以上二万元以下的罚款： （一）未按照规定进行土壤污染状况调查的； （二）未按照规定进行土壤污染风险评估的； （三）未按照规定采取风险管控措施的； （四）未按照规定实施修复的； （五）风险管控、修复活动完成后，未另行委托有关单位对风险管控效果、修复效果进行评估的。 土壤污染责任人或者土地使用权人有前款第三项、第四项规定行为之一，情节严重的，地方人民政府生态环境主管部门或者其他负有土壤污染防治监督管理职责的部门可以将案件移送公安机关，对直接负责的主管人员和其他直接责任人员处五日以上十五日以下的拘留。	生态环境主管部门	设区的市

序号	事项名称	职权类型	实施依据	实施主体	
				责任部门	第一责任层级建议
119	对土壤污染重点监管单位未按照规定将土壤污染防治工作方案报地方人民政府生态环境主管部门备案等行为的行政处罚	行政处罚	1.《中华人民共和国土壤污染防治法》 第九十五条　违反本法规定，有下列行为之一的，由地方人民政府有关部门责令改正；拒不改正的，处一万元以上五万元以下的罚款： （一）土壤污染重点监管单位未按照规定将土壤污染防治工作方案报地方人民政府生态环境、工业和信息化主管部门备案的； （二）土壤污染责任人或者土地使用权人未按照规定将修复方案、效果评估报告报地方人民政府生态环境、农业农村、林业草原主管部门备案的； （三）土地使用权人未按照规定将土壤污染状况调查报告报**地方人民政府生态环境主管部门**备案的。	生态环境主管部门	设区的市
120	对新建电厂兴建永久性储灰场对环境造成污染等行为的行政处罚	行政处罚	1.《粉煤灰综合利用管理办法》 第十一条　新建电厂应综合考虑周边粉煤灰利用能力，以及节约土地、防止环境污染，避免建设永久性粉煤灰堆场（库），确需建设的，原则上占地规模按不超过 3 年储灰量设计，且粉煤灰堆场（库）选址、设计、建设及运行管理应当符合《一般工业固体废物贮存、处置场污染控制标准》（GB 18599—2001）等相关要求。 第二十三条　新建电厂兴建永久性储灰场违反第十一条规定的，由**国土资源等部门**监督其限期整改。对环境造成污染的，由**环境保护部门**依法予以处罚。	主管部门	设区的市
121	对粉煤灰运输造成污染等行为的行政处罚	行政处罚	1.《中华人民共和国固体废物污染环境防治法》 第六十八条　违反本法规定，有下列行为之一的，由县级以上人民政府环境保护行政主管部门责令停止违法行为，限期改正，处以罚款： （一）不按照国家规定申报登记工业固体废物，或者在申报登记时弄虚作假的； （二）对暂时不利用或者不能利用的工业固体废物未建设贮存的设施、场所安全分类存放，或者未采取无害化处置措施的； （三）将列入限期淘汰名录被淘汰的设备转让给他人使用的； （四）擅自关闭、闲置或者拆除工业固体废物污染环境防治设施、场所的； （五）在自然保护区、风景名胜区、饮用水水源保护区、基本农田保护区和其他需要特别保护的区域内，建设工业固体废物集中贮存、处置的设施、场所和生活垃圾填埋场的； （六）擅自转移固体废物出省、自治区、直辖市行政区域贮存、处置的； （七）未采取相应防范措施，造成工业固体废物扬散、流失、渗漏或者造成其他环境污染的；	生态环境主管部门	设区的市

序号	事项名称	职权类型	实施依据	实施主体	
				责任部门	第一责任层级建议
121	对粉煤灰运输造成污染等行为的行政处罚	行政处罚	（八）在运输过程中沿途丢弃、遗撒工业固体废物的。 有前款第一项、第八项行为之一的，处五千元以上五万元以下的罚款；有前款第二项、第三项、第四项、第五项、第六项、第七项行为之一的，处一万元以上十万元以下的罚款。 2.《粉煤灰综合利用管理办法》 第十四条　粉煤灰运输须使用专用封闭罐车，并严格遵守环境保护等有关部门规定和要求，避免二次污染。 第二十五条　违反本办法第十四条、第十五条规定的，由**环境保护、质量技术监督等部门**根据情节轻重及有关规定予以行政处罚，资源综合利用主管部门监督整改。	生态环境主管部门	设区的市
122	对不设置危险废物识别标志等行为的行政处罚	行政处罚	1.《中华人民共和国固体废物污染环境防治法》 第七十五条　违反本法有关危险废物污染环境防治的规定，有下列行为之一的，由县级以上**人民政府环境保护行政主管部门**责令停止违法行为，限期改正，处以罚款： （一）不设置危险废物识别标志的； （二）不按照国家规定申报登记危险废物，或者在申报登记时弄虚作假的； （三）擅自关闭、闲置或者拆除危险废物集中处置设施、场所的； （四）不按照国家规定缴纳危险废物排污费的； （五）将危险废物提供或者委托给无经营许可证的单位从事经营活动的； （六）不按照国家规定填写危险废物转移联单或者未经批准擅自转移危险废物的； （七）将危险废物混入非危险废物中贮存的； （八）未经安全性处置，混合收集、贮存、运输、处置具有不相容性质的危险废物的； （九）将危险废物与旅客在同一运输工具上载运的； （十）未经消除污染的处理将收集、贮存、运输、处置危险废物的场所、设施、设备和容器、包装物及其他物品转作他用的； （十一）未采取相应防范措施，造成危险废物扬散、流失、渗漏或者造成其他环境污染的； （十二）在运输过程中沿途丢弃、遗撒危险废物的； （十三）未制定危险废物意外事故防范措施和应急预案的。	生态环境主管部门	设区的市

序号	事项名称	职权类型	实施依据	实施主体	
				责任部门	第一责任层级建议
122	对不设置危险废物识别标志等行为的行政处罚	行政处罚	有前款第一项、第二项、第七项、第八项、第九项、第十项、第十一项、第十二项、第十三项行为之一的，处一万元以上十万元以下的罚款；有前款第三项、第五项、第六项行为之一的，处二万元以上二十万元以下的罚款；有前款第四项行为的，限期缴纳，逾期不缴纳的，处应缴纳危险废物排污费金额一倍以上三倍以下的罚款。	生态环境主管部门	设区的市
123	对危险废物产生者不处置其产生的危险废物又不承担依法应当承担的处置费用的行政处罚	行政处罚	1.《中华人民共和国固体废物污染环境防治法》 第七十六条　违反本法规定，危险废物产生者不处置其产生的危险废物又不承担依法应当承担的处置费用的，由**县级以上地方人民政府环境保护行政主管部门**责令限期改正，处代为处置费用一倍以上三倍以下的罚款。	生态环境主管部门	设区的市
124	对造成固体废物污染环境事故的行政处罚	行政处罚	1.《中华人民共和国固体废物污染环境防治法》 第八十二条　违反本法规定，造成固体废物污染环境事故的，由**县级以上人民政府环境保护行政主管部门**处二万元以上二十万元以下的罚款；造成重大损失的，按照直接损失的百分之三十计算罚款，但是最高不超过一百万元，对负有责任的主管人员和其他直接责任人员，依法给予行政处分；造成固体废物污染环境重大事故的，并由县级以上人民政府按照国务院规定的权限决定停业或者关闭。 2.《突发环境事件调查处理办法》 第十八条　突发环境事件调查过程中发现突发环境事件发生单位涉及环境违法行为的，调查组应当及时向相关环境保护主管部门提出处罚建议。**相关环境保护主管部门**应当依法对事发单位及责任人员予以行政处罚；涉嫌构成犯罪的，依法移送司法机关追究刑事责任。发现其他违法行为的，环境保护主管部门应当及时向有关部门移送。 发现国家行政机关及其工作人员、突发环境事件发生单位中由国家行政机关任命的人员涉嫌违法违纪的，环境保护主管部门应当依法及时向监察机关或者有关部门提出处分建议。	生态环境主管部门	设区的市

序号	事项名称	职权类型	实施依据	实施主体	
				责任部门	第一责任层级建议
125	对不处置危险废物的单位的行政强制	行政强制	1.《中华人民共和国固体废物污染环境防治法》 第五十五条　产生危险废物的单位，必须按照国家有关规定处置危险废物，不得擅自倾倒、堆放；不处置的，由**所在地县级以上地方人民政府环境保护行政主管部门**责令限期改正；逾期不处置或者处置不符合国家有关规定的，由**所在地县级以上地方人民政府环境保护行政主管部门**指定单位按照国家有关规定代为处置，处置费用由产生危险废物的单位承担。	生态环境主管部门	设区的市
126	对未及时提交获准登记新化学物质环境风险更新信息等的行政处罚	行政处罚	1.《新化学物质环境管理办法》 第四十四条　违反本办法规定，有下列行为之一的，由**环境保护部**责令改正，处一万元以下罚款： （一）未及时提交获准登记新化学物质环境风险更新信息的； （二）未按规定报送新化学物质首次活动情况报告表或者新化学物质流向信息的； （三）未按规定报送上一年度新化学物质的生产或者进口情况的； （四）未按规定提交实际活动情况报告的。	生态环境主管部门	国务院主管部门
127	对未取得新化学物质登记证或者不按照登记证的规定生产或者进口新化学物质等行为的行政处罚	行政处罚	1.《新化学物质环境管理办法》 第四十五条　违反本办法规定，有下列行为之一的，由**负有监督管理职责的地方环境保护部门**责令改正，处一万元以上三万元以下罚款，并报环境保护部公告其违规行为，记载其不良记录： （一）拒绝或者阻碍环境保护部门监督检查，或者在接受监督检查时弄虚作假的； （二）未取得登记证或者不按照登记证的规定生产或者进口新化学物质的； （三）加工使用未取得登记证的新化学物质的； （四）未按登记证规定采取风险控制措施的； （五）将登记新化学物质转让给没有能力采取风险控制措施的加工使用者的。	生态环境主管部门	设区的市
128	对未按规定保存新化学物质的申报材料等行为的行政处罚	行政处罚	1.《新化学物质环境管理办法》 第四十六条　违反本办法规定，有下列行为之一的，由**负有监督管理职责的地方环境保护部门**责令改正，处一万元以上三万元以下罚款： （一）未按规定向加工使用者传递风险控制信息的； （二）未按规定保存新化学物质的申报材料以及生产、进口活动实际情况等相关资料的； （三）将以科学研究以及工艺和产品的研究开发为目的生产或者进口的新化学物质用于其他目的或者未按规定管理的。	生态环境主管部门	设区的市

序号	事项名称	职权类型	实施依据	实施主体：责任部门	实施主体：第一责任层级建议
129	对病原微生物实验室未建立污染防治管理的规章制度等行为的行政处罚	行政处罚	1.《病原微生物实验室生物安全环境管理办法》 第二十一条　违反本办法有关规定，有下列情形之一的，由**县级以上人民政府环境保护行政主管部门**责令限期改正，给予警告；逾期不改正的，处 1000 元以下罚款： （一）未建立实验室污染防治管理的规章制度，或者未设置专（兼）职人员的； （二）未对产生的危险废物进行登记或者未保存登记资料的； （三）未制定环境污染应急预案的。 违反本办法规定的其他行为，环境保护法律、行政法规已有处罚规定的，适用其规定。	生态环境主管部门	设区的市
130	对未妥善保存微生物菌剂生产、使用、储藏、运输和处理记录等行为的行政处罚	行政处罚	1.《进出口环保用微生物菌剂环境安全管理办法》 第三十一条　违反本办法规定，未妥善保存微生物菌剂生产、使用、储藏、运输和处理记录，或者未执行微生物菌剂生产、使用、储藏、运输和处理的环境安全控制措施和事故处置应急预案的，由**省、自治区、直辖市环境保护行政主管部门**责令改正；拒不改正的，处一万元以上三万元以下罚款。	生态环境主管部门	省级
131	对申请危险废物出口核准的单位隐瞒有关情况或者提供虚假材料的行政处罚	行政处罚	1.《危险废物出口核准管理办法》 第三条　产生、收集、贮存、处置、利用危险废物的单位，向中华人民共和国境外《巴塞尔公约》缔约方出口危险废物，必须取得危险废物出口核准。 本办法所称危险废物，是指列入国家危险废物名录或者根据国家规定的危险废物鉴别标准和鉴别方法认定的具有危险特性的固体废物。 《巴塞尔公约》规定的“危险废物”和“其他废物”，以及进口缔约方或者过境缔约方立法确定的“危险废物”，其出口核准管理也适用本办法。 第二十二条　违反本办法规定，申请危险废物出口核准的单位隐瞒有关情况或者提供虚假材料的，**国务院环境保护行政主管部门**不予受理其申请或者不予核准其申请，给予警告，并记载其不良记录。	生态环境主管部门	国务院主管部门

序号	事项名称	职权类型	实施依据	实施主体	
				责任部门	第一责任层级建议
132	对无危险废物出口核准通知单或者不按照危险废物出口核准通知单出口危险废物的行政处罚	行政处罚	1.《危险废物出口核准管理办法》 第三条　产生、收集、贮存、处置、利用危险废物的单位，向中华人民共和国境外《巴塞尔公约》缔约方出口危险废物，必须取得危险废物出口核准。 本办法所称危险废物，是指列入国家危险废物名录或者根据国家规定的危险废物鉴别标准和鉴别方法认定的具有危险特性的固体废物。 《巴塞尔公约》规定的“危险废物”和“其他废物”，以及进口缔约方或者过境缔约方立法确定的“危险废物”，其出口核准管理也适用本办法。 第二十一条　第一款违反本办法规定，无危险废物出口核准通知单或者不按照危险废物出口核准通知单出口危险废物的，由**县级以上人民政府环境保护行政主管部门**责令改正，并处3万元以下的罚款。	生态环境主管部门	设区的市
133	对未按规定填写、运行、保管危险废物转移单据等行为的行政处罚	行政处罚	1.《中华人民共和国固体废物污染环境防治法》 第七十条　违反本法规定，拒绝**县级以上人民政府环境保护行政主管部门**或者其他固体废物污染环境防治工作的监督管理部门现场检查的，由**执行现场检查的部门**责令限期改正；拒不改正或者在检查时弄虚作假的，处二千元以上二万元以下的罚款。 2.《危险废物出口核准管理办法》 第十二条　危险废物出口者应当对每一批出口的危险废物，填写《危险废物越境转移-转移单据》，一式二份。 转移单据应当随出口的危险废物从转移起点直至处置或者利用地点，并由危险废物出口者、承运人和进口国（地区）的进口者、处置者或者利用者及有关国家（地区）海关部门填写相关信息。 危险废物出口者应当将信息填写完整的转移单据，一份报国务院环境保护行政主管部门，一份自留存档。 危险废物出口者应当妥善保存自留存档的转移单据，不得擅自损毁。转移单据的保存期应不少于5年。 国务院环境保护行政主管部门要求延长转移单据保存期限的，有关单位应当按照要求延长转移单据的保存期限。 第十三条　国务院环境保护行政主管部门有权检查转移单据的运行情况，也可以委托县级以上地方人民政府环境保护行政主管部门检查转移单据的运行情况。被检查单位应当接受检查，如实汇报情况。	生态环境主管部门	设区的市

序号	事项名称	职权类型	实施依据	实施主体	
133	对未按规定填写、运行、保管危险废物转移单据等行为的行政处罚	行政处罚	第二十三条　第一款违反本办法规定，有下列行为之一的，由**县级以上人民政府环境保护行政主管部门**责令改正，并处以罚款： （一）未按规定填写转移单据的； （二）未按规定运行转移单据的； （三）未按规定的存档期限保管转移单据的； （四）拒绝接受环境保护行政主管部门对转移单据执行情况进行检查的。 第二款有前款第（一）项、第（二）项、第（三）项行为的，处 3 万元以下罚款；有前款第（四）项行为的，依据《固体废物污染环境防治法》第七十条的规定，予以处罚。	生态环境主管部门	设区的市
134	对危险废物出口者未按规定报送有关信息的行政处罚	行政处罚	1.《危险废物出口核准管理办法》 第十九条　危险废物出口者应当将按照第十五条、第十六条、第十七条和第十八条的规定向国务院环境保护行政主管部门报送的有关材料，同时抄送危险废物移出地省级、设区的市级和县级人民政府环境保护行政主管部门。 第二十四条　违反本办法规定，未将有关信息报送国务院环境保护行政主管部门，或者未抄报有关地方人民政府环境保护行政主管部门的，由县级以上人民政府环境保护行政主管部门责令限期改正；逾期不改正的，由**县级以上人民政府环境保护行政主管部门**处 3 万元以下罚款，并记载危险废物出口者的不良记录。	生态环境主管部门	设区的市
135	对未按规定申领、填写危险废物转移联单等行为的行政处罚	行政处罚	1.《中华人民共和国固体废物污染环境防治法》 第七十五条　违反本法有关危险废物污染环境防治的规定，有下列行为之一的，由**县级以上人民政府环境保护行政主管部门**责令停止违法行为，限期改正，处以罚款：（一）不设置危险废物识别标志的；（二）不按照国家规定申报登记危险废物，或者在申报登记时弄虚作假的；（三）擅自关闭、闲置或者拆除危险废物集中处置设施、场所的；（四）不按照国家规定缴纳危险废物排污费的；（五）将危险废物提供或者委托给无经营许可证的单位从事经营活动的；（六）不按照国家规定填写危险废物转移联单或者未经批准擅自转移危险废物的；（七）将危险废物混入非危险废物中贮存的；（八）未经安全性处置，混合收集、贮存、运输、处置具有不相容性质的危险废物的；（九）将危险废物与旅客在同一运输工具上载运的；（十）未经消除污染的处理将收集、贮存、运输、处置危险废物的场所、设施、设备和容器、包装物及其	生态环境主管部门	设区的市

序号	事项名称	职权类型	实施依据	实施主体	
			他物品转作他用的；（十一）未采取相应防范措施，造成危险废物扬散、流失、渗漏或者造成其他环境污染的；（十二）在运输过程中沿途丢弃、遗撒危险废物的；（十三）未制定危险废物意外事故防范措施和应急预案的。 有前款第一项、第二项、第七项、第八项、第九项、第十项、第十一项、第十二项、第十三项行为之一的，处一万元以上十万元以下的罚款；有前款第三项、第五项、第六项行为之一的，处二万元以上二十万元以下的罚款；有前款第四项行为的，限期缴纳，逾期不缴纳的，处应缴纳危险废物排污费金额一倍以上三倍以下的罚款。		
135	对未按规定申领、填写危险废物转移联单等行为的行政处罚	行政处罚	2.《危险废物转移联单管理办法》 第十三条　违反本办法有下列行为之一的，由**省辖市级以上地方人民政府环境保护行政主管部门**责令限期改正，并处以罚款： （一）未按规定申领、填写联单的； （二）未按规定运行联单的； （三）未按规定期限向环境保护行政主管部门报送联单的； （四）未在规定的存档期限保管联单的； （五）拒绝接受有管辖权的环境保护行政主管部门对联单运行情况进行检查的。 有前款第（一）项、第（三）项行为之一的，依据《中华人民共和国固体废物污染环境防治法》有关规定，处五万元以下罚款；有前款第（二）项、第（四）项行为之一的，处三万元以下罚款；有前款第（五）项行为的，依据《中华人民共和国固体废物污染环境防治法》有关规定，处一万元以下罚款。	生态环境主管部门	设区的市
136	对未按规定向原发证机关申请办理危险废物经营许可证变更手续的行政处罚	行政处罚	1.《危险废物经营许可证管理办法》 第十一条　危险废物经营单位变更法人名称、法定代表人和住所的，应当自工商变更登记之日起15个工作日内，向原发证机关申请办理危险废物经营许可证变更手续。 第二十二条　违反本办法第十一条规定的，由**县级以上地方人民政府环境保护主管部门**责令限期改正，给予警告；逾期不改正的，由原发证机关暂扣危险废物经营许可证。	生态环境主管部门	设区的市

序号	事项名称	职权类型	实施依据	实施主体	
137	对未按规定重新申请领取危险废物经营许可证的行政处罚	行政处罚	1.《危险废物经营许可证管理办法》 第十二条　有下列情形之一的，危险废物经营单位应当按照原申请程序，重新申请领取危险废物经营许可证： （一）改变危险废物经营方式的； （二）增加危险废物类别的； （三）新建或者改建、扩建原有危险废物经营设施的； （四）经营危险废物超过原批准年经营规模 20%以上的。 第十三条第二款　危险废物经营许可证有效期届满，危险废物经营单位继续从事危险废物经营活动的，应当于危险废物经营许可证有效期届满 30 个工作日前向原发证机关提出换证申请。原发证机关应当自受理换证申请之日起 20 个工作日内进行审查，符合条件的，予以换证；不符合条件的，书面通知申请单位并说明理由。 第二十三条　违反本办法第十二条、第十三条第二款规定的，由**县级以上地方人民政府环境保护主管部门**责令停止违法行为；有违法所得的，没收违法所得；违法所得超过 10 万元的，并处违法所得 1 倍以上 2 倍以下的罚款；没有违法所得或者违法所得不足 10 万元的，处 5 万元以上 10 万元以下的罚款。	生态环境主管部门	设区的市
138	对危险废物经营单位终止从事经营活动未对经营设施、场所采取污染防治措施等行为的行政处罚	行政处罚	1.《危险废物经营许可证管理办法》 第十四条第一款　危险废物经营单位终止从事收集、贮存、处置危险废物经营活动的，应当对经营设施、场所采取污染防治措施，并对未处置的危险废物做出妥善处理。 第二十一条　危险废物的经营设施在废弃或者改作其他用途前，应当进行无害化处理。 填埋危险废物的经营设施服役期届满后，危险废物经营单位应当按照有关规定对填埋过危险废物的土地采取封闭措施，并在划定的封闭区域设置永久性标记。 第二十四条　违反本办法第十四条第一款、第二十一条规定的，由**县级以上地方人民政府环境保护主管部门**责令限期改正；逾期不改正的，处 5 万元以上 10 万元以下的罚款；造成污染事故，构成犯罪的，依法追究刑事责任。	生态环境主管部门	设区的市

序号	事项名称	职权类型	实施依据	实施主体	
139	对危险废物经营单位未按要求执行经营情况记录簿制度的行政处罚	行政处罚	1.《危险废物经营许可证管理办法》 第十八条　**县级以上人民政府环境保护主管部门**有权要求危险废物经营单位定期报告危险废物经营活动情况。危险废物经营单位应当建立危险废物经营情况记录簿，如实记载收集、贮存、处置危险废物的类别、来源、去向和有无事故等事项。 危险废物经营单位应当将危险废物经营情况记录簿保存10年以上，以填埋方式处置危险废物的经营情况记录簿应当永久保存。终止经营活动的，应当将危险废物经营情况记录簿移交所在地县级以上地方人民政府环境保护主管部门存档管理。 第二十六条　违反本办法第十八条规定的，由**县级以上地方人民政府环境保护主管部门**责令限期改正，给予警告；逾期不改正的，由原发证机关暂扣或者吊销危险废物经营许可证。	生态环境主管部门	设区的市
140	对未按规定与处置单位签订接收合同，并将收集的废矿物油和废镉镍电池进行处置的行政处罚	行政处罚	1.《危险废物经营许可证管理办法》 第二十条　领取危险废物收集经营许可证的单位，应当与处置单位签订接收合同，并将收集的废矿物油和废镉镍电池在90个工作日内提供或者委托给处置单位进行处置。 第二十七条　违反本办法第二十条规定的，由**县级以上地方人民政府环境保护主管部门**责令限期改正，给予警告；逾期不改正的，处1万元以上5万元以下的罚款，并可以由**原发证机关**暂扣或者吊销危险废物经营许可证。	生态环境主管部门	设区的市
141	对未按照规定报告危险化学品企业相关信息的行政处罚	行政处罚	1.《危险化学品安全管理条例》 第八十一条第一款　有下列情形之一的，由公安机关责令改正，可以处1万元以下的罚款；拒不改正的，处1万元以上5万元以下的罚款： （一）生产、储存、使用剧毒化学品、易制爆危险化学品的单位不如实记录生产、储存、使用的剧毒化学品、易制爆危险化学品的数量、流向的； （二）生产、储存、使用剧毒化学品、易制爆危险化学品的单位发现剧毒化学品、易制爆危险化学品丢失或者被盗，不立即向公安机关报告的； （三）储存剧毒化学品的单位未将剧毒化学品的储存数量、储存地点以及管理人员的情况报所在地县级人民政府公安机关备案的； （四）危险化学品生产企业、经营企业不如实记录剧毒化学品、易制爆危险化学品购买单位的名称、地址、经办人的姓名、身份证号码以及所购买的剧毒化学品、易制爆危险化学品	生态环境主管部门	设区的市

序号	事项名称	职权类型	实施依据	实施主体	
141	对未按照规定报告危险化学品企业相关信息的行政处罚	行政处罚	的品种、数量、用途，或者保存销售记录和相关材料的时间少于1年的； （五）剧毒化学品、易制爆危险化学品的销售企业、购买单位未在规定的时限内将所销售、购买的剧毒化学品、易制爆危险化学品的品种、数量以及流向信息报所在地县级人民政府公安机关备案的； （六）使用剧毒化学品、易制爆危险化学品的单位依照本条例规定转让其购买的剧毒化学品、易制爆危险化学品，未将有关情况向所在地县级人民政府公安机关报告的。 第三款　生产实施重点环境管理的危险化学品的企业或者使用实施重点环境管理的危险化学品从事生产的企业未按照规定将相关信息向环境保护主管部门报告的，由环境保护主管部门依照本条第一款的规定予以处罚。	生态环境主管部门	设区的市
142	对未按规定备案危险化学品生产装置、储存设施以及库存危险化学品的处置方案的行政处罚	行政处罚	1.《危险化学品安全管理条例》 第二十七条　生产、储存危险化学品的单位转产、停产、停业或者解散的，应当采取有效措施，及时、妥善处置其危险化学品生产装置、储存设施以及库存的危险化学品，不得丢弃危险化学品；处置方案应当报所在地**县级人民政府安全生产监督管理部门、工业和信息化主管部门、环境保护主管部门和公安机关**备案。安全生产监督管理部门应当会同环境保护主管部门和公安机关对处置情况进行监督检查，发现未依照规定处置的，应当责令其立即处置。 第八十二条第二款　生产、储存、使用危险化学品的单位转产、停产、停业或者解散，未依照本条例规定将其危险化学品生产装置、储存设施以及库存危险化学品的处置方案报有关部门备案的，分别由有关部门责令改正，可以处1万元以下的罚款；拒不改正的，处1万元以上5万元以下的罚款。	生态环境主管部门	设区的市
143	对医疗卫生机构、医疗废物集中处置单位未建立、健全医疗废物管理制度等行为的行政处罚	行政处罚	1.《医疗废物管理条例》 第四十五条　医疗卫生机构、医疗废物集中处置单位违反本条例规定，有下列情形之一的，由**县级以上地方人民政府卫生行政主管部门或者环境保护行政主管部门**按照各自的职责责令限期改正，给予警告；逾期不改正的，处2 000元以上5 000元以下的罚款：（一）未建立、健全医疗废物管理制度，或者未设置监控部门或者专（兼）职人员的；（二）未对有关人员进行相关法律和专业技术、安全防护以及紧急处理等知识的培训的；（三）未对从事医疗废物收集、运送、贮存、处置等工作的人员和管理人员采取职业卫生防护措施的；（四）未对医疗废物进行登记或者未保存登记资料的；（五）对使用后的医疗废物运送工具或者运送车辆未在指定地点及时进行消毒和清洁的；（六）未及时收集、运送医疗废物的；（七）未定期对医疗废物处置设施的环境污染防治和卫生学效果进行检测、评价，或者未将检测、评价效果存档、报告的。	生态环境主管部门	设区的市

序号	事项名称	职权类型	实施依据	实施主体	
143	对医疗卫生机构、医疗废物集中处置单位未建立、健全医疗废物管理制度等行为的行政处罚	行政处罚	2.《医疗废物管理行政处罚办法》 第三条　医疗废物集中处置单位有《条例》第四十五条规定的下列情形之一的，由**县级以上地方人民政府环境保护行政主管部门**责令限期改正，给予警告；逾期不改正的，处 2 000 元以上 5 000 元以下的罚款：（一）未建立、健全医疗废物管理制度，或者未设置监控部门或者专（兼）职人员的；（二）未对有关人员进行相关法律和专业技术、安全防护以及紧急处理等知识培训的；（三）未对医疗废物进行登记或者未保存登记资料的；（四）对使用后的医疗废物运送车辆未在指定地点及时进行消毒和清洁的；（五）未及时收集、运送医疗废物的；（六）未定期对医疗废物处置设施的污染防治和卫生学效果进行检测、评价，或者未将检测、评价效果存档、报告的。	生态环境主管部门	设区的市
144	对医疗卫生机构、医疗废物集中处置单位贮存设施或者设备不符合环境保护、卫生要求等行为的行政处罚	行政处罚	1.《医疗废物管理条例》 第四十六条　医疗卫生机构、医疗废物集中处置单位违反本条例规定，有下列情形之一的，由**县级以上地方人民政府卫生行政主管部门或者环境保护行政主管部门**按照各自的职责责令限期改正，给予警告，可以并处 5 000 元以下的罚款；逾期不改正的，处 5 000 元以上 3 万元以下的罚款：（一）贮存设施或者设备不符合环境保护、卫生要求的；（二）未将医疗废物按照类别分置于专用包装物或者容器的；（三）未使用符合标准的专用车辆运送医疗废物或者使用运送医疗废物的车辆运送其他物品的；（四）未安装污染物排放在线监控装置或者监控装置未经常处于正常运行状态的。 2.《医疗废物管理行政处罚办法》 第六条　医疗废物集中处置单位有《条例》第四十六条规定的下列情形之一的，由**县级以上地方人民政府环境保护行政主管部门**责令限期改正，给予警告，可以并处 5 000 元以下的罚款，逾期不改正的，处 5 000 元以上 3 万元以下的罚款：（一）贮存设施或者设备不符合环境保护、卫生要求的；（二）未将医疗废物按照类别分置于专用包装物或者容器的；（三）未使用符合标准的专用车辆运送医疗废物的；（四）未安装污染物排放在线监控装置或者监控装置未经常处于正常运行状态的。	生态环境主管部门	设区的市

序号	事项名称	职权类型	实施依据	实施主体	
145	对医疗卫生机构、医疗废物集中处置单位在运送过程中丢弃医疗废物等行为的行政处罚	行政处罚	1.《医疗废物管理条例》 第四十七条　医疗卫生机构、医疗废物集中处置单位有下列情形之一的，由**县级以上地方人民政府卫生行政主管部门或者环境保护行政主管部门**按照各自的职责责令限期改正，给予警告，并处 5 000 元以上 1 万元以下的罚款；逾期不改正的，处 1 万元以上 3 万元以下的罚款；造成传染病传播或者环境污染事故的，由**原发证部门**暂扣或者吊销执业许可证件或者经营许可证件；构成犯罪的，依法追究刑事责任：（一）在运送过程中丢弃医疗废物，在非贮存地点倾倒、堆放医疗废物或者将医疗废物混入其他废物和生活垃圾的；（二）未执行危险废物转移联单管理制度的；（三）将医疗废物交给未取得经营许可证的单位或者个人收集、运送、贮存、处置的；（四）对医疗废物的处置不符合国家规定的环境保护、卫生标准、规范的；（五）未按照本条例的规定对污水、传染病病人或者疑似传染病病人的排泄物，进行严格消毒，或者未达到国家规定的排放标准，排入污水处理系统的；（六）对收治的传染病病人或者疑似传染病病人产生的生活垃圾未按照医疗废物进行管理和处置的。 2.《医疗废物管理行政处罚办法》 第七条第二款　医疗卫生机构在医疗卫生机构外运送过程中丢弃医疗废物，在非贮存地点倾倒、堆放医疗废物或者将医疗废物混入其他废物和生活垃圾的，由**县级以上地方人民政府环境保护行政主管部门**依照《中华人民共和国固体废物污染环境防治法》第七十五条规定责令停止违法行为，限期改正，处一万元以上十万元以下的罚款。 第八条　医疗废物集中处置单位有《条例》第四十七条规定的情形，在运送过程中丢弃医疗废物，在非贮存地点倾倒、堆放医疗废物或者将医疗废物混入其他废物和生活垃圾的，由**县级以上地方人民政府环境保护行政主管部门**依照《中华人民共和国固体废物污染环境防治法》第七十五条规定责令停止违法行为，限期改正，处一万元以上十万元以下的罚款。 第九条　医疗废物集中处置单位和依照《条例》自行建有医疗废物处置设施的医疗卫生机构，有《条例》第四十七条规定的情形，对医疗废物的处置不符合国家规定的环境保护、卫生标准、规范的，由**县级以上地方人民政府环境保护行政主管部门**责令限期改正，给予警告，并处 5 000 元以上 1 万元以下的罚款；逾期不改正的，处 1 万元以上 3 万元以下的罚款。 第十条　医疗卫生机构、医疗废物集中处置单位有《条例》第四十七条规定的下列情形之一的，由**县级以上人民政府环境保护行政主管部门**依照《中华人民共和国固体废物污染环境防治法》第七十五条规定责令停止违法行为，限期改正，处二万元以上二十万元以下的罚款：（一）未执行危险废物转移联单管理制度的；（二）将医疗废物交给或委托给未取得经营许可证的单位或者个人收集、运送、贮存、处置的。	生态环境主管部门	设区的市

序号	事项名称	职权类型	实施依据	实施主体	
146	对医疗卫生机构、医疗废物集中处置单位发生医疗废物流失、泄漏、扩散时，未采取紧急处理措施等行为的行政处罚	行政处罚	1.《医疗废物管理条例》 第四十九条　医疗卫生机构、医疗废物集中处置单位发生医疗废物流失、泄漏、扩散时，未采取紧急处理措施，或者未及时向卫生行政主管部门和环境保护行政主管部门报告的，由**县级以上地方人民政府卫生行政主管部门或者环境保护行政主管部门**按照各自的职责责令改正，给予警告，并处1万元以上3万元以下的罚款；造成传染病传播或者环境污染事故的，由**原发证部门**暂扣或者吊销执业许可证件或者经营许可证件；构成犯罪的，依法追究刑事责任。 2.《医疗废物管理行政处罚办法》 第十一条　有《条例》第四十九条规定的情形，医疗卫生机构发生医疗废物流失、泄漏、扩散时，未采取紧急处理措施，或者未及时向卫生行政主管部门报告的，由县级以上地方人民政府卫生行政主管部门责令改正，给予警告，并处1万元以上3万元以下的罚款。 医疗废物集中处置单位发生医疗废物流失、泄漏、扩散时，未采取紧急处理措施，或者未及时向环境保护行政主管部门报告的，由**县级以上地方人民政府环境保护行政主管部门**责令改正，给予警告，并处1万元以上3万元以下的罚款。	生态环境主管部门	设区的市
147	对不具备集中处置医疗废物条件的农村，医疗机构未按要求处置医疗废物的行政处罚	行政处罚	1.《医疗废物管理条例》 第五十一条　不具备集中处置医疗废物条件的农村，医疗卫生机构未按照本条例的要求处置医疗废物的，由**县级人民政府卫生行政主管部门或者环境保护行政主管部门**按照各自的职责责令限期改正，给予警告逾期不改正的，处1 000元以上5 000元以下的罚款；造成传染病传播或者环境污染事故的，由**原发证部门**暂扣或者吊销执业许可证件；构成犯罪的，依法追究刑事责任。 2.《医疗废物管理行政处罚办法》 第十三条　有《条例》第五十一条规定的情形，不具备集中处置医疗废物条件的农村，医疗卫生机构未按照卫生行政主管部门有关疾病防治的要求处置医疗废物的，由县级人民政府卫生行政主管部门责令限期改正，给予警告；逾期不改正的，处1 000元以上5 000元以下的罚款；未按照环境保护行政主管部门有关环境污染防治的要求处置医疗废物的，由**县级人民政府环境保护行政主管部门**责令限期改正，给予警告；逾期不改正的，处1 000元以上5 000元以下的罚款。	生态环境主管部门	设区的市

序号	事项名称	职权类型	实施依据	实施主体	
148	对涉嫌违反规定的场所、设备、运输工具和物品的行政强制	行政强制	1.《医疗废物管理条例》 第三十九条第四项　**卫生行政主管部门、环境保护行政主管部门**履行监督检查职责时，有权采取下列措施： （四）查封或者暂扣涉嫌违反本条例规定的场所、设备、运输工具和物品；	生态环境主管部门	省级、设区的市
149	对无证或不按照经营许可证规定从事收集、贮存、利用、处置危险废物经营活动的行政处罚	行政处罚	1.《中华人民共和国固体废物污染环境防治法》 第七十七条　无经营许可证或者不按照经营许可证规定从事收集、贮存、利用、处置危险废物经营活动的，由**县级以上人民政府环境保护行政主管部门**责令停止违法行为，没收违法所得，可以并处违法所得三倍以下的罚款。 不按照经营许可证规定从事前款活动的，还可以由发证机关吊销经营许可证。 2.《危险废物经营许可证管理办法》 第十五条　禁止无经营许可证或者不按经营许可证规定从事危险废物收集、贮存、处置经营活动。 禁止从中华人民共和国境外进口或者经中华人民共和国过境转移电子类危险废物。 禁止将危险废物提供或者委托给无经营许可证的单位从事收集、贮存、处置经营活动。 禁止伪造、变造、转让危险废物经营许可证。 第二十五条　违反本办法第十五条第一款、第二款、第三款规定的，依照《中华人民共和国固体废物污染环境防治法》的规定予以处罚。 违反本办法第十五条第四款规定的，由**县级以上地方人民政府环境保护主管部门**收缴危险废物经营许可证或者由**原发证机关**吊销危险废物经营许可证，并处 5 万元以上 10 万元以下的罚款；构成犯罪的，依法追究刑事责任。	生态环境主管部门	设区的市
150	对未取得废弃电器电子产品处理资格擅自从事废弃电器电子产品处理活动的行政处罚	行政处罚	1.《废弃电器电子产品回收处理管理条例》 第二十八条　违反本条例规定，未取得废弃电器电子产品处理资格擅自从事废弃电器电子产品处理活动的，由**县级以上人民政府生态环境主管部门**责令停业、关闭，没收违法所得，并处 5 万元以上 50 万元以下的罚款。	生态环境主管部门	设区的市

序号	事项名称	职权类型	实施依据	实施主体	
151	对采用国家明令淘汰的技术和工艺处理废弃电器电子产品的行政处罚	行政处罚	1.《废弃电器电子产品回收处理管理条例》 第二十九条　违反本条例规定，采用国家明令淘汰的技术和工艺处理废弃电器电子产品的，由县级以上人民政府生态环境主管部门责令限期改正；情节严重的，由**设区的市级人民政府生态环境主管部门**依法暂停直至撤销其废弃电器电子产品处理资格。	生态环境主管部门	设区的市
152	对处理废弃电器电子产品造成环境污染的行政处罚	行政处罚	1.《中华人民共和国固体废物污染环境防治法》 第八十二条　违反本法规定，造成固体废物污染环境事故的，由**县级以上人民政府环境保护行政主管部门**处二万元以上二十万元以下的罚款；造成重大损失的，按照直接损失的百分之三十计算罚款，但是最高不超过一百万元，对负有责任的主管人员和其他直接责任人员，依法给予行政处分；造成固体废物污染环境重大事故的，并由县级以上人民政府按照国务院规定的权限决定停业或者关闭。 2.《废弃电器电子产品回收处理管理条例》 第三十条　处理废弃电器电子产品造成环境污染的，由**县级以上人民政府生态环境主管部门**按照固体废物污染环境防治的有关规定予以处罚。	生态环境主管部门	设区的市
153	对废弃电器电子产品回收处理企业未建立废弃电器电子产品的数据信息管理系统等行为的行政处罚	行政处罚	1.《废弃电器电子产品回收处理管理条例》 第三十一条　违反本条例规定，处理企业未建立废弃电器电子产品的数据信息管理系统，未按规定报送基本数据和有关情况或者报送基本数据、有关情况不真实，或者未按规定期限保存基本数据的，由**所在地的设区的市级人民政府生态环境主管部门**责令限期改正，可以处 5 万元以下的罚款。	生态环境主管部门	设区的市
154	对废弃电器电子产品回收处理企业未建立日常环境监测制度等行为的行政处罚	行政处罚	1.《废弃电器电子产品回收处理管理条例》 第三十二条　违反本条例规定，处理企业未建立日常环境监测制度或者未开展日常环境监测的，由**县级以上人民政府生态环境主管部门**责令限期改正，可以处 5 万元以下的罚款。	生态环境主管部门	设区的市

序号	事项名称	职权类型	实施依据	实施主体	
155	对医疗卫生机构、医疗废物集中处置单位造成传染病传播的行政处罚	行政处罚	1.《医疗废物管理条例》 第四十七条　医疗卫生机构、医疗废物集中处置单位有下列情形之一的，由**县级以上地方人民政府卫生行政主管部门或者环境保护行政主管部门**按照各自的职责责令限期改正，给予警告，并处 5 000 元以上 1 万元以下的罚款；逾期不改正的，处 1 万元以上 3 万元以下的罚款；造成传染病传播或者环境污染事故的，由原发证部门暂扣或者吊销执业许可证件或者经营许可证件；构成犯罪的，依法追究刑事责任： （一）在运送过程中丢弃医疗废物，在非贮存地点倾倒、堆放医疗废物或者将医疗废物混入其他废物和生活垃圾的； （二）未执行危险废物转移联单管理制度的； （三）将医疗废物交给未取得经营许可证的单位或者个人收集、运送、贮存、处置的； （四）对医疗废物的处置不符合国家规定的环境保护、卫生标准、规范的； （五）未按照本条例的规定对污水、传染病病人或者疑似传染病病人的排泄物，进行严格消毒，或者未达到国家规定的排放标准，排入污水处理系统的； （六）对收治的传染病病人或者疑似传染病病人产生的生活垃圾，未按照医疗废物进行管理和处置的。 第四十八条　医疗卫生机构违反本条例规定，将未达到国家规定标准的污水、传染病病人或者疑似传染病病人的排泄物排入城市排水管网的，由**县级以上地方人民政府建设行政主管部门**责令限期改正，给予警告，并处 5 000 元以上 1 万元以下的罚款；逾期不改正的，处 1 万元以上 3 万元以下的罚款；造成传染病传播或者环境污染事故的，由**原发证部门**暂扣或者吊销执业许可证件；构成犯罪的，依法追究刑事责任。 第四十九条　医疗卫生机构、医疗废物集中处置单位发生医疗废物流失、泄漏、扩散时，未采取紧急处理措施，或者未及时向卫生行政主管部门和环境保护行政主管部门报告的，由**县级以上地方人民政府卫生行政主管部门或者环境保护行政主管部门**按照各自的职责责令改正，给予警告，并处 1 万元以上 3 万元以下的罚款；造成传染病传播或者环境污染事故的，由**原发证部门**暂扣或者吊销执业许可证件或者经营许可证件；构成犯罪的，依法追究刑事责任。 第五十一条　不具备集中处置医疗废物条件的农村，医疗卫生机构未按照本条例的要求处置医疗废物的，由**县级人民政府卫生行政主管部门或者环境保护行政主管部门**按照各自的职责责令限期改正，给予警告；逾期不改正的，处 1 000 元以上 5 000 元以下的罚款；造成传染病传播或者环境污染事故的，由原发证部门暂扣或者吊销执业许可证件；构成犯罪的，依法追究刑事责任。	生态环境主管部门	设区的市

序号	事项名称	职权类型	实施依据	实施主体	
155	对医疗卫生机构、医疗废物集中处置单位造成传染病传播的行政处罚	行政处罚	2.《医疗废物管理行政处罚办法》 第十五条　有《条例》第四十七条、第四十八条、第四十九条、第五十一条规定的情形，医疗卫生机构造成传染病传播的，由县级以上地方人民政府卫生行政主管部门依法处罚，并由原发证的卫生行政主管部门暂扣或者吊销执业许可证件；造成环境污染事故的，由**县级以上地方人民政府环境保护行政主管部门**依照《中华人民共和国固体废物污染环境防治法》有关规定予以处罚，并由原发证的卫生行政主管部门暂扣或者吊销执业许可证件。 医疗废物集中处置单位造成传染病传播的，由县级以上地方人民政府卫生行政主管部门依法处罚，并由**原发证的环境保护行政主管部门**暂扣或者吊销经营许可证件；造成环境污染事故的，由**县级以上地方人民政府环境保护行政主管部门**依照《中华人民共和国固体废物污染环境防治法》有关规定予以处罚，并由**原发证的环境保护行政主管部门**暂扣或者吊销经营许可证件。	生态环境主管部门	设区的市
156	对伪造、变造废弃电器电子产品处理资格证书等行为的行政处罚	行政处罚	1.《废弃电器电子产品处理资格许可管理办法》 第二十四条　伪造、变造废弃电器电子产品处理资格证书的，由**县级以上地方人民政府环境保护主管部门**收缴伪造、变造的处理资格证书，处3万元以下罚款；构成违反治安管理行为的，移送公安机关依法予以治安管理处罚；构成犯罪的，移送司法机关依法追究其刑事责任。 倒卖、出租、出借或者以其他形式非法转让废弃电器电子产品处理资格证书的，由**县级以上地方人民政府环境保护主管部门**责令停止违法行为，限期改正，处3万元以下罚款；情节严重的，由**发证机关**收回废弃电器电子产品处理资格证书；构成犯罪的，移送司法机关依法追究其刑事责任。	生态环境主管部门	设区的市
157	对贮存、拆解、利用、处置电子废物的作业场所不符合要求等行为的行政处罚	行政处罚	1.《电子废物污染环境防治管理办法》 第二十一条　违反本办法规定，有下列行为之一的，由所在地**县级以上人民政府环境保护行政主管部门**责令限期整改，并处3万元以下罚款： （一）将未完全拆解、利用或者处置的电子废物提供或者委托给列入名录（包括临时名录）且具有相应经营范围的拆解利用处置单位（包括个体工商户）以外的单位或者个人从事拆解、利用、处置活动的； （二）拆解、利用和处置电子废物不符合有关电子废物污染防治的相关标准、技术规范和技术政策的要求，或者违反本办法规定的禁止性技术、工艺、设备要求的；	生态环境主管部门	设区的市

序号	事项名称	职权类型	实施依据	实施主体	
157	对贮存、拆解、利用、处置电子废物的作业场所不符合要求等行为的行政处罚	行政处罚	（三）贮存、拆解、利用、处置电子废物的作业场所不符合要求的； （四）未按规定记录经营情况、日常环境监测数据、所产生工业电子废物的有关情况等，或者环境监测数据、经营情况记录弄虚作假的； （五）未按培训制度和计划进行培训的； （六）贮存电子废物超过一年的。	生态环境主管部门	设区的市
158	对从事畜禽规模养殖未按照国家有关规定收集、贮存、处置畜禽粪便，造成环境污染的行政处罚	行政处罚	1.《中华人民共和国固体废物污染环境防治法》 第七十一条　从事畜禽规模养殖未按照国家有关规定收集、贮存、处置畜禽粪便，造成环境污染的，由**县级以上地方人民政府环境保护行政主管部门**责令限期改正，可以处五万元以下的罚款。	生态环境主管部门	设区的市
159	对在禁止养殖区域内建设畜禽养殖场、养殖小区的行政处罚	行政处罚	1.《畜禽规模养殖污染防治条例》 第三十七条　违反本条例规定，在禁止养殖区域内建设畜禽养殖场、养殖小区的，由**县级以上地方人民政府环境保护主管部门**责令停止违法行为；拒不停止违法行为的，处 3 万元以上 10 万元以下的罚款，并报县级以上人民政府责令拆除或者关闭。在饮用水水源保护区建设畜禽养殖场、养殖小区的，由**县级以上地方人民政府环境保护主管部门**责令停止违法行为，处 10 万元以上 50 万元以下的罚款，并报经有批准权的人民政府批准，责令拆除或者关闭。	生态环境主管部门	设区的市
160	对未建设畜禽养殖污染防治配套设施等行为的行政处罚	行政处罚	1.《畜禽规模养殖污染防治条例》 第三十九条　违反本条例规定，未建设污染防治配套设施或者自行建设的配套设施不合格，也未委托他人对畜禽养殖废弃物进行综合利用和无害化处理，畜禽养殖场、养殖小区即投入生产、使用，或者建设的污染防治配套设施未正常运行的，由**县级以上人民政府环境保护主管部门**责令停止生产或者使用，可以处 10 万元以下的罚款。	生态环境主管部门	设区的市

序号	事项名称	职权类型	实施依据	实施主体	
161	对将畜禽养殖废弃物用作肥料造成环境污染等行为的行政处罚	行政处罚	1.《中华人民共和国固体废物污染环境防治法》 第七十一条　从事畜禽规模养殖未按照国家有关规定收集、贮存、处置畜禽粪便，造成环境污染的，由**县级以上地方人民政府环境保护行政主管部门**责令限期改正，可以处五万元以下的罚款。 2.《畜禽规模养殖污染防治条例》 第四十条　违反本条例规定，有下列行为之一的，由**县级以上地方人民政府环境保护主管部门**责令停止违法行为，限期采取治理措施消除污染，依照《中华人民共和国水污染防治法》、《中华人民共和国固体废物污染环境防治法》的有关规定予以处罚：（一）将畜禽养殖废弃物用作肥料，超出土地消纳能力，造成环境污染的；（二）从事畜禽养殖活动或者畜禽养殖废弃物处理活动，未采取有效措施，导致畜禽养殖废弃物渗出、泄漏的。	生态环境主管部门	设区的市
162	对排放畜禽养殖废弃物超标、超总量或未经无害化处理直接向环境排放畜禽养殖废弃物的行政处罚	行政处罚	1.《畜禽规模养殖污染防治条例》 第四十一条　排放畜禽养殖废弃物不符合国家或者地方规定的污染物排放标准或者总量控制指标，或者未经无害化处理直接向环境排放畜禽养殖废弃物的，由**县级以上地方人民政府环境保护主管部门**责令限期治理，可以处 5 万元以下的罚款。县级以上地方人民政府环境保护主管部门作出限期治理决定后，应当会同同级人民政府农牧等有关部门对整改措施的落实情况及时进行核查，并向社会公布核查结果。	生态环境主管部门	设区的市
163	对土地复垦义务人将重金属污染物或者其他有毒有害物质用作回填或者充填材料的行政处罚	行政处罚	1.《土地复垦条例》 第四十条　土地复垦义务人将重金属污染物或者其他有毒有害物质用作回填或者充填材料的，由**县级以上地方人民政府环境保护主管部门**责令停止违法行为，限期采取治理措施，消除污染，处 10 万元以上 50 万元以下的罚款；逾期不采取治理措施的，环境保护主管部门可以指定有治理能力的单位代为治理，所需费用由违法者承担。	生态环境主管部门	设区的市
164	对土地复垦义务人将重金属污染物或者其他有毒有害物质用作回填或者充填材料的行政强制	行政强制	1.《土地复垦条例》 第四十条　土地复垦义务人将重金属污染物或者其他有毒有害物质用作回填或者充填材料的，由**县级以上地方人民政府环境保护主管部门**责令停止违法行为，限期采取治理措施，消除污染，处 10 万元以上 50 万元以下的罚款；逾期不采取治理措施的，**环境保护主管部门**可以指定有治理能力的单位代为治理，所需费用由违法者承担。	生态环境主管部门	设区的市

序号	事项名称	职权类型	实施依据	实施主体	
165	对因开发土地造成土地荒漠化、盐渍化的行政处罚	行政处罚	1.《中华人民共和国土地管理法》 第七十五条　违反本法规定，占用耕地建窑、建坟或者擅自在耕地上建房、挖砂、采石、采矿、取土等，破坏种植条件的，或者因开发土地造成土地荒漠化、盐渍化的，由**县级以上人民政府自然资源主管部门**、农业农村主管部门等按照职责责令限期改正或者治理，可以并处罚款；构成犯罪的，依法追究刑事责任。	生态环境主管部门	设区的市
166	对不按照规定报告有关环境监测结果行为的行政处罚	行政处罚	1.《中华人民共和国放射性污染防治法》 第四十九条第一项　违反本法规定，有下列行为之一的，由**县级以上人民政府环境保护行政主管部门或者其他有关部门**依据职权责令限期改正，可以处二万元以下罚款： （一）不按照规定报告有关环境监测结果的；	生态环境主管部门	省级、设区的市
167	对拒不接受放射性污染检查或被检查时不如实反映情况和提供必要资料的行政处罚	行政处罚	1.《中华人民共和国放射性污染防治法》 第四十九条第二项　违反本法规定，有下列行为之一的，由**县级以上人民政府环境保护行政主管部门或者其他有关部门**依据职权责令限期改正，可以处二万元以下罚款： （二）拒绝环境保护行政主管部门和其他有关部门进行现场检查，或者被检查时不如实反映情况和提供必要资料的。	生态环境主管部门	设区的市
168	对拒不接受放射性废物检查或在检查时弄虚作假的行政处罚	行政处罚	1.《放射性废物安全管理条例》 第四十一条　违反本条例规定，拒绝、阻碍环境保护主管部门或者其他有关部门的监督检查，或者在接受监督检查时弄虚作假的，由**监督检查部门**责令改正，处 2 万元以下的罚款；构成违反治安管理行为的，由公安机关依法给予治安管理处罚；构成犯罪的，依法追究刑事责任。	生态环境主管部门	省级、设区的市
169	对拒不接受放射性物品运输检查或在检查时弄虚作假的行政处罚	行政处罚	1.《放射性物品运输安全管理条例》 第六十六条　拒绝、阻碍国务院核安全监管部门或者其他依法履行放射性物品运输安全监督管理职责的部门进行监督检查，或者在接受监督检查时弄虚作假的，由**监督检查部门**责令改正，处 1 万元以上 2 万元以下的罚款；构成违反治安管理行为的，由公安机关依法给予治安管理处罚；构成犯罪的，依法追究刑事责任。	生态环境主管部门	设区的市

序号	事项名称	职权类型	实施依据	实施主体	
170	对未建造放射性污染防治设施等行为的行政处罚	行政处罚	1.《中华人民共和国放射性污染防治法》 第五十一条　违反本法规定，未建造放射性污染防治设施、放射防护设施，或者防治防护设施未经验收合格，主体工程即投入生产或者使用的，由**审批环境影响评价文件的环境保护行政主管部门**责令停止违法行为，限期改正，并处五万元以上二十万元以下罚款。	生态环境主管部门	省级、设区的市
171	对违法生产、销售、使用转让、进口、贮存放射性同位素和射线装置以及装备有放射性同位素仪表的行政处罚	行政处罚	1.《中华人民共和国放射性污染防治法》 第五十三条　违反本法规定，生产、销售、使用、转让、进口、贮存放射性同位素和射线装置以及装备有放射性同位素的仪表的，由**县级以上人民政府环境保护行政主管部门或者其他有关部门**依据职权责令停止违法行为，限期改正；逾期不改正的，责令停产停业或者吊销许可证；有违法所得的，没收违法所得；违法所得十万元以上的，并处违法所得一倍以上五倍以下罚款；没有违法所得或者违法所得不足十万元的，并处一万元以上十万元以下罚款；构成犯罪的，依法追究刑事责任。	生态环境主管部门	省级、设区的市
172	对无许可证从事放射性同位素和射线装置生产、销售、使用活动等行为的行政处罚	行政处罚	1.《放射性同位素与射线装置安全和防护条例》 第五十二条　违反本条例规定，生产、销售、使用放射性同位素和射线装置的单位有下列行为之一的，由**县级以上人民政府生态环境主管部门**责令停止违法行为，限期改正；逾期不改正的，责令停产停业或者由原发证机关吊销许可证；有违法所得的，没收违法所得；违法所得10万元以上的，并处违法所得1倍以上5倍以下的罚款；没有违法所得或者违法所得不足10万元的，并处1万元以上10万元以下的罚款： （一）无许可证从事放射性同位素和射线装置生产、销售、使用活动的； （二）未按照许可证的规定从事放射性同位素和射线装置生产、销售、使用活动的； （三）改变所从事活动的种类或者范围以及新建、改建或者扩建生产、销售、使用设施或者场所，未按照规定重新申请领取许可证的； （四）许可证有效期届满，需要延续而未按照规定办理延续手续的； （五）未经批准，擅自进口或者转让放射性同位素的。	生态环境主管部门	省级、设区的市

序号	事项名称	职权类型	实施依据	实施主体	
173	对生产、销售、使用放射性同位素和射线装置的单位变更单位名称、地址、法定代表人，未依法办理许可证变更手续的行政处罚	行政处罚	1.《放射性同位素与射线装置安全和防护条例》 第五十三条　违反本条例规定，生产、销售、使用放射性同位素和射线装置的单位变更单位名称、地址、法定代表人，未依法办理许可证变更手续的，由**县级以上人民政府生态环境主管部门**责令限期改正，给予警告；逾期不改正的，由**原发证机关**暂扣或者吊销许可证。	生态环境主管部门	设区的市
174	对生产、销售、使用放射性同位素和射线装置的单位部分终止或者全部终止生产、销售、使用活动，未按照规定办理许可证变更或者注销手续的行政处罚	行政处罚	1.《放射性同位素与射线装置安全和防护条例》 第五十四条　违反本条例规定，生产、销售、使用放射性同位素和射线装置的单位部分终止或者全部终止生产、销售、使用活动，未按照规定办理许可证变更或者注销手续的，由**县级以上人民政府生态环境主管部门**责令停止违法行为，限期改正；逾期不改正的，处1万元以上10万元以下的罚款；造成辐射事故，构成犯罪的，依法追究刑事责任。	生态环境主管部门	省级、设区的市
175	对伪造、变造、转让生产销售、使用放射性同位素和射线装置许可证的行政处罚	行政处罚	1.《放射性同位素与射线装置安全和防护条例》 第五十五条第一款　违反本条例规定，伪造、变造、转让许可证的，由**县级以上人民政府生态环境主管部门**收缴伪造、变造的许可证或者由**原发证机关**吊销许可证，并处5万元以上10万元以下的罚款；构成犯罪的，依法追究刑事责任。	生态环境主管部门	省级、设区的市
176	对伪造、变造、转让放射性同位素进口和转让批准文件的行政处罚	行政处罚	1.《放射性同位素与射线装置安全和防护条例》 第五十五条第二款　违反本条例规定，伪造、变造、转让放射性同位素进口和转让批准文件的，由**县级以上人民政府生态环境主管部门**收缴伪造、变造的批准文件或者由原批准机关撤销批准文件，并处5万元以上10万元以下的罚款；情节严重的，可以由原发证机关吊销许可证；构成犯罪的，依法追究刑事责任。	生态环境主管部门	省级、设区的市

序号	事项名称	职权类型	实施依据	实施主体	
177	对转入、转出放射性同位素未按照规定备案等行为的行政处罚	行政处罚	1.《放射性同位素与射线装置安全和防护条例》 第五十六条　违反本条例规定，生产、销售、使用放射性同位素的单位有下列行为之一的，由**县级以上人民政府生态环境主管部门**责令限期改正，给予警告；逾期不改正的，由**原发证机关**暂扣或者吊销许可证： （一）转入、转出放射性同位素未按照规定备案的； （二）将放射性同位素转移到外省、自治区、直辖市使用，未按照规定备案的； （三）将废旧放射源交回生产单位、返回原出口方或者送交放射性废物集中贮存单位贮存，未按照规定备案的。	生态环境主管部门	省级、设区的市
178	对在室外、野外使用放射性同位素和射线装置，未按照国家有关安全和防护标准的要求划出安全防护区域和设置明显的放射性标志等行为的行政处罚	行政处罚	1.《放射性同位素与射线装置安全和防护条例》 第五十七条　违反本条例规定，生产、销售、使用放射性同位素和射线装置的单位有下列行为之一的，由**县级以上人民政府生态环境主管部门**责令停止违法行为，限期改正；逾期不改正的，处1万元以上10万元以下的罚款： （一）在室外、野外使用放射性同位素和射线装置，未按照国家有关安全和防护标准的要求划出安全防护区域和设置明显的放射性标志的； （二）未经批准擅自在野外进行放射性同位素示踪试验的。	生态环境主管部门	省级、设区的市
179	对未建立放射性同位素产品台账等行为的行政处罚	行政处罚	1.《放射性同位素与射线装置安全和防护条例》 第五十八条　违反本条例规定，生产放射性同位素的单位有下列行为之一的，由**县级以上人民政府生态环境主管部门**责令限期改正，给予警告；逾期不改正的，依法收缴其未备案的放射性同位素和未编码的放射源，处5万元以上10万元以下的罚款，并可以由**原发证机关**暂扣或者吊销许可证： （一）未建立放射性同位素产品台账的； （二）未按照国务院生态环境主管部门制定的编码规则，对生产的放射源进行统一编码的； （三）未将放射性同位素产品台账和放射源编码清单报国务院生态环境主管部门备案的； （四）出厂或者销售未列入产品台账的放射性同位素和未编码的放射源的。	生态环境主管部门	省级、设区的市

序号	事项名称	职权类型	实施依据	实施主体	
180	对未按照规定对废旧放射源进行处理等行为的行政处罚	行政处罚	1.《放射性同位素与射线装置安全和防护条例》 第五十九条　违反本条例规定，生产、销售、使用放射性同位素和射线装置的单位有下列行为之一的，由**县级以上人民政府生态环境主管部门**责令停止违法行为，限期改正；逾期不改正的，由**原发证机关**指定有处理能力的单位代为处理或者实施退役，费用由生产、销售、使用放射性同位素和射线装置的单位承担，并处1万元以上10万元以下的罚款： （一）未按照规定对废旧放射源进行处理的； （二）未按照规定对使用Ⅰ类、Ⅱ类、Ⅲ类放射源的场所和生产放射性同位素的场所，以及终结运行后产生放射性污染的射线装置实施退役的。	生态环境主管部门	省级、设区的市
181	对未按照规定对废旧放射源进行处理等行为的行政强制	行政强制	1.《放射性同位素与射线装置安全和防护条例》 第五十九条　违反本条例规定，生产、销售、使用放射性同位素和射线装置的单位有下列行为之一的，由**县级以上人民政府生态环境主管部门**责令停止违法行为，限期改正；逾期不改正的，由**原发证机关**指定有处理能力的单位代为处理或者实施退役，费用由生产、销售、使用放射性同位素和射线装置的单位承担，并处1万元以上10万元以下的罚款： （一）未按照规定对废旧放射源进行处理的； （二）未按照规定对使用Ⅰ类、Ⅱ类、Ⅲ类放射源的场所和生产放射性同位素的场所，以及终结运行后产生放射性污染的射线装置实施退役的。	生态环境主管部门	国务院主管部门、省级、设区的市
182	对未按照规定对本单位的放射性同位素、射线装置安全和防护状况进行评估或者发现安全隐患不及时整改等行为的行政处罚	行政处罚	1.《放射性同位素与射线装置安全和防护条例》 第六十条　违反本条例规定，生产、销售、使用放射性同位素和射线装置的单位有下列行为之一的，由**县级以上人民政府生态环境主管部门**责令停止违法行为，限期改正；逾期不改正的，责令停产停业，并处2万元以上20万元以下的罚款；构成犯罪的，依法追究刑事责任： （一）未按照规定对本单位的放射性同位素、射线装置安全和防护状况进行评估或者发现安全隐患不及时整改的； （二）生产、销售、使用、贮存放射性同位素和射线装置的场所未按照规定设置安全和防护设施以及放射性标志的。	生态环境主管部门	省级、设区的市

序号	事项名称	职权类型	实施依据	实施主体	
183	对造成辐射事故的行政处罚	行政处罚	1.《放射性同位素与射线装置安全和防护条例》 第六条　除医疗使用Ⅰ类放射源、制备正电子发射计算机断层扫描用放射性药物自用的单位外，生产放射性同位素、销售和使用Ⅰ类放射源、销售和使用Ⅰ类射线装置的单位的许可证，由**国务院生态环境主管部门**审批颁发。 除国务院生态环境主管部门审批颁发的许可证外，其他单位的许可证，由**省、自治区、直辖市人民政府生态环境主管部门**审批颁发。 国务院生态环境主管部门向生产放射性同位素的单位颁发许可证前，应当将申请材料印送其行业主管部门征求意见。 生态环境主管部门应当将审批颁发许可证的情况通报同级公安部门、卫生主管部门。 第六十一条　违反本条例规定，造成辐射事故的，由**原发证机关**责令限期改正，并处5万元以上20万元以下的罚款；情节严重的，由**原发证机关**吊销许可证；构成违反治安管理行为的，由公安机关依法予以治安处罚；构成犯罪的，依法追究刑事责任。 因辐射事故造成他人损害的，依法承担民事责任。	生态环境主管部门	国务院主管部门、省级
184	对生产、销售、使用放射性同位素和射线装置的单位被责令限期整改，逾期不整改或者经整改仍不符合原发证条件的行政处罚	行政处罚	1.《放射性同位素与射线装置安全和防护条例》 第六条　除医疗使用Ⅰ类放射源、制备正电子发射计算机断层扫描用放射性药物自用的单位外，生产放射性同位素、销售和使用Ⅰ类放射源、销售和使用Ⅰ类射线装置的单位的许可证，由**国务院生态环境主管部门**审批颁发。 除国务院生态环境主管部门审批颁发的许可证外，其他单位的许可证，由**省、自治区、直辖市人民政府生态环境主管部门**审批颁发。 国务院生态环境主管部门向生产放射性同位素的单位颁发许可证前，应当将申请材料印送其行业主管部门征求意见。 生态环境主管部门应当将审批颁发许可证的情况通报同级公安部门、卫生主管部门。 第六十二条　生产、销售、使用放射性同位素和射线装置的单位被责令限期整改，逾期不整改或者经整改仍不符合原发证条件的，由**原发证机关**暂扣或者吊销许可证。	生态环境主管部门	国务院主管部门、省级

序号	事项名称	职权类型	实施依据	实施主体	
185	对在发生辐射事故或者有证据证明辐射事故可能发生时的行政强制	行政强制	1.《放射性同位素与射线装置安全和防护条例》 第四十三条　在发生辐射事故或者有证据证明辐射事故可能发生时，**县级以上人民政府生态环境主管部门**有权采取下列临时控制措施： （一）责令停止导致或者可能导致辐射事故的作业； （二）组织控制事故现场。	生态环境主管部门	省级、设区的市
186	对辐射工作单位未在含放射源设备的说明书中告知用户该设备含有放射源等行为的行政处罚	行政处罚	1.《放射性同位素与射线装置安全许可管理办法》 第四十五条　辐射工作单位违反本办法的有关规定，有下列行为之一的，由**县级以上人民政府环境保护主管部门**责令停止违法行为，限期改正；逾期不改正的，处 1 万元以上 3 万元以下的罚款： （一）未在含放射源设备的说明书中告知用户该设备含有放射源的； （二）销售、使用放射源的单位未在本办法实施之日起 1 年内将其贮存的废旧放射源交回、返回或送交有关单位的。 辐射工作单位违反本办法的其他规定，按照《中华人民共和国放射性污染防治法》、《放射性同位素与射线装置安全和防护条例》及其他相关法律法规的规定进行处罚。	生态环境主管部门	省级、设区的市
187	对生产、销售、使用放射性同位素与射线装置的单位未按规定对相关场所进行辐射监测等行为的行政处罚	行政处罚	1.《放射性同位素与射线装置安全和防护管理办法》 第五十五条　违反本办法规定，生产、销售、使用放射性同位素与射线装置的单位有下列行为之一的，由**原辐射安全许可证发证机关**给予警告，责令限期改正；逾期不改正的，处一万元以上三万元以下的罚款： （一）未按规定对相关场所进行辐射监测的； （二）未按规定时间报送安全和防护状况年度评估报告的； （三）未按规定对辐射工作人员进行辐射安全培训的； （四）未按规定开展个人剂量监测的； （五）发现个人剂量监测结果异常，未进行核实与调查，并未将有关情况及时报告原辐射安全许可证发证机关的。	生态环境主管部门	省级
188	对废旧金属回收熔炼企业未开展辐射监测或者发现辐射监测结果明显异常未如实报告的行政处罚	行政处罚	1.《放射性同位素与射线装置安全和防护管理办法》 第五十八条　违反本办法规定，废旧金属回收熔炼企业未开展辐射监测或者发现辐射监测结果明显异常未如实报告的，由**县级以上人民政府环境保护主管部门**责令改正，处一万元以上三万元以下的罚款。	生态环境主管部门	设区的市

序号	事项名称	职权类型	实施依据	实施主体	
189	对未建造尾矿库或者不按照放射性污染防治的要求建造尾矿库,贮存、处置铀（钍）矿和伴生放射性矿的尾矿等行为的行政处罚	行政处罚	1.《中华人民共和国放射性污染防治法》 第五十四条　违反本法规定，有下列行为之一的，由**县级以上人民政府环境保护行政主管部门**责令停止违法行为，限期改正，处以罚款；构成犯罪的，依法追究刑事责任： （一）未建造尾矿库或者不按照放射性污染防治的要求建造尾矿库，贮存、处置铀（钍）矿和伴生放射性矿的尾矿的； （二）向环境排放不得排放的放射性废气、废液的； （三）不按照规定的方式排放放射性废液，利用渗井、渗坑、天然裂隙、溶洞或者国家禁止的其他方式排放放射性废液的； （四）不按照规定处理或者贮存不得向环境排放的放射性废液的； （五）将放射性固体废物提供或者委托给无许可证的单位贮存和处置的。 有前款第（一）项、第（二）项、第（三）项、第（五）项行为之一的，处十万元以上二十万元以下罚款；有前款第（四）项行为的，处一万元以上十万元以下罚款。	生态环境主管部门	省级、设区的市
190	对产生放射性固体废物的单位未按规定对放射性固体废物进行处置的行政处罚	行政处罚	1.《中华人民共和国放射性污染防治法》 第四十五条　产生放射性固体废物的单位，应当按照国务院环境保护行政主管部门的规定，对其产生的放射性固体废物进行处理后，送交放射性固体废物处置单位处置，并承担处置费用。 放射性固体废物处置费用收取和使用管理办法，由国务院财政部门、价格主管部门会同国务院环境保护行政主管部门规定。 第五十六条　产生放射性固体废物的单位，不按照本法第四十五条的规定对其产生的放射性固体废物进行处置的，由**审批该单位立项环境影响评价文件的环境保护行政主管部门**责令停止违法行为，限期改正；逾期不改正的，指定有处置能力的单位代为处置，所需费用由产生放射性固体废物的单位承担，可以并处二十万元以下罚款；构成犯罪的，依法追究刑事责任。	生态环境主管部门	省级、设区的市

序号	事项名称	职权类型	实施依据	实施主体	
191	对未经许可擅自从事贮存和处置放射性固体废物活动等行为的行政处罚	行政处罚	1.《中华人民共和国放射性污染防治法》 第五十七条　违反本法规定，有下列行为之一的，由**省级以上人民政府环境保护行政主管部门**责令停产停业或者吊销许可证；有违法所得的，没收违法所得；违法所得十万元以上的，并处违法所得一倍以上五倍以下罚款；没有违法所得或者违法所得不足十万元的，并处五万元以上十万元以下罚款；构成犯罪的，依法追究刑事责任： （一）未经许可，擅自从事贮存和处置放射性固体废物活动的； （二）不按照许可的有关规定从事贮存和处置放射性固体废物活动的。 2.《放射性废物安全管理条例》 第三十八条　违反本条例规定，有下列行为之一的，由**省级以上人民政府环境保护主管部门**责令停产停业或者吊销许可证；有违法所得的，没收违法所得；违法所得 10 万元以上的，并处违法所得 1 倍以上 5 倍以下的罚款；没有违法所得或者违法所得不足 10 万元的，并处 5 万元以上 10 万元以下的罚款；造成环境污染的，责令限期采取治理措施消除污染，逾期不采取治理措施，经催告仍不治理的，可以指定有治理能力的单位代为治理，所需费用由违法者承担；构成犯罪的，依法追究刑事责任： （一）未经许可，擅自从事废旧放射源或者其他放射性固体废物的贮存、处置活动的； （二）放射性固体废物贮存、处置单位未按照许可证规定的活动种类、范围、规模、期限从事废旧放射源或者其他放射性固体废物的贮存、处置活动的； （三）放射性固体废物贮存、处置单位未按照国家有关放射性污染防治标准和国务院环境保护主管部门的规定贮存、处置废旧放射源或者其他放射性固体废物的。 3.《放射性固体废物贮存和处置许可管理办法》 第二十二条　未取得相应许可证擅自从事放射性固体废物贮存、处置活动，或者未按照许可证规定的活动种类、范围、规模、期限从事放射性固体废物贮存、处置活动的，依照《放射性废物安全管理条例》第三十八条的规定处罚。	生态环境主管部门	省级

序号	事项名称	职权类型	实施依据	实施主体	
192	对核设施营运单位、核技术利用单位或者放射性固体废物贮存、处置单位未按照规定如实报告放射性废物管理有关情况的行政处罚	行政处罚	1.《放射性废物安全管理条例》 第三十二条　核设施营运单位、核技术利用单位和放射性固体废物贮存单位应当按照国务院环境保护主管部门的规定定期如实报告放射性废物产生、排放、处理、贮存、清洁解控和送交处置等情况。 放射性固体废物处置单位应当于每年 3 月 31 日前，向国务院环境保护主管部门和核工业行业主管部门如实报告上一年度放射性固体废物接收、处置和设施运行等情况。 第四十条　核设施营运单位、核技术利用单位或者放射性固体废物贮存、处置单位未按照本条例第三十二条的规定如实报告有关情况的，由**县级以上人民政府环境保护主管部门**责令限期改正，处 1 万元以上 5 万元以下的罚款；逾期不改正的，处 5 万元以上 10 万元以下的罚款。	生态环境主管部门	省级、设区的市
193	对核设施营运单位未按照规定将其产生的废旧放射源送交贮存、处置等行为的行政处罚	行政处罚	1.《放射性废物安全管理条例》 第三十六条　违反本条例规定，核设施营运单位、核技术利用单位有下列行为之一的，由**审批该单位立项环境影响评价文件的环境保护主管部门**责令停止违法行为，限期改正；逾期不改正的，指定有相应许可证的单位代为贮存或者处置，所需费用由核设施营运单位、核技术利用单位承担，可以处 20 万元以下的罚款；构成犯罪的，依法追究刑事责任： （一）核设施营运单位未按照规定，将其产生的废旧放射源送交贮存、处置，或者将其产生的其他放射性固体废物送交处置的； （二）核技术利用单位未按照规定，将其产生的废旧放射源或者其他放射性固体废物送交贮存、处置的。 第三十七条　违反本条例规定，有下列行为之一的，由县级以上人民政府环境保护主管部门责令停止违法行为，限期改正，处 10 万元以上 20 万元以下的罚款；造成环境污染的，责令限期采取治理措施消除污染，逾期不采取治理措施，经催告仍不治理的，可以指定有治理能力的单位代为治理，所需费用由违法者承担；构成犯罪的，依法追究刑事责任： （一）核设施营运单位将废旧放射源送交无相应许可证的单位贮存、处置，或者将其他放射性固体废物送交无相应许可证的单位处置，或者擅自处置的； （二）核技术利用单位将废旧放射源或者其他放射性固体废物送交无相应许可证的单位贮存、处置，或者擅自处置的； （三）放射性固体废物贮存单位将废旧放射源或者其他放射性固体废物送交无相应许可证的单位处置，或者擅自处置的。	生态环境主管部门	设区的市

序号	事项名称	职权类型	实施依据	实施主体	
194	对核设施营运单位未按照规定将其产生的废旧放射源送交贮存、处置等行为的行政强制	行政强制	1.《放射性废物安全管理条例》 第三十六条　违反本条例规定，核设施营运单位、核技术利用单位有下列行为之一的，由**审批该单位立项环境影响评价文件的环境保护主管部门**责令停止违法行为，限期改正；逾期不改正的，指定有相应许可证的单位代为贮存或者处置，所需费用由核设施营运单位、核技术利用单位承担，可以处20万元以下的罚款；构成犯罪的，依法追究刑事责任： （一）核设施营运单位未按照规定，将其产生的废旧放射源送交贮存、处置，或者将其产生的其他放射性固体废物送交处置的； （二）核技术利用单位未按照规定，将其产生的废旧放射源或者其他放射性固体废物送交贮存、处置的。	生态环境主管部门	省级、设区的市
195	对核设施营运单位造成环境污染被责令限期采取治理措施消除污染，逾期不采取治理措施的行政强制	行政强制	1.《放射性废物安全管理条例》 第三十七条　违反本条例规定，有下列行为之一的，由**县级以上人民政府环境保护主管部门**责令停止违法行为，限期改正，处10万元以上20万元以下的罚款；造成环境污染的，责令限期采取治理措施消除污染，逾期不采取治理措施，经催告仍不治理的，可以指定有治理能力的单位代为治理，所需费用由违法者承担；构成犯罪的，依法追究刑事责任： （一）核设施营运单位将废旧放射源送交无相应许可证的单位贮存、处置，或者将其他放射性固体废物送交无相应许可证的单位处置，或者擅自处置的； （二）核技术利用单位将废旧放射源或者其他放射性固体废物送交无相应许可证的单位贮存、处置，或者擅自处置的； （三）放射性固体废物贮存单位将废旧放射源或者其他放射性固体废物送交无相应许可证的单位处置，或者擅自处置的。	生态环境主管部门	省级、设区的市
196	对放射性固体废物贮存、处置单位未按照规定建立情况记录档案等行为的行政处罚	行政处罚	1.《放射性废物安全管理条例》 第三十九条　放射性固体废物贮存、处置单位未按照规定建立情况记录档案，或者未按照规定进行如实记录的，由**省级以上人民政府环境保护主管部门**责令限期改正，处1万元以上5万元以下的罚款；逾期不改正的，处5万元以上10万元以下的罚款。	生态环境主管部门	省级

序号	事项名称	职权类型	实施依据	实施主体	
197	对核设施营运等单位未按照规定对有关工作人员进行技术培训和考核的行政处罚	行政处罚	1.《放射性废物安全管理条例》 第四十二条　核设施营运单位、核技术利用单位或者放射性固体废物贮存、处置单位未按照规定对有关工作人员进行技术培训和考核的，由**县级以上人民政府环境保护主管部门**责令限期改正，处1万元以上5万元以下的罚款；逾期不改正的，处5万元以上10万元以下的罚款。	生态环境主管部门	省级、设区的市
198	对托运人未按照规定将放射性物品运输的核与辐射安全分析报告批准书、辐射监测报告备案的行政处罚	行政处罚	1.《放射性物品运输安全管理条例》 第五十九条第二款　托运人未按照规定将放射性物品运输的核与辐射安全分析报告批准书、辐射监测报告备案的，由**启运地的省、自治区、直辖市人民政府环境保护主管部门**责令限期改正；逾期不改正的，处1万元以上5万元以下的罚款。	生态环境主管部门	省级
199	对未按照规定对托运的放射性物品表面污染和辐射水平实施监测等行为的行政处罚	行政处罚	1.《放射性物品运输安全管理条例》 第六十三条　托运人有下列行为之一的，由**启运地的省、自治区、直辖市人民政府环境保护主管部门**责令停止违法行为，处5万元以上20万元以下的罚款： （一）未按照规定对托运的放射性物品表面污染和辐射水平实施监测的； （二）将经监测不符合国家放射性物品运输安全标准的放射性物品交付托运的； （三）出具虚假辐射监测报告的。	生态环境主管部门	省级
200	对在放射性物品运输中造成核与辐射事故的行政处罚	行政处罚	1.《放射性物品运输安全管理条例》 第六十五条第一款　违反本条例规定，在放射性物品运输中造成核与辐射事故的，由**县级以上地方人民政府环境保护主管部门**处以罚款，罚款数额按照核与辐射事故造成的直接损失的20%计算；构成犯罪的，依法追究刑事责任。	生态环境主管部门	省级、设区的市
201	对托运人、承运人在放射性物品运输中未按照要求做好事故应急工作并报告事故的行政处罚	行政处罚	1.《放射性物品运输安全管理条例》 第六十五条第二款　托运人、承运人未按照核与辐射事故应急响应指南的要求，做好事故应急工作并报告事故的，由**县级以上地方人民政府环境保护主管部门**处5万元以上20万元以下的罚款。	生态环境主管部门	省级、设区的市

序号	事项名称	职权类型	实施依据	实施主体	
202	对违规制造一类放射性物品运输容器的行政处罚	行政处罚	1.《放射性物品运输安全管理条例》 第五十条　放射性物品运输容器设计、制造单位有下列行为之一的，由**国务院核安全监管部门**责令停止违法行为，处 50 万元以上 100 万元以下的罚款；有违法所得的，没收违法所得： （一）将未取得设计批准书的一类放射性物品运输容器设计用于制造的； （二）修改已批准的一类放射性物品运输容器设计中有关安全内容，未重新取得设计批准书即用于制造的。	生态环境主管部门	国务院主管部门
203	对违规制造二类、三类放射性物品运输容器的行政处罚	行政处罚	1.《放射性物品运输安全管理条例》 第五十一条　放射性物品运输容器设计、制造单位有下列行为之一的，由**国务院核安全监管部门**责令停止违法行为，处 5 万元以上 10 万元以下的罚款；有违法所得的，没收违法所得： （一）将不符合国家放射性物品运输安全标准的二类、三类放射性物品运输容器设计用于制造的； （二）将未备案的二类放射性物品运输容器设计用于制造的。	生态环境主管部门	国务院主管部门
204	对违反二类、三类放射性物品运输容器设计安全性能评价规定的行政处罚	行政处罚	1.《放射性物品运输安全管理条例》 第五十二条　放射性物品运输容器设计单位有下列行为之一的，由**国务院核安全监管部门**责令限期改正；逾期不改正的，处 1 万元以上 5 万元以下的罚款： （一）未对二类、三类放射性物品运输容器的设计进行安全性能评价的； （二）未如实记录二类、三类放射性物品运输容器设计和安全性能评价过程的； （三）未编制三类放射性物品运输容器设计符合国家放射性物品运输安全标准的证明文件并存档备查的。	生态环境主管部门	国务院主管部门
205	对违法从事一类放射性物品运输容器制造活动的行政处罚	行政处罚	1.《放射性物品运输安全管理条例》 第五十三条　放射性物品运输容器制造单位有下列行为之一的，由**国务院核安全监管部门**责令停止违法行为，处 50 万元以上 100 万元以下的罚款；有违法所得的，没收违法所得： （一）未取得制造许可证从事一类放射性物品运输容器制造活动的； （二）制造许可证有效期届满，未按照规定办理延续手续，继续从事一类放射性物品运输容器制造活动的； （三）超出制造许可证规定的范围从事一类放射性物品运输容器制造活动的； （四）变更制造的一类放射性物品运输容器型号，未按照规定重新领取制造许可证的； （五）将未经质量检验或者经检验不合格的一类放射性物品运输容器交付使用的。 有前款第（三）项、第（四）项和第（五）项行为之一，情节严重的，吊销制造许可证。	生态环境主管部门	国务院主管部门

序号	事项名称	职权类型	实施依据	实施主体	
206	对一类放射性物品运输容器制造单位违反许可证变更手续规定的行政处罚	行政处罚	1.《放射性物品运输安全管理条例》 第五十四条　一类放射性物品运输容器制造单位变更单位名称、住所或者法定代表人，未依法办理制造许可证变更手续的，由**国务院核安全监管部门**责令限期改正；逾期不改正的，处2万元的罚款。	生态环境主管部门	国务院主管部门
207	对违法制造、使用二类、三类放射性物品运输容器的行政处罚	行政处罚	1.《放射性物品运输安全管理条例》 第五十五条　放射性物品运输容器制造单位有下列行为之一的，由**国务院核安全监管部门**责令停止违法行为，处5万元以上10万元以下的罚款；有违法所得的，没收违法所得： （一）在二类放射性物品运输容器首次制造活动开始前，未按照规定将有关证明材料报国务院核安全监管部门备案的； （二）将未经质量检验或者经检验不合格的二类、三类放射性物品运输容器交付使用的。	生态环境主管部门	国务院主管部门
208	对违反放射性物品运输容器编码、备案规定的行政处罚	行政处罚	1.《放射性物品运输安全管理条例》 第五十六条　放射性物品运输容器制造单位有下列行为之一的，由**国务院核安全监管部门**责令限期改正；逾期不改正的，处1万元以上5万元以下的罚款： （一）未按照规定对制造的一类、二类放射性物品运输容器统一编码的； （二）未按照规定将制造的一类、二类放射性物品运输容器编码清单报国务院核安全监管部门备案的； （三）未按照规定将制造的三类放射性物品运输容器的型号和数量报国务院核安全监管部门备案的。	生态环境主管部门	国务院主管部门
209	对放射性物品运输容器使用单位违反安全性能评价规定的行政处罚	行政处罚	1.《放射性物品运输安全管理条例》 第五十七条　放射性物品运输容器使用单位未按照规定对使用的一类放射性物品运输容器进行安全性能评价，或者未将评价结果报国务院核安全监管部门备案的，由**国务院核安全监管部门**责令限期改正；逾期不改正的，处1万元以上5万元以下的罚款。	生态环境主管部门	国务院主管部门
210	对违法使用境外单位制造的放射性物品运输容器的行政处罚	行政处罚	1.《放射性物品运输安全管理条例》 第五十八条　未按照规定取得使用批准书使用境外单位制造的一类放射性物品运输容器的，由**国务院核安全监管部门**责令停止违法行为，处50万元以上100万元以下的罚款。 未按照规定办理备案手续使用境外单位制造的二类放射性物品运输容器的，由**国务院核安全监管部门**责令停止违法行为，处5万元以上10万元以下的罚款。	生态环境主管部门	国务院主管部门

序号	事项名称	职权类型	实施依据	实施主体	
211	对托运人违反放射性物品运输安全管理规定的行政处罚	行政处罚	1.《放射性物品运输安全管理条例》 第五十九条第一款　托运人未按照规定编制放射性物品运输说明书、核与辐射事故应急响应指南、装卸作业方法、安全防护指南的，由**国务院核安全监管部门**责令限期改正；逾期不改正的，处1万元以上5万元以下的罚款。	生态环境主管部门	国务院主管部门
212	对托运人未经批准托运一类放射性物品的行政处罚	行政处罚	1.《放射性物品运输安全管理条例》 第六十一条　托运人未取得放射性物品运输的核与辐射安全分析报告批准书托运一类放射性物品的，由**国务院核安全监管部门**责令停止违法行为，处50万元以上100万元以下的罚款。	生态环境主管部门	国务院主管部门
213	对不按照规定设置放射性标识、标志、中文警示说明等行为的行政处罚	行政处罚	1.《中华人民共和国放射性污染防治法》 第五十五条　违反本法规定，有下列行为之一的，由**县级以上人民政府环境保护行政主管部门或者其他有关部门**依据职权责令限期改正；逾期不改正的，责令停产停业，并处二万元以上十万元以下罚款；构成犯罪的，依法追究刑事责任： （一）不按照规定设置放射性标识、标志、中文警示说明的； （二）不按照规定建立健全安全保卫制度和制定事故应急计划或者应急措施的； （三）不按照规定报告放射源丢失、被盗情况或者放射性污染事故的。	生态环境主管部门	设区的市
214	对产生放射性固体废物的单位未按规定对放射性固体废物进行处置的行政强制	行政强制	1.《中华人民共和国放射性污染防治法》 第五十六条　产生放射性固体废物的单位，不按照本法第四十五条的规定对其产生的放射性固体废物进行处置的，由**审批该单位立项环境影响评价文件的环境保护行政主管部门**责令停止违法行为，限期改正；逾期不改正的，指定有处置能力的单位代为处置，所需费用由产生放射性固体废物的单位承担，可以并处二十万元以下罚款；构成犯罪的，依法追究刑事责任。	生态环境主管部门	省级

序号	事项名称	职权类型	实施依据	实施主体	
215	对核设施营运单位未设置核设施纵深防御体系等行为的行政处罚	行政处罚	1.《中华人民共和国核安全法》 第七十七条　违反本法规定，有下列情形之一的，由**国务院核安全监督管理部门或者其他有关部门**责令改正，给予警告；情节严重的，处二十万元以上一百万元以下的罚款；拒不改正的，责令停止建设或者停产整顿： （一）核设施营运单位未设置核设施纵深防御体系的； （二）核设施营运单位或者为其提供设备、工程以及服务等的单位未建立或者未实施质量保证体系的； （三）核设施营运单位未按照要求控制辐射照射剂量的； （四）核设施营运单位未建立核安全经验反馈体系的； （五）核设施营运单位未就涉及公众利益的重大核安全事项征求利益相关方意见的。	生态环境主管部门	国务院主管部门
216	对在规划限制区内违规建设可能威胁核设施安全的行政处罚	行政处罚	1.《中华人民共和国核安全法》 第七十八条　违反本法规定，在规划限制区内建设可能威胁核设施安全的易燃、易爆、腐蚀性物品的生产、贮存设施或者人口密集场所的，由**国务院核安全监督管理部门**责令限期拆除，恢复原状，处十万元以上五十万元以下的罚款。	生态环境主管部门	国务院主管部门
217	对未经许可从事核设施建造、运行或者退役等行为的行政处罚	行政处罚	1.《中华人民共和国核安全法》 第七十九条　违反本法规定，核设施营运单位有下列情形之一的，由**国务院核安全监督管理部门**责令改正处一百万元以上五百万元以下的罚款；拒不改正的，责令停止建设或者停产整顿；有违法所得的，没收违法所得；造成环境污染的，责令限期采取治理措施消除污染，逾期不采取措施的，指定有能力的单位代为履行，所需费用由污染者承担；对直接负责的主管人员和其他直接责任人员，处五万元以上二十万元以下的罚款： （一）未经许可，从事核设施建造、运行或者退役等活动的； （二）未经许可，变更许可文件规定条件的； （三）核设施运行许可证有效期届满，未经审查批准，继续运行核设施的； （四）未经审查批准，进口核设施的。	生态环境主管部门	国务院主管部门

序号	事项名称	职权类型	实施依据	实施主体	
218	对未经许可从事核设施建造、运行或者退役活动等行为的行政强制	行政强制	1.《中华人民共和国核安全法》 第七十九条　违反本法规定，核设施营运单位有下列情形之一的，由**国务院核安全监督管理部门**责令改正，处一百万元以上五百万元以下的罚款；拒不改正的，责令停止建设或者停产整顿；有违法所得的，没收违法所得；造成环境污染的，责令限期采取治理措施消除污染，逾期不采取措施的，指定有能力的单位代为履行，所需费用由污染者承担；对直接负责的主管人员和其他直接责任人员，处五万元以上二十万元以下的罚款： （一）未经许可，从事核设施建造、运行或者退役等活动的； （二）未经许可，变更许可文件规定条件的； （三）核设施运行许可证有效期届满，未经审查批准，继续运行核设施的； （四）未经审查批准，进口核设施的。	生态环境主管部门	国务院主管部门
219	对未对核设施进行定期安全评价，或者不接受国务院核安全监督管理部门审查等行为的行政处罚	行政处罚	1.《中华人民共和国核安全法》 第八十条　违反本法规定，核设施营运单位有下列情形之一的，由**国务院核安全监督管理部门**责令改正，给予警告；情节严重的，处五十万元以上二百万元以下的罚款；造成环境污染的，责令限期采取治理措施消除污染，逾期不采取措施的，指定有能力的单位代为履行，所需费用由污染者承担： （一）未对核设施进行定期安全评价，或者不接受国务院核安全监督管理部门审查的； （二）核设施终止运行后，未采取安全方式进行停闭管理，或者未确保退役所需的基本功能、技术人员和文件的； （三）核设施退役时，未将构筑物、系统或者设备的放射性水平降低至满足标准的要求的； （四）未将产生的放射性固体废物或者不能经净化排放的放射性废液转变为稳定的、标准化的固体废物，及时送交放射性废物处置单位处置的； （五）未对产生的放射性废气进行处理，或者未达到国家放射性污染防治标准排放的。	生态环境主管部门	国务院主管部门

序号	事项名称	职权类型	实施依据	实施主体	
220	对未对核设施进行定期安全评价，或者不接受国务院核安全监督管理部门审查等行为的行政强制	行政强制	1.《中华人民共和国核安全法》 第八十条　违反本法规定，核设施营运单位有下列情形之一的，由**国务院核安全监督管理部门**责令改正，给予警告；情节严重的，处五十万元以上二百万元以下的罚款；造成环境污染的，责令限期采取治理措施消除污染，逾期不采取措施的，指定有能力的单位代为履行，所需费用由污染者承担： （一）未对核设施进行定期安全评价，或者不接受国务院核安全监督管理部门审查的； （二）核设施终止运行后，未采取安全方式进行停闭管理，或者未确保退役所需的基本功能、技术人员和文件的； （三）核设施退役时，未将构筑物、系统或者设备的放射性水平降低至满足标准的要求的； （四）未将产生的放射性固体废物或者不能经净化排放的放射性废液转变为稳定的、标准化的固体废物，及时送交放射性废物处置单位处置的； （五）未对产生的放射性废气进行处理，或者未达到国家放射性污染防治标准排放的。	生态环境主管部门	国务院主管部门
221	对核设施营运单位未对核设施周围环境中所含的放射性核素的种类、浓度或者核设施流出物中的放射性核素总量实施监测，或者未按照规定报告监测结果的行政处罚	行政处罚	1.《中华人民共和国核安全法》 第八十一条　违反本法规定，核设施营运单位未对核设施周围环境中所含的放射性核素的种类、浓度或者核设施流出物中的放射性核素总量实施监测，或者未按照规定报告监测结果的，由**国务院环境保护主管部门或者所在地省、自治区、直辖市人民政府环境保护主管部门**责令改正，处十万元以上五十万元以下的罚款。	生态环境主管部门	国务院主管部门、省级
222	对受委托的技术支持单位在核设施安全技术审查中出具虚假技术评价结论的行政处罚	行政处罚	1.《中华人民共和国核安全法》 第八十二条　违反本法规定，受委托的技术支持单位出具虚假技术评价结论的，由**国务院核安全监督管理部门**处二十万元以上一百万元以下的罚款；有违法所得的，没收违法所得；对直接负责的主管人员和其他直接责任人员处十万元以上二十万元以下的罚款。	生态环境主管部门	国务院主管部门

序号	事项名称	职权类型	实施依据	实施主体	
223	对违规为核设施提供核安全设备设计、制造、安装或者无损检验服务等行为的行政处罚	行政处罚	1.《中华人民共和国核安全法》 第八十三条　违反本法规定，有下列情形之一的，由**国务院核安全监督管理部门**责令改正，处五十万元以上一百万元以下的罚款；有违法所得的，没收违法所得；对直接负责的主管人员和其他直接责任人员处二万元以上十万元以下的罚款： （一）未经许可，为核设施提供核安全设备设计、制造、安装或者无损检验服务的； （二）未经注册，境外机构为境内核设施提供核安全设备设计、制造、安装或者无损检验服务的。	生态环境主管部门	国务院主管部门
224	对核设施营运等单位聘用未取得相应资格证书的人员从事与核设施安全专业技术有关的工作的行政处罚	行政处罚	1.《中华人民共和国核安全法》 第八十四条　违反本法规定，核设施营运单位或者核安全设备制造、安装、无损检验单位聘用未取得相应资格证书的人员从事与核设施安全专业技术有关的工作的，由**国务院核安全监督管理部门**责令改正，处十万元以上五十万元以下的罚款；拒不改正的，暂扣或者吊销许可证，对直接负责的主管人员和其他直接责任人员处二万元以上十万元以下的罚款。	生态环境主管部门	国务院主管部门
225	对违法从事放射性废物处理、贮存、处置活动等行为的行政处罚	行政处罚	1.《中华人民共和国核安全法》 第八十六条　违反本法规定，有下列情形之一的，由**国务院核安全监督管理部门**责令改正，处十万元以上五十万元以下的罚款；情节严重的，处五十万元以上二百万元以下的罚款；造成环境污染的，责令限期采取治理措施消除污染，逾期不采取措施的，指定有能力的单位代为履行，所需费用由污染者承担： （一）未经许可，从事放射性废物处理、贮存、处置活动的； （二）未建立放射性废物处置情况记录档案，未如实记录与处置活动有关的事项，或者未永久保存记录档案的； （三）对应当关闭的放射性废物处置设施，未依法办理关闭手续的； （四）关闭放射性废物处置设施，未在划定的区域设置永久性标记的； （五）未编制放射性废物处置设施关闭安全监护计划的； （六）放射性废物处置设施关闭后，未按照经批准的安全监护计划进行安全监护的。	生态环境主管部门	国务院主管部门

序号	事项名称	职权类型	实施依据	实施主体	
226	对违法从事放射性废物处理、贮存、处置活动等行为的行政强制	行政强制	1.《中华人民共和国核安全法》 第八十六条　违反本法规定，有下列情形之一的，由**国务院核安全监督管理部门**责令改正，处十万元以上五十万元以下的罚款；情节严重的，处五十万元以上二百万元以下的罚款；造成环境污染的，责令限期采取治理措施消除污染，逾期不采取措施的，指定有能力的单位代为履行，所需费用由污染者承担： （一）未经许可，从事放射性废物处理、贮存、处置活动的； （二）未建立放射性废物处置情况记录档案，未如实记录与处置活动有关的事项，或者未永久保存记录档案的； （三）对应当关闭的放射性废物处置设施，未依法办理关闭手续的； （四）关闭放射性废物处置设施，未在划定的区域设置永久性标记的； （五）未编制放射性废物处置设施关闭安全监护计划的； （六）放射性废物处置设施关闭后，未按照经批准的安全监护计划进行安全监护的。	生态环境主管部门	国务院主管部门
227	对核设施营运单位违反核事故应急管理规定的行政处罚	行政处罚	1.《中华人民共和国核安全法》 第八十七条　违反本法规定，核设施营运单位有下列情形之一的，由**国务院核安全监督管理部门**责令改正处十万元以上五十万元以下的罚款；对直接负责的主管人员和其他直接责任人员，处二万元以上五万元以下的罚款： （一）未按照规定制定场内核事故应急预案的； （二）未按照应急预案配备应急设备，未开展应急工作人员培训或者演练的； （三）未按照核事故应急救援工作的要求，实施应急响应支援的。	生态环境主管部门	国务院主管部门
228	对核设施营运单位违反信息公开规定的行政处罚	行政处罚	1.《中华人民共和国核安全法》 第八十八条　违反本法规定，核设施营运单位未按照规定公开相关信息的，由**国务院核安全监督管理部门**责令改正；拒不改正的，处十万元以上五十万元以下的罚款。	生态环境主管部门	国务院主管部门
229	对从事核安全活动的单位拒绝、阻挠监督检查的行政处罚	行政处罚	1.《中华人民共和国核安全法》 第八十九条　违反本法规定，对国务院核安全监督管理部门或者其他有关部门依法进行的监督检查，从事核安全活动的单位拒绝、阻挠的，由**国务院核安全监督管理部门或者其他有关部门**责令改正，可以处十万元以上五十万元以下的罚款；拒不改正的，暂扣或者吊销其许可证；构成违反治安管理行为的，由公安机关依法给予治安管理处罚。	生态环境主管部门	国务院主管部门

序号	事项名称	职权类型	实施依据	实施主体	
230	对擅自从事民用核安全设备设计、制造、安装和无损检验活动的行政处罚	行政处罚	1.《民用核安全设备监督管理条例》 第四十四条　无许可证擅自从事民用核安全设备设计、制造、安装和无损检验活动的，由**国务院核安全监管部门**责令停止违法行为，处 50 万元以上 100 万元以下的罚款；有违法所得的，没收违法所得；对直接负责的主管人员和其他直接责任人员，处 2 万元以上 10 万元以下的罚款。	生态环境主管部门	国务院主管部门
231	对民用核安全设备设计、制造、安装和无损检验单位违反许可证规定从事活动的行政处罚	行政处罚	1.《民用核安全设备监督管理条例》 第四十五条　民用核安全设备设计、制造、安装和无损检验单位不按照许可证规定的活动种类和范围从事民用核安全设备设计、制造、安装和无损检验活动的，由**国务院核安全监管部门**责令停止违法行为，限期改正，处 10 万元以上 50 万元以下的罚款；有违法所得的，没收违法所得；逾期不改正的，暂扣或者吊销许可证，对直接负责的主管人员和其他直接责任人员，处 2 万元以上 10 万元以下的罚款。	生态环境主管部门	国务院主管部门
232	对民用核安全设备设计、制造、安装和无损检验单位未依法变更许可的行政处罚	行政处罚	1.《民用核安全设备监督管理条例》 第四十六条　民用核安全设备设计、制造、安装和无损检验单位变更单位名称、地址或者法定代表人，未依法办理许可证变更手续的，由**国务院核安全监管部门**责令限期改正；逾期不改正的，暂扣或者吊销许可证。	生态环境主管部门	国务院主管部门
233	对伪造、变造、转让民用核安全设备设计、制造、安装或者无损检验许可证的行政处罚	行政处罚	1.《民用核安全设备监督管理条例》 第四十七条　单位伪造、变造、转让许可证的，由**国务院核安全监管部门**收缴伪造、变造的许可证或者吊销许可证，处 10 万元以上 50 万元以下的罚款；有违法所得的，没收违法所得；对直接负责的主管人员和其他直接责任人员，处 2 万元以上 10 万元以下的罚款；构成违反治安管理行为的，由公安机关依法予以治安处罚；构成犯罪的，依法追究刑事责任。	生态环境主管部门	国务院主管部门
234	对未按照民用核安全设备标准进行民用核安全设备设计、制造、安装和无损检验活动的行政处罚	行政处罚	1.《民用核安全设备监督管理条例》 第四十八条　民用核安全设备设计、制造、安装和无损检验单位未按照民用核安全设备标准进行民用核安全设备设计、制造、安装和无损检验活动的，由**国务院核安全监管部门**责令停止违法行为，限期改正，禁止使用相关设计、设备，处 10 万元以上 50 万元以下的罚款；有违法所得的，没收违法所得；逾期不改正的，暂扣或者吊销许可证，对直接负责的主管人员和其他直接责任人员，处 2 万元以上 10 万元以下的罚款。	生态环境主管部门	国务院主管部门

序号	事项名称	职权类型	实施依据	实施主体	
235	对委托未取得相应许可证的单位进行民用核安全设备设计、制造、安装和无损检验活动等行为的行政处罚	行政处罚	1.《民用核安全设备监督管理条例》 第四十九条　民用核安全设备设计、制造、安装和无损检验单位有下列行为之一的，由**国务院核安全监管部门**责令停止违法行为，限期改正，处10万元以上50万元以下的罚款；逾期不改正的，暂扣或者吊销许可证，对直接负责的主管人员和其他直接责任人员，处2万元以上10万元以下的罚款： （一）委托未取得相应许可证的单位进行民用核安全设备设计、制造、安装和无损检验活动的； （二）聘用未取得相应资格证书的人员进行民用核安全设备焊接和无损检验活动的； （三）将国务院核安全监管部门确定的关键工艺环节分包给其他单位的。	生态环境主管部门	国务院主管部门
236	对民用核安全设备设计、制造、安装和无损检验单位对本单位在民用核安全设备设计、制造、安装和无损检验活动中出现的重大质量问题，未按照规定采取处理措施并向国务院核安全监管部门报告的行政处罚	行政处罚	1.《民用核安全设备监督管理条例》 第五十条　民用核安全设备设计、制造、安装和无损检验单位对本单位在民用核安全设备设计、制造、安装和无损检验活动中出现的重大质量问题，未按照规定采取处理措施并向国务院核安全监管部门报告的，由**国务院核安全监管部门**责令停止民用核安全设备设计、制造、安装和无损检验活动，限期改正，处5万元以上20万元以下的罚款；逾期不改正的，暂扣或者吊销许可证，对直接负责的主管人员和其他直接责任人员，处2万元以上10万元以下的罚款。	生态环境主管部门	国务院主管部门
237	对民用核安全设备设计、制造、安装和无损检验单位未按照规定编制项目质量保证分大纲并经民用核设施营运单位审查同意等行为的行政处罚	行政处罚	1.《民用核安全设备监督管理条例》 第五十一条　民用核安全设备设计、制造、安装和无损检验单位有下列行为之一的，由**国务院核安全监管部门**责令停止民用核安全设备设计、制造、安装和无损检验活动，限期改正；逾期不改正的，处5万元以上20万元以下的罚款，暂扣或者吊销许可证： （一）未按照规定编制项目质量保证分大纲并经民用核设施营运单位审查同意的； （二）在民用核安全设备设计、制造和安装活动开始前，未按照规定将有关文件报国务院核安全监管部门备案的； （三）未按照规定进行年度评估并向国务院核安全监管部门提交评估报告的。	生态环境主管部门	国务院主管部门

序号	事项名称	职权类型	实施依据	实施主体	
238	对民用核安全设备无损检验单位出具虚假无损检验结果报告的行政处罚	行政处罚	1.《民用核安全设备监督管理条例》 第五十二条　民用核安全设备无损检验单位出具虚假无损检验结果报告的，由**国务院核安全监管部门**处10万元以上50万元以下的罚款，吊销许可证；有违法所得的，没收违法所得；对直接负责的主管人员和其他直接责任人员，处2万元以上10万元以下的罚款；构成犯罪的，依法追究刑事责任。	生态环境主管部门	国务院主管部门
239	对民用核安全设备焊工、焊接操作工违反操作规程导致严重焊接质量问题的行政处罚	行政处罚	1.《民用核安全设备监督管理条例》 第五十三条　民用核安全设备焊工、焊接操作工违反操作规程导致严重焊接质量问题的，由**国务院核安全监管部门**吊销其资格证书。	生态环境主管部门	国务院主管部门
240	对民用核安全设备设计单位未按照规定进行设计验证等行为的行政处罚	行政处罚	1.《民用核安全设备监督管理条例》 第五十五条　民用核安全设备设计单位未按照规定进行设计验证，或者民用核安全设备制造、安装单位未按照规定进行质量检验以及经检验不合格即交付验收的，由**国务院核安全监管部门**责令限期改正，处10万元以上50万元以下的罚款；有违法所得的，没收违法所得；逾期不改正的，吊销许可证，对直接负责的主管人员和其他直接责任人员，处2万元以上10万元以下的罚款。	生态环境主管部门	国务院主管部门
241	对民用核设施营运单位委托未取得相应许可证的单位进行民用核安全设备设计、制造、安装和无损检验活动等行为的行政处罚	行政处罚	1.《民用核安全设备监督管理条例》 第五十六条　民用核设施营运单位有下列行为之一的，由**国务院核安全监管部门**责令限期改正，处100万元以上500万元以下的罚款；逾期不改正的，吊销其核设施建造许可证或者核设施运行许可证，对直接负责的主管人员和其他直接责任人员，处2万元以上10万元以下的罚款： （一）委托未取得相应许可证的单位进行民用核安全设备设计、制造、安装和无损检验活动的； （二）对不能按照质量保证要求证明质量受控，或者出现重大质量问题未处理完毕的民用核安全设备予以验收通过的。	生态环境主管部门	国务院主管部门
242	对民用核安全设备设计、制造、安装和无损检验单位逾期不整改或者经整改仍不符合发证条件的行政处罚	行政处罚	1.《民用核安全设备监督管理条例》 第五十七条　民用核安全设备设计、制造、安装和无损检验单位被责令限期整改，逾期不整改或者经整改仍不符合发证条件的，由**国务院核安全监管部门**暂扣或者吊销许可证。	生态环境主管部门	国务院主管部门

序号	事项名称	职权类型	实施依据	实施主体	
243	对逾期不改正或拒绝、阻碍检查等行为的行政处罚	行政处罚	1.《民用核安全设备监督管理条例》 第五十八条　拒绝或者阻碍国务院核安全监管部门及其派出机构监督检查的，由**国务院核安全监管部门**责令限期改正；逾期不改正或者在接受监督检查时弄虚作假的，暂扣或者吊销许可证。	生态环境主管部门	国务院主管部门
244	对民用核安全设备或者其主要部件可能存在重大质量问题时的行政强制	行政强制	1.《民用核安全设备监督管理条例》 第三十八条第一款第五项　**国务院核安全监管部门及其派出机构**在进行监督检查时，有权采取下列措施： （五）对有证据表明可能存在重大质量问题的民用核安全设备或者其主要部件，予以暂时封存。	生态环境主管部门	国务院主管部门
245	对未经批准或违章从事核材料生产、使用、贮存和处置等行为的行政处罚	行政处罚	1.《中华人民共和国核材料管制条例》 第十九条　凡违反本条例的规定，有下列行为之一的，**国家核安全局**可依其情节轻重，给予警告、限期改进、罚款和吊销许可证的处罚，但吊销许可证的处罚需经核工业部同意。 （一）未经批准或违章从事核材料生产、使用、贮存和处置的； （二）不按照规定报告或谎报有关事实和资料的； （三）拒绝监督检查的； （四）不按照规定管理，造成事故的。	生态环境主管部门	国务院主管部门
246	对未经批准或违章从事核设施建造、运行、迁移转让和退役等行为的行政处罚	处罚	1.《中华人民共和国民用核设施安全监督管理条例》 第二十一条　凡违反本条例的规定，有下列行为之一的，**国家核安全局**可依其情节轻重，给予警告、限期改进、停工或者停业整顿、吊销核安全许可证件的处罚： （一）未经批准或违章从事核设施建造、运行、迁移、转让和退役的； （二）谎报有关资料或事实或无故拒绝监督的； （三）无执照操纵或违章操纵的； （四）拒绝执行强制性命令的。	生态环境主管部门	国务院主管部门

序号	事项名称	职权类型	实施依据	实施主体	
247	对民用核安全设备设计、制造、安装和无损检验单位在民用核安全设备无损检验活动开始前未按规定将有关文件报国务院核安全监管部门备案等行为的行政处罚	行政处罚	1.《民用核安全设备设计制造安装和无损检验监督管理规定》 第四十五条　民用核安全设备设计、制造、安装和无损检验单位有下列行为之一的，由**国务院核安全监管部门**限期改正；逾期不改正的，处 1 万元以上 3 万元以下的罚款： （一）在民用核安全设备无损检验活动开始前，未按规定将有关文件报国务院核安全监管部门备案的； （二）未按规定向国务院核安全监管部门报告上一季度民用核安全设备设计、制造、安装或者无损检验情况的； （三）在民用核安全设备无损检验活动完成后，未向国务院核安全监管部门报告无损检验内容和检验结果的； （四）开展涉及核安全的重要会议、论证等活动，出现重大质量问题，或者因影响民用核安全设备质量和核安全而导致民用核设施营运单位发出停工指令，未向国务院核安全监管部门报告的。	生态环境主管部门	国务院主管部门
248	对民用核安全设备制造、安装单位或者民用核设施营运单位提供虚假证明的行政处罚	行政处罚	1.《民用核安全设备焊工焊接操作工资格管理规定》 第三十四条　民用核安全设备制造、安装单位或者民用核设施营运单位提供虚假证明的，由**国务院核安全监管部门**处 1 万元以上 3 万元以下罚款。	生态环境主管部门	国务院主管部门

《生态环境保护综合行政执法事项指导目录（2020年版）》说明

一、关于主要内容。《生态环境保护综合行政执法事项指导目录（2020年版）》（以下简称《指导目录》）主要梳理规范了生态环境保护综合行政执法的事项名称、职权类型、实施依据、实施主体（包括责任部门、第一责任层级建议）。各地可根据法律法规立改废释和地方立法等情况，进行补充、细化和完善，进一步明确行政执法事项的责任主体，研究细化执法事项的工作程序、规则、自由裁量标准等，推进严格规范公正文明执法。

二、关于梳理范围。《指导目录》主要梳理的是生态环境保护领域依据国家法律、行政法规设定的行政处罚和行政强制事项，以及部门规章设定的警告、罚款的行政处罚事项。不包括地方性法规规章设定的行政处罚和行政强制事项。

三、关于事项确定。一是为避免法律、行政法规和部门规章相关条款在实施依据中多次重复援引，原则上按法律、行政法规和部门规章的“条”或“款”来确定为一个事项。二是对“条”或“款”中罗列的多项具体违法情形，原则上不再拆分为多个事项；但罗列的违法情形涉及援引其他法律、行政法规和部门规章条款的，单独作为一个事项列出。三是部门规章在法律、行政法规规定的给予行政处罚的行为、种类和幅度范围内做出的具体规定，在实施依据中列出，不再另外单列事项。四是同一法律、行政法规条款同时包含行政处罚、行政强制事项的，分别作为一个事项列出。

四、关于事项名称。一是列入《指导目录》的行政处罚、行政强制事项名称，原则上根据设定该事项的法律、行政法规和部门规章条款内容进行概括提炼，统一规范为“对××行为的行政处罚（行政强制）”。二是部分涉及多种违法情形、难以概括提炼的，以罗列的多种违法情形中的第一项为代表，统一规范为“对××等行为的行政处罚（行政强制）”。

五、关于实施依据。一是对列入《指导目录》的行政处罚、行政强制事项，按照完整、清晰、准确的原则，列出设定该事项的法律、行政法规和部门规章的具体条款内容。二是被援引的法律、行政法规和部门规章条款已作修订的，只列入修订后对应的条款。

六、关于实施主体。一是根据全国人大常委会《关于国务院机构改革涉及法律规定的行政机关职责调整问题的决定》和国务院《关于国务院机构改革涉及行政法规规定的行政机关职责调整问题的决定》，现行法律行政法规规定的行政机关职责和工作，机构改革方案确定由组建后的行政机关或者划入职责的行政机关承担的，在有关法律行政法规规定尚未修改之前，调整适用有关法律行政法规规定，由组建后的行政机关或者划入职责的行政机关承担；相关职责尚未调整到位之前，由原承担该职责和工作的行政机关继续承担；地方各级行政机关承担法律行政法规规定的职责和工作需要进行调整的，按照上述原则执行。二是法律行政法规规定的实施主体所称“县级以上××主管部门”、“××主管部门”，指的是县级以上依据“三定”规定承担该项行政处罚和行政强制职责的部门。三是根据《深化党和国家机构改革方案》关于推进生态环境保护综合行政执法的改革精神，对列入《指导目录》行政执法事项的实施主体统一规范为“生态环境部门”。地方需要对部分事项的实施主体作出调整的，可结合部门“三定”规定作出具体规定，依法按程序报同级党委和政府决定。

七、关于第一责任层级建议。一是明确“第一责任层级建议”，主要是按照有权必有责、有责要担当、失责必追究的原则，把查处违法行为的第一管辖和第一责任压实，不排斥上级主管部门对违法行为的管辖权和处罚权。必要时，上级主管部门可以按程序对重大案件和跨区域案件实施直接管辖，或进行监督指导和组织协调。二是根据党的十九届三中全会关于“减少执法层级，推动执法力量下沉”的精神和落实属地化监管责任的要求，结合省以下环保机构监测监察执法垂直管理制度改革实际，对法定实施主体为“县级以上××主管部门”或“××主管部门”的，原则上明确“第一责任层级建议”为“设区的市”。各地可在此基础上，区分不同事项和不同管理体制，结合实际具体明晰行政执法事项的第一管辖和第一责任主体。三是对于吊销行政许可等特定种类处罚，原则上由地方明确的第一管辖和第一责任主体进行调查取证后提出处罚建议，按照行政许可法规定转发证机关或者其上级行政机关落实。四是法定实施主体为国务院主管部门或省级主管部门的，原则上明确“第一责任层级建议”为国务院主管部门或省级主管部门。